단기간 마무리 학습을 위한

7개년 과년도 건축기사

Engineer Architecture

정하정 지음

" 이 책을 선택한 당신, 당신은 이미 위너입니다. "

BM (주)도서출판 성안당

머리말

취업이 쉽지 않은 상황에서 자격증 시험 준비를 하느라 불철주야 노력하고 있는 수험자들에게 도움이 되고자 본 서적을 집필하면서 수험자 분들의 합격에 영광이 함께 하시기를 진심으로 바랍니다.

필자는 이 서적을 집필하는데 있어서 건축기사시험을 대비하는 수험자들이 짧은 기간에 효율적으로 공부할 수 있도록 7개년 간의 출제문제를 중심으로 해설은 짧고 핵심적인 내용으로 구성하는데 주력하였습니다.

본 서적의 특징을 보면,

첫째, 7개년 동안 출제된 문제를 시험에 응시하는 형태의 문제 구성으로 짧은 기간에 학습을 하여 시험에 응시할 수 있도록 하였습니다.

둘째, 해당 문제마다 별표를 표기(★는 2회 정도 출제, ★★는 3~4회, ★★★는 5회 이상 출제됨)하여 출제의 빈도수와 중요도를 한눈에 파악할 수 있도록 하였습니다.

셋째, 최근 들어 단 기간에 준비하여 시험에 응시하려고 하는 수험자들이 증가함에 따라 문제와 해설을 간단, 명료하게 구성하였으며, 요점 및 충분한 해설이 필요한 수험자들은 이미 출간된 성안당『한 권으로 끝내는 건축기사』를 참고하시기를 바랍니다.

필자는 수험자 여러분들이 시험에 효과적으로 대비할 수 있도록 집필에 최선을 다하였으나, 필자의 학문적인 역량이 부족하여 본 서적에 본의 아닌 오류가 발견될지도 모르겠습니다. 추후 여러분들의 조언과 지도를 받아서 완벽을 기할 것을 약속드립니다.

끝으로 본 서적의 출판 기회를 마련해 주신 도서출판 성안당의 이종춘 회장님, 김민수 사장님, 최옥현 전무님과 임직원 여러분들께 진심으로 감사의 마음을 전합니다.

2022년 12월 사무실에서
저자 정하정

■ 과목별 출제 문항 분석

▎제1과목 건축계획

구 분		시행 연도							출제 횟수	장 비율	전체 비율
		2016	2017	2018	2019	2020	2021	2022			
제1장 건축사											
1-1.	한국건축사	4	3	4	3	5	3	4	26	38.81	6.19
1-2.	서양건축사	5	7	5	6	4	6	8	41	61.19	9.76
	장 소계	9	10	9	9	9	9	12	67	100	15.95
제2장 주거건축											
2-1.	일반주택	7	9	6	7	6	6	5	46	45.10	10.95
2-2.	공동주택	9	6	8	8	8	9	8	56	54.90	13.34
	장 소계	16	15	14	15	14	15	13	102	100	24.29
제3장 상업건축계획											
3-1.	사무소	7	6	7	6	6	7	6	45	52.94	10.71
3-2.	은행	2	2	1		1			6	7.06	1.43
3-3.	구매시설	2	4	5	6	6	5	6	34	40.00	8.10
	장 소계	11	12	13	12	13	12	12	85	100	20.24
제4장 공공문화건축계획											
4-1.	극장	4	5	6	5	6	3	4	33	41.78	7.86
4-2.	미술관	4	2	2	4	2	5	4	23	29.11	5.48
4-3.	도서관	3	4	3	3	4	3	3	23	29.11	5.48
	장 소계	11	11	11	12	12	11	11	79	100	18.82
제5장 기타 건축물계획											
5-1.	병원	3	3	3	2	3	3	4	21	24.14	5.00
5-2.	공장	3	3	3	3	3	3	3	21	24.14	5.00
5-3.	학교	3	3	4	4	3	3	3	23	26.43	5.48
5-4.	숙박시설	3	3	2	1	3	3	1	16	18.39	3.81
5-5.	장애시설	1		1	2			1	5	5.75	1.19
5-6.	에너지절약 설계						1		1	1.15	0.24
	장 소계	13	12	13	12	12	13	12	87	100	20.72
	총 계	60	60	60	60	60	60	60	420		100

▌제2과목 건축시공

구 분		시행연도							출제 횟수	장 비율	전체 비율
		2016	2017	2018	2019	2020	2021	2022			
제1장 건축시공기술											
1-1.	건축공사 방식	3	9	6				10	28	9.06	6.67
1-2.	시공계획의 수립	4	2	3	11	13	11	2	46	14.89	10.95
1-3.	지반조사	2	2	2	3	1	2	1	13	4.21	3.10
1-4.	가설공사	1	1	2			2		6	1.94	1.43
1-5.	토공사 및 기초공사	5	4	3	2	5	3	6	28	9.06	6.67
1-6.	철근콘크리트공사	9	14	9	9	10	6	8	65	21.04	15.48
1-7.	철골공사	5	2	6	4	3	3	1	24	7.77	5.71
1-8.	조적공사	5	3	3	2	3	4	3	23	7.44	5.48
1-9.	목공사	1		1	1	1			4	1.29	0.95
1-10.	방수공사	5	5	3	4	2	1		20	6.47	4.76
1-11.	지붕공사										
1-12.	창호 및 유리공사	1	1	1			1	1	5	1.62	1.19
1-13.	미장 및 타일공사	2		3	1		3	3	12	3.88	2.86
1-14.	도장공사	4		3	3	4	4	2	20	6.47	4.76
1-15.	기타 공사	1		5	3	1	2	3	15	4.86	3.57
	장 소계	48	43	50	43	43	42	40	309	100	73.58
제2장 건축재료											
2-1.	목재		1	1		1	2		5	7.46	1.19
2-2.	석재	2				1	1		4	5.97	0.95
2-3.	시멘트 및 콘크리트	2	3	4	3	3	3	3	21	31.34	5.00
2-4.	점토재료					1	1		2	2.99	0.48
2-5.	금속재료	1	3		2	2	1	5	14	20.9	3.33
2-6.	합성수지재료				2		1		3	4.48	0.71
2-7.	도장재료	1			2				3	4.48	0.71
2-8.	유리		3			1	1		5	7.46	1.19
2-9.	미장 및 방수재료					2	2	3	7	10.45	1.67
2-10.	접착제 등	1					1		2	2.99	0.48
2-11.	기타							1	1	1.48	0.24
	장 소계	7	10	5	9	11	13	12	67	100	15.95
제3장 건축적산											
3-1.	적산일반	3	3	1	4	2	1	3	17	38.64	4.05
3-2.	가설공사	1	2		3	1	1		8	18.18	1.90
3-3.	토공사와 기초공사					1	1		2	4.55	0.48
3-4.	철근콘크리트공사		1	1			2	2	6	13.63	1.43
3-5.	철골공사										
3-6.	조적공사	1	1	3	1	2		3	11	25.00	2.62
3-7.	목공사										
3-8.	창호 및 도장공사										
3-9.	방수공사										
	장 소계	5	7	5	8	6	5	8	44	100	10.48
총 계		60	60	60	60	60	60	60	420		100

제3과목 건축구조

구 분		시행 연도							출제 횟수	장 비율	전체 비율
		2016	2017	2018	2019	2020	2021	2022			
제1장 일반구조											
1-1.	조적조		1	1					2	3.92	0.48
1-2.	목조										
1-3.	토질	1			1	1	3	1	7	13.73	1.67
1-4.	기초	1	7	3	2	4		3	20	39.22	4.76
1-5.	내진설계	4	3	2	4	3	3	3	22	43.13	5.24
	장 소계	6	11	6	7	8	6	7	51	100	12.15
제2장 구조역학											
2-1.	힘과 구조물	4	3	3	2	2	3	3	20	11.43	4.76
2-2.	정정보	1	3	4	2	4	2	3	19	10.86	4.52
2-3.	정정라멘	2	1		2	2	3	1	11	6.29	2.62
2-4.	정정트러스		2	2	1	1	1	1	8	4.57	1.90
2-5.	부재의 성질과 응력	2	5	2	4	2	3	5	23	13.14	5.48
2-6.	단면의 성질	6		3	5	5	3	4	26	14.86	6.19
2-7.	구조물의 변형	4	5	7	5	4	5	3	33	18.86	7.86
2-8.	부정정구조물	4	5	7	4	3	4	5	32	18.29	7.62
2-9.	기초		1	1			1		3	1.70	0.71
	장 소계	23	25	29	25	23	25	25	175	100	41.66
제3장 철근콘크리트											
3-1.	철근콘크리트의 일반사항	4		3	1	4	4	6	22	18.64	5.24
3-2.	철근콘크리트 구조설계	14	10	10	11	9	9	6	69	58.47	16.43
3-3.	철근의 이음과 정착	2	4	2	3	2	2	3	18	15.25	4.29
3-4.	철근콘크리트 구조의 사용성		2	1	2	2	1	1	9	7.64	2.14
	장 소계	20	16	16	17	17	16	16	118	100	28.1
제4장 철골구조											
4-1.	허용응력도 및 하중				1	2	4		7	9.21	1.67
4-2.	판요소의 폭, 두께비	2			2	1			5	6.58	1.19
4-3.	접합의 기본	3	5	5	3	3	8	7	34	44.74	8.10
4-4.	인장재	2	3	1					6	7.89	1.43
4-5.	압축재				1	1		3	5	6.58	1.19
4-6.	철골구조의 특성			2	3			1	6	7.89	1.43
4-7.	기타	4		1	2	5		1	13	17.11	3.10
	장 소계	11	8	9	11	12	13	12	76	100	18.11
총 계		60	60	60	60	60	60	60	420		100

제4과목 건축설비

구 분		시행 연도							출제 횟수	장 비율	전체 비율
		2016	2017	2018	2019	2020	2021	2022			
제1장 환경계획원론											
1-1.	건축과 환경										
1-2.	열환경	2		5		1		2	10	45.45	2.38
1-3.	공기환경			1		2	1		4	18.18	0.95
1-4.	빛환경										
1-5.	음환경	1		1	1	1	2	2	8	36.37	1.90
	장 소계	3		7	1	3	4	4	22	100	5.23
제2장 전기설비											
2-1.	기초 사항	4	1	2	7	1	3	7	25	24.75	5.95
2-2.	조명설비	4	4	3	4	2	4	1	22	21.78	5.24
2-3.	전원, 배전 및 배선설비	3	7	6	4	9	7	5	41	40.59	9.76
2-4.	피뢰침설비	1		1			1		3	2.98	0.71
2-5.	통신 및 신호설비	1	1	1	1	1			5	4.95	1.19
2-6.	방재설비		3	1				1	5	4.95	1.19
	장 소계	13	16	14	16	13	15	14	101	100	24.04
제3장 위생설비											
3-1.	기초적인 사항, 급수, 급탕시설	10	9	11	9	10	8	8	65	48.15	15.48
3-2.	배수 및 통기설비	3	2	1	3	2	4	4	19	14.07	4.52
3-3.	오수 정화설비	1	1			1			3	2.22	0.71
3-4.	소화설비	5	4	4	3	4	5	4	29	21.49	6.90
3-5.	가스설비	2	3	3	3	3	2	3	19	14.07	4.52
	장 소계	21	19	19	18	20	19	19	135	100	32.13
제4장 공기조화설비											
4-1.	기초적인 사항	6	6	6	11	10	6	8	53	38.97	12.62
4-2.	환기 및 배연설비	1	3	2	1	3	3	4	17	12.50	4.05
4-3.	난방설비	2	3	4	4	3	4	3	23	16.91	5.48
4-4.	공기조화용 기기	5	5	1	4	2	3	3	23	16.91	5.48
4-5.	공기조화방식	2	5	4	1	3	3	2	20	14.71	4.76
	장 소계	16	22	17	21	21	19	20	136	100	32.39
제5장 승강설비											
5-1.	엘리베이터설비	3	2	1	2	3	3	3	17	65.38	4.05
5-2.	에스컬레이터	3	1	1	1				6	23.08	1.43
5-3.	이동식 보도			1					1	3.85	0.24
5-4.	에너지절약 설계기준	1			1				2	7.69	0.48
	장 소계	7	3	3	4	3	3	3	26	100	6.2
총 계		60	60	60	60	60	60	60	420		100

제5과목 건축관계법규

구 분		시행 연도							출제 횟수	장 비율	전체 비율
		2016	2017	2018	2019	2020	2021	2022			
제1장 건축법규											
1-1.	총칙	10	12	5	9	7	7	11	61	21.25	14.52
1-2.	건축물의 건축	7	6	3	2	7	5	5	35	12.20	8.33
1-3.	건축물의 유지와 관리			4			1	1	6	2.09	1.43
1-4.	건축물의 대지와 도로	2	3		8	6	7	5	31	10.80	7.38
1-5.	건축물의 구조 및 재료	17	11	17	10	10	11	11	87	30.31	20.71
1-6.	지역 및 지구의 건축물			3			3		6	2.09	1.43
1-7.	건축설비	3	6	8	8	9	10	11	55	19.17	13.10
1-8.	보칙		1	2		2		1	6	2.09	1.43
	장 소계	39	39	42	37	41	44	45	287	100	68.33
제2장 주차장법											
2-1.	총칙	2	3	3	3	1		4	16	29.63	3.81
2-2.	노상주차장	1	2						3	5.56	0.71
2-3.	노외주차장	2	1	2	3	2	5	1	16	29.63	3.81
2-4.	부설주차장	3	2	4	3	3		1	16	29.63	3.81
2-5.	기계식 주차장	1	1				1		3	5.56	0.71
	장 소계	9	9	9	9	6	6	6	54	100	12.85
제3장 국토의 계획 및 이용에 관한 법											
3-1.	총칙	1	1	1	2	3			8	10.13	1.90
3-2.	광역도시계획					1	1		2	2.53	0.48
3-3.	도시군 기본계획			1			1		2	2.53	0.48
3-4.	도시군 관리계획	1	1	1	1		1		5	6.33	1.19
3-5.	용도지역, 용도지구, 용도구역 등	10	9	6	6	3	4	4	42	53.16	10.00
3-6.	도시군 계획시설										
3-7.	지구단위계획		1	1		1	3	1	7	8.86	1.67
3-8.	개발행위의 허가 등					1			1	1.27	0.24
3-9.	지역지구 및 구역에서의 행위 제한				4	4	1	3	12	15.19	2.86
3-10.	도시계획위원회										
	장 소계	12	12	9	14	13	10	9	79	100	18.82
총 계		60	60	60	60	60	60	60	420		100

Contents

시험 전 꼭 암기해야 할

건축기사

필수 암기노트

PART 1. 건축계획

1. 실의 용적

$$실의 용적(기적) = \frac{소요환기량}{환기횟수}[\mathrm{m}^3]$$

2. 렌터블(유효율)비

$$렌터블(유효율)비 = \frac{대실면적}{연면적} \times 100[\%]$$

3. 도서관의 연면적

$$도서관의 연면적 = \frac{총서적의 수}{10} + (좌석수 \times 40)$$
$$+ \frac{대출서적의 수}{40}[\mathrm{m}^2]$$

4. 병원의 연면적

종합병원 1[bed]당 건축연면적은 43~66[m²]

5. 교실의 이용률과 순수율

① 이용률
$$= \frac{그 교실이 사용되고 있는 시간}{1주일의 평균수업시간} \times 100[\%]$$

② 순수율
$$= \frac{일정 교과를 위해 사용되는 시간}{그 교실이 사용되고 있는 시간} \times 100[\%]$$

PART 2. 건축시공

Ⅰ 건축 적산

1. 시멘트창고면적

$$A = 0.4\frac{N}{n}[\mathrm{m}^2]$$

여기서, A : 시멘트창고면적

N : 저장할 시멘트의 포대수

n : 쌓기 단수

이때 N과 n은 다음과 같이 정한다.

① N

㉮ 600포대 미만 : 쌓기 포대수

㉯ 600포대 이상 1,800포대 이하 : 600포대

㉰ 1,800포대 이상 : 포대수의 $\frac{1}{3}$만 적용

② n

㉮ 3개월 이내의 단기저장 : $n \leq 13$

㉯ 3개월 이상의 장기저장 : $n \leq 7$

2. 동력소의 최소 필요면적

$$A = 3.3\sqrt{\mathrm{kWH}}[\mathrm{m}^2]$$

3. 줄기초파기의 파낸 토량의 산출식

① 줄기초의 파기토량 = 단면적 × 길이
$$= \frac{(a+b)h}{2}L[\mathrm{m}^3]$$

② 총길이 = 줄기초 중심 간 거리의 총합계[m]

③ 총토량 = 토량환산계수 × 줄기초의 파기토량
$$= 토량환산계수 \times 단면적 \times 줄기초의 총길이$$
$$= 토량환산계수 \times \frac{(a+b)h}{2}L[\mathrm{m}^3]$$

여기서, a : 기초파기 단면의 윗면의 길이

b : 기초파기 단면의 밑면의 길이

h : 기초파기 단면의 높이

L : 줄기초의 총길이

4. 철근콘크리트의 모래와 자갈량

현장배합비 $1:m:n$에서 $V=1.1m+0.57n[\text{m}^3]$

① 시멘트소요량$(C)=\dfrac{1,500}{V}[\text{kg}]=\dfrac{1.5}{V}[\text{t}]$

$\qquad\qquad\qquad =\dfrac{37.5}{V}[\text{포대}]$

② 모래소요량$=\dfrac{m}{V}[\text{m}^3]$

③ 자갈소요량$=\dfrac{n}{V}[\text{m}^3]$

④ 물의 양=시멘트의 중량×물·시멘트비

5. 보의 콘크리트량

① 단일문제의 풀이
철근콘크리트보의 콘크리트량(부피)
=보의 너비×보의 춤×보의 기둥 간 안목거리

② 종합문제의 풀이
철근콘크리트보의 콘크리트량(부피)
=보의 너비×(보의 춤−바닥판의 두께)×보의
기둥 간 안목거리

6. 벽돌의 정미소요량

치수		기본형 210×100×60			블록 혼용(장려)형 190×90×57		
할증률		정미량	할증률 가산 3%	할증률 가산 5%	정미량	할증률 가산 3%	할증률 가산 5%
벽돌 쌓기 (장수 /m²)	0.5B	65	67	68	75	77	79
	1B	130	134	137	149	154	157
	1.5B	195	201	205	224	231	235
	2B	260	263	273	298	302	308
	2.5B	325	335	341	373	384	392
	3B	390	402	410	447	461	469

7. 벽돌쌓기 모르타르량

구분	0.5B	1.0B	1.5B	2.0B	2.5B	3.0B
표준형	0.25	0.33	0.35	0.36	0.37	0.38
기존형	0.30	0.37	0.40	0.42	0.44	0.45

8. 블록의 소요량(블록쌓기 면적 : [m²])

구분	치수(mm)	블록(매)	비고
기본형	390×190×210 390×190×190 390×190×150 390×190×100	13	줄눈너비 10mm인 경우임
장려형	290×190×190 290×190×150 290×190×100	17	

여기서, 기본형인 블록을 쌓기 면적 1[m²]에 들어가는 정미량으로 계산하면 다음과 같다.

$$\text{블록정미량}=\dfrac{1\times1}{(0.39+0.01)\times(0.19+0.01)}$$
$$=12.5[\text{매/m}^2]$$

9. 철재의 도장면적

구분		명칭	도장면	계수	비고
창호	철재	도어	양면 칠 안목면적	$A\times(2.4\sim2.6)$	틀·선 포함
		새시	양면 칠 안목면적	$A\times(1.6\sim2.0)$	틀·선·선반 포함
		셔터	양면 칠 안목면적	$A\times2.6$	박스·가이드 레일 포함
	목재	양판문	양면 칠 안목면적	$A\times(3.0\sim4.0)$	틀·선 포함
		징두리 양판문	양면 칠 안목면적	$A\times(2.5\sim3.0)$	틀·선 포함
		플러시문	양면 칠 안목면적	$A\times(2.7\sim3.0)$	틀·선 포함
		오르내리창	양면 칠 안목면적	$A\times(2.5\sim3.0)$	틀·선·창 선반 포함
		미서기 유리창	양면 칠 안목면적	$A\times(1.1\sim1.7)$	틀·선·창 선반 포함
기타		철창살	한 면 칠 안목면적	$A\times0.7$	$A=$높이 ×길이[m²]
		철계단	한 면 칠 사면면적	$A\times(3.0\sim5.0)$	
		파이프난간	한 면 칠 난간면적	$A\times(0.5\sim1.0)$	
철골		굵은재를 쓸 때	한 면 칠 철골재 t당	23~26.4m²	
		보통재를 쓸 때	한 면 칠 철골재 t당	30~50m²	
		가는재를 쓸 때	한 면 칠 철골재 t당	55~66m²	

Ⅱ 공정관리 및 기타

예상시간
$$= \frac{\text{낙관적 시간} + 4 \times \text{개연적 시간} + \text{비관적 시간}}{6}$$

Ⅲ 착공 및 기초공사

1. 사무소의 기준면적

사무소의 기준면적 $= 3.3[\text{m}^2/\text{인}] \times \text{인부수}[\text{m}^2]$

2. 예민비

$$\text{예민비} = \frac{\text{자연시료의 강도}}{\text{이긴시료의 강도}}$$

3. 흡수율

흡수율
$$= \frac{\text{흡수량}}{\text{절대건조상태의 무게}} \times 100[\%]$$
$$= \frac{\text{표면건조 내부포수상태의 중량} - \text{절대건조상태의 중량}}{\text{절대건조상태의 중량}} \times 100[\%]$$

4. 시간당 굴삭토량

시간당 굴삭토량 $= Q \dfrac{60}{C_m} EK \times \text{토량환산계수}[\text{m}^3/\text{h}]$

여기서, Q : 버킷의 용량
60 : 분을 시간으로 변환(시간의 단위(초, 분, 시간 등)에 따라 변화하는 계수임)
C_m : 사이클타임(분)
E : 작업효율
K : 굴삭계수

5. 골재의 잔골재율

잔골재율
$$= \frac{\text{잔골재의 용적}}{\text{잔골재의 용적} + \text{굵은 골재의 용적}} \times 100[\%]$$
$$= \frac{\dfrac{\text{잔골재의 중량}}{\text{잔골재의 비중}}}{\dfrac{\text{잔골재의 중량}}{\text{잔골재의 비중}} + \dfrac{\text{굵은 골재의 중량}}{\text{굵은 골재의 비중}}} \times 100[\%]$$

6. 콘크리트의 압축 및 인장강도

$$\sigma_c = \frac{P}{A}, \ \sigma_t = \frac{2P}{\pi Dl}$$

여기서, σ_c : 콘크리트의 압축강도
σ_t : 콘크리트의 인장강도
P : 압축력 및 인장력
A : 공시체의 단면적
D : 직경
l : 공시체의 길이

7. 타워의 높이(지하 부분 포함)

$$H = \frac{h + L}{2} + 12[\text{m}]$$

여기서, H : 지하 부분을 포함한 타워의 높이
h : 부어 넣을 콘크리트 최고부의 높이
L : 타워에서 호퍼까지의 수평거리

PART 3. 건축구조

Ⅰ 철근콘크리트구조

1. 철근콘크리트기둥의 등가 단면적

$$A_e = A_c + nA_{st} = A_g + (n-1)A_{st}$$
$$= [1 + (n-1)P_g]A_g[\text{mm}^2]$$

여기서, A_e : 콘크리트의 등가 단면적
A_c : 콘크리트의 유효 단면적
n : 탄성계수비
A_{st} : 철근의 전단면적
A_g : 콘크리트의 전단면적
$$P_g = \frac{A_{st}}{A_g}$$

2. 보의 콘크리트가 받는 압축력

$$C = 0.85\eta f_{ck}ab$$

여기서, η : 콘크리트 등가직사각형 압축응력블록의 크기를 나타내는 계수
$f_{ck}(\text{MPa})$: 콘크리트의 압축강도
a : 등가직사각형 응력블록의 깊이($a = \beta, c$)
b : 부재의 압축면의 유효 폭

3. 보의 철근이 받는 전인장력

$$T = A_{st}f_y$$

여기서, T : 철근이 받는 전인장력

A_{st} : 인장철근의 단면적

f_y : 철근의 설계기준 항복강도

4. 활하중의 저감계수

$$C = 0.3 + \frac{4.2}{\sqrt{A}}$$

여기서, C : 활하중의 저감계수

A : 영향면적(단, 영향면적$\geq 36\text{m}^2$)

5. 균열모멘트

$$M_{cr} = \frac{f_r I_g}{y_t} = \frac{0.63\lambda\sqrt{f_{ck}}\,I_g}{y_t} = \frac{0.63\lambda\sqrt{f_{ck}}\,\dfrac{bh^3}{12}}{\dfrac{h}{2}}$$

$$= \frac{0.63\lambda\sqrt{f_{ck}}\,bh^2}{6}$$

여기서, M_{cr} : 균열모멘트

f_r : 콘크리트의 파괴계수(MPa)

I_g : 철근을 무시한 콘크리트 전체 단면적의 중심축에 대한 단면 2차 모멘트

y_t : 철근을 무시한 콘크리트 전체 단면적의 중심축에서 인장연단까지의 거리

λ : 경량콘크리트계수

f_{ck} : 콘크리트의 설계기준 압축강도(MPa)

b : 보(부재)의 폭(너비)

h : 보(부재)의 춤(높이)

6. 중립축의 위치와 거리

$$a = \beta_1 c \text{에서 } c = \frac{a}{\beta_1} = \frac{\dfrac{A_{st}f_y}{0.85\eta f_{ck}b}}{\beta_1} = \frac{A_{st}f_y}{0.85\beta_1\eta f_{ck}b}$$

여기서, a : 등가직사각형 응력블록의 깊이

c : 압축연단에서 중립축까지의 거리

β_1 : 2β(콘크리트 압축합력의 작용 위치를 나타내는 계수)와 같은 값으로 콘크리트 등가직사각형 압축응력블록의 깊이를 나타내는 계수로서 다음 표와 같다.

f_{ck}(MPa)	≤ 40	≤ 50	≤ 60	≤ 70	≤ 80	≤ 90
β_1	0.80	0.80	0.76	0.74	0.72	0.70

A_{st} : 주철근의 전체 단면적

f_y : 철근의 설계기준 항복강도(MPa)

f_{ck} : 콘크리트의 설계기준 압축강도(MPa)

b : 보(부재)의 너비(폭)

7. 등가직사각형 응력블록의 깊이

① 단근 장방형 보

$$M_n = C\left(d - \frac{a}{2}\right) = 0.85\eta f_{ck}ab\left(d - \frac{a}{2}\right)$$

$$= T\left(d - \frac{a}{2}\right) = A_{st}f_y\left(d - \frac{a}{2}\right)$$

$$0.85\eta f_{ck}ab = A_{st}f_y$$

$$\therefore a = \frac{A_{st}f_y}{0.85\eta f_{ck}b} = \beta_1 c$$

② 복근 장방형 보

$$M_n = (C + T')\left(d - \frac{a}{2}\right)$$

$$= 0.85(\eta f_{ck}ab + A_{st}'f_y)\left(d - \frac{a}{2}\right)$$

$$= T\left(d - \frac{a}{2}\right) = A_{st}f_y\left(d - \frac{a}{2}\right)$$

$$0.85\eta f_{ck}ab + A_{st}'f_y = A_{st}f_y$$

$$\therefore a = \frac{(A_{st} - A_{st}')f_y}{0.85\eta f_{ck}b}$$

여기서, M_n : 공칭휨강도

C : 콘크리트가 저항할 수 있는 모멘트

d : 보의 유효춤(높이)

a : 등가직사각형 응력블록의 깊이

b : 보(부재)의 압축면의 유효폭(너비)

f_{ck} : 콘크리트의 설계기준 압축강도(MPa)

T : 철근이 저항할 수 있는 모멘트

A_{st} : 인장철근의 전체 단면적

f_y : 철근의 설계기준 항복강도(MPa)

A_{st}' : 압축철근의 전체 단면적

T' : 압축철근이 저항할 수 있는 모멘트

β_1 : 등가직사각형 응력블록과 관계된 계수

c : 보의 압축연단에서 중립축까지의 거리

8. 설계강도

① 단근 장방형 보

$$M_u = \phi M_n = \phi A_{st}f_y\left(d - \frac{a}{2}\right)$$

② 복근 장방형 보

$$M_u = \phi M_n = \phi(M_1 + M_2)$$

$$= \phi(A_{st} - A_{st}')f_y\left(d - \frac{a}{2}\right) + A_{st}'f_y(d - d')$$

여기서, M_u : 설계강도

M_n : 공칭휨강도

M_1 : 단근 직사각형 보가 부담할 수 있
는 모멘트

M_2 : 압축철근과 이에 해당하는 인장철
근이 부담할 수 있는 모멘트

A_{st} : 인장철근의 전체 단면적

f_y : 철근의 설계기준 항복강도(MPa)

d : 보의 유효춤(높이)

a : 등가직사각형 응력블록의 깊이

A_{st}' : 압축철근의 전체 단면적

d' : 보의 압축연단에서부터 압축철근의
중심까지의 거리

9. 균형철근비

$$\rho_b = \frac{0.85\eta f_{ck}}{f_y}\beta_1\left(\frac{c_b}{d}\right) = \frac{0.85\eta f_{ck}}{f_y}\beta_1\left(\frac{660}{660 + f_y}\right)$$

여기서, ρ_b : 균형철근비

f_{ck} : 콘크리트의 설계기준 압축강도(MPa)

f_y : 철근의 설계기준 항복강도(MPa)

β_1 : 등가직사각형 응력블록과 관계된 계수

c : 보의 압축연단에서 중립축까지의 거리

d : 보의 유효춤(높이)

10. 극한강도 설계법에 의한 인장철근량

$C = 0.85\eta f_{ck}ab$이고 $T = A_{st}f_y$이다. 그런데 평형변
형도의 상태이므로 $C = T$에 의해서

$0.85\eta f_{ck}ab = A_{st}f_y$

$\therefore A_{st} = \dfrac{0.85\eta f_{ck}ab}{f_y}$

여기서, C : 콘크리트의 압축력

T : 철근의 인장력

a : 등가직사각형 응력블록의 깊이

b : 보(부재)의 압축면의 유효폭(너비)

f_y : 철근의 설계기준 항복강도(MPa)

f_{ck} : 콘크리트의 설계기준 압축강도(MPa)

A_{st} : 인장철근의 전체 단면적

11. 인장철근의 최대 및 최소 철근비의 값

① 최대 철근비 : ρ_{max}는 철근이 먼저 파괴된 후 콘
크리트가 파괴될 수 있도록 연성파괴를 유도하기
위한 철근비로서 균형철근비 미만이고, 철근의
최소 허용변형률을 확보하기 위한 철근비이다.

$$\rho_{max} = \rho_b\rho_\varepsilon = 0.85\beta_1\frac{f_{ck}}{f_y}\frac{600}{600 + f_y}\frac{\varepsilon_c + \varepsilon_y}{\varepsilon_c + \varepsilon_t}$$

여기서, ρ_{max} : 최대 철근비

ρ_b : 균형철근비

ρ_ε : 최소 허용변형률을 확보하기 위한
철근비

f_{ck} : 콘크리트의 설계기준 압축강도(MPa)

f_y : 철근의 설계기준 항복강도(MPa)

ε_c : 콘크리트의 극한변형률(=0.003)

ε_y : 철근의 항복변형률$\left(= \dfrac{f_y}{E_s}\right)$

ε_t : 최소 허용변형률

② 휨부재의 최소 철근비 : 다음 ㉮, ㉯ 중 최대값
으로 한다.

㉮ $A_{st, min} = \dfrac{0.25\sqrt{f_{ck}}}{f_y}bd[\text{mm}^2]$

㉯ $A_{st, min} = \dfrac{1.4}{f_y}bd[\text{mm}^2]$

여기서, $A_{st, min}$: 휨부재의 최소 철근량

f_{ck} : 콘크리트의 설계기준 압축강도(MPa)

f_y : 철근의 설계기준 항복강도(MPa)

b : 보(부재)의 너비(폭)

d : 보(부재)의 유효깊이

12. 공칭강도와 설계강도의 관계

$$M_d = \phi M_n \geq M_u$$

즉 설계강도=강도저감계수×공칭강도≧소요강도
=하중계수×사용하중이다.

여기서, M_d : 설계모멘트의 강도

ϕ : 강도저감계수

M_n : 공칭강도

M_u : 소요강도

13. 띠철근기둥의 최대 설계축하중

① 중심축하중에 의한 최대 축하중

$$P = 0.85f_{ck}(A_g - A_{st}) + f_yA_{st}$$

② 편심하중에 의한 최대 축하중

    ⑦ 띠기둥

$$0.80P = 0.80[0.85f_{ck}(A_g - A_{st}) + f_y A_{st}]$$

    ⑭ 나선기둥

$$0.85P = 0.85[0.85f_{ck}(A_g - A_{st}) + f_y A_{st}]$$

③ 압축재의 설계식

    ⑦ 띠기둥

$$\phi P_n = 0.65 \times 0.80 \times [0.85f_{ck}(A_g - A_{st}) + f_y A_{st}]$$

    ⑭ 나선기둥

$$\phi P_n = 0.7 \times 0.85 \times [0.85f_{ck}(A_g - A_{st}) + f_y A_{st}]$$

여기서, P : 중심축하중에 의한 최대 축하중

    A_g : 기둥의 전단면적

    A_{st} : 주근의 총단면적

    f_{ck} : 콘크리트의 설계기준 압축강도(MPa)

    f_y : 철근의 설계기준 항복강도(MPa)

14. 철근콘크리트보의 전단강도 설계식

① 콘크리트에 의한 전단강도

    ⑦ 전단력과 휨모멘트만을 받는 부재의 경우

$$V_c = \frac{1}{6}\lambda\sqrt{f_{ck}}\,bd$$

    ⑭ 축방향 압축력을 받는 부재의 경우

$$V_c = \frac{1}{6}\left(1 + \frac{N_u}{14A_g}\right)\lambda\sqrt{f_{ck}}\,bd$$

여기서, V_c : 콘크리트에 의한 단면의 공칭전단강도

    λ : 경량콘크리트계수

    A_g : 전체 단면적

    f_{ck} : 콘크리트의 설계기준 압축강도(MPa)

    b : 보(부재)의 너비(폭)

    d : 보(부재)의 유효깊이

    N_u : 단면에서 계수전단력과 동시에 발생하는 단면에 수직한 크리프와 건조수축으로 인한 인장의 영향을 포함하는 계수축력(압축 : +, 인장 : -)

② 전단보강근의 전단강도

$$V_s = \frac{A_v f_y d}{s}$$

여기서, V_s : 전단보강근의 전단강도

    A_v : 전단철근의 단면적

    f_y : 철근의 항복강도

    d : 보(부재)의 유효깊이

    s : 늑근의 간격

③ 철근콘크리트보의 전단 설계에서 보가 지지할 수 있는 최대 전단력

$$V = 0.85(V_c + V_s)$$

여기서, V : 최대 전단력

    V_c : 콘크리트가 부담하는 전단력

$$\left(= \frac{1}{6}\lambda\sqrt{f_{ck}b_w d}\right)$$

    V_s : 전단철근이 부담하는 전단력

$$\left(= \frac{A_v f_y d}{s}\right)$$

15. 설계용 하중

$$U = 1.2D + 1.6L$$

여기서, U : 설계용 하중

    D : 고정하중

    L : 활하중

16. 철근의 정착

① 인장이형철근 및 이형철선의 정착길이의 최소값

$$l_{db} = \frac{0.6d_b f_y}{\lambda\sqrt{f_{ck}}}$$

$$l_d = 보정계수 \times l_{db}$$

(단, l_d는 항상 300[mm] 이상이어야 한다.)

여기서, l_{db} : 인장이형철근 및 이형철선의 기본 정착길이

    d_b : 철근, 철선 또는 프리스트레싱 강연선의 공칭지름(mm)

    f_y : 철근의 설계기준 항복강도(MPa)

    λ : 경량콘크리트계수

    f_{ck} : 콘크리트의 설계기준 압축강도(MPa)

    l_d : 인장이형철근 및 이형철선의 정착길이

② 압축이형철근의 정착

$$l_{db} = \frac{0.25d_b f_y}{\lambda\sqrt{f_{ck}}}$$

$$l_d = 보정계수 \times l_{db}$$

(단, l_{db}는 $0.043d_b f_y$ 이상이어야 하고, 항상 200[mm] 이상이어야 한다.)

여기서, l_{db} : 압축이형철근의 기본정착길이

    d_b : 철근, 철선 또는 프리스트레싱 강연선의 공칭지름(mm)

    f_y : 철근의 설계기준 항복강도(MPa)

λ : 경량콘크리트계수

f_{ck} : 콘크리트의 설계기준 압축강도(MPa)

l_d : 인장이형철근 및 이형철선의 정착길이

③ 갈고리의 소요정착길이

$$l_{hd} = \frac{0.24\beta d_b f_y}{\lambda \sqrt{f_{ck}}}$$

(단, l_{hd}은 항상 $8d_b$, 150[mm] 이상이어야 한다.)

여기서, l_{hd} : 표준갈고리를 갖는 인장이형철근 및 철선의 기본정착길이

d_b : 철근, 철선 또는 프리스트레싱 강연선의 공칭지름(mm)

f_y : 철근의 설계기준 항복강도(MPa)

β : 철근의 도막계수

λ : 경량콘크리트계수

f_{ck} : 콘크리트의 설계기준 압축강도(MPa)

17. 총처짐량(＝단기 처짐량＋장기 처짐량)

총처짐량

＝순간 탄성처짐＋장기 추가처짐

＝순간 탄성처짐＋(순간 탄성처짐×장기 추가처짐률)

여기서, 장기 추가처짐률(λ_Δ)＝$\dfrac{\xi}{1+50\rho'}$

ξ : 시간경과계수

ρ' : 압축철근비(단, 단근보에서는 0임)

구분	시간경과계수
3개월	1.0
6개월	1.2
12개월	1.5
5년 이상	2.0

Ⅱ 철골구조

1. 인장재의 유효 단면적

① 정렬배치의 경우

$$A_n = A - ndt$$

② 엇모(불규칙)배치의 경우

$$A_n = A - ndt + \sum \frac{s^2}{4g} t$$

여기서, A_n : 편심인장재의 유효 단면적

A : 전단면적

n : 접합재의 구멍개수

d : 리벳의 구멍직경

t : 판두께

s : 피치 또는 응력방향의 중심간격

g : 게이지 또는 게이지선 사이의 응력과 수직방향의 중심간격

2. 강구조 인장부재의 설계인장강도

① 총단면의 항복한계상태의 설계인장강도

$= \phi P_n = \phi F_y A_g$

② 유효순단면의 파단한계상태의 설계인장강도

$= \phi P_n = \phi F_y A_e$

∴ ①과 ② 중에서 작은 값을 택한다.

여기서, ϕ : 강도저감계수

P_n : 공칭인장강도

F_y : 항복강도

A_g : 부재의 총단면적

A_e : 유효순단면적

3. 플랜지 및 웨브에 대한 판두께비

$\lambda_f = \dfrac{b}{t_f}$, $\lambda_w = \dfrac{h}{t_w}$

여기서, λ_f : 플랜지의 판두께비

b : 플랜지의 너비(폭)

t_f : 플랜지의 두께

λ_w : 웨브의 판두께비

h : 웨브의 춤(높이)

t_w : 웨브의 두께

4. H형강 단면의 전소성모멘트의 값

$$M_p = F_y Z_p = F_y(A_c y_c + A_t y_t)$$

여기서, M_p : 전소성모멘트

F_y : 강재의 항복강도

Z_p : 보 단면의 소성탄성계수

A_c : 압축측 단면적

y_c : 압축측의 도심까지의 거리

A_t : 인장측 단면적

y_t : 인장측의 도심까지의 거리

5. 충전형 각형강관합성기둥의 강재비와 폭두께비

$$\rho_s = \frac{A_s}{A_g}, \ \lambda = \frac{h}{t_w}$$

여기서, ρ_s : 강재비

A_s : 강재의 단면적

A_g : 합성기둥의 전단면적

λ : 폭두께비

h : 기둥의 높이

t_w : 강관의 두께

6. 용접 시 목두께, 유효길이 및 유효단면적

$$a = \frac{\sqrt{2}}{2}s = 0.7s, \ l_e = l - 2s,$$

$$A_n = a l_e = 0.7s(l - 2s) \times 용접면의 수$$

여기서, a : 유효목두께

s : 모살치수

l_e : 용접의 유효길이

l : 용접길이

A_n : 용접의 유효단면적

Ⅲ 구조역학

■ 제1절 정정보

1. 보의 해석

(1) 단순보

① 1개의 수직인 집중 하중을 받을 때

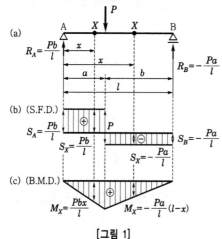

[그림 1]

㉮ 반력

　㉠ $\Sigma X = 0$에 의해서 수평 반력은 없다.

　㉡ $\Sigma Y = 0$에 의해서 $R_A - P + R_B = 0$ ······ (1)

　㉢ $\Sigma M_B = 0$에 의해서 $R_A l - Pb = 0$ ∴ $R_A = \frac{Pb}{l}$ (↑)

　$R_A = \frac{Pb}{l}$를 식 (1)에 대입하면, $\frac{Pb}{l} - P + R_B = 0$

　∴ $R_B = \frac{Pl - Pb}{l} = \frac{P(l-b)}{l} = \frac{Pa}{l}$ (↑)

④ 전단력

$\bigcirc$ $0 \leqq x \leqq a$ 일 때, $S_X = R_A = \dfrac{Pb}{l}$

$\bigcirc$ $a \leqq x \leqq l$ 일 때, $S_X = R_A - P = \dfrac{Pb}{l} - P = -\dfrac{P(l-b)}{l} = -\dfrac{Pa}{l}$

④ 휨모멘트

$\bigcirc$ $0 \leqq x \leqq a$ 일 때, $M_X = R_A x = \dfrac{Pbx}{l}$

$\bigcirc$ $a \leqq x \leqq l$ 일 때, $M_X = R_A x - P(x-a) = \dfrac{Pbx}{l} - P(x-a)$

② 등분포 하중을 받을 때

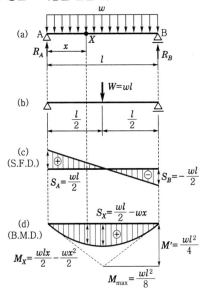

[그림 2]

㉮ 반력

$\bigcirc$ $\Sigma X = 0$에 의해서 수평 반력은 없다.

$\bigcirc$ $\Sigma Y = 0$에 의해서 $R_A - wl + R_B = 0$ …… (1)

$\bigcirc$ $\Sigma M_B = 0$에 의해서 $R_A l - \dfrac{Wl}{2} = 0$ $\therefore R_A = \dfrac{W}{2} = \dfrac{wl}{2}(\uparrow)$

$R_A = \dfrac{wl}{2}$ 을 식 (1)에 대입하면, $\dfrac{wl}{2} - wl + R_B = 0$

$\therefore R_B = wl - \dfrac{wl}{2} = \dfrac{wl}{2}(\uparrow)$

㉯ 전단력

$S_X = \dfrac{wl}{2} - wx$

㉰ 휨모멘트

$0 \leqq x \leqq l$ 일 때, $M_X = \dfrac{wlx}{2} - \dfrac{wx^2}{2}$

④ 최대 휨모멘트가 생기는 점과 그 값 : 최대 휨모멘트가 생기는 위치는 전단력이 0인 곳에서 발생하므로 전단력이 0인 곳은 다음 식에서 $S_X = \dfrac{wl}{2} - wx = 0$으로 하여 x 값을 구한다.

$$\therefore \ \frac{wl}{2} - wx = 0 \quad \therefore \ x = \frac{l}{2} \text{인 점이다.}$$

그런데 최대 휨모멘트는 $M_x = \dfrac{wlx}{2} - \dfrac{wx^2}{2}$ 에서

$$M_{\max} = M_{x=\frac{l}{2}} = \frac{wlx}{2} - \frac{wx^2}{2} = \frac{wl^2}{4} - \frac{wl^2}{8} = \frac{wl^2}{8} \text{ 이다.}$$

③ 등변분포 하중을 받을 때

㉮ 반력

　㉠ $\Sigma X = 0$에 의해서 수평 반력은 없다.

　㉡ $\Sigma Y = 0$에 의해서 $R_A - W + R_B = 0$ ······ (1)

　㉢ $\Sigma M_B = 0$에 의해서 $R_A l - W\dfrac{l}{3} = 0 \quad \therefore \ R_A = \dfrac{W}{3} = \dfrac{wl}{6}(\uparrow)$

$R_A = \dfrac{wl}{6}$ 을 식 (1)에 대입하면, $\dfrac{wl}{6} - \dfrac{wl}{2} + R_B = 0$

$$\therefore \ R_B = \frac{wl}{3}(\uparrow)$$

㉯ 전단력

$0 \le x \le l$ 일 때 $S_X = R_A - W_1 = \dfrac{wl}{6} - \dfrac{wx^2}{2l}$

㉰ 휨모멘트

$0 \le x \le l$ 일 때 $M_X = R_A x - \dfrac{W_1 x}{3} = \dfrac{wlx}{6} - \dfrac{wx^3}{6l} = \dfrac{w}{6l}(l^2 x - x^3)$

(2) 내민보

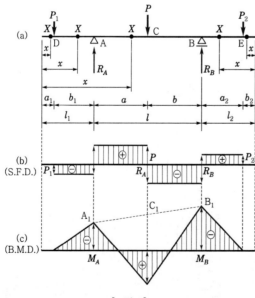

[그림 3]

① 수직인 집중 하중을 받을 때
  ㉮ 반력
    ㉠ $\Sigma X = 0$에 의해서 수평 반력은 없다.
    ㉡ $\Sigma Y = 0$에 의해서 $-P_1 + R_A - P + R_B - P_2 = 0$ ········ (1)
    ㉢ $\Sigma M_B = 0$에 의해서 $-P_1(b_1 + l) + R_A l - Pb + P_2 a_2 = 0$
    $$\therefore R_A = \frac{P_1(b_1 + l) + Pb - P_2 a_2}{l} (\uparrow)$$
    그런데 R_A 값을 식 (1)에 대입하면 계산이 복잡하므로 다음과 같은 방법을 이용한다.
    ㉣ $\Sigma M_A = 0$에 의해서 $-P_1 b_1 + Pa - R_B l + P_2(a_2 + l) = 0$
    $$\therefore R_B = \frac{P_2(a_2 + l) + Pa - P_1 b_1}{l} (\uparrow)$$
  ㉯ 전단력
    ㉠ $0 \le x \le a_1$ 일 때, $S_X = 0$
    ㉡ $a_1 \le x \le l_1$ 일 때, $S_X = -P_1$
    ㉢ $l_1 \le x \le l_1 + a$ 일 때, $S_X = -P_1 + R_A = -P_1 + \dfrac{[P_1(b_1 + l) + Pb - P_2 a_2]}{l}$

    그런데, 지금까지와 같이 점 F에서 임의 단면 X의 왼쪽 단면을 생각하면 복잡하므로, 점 G에서 임의 거리 x만큼 떨어진 단면 X의 전단력을 S_X라 하고, 단면의 오른쪽을 생각하면,
    ㉣ $l_2 \le x \le l_2 + b$ 일 때, $S_X = P_2 - R_B = P_2 - \dfrac{[P_2(a_2 + l) + Pa - P_1 b_1]}{l}$
    ㉤ $b_2 \le x \le l_2$ 일 때, $S_X = P_2$
    ㉥ $0 \le x \le b_2$ 일 때, $S_X = 0$
  ㉰ 휨모멘트
    ㉠ $0 \le x \le a_1$ 일 때, $M_X = 0$
    ㉡ $a_1 \le x \le l_1$ 일 때, $M_X = -P_1(x - a_1)$
    ㉢ $l_1 \le x \le l_1 + a$ 일 때, $M_X = -P_1(x - a_1) + R_A(x - l_1)$
    $$= -P_1(x - a_1) + [P_1(b_1 + l) + Pb - P_2 a_2]\frac{(x - l_1)}{l}$$
    ㉣ $l_2 \le x \le l_2 + b$ 일 때, $M_X = -P_2(x - b_2) + R_B(x - l_2)$
    ㉤ $b_2 \le x \le l_2$ 일 때, $M_X = -P_2(x - b_2)$
    ㉥ $0 \le x \le b_2$ 일 때, $M_X = 0$
② 등분포 하중을 받을 때
  ㉮ 반력
    ㉠ $\Sigma X = 0$에 의해서 수평 반력은 없다.
    ㉡ $\Sigma M_B = 0$에 의해서 $-w_1 l_1 \left(\dfrac{l_1}{2} + l \right) + R_A l - \dfrac{wl^2}{2} + \dfrac{w_2 l_2^2}{2} = 0$
    $$\therefore R_A = \frac{w_1 l_1 \left(\dfrac{l_1}{2} + l \right) + \dfrac{wl^2}{2} - \dfrac{w_2 l_2^2}{2}}{l} (\uparrow)$$
    ㉢ $\Sigma M_A = 0$에 의해서 $-\dfrac{w_1 l_1^2}{2} + \dfrac{wl^2}{2} - R_B l + w_2 l_2 \left(\dfrac{l_2}{2} + l \right) = 0$
    $$\therefore R_B = \frac{-\dfrac{w_1 l_1^2}{2} + \dfrac{wl^2}{2} + w_2 l_2 \left(\dfrac{l_2}{2} + l \right)}{l} (\uparrow)$$

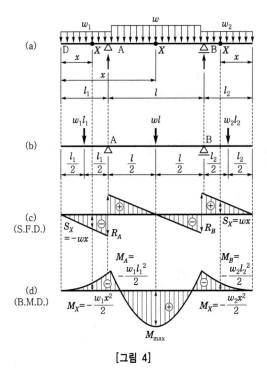

[그림 4]

㉯ 전단력

    ㉠ $0 \leq x \leq l_1$ 일 때, $S_X = -w_1 x$

    ㉡ $l_1 \leq x \leq l_1 + l$ 일 때, $S_X = -w_1 l_1 + R_A - w(x - l_1)$

그런데, 지금까지와 같이 점 D에서 임의의 단면 X의 왼쪽 단면을 생각하면 복잡하므로, 점 E에서 임의의 거리 x만큼 떨어진 단면 X의 전단력을 S_X라 하고, 단면의 오른쪽을 생각하면,

    ㉢ $0 \leq x \leq l_2$ 일 때, $S_X = w_2 x$

㉰ 휨모멘트

    ㉠ $0 \leq x \leq l_1$ 일 때, $M_X = -\dfrac{w_1 x^2}{2}$

    ㉡ $l_1 \leq x \leq l_1 + l$ 일 때, $M_X = -w_1 l_1 \left(x - \dfrac{l_1}{2} \right) + R_A (x - l_1) - \dfrac{w(x - l_1)^2}{2}$

그런데, 지금까지와 같이 점 D에서 임의 단면 X의 왼쪽 단면을 생각하면 복잡하므로, 점 E에서 임의의 거리 x만큼 떨어진 단면의 휨모멘트를 M_X라 하고, 단면의 오른쪽을 생각하면,

    ㉢ $0 \leq x \leq l_2$ 일 때, $M_X = -\dfrac{w_2 x^2}{2}$

(3) 게르버보

① 수직인 집중 하중을 받을 때

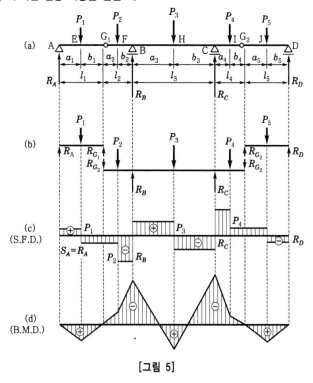

[그림 5]

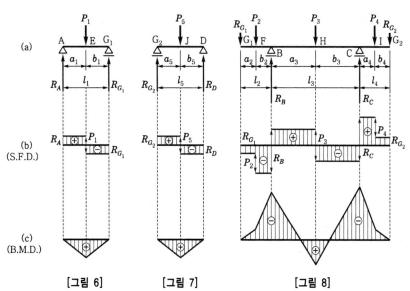

[그림 6] [그림 7] [그림 8]

⑦ 반력

　㉠ [그림 6(a)]와 같은 단순보(AG_1)의 반력을 구한다.

　　ⓐ $\Sigma Y = 0$에 의해서 $R_A - P_1 + R_{G_1} = 0$ ········ (1)

　　ⓑ $\Sigma M_{G_1} = 0$에 의해서 $R_A l_1 - P_1 b_1 = 0$ $\therefore R_A = \dfrac{P_1 b_1}{l_1}$ (↑)

　　따라서 $R_A = \dfrac{P_1 b_1}{l_1}$ 을 식 (1)에 대입하면 $R_{G_1} = \dfrac{P_1 a_1}{l_1}$ (↑)

　㉡ [그림 7(a)]와 같은 단순보($G_2 D$)의 반력을 구한다.

　　ⓐ $\Sigma Y = 0$에 의해서 $R_{G_2} - P_5 + R_D = 0$ ········ (1)

　　ⓑ $\Sigma M_D = 0$에 의해서 $R_{G_2} l_5 - P_5 b_5 = 0$ $\therefore R_{G_2} = \dfrac{P_5 b_5}{l_5}$ (↑)

　　따라서 $R_{G_2} = \dfrac{P_5 b_5}{l_5}$ 를 식 (1)에 대입하면, $R_D = \dfrac{P_5 a_5}{l_5}$ (↑)

　㉢ [그림 8(a)]와 같은 내민보($G_1 G_2$)의 반력을 구한다.

　　ⓐ $\Sigma X = 0$에 의해서 수평반력은 없다.

　　ⓑ $\Sigma M_C = 0$에 의해서 $-R_{G_1}(l_2 + l_3) - P_2(b_2 + l_3) + R_B l_3 - P_3 b_3 + P_4 a_4 + R_{G_2} l_4 = 0$이고,

　　　여기서, $R_{G_1} = \dfrac{P_1 a_1}{l_1}$, $R_{G_2} = \dfrac{P_5 b_5}{l_5}$ 이다.

　　　그러므로, $\dfrac{-P_1 a_1 (l_2 + l_3)}{l_1} - P_2(b_2 + l_3) + R_B l_3 - P_3 b_3 + P_4 a_4 + \dfrac{P_5 b_5 l_4}{l_5} = 0$

　　　$\therefore R_B = \dfrac{\left\{ \dfrac{P_1 a_1 (l_2 + l_3)}{l_1} + P_2(b_2 + l_3) + P_3 b_3 - P_4 a_4 - \dfrac{P_5 b_5 l_4}{l_5} \right\}}{l_3}$ (↑)

　　ⓒ $\Sigma M_B = 0$에 의해서 $R_{G_2}(l_3 + l_4) + P_4(a_4 + l_3) - R_C l_3 + P_3 a_3 - P_2 b_2 - R_{G_1} l_2 = 0Z$이고,

　　　여기서, $R_{G_1} = \dfrac{P_1 a_1}{l_1}$, $R_{G_2} = \dfrac{P_5 b_5}{l_5}$ 이다.

　　　그러므로, $\dfrac{P_5 b_5 (l_3 + l_4)}{l_5} + P_4(a_4 + l_3) - R_C l_3 + P_3 a_3 - P_2 b_2 - \dfrac{P_1 a_1 l_2}{l_1} = 0$

　　　$\therefore R_C = \dfrac{\left\{ \dfrac{P_5 b_5 (l_3 + l_4)}{l_5} + P_4(a_4 + l_3) + P_3 a_3 - P_2 b_2 - \dfrac{P_1 a_1 l_2}{l_1} \right\}}{l_3}$ (↑)

⑭ 전단력

　㉠ [그림 6(a)]와 같은 단순보(AG_1)의 전단력을 구한다.

　　ⓐ $0 \leq x \leq a_1$일 때, $S_X = R_A = \dfrac{P_1 b_1}{l_1}$

　　ⓑ $a_1 \leq x \leq l_1$일 때, $S_X = R_A - P_1 = \dfrac{P_1 b_1}{l_1} - P_1 = -\dfrac{P_1 a_1}{l_1} = -R_{G_1}$

ⓛ [그림 7(a)]와 같은 단순보(G_2D)의 전단력을 구한다.

    ⓐ $0 \leq x \leq a_5$일 때, $S_X = R_{G_2} = \dfrac{P_5 b_5}{l_5}$

    ⓑ $a_5 \leq x \leq l_5$일 때, $S_x = R_{G_2} - P_5 = \dfrac{P_5 b_5}{l_5} - P_5 = -\dfrac{P_5 a_5}{l_5} = -R_D$

ⓒ [그림 8(a)]와 같은 내민보(G_1G_2)의 전단력을 구하여 보자.

    ⓐ $0 \leq x \leq a_2$일 때, $S_X = -R_{G_1} = -\dfrac{P_1 a_1}{l_1}$

    ⓑ $a_2 \leq x \leq l_2$일 때, $S_X = -R_{G_1} - P_2 = -\dfrac{P_1 a_1}{l_1} - P_2$

    ⓒ $l_2 \leq x \leq l_2 + a_3$일 때, $S_X = -R_{G_1} - P_2 + R_B = -\dfrac{P_1 a_1}{l_1} - P_2 + R_B$

    ⓓ $l_2 + a_3 \leq x \leq l_2 + l_3$일 때, $S_X = -R_{G_1} - P_2 + R_B - P_3$

지금까지와 같이 점 G_1에서 임의의 단면 X의 왼쪽 단면을 생각하면 복잡하므로, 점 G_2에서 임의의 거리 x만큼 떨어진 단면 X의 전단력을 S_X라 하고, 단면의 오른쪽을 생각하면,

    ⓔ $b_4 \leq x \leq l_4$일 때, $S_X = R_{G_2} + P_4 = \dfrac{P_5 b_5}{l_5} + P_4$

    ⓕ $0 \leq x \leq b_4$일 때, $S_X = R_{G_2} = \dfrac{P_5 b_5}{l_5}$

㉿ 휨모멘트

  ⓞ [그림 6(a)]와 같은 단순보(AG_1)의 휨모멘트

    ⓐ $0 \leq x \leq a_1$일 때, $M_X = R_A x = \dfrac{P_1 b_1 x}{l_1}$

    ⓑ $a_1 \leq x \leq l_1$일 때, $M_X = R_A x - P_1(x - a_1) = \dfrac{P_1 b_1 x}{l_1} - P_1(x - a_1)$

  ⓛ [그림 7(a)]와 같은 단순보(G_2D)의 휨모멘트

    ⓐ $0 \leq x \leq a_5$일 때, $M_X = R_{G_2} x = \dfrac{P_5 b_5 x}{l_5}$

    ⓑ $a_5 \leq x \leq l_5$일 때, $M_X = R_{G_2} x - P_5(x - a_5) = \dfrac{P_5 b_5 x}{l_5} - P_5(x - a_5)$

ⓒ [그림 8(a)]와 같은 내민보(G_1, G_2)의 휨모멘트

    ⓐ $0 \leq x \leq a_2$일 때, $M_X = -R_{G_1} x = \dfrac{P_1 a_1 x}{l_1}$

    ⓑ $a_2 \leq x \leq l_2$일 때, $M_X = -R_{G_1} x - P_2(x - a_2)$

    ⓒ $l_2 \leq x \leq l_2 + a_3$일 때, $M_X = -R_{G_1} x - P_2(x - a_2) + R_B(x - l_2)$

    ⓓ $l_2 + a_3 \leq x \leq l_2 + l_3$일 때, $M_X = -R_{G_1} x - P_2(x - a_2) + R_B(x - l_2) - P_3(x - l_2 - a_3)$

지금까지와 같이 점 G_1에서 임의의 단면 X의 왼쪽 단면을 생각하면 복잡하므로, 점 G_2에서 임의의 거리 x만큼 떨어진 단면 X의 휨모멘트를 M_X라 하고, 단면의 오른쪽을 생각하면,

    ⓔ $b_4 \leq x \leq l_4$일 때, $M_X = -R_{G_2} x - P_4(x - b_4)$

    ⓕ $0 \leq x \leq b_4$일 때, $M_X = -R_{G_2} x$

2. 라멘의 해석

(1) 캔틸레버계 라멘

① 집중 하중을 받을 때

[그림 9(a)]와 같이 경사 하중 P가 작용할 때, 이 정정 라멘을 캔틸레버보로 고쳐서 풀이하는데, 그 하중과 캔틸레버보의 상태는 다음 그림과 같다(구조물의 우측 단면).

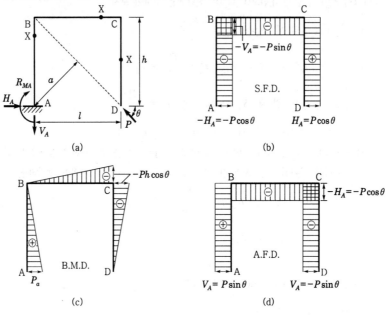

(a)
(b)
(c)
(d)

[그림 9]

㉮ 반력

㉠ $\Sigma X = 0$에 의해서 $-P\cos\theta + H_A = 0$ ∴ $H_A = P\cos\theta\,(\rightarrow)$

㉡ $\Sigma Y = 0$에 의해서 $-V_A + P\sin\theta = 0$ ∴ $V_A = P\sin\theta\,(\downarrow)$

㉢ $\Sigma M_A = 0$에 의해서 $-P\sin\theta \cdot l + R_{MA} = 0$ ∴ $R_{MA} = Pl\sin\theta\,(\curvearrowright)$

구분 \ 부재	CD 사이	BC 사이	AB 사이
하중 상태 (캔틸레버보의 상태)	C ─── D $P\cos\theta$ h $P\sin\theta$	B ─── C $Ph\cos\theta$ l $P\cos\theta$ $P\sin\theta$	A ─── B $P\sin\theta$ h $P\cos\theta$
전단력도 (S.F.D.)	$P\cos\theta$ ⊕	$P\sin\theta$ ⊖	$P\cos\theta$ ⊖
휨모멘트도 (B.M.D.)	$Ph\cos\theta$	$Ph\cos\theta$	Pa ⊕
축방향력도 (A.F.D.)	$P\sin\theta$ ⊖	$P\cos\theta$ ⊖	$P\sin\theta$ ⊕

※ P의 작용선과 만나는 점에서의 휨모멘트값은 0이다.

② 등분포 하중을 받을 때

[그림 10(a)]와 같이 CD 부재에 등분포 하중을 받을 때에 이 정정 라멘을 캔틸레버보로 고쳐서 풀이할 때 그 하중과 캔틸레버보의 상태는 다음 그림과 같다(구조물의 우측 단면).

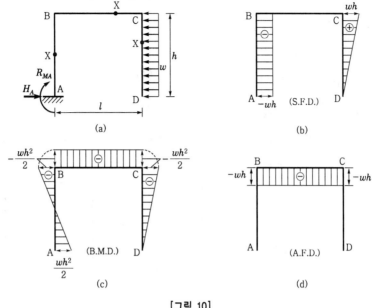

(a)

(b)

(c)

(d)

[그림 10]

㉮ 반력

　㉠ $\Sigma X = 0$에 의해서 $H_A + wh = 0$ ∴ $H_A = wh \ (\rightarrow)$

　㉡ $\Sigma Y = 0$에 의해서 $V_A = 0$

　㉢ $\Sigma M_A = 0$에 의해서 $-wh \cdot \dfrac{h}{2} + R_{MA} = 0$ ∴ $R_{MA} = \dfrac{wh^2}{2} \ (\curvearrowright)$

구분　　　　부재	CD 사이	BC 사이	AB 사이
하중 상태 (캔틸레버보의 상태)	$w[t/m]$　　h	$\dfrac{wh^2}{2}$　　l　wh	$\dfrac{wh^2}{2}$　　h　wh
전단력도 (S.F.D.)	wh		wh
휨모멘트도 (B.M.D.)	$\dfrac{wh^2}{2}$	$-\dfrac{wh^2}{2}$	
축방향력도 (A.F.D.)		wh	

(2) 단순보계 라멘

① 집중 하중을 받을 때

[그림 11(a)]와 같이 집중 하중이 작용할 때 이 정정 라멘을 풀면 다음과 같다.

㉮ 반력

　㉠ $\Sigma X = 0$에 의해서 $P - H_A = 0$ ∴ $H_A = P(\leftarrow)$

　㉡ $\Sigma Y = 0$에 의해서 $-V_A + V_B = 0$ ········ (1)

　㉢ $\Sigma M_A = 0$에 의해서 $Ph_1 - V_B l = 0$ ∴ $V_B = \dfrac{Ph_1}{l}(\uparrow)$

　　$V_B = \dfrac{Ph_1}{l}$ 을 식 (1)에 대입하면 $V_A = \dfrac{Ph_1}{l}(\downarrow)$

㉯ 단순보로 고쳐서 그 하중과 단순보의 상태를 살펴보면 다음 그림과 같다(구조물의 우측 단면을 생각하면).

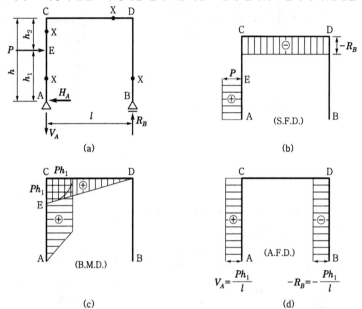

[그림 11]

구분 \ 부재	BD 사이	CD 사이	AC 사이
하중 상태 (단순보의 상태)	D　　B $\dfrac{Ph_1}{l}$	C　　D　$\dfrac{Ph_1}{l}$	A　P　C $\dfrac{Ph_1}{l}$
전단력도 (S.F.D.)	————	$\ominus$　$\dfrac{Ph_1}{l}$	$\oplus$　P
휨모멘트도 (B.M.D.)	————	Ph_1 $\oplus$	$\oplus$ Ph_1
축방향력도 (A.F.D.)	$\ominus$　$\dfrac{Ph_1}{l}$	————	$\oplus$　$\dfrac{Ph_1}{l}$

② 등분포 하중을 받을 때

[그림 12(a)]와 같이 BD 부분에 등분포 하중이 작용할 때 이 정정 라멘을 풀면 다음과 같다.

㉮ 반력

　㉠ $\Sigma X = 0$에 의해서 $H_A - wh = 0$ ∴ $H_A = wh\ (\rightarrow)$

　㉡ $\Sigma Y = 0$에 의해서 $V_A - V_B = 0$ ∴ $V_A = V_B$ ········· (1)

　㉢ $\Sigma M_A = 0$에 의해서 $V_B = -\dfrac{wh^2}{2l} + V_B l = 0$, $V_B = \dfrac{wh^2}{2l}$ 을 식 (1)에 대입하면 $V_A = \dfrac{wh^2}{2l}\ (\uparrow)$

㉯ 단순보로 고쳐서 그 하중과 단순보의 상태를 보면 다음 그림과 같다(구조물의 우측 단면을 생각하면).

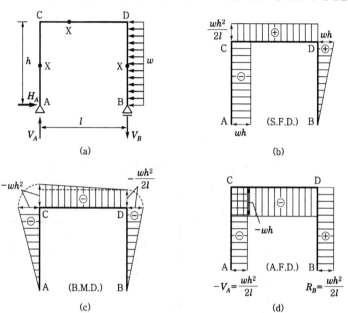

[그림 12]

구분 \ 부재	DB 사이	CD 사이	AC 사이
하중 상태 (단순보의 상태)	D —— $w[t/m]$ —— B	C —— $\dfrac{wh^2}{2l}$, D, wh, $\dfrac{wh^2}{2}$	A —— $\dfrac{wh^2}{2l}$, C, wh
전단력도 (S.F.D.)	wh	$\dfrac{wh^2}{2l}$	wh
휨모멘트도 (B.M.D.)	$\dfrac{wh^2}{2l}$	wh^2	wh^2
축방향력도 (A.F.D.)	$\dfrac{wh^2}{2l}$	wh	$\dfrac{wh^2}{2l}$

(3) 3활절 라멘

① 집중 하중을 받을 때

[그림 13(a)]와 같은 집중 하중이 작용할 때 이 3활절 라멘을 풀면 다음과 같다.

⑦ 반력

ㄱ $\Sigma X = 0$에 의해서 $H_A - H_B = 0$ $\therefore H_A = H_B$

ㄴ $\Sigma Y = 0$에 의해서 $V_A - P + V_B = 0$ $\cdots\cdots\cdots\cdots\cdots\cdots$ (1)

ㄷ $\Sigma M_A = 0$에 의해서 $Pa - V_B l = 0$ $\therefore V_B = \dfrac{Pa}{l}$ $(\uparrow)$

$V_B = \dfrac{Pa}{l}$ 를 식 (1)에 대입하면, $V_A - P + \dfrac{Pa}{l} = 0$

$\therefore V_A = P - \dfrac{Pa}{l} = \dfrac{P(l-a)}{l} = \dfrac{Pb}{l}$ $(\uparrow)$

ㄹ $M_G = 0$이므로 오른쪽 강구면을 생각하면

$-V_B \dfrac{l}{2} + H_B h = 0$ $\therefore H_B = \dfrac{V_B l}{2h}$ $(\rightarrow)$

그런데 $V_B = \dfrac{Pa}{l}$ 이므로, $H_B = \dfrac{Pa}{2h} = H_A$

④ 단순보로 고쳐서 그 하중과 단순보의 상태를 보면 다음 그림과 같다(구조물의 좌측 단면을 생각하면).

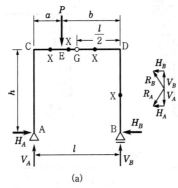

(a)

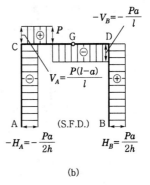

(b)

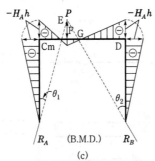

(c)

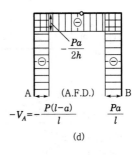

(d)

[그림 13]

구분＼부재	AC 사이	CD 사이	DB 사이
하중 상태	V_A H_A	$H_A h$ P H_A G_1 V_A	$H_B h$ H_B $P-V_A$ V_B H_A
전단력도 (S.F.D.)	$-H_A$	V_A $+$ $P-V_A=V_B$ $-$	$+$ H_A
휨모멘트도 (B.M.D.)	$H_A h$ $-$	$H_A h$ $-$ $+$ $H_B h$	$H_B h$ $-$
축방향력도 (A.F.D.)	$-$ $-V_A$	$-$ $-H_A$	$-$ $-V_B$

② 등분포 하중이 작용할 때

[그림 14(a)]와 같이 AC 부분에 등분포 하중이 작용할 때 이 정정 라멘을 풀면 다음과 같다.

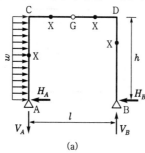

(a)

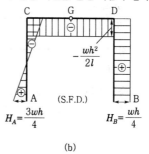

$H_A = \dfrac{3wh}{4}$　(S.F.D.)　$H_B = \dfrac{wh}{4}$

(b)

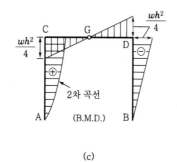

(B.M.D.)

(c)

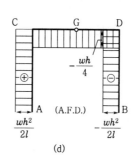

(A.F.D.)

(d)

[그림 14]

㉮ 반력

㉠ $\Sigma X = 0$ 에 의해서 $-H_A - H_B + wh = 0$ ······ (1)

㉡ $\Sigma Y = 0$ 에 의해서 $-V_A + V_B = 0$ ··············· (2)

㉢ $\Sigma M_A = 0$ 에 의해서 $wh \cdot \dfrac{h}{2} - V_B \cdot l = 0$ ∴ $V_B = \dfrac{wh^2}{2l}$ (↑)

∴ $V_B = \dfrac{wh^2}{2l}$ 을 식 (2)에 대입하면 $V_A = \dfrac{wh^2}{2l}$ (↓)

㉣ $M_G = 0$ 이므로 왼쪽 강구면을 생각하면,

$$-V_A \cdot \frac{l}{2} - wh \cdot \frac{h}{2} + H_A \cdot h = 0 \ . \ \text{그런데} \ V_A = \frac{wh^2}{2l} \ \text{이므로}$$

$$-\frac{wh^2}{2l} \cdot \frac{l}{2} - wh \cdot \frac{h}{2} + H_A \cdot h = 0 \quad \therefore \ H_A = \frac{3wh}{4} \ (\leftarrow)$$

$$\therefore \ H_A = \frac{3wh}{4} \ \text{를 식 (1)에 대입하면, } \ -\frac{3wh}{4} - H_B + wh = 0$$

$$\therefore \ H_B = \frac{wh}{4} \ (\leftarrow)$$

㉤ 단순보로 고쳐서 그 하중과 단순보의 상태를 보면 다음 그림과 같다(구조물의 좌측 단면을 생각하면).

구분 ＼ 부재	AC 사이	CD 사이	DB 사이
하중 상태	$\frac{wh^2}{2l}$ w $\frac{3wh}{4}$	$\frac{wh}{4}$ $\frac{wh^2}{4}$ $\frac{wh^2}{2l}$	$\frac{wh^2}{2l}$ $\frac{wh^2}{4}$ $\frac{wh}{4}$
전단력도 (S.F.D.)	$\frac{3wh}{4}$ ⊕ ⊖ $\frac{wh}{4}$	$\frac{wh^2}{2l}$ ⊖	$\frac{wh}{4}$ ⊕
휨모멘트도 (B.M.D.)	⊕ $\frac{wh^2}{4}$	$\frac{wh^2}{4}$ ⊕ ⊖	$\frac{wh^2}{4}$ ⊖
축방향력도 (A.F.D.)	$\frac{wh^2}{2l}$ ⊕	$\frac{wh}{4}$ ⊖	$\frac{wh^2}{2l}$ ⊖

■ 제2절 탄성체의 성질

1. 응력도와 변형도

(1) 응력도

① 응력의 정의 : 모든 물체는 외부로부터 힘을 받으면 그 내부에는 그 외력에 저항하려는 힘이 생기는데, 이 저항력을 외력에 대하여 내력 또는 응력이라 한다.

응력(σ) $= \dfrac{\text{하중}(P)}{\text{단면적}(A)}$ 이다.

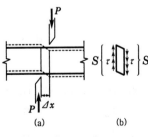

[그림 15]

② 응력의 종류

㉮ 수직 응력 : 단면에 수직으로 생기는 응력을 말한다. 수직 응력의 단위는 하중의 단위/면적의 단위로서 [MPa]이다.

④ 전단 응력

전단 응력도 / 기본 도형	최대 전단 응력도	평균 전단 응력도	k값
직사각형 (h, b, $\frac{h}{2}$, $\frac{h}{2}$, G)	$\tau_{\max} = \frac{3}{2} \times \frac{S}{bh}$ 도심축에서 최대	$\tau = \frac{S}{bh} = \frac{S}{A}$	$\frac{3}{2}$
원형 (D, r, r, G, $D=2R$)	$\tau_{\max} = \frac{1}{3} \times \frac{S}{\pi r^2}$	$\tau = \frac{S}{\pi r^3} = \frac{S}{A}$ $A = \pi r^3$	$\frac{4}{3}$
삼각형 (h, b, $\frac{h}{6}$, $\frac{h}{2}$, $\frac{h}{3}$, G)	$\tau_{\max} = \frac{3S}{bh}$ 도심축으로부터 $\frac{h}{6}$에서 최대	$\tau = \frac{2S}{bh} = \frac{S}{A}$ $A = \frac{bh}{2}$	$\frac{3}{2}$
마름모 ($\frac{h}{2}$, $\frac{h}{2}$, b, $\frac{h}{3}$, $\frac{h}{3}$, G)	$\tau_{\max} = \frac{9}{4} \times \frac{S}{bh}$ 도심축으로부터 $\frac{h}{8}$에서 최대	$\tau = \frac{2S}{bh} = \frac{S}{A}$ $A = \frac{bh}{2}$	$\frac{9}{8}$

$$\tau_{\max} = k \cdot \frac{S}{A}$$

여기서, A : 단면적, k : 단면 형상에 따른 평균 전단 응력도 $\frac{S}{A}$에 곱해지는 계수

⑤ 휨 응력 : 휨모멘트로 인하여 생기는 수직 응력을 말하고, 휨 응력의 크기$(\sigma_b) = \dfrac{M(\text{휨모멘트})}{Z(\text{단면계수})}$이고, 휨 응력의 단위는 하중의 단위/면적의 단위로서 [MPa]이다.

(2) 변형도

① 세로(길이) 변형도

막대기가 P인 인장력이나 압축력을 받으면, 이 막대기는 늘어나거나 줄어들 것이다. 이때 길이의 변화(인장력에 의하여 늘어나는 양 $\Delta l = l_1 - l > 0$, 또는 압축력에 의하여 줄어드는 양 $\Delta l = l_2 - l < 0$)를 세로 변형이라고 한다.

$\varepsilon(\text{세로 변형도}) = \dfrac{\Delta l(\text{변형된 세로길이})}{l(\text{원래 세로길이})}$이다.

② 가로 변형도

막대기의 굵기에 대한 변화(인장력에 의해서 가늘어진 양, 압축력에 의해서 굵어진 양)를 가로 변형(lateral strain)이라 하고,

$\beta(\text{가로 변형도}) = \dfrac{\Delta d(\text{변형된 가로길이})}{d(\text{원래 가로길이})}$이다.

③ 전단 변형

부재가 미소 거리 Δx의 양쪽에서 힘을 받아서 전단되면 그 사이에 끼여 있는 직사각형은 Δv만큼 내밀린다. 이 내밀린 양 Δv를 전단 변형이라 하고,

$\gamma(\text{전단 변형도}) = \dfrac{\Delta v(\text{직사각형의 내밀린 양})}{\Delta x(\text{힘이 작용한 미소 거리})}$이다.

④ 푸아송의 비와 수

㉮ 푸아송 비 : 가로 변형도(β)와 세로 변형도(ε)의 비는 탄성한도 이내에서는 재료마다 일정한 값을 가진다. 이 일정한 값을 푸아송 비라 하며 탄성한도 안에서 성립한다.

$$-\frac{1}{m} = \frac{\beta(\text{가로 변형도})}{\varepsilon(\text{세로 변형도})} = \frac{\frac{\Delta d}{d}}{\frac{\Delta l}{l}} = \frac{\Delta d \cdot l}{\Delta l \cdot d} \text{이 된다.}$$

㉯ 푸아송 수 : 푸아송 비의 역수이다.

$$\text{즉, } -m = \frac{\varepsilon(\text{세로 변형도})}{\beta(\text{가로 변형도})} = \frac{\frac{\Delta l}{l}}{\frac{\Delta d}{d}} = \frac{\Delta l \cdot d}{\Delta d \cdot l} \text{가 된다.}$$

(3) 탄성률

① 훅의 법칙과 탄성률

탄성한도 내에서는 응력과 변형도가 정비례한다는 것을 훅의 법칙이라고 하고

즉, $\frac{\text{응력}}{\text{변형도}} = $ 상수로 나타내며, 이 상수를 탄성률이라고 한다.

② 영률

탄성률의 일종이고, 수직 응력과 세로 변형도 사이의 비례 상수를 영률이라 하며, E로 나타낸다.

따라서, $\frac{\text{응력}}{\text{변형도}} = $ 상수(일정)의 식에서

$$E(\text{영률}) = \frac{\sigma(\text{응력도})}{\varepsilon(\text{변형도})} = \frac{\frac{P(\text{하중})}{A(\text{단면적})}}{\frac{\Delta l(\text{변형된 길이})}{l(\text{원래의 길이})}} = \frac{Pl}{A \cdot \Delta l} \text{이다.}$$

③ 전단 탄성률

전단 탄성률도 탄성률의 일종이고, 전단 응력과 전단 변형도 사이의 비례 상수를 전단 탄성률이라 하며, G로 나타낸다.

따라서, $G = \frac{\tau}{\gamma} = \frac{\frac{P}{A}}{\frac{\Delta v}{\Delta x}} = \frac{P \cdot \Delta x}{A \cdot \Delta v} \text{이다.}$

④ 부피 탄성률

부피 탄성률은 수직 응력도와 부피 변형도 사이의 탄성률이며, 이것을 K로 나타내면,

$$K = \frac{\sigma}{k} = \frac{\sigma}{\frac{\Delta V}{V}} = \frac{\sigma V}{\Delta V} \text{이다.}$$

2. 단면의 성질

(1) 단면 1차 모멘트와 단면의 도심

① X축에 대한 단면 1차 모멘트는 (전단 면적)×(X축에서 도심까지의 거리)이고, Y축에 대한 단면 1차 모멘트는 (전단 면적)×(Y축에서 도심까지의 거리)이다.

② 단면 도형의 도심을 지나는 좌표축(도심축)에 대한 단면 1차 모멘트는 0이 됨을 알 수 있다.

(2) 단면 2차 모멘트

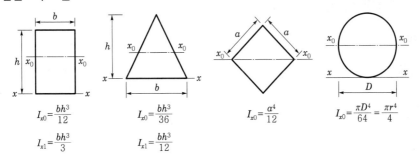

[그림 16]

(3) 단면 극2차 모멘트

단면과 같은 평면 위에서 서로 직교하는 두 축을 각각 X축, Y축이라 하고, 이 두 축이 만나는 점 O를 지나 이 단면에 수직한 축을 O라 하면, O축에 대한 단면 극2차 모멘트

$$I_{PZ} = \Sigma dA r^2 = \Sigma dA(x^2 + y^2) = \Sigma dA x^2 + \Sigma dA y^2 = I_X + I_Y$$

$$I_{PZ} = I_X + I_Y \ (일정)$$

따라서, 어떤 단면 내의 한 점을 교점으로 하고, 그 단면 내에서 서로 직교하는 두 축에 대한 단면 2차 모멘트의 합은 항상 일정하다.

(4) 단면 상승 모멘트

한 면적의 요소 dA에 X축 및 Y축에서 그 요소에 이르는 거리 y 및 x를 곱한 것을 X축, Y축에 대한 단면 상승 모멘트라 하고, 보통 J_{XY}로 나타낸다.

$$J_{XY} = \Sigma dA xy$$

(5) 단면 계수

① 도형의 위 끝에 대한 단면 계수

도형의 도심을 지나는 축(X축)에 대한 단면 2차 모멘트를 I_X라 하고, X축에서 도형의 위 끝까지의 거리를 y_1이라고 하면 $Z_1 = I_X / y_1$으로 주어지는 값 Z_1을 이 도형의 위 끝에 대한 단면 계수라고 한다.

② 도형의 아래 끝에 대한 단면 계수

도형의 도심을 지나는 축(X축)에 대한 단면 2차 모멘트를 I_X라 하고, X축에서 도형의 아래 끝까지의 거리를 y_2라고 하면 $Z_2 = I_X / y_2$로 주어지는 값 Z_2를 이 도형의 아래 끝에 대한 단면 계수라고 한다.

(6) 단면 2차 반경

단면 2차 반경은 면적 A인 도형의 도심축에 대한 단면 2차 모멘트를 I_X라 할 때, $i_X = \sqrt{\dfrac{I_X}{A}}$ 로 주어지는 i_X의 값을 이 도형의 X축에 대한 단면 2차 반경이라고 한다.

Ⅰ 전기설비

1. 전류와 전압

접속	직렬접속	병렬접속
합성 저항	$R=R_1+R_2+R_3[\Omega]$	$R=\dfrac{1}{\dfrac{1}{R_1}+\dfrac{1}{R_2}+\dfrac{1}{R_3}}[\Omega]$
전류	$I=\dfrac{V}{R}$ $=\dfrac{V}{R_1+R_2+R_3}[\text{A}]$ 전류가 일정	$I_1=\dfrac{V}{R_1},\ I_2=\dfrac{V}{R_2},$ $I_3=\dfrac{V}{R_3}$ $\therefore\ I=I_1+I_2+I_3$ $=\dfrac{V}{R_1}+\dfrac{V}{R_2}+\dfrac{V}{R_3}[\text{A}]$
전압	$V_1=IR_1,\ V_2=IR_2,$ $V_3=IR_3$ $\therefore\ V=V_1+V_2+V_3[\text{V}]$	$V=I_1R+I_2R+I_3R[\text{V}]$ 전압이 일정

2. 소비전력

$$P=VI=I^2R=\dfrac{V^2}{R}$$

∴ 소비전력은 전압의 제곱에 비례하고, 저항에 반비례한다.

여기서, P : 전력, V : 전압, I : 전류, R : 저항

3. 광속 등

$$F_0=\dfrac{EA}{UM}[\text{lm}],\ \ NF=\dfrac{EA}{UM}=\dfrac{EAD}{U}[\text{lm}]$$

여기서, F_0 : 총광속

E : 평균조도

A : 실내 면적

U : 조명률

M : 보수율 $\left(=$유지율$=\dfrac{1}{D}\right)$

N : 등의 소요개수

F : 1등당 광속

D : 감광보상률

4. 조도

$$\text{조도}=\dfrac{\text{광도}}{\text{거리}^2}$$

5. 전력부하

① 수용률$=\dfrac{\text{최대 수용전력(kW)}}{\text{수용(부하)설비용량(kW)}}\times100[\%]$

$\quad=0.4\sim1.0$

② 부등률$=\dfrac{\text{최대 수용전력의 합(kW)}}{\text{합성 최대 수용전력(kW)}}\times100[\%]$

$\quad=1.1\sim1.5$

③ 부하율$=\dfrac{\text{평균수용전력의 합(kW)}}{\text{최대 수용전력(kW)}}\times100[\%]$

$\quad=0.25\sim0.6$

6. 변압기의 전압

$$\dfrac{V_1}{V_2}=\dfrac{I_1}{I_2}=\dfrac{n_1}{n_2}$$

∴ 전압과 전류는 권수에 비례함을 알 수 있다.

여기서, V_1 : 1차 전압, V_2 : 2차 전압

$\quad\quad I_1$: 1차 전류, I_2 : 2차 전류

$\quad\quad n_1$: 1차 코일권수, n_2 : 2차 코일권수

Ⅱ 위생설비

1. 관의 마찰손실수두

① $h=\dfrac{P_1-P_2}{\gamma}=f\dfrac{l}{d}\dfrac{v^2}{2g}[\text{m}]$

여기서, h : 관의 마찰손실수두

$\quad\quad \gamma$: 비중량

$\quad\quad P_1-P_2$: 압력차

$\quad\quad f$: 관의 마찰계수

$\quad\quad l$: 관의 길이

$\quad\quad d$: 관의 직경

$\quad\quad v$: 유속

$\quad\quad g$: 중력가속도

② $h=\lambda\dfrac{l}{d}\dfrac{v^2}{2}\rho[\text{m}]$

여기서, h : 공기의 마찰손실수두

$\quad\quad \lambda$: 관의 마찰계수

$\quad\quad l$: 직관의 길이

$\quad\quad d$: 관의 직경

$\quad\quad v$: 관내 평균유속

$\quad\quad \rho$: 공기의 밀도

2. 유량(원형의 관)

$$Q = Av = \frac{\pi d^2}{4} v$$

여기서, Q : 유량

A : 단면적

v : 유속

d : 관의 직경

3. 급수량

$$Q = Aknq$$

여기서, Q : 1일 급수량

A : 건축물의 연면적

k : 건축물의 유효면적비율

n : 유효면적당 인원수

q : 1인 1일 급수량

4. 수도 본관의 압력

$$P_0 \geqq P + P_f + \frac{h}{100}$$

여기서, P_0 : 수도 본관의 압력

P : 기구의 필요압력

P_f : 본관에서 기구에 이르는 사이의 저항

h : 기구의 설치높이

5. 펌프의 축동력

펌프의 소요동력은 펌프의 축동력(펌프의 구동에 필요한 동력)에 여유율(전달효율)을 곱한 것이다.

$$L = P(1 + \alpha) = \frac{WQH}{6,120E}[\text{kW}] = \frac{WQH}{4,500E}[\text{HP}]$$

$$= \frac{mgH}{E}[\text{W} = \text{kg} \cdot \text{m}^2/\text{s}^3]$$

여기서, L : 펌프의 소요동력

P : 펌프의 축동력(kW) 또는 축마력(HP)

α : 여유율(0.1~0.2)

m : 양수량

g : 중력가속도

H : 양정(m)

E : 펌프의 효율(0.5~0.75)

W : 물의 단위용적당 중량(1,000kg/m³)

Q : 양수량(m³/min)

6. 원형관의 직경

$$Q = Av = \frac{\pi d^2}{4} v$$

$$\therefore d = \sqrt{\frac{4Q}{\pi v}}$$

여기서, Q : 유량, A : 단면적

v : 물의 유속, d : 관의 직경

Q : 양수량

7. 펌프의 유효흡입양정

$$\text{유효흡입양정(NPSH)} = \frac{P_a}{\gamma} \pm H_s - H_f - \frac{P_s}{\gamma}$$

여기서, P_a : 흡입수면의 압력(절대압력, kg/m²)

γ : 액체의 단위용적중량(kg/m³)

H_s : 흡입양정(m, 흡상 : −, 압입 : +)

H_f : 마찰손실수두(m)

P_s : 수온의 수압(kg/m²)

8. 열량

$$Q = cm\Delta t = c\rho V\Delta t$$

여기서, Q : 열량, c : 비열

m : 물체의 질량, Δt : 온도의 변화량

ρ : 밀도, V : 물체의 체적

9. 온도변화에 따른 체적팽창량

$$\Delta V = \left(\frac{1}{\rho_2} - \frac{1}{\rho_1}\right)V$$

여기서, ΔV : 온수의 팽창량

ρ_1 : 온도변화 전 물의 밀도

ρ_2 : 온도변화 후 물의 밀도

V : 장치 내 전수량

10. 가열코일의 단면적

$$S = \frac{Q(t_h - t_w)}{K(t_s - t_a)} = \frac{Q(t_h - t_w)}{K\left(t_s - \dfrac{t_h + t_c}{2}\right)}$$

여기서, S : 가열코일의 단면적

Q : 급탕량, t_h : 급탕온도

t_w : 급수온도, t_s : 증기온도

t_a : 급수온도와 급탕온도의 평균값

K : 열관류율

11. BOD 제거율

BOD 제거율

$$= \frac{\text{유입수의 BOD} - \text{방류(유출)수의 BOD}}{\text{유입수의 BOD}} \times 100[\%]$$

12. 혼합공기의 온도

열적 평행상태에 의해서 $m_1(t_1 - T) = m_2(T - t_2)$

$$\therefore T = \frac{m_1 t_1 + m_2 t_2}{m_1 + m_2}[\text{℃}]$$

여기서, T : 변화된(혼합) 공기의 건구온도

m_1 : 실내 공기의 양

m_2 : 실외 공기의 양

t_1 : 실내 공기의 건구온도

t_2 : 실외 공기의 건구온도

13. 벽체의 열관류율

열관류(열전달→열전도→열전달의 과정)의 산정 시 소요요소에는 실내측 표면열전달률, 실외측 표면 열전달률, 벽두께[m], 벽의 열전도율[W/m·K], 흙의 열전도율, 벽체 내부의 공간이 있을 때 열저항 및 흙의 두께 등이다.

① 한 면이 외기에 접했을 때

$$\frac{1}{K} = \frac{1}{\alpha_o} + \sum \frac{d}{\lambda} + \frac{1}{\alpha_i} + \frac{1}{c}$$

② 양면이 실내에 접했을 때

$$\frac{1}{K} = \frac{1}{\alpha_i} + \sum \frac{d}{\lambda} + \frac{1}{\alpha_i} + \frac{1}{c}$$

③ 한 면이 실내이고 다른 면이 지면에 접했을 때 (1층 바닥, 지하실의 벽, 바닥 등)

$$\frac{1}{K} = \frac{1}{\alpha_i} + \sum \frac{d}{\lambda} + \frac{d_e}{\lambda_e}$$

여기서, K : 벽체의 열관류율

α_i : 실내측 표면열전달률(W/m^2·K)

α_o : 실외측 표면열전달률(W/m^2·K)

d : 벽두께(m)

λ : 벽의 열전도율(W/m·K)

$\dfrac{1}{c}$: 벽체 내부의 공간이 있을 때 열저항

λ_e : 흙의 열전도율(=1.5[W/m·K])

d_e : 흙의 두께(1[m]로 함)

14. 벽체를 통한 관류열량

$$Q = k(t_1 - t_2)Ft[\text{W}]$$

여기서, Q : 벽체를 통한 관류열량

k : 단위시간에 1[m^2]를 1[℃]의 온도차가 있을 때 흐르는 열량

$t_1 - t_2$: 온도차(℃)

F : 벽의 면적(m^2)

t : 시간(h)

15. 절대습도, 상대습도

① 절대습도 $= \dfrac{\text{포화수증기의 분압} \times \text{상대습도}}{100}[\%]$

② 상대습도 $= \dfrac{\text{절대습도(수증기의 분압)}}{\text{포화수증기의 분압}} \times 100[\%]$

16. 전열손실량

$$H_L = KK_1 K_2 A \Delta t$$

여기서, H_L : 전열손실량

K : 열관류율

K_1 : 방위계수

K_2 : 천장의 높이에 따른 할증계수

A : 면적

Δt : 실내·외의 온도차

17. 열량(현열량, 현열부하)

$$Q = cm\Delta t = c\rho V\Delta t$$

여기서, Q : 열량

c : 비열

m : 물체의 질량

Δt : 온도의 변화량

ρ : 밀도

V : 물체의 체적

이때 물의 비열(어떤 물질 1[g]의 온도를 1[℃] 올리는 데 필요한 열량)은 1[cal/g·℃](4.2[kJ/kg·K]), 공기의 비열은 1.01[kJ/kg·K]이고, 1[W]=1[J/s]이므로 [W] 또는 [kW]로 바꾸기 위해서는 [kJ]을 [J]로, 시간[h]을 초[s]로 환산하여야 함에 유의해야 한다.

18. 현열비

$$\text{현열비} = \frac{\text{현열의 변화량}}{\text{전열(엔탈피, 현열 + 잠열)의 변화량}}$$

19. 필요(소요)환기량

$$Q = \frac{\text{유해가스 발생량}}{\text{유해가스허용농도}(P) - \text{급기 중의 가스농도}(P_s)}$$

$$= \frac{\text{실내에서의 } CO_2 \text{ 발생량}}{CO_2\text{의 허용농도} - \text{외기의 } CO_2\text{농도}}$$

$$= \frac{H}{C_p \gamma \Delta t} \, [\text{m}^3/\text{h}]$$

여기서, Q : 필요(소요)환기량

H : 손실열량

C_p : 정압비열

γ : 공기의 밀도

Δt : 온도의 변화량

20. 온수순환펌프의 순환수량

$$Q = cm\Delta t$$

$$\therefore m = \frac{Q}{c\Delta t}$$

여기서, Q : 열량

c : 비열

m : 물체의 질량

Δt : 온도의 변화량

이때 물의 비열은 1[cal/g · ℃](4.2[kJ/kg · K])이고 1[W]=1[J/s]이므로 [W] 또는 [kW]로 바꾸기 위해서는 [kJ]을 [J]로, 시간(h)을 초(s)로 환산하여야 함에 유의해야 한다.

21. 상당방열면적

상당방열면적(EDR)은 표준방열량(증기의 경우 650 [kcal/m² · h]=0.756[kW/m²], 온수의 경우 450 [kcal/m² · h]=0.523[kW/m²])을 내는 방열면이다.

① 증기의 상당방열면적 $= \dfrac{H[\text{kW}]}{0.756} = \dfrac{H[\text{kcal}]}{650} \, [\text{m}^2]$

② 온수의 상당방열면적 $= \dfrac{H[\text{kW}]}{0.523} = \dfrac{H[\text{kcal}]}{450} \, [\text{m}^2]$

여기서, H : 손실열량

22. 보일러의 출력

① 보일러의 전부하(정격출력)

　=난방부하+급탕 · 급기부하+배관부하+예열부하

② 보일러의 상용출력

　=보일러의 전부하(정격출력)−예열부하

　=난방부하+급탕 · 급기부하+배관부하

③ 보일러의 정미출력=난방부하+급탕 · 급기부하

23. 환산증발량

환산증발량은 상당 또는 기준증발량이라 한다. 실제 증발량(단위시간에 발생하는 증기량[kg/h]을 말하는 것으로, 사용하는 연료에 따라 다름)이 흡수한 전열량을 가지고 100[℃]의 온수에서 같은 온도의 증기로 할 수 있는 증발량을 말한다.

$$G_e = \frac{G_s(i_s - i_w)}{539}$$

여기서, G_e : 환산증발량(kg/h)

G_s : 실제 증발량(kg/h)

i_s : 실제의 증기엔탈피(kcal/kg)

i_w : 급수의 엔탈피(kcal/kg)

24. 엘리베이터의 수송능력

케이지정원의 80[%]가 승차하는 것으로 산정한다.

엘리베이터의 수송능력$(P) = \dfrac{0.8 \times \text{케이지정원 (명)}}{\text{평균일주시간 (초)}}$

예 5분간 수송인원은 60×5=300[초]이므로

$$P_5 = \frac{60 \times 5 \times 0.8 \times \text{케이지정원 (명)}}{\text{평균일주시간 (초)}}$$

PART 5. 건축관계법규

1. 반자높이

반자높이는 방의 바닥면으로부터 반자까지의 높이로 한다. 다만, 한 방에서 반자높이가 다른 부분이 있는 경우에는 그 각 부분의 반자면적에 따라 가중평균한 높이로 한다.

거실의 반자높이$= \dfrac{\text{실의 체적}}{\text{실의 면적}} = \dfrac{\text{실의 면적}}{\text{실의 길이}}$

또한 가중평균한 높이란 실의 체적을 실의 면적으로, 실의 면적을 실의 길이로 나누어 구하는 값을 의미한다.

2. 건축물의 바깥쪽으로의 출구의 유효너비의 합계

① 판매시설의 용도에 쓰이는 피난층에 설치하는 건축물의 바깥쪽으로의 출구의 유효너비의 합계는 해당 용도에 쓰이는 바닥면적이 최대인 층에 있어서의 해당 용도의 바닥면적 100[m^2]마다 0.6[m] 이상의 비율로 산정한 너비 이상으로 하여야 한다.

출구의 유효너비의 합계

$$= \frac{\text{최대층의 바닥면적}}{100[\text{m}^2]} \times 0.6[\text{m}] \text{ 이상}$$

② 문화 및 집회시설 중 공연장의 개별관람실(바닥면적이 300[m^2] 이상인 것)

출구의 유효너비의 합계

$$= \frac{\text{개별관람실의 면적}}{100[\text{m}^2]} \times 0.6[\text{m}] \text{ 이상}$$

3. 건폐율

건폐율이란 대지면적에 대한 건축면적(대지에 건축물이 둘 이상 있는 경우에는 이들 건축면적의 합계로 한다)의 비율을 말한다.

$$\text{건폐율} = \frac{\text{건축면적}}{\text{대지면적}}$$

4. 용적률

용적률이란 대지면적에 대한 연면적(대지에 건축물이 둘 이상 있는 경우에는 이들 연면적의 합계로 한다)의 비율을 말한다.

$$\text{용적률} = \frac{\text{연면적}}{\text{대지면적}}$$

단, 용적률 산정 시 연면적에서 제외되는 경우는 다음과 같다.

① 지하층의 면적

② 지상층의 주차용(해당 건축물의 부속용도인 경우만 해당)으로 쓰는 면적

③ 초고층 건축물과 준초고층 건축물에 설치하는 피난안전구역의 면적

④ 건축물의 경사지붕 아래에 설치하는 대피공간의 면적

5. 승용승강기의 설치대수

6층 이상의 거실면적의 합계 / 건축물의 용도	3,000 [m^2] 이하	3,000[m^2] 초과
문화 및 집회시설 (공연장·집회장 및 관람장), 판매시설, 의료시설	2대	2대$+\dfrac{\text{6층 이상의 거실면적의 합계}-3{,}000}{2{,}000}$대 이상
문화 및 집회시설 (전시장 및 동·식물원), 업무시설, 숙박시설, 위락시설	1대	1대$+\dfrac{\text{6층 이상의 거실면적의 합계}-3{,}000}{2{,}000}$대 이상
공동주택, 교육연구시설, 노유자시설, 그 밖의 시설	1대	1대$+\dfrac{\text{6층 이상의 거실면적의 합계}-3{,}000}{3{,}000}$대 이상

※ 승강기의 대수기준을 산정함에 있어 8인승 이상 15인승 이하 승강기는 위의 표에 의해 1대의 승강기로 보고, 16인승 이상의 승강기는 위의 표에 의해 2대의 승강기로 본다.

6. 비상용 승강기의 설치대수

비상용 승강기의 설치대수

$$= 1 + \frac{31[\text{m}]\text{를 넘는 각 층의 최대 바닥면적} - 1{,}500}{3{,}000} \text{대 이상}$$

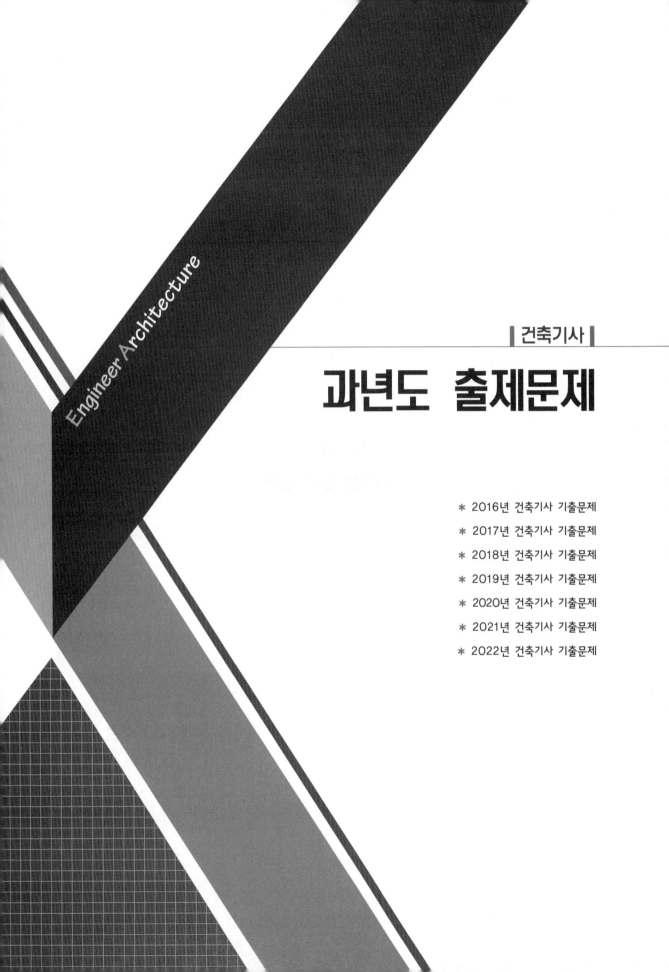

Engineer Architecture

| 건축기사 |

과년도 출제문제

제1과목 건축계획

01 다음 중 고대 로마건축에 관한 설명으로 옳지 않은 것은?

① 카라칼라 황제 욕장은 정사각형 안에 직사각형을 담은 배치를 취하였다.

② 바실리카 울피아는 신전 건축물로서 로마식의 광대한 내부 공간을 전형적으로 보여준다.

③ 콜로세움의 외벽은 도리스-이오니아-코린트 오더를 수직으로 중첩시키는 방식을 사용하였다.

④ 판테온은 거대한 돔을 얹은 로툰다와 대형 열주 현관이라는 두 주된 구성요소로 이루어진다.

해설 트라야누스 광장의 일부분인 바실리카 울피아(AD 112년)의 기능은 다양한 업무(상업, 법률 및 행정 등)를 위한 장소로 진보된 건축 형태인 교차 볼트나 배럴 볼트(콘스탄티누스 황제의 바실리카에서 사용)의 형태를 갖추지는 못하였고, 이후부터 볼트 구조가 사용되었다.

02 공장 건축의 레이아웃(layout)에 관한 설명으로 옳지 않은 것은?

① 제품 중심의 레이아웃은 대량생산에 유리하며 생산성이 높다.

② 레이아웃이란 생산품의 특성에 따른 공장의 건축면적 결정방식을 말한다.

③ 공정 중심의 레이아웃은 다종 소량 생산으로 표준화가 행해지기 어려운 주문생산에 적합하다.

④ 고정식 레이아웃은 조선소와 같이 조립 부품이 고정된 장소에 있고 사람과 기계를 이동시키며 작업을 행하는 방식이다.

해설 공장 건축의 레이아웃(평면배치)은 공장 사이의 여러 부분(작업장 안의 기계설비, 자재와 제품의 창고, 작업자의 작업구역 등)의 상호 위치 관계를 결정하는 것 또는 공장 건축의 평면요소 간의 위치 관계를 결정하는 것이다.

03 다음 중 주택의 동선계획에 관한 설명으로 틀린 것은?

① 동선은 가능한 한 굵고 짧게 한다.

② 동선의 형은 가능한 한 단순하게 한다.

③ 동선에는 공간이 필요하고 가구를 두지 않는다.

④ 화장실 등과 같이 사용 빈도가 높은 공간은 동선을 길게 처리한다.

해설 주택의 동선계획에 있어서 화장실과 같이 사용 빈도가 높은 공간은 동선을 짧게 처리한다.

04 다음 중 은행 건축계획에 관한 설명으로 옳지 않은 것은?

① 고객이 지나는 동선은 되도록 짧게 한다.

② 아이들이 많은 지역에서는 주출입구를 회전문으로 하지 않는 것이 좋다.

③ 야간금고는 가능한 한 주출입구 근처에 위치하도록 하며 조명시설이 완비되도록 한다.

④ 경비 및 관리의 능률상 은행 내 출입은 주 출입구 하나로 집약시키고 별도의 출입구는 설치하지 않는다.

해설 은행 건축에 있어서 출입구는 고객의 출입구와 행원의 출입구를 구분하여 설치한다.

05 오토 바그너(Otto Wagner)가 주장한 근대건축의 설계지침 내용으로 옳지 않은 것은?

① 경제적인 구조
② 그리스 건축양식의 복원
③ 시공재료의 적당한 선택
④ 목적을 정확히 파악하고 완전히 충족시킬 것

해설 오토 바그너의 근대건축 설계지침은 경제적인 구조, 시공재료의 적당한 선택 및 목적을 정확히 파악하고 완전히 충족시킬 것 등이다.

06 다음 중 주거공간의 효율을 높이고 데드 스페이스(dead space)를 줄이는 방법과 가장 거리가 먼 것은?

① 유닛 가구를 활용한다.
② 가구와 공간의 치수체계를 통합한다.
③ 기능과 목적에 따라 독립된 실로 계획한다.
④ 침대, 계단 밑 등을 수납공간으로 활용한다.

해설 기능과 목적에 따라 독립된 실을 계획하면 연결 복도의 증가로 인하여 데드 스페이스가 증가한다.

07 다음 중 사무소 건축의 기준층 평면형태의 결정요소와 가장 거리가 먼 것은?

① 엘리베이터 대수
② 방화구획상 면적
③ 구조상 스팬의 한도
④ 자연광에 의한 조명한계

해설 고층 사무소 건축의 기준층 평면형태를 한정하는 요소는 구조상 스팬의 한도, 동선상의 거리, 자연경관의 한계, 자연광에 의한 조명한계, 덕트, 배선, 배관 등 설비 시스템상의 한계, 방화구획상 면적, 채광조건, 공용시설 및 비상시설 등이다. 도시 경관의 배려, 사무실 내의 작업능률, 대피상 최소 피난거리 및 엘리베이터 대수와는 무관하다.

08 미술관 건축계획에 관한 설명으로 옳지 않은 것은?

① 미술관은 이용하기에 편리한 도심지에 위치하는 것이 좋다.
② 미술관의 연속순회형식은 연속된 전시실의 한쪽 복도에 의해서 각 실을 배치한 형식이다.
③ 디오라마 전시란 전시물을 부각시켜 관람객에게 현장감을 부여하는 입체적인 수법을 말한다.
④ 2층 이상의 층은 일반적으로 전시실로는 부적당하나 뉴욕 근대미술관은 이러한 개념을 타파하였다.

해설 전시실의 순회형식 중 연속순로형식은 구형 또는 다각형의 각 전시실의 동선을 연속적으로 형성하는 형식이고, 갤러리 및 복도형식은 연속된 전시실의 한쪽 복도에 의해서 각 실을 배치한 형식이다.

09 학교 교사의 배치 형식 중 분산병렬형에 관한 설명으로 옳지 않은 것은?

① 구조계획이 간단하다.
② 일종의 핑거 플랜(finger plan)이다.
③ 교실의 환경조건을 균등하게 할 수 없다는 단점이 있다.
④ 각 교사 건축물 사이의 공간을 놀이터나 정원으로 이용할 수 있다.

해설 학교의 배치방법 중 분산병렬형은 일조, 통풍 등 "교실의 환경조건이 균등하다"는 장점이 있다.

10 도서관의 출납시스템 중 열람자는 직접 서가에 면하여 책의 체제나 표지 정도는 볼 수 있으나 내용을 보려면 관원에게 요구하여 대출기록을 남긴 후 열람하는 형식은?

① 폐가식   ② 반개가식
③ 안전개가식   ④ 자유개가식

해설 도서관의 출납시스템 중 반개가식은 열람자가 직접 서가에 면하여 책의 체제나 표지 정도는 볼 수 있으나 내용을 보려면 관원에게 요구하여 대출 기록을 남긴 후 열람하는 형식이다.

11 클로즈드시스템(closed system)의 종합병원에서 외래진료부 계획에 관한 설명으로 옳지 않은 것은?

① 환자의 이용이 편리하도록 2층 이하에 두도록 한다.
② 부속 진료시설을 인접하게 하여 이용이 편리하게 한다.
③ 중앙주사실, 약국은 정면 출입구에서 멀리 떨어진 곳에 둔다.
④ 외과 계통 각 과는 1실에서 여러 환자를 볼 수 있도록 대실로 한다.

해설 클로즈드시스템(closed system)은 중앙주사실, 약국은 정면출입구에 근접한 곳에 둔다.

12 페리의 근린주구이론의 내용으로 옳지 않은 것은?

① 주민에게 적절한 서비스를 제공하는 1~2개소 이상의 상점가를 주요 도로의 결절점에 배치하여야 한다.
② 내부 가로망은 단지 내의 교통량을 원활히 처리하고 통과교통에 사용되지 않도록 계획되어야 한다.
③ 근린주구의 단위는 통과교통이 내부를 관통하지 않고 용이하게 우회할 수 있는 충분한 넓이의 간선도로에 의해 구획되어야 한다.
④ 근린주구는 하나의 중학교가 필요하게 되는 인구에 대응하는 규모를 가져야 하고, 그 물리적 크기는 인구밀도에 의해 결정되어야 한다.

해설 페리의 근린주구이론에서 근린주구는 하나의 초등학교를 필요로 하는 인구에 대응하는 규모를 가져야 하고, 그 물리적인 크기는 인구밀도에 의해 결정되어야 한다.

13 사무소 건축의 실단위계획 중 개방식 배치에 관한 설명으로 옳은 것은?

① 독립성과 쾌적감의 이점이 있다.
② 조명은 자연채광만으로 이루어지며 별도의 인공조명은 필요 없다.
③ 방길이에는 변화를 줄 수 있으나 방깊이에는 변화를 줄 수 없다.
④ 개방식 배치에 있어 불리한 점은 소음으로, 소음경감에 대한 고려가 필요하다.

해설 ①항은 독립성과 쾌적감에서 단점이 있고, ②항은 조명은 자연채광과 함께 보조 조명으로 인공조명을 사용하며, ③항은 방길이와 방깊이에 변화를 줄 수 있다.

14 르 코르뷔지에(Le Corbuiser)가 주장한 건축 5대 원칙에 속하지 않는 것은?

① 필로티
② 모듈러
③ 옥상정원
④ 자유로운 평면

해설 르 코르뷔지에는 현대건축과 구조를 설계하는 데 기본이 되는 5대 원칙(필로티, 골조와 벽의 기능적 독립, 자유로운 평면, 자유로운 파사드 및 옥상정원 등)을 주장했다.

15 사무소 건축의 엘리베이터 계획에 관한 설명으로 옳지 않은 것은?

① 군 관리운전의 경우 동일 군 내의 서비스층은 같게 한다.
② 승객의 층별 대기시간은 평균 운전간격 이하가 되게 한다.
③ 실내공간의 확장을 용이하게 할 수 있도록 건축물의 한쪽 끝에 설치한다.
④ 초고층, 대규모 빌딩인 경우는 서비스 그룹을 분할(조닝)하는 것을 검토한다.

해설 사무소 건축의 엘리베이터 배치는 주 출입구, 홀에 면해서 1개소에 집중 배치하고, 외래객에게 잘 알려진 곳에 배치하여야 한다.

11.③ 12.④ 13.④ 14.② 15.③

16-3

★16 호텔의 건축계획에 관한 설명으로 옳지 않은 것은?

① 객실의 크기는 대지나 건물의 형태에 영향을 받지 않는다.

② 기준층의 객실수는 기준층의 면적이나 기둥 간격의 구조적인 문제에 영향을 받는다.

③ 로비는 퍼블릭 스페이스의 중심으로 휴식, 면회, 담화, 독서 등 다목적으로 사용되는 공간이다.

④ 주식당(main dining room)은 숙박객 및 외래객을 대상으로 하며 외래객이 편리하게 이용할 수 있도록 출입구를 별도로 설치한다.

해설 호텔 객실의 크기는 대지나 건물의 형태에 따라 달라지고, 기준층의 객실수는 구조적인 문제(기준층의 면적이나 기둥의 간격 등)에 영향을 받는다.

17 공동주택단지 안의 도로의 설계속도는 최대 얼마 이하가 되도록 하여야 하는가?

① 10km/h ② 15km/h
③ 20km/h ④ 30km/h

해설 주택건설기준 등에 관한 규정 제26조 ③항의 규정에 의하여 공동주택단지 안의 도로는 유선형 도로로 설계하거나, 노면의 요철 포장 또는 과속방지턱의 설치 등을 통하여 도로의 설계속도(도로설계의 기초가 되는 속도)가 20km/h 이하가 되도록 하여야 한다.

18 장애인·노인·임산부 등을 위한 편의시설은 매개시설, 내부시설, 위생시설, 안내시설 등으로 구분할 수 있다. 다음 중 매개시설에 속하는 것은?

① 점자블록
② 장애인 전용주차구역
③ 장애인 등의 통행이 가능한 복도
④ 시각 및 청각장애인 경보·피난설비

해설 장애인·노인·임산부 등의 편의증진보장에 관한 법 시행령 (별표 2)의 규정에 의하여 ①항과 ④항의 점자블록과 시각 및 청각 장애인 경보·피난설비는 안내시설이고, ②항의 장애인 전용주차구역은 매개시설이며, ③항의 장애인 등의 통행이 가능한 복도는 내부시설이다.

★19 다음은 객석의 가시거리에 관한 설명이다. ( ) 안에 알맞은 것은?

연극 등을 감상하는 경우 연기자의 표정을 읽을 수 있는 가시한계는 (㉮) 정도이다. 그러나 실제적으로 극장에서는 잘 보여야 되는 동시에 많은 관객을 수용해야 하므로 (㉯)까지를 제1차 허용한도로 한다.

① ㉮ 10m, ㉯ 22m
② ㉮ 15m, ㉯ 22m
③ ㉮ 10m, ㉯ 25m
④ ㉮ 15m, ㉯ 25m

해설 연극 등을 감상하는 경우 연기자의 표정을 읽을 수 있는 가시한계는 15m 정도이다. 그러나 실제적으로 극장에서는 잘 보여야 되는 동시에 많은 관객을 수용해야 하므로 22m까지를 제1차 허용한도로 한다.

★20 한식주택과 양식주택에 관한 설명으로 옳지 않은 것은?

① 양식주택은 입식생활이며, 한식주택은 좌식생활이다.

② 양식주택의 실은 단일 용도이며, 한식주택의 실은 혼용도이다.

③ 양식주택은 실의 위치별 분화이며, 한식주택은 실의 기능별 분화이다.

④ 양식주택의 가구는 주요한 내용물이며, 한식주택의 가구는 부차적 존재이다.

해설 한식, 양식주택의 비교에서 양식주택은 기능별 분화이고, 한식주택은 위치별 분화이다.

제2과목 건축시공

★21 건축물의 터파기공사 시 실시하는 계측의 항목과 계측기를 연결한 것으로 옳지 않은 것은?

① 지하수의 수압 - 트랜싯
② 흙막이벽의 측압, 수동토압 - 토압계
③ 흙막이벽의 중간부 변형 - 경사계
④ 흙막이벽의 응력 - 변형계

정답 16.① 17.③ 18.② 19.② 20.③ 21.①

[해설] 지하수위의 측정에는 water level meter를 사용하고, 트랜싯(수평축과 수직축 둘레에 자유로이 회전하는 망원경과 분도원으로 되어 있어 수평각과 수직각을 측정하며, 지형 및 토목 측량에 사용하는 측량기기)은 지형 및 토목측량에 사용한다.

★
22 도료의 원료로 사용되는 천연수지에 해당되지 않는 것은?

① 로진(rosin)

② 셸락(shellac)

③ 코펄(copal)

④ 알키드 수지(alkyd resin)

[해설] 도료의 원료로 사용되는 수지에는 천연수지(로진, 댐머, 코펄, 셸락, 앰버 및 에스테르 고무 등)와 합성수지(알키드, 페놀, 에폭시, 아크릴, 폴리우레탄 수지 등) 등이 있다.

★
23 콘크리트 시공 시 진동다짐에 관한 설명으로 옳지 않은 것은?

① 진동의 효과는 봉의 직경, 진동수 등에 따라 다르다.

② 안정되어 엉기거나 굳기 시작한 콘크리트라도 콘크리트의 표면에 페이스트가 엷게 떠오를 때까지 진동기를 사용하여야 한다.

③ 진동기를 인발할 때에는 진동을 주면서 천천히 뽑아 콘크리트에 구멍을 남기지 말아야 한다.

④ 고강도콘크리트에서는 고주파 내부 진동기가 효과적이다.

[해설] 응결(시멘트에 적당한 양의 물을 부어 뒤섞은 시멘트풀은 천천히 점성이 늘어남에 따라 유동성이 점차 없어져 굳어지는 상태)이 시작된 콘크리트는 진동을 삼가야 하고, 콘크리트에 구멍이 나지 않도록 서서히 뽑아 올린다.

★
24 토공사를 수행할 경우 주의해야 할 현상으로 가장 거리가 먼 것은?

① 파이핑(piping) ② 보일링(boiling)

③ 그라우팅(grouting) ④ 히빙(heaving)

[해설] 토공사를 수행할 경우, 주의해야 할 사항으로는 파이핑, 보일링 및 히빙 등이 있고, 그라우팅은 압력을 가하여 그라우트(시멘트 · 다량의 물 · 때로는 혼화제 · 모래 등을 섞어서 만든 것으로 보통 PC부재의 조인트에 주입함)를 주입하는 일이다.

25 보통 창유리의 특성 중 투과에 관한 설명으로 옳지 않은 것은?

① 투사각 0도일 때 투명하고 청결한 창유리는 약 90%의 광선을 투과한다.

② 보통의 창유리는 많은 양의 자외선을 투과시키는 편이다.

③ 보통 창유리도 먼지가 부착되거나 오염되면 투과율이 현저하게 감소한다.

④ 광선의 파장이 길고 짧음에 따라 투과율이 다르게 된다.

[해설] 보통 창유리는 산화제일철이 들어 있으므로 자외선을 거의 투과시키지 못하며, 산화제이철을 산화제일철로 환원시킨 자외선 투과유리는 자외선을 잘 투과시킨다.

★
26 다음 벽돌쌓기공사에 관한 설명으로 옳지 않은 것은?

① 가로 및 세로줄눈의 너비는 도면 또는 공사시방서에 정한 바가 없을 때에는 20mm를 표준으로 한다.

② 벽돌쌓기는 도면 또는 공사시방서에서 정한 바가 없을 때에는 영식 쌓기 또는 화란식 쌓기로 한다.

③ 세로줄눈의 모르타르는 벽돌 마구리면에 충분히 발라 쌓도록 한다.

④ 하루의 쌓기 높이는 1.2m(18켜 정도)를 표준으로 하고, 최대 1.5m(22켜 정도) 이하로 한다.

[해설] 벽돌쌓기공사에서 가로 및 세로 줄눈의 너비는 도면 또는 공사시방서에 정한 바가 없을 때에는 10mm를 표준으로 한다.

★
27 백화현상에 대한 설명으로 옳지 않은 것은?

① 시멘트는 수산화칼슘의 주성분인 생석회 (CaO)의 다량 공급원으로서 백화의 주된 요인이다.

② 백화현상은 미장 표면뿐만 아니라 벽돌 벽체, 타일 및 착색 시멘트 제품 등의 표면에도 발생한다.

③ 겨울철보다 여름철의 높은 온도에서 백화 발생 빈도가 높다.

④ 배합수 중에 용해되는 가용 성분이 시멘트 경화체의 표면 건조 후 나타나는 현상을 백화라 한다.

해설
백화현상(콘크리트나 벽돌을 시공한 후 흰가루가 돋아나는 현상)은 높은 온도의 여름철보다 기온이 낮아 응결과 경화가 늦은 겨울철에 모르타르의 석회분이 유출되어 공기 중의 탄산가스와 벽체 중의 유황분과 결합하므로 발생빈도가 높다.

28 통합품질관리 TQC(Total Quality Control)를 위한 도구에 관한 설명으로 옳지 않은 것은?

① 파레토도란 층별 요인이나 특성에 대한 불량점유율을 나타낸 그림으로서 가로축에는 층별 요인이나 특성을, 세로축에는 불량건수나 불량손실금액 등을 표시하여 그 점유율을 나타낸 불량해석도이다.

② 특성요인도란 문제로 하고 있는 특성과 요인 간의 관계, 요인 간의 상호관계를 쉽게 이해할 수 있도록 화살표를 이용하여 나타낸 그림이다.

③ 히스토그램이란 모집단에 대한 품질특성을 알기 위하여 모집단의 분포상태, 분포의 중심위치, 분포의 산포 등을 쉽게 파악할 수 있도록 막대그래프 형식으로 작성한 도수분포도를 말한다.

④ 관리도란 통계적 요인이나 특성에 대한 두 변량 간의 상관관계를 파악하기 위한 그림으로서 두 변량을 각각 가로축과 세로축에 취하여 측정값을 타점하여 작성한다.

해설
④항은 산점도(산포도)에 대한 설명이고, 관리도는 공정의 상태를 나타내는 특정치를 그린 그래프로서 공정을 관리(안전)상태로 유지하기 위하여 사용하는 품질 관리의 7가지 기법 중 하나이다.

29 8개월간 공사하는 어느 공사 현장에 필요한 시멘트량이 2,397포이다. 이 공사 현장에 필요한 시멘트 창고면적으로 적당한 것은? (단, 쌓기 단 수는 13단)

① 24.6m²
② 54.2m²
③ 73.8m²
④ 98.5m²

해설

$$A(\text{시멘트의 창고면적}) = 0.4 \times \frac{\text{시멘트의 포대 수}}{\text{쌓기 단 수}}$$

이다.

그런데, 시멘트의 포대 수는 600포대 이하인 경우에는 저장 포대 수로, 600포대 이상 1,800포대 이하인 경우에는 600포대, 1,800포대를 초과하는 경우에는 저장 포대 수의 1/3로 한다. 그러므로, 시멘트의 포대 수는 2,397포대의 1/3로 하고, 쌓기 단 수는 13단으로 한다. 그러므로,

$$A = 0.4 \times \frac{\text{시멘트의 포대 수}}{\text{쌓기 단 수}} = 0.4 \times \frac{2{,}397 \times \frac{1}{3}}{13}$$
$$= 24.583 \text{m}^2 \text{이다.}$$

30 입찰참가 사전자격심사(pre-qualification)에 관한 설명으로 옳지 않은 것은?

① 공사입찰 시 참가자의 기술능력, 관리 및 경영상태 등을 종합 평가한다.

② 공사입찰 시 입찰자로 하여금 산출내역서를 제출하도록 한 입찰제도이다.

③ 댐, 지하철, 고속도로 등의 토목 대형공사에 주로 적용된다.

④ 부실공사를 방지하기 위한 수단이다.

해설
입찰참가자격 사전심사제도(pre-qualification)는 공공 공사 입찰에 있어서 입찰 전에 입찰참가자격을 부여하기 위한 사전심사제도로서 발주자가 각 건설업자의 시공능력을 정확히 파악하여 그 능력에 상응하는 수주기회를 부여하는 제도이다.

31 아스팔트 방수공사에 관한 설명 중 틀린 것은?

① 아스팔트의 용융 중에는 최소한 30분에 1회 정도로 온도를 측정하며, 접착력 저하 방지를 위하여 200℃ 이하가 되지 않도록 한다.

② 한랭지에서 사용되는 아스팔트는 침입도 지수가 적은 것이 좋다.

③ 지붕방수에는 침입도가 크고 연화점(軟化点)이 높은 것을 사용한다.

④ 아스팔트 용융 솥은 가능한 한 시공장소와 근접한 곳에 설치한다.

해설 한랭지에 사용하는 아스팔트의 품질은 4종으로 침입도(25℃, 100g, 5sec)는 30~50을, 침입도 지수는 6 이상으로 가장 높고, 연화점이 낮은 것을 사용한다.

32 철골부재의 공장제작 시 대략적인 작업순서를 옳게 나열한 것은?

① 원척도→본뜨기→금매김→절단 및 가공→구멍뚫기→가조립→본조립→검사

② 본뜨기→원척도→금매김→절단 및 가공→구멍뚫기→가조립→본조립→검사

③ 원척도→금매김→본뜨기→절단 및 가공→구멍뚫기→가조립→본조립→검사

④ 원척도→본뜨기→금매김→구멍뚫기→절단 및 가공→가조립→본조립→검사

해설 철골공사의 공장제작 순서는 ① 원척도 → ② 본뜨기 → ③ 금매김 → ④ 절단 및 가공→ ⑤ 구멍뚫기 → ⑥ 가조립 → ⑦ 리벳치기 → ⑧ 검사 → ⑨ 녹막이칠 → ⑩ 운반의 순이다.

33 점토질 연약지반의 탈수공법으로 적합하지 않은 것은?

① 샌드드레인(sand drain)공법
② 생석회말뚝(chemico pile)공법
③ 페이퍼드레인(paper drain)공법
④ 웰포인트(well point)공법

해설 지반개량공법에는 탈수공법(샌드드레인, 페이퍼드레인, 생석회공법 등), 배수공법(웰포인트공법, 깊은 우

물통, 집수통공법 등), 진동다짐공법(바이브로플로테이션, 바이브로콤포저 등) 및 치환공법(굴착, 활동, 폭파, 치환 등) 등이 있다.

34 벽돌벽 내쌓기에서 내쌓을 수 있는 총 벽길이의 한도는?

① 2.0B   ② 1.0B
③ 1/2B   ④ 1/4B

해설 벽돌벽의 내쌓기는 벽돌을 벽면에서 부분적으로 내쌓는 방식으로, 1단씩 내쌓을 때에는 B/8 정도 내밀고, 2단씩 내쌓을 때에는 B/4 정도씩 내쌓으며, 내미는 정도는 2.0B 정도로 한다. 또한, 마루나 방화벽을 설치하고자 할 때 사용한다.

35 사무실 용도의 건물에서 철골구조의 슬래브 바닥재로 일반적으로 사용되는 것은?

① 데크 플레이트   ② 체커드 플레이트
③ 거싯 플레이트   ④ 베이스 플레이트

해설 거싯 플레이트는 철골구조의 절점에 있어서 부재의 접합에 덧대는 연결 보강용 강판이고, 베이스 플레이트는 철골구조의 기초 위에 놓아 앵커 볼트와 연결시키기 위해 까는 깔판이며, 체커드 플레이트는 보행자가 미끄러지는 것을 방지하기 위하여 노면 등에 까는 강판의 표면에 줄이 지게 만든 강판이다.

36 콘크리트의 배합에 관한 설명으로 옳지 않은 것은?

① 일반적으로 굵은 골재의 최대 치수가 클수록 잔골재율을 작게 할 수 있다.

② 잔골재율은 소요의 워커빌리티가 얻어지는 범위 내에서 단위수량이 가능한 한 작게 되도록 시험비빔에 의해 결정한다.

③ 단위수량이 동일하면 골재량이나 시멘트량의 근소한 변화는 슬럼프에 그다지 영향을 주지 않는다.

④ 강도 및 슬럼프가 동일하면 실적률이 큰 굵은 골재를 사용할수록 단위수량이 많아진다.

해설 콘크리트 배합에서 강도와 슬럼프가 동일하면 실적률이 큰 굵은 골재를 사용할수록 단위수량이 적어진다.

37 ★ 바깥방수와 비교한 안방수의 특징에 관한 설명으로 옳지 않은 것은?

① 공사가 간단하다.
② 공사비가 비교적 싸다.
③ 보호누름이 없어도 무방하다.
④ 수압이 작은 곳에 이용된다.

해설 안방수는 반드시 보호 누름(벽, 바닥 등에 보호 누름이 필요하고, 벽의 보호 누름은 벽돌이나 콘크리트, 바닥은 모르타르나 와이어 메시 콘크리트 등)이 필요하나, 바깥방수는 무관하다.

38 유리를 연화점(500~600℃) 가깝게 가열하고 양면에 냉기를 불어 넣고 급랭시켜 표면에 압축, 내부에 인장력을 도입한 유리는?

① 망입유리   ② 강화유리
③ 형판유리   ④ 물유리

해설 망입유리는 용융유리 사이에 금속의 그물을 넣어 롤러로 압연하여 만든 판유리이고, 형판유리는 특수제품 유리의 하나로 판유리의 한 면에 각종 무늬를 돋힌 유리로 반투명 유리이다. 물유리는 점성이 있는 액체 상태의 유리로서 주로 도료, 방수제, 보색제 등으로 사용된다.

39 ★ 공사계약제도 중 공사관리방식(CM)의 단계별 업무내용 중 비용의 분석 및 VE기법의 도입 시 가장 효과적인 단계는?

① pre-design 단계(기획단계)
② design 단계(설계단계)
③ pre-construction 단계(입찰·발주단계)
④ construction 단계(시공단계)

해설 **CM의 단계별 업무**
㉠ 계획(pre-design)단계 : 사업의 발굴 및 구상, 사업의 기본계획의 수립, 타당성 조사 등
㉡ 설계(design)단계 : 건축물의 기획 입안, 발주자의 의향 반영, 설계도서에 대한 전반적인 검토, 비용의 분석, VE기법에 의한 원가 절감 등
㉢ 발주단계 : 입찰 및 계약 절차의 지침 마련, 전문 공종별 업체 선정 및 계약 체결, 공정계획 및 자금계획의 수립 등
㉣ 시공단계 : 공정·원가·품질 및 안전관리, 자금 및 기성 관리, 설계 변경 및 클레임 관리 등

40 목재의 접착제로 활용되는 수지로 가장 거리가 먼 것은?

① 요소수지
② 멜라민수지
③ 폴리스티렌수지
④ 페놀수지

해설 내수합판의 접착제로 사용되는 접착제의 종류에는 페놀수지 접착제, 멜라민수지 접착제 및 요소수지 접착제 등이 있다.

제3과목 건축구조

41 다음 그림과 같은 캔틸레버보에서 집중하중 P가 작용할 때 C점의 처짐의 크기는? (단, 보의 EI는 일정한 값)

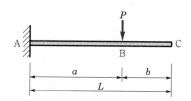

① $\dfrac{Pa^2\left(b+\dfrac{2a}{3}\right)}{2EI}$ ② $\dfrac{Pa}{2EI}$

③ $\dfrac{Pa}{EI}$ ④ $\dfrac{Pa\left(b+\dfrac{2a}{3}\right)}{2}$

해설 모어의 정리에 의하면, 고정단과 임의의 점 사이의 휨모멘트의 면적에 $\dfrac{1}{EI}$배한 것, 즉 $\dfrac{M}{EI}$가 하중이라 가상하고, 고정단과 자유단을 바꾸어 생각할 때, 각 점의 처짐은 그 점의 휨모멘트와 같다.
① 하중을 구하기 위하여 캔틸레버의 휨모멘트도를 구하면 그림 (a)와 같고, 이를 보에 작용시키면 그림 (b)와 같다. 등변분포의 하중이 작용되고, C점의 휨모멘트를 구하기 위해 등변분포하중을 집중하중으로 바꾸면, $Pa\times a\times\dfrac{1}{2}=\dfrac{Pa^2}{2EI}$이고, C점과의 거리는 $\left(b+\dfrac{2a}{3}\right)$이다.

그러므로, $M_c = \dfrac{Pa^2\left(b+\dfrac{2a}{3}\right)}{2EI}$ 이므로 C점의 처짐

값$(\delta_c) = \dfrac{Pa^2\left(b+\dfrac{2a}{3}\right)}{2EI}$

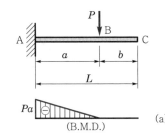

(a)
(B.M.D.)

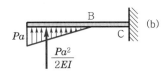

(b)

$\dfrac{Pa^2}{2EI}$

★
42 그림과 같은 래티스보에서 $V=3$kN일 때 웨브재의 축방향력은?

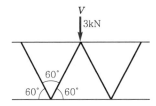

① 1.5kN
② $\sqrt{3}$ kN
③ 2.0kN
④ 3.0kN

<해설>

힘의 비김 조건 중 $\Sigma Y=0$에 의해서
웨브재의 축방향력을 T라고 하면,
$-3+2T\cos 30° = 0$

$\therefore T = \dfrac{3}{2\cos 30°} = \dfrac{3}{2\times\dfrac{\sqrt{3}}{2}} = \sqrt{3}\,$kN

43 정방형 단면의 크기가 120mm×120mm이고, 길이 3m인 기둥의 세장비는 약 얼마인가?

① 67
② 76
③ 87
④ 95

<해설>

$\lambda(세장비) = \dfrac{l_k(좌굴길이)}{i(단면\ 2차\ 반지름)}$

$\qquad = \dfrac{l_k(좌굴길이)}{\sqrt{\dfrac{I(단면\ 2차\ 모멘트)}{A(단면적)}}}$

그런데, $l_k = 3$m $= 3,000$mm

$\qquad I = \dfrac{bh^3}{12} = \dfrac{120\times120^3}{12} = 17,280,000$mm^4

$\qquad A = 120\times120 = 14,400$mm^2

$\therefore \lambda = \dfrac{l_k}{i} = \dfrac{l_k}{\sqrt{\dfrac{I}{A}}} = \dfrac{3,000}{\sqrt{\dfrac{17,280,000}{14,400}}} = 86.60 ≒ 87$

★
44 그림과 같은 양단 고정보에서 B단의 휨모멘트값은?

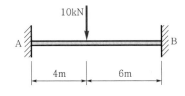

① 2.4kN · m
② 9.6kN · m
③ 14.4kN · m
④ 24.8kN · m

<해설>

M_B(B점의 휨모멘트)$= -\dfrac{Pa^2 b}{l^2}$ 이다. 그런데,

$P=10$kN, $a=4$m, $b=6$m, $l=10$m이다.

$\therefore M_B = -\dfrac{Pa^2 b}{l^2} = -\dfrac{10\times4^2\times6}{(4+6)^2} = -9.6$kN · m

45 폭 $b=250$mm, 높이 $h=500$mm인 직사각형 콘크리트보 부재의 균열모멘트 M_{cr}은? (단, 경량 콘크리트계수 $\lambda=1$, $f_{ck}=24$MPa)

① 8.3kN · m
② 16.4kN · m
③ 24.5kN · m
④ 32.2kN · m

<해설>

M_{cr} (균열모멘트)$= \dfrac{0.63\lambda\sqrt{f_{ck}}\cdot I_g}{y_t}$

여기서, f_{ck} : 콘크리트의 허용응력도
$\qquad I_g$: 콘크리트 전체 단면적의 중심축에 대한 단면 2차 모멘트
$\qquad y_t$: 철근을 무시한 전체 단면의 중심축에서 인장 연단까지의 거리

즉, $M_{cr} = \dfrac{0.63\lambda\sqrt{f_{ck}}\cdot I_g}{y_t}$에서, $f_{ck}=24$MPa,

$\lambda=1$, $y_t=250$mm, $I_g = \dfrac{bh^3}{12} = \dfrac{250\times500^3}{12}$이다.

그러므로, $M_{cr} = \dfrac{0.63\lambda\sqrt{f_{ck}}\,I_g}{y_t}$

$$= \dfrac{0.63 \times 1 \times \sqrt{24} \times \dfrac{250 \times 500^3}{12}}{250}$$

$$= 32.14955287 \text{kN} \cdot \text{m}$$

46 철근콘크리트 독립기초를 설계할 때 수직압력만 받도록 하기 위한 방법으로 가장 효과적인 것은?

① 기초판의 크기를 증가시킨다.

② 기초판의 두께를 증가시킨다.

③ 기초 위 주각을 연결하는 지중보의 크기를 증가시킨다.

④ 기초 위의 기둥단면의 크기를 증가시킨다.

해설 철근콘크리트 독립기초 설계 시 수직압력만을 받도록 하기 위한 방법으로는 편심하중이 생기지 않도록 하고, 기초 위에 주각을 연결하는 지중보의 크기를 증가시키도록 하여야 한다.

47 우리나라에서 지역계수 S를 결정하는 지진위험도 기준은?

① 100년 재현주기 지진

② 500년 재현주기 지진

③ 1,000년 재현주기 지진

④ 2,400년 재현주기 지진

해설 지진의 재현주기별로 50년은 위험도계수가 0.4가 적용되며 100년은 0.57, 500년은 1.0, 2,400년은 2.0 등 재현주기가 길어질수록 위험도계수도 증가한다. 이는 지진의 특성상 오랜 시간 지반 내부의 힘이 응축될 경우 파괴력이 늘어나기 때문이다.

★
48 강구조에 사용되는 고력볼트 M24 표준구멍의 직경으로 옳은 것은?

① 26mm   ② 27mm

③ 28mm   ④ 30mm

해설 고력볼트의 표준구멍 직경은 다음과 같다(건축구조기준에 의함).

고력볼트의 직경	M16	M20	M22	M24	M27	M30
표준구멍 직경	18	22	24	27	30	33

★
49 그림과 같은 기둥 단면이 300mm×300mm인 사각형 단주에서 기둥에 발생하는 최대 압축응력은? (단, 부재의 재질은 균등한 것으로 본다.)

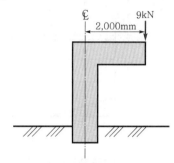

① −2.0MPa   ② −2.6MPa

③ −3.1MPa   ④ −4.1MPa

해설 $\sigma_{\max}$(최대압축응력도)

$= -\dfrac{P(\text{압축력})}{A(\text{단면적})} - \dfrac{M(\text{휨모멘트})}{Z(\text{단면계수})}$이다.

즉, $\sigma_{\max} = -\dfrac{P}{A} - \dfrac{M}{Z}$에서,

$P = 9\text{kN} = 9,000\text{N}$, $A = 300 \times 300 = 90,000\text{mm}^2$,

$M = 9,000 \times 2,000 = 18,000,000\text{N} \cdot \text{mm}$,

$Z = \dfrac{bh^2}{6} = \dfrac{300 \times 300^2}{6} = 4,500,000\text{mm}^3$이다.

그러므로, $\sigma_{\max} = -\dfrac{P}{A} - \dfrac{M}{Z}$

$$= -\dfrac{9,000}{90,000} - \dfrac{18,000,000}{4,500,000}$$

$$= -0.1 - 4.0$$

$$= -4.1\text{MPa}$$이다.

★
50 강구조에서 기초콘크리트에 매입되어 주각부의 이동을 방지하는 역할을 하는 것은?

① 턴버클

② 클립앵글

③ 앵커볼트

④ 사이드앵글

해설 턴버클은 줄(인장재)을 팽팽히 당겨 조이는 나사가 있는 탕개쇠로서 거푸집 연결 시 철선의 조임에 사용한다. 클립앵글은 철골 접합부를 보강하든가 또는 접합을 목적으로 사용하는 앵글이며, 사이드앵글은 철골의 주각부의 윙플레이트와 베이스플레이트를 접합하는 산형강이다.

51 다음 그림과 같은 H형강 단면의 핵 면적을 구하면?

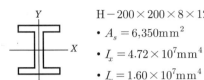

H – 200 × 200 × 8 × 12
- $A_s = 6,350 \text{mm}^2$
- $I_x = 4.72 \times 10^7 \text{mm}^4$
- $I_y = 1.60 \times 10^7 \text{mm}^4$

① 932.47mm^2　　② 1864.93mm^2

③ 2797.40mm^2　　④ 3746.23mm^2

해설 단면의 핵은 아래 그림과 같다.

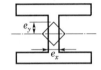

$$e(핵거리) = \frac{2i^2(단면 2차반경)}{h(보의 춤)}$$

$$= \frac{2\left(\sqrt{\dfrac{I(단면 2차 모멘트)}{A(단면적)}}\right)^2}{h(보의 춤)}$$

$$= \frac{2\dfrac{I}{A}}{h} = \frac{2I}{Ah} \text{이다.}$$

㉮ e_x (x축의 핵거리) $= \dfrac{2I_x}{Ah} = \dfrac{2 \times 4.72 \times 10^7}{6,350 \times 200}$
$= 74.33 \text{mm}$이다.

∴ x축 방향의 길이는 $74.33 \times 2 = 148.66 \text{mm}$이다.

㉯ e_y (y축의 핵거리) $= \dfrac{2I_y}{Ah} = \dfrac{2 \times 1.60 \times 10^7}{6,350 \times 200}$
$= 25.20 \text{mm}$이다.

∴ y축 방향의 길이는 $25.20 \times 2 = 50.40 \text{mm}$이다.
그러므로, 핵면적은

$148.66 \times 25.2 \times \dfrac{1}{2} \times 2 = 3,746.23 \text{mm}^2$이다.

52 활하중의 영향면적에 대해 옳게 설명한 것은?

① 기둥 및 기초에서는 부하면적의 6배

② 보에서는 부하면적의 5배

③ 캔틸레버 부분은 영향면적에 단순합산

④ 슬래브에서는 부하면적의 2배

해설 건축물의 구조기준에 의한 활하중의 영향면적은 다음과 같다.

부 위	기둥 및 기초	보	슬래브	캔틸레버 부분
부하 면적의 배수	4배	2배	1배	4배 또는 2배를 적용하지 않고, 영향면적에 단순 합산한다.

53 철근콘크리트 단근보에서 균형철근비를 계산한 결과 $\rho_b = 0.039$이었다. 최대 철근비는? (단, $E = 200,000 \text{MPa}$, $f_y = 400 \text{MPa}$, $f_{ck} = 24 \text{MPa}$임.)

① 0.01863　　② 0.02256

③ 0.02607　　④ 0.02832

해설 ρ_{max}(최대 철근비) = 해당 비율×균형철근비

$$= \frac{0.0033 + \dfrac{f_y}{E_s}}{0.0033 + 최소 허용 변형률} \times (균형철근비)이다.$$

그런데, 최소 허용 변형률은 f_y가 500MPa 미만이면 0.004, 500MPa 이상이면 $0.005 \times (2\epsilon_y)$이고, $f_y = 400 \text{MPa}$, $E_s = 200,000 \text{MPa}$이다. 그러므로, ρ_{max}(최대 철근비) = 해당 비율×균형철근비

$$= \frac{0.0033 + \dfrac{f_y}{E_s}}{0.0033 + 최소허용 변형률} \times (균형철근비)$$

$$= \frac{0.0033 + \dfrac{400}{200,000}}{0.0033 + 0.004} \times 0.039 = 0.02832 \text{이다.}$$

54 각형 강관 □ – 250×250×6을 사용한 충전형 합성기둥의 강재비와 폭두께비는? (단, $A_s = 5.763 \text{mm}^2$)

① 강재비 : 0.092, 폭두께비 : 40

② 강재비 : 0.092, 폭두께비 : 38

③ 강재비 : 0.098, 폭두께비 : 40

④ 강재비 : 0.098, 폭두께비 : 38

해설 ㉮ ρ_s(강재비) $= \dfrac{A_s(철근의 면적)}{A_g(단면적)}$이다.

여기서, $A_s = 5,763 \text{mm}^2$

$A_g = 250 \times 250 = 62,500 \text{mm}^2$

∴ $\rho_s = \dfrac{A_s}{A_g} = \dfrac{5,763}{62,500} = 0.092208$이다.

㉺ λ(폭두께비) $= \dfrac{b(\text{판의 길이})}{t(\text{판의 두께})}$ 이다. 그런데,

$b = 250 - (6 \times 2) = 238\text{mm}$, $t = 6\text{mm}$이다. 그러므로, 폭두께비 $= \dfrac{b}{t} = \dfrac{238}{6} = 39.6667 ≒ 40$이다.

55 그림과 같은 단면의 주축(主軸)으로 옳지 않은 것은?

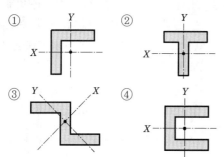

해설

철골에 따른 주축, 중심(도심), 전단 중심은 다음 그림과 같다.

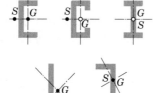

그림에서 축: 주축, G : 중심(도심), S : 전단중심

주축은 단면 속의 임의의 한 점을 원점으로 하는 직교 좌표축 가운데 1축에 대한 단면 2차모멘트가 최대이고, 다른 축에 대해서는 단면 2차모멘트가 최소가 되는 축이고, **전단 중심**은 부재가 비틀림이 없이 휨을 받으려면 하중이 어떤 특정한 점에 작용하지 않으면 안되는데 이와 같이 비틀림이 생기지 않도록 하는 하중의 작용점이며, 도심은 면적에 대한 중심 위치로 단면 1차모멘트가 0이 되는 좌표의 원점이다.

★★
56 강도설계법에서 압축 이형철근 D22의 기본 정착길이는? (단, $f_{ck} = 24\text{MPa}$, $f_y = 400\text{MPa}$, 경량 콘크리트계수 $\lambda = 1$)

① 400mm

② 450mm

③ 500mm

④ 550mm

해설

l_{db}(압축 이형철근의 기본 정착길이) $= \dfrac{0.25 d_b f_y}{\lambda \sqrt{f_{ck}}}$

또는 $0.043 d_b f_y$ 이상이어야 한다.

$l_{db} = \dfrac{0.25 d_b f_y}{\lambda \sqrt{f_{ck}}}$ 에서, $d_b = 22.225\text{mm}$, $f_y = 400\text{MPa}$, $f_{ck} = 24\text{MPa}$이다.

그러므로, $l_{db} = \dfrac{0.25 d_b f_y}{\lambda \sqrt{f_{ck}}} = \dfrac{0.25 \times 22.225 \times 400}{1 \times \sqrt{24}}$

$= 453.6659\text{mm} ≒ 450\text{mm}$

또는 $0.043 d_b f_y = 0.043 \times 22.225 \times 400 = 382.27\text{mm}$ 이상이므로 450mm이다.

57 그림과 같은 띠철근 기둥의 설계축하중(ϕP_n) 값으로 옳은 것은? (단, $f_{ck} = 24\text{MPa}$, $f_y = 400\text{MPa}$, 주근의 단면적(A_{st})은 3,000mm² 이다.)

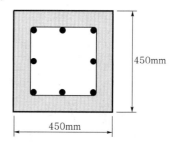

① 2,740kN

② 2,952kN

③ 3,335kN

④ 3,359kN

해설

ϕP_n(띠철근 기둥의 설계축하중)

$= 0.8 \times \phi \times (0.85 \times f_{ck}(A_g - A_{st}) + f_y A_{st})$이다.

그런데, $\phi = 0.65$, $f_{ck} = 24\text{MPa}$, $A_g = 450 \times 450 = 202,500\text{mm}^2$, $f_y = 400\text{MPa}$, $A_{st} = 3,000\text{mm}^2$이다.

그러므로,

$\phi P_n = 0.8 \times \phi \times (0.85 \times f_{ck}(A_g - A_{st}) + f_y A_{st})$

$= 0.8 \times 0.65 \times (0.85 \times 24 \times (202,500 - 3,000) + 400 \times 3,000)$

$= 2,740,296\text{N} = 2,740\text{kN}$

58 다음 구조물의 부정정차수는?

① 1차 부정정

② 2차 부정정

③ 3차 부정정

④ 4차 부정정

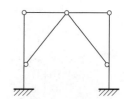

정답 55.① 56.② 57.① 58.②

해설 ㉮ $S+R+N-2K$에서 $S=8$, $R=6$, $N=2$, $K=7$
이다.
∴ $S+R+N-2K=8+6+2-2\times7=2$차 부정정
㉯ $R+C-3M$에서 $R=6$, $C=20$, $M=8$이다.
∴ $R+C-3M=6+20-3\times8=2$차 부정정

59 다음 그림은 각 구간에서 직선적으로 변화하는 단순보의 휨모멘트도이다. C점과 D점에 동일한 힘 P_1이 작용하고 보의 중앙점 E에 P_2가 작용할 때 P_1과 P_2의 절댓값은?

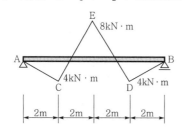

① $P_1=4$kN, $P_2=6$kN
② $P_1=4$kN, $P_2=8$kN
③ $P_1=8$kN, $P_2=10$kN
④ $P_1=8$kN, $P_2=12$kN

해설 휨모멘트도(B.M.D.)에서 $P_1(\downarrow)$, $P_2(\uparrow)$로,
A지점의 수직반력 $V_A(\uparrow)$, 수평반력 $H_A(\rightarrow)$,
B지점의 수직반력 $V_B(\uparrow)$로 가정하면,
$M_c=V_A\times2=4$kN·m 이므로
$V_A=2$kN이고, $M_E=2\times4-P_1\times2=-8$
∴ $P_1=8$kN$(\downarrow)$
또한, $M_D=2\times6-8\times4+P_2\times2=4$
∴ $P_2=12$kN$(\uparrow)$

★
60 보폭은 400mm, 한쪽으로 내민 플랜지 두께는 150mm, 보의 경간은 9m, 인접보와의 내측거리 3m인 경우, 슬래브와 보가 일체로 타설된 반T형 보의 유효폭은?

① 1,000mm   ② 1,150mm
③ 1,300mm   ④ 1,900mm

해설 반T형 보의 유효폭은 다음 값의 최솟값으로 한다.
㉠ (한쪽으로 내민 플랜지 두께의 6배)$+b_w$(플랜지가 있는 부재의 복부 폭)
$=6\times150+400=1,300$mm 이하

㉡ (보의 경간의 1/12)$+b_w$(플랜지가 있는 부재의 복부 폭)
$=\dfrac{1}{12}\times9,000+400=1,150$mm 이하
㉢ (인접 보와의 내측 거리의 1/2)$+b_w$(플랜지가 있는 부재의 복부 폭)
$=\dfrac{1}{2}\times3,000+400=1,900$mm 이하
그러므로, ㉠, ㉡ 및 ㉢의 최솟값을 택하면,
1,150mm 이하이다.

제4과목 건축설비

61 평균 조도의 계산과 관련하여, 면적을 A, 사용램프의 전광속을 F, 조명률을 U, 보수율을 M, 평균 조도를 E라고 할 때 성립하는 식은?

① $E=\dfrac{F\times U\times A}{M}$ ② $E=\dfrac{F\times U\times M}{A}$
③ $E=\dfrac{E\times U}{A\times M}$ ④ $E=\dfrac{A\times M}{F\times U}$

해설 광속의 산정
$F_0=\dfrac{EA}{UM}$(lm) ················· ㉠
$NF=\dfrac{AED}{U}=\dfrac{EA}{UM}$(lm) ········· ㉡
여기서, F_0 : 총광속, E : 평균 조도(lx),
A : 실내의 면적(m), U : 조명률,
D : 감광 보상률, M : 보수율(유지율),
N : 소요 등 수(개), F : 1등당 광속(lm)
식 ㉠에 의해서,
E(평균 조도)
$=\dfrac{F_0(총광속)U(조명률)M(보수율 또는 유지율)}{A(실내의 면적)}$

★
62 증기난방과 비교한 온수난방의 특징으로 옳지 않은 것은?

① 열용량이 크다.
② 예열부하가 적다.
③ 유량제어가 용이하다.
④ 배관부식의 우려가 적다.

해설 온수난방은 예열시간이 길므로 예열부하가 많다.

63 옥내 소화전설비에 관한 설명으로 옳지 않은 것은?

① 옥내 소화전 방수구는 바닥으로부터의 높이가 1.5m 이하가 되도록 설치한다.
② 옥내 소화전 설비의 송수구는 소방차가 쉽게 접근할 수 있는 잘 보이는 장소에 설치한다.
③ 전동기에 따른 펌프를 이용하는 가압송수장치를 설치하는 경우, 펌프는 전용으로 하는 것이 원칙이다.
④ 당해 층의 옥내 소화전을 동시에 사용할 경우 각 소화전의 노즐 선단에서의 방수압력은 최소 0.7MPa 이상이 되어야 한다.

해설 옥내 소화전을 동시에 사용하는 경우, 각 소화전의 노즐 선단에서의 방수압력은 최소 0.17MPa 이상이 되어야 한다.

64 엘리베이터의 조작방식 중 무운전원방식으로 다음과 같은 특징을 갖는 것은?

> 승객 스스로 운전하는 전자동 엘리베이터로, 승강장으로부터의 호출신호로 기동, 정지를 이루는 조작방식이며, 누른 순서에 상관없이 각 호출에 응하여 자동적으로 정지한다.

① 단식 자동방식   ② 카 스위치방식
③ 승합 전자동방식   ④ 시그널 콘트롤 방식

해설 **엘리베이터의 조작방식**

구분	시동	정지	비고
카 스위치 방식	운전원이 조작	운전원 (수동, 자동)	운전원 방식
단식자동 방식	승강장의 호출에 의해 자동		무운전원 방식
신호제어 방식	운전원이 조작	조작반, 승강장 호출	운전원 방식

65 다음 공기조화방식 중 전공기방식에 속하지 않는 것은?

① 이중덕트방식   ② 팬코일유닛방식
③ 멀티존유닛방식   ④ 변풍량단일덕트방식

해설 공기조화방식 중 전공기방식의 종류에는 단일덕트, 이중덕트, 각 층 유닛, 멀티존유닛, 덕트병용 패키지 방식 등이 있다. 공기·수방식의 종류에는 덕트병용 팬코일유닛방식, 유인유닛방식, 덕트병용 복사냉·난방방식 등이 있으며, 전수방식에는 팬코일유닛방식이 있다.

66 전선의 굵기 결정요소에 속하지 않는 것은?

① 전압강하
② 기계적 강도
③ 전선의 허용전류
④ 전선외곽의 보호관 굵기

해설 전선의 굵기 결정요소에는 기계적 강도, 허용전류, 전압강하 등이 있다.

67 다음 중 일반적으로 사용이 금지되는 트랩에 속하지 않는 것은?

① 2중 트랩
② 격벽 트랩
③ 수봉식 트랩
④ 가동부분이 있는 트랩

해설 2중 트랩(트랩이 있는 배수관에 또 하나의 트랩을 직렬로 설치한 트랩), 격벽 트랩(트랩의 수봉 부분이 격판, 격벽에 의해 만들어진 트랩) 및 가동 부분이 있는 트랩은 사용이 금지된 트랩이고, 수봉식 트랩은 수봉함으로써 기능을 수행하는 트랩으로 트랩은 거의 모두 이 형식을 사용하고 있다.

68 벽체의 열관류율 계산에 고려되지 않는 것은 어느 것인가?

① 실내복사열
② 재료의 두께
③ 공기층의 열저항
④ 재료의 열전도율

해설 열관류는 전달 → 전도 → 전달의 과정이며, 실제로 흐르는 열량이 고체의 양측 유체의 온도 차에 비례하는 것으로 Q(열관류량)$= k$(열관류율)$(t_1 - t_2) F$ (벽의 면적) T(시간)이다. 여기서, 열관류율 계산 시 고려하여야 할 사항은 실내 및 실외측 표면 열전달률, 벽 두께, 벽의 열전도율, 벽체 내부 공기의 열저항 등이 있다.

★
69 건물·시설 등에서 발생하는 오수를 다시 처리하여 생활용수·공업용수 등으로 재이용하는 시설로 정의되는 것은?

① 중수도 ② 하수관거
③ 배수설비 ④ 개인하수도

해설 중수(상수와 잡용수의 중간수, 일반 하수, 우수 또는 잡용수)는 일단 사용된 물을 회수, 재생하여 순환이용하는 것으로 변기 세정, 살수, 청소, 분무용수, 냉각배수, 하수처리수, 소화용수 및 세차용수로 사용하는 물이다. 중수를 이용한 수도인 중수도는 건물, 시설 등에서 발생하는 오수를 다시 처리하여 생활용수·공업용수 등으로 재이용하는 시설이다.

70 다음과 같은 조건에 있는 양수펌프의 축동력은?

[조건]
• 양수량 : 490L/min
• 전양정 : 30m
• 펌프의 효율 : 60%

① 약 3kW ② 약 4kW
③ 약 5kW ④ 약 6kW

해설
$$P(펌프의 축동력) = \frac{WQH}{6,120E}$$
여기서, $W = 1,000\text{kg/m}^3$
$Q = 490\text{L/min} = 0.49\text{m}^3/\text{min}$
$H = 30\text{m}, \ E = 0.6$
$$\therefore P = \frac{WQH}{6,120E} = \frac{1,000 \times 0.49 \times 30}{6,120 \times 0.6} = 4.003\text{kW}$$

★★★
71 35℃의 공기 300m³와 27℃의 공기 700m³를 단열혼합하였을 경우, 혼합공기의 온도는?

① 28.2℃ ② 29.4℃
③ 30.6℃ ④ 32.6℃

해설 열적 평형 상태에 의해서
$m_1(t_1 - T) = m_2(T - t_2)$이다.
그러므로, $T = \dfrac{m_1 t_1 + m_2 t_2}{m_1 + m_2}$이다.
그런데 $zm_1 = 700, \ m_2 = 300, \ t_1 = 27, \ t_2 = 35\text{℃}$
$$\therefore T = \frac{m_1 t_1 + m_2 t_2}{m_1 + m_2} = \frac{700 \times 27 + 300 \times 35}{700 + 300} = 29.4\text{℃}$$

72 에스컬레이터의 안전장치에 속하지 않는 것은?

① 리타이어링 캠
② 비상정지 스위치
③ 구동체인 안전장치
④ 핸드레일 인입 안전장치

해설 에스컬레이터의 안전장치의 종류에는 구동체인 안전장치, 핸드레일 인입 안전장치 및 비상정지 스위치 등이 있다. 리타이어링 캠은 엘리베이터의 기계적 안전장치로서 엘리베이터의 카 문과 승강장의 문을 동시에 개폐시키는 장치이다.

★
73 10Ω의 저항 10개를 직렬로 접속할 때의 합성저항은 병렬로 접속할 때의 합성저항의 몇 배가 되는가?

① 5배 ② 10배
③ 50배 ④ 100배

해설 **합성저항의 산정**
㉠ 직렬저항$(R) = R_1 + R_2 + \cdots + R_n$
$= 10+10+10+10+10+10+10+10+10+10$
$= 100\,\Omega$
㉡ 병렬저항$\left(\dfrac{1}{R}\right) = \dfrac{1}{R_1} + \dfrac{1}{R_2} + \cdots + \dfrac{1}{R_n}$
$= \dfrac{1}{10} + \dfrac{1}{10} + \dfrac{1}{10} + \dfrac{1}{10} + \dfrac{1}{10} + \dfrac{1}{10} + \dfrac{1}{10} + \dfrac{1}{10}$
$+ \dfrac{1}{10} + \dfrac{1}{10} = 1 \quad \therefore R = 1\,\Omega$
그러므로, 직렬저항의 값(100Ω)은 병렬저항의 값(1Ω)의 100배이다.

74 습공기의 엔탈피를 가장 올바르게 표현한 것은?

① 공기 1m³의 중량
② 건공기에 포함된 수증기의 중량
③ 건공기와 수증기에 포함된 열량
④ 공기 중의 수분량과 포화수증기량의 비율

해설 엔탈피는 열역학상 중요한 것으로, 그 물체가 보유하는 열량의 합계 또는 물체의 상태에 따라 정해지는 상태량으로서 내부에 갖는 열에너지의 총합이다.
건조 및 습기의 엔탈피는 다음과 같다.
㉠ 건조공기의 엔탈피 = C_{pa}(공기의 정압비열) $\times t$
(건조 공기의 온도) = $0.24t$
㉡ 습기공기의 엔탈피 = (건조공기의 엔탈피) + (수증기의 엔탈피) $\times$ (대기 중의 절대습도)

2016

75 전기설비의 전압 구분에서 고압의 범위 기준으로 옳은 것은? (단, 교류의 경우)

① 1.5kV 초과 7kV 이하

② 1,000V 이상

③ 1kV 초과 7kV 이하

④ 1.5kV 이상

해설 **전압의 구분**

구 분	직 류	교 류
저 압	1.5kV 이하	1kV 이하
고 압	1.5kV 초과 7kV 이하	1kV 초과 7kV 이하
특고압	7kV 초과	7kV 초과

76 급수설비에서 수격작용(워터 해머)에 관한 설명으로 옳지 않은 것은?

① 관경이 클수록 발생하기 쉽다.

② 굴곡 개소로 인해 발생하기 쉽다.

③ 유속이 빠를수록 발생하기 쉽다.

④ 플러시 밸브나 수전류를 급격히 열고 닫을 때 발생하기 쉽다.

해설 수격작용의 발생원인으로는 펌프의 양정이 20m, 양수량이 1,600L/min인 경우, 양정이 높은 펌프를 사용하는 경우, 저양정이며 양수량이 과다할 경우, 상부 수평 배관이 긴 경우와 관경이 작을수록, 유속이 빠를수록, 굴곡 개소가 많을수록, 밸브의 급폐쇄, 배관방법의 불량 및 수도 본관의 고수압의 경우이며, 공기빼기밸브의 설치는 수격작용을 방지한다.

77 액화천연가스(LNG)에 관한 설명으로 옳지 않은 것은?

① 공기보다 가볍다.

② 무공해, 무독성이다.

③ 프로필렌, 부탄, 에탄이 주성분이다.

④ 대규모의 저장시설을 필요로 하며, 공급은 배관을 통하여 이루어진다.

해설 액화천연가스(LNG)는 메탄을 주성분으로 천연가스를 냉각(1기압하에서 −162℃)하여 액화시킨 가스이다. 액화석유가스(LPG)는 석유의 탄화수소 중 액화하기 쉬운 가스로서 프로판, 프로필렌, 부탄, 부틸렌 및 약간의 에탄, 에틸렌을 포함하고 있는 가스이다.

78 각종 보일러에 관한 설명으로 옳은 것은?

① 관류 보일러는 보유수량이 많아 예열시간이 길다.

② 주철제 보일러는 사용 내압이 높아 고압용으로 주로 사용되며 용량도 크다.

③ 수관 보일러는 소용량으로 소규모 건물에 적합하며 지역난방으로는 사용이 불가능하다.

④ 노통 연관 보일러는 부하변동에 잘 적응되며, 보유수면이 넓어서 급수용량 제어가 쉽다.

해설 관류 보일러는 보유수량이 적어 예열시간이 짧으며, 주철제 보일러는 사용 내압이 낮아 저용량으로 주로 사용한다. 수관 보일러는 대용량으로 대규모 건축물에 적합하며, 지역난방으로도 사용이 가능하다.

79 실내공기의 탄산가스 함유량을 0.1%로 유지하는 데 필요한 환기량은? (단, 실내 발생 탄산가스량은 51L/h, 외기의 탄산가스 함유량은 0.03%이다.)

① 약 23m³/h ② 약 35m³/h

③ 약 43m³/h ④ 약 73m³/h

해설 Q(실내환기량)

$$= \frac{\text{실내의 탄산가스 발생량}}{\text{(실내의 탄산가스 함유량 − 외기의 탄산가스 함유량)}}$$

이다. 그런데, 실내의 탄산가스 발생량은 51L/h=0.051m³/h, 실내의 탄산가스 함유량은 0.1%=0.001, 외기의 탄산가스 함유량은 0.03%=0.0003이다. 그러므로,

$$Q = \frac{\text{실내의 탄산가스 발생량}}{\text{(실내의 탄산가스 함유량 − 외기의 탄산가스 함유량)}}$$

$$= \frac{0.051}{0.001 - 0.0003} = 72.86\text{m}^3/\text{h}$$이다.

80 건축화조명 중 천장 전면에 광원 또는 조명기구를 배치하고, 발광면을 확산투과성 플라스틱판이나 루버 등으로 전면을 가리는 조명방법은?

① 밸런스 조명 ② 광천장 조명

③ 코니스 조명 ④ 다운라이트 조명

해설 밸런스 조명은 연속열 조명기구를 벽에 평행이 되도록 천장의 구석에 눈가림판을 설치하여 아래 방향으로 빛을 보내 벽 또는 창을 조명하는 방식이다. 코니스 조명은 밸런스 조명과 유사한 조명방식이며, 다운라이트 조명은 천장면에 작은 구멍을 뚫어 그 속에 여러 형태의 조명기구를 매입한 것이다.

제5과목　건축관계법규

81 건축법령상 일반주거지역, 준주거지역, 상업지역 또는 준공업지역의 환경을 쾌적하게 조성하기 위하여 대지에 공개공지 또는 공개공간을 확보하여야 하는 대상 건축물에 속하지 않는 것은? (단, 건축조례로 정하는 건축물은 제외)

① 숙박시설로서 해당 용도로 쓰는 바닥면적 합계가 5,000m^2 이상인 건축물

② 의료시설로서 해당 용도로 쓰는 바닥면적 합계가 5,000m^2 이상인 건축물

③ 업무시설로서 해당 용도로 쓰는 바닥면적 합계가 5,000m^2 이상인 건축물

④ 종교시설로서 해당 용도로 쓰는 바닥면적 합계가 5,000m^2 이상인 건축물

해설 관련 법규 : 법 제43조, 영 제27조의2, 해설 법규 : 영 제27조의2 ①항 1호
문화 및 집회시설, 종교시설, 판매시설(「농수산물 유통 및 가격안정에 관한 법률」에 따른 농수산물유통시설은 제외), 운수시설(여객용 시설만 해당), 업무시설 및 숙박시설로서 해당 용도로 쓰는 바닥면적의 합계가 5,000m^2 이상인 건축물은 공개공지 및 공개공간을 확보하여야 한다.

82 다음은 건축물에 설치하는 지하층의 구조 및 설비에 관한 기준 내용이다. ( ) 안에 알맞은 것은?

거실의 바닥면적이 ( ) 이상인 층에는 직통계단 외에 피난층 또는 지상으로 통하는 비상탈출구 및 환기통을 설치할 것. 다만, 직통계단이 2개소 이상 설치되어 있는 경우에는 그러하지 아니하다.

① 30m^2

② 50m^2

③ 80m^2

④ 100m^2

해설 관련 법규 : 법 제53조, 피난·방화규칙 제25조, 해설 법규 : 피난·방화규칙 제25조 ①항 1호
거실의 바닥면적이 50m^2 이상인 층에는 직통계단 외에 피난층 또는 지상으로 통하는 비상탈출구 및 환기통을 설치한다. 다만, 직통계단이 2개소 이상 설치되어 있는 경우에는 그러하지 아니하다.

83 다음은 일조 등의 확보를 위한 건축물의 높이 제한에 관한 기준 내용이다. ( ) 안의 내용으로 옳은 것은?

전용주거지역이나 일반주거지역에서 건축물을 건축하는 경우에는 법 제61조 제1항에 따라 건축물의 각 부분을 정북(正北) 방향으로의 인접 대지 경계선으로부터 다음 각 호의 범위에서 건축조례로 정하는 거리 이상을 띄어 건축하여야 한다.
1. 높이 9m 이하인 부분 : 인접 대지 경계선으로부터 (㉮) 이상
2. 높이 9m를 초과하는 부분 : 인접 대지 경계선으로부터 해당 건축물 각 부분 높이의 (㉯) 이상

① ㉮ 1m

② ㉮ 1.5m

③ ㉯ 1/3

④ ㉯ 2/3

해설 관련 법규 : 법 제61조, 영 제86조, 해설 법규 : 영 제86조 ①항
일조 등의 확보를 위한 건축물의 높이 제한에 있어서 전용주거지역이나 일반주거지역에서 건축물을 건축하는 경우에는 건축물의 각 부분을 정북 방향으로의 인접 대지 경계선으로부터 다음의 범위를 정하는 거리 이상을 띄어 건축하여야 한다.
㉮ 높이 9m 이하인 부분 : 인접 대지 경계선으로부터 1.5m 이상
㉯ 높이 9m를 초과하는 부분 : 인접 대지 경계선으로부터 해당 건축물 각 부분 높이의 1/2 이상

84 비상용 승강기의 승강장 및 승강로의 구조에 관한 기준 내용으로 옳지 않은 것은?

① 승강장은 각 층의 내부와 연결될 수 있도록 할 것
② 각 층으로부터 피난층까지 이르는 승강로는 단일구조로 연결하여 설치할 것
③ 옥내 승강장의 바닥면적은 비상용 승강기 1대에 대하여 6m² 이상으로 할 것
④ 피난층이 있는 승강장의 출입구로부터 도로 또는 공지에 이르는 거리가 50m 이하일 것

해설 관련 법규 : 법 제64조, 설비규칙 제10조, 해설 법규 : 설비규칙 제10조 2호 사목
피난층이 있는 승강장의 출입구(승강장이 없는 경우에는 승강로의 출입구)로부터 도로 또는 공지(공원·광장 기타 이와 유사한 것으로서 피난 및 소화를 위한 당해 대지에의 출입에 지장이 없는 것)에 이르는 거리가 30m 이하일 것

85 주차장법령상 건축 및 설치 시 부설주차장을 설치하지 않을 수 있는 시설물은?

① 종교시설 중 교회
② 종교시설 중 성당
③ 종교시설 중 사찰
④ 종교시설 중 수녀원

해설 관련 법규 : 주차장법 제19조, 영 제6조, (별표 1), 해설 법규 : (별표 1)
부설주차장을 설치하지 아니할 수 있는 건축물은 제1종 근린생활시설 중 변전소, 양수장, 정수장, 대피소, 공중화장실, 종교시설 중 수도원, 수녀원, 제실 및 사당, 동물 및 식물 관련 시설(도축장 및 도계장을 제외), 방송통신시설(방송국, 전신전화국, 통신용 시설 및 촬영소에 한함) 중 송·수신 및 중계시설, 주차전용건축물(노외주차장인 주차전용건축물에 한함)에 주차장 외의 용도로 설치하는 시설물(판매시설 중 백화점·쇼핑센터·대형점과 문화 및 집회시설 중 영화관·전시장·예식장은 제외), 도시철도법에 의한 역사 및 전통한옥 밀집지역 안에 있는 전통한옥 등이다.

86 피난 용도로 쓸 수 있는 광장을 옥상에 설치하여야 하는 대상에 속하지 않는 것은?

① 5층 이상인 층이 종교시설의 용도로 쓰는 경우
② 5층 이상인 층이 판매시설의 용도로 쓰는 경우
③ 5층 이상인 층이 장례식장의 용도로 쓰는 경우
④ 5층 이상인 층이 문화 및 집회시설 중 전시장의 용도로 쓰는 경우

해설 관련 법규 : 법 제39조, 영 제40조, 해설 법규 : 영 제40조 ②항
5층 이상인 층이 제2종 근린생활시설 중 공연장·종교집회장·인터넷컴퓨터게임시설제공업소(해당 용도로 쓰는 바닥면적의 합계가 각각 300m² 이상인 경우만 해당), 문화 및 집회시설(전시장 및 동·식물원은 제외), 종교시설, 판매시설, 위락시설 중 주점영업 또는 장례시설의 용도로 쓰는 경우에는 피난 용도로 쓸 수 있는 광장을 옥상에 설치하여야 한다.

87 ★★ 주차장의 장애인 전용 주차단위구획 기준으로 옳은 것은? (단, 평행주차형식 외의 경우)

① 너비 2.3m 이상, 길이 5m 이상
② 너비 2.3m 이상, 길이 6m 이상
③ 너비 3.3m 이상, 길이 5m 이상
④ 너비 3.3m 이상, 길이 6m 이상

해설 관련 법규 : 주차장법 제6조, 주차규칙 제3조, 해설 법규 : 규칙 제3조 ①항
주차장의 주차단위구획은 다음과 같다.

구분	평행주차형식의 경우				평행주차형식 외의 경우				
	경형	일반형	보도와 차도의 구분이 없는 주거지역 도로	이륜자동차전용	경형	일반형	확장형	장애인전용	이륜자동차전용
너비	1.7m	2.0m	2.0m	1.0m	2.0m	2.5m	2.6m	3.3m	1.0m
길이	4.5m	6.0m	5.0m	2.3m	3.6m	5.0m	5.2m	5.0m	2.3m
면적	7.65m²	12m²	10m²	2.3m²	7.2m²	12.5m²	13.52m²	16.5m²	2.3m²

★★
88 건축물의 용도변경 시 분류된 시설군에 속하지 않는 것은?

① 영업시설군　　② 공업시설군
③ 주거업무시설군　④ 문화 및 집회시설군

해설
관련 법규 : 법 제19조, 해설 법규 : 법 제19조 ④항
건축물의 용도 변경 시 분류된 시설군의 종류에는 자동차 관련 시설군, 산업 등의 시설군, 전기통신시설군, 문화 및 집회시설군, 영업시설군, 교육 및 복지시설군, 근린생활시설군, 주거업무시설군 및 그 밖의 시설군 등이 있다.

89 다음은 건축면적에 산입하지 아니하는 경우에 관한 기준 내용이다. (　) 안에 알맞은 것은?

> 다음의 경우에는 건축면적에 산입하지 아니한다.
> 1. 지표면으로부터 (㉮) 이하에 있는 부분
>   (창고 중 물품을 입출고하기 위하여 차량을 접안시키는 부분의 경우에는 지표면으로부터 (㉯) 이하에 있는 부분)

① ㉮ 1m, ㉯ 1.5m
② ㉮ 1m, ㉯ 2m
③ ㉮ 1.2m, ㉯ 1.5m
④ ㉮ 1.2m, ㉯ 2m

해설
관련 법규 : 법 제84조, 영 제119조, 해설 법규 : 영 제119조 ①항 2호 다목
지표면으로부터 1m 이하에 있는 부분(창고 중 물품을 입출고하기 위하여 차량을 접안시키는 부분의 경우에는 지표면으로부터 1.5m 이하인 부분)은 건축면적에 산입하지 아니한다.

90 설치하여야 하는 부설주차장의 최소 규모(설치대수)의 크기 관계가 옳은 것은?

> ㉮ 시설면적이 600m²인 위락시설
> ㉯ 시설면적이 800m²인 숙박시설
> ㉰ 타석 수가 5타석인 골프연습장
> ㉱ 시설면적이 900m²인 판매시설

① ㉮ = ㉱ > ㉰ > ㉯
② ㉮ > ㉱ = ㉰ > ㉯
③ ㉰ > ㉱ > ㉮ > ㉯
④ ㉰ > ㉱ = ㉮ > ㉯

해설
관련 법규 : 주차법 제19조, 영 제6조, (별표 1), 해설 법규 : (별표 1)
㉮ 위락시설은 시설면적 100m²당 1대이므로 6대,
㉯ 숙박시설은 시설면적 200m²당 1대이므로 4대,
㉰ 골프연습장은 타석당 1대이므로 5대, ㉱ 판매시설은 시설면적 150m²당 1대이므로 6대이다.
∴ ㉮ = ㉱ > ㉰ > ㉯이다.

★
91 다음 중 제1종 전용주거지역 안에서 건축할 수 있는 건축물에 속하지 않는 것은? (단, 도시·군계획조례가 정하는 바에 의하여 건축할 수 있는 건축물 포함)

① 노유자시설
② 공동주택 중 아파트
③ 교육연구시설 중 고등학교
④ 제2종 근린생활시설 중 종교집회장

해설
관련 법규 : 국토법 제76조, 영 제71조, (별표 2), 해설 법규 : (별표 2)
제1종 전용주거지역 안에서 공동주택 중 연립주택과 다세대 주택의 건축은 도시·군조례가 정하는 바에 의하여 건축이 가능하나, 아파트의 건축은 불가능하다.

92 건축허가신청에 필요한 설계도서에 속하지 않는 것은?

① 조감도
② 건축계획서
③ 평면도
④ 소방설비도

해설
관련 법규 : 법 제11조, 영 제8조, 규칙 제6조, (별표 2), 해설 법규 : 규칙 제6조, (별표 2)
건축허가신청 시 필요한 설계도서의 종류에는 건축계획서, 배치도, 평면도, 입면도, 단면도, 구조도(구조 안전 확인 또는 내진 설계 대상 건축물), 구조계산서(구조 안전 확인 또는 내진 설계 대상 건축물), 소방설비도 등이고, 사전결정을 받은 경우에는 건축계획서 및 배치도를 제외한다. 다만, 표준설계도서에 따라 건축하는 경우에는 건축계획서 및 배치도만 해당한다.

2016

93 건축물로부터 바깥쪽으로 나가는 출구를 국토교통부령으로 정하는 기준에 따라 설치하여야 하는 대상 건축물에 속하지 않는 것은?

① 종교시설
② 의료시설 중 종합병원
③ 교육연구시설 중 학교
④ 문화 및 집회시설 중 관람장

해설

관련 법규 : 법 제49조, 영 제39조, 해설 법규 : 영 제39조 ①항
제2종 근린생활시설 중 공연장 · 종교집회장 · 인터넷컴퓨터게임시설제공업소(해당 용도로 쓰는 바닥면적의 합계가 각각 300m² 이상인 경우만 해당), 문화 및 집회시설(전시장 및 동 · 식물원은 제외), 종교시설, 판매시설, 업무시설 중 국가 또는 지방자치단체의 청사, 위락시설, 연면적이 5,000m² 이상인 창고시설, 교육연구시설 중 학교, 장례시설, 승강기를 설치하여야 하는 건축물 등은 건축물로부터 바깥쪽으로 나가는 출구를 설치하여야 한다.

★ 94 국토교통부령으로 정하는 기준에 따라 거실에 배연설비를 설치하여야 하는 대상 건축물에 속하지 않는 것은? (단, 6층 이상의 건축물)

① 의료시설
② 위락시설
③ 수련시설 중 유스호스텔
④ 교육연구시설 중 대학교

해설

관련 법규 : 법 제49조, 영 제51조, 해설 법규 : 영 제51조 ②항
6층 이상인 건축물로서 제2종 근린생활시설 중 공연장, 종교집회장, 인터넷컴퓨터게임시설제공업소 및 다중생활시설(공연장, 종교집회장 및 인터넷컴퓨터게임시설 제공업소는 해당 용도로 쓰는 바닥면적의 합계가 각각 300m² 이상인 경우만 해당), 문화 및 집회시설, 종교시설, 판매시설, 운수시설, 의료시설(요양병원 및 정신병원은 제외), 교육연구시설 중 연구소, 노유자시설 중 아동 관련 시설, 노인복지시설(노인요양시설은 제외), 수련시설 중 유스호스텔, 운동시설, 업무시설, 숙박시설, 위락시설, 관광휴게시설, 장례식장 등에 해당하는 용도로 쓰는 건축물과 의료시설 중 요양병원 및 정신병원, 노유자시설 중 노인요양시설 · 장애인 거주시설 및 장애인 의료재활시설, 제1종 근린생활시설 중 산후조리원의 건축물은 배연설비를 설치하여야 한다.

★★ 95 다음 중 도시 · 군관리계획에 포함되지 않는 것은?

① 도시개발사업이나 정비사업에 관한 계획
② 광역계획권의 장기 발전 방향을 제시하는 계획
③ 기반시설의 설치 · 정비 또는 개량에 관한 계획
④ 용도지역, 용도지구의 지정 또는 변경에 관한 계획

해설

관련 법규 : 국토법 제2조, 해설 법규 : 국토법 제2조 4호
도시 · 군관리계획이란 특별시 · 광역시 · 특별자치시 · 특별자치도 · 시 또는 군의 개발 · 정비 및 보전을 위하여 수립하는 토지 이용, 교통, 환경, 경관, 안전, 산업, 정보통신, 보건, 복지, 안보, 문화 등에 관한 다음의 계획으로 ①, ③, ④항 외에 개발제한구역, 도시자연공원구역, 시가화조정구역, 수산자원보호구역의 지정 또는 변경에 관한 계획, 지구단위계획구역의 지정 또는 변경에 관한 계획과 지구단위계획, 입지규제최소구역의 지정 또는 변경에 관한 계획과 입지규제최소구역계획 등이다. 또한, 광역계획권의 장기 발전 방향을 제시하는 계획은 광역도시계획에 속한다.

96 건축물의 옥상에 60m²의 옥상 조경을 설치하고 대지에 100m²의 조경을 설치한 경우 조경면적으로 산정받을 수 있는 전체 조경면적은? (단, 이 건축물에 설치하여야 하는 조경면적은 100m²이다.)

① 130m²
② 140m²
③ 150m²
④ 160m²

해설

관련 법규 : 법 제42조, 영 제27조, 해설 법규 : 영 제27조 ③항
대지 안의 조경에 있어서 옥상의 조경면적의 2/3 이하, 전체 조경면적의 50% 이하만 인정하므로, $60 \times (2/3) = 40$m²이고, $100 \times 0.5 = 50$m² 이하이므로 옥상의 조경면적은 40m²를 인정한다. 그러므로 지상의 조경면적+옥상의 조경면적=100+40=140m²이다.

97 건축물의 지하층에 비상탈출구를 설치하여야 하는 경우, 설치되는 비상탈출구에 관한 기준 내용으로 옳지 않은 것은? (단, 주택이 아닌 경우)

① 비상탈출구의 유효 너비는 0.75m 이상으로 할 것

② 비상탈출구의 유효 높이는 1.5m 이상으로 할 것

③ 비상탈출구는 출입구로부터 3m 이상 떨어진 곳에 설치할 것

④ 비상탈출구의 문은 피난 방향으로 열리도록 하고, 실내에서 비상시에만 열 수 있는 구조로 할 것

해설 관련 법규 : 법 제53조, 피난·방화규칙 제25조, 해설 법규 : 피난·방화규칙 제25조 ②항 2호
건축물의 지하층에 설치하는 비상탈출구의 문은 피난 방향으로 열리도록 하고, 실내에서 항상 열 수 있는 구조로 하여야 하며, 내부 및 외부에는 비상탈출구의 표시를 할 것

98 ★★★ 국토의 계획 및 이용에 관한 법률상 용도지역에서의 용적률 기준이 옳지 않은 것은? (단, 도시지역의 경우)

① 주거지역 : 500% 이하

② 상업지역 : 1,200% 이하

③ 공업지역 : 400% 이하

④ 녹지지역 : 100% 이하

해설 관련 법규 : 국토법 제78조, 해설 법규 : 국토법 제78조
도시지역의 용적률을 보면, 주거지역은 500% 이하, 상업지역의 용적률은 1,500% 이하, 공업지역은 400% 이하, 녹지지역은 100% 이하로 규정하고 있다.

99 ★ 건축법령상 아파트의 정의로 옳은 것은?

① 주택으로 쓰는 층수가 3개 층 이상인 주택

② 주택으로 쓰는 층수가 4개 층 이상인 주택

③ 주택으로 쓰는 층수가 5개 층 이상인 주택

④ 주택으로 쓰는 층수가 6개 층 이상인 주택

해설 관련 법규 : 법 제2조, 영 제3조의4, (별표 1), 해설 법규 : (별표 1)
공동주택 중 아파트는 주택으로 쓰는 층수가 5개 층 이상인 주택을 말한다.

100 국토의 계획 및 이용에 관한 법률에 따른 용도지구의 종류에 속하지 않는 것은?

① 취락지구

② 고도지구

③ 주차장정비지구

④ 특정용도제한지구

해설 관련 법규 : 국토법 제37조, 해설 법규 : 국토법 제37조 ①항
용도지구의 종류에는 (자연, 시가지, 특화)경관지구, 고도지구, 방화지구, (시가지, 자연)방재지구, (역사문화환경, 중요시설물, 생태계)보호지구, (자연, 집단)취락지구, (주거, 산업·유통, 관광·휴양, 복합, 특정)개발진흥지구, 특정용도제한지구, 복합용도지구 등이 있다.

2016

제1과목 건축계획

01 래드번(radburn) 계획에서 슈퍼블록을 구성함으로써 얻어질 수 있는 효과로 옳지 않은 것은?

① 충분한 공동의 오픈 스페이스의 확보가 가능
② 건물을 집약화함으로써 고층화, 효율화가 가능
③ 도로교통의 개선, 즉 보도와 차도의 완전한 분리가 가능
④ 커뮤니티시설의 중심 배치로 간선도로변의 활성화가 가능

[해설] 커뮤니티 시설의 중심 배치로 간선도로변의 활성화가 불가능하다.

02 고층밀집형 병원에 관한 설명으로 옳지 않은 것은?

① 병동에서 조망을 확보할 수 있다.
② 대지를 효과적으로 이용할 수 있다.
③ 각종 방재대책에 대한 비용이 높다.
④ 병원의 확장 등 성장변화에 대한 대응이 용이하다.

[해설] 고층밀집형(집중형) 병원은 병원의 확장 등 성장변화에 대한 대응이 난이하다.

03 주택의 부엌에서 작업과정을 고려한 작업대의 배치순서로 가장 알맞은 것은?

① 레인지 → 싱크대 → 조리대 → 냉장고
② 조리대 → 싱크대 → 레인지 → 냉장고
③ 싱크대 → 냉장고 → 조리대 → 레인지
④ 냉장고 → 싱크대 → 조리대 → 레인지

[해설] 부엌설비의 배열순서는 준비대 → 개수(싱크)대 → 조리대 → 가열대(레인지) → 배선대 → 식당의 순이다.

04 다음 중 주심포식 건축양식에 속하지 않는 것은?

① 강릉 객사문   ② 석왕사 응진전
③ 봉정사 극락전   ④ 부석사 무량수전

[해설] 강릉 객사문, 봉정사 극락전 및 부석사 무량수전 등은 주심포식 건축양식이고, 석왕사 응진전은 다포식 건축양식이다.

05 엘리베이터 배치 시 고려사항으로 옳지 않은 것은?

① 대면 배치 시 대면거리는 동일 군관리의 경우는 3.5~4.5m로 한다.
② 엘리베이터 홀은 엘리베이터 정원 합계의 10% 정도를 수용할 수 있도록 한다.
③ 여러 대의 엘리베이터를 설치하는 경우, 그룹별 배치와 군관리 운전방식으로 한다.
④ 일렬 배치는 4대를 한도로 하고, 엘리베이터 중심 간 거리는 8m 이하가 되도록 한다.

[해설] 엘리베이터 홀은 엘리베이터 정원 합계의 50% 정도를 수용할 수 있도록 한다.

06 전통 주거건축 중 부엌, 방, 대청, 방의 순으로 배열되는 일(一)자형 평면을 가진 민가형은?

① 남부 지방형   ② 개성 지방형
③ 평안도 지방형   ④ 함경도 지방형

[해설] **평면의 지방별 특징**
㉠ 북부 지방(함경도, 평안도)은 방의 배치가 전(田)자 형태로 되어 있고, 부엌의 바닥을 온돌방 높이와 동일하게 하여 식사와 작업을 하는 등 방한과 보온을 고려한 평면형이다.
㉡ 북부 지방(평안도, 황해도)은 ㄱ자형 모서리에 부엌을 두어 양쪽 온돌방의 난방과 조리를 한 곳에서 동시에 할 수 있으며, 마당을 향하여 툇마루를 설치하였다.
㉢ 개성 지방은 ㄱ자형으로 툇마루와 대청을 연결시켰으며, 방의 수를 많이 설치할 수 있게 하였다.

07 공장의 지붕형태에 관한 설명으로 옳은 것은?

① 솟음지붕은 채광 및 환기에 적합한 방법이다.

② 샤렌구조는 기둥이 많이 소요된다는 단점이 있다.

③ 뾰족지붕은 직사광선이 완전히 차단된다는 장점이 있다.

④ 톱날지붕은 남향으로 할 경우 하루 종일 변함없는 조도를 가진 약광선을 받아들일 수 있다.

> **해설** 샤렌구조는 기둥이 적게 소요되는 장점이 있고, 뾰족지붕은 직사광선을 허용하는 단점이 있으며, 톱날지붕은 북향으로 할 경우, 하루 종일 변함없는 조도를 가진 약광선을 받아들일 수 있다.

08 국지도로의 유형 중 쿨데삭(cul-de-sac)형에 관한 설명으로 옳은 것은?

① 통과교통이 다수 발생한다.

② 우회도로가 있어 방재, 방범상 유리하다.

③ 도로의 최대 길이는 30m 이하이어야 한다.

④ 주택 배면에 보행자전용도로가 설치되어야 효과적이다.

> **해설** 쿨데삭의 도로형식은 통과교통이 없고, 우회도로가 없어 방재·방범상 유리하다. 도로의 적정 길이가 120m에서 300m일 경우 혼잡을 방지하고, 안정성과 편의를 위하여 회전 구간을 두어 전구간 이동의 불편함을 해소하며, 도로의 형태는 단지의 가장자리를 따라 한쪽 방향으로만 진입하는 도로와 단지와 중앙 부분으로 진입해서 양쪽으로 분리되는 형태이다.

09 쇼핑센터의 몰(mall)에 관한 설명으로 옳은 것은?

① 전문점과 핵상점의 주 출입구는 몰에 면하도록 한다.

② 쇼핑 체류시간을 늘릴 수 있도록 방향성이 복잡하게 계획한다.

③ 몰은 고객의 통과동선으로서 부속시설과 서비스 기능의 출입이 이루어지는 곳이다.

④ 일반적으로 공기조화에 의해 쾌적한 실내기후를 유지할 수 있는 오픈몰(open mall)이 선호된다.

> **해설** 쇼핑센터의 몰은 쇼핑 체류시간을 늘릴 수 있도록 하나, 확실한 방향성과 식별성이 단순하도록 계획한다. 보행자 연결로(pedestrian mall)는 고객의 통과동선으로서 부속시설과 서비스 기능의 출입이 이루어지는 곳이며, 공기조화에 의해 쾌적한 실내기후를 유지할 수 있는 인클로즈몰이 선호된다.

10 극장의 평면형 중 아레나(arena)형에 관한 설명으로 옳은 것은?

① 투시도법을 무대공간에 응용한 형식이다.

② 무대의 장치나 소품은 주로 높은 기구로 구성된다.

③ 픽츄어 프레임 스테이지(picture frame stage)라고도 한다.

④ 가까운 거리에서 관람하면서 가장 많은 관객을 수용할 수 있다.

> **해설** 극장의 평면 형태 중 아레나형은 무대의 장치나 소품은 주로 낮은 가구로 구성된다. 투시도법을 무대공간에 응용함으로써 하나의 구상화와 같은 느낌이 들게 하는 형식은 프로시니엄형(픽처 프레임형)이다.

11 극장의 객석 계획에 관한 설명으로 옳지 않은 것은?

① 객석의 세로 통로는 무대를 중심으로 하는 방사선상이 좋다.

② 연극 등을 감상하는 경우 연기자의 표정을 읽을 수 있는 가시한계는 15m 정도이다.

③ 객석은 무대의 중심 또는 스크린의 중심을 중심으로 하는 원호의 배열이 이상적이다.

④ 좌석을 엇갈리게 배열(stagger seats)하는 방법은 객석의 바닥구배가 완만할 경우에는 사용할 수 없으며 통로 폭이 좁아지는 단점이 있다.

> **해설** 극장의 객석 배치에서 좌석을 엇갈리게 배열(stagger seats)하는 방법은 객석의 바닥구배를 작게 하면서도 좌석을 엇갈리게 하는 것으로, 이 경우 가로좌석의 열의 끝부분이 들락날락하기 때문에 세로통로폭의 손실을 가져오지 않도록 하기 위해서는 객석의 양쪽 벽은 평행이 아닌 것이 좋다.

12 공동주택의 평면형식에 관한 설명으로 옳지 않은 것은?

① 집중형은 각 세대별 조망이 다르다.
② 중복도형은 독신자 아파트에 많이 이용된다.
③ 편복도형은 각호의 통풍 및 채광이 양호하다.
④ 계단실형은 통행부 면적이 커서 대지의 이용률이 높다.

해설 계단실형은 공용 부분(통행 부분)의 면적이 작아서 건축물의 이용도가 높다.

13 상점 내에서 조명에 의한 반사 글레어를 방지하기 위한 대책으로 옳지 않은 것은?

① 젖빛 유리구를 사용한다.
② 간접 조명방식을 채택한다.
③ 광도가 낮은 배광기구를 이용한다.
④ 평활하고 광택이 있는 반사면을 사용한다.

해설 상점 내에서 조명에 의한 반사 글레어를 방지하기 위하여 유리면에 경사를 주어 비치는 부분을 위쪽으로 가도록 한다.

14 미술관 전시공간의 순회형식 중 갤러리 및 코리더 형식에 관한 설명으로 옳은 것은?

① 복도의 일부를 전시장으로 사용할 수 있다.
② 전시실 중 하나의 실을 폐쇄하면 동선이 단절된다는 단점이 있다.
③ 중앙에 커다란 홀을 계획하고 그 홀에 접하여 전시실을 배치한 형식이다.
④ 이 형식을 채용한 대표적인 건축물로는 뉴욕 근대미술관과 프랭크 로이드 라이트의 구겐하임 미술관이 있다.

해설 ②항은 연속순로 형식, ③항과 ④항은 중앙홀 형식에 대한 설명이다.

15 다음 중 초등학교 저학년에 대해 가장 권장할 만한 학교운영방식은?

① 달톤형　② 플라톤형
③ 종합교실형　④ 교과교실형

해설
학년에 따른 형식

학교	초등학교		중학교		
학년	저학년 (1, 2, 3)	고학년 (4, 5, 6)	1	2	3
유형	A형 및 U형	U · V형	U · V형	P형	V형

16 리조트호텔에 속하지 않는 것은?

① 해변호텔(beach hotel)
② 부두호텔(harbor hotel)
③ 클럽하우스(club house)
④ 산장호텔(mountain hotel)

해설 리조트호텔에는 비치호텔, 마운틴호텔, 스키호텔, 클럽하우스 및 핫스프링호텔 등이 있다. 시티호텔의 종류에는 커머셜호텔, 레지던셜호텔, 아파트먼트호텔 및 터미널호텔 등이 있으며, 시티호텔 중 터미널호텔의 종류에는 스테이션호텔, 하버(부두)호텔 및 에어포트(공항)호텔 등이 있다.

17 사무소 건축에서 코어 계획에 관한 설명으로 옳지 않은 것은?

① 코어 부분에는 계단실도 포함시킨다.
② 코어 내의 각 공간은 각 층마다 공통의 위치에 두도록 한다.
③ 엘리베이터 홀이 출입구문에 바싹 접근해 있지 않도록 한다.
④ 코어 내에서 화장실은 외래자에게 잘 알려질 수 없는 곳에 위치시킨다.

해설 코어 내 공간의 위치가 명확할 것. 특히, 화장실은 그 위치가 외래자에게 잘 알려질 수 있도록 하되, 출입구 홀이나 복도에서 화장실 내부가 들여다보이지 않도록 한다.

18 탑상형 공동주택에 관한 설명으로 옳지 않은 것은?

① 각 세대에 시각적인 개방감을 준다.
② 각 세대의 거주 조건이나 환경이 균등하다.
③ 도심지 내의 랜드마크적인 역할이 가능하다.
④ 건축물 외면의 4개의 입면성을 강조한 유형이다.

정답 12.④ 13.④ 14.① 15.③ 16.② 17.④ 18.②

> **해설** 탑상형 공동주택은 대지의 조망을 해치지 아니하고, 건축물의 그림자도 적어서 변화를 줄 수 있는 형태이지만, 단위 주거의 실내환경 조건이 불균등하게 된다.

19 도서관의 출납시스템 중 자유개가식에 관한 설명으로 옳지 않은 것은?

① 책의 마모, 망실의 우려가 크다.

② 서가의 정리가 잘 안 되면 혼란스럽게 된다.

③ 자유로이 책의 내용을 보고 필요한 책을 정확히 고를 수 있다.

④ 보통 2실형이고, 50,000권 이상의 서적 보관과 열람에 적당하다.

> **해설** 도서관의 출납시스템 중 자유개가식은 1실형이고, 서가의 위치에서 열람실의 벽을 따라 두는 경우와 한쪽으로 두는 경우가 있으나, 1실의 규모는 10,000권 이하로 한다.

20 그리스 건축의 오더 중 도릭 오더의 구성에 속하지 않는 것은?

① 볼류트(volute)

② 프리즈(frieze)

③ 아바쿠스(abacus)

④ 에키누스(echinus)

> **해설** 그리스 건축의 도릭 오더의 주두는 아바쿠스(abacus), 에키누스(echinus), 아뉴렛(anulet)으로 되어 있고, 원 주위에 얹어지는 엔타블래처(entablature)는 아키트레이브(architrave), 프리즈(frieze) 및 코니스(cornice)로 구성되어 있다. 또한, 볼류트(volute)는 우렁이나 소라처럼 빙빙 비틀린 형태이다.

제2과목 건축시공

21 수밀콘크리트 시공에 대한 설명 중 옳지 않은 것은?

① 불가피하게 이어치기할 경우 이어치기면의 레이턴스를 제거하고 빈배합 콘크리트를 사용한다.

② 콘크리트의 표면마감은 진공처리방법을 사용하는 것이 좋다.

③ 타설이 완료된 콘크리트면은 충분한 습윤양생을 한다.

④ 연속타설 시간 간격은 외기온도가 25℃를 넘었을 경우는 1.5시간, 25℃ 이하일 경우는 2시간을 넘어서는 안 된다.

> **해설** 수밀콘크리트 시공에서 불가피하게 이어치기할 경우, 이어치기면의 레이턴스를 제거하고 부배합 콘크리트를 사용한다.

22 목조 지붕틀 구조에서 모서리 기둥과 층도리 맞춤에 사용하는 철물은?

① 띠쇠

② 감잡이쇠

③ 주걱볼트

④ ㄱ자쇠

> **해설** 띠쇠는 띠 모양으로 된 이음철물 또는 좁고 긴 철판을 적당한 길이로 잘라 양쪽에 볼트, 가시못 구멍을 뚫은 철물로서 두 부재의 이음새, 맞춤새에 대어 두 부재가 벌어지지 않도록 보강하는 철물이다. 감잡이쇠는 평보와 ㅅ자보의 밑 부분에 사용되는 보강철물이며, 주걱볼트는 볼트의 머리가 주걱 모양으로 되고, 다른 끝은 넓적한 띠쇠로 된 볼트이다.

23 시멘트 200포를 사용하여 배합비가 1 : 3 : 6의 콘크리트를 비벼냈을 때의 전체 콘크리트의 양은? (단, 물·시멘트비는 60%이고 시멘트 1포대는 40kg이다.)

① 25.25m³

② 36.36m³

③ 39.39m³

④ 44.44m³

> **해설** 콘크리트 1m³의 시멘트 소요량 산출
> 현장 배합비 $1 : m : n$에서 $V = 1.1m + 0.57n$이고,
> 시멘트의 소요량 $= \dfrac{1,500}{V}$[kg] $= \dfrac{1.5}{V}$[t] $= \dfrac{37.5}{V}$[포대]
> $\therefore V = 1.1m + 0.57n = 1.1 \times 3 + 0.57 \times 6 = 6.72$이고,
> 시멘트의 소요량 $= \dfrac{1,500}{V}$kg $= \dfrac{1,500}{6.72} = 223.21$kg
> 즉, 콘크리트 1m³에 소요되는 시멘트는 223.21kg이나 220kg으로 산정한다. 그러므로, 200포대의 시멘트는 200포대×40kg/포대=8,000kg, 8,000÷220=36.36m³이다.

24 다음 중 건설공사 경비에 포함되지 않는 것은?

① 외주제작비
② 현장관리비
③ 교통비
④ 업무추진비

[해설] 건설공사의 경비(현장관리비)의 종류에는 전력비, 운반비, 기계경비, 특허권 사용료, 기술료, 연구개발비, 품질관리비, 가설비, 보험료, 안전관리비, 소모품비, 여비, 교통비 및 업무추진비 등이 있다.

25 표준관입시험에서 상대밀도의 정도가 중간(medium)에 해당될 때 사질지반의 N값으로 옳은 것은?

① 0~4
② 4~10
③ 10~30
④ 30~50

[해설] 표준관입시험의 N값

N값	0~4	4~10	10~30	50 이상
모래의 상대 밀도	몹시 느슨하다	느슨하다	보통 (중간)	다진 상태

26 ALC 제품에 관한 설명으로 옳지 않은 것은?

① 절건상태에서의 비중이 0.75~1 정도이다.
② 압축강도는 3~4MPa 정도이다.
③ 내화성능을 보유하고 있다.
④ 사용 후 변형이나 균열이 적다.

[해설] ALC(Autoclaved Lightweight Concrete)제품의 절건 비중은 0.5 정도이고, 기건비중은 보통 콘크리트 비중의 1/4 정도인 0.5~0.6 정도이다.

★
27 슬래브에서 4변 고정인 경우 철근배근을 가장 많이 하여야 하는 부분은?

① 단변 방향의 주간대
② 단변 방향의 주열대
③ 장변 방향의 주간대
④ 장변 방향의 주열대

[해설] 4변 고정 바닥판의 휨모멘트

구 분	단변 방향		장변 방향	
	단부 (주열대)	중앙부 (주간대)	단부 (주열대)	중앙부 (주간대)
휨모멘트 값	$-\dfrac{1}{12}\omega_x l_x^2$	$-\dfrac{1}{18}\omega_x l_x^2$	$-\dfrac{1}{24}\omega l_x^2$	$-\dfrac{1}{36}\omega l_x^2$

28 도막방수에 관한 설명으로 옳지 않은 것은?

① 방수재의 도포 시 치켜올림 부위를 도포한 다음, 평면부위의 순서로 도포한다.
② 방수재의 겹쳐 바르기 폭은 100mm 내외로 한다.
③ 도막두께는 원칙적으로 사용량을 중심으로 관리한다.
④ 우레아 수지계 도막방수재를 스프레이 시공할 경우 바탕면과 200mm 이하로 간격을 유지하도록 한다.

[해설] 우레탄-우레아 고무계 또는 우레아 수지계 도막방수재를 스프레이 시공할 경우, 분사 각도는 항상 바탕면과 수직이 되도록 하고, 바탕면과 300mm 이상 간격을 유지하도록 한다. 또한, 소정 두께를 얻기 위해 두 번으로 나누어 겹쳐 도포할 경우, 두 번째의 스프레이 방향은 첫 번째의 도포 방향과 직교하여 스프레이 도포한다.

★
29 공사착공 전에 건축물의 형태에 맞춰 줄을 띄우거나 석회 등으로 선을 그어 건축물의 건설 위치를 표시하는 것으로 도로 및 인접 건축물과의 관계, 건축물의 건축으로 인한 재해 및 안전대책 점검과 관련 있는 것은?

① 줄쳐보기
② 벤치마크
③ 먹매김
④ 수평보기

[해설] 벤치마크(기준점)는 고저 측량을 할 때, 표고의 기준이 되는 점이고, 먹매김은 목재의 이음, 맞춤 따위에서 원재 소요의 공작형태를 먹으로 표시하는 것이다. 수평보기는 건축공사 시 각 부분의 높이나 깊이 등의 기준이 되는 수평면을 정하는 것이다.

★★★
30 다음 중 QC 활동의 도구가 아닌 것은?

① 특성요인도
② 파레토그림
③ 층별
④ 기능계통도

> **해설** 품질관리의 7가지 기초 수법에는 히스토그램, 특성요인도, 파레토그림, 체크시트, 각종 그래프, 산포도(상관도) 및 **층별** 등이 있다.

★
31 석재에 관한 설명으로 옳지 않은 것은?

① 심성암에 속한 암석은 대부분 입상의 결정광물로 되어 있어 압축강도가 크고 무겁다.
② 화산암의 조암광물은 결정질이 작고 비결정질이어서 경석과 같이 공극이 많고 물에 뜨는 것도 있다.
③ 안산암은 강도가 작고 내화적이지 않으나, 색조가 균일하며 가공도 용이하다.
④ 수성암은 화성암의 풍화물, 유기물, 기타 광물질이 땅속에 퇴적되어 지열과 지압을 받아서 응고된 것이다.

> **해설** 안산암은 강도(1,050~1,150kg/cm^2), 경도, 비중이 크고, 내화적(1,000℃)이며, 색조가 여러 종류(흑색, 갈색, 회색, 쥐색, 녹색, 연한색 등)이다. 특히, 가공이 용이하여 조각을 필요로 하는 곳에 적합하다.

32 부순 골재를 사용하는 콘크리트의 배합설계에 관한 설명으로 옳지 않은 것은?

① 굵은 골재의 크기는 강자갈의 경우보다 조금 작은 편이 좋다.
② 잔골재는 특히 미립분이 부족하지 않도록 주의한다.
③ 모래는 강자갈 콘크리트의 경우보다 적게 사용한다.
④ 될 수 있는 한 AE제를 사용한다.

> **해설** 쇄석(부순 골재) 콘크리트의 배합설계에서 모래는 강자갈 콘크리트의 경우보다 약 10% 정도를 증가시켜 사용한다.

★
33 석고플라스터 바름에 대한 설명으로 옳지 않은 것은?

① 보드용 플라스터는 초벌바름, 재벌바름의 경우 물을 가한 후 2시간 이상 경과한 것은 사용할 수 없다.
② 실내온도가 10℃ 이하일 때는 공사를 중단한다.
③ 바름작업 중에는 될 수 있는 한 통풍을 방지한다.
④ 바름작업이 끝난 후 실내를 밀폐하지 않고 가열과 동시에 환기하여 바름면이 서서히 건조되도록 한다.

> **해설** 석고 플라스터 바름은 실내온도가 5℃ 이하일 때에는 공사를 중단하거나 난방하여 5℃ 이상으로 유지한다. 정벌바름 후 난방할 때는 바름면이 오염되지 않도록 주의하며, 실내를 밀폐하지 않고, 가열과 동시에 환기하여 바름면이 서서히 건조되도록 한다.

★
34 철골공사에 사용되는 공구가 아닌 것은?

① 턴버클(turn buckle)
② 리머(reamer)
③ 임팩트 렌치(impact wrench)
④ 세퍼레이터(separator)

> **해설** 턴버클(줄을 팽팽하게 잡아당겨 조이는 나사가 있는 탕개쇠로서 철골 및 목골공사에 사용), 리머(조짐못 구멍을 가심하는 데 사용하는 송곳의 하나) 및 임팩트 렌치(고장력볼트를 조일 때 사용하는 공구)는 철골공사에 사용되는 기구이다. 세퍼레이터(separator)는 철근콘크리트공사 중 거푸집공사에 사용되는 기구이다.

★
35 모든 석재와 콘크리트가 잘 부착되도록 쌓고, 콘크리트가 앞면 접촉부까지 채워지도록 다지는 돌쌓기 방법은?

① 메쌓기   ② 찰쌓기
③ 막돌쌓기   ④ 건쌓기

> **해설** 메쌓기는 돌쌓기 등에서 콘크리트나 모르타르를 사용하지 않고 쌓는 공법이고, 막돌쌓기는 산에서 자연적으로 파쇄되거나 개울에서 나는 막생긴 돌의 접합면을 직선으로 다듬지 않고 쌓는 공법이다. 건(건성)쌓기는 돌·석축 등을 모르타르나 콘크리트 등을 사용하지 않고 잘 물려서 쌓는 공법이다.

36 일반 콘크리트에서 굳지 않은 콘크리트 중의 전 염소이온량은 얼마 이하로 하여야 하는가? (단, 콘크리트 표준시방서 기준)

① 0.10kg/m^3
② 0.20kg/m^3
③ 0.30kg/m^3
④ 0.40kg/m^3

해설 콘크리트 중의 염화물 함유량은 콘크리트 중에 함유된 염소이온의 총량으로 표시하고, 굳지 않은 콘크리트 중의 전 염소이온량은 원칙적으로 0.30kg/m^3 이하로 하여야 한다.

37 다음 중 공사 진행의 일반적인 순서로 옳은 것은?

① 가설공사 → 공사 착공 준비 → 토공사 → 지정 및 기초공사 → 구조체 공사
② 공사 착공 준비 → 가설공사 → 토공사 → 지정 및 기초공사 → 구조체 공사
③ 공사 착공 준비 → 토공사 → 가설공사 → 구조체 공사 → 지정 및 기초공사
④ 공사 착공 준비 → 지정 및 기초공사 → 토공사 → 가설공사 → 구조체 공사

해설 공사 도급계약 체결 후 공사 순서는 ① 공사 착공 준비-② 가설공사(흙막이공사)-③ 토공사-④ 지정 및 기초공사-⑤ 구조체 공사(철골·철근콘크리트·벽돌·블록·돌·나무구조 등)-⑥ 방수·방습 공사-⑦ 지붕 및 홈통 공사-⑧ 외벽 마무리공사-⑨ 창호공사-⑩ 내부 마무리공사(천장·벽·바닥, 기타 수장)이다.

38 녹막이칠에 사용하는 도료가 아닌 것은?

① 광명단
② 크레오소트유
③ 아연분말 도료
④ 역청질 도료

해설 녹막이 도장재료에는 광명단 조합 페인트, 크롬산아연 방청(징크로메이트) 페인트, 아연분말 프라이머, 에칭 프라이머, 광명단 크롬산아연 방청 프라이머, 타르 에폭시수지 도료 등이 있다. 크레오소트유는 목재의 방부제이다.

39 공사원가 구성요소의 하나인 직접 공사비에 속하지 않는 것은?

① 자재비
② 노무비
③ 경비
④ 일반관리비

해설 총공사비는 총원가와 부가이윤으로 구성되고, 총원가는 공사원가와 일반관리비 부담금으로 구성된다. 공사원가는 직접 공사비와 간접 공사비로 구성되며, 직접 공사비에는 재료비, 노무비, 외주비, 경비 등이, 간접 공사비에는 공통경비 등이 포함된다.

40 콘크리트 배합에 직접적인 영향을 주는 요소가 아닌 것은?

① 시멘트 강도
② 물·시멘트비
③ 철근의 품질
④ 골재의 입도

해설 콘크리트 배합 시 품질에 영향을 주는 요인에는 물·시멘트비, 재료의 품질(시멘트, 골재, 물의 품질 등), 시공방법(비비기 방법과 부어넣기 방법), 보양, 재령 및 시험방법 등이 있다. 특히, 철근의 품질은 콘크리트 배합 시 아무런 영향을 주지 않는다.

제3과목 건축구조

41 다음 그림과 같이 용접을 할 때, 용접의 목두께(a)를 구하는 식으로 옳은 것은?

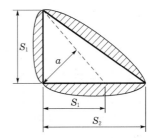

① $a = \sqrt{2}\,S_1$
② $a = \sqrt{2}\,S_2$
③ $a = 0.7S_1$
④ $a = 0.7S_2$

해설 용접의 목두께(a)는 모살사이즈의 0.7배로 하고, 모살사이즈는 최소치를 사용하므로, 용접의 목두께(a)=$0.7S_1$(가장 작은 모살사이즈)이다. 또한, 그루브(홈)용접의 목두께=t(모재의 두께가 다를 경우 얇은 쪽)이다.

42 그림과 같은 직사각형 기둥에서 띠철근의 최대 간격은? (단, 주근은 D22, 띠철근 D10이다.)

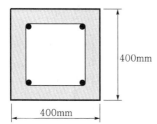

① 300mm ② 352mm
③ 400mm ④ 480mm

해설 띠철근의 간격
㉠ 주철근의 16배 이하 : $22 \times 16 = 352$mm 이하
㉡ 띠철근 지름의 48배 이하 : $10 \times 48 = 480$mm 이하
㉢ 기둥 단면의 최소 치수 이하 : 400mm 이하
그러므로, ㉠, ㉡, ㉢의 최솟값을 택하면 352mm 이하이다.

★43 그림과 같은 정정구조의 CD부재에서 C, D점의 휨모멘트값 중 옳은 것은?

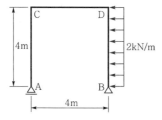

① (C) : 0kN · m, (D) : 16kN · m
② (C) : 16kN · m, (D) : 16kN · m
③ (C) : 0kN · m, (D) : 32kN · m
④ (C) : 32kN · m, (D) : 32kN · m

해설 A지점은 이동지점이므로 수직반력 $V_A(\uparrow)$, B지점은 회전지점이므로 수평반력 $H_B(\rightarrow)$, 수직반력 $V_B(\downarrow)$로 가정하고, 힘의 비김조건을 적용하면,
㉠ $\Sigma M_B = 0$에 의해서,
 $V_A \times 4 - (2 \times 4) \times 2 = 0$ ∴ $V_A = 4$kN($\uparrow$)이다.
㉡ $\Sigma Y = 0$에 의해서,
 $V_A - V_B = 0$, $4 - V_B = 0$ ∴ $V_B = 4$kN($\downarrow$)이다.
㉠ $\Sigma X = 0$에 의해서,
 $H_B - (2 \times 4) = 0$, $H_B = 8$kN($\rightarrow$)
 그러므로, CD부재에서
 $M_C = 4 \times 0 = 0$kN · m, $M_D = 4 \times 4 = 16$kN · m

44 그림과 같은 양단 고정보의 단부 휨모멘트는?

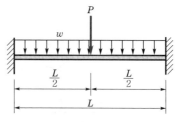

① $M = -\dfrac{wL^2}{16} - \dfrac{PL}{12}$

② $M = -\dfrac{wL^2}{12} - \dfrac{PL}{8}$

③ $M = -\dfrac{wL^2}{8} - \dfrac{PL}{4}$

④ $M = -\dfrac{wL^2}{16} - \dfrac{PL}{8}$

해설 이 문제는 하중을 2개로 나누어 풀이한다.
㉠ 중앙에 집중하중이 작용하는 경우 : 양단부의 휨 모멘트$\left(M_A = M_B = -\dfrac{PL}{8}\right)$
㉡ 전구간에 등분포하중이 작용하는 경우 : 양단부의 휨모멘트$\left(M_A = M_B = -\dfrac{\omega L^2}{12}\right)$
그러므로,
㉠와 ㉡를 합하면 $M_A = M_B = -\dfrac{PL}{8} - \dfrac{\omega L^2}{12}$ 이다.

★45 다음 캔틸레버보의 자유단의 처짐각은? (단, 탄성계수 E, 단면 2차 모멘트 I)

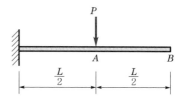

① $\dfrac{PL^2}{2EI}$

② $\dfrac{PL^2}{3EI}$

③ $\dfrac{PL^2}{6EI}$

④ $\dfrac{PL^2}{8EI}$

해설 캔틸레버의 처짐과 처짐각은 다음과 같이 구한다. 고정단과 임의의 지점 사이의 휨모멘트의 면적에 $\dfrac{1}{EI}$ 배한 것을 분포하중이라고 가정하고, 고정단과 자유단을 교환하여 생각할 때, 각 점의 처짐각은 그 점의 전단력과 같고, 각 점의 처짐은 휨모멘트와 같다.

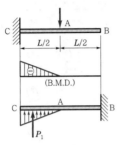

그러므로, 문제의 휨모멘트를 구하고, 이를 분포하중으로 가정한 후 고정단과 자유단을 교환하여 B점의 전단력을 구하면, $P_1 = \dfrac{PL}{2} \times \dfrac{L}{2} \times \dfrac{1}{2} = \dfrac{PL^2}{8}$ 이므로, $\theta_B = \dfrac{S_B}{EI} = \dfrac{PL^2}{8EI}$ 이다.

46 다음 그림과 같은 휨모멘트도를 통해 구조물에 작용하는 수평하중 P를 구하면?

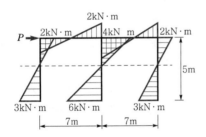

① 2kN
② 3kN
③ 4kN
④ 6kN

해설 수평하중값은 각 기둥의 전단력의 합계 또는 기둥의 상·하부의 휨모멘트의 합을 기둥의 높이로 나눈 값과 동일하다.

$$\therefore P(\text{수평하중}) = -\frac{\text{기둥의 상·하부 휨모멘트의 합}}{\text{기둥의 높이}}$$
$$= -\frac{-2-3-4-6-2-3}{5}$$
$$= 4\text{kN}$$

47 그림과 같은 단면의 X축에 대한 단면계수값으로서 옳은 것은?

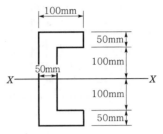

① $1.278 \times 10^6\,\text{mm}^3$
② $1.298 \times 10^6\,\text{mm}^3$
③ $1.378 \times 10^6\,\text{mm}^3$
④ $1.398 \times 10^6\,\text{mm}^3$

해설
$Z(\text{단면계수})$
$$= \frac{I(\text{단면 2차 모멘트})}{y(\text{도심축으로부터 상·하연까지의 거리})}$$
$$= \frac{I_1 - I_2}{y} = \frac{\dfrac{bh^3}{12} - \dfrac{b'h'^3}{12}}{\dfrac{h}{2}}$$
$$= \frac{\dfrac{100 \times 300^3}{12} - \dfrac{50 \times 100^3}{12}}{\dfrac{300}{2}}$$
$$= 1,277,777.778\,\text{mm}^3 = 1.278 \times 10^6\,\text{mm}^3$$

48 인장을 받는 이형철근의 정착길이(l_d)는 기본 정착길이(l_{db})에 보정계수를 곱하여 구한다. 이 보정계수에 대한 설명 중 옳지 않은 것은? (단, KCI 2012 기준)

① 철근배치 위치계수 α는 상부 철근일 경우 1.5이고 기타 철근일 경우 1.0이다.
② 철근크기계수 γ는 철근직경이 D22 이상인 경우 1.0이고, D19 이하일 경우 0.8이다.
③ 철근 도막계수 β는 도막 되지 않은 철근일 경우 1.0이다.
④ 경량콘크리트계수 λ는 일반 콘크리트인 경우 1.0이다.

해설 인장을 받는 이형철근의 정착길이에서 기본정착길이에 보정계수를 곱할 경우의 α(철근배치 위치계수)의 값은 다음과 같다.
㉠ 상부 철근(정착길이 또는 겹침 이음부 아래 300mm가 초과되게 굳지 않은 콘크리트를 친 수평철근) : 1.3
㉡ 기타 철근 : 1.0

49 그림과 같은 구조물의 부정정 차수는?

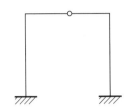

① 1차 부정정   ② 2차 부정정
③ 3차 부정정   ④ 4차 부정정

해설
㉠ $S+R+N-2K$에서 $S=4$, $R=6$, $N=2$, $K=5$
이다.
그러므로, $S+R+N-2K=4+6+2-2\times5=2$차
부정정이다.
㉡ $R+C-3M$에서 $R=6$, $C=8$, $M=4$이다.
그러므로, $R+C-3M=6+8-3\times4=2$차 부정정
이다.

50 반T형 보의 유효폭으로 옳은 것은? (단, 보의
경간은 6m임.)

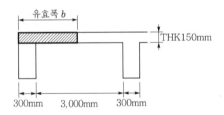

① 800mm   ② 1,200mm
③ 1,800mm   ④ 2,300mm

해설
반T형 보의 유효폭은 다음 값의 최솟값으로 한다.
㉠ (한쪽으로 내민 플랜지 두께의 6배)+b_w(플랜지가
있는 부재의 복부 폭)=$6\times150+300=1,200$mm
이하
㉡ (보의 경간의 1/12)+b_w(플랜지가 있는 부재의 복부
폭)=$\dfrac{1}{12}\times6,000+300=800$mm 이하
㉢ (인접 보와의 내측 거리의 1/2)+b_w(플랜지가 있는 부
재의 복부 폭)=$\dfrac{1}{2}\times3,000+300=1,800$mm 이하
그러므로, ㉠, ㉡, ㉢의 최솟값을 택하면, 800mm
이하이다.

51 직사각형 단면의 탄성 단면계수에 대한 소성
단면계수의 비(比)는?

① 0.67   ② 1.20
③ 1.50   ④ 3.00

해설
㉠ M_p(소성모멘트)
$$=\dfrac{F_y(강재의\ 항복강도)b(보의\ 폭)d^2(보의\ 너비)}{4}$$
$$\times\dfrac{2d}{3}=\dfrac{F_ybd^2}{6}\ 이고,$$
㉡ M_y(탄성모멘트)$=M_n$(공칭휨강도)
$$=T(철근의\ 인장력)\times\dfrac{d}{2}$$
$$=C(콘크리트의\ 압축력)\times\dfrac{d}{2}$$
$$=\dfrac{F_y(강재의\ 항복강도)b(보의\ 폭)d^2(보의\ 너비)}{2}$$
$$\times\dfrac{d}{2}=\dfrac{F_ybd^2}{4}\ 이다.$$
또한, 단면계수의 비는 모멘트비와 일치하므로
$$\dfrac{Z_p(소성단면계수)}{Z_y(탄성단면계수)}=\dfrac{M_p}{M_y}=\dfrac{\dfrac{F_ybd^2}{4}}{\dfrac{F_ybd^2}{6}}=\dfrac{6F_ybd^2}{4F_ybd^2}=1.5$$

★
52 다음에서 설명하는 용어는?

> 포화사질토가 비배수 상태에서 급속한 재하
> 를 받게 되면 과잉간극수압의 발생과 동시
> 에 유효응력이 감소하며, 이로 인해 전단저
> 항이 크게 감소하는 현상

① 히빙   ② 액상화
③ 보일링   ④ 파이핑

해설
히빙 현상은 흙막이 바깥에 있는 흙의 중량과 지표
재 하중의 중량을 견디지 못하여 저면의 흙이 붕괴
되고, 흙막이 바깥의 흙이 흙막이 안으로 밀려들어
볼록해지는 현상이다. 보일링 현상은 흙파기 저면을
통해 상승하는 유수로 인하여 모래의 입자가 부력
을 받아 저면 모래지반의 지지력이 없어지는 현상
이다. 파이핑 현상은 사질지반 굴착 시 벽체 배면의
토사가 흙막이 틈새 또는 구멍으로 누수되어 흙막
이벽 배면에 공극이 발생하여 물의 흐름이 점차로
커져 결국에는 주변 지반을 함몰시키는 현상이다.

2016

53 부재의 EI가 일정하고, 양단의 지지상태가 그림과 같은 경우, A기둥의 탄성좌굴하중은 B기둥의 탄성좌굴하중의 몇 배인가?

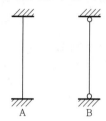

① 4배
② 6배
③ 8배
④ 16배

해설

P_k(탄성좌굴하중)$= \dfrac{\pi^2 EI}{(d)^2} = \dfrac{\pi^2 EI}{l_k^2}$ 이다. 그러므로

P_{kA}(A부재의 탄성좌굴하중)$= \dfrac{\pi^2 EI}{(0.5l)^2} = \dfrac{\pi^2 EI}{0.25l^2}$ 이고,

P_{kB}(B부재의 탄성좌굴하중)$= \dfrac{\pi^2 EI}{(l)^2} = \dfrac{\pi^2 EI}{l^2}$ 이다.

그러므로, $P_{kA} : P_{kB} = \dfrac{1}{0.25} : \dfrac{1}{1} = 4 : 1$ 이므로 A기둥의 탄성좌굴하중은 B기둥의 탄성좌굴하중의 4배이다.

54 다음 그림에서 파단선 A−B−F−C−D의 인장재 순단면적은? (단, 볼트구멍지름 d : 22mm, 인장재 두께는 6mm)

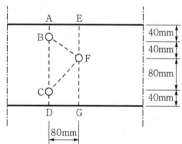

① 1,164mm^2
② 1,364mm^2
③ 1,564mm^2
④ 1,764mm^2

해설

파단선 A−B−F−C−D는 엇모 배치이므로
A_n(순단면적)$= A_g$(전단면적)$- n$(파단선상의 구멍 수)
　　　d_0(구멍의 직경)t(부재의 두께)
　　　$+ \Sigma \dfrac{s(\text{피치})^2 t (\text{부재의 두께})}{4g(\text{게이지라인})}$ 이다.

즉, $A_n = A_g - nd_0 t + \Sigma \dfrac{s^2 t}{4g}$ 에서,

$A_g = 200 \times 6$, $n = 3$개, $d_0 = 22$mm, $t = 6$mm, $s = 80$mm, $g = 40$mm, 80mm이다. 그러므로,

$A_n = A_g - nd_0 t + \Sigma \dfrac{s^2 t}{4g}$

$\quad = (200 \times 6) - 3 \times 22 \times 6 + \left(\dfrac{80^2 \times 6}{4 \times 40} + \dfrac{80^2 \times 6}{4 \times 80} \right)$

$\quad = 1{,}164 \text{mm}^2$

★
55 지진의 진도(intensity)와 규모(magnitude)에 대한 설명으로 옳지 않은 것은?

① 진도는 상대적 개념의 지진크기이다.
② 규모는 장소에 관계없는 절대적 개념의 크기이다.
③ 진도는 사람이 느끼는 감각, 물체 이동 등을 계급별로 구분한다.
④ 규모는 지반의 운동 정도를 평가하나 정밀하지는 않다.

해설

지진의 규모는 지진에 의해 발생된 에너지를 등급화해 지진 자체의 절대적(정량적) 크기를 나타내는 척도로서 지반의 운동 정도를 평가하나, 비교적 정밀하다.

56 강도설계법에서 철근콘크리트 구조물 설계 시 고려해야 하는 하중조합으로 옳지 않은 것은? (단, KBC 2009 기준, D는 고정하중, F는 유체압 및 유기내용물하중, L은 활하중, W는 풍하중, E는 지진하중, H_v는 흙, 지하수 또는 기타 재료의 자중에 의한 연직방향 하중, S는 적설하중)

① $U = 1.4(D + F)$
② $U = 1.2D + 1.3W + 1.0L + 0.5S$
③ $U = 1.2D + 1.0E + 1.0L + 0.2S$
④ $U = 1.4D + 1.3L + 1.6S$

해설

적설하중이 추가된 경우에는
U(소요강도)$= 1.2D + 1.6L + 0.5S$ 또는
U(소요강도)$= 1.2D + 1.0L + 0.2S$ 중 최댓값으로 한다.

57 강구조의 볼트접합에 관한 일반적인 설명으로 ★ 옳지 않은 것은?

① 볼트는 가공정밀도에 따라 상볼트, 중볼트, 흑볼트로 나뉜다.
② 볼트중심 사이의 간격을 게이지라인(gauge line)이라고 한다.
③ 게이지라인(gauge line)과 게이지라인과의 거리를 게이지(gauge)라고 한다.
④ 배치방식은 정렬배치와 엇모배치가 있다.

해설

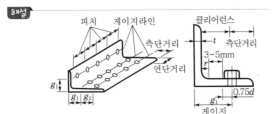

볼트중심 사이의 간격인 피치(pitch)는 일반적으로 $3 \sim 4d$(볼트의 직경)이고, 최소 피치는 $2.5d$ 정도이며, 게이지라인(gauge line)은 볼트의 중심선을 연결한 선이다.

58 다음 그림과 같은 부재의 최대 휨응력은 약 얼마인가? (단, 부재의 자중은 무시한다.)

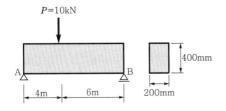

① 1.2MPa ② 2.2MPa
③ 3.6MPa ④ 4.5MPa

해설

$$\sigma_{max}(최대 휨응력도) = \frac{M_{max}(최대 휨모멘트)}{Z(단면계수)}$$

여기서, $Z = \dfrac{I}{y} = \dfrac{\frac{bh^3}{12}}{\frac{h}{2}} = \dfrac{bh^2}{6} = \dfrac{200 \times 400^2}{6}$

$M_{max} = 6 \times 4 - 10 \times 0$
$= 24\text{kN} \cdot \text{m} = 24,000,000\text{N} \cdot \text{mm}$

$\therefore \sigma_{max} = \dfrac{M_{max}}{Z} = \dfrac{24,000,000}{\frac{200 \times 400^2}{6}} = 4.5\text{N/mm}^2$

$= 4.5\text{MPa}$

59 지진력저항시스템 중 다음 각 구조시스템에 관한 설명으로 옳지 않은 것은?

① 모멘트골조방식 : 수직하중과 횡력을 보와 기둥으로 구성된 라멘골조가 저항하는 구조방식
② 연성모멘트골조방식 : 횡력에 대한 저항 능력을 증가시키기 위하여 부재와 접합부의 연성을 증가시킨 모멘트골조
③ 이중골조방식 : 횡력의 25퍼센트 이상을 부담하는 전단벽이 연성모멘트골조와 조화되어 있는 구조방식
④ 건물골조방식 : 수직하중은 입체골조가 저항하고 지진하중은 전단벽이나 가새골조가 저항하는 구조방식

해설 이중골조방식은 모멘트골조와 전단벽 또는 가새골조로 이루어진 이중골조시스템에 있어서 전체 지진력은 각 골조의 횡강성비에 비례하여 분배하되 모멘트골조가 설계 지진력의 최소한 25%를 부담하여야 하는 방식이다. 또한, 이중골조방식은 연성모멘트골조방식(25% 이상의 횡력을 부담하는 구조)에 전단벽 또는 가새골조 구조가 조합된 구조이다. 즉, 이중골조방식=연성모멘트골조방식+(전단벽 또는 가새골조 구조)이다.

60 그림은 연직하중을 받는 철근콘크리트보의 균열을 나타낸 것이다. 전단력에 의해서 생기는 대표적인 균열의 형태로 옳은 것은?

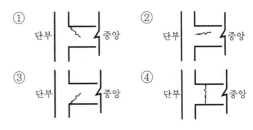

해설 철근콘크리트 구조체의 원리에서 인장에 필요한 철근을 보강하였으나, 하중이 커져 양측 단부에 45° 방향(보의 하부의 단부에서 보의 중앙부 상향 방향)의 균열 파괴가 발생한다. 이와 같은 전단력에 의한 사인장력(빗인장력)에 대한 보강으로 늑근을 설치하여 균열을 방지한다.

2016

제4과목 건축설비

61 조명설비에서 연색성에 관한 설명으로 옳지 않은 것은?

① 평균 연색평가수(R_a)가 0에 가까울수록 연색성이 좋다.

② 일반적으로 할로겐전구가 고압수은램프보다 연색성이 좋다.

③ 연색성이란 물체가 광원에 의하여 조명될 때, 그 물체의 색의 보임을 정하는 광원의 성질을 말한다.

④ 평균 연색평가수(R_a)란 많은 물체의 대표색으로서 7종류의 시험색을 사용하여 그 평균값으로부터 구한 것이다.

해설 조명설비에 있어서 평균 연색평가수가 0에 가까울수록 연색성이 좋지 않고, 0에서 멀어질수록 연색성이 좋다.

62 습공기의 건구온도와 습구온도를 알 때 습공기선도를 사용하여 구할 수 있는 상태값이 아닌 것은?

① 엔탈피
② 비체적
③ 기류속도
④ 절대습도

해설 습공기선도로 알 수 있는 것은 습도(절대습도, 비습도, 상대습도 등), 온도(건구온도, 습구온도, 노점온도 등), 수증기 분압, 비체적, 열수분비, 엔탈피 및 현열비 등이다. 습공기의 기류, 열용량 및 열관류율은 습공기선도에서 알 수 없는 사항이다.

★
63 피뢰설비에서 수뢰부 시스템의 보호범위 산정방식에 속하지 않는 것은?

① 보호각
② 메시법
③ 축점조도법
④ 회전구체법

해설 피뢰설비에서 수뢰부 시스템의 보호범위 산정방식에는 **보호각(돌침 방식), 메시법, 회전구체법** 등이 있다. **축점조도법**은 조도계산방법의 일종이다.

★
64 1,200형 에스컬레이터의 공칭 수송능력은?

① 4,800인/h
② 6,000인/h
③ 7,200인/h
④ 8,000인/h

해설 에스컬레이터의 수송능력은 에스컬레이터의 너비에 따라 다음과 같이 결정된다.

너 비	1,200mm	900mm	800mm	600mm
수송 인원	8,000명/h	6,000명/h	5,000명/h	4,000명/h
비 고	대인 2인	대인 1인, 어린이 1인이 병렬		대인 1인

65 물의 경도에 관한 설명으로 옳지 않은 것은?

① 일반적으로 지표수는 연수, 지하수는 경수로 간주한다.

② 경도가 큰 물을 경수, 경도가 낮은 물을 연수라고 한다.

③ 경수를 보일러 용수로 사용하면 그 내면에 스케일이 생겨 전열효율이 감소된다.

④ 물의 경도는 물속에 녹아 있는 칼슘, 마그네슘 등의 염류의 양을 탄산마그네슘의 농도로 환산하여 나타낸 것이다.

해설 수질오염의 지표로 사용되고 있는 물의 경도는 물속에 녹아 있는 마그네슘의 양을 탄산칼슘($CaCO_3$)의 백만분율(ppm)로 표시하며, 1ppm은 10^{-4}%이다.

66 오수 정화조로 유입되는 오수의 BOD 농도가 150ppm이고 방류수의 BOD 농도가 60ppm일 때 이 정화조의 BOD 제거율은?

① 40%
② 60%
③ 75%
④ 90%

해설 BOD 제거율

$$= \frac{\text{유입수의 BOD} - \text{유출수의 BOD}}{\text{유입수의 BOD}} \times 100$$

$$= \frac{150 - 60}{150} \times 100$$

$$= 60\%$$

67 흡수식 냉동기에 관한 설명으로 옳지 않은 것은?

① 열에너지가 아닌 기계적 에너지에 의해 냉동효과를 얻는다.

② 증발기, 흡수기, 재생기(발생기), 응축기 등으로 구성되어 있다.

③ 냉방용의 흡수식 냉동기는 물과 브롬화 리튬의 혼합용액을 사용한다.

④ 2중효용 흡수식 냉동기는 단효용 흡수식 냉동기보다 에너지 절약적이다.

해설 흡수식 냉동기는 기계적 에너지가 아닌 열에너지에 의해 냉동 효과를 얻고, 구조는 증발기, 흡수기, 재생기(발생기) 및 응축기 등으로 구성되어 있는 냉동기이다.

68 길이가 20m인 동관으로 된 급탕 수평주관에 급탕이 공급되어 관의 온도가 10℃에서 60℃로 온도가 상승된 경우, 동관의 팽창량은? (단, 동관의 선팽창계수는 1.71×10^{-5}이다.)

① 0.86mm ② 8.6mm
③ 17.1mm ④ 171mm

해설
ε(변형도) $= \dfrac{\Delta l(\text{변형된 길이})}{l(\text{원래의 길이})} = \alpha(\text{선팽창계수})$
$\times \Delta t$(온도의 변화량)이므로
$\Delta l = l\alpha\Delta t$
$= 20,000 \times 1.71 \times 10^{-5} \times (60-10)$
$= 17.1$mm이다.

69 냉방부하의 종류 중 현열만을 포함하고 있는 것은?

① 인체의 발생열량

② 유리로부터의 취득열량

③ 극간풍에 의한 취득열량

④ 외기의 도입으로 인한 취득열량

해설 냉동부하 중 현열에 의해 발생하는 냉방부하는 전열부하(온도 차에 의하여 외벽, 천장, 유리, 바닥 등을 통한 관류열량), 일사에 의한 부하, 실내 발생열(조명기구), 송풍기 부하, 덕트의 열손실, 재열부하, 혼합 손실(2중 덕트의 냉·온풍 혼합 손실), 배관의 열손실 및 펌프에서의 열취득 등이다.

70 다음과 같은 특징을 갖는 배선공사방식은?

- 열적 영향이나 기계적 외상을 받기 쉬운 곳이 아니면 금속배관과 같이 광범위하게 사용이 가능하다.
- 관 자체가 절연체이므로 감전의 우려가 없으며 시공이 쉬운 게 장점이다.

① 버스덕트 공사

② 애자사용 공사

③ 합성수지관 공사

④ 플로어덕트 공사

해설 합성수지관(경질 비닐관) 공사는 절연성(관 자체가 절연성이므로 감전의 우려가 없음), 내식성과 내수성이 우수하고, 부식성 가스 또는 용액을 발산하는 특수화학 공장 또는 연구실의 배선과 습기나 물기가 있는 곳에 유리하며, 시공이 쉽다. 특히, 열적 영향이나 기계적 외상을 받기 쉬운 곳은 사용하지 않는다.

71 가스의 연소성을 나타내는 것은?

① 비열비 ② 가버너
③ 웨버지수 ④ 단열지수

해설 비열비는 정압비열(압력을 일정하게 한 때의 비열)과 정적비열(용적을 일정하게 한 때의 비열)의 비이다. 가버너는 증기 터빈 등의 회전수를 소정의 값으로 유지하는 제어 장치이다. 단열지수는 단열의 정도를 나타내는 계수이다.

72 중앙식 급탕법에 관한 설명으로 옳지 않은 것은?

① 배관 및 기기로부터의 열손실이 많다.

② 급탕 개소마다 가열기의 설치 스페이스가 필요하다.

③ 일반적으로 열원장치는 공조설비와 겸용하여 설치된다.

④ 급탕기구의 동시 사용률을 고려하기 때문에 가열장치의 전체 용량을 줄일 수 있다.

해설 중앙식 급탕법은 지하실과 같은 일정한 장소에 급탕설비를 갖추고 급탕배관으로 각 사용 개소에 급탕을 공급하는 방식으로 급탕 개소마다 가열기의 설치 스페이스가 필요하지 않다.

2016

73 덕트의 분기부에 설치하여 풍량조절용으로 사용되는 댐퍼는?

① 스플릿 댐퍼　　② 평행익형 댐퍼
③ 대향익형 댐퍼　④ 버터플라이 댐퍼

> **해설**
> 평행익형 댐퍼와 대향익형 댐퍼는 대형 덕트에 사용하고, 버터플라이 댐퍼는 소형 덕트에 사용한다.

74 소방시설은 소화설비, 경보설비, 피난설비, 소화용수설비, 소화활동설비로 구분할 수 있다. 다음 중 소화활동설비에 속하는 것은?

① 제연설비
② 비상방송설비
③ 스프링클러설비
④ 자동화재탐지설비

> **해설**
> 소화활동설비의 종류에는 제연설비, 연결송수관설비, 연결살수설비, 비상콘센트설비, 무선통신 보조설비, 연소방지설비 및 방화벽 등이 있다. 비상방송설비와 자동화재탐지설비는 경보설비, 스프링클러설비는 소화설비에 속한다.

75 건구온도 26℃인 실내공기 8,000m³/h와 건구온도 32℃인 외부공기 2,000m³/h를 단열 혼합하였을 때 혼합공기의 건구온도는?

① 27.2℃　　② 27.6℃
③ 28.0℃　　④ 29.0℃

> **해설**
> 열적 평형상태에 의해서
> $m_1(t_1 - T) = m_2(T - t_2)$ 에서 $T = \dfrac{m_1 t_1 + m_2 t_2}{m_1 + m_2}$ 이다.
> 그런데, $m_1 = 8,000\text{m}^3$, $m_2 = 2,000\text{m}^3$, $t_1 = 26℃$, $t_2 = 32℃$이다.
> $$\therefore\ T = \frac{m_1 t_1 + m_2 t_2}{m_1 + m_2}$$
> $$= \frac{8,000 \times 26 + 2,000 \times 32}{8,000 + 2,000}$$
> $$= 27.2℃$$

76 엘리베이터의 기계실에 있는 주요 설비에 속하지 않는 것은?

① 조속기　　　② 권상기
③ 완충기　　　④ 전자 브레이크

> **해설**
> 엘리베이터의 기계실은 승강로의 직상부 기계실 내에 권상기, 조속기, 전자 브레이크, 가이드 레일, 배전반 등의 각종 기기가 배치되므로 완충기는 엘리베이터의 피트 바닥 부분에 설치하는 엘리베이터의 기계적 안전장치이다.

77 다음 설명에 알맞은 통기관의 종류는?

> 1개의 트랩을 위해 트랩 하류에서 취출하여, 그 기구보다 윗부분에서 통기계통에 접속하거나 또는 대기 중에 개구하도록 설치한 통기관을 말한다.

① 루프 통기관
② 신정 통기관
③ 결합 통기관
④ 각개 통기관

> **해설**
> 루프(회로, 환상) 통기관은 2개 내지 8개 이내의 기구군을 일괄해서 통기하는 통기관이다. 신정 통기관은 최상부의 배수수평지관, 배수수직관에 접속되는 점으로부터 다시 위쪽으로 배수수직관을 치올려 이를 통기관으로 사용하는 통기관이다. 결합 통기관은 통기 입관에 접속하는 방식으로 층수가 많을 경우 5층마다 설치하는 통기관이다.

78 다음 설명에 알맞은 전동기의 종류는?

> • 회전자계를 만드는 여자 전류가 전원측으로부터 흐르는 관계로 역률이 나쁘다는 결점이 있다.
> • 구조와 취급이 간단하여 건축설비에서 가장 널리 사용된다.

① 직권전동기
② 분권전동기
③ 유도전동기
④ 동기전동기

> **해설**
> 직권전동기는 계자권선(고정자)과 전기자(회전자)를 직렬로 접속한 전동기이고, 분권전동기는 직류전동기의 하나로 계자권선과 전기자를 병렬로 접속한 전동기이다. 동기전동기는 동기 속도로 회전하는 교류전동기로 전원의 주파수가 일정하면 회전속도가 일정하므로 역률이 100%인 전동기이다.

정답 73.① 74.① 75.① 76.③ 77.④ 78.③

79 건축물 등에서 항공기의 추돌을 방지하기 위하여 설치하는 각종의 안전등화를 무엇이라 하는가?

① 선회등
② 유도로등
③ 항공등화
④ 항공장애표시등

해설 선회등은 야간에 목적지 공항 상공에 접근한 항공기가 활주로로 진입하기 위하여 선회해야 하는 경우에 대비한 등이다. 유도로등은 화재 등 재해발생 시 피난하는 경우 길안내가 되는 조명기구이며, 항공등화는 공항 내의 항공기 진입을 위한 조명기구이다.

★★
80 다음과 같은 벽체의 열관류율은?

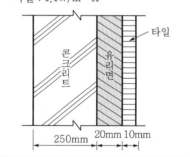

[조건]
㉠ 내표면 열전달률 : 8W/m² · K
㉡ 외표면 열전달률 : 20W/m² · K
㉢ 재료의 열전도율
　• 콘크리트 : 1.2W/m · K
　• 유리면 : 0.036W/m · K
　• 타일 : 1.1W/m · K

① 약 0.90W/m² · K
② 약 1.05W/m² · K
③ 약 1.20W/m² · K
④ 약 1.35W/m² · K

해설 열관류율은 한 면이 외기에 접했을 때
$$\frac{1}{K} = \frac{1}{\alpha_0} + \Sigma \frac{d}{\lambda} + \frac{1}{\alpha_i} + \frac{1}{c} 이다.$$
그러므로, $\frac{1}{K} = \frac{1}{8} + \frac{0.25}{1.2} + \frac{0.02}{0.036} + \frac{0.01}{1.1} + \frac{1}{20}$
$$= 0.947979$$
$$\therefore K = 1.0548W/m^2 \cdot K$$

제5과목 건축관계법규

81 준주거지역에서 건축할 수 있는 건축물은? (단, 도시·군계획 조례가 정하는 바에 따라 건축할 수 있는 건축물)

① 단독주택
② 수련시설
③ 공동주택 중 아파트
④ 야영장 시설

해설 관련 법규 : 국토법 제76조, 영 제71조, (별표 9), 해설 법규 : 영 제71조, (별표 9)
종교시설, 공동주택 중 아파트, 문화 및 집회시설 중 전시장은 준주거지역에 건축이 가능하나, 위락시설의 건축은 불가능하다.

82 범죄 예방의 기준에 따라 건축하여야 하는 대상 건축물에 속하지 않는 것은?

① 수련시설
② 업무시설 중 오피스텔
③ 숙박시설 중 일반숙박시설
④ 다세대주택

해설 관련 법규 : 법 제53조의2, 영 제63조의6, 해설 법규 : 영 제63조의6
다가구주택, 아파트, 연립주택 및 다세대주택, 제1종 근린생활시설 중 일용품을 판매하는 소매점, 제2종 근린생활시설 중 다중생활시설, 문화 및 집회시설(동 · 식물원은 제외), 교육연구시설(연구소 및 도서관은 제외), 노유자시설, 수련시설, 업무시설 중 오피스텔, 숙박시설 중 다중생활시설은 범죄예방 기준에 따라 건축하여야 한다.

83 국토의 계획 및 이용에 관한 법령상 광장, 공원, 녹지, 유원지, 공동공지가 속하는 기반시설은?

① 교통시설
② 공간시설
③ 환경기초시설
④ 보건위생시설

해설 관련 법규 : 법 제2조, 영 제2조~4조의2, 영 제2조 ①항 6호
기반 시설의 분류
㉠ 교통시설 : 도로 · 철도 · 항만 · 공항 · 주차장 · 자동차정류장 · 궤도, 차량 검사 및 면허시설

ⓛ 공간시설 : 광장·공원·녹지·유원지·공공공지
ⓒ 보건위생시설 : 장사시설, 도축장, 종합의료시설
ⓔ 환경기초시설 : 하수도·폐기물처리 및 재활용시설·빗물저장 및 이용시설·수질오염방지시설·폐차장

84 건축물의 주요 구조부를 내화구조로 하여야 하는 대상 건축물에 속하지 않는 것은?

① 공장의 용도로 쓰는 건축물로서 그 용도로 쓰는 바닥면적 합계가 500m²인 건축물
② 판매시설의 용도로 쓰는 건축물로서 그 용도로 쓰는 바닥면적 합계가 500m²인 건축물
③ 창고시설의 용도로 쓰는 건축물로서 그 용도로 쓰는 바닥면적 합계가 500m²인 건축물
④ 문화 및 집회시설 중 전시장의 용도로 쓰는 건축물로서 그 용도로 쓰는 바닥면적 합계가 500m²인 건축물

해설 관련 법규 : 법 제50조, 영 제56조, 피난·방화규칙 제20조의2, 해설 법규 : 영 제56조 ①항 3호
공장의 용도로 쓰는 건축물로서 그 용도로 쓰는 바닥면적의 합계가 2,000m² 이상인 건축물은 주요 구조부를 내화구조로 하여야 한다. 다만, 화재의 위험이 적은 공장으로서 국토교통부령으로 정하는 공장은 제외한다.

85 다음 중 특별건축구역으로 지정할 수 있는 사업구역에 속하지 않는 것은?

① 도로법에 따른 접도구역
② 도시개발법에 따른 도시개발구역
③ 택지개발촉진법에 따른 택지개발사업구역
④ 공공기관 지방 이전에 따른 혁신도시 건설 및 지원에 관한 특별법에 따른 혁신도시의 사업구역

해설 관련 법규 : 법 제69조, 영 제105조, 해설 법규 : 법 제69조 ②항
「개발제한구역의 지정 및 관리에 관한 특별조치법」에 따른 개발제한구역, 「자연공원법」에 따른 자연공원, 「도로법」에 따른 접도구역 및 「산지관리법」에 따른 보전산지 등의 어느 하나에 해당하는 지역·구역 등에 대하여는 특별건축구역으로 지정할 수 없다.

86 다음은 건축법상 리모델링에 대비한 특례 등에 관한 기준 내용이다. ( ) 안에 알맞은 것은?

> 리모델링이 쉬운 구조의 공동주택의 건축을 촉진하기 위하여 공동주택을 대통령령으로 정하는 구조로 하여 건축허가를 신청하면 제56조, 제60조 및 제61조에 따른 기준을 ( )의 범위에서 대통령령으로 정하는 비율로 완화하여 적용할 수 있다.

① 100분의 110
② 100분의 120
③ 100분의 140
④ 100분의 150

해설 관련 법규 : 법 제8조, 해설 법규 : 제8조
리모델링이 쉬운 구조의 공동주택의 건축을 촉진하기 위하여 공동주택을 대통령령으로 정하는 구조로 하여 건축허가를 신청하면 제56조(건축물의 용적률), 제60조(건축물의 높이 제한) 및 제61조(일조 등의 확보를 위한 건축물의 높이 제한)에 따른 기준을 120/100의 범위에서 대통령령으로 정하는 비율로 완화하여 적용할 수 있다.

87 건축물의 건축주가 착공신고를 할 때, 해당 건축물의 설계자로부터 받은 구조 안전의 확인 서류를 허가권자에게 제출하여야 하는 대상 건축물의 기준으로 옳지 않은 것은? (단, 허가 대상 건축물인 경우)

① 높이가 11m 이상인 건축물
② 처마 높이가 9m 이상인 건축물
③ 국가적 문화유산으로 보존할 가치가 있는 건축물로서 국토교통부령으로 정하는 것
④ 기둥과 기둥 사이의 거리가 10m 이상인 건축물

해설 관련 법규 : 법 제48조, 영 제32조, 해설 법규 : 영 제32조 ②항
구조 안전을 확인한 건축물 중 다음의 어느 하나에 해당하는 건축물의 건축주는 해당 건축물의 설계자로부터 구조 안전의 확인 서류를 받아 착공신고를 하는 때에 그 확인 서류를 허가권자에게 제출하여야 한다. 다만, 표준설계도서에 따라 건축하는 건축물은 제외한다.
ⓛ 층수가 2층[주요구조부인 기둥과 보를 설치하는 건축물로서 그 기둥과 보가 목재인 목구조 건축물의 경우에는 3층] 이상인 건축물

ⓛ 연면적이 200m²(목구조 건축물의 경우에는 500m²) 이상인 건축물. 다만, 창고, 축사, 작물 재배사는 제외한다.

ⓒ 높이가 13m 이상인 건축물, 처마높이가 9m 이상인 건축물, 기둥과 기둥 사이의 거리가 10m 이상인 건축물, 단독주택, 공동주택, 특수 구조의 건축물

ⓔ 건축물의 용도 및 규모를 고려한 중요도가 높은 건축물로서 국토교통부령으로 정하는 건축물

ⓜ 국가적 문화유산으로 보존할 가치가 있는 건축물로서 국토교통부령으로 정하는 것

ⓗ 한쪽 끝은 고정되고 다른 끝은 지지되지 아니한 구조로 된 보·차양 등이 외벽(외벽이 없는 경우에는 외곽기둥)의 중심선으로부터 3m 이상 돌출된 건축물

ⓢ 특수한 설계·시공·공법 등이 필요한 건축물로서 국토교통부장관이 정하여 고시하는 구조로 된 건축물

ⓞ 단독주택 및 공동주택

88 문화 및 집회시설 중 공연장의 개별 관람실에 다음과 같이 출구를 설치하였을 경우, 옳은 것은? (단, 개별 관람실의 바닥면적은 900m²이다.)

① 출구를 1개소 설치하였다.
② 각 출구의 유효 너비를 2.4m로 하였다.
③ 출구로 쓰이는 문을 안여닫이로 하였다.
④ 출구의 유효 너비의 합계를 5.0m로 하였다.

해설 **관련 법규 : 법 제49조, 영 제38조, 피난·방화규칙 제10조, 해설 법규 : 피난·방화규칙 제10조 ②항 2호**
①항은 출구를 2개소 이상 설치하여야 하고, ③항은 출구로 쓰이는 문은 안여닫이로 하여서는 아니 되며, ④항은 출구의 유효 너비의 합계는 $\frac{900}{100} \times 0.6 = 5.4m$ 이상으로 설치하여야 한다.

89 6층 이상의 거실면적 합계가 9,000m²인 층수가 10층인 업무시설에 설치하여야 하는 승용승강기의 최소 대수는? (단, 8인승 승강기의 경우)

① 2대
② 3대
③ 4대
④ 5대

해설 **관련 법규 : 법 제64조, 영 제89조, 설비규칙 제5조, (별표 1의2), 해설 법규 : (별표 1의2)**
업무시설은 3,000m² 이하인 경우에는 1대이고, 3,000m²를 초과하는 경우에는 1대에 3,000m²를 초과하는 2,000m² 이내마다 1대를 더한 대수이다.
∴ 승용승강기 대수
$$= 1 + \frac{(6층\ 이상의\ 거실면적의\ 합계 - 3,000)}{2,000}$$
$$= 1 + \frac{(9,000 - 3,000)}{2,000}$$
$$= 4대\ 이상$$

★★
90 상업지역에서 건축물에 설치하는 냉방시설 및 환기시설의 배기구는 도로면으로부터 최소 얼마 이상의 높이에 설치하여야 하는가?

① 1m
② 1.5m
③ 2m
④ 2.5m

해설 **관련 법규 : 설비규칙 제23조, 해설 법규 : 설비규칙 제23조 ③항 가목**
상업지역 및 주거지역에서 건축물에 설치하는 냉방시설 및 환기시설의 배기구는 도로면으로부터 2m 이상의 높이에 설치할 것

★
91 다음 중 신고대상에 속하는 용도변경은?

① 영업시설군에서 문화 및 집회시설군으로 용도변경
② 근린생활시설군에서 주거업무시설군으로 용도변경
③ 산업 등의 시설군에서 자동차 관련 시설군으로 용도변경
④ 교육 및 복지시설군에서 전기통신시설군으로 용도변경

해설 **관련 법규 : 법 제19조, 영 제14조, 해설 법규 : 법 제19조 ②항 2호**
다음의 시설군 신고대상은 ① → ⑨이고, 허가대상은 ⑨ → ①이다.
① 자동차 관련 시설군 → ② 산업 등 시설군 → ③ 전기통신시설군 → ④ 문화집회시설군 → ⑤ 영업시설군 → ⑥ 교육 및 복지시설군 → ⑦ 근린생활시설군 → ⑧ 주거업무시설군 → ⑨ 그 밖의 시설군

★
92 건축물의 용도를 변경하는 경우 변경 후 용도의 주차대수와 변경 전 용도의 주차대수의 차이에 해당하는 부설주차장을 추가로 확보하지 아니하고 용도를 변경할 수 있는 경우에 속하지 않는 것은? (단, 사용승인 후 5년이 지난 연면적 1,000m² 미만의 건축물의 용도를 변경하는 경우)

① 종교시설의 용도로 변경하는 경우
② 판매시설의 용도로 변경하는 경우
③ 다세대주택의 용도로 변경하는 경우
④ 문화 및 집회시설 중 전시장의 용도로 변경하는 경우

해설 관련 법규 : 법 제19조, 영 제6조, 해설 법규 : 영 제6조 ④항 단서
건축물의 용도를 변경하는 경우에는 용도변경 시점의 주차장 설치기준에 따라 변경 후 용도의 주차대수와 변경 전 용도의 주차대수를 산정하여 그 차이에 해당하는 부설주차장을 추가로 확보하여야 한다. 다만, 다음의 어느 하나에 해당하는 경우에는 부설주차장을 추가로 확보하지 아니하고 건축물의 용도를 변경할 수 있다.
㉠ 사용승인 후 5년이 지난 연면적 1,000m² 미만의 건축물의 용도를 변경하는 경우. 다만, 문화 및 집회시설 중 공연장·집회장·관람장, 위락시설 및 주택 중 다세대주택·다가구주택의 용도로 변경하는 경우는 제외한다.
㉡ 해당 건축물 안에서 용도 상호 간의 변경을 하는 경우. 다만, 부설주차장 설치기준이 높은 용도의 면적이 증가하는 경우는 제외한다.

93 다음 중 건축물 관련 건축기준에서 허용되는 오차의 범위(%)가 가장 큰 것은?

① 평면 길이   ② 출구 너비
③ 반자 높이   ④ 바닥판 두께

해설 관련 법규 : 법 제26조, 규칙 제20조, (별표 5), 해설 법규 : 규칙 제20조, (별표 5)
건축물 관련 건축기준의 허용오차

항목	오차 범위
건축물 높이	2% 이내(1m 초과 불가)
평면 길이	2% 이내 (전체 길이 1m 초과 불가, 각 실 길이 10cm 초과 불가)
출구 너비, 반자 높이	2% 이내
벽체 두께, 바닥판 두께	3% 이내

94 주거기능, 공업기능, 유통·물류기능 및 관광·휴양기능 외의 기능을 중심으로 특정한 목적을 위하여 개발·정비할 필요가 있는 지구는?

① 주거개발진흥지구
② 산업·유통개발진흥지구
③ 관광·휴양개발진흥지구
④ 특정개발진흥지구

해설 관련 법규 : 국토법 제37조, 영 제31조, 해설 법규 : 영 제31조 ②항 8호
주거개발진흥지구는 주거기능을 중심으로 개발·정비할 필요가 있는 지구이다. 산업·유통개발진흥지구는 공업기능 및 유통·물류기능을 중심으로 개발·정비할 필요가 있는 지구이다. 관광·휴양개발진흥지구는 관광·휴양기능을 중심으로 개발·정비할 필요가 있는 지구이다.

★
95 건축법령상 공동주택에 속하지 않는 것은?

① 기숙사   ② 연립주택
③ 다가구주택   ④ 다세대주택

해설 관련 법규 : 영 제3조의5, (별표 1), 해설 법규 : (별표 1)
공동주택의 종류에는 아파트, 연립주택, 다세대주택 및 기숙사 등이 있다. 다가구주택은 단독주택에 속한다.

96 노외주차장인 주차전용 건축물의 건폐율, 용적률, 대지면적의 최소 한도 및 높이 제한에 관한 기준 내용으로 옳지 않은 것은?

① 건폐율 : 90/100 이하
② 용적률 : 1,500% 이하
③ 대지면적의 최소 한도 : 45m² 이상
④ 높이 제한(대지가 너비 12m 미만의 도로에 접하는 경우) : 건축물의 각 부분의 높이는 그 부분으로부터 대지에 접한 도로의 반대쪽 경계선까지의 수평거리의 4배

해설 관련 법규 : 법 제12조의2, 해설 법규 : 법 제12조의2 4호
노외주차장인 주차전용 건축물의 높이 제한
㉠ 대지가 너비 12m 미만의 도로에 접하는 경우 : 건축물의 각 부분의 높이는 그 부분으로부터 대지에 접한 도로(대지가 둘 이상의 도로에 접하는 경우에는 가장 넓은 도로)의 반대쪽 경계선까지의 수평거리의 3배 이하

ⓛ 대지가 너비 12m 이상의 도로에 접하는 경우 : 건축물의 각 부분의 높이는 그 부분으로부터 대지에 접한 도로의 반대쪽 경계선까지의 수평거리의 36/도로의 너비(미터 단위)배 이하. 다만, 배율이 1.8배 미만의 경우에는 1.8배로 한다.

97 출입구의 개소에 관계없이 노외주차장의 차로의 너비를 최소 6m 이상으로 하여야 하는 주차형식은? (단, 이륜자동차 전용 외의 노외주차장의 경우)

① 평행주차 ② 직각주차
③ 교차주차 ④ 45° 대향주차

해설 관련 법규 : 법 제6조, 규칙 제6조, 해설 법규 : 규칙 제6조 ①항 3호
이륜자동차 이외의 노외주차장의 출입구 개수와 차로의 너비

주차형식	차로의 너비	
	출입구가 2개 이상	출입구가 1개
평행주차	3.3m	5.0m
직각주차	6.0m	
60° 대향주차	4.5m	5.5m
45° 대향주차, 교차주차	3.5m	5.0m

98 면적의 산정방법 중 건축물의 외벽(외벽이 없는 경우에는 외곽 부분의 기둥)의 중심선으로 둘러싸인 부분의 수평투영면적으로 하는 것은?

① 연면적 ② 대지면적
③ 건축면적 ④ 거실면적

해설 관련 법규 : 법 제84조, 영 제119조, 해설 법규 : 영 제119조 ①항 2호
건축면적은 건축물의 외벽(외벽이 없는 경우에는 외곽 부분의 기둥)의 중심선으로 둘러싸인 부분의 수평투영면적으로 한다.

99 다음 중 바닥면적에 산입되는 것은?

① 층고가 1.5m인 다락
② 다세대주택의 편복도
③ 공동주택의 필로티 부분
④ 공동주택의 지상층에 설치한 기계실

해설 관련 법규 : 법 제84조, 영 제119조, 해설 법규 : 영 제119조 ①항 3호
필로티나 그 밖에 이와 비슷한 구조(벽면적의 1/2 이상이 그 층의 바닥면에서 위층 바닥 아래면까지 공간으로 된 것만 해당한다)의 부분은 그 부분이 공중의 통행이나 차량의 통행 또는 주차에 전용되는 경우와 공동주택의 경우, 다락[층고가 1.5m(경사진 형태의 지붕인 경우에는 1.8m) 이하인 것] 및 공동주택으로서 지상층에 설치한 기계실, 전기실, 어린이놀이터, 조경시설 및 생활폐기물 보관시설의 면적은 바닥면적에 산입하지 아니한다.

100 주거지역 중 단독주택 중심의 양호한 주거환경을 보호하기 위하여 지정하는 지역은?

① 제1종 전용주거지역
② 제2종 전용주거지역
③ 제1종 일반주거지역
④ 제2종 일반주거지역

해설 관련 법규 : 법 제36조, 영 제30조, 해설 법규 : 영 제30조 1호
㉮ 제2종 전용주거지역 : 공동주택 중심의 양호한 주거환경을 보호하기 위하여 필요한 지역
㉯ 제1종 일반주거지역 : 저층주택을 중심으로 편리한 주거환경을 조성하기 위하여 필요한 지역
㉰ 제2종 일반주거지역 : 중층주택을 중심으로 편리한 주거환경을 조성하기 위하여 필요한 지역

제1과목 건축계획

01 미술관 건축계획에 관한 설명으로 옳은 것은?

① 하모니카 전시기법은 동일 종류의 전시물을 반복 전시할 경우 유리하다.

② 연속순회형식이 가장 이상적으로 반영되어 있는 건축물로는 뉴욕의 구겐하임 미술관이 있다.

③ 미술관의 채광방식을 편측창방식으로 할 경우 실 전체의 조도분포가 균일하여 별도의 조명설비가 필요 없다.

④ 아일랜드 전시기법은 벽이나 천장을 직접 이용하여 전시물을 배치하는 기법으로 관람자의 시거리를 짧게 할 수 없다는 단점이 있다.

해설 중앙홀 형식이 가장 이상적으로 반영되어 있는 건축물은 구겐하임 미술관이고, 미술관의 채광형식 중 정광창형식은 실 전체의 조도 분포가 균일하고, 별도의 조명을 필요로 하지 않는다. 아일랜드 전시는 사방에서 감상해야 할 필요가 있는 조각물이나 모형을 전시하기 위해 벽면에서 띄워 놓아 전시하는 방법이다. ④항은 파노라마 전시의 벽면 전시방법이다.

02 전시실 순회방식에 관한 설명으로 옳지 않은 것은?

① 연속순회형식은 비교적 소규모 전시실에 적합하다.

② 중앙홀 형식은 홀의 크기가 크면 중앙부 동선의 혼란이 있다.

③ 갤러리 및 코리더 형식은 복도 자체도 전시공간으로 이용이 가능하다.

④ 갤러리 및 코리더 형식은 각 실에 직접 들어갈 수 있는 점이 유리하다.

해설 전시실 순회형식 중 중앙홀 형식은 홀의 크기가 크면 동선의 혼란이 없으나, 홀의 크기가 작으면 동선의 혼란이 발생한다.

★
03 각 사찰에 관한 설명으로 옳지 않은 것은?

① 부석사의 가람배치는 누하진입 형식을 취하고 있다.

② 화엄사는 경사된 지형을 수단(數段)으로 나누어서 정지(整地)하여 건물을 적절히 배치하였다.

③ 통도사는 산지에 위치하나 산지가람처럼 건물들을 불규칙하게 배치하지 않고 직교식으로 배치하였다.

④ 봉정사 가람배치는 대지가 3단으로 나누어져 있으며 상단 부분에 대웅전과 극락전 등 중요한 건물들이 배치되어 있다.

해설 통도사의 가람 배치는 창건 당시부터 신라시대의 전통법식에서 벗어나 냇물을 따라 동서로 길게 배치된 산지도 평지도 아닌 구릉 형태로서 탑이 자유롭게 배치된 자유식의 형태를 갖추고 있다.

★★
04 종합병원 건축의 면적 배분에서 가장 많이 차지하는 부분은?

① 외래부   ② 병동부
③ 관리부   ④ 중앙진료부

해설 종합병원의 면적 배분에서 병동부는 25~35%, 외래진료부는 10~20%, 중앙진료부는 15~25%, 관리부는 10~15% 정도이다.

★
05 다음 중 호텔 외관의 형태에 가장 크게 영향을 미치는 부분은?

① 관리부분   ② 공공부분
③ 숙박부분   ④ 설비부분

해설 호텔의 숙박부분은 호텔의 가장 중요한 부분으로, 이에 의해 호텔의 형(외관의 형태)이 결정된다. 객실은 쾌적한 개성을 필요로 하며, 필요에 따라서는 변화를 주어 호텔의 특성을 살려야 한다.

★
06 한국건축의 평면형식에 관한 설명으로 옳지 않은 것은?

① 쌍봉사 대웅전은 2칸 장방형 평면이다.
② 퇴 없이 측면이 단칸인 평면은 평안도 살림집에서 많이 나타난다.
③ 중부지방 민가에서는 ㄱ자형 평면이 많은데 이를 곱은자집이라고도 한다.
④ 다각형 평면으로는 육각과 팔각이 많이 사용되었는데 대개 정자에서 나타난다.

해설 쌍봉사 대웅전은 단칸의 정방형으로 3층이고, 법주사 팔상전과 더불어 현재로서는 별로 전하지 않는 목탑 모양의 건축물이다.

★★
07 송바르 드 로브의 주거면적기준으로 옳은 것은?

① 병리기준 : $6m^2$, 한계기준 : $12m^2$
② 병리기준 : $6m^2$, 한계기준 : $14m^2$
③ 병리기준 : $8m^2$, 한계기준 : $12m^2$
④ 병리기준 : $8m^2$, 한계기준 : $14m^2$

해설 **주거면적기준**

(단위 : m^2/인 이상)

구 분		면 적
최소한 주택의 면적		10
콜로뉴(cologne) 기준		16
송바르 드 로브 (사회학자)	병리기준	8
	한계기준	14
	표준기준	16
국제주거회의(최소)		15

08 극장의 음향계획에 관한 설명으로 옳지 않은 것은?

① 반사음의 집중이 없도록 한다.
② 무대 근처에는 음의 반사재를 취한다.
③ 불필요한 음은 적당히 감쇠시키고 필요한 음의 청취에 방해가 되지 않게 한다.
④ 천장계획에 있어서 돔(dome)형은 음원의 위치 여하를 막론하고 음을 확산시키므로 바람직하다.

해설 천장계획에서 돔형태는 음원의 위치 여하를 막론하고 음의 집중을 일으키므로 바람직하지 못하다.

09 다음 중 은행건축에 관한 설명으로 옳지 않은 것은?

① 금고실은 고객대기실에서 떨어진 위치에 둔다.
② 일반적으로 주 출입문은 안여닫이로 함이 타당하다.
③ 영업실의 면적은 은행원 1인당 최소 $20m^2$ 이상 되어야 한다.
④ 은행실은 고객대기실과 영업실로 나누어지며 은행의 주체를 이루는 곳이다.

해설 은행 영업실의 면적은 은행원 1인당 최소 $10m^2$ 정도 (은행 건축의 규모를 결정함)이다.

★
10 페리(C. A. Perry)의 근린주구이론에서 근린주구의 중심이 되는 시설은?

① 약국
② 대학교
③ 초등학교
④ 어린이놀이터

해설 근린단위의 방식(뉴욕시의 지방 계획을 행한 페리에 의한 방식)의 크기는 초등학교 하나를 필요로 하는 인구가 적당하고, 근린주구의 시설에는 병원, 초등학교, 운동장, 우체국, 소방서, 어린이공원, 동사무소 등이 있다.

11 다음 중 건축물과 양식의 연결이 옳지 않은 것은?

① 노트르담 성당 – 고딕 양식
② 샤르트르 성당 – 고딕 양식
③ 피사의 사탑 – 바로크 양식
④ 성 소피아 성당 – 비잔틴 양식

해설 피사의 사탑은 이탈리아 로마네스크 건축양식이다.

12 다음 중 사무소 건물의 스팬(span) 결정요인과 가장 거리가 먼 것은?

① 지하층의 주차단위
② 냉·난방설비 방식
③ 층고에 의한 유효 채광범위
④ 사무실의 작업단위(책상배열 단위)

해설 사무소 건축에 있어서 기둥 간격(스팬)은 구조 계획적으로 상하층을 통해 가로, 세로 간격을 서로 같은 간격으로 배치하는 것이 가장 바람직하다. 기둥 간격의 결정요인에는 책상 배치의 단위, 주차 배치의 단위, 채광상 층높이에 의한 깊이 등이 있으며, 엘리베이터의 대수, 냉·난방설비 방식, 건물의 외관과는 무관하다.

★
13 도서관 출납시스템의 유형 중 열람자 자신이 서가에서 책을 꺼내어 책을 고르고 그대로 검열을 받지 않고 열람하는 형식은?

① 폐가식
② 반개가식
③ 자유개가식
④ 안전개가식

해설 폐가식은 열람자가 책의 목록에 의해서 책을 선택하고, 관원에게 대출 기록을 남긴 후 책이 대출되는 형식이다. 안전개가식은 열람자가 서가에서 책을 자유롭게 선택하나 관원의 검열을 받고 열람하는 형식이다. 반개가식은 열람자는 직접 서가에 면하여 책의 체제나 표지 정도는 볼 수 있으나 내용을 보려면 관원에게 요구하여 대출 기록을 남긴 후 열람하는 형식이다.

★
14 사무소 건축에서 3중 지역 배치(triple zone layout)에 관한 설명으로 옳지 않은 것은?

① 서비스부분을 중심에 위치하도록 한다.
② 고층사무소 건축의 전형적인 해결방식이다.
③ 부가적인 인공조명과 기계환기가 필요하다.
④ 대여사무실을 포함하는 건물에 가장 적합하다.

해설 사무소 건축에서 3중 지역 배치(주계단, 부계단 및 유틸리티 코어에 의해 출입하는 형식)는 대여사무실을 겸한 경우에는 적용이 곤란하고, 전용사무실이 주된 고층 건축물에 사용하는 방식이다.

★
15 학교운영방식 중 종합교실형에 관한 설명으로 옳지 않은 것은?

① 교실의 이용률이 높다.
② 교실의 순수율이 높다.
③ 학생의 이동을 최소화할 수 있다.
④ 초등학교 저학년에 적합한 형식이다.

해설 학교운영방식 중 종합교실형은 이용률(그 교실이 사용되고 있는 시간/1주일의 평균 수업시간)은 높일 수 있으나, 순수율(일정 교과를 위해 사용되는 시간/그 교실이 사용되고 있는 시간)은 낮아진다.

★
16 다음 중 아파트의 평면형식에 따른 분류에 속하지 않는 것은?

① 홀형
② 집중형
③ 복도형
④ 판상형

해설 공동주택의 평면(출입구) 형태에 의한 분류에는 계단실(홀)형, 중복도형, 편복도형 및 집중형 등이 있고, 입체 형식에 의한 분류에는 단층형, 복층(메조네트)형 및 트리플렉스형 등이 있다. 또한, 판상형(같은 형식의 단위 주거를 수평, 수직으로 배치하는 형태)은 공동주택의 주동 배치 형식의 일종이다.

★★
17 우리나라 전통 한식주택에서 문골부분(개구부)의 면적이 큰 이유로 가장 적합한 것은?

① 겨울의 방한을 위해서
② 하절기 고온다습을 견디기 위해서
③ 출입하는 데 편리하게 하기 위해서
④ 상부의 하중을 효과적으로 지지하기 위해서

해설 한식주택이 양식주택에 비해 개방적이고, 통기적인 형태(문골부를 크게 잡는 형태)로 되어 있는 원인은 온도가 높고 위도에 비해 여름철과 겨울철의 기온 차이가 심하고, 여름철에는 고온다습하여 무덥기 때문이다.

★
18 단지계획에 있어서 교통계획의 주요 착안사항으로 옳지 않은 것은?

① 통행량이 많은 고속도로는 근린주구단위를 분리시킨다.
② 근린주구단위 내부로의 자동차 통과 진입을 최소화한다.
③ 2차 도로체계는 주도로와 연결하고 통과 도로를 이루게 한다.
④ 단지 내의 교통량을 줄이기 위하여 고밀도지역은 진입구 주변에 배치시킨다.

해설 단지계획의 교통계획에 있어서 2차 도로체계는 주도로와 연결하고, 쿨데삭(차량의 흐름을 주변으로 한정하여 서로 연결하며, 차량과 보행자를 분리하는 형태)을 이루도록 한다.

19 공장형식 중 분관식(pavilion type)에 관한 설명으로 옳은 것은?

① 공간의 효율이 좋다.
② 공장의 신설, 확장이 용이하다.
③ 공장건설을 병행할 수 없으므로 시공기간이 길다.
④ 자재나 제품의 운반이 용이하고 흐름이 단순하다.

해설 공장형식 중 분관식은 공간의 효율이 좋지 않고, 공장건설을 병행할 수 있으므로 시공 기간이 짧으며, 자재나 제품의 운반이 난이하고, 흐름이 복잡한 형식이다.

★
20 주택의 현관에 관한 설명으로 옳지 않은 것은?

① 현관의 위치는 대지의 형태, 방위, 도로와의 관계에 영향을 받는다.
② 현관의 위치는 주택의 북측이 가장 좋으며 주택의 남측이나 중앙 부분에는 위치하지 않도록 한다.
③ 현관의 크기는 현관에서 간단한 접객의 용무를 겸하는 이외의 불필요한 공간을 두지 않는 것이 좋다.
④ 현관의 크기는 주택의 규모와 가족의 수, 방문객의 예상 수 등을 고려한 출입량에 중점을 두어 계획하는 것이 바람직하다.

해설 주택 현관의 위치는 동쪽이나 서쪽이 가장 이상적이고, 중앙 부분에 배치하는 것이 좋다.

제2과목 건축시공

21 보통 콘크리트용 부순 골재의 원석으로서 가장 적합하지 않은 것은?

① 현무암
② 안산암
③ 화강암
④ 응회암

해설 보통 콘크리트용 골재의 강도는 시멘트풀이 경화했을 때 시멘트풀의 최대 강도 이상이어야 하므로 사암 등과 같은 연질 수성암(응회암)은 골재로서 부적당하다. 쇄석 콘크리트의 골재는 석회암, 경질사암, 안산암, 섬록암, 화산암, 화강암 및 현무암 등이 사용된다.

22 발주자에 의한 현장관리로 볼 수 없는 것은?

① 착공신고
② 하도급계약
③ 현장회의 운영
④ 클레임 관리

해설 발주자에 의한 현장관리에는 착공신고제도, 현장회의 운영, 시공계획서의 제출 및 승인, 기성금의 신청, 중간관리일 및 클레임 관리 등이 있다.

23 다음 중 화성암에 속하지 않는 것은?

① 화강암
② 섬록암
③ 안산암
④ 점판암

해설 화성암의 종류에는 심성암(화강암, 섬록암, 반려암)과 화산암[안산암(휘석, 각섬, 운모, 석영 안산암), 석영 및 조면암] 등이 있다. 점판암은 수성암(쇄설성 퇴적암)의 일종이다.

24 콘크리트 보수 및 보강에 관한 설명으로 옳지 않은 것은?

① 주입공법은 작업의 신속성을 위하여 균열 부위에 주입파이프를 설치하여 보수재를 고압·고속으로 주입하는 공법이다.

② 표면처리공법은 균열 0.2mm 이하 부위에 수지로 충전하고 균열 표면에 보수재료를 씌우는 공법이다.

③ 충전공법 사용재료는 실링재, 에폭시수지 및 폴리머시멘트 모르타르 등이 있다.

④ 탄소섬유접착공법은 탄소섬유판을 에폭시수지 등으로 콘크리트면에 부착시켜 탄소섬유판의 높은 인장저항성으로 콘크리트를 보강하는 공법이다.

해설 콘크리트 보수 및 보강방법 중 주입공법은 균열의 표면뿐만 아니라 내부까지 충전하는 공법으로, 두꺼운 콘크리트벽이나 균열폭이 넓은 곳(0.2mm 이상)에 사용하고, 균열선을 따라 주입용 파이프를 100~300mm 정도의 간격으로 설치하여 주입재료(저점성의 에폭시수지, 폴리머 시멘트 슬러리, 팽창 시멘트 등)를 저압·저속으로 주입하는 공법이다.

25 다음 토공사용 기계에 관한 설명 중 옳지 않은 것은?

① 파워셔블(power shovel)은 지반보다 낮은 곳을 깊게 팔 수 있는 기계로서 보통 약 5m까지 팔 수 있다.

② 드래그라인(drag line)은 기계를 설치한 지반보다 낮은 장소 또는 수중을 굴착하는 데 사용된다.

③ 불도저(bulldozer)는 일반적으로 흙의 표면을 밀면서 깎아 단거리 운반을 하거나 정지를 한다.

④ 클램셸(clamshell)은 수직굴착 등 일반적으로 협소한 장소의 굴착에 적합한 것으로 자갈 등의 적재에도 사용된다.

해설 파워셔블은 지반면보다 높은 곳의 흙파기에 적합하고, 앞쪽으로 흙을 긁어서 굴착하는 토공사용 기계이다. 지반면보다 낮은 곳을 깊게 팔 수 있는 기계는 드래그 셔블(백호, 트렌치호)이다.

26 철골공사에서 크롬산아연을 안료로 하고, 알키드수지를 전색료로 한 것으로서 알루미늄 녹막이 초벌칠에 적당한 것은?

① 그래파이트 도료 ② 징크로메이트 도료
③ 광명단 ④ 알루미늄 도료

해설 그래파이트 도료는 인조 흑연에 아마인유를 혼합한 것으로 안료를 사용하여 도막을 형성한 후 수분 통과를 적게 하는 녹막이칠의 일종이다. 광명단은 연단을 보일드유에 녹인 유성 페인트의 일종으로 철재의 표면에 녹이 스는 것을 방지한다. 알루미늄 도료는 알루미늄 분말을 안료로 사용하고, 녹막은 이외에 여러 가지의 목적으로 사용하는 도료이다.

27 프리스트레스트 콘크리트 공사에서 강재의 부식저항성과 관련하여 비빌 때에 프리스트레스트 콘크리트 그라우트 중에 포함되는 염화물이온의 총량은 얼마 이하를 원칙으로 하는가? (단, 건축공사표준시방서 기준)

① $0.1kg/m^3$ ② $0.2kg/m^3$
③ $0.3kg/m^3$ ④ $0.4kg/m^3$

해설 건축공사표준시방서의 규정에 따라 프리스트레스트 콘크리트 그라우트 중에 포함되는 염화물이온의 총량은 $0.3kg/m^3$ 이하, 염화이온(Cl)은 0.02% 이하, 염화나트륨(NaCl)은 0.04% 이하로 규정하고 있다.

28 철골공사에서 용접봉의 내밀기, 이동 등을 기계화한 것으로, 서브머지드 아크용접법에 쓰이며, 피복재 대신에 분말상의 플럭스를 쓰는 용접기기 명칭으로 옳은 것은?

① 직류 아크용접기 ② 교류 아크용접기
③ 자동 용접기 ④ 반자동 용접기

해설 직류 아크용접기는 전원(220V)이 있을 때는 보통 3상 교류 유도전동기, 직결 직류 발전기, 전원이 없을 때는 가솔린 또는 디젤 엔진과 직류 발전기를 사용한다. 교류 아크용접기는 교류전원(220V, 110V 단상)을 용접작업에 적당한 특성을 가진 저전압 대전류로 바꾸는 일종의 변압기를 사용한다. 반자동 용접기는 용접공이 용접봉을 손으로 운봉하는 것은 수동용접과 같으나, 봉의 내밀기를 자동화한 것으로, 코일상의 와이어가 쓰인다.

★
29 벽면적 $4.8m^2$ 크기에 1.5B 두께로 붉은 벽돌을 쌓고자 할 때 벽돌의 소요 매수는? (단, 벽돌의 크기는 $190 \times 90 \times 57mm$임)

① 925매

② 963매

③ 1,108매

④ 1,245매

> **해설**
> 1.5B 벽돌벽의 정미 소요량은 224매이고, 할증률 3%를 할증하면, $224매/m^2 \times 4.8m^2 \times (1+0.03) = 1,107.46$매
> → 1,108매이다.

★★
30 가이데릭(guy derrick)에 대한 설명 중 옳지 않은 것은?

① 기계 대수는 평면높이의 가동범위·조립 능력과 공기에 따라 결정한다.

② 일반적으로 붐(boom)의 길이는 마스트의 길이보다 길다.

③ 불휠(bull wheel)은 가이데릭 하단부에 위치한다.

④ 붐(boom)의 회전각은 360°이다.

> **해설**
> 가이데릭(guy derrick)은 가이로 마스트를 지지하는 형식으로, 철골 세우기에 사용된다. 붐의 행동 범위는 360°이고, 수평 이동이 불가능하다. 특히, 당김줄(가이라인)은 지면과 45° 이하가 되도록 해야 하며, 붐의 길이는 마스트의 길이보다 짧다.

★
31 창호의 기능검사 항목과 가장 거리가 먼 것은?

① 내동해성

② 내풍압성

③ 기밀성

④ 수밀성

> **해설**
> 창호의 기능검사 항목에는 내풍압성, 기밀성, 수밀성, 차음성, 단열성, 방화성 및 내구성 등이 있다. 내열성과 내동해성은 무관하다.

★
32 화살선형 네트워크의 화살표에 관한 설명 중 옳지 않은 것은?

① 화살표 밑에는 계획작업 일수를 숫자로 기재한다.

② 더미(dummy)는 화살점선으로 표시한다.

③ 화살표 위에는 결합점 번호를 기재한다.

④ 화살표의 길이는 특정한 의미가 없다.

> **해설**
> 결합점(작업 또는 더미가 결합하는 점 및 작업의 시작점 또는 완료점을 나타낸다.) 표기는 O으로 하고, 각 결합점에는 다른 번호 또는 기호를 붙인다. 또한 화살표 위에는 작업명을 기입한다.

★
33 비철금속에 관한 설명 중 옳지 않은 것은 어느 것인가?

① 동에 아연을 합금시킨 일반적인 황동은 아연함유량이 40% 이하이다.

② 구조용 알루미늄 합금은 4~5%의 동을 함유하므로 내식성이 좋다.

③ 주로 합금재료로 쓰이는 주석은 유기산에는 거의 침해되지 않는다.

④ 아연은 철강의 방식용에 피복재로서 사용할 수 있다.

> **해설**
> 알루미늄은 내식성을 증대시키기 위하여 순수 알루미늄을 사용하여야 하므로 동의 함유는 내식성을 저하시키는 원인이 된다.

★
34 타일공사에 관한 설명 중 옳은 것은?

① 모자이크 타일의 줄눈너비의 표준은 5mm이다.

② 벽체타일이 시공되는 경우 바닥타일은 벽체타일을 붙이기 전에 시공한다.

③ 타일을 붙이는 모르타르에 시멘트 가루를 뿌리면 백화가 방지된다.

④ 치장줄눈은 24시간이 경과한 뒤 붙임모르타르의 경화 정도를 보아 시공한다.

> **해설**
> ①항의 모자이크 타일의 줄눈 너비의 표준은 2mm 정도이고, ②항의 벽체타일을 시공한 후 바닥타일을 시공하며, ③항의 타일을 붙인 후에 시멘트 가루를 뿌리면 백화현상이 증대된다.

35 건축공사에서 제자리 콘크리트말뚝이나 수중 콘크리트를 칠 경우 콘크리트 속에 2m 이상 묻혀 있도록 하여 콘크리트치기를 용이하게 하는 것은?

① 리바운드 체크

② 웰포인트

③ 트레미관

④ 드릴링 바스켓

해설 리바운드 체크는 기성 콘크리트파일을 항타할 때 파일의 반발도를 측정하는 데 목적이 있고, 파일을 해머로 항타하면 일정 깊이만큼 들어갔다가 다시 약간 튀어나오는 정도를 측정하는 것이다. 웰포인트 공법은 출수가 많고 깊은 터파기에서 진공펌프와 원심펌프를 병용하는 지하수 배수공법의 일종으로, 지하 수위를 낮추는(저하시키는) 공법이다.

★
36 지하연속벽 공법 중 슬러리월의 특징으로 옳은 것은?

① 인접 건물의 경계선까지 시공이 불가능하다.
② 주변 지반에 대한 영향이 크다.
③ 시공 시의 소음·진동이 크다.
④ 일반적으로 차수효과가 뛰어나다.

해설 슬러리월 공법은 인접 건물의 경계선까지 시공이 가능하고, 주변 지반에 대한 영향이 작으며, 시공 시의 소음과 진동이 작다.

37 벽돌공사에 관한 설명으로 옳지 않은 것은?

① 치장줄눈은 줄눈 모르타르가 충분히 굳은 후에 줄눈파기를 한다.
② 벽돌쌓기에서 하루의 쌓기 높이는 1.2m를 표준으로 한다.
③ 붉은 벽돌은 벽돌쌓기 하루 전에 물호스로 충분히 젖게 하여 표면에 습도를 유지한 상태로 준비한다.
④ 세로줄눈의 모르타르는 벽돌 마구리면에 충분히 발라 쌓도록 한다.

해설 치장줄눈은 쌓기가 완료되는 대로 줄눈을 흙손으로 눌러대고, 하루 일이 끝날 무렵에 깊이 10mm 정도로 줄눈 파기를 한 뒤 1 : 1 모르타르를 바른다. 또, 치장 모르타르는 벽면의 상부로부터 하부까지 발라 내려오고, 방수제를 넣어서 사용하기도 하며, 백시멘트에 색소를 넣어서 사용하기도 한다.

38 도막방수에 관한 설명으로 옳지 않은 것은?

① 도막방수의 바탕처리는 시멘트 액체방수에 준하여 실시한다.
② 도막방수에는 노출공법과 비노출공법이 있다.

③ 아크릴계 도막방수는 인화성이 강하므로 시공 시 화기를 엄금한다.
④ 용제형 도막방수는 강풍이 불 경우 방수층 접착이 불량하다.

해설 아크릴계 도막방수는 용제로 수용성을 사용하므로 인화성이 약한 반면에 용제형 도막방수는 용제로 솔벤트계를 사용하므로 인화성이 강하므로 시공 시에 화기를 엄금한다.

39 멤브레인 방수공법에 해당되지 않는 것은?

① 아스팔트방수
② 콘크리트 구체방수
③ 도막방수
④ 합성고분자 시트방수

해설 멤브레인 방수(얇은 피막상의 방수층으로 전면을 덮는 방수방식)의 종류에는 아스팔트 방수, 합성고분자 시트방수, 도막방수 및 개량 아스팔트 시트방수 등이 있다. 콘크리트 구체방수는 방수액을 구조체에 혼합하여 사용하는 방수법이다.

40 다음 중 건축공사비의 원가구성 항목이 아닌 것은?

① 재료비 ② 노무비
③ 경비 ④ 도급공사비

해설 총공사비
=총원가(공사원가+일반관리비)+부가 이윤
=순공사비+현장경비+일반관리비+부가 이윤
=직접 공사비(재료비, 노무비, 외주비, 경비)
　+간접 공사비(공통경비)+현장 경비+일반관리비
　+부가 이윤

제3과목 **건축구조**

★
41 지진계에 기록된 진폭을 진원의 깊이와 진앙까지의 거리 등을 고려하여 지수로 나타낸 것으로 장소에 관계없는 절대적 개념의 지진 크기를 말하는 것은?

① 규모 ② 진도
③ 진원시 ④ 지진동

해설 진도는 사람이 느끼는 감각, 물체의 이동 등을 계급별로 구분하는 상대적 개념의 지진 크기이고, 진원시는 어떤 지점에서 지진동을 느꼈다면 이 지진동이 전파하기 시작한 시각, 즉 지진파가 처음 발생한 시각이다. **지진동**은 지진파가 지표에 도달하여 관측되는 표면 층의 진동으로 지진동의 세기는 지진계로 측정하고, 또 인체의 감각으로 판단하는 것이다.

★
42 그림과 같은 T형 보(G_1)의 유효폭 B의 값은?
(단, 슬래브 두께는 120mm, 보의 폭은 300mm)

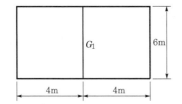

① 150cm
② 192cm
③ 222cm
④ 400cm

해설 **T형 보의 유효폭**
㉠ (양쪽으로 각각 내민 플랜지 두께의 8배씩)+b_w
 =$8 \times (120+120)+300=2,200$mm 이하
㉡ 양쪽 슬래브의 중심 간 거리 : 4,000mm 이하
㉢ 보의 경간의 1/4 : $6,000 \times \dfrac{1}{4}=1,500$mm 이하
∴ ㉠, ㉡, ㉢의 최솟값을 택하면 1,500mm=150cm

43 그림과 같은 지상 4층 건물에 기둥 C_1의 1층에 발생하는 계수하중에 의한 축력을 면적법으로 구하면? (단, 보 및 기둥자중은 무시하며, 바닥하중(지붕하중 동일)은 고정하중=5kN/m², 활하중=3kN/m²이며 활하중 저감은 무시한다.)

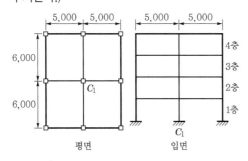

평면   입면

① 1,296kN
② 1,364kN
③ 1,412kN
④ 1,498kN

해설 기둥이 분담해야 할 하중=분담해야 할 면적×소요 강도×부담해야 할 층수이고, 기둥 C_1이 분담해야 할 바닥면적은 5m×6m=30m²이며,
이 부분의 U(소요 강도)=$1.2D+1.6L$
  =$1.2 \times 5+1.6 \times 3$
  =10.8kN/m²이다.
그런데, 기둥 C_1이 1개 층당 분담해야 할 하중은 10.8×30=324kN이고, 1층의 기둥 C_1은 4개 층의 하중을 부담해야 하므로 324×4=1,296kN이다.

★
44 건축구조용 압연강이라 하며, 건축물의 내진성능을 확보하기 위하여 항복점의 상한치 제한 등에 의한 품질의 편차를 줄이고, 용접성 및 냉간가공성을 향상시킨 강재는?
① SM강재
② TMCP강재
③ SS강재
④ SN강재

해설 ㉠ SM강재 : 용접구조용 압연강재이다.
㉡ TMCP강재 : 두께가 40mm 이상 80mm 이하의 후판인 경우라도 항복강도의 변화가 없고, 용접성이 우수하여 현장 용접이음에 대한 내응력이 우수한 강재이다.
㉢ SS강재 : 일반구조용 압연강재이다.

45 다음 중 지진하중 설계 시 밑면 전단력과 관계없는 것은?
① 유효 건물중량
② 중요도계수
③ 지반증폭계수
④ 가스트계수

해설 V(밑면 전단력)=C_s(지진응답계수) W(유효 건물중량)이다.
지진응답계수는 건축물의 중요도계수, 반응수정계수, 단주기 설계스펙트럼 가속도, 주기 1초에서의 설계스펙트럼 가속도, 건축물의 고유 주기, 지반증폭계수 등과 관계가 깊다.

46 아래 맞댐용접부에서 A와 D 부위의 명칭으로 옳은 것은?

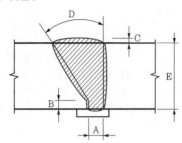

① A : 루트 간격, D : 개선각
② A : 루트면, D : 유효목두께
③ A : 루트 간격, D : 보강살 높이
④ A : 루트면, D : 개선각

해설 A : 루트 간격, B : 루트면, C : 보강살 붙임, D : 개선각, E : 목두께를 의미한다.

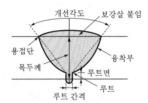

★
47 그림과 같은 구조에서 C단에 발생하는 모멘트는?

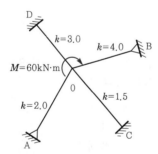

① 2.4kN · m   ② 5kN · m
③ 6.5kN · m   ④ 10kN · m

해설 분배모멘트를 구하면,

$$M_{OC} = 60 \times \frac{1.5}{2 \times \frac{3}{4} + 4 \times \frac{3}{4} + 1.5 + 3} = 10\text{kN·m}$$이고,

도달모멘트=도달률×분배모멘트
        =0.5×10=5kN · m이다.

48 단면이 $b_w \times d = 300 \times 550$mm 콘크리트보 부재의 최대 인장철근량으로 옳은 것은? (단, KCI 2012 기준, $f_{ck}=40$MPa, $f_y=400$MPa)

① 2,030mm²
② 2,130mm²
③ 2,230mm²
④ 2,340mm²

해설 휨부재의 최대 철근량(A_s)$=\rho$(인장철근비)b(보의 폭)d(보의 유효춤)이다.

그런데, $\varepsilon_c = 0.0033(f_{ck} \leq 40$MPa), $\varepsilon_t = 0.004(f_y \leq 400$MPa), $\varepsilon_y = \dfrac{f_y}{E_s} = \dfrac{400}{200,000} = 0.002$, $\eta = 1(f_{ck} \leq 40$MPa), $f_{ck} = 27$MPa, $\beta_1 = 0.8(f_{ck} \leq 40$MPa)이다.

$$\rho_{max} = \frac{\varepsilon_c + \varepsilon_y}{\varepsilon_c + \varepsilon_t} \frac{0.85\eta f_{ck}}{f_y} \beta_1 \left(\frac{\varepsilon_c}{\varepsilon_c + \dfrac{f_y}{E_s}} \right)$$

$$= \frac{0.0033 + 0.002}{0.0033 + 0.004} \times \frac{0.85 \times 1 \times 21}{400}$$

$$\times 0.8 \times \left(\frac{0.0033}{0.0033 + \dfrac{400}{200,000}} \right)$$

$$= 0.01614$$

그러므로, 휨부재의 최대 철근량(A_s)$= \rho bd = 0.01614 \times 300 \times (500-60) = 2,130.48$mm² 이하이다.

49 보통골재를 사용한 철근콘크리트보에 콘크리트 압축강도($f_{ck}=24$MPa), 철근의 항복강도($f_y=400$MPa)의 재료를 사용할 경우 탄성계수비는 약 얼마인가?(단, $E_s = 2 \times 10^5$MPa, KCI 2012 기준)

① 6.75
② 7.75
③ 8.25
④ 9.15

해설 $E_c = 8,500\sqrt[3]{f_{cu}}$ [MPa], 여기서, $f_{cu} = f_{ck} + \Delta f$, Δf는 f_{ck}가 40MPa 이하이면, 4MPa, 60MPa 이상이면 6MPa이며, 그 사이는 직선 보간한다. 그러므로, $E_c = 8,500\sqrt[3]{f_{cu}} = 8,500\sqrt[3]{24+4}$ [MPa]이고, 철근의 탄성계수는 200,000MPa이다. 그러므로, n(탄성계수비)$= \dfrac{E_s}{E_c} = \dfrac{200,000}{8,500\sqrt[3]{24+4}} = 7.7486 ≒ 7.75$이다.

50 그림과 같은 구조물에 작용되는 4개의 힘이 평형을 이룰 때 F의 크기 및 거리 x는?

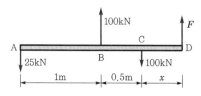

① $F=25$kN, $x=1$m

② $F=50$kN, $x=1$m

③ $F=25$kN, $x=0.5$m

④ $F=50$kN, $x=0.5$m

해설
4개의 힘이 평형을 이룬다면, 힘의 비김 조건 ($\Sigma X=0$, $\Sigma Y=0$, $\Sigma M=0$)이 성립되어야 하므로,

㉠ $\Sigma Y=0$에 의해서 -25kN$+100$kN-100kN$+F=0$

∴ $F=25$kN($\uparrow$)

㉡ F의 힘이 작용하는 점의 $\Sigma M_F=0$에 의해서

$-25\times(1+0.5+x)+100\times(0.5+x)-100x=0$

∴ $x=0.5$m

★★★
51 강도설계법에서 흙에 접하는 기둥의 최소 피복두께 기준으로 옳은 것은? (단, KCI 2012 기준, 프리스트레스하지 않는 부재의 현장치기 콘크리트로서 D25인 철근임.)

① 20mm ② 30mm

③ 40mm ④ 50mm

해설
피복두께의 규정

구 분			피복두께
수중에서 타설하는 콘크리트			100
흙에 접하여 콘크리트를 친 후 영구히 흙에 묻혀 있는 콘크리트			80
흙에 접하거나 옥외 공기에 직접 노출되는 콘크리트		D29 이상	60
		D25 이하	50
		D16 이하	40
옥외의 공기나 흙에 접하지 않는 콘크리트	슬래브, 벽체, 장선구조	D35 초과	40
		D35 이하	20
	보, 기둥		40
	셸, 절판 부재		20

보, 기둥에서 콘크리트의 설계기준 압축강도 f_{ck}가 40MPa 이상인 경우, 규정된 값에서 10mm를 저감할 수 있다.

52 그림과 같은 단순보에서 중앙점의 처짐량이 2cm로 나타났다. 만일 보의 춤을 2배로 크게 하면 처짐량은 얼마로 되는가?

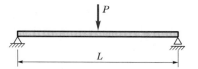

① 1cm ② 0.5cm

③ 0.25cm ④ 0.125cm

해설
단순보의 중앙에 집중하중이 작용하는 경우의 처짐 $\left(\delta_c=\dfrac{Pl^3}{48EI}\right)$은 탄성계수와 단면 2차 모멘트$\left(I=\dfrac{bh^3}{12}\right)$에 반비례하므로 보의 춤을 2배로 크게 하면, 단면 2차 모멘트는 춤의 세제곱에 반비례한다. 즉, 처짐은 1/8이 되므로 2cm×1/8=0.25cm이다.

★
53 용접 H형강 H-450×450×20×28의 플랜지 및 웨브에 대한 판폭두께비를 구하면?

① 플랜지 : 16.07, 웨브 : 14.07

② 플랜지 : 16.07, 웨브 : 19.7

③ 플랜지 : 8.04, 웨브 : 14.07

④ 플랜지 : 8.04, 웨브 : 19.7

해설
웨브와 플랜지의 판두께비를 구하면 다음과 같다.

㉠ 플랜지의 판두께비$=\dfrac{b}{t_f}$에서

$b=\dfrac{450}{2}=225$mm, $t_f=28$mm이다.

그러므로, $\dfrac{225}{28}=8.0357≒8.04$

㉡ 웨브의 판두께비$=\dfrac{h}{t_w}$에서

$h=(450-2\times28)=394$mm, $t_w=20$mm이다.

그러므로, $\dfrac{394}{20}=19.7$

54 말뚝머리지름이 400mm인 기성콘크리트말뚝을 시공할 때 그 중심 간격으로 가장 적당한 것은?

① 750mm ② 800mm

③ 900mm ④ 1,000mm

해설 말뚝의 배치방법

말뚝의 종류	나무	기성 콘크리트	현장 타설(제자리) 콘크리트	강재
말뚝의 간격	말뚝 직경의 2.5배 이상		말뚝 직경의 2배 이상 (폐단강관말뚝 : 2.5배)	
	60cm 이상	75cm 이상	(직경+1m) 이상	75cm 이상

그러므로, ㉠ 750mm 이상, ㉡ 말뚝 직경의 2.5배 이상이므로 2.5×400=1,000mm 이상이다. ㉠, ㉡의 최댓값을 택하면, 1,000mm 이상이다.

55 다음과 같은 구조물의 판별로 옳은 것은? (단, 그림의 하부 지점은 고정단임.)

① 불안정
② 정정
③ 1차 부정정
④ 2차 부정정

해설
㉮ $S+R+N-2K=6+3+5-2\times7=0$(정정 구조물)
㉯ $R+C-3M=3+15-3\times6=0$(정정 구조물)

★
56 그림과 같은 $2L_s=90\times90\times7$ 조립압축재의 단면 2차 반경 r_Y는 얼마인가? (단, 개재의 중심축에 대한 단면 2차 반경 r_y는 27.6mm, c_y는 24.6mm)

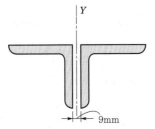

① 38.5mm
② 40.1mm
③ 52.2mm
④ 58.8mm

해설
I_Y(Y축에 대한 단면 2차 모멘트)$=I_{Y0}+Ay^2$
$=I_{Y0}+A\left(\dfrac{e}{2}\right)^2$이다. 그런데 형강이 2개이므로 I_Y (Y축에 대한 단면 2차 모멘트)$=2\times(I_{Y0}+Ay^2)$
$=2\times\left\{I_{Y0}+A\left(\dfrac{e}{2}\right)^2\right\}$이다.

또한, i_y(y축에 대한 단면 2차 반경)$=\sqrt{\dfrac{I_Y}{A}}$
$=\sqrt{\dfrac{2I_{Y0}+2A\left(\dfrac{e}{2}\right)^2}{2A}}=\sqrt{i_y^2+\left(\dfrac{e}{2}\right)^2}$ 이다.

그런데, $i_y=27.6$mm, $e=2c_y+9=2\times24.6+9$
$=58.2$mm이다.

$\therefore\ i_y=\sqrt{i_y^2+\left(\dfrac{e}{2}\right)^2}=\sqrt{(27.6)^2+\left(\dfrac{58.2}{2}\right)^2}$
$=40.10698\fallingdotseq40.1$mm

57 그림과 같은 구조물에서 모멘트가 작용하지 않는 부재($M=0$)는?

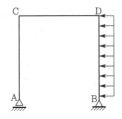

① 없음
② CD부재
③ BD부재
④ AC부재

해설
지점 A에서의 반력은 수직반력만 작용하므로 AC부재의 휨모멘트값은 0이다. 즉, AC부재는 휨모멘트가 발생하지 않는다.

58 다음 조건을 만족하는 철근콘크리트 벽체의 최소 수직철근량과 최소 수평철근량은 얼마인가? (단, KCI 2012 기준)

> [조건]
> • 벽체 길이 : 3,000mm
> • 벽체 높이 : 2,600mm
> • 벽체 두께 : 200mm
> • f_y =400MPa, D16

① 최소 수직철근량 : 720mm²,
　최소 수평철근량 : 1,020mm²
② 최소 수직철근량 : 730mm²,
　최소 수평철근량 : 1,020mm²
③ 최소 수직철근량 : 720mm²,
　최소 수평철근량 : 1,040mm²
④ 최소 수직철근량 : 730mm²,
　최소 수평철근량 : 1,040mm²

해설

㉠ 최소 수직철근 단면적
＝벽체의 수평 단면적(벽의 길이×벽의 두께)
×최소 수직철근비
＝$3,000 \times 200 \times 0.0012 = 720\text{mm}^2$

㉡ 최소 수평철근 단면적
＝벽체의 수직 단면적(벽의 높이×벽의 두께)
×최소 수평철근비
＝$2,600 \times 200 \times \left(0.0020 \times \dfrac{400}{400}\right) = 1,040\text{mm}^2$

★
59 $X-X$축에 대한 단면 2차 모멘트를 구하면?

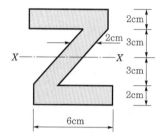

2cm
2cm 3cm
X —— X
3cm
2cm
6cm

① 76cm^4 ② 258cm^4

③ 428cm^4 ④ 500cm^4

해설

Z자형의 단면 2차 모멘트
＝전체 사각형의 단면 2차 모멘트－2×삼각형의 단
면 2차 모멘트
$= \dfrac{6 \times 10^3}{12} - 2 \times \left\{ \dfrac{4 \times 6^3}{36} + \left(4 \times 6 \times \dfrac{1}{2} \times 1^2 \right) \right\}$
$= 428\text{cm}^4$

60 철근콘크리트보에서 고정하중과 활하중에 의
하여 구한 설계모멘트 $M_d = 540\text{kN} \cdot \text{m}$라면
이때의 공칭강도를 구하면? [단, 중립축의 깊
이(c)는 220mm, 최외단 압축연단에서 최외
단 인장철근까지의 거리(d_t)는 550mm, $f_{ck} =$
27MPa철근의 항복강도(f_y)는 400MPa]

① $651\text{kN} \cdot \text{m}$ ② $754\text{kN} \cdot \text{m}$

③ $798\text{kN} \cdot \text{m}$ ④ $832\text{kN} \cdot \text{m}$

해설

㉮ 강도저감계수(ϕ)의 산정
㉠ 최외단 인장철근의 변형폭 산정
ε_t(철근의 변형률)
$= \dfrac{(d_t - c)}{c} \varepsilon_c$(콘크리트의 변형률)
$= \dfrac{(550 - 220)}{220} \times 0.0033 = 0.00495 < 0.005$

그러므로, $0.0020 < \varepsilon_t \, (= 0.00495) < 0.005$가 성
립된다. 즉, 변화 구간 단면의 부재에 속한다.

㉡ 강도저감계수를 구하기 위하여 삼각형의 비
례를 이용하면(그림 참고),

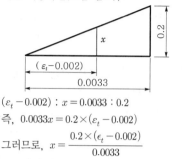

0.2
x
$(\varepsilon_t - 0.002)$
0.0033

$(\varepsilon_t - 0.002) : x = 0.0033 : 0.2$
즉, $0.0033x = 0.2 \times (\varepsilon_t - 0.002)$
그러므로, $x = \dfrac{0.2 \times (\varepsilon_t - 0.002)}{0.0033}$
$= \dfrac{0.2 \times (0.00495 - 0.002)}{0.0033} = 0.17878$이다.
∴ $\phi = 0.65 + 0.17878 = 0.82878$이다.

㉯ M_n(공칭설계강도)＝ϕ(강도저감계수)×M_u(공칭
휨강도)
즉, $M_n = \phi M_u$에서
$M_u = \dfrac{M_n}{\phi} = \dfrac{540}{0.82878} = 651.56\text{kN} \cdot \text{m}$

제4과목 **건축설비**

61 에스컬레이터에 관한 설명으로 옳지 않은 것은?

① 수송량에 비해 점유면적이 작다.
② 수송능력이 엘리베이터보다 작다.
③ 대기시간이 없고 연속적인 수송설비이다.
④ 연속 운전되므로 전원설비가 부담이 적다.

해설

에스컬레이터는 수송능력은 엘리베이터의 약 10배 정
도이다. 짧은 거리의 대량 수송에 적합하고, 수송량
에 비해 점유면적이 작으며, 연속 운전되므로 전원
설비에 부담이 적다.

★
62 다음 중 흡음 및 차음에 관한 설명으로 옳지
않은 것은?

① 벽의 차음성능은 투과손실이 클수록 높다.
② 차음성능이 높은 재료는 흡음성능도 높다.
③ 벽의 차음성능은 사용재료의 면밀도에 크
게 영향을 받는다.
④ 벽의 차음성능은 동일 재료에서도 두께와
시공법에 따라 다르다.

해설 차음(건축물의 구조체, 즉 벽, 기둥, 바닥, 보 등에 의해서 음을 차단하는 것) 성능이 높은 재료는 흡음(재료 표면에 입사하는 음의 에너지가 마찰저항, 진동 등에 의해서 열에너지로 변하는 현상 또는 음파가 재료에 부딪히면 입사음의 일부가 여러 가지 흡음기구에 의해 다른 에너지로 변화하고 흡수되는 것) 성능이 낮다.

63 공기조화설비에서 사용되는 고속덕트에 관한 설명으로 옳은 것은?

① 소음 및 진동이 발생하지 않는다.
② 공기혼합상자를 설치하여야 한다.
③ 덕트 설치 공간을 적게 할 수 있다.
④ 공장이나 창고에는 적용할 수 없다.

해설 고속덕트는 풍속이 15m/s를 초과(보통 20~30m/s), 압력 150~200mmAq, 주로 저속 덕트의 2배 이상의 풍속이며, 덕트 스페이스는 축소(공기혼합상자가 불필요)되나, 송풍장치 구동 전동기의 출력 증대에 따른 설비비가 많이 든다. 또한, 소음 및 진동이 발생하고, 공기 혼합상자가 필요하지 않으며, 공장이나 창고에는 사용할 수 있다.

64 공기조화방식 중 팬코일 유닛 방식에 관한 설명으로 옳지 않은 것은?

① 전수방식에 속한다.
② 덕트 샤프트와 스페이스가 반드시 필요하다.
③ 각 실에 수배관으로 인한 누수의 우려가 있다.
④ 각 실의 유닛은 수동으로도 제어할 수 있고, 개별 제어가 쉽다.

해설 팬코일 유닛 방식은 전수방식으로 소형 공조기를 각 방에 설치하여 중앙 기계실로부터 찬물 또는 온수를 공급하여 공기조화를 하는 방식으로, 덕트 샤프트와 스페이스는 필요없다.

65 습공기의 상태변화에 관한 설명으로 옳지 않은 것은?

① 가열하면 엔탈피는 증가한다.
② 냉각하면 비체적은 감소한다.
③ 가열하면 절대습도는 증가한다.
④ 냉각하면 습구온도는 감소한다.

해설 공기의 가열, 냉각 및 가습, 냉각 시 상태의 변화 공기를 냉수코일에 통과시킨 경우에는 건구온도는 낮아지고, 상대습도는 높아지나, 절대습도는 변하지 않는다.

구 분		건구온도	포화수증기량	절대습도	상대습도
공기	가열 시	오름	증가	변함 없음	감소
	냉각 시	내림	감소	변함 없음	증가
	가습 시	변함 없음		증가	증가
	감습 시	변함 없음		감소	감소

66 다음 중 주철제 보일러에 관한 설명으로 옳지 않은 것은?

① 재질이 약하여 고압으로는 사용이 곤란하다.
② 섹션(section)으로 분할되므로 반입이 용이하다.
③ 재질이 주철이므로 내식성이 약하여 수명이 짧다.
④ 규모가 비교적 작은 건물의 난방용으로 사용된다.

해설 주철제 보일러는 내식성이 강하고, 수명이 길며, 가격이 싼 특성이 있다.

67 다음의 옥내 소화전설비에 관한 설명 중 ( ) 안에 알맞은 것은?

옥내 소화전 방수구는 특정 소방대상물의 층마다 설치하되, 해당 특정 소방대상물의 각 부분으로부터 하나의 옥내 소화전 방수구까지의 수평거리가 ( )m 이하가 되도록 할 것

① 25
② 30
③ 35
④ 40

해설 옥내 소화전 방수구는 특정 소방대상물의 층마다 설치하되, 해당 특정 소방대상물의 각 부분으로부터 하나의 옥내 소화전 방수구까지의 수평거리는 25m 이하가 되도록 해야 한다.

정답 63.③ 64.② 65.③ 66.③ 67.①

68 다음과 같은 특징을 갖는 배선공사는?

> • 열적 영향이나 기계적 외상을 받기 쉽다.
> • 관 자체가 절연체이므로 감전의 우려가 없다.
> • 옥내의 점검할 수 없는 은폐장소에도 사용이 가능하다.

① 금속관 공사　　② 버스덕트 공사
③ 경질비닐관 공사　④ 라이팅덕트 공사

해설 금속관 공사는 저압 옥내 배선공사 중 콘크리트 속에 직접 묻을 수 있는 공사이고, 버스덕트 공사는 대용량의 배전에는 부적당하여 간선용, 공장용으로 쓸 수 있다. 라이팅덕트 공사는 전선과 전선을 보호하는 것이 일체로 되어 있는 전로재이다.

69 다음 중 온수난방에 관한 설명으로 옳지 않은 것은?

① 증기난방에 비하여 예열시간이 짧다.
② 온수의 현열을 이용하여 난방하는 방식이다.
③ 한랭지에서 운전 정지 중에 동결의 우려가 있다.
④ 온수의 순환방식에 따라 중력식과 강제식으로 구분할 수 있다.

해설 온수난방은 온수를 사용하므로 한랭 시, 난방을 정지하였을 경우 동결이 우려되고, 예열시간이 길므로 간헐난방에 매우 불리하다.

70 어느 점광원에서 1m 떨어진 곳의 직각면 조도가 200lx일 때, 이 광원에서 2m 떨어진 곳의 직각면 조도는?

① 25lx　　　　　② 50lx
③ 100lx　　　　　④ 200lx

해설 1칸델라(cd)의 광원에서 1m 떨어진 면의 조도는 1lx이고, dm만큼 떨어진 b면의 조도는 $E = \dfrac{1}{d^2}$
$= \dfrac{광도}{(거리)^2}$ lx이다. 즉, 조도는 거리의 제곱에 반비례한다.
$\therefore 200 \times \dfrac{1}{2^2} = 50$lx

71 비상콘센트설비에 관한 설명으로 옳지 않은 것은?

① 층수가 6층 이상인 특정 소방대상물의 전층에 설치하여야 한다.
② 전원회로는 각 층에 있어서 2 이상이 되도록 설치하는 것을 원칙으로 한다.
③ 비상콘센트는 바닥으로부터 높이 0.8m 이상 1.5m 이하의 위치에 설치한다.
④ 소방시설 중 화재를 진압하거나 인명구조활동을 위하여 사용하는 소화활동설비에 속한다.

해설 비상콘센트설비는 층수가 11층 이상인 특정 소방대상물의 경우에는 11층 이상의 층에 설치하여야 한다.

72 고가수조 급수방식에서 물 공급 순서로 옳은 것은?

① 상수도 → 저수조 → 펌프 → 고가수조 → 위생기구
② 상수도 → 고가수조 → 펌프 → 저수조 → 위생기구
③ 상수도 → 고가수조 → 저수조 → 펌프 → 위생기구
④ 상수도 → 저수조 → 고가수조 → 펌프 → 위생기구

해설 고가수조 급수설비는 우물물이나 수돗물을 저수탱크에 저장하고 이것을 양수펌프를 이용하여 고가탱크로 양수하면 탱크에서 급수관을 통하여 급수하는 방식이다. 물 공급 순서는 상수원(수돗물, 우물물) → 저수탱크 → 양수펌프 → 고가탱크 → 위생기구이다.

73 엘리베이터카(car)가 최상층이나 최하층에서 정상운행 위치를 벗어나 그 이상으로 운행하는 것을 방지하기 위해 설치하는 전기적 안전장치는?

① 조속기
② 가이드 레인
③ 전자 브레이크
④ 최종 리밋 스위치

해설 조속기는 일정 이상의 속도가 되었을 때 브레이크나 안전장치를 작동시키는 기능을 하고, 사전에 설정된 속도에 이르면 스위치가 작동하며, 다시 속도가 상승했을 경우 로프를 제동해서 고정시키는 엘리베이터의 안전장치이다. 가이드 레인은 엘리베이터 승하강 시 위치를 고정해주는 설비이며, 전자 브레이크는 전동기가 회전을 정지하였을 경우 스프링의 힘으로 브레이크 드럼을 눌러 엘리베이터를 정지시켜 주는 장치이다.

★
74 다음 설명에 알맞은 전동기는?

> • 구조와 취급이 간단하고 기계적으로 견고하다.
> • 가격이 비교적 싸고 운전이 대체로 쉽다.
> • 건축설비에서 가장 널리 사용되고 있다.

① 유도전동기   ② 동기전동기
③ 직류전동기   ④ 정류전동기

해설 동기전동기는 동기 속도로 회전하는 교류전동기로서 역률이 100%로 운전되고, 유동전동기보다 효율이 높은 전동기이다. **직류전동기**는 속도의 조절이 간단하고, 시동 토크가 크므로 고속의 속도 제어가 요구되는 장소나 큰 시동 토크를 필요로 하는 엘리베이터, 전차 등에 사용된다. **정류전동기**는 정류자를 지니는 특수한 교류전동기로 정류자 위의 탄소봉뿐만 아니라 동기 속도의 상하에 연속적으로 속도를 조절할 수 있다.

★★
75 전양정 24m, 양수량 13.8m³/h인 펌프의 축동력은? (단, 펌프의 효율은 60%이다.)

① 약 0.5kW   ② 약 1.0kW
③ 약 1.5kW   ④ 약 3.0kW

해설 펌프의 축동력(P)
$$= \frac{WQH}{6,120E} = \frac{1,000 \times 13.8 \times 24}{6,120 \times 0.6 \times 60} = 1.50 \text{kW}$$
여기서, 분모의 60은 시간을 분으로 환산하기 위한 숫자이다(13.8m³/h=13.8m³/60min).

★
76 급탕설비에 관한 설명으로 옳지 않은 것은?

① 냉수, 온수를 혼합 사용해도 압력 차에 의한 온도 변화가 없도록 한다.
② 배관은 적정한 압력손실 상태에서 피크 시를 충족시킬 수 있어야 한다.

③ 도피관에는 압력을 도피시킬 수 있도록 밸브를 설치하고 배수는 직접배수로 한다.
④ 밀폐형 급탕시스템에는 온도 상승에 의한 압력을 도피시킬 수 있는 팽창탱크 등의 장치를 설치한다.

해설 급탕설비의 도피(팽창)관은 급탕 입관이 가장 높은 부분에서 연장하여 팽창(도피)관으로서 팽창탱크에 개방하며, 용적 팽창을 개방하는 이 도피관의 도중에는 절대로 밸브를 달아서는 안 되고, 도피관의 배수는 간접 배수방법을 사용한다.

77 배수수직관 내의 압력변화를 방지 또는 완화하기 위해, 배수수직관으로부터 분기·입상하여 통기수직관에 접속하는 도피통기관은?

① 각개통기관
② 신정통기관
③ 결합통기관
④ 루프통기관

해설 개별(각개)통기관은 각 기구마다 통기관을 세우는 방법으로 통기 효과가 최대이며 가장 이상적인 통기관이다. 신정통기관은 최상부의 배수수평관이 배수수직관에 접속된 위치보다도 더욱 위로 배수수직관을 끌어올려 대기 중에 개구하거나, 배수수직관의 상부를 배수수직관과 동일 관경으로 위로 배관하여 대기 중에 개방하는 통기관이다. 루프(회로)통기관은 여러 개의 기구군에 1개의 통기 지관을 빼내어 통기 수직지관에 연결하는 방식이다.

78 건축물의 에너지절약을 위한 기계부문의 권장 사항으로 옳지 않은 것은?

① 냉방기기는 전력피크 부하를 줄일 수 있도록 한다.
② 난방 순환수 펌프는 가능한 한 대수제어 또는 가변속제어방식을 채택한다.
③ 폐열회수를 위한 열회수설비를 설치할 때에는 중간기에 대비한 바이패스(by-pass) 설비를 설치한다.
④ 위생설비 급탕용 저탕조의 설계온도는 65℃ 이하로 하고 필요한 경우에는 부스터히터 등으로 승온하여 사용한다.

해설 위생설비 급탕용 저탕조의 설계온도는 55℃ 이하로 하고 필요한 경우에는 부스터히터 등으로 승온하여 사용한다(건축물의 에너지절약 설계기준 제9조 6호 규정).

79 베르누이(Bernoulli)의 정리를 가장 올바르게 표현한 것은?

① 유체가 갖고 있는 운동에너지는 흐름 내 어디서나 일정하다.

② 유체가 갖고 있는 운동에너지, 중력에 의한 위치에너지의 총합은 흐름 내 어디서나 일정하다.

③ 유체가 갖고 있는 운동에너지, 중력에 의한 위치에너지의 총합은 흐름 내 어디서나 압력에너지와 같다.

④ 유체가 갖고 있는 운동에너지 및 압력에너지의 총합은 흐름 내 어디에서나 일정하다.

해설 베르누이 정리는 관 속에 물이 정상 흐름을 하고 유선운동을 한다고 가정하면, 같은 유선상의 각 점에 있어서의 압력수두, 속도수두, 고도수두의 합은 일정함을 뜻한다. 또는 에너지 보존의 법칙에서 유체의 흐름에 적용한 것으로서 유체가 갖고 있는 운동에너지, 중력에 의한 위치에너지 및 압력에너지의 총합은 흐름 내 어디에서나 일정함을 뜻한다.

즉, 압력에너지+운동에너지+위치에너지=일정

★★★
80 주위 온도가 일정 온도 이상으로 되면 동작하는 자동화재탐지설비의 감지기는?

① 이온화식 감지기
② 차동식 스폿 감지기
③ 정온식 스폿 감지기
④ 광전식 스폿 감지기

해설 차동식 스폿형 감지기는 주위 온도가 일정 온도 이상으로 상승되었을 때 작동하는 것으로, 1개 국소의 열효과에 의하여 작동한다. 가장 널리 사용되고 있는 형식으로 화기를 취급하지 않는 장소에 가장 적합하다. 이온식 감지기는 연기가 감지기 속에 들어가면 연기의 입자로 인해 이온 전류가 변화하는 것을 이용한 것이다. 광전식 감지기는 연기 입자로 인해서 광전 소자에 대한 입사광량이 변화하는 것을 이용하여 작동하게 하는 것으로, 일반 사무실, 복도, 계단 및 경사로 등에 적합하다.

제5과목 **건축관계법규**

81 건축법령상 건축을 하는 경우 조경 등의 조치를 하지 아니할 수 있는 건축물 기준으로 옳지 않은 것은? (단, 면적이 200m² 이상인 대지에 건축을 하는 경우)

① 축사
② 녹지지역에 건축하는 건축물
③ 연면적 합계가 2,000m² 미만인 공장
④ 면적 5,000m² 미만인 대지에 건축하는 공장

해설 관련법규 : 법 제42조, 영 제27조, 해설 법규 : 영 제27조 ①항
녹지지역에 건축하는 건축물, 면적 5,000m² 미만인 대지에 건축하는 공장, 연면적의 합계가 1,500m² 미만인 공장, 산업단지의 공장, 대지에 염분이 함유되어 있는 경우 또는 건축물 용도의 특성상 조경 등의 조치를 하기가 곤란하거나 조경 등의 조치를 하는 것이 불합리한 경우로서 건축조례로 정하는 건축물, 축사, 가설건축물, 연면적의 합계가 1,500m² 미만인 물류시설(주거지역 또는 상업지역에 건축하는 것은 제외)로서 국토교통부령으로 정하는 것, 자연환경보전지역·농림지역 또는 관리지역(지구단위계획구역으로 지정된 지역은 제외)의 건축물, 관광지 또는 관광단지, 전문휴양업의 시설 또는 종합휴양업의 시설, 관광·휴양형 지구단위계획구역에 설치하는 관광시설, 골프장으로서 건축조례로 정하는 건축물은 조경 등의 조치를 하지 아니할 수 있다.

★★★
82 국토의 계획 및 이용에 관한 법령에 따른 용도지구에 속하지 않는 것은?

① 보호지구
② 취락지구
③ 시설용지지구
④ 특정용도제한지구

해설 관련 법규 : 법 제37조, 영 제31조, 해설 법규 : 법 제37조 ①항, 영 제31조 ②항
용도지구의 종류에는 (자연, 시가지, 특화)경관지구, 고도지구, 방화지구, (시가지, 자연)방재지구, (역사문화환경, 중요시설물, 생태계)보호지구, (자연, 집단)취락지구, (주거, 산업·유통, 관광·휴양, 복합, 특정)개발진흥지구, 특정용도제한지구, 복합용도지구 등이 있다.

83 문화 및 집회시설 중 공연장의 개별 관람실의 출구를 다음과 같이 설치하였을 경우, 옳지 않은 것은? (단, 개별 관람실의 바닥면적이 800m²인 경우)

① 출구는 모두 바깥여닫이로 하였다.
② 관람실별로 2개소 이상 설치하였다.
③ 각 출구의 유효 너비를 1.6m로 하였다.
④ 각 출구의 유효 너비의 합계를 4.5m로 하였다.

해설 관련 법규 : 법 제49조, 영 제38조, 피난·방화규칙 제10조, 해설 법규 : 피난·방화규칙 제10조 ②항 3호
개별 관람실 출구의 유효 너비의 합계는 개별 관람실의 바닥면적 100m²마다 0.6m의 비율로 산정한 너비 이상으로 할 것. 즉, 개별 관람실 출구의 유효 너비의 합계

$$= \frac{개별\ 관람실의\ 바닥면적}{100} \times 0.6 = \frac{800}{100} \times 0.6 = 4.8m$$

이상이다.

★★
84 기계식 주차장의 세분에 속하지 않는 것은?

① 지하식
② 지평식
③ 건축물식
④ 공작물식

해설 관련 법규 : 법 제6조, 규칙 제2조, 해설 법규 : 규칙 제2조 1, 2호
주차장의 형태에는 자주식 주차장[지하식, 지평식 또는 건축물식(공작물식 포함) 등]과 기계식 주차장[지하식, 건축물식(공작물식 포함)] 등이 있다.

85 국토의 계획 및 이용에 관한 법령상 다음과 같이 정의되는 용어는?

> 개발로 인하여 기반시설이 부족할 것으로 예상되나 기반시설을 설치하기 곤란한 지역을 대상으로 건폐율이나 용적률을 강화하여 적용하기 위하여 지정하는 구역

① 시가화조정구역
② 개발밀도관리구역
③ 기반시설부담구역
④ 지구단위계획구역

해설 관련 법규 : 법 제2조, 법 제39조, 해설 법규 : 법 제2조 18호
㉠ 시가화조정구역은 도시지역과 그 주변 지역의 무질서한 시가화를 방지하고 계획적·단계적인 개발을 도모하기 위하여 5년 이상 20년 이내의 시가화를 유보할 필요가 있다고 인정되면 시가화조정구역의 지정 또는 변경을 도시·군관리계획으로 결정할 수 있다.
㉡ 기반시설부담구역은 개발밀도관리구역 외의 지역으로서 개발로 인하여 도로, 공원, 녹지 등 대통령령으로 정하는 기반시설의 설치가 필요한 지역을 대상으로 기반시설을 설치하거나 그에 필요한 용지를 확보하게 하기 위하여 제67조에 따라 지정·고시하는 구역을 말한다.

86 다음은 건축물의 사용승인에 관한 기준 내용이다. ( )안에 알맞은 것은?

> 건축주가 허가를 받았거나 신고를 한 건축물의 건축공사를 완료한 후 그 건축물을 사용하려면 공사감리자가 작성한 (㉮)와 국토교통부령으로 정하는 (㉯)를 첨부하여 허가권자에게 사용승인을 신청하여야 한다.

① ㉮ 설계도서, ㉯ 시방서
② ㉮ 시방서, ㉯ 설계도서
③ ㉮ 감리완료보고서, ㉯ 공사완료도서
④ ㉮ 공사완료도서, ㉯ 감리완료보고서

해설 관련 법규 : 법 제22조, 해설 법규 : 법 제22조 ①항
건축주가 허가를 받았거나 신고를 한 건축물의 건축공사를 완료[하나의 대지에 둘 이상의 건축물을 건축하는 경우 동(棟)별 공사를 완료한 경우를 포함]한 후 그 건축물을 사용하려면 공사감리자가 작성한 감리완료보고서(공사감리자를 지정한 경우만 해당)와 국토교통부령으로 정하는 공사완료도서를 첨부하여 허가권자에게 사용승인을 신청하여야 한다.

87 시설면적이 9,000m²인 종합병원에 설치하여야 하는 부설주차장의 최소 주차대수는?

① 45대
② 60대
③ 90대
④ 100대

해설 관련 법규 : 법 제19조, 영 제6조, (별표 1), 해설 법규 : 영 제6조 ①항, (별표 1)
의료시설은 시설면적 150m²당 1대를 설치해야 하므로 주차대수 $= \frac{9,000}{150} = 60$대 이상이다.

88 국토의 계획 및 이용에 관한 법령상 일반상업지역에서 건축할 수 있는 건축물은? (단, 도시·군계획 조례가 정하는 바에 따라 건축할 수 있는 건축물)

① 단독주택
② 수련시설
③ 의료시설 중 요양병원
④ 야영장 시설

해설 관련 법규 : 국토법 제76조, 영 제71조, (별표 9), 해설 법규 : 영 제71조, (별표 9)
일반상업지역 안에서 묘지 관련 시설, 자원순환 관련 시설 및 자동차 관련 시설 중 폐차장은 건축할 수 없고, 의료시설 중 요양병원은 건축할 수 있다.

89 국토교통부장관이 정한 범죄 예방의 기준에 따라 건축하여야 하는 대상 건축물에 속하지 않는 것은?

① 수련시설
② 기숙사
③ 업무시설 중 오피스텔
④ 숙박시설 중 다중생활시설

해설 관련 법규 : 법 제53조의2, 영 제63조의6, 해설 법규 : 영 제63조의6
다가구주택, 아파트, 연립주택 및 다세대주택, 제1종 근린생활시설 중 일용품을 판매하는 소매점, 제2종 근린생활시설 중 다중생활시설, 문화 및 집회시설(동·식물원은 제외), 교육연구시설(연구소 및 도서관은 제외), 노유자시설, 수련시설, 업무시설 중 오피스텔, 숙박시설 중 다중생활시설은 범죄예방 기준에 따라 건축하여야 한다.

90 건축법령상 다음과 같이 정의되는 용어는?

> 건축물의 건축·대수선·용도변경, 건축설비의 설치 또는 공작물의 축조에 관한 공사를 발주하거나 현장 관리인을 두어 스스로 그 공사를 하는 자

① 건축주   ② 건축사
③ 설계자   ④ 공사시공자

해설 관련 법규 : 법 제2조, 해설 법규 : 법 제2조 ①항 12호
설계자는 자기의 책임(보조자의 도움을 받는 경우를 포함)으로 설계도서를 작성하고 그 설계도서에서 의도하는 바를 해설하며, 지도하고 자문에 응하는 자이다. 건축사는 국토교통부장관이 시행하는 자격시험에 합격한 사람으로서 건축물의 설계와 공사감리 등의 업무를 수행하는 사람이며, 공사시공자는 「건설산업기본법」에 따른 건설공사를 하는 자이다.

★★
91 건축허가신청에 필요한 기본설계도서 중 건축계획서에 표시하여야 할 사항으로 옳지 않은 것은?

① 주차장 규모
② 공개공지 및 조경계획
③ 건축물의 용도별 면적
④ 지역·지구 및 도시계획 사항

해설 관련 법규 : 법 제11조, 규칙 제6조 (별표 2), 해설 법규 : 규칙 제6조 (별표 2)
건축허가신청 시 기본설계도서 중 건축계획서에 포함되어야 할 사항은 개요(위치, 내지면적 등), 지역·지구 및 도시계획 사항, 건축물의 규모(건축면적, 연면적, 높이, 층수 등), 건축물의 용도별 면적, 주차장의 규모, 에너지절약 계획서, 노인 및 장애인 등을 위한 편의 시설 설치 계획서 등이다.

★★
92 주거지역의 세분 중 중층주택을 중심으로 편리한 주거환경을 조성하기 위하여 필요한 지역은?

① 제1종 일반주거지역
② 제2종 일반주거지역
③ 제1종 전용주거지역
④ 제2종 전용주거지역

해설 관련 법규 : 국토법 제36조, 영 제30조, 해설 법규 : 영 제30조 2호 나목
제1종 전용주거지역은 단독주택 중심의 양호한 주거환경을 보호하기 위한 지역이고, 제2종 전용주거지역은 공동주택 중심의 양호한 주거환경을 보호하기 위하여 필요한 지역에 지정한다. 제1종 일반주거지역은 저층주택을 중심으로 편리한 주거환경을 조성하기 위한 지역이다.

★93 다음은 건축법령상 지하층의 정의 내용이다. ( ) 안에 알맞은 것은?

> 지하층이란 건축물의 바닥이 지표면 아래에 있는 층으로서 바닥에서 지표면까지 평균 높이가 해당 층 높이의 ( ) 이상인 것을 말한다.

① 1/2
② 1/3
③ 2/3
④ 3/4

해설 관련 법규 : 법 제2조, 해설 법규 : 법 제2조 ①항 5호
지하층이란 건축물의 바닥이 지표면 아래에 있는 층으로서 바닥에서 지표면까지 평균 높이가 해당 층 높이의 1/2 이상인 것을 말한다.

★★94 그림과 같은 거실의 평균 반자 높이는? (단, 단위는 m)

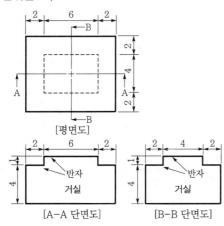

[평면도]

[A-A 단면도]　[B-B 단면도]

① 4.3m
② 4.6m
③ 4.9m
④ 5.2m

해설 관련 법규 : 법 제84조, 영 제119조, 해설 법규 : 영 제119조 ①항 7호

$$반자 높이 = \frac{실의 체적}{실의 단면적}$$

$$= \frac{(2+4+2) \times (2+6+2) \times 4 + (6 \times 4 \times 1)}{(2+4+2) \times (2+6+2)}$$

$$= 4.3\text{m}$$

95 너비 8m 미만인 도로의 모퉁이에 위치한 대지의 도로 모퉁이 부분의 건축선은 그 대지에 접한 도로 경계선의 교차점으로부터 도로 경계선에 따라 다음의 표에 따른 거리를 각각 후퇴한 두 점을 연결한 선으로 한다. ( ) 안의 숫자로 옳은 것은? (단, 도로의 교차각이 90° 미만인 경우)

해당 도로의 너비 6m 이상 8m 미만	교차되는 도로의 너비
(㉮)m	6m 이상 8m 미만
(㉯)m	4m 이상 6m 미만

① ㉮ 2, ㉯ 2
② ㉮ 3, ㉯ 2
③ ㉮ 3, ㉯ 3
④ ㉮ 4, ㉯ 3

해설 관련 법규 : 법 제46조, 영 제31조, 해설 법규 : 영 제31조, ①항
도로 모퉁이 대지에서 건축선에 관한 규정

도로의 교차각	당해 도로의 너비		교차되는 도로의 너비
	6m 이상 8m 미만	4m 이상 6m 미만	
90° 미만	4m	3m	6m 이상 8m 미만
	3m	2m	4m 이상 6m 미만
90° 이상 120° 미만	3m	2m	6m 이상 8m 미만
	2m	2m	4m 이상 6m 미만

96 건축법령상 제2종 근린생활시설에 속하는 것은?

① 도서관
② 미술관
③ 한의원
④ 일반음식점

해설 관련 법규 : 법 제2조, 영 제3조의4, (별표 1), 해설 법규 : 영 제3조의4, (별표 1) 3호 · 4호 · 5호 · 10호
도서관은 교육연구시설, 미술관은 문화 및 집회시설 중 전시장, 한의원은 제1종 근린생활시설, 일반음식점은 제2종 근린생활시설에 속한다.

97 건축물의 내부에 설치하는 피난계단의 구조에 관한 기준 내용으로 옳지 않은 것은?

① 계단은 내화구조로 하고 피난층 또는 지상까지 직접 연결되도록 할 것

② 계단실의 실내에 접하는 부분의 마감은 불연재료 또는 준불연재료로 할 것

③ 건축물의 내부에서 계단실로 통하는 출입구의 유효 너비는 0.9m 이상으로 할 것

④ 계단실은 창문·출입구 기타 개구부를 제외한 당해 건축물의 다른 부분과 내화구조의 벽으로 구획할 것

해설 관련 법규 : 법 제49조, 영 제35조, 피난·방화규칙 제9조, 해설 법규 : 피난·방화규칙 제9조 ②항 1호 나목
건축물의 내부에 설치하는 피난계단의 구조는 계단실의 실내에 접하는 부분(바닥 및 반자 등 실내에 면한 모든 부분)의 마감(마감을 위한 바탕을 포함)은 불연재료로 할 것

★★
98 전용주거지역이나 일반주거지역에서 건축물을 건축하는 경우, 건축물의 높이 9m 이하인 부분은 정북(正北) 방향으로의 인접 대지 경계선으로부터 최소 얼마 이상 띄어 건축하여야 하는가?

① 1m ② 1.5m
③ 2m ④ 3m

해설 관련 법규 : 법 제61조, 영 제86조, 해설 법규 : 영 제86조 ①항
전용주거지역 또는 일반주거지역 안에서 건축물을 건축하는 경우에는 건축물의 각 부분을 정북 방향으로의 인접 대지 경계선으로부터 높이 9m 이하인 부분은 인접 대지 경계선으로부터 1.5m 이상, 높이 9m를 초과하는 부분은 인접 대지 경계선으로부터 당해 건축물의 각 부분의 높이의 1/2 이상을 띄어야 한다.

★
99 건축물의 대지는 원칙적으로 최소 얼마 이상이 도로에 접하여야 하는가? (단, 자동차만의 통행에 사용되는 도로는 제외)

① 1m ② 1.5m
③ 2m ④ 3m

해설 관련 법규 : 법 제44조, 해설 법규 : 법 제44조 ①항
건축물의 대지는 2m 이상이 도로(자동차만의 통행에 사용되는 도로는 제외)에 접하여야 한다.

100 주차장법령상 다음과 같이 정의되는 주차장의 종류는?

> 도로의 노면 또는 교통광장(교차점광장만 해당)의 일정한 구역에 설치된 주차장으로서 일반(一般)의 이용에 제공되는 것

① 노외주차장 ② 노상주차장
③ 부설주차장 ④ 기계식 주차장

해설 관련 법규 : 법 제2조, 해설 법규 : 법 제2조 1호 가목
㉠ 노외주차장 : 도로의 노면 및 교통광장 외의 장소에 설치된 주차장으로서 일반의 이용에 제공되는 것
㉡ 부설주차장 : 건축물, 골프연습장, 그 밖에 주차수요를 유발하는 시설에 부대하여 설치된 주차장으로서 해당 건축물·시설의 이용자 또는 일반의 이용에 제공되는 것
㉢ 기계식 주차장 : 기계식 주차장치(노외주차장 및 부설주차장에 설치하는 주차설비로서 기계장치에 의하여 자동차를 주차할 장소로 이동시키는 설비)를 설치한 노외주차장 및 부설주차장

제1과목 건축계획

01 종합병원의 건축계획에 관한 설명으로 옳지 않은 것은?

① 간호사의 보행거리는 24m 이내가 되도록 한다.
② 외래진료부는 환자의 이용이 편리하도록 1층 또는 2층 이하에 둔다.
③ 일반적으로 병원건축의 시설규모는 입원환자의 병상 수에 의해 결정된다.
④ 병동배치방식 중 분관식(pavilion type)은 동선이 짧게 되는 이점이 있다.

해설 병동배치방식 중 분관식(pavilion type)은 동선이 길어지는 단점이 있다.

★
02 호텔의 퍼블릭 스페이스(public space) 계획에 관한 설명으로 옳지 않은 것은?

① 로비는 개방성과 다른 공간과의 연계성이 중요하다.
② 프런트데스크 후방에 프런트 오피스를 연속시킨다.
③ 주식당은 외래객이 편리하게 이용할 수 있도록 출입구를 별도로 설치한다.
④ 프런트오피스는 기계화된 설비보다는 많은 사람을 고용함으로써 고객의 편의와 능률을 높여야 한다.

해설 호텔의 프런트오피스는 많은 사람을 고용하기보다는 기계적 설비를 사용함으로써 고객의 편의와 능률을 높여야 한다.

★★
03 다음 중 공공 도서관에서 능률적인 작업용량을 고려할 경우, 200,000권의 책을 수장하는 서고의 바닥면적으로 가장 적당한 것은?

① 300m² ② 500m²
③ 600m² ④ 1,000m²

해설 서고는 1m²당 150~250권이므로
$200,000 \div (150 \sim 250) = 1,333 \sim 800m^2$

04 전통적인 주택의 골목길을 적층(積層) 주택인 아파트에 구현하고자 했던 설계어휘는?

① 진입광장
② 공중가로
③ eco-bridge
④ 데크식 주차장

해설 진입광장은 입구부에 조성된 원형광장으로 단지 진입로와 보행공간으로 연결하는 광장이다. 에코 브리지(eco-bridge, 생태통로)는 도로개설이나 택지개발 등 각종 개발사업에 의해서 야생 동식물의 서식처가 단절되거나 훼손 또는 파괴된 서식처를 연결하기 위한 인공구조물이다. 데크식 주차장은 아파트단지 전부를 데크로 2층으로 들어올려 데크층 위에 아름다운 공원과 자동차 없는 아이들의 안전한 놀이터를 조성하고 그 아래에 주차장을 설치하는 첨단공법이다.

★
05 건축계획단계에서의 조사방법에 관한 설명으로 옳지 않은 것은?

① 설문조사를 통하여 생활과 공간 간의 대응관계를 규명하는 것은 생활행동 행위의 관찰에 해당된다.
② 주거단지에서 어린이들의 행동특성을 조사하기 위해서는 생활행동 행위 관찰방식이 일반적으로 적절하다.
③ 이용상황이 명확하게 기록되어 있는 시설의 자료 등을 활용하는 것은 기존자료를 통한 조사에 해당된다.
④ 건물의 이용자를 대상으로 설문을 작성하여 조사하는 방식은 생활과 공간의 대응관계 분석에 유효하다.

해설 직접 관찰을 통하여 생활과 공간 간의 대응관계를 규명하는 것은 생활행동 행위의 관찰에 해당된다.

06 주택 부엌의 작업 삼각형(work triangle)에 관한 설명으로 옳지 않은 것은?

① 3변의 길이 합은 7~8m 정도가 기능적이다.

② 삼각형의 한 변의 길이는 1.8m 이하가 바람직하다.

③ 냉장고, 개수대, 레인지의 중간 지점을 연결한 삼각형이다.

④ 삼각형의 한 변 길이가 너무 길어지면 동선이 길어지므로 기능상 좋지 않다.

> **해설** 부엌에서 작업 삼각형(냉장고, 싱크대, 조리대)은 삼각형 세 변 길이의 합이 짧을수록 효과적이다. 3.6~6.6m 사이에서 구성되며, 싱크대와 조리대 사이의 길이는 1.2~1.8m가 가장 적당하다. 또한, 삼각형의 가장 짧은 변은 개수대와 냉장고 사이의 변이 되어야 한다.

07 ★ 미술관의 연속순로형식에 관한 설명으로 옳은 것은?

① 각 실을 필요시에는 자유로이 독립적으로 폐쇄할 수 있다.

② 평면적인 형식으로 2, 3개 층의 입체적인 방법은 불가능하다.

③ 많은 실을 순서별로 통하여야 하는 불편이 있으나 공간절약의 이점이 있다.

④ 중심부에 하나의 큰 홀을 두고 그 주위에 각 전시실을 배치하여 자유로이 출입하는 형식이다.

> **해설** 중앙홀 형식은 중심부에 하나의 큰 홀을 두고 그 주위에 각 전시실을 배치하여 자유로이 출입하는 형식이고, 연속순로형식은 평면적인 형식 또는 2, 3개 층의 입체적인 방법도 가능하며, 갤러리 및 복도 형식은 각 실을 필요시에는 자유로이 독립적으로 폐쇄할 수 있다.

08 ★ 학교운영방식 중 교과교실형에 관한 설명으로 옳지 않은 것은?

① 교실의 순수율이 높다.

② 학생들의 동선계획에 많은 고려가 필요하다.

③ 시간표 짜기와 담당교사 수 맞추기가 용이하다.

④ 학생 소지품을 두는 곳을 별도로 만들 필요가 있다.

> **해설** 학교운영방식 중 교과교실형은 시간표 짜기와 담당교사 수를 맞추기가 매우 어렵다.

09 ★ 현존하는 우리나라 목조건축물 중 가장 오래된 것은?

① 봉정사 극락전 ② 법주사 팔상전

③ 부석사 무량수전 ④ 화엄사 보광대전

> **해설** 우리나라에서 현존하는 가장 오래된 목조건축물은 봉정사 극락전(672년경)이고, 현존하는 목조건축물 중 고려시대의 건축물은 강릉의 객사문(936년경)이다.

10 ★ 공장건축에 관한 설명으로 옳은 것은?

① 계획 시부터 장래 증축을 고려하는 것이 필요하며 평면형은 가능한 요철이 많은 것이 유리하다.

② 재료반입과 제품반출 동선은 동일하게 하고 물품 동선과 사람 동선은 별도로 하는 것이 바람직하다.

③ 외부인 동선과 작업원 동선은 동일하게 하고, 견학자는 생산과 교차하지 않는 동선을 확보하도록 한다.

④ 자연환기방식의 경우 환기방법은 채광형식과 관련하여 건물형태를 결정하는 매우 중요한 요소가 된다.

> **해설** 원료의 동선(낮은 부분에서 높은 부분으로)과 제품의 동선(높은 부분에서 낮은 부분으로), 즉 원료와 제품의 동선은 반대 방향으로 하고, 외부인 동선과 작업자의 동선을 엄격히 구분하며, 평면형은 가능한 요철이 없는 것이 유리하다.

11 ★ 극장의 평면형 중 애리나(arena)형에 관한 설명으로 옳은 것은?

① picture frame stage라고도 불린다.

② 무대의 배경을 만들지 않으므로 경제적이다.

③ 연기자가 한쪽 방향으로만 관객을 대하게 된다.

④ 투시도법을 무대공간에 응용함으로써 하나의 구상화와 같은 느낌이 들게 한다.

해설 프로시니엄형(픽처 프레임형)은 투시도법을 무대공간에 응용함으로써 하나의 구성화와 같은 느낌이 들게 하는 방식으로 picture frame stage라고도 불리고, 연기자가 한쪽 방향으로만 관객을 대하게 되며, 배경은 한 폭의 그림과 같은 느낌을 주게 되어 전체적인 통일의 효과를 얻는 데 가장 좋은 형태이다.

12 래드번(Radburn) 계획의 5가지 기본원리로 옳지 않은 것은?

① 기능에 따른 4가지 종류의 도로 구분
② 자동차 통과도로 배제를 위한 슈퍼블록 구성
③ 보도망 형성 및 보도와 차도의 평면적 분리
④ 주택단지 어디로나 통할 수 있는 공동 오픈 스페이스 조성

해설 레드번 계획 중 5가지 기본원리로 도로 교통의 개선, 즉 보도와 차도의 완전한 분리가 가능하다.

13 백화점 매장의 배치 유형에 관한 설명으로 옳지 않은 것은?

① 직각형 배치는 매장 면적의 이용률을 최대로 확보할 수 있다.
② 직각형 배치는 고객의 통행량에 따라 통로폭을 조절하기 용이하다.
③ 경사형 배치는 많은 고객이 매장공간의 코너까지 접근하기 용이한 유형이다.
④ 경사형 배치는 main 통로를 직각 배치하며, sub 통로를 45° 정도 경사지게 배치하는 유형이다.

해설 직각배치(rectangular system)는 가장 일반적인 방법으로 면적을 최대로 사용할 수 있으나 통행량에 따라 통로폭 변화가 어렵고 엘리베이터로 접근이 어렵다.

★★
14 바실리카식 교회당의 구성에 속하지 않는 것은?

① 아일
② 파일론
③ 트랜셉트
④ 나르텍스

해설 아일(aisle, 측랑)은 바실리카식 교회 건축 또는 그 교회당 내부 중앙을 사이에 둔 좌우의 양쪽 길이고, 트랜셉트(transept)는 바실리카식 교회당의 내부 반원형으로 들어간 부분 또는 교회당의 십자형 평면에 있어서 좌우 돌출(날개) 부분이다.
나르텍스(narthex)는 바실리카식 교회당 입구 부분의 홀로 교회당의 일반 출입 부분이다. 또한, 파일론(pylon)은 고대 이집트의 신전 앞에 있는 문으로서 파일론의 앞에는 2개의 오벨리스크가 있다.

15 다음 설명에 알맞은 사무소 건축의 코어 유형은?

- 코어와 일체로 한 내진구조가 가능한 유형이다.
- 유효율이 높으며, 임대 사무소로서 경제적인 계획이 가능하다.

① 편심형
② 독립형
③ 분리형
④ 중심형

해설 편단 코어형은 바닥면적이 커지면 코어 이외에 피난시설, 설비 샤프트 등이 필요하다. 양단 코어형은 방재상 유리하고, 복도가 필요하므로 유효율이 떨어진다. 중앙 코어형은 대여 사무실로 적합하고, 유효율이 높으며, 대여 빌딩으로서 가장 경제적인 계획을 할 수 있다.

★
16 서양 건축양식의 역사적인 순서가 옳게 배열된 것은?

① 로마 → 로마네스크 → 고딕 → 르네상스 → 바로크
② 로마 → 고딕 → 로마네스크 → 르네상스 → 바로크
③ 로마 → 로마네스크 → 고딕 → 바로크 → 르네상스
④ 로마 → 고딕 → 로마네스크 → 바로크 → 르네상스

해설 서양건축의 시대 구분(건축양식의 발전)
고대건축(이집트-서아시아)-고전건축(그리스-로마)-중세건축(초기 기독교-비잔틴-사라센-로마네스크-고딕)-근세건축(르네상스-바로크-로코코)-근대건축-현대건축의 순이다.

17 사무소 건축에서 오피스 랜드스케이핑에 관한 설명으로 옳지 않은 것은?

① 대형 가구 등 소리를 반향시키는 기재의 사용이 어렵다.

② 작업장의 집단을 자유롭게 그루핑하여 불규칙한 평면을 유도한다.

③ 변화하는 작업의 패턴에 따라 조절이 가능하며 신속하고 경제적으로 대처할 수 있다.

④ 개실시스템의 한 형식으로 배치를 의사전달과 작업흐름의 실제적 패턴에 기초를 둔다.

해설 오피스 랜드스케이핑은 개방식 시스템의 한 형식으로, 의사전달과 작업흐름의 실제적 패턴에 기초를 두고 배치한다.

18 다음 설명에 알맞은 도서관의 자료 출납시스템 유형은?

> 이용자가 직접 서고 내의 서가에서 도서자료의 제목 정도는 볼 수 있지만 내용을 열람하고자 할 경우 관원에게 대출을 요구해야 하는 형식

① 폐가식　　　　② 반개가식
③ 자유개가식　　④ 안전개가식

해설 폐가식은 서고를 열람실과 별도로 설치하여 열람자가 책의 목록에 의해서 책을 선택하고 관원에게 대출 기록을 남긴 후 책을 대출하는 형식이고, 안전개가식은 자유개가식과 반개가식의 장점을 취한 형식이다. 자유개가식은 열람자 자신이 서가에서 책을 고르고 그대로 검열을 받지 않고 열람할 수 있는 방법이다.

19 은행의 건축계획에 관한 설명으로 옳지 않은 것은?

① 고객이 지나는 동선은 되도록 짧게 한다.

② 직원과 고객의 출입구는 따로 설치하는 것이 좋다.

③ 규모가 큰 건물에 은행을 계획하는 경우, 고객 출입구는 최소 2개소 이상 설치하여야 한다.

④ 일반적으로 출입문을 안여닫이로 하며, 전실을 둘 경우에 바깥문은 밖여닫이 또는 자재문으로 하기도 한다.

해설 규모가 큰 건물에 은행을 계획하는 경우, 고객의 출입구는 되도록 1개소로 하고, 안여닫이로 하는 것이 보편적이다.

20 자연형 테라스하우스에 관한 설명으로 옳지 않은 것은?

① 각 세대마다 전용의 정원을 가질 수 있다.

② 하향식이나 상향식 모두 스플릿 레벨이 가능하다.

③ 하향식의 경우 각 세대의 규모를 동일하게 할 수 없다.

④ 일반적으로 후면에 창을 설치할 수 없으므로 각 세대 깊이가 너무 깊지 않도록 한다.

해설 테라스하우스의 하향식에 있어서 지형상 높이의 변화는 공용의 도로체계 내에서보다는 각 세대 내에서 직접 접근이 가능하도록 하기 위하여 하향 경사지 주택들은 상층에 거실 등의 주생활공간을 두고, 하층에 침실 등의 휴식, 수면공간을 둔다.

제2과목 　건축시공

21 아래 공종 중 건설현장의 공사비 절감을 위해 집중분석해야 하는 공종이 아닌 것은?

> A. 공사비 금액이 큰 공종
> B. 단가가 높은 공종
> C. 시행실적이 많은 공종
> D. 지하공사 등의 어려움이 많은 공종

① A　　　　　② B
③ C　　　　　④ D

해설 공사비 절감 여지가 많은 부분을 집중분석하여 원가절감을 하는 공종은 A, B, D항이다. 이외에 시행실적이 없는 새로운 공종, 구조방식 등에 따른 고도의 기술적 해결이 요구되는 부분 등을 면밀히 검토하여 원가절감의 요소로 삼아야 한다.

★
22 건설공사에 사용되는 시방서에 관한 설명으로 옳지 않은 것은?

① 시방서는 계약서류에 포함되지 않는다.

② 시방서는 설계도서에 포함된다.

③ 시방서에는 공법의 일반사항, 유의사항 등이 기재된다.

④ 시방서에 재료 메이커를 지정하지 않아도 좋다.

해설 공사 도급계약 시 첨부서류의 종류에는 도급계약서, 도급계약 약관, 현장설명서, 설계도서(공사용 도면, 구조계산서, 시방서, 건축설비계산 관계 서류, 토질 및 지질 관계 서류, 기타 공사에 필요한 서류 등)이다. 즉 시방서는 계약서류에 포함된다.

★
23 목재의 무늬나 바탕의 재질을 잘 보이게 하는 도장방법은?

① 유성페인트 도장

② 에나멜페인트 도장

③ 합성수지 페인트 도장

④ 클리어 래커 도장

해설 클리어 래커칠은 래커에 안료를 가하지 않은 래커의 일종으로 주로 목재면의 투명 도장에 쓰이며, 오일 바니시에 비하여 도막은 얇으나 견고하고, 담색으로서 우아한 광택이 있다. 내수성, 내후성은 약간 떨어지고, 내부용으로 사용한다.

24 창면적이 클 때에는 스틸바(steel bar)만으로는 부족하며, 또한 여닫을 때의 진동으로 유리가 파손될 우려가 있으므로 이것을 보강하고 외관을 꾸미기 위하여 강판을 중공형으로 접어 가로 또는 세로로 대는 것을 무엇이라 하는가?

① mullion   ② ventilator

③ gallery   ④ pivot

해설 ventilator(배기통)는 배기를 위한 통모양의 장치로서 외부의 바람에 의해 통 속 또는 상부 부근이 부압이 되도록 하여 배출을 촉진시키거나 온도 차에 의한 굴뚝효과를 조장하여 배출을 증가시킬 수 있도록 되어 있는 장치이고, gallery(갤러리)는 화실 또는 미술품 진열실이며, pivot은 회전철물로 여닫이 및 회전식 개폐창호에 사용되는 철물이다.

★★
25 철근콘크리트 건축물이 6×10m 평면에 높이가 4m일 때 동바리 소요량은 몇 공 m^3가 되는가?

① 216   ② 228

③ 240   ④ 264

해설 동바리 소요량=(상층 바닥판의 면적×층높이)×0.9 이다.
그런데, 상층 바닥판의 면적은 $60m^2$이고, 층높이는 4m이므로 동바리 소요량=(상층 바닥판의 면적×층높이)×0.9=60×4×0.9=216공·m^3이다.

★
26 클라이밍 폼의 특징에 대한 설명으로 옳지 않은 것은?

① 고소작업 시 안전성이 높다.

② 거푸집 해체 시 콘크리트에 미치는 충격이 작다.

③ 초기 투자비가 적은 편이다.

④ 비계설치가 불필요하다.

해설 클라이밍폼은 초기 투자비가 많은 편이다.

27 멤브레인 방수에 속하지 않는 방수공법은?

① 시멘트 액체방수

② 합성고분자 시트방수

③ 도막방수

④ 시트 도막 복합방수

해설 멤브레인 방수(얇은 피막상의 방수층, 전면을 덮는 방수공법으로 지붕, 차양, 발코니, 외벽 및 수조 등에 사용하는 방식)의 종류에는 아스팔트방수, 시트방수, 도막방수 등이 있고, 시멘트 액체방수는 방수공사의 일종이다.

28 수밀콘크리트의 물·결합재비 기준으로 옳은 것은? (단, 건축공사표준시방서 기준)

① 40% 이하   ② 45% 이하

③ 50% 이하   ④ 55% 이하

해설 수밀콘크리트의 물결합재의 비는 50% 이하를 표준으로 하고, 매스콘크리트에서는 이보다 5% 크게 할 수 있으나, 재료분리가 일어나지 않도록 하고, 공사시방서에 따른다(건축공사표준시방서 기준).

29 금속재료의 종류와 특성에 관한 설명으로 옳지 않은 것은?

① 구조용 특수강이란 강의 탄소량을 0.5% 이하로 하고 니켈, 망간, 규소, 크롬, 몰리브덴 등의 금속원소 1~2종을 약 5% 이하로 첨가한 것을 말한다.

② 스테인리스강은 공기 및 수중에서 잘 부식되지 않는 강을 말하며, 일반적으로 전기저항이 작고 열전도율이 높으며 경도에 비해 가공성이 우수하다.

③ 내후성강은 대기 중에서의 내식성을 보통강보다 2~6배 증대시키면서 보통강과 동등 이상의 재질, 가공성, 용접성 등을 갖게 한 강재이다.

④ TMCP 강재는 탄소당량이 낮음에도 불구하고 용접성을 개선하여 용접성이 우수하며, 강재의 두께가 증가하더라도 항복강도의 저하가 없도록 한 것이다.

해설 스테인리스강은 공기 및 수중에서 잘 부식되지 않는 강을 말한다. 일반적으로 전기저항이 크고, 열전도율이 낮으며, 경도에 비해 가공성이 우수하다.

30 콘크리트의 블리딩에 관한 설명으로 옳지 않은 것은?

① 콘크리트 타설 후 비교적 가벼운 물이나 미세한 물질 등이 상승하는 현상을 의미한다.

② 콘크리트의 물·시멘트비가 클수록 블리딩량은 증대한다.

③ 콘크리트의 컨시스턴시가 클수록 블리딩량은 증대한다.

④ 단위시멘트량이 많을수록 블리딩량은 크다.

해설 콘크리트의 블리딩(bleeding)이란 콘크리트 타설 후 표면에 물이 모이게 되는 현상으로 단위시멘트량이 많을수록 블리딩량은 적다.

31 다음 시멘트 중 시멘트 분말의 비표면적이 가장 큰 것은?

① 보통 포틀랜드 시멘트
② 중용열 포틀랜드 시멘트
③ 조강 포틀랜드 시멘트
④ 백색 포틀랜드 시멘트

해설 시멘트의 비표면적을 보면, 보통 포틀랜드 시멘트 2,800cm²/g 이상, 중용열 포틀랜드 시멘트 2,800cm²/g 이상, 조강 포틀랜드 시멘트 3,300cm²/g 이상, 백색 포틀랜드 시멘트 3,000cm²/g 이상이다.

32 합성고무와 열가소성수지를 사용하여 1겹으로 방수효과를 내는 공법은?

① 도막방수   ② 시트방수
③ 아스팔트방수   ④ 표면도포방수

해설 도막방수는 액체로 된 방수도료를 한 번 또는 여러 번 칠하여 상당한 두께의 방수막을 형성하는 방수법이다. 아스팔트방수는 널리 사용되는 공법으로, 아스팔트 펠트, 루핑 등을 여러 층 접합하여 방수층을 형성하는 방수법이다. 표면도포방수는 표면에 방수제를 도포하여 방수하는 방법이다.

33 공동도급방식(JOINT VENTURE)에 관한 설명으로 옳은 것은?

① 2명 이상의 수급자가 어느 특정공사에 대하여 협동으로 공사계약을 체결하는 방식이다.

② 발주자, 설계자, 공사관리자의 세 전문집단에 의하여 공사를 수행하는 방식이다.

③ 발주자와 수급자가 상호 신뢰를 바탕으로 팀을 구성하여 공동으로 공사를 수행하는 방식이다.

④ 공사수행방식에 따라 설계/시공(D/B)방식과 설계/관리(D/M)방식으로 구분한다.

해설 ②항은 건설사업관리(C.M)계약방식, ③항은 파트너링 계약방식, ④항은 턴키도급방식에 대한 설명이다.

★
34 시험말뚝박기에서 다음 항목 중 말뚝의 허용 지지력 산출에 거의 영향을 주지 않는 것은?

① 추의 낙하높이
② 말뚝의 길이
③ 말뚝의 최종관입량
④ 추의 무게

[해설] 시험말뚝을 박을 때에 허용 지지력 산출에 영향을 주는 요인에는 말뚝의 무게, 공이의 무게, 공이의 낙하높이, 복동 공기공이의 타격 에너지 및 말뚝의 최종관입량 등이다.

35 콘크리트 타설 후 부재가 건조수축에 대하여 내·외부의 구속을 받지 않도록 일정 폭을 두어 어느 정도 양생한 후 남겨둔 부분을 콘크리트로 채워 처리하는 조인트는?

① construction joint
② delay joint
③ cold joint
④ expansion joint

[해설] construction joint(시공줄눈)는 콘크리트 부어넣기 작업을 일시 중지해야 할 경우에 만드는 줄눈이다. cold joint(콜드 조인트)는 1개의 PC 부재 제작 시 편의상 분할하여 부어넣을 때의 이어붓기 이음새 또는 먼저 부어넣은 콘크리트가 완전히 굳고 다음 부분을 부어넣는 줄눈이다. expansion joint(신축줄눈)는 온도변화에 의한 부재(모르타르, 콘크리트 등)의 신축에 의한 균열·파괴를 방지하기 위하여 일정한 간격으로 줄눈이음을 하는 것이다.

★
36 유리섬유(glass fiber)에 관한 설명으로 옳지 않은 것은?

① 단위면적에 따른 인장강도는 다르고, 가는 섬유일수록 인장강도는 크다.
② 탄성이 작고 전기절연성이 크다.
③ 내화성, 단열성, 내수성이 좋다.
④ 경량이면서 굴곡에 강하다.

[해설] 유리섬유는 경량이나 굴곡에 약하다.

★
37 지하연속벽(slurry wall)에 관한 설명으로 옳지 않은 것은?

① 차수성이 우수하다.
② 비교적 지반조건에 좌우되지 않는다.
③ 소음·진동이 적고, 벽체의 강성이 높다.
④ 공사비가 타 공법에 비하여 저렴하고 공기가 단축된다.

[해설] 지하연속벽(slurry wall)은 공사비가 타 공법에 비하여 고가이고 공기가 길어진다.

★
38 네트워크 공정표에서 작업의 상호관계만을 도시하기 위하여 사용하는 화살선을 무엇이라 하는가?

① event ② dummy
③ activity ④ critical path

[해설] 더미(dummy)란 네트워크 공정표에서 작업활동 및 그 기간 등을 갖지 않고, 실선만으로 정확한 표현을 할 수 없는 작업 상호관계를 나타내기 위해 사용하는 점선의 화살표를 말한다.

39 고강도콘크리트공사에 사용되는 굵은 골재에 대한 품질기준으로 옳지 않은 것은? (단, 건축공사표준시방서 기준)

① 절대건조밀도 : $2.5g/cm^3$ 이상
② 흡수율 : 3.0% 이하
③ 점토량 : 0.25% 이하
④ 씻기시험에 의한 손실량 : 1.0% 이하

[해설] **강도 콘크리트의 골재의 품질**

구 분	잔골재	굵은 골재
절대건조밀도(g/cm³)	2.5 이상	
흡수율(%)	3.0 이하	2.0 이하
실적률(%)	–	59 이상
점토량(%)	1.0 이하	0.25 이하
씻기시험의 손실량(%)	2.0 이하	1.0 이하
유기불순물(%)	표준색 이하	–
염분(%)	0.04 이하	–
안정성(%)	10 이하	12 이하

40 건축공사의 공사원가 계산방법으로 옳지 않은 것은?

① 재료비＝재료량×단위당 가격

② 경비＝소요(소비)량×단위당 가격

③ 고용보험료＝재료비×고용보험요율(%)

④ 일반관리비＝공사원가×일반관리비율(%)

해설 고용보험료＝기준소득월액×고용보험요율

제3과목 건축구조

41 그림에서 파단선 a-1-2-3-d의 인장재의 순단면적은? (단, 판두께는 10mm, 볼트 구멍지름은 22mm)

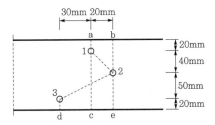

① 690mm^2 ② 790mm^2

③ 890mm^2 ④ 990mm^2

해설

A_n(인장재의 순단면적)

＝A_g(전체 단면적)$-n$(리벳의 개수)$\times d$(구멍 직경)

$\times t$(판두께)$+\sum \dfrac{s^2(\text{피치})}{4g(\text{게이지})}t$

여기서, s(피치)는 게이지 라인상의 리벳 상호 간의 간격으로, 힘의 방향과 수평거리의 리벳의 간격이고, g(게이지)는 게이지 라인 상호 간의 거리로서 힘과의 수직거리의 리벳의 간격이다.

$A_n = A_g - n \times d \times t + \sum \dfrac{s^2}{4g}t$

$= 130 \times 10 - 3 \times 22 \times 10 + \dfrac{20^2}{4 \times 40} \times 10 + \dfrac{50^2}{4 \times 50} \times 10$

$= 790\text{mm}^2$

42 강도설계법에서 깊은 보는 순경간 l_n이 부재 깊이의 몇 배 이하인 부재인가?

① 2배   ② 3배

③ 4배   ④ 5배

해설 강도설계법에서 깊은 보는 l_n(받침부 내면 사이의 순경간)이 부재 깊이의 4배 이하이거나 하중이 받침부로부터 부재 깊이의 2배 거리 이내에 작용하고, 하중의 작용점과 받침부가 서로 반대면에 있어서 하중 작용점과 받침부 사이에 압축대가 형성될 수 있는 부재에 적용하여야 한다. 철근응력이 직접적으로 휨모멘트에 비례하지 않는 휨부재의 인장철근은 적절한 정착을 마련하여야 한다.

43 다음과 같은 조건에서 철근콘크리트보의 인장철근의 최대 허용 배근 간격은 얼마인가? (단, 철근은 보의 인장부에만 배근하고 피복두께는 40mm이다.)

- 일반환경조건($K_{cr} = 210$)
- $f_{ck} = 28\text{MPa}$
- $f_y = 400\text{MPa}$
- $f_s = (2/3)f_y$
- $A_s = 1548.5\text{mm}^2$(4-D22)

① 106.7mm

② 163.5mm

③ 195.3mm

④ 239.1mm

해설 콘크리트 인장연단에 가장 가까이 배치되는 철근의 중심간격(s)은 다음 값 중 작은 값으로 한다(콘크리트구조기준 해설 제6장 참조).

㉠ $s = 375 \times \dfrac{K_{cr}(\text{노출 환경에 의한 값})}{f_s(\text{철근의 응력})}$
$-2.5c_c(\text{피복두께})$

㉡ $s = 300 \times \dfrac{K_{cr}(\text{노출 환경에 의한 값})}{f_s(\text{철근의 응력})}$

그러므로 ㉠에 의하여

$s = 375 \times \dfrac{K_{cr}}{f_s} - 2.5c_c$

$= 375 \times \dfrac{210}{\dfrac{2}{3} \times 400} - 2.5 \times 40$

$= 195.308\text{mm}$

㉡에 의하여

$s = 300 \times \dfrac{K_{cr}}{f_s} = 300 \times \dfrac{210}{\dfrac{2}{3} \times 400} = 236.247\text{mm}$

그러므로 ㉠, ㉡의 최솟값을 택하면, 195.30mm이다.

★
44 탄성계수가 10^5MPa이고 균일한 단면을 가진 부재에 인장력이 작용하여 10MPa의 인장응력이 발생하였다. 이때 부재의 길이가 0.5mm 늘어났다면 부재의 원래의 길이는?

① 2m   ② 5m
③ 8m   ④ 10m

해설

$$E(영계수) = \frac{\sigma(응력도)}{\varepsilon(변형도)} = \frac{\dfrac{P(하중)}{A(단면적)}}{\dfrac{\Delta l(변형된 길이)}{l(원래의 길이)}}$$

$\varepsilon = \dfrac{\Delta l}{l} = \dfrac{\sigma}{E}$ 에서 $l = \dfrac{E \Delta l}{\sigma}$ 이다.

여기서, $\sigma = 10$MPa, $E = 105$MPa, $\Delta l = 0.5$mm이다.

$$\therefore\ l = \frac{E \Delta l}{\sigma} = \frac{10^5 \times 0.5}{10} = 5,000\text{mm} = 5\text{m}$$

★
45 그림과 같은 구조물에서 AE부재와 EB부재의 전단력의 차이는?

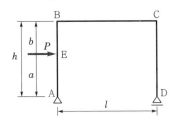

① $\dfrac{Pa}{l}$ ② $\dfrac{Pb}{l}$
③ P ④ 0

해설

(1) 반력
    ㉠ $\Sigma X = 0$에 의해서 $P - H_A = 0$ $\therefore\ H_A = P$
    ㉡ $\Sigma Y = 0$에 의해서 $-V_A + V_B = 0$
       $\therefore\ V_A = V_B$
    ㉢ $\Sigma M_D = 0$에 의해서 $-V_A \cdot l + Pa = 0$
       $\therefore\ V_A = \dfrac{Pa}{l}(\downarrow),\ V_B = \dfrac{Pa}{l}(\uparrow)$

(2) 전단력
    $0 \le x \le a$(AE부재)의 전단력 $S_X = P$이고,
    $a \le x \le h$(EB부재)의 전단력 $S_X = P - P = 0$이
    므로, $P - 0 = P$이다.

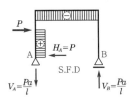

★★
46 철골구조의 기둥-보 접합부의 구성요소와 가장 거리가 먼 것은?

① 엔드 플레이트(end plate)
② 다이어프램(diaphragm)
③ 스플릿 티(split tee)
④ 메탈 터치(metal touch)

해설

메탈 터치는 철골기둥의 접합부에 인장응력이 생기지 않도록 단면을 서로 밀착하는 이음방법으로, 압축력 및 휨모멘트는 각각 1/4(25%)이 접착면에서 직접 전달되는 것이다.

★
47 다음 그림과 같은 구조물의 판별로 옳은 것은?

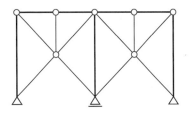

① 불안정   ② 정정
③ 1차 부정정   ④ 2차 부정정

해설

S(부재 수) + R(반력 수) + N(강절점 수) − $2K$(절점 수)
= $17 + 5 + 0 - 2 \times 10 = 2$(2차 부정정)
R(반력 수) + C(강절점 수) − $3M$(부재 수)
= $5 + 48 - 3 \times 17 = 2$(2차 부정정)
그러므로, 판별식의 값이 2이면 안정(정정, 부정정) 구조물의 2차 부정정 구조물이다.

★★
48 보통 중량 콘크리트를 사용한 그림과 같은 보의 단면에서 외력에 의해 휨균열을 일으키는 균열 모멘트(M_{cr})값으로 옳은 것은? (단, $f_{ck} = $ 27MPa, $f_y = 400$MPa, 철근은 개략적으로 도시되었음.)

① 29.5kN · m
② 34.7kN · m
③ 40.9kN · m
④ 52.4kN · m

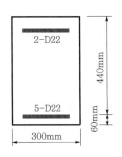

해설

M_{cr}(균열모멘트)$= \dfrac{f_r I_g}{y_t} = \dfrac{0.63\lambda \sqrt{f_{ck}}\, I_g}{y_t}$

여기서, $\lambda = 1$

$I_g = \dfrac{bh^3}{12} = \dfrac{300 \times 500^3}{12} = 3{,}125{,}000{,}000 \text{mm}^3$

$y_t = 250 \text{mm}$

$\therefore M_{cr} = \dfrac{f_r I_g}{y_t}$

$\quad = \dfrac{0.63\lambda \sqrt{f_{ck}}\, I_g}{y_t}$

$\quad = \dfrac{0.63 \times 1 \times \sqrt{27} \times 3{,}125{,}000{,}000}{250}$

$\quad = 40{,}919{,}700.33 \text{N} \cdot \text{mm}$

$\quad = 40.92 \text{kN} \cdot \text{m}$

49 $f_{ck} = 27 \text{MPa}$, $f_y = 400 \text{MPa}$, $d = 550 \text{mm}$인 철근콘크리트 단근직사각형 보에서 균형철근비 ρ_b를 구하면? (단, $E_s = 2.0 \times 10^5 \text{MPa}$)

① 0.0260
② 0.0286
③ 0.0325
④ 0.0352

해설

ρ_b(균형철근비)$= 0.85\beta_1 \dfrac{f_{ck}}{f_y} \times \dfrac{660}{660 + f_y}$ 이고,

$f_{ck} \leq 40 \text{MPa}$이므로 $\beta_1 = 0.8$, $f_{ck} = 27 \text{MPa}$,
$f_y = 400 \text{MPa}$이다.

$\therefore \rho_b$(균형철근비)$= 0.85\beta_1 \dfrac{f_{ck}}{f_y} \times \dfrac{660}{660 + f_y}$

$\quad = 0.85 \times 0.8 \times \dfrac{27}{400} \times \dfrac{660}{660 + 400}$

$\quad \fallingdotseq 0.02858$

50 다음 중 내진 Ⅰ등급 구조물의 허용층간변위로 옳은 것은? (단, h_{sx}는 x층 층고)

① $0.005 h_{sx}$
② $0.010 h_{sx}$
③ $0.015 h_{sx}$
④ $0.020 h_{sx}$

해설

설계 층간변위는 어느 층에서도 다음 표에 규정한 허용층간변위(Δa)를 초과해서는 안 된다.

구 분	내진등급			비 고
	특급	Ⅰ급	Ⅱ급	
허용 층간변위 (Δa)	0.010 h_{sx}	0.015 h_{sx}	0.020 h_{sx}	h_{sx} : x층의 층고임

★
51 그림과 같은 철골구조에서 $K_B / K_C = 0$일 때 기둥의 좌굴길이는? (단, 수평력에 의해 수평변형이 생길 때)

① 0.5h
② 0.7h
③ 1.0h
④ 2.0h

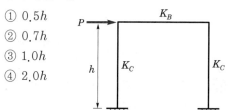

해설

라멘의 기둥 휨모멘트는 기둥의 강비를 0에 접근시키면 기둥의 상단은 자유절점이므로 캔틸레버형(일단은 고정되고, 타단은 자유단의 형)의 기둥과 유사한 기둥이 된다. 즉, 일단 고정, 타단 자유의 기둥이 되므로 좌굴 길이는 $2h$가 된다.

★
52 그림과 같은 내민보에 집중하중이 작용할 때 A점의 처짐각 θ_A를 구하면?

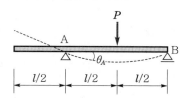

① $\dfrac{Pl^2}{4EI}$
② $\dfrac{Pl^2}{16EI}$
③ $\dfrac{Pl^2}{128EI}$
④ $\dfrac{Pl^2}{256EI}$

해설

주어진 문제는 내민보이나, A, B부분은 단순보와 동일하므로 단순보의 처짐각과 일치한다.

즉, $\theta_A = \dfrac{Pl^2}{16EI}$이다.

★★
53 그림과 같은 사다리꼴 단면형의 도심(圖心)의 위치 y를 나타내는 식은?

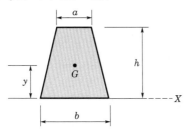

① $y = \dfrac{h}{3} \times \dfrac{2a+b}{a+b}$ ② $y = \dfrac{h}{3} \times \dfrac{a+2b}{a+b}$

③ $y = \dfrac{h}{3} \times \dfrac{a+b}{2a+b}$ ④ $y = \dfrac{h}{3} \times \dfrac{a+b}{a+2b}$

해설

y_0(도심) $= \dfrac{G_x(\text{단면 1차 모멘트})}{A(\text{단면적})}$ 이다. 그런데 G_x (단면 1차 모멘트)와 A(단면적)를 구하기 위하여 사다리꼴을 2개의 삼각형으로 나누어 생각하면,

$I_x = \left(\dfrac{ah}{2} \times \dfrac{2h}{3} \right) + \left(\dfrac{bh}{2} \times \dfrac{h}{3} \right) = \dfrac{ah^2}{3} + \dfrac{bh^2}{6}$

$= \dfrac{h^2}{6}(2a+b)$ 이고, 면적은 $\dfrac{(a+b)h}{2}$ 이다.

$\therefore y_0 = \dfrac{G_x(\text{단면 1차 모멘트})}{A(\text{단면적})}$

$= \dfrac{\dfrac{h^2}{6}(2a+b)}{\dfrac{(a+b)h}{2}}$

$= \dfrac{h(2a+b)}{3(a+b)}$

54 다음 중 강구조 용접에서 용접 개시점과 종료점에 용착금속에 결함이 없도록 임시로 부착하는 것은?

① 엔드탭(end tap)
② 오버랩(overlap)
③ 뒷댐재(backing strip)
④ 언더컷(under cut)

해설

오버랩은 용착금속이 모재에 융합되지 않고 겹쳐지는 용접의 결함이다. 뒷댐재는 루트(용접하는 두 부재 사이에서 가장 가까운 부분) 부분이 아크가 강하여 녹아 떨어지는 것을 방지하기 위한 부재이며, 언더컷은 모재가 녹아 용착금속이 채워지지 않고 홈으로 남게 된 용접의 결함이다.

★
55 표준갈고리를 갖는 인장이형철근(D13)의 기본 정착길이는? (단, D13의 공칭지름 : 12.7mm, $f_{ck} = 27$MPa, $f_y = 400$MPa, $\beta = 1.0$, $m_c = 2,300$kg/m³)

① 190mm ② 205mm
③ 220mm ④ 235mm

해설

l_{hd}(표준갈고리를 갖는 인장이형철근의 기본정착길이) $= \dfrac{0.24 \beta d_b f_y}{\lambda \sqrt{f_{ck}}}$ 이다. 다만, 이 값은 항상 $8d_b$ 이상 또한 150mm 이상이어야 한다. 그러므로,

$l_{hd} = \dfrac{0.24 \beta d_b f_y}{\lambda \sqrt{f_{ck}}} = \dfrac{0.24 \times 1 \times 12.7 \times 400}{1 \times \sqrt{27}}$

$= 234.64$mm이고,

$8d_b = 8 \times 12.7 = 101.6$mm 이상 또는 150mm 이상이므로 234.64mm이다.

★
56 다음 그림과 같은 인장재의 순단면적을 구하면? [단, F10T-M20 볼트 사용(표준구멍), 판의 두께는 6mm임.]

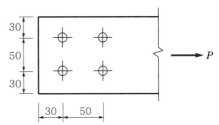

① 296mm² ② 396mm²
③ 426mm² ④ 536mm²

해설

A_n(유효단면적) $= A_g$(전단면적) $- n$(볼트의 개수) $\cdot d$ (볼트 구멍의 직경) $\cdot t$(판두께)이다.

즉 $A_n = A_g - ndt$ 에서, $A_g = 6 \times (30 + 50 + 30) = 660$mm², $n = 2$, $d = (20 + 2)$, $t = 6$이다.

$\therefore A_n = A_g - ndt$

$= 660 - 2 \times (20 + 2) \times 6 = 396$mm²

★★
57 압축이형철근(D19)의 기본정착길이를 구하면? (단, D19의 단면적 : 287mm², $f_{ck} = 21$MPa, $f_y = 400$MPa)

① 674mm ② 570mm
③ 482mm ④ 415mm

해설 압축 이형철근의 정착길이

l_{db}(기본정착길이)

$= \dfrac{0.25d_b\,(철근의\ 직경)\cdot f_y\,(철근의\ 기준\ 항복강도)}{\lambda\sqrt{f_{ck}}\,(콘크리트의\ 기준압축강도)}$

여기서, d_b=D19=19.01 mm, f_y=400MPa,

f_{ck}=27MPa

$\therefore\ l_{db}=\dfrac{0.25\times19.01\times400}{1\times\sqrt{21}}=414.83$mm이나,

$0.043d_b f_y$=0.043×19.01×400=326.97mm 이상이
므로 압축 이형철근의 정착길이는 414.83mm이다.

★★
58 그림과 같은 하중을 받는 단순보에서 E점의
전단력값은?

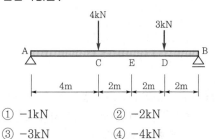

① −1kN　　　　② −2kN
③ −3kN　　　　④ −4kN

해설 **(1) 반력**

　㉠ $\Sigma X=0$에 의해서 $H_A=0$

　㉡ $\Sigma Y=0$에 의해서 $V_A-4-3+V_B=0$ … ⓐ

　㉢ $\Sigma M_B=0$에 의해서

　　$V_A\times(4+2+2+2)-4\times(2+2+2)-3\times2=0$

　　$\therefore\ V_A=3$kN($\uparrow$)

　　$V_A=3$을 ⓐ식에 대입하면,

　　$3-4-3+V_B=0\ \therefore\ V_B=4$kN($\uparrow$)

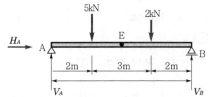

(2) 전단력

　$S_E=3-4=-1$kN

★★
59 다음 중 철골구조의 소성설계와 관계 없는 것은?

① 형상계수(form factor)
② 소성 힌지(plastic hinge)
③ 붕괴기구(collapse mechanism)
④ 잔류응력(residual stress)

해설 소성설계는 소성 힌지, 소성 단면계수, 붕괴기구, 형상
계수 및 하중계수와 관계가 깊다. 응력도의 경화영역,
잔류응력, 안전율 및 전단중심과는 무관하다.

60 KBC2016에 따른 말뚝재료별 구조세칙에 관
한 내용으로 옳지 않은 것은?

① 현장타설 콘크리트 말뚝을 배치할 때 그
중심간격은 말뚝머리지름의 1.5배 이상
또한 말뚝머리지름에 500mm를 더한 값
이상으로 한다.
② 나무말뚝은 갈라짐 등의 흠이 없는 생통
나무 껍질을 벗긴 것으로 말뚝머리에서
끝마구리까지 대체로 균일하게 지름이
변화하고 끝마구리의 지름이 120mm 이
상의 것을 사용한다.
③ 기성 콘크리트 말뚝을 타설할 때 그 중
심간격은 말뚝머리지름의 2.5배 이상 또
한 750mm 이상으로 한다.
④ 매입말뚝을 배치할 때 그 중심간격은 말
뚝머리지름의 2배 이상으로 한다.

해설 현장타설 콘크리트 말뚝을 배치할 때, 그 말뚝 간의
중심거리는 말뚝머리지름의 2.0배 이상 또한 말뚝머
리지름에 1,000mm를 더한 값 이상으로 한다.

제4과목 **건축설비**

61 가스사용시설에서 가스계량기의 설치에 관한
설명으로 옳지 않은 것은?

① 전기접속기와의 거리가 최소 30cm 이상
이 되도록 한다.
② 전기점멸기와의 거리가 최소 60cm 이상
이 되도록 한다.
③ 전기개폐기와의 거리가 최소 60cm 이상
이 되도록 한다.
④ 전기계량기와의 거리가 최소 60cm 이상
이 되도록 한다.

정답 58.① 59.④ 60.① 61.②

해설

가스관과 전기설비와의 이격거리

배선의 종류	이격거리
저압 옥내·외 배선	15cm 이상
전기점멸기, 전기콘센트	30cm 이상
전기개폐기, 전기계량기, 전기안전기, 고압 옥내배선	60cm 이상
저압옥상 전선로, 특별고압 지중·옥내배선	1m 이상
피뢰설비	1.5m 이상

62 이중덕트 방식에 관한 설명으로 옳은 것은?

① 부하감소에 따라 송풍량이 감소된다.
② 부하변동에 따른 적응속도가 느리다.
③ 혼합손실로 인한 에너지 소비량이 크다.
④ 부하특성이 다른 여러 실에 적용하기 곤란하다.

해설

이중덕트 방식은 냉·온풍의 혼합으로 인한 혼합손실이 있어서 에너지 소비량이 많다.

63 세정 밸브식 대변기의 최소 급수관경은?

① 15A ② 20A
③ 25A ④ 32A

해설

세정 밸브식(플러시 밸브식)은 급수관에서 플러시 밸브를 거쳐 변기 급수구에 직결되고, 플러시 밸브의 핸들을 작동함으로써 일정량의 물이 분사되어 변기 속을 세정하는 것으로, 수압의 제한을 가장 많이 받는 방식이다. 급수관의 관지름이 25mm(25A) 이상이어야 하므로 일반주택에서는 사용하기가 곤란하고 학교, 호텔, 사무실 등에 적합하다. 특히, 세정 소음이 크고 대변기의 연속 사용이 가능하다.

★
64 에스컬레이터의 좌우에 설치되어 있으며, 스텝을 주행시키는 역할을 하는 것은?

① 스텝 체인 ② 핸드레일
③ 스커트 가드 ④ 가이드레일

해설

스커트 가드는 에스컬레이터의 난간에 이어져 밟는 판과 접하는 패널이고, 가이드레일은 엘리베이터의 승강기 또는 균형추의 승강을 가이드하기 위해 승강로 안에 수직으로 설치한 레일이다. 핸드레일(손스침 안전장치)은 에스컬레이터의 안전장치로서 에스컬레이터의 이동속도와 동일하게 이동하는 장치이다.

65 연결송수관설비의 방수구에 관한 설명으로 옳지 않은 것은?

① 방수구의 위치표시는 표시등 또는 축광식 표지로 한다.
② 호스접결구는 바닥으로부터 0.5m 이상 1m 이하의 위치에 설치한다.
③ 개폐기능을 가진 것으로 설치하여야 하며, 평상시 닫힌 상태를 유지하도록 한다.
④ 연결송수관설비의 전용방수구 또는 옥내소화전방수구로서 구경 50mm의 것으로 설치한다.

해설

연결송수관설비의 방수구는 전용방수구 또는 옥내소화전방수구로서 구경 65mm의 것으로 설치한다.

★
66 변전실의 위치에 관한 설명으로 옳지 않은 것은?

① 습기와 먼지가 적은 곳일 것
② 전기 기기의 반·출입이 용이한 곳일 것
③ 가능한 한 부하의 중심에서 먼 곳일 것
④ 외부로부터 전원의 인입이 쉬운 곳일 것

해설

변전실의 위치는 가능한 한 부하의 중심에서 가까운 장소일 것

67 압력수조 급수방식에 관한 설명으로 옳지 않은 것은?

① 정전 시 급수가 곤란하다.
② 고가수조가 필요 없어 미관상 좋다.
③ 고가수조방식에 비해 급수압의 변동이 크다.
④ 고가수조방식에 비해 수조의 설치위치에 제한이 많다.

해설

압력탱크방식은 고가수조방식에 비해 수조의 설치 위치에 제한이 거의 없다.

68 어느 점광원과 1m 떨어진 곳의 수평면 조도가 200lx일 때, 이 광원에서 2m 떨어진 곳의 수평면 조도는?

① 25lx ② 50lx
③ 100lx ④ 200lx

해설 조도$=\dfrac{광속}{거리^2}$이다. 그런데, 광속이 일정하면 조도는 거리의 제곱에 반비례하므로 거리가 1m에서 2m, 즉 거리가 2배가 되었으므로 조도는 $1/2^2 = 1/4$이 된다. 그러므로, 200lx의 1/4은 50lx이다.

69 공기조화설비의 에너지 절약방법 중 배열을 회수하여 이용하는 방식은?

① 변유량 방식   ② 외기냉방 방식
③ 전열교환 방식   ④ 전력수요제어 방식

해설 변유량 방식은 펌프운전 방식의 일종으로 유량을 변화시키는 방식이고, 외기냉방 방식은 한랭한 외기를 직접 실내로 도입하여 냉방효과를 얻을 수 있는 방식이며, 전력수요제어 방식은 최대 수요전력의 증가를 방지하기 위한 방식이다.

★
70 냉각탑에 관한 설명으로 옳은 것은?

① 고압의 액체냉매를 증발시켜 냉동효과를 얻게 하는 설비이다.
② 증발기에서 나온 수증기를 냉각시켜 물이 되도록 하는 설비이다.
③ 대기 중에서 기체냉매를 냉각시켜 액체냉매로 응축하기 위한 설비이다.
④ 냉매를 응축시키는 데 사용된 냉각수를 재사용하기 위하여 냉각시키는 설비이다.

해설 냉각탑은 냉온 열원장치를 구성하는 기기의 하나로, 수랭식 냉동기에 필요한 냉각수를 순환시켜 이용하기 위한 장치이다. 필요한 순환 냉각수는 냉각탑에서 물과 공기의 접촉에 의해 냉각시키며, 냉각탑 출구 수온과 입구 공기의 습구온도의 차는 보통 4~5℃이다.

71 220/380V 전원을 공급하는 빌딩 및 공장의 전등 및 동력용 간선으로 가장 많이 사용되는 배선방식은?

① 단상 2선식
② 단상 3선식
③ 3상 3선식
④ 3상 4선식

해설 전기방식과 주요 사용처

전기방식	주요 사용처
단상 2선식 110V	가정용 전등 및 전기기구 등
단상 2선식 220V	형광등(40W 이상), 대형 사무기기, 단상 전동기, 공업용 전열기
단상 3선식 110/220V	일반 사무실, 학교
3상 3선식 220V	전동기(37kW까지)
3상 4선식 220/380V	대형 빌딩, 공장 등의 간선회로

72 환기에 관한 설명으로 옳지 않은 것은?

① 외부풍속이 커지면 환기량은 많아진다.
② 실내·외의 온도 차가 크면 환기량은 작아진다.
③ 중성대란 중력환기에서 실내·외의 압력이 같아지는 위치이다.
④ 자연환기량은 중성대로부터 공기유입구 또는 유출구까지의 높이가 클수록 많아진다.

해설 건물 또는 실내의 환기는 바람이 강할수록, 실내·외의 온도 차가 클수록 환기량은 많아진다.

73 수량 20m³/h를 양수하는 데 필요한 펌프의 구경은? (단, 양수펌프 내 유속은 2m/s로 한다.)

① 30mm   ② 40mm
③ 50mm   ④ 60mm

해설 유량의 산정
$Q(유량) = A(단면적)v(유속)$
$$= \frac{\pi \cdot d^2(관의\ 직경)}{4} \cdot v(유속)$$
즉, $Q = \dfrac{\pi d^2}{4} \cdot v$ 에서
$$d = \sqrt{\frac{4Q}{\pi v}} = \sqrt{\frac{4 \times 20,000,000,000}{3,600 \times \pi \times 2,000}} = 59.47\text{mm}$$
유량과 유속의 단위로 환산(m³/h를 mm³/s, m/s를 mm/s)하면,
$20\text{m}^3/\text{h} = 20,000,000,000\text{mm}^3/3,600\text{s}$이고, $2\text{m/s} = 2,000\text{mm/s}$가 된다.

★
74 양수량이 1m³/min, 전양정이 50m인 펌프에서 회전수를 1.2배 증가시켰을 때 양수량은?

① 1.2배 증가　　② 1.44배 증가
③ 1.73배 증가　　④ 2.4배 증가

해설 펌프의 회전수, 양수량, 양정 및 축마력의 관계에서 양수량은 회전수에 비례하고, 전양정은 회전수의 제곱에 비례하며, 축마력은 회전수의 세제곱에 비례한다. 그러므로, 1.2배 증가한다.

★
75 다음 중 상대습도(RH) 100%에서 그 값이 같지 않은 온도는?

① 건구온도　　　② 효과온도
③ 습구온도　　　④ 노점온도

해설 상대습도(RH)가 100%인 경우 건구온도, 습구온도, 노점온도는 같게 나타난다.

76 건구온도가 25℃인 실내공기 8,000m³/h와 건구온도 31℃인 외부공기 2,000m³/h를 단열 혼합하였을 때 혼합공기의 건구온도는?

① 24.8℃　　　② 26.2℃
③ 27.5℃　　　④ 29.8℃

해설 열적 평형상태에 의해서, $m_1(t_1 - T) = m_2(T - t_2)$ 이다. 그러므로 $T = \dfrac{m_1 t_1 + m_2 t_2}{m_1 + m_2}$ 이다.

여기서 $m_1 = 8,000\text{m}^3$, $m_2 = 2,000\text{m}^3$, $t_1 = 25$, $t_2 = 31℃$

$\therefore T = \dfrac{m_1 t_1 + m_2 t_2}{m_1 + m_2} = \dfrac{8,000 \times 25 + 2,000 \times 31}{8,000 + 2,000}$
$= 26.2℃$

77 바닥복사난방에 관한 설명으로 옳지 않은 것은?

① 천장이 높은 실의 난방에는 사용할 수 없다.
② 실내의 온도분포가 비교적 균등하고 쾌감도가 높다.
③ 예열시간이 길어 일시적인 난방에는 바람직하지 않다.
④ 방열기를 설치하지 않아 실내 바닥면의 이용도가 높다.

해설 복사난방방식은 천장이 높은 실을 난방하는 데 가장 적합한 방식이다.

78 다음 설명에 알맞은 접지의 종류는?

> 기능상 목적이 서로 다르거나 동일한 목적의 개별 접지들을 전기적으로 서로 연결하여 구현한 접지시스템

① 단독접지　　　② 공통접지
③ 통합접지　　　④ 종별접지

해설 공통접지는 하나의 접지시스템에 신호, 통신, 보안용 등의 접지를 공통으로 접속한 방식으로, 기능상 목적이 같은 접지들끼리 전기적으로 연결한 접지방식이다. 개별(독립)접지는 각각의 접지의 기준접지저항을 달리하여 각각 분리된 접지 시스템 간에 충분한 이격거리를 두고 설치한 후 개별적으로 연결하는 접지방식이다.

★★★
79 자동화재탐지설비의 감지기 중 감지기 주위의 온도가 일정한 온도 이상이 되었을 때 작동하는 것은?

① 차동식 감지기　② 정온식 감지기
③ 광전식 감지기　④ 이온화식 감지기

해설 이온화식 감지기는 연기감지기로서 연기가 감지기 속에 들어가면 연기의 입자로 인해 이온 전류가 변화하는 것을 이용한 것이다. **광전식 감지기**는 연기 입자로 인해서 광전소자에 대한 입사광량이 변화하는 것을 이용하여 작동하게 하는 것이다. **차동식 스폿형 감지기**는 주위온도가 일정한 온도 상승률 이상으로 되었을 때 작동하는 것으로 화기를 취급하지 않는 장소에 가장 적합한 감지기이다.

★
80 급탕배관의 신축이음의 종류에 속하지 않는 것은?

① 루프형
② 칼라형
③ 슬리브형
④ 벨로즈형

해설 칼라형 이음은 원심력 콘크리트관 접합법의 하나로, 양 끝을 붙인 외주에 철근콘크리트제 칼라를 끼우고 그 사이에 콤포를 채워서 굳히는 관의 접합이다.

제5과목 건축관계법규

★★★
81 다음 중 특별시나 광역시에 건축할 경우, 특별시장이나 광역시장의 허가를 받아야 하는 대상 건축물은?

① 층수가 20층인 호텔
② 층수가 25층인 사무소
③ 연면적이 150,000m²인 공장
④ 연면적이 50,000m²인 공동주택

[해설] 관련 법규 : 법 제11조, 영 제8조, 해설 법규 : 영 제8조 ①항
층수가 21층 이상이거나 연면적의 합계 100,000m² 이상인 건축물[공장, 창고 및 지방건축위원회의 심의를 거친 건축물(특별시 또는 광역시의 건축조례로 정하는 바에 따라 해당 지방건축위원회의 심의사항으로 할 수 있는 건축물에 한정하며, 초고층 건축물은 제외)은 제외]을 특별시나 광역시에 건축(연면적의 3/10 이상을 증축하여 층수가 21층 이상으로 되거나 연면적의 합계가 100,000m² 이상으로 되는 경우를 포함)하려면 특별시장 또는 광역시장의 허가를 받아야 한다.

82 용도별 건축물의 종류가 옳지 않은 것은?

① 판매시설 : 소매시장
② 의료시설 : 치과병원
③ 문화 및 집회시설 : 수족관
④ 제1종 근린생활시설 : 동물병원

[해설] 관련 법규 : 법 제2조, 영 제3조의5, (별표 1), 해설 법규 : (별표 1)
동물병원은 제2종 근린생활시설에 속한다.

★★
83 다음의 대지와 도로의 관계에 관한 기준 내용 중 ( ) 안에 알맞은 것은?

> 연면적의 합계가 2천 제곱미터(공장인 경우에는 3천 제곱미터) 이상인 건축물(축사, 작물 재배사, 그 밖에 이와 비슷한 건축물로서 건축조례로 정하는 규모의 건축물은 제외한다)의 대지는 너비 (㉮) 이상의 도로에 (㉯) 이상 접하여야 한다.

① ㉮ 4m, ㉯ 2m
② ㉮ 6m, ㉯ 4m
③ ㉮ 8m, ㉯ 6m
④ ㉮ 8m, ㉯ 4m

[해설] 관련 법규 : 법 제44조, 영 제28조, 해설 법규 : 영 제28조 ②항
연면적의 합계가 2,000m²(공장인 경우에는 3,000m²) 이상인 건축물(축사, 작물 재배사, 그 밖에 이와 비슷한 건축물로서 건축조례로 정하는 규모의 건축물은 제외)의 대지는 너비 6m 이상의 도로에 4m 이상 접하여야 한다.

84 건축법령상 다중이용건축물에 속하지 않는 것은 어느 것인가?

① 층수가 16층인 판매시설
② 층수가 20층인 관광숙박시설
③ 종합병원으로 쓰는 바닥면적의 합계가 3,000m²인 건축물
④ 종교시설로 쓰는 바닥면적의 합계가 5,000m²인 건축물

[해설] 관련 법규 : 영 제2조, 해설 법규 : 영 제2조 17호
문화 및 집회시설(동물원·식물원은 제외), 종교시설, 판매시설, 운수시설 중 여객용 시설, 의료시설 중 종합병원, 숙박시설 중 관광숙박시설의 용도에 쓰이는 바닥면적의 합계가 5,000m² 이상인 건축물과 16층 이상인 건축물은 다중이용 건축물이다.

★
85 건축법령상 다음과 같은 건축물의 높이는? (단, 가로구역에서의 건축물의 높이 제한과 관련된 건축물의 높이)

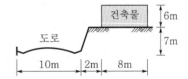

① 6m
② 9m
③ 9.5m
④ 13m

[해설] 관련 법규 : 법 제84조, 영 제119조, 해설 법규 : 영 제119조 ①항 5호 가목(2)
전면도로의 중심면과 지표면과 고저 차의 1/2의 높이만큼 올라온 위치를 도로의 중심면으로 하여 건축물 상단까지를 높이로 한다.
∴ 6m+(7m+1/2)=9.5m

86 건축물의 관람실 또는 집회실로부터 바깥쪽으로의 출구로 쓰이는 문을 안여닫이로 하여서는 안 되는 건축물은?

① 위락시설
② 수련시설
③ 문화 및 집회시설 중 전시장
④ 문화 및 집회시설 중 동·식물원

해설 관련 법규 : 법 제49조, 영 제38조, 피난·방화규칙 10조, 해설 법규 : 피난·방화규칙 제10조 ①항
제2종 근린생활시설 중 공연장·종교집회장(바닥면적의 합계가 300m² 이상), 문화 및 집회시설(전시장 및 동·식물원은 제외), 종교시설, 위락시설, 장례시설의 용도에 쓰이는 건축물의 관람실 또는 집회실로부터의 출구는 안여닫이로 하여서는 아니 된다.

★
87 국토의 계획 및 이용에 관한 법령에 따른 기반시설 중 자동차 정류장의 세분에 속하지 않는 것은?

① 고속터미널
② 화물터미널
③ 공영차고지
④ 여객자동차터미널

해설 관련 법규 : 법 제2조, 영 제2조, 해설 법규 : 영 제2조 ②항 2호
자동차 정류장의 종류에는 여객자동차터미널, 화물터미널, 공영차고지, 공동차고지, 화물자동차휴게소, 복합환승센터 등이 있다.

88 특별피난계단의 구조에 관한 기준 내용으로 옳지 않은 것은?

① 계단은 내화구조로 하되, 피난층 또는 지상까지 직접 연결되도록 한다.
② 계단실 및 부속실의 실내에 접하는 부분의 마감은 불연재료로 한다.
③ 출입구의 유효너비는 0.9m 이상으로 하고 피난의 방향으로 열 수 있도록 한다.
④ 건축물의 내부에서 노대 또는 부속실로 통하는 출입구에는 60+방화문 또는 60분방화문을 설치하고, 노대 또는 부속실로부터 계단실로 통하는 출입구에는 60+방화문, 60분방화문 또는 30분방화문을 설치하도록 한다.

해설 관련 법규 : 법 제49조, 영 제35조, 피난·방화규칙 제9조, 해설 법규 : 피난·방화규칙 제9조 ②항 3호
건축물의 내부에서 노대 또는 부속실로 통하는 출입구에는 60+방화문 또는 60분방화문을 설치하고, 노대 또는 부속실로부터 계단실로 통하는 출입구에는 60+방화문, 60분방화문 또는 30분방화문을 설치할 것. 이 경우 방화문은 언제나 닫힌 상태를 유지하거나 화재로 인한 연기 또는 불꽃을 감지하여 자동적으로 닫히는 구조로 해야 하고, 연기 또는 불꽃으로 감지하여 자동적으로 닫히는 구조로 할 수 없는 경우에는 온도를 감지하여 자동적으로 닫히는 구조로 할 수 있다.

89 주차전용건축물이란 건축물의 연면적 중 주차장으로 사용되는 부분의 비율이 최소 얼마 이상인 건축물을 말하는가? (단, 주차장 외의 용도가 자동차관련시설인 경우)

① 70%
② 80%
③ 90%
④ 95%

해설 관련 법규 : 법 제2조, 영 제1조의2, 해설 법규 : 영 제1조의2 ①항
주차전용건축물은 건축물의 연면적 중 주차장으로 사용되는 부분의 비율이 95% 이상인 것이나, 주차장 외의 용도로 사용되는 단독주택, 공동주택, 제1종 및 제2종 근린생활시설, 문화 및 집회시설, 종교시설, 판매시설, 운수시설, 운동시설, 업무시설, 창고시설 또는 자동차 관련 시설인 경우에는 주차장으로 사용되는 부분의 비율이 70% 이상이어야 한다.

★
90 건축물의 필로티 부분을 건축법령상의 바닥면적에 산입하는 경우에 속하는 것은?

① 공중의 통행에 전용되는 경우
② 차량의 주차에 전용되는 경우
③ 업무시설의 휴식공간으로 전용되는 경우
④ 공동주택의 놀이공간으로 전용되는 경우

해설 관련 법규 : 법 제84조, 영 제119조, 해설 법규 : 영 제119조 ①항 3호 다목
필로티나 그 밖에 이와 비슷한 구조(벽면적의 1/2 이상이 그 층의 바닥면에서 위층 바닥 아랫면까지 공간으로 된 것만 해당)의 부분은 그 부분이 공중의 통행이나 차량의 통행 또는 주차에 전용되는 경우와 공동주택의 경우에는 바닥면적에 산입하지 아니한다.

2017

91 건축법령에 따른 리모델링이 쉬운 구조에 속하지 않는 것은?

① 구조체가 철골구조로 구성되어 있을 것
② 구조체에서 건축설비, 내부 마감재료 및 외부 마감재료를 분리할 수 있을 것
③ 개별 세대 안에서 구획된 실의 크기, 개수 또는 위치 등을 변경할 수 있을 것
④ 각 세대는 인접한 세대와 수직 또는 수평 방향으로 통합하거나 분할할 수 있을 것

해설 관련 법규 : 법 제8조, 영 제6조의4, 해설 법규 : 영 제6조의5 ①항
리모델링이 쉬운 구조는 ②, ③, ④항이고, 구조체가 철골구조로 구성되어 있을 것과 각 층마다 하나의 방화구획으로 구획되어 있을 것과는 리모델링이 쉬운 구조와는 무관하다.

92 공동주택의 난방설비를 개별난방방식으로 하는 경우에 관한 기준 내용으로 옳지 않은 것은?

① 보일러의 연도는 내화구조로서 공동연도로 설치할 것
② 보일러실 윗부분에는 그 면적이 최소 1.0m² 이상인 환기창을 설치할 것
③ 기름보일러를 설치하는 경우에는 기름저장소를 보일러실 외의 다른 곳에 설치할 것
④ 보일러를 설치하는 곳과 거실 사이의 경계벽은 출입구를 제외하고는 내화구조의 벽으로 구획할 것

해설 관련 법규 : 법 제62조, 영 제87조, 설비규칙 : 제13조, 해설 법규 : 설비규칙 제13조 ①항 2호
보일러실의 윗부분에는 그 면적이 0.5m² 이상인 환기창을 설치하고, 보일러실의 윗부분과 아랫부분에는 각각 지름 10cm 이상의 공기흡입구 및 배기구를 항상 열려 있는 상태로 바깥공기에 접하도록 설치할 것. 다만, 전기보일러의 경우에는 그러하지 아니하다.

93 지하식 또는 건축물식 노외주차장에서 경사로가 직선형인 경우, 경사로의 차로 너비는 최소 얼마 이상으로 하여야 하는가? (단, 2차로인 경우)

① 5m ② 6m
③ 7m ④ 8m

해설 관련 법규 : 법 제6조, 규칙 제6조, 해설 법규 : 규칙 제6조 5호 다목
경사로의 차로 너비는 직선형인 경우에는 3.3m 이상(2차로의 경우에는 6m 이상)으로 하고, 곡선형인 경우에는 3.6m 이상(2차로의 경우에는 6.5m 이상)으로 하며, 경사로의 양쪽 벽면으로부터 30cm 이상의 지점에 높이 10cm 이상 15cm 미만의 연석을 설치하여야 한다. 이 경우 연석 부분은 차로의 너비에 포함되는 것으로 본다.

94 주차대수가 300대인 기계식 주차장의 진입로 또는 전면공지와 접하는 장소에 확보하여야 하는 정류장의 최소 규모는?

① 12대
② 13대
③ 14대
④ 15대

해설 관련 법규 : 법 제19조의5, 규칙 제16조의2, 해설 법규 : 규칙 제16조의2 ①항 3호
기계식 주차장에는 도로에서 기계식 주차장 출입구까지의 차로(진입로) 또는 전면공지와 접하는 장소에 자동차가 대기할 수 있는 장소(정류장)를 설치하여야 한다. 이 경우 주차대수가 20대를 초과하는 매 20대마다 1대분의 정류장을 확보하여야 한다.
주차대수를 N이라고 하면,
정류장의 대수 산정 $= \dfrac{N-20}{20} = \dfrac{300-20}{20} = 14$대이다.

95 제2종 일반주거지역 안에서 건축할 수 있는 건축물에 속하지 않는 것은? (단, 도시·군계획조례가 정하는 바에 따라 건축할 수 있는 건축물을 포함)

① 아파트
② 노유자시설
③ 문화 및 집회시설 중 전시장
④ 문화 및 집회시설 중 관람장

해설 관련 법규 : 국토법 제76조, 영 제71조, 해설 법규 : (별표 5)
제2종 일반주거지역에 건축할 수 있는 건축물은 단독주택, 공동주택, 제1종 근린생활시설, 교육연구시설 중 유치원, 초등학교, 중학교, 고등학교, 노유자시설 및 종교시설 등이고, 문화 및 집회시설(관람장 제외)은 도시·군계획조례가 정하는 바에 따라 건축할 수 있다.

96 다음은 도시·군관리계획도서 중 계획도에 관한 기준 내용이다. ( ) 안에 알맞은 것은? (단, 모든 축척의 지형도가 간행되어 있는 경우)

> 도시·군관리계획도서 중 계획도는 ( )의 지형도에 도시·군관리계획사항을 명시한 도면으로 작성하여야 한다.

① 축척 100분의 1 또는 축척 500분의 1
② 축척 500분의 1 또는 축척 2천분의 1
③ 축척 1천분의 1 또는 축척 5천분의 1
④ 축척 3천분의 1 또는 축척 1만분의 1

해설 관련 법규 : 법 제25조, 영 제18조, 해설 법규 : 영 제18조 ①항
도시·군관리계획도서 중 계획도는 축척 1/1,000 또는 축척 1/5,000(축척 1/1,000 또는 축척 1/5,000의 지형도가 간행되어 있지 아니한 경우에는 축척 1/25,000)의 지형도(수치지형도를 포함)에 도시·군관리계획사항을 명시한 도면으로 작성하여야 한다. 다만, 지형도가 간행되어 있지 아니한 경우에는 해도·해저지형도 등의 도면으로 지형도에 갈음할 수 있다.

★★
97 각 층의 거실면적이 1,000m²이며, 층수가 15층인 다음 건축물 중 설치하여야 하는 승용 승강기의 최소 대수가 가장 많은 것은? (단, 8인승 승용 승강기인 경우)

① 위락시설
② 업무시설
③ 교육연구시설
④ 문화 및 집회시설 중 집회장

해설 관련 법규 : 법 제64조, 영 제89조, 설비규칙 제5조 (별표 1의2), 해설 법규 : (별표 1의2)
승용 승강기를 많이 설치하는 것부터 적게 설치하는 순으로 나열하면, 문화 및 집회시설(공연장, 집회장 및 관람장에 한함), 판매시설, 의료시설 → 문화 및 집회시설(전시장 및 동식물원에 한함), 업무시설, 숙박시설, 위락시설 → 공동주택, 교육연구시설, 노유자시설 및 그 밖의 시설의 순이다.

★
98 대형 건축물의 건축허가 사전승인신청 시 제출도서 중 설계설명서에 표시하여야 할 사항에 속하지 않는 것은?

① 시공방법 ② 동선계획
③ 개략공정계획 ④ 각부 구조계획

해설 관련 법규 : 법 제11조, 규칙 제7조, (별표 3), 해설 법규 : (별표 3)
대형 건축물의 건축허가 사전승인 신청 시 설계설명서에 표시하여야 할 사항은 공사개요(위치·대지면적·공사기간·공사금액 등), 사전 조사사항(지반고·기후·동결심도·수용인원·상하수와 주변 지역을 포함한 지질 및 지형·인구·교통·지역·지구·토지이용현황·시설물현황 등), 건축계획(배치·평면·입면계획·동선계획·개략조경계획·주차계획 및 교통처리계획 등), 시공방법, 개략공정계획, 주요 설비계획, 주요 자재사용계획 및 기타 필요한 사항 등이다.

★★
99 지구단위계획 중 관계 행정기관의 장과의 협의, 국토교통부장관과의 협의 및 중앙도시계획위원회·지방도시계획위원회 또는 공동위원회의 심의를 거치지 아니하고 변경할 수 있는 사항에 관한 기준 내용으로 옳은 것은?

① 건축선의 2m 이내의 변경인 경우
② 획지면적의 30% 이내의 변경인 경우
③ 가구면적의 20% 이내의 변경인 경우
④ 건축물 높이의 30% 이내의 변경인 경우

해설 관련 법규 : 법 제30조, 영 제25조, 해설 법규 : 영 제25조 ④항 3호
①항은 건축선의 1m 이내의 변경인 경우이고, ③항은 가구면적의 10% 이내의 변경인 경우이며, ④항은 건축물 높이의 20% 이내의 변경인 경우이다.

★★
100 건축법령상 고층건축물의 정의로 옳은 것은?

① 층수가 30층 이상이거나 높이가 90m 이상인 건축물
② 층수가 30층 이상이거나 높이가 120m 이상인 건축물
③ 층수가 50층 이상이거나 높이가 150m 이상인 건축물
④ 층수가 50층 이상이거나 높이가 200m 이상인 건축물

해설 관련 법규 : 법 제2조, 해설 법규 : 법 제2조 ①항 19호
고층건축물이란 층수가 30층 이상이거나 높이가 120m 이상인 건축물이고, 초고층건축물이란 층수가 50층 이상이거나 높이가 200m 이상인 건축물이고, 준초고층건축물이란 고층건축물 중 초고층건축물이 아닌 것이다.

제1과목 건축계획

01 백화점의 진열장 배치에 관한 설명으로 옳지 않은 것은?

① 직각배치는 매장 면적의 이용률을 최대로 확보할 수 있다.

② 사행배치는 주통로 이외의 제2통로를 상하 교통계를 향해서 45° 사선으로 배치한 것이다.

③ 사행배치는 많은 고객이 매장 구석까지 가기 쉬운 이점이 있으나 이형의 진열장이 필요하다.

④ 자유유선 배치는 획일성을 탈피할 수 있으며, 변화와 개성을 추구할 수 있고 시설비가 적게 든다.

> **해설** 자유유선 배치방식은 획일성을 탈피할 수 있으며, 변화와 개성을 추구할 수 있으나, 이형 진열대로 인하여 시설비가 많이 든다.

02 다음의 주요 사례에서 전시공간의 융통성을 가장 많이 부여하고 있는 것은?

① 과천 현대미술관

② 파리 퐁피두 센터

③ 파리 루브르 박물관

④ 뉴욕 구겐하임 미술관

> **해설** 파리 퐁피두 센터의 국립현대미술관은 회화, 조각, 데생, 사진, 디자인, 건축, 실험주의 영화, 비디오, 조형미술 등 1905년부터 오늘에 이르기까지 현대 작가들이 일군 가장 훌륭한 작품들을 소개하고 있다.

03 능률적인 작업용량으로서 10만 권을 수장할 도서관 서고의 면적으로 가장 알맞은 것은?

① 350m²   ② 500m²

③ 800m²   ④ 950m²

> **해설** 서고는 150~250권/m² 정도이므로
> $100,000 \div (150{\sim}250) = 667{\sim}400$m²이다.

04 백화점계획에서 매장부분의 외관을 무창으로 하는 이유로 옳지 않은 것은?

① 실내의 조도를 일정하게 하기 위해서

② 벽면에 상품 전시공간을 확보하기 위해서

③ 인접건물의 화재 시 백화점으로의 인화를 방지하기 위해서

④ 창으로부터의 역광이 없도록 하여 디스플레이(display)를 유리하게 하기 위해서

> **해설** 백화점을 무창으로 건축하는 경우에는 화재 또는 정전 시의 고객들에게 대단히 큰 혼란을 가져온다.

05 극장의 프로시니엄에 관한 설명으로 옳은 것은?

① 무대배경용 벽을 말하며 쿠펠 호리존트라고도 한다.

② 조명기구나 사이클로라마를 설치한 연기부분 무대의 후면 부분을 일컫는다.

③ 무대의 천장 밑에 설치되는 것으로 배경이나 조명기구 등을 매다는 데 사용된다.

④ 그림에 있어서 액자와 같이 관객의 시선을 무대에 쏠리게 하는 시각적 효과를 갖는다.

> **해설** ①항은 사이클로라마, ③항은 그리드 아이언에 대한 설명이다.

06 병원 건축의 병동배치형식 중 집중식(block type)에 관한 설명으로 옳지 않은 것은?

① 재난 시 환자의 피난이 용이하다.

② 병동에서의 조망을 확보할 수 있다.

③ 대지를 효과적으로 이용할 수 있다.

④ 공조설비가 필요하게 되어 설비비가 높다.

> **해설** 재난 시 환자의 피난이 난이하다.

07 사무소 건축에서 엘리베이터 계획 시 고려사항으로 옳지 않은 것은?

① 수량 계산 시 대상 건축물의 교통수요량에 적합해야 한다.
② 승객의 층별 대기시간은 평균 운전간격 이상이 되게 한다.
③ 군 관리운전의 경우 동일 군 내의 서비스층은 같게 한다.
④ 초고층, 대규모 빌딩인 경우는 서비스 그룹을 분할(조닝)하는 것을 검토한다.

[해설] 승객의 층별 대기시간은 평균 운전간격 이하(10초 이내)가 되게 한다.

08 다음 건축물과 양식의 연결이 옳지 않은 것은?

① 판테온 – 로마 양식
② 파르테논 신전 – 그리스 양식
③ 성 소피아 성당 – 비잔틴 양식
④ 노트르담 성당 – 로마네스크 양식

[해설] 노트르담 성당은 고딕 양식에 속한다.

09 주거단지의 도로형식에 관한 설명으로 옳지 않은 것은?

① 격자형은 가로망의 형태가 단순·명료하고, 가구 및 획지 구성상 택지의 이용효율이 높다.
② 쿨데삭(cul-de-sac)형은 각 가구와 관계없는 자동차의 진입을 방지할 수 있다는 장점이 있다.
③ 루프(loop)형은 우회도로가 없는 쿨데삭형의 결점을 개량하여 만든 패턴으로 도로율이 높아지는 단점이 있다.
④ T자형은 도로의 교차방식을 주로 T자 교차로 한 형태로 통행거리가 짧아 보행자 전용도로와의 병용이 불필요하다.

[해설] 주거단지 도로형식 중 T자형 도로는 격자형이 갖는 택지의 이용효율을 유지하면서 지구 내 통과교통의 배제, 주행속도의 저하를 위하여 도로의 교차방식은 주로 T자 교차로 한 형태로서 통행거리가 조금 길게 되고, 보행자는 불편하기 때문에 보행자 전용도로와의 병용에 유리하다.

10 일반주택의 동선계획에 관한 설명으로 옳지 않은 것은?

① 하중이 큰 가사노동의 동선은 길게 처리한다.
② 동선에는 공간이 필요하고 가구를 둘 수 없다.
③ 일반적으로 동선의 3요소라 함은 속도, 빈도, 하중을 의미한다.
④ 개인, 사회, 가사노동권의 3개 동선은 서로 분리하는 것이 바람직하다.

[해설] 동선계획에 있어서는 동선은 짧고, 직선적이어야 하므로 하중이 큰 가사노동의 동선은 짧게 나타낸다.

11 아파트의 평면형식 중 계단실형에 관한 설명으로 옳은 것은?

① 대지에 대한 이용률이 가장 높은 유형이다.
② 통행을 위한 공용면적이 크므로 건물의 이용도가 낮다.
③ 각 세대가 양쪽으로 개구부를 계획할 수 있는 관계로 통풍이 양호하다.
④ 엘리베이터를 공용으로 사용하는 세대가 많으므로 엘리베이터의 효율이 높다.

[해설] ①항에서 대지에 대한 이용률이 가장 높은 형식은 집중형이고, ②항에서 통행을 위한 공용면적이 크므로 건물의 이용도가 낮은 형식은 중복도형이며, ④항에서 엘리베이터를 공용으로 사용하는 세대가 많으므로 엘리베이터의 효율이 높은 형식은 중복도형이다.

12 한국 건축에 관한 설명으로 옳지 않은 것은?

① 대부분의 한국 건축은 인간적 척도 개념을 나타내는 특징이 있다.
② 기둥의 안쏠림으로 건축의 외관에 시지각적인 안정감을 느끼게 하였다.
③ 한국 건축은 서양 건축과 달리 박공면이 정면이 되고 지붕면이 측면이 된다.
④ 한국 건축은 공간의 위계성이 있어 각 공간의 관계가 주(主)와 종(從)의 관계를 갖는다.

[해설] 한국 건축은 서양 건축과 달리 지붕면이 정면이 되고, 박공면이 측면이 된다.

★

13 초기 기독교 시기의 바실리카 양식의 본당의 평면도에서 회랑의 중앙부분을 나타내는 용어는?

① 아일(aisle)

② 네이브(nave)

③ 아트리움(atrium)

④ 페디먼트(pediment)

해설 아일(aisle, 측랑)은 바실리카식 교회건축 또는 그 교회당 내부 중앙을 사이에 둔 좌우의 양쪽 길이고, 아트리움은 고대 로마건축의 실내에 설치된 넓은 마당, 주위에 건물로 둘러싸인 안마당으로 바닥에는 얕은 연못이 있고, 상부의 지붕에는 천장이 달려 있으며, 주위에 작은 실들이 딸려 있다. 페디먼트는 고전(희랍)건축의 박공장식으로 건물의 앞이나 문과 창 위에 장식된 3각형의 박공부분이다.

14 극장에서 인형극이나 아동극 및 연극과 같이 배우의 표정과 동작을 자세히 감상할 필요가 있는 공연에 적합한 가시거리의 한계는?

① 10m   ② 15m

③ 22m   ④ 38m

해설 배우의 표정이나 동작을 자세히 감상할 수 있는 구역, 인형극, 아동극 객석의 범위로서 15m를 한도로 하고, 제1차 허용한계(극장에서 잘 보여야 하는 것과 동시에 많은 관객을 수용해야 되는 요구를 만족하는 한계)는 22m, 제2차 허용한계(연기자의 일반적인 동작을 감상할 수 있는 한계)는 35m까지 고려되어야 한다.

★

15 호텔 건축에 관한 설명으로 옳은 것은?

① 호텔의 동선에서 물품동선과 고객동선은 교차시키는 것이 좋다.

② 프런트오피스는 수평동선이 수직동선으로 전이되는 공간이다.

③ 현관은 퍼블릭 스페이스의 중심으로 로비, 라운지와 분리하지 않고 통합시킨다.

④ 주식당은 숙박객 및 외래객을 대상으로 하며, 외래객이 편리하게 이용할 수 있도록 출입구를 별도로 설치하는 것이 좋다.

해설 호텔의 동선계획에서 물품동선과 고객동선은 분리하고, 로비(lobby)는 수평동선에서 수직동선으로 전이되는 공간이며, 현관은 호텔의 외부 접객장소로서 로비 및 라운지와는 분리한다.

16 건축공간의 치수계획에서 "압박감을 느끼지 않을 만큼의 천장 높이 결정"은 다음 중 어디에 해당하는가?

① 물리적 스케일   ② 생리적 스케일

③ 심리적 스케일   ④ 입면적 스케일

해설 건축공간의 치수를 인간을 기준으로 보면 물리적 스케일(인간이나 물체의 물리적 크기로 단위 공간의 크기, 출입구의 크기, 천장 높이, 이동 간격 등), 생리적 스케일(실내 창문의 크기를 필요 환기량으로 결정) 및 심리적 스케일(인간의 심리적 여유감이나 안정감을 위해 필요한 공간) 등이 있다.

17 공장 건축의 레이아웃(layout)에 관한 설명으로 옳지 않은 것은?

① 제품중심의 레이아웃은 대량생산에 유리하며 생산성이 높다.

② 레이아웃은 장래 공장 규모의 변화에 대응한 융통성이 있어야 한다.

③ 공정중심의 레이아웃은 다품종 소량생산이나 주문생산에 적합한 형식이다.

④ 고정식 레이아웃은 기능이 동일하거나 유사한 공정, 기계를 집합하여 배치하는 방식이다.

해설 고정식 레이아웃은 재료나 조립부품이 고정된 장소에 있고, 사람이나 기계를 작업장소로 이동시켜 작업하는 방식으로, 제품이 크고, 수량이 적은 경우에 사용되는 방식이다.
④항은 공정중심의 레이아웃 방식이다.

★

18 2층 단독주택에서 1층에 부모가, 2층에 자녀들이 거주할 경우 가족의 단란에 가장 영향을 줄 수 있는 요소는?

① 계단의 배치

② 침실의 방위

③ 건물의 층고

④ 식당과 부엌의 연결방법

해설 단독주택에 있어서 1층에는 부모가, 2층에는 자녀가 거주하는 경우, 가족의 단란에 영향을 끼칠 수 있는 요인 중 가장 중요한 요인은 1, 2층을 연결하는 계단의 위치이다.

19 학교운영방식 중 플래툰 형에 관한 설명으로 옳은 것은?

① 교실 수는 학급 수와 동일하다.
② 초등학교 저학년에 가장 적합한 형식이다.
③ 교과 담임제와 학급 담임제를 병용할 수 있는 형식이다.
④ 모든 교실이 특정한 교과수업을 위해 만들어진 형식으로, 일반교실은 없다.

해설 플래툰 형(platoon type, P형)은 학교운영방식 중 전 학급을 2분단으로 하고, 한쪽을 일반교실로 사용할 때 다른 분단은 특별교실로 사용한다. 교사의 수와 적당한 시설이 없으면 실시가 곤란한 방식이나, 교과 담임제와 학급 담임제를 병행할 수 있는 방식이다.

20 사무소 건축의 기준층 평면형태 결정요소와 가장 거리가 먼 것은?

① 방화구획상 면적
② 구조상 스팬의 한도
③ 대피상 최소 피난거리
④ 덕트, 배선, 배관 등 설비 시스템상의 한계

해설 사무소 건물의 기준층 평면형을 좌우하는 요소에는 구조상 스팬의 한도, 동선상의 거리, 자연경관의 한계, 자연광에 의한 조명 한계, 덕트, 배선, 배관 등 설비시스템상의 한계, 방화구획상 면적, 채광조건, 공용시설, 비상시설 등이 있다. 도시경관 배려, 사무실 내의 작업능률, 대피상 최소 피난거리, 엘리베이터의 대수 등과는 무관하다.

제2과목 건축시공

21 페인트칠의 경우 초벌과 재벌 등을 도장할 때마다 색을 약간씩 다르게 하는 주된 이유는?

① 희망하는 색을 얻기 위하여
② 색이 진하게 되는 것을 방지하기 위하여
③ 착색안료를 낭비하지 않고 경제적으로 사용하기 위하여
④ 초벌, 재벌 등 페인트칠 횟수를 구별하기 위하여

해설 초벌, 재벌 및 정벌의 색상을 3회에 걸쳐서 다음 칠을 하였는지 안 하였는지 구별하기 위해 처음에는 연하게 하고, 최종적으로 원하는 색으로 진하게 칠한다.

22 공사현장의 가설건축물에 관한 설명으로 옳지 않은 것은?

① 하도급자 사무실은 후속공정에 지장이 없는 현장사무실과 가까운 곳에 둔다.
② 시멘트 창고는 통풍이 되지 않도록 출입구 외에는 개구부 설치를 금하고, 벽, 천장, 바닥에는 방수, 방습처리한다.
③ 변전소는 안전상 현장사무실에서 가능한 멀리 위치시킨다.
④ 인화성 재료저장소는 벽, 지붕, 천장의 재료를 방화구조 또는 불연구조로 하고 소화설비를 갖춘다.

해설 변전소는 안전상 현장사무실에서 가능한 가까이 위치시킨다.

23 건설공사 기획부터 설계, 입찰 및 구매, 시공, 유지관리의 전 단계에 있어 업무절차의 전자화를 추구하는 종합건설정보망체계를 의미하는 것은?

① CALS   ② BIM
③ SCM   ④ B2B

해설
㉠ BIM(Building Information Modeling) : 일반적인 설계를 3차원 CAD로 전환하고 엔지니어링(물량 산출, 견적, 공정 계획, 에너지 해석, 구조 해석 및 법률 검토 등)과 시공 관련 정보를 통합 활용하는 기술이다.
㉡ SCM(Supply Chain Management, 공급사슬관리 또는 유통총공급망관리) : 물건과 정보가 생산자로부터 소비자에게 이동하는 전 과정을 실시간으로 한눈에 볼 수 있는 시스템으로 기업의 경쟁력을 강화할 수 있고, 모든 거래 당사자들의 연관된 사업범위 내 가상 조직처럼 정보를 공유할 수 있다.
㉢ B2B(Business-to-Business) : 기업과 기업 사이의 거래를 기반으로 한 비즈니스 모델을 의미한다.

2017

24 지질조사를 통한 주상도에서 나타나는 정보가 아닌 것은?

① N치
② 투수계수
③ 토층별 두께
④ 토층의 구성

해설 지질조사를 통한 주상도(지층의 순서, 두께, 종류 등의 관계를 표시한 주상의 단면도)에 나타나는 정보는 N(타격횟수), **토층의 구성**, **토층의 두께** 등이 있고, 투수계수는 침투유량을 (수두경사×단면적)으로 나눈 값으로 불교란시료의 투수시험에 의하거나, 현지에서 양수시험에 의해 구할 수 있다.

★
25 목재에 사용하는 방부제에 해당되지 않는 것은?

① 크레오소트 유(creosote oil)
② 콜타르(coal tar)
③ 카세인(casein)
④ PCP(Penta Chloro Phenol)

해설 목재의 방부제에는 유성 방부제(크레오소트, 콜타르, 아스팔트, 페인트 등)와 수용성 방부제(황산구리 용액, 염화아연 용액, 염화제이수은 용액, 플루오르화나트륨 용액 등) 및 유용성 방부제[펜타클로로페놀(P.C.P)] 등이 있다.

★
26 철골부재 용접 시 겹침이음, T자이음 등에 사용되는 용접으로 목두께의 방향이 모재의 면과 45° 또는 거의 45°의 각을 이루는 것은?

① 완전용입 맞댄용접
② 모살용접
③ 부분용입 맞댄용접
④ 다층용접

해설 완전용입 맞댄용접은 용접이음의 강도를 모재와 동일하게 확보하기 위해 모재의 전 두께에 걸쳐서 용착금속을 용입시키는 맞댄용접(막대모양인 재료의 끝과 끝을 직선 또는 임의의 각도로 맞대어 압력을 가해 접촉시킨 두 부재를 용접하는 방법)이고, **부분용입 맞댄용접**은 용접하고자 하는 부분의 단면을 전부 용접하지 않고 일부분만 용접시키는 맞댄용접이다. **다층 용접**은 비드(용접할 때 그 진행 방향에 따라 용착금속이 파형으로 연속해서 만드는 층)를 여러 층 겹쳐서 하는 용접이다.

★
27 다음 중 실비정산보수가산계약제도의 특징이 아닌 것은?

① 설계와 시공의 중첩이 가능한 단계별 시공이 가능하다.
② 복잡한 변경이 예상되거나 긴급을 요하는 공사에 적합하다.
③ 계약체결 시 공사비용의 최댓값을 정하는 최대보증한도 실비정산보수가산계약이 일반적으로 사용된다.
④ 공사금액을 구성하는 물량 또는 단위공사 부분에 대한 단가만을 확정하고 공사 완료 시 실시 수량의 확정에 따라 정산하는 방식이다.

해설 단가도급방식은 공사금액을 구성하는 물량 또는 단위공사 부분에 대한 단가만을 확정하고 공사 완료 시 실시 수량의 확정에 따라 정산하는 방식이다.

28 특수콘크리트 공사에 관한 설명으로 옳지 않은 것은?

① 하루의 평균기온이 4℃ 이하가 예상되는 조건일 때 한중콘크리트로 시공한다.
② 하루의 평균기온이 25℃를 초과하는 것이 예상되는 경우 서중콘크리트로 시공한다.
③ 매스콘크리트로 다루어야 할 부재치수는 일반적인 표준으로서 하단이 구속된 벽조의 경우 두께 0.8m 이상으로 한다.
④ 섬유보강 콘크리트의 시공은 품질이 얻어지도록 재료, 배합, 비비기 설비 등에 대하여 충분히 고려한다.

해설 매스콘크리트로 다루어야 하는 구조물의 부재 치수는 일반적인 표준으로서 넓이가 넓은 평판구조의 경우 두께 0.8m 이상, 하단이 구속된 벽조의 경우 두께 0.5m 이상으로 한다.

29 건설클레임과 분쟁에 관한 설명으로 옳지 않은 것은?

① 클레임의 예방대책으로는 프로젝트의 모든 단계에서 시공의 기술과 경험을 이용한 시공성 검토가 있다.
② 작업범위 관련 클레임은 주로 예상치 못했던 지하구조물의 출현이나 지반형태로 인해 시공자가 작업 수행을 위해 입찰 시 책정된 예정가격을 초과부담해야 할 경우 발생한다.
③ 분쟁은 발주자와 계약자의 상호 이견 발생 시 조정, 중재, 소송의 개념으로 진행되는 것이다.
④ 클레임의 접근절차는 사전평가단계, 근거자료확보단계, 자료분석단계, 문서작성단계, 청구금액산출단계, 문서제출단계 등으로 진행된다.

해설 작업범위 관련 클레임은 시공자가 계약 당시 수행키로 한 범위 이외의 작업을 수행토록 요구받거나 계약조건에 있는 업무일지라도 그것이 명확히 정의되어 있지 않아 입찰 시 내역서에 포함시킬 수 없었던 업무를 수행했을 때 제기될 수 있다. ②항은 현장조건변경에 따른 클레임에 대한 설명이다.

30 블록조 벽체에 와이어메시를 가로줄눈에 묻어 쌓기도 하는데 다음 설명 중 옳지 않은 것은?

① 전단작용에 대한 보강이다.
② 수직하중을 분산시키는 데 유리하다.
③ 블록과 모르타르의 부착성능의 증진을 위한 것이다.
④ 교차부의 균열을 방지하는 데 유리하다.

해설 블록벽의 수직하중을 분산하는 효과가 있다.

31 콘크리트의 크리프에 관한 설명으로 틀린 것은?

① 습도가 높을수록 크리프는 크다.
② 물-시멘트 비가 클수록 크리프는 크다.
③ 콘크리트의 배합과 골재의 종류는 크리프에 영향을 끼친다.
④ 하중이 제거되면 크리프 변형은 일부 회복된다.

해설 콘크리트의 크리프가 증가하는 요인에는 콘크리트가 아직 덜 굳었을 때(물·시멘트 비가 큰 콘크리트 사용 시, 콘크리트가 건조한 상태로 노출될 때), 부재의 단면 치수가 작을수록, 하중이 클수록, 단위수량이 많을수록, 재하 시 재령이 짧을수록 증가한다. 크리프가 감소하는 요인에는 콘크리트가 완전히 건조하거나, 완전히 젖어 있으면 크리프는 거의 일어나지 않고, 콘크리트의 재령에 따라 감소한다.

32 건축물에 사용되는 금속제품과 그 용도가 바르게 연결되지 않은 것은?

① 피벗 : 문의 하부 발이 닿는 부분에 대하여 문짝이 손상되는 것을 방지하는 철물
② 코너비드 : 벽, 기둥 등의 모서리에 대는 보호용 철물
③ 논슬립 : 계단에 사용하는 미끄럼 방지 철물
④ 조이너 : 천장, 벽 등의 이음새 감추기용 철물

해설 피벗(지도리)은 장부가 구멍에 들어 끼어 돌게 된 철물 또는 회전창에 사용되는 철물이다.

33 건축물 외벽공사 중 커튼월 공사의 특징으로 옳지 않은 것은?

① 외벽의 경량화
② 공업화 제품에 따른 품질 제고
③ 가설비계의 증가
④ 공기단축

해설 커튼월 공사의 특징은 ①, ②항 및 ④항 이외에 현장시공의 기계화에 따른 성력화, 외장 마무리의 다양화, 가설 비계의 생략 또는 절감 등이 있고, 특히, 커튼월을 구조체에 부착하는 작업은 무비계 작업(비계를 설치하지 않고 하는 작업)을 원칙으로 하나, 부득이한 경우에는 달비계를 사용하기도 한다.

34 벽돌벽에 장식적으로 구멍을 내어 쌓는 벽돌쌓기 방식은?

① 불식 쌓기
② 영롱쌓기
③ 무늬쌓기
④ 층단 떼어쌓기

해설 불식(프랑스식) 쌓기는 입면상으로 매 켜에서 길이 쌓기와 마구리 쌓기가 번갈아 나오도록 되어 있는 방식이고, 무늬쌓기는 벽돌면에 무늬를 넣어 쌓는 방식이다. 층단 떼어쌓기는 벽 모서리, 교차부 또는 공사관계로 그 일부를 나중쌓기로 할 때, 나중 쌓은 벽돌을 먼저 쌓은 벽에 물려 쌓을 수 있게 벽돌을 한 단 걸름 또는 다단으로 후퇴시켜 들여 놓아 벽돌을 쌓는 방식이다.

35 방수공사에서 안방수와 바깥방수를 비교한 설명으로 옳지 않은 것은?

① 바탕 만들기에서 안방수는 따로 만들 필요가 없으나 바깥방수는 따로 만들어야 한다.
② 경제성(공사비)에서는 안방수는 비교적 저렴한 편인 반면 바깥방수는 고가인 편이다.
③ 공사시기에서 안방수는 본공사에 선행해야 하나 바깥방수는 자유로이 선택할 수 있다.
④ 안방수는 바깥방수에 비해 시공이 간편하다.

해설 방수공사에 있어서 안방수는 공사시기를 자유롭게 선택할 수 있으나, 바깥방수는 본공사에 선행되어야 한다.

36 콘크리트에 사용되는 혼화제 중 플라이애시의 사용에 따른 이점으로 볼 수 없는 것은?

① 유동성의 개선 ② 초기 강도의 증진
③ 수화열의 감소 ④ 수밀성의 향상

해설 플라이애시의 특징은 워커빌리티를 개선하고, 건조수축을 감소시키며, 수화열의 감소로 인하여 초기 강도는 낮으나, 장기 강도는 증대된다.

★
37 시멘트 액체방수에 관한 설명으로 옳은 것은?

① 모체 표면에 시멘트 방수제를 도포하고 방수모르타르를 덧발라 방수층을 형성하는 공법이다.
② 구조체 균열에 대한 저항성이 매우 우수하다.

③ 시공은 바탕처리 → 혼합 → 바르기 → 지수 → 마무리순으로 진행한다.
④ 시공 시 방수층의 부착력을 위하여 방수할 콘크리트 바탕면은 충분히 건조시키는 것이 좋다.

해설 시멘트 액체방수는 구조체 균열에 대한 저항성이 매우 열악하고(우수하지 못하고), 시공은 바탕처리 → 지수 → 혼합 → 바르기 → 마무리의 순으로 진행한다. 시공 시 방수층의 부착력을 위하여 방수할 콘크리트 바탕면은 충분히 물축임을 하는 것이 좋다.

38 고층 건축물 공사의 반복작업에서 각 작업조의 생산성을 기울기로 하는 직선으로 각 반복작업의 진행을 표시하여 전체 공사를 도식화하는 기법은?

① CPM   ② PERT
③ PDM   ④ LOB

해설 CPM은 공기설정에 있어서 최소의 비용으로 최적의 공기를 얻는 것을 목적으로 하는 공정관리기법이고, PERT는 목표기일에 작업을 완성하기 위한 시간, 자원, 기능을 조정하는 공정관리 기법이며, PDM은 제품개변의 정의에서부터 설계, 개발, 제조, 출하 및 고객서비스에 이르기까지 전반에 걸친 제품정보를 통합관리하는 시스템이다.

39 토공사에 적용되는 체적환산계수 L의 정의로 옳은 것은?

① $\dfrac{\text{흐트러진 상태의 체적}(m^3)}{\text{자연상태의 체적}(m^3)}$

② $\dfrac{\text{자연상태의 체적}(m^3)}{\text{흐트러진 상태의 체적}(m^3)}$

③ $\dfrac{\text{다져진 상태의 체적}(m^3)}{\text{자연상태의 체적}(m^3)}$

④ $\dfrac{\text{자연상태의 체적}(m^3)}{\text{다져진 상태의 체적}(m^3)}$

해설 토공사에 있어서
$$\text{체적환산계수} = \frac{\text{흐트러진 상태의 체적}}{\text{자연상태의 체적}} \text{이다.}$$

40 건축재료의 수량 산출 시 적용하는 할증률이 옳지 않은 것은?

① 유리 : 1% ② 단열재 : 5%

③ 붉은벽돌 : 3% ④ 이형철근 : 3%

[해설] 건축재료의 할증률을 보면, 단열재의 할증률은 10% 정도이다.

제4과목 건축구조

41 다음 그림과 같은 단순보에 등변분포하중이 작용할 때 전단력이 '0'이 되는 점에 대하여 A점으로부터의 거리를 구하면?

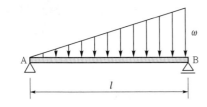

① $\dfrac{l}{\sqrt{2}}$ ② $\dfrac{l}{\sqrt{3}}$

③ $\dfrac{l}{\sqrt{4}}$ ④ $\dfrac{l}{\sqrt{5}}$

[해설] ㉠ 반력의 산정

A지점은 회전지점이므로 수직 $V_A(\uparrow)$, 수평 $H_A(\rightarrow)$가 작용하고, B지점은 이동지점이므로 수직 $V_B(\uparrow)$가 발생한다.

그러므로 $\Sigma M_B = 0$에 의해서,

$V_A \times l - \dfrac{\omega l}{2} \times \dfrac{l}{3} = 0$ ∴ $V_A = \dfrac{\omega l}{6}$ 이고, $V_B = \dfrac{\omega l}{3}$ 이다.

㉡ 전단력의 산정

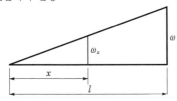

지점 A로부터 임의의 거리 x만큼 떨어진 단면 x의 전단력을 S_x라 하고, 단면의 왼쪽을 생각한다. 여기서, 그림을 참고로 등변분포하중의 임의의 한 점에 대한 하중의 최댓값(ω_x)을 구한다.

삼각형의 닮음을 이용하면, $x : \omega_x = l : \omega$이고, $\omega_x = \dfrac{\omega x}{l}$이므로, 이 점까지의 등변분포하중을 집중하중으로 환산(w)하면, 삼각형의 면적과 일치하므로 $w = x\dfrac{\omega x}{l} \times \dfrac{1}{2} = \dfrac{\omega x^2}{2l}$ 이다.

그러므로, $S_x = \dfrac{\omega l}{6} - \dfrac{\omega x^2}{2l}$ 에서,

$S_x = \dfrac{\omega l}{6} - \dfrac{\omega x^2}{2l} = 0$

∴ $x^2 = \dfrac{l^2}{3}$

∴ $x = \sqrt{\dfrac{l^2}{3}} = \dfrac{l}{\sqrt{3}}$ 이다.

즉, 등변분포하중이 전체에 걸쳐서 작용하는 경우, 전단력이 0인 점은 지점 A로부터 $\dfrac{l}{\sqrt{3}}$인 점에서 발생한다.

★
42 그림과 같은 보에서 A점에 200kN·m의 모멘트가 작용하였을 때 B점이 지지하는 모멘트 및 수직반력은?

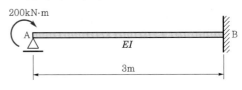

① $M_{BA} = 200$kN·m, $V_B = 100$kN

② $M_{BA} = 200$kN·m, $V_B = 50$kN

③ $M_{BA} = 100$kN·m, $V_B = 100$kN

④ $M_{BA} = 100$kN·m, $V_B = 50$kN

[해설] 문제의 보를 두 종류의 보로 나누어 생각하고, 변위일치법($\delta_1 + \delta_2 = 0$)을 이용하며, $V_A(\downarrow)$, $V_B(\uparrow)$로 가정하면,

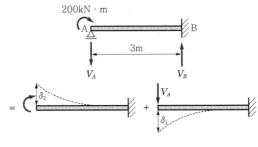

$\delta_1 = \dfrac{Pl^3}{3EI} = \dfrac{V_A \times 3^3}{3EI} = \dfrac{9V_A}{EI}$

$$\delta_2 = -\frac{Ml^2}{2EI} = -\frac{200 \times 3^2}{2EI} = -\frac{900}{EI}$$

그런데 $\delta_1 + \delta_2 = 0$, $\dfrac{9V_A}{EI} - \dfrac{900}{EI} = 0$이므로

$9V_A = 900$, $V_A = 100\text{kN}(\downarrow)$이고,

$\Sigma Y = 0$에 의해서 $-V_A + V_B = 0$, $-100 + V_B = 0$

$\therefore V_B = 100\text{kN}(\uparrow)$

$\Sigma M_B = 200 - V_A \times 3 + M_{BA}$

$\qquad = 200 - 100 \times 3 + M_{BA} = 0$

$\therefore M_{BA} = 100\text{kN} \cdot \text{m}$

43 다음 두 구조물의 부정정 차수의 합은?

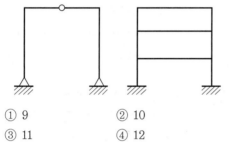

① 9
② 10
③ 11
④ 12

해설

(1) 왼쪽 구조물을 판별하면,
   ㉠ $S + R + N - 2K$에서, $S = 4$, $R = 4$, $N = 2$,
     $K = 5$이므로
     $S + R + N - 2K = 4 + 4 + 2 - 2 \times 5 = 0$ (정정)
   ㉡ $R + C - 3M$에서, $R = 4$, $C = 8$, $M = 4$이므로
     $R + C - 3M = 4 + 8 - 3 \times 4 = 0$ (정정)

(2) 오른쪽 구조물을 판별하면,
   ㉠ $S + R + N - 2K$에서, $S = 9$, $R = 6$, $N = 10$,
     $K = 8$이므로
     $S + R + N - 2K = 9 + 6 + 10 - 2 \times 8 = 9$(9차 부
     정정)
   ㉡ $R + C - 3M$에서, $R = 6$, $C = 30$, $M = 9$이므로,
     $R + C - 3M = 6 + 30 - 3 \times 9 = 9$(9차 부정정)

$\therefore$ (1), (2)에 의해서 부정정 차수합 $= 0 + 9 = 9$

44 부동침하의 원인과 거리가 먼 것은?

① 건물이 경사지반에 근접되어 있을 경우
② 건물이 이질지반에 걸쳐 있을 경우
③ 이질의 기초구조를 적용했을 경우
④ 건물의 강도가 불균등할 경우

해설

부동침하의 원인은 연약층, 경사지반, 이질지층, 낭떠러지, 증축, 지하수위 변경, 지하구멍, 메운땅 흙막이, 이질지정, 일부 지정 등이 있다.

★ 45 그림과 같은 보에서 C점의 처짐은? (단, EI는 전 경간에 걸쳐 일정하다.)

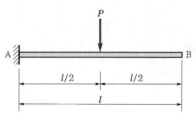

① $\dfrac{Pl^3}{12EI}$
② $\dfrac{Pl^3}{24EI}$
③ $\dfrac{Pl^3}{48EI}$
④ $\dfrac{Pl^3}{96EI}$

해설 보의 처짐과 처짐각

하중상태	처짐각	처 짐
P $\quad l$	$\theta_A = -\dfrac{Pl^2}{2EI}$	$\delta_A = \dfrac{Pl^3}{3EI}$

즉, $\delta_A = \dfrac{Pl^3}{3EI}$에서 $l = \dfrac{l}{2}$이므로, $\delta_A = \dfrac{P \cdot \left(\dfrac{l}{2}\right)^3}{3EI}$

$= \dfrac{Pl^3}{24EI}$

46 1방향 철근콘크리트 슬래브에서 철근의 설계기준항복강도가 500MPa인 경우 콘크리트 전체 단면적에 대한 수축·온도 철근비는 최소 얼마 이상이어야 하는가? (단, KCI2012기준, 이형철근 사용)

① 0.0015
② 0.0016
③ 0.0018
④ 0.0020

해설 1방향 슬래브의 수축·온도 철근

수축·온도 철근으로 배근되는 이형철근 및 용접철망은 다음의 철근비 이상으로 하여야 하나, 어떤 경우에도 0.0014 이상이어야 하며, 수축·온도 철근비는 콘크리트 전체 단면적에 대한 수축·온도 철근단면적 비로 한다.
㉠ 설계기준강도가 400MPa 이하인 이형철근을 사용한 슬래브 : 0.0020
㉡ 설계기준강도가 400MPa를 초과하는 이형철근 또는 용접철망을 사용한 슬래브 : $0.0020 \times \dfrac{400}{f_y}$

㉡에 의해서,

$0.0020 \times \dfrac{400}{f_y} = 0.0020 \times \dfrac{400}{500} = 0.0016 \geqq 0.0014$이다.

★
47 그림과 같은 부정정 라멘에서 A점의 M_{AB}는?

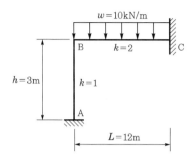

① 0   ② 20kN · m

③ 40kN · m   ④ 60kN · m

해설
지점 A의 도달모멘트를 구하기 위하여 우선 분배모멘트를 구하면,

$M_{BA} = M_B \times \dfrac{1}{(1+2)}$, $M_{BC} = M_B \times \dfrac{2}{(1+2)}$ 이고,

$M_B = \dfrac{wl^2}{12} = \dfrac{10 \times 12^2}{12} = 120 \text{kN} \cdot \text{m}$이다.

$\therefore M_{BA} = M_B \times \dfrac{1}{(1+2)} = 120 \times \dfrac{1}{(1+2)} = 40 \text{kN} \cdot \text{m}$

그런데, 양단이 고정이므로 도달계수는 1/2이다.

$\therefore M_{AB} = M_{BA} \times 1/2 = 40 \times 1/2 = 20 \text{kN} \cdot \text{m}$

★
48 고력볼트 F10T(M20) 1면전단일 때 볼트 1개당 설계전단강도(ϕR_u)를 구하면? (단, 고력볼트의 F_u =1,000MPa, ϕ =0.75, F_{nv} =0.5F_u임)

① 117.8kN   ② 94.2kN

③ 58.8kN   ④ 47.1kN

해설
ϕR_u(설계전단강도)

$= \phi F_{nv}$(공칭전단강도)$\times A_b$(볼트의 단면적)

$= \phi \times 0.5 \times F_u$(공칭인장강도)$\times A_b$(볼트의 단면적)

$= 0.75 \times 0.5 \times 1,000 \times \dfrac{\pi \times 20^2}{4} = 117,809 \text{N}$

$= 117.809 \text{kN}$

49 강구조에서 규정된 별도의 설계하중이 없는 경우 접합부의 최소 설계강도 기준은? (단, 연결재, 새그로드 또는 띠장은 제외)

① 30kN 이상   ② 35kN 이상

③ 40kN 이상   ④ 45kN 이상

해설
강구조의 접합부 설계강도는 45kN 이상이어야 한다. 다만, 연결재, 새그 로드 또는 띠장을 제외한다(건축구조기준 0710. 1. 6 규정).

50 f_y =400MPa 이형철근을 사용한 경우 필요한 철근의 인장정착길이가 1,000mm이었다. 철근의 강도를 f_y =500MPa로 변경하고, 소요철근보다 1.25배 많게 철근을 배근하였을 경우 변경된 철근의 인장정착길이는 얼마인가?

① 750mm   ② 1,000mm

③ 1,200mm   ④ 1,500mm

해설
l_{db}(인장이형철근 및 이형철선의 기본정착길이)$= \dfrac{0.6 d_b f_y}{\lambda \sqrt{f_{ck}}}$

이고, 요구되는 소요 철근량을 초과하는 경우에는 계산된 정착길이에 $\left(\dfrac{\text{소요 철근면적}}{\text{배근 철근면적}} \right)$을 곱하여 정착길이를 감소시킬 수 있다. 기본정착길이$= \dfrac{0.6 d_b f_y}{\lambda \sqrt{f_{ck}}}$ 이므로, f_y

가 400MPa에서 500MPa이므로 1.25배 증가되나,

$\dfrac{\text{소요 철근면적}}{\text{배근 철근면적}} = \dfrac{1}{1.25}$ 이므로 $1.25 \times \dfrac{1}{1.25} = 1$배가

된다. 따라서, 정착길이는 변함이 없다.

$\therefore 1,000 \times 1.25 \times \dfrac{1}{1.25} = 1,000 \text{mm}$

51 강구조 필렛용접에 관한 설명으로 옳지 않은 것은?

① 필렛용접의 유효면적은 유효길이에 유효목두께를 곱한 것으로 한다.

② 필렛용접의 유효길이는 필렛용접의 총길이에서 2배의 필렛사이즈를 공제한 값으로 하여야 한다.

③ 필렛용접의 유효목두께는 용접루트로부터 용접표면까지의 최단거리로 한다. 단, 이음면이 직각인 경우에는 필렛사이즈의 $\sqrt{2}$ 배로 한다.

④ 구멍필렛과 슬롯필렛용접의 유효길이는 목두께의 중심을 잇는 용접중심선의 길이로 한다.

해설 필렛용접의 유효목두께는 용접루트로부터 용접표면까지의 최단거리로 하나, 이음면이 직각인 경우에는 필렛사이즈의 $\frac{\sqrt{2}}{2}=0.7$배로 한다.

★
52 그림과 같은 강재가 전단력을 받아 점선과 같이 변형되었을 때 이 강재의 전단변형률은?

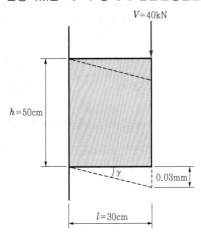

① 0.00006rad　　② 0.0001rad
③ 0.00125rad　　④ 0.00075rad

해설 사각형 단면에 균일한 전단응력이 작용하면 각 변의 길이는 변하지 않고, 각도가 변하여 사각형의 단면은 마름모꼴로 변하는 데 이때의 각도는 $\tan\alpha = \frac{dl}{l}$ 이고, 전단응력에 의한 전단변형량은 극히 작으므로 전단변형도는 $\gamma = \frac{dl}{l}$ 이다.

$$\therefore \gamma = \frac{dl}{l} = \frac{0.03}{300} = 0.0001\text{rad}$$

★
53 강도설계법에서 고정하중 40kN, 활하중 30kN이 작용할 때 계수하중은 얼마인가?

① 135kN　　② 124kN
③ 116kN　　④ 96kN

해설 고정하중(D)과 적재하중(L)에 대한 소요강도(U)는 다음 값 이상으로 한다.
$U=1.2D+1.6L$
위의 규정에 의하면, 고정하중 30kN, 적재하중 20kN이므로
소요강도(U)=1.2×고정하중+1.6×적재하중
　　　　　　=1.2×40+1.6×30=96kN·m

★
54 철근콘크리트 단근보를 강도설계법으로 설계 시 콘크리트의 전압축력으로 옳은 것은? (단, f_{ck}=24MPa, 보의 폭 300mm, 응력블록의 깊이 110mm)

① 750.6kN　　② 724.4kN
③ 673.2kN　　④ 650.8kN

해설 C(콘크리트의 전압축력)
=$0.85\eta f_{ck}$(설계기준강도)b(보의 폭)a(응력블록의 깊이)
=$0.85\times1\times24\times300\times110$
=673.2kN

★
55 건축구조기준에 따른 우리나라 지진구역 및 이에 따른 지진구역계수값이 옳게 연결된 것은?

① 지진지역 1−A=0.22, 지진지역 2−A=0.14
② 지진지역 1−A=0.34, 지진지역 2−A=0.22
③ 지진지역 1−A=0.22, 지진지역 2−A=0.34
④ 지진지역 1−A=0.14, 지진지역 2−A=0.22

해설 지진구역 구분 및 지역계수는 지진지역 1은 0.22, 지진지역 2는 0.14이다.

★
56 단근보에서 하중이 재하됨과 동시에 순간처짐이 20mm발생되었다. 이 하중이 5년 이상 지속되는 경우 총처짐량은 얼마인가? (단, $\lambda = \frac{\xi}{1+50\rho'}$ 이고 지속하중에 의한 시간경과계수 ξ는 2이다.)

① 30mm　　② 40mm
③ 60mm　　④ 80mm

해설 총처짐량=단기 처짐량 + 장기 처짐량
장기 처짐량 = 단기 처짐량×$\lambda\left(=\frac{\xi}{1+50\rho'}\right)$이고, ρ'은 단근보인데 압축철근이 없으므로 $\rho'=0$이다.
$$\therefore \lambda = \frac{\xi}{1+50\rho'} = \frac{2}{1+50\times0} = 2$$이다.
∴ 총처짐량=단기 처짐량＋장기 처짐량
　　　　　　=20+(20×2)=60mm

57 그림과 같은 하중을 지지하는 단주의 단면에서 인장력을 발생시키지 않는 거리 x의 한계는?

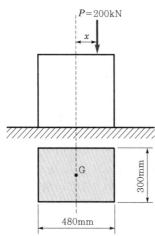

① 40mm
② 60mm
③ 80mm
④ 100mm

해설
단면의 핵에서 인장력이 발생하지 않으려면, 핵거리 안에 있어야 하므로 핵거리$(e) < \dfrac{l}{6}$이 성립되어야 한다.

∴ $e < \dfrac{l}{6} = \dfrac{480}{6} = 80$mm 이내이다. 즉, $x \leq 80$mm 이다.

★
58 건축구조별 특징에 관한 설명 중 옳지 않은 것은?

① 가구식 구조는 삼각형보다 사각형으로 조립하면 더욱 안정한 구조체를 이룰 수 있다.
② 조적식 구조는 압축력에는 강하지만 횡력에 취약하다.
③ 조립식 구조는 부재를 공장에서 생산·가공하여 현장에서 조립하므로 공기가 짧다.
④ 일체식 구조는 비교적 균일한 강도를 가진다.

해설
가구식 구조는 사각형보다 삼각형으로 조립하면 더욱 안정한 구조체를 이룰 수 있다. 즉, 삼각형의 구성이 가장 안전하다.

★
59 그림과 같은 구조에서 기둥에 압축력만 발생하게 하려면 A점에서 내민 부재길이 x의 값은?

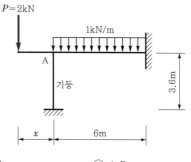

① 1m
② 1.5m
③ 2m
④ 3m

해설
A점의 휨모멘트를 없애기 위하여 A점의 좌측과 우측의 휨모멘트를 같게 한다.
㉠ A'A부분을 캔틸레버로 보고 풀이하면
$M_A' = 2x$
㉡ AB부분을 양단 고정보로 보고 풀이하면
$M_A = \dfrac{wl^2}{12} = \dfrac{1 \times 6^2}{12} = 3$kN · m
∴ ㉠와 ㉡의 휨모멘트는 같으므로 $2x = 3$
$x = 1.5$m

60 다음 그림과 같은 보 단면에서 정착되는 철근의 수평 순간격을 구하면?

[조건]
• D22(인장, 압축철근), 지름 : 22mm로 계산
• D13@150(스터럽), 지름 : 13mm로 계산
• 최소피복두께 : 40mm
• 구부림 최소내면반지름은 무시

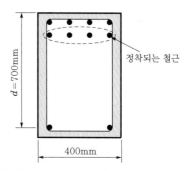

① 60.7mm
② 63.7mm
③ 66.7mm
④ 68.7mm

해설

보 철근의 순간격=$\dfrac{1}{n(철근의 개수)-1}\{b_w(보의 폭)$
$-2\times(피복두께+늑근의 직경)-(주근의 개수\times주근의 직경)\}$이다.
여기서, $n=4$, $b_w=400mm$, 피복두께$=40mm$, 늑근의 직경$=13mm$, 주근의 직경$=22mm$
∴ 보 철근의 순간격
$$=\dfrac{1}{4-1}[400-2\times(40+13)-(4\times22)]$$
$$=68.666≒68.67mm$$

제4과목 **건축설비**

★
61 다음의 스프링클러설비의 화재안전기준 내용 중 ( ) 안에 알맞은 것은?

> 전동기에 따른 펌프를 이용하는 가압송수장치의 송수량은 0.1MPa의 방수압력 기준으로 ( ) 이상의 방수성능을 가진 기준개수의 모든 헤드로부터의 방수량을 충족시킬 수 있는 양 이상으로 할 것

① 80L/min
② 90L/min
③ 110L/min
④ 130L/min

해설
스프링클러설비의 화재안전기준 내용 중 전동기에 따른 펌프를 이용하는 가압송수장치의 송수량은 0.1MPa의 방수압력기준으로 80L/min 이상의 방수성능을 가진 기준 개수의 모든 헤드로부터의 방수량을 충족시킬 수 있는 양 이상을 할 것. 이 경우 속도수두는 계산에 포함하지 아니할 수 있다.

62 3상 대칭 성형(Y)결선에서 상전압이 220V일 때 선간전압은 얼마인가?

① 110V
② 220V
③ 380V
④ 440V

해설
3상 교류회로에서 3상 4선식($\triangle-Y$)결선에서 Y결선의 선간전압은 상전압의 $\sqrt{3}$배이므로 선간전압$=\sqrt{3}\times상전압=\sqrt{3}\times220=381.05V$이다.

63 공기조화기 설계에서 사용되는 바이패스 팩터(bypass factor)의 의미로 옳은 것은?

① 급기팬을 통과하는 공기 중 건공기의 비율
② 공기조화기의 도입 외기와 환기(return air)의 비율
③ 실내로부터의 환기(return air) 중 공기조화기로 도입되는 공기의 비율
④ 냉·온수코일의 통과 공기 중 냉·온수코일과 접촉하지 않고 통과하는 공기의 비율

해설
바이패스 팩터는 냉각 또는 가열코일과 접촉하지 않고 그대로 통과하는 공기의 비율로서 공기조화기의 송풍량 계산에 사용한다.

★★
64 다음과 같은 조건에 있는 실의 틈새바람에 의한 현열 부하량은?

> [조건]
> • 실의 체적 : 400m³
> • 환기횟수 : 0.5회/h
> • 실내공기 건구온도 : 20℃
> • 외기 건구온도 : 0℃
> • 공기의 밀도 : 1.2kg/m³
> • 공기의 비열 : 1.01kJ/kg·K

① 986W
② 1,124W
③ 1,347W
④ 1,542W

해설
$Q(열량)=c(비열)m(질량)\Delta t(온도의 변화량)$
$=c(비열)\rho(밀도)V(체적)\Delta t(온도의 변화량)$이다.
그러므로, $Q=c\rho V\Delta t$이다.
여기서, $c=1.01kJ/kg·K$, $\rho=1.2kg/m^3$
$V=400\times0.5=200m^3$
$\Delta t=20-0=20℃$
∴ $Q=c\rho V\Delta t$
$=1.01kJ/kg·K\times1.2kg/m^3\times200m^3\times20℃$
$=4,848kJ/h=4,848,000J/3,600s$
$=1,346.67J/s=1,346.67W$

★
65 인터폰설비의 통화망 구성방식에 속하지 않는 것은?

① 모자식
② 상호식
③ 복합식
④ 프레스토크식

해설 인터폰의 작동원리와 접속방식

구 분		분 류
작동원리		프레스토크
		동시통화
접속 방식	모자식	한 대의 모기에 여러 대의 자기를 접속
	상호식	어느 기계에서나 임의로 통화가 가능한 형식
	복합식	모자식과 상호식의 복합방식으로 모기 상호 간 통화가 가능하고, 모기에 접속된 모자 간에도 통화가 가능

★
66 3상 유도전동기의 속도제어방법으로 옳지 않은 것은?

① 인버터를 사용하여 주파수를 변화시킨다.
② 2선의 접속을 바꿔 회전자계의 방향이 반대로 되도록 한다.
③ 회전자에 접속되어 있는 저항을 변화시켜 비례추이의 원리로 제어한다.
④ 독립된 2조의 극수가 서로 다른 고정자 권선을 감아 놓고 필요에 따라 극수를 선택하여 극수를 변화시킨다.

해설 2선의 접속을 바꿔 회전자계의 방향이 반대로 되나, 속도를 제어할 수 없다.

67 압력탱크 급수방식에 관한 설명으로 옳지 않은 것은?

① 정전 시 급수가 곤란하다.
② 급수 압력을 일정하게 유지할 수 있다.
③ 단수 시 저수조의 물을 사용할 수 있다.
④ 탱크를 높은 곳에 설치하지 않아도 된다.

해설 급수 공급의 압력이 압력탱크 내의 압력에 따라 변화한다. 즉 일정하지 못하다.

★
68 다음 공기조화방식 중 전공기방식에 속하는 것은?

① 패키지 방식   ② 이중덕트 방식
③ 유인유닛 방식 ④ 팬코일유닛 방식

해설 팬코일유닛 방식은 수식, 패키지 방식은 냉매식, 유인유닛 방식은 공기수 방식이다.

★
69 건구온도 30℃, 상대습도 60%인 공기를 냉수코일에 통과시켰을 때 공기의 상태변화로 옳은 것은? (단, 코일 입구수온 5℃, 코일 출구수온 10℃)

① 건구온도는 낮아지고 절대습도는 높아진다.
② 건구온도는 높아지고 절대습도는 낮아진다.
③ 건구온도는 높아지고 상대습도는 높아진다.
④ 건구온도는 낮아지고 상대습도는 높아진다.

해설 냉수코일에 통과시켰을 때 건구온도는 낮아지고 상대습도는 높아지며, 절대습도는 변함없다.

70 간접가열식 급탕방식에 관한 설명으로 옳지 않은 것은?

① 저압보일러를 써도 되는 경우가 많다.
② 직접가열식에 비해 소규모 급탕설비에 적합하다.
③ 급탕용 보일러는 난방용 보일러와 겸용할 수 있다.
④ 직접가열식에 비해 보일러 내면에 스케일이 발생할 염려가 적다.

해설 중앙식 급탕방식 중 간접가열식은 보일러에서 만들어진 증기 또는 고온수를 열원으로 하고, 저탕조 내에 설치된 코일을 통해 관 내의 물을 가열하는 방식으로 고압 보일러를 쓸 필요가 없다. 대규모 급탕설비에 적당하며, 난방용 증기를 사용하면 급탕용 보일러를 필요로 하지 않는다.

★
71 다음 중 증기난방에 관한 설명으로 옳지 않은 것은?

① 계통별 용량제어가 곤란하다.
② 한랭지에서 동결의 우려가 적다.
③ 예열시간이 온수난방에 비하여 짧다.
④ 부하변동에 따른 실내방열량의 제어가 용이하다.

해설 증기난방은 방열량이 크므로 부하변동에 따른 실내방열량의 제어가 매우 어렵다.

72 실내열환경지표 중 공기의 습도가 고려되지 않은 것은?

① 작용온도　　　② 유효온도
③ 등온지수　　　④ 신유효온도

해설

유효(체감, 감각)온도는 온도, 습도 및 기류를 조합한 것이고, 등온지수는 등가온도와 동일한 의미로서 기온, 기류 및 평균복사온도를 조합한 지표이며, 신유효온도는 온열의 4요소(기온, 습도, 기류 및 주위벽 복사열)와 작업의 강도, 의복상태를 고려하고, 인체표면으로부터 주위환경에의 방열량을 구한 것이다.

73 주택의 1인 1일 오수량이 0.05m³/인·일이고, 오수의 BOD 농도가 260g/m³일 때 1인 1일당 BOD 부하량은?

① 5g/인·일　　　② 13g/인·일
③ 26g/인·일　　　④ 50g/인·일

해설

1인 1일당 BOD의 부하량=1인 1일 오수량×오수의 BOD의 농도=0.05m³/인·일×260g/m³=13g/인·일이다.

74 조명기구를 배광에 따라 분류할 경우, 다음과 같은 특징을 갖는 것은?

발산광속 중 상향광속이 60~90% 정도이고, 하향광속이 10~40% 정도이며, 천장을 주광원으로 이용한다.

① 직접조명기구
② 반직접조명기구
③ 반간접조명기구
④ 전반확산조명기구

해설

조명기구의 배광 분류

구 분	위 방향	아래방향
직접 조명	0~10%	100~90%
반직접 조명	10~40%	90~60%
전반 확산 조명	40~60%	60~40%
직간접 조명	40~60%	60~40%
반간접 조명	60~90%	40~10%
간접 조명	90~100%	10~0%

★
75 옥내배선의 전선 굵기 결정요소에 속하지 않는 것은?

① 허용전류
② 배선 방식
③ 전압강하
④ 기계적 강도

해설

전선의 굵기는 기계적 강도, 허용전류, 전압강하 등에 의해서 결정된다.

76 펌프에서 발생하는 공동현상(cavitation)의 방지대책으로 가장 알맞은 것은?

① 펌프의 설치위치를 높인다.
② 펌프의 흡입양정을 낮춘다.
③ 펌프의 토출양정을 높인다.
④ 펌프의 토출구경을 확대한다.

해설

펌프의 공동현상(cavitation)은 급수압력이 갑자기 증가하여 급수 속의 공기가 기포로 분리되는 현상이며, 방지대책으로는 펌프의 흡입양정을 낮추는 것이 가장 중요하다.

★★★
77 엘리베이터의 안전장치 중에서 카가 최상층이나 최하층에서 정상 운행위치를 벗어나 그 이상으로 운행하는 것을 방지하는 것은?

① 완충기(buffer)
② 조속기(governor)
③ 리미트 스위치(limit switch)
④ 카운터 웨이트(counter weight)

해설

완충기는 모든 성지장치가 고장나거나 로프가 끊어져서 카가 최하층 슬래브에 추락한 경우 낙하충격을 흡수완화시키기 위한 스프링 장치이다. 조속기는 일정 이상의 속도가 되었을 때 브레이크나 안전장치를 작동시키는 기능을 하고, 사전에 설정된 속도에 이르면 스위치가 작동하며, 다시 속도가 상승했을 경우, 로프를 제동해서 고정시키는 엘리베이터의 안전장치이다. 카운터 웨이트는 권상기의 부하를 가볍게 하기 위해 카의 반대측 로프에 장치하는 장치이다.

78 유체의 흐름을 한 방향으로만 흐르게 하고 반대 방향으로는 흐르지 못하게 하는 밸브는?

① 콕
② 체크밸브
③ 게이트밸브
④ 글로브밸브

해설 콕은 원추형의 수전을 90°(1/4회전) 각도로 회전함으로써 관을 개폐하여 유체의 흐름을 차단하고 유체를 정지 및 통과시키는 밸브이다. 게이트 밸브(슬루스 밸브)는 유체의 흐름을 단속하는 대표적인 밸브로서 밸브를 완전히 열면 유체흐름의 단면적 변화가 없어서 마찰저항이 거의 발생하지 않는 밸브이다. 글로브 밸브(스톱 밸브, 구형 밸브)는 유로의 폐쇄나 유량의 계속적인 변화에 의한 유량조절에 적합한 밸브로서 유체에 대한 저항이 큰 것이 결점이다.

79 가스설비에 사용되는 거버너(governor)에 관한 설명으로 옳은 것은?

① 실내에서 발생되는 배기가스를 외부로 배출시키는 장치
② 연소가 원활히 이루어지도록 외부로부터 공기를 받아들이는 장치
③ 가스가 누설되거나 지진이 발생했을 때 가스공급을 긴급히 차단하는 장치
④ 가스공급회사로부터 공급받은 가스를 건물에서 사용하기에 적합한 압력으로 조정하는 장치

해설 거버너(governor)는 가스 공급회사로부터 공급받은 가스를 건물에서 사용하기에 적합한 압력으로 조정하는 장치이다.
①항은 환기설비, ②항은 공기흡입장치, ③항은 가스차단밸브이다.

80 일반적으로 실내 환기량의 기준이 되는 것은?

① 공기 온도
② NO_2 농도
③ CO_2 농도
④ SO_2 농도

해설 실내공기오염의 척도로서 이산화탄소 농도가 사용되는 가장 주된 이유는 농도에 따라 실내공기오염과 비례하기 때문이다.

제5과목 건축관계법규

81 국토의 계획 및 이용에 관한 법령상 제2종 전용주거지역 안에서 건축할 수 있는 건축물에 속하지 않는 것은?

① 공동주택
② 판매시설
③ 노유자시설
④ 교육연구시설 중·고등학교

해설 관련 법규 : 국토영 제71조, (별표 3), 해설 법규 : (별표 3)
공동주택은 원칙적으로 건축할 수 있고, 고등학교와 노유자시설은 도시·군계획조례로 건축할 수 있으며, 판매시설은 건축이 불가능하다.

82 같은 건축물 안에 공동주택과 위락시설을 함께 설치하고자 하는 경우, 공동주택의 출입구와 위락시설의 출입구는 서로 그 보행거리가 최소 얼마 이상이 되도록 설치하여야 하는가?

① 10m
② 20m
③ 30m
④ 50m

해설 관련 법규 : 법 제49조, 영 제47조, 피난·방화규칙 제14조의2, 해설 법규 : 피난·방화규칙 제14조의2 1호
공동주택 등(공동주택, 의료시설, 아동 관련 시설 또는 노인복지시설)의 출입구와 위락시설 등(위락시설, 위험물저장 및 처리시설, 공장 또는 자동차정비공장)의 출입구는 서로 그 보행거리가 30m 이상이 되도록 설치할 것

83 건축허가 대상 건축물이라 하더라도 건축신고를 하면 건축허가를 받은 것으로 보는 경우에 속하지 않는 것은? (단, 층수가 2층인 건축물의 경우)

① 바닥면적의 합계가 $75m^2$의 증축
② 바닥면적의 합계가 $75m^2$의 재축
③ 바닥면적의 합계가 $75m^2$의 개축
④ 연면적의 합계가 $250m^2$인 건축물의 대수선

해설 관련 법규 : 법 제14조, 영 제11조, 해설 법규 : 법 제14조 ①항 3호
건축허가 대상 건축물이라 하더라도 건축신고를 하면 건축허가를 받은 것으로 보는 경우는 대수선의 경우에는 연면적의 합계가 200m² 미만이고, 3층 미만인 건축물이다.

84 건축물에 설치하는 지하층의 구조 및 설비에 관한 기준 내용으로 옳지 않은 것은?

① 거실의 바닥면적의 합계가 1,000m² 이상인 층에는 환기설비를 설치할 것

② 지하층의 바닥면적이 300m² 이상인 층에는 식수공급을 위한 급수전을 1개소 이상 설치할 것

③ 거실의 바닥면적이 30m² 이상인 층에는 직통계단 외에 피난층 또는 지상으로 통하는 비상탈출구 및 환기통을 설치할 것

④ 바닥면적이 1,000m² 이상인 층에는 피난층 또는 지상으로 통하는 직통계단을 관련 규정에 의한 방화구획으로 구획되는 각 부분마다 1개소 이상 설치하되, 이를 피난계단 또는 특별피난계단의 구조로 할 것

해설 관련 법규 : 법 제53조, 피난·방화규칙 제25조, 해설 법규 : 피난·방화규칙 제25조 ①항 1호
지하층의 구조 및 설비에 있어서 거실의 바닥면적이 50m² 이상인 층에는 직통계단 외에 피난층 또는 지상으로 통하는 비상탈출구 및 환기통을 설치할 것. 다만, 직통계단이 2개소 이상 설치되어 있는 경우에는 그러하지 아니하다.

★
85 각 층의 바닥면적이 5,000m²이고 각 층의 거실면적이 3,000m²인 14층 숙박시설에 설치하여야 하는 승용 승강기의 최소 대수는? (단, 24인승 승용 승강기를 설치하는 경우)

① 6대
② 7대
③ 12대
④ 13대

해설 관련 법규 : 법 제64조, 영 제89조, 설비규칙 제5조 (별표 1의2), 해설 법규 : (별표 1의2)
숙박시설의 승용 승강기 설치대수는 1대에 3,000m²를 초과하는 경우에 그 초과하는 매 2,000m² 이내마다 1대의 비율로 산정한다.
즉, 설치대수
$$= 1 + \frac{6층 \, 이상의 \, 거실면적 \, 합계 - 3,000}{2,000} \, 이다.$$
6층 이상의 거실바닥면적이 $3,000 \times (14-5) = 27,000m²$ 이므로,
$$설치대수 = 1 + \frac{6층 \, 이상의 \, 거실면적 \, 합계 - 3,000}{2,000}$$
$$= 1 + \frac{27,000 - 3,000}{2,000}$$
$$= 13 \rightarrow 6.5 \rightarrow 7대 \, 이상이다.$$

86 다음 중 건축법령에 따른 용어의 정의가 옳지 않은 것은?

① 고층건축물이란 층수가 30층 이상이거나 높이가 120m 이상인 건축물을 말한다.

② 리빌딩이란 건축물의 노후화를 억제하거나 기능 향상 등을 위하여 대수선하거나 일부를 증축 또는 개축하는 행위를 말한다.

③ 지하층이란 건축물의 바닥이 지표면 아래에 있는 층으로서 바닥에서 지표면까지 평균높이가 해당 층 높이의 2분의 1 이상인 것을 말한다.

④ 발코니란 건축물의 내부와 외부를 연결하는 완충공간으로서 전망이나 휴식 등의 목적으로 건축물 외벽에 접하여 부가적으로 설치되는 공간을 말한다.

해설 관련 법규 : 법 제2조, 해설 법규 : 법 제2조 ①항 10호
"리모델링"이란 건축물의 노후화를 억제하거나 기능 향상을 위하여 대수선하거나 일부를 증축 또는 개축하는 행위를 말한다.

87 도시지역에서 복합적인 토지이용을 증진시켜 도시정비를 촉진하고 지역거점을 육성할 필요가 있다고 인정되는 지역을 대상으로 지정하는 용도구역은?

① 개발제한구역
② 시가화조정구역
③ 입지규제최소구역
④ 도시자연공원구역

해설▶ 관련 법규 : 법 제38조, 해설 법규 : 법 제38조 ①항
개발제한구역의 지정은 국토교통부장관이 도시의 무질서한 확산을 방지하고 도시주변의 자연환경을 보전하여 도시민의 건전한 생활환경을 확보하기 위하여 도시의 개발을 제한할 필요가 있거나 국방부장관의 요청이 있어 보안상 도시의 개발을 제한할 필요가 있다고 인정되면 개발제한구역의 지정 또는 변경을 도시·군관리계획으로 결정할 수 있다. 시가화 조정구역은 시·도지사는 직접 또는 관계 행정기관의 장의 요청을 받아 도시지역과 그 주변지역의 무질서한 시가화를 방지하고 계획적·단계적인 개발을 도모하기 위하여 5년 이상 20년 이내의 기간 동안 시가화를 유보할 필요가 있다고 인정되면 시가화 조정구역의 지정 또는 변경을 도시·군관리계획으로 결정할 수 있다. 도시자연공원구역은 시·도지사 또는 대도시 시장은 도시의 자연환경 및 경관을 보호하고, 도시민에게 건전한 여가·휴식공간을 제공하기 위하여 도시지역 안에서 식생이 양호한 산지개발을 제한할 필요가 있다고 인정하면 도시자연공원구역의 지정 또는 변경을 도시·군관리계획으로 결정할 수 있다.

88 다음 중 국토의 계획 및 이용에 관한 법령에 따른 용도지역 안에서의 건폐율 최대 한도가 가장 높은 것은?

① 준주거지역　　② 중심상업지역
③ 일반상업지역　④ 유통상업지역

해설▶ 관련 법규 : 법 제55조, 국토법 제77조, 국토영 제84조, 해설 법규 : 국토영 제84조 ①항 7호
각 지역의 용적률을 보면, 준주거 지역은 70% 이하, 중심상업지역은 90% 이하, 일반상업지역은 80% 이하, 유통상업지역은 80% 이하로 규정하고 있다.

89 국토의 계획 및 이용에 관한 법령에 따른 용도지구에 속하지 않는 것은?

① 경관지구　　② 방재지구
③ 보호지구　　④ 도시설계지구

해설▶ 관련 법규 : 국토법 제37조, 영 제31조, 해설 법규 : 영 제31조
용도지구의 종류에는 (자연, 시가지, 특화)경관지구, 고도지구, 방화지구, (시가지, 자연)방재지구, (역사문화환경, 중요시설물, 생태계)보호지구, (자연, 집단)취락지구, (주거, 산업·유통, 관광·휴양, 복합, 특정)개발진흥지구, 특정용도제한지구, 복합용도지구 등이 있다.

90 노상주차장의 구조 및 설비에 관한 기준 내용으로 옳은 것은?

① 너비 6m 이상의 도로에 설치하여서는 아니 된다.
② 종단경사도가 3퍼센트를 초과하는 도로에 설치하여서는 아니 된다.
③ 고속도로, 자동차전용도로 또는 고가도로에 설치하여서는 아니 된다.
④ 주차대수 규모가 20대인 경우, 장애인 전용주차구획을 최소 2면 이상 설치하여야 한다.

해설▶ 관련 법규 : 법 제6조, 규칙 제4조, 해설 법규 : 규칙 제4조 ①항
①항은 6m 미만의 도로에는 설치할 수 없고, ②항은 종단경사도가 4%를 초과하는 도로에는 설치할 수 없으며, ④항은 특별시장·광역시장·시장·군수 또는 구청장이 설치하는 노상주차장의 주차대수 규모가 20대 이상 50대 미만인 경우에는 장애인 전용주차구획을 1면 이상 설치하여야 한다. 주차대수 규모가 50대 이상인 경우에는 주차대수의 2%부터 4%까지의 범위에서 장애인의 주차수요를 고려하여 해당 지방자치단체의 조례로 정하는 비율 이상이다.

91 건축물의 연면적 중 주차장으로 사용되는 비율이 70퍼센트인 경우, 주차전용건축물로 볼 수 있는 주차장 외의 용도에 속하지 않는 것은 어느 것인가?

① 의료시설
② 운동시설
③ 제1종 근린생활시설
④ 제2종 근린생활시설

해설▶ 관련 법규 : 법 제2조, 영 제1조의2, 해설 법규 : 영 제1조의2 ①항
주차전용 건축물은 건축물의 연면적 중 주차장으로 사용되는 부분의 비율이 95% 이상인 것이나, 주차장 외의 용도로 사용되는 단독주택, 공동주택, 제1종 및 제2종 근린생활시설, 문화 및 집회시설, 종교시설, 판매시설, 운수시설, 운동시설, 업무시설, 창고시설 또는 자동차 관련 시설인 경우에는 주차장으로 사용되는 부분의 비율이 70% 이상이어야 한다.

92 다음은 일조 등의 확보를 위한 건축물의 높이 제한에 관한 기준내용이다. (   ) 안에 알맞은 것은?

> (   ) 안에서 건축하는 건축물의 높이는 일조 등의 확보를 위하여 정북방향의 인접 대지경계선으로부터의 거리에 따라 대통령령으로 정하는 높이 이하로 하여야 한다.

① 일반주거지역과 준주거지역
② 전용주거지역과 일반주거지역
③ 중심상업지역과 일반상업지역
④ 일반상업지역과 근린상업지역

> **해설** 관련 법규 : 법 제61조, 영 제86조, 해설 법규 : 법 제61조 ①항 2호
> 전용주거지역이나 일반주거지역에서 건축물을 건축하는 경우에는 건축물의 각 부분을 정북 방향으로의 인접 대지경계선으로부터 일정거리를 띄어 건축하여야 하는데, 높이가 9m 이하인 부분은 인접 대지경계선으로부터 1.5m 이상, 높이가 9m를 초과하는 부분은 인접 대지경계선으로부터 해당 건축물 각 부분의 높이의 1/2 이상으로 하여야 한다.

93 건축허가신청에 필요한 설계도서의 종류 중 건축계획서에 표시하여야 할 사항이 아닌 것은?

① 주차장 규모
② 대지의 종·횡 단면도
③ 건축물의 용도별 면적
④ 지역·지구 및 도시계획사항

> **해설** 관련 법규 : 법 제11조, 규칙 제6조 (별표 2), 해설 법규 : 규칙 제6조 (별표 2)
> 건축허가 신청 시 기본설계도서 중 건축계획서에 포함되어야 할 사항은 개요(위치, 대지면적 등), 지역·지구 및 도시계획사항, 건축물의 규모(건축면적, 연면적, 높이, 층수 등), 건축물의 용도별 면적, 주차장의 규모, 에너지 절약 계획서, 노인 및 장애인 등을 위한 편의시설 설치계획서 등이다.

94 다음 부설주차장의 설치에 관한 기준 내용 중 밑줄 친 "대통령령으로 정하는 규모"로 옳은 것은?

> 부설주차장이 대통령령으로 정하는 규모 이하이면 시설물의 부지 인근에 단독 또는 공동으로 부설주차장을 설치할 수 있다.

① 주차대수 100대의 규모
② 주차대수 200대의 규모
③ 주차대수 300대의 규모
④ 주차대수 400대의 규모

> **해설** 관련 법규 : 법 제19조, 영 제7조, 해설 법규 : 영 제7조 ①, ②항
> 주차대수가 300대 이하인 경우, 해당 부지의 경계선으로부터 부설주차장의 경계선까지 직선거리 300m 이내 또는 도보거리 600m 이내 또는 해당 시설물이 소재하는 동, 리(행정 동, 리) 및 해당 시설물과의 통행여건이 편리하다고 인정되는 인접 동, 리의 부지 인근에 단독 또는 공동으로 부설주차장을 설치할 수 있다.

95 다음은 건축법령상 바닥면적 산정에 관한 기준 내용이다. (   ) 안에 포함되지 않는 것은?

> 공동주택으로서 지상층에 설치한 (   )의 면적은 바닥면적에 산입하지 아니한다.

① 기계실   ② 탁아소
③ 조경시설   ④ 어린이놀이터

> **해설** 관련 법규 : 법 제84조, 영 제119조, 해설 법규 : 영 제119조 ①항 3호 마목
> 공동주택으로서 지상층에 설치한 기계실, 전기실, 어린이놀이터, 조경시설 및 생활폐기물 보관시설의 면적은 바닥면적에 산입하지 아니한다.

96 다음의 피난계단의 설치에 관한 기준 내용 중 (   ) 안에 알맞은 것은?

> 5층 이상 또는 지하 2층 이하인 층에 설치하는 직통계단은 피난계단 또는 특별피난계단으로 설치하여야 하는데, (   )의 용도로 쓰는 층으로부터의 직통계단은 그 중 1개소 이상을 특별피난계단으로 설치하여야 한다.

① 의료시설   ② 숙박시설
③ 판매시설   ④ 교육연구시설

> **해설** 관련 법규 : 법 제49조, 영 제35조, 해설 법규 : 영 제35조 ①, ③항
> 5층 이상 또는 지하 2층 이하의 층에 설치하는 직통계단은 피난계단 또는 특별피난계단으로 설치하여야 하나, (판매시설)의 용도에 쓰이는 층으로부터의 직통계단은 그 중 1개소 이상을 특별피난계단으로 설치하여야 한다.

정답 92.② 93.② 94.③ 95.② 96.③

97 급수·배수·환기·난방설비를 건축물에 설치하는 경우, 건축기계설비기술사 또는 공조냉동기계기술사의 협력을 받아야 하는 대상 건축물에 속하지 않는 것은?

① 아파트

② 연립주택

③ 기숙사로서 해당 용도에 사용되는 바닥면적의 합계가 2,000m²인 건축물

④ 업무시설로서 해당 용도에 사용되는 바닥면적의 합계가 2,000m²인 건축물

해설 관련 법규 : 법 제68조, 영 제91조의3, 설비규칙 제2조, 해설 법규 : 설비규칙 제2조 4, 5호
판매시설, 연구소, 업무시설에 해당하는 건축물로서 해당 용도에 사용되는 바닥면적의 합계가 3,000m² 이상인 건축물은 관계 전문기술자(건축기계설비기술사, 공조냉동기계기술사)의 협력을 받아야 한다.

98 공작물을 축조할 때 특별자치시장·특별자치도지사 또는 시장·군수·구청장에게 신고를 하여야 하는 대상 공작물 기준으로 옳지 않은 것은? (단, 건축물과 분리하여 축조하는 경우)

① 높이 2m를 넘는 옹벽

② 높이 4m를 넘는 광고탑

③ 높이 6m를 넘는 장식탑

④ 높이 6m를 넘는 굴뚝

해설 관련 법규 : 법 제83조, 영 제118조, 해설 법규 : 영 제118조 ①항
높이 6m를 넘는 굴뚝, 골프연습장 등의 운동시설을 위한 철탑, 주거지역·상업지역에 설치하는 통신용 철탑, 높이 4m를 넘는 장식탑, 기념탑, 첨탑, 광고탑, 광고판, 그 밖에 이와 비슷한 것, 높이 8m를 넘는 고가수조, 높이 2m를 넘는 옹벽 또는 담장, 바닥면적 30m²를 넘는 지하대피호, 높이 8m(위험을 방지하기 위한 난간의 높이는 제외) 이하의 기계식 주차장 및 철골 조립식 주차장(바닥면이 조립식이 아닌 것을 포함)으로서 외벽이 없는 것, 건축조례로 정하는 제조시설, 저장시설(시멘트사일로를 포함), 유희시설, 건축물의 구조에 심대한 영향을 줄 수 있는 중량물로서 건축조례로 정하는 것, 높이 5m를 넘는 태양에너지를 이용하는 발전설비 등의 공작물을 축조(건축물과 분리하여 축조)할 때 특별자치시장·특별자치도지사 또는 시장·군수·구청장에게 신고를 해야 한다.

99 건축법령상 공사감리자가 수행하여야 하는 감리업무에 속하지 않는 것은?

① 공정표의 검토

② 상세시공도면의 작성 및 확인

③ 공사현장에서의 안전관리의 지도

④ 설계변경의 적정 여부의 검토 및 확인

해설 관련 법규 : 법 제25조, 영 제19조, 규칙 제19조의2, 해설 법규 : 규칙 제19조의2
공사감리자가 수행하여야 하는 감리업무는 다음과 같다.
㉮ 공사시공자가 설계도서에 따라 적합하게 시공하는지 여부의 확인
㉯ 공사시공자가 사용하는 건축자재가 관계 법령에 따른 기준에 적합한 건축자재인지 여부의 확인
㉰ 기타 공사감리에 관한 사항으로서 공사감리자는 다음의 업무를 수행한다.
 ㉠ 건축물 및 대지가 이 법 및 관계 법령에 적합하도록 공사시공자 및 건축주를 지도
 ㉡ 시공계획 및 공사관리의 적정 여부 확인
 ㉢ 공사현장에서의 안전관리 지도, 공정표의 검토
 ㉣ 상세시공도면의 검토, 확인
 ㉤ 구조물의 위치와 규격의 적정 여부의 검토, 확인
 ㉥ 품질시험의 실시 여부 및 시험성과의 검토, 확인
 ㉦ 설계변경의 적정 여부의 검토, 확인

★
100 건축물의 대지는 원칙적으로 최소 얼마 이상이 도로에 접하여야 하는가? (단, 자동차만의 통행에 사용되는 도로 제외)

① 1m　　　　② 2m

③ 3m　　　　④ 4m

해설 관련 법규 : 법 제44조, 해설 법규 : 법 제44조 ①항
건축물의 대지는 2m 이상이 도로(자동차만의 통행에 사용되는 도로는 제외)에 접하여야 한다. 다만, 해당 건축물의 출입에 지장이 없다고 인정되는 경우와 건축물의 주변에 대통령령으로 정하는 공지가 있는 경우, 농막을 건축하는 경우에 해당하면 그러하지 아니하다.

제1과목 건축계획

01 학교운영방식에 관한 설명으로 옳지 않은 것은?

① 달톤형은 다양한 크기의 교실이 요구된다.

② 교과교실형은 각 교과교실의 순수율이 낮다는 단점이 있다.

③ 플래툰형은 교사수 및 시설이 부족하면 운영이 곤란하다는 단점이 있다.

④ 종합교실형은 학생의 이동이 없으며, 초등학교 저학년에 적합한 형식이다.

해설 교과교실(V)형은 모든 교실이 특정 교과를 위해 만들어지며, 일반 교실은 없다. 장점은 각 교과 전문의 교실이 주어져, 시설의 질이 높아지고, 각 교과의 순수율이 높아진다. 중학교 고학년에 권장할 형식이다. 단점은 학생의 이동이 많고, 전문교실을 100%로 하지 않는 한 이용률이 반드시 높지는 않으며, 시간표 짜기와 담당교사 수를 맞추기 힘들다. 또한, 안정된 수업 분위기가 불가능하다.

02 주택단지 안의 건축물에 설치하는 계단의 유효 폭은 최소 얼마 이상이어야 하는가? (단, 공동으로 사용하는 계단의 경우)

① 90cm ② 120cm

③ 150cm ④ 180cm

해설 단지 안의 건축물 또는 옥외에 설치하는 계단 중 공동주택으로 사용하는 계단의 유효폭은 최소 120cm(1.2m) 이상으로 하여야 한다.

03 극장 건축에서 무대의 제일 뒤에 설치되는 무대 배경용의 벽을 나타내는 용어는?

① 프로시니엄 ② 사이클로라마

③ 플라이 로프트 ④ 그리드 아이언

해설 극장 건축에서 무대의 제일 뒤에 설치되는 무대배경용 벽을 나타내는 용어는 사이클로라마이다.

04 사무소 건축의 실단위계획에 관한 설명으로 옳지 않은 것은?

① 개실 시스템은 독립성과 쾌적감의 이점이 있다.

② 개방식 배치는 전면적을 유용하게 이용할 수 있다.

③ 개방식 배치는 개실 시스템보다 공사비가 저렴하다.

④ 개실 시스템은 연속된 긴 복도로 인해 방 깊이에 변화를 주기가 용이하다.

해설 개실 시스템은 방 길이에는 변화를 줄 수 있으나, 연속된 긴 복도로 인하여 방 깊이에 변화를 줄 수 없다.

05 주택의 평면과 각 부위의 치수 및 기준척도에 관한 설명으로 옳지 않은 것은?

① 치수 및 기준척도는 안목치수를 원칙으로 한다.

② 거실 및 침실의 평면 각 변의 길이는 10cm를 단위로 한 것을 기준척도로 한다.

③ 거실 및 침실의 층높이는 2.4m 이상으로 하되, 5cm를 단위로 한 것을 기준척도로 한다.

④ 계단 및 계단참의 평면 각 변의 길이 또는 너비는 5cm를 단위로 한 것을 기준척도로 한다.

해설 거실 및 침실의 평면 각 변의 길이는 5cm를 단위로 한 것을 기준척도로 한다.

06 고대 이집트의 분묘 건축 형태에 속하지 않는 것은?

① 인슐라 ② 피라미드

③ 암굴분묘 ④ 마스타바

해설 고대 이집트 분묘의 형식에는 피라미드, 암굴 분묘, 마스타바 등이 있고, 인슐라(insula)는 로마시대의 7~8층 이상의 중정식 고층 건축물로서 밀집된 시가지의 노동자를 위한 주택이다.

★
07 메조넷형(maisonette type) 공동주택에 관한 설명으로 옳지 않은 것은?

① 주택 내의 공간의 변화가 있다.
② 거주성, 특히 프라이버시가 높다.
③ 소규모 단위평면에 적합한 유형이다.
④ 양면 개구에 의한 통풍 및 채광 확보가 양호하다.

해설 한 개의 주호가 두 개 층에 나뉘어 구성되는 메조넷(복층)형은 독립성이 가장 크고 전용면적비가 크나, 소규모 주택(50m² 이하)에는 부적합하다. 또한 구조, 설비 등이 복잡하므로 다양한 평면구성이 불가능하며, 비경제적이다.

08 쇼핑센터에서 고객의 주 보행동선으로서 중심 상점과 각 전문점에서의 출입이 이루어지는 곳은?

① 몰(mall)
② 코트(court)
③ 터미널(terminal)
④ 페데스트리언 지대(pedestrian area)

해설 코트는 몰의 군데군데에 고객이 머물 수 있는 공간을 마련한 곳으로 고객의 휴식처가 되는 동시에 안내를 제공하고 쇼핑센터의 연출장이기도 한 곳이다. 터미널은 기둥 따위의 끝머리 장식 또는 운송기관의 종착역이며, 페데스트리언 지대(쇼핑의 도로)는 고객에게 변화감과 다채로움, 자극과 변화와 흥미를 주며 쇼핑을 유쾌하게 할 뿐만 아니라 휴식을 할 수 있는 장소를 제공한다.

★
09 극장의 평면형식 중 애리나형에 관한 설명으로 옳지 않은 것은?

① 무대의 배경을 만들지 않으므로 경제성이 있다.
② 무대의 장치나 소품은 주로 낮은 가구들로 구성된다.

③ 연기는 한정된 액자 속에서 나타나는 구상화의 느낌을 준다.
④ 가까운 거리에서 관람하면서 가장 많은 관객을 수용할 수 있다.

해설 연기는 한정된 액자 속에서 나타나는 구상화의 느낌을 주는 형식은 프로시니엄형(픽처 프레임형)이다.

★
10 도서관 출납시스템에 관한 설명으로 옳지 않은 것은?

① 자유개가식은 책 내용의 파악 및 선택이 자유롭다.
② 자유개가식은 서가의 정리가 잘 안 되면 혼란스럽게 된다.
③ 폐가식은 규모가 큰 도서관의 독립된 서고의 경우에 채용한다.
④ 폐가식은 서가나 열람실에서 감시가 필요하나 대출절차가 간단하여 관원의 작업량이 적다.

해설 폐가식은 서가나 열람실에서 감시가 필요하지 않으나, 대출 절차가 복잡하여 관원의 작업량이 많다.

11 미술관 전시실의 순회형식에 관한 설명으로 옳은 것은?

① 연속순회형식은 각 실에 직접 들어갈 수 있다는 장점이 있다.
② 갤러리 및 코리도 형식은 하나의 실을 폐쇄하면 전체 동선이 막히게 되는 단점이 있다.
③ 연속순회형식은 연속된 전시실의 한쪽 복도에 의해서 각 실을 배치한 형식이다.
④ 중앙홀형식에서 중앙홀을 크게 하면 동선의 혼란은 없으나 장래의 확장에는 다소 무리가 따른다.

해설 연속순로형식은 많은 실을 순서별로 통하여야 하는 불편이 있고, 1실을 폐문시켰을 경우 전체 동선이 막히며, 갤러리 및 코리도형식은 연속된 전시실의 한쪽 복도에 의해서 각 실을 배치한 형식이다.

★
12 다음 중 기계공장의 지붕을 톱날형으로 하는 이유로 가장 적당한 것은?

① 모양이 좋다.
② 소음이 줄어든다.
③ 빗물처리가 용이하다.
④ 균일한 조도를 얻을 수 있다.

> **해설** 톱날지붕은 외쪽지붕이 연속하여 톱날 모양으로 된 지붕으로서 해가림을 겸하고 변화가 적은 북쪽 광선만을 이용하며, 균일한 조도를 필요로 하는 방직공장에 주로 사용된다.

13 병원 건축의 형식 중 분관식(pavilion type)에 관한 설명으로 옳은 것은?

① 저층 분산형의 형태이다.
② 각 병실의 채광 및 통풍조건이 불리하다.
③ 환자의 이동은 주로 에스컬레이터를 이용한다.
④ 외래부, 부속진료부는 저층부에, 병동은 고층부에 배치한다.

> **해설** 병원의 건축형식 중 분관식은 각 병실의 채광 및 통풍조건이 유리하고, 환자의 이동에 주로 경사로를 이용한 보행 또는 들것을 사용하며, 외래부, 부속진료부 및 병동부를 각각 별동으로 배치한다.

14 주택의 거실계획에 관한 설명으로 옳지 않은 것은?

① 거실에서 문이 열린 침실의 내부가 보이지 않게 한다.
② 거실이 다른 공간들을 연결하는 단순한 통로의 역할이 되지 않도록 한다.
③ 거실의 출입구에서 의자나 소파에 앉을 경우 동선이 차단되지 않도록 한다.
④ 일반적으로 전체 연면적의 10~15% 정도의 규모로 계획하는 것이 바람직하다.

> **해설** 주택의 거실의 크기는 주택 전체 면적의 21~25% 정도가 필요하다.

★
15 다음 건축물 중 익공식(翼工式)에 속하는 것은?

① 강릉 오죽헌   ② 서울 동대문
③ 봉정사 대웅전   ④ 무위사 극락전

> **해설** 서울의 동대문과 봉정사 대웅전은 다포식, 무위사 극락전은 주심포식이다.

★
16 불사건축의 진입방법에서 누하진입방식을 취한 것은?

① 부석사   ② 통도사
③ 화엄사   ④ 범어사

> **해설** 불사의 진입방식 중 누하진입방식에는 부석사, 은혜사, 해인사 및 봉정사 등이 있고, 우각진입방식에는 수덕사, 화엄사 및 범어사 등이 있다.

17 사무소 건축의 엘리베이터 계획에 관한 설명으로 옳지 않은 것은?

① 대면배치에서 대면거리는 동일 군 관리의 경우는 3.5~4.5m로 한다.
② 여러 대의 엘리베이터를 설치하는 경우, 그룹별배치와 군 관리 운전방식으로 한다.
③ 일렬배치는 8대를 한도로 하고, 엘리베이터 중심 간 거리는 8m 이하가 되도록 한다.
④ 엘리베이터 홀은 엘리베이터 정원 합계의 50% 정도를 수용할 수 있어야 하며, 1인당 점유면적은 $0.5 \sim 0.8 m^2$로 계산한다.

> **해설** 일렬배치는 4대를 한도로 하고, 엘리베이터 중심 간 거리는 8m 이하가 되도록 한다.

18 은행의 주출입구에 관한 설명으로 옳지 않은 것은?

① 겨울철의 방풍을 위해 방풍실을 설치하는 것이 좋다.
② 내부와 면한 출입문은 도난방지상 바깥여닫이로 하는 것이 좋다.
③ 이중문을 설치하는 경우, 바깥문은 바깥여닫이 또는 자재문으로 계획할 수 있다.
④ 어린이들의 출입이 많은 곳에서는 안전을 고려하여 회전문 설치를 배제하는 것이 좋다.

> **해설** 은행의 주 출입구는 겨울철에 열 보호를 위하여 전실을 두거나 방풍용 칸막이를 설치하고, 도난방지상 반드시 안여닫이로 하고 전실을 두는 경우에는 바깥문은 외여닫이, 자재문으로 한다.

19 페리(C.A.Perry)의 근린주구에 관한 설명으로 옳지 않은 것은?

① 경계 : 4면의 간선도로에 의해 구획

② 지구 내 상업시설 : 지구 중심에 집중하여 배치

③ 오픈 스페이스 : 주민의 일상생활 요구를 충족시키기 위한 소공원과 위락공간 체계

④ 지구 내 가로체계 : 내부 가로망은 단지 내의 교통량을 원활히 처리하고 통과 교통을 방지

해설 지구 내 상업시설은 주거지 내의 교통의 교차지점(결절점)이나 인접하는 주구와 같은 점포지구에 근접해서 배치되어야 한다.

★
20 다음 중 리조트호텔에 속하지 않는 것은?

① 해변호텔(beach hotel)

② 부두호텔(harbor hotel)

③ 산장호텔(mountain hotel)

④ 클럽하우스(club house)

해설 리조트호텔의 종류에는 비치호텔, 마운틴호텔, 스키호텔, 클럽하우스 및 핫 스프링호텔 등이 있고, 시티호텔의 종류에는 커머셜호텔, 레지던셜호텔, 아파트먼트호텔 및 터미널호텔 등이 있으며, 시티호텔 중 터미널호텔의 종류에는 스테이션호텔, 하버(부두)호텔 및 에어포트(공항)호텔 등이 있다.

제2과목 **건축시공**

★
21 공기단축을 목적으로 공정에 따라 부분적으로 완성된 도면만을 가지고 각 분야별 전문가를 구성하여 패스트 트랙(fast track) 공사를 진행하기에 가장 적합한 조직구조는?

① 기능별 조직(functional organization)

② 매트릭스 조직(matrix organization)

③ 태스크포스 조직(task force organization)

④ 라인스태프 조직(line-staff organization)

해설 기능별 조직은 업무를 기능별(설계·시공 부문)로 나누어 전문 기능을 가진 부문 간의 전문 직장이나 전문가에게 관련 작업의 지휘와 명령 및 감독을 맡기는 방식이다. 매트릭스 조직은 명령 계통이 2군데로서 업무 간의 조정이 용이하고, 최소의 자원으로 최대의 효과를 얻을 수 있으며, 전문가를 효과적으로 배치할 수 있는 방식이다. 태스크포스(전담반) 조직은 조직의 사활이 걸린 중요한 조직으로 각 분야의 전문가들이 모인 한시적인 조직으로 상호 의존적 기능을 필요로 하는 경우에 효과적인 조직이다.

★
22 벽돌쌓기 시공에 관한 설명으로 옳지 않은 것은?

① 연속되는 벽면의 일부를 나중쌓기할 때에는 그 부분을 층단 들여쌓기로 한다.

② 내력벽 쌓기에서는 세워쌓기나 옆쌓기가 주로 쓰인다.

③ 벽돌쌓기 시 줄눈모르타르가 부족하면 하중분담이 일정하지 않아 벽면에 균열이 발생할 수 있다.

④ 창대쌓기는 물흘림을 위해 벽돌을 15° 정도 기울여 벽면에서 3~5cm 정도 내밀어 쌓는다.

해설 내력벽 쌓기에서는 길이쌓기나 마구리쌓기가 주로 쓰인다.

23 굴착구멍 내 지하수위보다 2m 이상 높게 물을 채워 굴착함으로써 굴착 벽면에 $2t/m^2$(0.02MPa) 이상의 정수압에 의해 벽면의 붕괴를 방지하면서 현장타설 콘크리트 말뚝을 형성하는 공법은?

① 베노토 파일

② 프랭키 파일

③ 리버스 서큘레이션 파일

④ 프리팩트 파일

해설 베노토 파일은 강제 케이싱 튜브를 압입하는 동시에 원치를 이용하여 버킷으로 흙을 파내어 말뚝의 구멍을 만들고, 그 속에 콘크리트를 채우며, 케이싱을 빼내어 현장콘크리트 말뚝을 시공하는 공법이다. 프랭키 파일은 제자리 콘크리트 말뚝의 하나로 외관을 지중에 박아 관목에 콘크리트를 넣고 추로 다져 구근을 만들어 외관을 조금씩 빼내는 말뚝 고공법이다. 프리팩트 파일은 지중에 관을 쳐박고 그 속에 자갈을 밀실하게 다져넣고 가는 관을 통하여 유동성이 좋은 모르타르를 압입하여 만든 제자리 콘크리트 말뚝의 일종이다.

★
24 흙의 함수비에 관한 설명으로 옳지 않은 것은?

① 연약점토질 지반의 함수비를 감소시키기 위해서 샌드드레인 공법을 사용할 수 있다.
② 함수비가 크면 흙의 전단강도가 작아진다.
③ 모래지반에서 함수비가 크면 내부마찰력이 감소된다.
④ 점토지반에서 함수비가 크면 점착력이 증가한다.

해설
모래지반의 지내력은 함수율에 의해 거의 변화가 없으나, 진흙은 함수율의 감소로 전단강도가 매우 증가하고, 지내력이 증대된다. 즉, 점토지반에 있어서 함수비가 크면 점착력이 감소하고, 함수비가 작으면 점착력이 증대된다.

25 벽마감공사에서 규격 200×200mm인 타일을 줄눈너비 10mm로 벽면적 100m²에 붙일 때 붙임매수는 몇 장인가? (단, 할증률 및 파손은 없는 것으로 가정한다.)

① 2,238매　　② 2,248매
③ 2,258매　　④ 2,268매

해설
타일 매수의 산정=벽 및 바닥의 면적÷{(타일의 가로길이+줄눈의 너비)×(타일의 세로길이+줄눈의 너비)}이다.
∴ $100,000,000 ÷ [(200+10) × (200+10)]$
= 2,267.57매≒2,268매

★★★
26 지름 100mm, 높이 200mm인 원주 공시체로 콘크리트의 압축강도를 시험하였더니 200kN에서 파괴되었다면 이 콘크리트의 압축강도는?

① 12.89MPa
② 17.48MPa
③ 25.46MPa
④ 50.9MPa

해설
콘크리트의 압축강도$(\sigma) = \dfrac{P(하중)}{A(단면적)}$

여기서, $P=200,000\text{N}$　$A = \dfrac{\pi D^2}{4} = \dfrac{\pi \times 100^2}{4}$

∴ $\sigma = \dfrac{P}{A} = \dfrac{200,000}{\dfrac{\pi \times 100^2}{4}} = 25.46\text{MPa}$

27 철근의 가공·조립에 관한 설명으로 옳지 않은 것은?

① 철근배근도에 철근의 구부리는 내면 반지름이 표시되어 있지 않은 때에는 건축구조기준에 규정된 구부림의 최소 내면 반지름 이하로 철근을 구부려야 한다.
② 철근은 상온에서 가공하는 것을 원칙으로 한다.
③ 철근 조립이 끝난 후 철근배근도에 맞게 조립되어 있는지 검사하여야 한다.
④ 철근의 조립은 녹, 기름 등을 제거한 후 실시한다.

해설
철근의 가공에 있어서 철근배근도에 철근의 구부리는 내면 반지름이 표시되어 있지 않은 때에는 건축구조설계기준에 규정된 구부림의 최소 내면 반지름 이상으로 철근을 구부려야 한다.

★
28 콘크리트의 내화·내열성에 관한 설명으로 옳지 않은 것은?

① 콘크리트의 내화·내열성은 사용한 골재의 품질에 크게 영향을 받는다.
② 콘크리트는 내화성이 우수해서 600℃ 정도의 화열을 장시간 받아도 압축강도는 거의 저하하지 않는다.
③ 철근콘크리트 부재의 내화성을 높이기 위해서는 철근의 피복두께를 충분히 하면 좋다.
④ 화재를 당한 콘크리트의 중성화 속도는 그렇지 않은 것에 비하여 크다.

해설
콘크리트가 약 260℃ 이상이 되면, 시멘트 페이스트 경화체의 결합수가 소실되는 등으로 인하여 콘크리트 강도가 점점 저하하고, 300~350℃ 이상으로 되면 강도의 저하가 현저하며, 500℃에서 상온 강도의 약 40% 이하로 저하(탄성계수의 저하는 상온의 10~20% 정도)한다. 이러한 이유로 인하여 500℃ 이상으로 가열된 콘크리트 구조체의 재사용은 아주 위험하다.

29 ★ 건축 방수공사의 성능확인을 위한 가장 일반적인 시험방법은?

① 수압시험　　　② 기밀시험
③ 실물시험　　　④ 담수시험

해설 건축 방수공사에 있어서 성능확인을 위한 일반적인 시험방법은 방수성(투수 저항성) 시험, 내피로성 시험, 내외상성(충격시험, 패임 등) 시험, 내풍시험, 부품(들뜸)시험, 방수성 안전시험, 내화학 열화성 및 방습층 시험 등이 있으나, 가장 일반적인 방수성능시험법은 담수시험이다.

30 가설건축물 중 시멘트창고에 관한 설명으로 옳지 않은 것은?

① 바닥구조는 일반적으로 마루널깔기로 한다.
② 창고의 크기는 시멘트 100포당 2~3m² 로 하는 것이 바람직하다.
③ 공기의 유통이 잘 되도록 개구부를 가능한 한 크게 한다.
④ 벽은 널판붙임으로 하고 장기간 사용하는 것은 함석붙이기로 한다.

해설 시멘트창고의 설치에 있어서 시멘트의 풍화(시멘트가 공기 중의 습기를 받아 천천히 수화반응을 일으켜 작은 알갱이 모양으로 굳어졌다가 주변의 시멘트와 달라붙어 결국에는 큰 덩어리가 되는 현상) 현상을 방지하기 위하여 출입구 이외의 창호는 설치하지 않는 것이 바람직하다. 즉, 공기의 유통을 막기 위하여 개구부를 가능한 한 작게 설치한다.

31 ★ 레디믹스트 콘크리트(ready mixed concrete)를 사용하는 이유로 옳지 않은 것은?

① 시가지에서는 콘크리트를 혼합할 장소가 좁다.
② 현장에서는 균질한 품질의 콘크리트를 얻기 어렵다.
③ 콘크리트의 혼합이 충분하여 품질이 고르다.
④ 콘크리트의 운반거리 및 운반시간에 제한을 받지 않는다.

해설 콘크리트의 운반거리 및 운반시간에 제한을 받는다.

32 ★ 폴리머함침 콘크리트에 관한 설명으로 옳지 않은 것은?

① 시멘트계의 재료를 건조시켜 미세한 공극에 수용성 폴리머를 함침·중합시켜 일체화한 것이다.
② 내화성이 뛰어나며 현장시공이 용이하다.
③ 내구성 및 내약품성이 뛰어나다.
④ 고속도로 포장이나 댐의 보수공사 등에 사용된다.

해설 내화성이 작고, 현장시공이 난이하다.

33 다음 중 비철금속에 해당되지 않는 것은 어느 것인가?

① 알루미늄　　　② 탄소강
③ 동　　　　　　④ 아연

해설 비철금속(철 이외의 금속)의 종류에는 구리(동), 납, 아연, 알루미늄, 티탄, 니켈 등이 있다.

34 VE(Value Engineering)의 사고방식과 가장 거리가 먼 것은?

① 제도, 법규 위주의 사고
② 비용절감
③ 발주자, 사용자 중심의 사고
④ 기능 중심의 사고

해설 V.E(Value Engineering, 가치공학)는 전 작업과정에서 최저의 비용으로 필요한 기능을 달성하기 위하여 기능분석과 개선에 쏟는 조직적인 노력으로, 개념은 ②, ③항 및 ④항 이외에 조직력 강화, 경쟁력 제고 및 기업체질의 개선 등에 있다.

35 ★ 철골공사 용접작업의 용접자세를 표현하는 각 기호의 의미하는 바가 옳은 것은?

① F : 수평자세　②H : 수직자세
③ O : 상향자세　④ V : 하향자세

해설 철골의 용접작업의 용접자세의 기호는 하향자세는 F(flat position), 수평자세는 H(horizontal position), 수직자세는 V(vertical position), 상향자세는 O(overhead position)이다.

36 건축물이 초고층화, 대형화됨에 따라 발생되는 기둥 축소량(column shortening)의 방지대책으로 적합하지 않은 것은?

① 구조설계 시 변위발생량에 대해 여유 있게 산정한다.
② 전체 건물의 층을 몇 절(tier)로 등분하여 변위차이를 최소화한다.
③ 가조립 시 위치별, 단면크기별 등 변위를 충분히 발생시킨 후 본조립한다.
④ 시공 시 발생되는 변위를 최대한 보정한 후 실시한다.

해설 기둥 축소(column shortening, 건물의 벽체 및 기둥과 같은 수직부재는 연직하중으로 인하여 신축량이 발생하는데 이때 발생하는 수직부재의 축소변위를 의미)는 구조설계 시 변위발생량에 대해 여유 없이 산정한다.

37 철골재의 수량산출에서 사용되는 재료별 할증률로 옳지 않은 것은?

① 고장력 볼트 : 5%
② 강판 : 10%
③ 봉강 : 5%
④ 강관 : 5%

해설 고장력 볼트의 할증률은 3%이다.

38 매스콘크리트(mass concrete)의 타설 및 양생에 관한 설명으로 옳지 않은 것은?

① 내부온도가 최고온도에 달한 후에는 보온하여 중심부와 표면부의 온도차 및 중심부의 온도강하 속도가 크지 않도록 양생한다.
② 신구 콘크리트의 유효탄성계수 및 온도차이가 클수록 이어붓기 시간간격을 길게 하면 할수록 좋다.
③ 부어넣는 콘크리트의 온도는 온도균열을 제어하기 위해 가능한 한 저온(일반적으로 35℃ 이하)으로 해야 한다.
④ 거푸집널 및 보온을 위하여 사용한 재료는 콘크리트 표면부의 온도와 외기온도와의 차이가 작아지면 해체한다.

해설 매스콘크리트는 부어넣기 중의 이어붓기 시간간격을 균열제어 관점에서 구조물의 형상과 구속조건에 따라 적절히 정한다. 온도변화에 의한 응력은 신구 콘크리트의 유효탄성계수 및 온도차이가 클수록 커지므로 이어붓기 시간간격을 지나치게 길게 하는 일을 피해야 하고, 너무 짧게 하면 콘크리트 전체의 온도가 높아져서 균열 발생 가능성이 커질 우려가 있다.

★
39 콘크리트 배합 시 시공연도와 가장 거리가 먼 것은?

① 시멘트 강도
② 골재의 입도
③ 혼화제
④ 혼합시간

해설 콘크리트의 시공연도에 영향을 주는 요인은 수량뿐만 아니라, 시멘트의 분말도, 골재의 성질 및 모양, 배합 및 비비기의 정도, 혼합 후의 시간 등에 따라 달라진다.

40 계약제도의 하나로서 독립된 회사의 연합으로 법인을 설립하지 않으며 공사의 책임과 공사 클레임 등을 각각 독립된 회사의 계약당사자가 책임을 지는 방식은?

① 공동도급(joint venture)
② 파트너링(partnering)
③ 컨소시엄(consortium)
④ 분할도급(partial contract)

해설 공동도급은 1개의 회사가 단독으로 도급을 맡기에는 공사규모가 큰 경우 2개 이상의 건설회사가 임시로 결합·조직·공동출자하여 연대책임하에 공사를 수급하여 공사완성 후 해산하는 도급방식이다. 파트너링은 발주자가 직접 설계·시공에 참여하고, 프로젝트 관련자들이 프로젝트의 성공과 이익확보를 공동목표로 프로젝트를 집행·관리하는 제도이다. 분할도급은 공사를 여러 유형으로 분할하여 각기 따로 전문도급업자를 선정하여 도급계약을 맺는 방식이다.

제3과목 건축구조

41 그림과 같은 단순보를 I–200×100×7로 설계하였다면 최대 처짐량은? (단, $I_x = 2.18 \times 10^7 \text{mm}^4$, $E = 2.0 \times 10^5 \text{MPa}$)

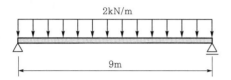

① 32.1mm ② 33.6mm
③ 34.5mm ④ 39.2mm

해설 δ_{max}(단순보에 등분포하중이 전 구간에 걸쳐 작용하는 경우의 최대 처짐)

$$= \frac{5\omega l^4}{384EI} = \frac{5 \times 2,000/1,000 \times (9,000)^4}{384 \times 2.0 \times 10^5 \times 2.18 \times 10^7}$$

$$= 39.187 \text{mm} \fallingdotseq 39.2 \text{mm}$$

42 다음과 같은 조건에서의 필렛용접의 최소 사이즈는 얼마인가?

접합부의 얇은 쪽 모재두께(t), mm
$6 < t \leq 13$

① 3mm ② 5mm
③ 6mm ④ 8mm

해설 필렛용접(모살용접)의 최소 사이즈

접합부의 얇은 쪽 판두께	모살용접의 최소 사이즈
$t \leq 6$	3mm
$6 < t \leq 13$	5mm
$13 < t \leq 19$	6mm
$t > 19$	8mm

43 콘크리트 압축강도가 30MPa일 때 보통골재를 사용한 콘크리트의 탄성계수는?

① $2.62 \times 10^4 \text{MPa}$
② $2.75 \times 10^4 \text{MPa}$
③ $2.95 \times 10^4 \text{MPa}$
④ $3.12 \times 10^4 \text{MPa}$

해설 E_c(콘크리트의 탄성계수)$= 8,500 \sqrt[3]{f_{cm}}$ 이다.

$f_{cm} = f_{ck} + \Delta f$($f_{ck}$가 40MPa 이하면 4MPa, 60MPa 이상이면 6MPa이고, 그 사이는 직선보간한다.)

$$\therefore E_c = 8,500 \sqrt[3]{f_{cm}} = 8,500 \sqrt[3]{f_{ck} + \Delta f}$$
$$= 8,500 \sqrt[3]{30+4}$$
$$= 27,536.7 = 2.75 \times 10^4 \text{MPa}$$

44 강도설계법에서 단철근 직사각형 보의 단면이 $b = 400\text{mm}$, $d = 800\text{mm}$이고 등가응력블록 깊이 a가 100mm일 경우 철근비는? (단, $f_y = 300\text{MPa}$, $f_{ck} = 24\text{MPa}$)

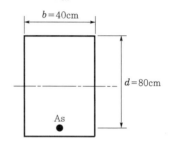

① 0.0035 ② 0.0057
③ 0.0085 ④ 0.0103

해설 P_t(인장철근비)$= \frac{A_{st}}{bd}$ 이다. $a = \frac{A_{st}f_y}{0.85\eta f_{ck}b}$ 이므로

$$A_{st} = \frac{0.85\eta f_{ck}ba}{f_y} = \frac{0.85 \times 1 \times 24 \times 400 \times 100}{300} = $$
$2,720 \text{mm}^2$, $b = 400\text{mm}$, $d = 800\text{mm}$이다.

$$\therefore P_t = \frac{A_{st}}{bd} = \frac{2,720}{400 \times 800} = 0.0085$$

45 그림에서 B점에 도달되는 모멘트는 얼마인가?

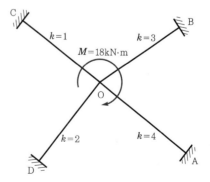

① 2.7kN · m ② 3.0kN · m
③ 5.4kN · m ④ 6.0kN · m

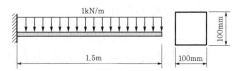

해설

OB부재의 분배모멘트 = 절점 모멘트 × $\dfrac{\text{부재의 해당 강비}}{\text{강비의 합계}}$

그러므로, OB부재의 분배모멘트 $= 18 \times \dfrac{3}{1+2+3+4}$
$= 5.4\,\text{kN} \cdot \text{m}$이고, 고정단이므로 도달모멘트는 0.5이
므로 $0.5 \times 5.4 = 2.7\,\text{kN} \cdot \text{m}$

★★
46 다음 그림에서 동일한 처짐이 되기 위한 P_1, P_2의 값의 비로 옳은 것은? (단, 부재의 EI는 일정하다.)

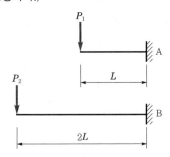

① $P_1 : P_2 = 2 : 1$ ② $P_1 : P_2 = 4 : 1$

③ $P_1 : P_2 = 6 : 1$ ④ $P_1 : P_2 = 8 : 1$

해설

캔틸레버 끝단에 집중하중이 작용하는 경우 최대 처짐
량은 $\delta = \dfrac{Pl^3}{3EI}$이다.

P_1이 작용하는 캔틸레버보의 처짐은 $\delta_{P_1} = \dfrac{P_1 L^3}{3EI}$

P_2가 작용하는 캔틸레버보의 처짐은 $\delta_{P_2} = \dfrac{P_2 (2L)^3}{3EI}$

$\delta_{P_1} = \delta_{P_2}$에 의해서 $\dfrac{P_1 L^3}{3EI} = \dfrac{P_2 (2L)^3}{3EI}$이므로

$P_1 L^3 = 8 P_2 L^3$이다.

∴ $P_1 : P_2 = 8 : 1$이다.

47 폭이 $b = 100\,\text{mm}$, 높이가 $h = 200\,\text{mm}$인 단면에 전단력 4kN이 작용할 때 최대 전단응력을 구하면?

① 0.3MPa   ② 0.4MPa
③ 0.5MPa   ④ 0.6MPa

해설

$\tau_{\max}$(최대 전단응력도) $= \dfrac{1.5S}{A}$

$\qquad = \dfrac{1.5 \times 4,000}{100 \times 200} = 0.3\,\text{MPa}$

48 길이가 1.5m이고, 한 변이 100mm인 정사각형 단면을 가지고 있는 캔틸레버보의 최대 휨응력과 최대 처짐을 구하면? (단, 부재의 탄성계수 : $1 \times 10^4\,\text{MPa}$)

(그림: 1kN/m 등분포하중, 1.5m, 100mm × 100mm 단면)

① 최대 휨응력 : 3.37MPa, 최대 처짐 : 3.8mm
② 최대 휨응력 : 3.37MPa, 최대 처짐 : 7.6mm
③ 최대 휨응력 : 6.75MPa, 최대 처짐 : 3.8mm
④ 최대 휨응력 : 6.75MPa, 최대 처짐 : 7.6mm

해설

㉠ $\sigma_{\max}$(최대 휨응력) $= \dfrac{M(\text{휨모멘트})}{Z(\text{단면계수})}$

$= \dfrac{\frac{\omega l^2}{2}}{\frac{bh^2}{6}} = \dfrac{3\omega l^2}{bh^2} = \dfrac{3 \times 1 \times 1,500^2}{100 \times 100^2} = 6.75\,\text{MPa}$

㉡ $\delta_{\max}$(캔틸레버에 등분포하중이 전 구간에 걸쳐 작용하는 경우의 최대 처짐) $= \dfrac{\omega l^4}{8EI}$

$= \dfrac{1,000/1,000 \times (1,500)^4}{8 \times 1.0 \times 10^4 \times \frac{100^4}{12}} = 7.593\,\text{mm} \fallingdotseq 7.6\,\text{mm}$

49 인장이형철근 및 압축이형철근의 정착길이(l_d)에 관한 기준으로 옳지 않은 것은? (단, KBC2016 기준)

① 계산에 의하여 산정한 인장이형철근의 정착길이는 항상 250mm 이상이어야 한다.
② 계산에 의하여 산정한 압축이형철근의 정착길이는 항상 200mm 이상이어야 한다.
③ 인장 또는 압축을 받는 하나의 다발철근 내에 있는 개개 철근의 정착길이 l_d는 다발철근이 아닌 경우의 각 철근의 정착길이보다 3개의 철근으로 구성된 다발철근에 대해서 20%를 증가시켜야 한다.
④ 단부에 표준갈고리가 있는 인장이형철근의 정착길이는 항상 $8d_b$ 이상 또한 150mm 이상이어야 한다.

해설 인장이형철근 및 이형철선의 정착길이는 항상 300mm 이상이어야 한다.

50 그림과 같은 구조물의 부정정 차수는?

① 1차   ② 2차
③ 3차   ④ 4차

해설
㉠ $S+R+N-2K$ 에서, $S=4$, $R=6$, $N=2$, $K=5$이므로
$S+R+N-2K=4+6+2-2\times5=2$차 부정정
㉡ $R+C-3M$에서, $R=6$, $C=8$, $M=4$이므로
$R+C-3M=6+8-3\times4=2$차 부정정

★★
51 그림과 같은 철근콘크리트보의 균열모멘트 (M_{cr})값은? (단, 보통중량콘크리트 사용, $f_{ck}=$ 24MPa, $f_y=400$MPa)

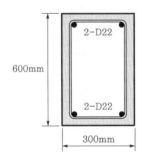

① 21.5kN · m   ② 33.6kN · m
③ 42.8kN · m   ④ 55.6kN · m

해설
M_{cr}(균열모멘트)$=\dfrac{f_r I_g}{y_t}=\dfrac{0.63\lambda\sqrt{f_{ck}}\,I_g}{y_t}$ 에서,
$\lambda=1$, $I_g=\dfrac{bh^3}{12}=\dfrac{300\times600^3}{12}=5,400,000,000\text{mm}^4$,
$y_t=300$mm이므로
$\therefore\ M_{cr}=\dfrac{f_r I_g}{y_t}=\dfrac{0.63\lambda\sqrt{f_{ck}}\,I_g}{y_t}$
$=\dfrac{0.63\times1\times\sqrt{24}\times5,400,000,000}{300}$
$=55,554,427.36$
$=55.554$kN · m

52 강도설계법에서 처짐을 계산하지 않는 경우, 철근콘크리트보의 최소 두께 규정으로 옳은 것은? (단, 보통콘크리트 $m_c=2,300$kg/m³와 설계기준 항복강도 400MPa 철근을 사용한 부재)

① 1단 연속 : $l/18.5$
② 단순 지지 : $l/15$
③ 양단 연속 : $l/24$
④ 캔틸레버 : $l/10$

해설 처짐을 계산하지 않는 경우 보의 최소 두께

부재	최소 두께(h)			
	단순 지지	1단 연속	양단 연속	캔틸레버
보	$l/16$	$l/18.5$	$l/21$	$l/8$

53 연약지반에 대한 대책으로 옳지 않은 것은?

① 지반개량공법을 실시한다.
② 말뚝기초를 적용한다.
③ 독립기초를 적용한다.
④ 건물을 경량화한다.

해설
연약지반에 대한 대책
㉠ 상부 구조와의 관계 : 건물의 경량화, 평균 길이를 짧게, 강성을 높일 것, 이웃 건물과의 거리를 멀게, 건물중량의 분배 등
㉡ 기초구조와의 관계 : 굳은 층(경질 지반)에 지지, 마찰말뚝을 사용, 지하실의 설치 등이다.
㉢ 지반관계 : 지반개량공법(흙다지기, 물빼기, 바꿈 등의 처리 등)

★
54 강구조 기둥의 주각부에 관한 설명으로 옳지 않은 것은?

① 기둥의 응력이 크면 윙플레이트, 접합앵글, 리브 등으로 보강하여 응력의 분산을 도모한다.
② 앵커볼트는 기초콘크리트에 매입되어 주각부의 이동을 방지하는 역할을 한다.
③ 주각은 조건에 관계없이 고정으로만 가정하여 응력을 산정한다.
④ 축방향력이나 휨모멘트는 베이스플레이트 저면의 압축력이나 앵커볼트의 인장력에 의해 전달된다.

해설 주각은 고정과 핀의 경우로 가정하여 응력을 산정하나, 주로 핀접합으로 산정한다.

55 래티스형식 조립압축재에 관한 설명으로 옳지 않은 것은?

① 단일 래티스 부재의 세장비 L/r은 140 이하로 한다.

② 단일 래티스 부재의 부재축에 대한 기울기는 60° 이상으로 한다.

③ 복래티스 부재의 세장비 L/r은 180 이하로 한다.

④ 복래티스 부재의 부재축에 대한 기울기는 45° 이상으로 한다.

해설 조립압축재의 세장비는 단일 래티스의 경우는 140 이하, 복래티스의 경우는 200 이하로 하고, 그 교차점을 접합하며, 단일 래티스의 기울기는 60° 이상, 복래티스의 기울기는 45° 이상이다.

56 기초설계 시 장기 150kN(자중 포함)의 하중을 받는 경우 장기허용지내력도 20kN/m²의 지반에서 필요한 기초판의 크기는?

① 1.6m×1.6m

② 2.0m×2.0m

③ 2.4m×2.4m

④ 2.8m×2.8m

해설 기초판의 크기$(A) = \dfrac{P(하중)}{\sigma(허용\ 지내력도)}$

$P = 150\text{kN}$, $\sigma = 20\text{kN/m}^2$이므로, $A = \dfrac{P}{\sigma} = \dfrac{150}{20}$

$= 7.5\text{m}^2$ 이상,

①항은 2.56m^2, ②항은 4m^2, ③항은 5.76m^2, ④항은 7.84m^2이므로 7.5m^2 이상인 ④번이 답이다.

57 그림과 같은 트러스에서 a부재의 부재력은 얼마인가?

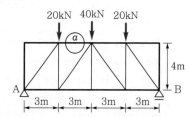

① 20kN(인장)

② 30kN(압축)

③ 40kN(인장)

④ 60kN(압축)

해설 트러스 구조의 반력을 구하면

㉠ $\Sigma M_B = 0$에 의해서

$V_A \times (3+3+3+3) - 20 \times (3+3+3) - 40$
$\times (3+3) - 20 \times 3 = 0$

$\therefore\ V_A = \dfrac{(180+240+60)}{12} = 40\text{kN}(\uparrow)$

㉡ 부재력의 산정(아래 그림 참고)

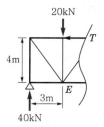

절단법을 이용하여 a부재의 부재력을 T라 하고, 부재력을 구하면, $\Sigma M_E = 0$에 의해서,

$40 \times 3 - T \times 4 = 0$

$\therefore\ T = 30\text{kN}(압축력)$

58 다음 모살용접부의 유효 용접면적은?

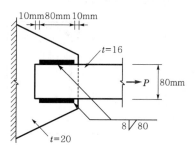

① 614.4mm²

② 691.2mm²

③ 716.8mm²

④ 806.4mm²

해설 모살용접의 유효 단면적$(A_n) =$ 유효 목두께$(a) \times$용접의 유효 길이(l_e)이고, 유효 목두께$(a) = 0.7S$(모살치수)이며, 용접의 유효길이$(l_e) =$용접길이$(l) - 2 \times S$(모살치수)이다. 또한, 용접은 양면용접이고, 모살치수는 8mm, 용접길이는 80mm이다.

$\therefore\ A_n = 2 \times 0.7S \times (l-2S)$

$= 2 \times 0.7 \times 8 \times (80-2 \times 8) = 716.8\text{mm}^2$

59 말뚝머리지름이 400mm인 기성콘크리트 말뚝을 시공할 때 그 중심 간격으로 가장 적당한 것은?

① 800mm

② 900mm

③ 1,000mm

④ 1,100mm

해설 기성 콘크리트 말뚝의 말뚝중심 간 거리는 다음 ㉠, ㉡의 최대값으로 하여야 한다.
㉠ 말뚝 직경의 2.5배 이상 : $2.5 \times 400 = 1,000$mm 이상,
㉡ 75cm 이상 : 750mm 이상이다.
그러므로 ㉠, ㉡의 최대값인 말뚝중심 간의 최소거리는 1,000mm 이상이다.

★
60 그림과 같은 단순보의 양단 수직반력을 구하면?

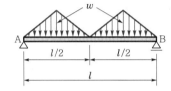

① $R_A = R_B = \dfrac{wl}{2}$ ② $R_A = R_B = \dfrac{wl}{4}$

③ $R_A = R_B = \dfrac{wl}{6}$ ④ $R_A = R_B = \dfrac{wl}{8}$

해설 등변분포하중을 집중하중으로 바꾸면, 그림 (b)와 같고, 지점 A의 수직반력(V_A), 지점 B의 수직반력(V_B)을 상향으로 가정하고, 힘의 비김조건 중 $\Sigma M = 0$을 이용하면,
㉠ $\Sigma M_B = 0$이므로

$V_A \cdot l - \dfrac{wl}{8} \times \dfrac{5l}{6} - \dfrac{wl}{8} \times \dfrac{2l}{3} - \dfrac{wl}{8} \times \dfrac{l}{3} - \dfrac{wl}{8} \times \dfrac{l}{6} = 0$

$\therefore V_A = \dfrac{wl}{4}(\uparrow)$

㉡ $\Sigma M_A = 0$이므로

$-V_B \cdot l + \dfrac{wl}{8} \times \dfrac{5l}{6} + \dfrac{wl}{8} \times \dfrac{2l}{3} + \dfrac{wl}{8} \times \dfrac{l}{3} + \dfrac{wl}{8} \times \dfrac{l}{6} = 0$

$\therefore V_B = \dfrac{wl}{4}(\uparrow)$

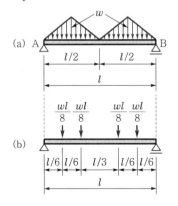

★★★
61 자동화재탐지설비의 열감지기 중 주위온도가 일정 온도 이상일 때 작동하는 것은?

① 차동식
② 정온식
③ 광전식
④ 이온화식

해설 이온화식 감지기는 연기감지기로서 연기가 감지기 속에 들어가면 연기의 입자로 인해 이온 전류가 변화하는 것을 이용한 것이다. 광전식 감지기는 연기 입자로 인해서 광전소자에 대한 입사광량이 변화하는 것을 이용하여 작동하게 하는 것이다. 차동식 스폿형 감지기는 주위온도가 일정한 온도 상승률 이상으로 되었을 때 작동하는 것으로 화기를 취급하지 않는 장소에 가장 적합한 감지기이다.

62 온수난방과 비교한 증기난방의 설명으로 옳은 것은?

① 예열시간이 길다.
② 한랭지에서 동결의 우려가 있다.
③ 부하변동에 따른 방열량 제어가 용이하다.
④ 열매온도가 높으므로 방열기의 방열면적이 작아진다.

해설 증기난방은 온수난방에 비해 예열시간이 짧고, 한랭지에서 동결의 우려가 없으며, 부하변동에 따른 방열량의 제어가 난이하다.

★★
63 광속이 2,000lm인 백열전구로부터 2m 떨어진 책상에서 조도를 측정하였더니 200lx이었다. 이 책상을 백열전구로부터 4m 떨어진 곳에 놓고 측정하였을 때 조도는?

① 50lx ② 100lx
③ 150lx ④ 200lx

해설 조도 $= \dfrac{광속}{거리^2}$ 이다.
그런데, 광속이 일정하면, 조도는 거리의 제곱에 반비례하므로 거리가 2m에서 4m, 즉 거리가 2배가 되었으므로 조도는 $1/2^2 = 1/4$이 된다. 그러므로, 200lx의 1/4은 50lx이다.

★
64 급기온도를 일정하게 하고 송풍량을 변화시켜서 실내온도를 조절하는 공기조화방식은?

① FCU 방식
② 이중 덕트 방식
③ 정풍량 단일 덕트 방식
④ 변풍량 단일 덕트 방식

해설 정풍량 단일 덕트 방식은 모든 공기조화방식의 기본으로 중앙의 공기처리장치인 공조기와 공기조화 반송장치로 구성된다. 단일 덕트를 통하여 여름에는 냉풍, 겨울에는 온풍을 일정량 공급하여 공기조화하는 방식이다. 이중 덕트 방식은 냉풍과 온풍의 2개의 풍도를 설비하여 말단에 설치한 혼합 유닛(냉풍과 온풍을 실내의 챔버에서 자동으로 혼합)으로 냉풍과 온풍을 합해 송풍함으로써 공기조화를 하는 방식이다. 팬코일 유닛 방식은 중앙공조방식 중 전수방식으로서 펌프에 의해 냉·온수를 이송하므로 송풍기에 의한 공기의 이송동력보다 적게 드는 공조방식이다.

65 옥내소화전설비의 설치기준으로 옳지 않은 것은?

① 방수구는 바닥으로부터의 높이가 1.5m 이하가 되도록 한다.
② 연결송수관설비의 배관과 겸용할 경우의 주배관은 구경 100mm 이상으로 한다.
③ 특정소방대상물의 각 부분으로부터 하나의 옥내소화전방수구까지의 수평거리가 30m 이하가 되도록 한다.
④ 수원은 그 저수량이 옥내소화전의 설치개수가 가장 많은 층의 설치 개수(2개 이상 설치된 경우에는 2개)에 2.6m³를 곱한 양 이상이 되도록 한다.

해설 옥내소화전설비는 특정소방대상물의 각 부분으로부터 하나의 옥내소화전방수구까지의 수평거리가 25m (호스릴옥내소화전 설비를 포함) 이하가 되도록 할 것

66 엘리베이터의 안전장치 중 일정 이상의 속도가 되었을 때 브레이크 등을 작동시키는 기능을 하는 것은?

① 조속기   ② 권상기
③ 완충기   ④ 가이드 슈

해설 권상기는 엘리베이터를 구동하기 위한 장치이고, 완충기는 모든 정지장치가 고장나거나 로프가 끊어져서 카가 최하층 슬래브에 추락한 경우 낙하충격을 흡수 완화시키기 위한 스프링 장치이다. 가이드 슈는 엘리베이터의 승강기틀 또는 균형추틀의 위쪽 끝이나 아래쪽 끝에 설치되며, 가이드 레일면과 접촉되고 연동하면서 승강기와 추를 가이드하는 장치이다.

67 LPG에 관한 설명으로 옳지 않은 것은?

① 비중이 공기보다 작다.
② 액화석유가스를 말한다.
③ 액화하면 그 체적은 약 1/250로 된다.
④ 상압에서는 기체이지만 압력을 가하면 액화된다.

해설 액화석유가스(LPG)의 발열량은 도시가스와 LNG보다 크며, 연소시에 공기량(산소량)이 많이 소요되고, 비중이 공기의 약 1.5배, 부탄은 2배 정도로 가스가 바닥에 쌓일 위험이 있다. 특히 무색·무취·무미이고 금속에 대한 부식성이 약하다.

★
68 다음 중 알칼리 축전지에 관한 설명으로 옳지 않은 것은?

① 고율방전특성이 좋다.
② 공칭전압은 2(V/셀)이다.
③ 기대수명이 10년 이상이다.
④ 부식성의 가스가 발생하지 않는다.

해설 공칭전압은 1.2(V/셀)이다.

★
69 습공기가 냉각되어 포함되어 있던 수증기가 응축되기 시작하는 온도를 의미하는 것은?

① 노점온도
② 습구온도
③ 건구온도
④ 절대온도

해설 습구온도는 습구온도계의 온도를 말하며, 습구온도와 건구온도의 온도 차에 의하여 공식 또는 이것을 표로 만든 것에서 상대습도를 구한다. 건구온도는 보통의 온도계로 측정한 온도로서 보통 공기온도 또는 기온을 의미한다. 절대온도는 열역학적으로 최저온도를 0℃로 하여 측정한 온도, 즉 -273℃를 0도로 하여 측정한 온도이다.

70 자연환기에 관한 설명으로 옳은 것은?

① 풍력환기에 의한 환기량은 풍속에 반비례한다.

② 풍력환기에 의한 환기량은 유량계수에 비례한다.

③ 중력환기에 의한 환기량은 공기의 입구와 출구가 되는 두 개구부의 수직거리에 반비례한다.

④ 중력환기에서는 실내온도가 외기온도보다 높을 경우, 공기는 건물 상부의 개구부에서 들어와서 하부의 개구부로 나간다.

해설 풍력환기에 의한 환기량은 풍속에 비례하고, 공기의 입구와 출구가 되는 두 개구부의 수직거리에 비례하며, 중력환기에 있어서 실내온도가 외기온도보다 높을 경우, 공기는 건물 상부의 개구부에서 나가고, 하부의 개구부로 들어온다.

71 보일러 하부의 물드럼과 상부의 기수드럼을 연결하는 다수의 관을 연소실 주위에 배치한 구조로 상부 기수드럼 내의 증기를 사용하는 보일러는?

① 수관 보일러

② 관류 보일러

③ 주철제 보일러

④ 노통연관 보일러

해설 관류 보일러는 효율이 80~90%로, 증기를 사용해 고압 대용량에 적합하고, 고온수를 사용할 경우 지역난방용으로 사용한다. 주철제 보일러는 증기와 온수를 사용해 중·소 건물의 급탕 및 난방용으로 사용한다. 노통연관 보일러는 부하변동에 잘 적응되며, 보유수면이 넓어서 급수 용량제어가 쉽다.

★
72 덕트의 치수 결정방법에 속하지 않는 것은?

① 균등법

② 등속법

③ 등마찰법

④ 정압 재취득법

해설 덕트 치수를 결정하는 방법에는 등속법, 정압법(등마찰손실법), 정압 재취득법 등이 있다.

73 배수트랩의 구비조건으로 옳지 않은 것은?

① 가동부분이 있을 것

② 자기세정 기능을 가지고 있을 것

③ 봉수깊이는 50mm 이상 100mm 이하일 것

④ 오수에 포함된 오물 등이 부착 또는 침전하기 어려운 구조일 것

해설 트랩의 필요조건은 봉수가 확실하고 유효하게 유지되는 구조이며, 구조가 간단하고 자기세정(자정)작용을 하며, 청소가 용이해야 한다. 또한, 유수면은 평활하여 오수가 정체되지 않고, 재질은 내식성·내구성이 있어야 한다. 특히, 가동부분이 없어야 한다.

74 다음 중 약전설비에 속하는 것은?

① 변전설비　　　② 전화설비

③ 축전지설비　　④ 자가발전설비

해설 전등설비는 강전설비이고, 인터폰설비, 전화설비, 방송설비 등은 약전설비이다.

75 합성 최대 수용전력이 1,000kW, 부하율이 0.6일 때 평균 전력(kW)은?

① 600　　　　　② 800

③ 1,000　　　　④ 1,667

해설
$$부하율 = \frac{평균 수용전력(kW)}{최대 수용전력(kW)} \times 100\% = 0.25 \sim 0.6$$
이므로, 평균 수용전력 = 최대 수용전력×부하율이다.
∴ 평균 수용전력 = 최대 수용전력×부하율
= 1,000×0.6
= 600kW

76 급수방식 중 고가수조방식에 관한 설명으로 옳은 것은?

① 상향급수 배관방식이 주로 사용된다.

② 3층 이상의 고층으로의 급수가 어렵다.

③ 압력수조방식에 비해 급수압 변동이 크다.

④ 펌프직송방식에 비해 수질오염 가능성이 크다.

해설 고가수조방식은 하향급수 배관방식이 주로 사용되고, 3층 이상의 고층으로의 급수가 용이하며, 압력수조방식에 비해 급수압이 일정하다.

★
77 급탕배관에 관한 설명으로 옳지 않은 것은?

① 관의 신축을 고려하여 굽힘 부분에는 스위블 이음 등으로 접합한다.

② 관의 신축을 고려하여 건물의 벽관통 부분의 배관에는 슬리브를 사용한다.

③ 역구배나 공기 정체가 일어나기 쉬운 배관 등 온수의 순환을 방해하는 것은 피한다.

④ 배관재로 동관을 사용하는 경우 관 내 유속을 느리게 하면 부식되기 쉬우므로 2.5m/s 이상으로 하는 것이 바람직하다.

해설 배관재로 동관을 사용하는 경우 관 내 유속을 빠르게 하면 부식되기 쉬우므로 2.0m/s 이하로 하는 것이 바람직하다.

78 작업면의 필요조도가 400lx, 면적이 10m², 전등 1개의 광속이 2,000lm, 감광 보상률이 1.5, 조명률이 0.6일 때 전등의 소요 수량은?

① 3등
② 5등
③ 8등
④ 10등

해설
N(조명등 개수)

$$= \frac{E(\text{조도})A(\text{실의 면적})}{F(\text{조명등 1개의 광속})U(\text{조명률})M(\text{유지율})}$$

즉, $N = \dfrac{EA}{FUM} = \dfrac{EAD}{FU}$ 에서, $E=400$, $A=10\text{m}^2$,

$D = \dfrac{1}{M} = 1.5$, $F=2,000$, $U=0.6$ 이다.

$\therefore N = \dfrac{EAD}{FU} = \dfrac{400 \times 10 \times 1.5}{2,000 \times 0.6} = 5(\text{개})$

79 다음 중 압축식 냉동기의 냉동사이클로 옳은 것은?

① 압축 → 응축 → 팽창 → 증발
② 압축 → 팽창 → 응축 → 증발
③ 응축 → 증발 → 팽창 → 압축
④ 팽창 → 증발 → 응축 → 압축

해설 냉동 사이클은 다음 그림과 같다.

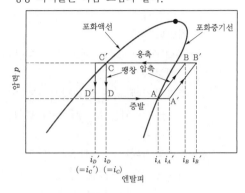

★
80 대변기에 설치한 세정 밸브(flush valve)의 최저 필요 압력은?

① 10kPa 이상
② 30kPa 이상
③ 50kPa 이상
④ 70kPa 이상

해설 세정 밸브의 압력은 최저 필요 압력 : 0.07MPa 이상, 표준 필요 압력 : 0.1MPa 이상, 최고 필요 압력 : 0.4MPa 이상이다.

제5과목 건축관계법규

★★
81 주거기능을 위주로 이를 지원하는 일부 상업기능 및 업무기능을 보완하기 위하여 지정하는 주거지역의 세분은?

① 준주거지역
② 제1종 전용주거지역
③ 제1종 일반주거지역
④ 제2종 일반주거지역

해설 관련 법규 : 법 제36조, 영 제30조, 해설 법규 : 영 제30조 2호 라목
제1종 전용주거지역은 단독주택 중심의 양호한 주거환경을 보호하기 위하여 필요한 지역이고, 제1종 일반주거지역은 저층주택을 중심으로 편리한 주거환경을 조성하기 위하여 필요한 지역이며, 제2종 일반주거지역은 중층주택을 중심으로 편리한 주거환경을 조성하기 위하여 필요한 지역

82 면적 등의 산정방법에 대한 기본원칙으로 옳지 않은 것은?

① 대지면적은 대지의 수평투영면적으로 한다.

② 건축면적은 건축물의 외벽의 중심선으로 둘러싸인 부분의 수평투영면적으로 한다.

③ 바닥면적은 건축물의 각 층 또는 그 일부로서 벽, 기둥, 그 밖에 이와 비슷한 구획의 중심선으로 둘러싸인 부분의 수평투영면적으로 한다.

④ 용적률 산정 시 적용하는 연면적은 지하층을 포함하여 하나의 건축물 각 층의 바닥면적의 합계로 한다.

[해설] 관련 법규 : 법 제84조, 영 제119조, 해설 법규 : 영 제119조 ①항 4호
연면적은 하나의 건축물 각 층(지상층과 지하층)의 바닥면적의 합계로 하되, 용적률을 산정할 때에는 지하층의 면적, 지상층의 주차용(해당 건축물의 부속용도인 경우만 해당)으로 쓰는 면적, 초고층 건축물과 준초고층 건축물에 설치하는 피난안전구역의 면적 및 건축물의 경사지붕 아래에 설치하는 대피공간의 면적은 제외한다.

83 해당 용도로 사용되는 바닥면적의 합계에 의해 건축물의 용도 분류가 다르게 되지 않는 것은?

① 오피스텔   ② 종교집회장

③ 골프연습장   ④ 휴게음식점

[해설] 관련 법규 : 법 제2조, 영 제3조의 5, (별표 1), 해설 법규 : (별표 1)
종교집회장은 500m^2 미만은 제2종 근린생활시설, 500m^2 이상은 종교시설에 속하고, 골프연습장은 500m^2 미만은 제2종 근린생활시설, 500m^2 이상은 운동시설에 속하며, 휴게음식점은 300m^2 미만은 제1종 근린생활시설, 300m^2 이상은 제2종 근린생활시설이다.

84 다음 중 건축법령상 용도에 따른 건축물의 종류가 옳지 않은 것은?

① 교육연구시설 – 유치원

② 묘지관련시설 – 장례식장

③ 관광휴게시설 – 어린이회관

④ 문화 및 집회시설 – 수족관

[해설] 관련 법규 : 법 제2조, 영 제3조의5, (별표 1), 해설 법규 : (별표 1)
묘지관련시설에는 화장시설, 봉안당(종교시설에 해당되는 것은 제외), 묘지와 자연장지에 부수되는 건축물, 동물화장시설, 동물건조장시설 및 동물 전용의 납골시설 등이 있고, 장례시설은 장례식장(의료시설에 부수되는 시설은 제외), 동물 전용의 장례식장 등이 있다.

85 용도변경과 관련된 시설군 중 산업 등 시설군에 속하지 않는 것은?

① 운수시설   ② 창고시설

③ 발전시설   ④ 묘지 관련 시설

[해설] 관련 법규 : 법 제19조, 영 제14조, 해설 법규 : 영 제14조 ⑤항 2호
산업 등 시설군에는 운수시설, 창고시설, 공장, 위험물저장 및 처리시설, 자원순환 관련 시설, 묘지 관련 시설 및 장례시설 등이 있고, 발전시설은 전기통신시설군에 속한다.

86 주차장의 수급 실태를 조사하려는 경우, 조사구역의 설정기준으로 옳지 않은 것은?

① 원형 형태로 조사구역을 설정할 것

② 각 조사구역은 「건축법」에 따른 도로를 경계로 구분할 것

③ 조사구역 바깥 경계선의 최대거리가 300m를 넘지 아니하도록 할 것

④ 주거기능과 상업·업무기능이 섞여 있는 지역의 경우에는 주차시설 수급의 적정성, 지역적 특성 등을 고려하여 같은 특성을 가진 지역별로 조사구역을 설정할 것

[해설] 관련 법규 : 법 제3조, 규칙 제1조의2, 해설 법규 : 규칙 제1조의2 ①항 1호
사각형 또는 삼각형 형태로 조사구역을 설정하되 조사구역 바깥 경계선의 최대거리가 300m를 넘지 않도록 한다.

★
87 부설주차장 설치 대상 시설물로서 시설면적이 1,400m^{2}인 제2종 근린생활시설에 설치하여야 하는 부설주차장의 최소 대수는?

① 7대   ② 9대

③ 10대   ④ 14대

해설 관련 법규 : 법 제19조, 영 제6조, (별표 1) 해설 법규 : 영 제6조, (별표 1)
제2종 근린생활시설의 부설주차장 설치대수는 시설면적 200m²당 1대 이상이므로

$$주차 대수 = \frac{1,400}{200} = 7대 이상이다.$$

88 다음은 승용 승강기의 설치에 관한 기준 내용이다. 밑줄 친 "대통령령으로 정하는 건축물"에 대한 기준 내용으로 옳은 것은?

> 건축주는 6층 이상으로서 연면적이 2,000m² 이상인 건축물(대통령령으로 정하는 건축물은 제외한다)을 건축하려면 승강기를 설치하여야 한다.

① 층수가 6층인 건축물로서 각 층 거실의 바닥면적 300m² 이내마다 1개소 이상의 직통계단을 설치한 건축물
② 층수가 6층인 건축물로서 각 층 거실의 바닥면적 500m² 이내마다 1개소 이상의 직통계단을 설치한 건축물
③ 층수가 10층인 건축물로서 각 층 거실의 바닥면적 300m² 이내마다 1개소 이상의 직통계단을 설치한 건축물
④ 층수가 10층인 건축물로서 각 층 거실의 바닥면적 500m² 이내마다 1개소 이상의 직통계단을 설치한 건축물

해설 관련 법규 : 법 제64조, 영 제89조, 해설 법규 : 영 제89조
층수가 6층인 건축물로서 각 층 거실의 바닥면적 300m² 이내마다 1개소 이상의 직통계단을 설치한 건축물은 승용 승강기를 설치규정에서 제외한다.

89 상업지역의 세분에 속하지 않는 것은?
① 중심상업지역   ② 근린상업지역
③ 유통상업지역   ④ 전용상업지역

해설 관련 법규 : 법 제36조, 영 제30조, 해설 법규 : 영 제30조 2호
상업지역(상업이나 그 밖의 업무의 편익을 증진하기 위하여 필요한 지역)을 세분하면, 중심상업지역(도심·부도심의 상업 기능 및 업무기능의 확충을 위하여 필요한 지역), 일반상업지역(일반적인 상업기능 및 업

무기능을 담당하게 하기 위하여 필요한 지역), 근린상업지역(근린지역에서의 일용품 및 서비스의 공급을 위하여 필요한 지역) 및 유통상업지역(도시 내 및 지역 간 유통기능의 증진을 위하여 필요한 지역) 등이 있다.

90 막다른 도로의 길이가 15m일 때, 이 도로가 건축법령상 도로이기 위한 최소폭은?
① 2m   ② 3m
③ 4m   ④ 6m

해설 관련 법규 : 법 제2조, 영 제3조의3, 해설 법규 : 영 제3조의3 2호
막다른 도로로서 그 도로의 너비가 그 길이에 따라 각각 다음 표에서 정하는 기준 이상인 도로

막다른 도로의 길이	도로의 너비
10m 미만	2m
10m 이상 35m 미만	3m
35m 이상	6m(도시지역이 아닌 읍·면 지역 4m)

91 용도지역에 따른 건폐율의 최대 한도로 옳지 않은 것은? (단, 도시지역의 경우)
① 녹지지역 : 30% 이하
② 주거지역 : 70% 이하
③ 공업지역 : 70% 이하
④ 상업지역 : 90% 이하

해설 관련 법규 : 국토법 제77조, 해설 법규 : 국토법 제77조 ①항 1호
도시지역의 건폐율의 규정을 보면, 주거지역 및 공업지역은 70% 이하, 상업지역은 90% 이하, 녹지지역은 20% 이하이다.

92 준주거지역 안에서 건축할 수 없는 건축물에 속하지 않는 것은?
① 위락시설
② 자원순환 관련 시설
③ 의료시설 중 격리병원
④ 문화 및 집회시설 중 공연장

해설 관련 법규 : 국토법 제76조, 영 제71조, 해설 법규 : 영 제71조, (별표 7)
문화 및 집화시설(공연장 및 전시장은 제외)은 지역 여건 등을 고려하여 도시·군계획조례로 정하는 바에 따라 건축할 수 없는 건축물에 속한다.

93 방송 공동수신설비를 설치하여야 하는 대상 건축물에 속하지 않는 것은?

① 다가구주택

② 다세대주택

③ 바닥면적의 합계가 5,000m²로서 업무시설의 용도로 쓰는 건축물

④ 바닥면적의 합계가 5,000m²로서 숙박시설의 용도로 쓰는 건축물

해설 관련 법규 : 법 제62조, 영 제87조, 해설 법규 : 영 제87조 ④항

건축물에는 방송수신에 지장이 없도록 공동시청 안테나, 유선방송 수신시설, 위성방송 수신설비, 에프엠(FM)라디오방송 수신설비 또는 방송 공동수신설비를 설치할 수 있으나, 공동주택과 바닥면적의 합계가 5,000m² 이상으로서 업무시설이나 숙박시설의 용도로 쓰는 건축물에는 방송 공동수신설비를 설치하여야 한다. 다가구주택은 단독주택에 포함된다.

94 주차장법령상 다음과 같이 정의되는 주차장의 종류는?

> 도로의 노면 또는 교통광장(교차점광장만 해당)의 일정한 구역에 설치된 주차장으로서 일반(一般)의 이용에 제공되는 것

① 노외주차장　　② 노상주차장

③ 부설주차장　　④ 공영주차장

해설 관련 법규 : 법 제2조, 해설 법규 : 법 제2조 1호

노상주차장은 도로의 노면 또는 교통광장(교차점광장)의 일정한 구역에 설치된 주차장으로서 일반의 이용에 제공되는 것이고, 노외주차장은 도로의 노면 및 교통광장 외의 장소에 설치된 주차장으로서 일반의 이용에 제공되는 것이며, 부설주차장은 건축물, 골프연습장, 그 밖에 주차수요를 유발하는 시설에 부대(附帶)하여 설치된 주차장으로서 해당 건축물·시설의 이용자 또는 일반의 이용에 제공되는 것이다.

95 문화 및 집회시설 중 공연장의 개별 관람실 바닥면적이 2,000m²일 경우 개별 관람실의 출구는 최소 몇 개소 이상 설치하여야 하는가? (단, 각 출구의 유효너비를 2m로 하는 경우)

① 3개소　　② 4개소

③ 5개소　　④ 6개소

해설 관련 법규 : 법 제49조, 영 제38조, 피난·방화규칙 제10조, 해설 법규 : 피난·방화규칙 제10조 ②항 3호

개별 관람실 출구의 유효너비 합계는 개별 관람실의 바닥면적 100m²마다 0.6m의 비율로 산정한 너비 이상으로 할 것

- 관람실 출구의 유효너비 합계

$$= \frac{\text{개별 관람실의 면적}}{100} \times 0.6$$

$$= \frac{2,000}{100} \times 0.6m = 12m \text{ 이상}$$

- 출구의 최소 개수 $= \dfrac{\text{출구 유효너비의 합계}}{\text{출구의 유효너비}}$

$$= \frac{12}{2} = 6\text{개소}$$

96 다음은 대지의 조경에 관한 기준 내용이다. ( ) 안에 알맞은 것은?

> 면적이 ( ) 이상인 대지에 건축을 하는 건축주는 용도지역 및 건축물의 규모에 따라 해당 지방자치단체의 조례로 정하는 기준에 따라 대지에 조경이나 그 밖에 필요한 조치를 하여야 한다.

① 100m²

② 200m²

③ 300m²

④ 500m²

해설 관련 법규 : 법 제42조, 해설 법규 : 법 제42조 ①항

면적이 200m² 이상인 대지에 건축을 하는 건축주는 용도지역 및 건축물의 규모에 따라 해당 지방자치단체의 조례로 정하는 기준에 따라 대지에 조경이나 그 밖에 필요한 조치를 하여야 한다.

★★
97 전용주거지역이나 일반주거지역에서 건축물을 건축하는 경우, 건축물의 높이가 9m 이하의 부분은 정북(正北) 방향으로의 인접 대지경계선으로부터 원칙적으로 최소 얼마 이상의 거리를 띄어야 하는가?

① 1m

② 1.5m

③ 2m

④ 3m

2017

해설 관련 법규 : 법 제61조, 영 제86조, 해설 법규 : 영 제 86조 ①항 1호

전용주거지역이나 일반주거지역에서 건축물을 건축하는 경우에는 건축물의 각 부분을 정북 방향으로의 인접 대지경계선으로부터 일정거리를 띄어 건축하여야 하는데, 높이가 9m 이하인 부분은 인접 대지경계선으로부터 1.5m 이상, 높이가 9m를 초과하는 부분은 인접 대지경계선으로부터 해당 건축물 각 부분의 높이의 1/2 이상으로 하여야 한다.

98 다음의 직통계단의 설치에 관한 기준 내용 중 밑줄 친 "다음 각 호의 어느 하나에 해당하는 용도 및 규모의 건축물"의 기준 내용으로 옳지 않은 것은?

> 법 제49조 제1항에 따라 피난층 외의 층이 <u>다음 각 호의 어느 하나에 해당하는 용도 및 규모의 건축물</u>에는 국토교통부령으로 정하는 기준에 따라 피난층 또는 지상으로 통하는 직통계단을 2개소 이상 설치하여야 한다.

① 지하층으로서 그 층 거실의 바닥면적의 합계가 200m² 이상인 것
② 종교시설의 용도로 쓰는 층으로서 그 층에서 해당 용도로 쓰는 바닥면적의 합계가 200m² 이상인 것
③ 숙박시설의 용도로 쓰는 3층 이상의 층으로서 그 층의 해당 용도로 쓰는 거실의 바닥면적의 합계가 200m² 이상인 것
④ 업무시설 중 오피스텔의 용도로 쓰는 층으로서 그 층의 해당 용도로 쓰는 거실의 바닥면적의 합계가 200m² 이상인 것

해설 관련 법규 : 법 제49조, 영 제34조, 해설 법규 : 영 제34조 ②항 3호

공동주택(층당 4세대 이하인 것은 제외) 또는 업무시설 중 오피스텔의 용도로 쓰는 층으로서 그 층의 해당 용도로 쓰는 거실의 바닥면적의 합계가 300m² 이상인 것은 피난층 또는 지상으로 통하는 직통계단을 2개소 이상 설치하여야 한다.

★★
99 건축법령에 따른 고층건축물의 정의로 옳은 것은?

① 층수가 30층 이상이거나 높이가 90m 이상인 건축물
② 층수가 30층 이상이거나 높이가 120m 이상인 건축물
③ 층수가 50층 이상이거나 높이가 150m 이상인 건축물
④ 층수가 50층 이상이거나 높이가 200m 이상인 건축물

해설 관련 법규 : 법 제2조, 해설 법규 : 법 제2조 ①항 19호

고층 건축물이란 층수가 30층 이상이거나 높이가 120m 이상인 건축물이고, ④항은 초고층 건축물에 해당된다.

100 건축법령에 따라 건축물의 경사지붕 아래에 설치하는 대피공간에 관한 기준 내용으로 옳지 않은 것은?

① 특별피난계단 또는 피난계단과 연결되도록 할 것
② 관리사무소 등과 긴급 연락이 가능한 통신시설을 설치할 것
③ 대피공간의 면적은 지붕 수평투영면적의 20분의 1 이상일 것
④ 출입구는 유효너비 0.9m 이상으로 하고, 그 출입구에는 60＋방화문 또는 60분방화문을 설치할 것

해설 관련 법규 : 법 제49조, 영 제40조, 피난·방화규칙 제13조, 해설 법규 : 피난·방화규칙 제13조 ③항

건축물의 경사지붕 아래에 설치하는 대피공간의 기준 내용은 ①, ③, ④항 이외에 대피공간의 면적은 지붕 수평면적의 1/10 이상일 것, 출입구·창문을 제외한 부분은 해당 건축물의 다른 부분과 내화구조의 바닥 및 벽으로 구획할 것, 방화문에 비상문자동개폐장치를 설치할 것, 내부마감재료는 불연재료로 할 것, 예비전원으로 작동하는 조명설비를 설치할 것 등이 있다.

MEMO

제1과목 건축계획

01 도서관의 출납시스템 운영 중 이용자가 자유롭게 도서를 꺼낼 수 있으나 열람석으로 가기 전에 관원의 검열을 받는 형식은?

① 폐가식
② 반개가식
③ 자유개가식
④ 안전개가식

해설 폐가식은 서고를 열람실과 별도로 설치하여 열람자가 책의 목록에 의해서 책을 선택하고 관원에게 대출기록을 남긴 후 책을 대출하는 형식이고, 반개가식은 열람자가 직접 서가에 면하여 책의 체제나 표지 정도는 볼 수 있으나 내용을 보려면 관원에게 요구하여 대출기록을 남긴 후 열람하는 형식이며, 자유개가식은 열람자 자신이 서가에서 책을 고르고 그대로 검열을 받지 않고 열람할 수 있는 방법이다.

02 쇼핑센터의 몰(mall)의 계획에 관한 설명으로 옳지 않은 것은?

① 전문점들과 중심상점의 주출입구는 몰에 면하도록 한다.
② 몰에는 자연광을 끌어들여 외부공간과 같은 성격을 갖게 하는 것이 좋다.
③ 다층으로 계획할 경우 시야의 개방감을 적극적으로 고려하는 것이 좋다.
④ 중심상점들 사이의 몰의 길이는 150m를 초과하지 않아야 하며, 길이 40~50m마다 변화를 주는 것이 바람직하다.

해설 중심상점들 사이의 몰의 길이는 240m를 초과하지 않아야 하며, 길이 20~30m마다 변화를 주는 것이 바람직하다.

03 연극을 감상하는 경우 배우의 표정이나 동작을 상세히 감상할 수 있는 시각한계는?

① 3m
② 5m
③ 10m
④ 15m

해설 제1차 허용한계(극장에서 잘 보여야 하는 것과 동시에 많은 관객을 수용해야 되는 요구를 만족하는 한계)는 22m, 제2차 허용한계(연기자의 일반적인 동작을 감상할 수 있는 한계)는 35m까지 고려되어야 한다.

04 학교의 강당계획에 관한 설명으로 옳지 않은 것은?

① 체육관의 크기는 배구코트의 크기를 표준으로 한다.
② 강당은 반드시 전교생을 수용할 수 있도록 크기를 결정하지는 않는다.
③ 강당 및 체육관으로 겸용하게 될 경우 체육관 목적으로 적용하는 것이 맞다.
④ 강당 겸 체육관은 커뮤니티의 시설로서 이용될 수 있도록 고려하여야 한다.

해설 체육관과 겸용할 때는 농구코트 1면 또는 배구코트 2면을 표준규모로 하는 것이 좋다.

05 다음 중 사무소 건축에서 기둥간격(span)의 결정요소와 가장 관계가 먼 것은?

① 건물의 외관
② 주차배치의 단위
③ 책상배치의 단위
④ 채광상 층고에 의한 안깊이

해설 고층사무소의 기둥간격 결정요소에는 구조상 스팬의 한도, 가구(책상) 및 집기의 배치단위, 지하주차장 주차구획의 크기 및 배치단위, 코어의 위치, 채광상 층고에 의한 안깊이 등이 있고, 공조방식, 동선상의 거리, 자연광에 의한 조명한계, 엘리베이터의 설치대수, 건물의 외관과는 무관하다.

★
06 건축양식의 시대적 순서가 가장 올바르게 나열된 것은?

| ㉠ 로마네스크 | ㉡ 바로크 | ㉢ 고딕 |
| ㉣ 르네상스 | ㉤ 비잔틴 | |

① ㉠→㉢→㉣→㉡→㉤
② ㉠→㉢→㉣→㉤→㉡
③ ㉤→㉣→㉢→㉠→㉡
④ ㉤→㉠→㉢→㉣→㉡

해설 서양건축의 시대구분(건축양식의 발전)은 고대건축(이집트 → 서아시아) → 고전건축(그리스 → 로마) → 중세건축(초기 기독교 → 비잔틴 → 사라센 → 로마네스크 → 고딕) → 근세건축(르네상스 → 바로크 → 로코코) → 근대건축 → 현대건축의 순이다.

07 아파트의 평면형식에 관한 설명으로 옳지 않은 것은?

① 중복도형은 모든 세대의 향을 동일하게 할 수 없다.
② 편복도형은 각 세대의 거주성이 균일한 배치구성이 가능하다.
③ 홀형은 각 세대가 양쪽으로 개구부를 계획할 수 있는 관계로 일조와 통풍이 양호하다.
④ 집중형은 공용 부분이 오픈되어 있으므로 공용 부분에 별도의 기계적 설비계획이 필요 없다.

해설 아파트의 평면형식 중 **집중형**은 부지의 이용률이 높으나 각 세대별로 조망이 다르고 기후조건에 따라 기계적 환경조절이 필요하며, 통풍과 채광에 불리하고 프라이버시가 좋지 않다.

★
08 고대 로마 건축에 관한 설명으로 옳지 않은 것은?

① 인슐라(insula)는 다층의 집합주거건물이다.
② 콜로세움의 1층에는 도릭오더가 사용되었다.
③ 바실리카 울피아는 황제를 위한 신전으로 배럴볼트가 사용되었다.
④ 판테온은 거대한 돌을 얹은 로툰다와 대형 열주현관이라는 두 주된 구성요소로 이루어진다.

해설 바실리카 울피아는 황제를 위한 신전으로 완벽한 배럴 및 교차볼트가 사용되지는 않았다.

★
09 사무소 건축의 엘리베이터 설치계획에 관한 설명으로 옳지 않은 것은?

① 군관리운전의 경우 동일 군내의 서비스 층은 같게 한다.
② 승객의 층별 대기시간은 평균운전간격 이상이 되게 한다.
③ 서비스를 균일하게 할 수 있도록 건축물 중심부에 설치하는 것이 좋다.
④ 건축물의 출입층이 2개 층이 되는 경우는 각각의 교통수요량 이상이 되도록 한다.

해설 승객의 층별 대기시간은 평균운전간격 이하(10초 이내)가 되게 한다.

★★★
10 다음 중 일반적으로 연면적에 대한 숙박관계 부분의 비율이 가장 큰 호텔은?

① 해변호텔　　　　② 리조트호텔
③ 커머셜호텔　　　④ 레지던셜호텔

해설 호텔에 따른 숙박면적비가 큰 것부터 나열하면 커머셜호텔 → 리조트호텔 → 레지던셜호텔 → 아파트먼트호텔의 순이다.

11 모듈시스템의 적용이 가장 부적절한 것은?

① 극장　　　　　② 학교
③ 도서관　　　　④ 사무소

해설 모듈시스템의 적용이 가능한 곳은 도서관, 학교, 사무실 등이고, 극장의 경우에는 모듈 적용이 난이하다.

★★
12 공장 건축의 레이아웃계획에 관한 설명으로 옳지 않은 것은?

① 플랜트 레이아웃은 공장 건축의 기본설계와 병행하여 이루어진다.
② 고정식 레이아웃은 조선소와 같이 제품이 크고 수량이 적을 경우에 적용된다.
③ 다품종 소량 생산이나 주문생산 위주의 공장에는 공정 중심의 레이아웃이 적합하다.
④ 레이아웃계획은 작업장 내의 기계설비배치에 관한 것으로 공장규모의 변화에 따른 융통성은 고려대상이 아니다.

해설 레이아웃계획은 작업장 내의 기계설비배치에 관한 것으로 공장규모의 변화에 대응하여야 한다.

★
13 다음과 같은 특징을 갖는 부엌의 평면형은 어느 것인가?

> • 작업 시 몸을 앞뒤로 바꾸어야 하는 불편이 있다.
> • 식당과 부엌이 개방되지 않고 외부로 통하는 출입구가 필요한 경우에 많이 쓰인다.

① 일렬형 　　② ㄱ자형
③ 병렬형 　　④ ㄷ자형

해설 일렬형은 몸의 방향을 바꿀 필요가 없고 좁은 면적에 유리하나 동선이 길어지며, ㄱ자형은 배치에 여유가 있고 동선이 짧아지나 각이 진 부분에 유의해야 한다. ㄷ자형은 작업공간을 가운데 둘 수 있고, 다른 공간과 연결이 한 면에 국한되므로 위치결정이 어렵다.

14 다음 중 다포양식의 건축물이 아닌 것은?
① 내소사 대웅전
② 경복궁 근정전
③ 전등사 대웅전
④ 무위사 극락전

해설 내소사 대웅전, 경복궁 근정전 및 전등사 대웅전은 다포식이고, 무위사 극락전은 주심포식이다.

★
15 현장감을 가장 실감 나게 표현하는 방법으로 하나의 사실 또는 주제의 시간상황을 고정시켜 연출하는 것으로 현장에 임한 느낌을 주는 특수 전시기법은?
① 디오라마전시 　② 파노라마전시
③ 하모니카전시 　④ 아일랜드전시

해설 파노라마전시는 연속적인 주제를 선적으로 구성하여 연계성 깊게 연출하는 방법으로 단일한 정황을 파노라마로 연출하는 방법이다. 아일랜드전시는 사방에서 감상해야 하는 전시물을 벽면에서 띄워 전시하는 방법이고, 하모니카전시는 사각형 평면을 반복시키는 전시기법이다.

★
16 종합병원의 건축계획에 관한 설명으로 옳지 않은 것은?
① 부속진료부는 외래환자 및 입원환자 모두가 이용하는 곳이다.
② 간호사 대기소는 각 간호단위 또는 각 층 및 동별로 설치한다.
③ 집중식 병원 건축에서 부속진료부와 외래부는 주로 건물의 저층부에 구성된다.
④ 외래진료부의 운영방식에 있어서 미국의 경우는 대개 클로즈드시스템인 데 비하여, 우리나라는 오픈시스템이다.

해설 외래진료부의 운영방식에 있어서 미국의 경우는 대개 오픈시스템인 데 비하여, 우리나라는 클로즈드시스템이다.

★★
17 상점 정면(facade)구성에 요구되는 5가지 광고요소(AIDMA 법칙)에 속하지 않는 것은?
① Attention(주의)
② Identity(개성)
③ Desire(욕구)
④ Memory(기억)

해설 상점의 광고요소(AIDMA 법칙)에는 주의(Attention), 흥미(Interest), 욕망(Desire), 기억(Memory) 및 행동(Action) 등이 있다.

★
18 다음 중 단독주택계획에 관한 설명으로 옳지 않은 것은?
① 건물이 대지의 남측에 배치되도록 한다.
② 건물은 가능한 한 동서로 긴 형태가 좋다.
③ 동지 때 최소한 4시간 이상의 햇빛이 들어오도록 한다.
④ 인접대지에 기존 건물이 없더라도 개발 가능성을 고려하도록 한다.

해설 주택배치에 있어서 대지 남측에 공간을 충분히 두어 햇빛을 충분히 받을 수 있도록 하기 위하여 대지 북측으로 배치하여야 한다.

19 극장의 평면형식 중 프로시니엄형에 관한 설명으로 옳지 않은 것은?

① 픽처 프레임 스테이지형이라고도 한다.
② 배경은 한 폭의 그림과 같은 느낌을 준다.
③ 연기자가 제한된 방향으로만 관객을 대하게 된다.
④ 가까운 거리에서 관람하면서 가장 많은 관객을 수용할 수 있다.

해설 애리나(센트럴 스테이지)형은 가까운 거리에서 관람하면서 가장 많은 관객을 수용할 수 있는 극장 건축의 평면형이다. 즉, ④항은 애리나형에 대한 설명이다.

20 다음 중 단독주택의 부엌크기 결정요소로 볼 수 없는 것은?

① 작업대의 면적
② 주택의 연면적
③ 주부의 동작에 필요한 공간
④ 후드(hood)의 설치에 의한 공간

해설 부엌의 크기와 후드의 설치에 의한 공간은 무관하다.

제2과목 건축시공

21 린건설(Lean Construction)에서의 관리방법으로 옳지 않은 것은?

① 변이관리
② 당김생산
③ 흐름생산
④ 대량생산

해설 린시스템의 궁극적인 목표는 프로젝트관리방식의 새로운 개념으로써 낭비를 제거하는 것으로 가치를 창출하지 않는 모든 활동을 낭비로 규정하고 있으며, 생산에 투입되는 자원에 대하여 창출되는 가치가 최대화되기 위해서는 무엇보다 낭비를 제거해야 한다. 또한, 린시스템의 특징은 소품종 다량 생산이 아닌 다품종 소량(적시) 생산, 평준화 생산, 흐름 생산(Flow) 및 지속, 병용, 소형 장비 사용 등이 있다.

22 와이어로프로 매단 비계 권상기에 의해 상하로 이동시킬 수 있는 공사용 비계의 명칭은?

① 시스템비계
② 틀비계
③ 달비계
④ 쌍줄비계

해설 시스템비계는 각각의 부재(수직재, 수평재, 가새재 등)를 공장에서 제작하고 현장에서 조립하여 사용하는 조립형 비계로서 고소작업에서 작업자가 작업장소에 접근하여 작업할 수 있도록 설치하는 작업대를 지지하는 가설구조물이고, 틀비계는 틀로 짜서 조립할 수 있는 비계이며, 쌍줄(본)비계는 비계기둥과 띠장을 2열로 하고, 이것에 팔대(비계장선)를 연결한 비계이다.

23 조적조에 발생하는 백화현상을 방지하기 위하여 취하는 조치로서 효과가 없는 것은?

① 줄눈 부분을 방수처리하여 빗물을 막는다.
② 잘 구워진 벽돌을 사용한다.
③ 줄눈 모르타르에 방수제를 넣는다.
④ 석회를 혼합하여 줄눈 모르타르를 바른다.

해설 석회를 혼합하여 줄눈 모르타르를 사용하면 오히려 백화현상을 증대시키는 역할을 한다.

24 건축마감공사로서 단열공사에 관한 설명으로 옳지 않은 것은?

① 단열시공바탕은 단열재 또는 방습재 설치에 못, 철선, 모르타르 등의 돌출물이 도움이 되므로 제거하지 않아도 된다.
② 설치위치에 따른 단열공법 중 내단열공법은 단열성능이 작고 내부결로가 발생할 우려가 있다.
③ 단열재를 접착제로 바탕에 붙이고자 할 때에는 바탕면을 평탄하게 한 후 밀착하여 시공하되 초기 박리를 방지하기 위해 압착상태를 유지시킨다.
④ 단열재료에 따른 공법은 성형판 단열재 공법, 현장 발포재공법, 뿜칠 단열재공법 등으로 분류할 수 있다.

해설 단열시공바탕은 단열재 또는 방습재 설치에 지장이 없도록 못, 철선, 모르타르 등의 돌출물을 제거해 평탄하게 청소한다.

★★★
25 QC(Quality Control) 활동의 도구와 거리가 먼 것은?

① 기능계통도
② 산점도
③ 히스토그램
④ 특성요인도

해설 품질관리의 7가지 수법은 히스토그램, 특성요인도, 파레토도, 체크시트, 각종 그래프, 산점도, 층별 등이다.

★
26 바닥판과 보 밑 거푸집설계 시 고려해야 하는 하중을 옳게 짝지은 것은?

① 굳지 않은 콘크리트 중량, 충격하중
② 굳지 않은 콘크리트 중량, 측압
③ 작업하중, 풍하중
④ 충격하중, 풍하중

해설 바닥보, 보 밑의 거푸집하중에는 생콘크리트 중량 (2,300kgf/m³), 작업하중(강도 계산용 : 360kgf/m³, 처짐 계산용 180kgf/m³), 충격하중(강도 계산용 : 콘크리트 중량의 1/2, 즉 1,150kgf/m³, 처짐 계산용 : 콘크리트 중량의 1/4, 즉 575kgf/m³) 등이 있고, 벽, 기둥, 보 옆의 거푸집하중에는 생콘크리트 중량, 생콘크리트 측압력 등이 있다.

27 보강 콘크리트 블록조의 내력벽에 관한 설명으로 옳지 않은 것은?

① 사춤은 3켜 이내마다 한다.
② 통줄눈은 될 수 있는 한 피한다.
③ 사춤은 철근이 이동하지 않게 한다.
④ 벽량이 많아야 구조상 유리하다.

해설 보강 콘크리트 블록조는 철근의 배근을 위하여 구멍을 일치시켜야 하므로 부득이하게 통줄눈(세로줄눈이 서로 통하는 줄눈)을 사용하여야 한다.

28 다음 중 철골공사에 관한 설명으로 옳지 않은 것은?

① 볼트접합부는 부식하기 쉬우므로 방청도장을 하여야 한다.
② 볼트조임에는 임팩트렌치, 토크렌치 등을 사용한다.
③ 철골조는 화재에 의한 강성저하가 심하므로 내화피복을 하여야 한다.
④ 용접부 비파괴검사에는 침투탐상법, 초음파탐상법 등이 있다.

해설 볼트접합부는 마찰력의 증대와 볼트의 풀림 방지를 위하여 방청도장을 하지 않아야 한다.

29 철근콘크리트 PC 기둥을 8ton 트럭으로 운반하고자 한다. 차량 1대에 최대로 적재 가능한 PC 기둥의 수는? (단, PC 기둥의 단면크기는 30cm×60cm, 길이는 3m임)

① 1개
② 2개
③ 4개
④ 6개

해설 철근콘크리트 PC 기둥 1개의 무게
=기둥의 체적×철근콘크리트의 비중
=(0.3m×0.6m×3m)×2.4t/m3=1.296t
그러므로 8ton 트럭을 사용하며, 8÷1.296=6.17개 이하이므로 적재 가능한 개수는 6개이다.

30 시멘트 분말도 시험방법이 아닌 것은?

① 플로시험법
② 체분석법
③ 피크노메타법
④ 브레인법

해설 시멘트 분말도 시험방법에는 브레인법(공기투과장치에 의한 비표면적의 시험법), 표준체에 의한 방법 및 피크노메타법 등이 있고, 플로시험법은 콘크리트의 시공연도(워커빌리티)의 시험방법이다.

31 아스팔트방수층, 개량 아스팔트 시트방수층, 합성고분자계 시트방수층 및 도막방수층 등 불투수성 피막을 형성하여 방수하는 공사를 총칭하는 용어로 옳은 것은?

① 실링방수

② 멤브레인방수

③ 구체침투방수

④ 벤토나이트방수

해설 실링방수는 실링재(퍼티, 캐스킷, 코킹 및 실란트 등)를 사용한 방수공법이고, 구체침투방수는 지하구조체(일반 지하층, 지하주차장, 지하수조 및 공동구)의 외면을 물의 침입으로부터 방지하는 방수공법이며, 벤토나이트방수는 건축물의 지하외벽, 굴착용 흙막이벽, 흙되메우기 밑부분의 바닥판의 방수공사와 터널 주위 및 구조이음부의 실링공사에 벤토나이트방수제를 시공하는 방수법이다.

32 건축물 높낮이의 기준이 되는 벤치마크(Bench mark)에 관한 설명으로 옳지 않은 것은?

① 이동 또는 소멸 우려가 없는 장소에 설치한다.

② 수직규준틀이라고도 한다.

③ 이동 중 훼손될 것을 고려하여 2개소 이상 설치한다.

④ 공사가 완료된 뒤라도 건축물의 침하, 경사 등의 확인을 위해 사용되기도 한다.

해설 세로(수직)규준틀은 조적조(벽돌, 블록, 돌 등) 등의 고저 및 수직면의 규준으로 사용하는 규준틀이고, 벤치마크(규준점)는 고저측량을 할 때 표고의 기준이 되는 점으로 세로(수직)규준틀과는 무관하다.

33 파이프구조에 관한 설명으로 옳지 않은 것은?

① 파이프구조는 경량이며 외관이 경쾌하다.

② 파이프구조는 대규모의 공장, 창고, 체육관, 동·식물원 등에 이용된다.

③ 접합부의 절단가공이 어렵다.

④ 파이프의 부재형상이 복잡하여 공사비가 증대한다.

해설 파이프의 부재형상이 단순하여 공사비가 절감된다.

34 미장공사에서 나타나는 결함의 유형과 가장 거리가 먼 것은?

① 균열　　　　② 부식

③ 탈락　　　　④ 백화

해설 미장공사에서 나타나는 결함은 균열, 탈락 및 백화 등이 있고, 부식은 재료에서 나타나는 결함으로 목재의 부패와 철재의 녹 등이 있다.

35 공사금액의 결정방법에 따른 도급방식이 아닌 것은?

① 정액도급　　② 공종별 도급

③ 단가도급　　④ 실비정산보수가산도급

해설 도급금액의 결정방법에는 정액도급, 단가도급, 실비정산보수도급방식 및 성능발주방식 등이 있으며, 도급의 방식에는 일식도급, 분할도급(전문공종별, 공정별, 직종별, 공종별 및 공구별) 및 공동도급 등이 있다.

36 경량골재 콘크리트와 관련된 기준으로 옳지 않은 것은?

① 단위시멘트량의 최솟값 : $400kg/m^3$

② 물－결합재비의 최댓값 : 60%

③ 기건단위질량(경량골재 콘크리트 1종) : $1,700 \sim 2,000kg/m^3$

④ 굵은 골재의 최대 치수 : 20mm

해설 경량골재 콘크리트의 기준 중 단위시멘트량의 최솟값은 $300kg/m^3$이다.

37 프리패브 콘크리트(prefab concrete)에 관한 설명으로 옳지 않은 것은?

① 제품의 품질을 균일화 및 고품질화할 수 있다.

② 작업의 기계화로 노무 절약을 기대할 수 있다.

③ 공장생산으로 기계화하여 부재의 규격을 쉽게 변경할 수 있다.

④ 자재를 규격화하여 표준화 및 대량 생산을 할 수 있다.

해설 공장생산으로 기계화하여 부재의 규격을 쉽게 변경할 수 없다.

★
38 보통 포틀랜드 시멘트 경화체의 성질에 관한 설명으로 옳지 않은 것은?

① 응결과 경화는 수화반응에 의해 진행된다.
② 경화체의 모세관 수가 소실되면 모세관 장력이 작용하여 건조수축을 일으킨다.
③ 모세관 공극은 물·시멘트비가 커지면 감소한다.
④ 모세관 공극에 있는 수분을 동결하면 팽창되고, 이에 의해 내부압이 발생하여 경화체의 파괴를 초래한다.

해설
모세관 공극은 물·시멘트비가 커지면 증가한다.

39 다음 설명이 의미하는 공법으로 옳은 것은?

> 미리 공장 생산한 기둥이나 보, 바닥판, 외벽, 내벽 등을 한 층씩 쌓아 올라가는 조립식으로 구체를 구축하고 이어서 마감 및 설비공사까지 포함하여 차례로 한 층씩 완성해가는 공법

① 하프 PC합성 바닥판공법
② 역타공법
③ 적층공법
④ 지하연속벽공법

해설
하프 PC합성 바닥판공법은 슬래브의 하부는 공장 생산된 PC판을 사용하고, 상부는 현장타설 콘크리트로 일체화하여 바닥슬래브를 구축하는 공법이고, 역타공법은 지하구조물의 시공순서를 지상에서부터 시작하여 점차 지하로 진행하면서 동시에 지상구조물도 축조해 나가는 공법이며, 지하연속벽공법은 지수벽, 구조체 등으로 이용하기 위하여 지하로 크고 깊은 트렌치를 굴착하여 철근망을 삽입 후 콘크리트를 타설한 패널을 연속으로 축조하거나 원형 단면 굴착공을 파서 일련의 지하벽을 축조하는 공법이다.

★
40 목재를 천연건조시킬 때의 장점에 해당되지 않는 것은?

① 비교적 균일한 건조가 가능하다.
② 시설투자비용 및 작업비용이 적다.
③ 건조소요시간이 짧은 편이다.
④ 타 건조방식에 비해 건조에 의한 결함이 비교적 적은 편이다.

해설
목재의 천연건조방법은 건조소요시간이 긴 편이다.

제3과목 **건축구조**

★
41 그림과 같은 내민보에서 A지점의 반력값은?

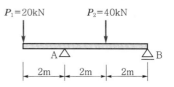

① 20kN　　② 30kN
③ 40kN　　④ 50kN

해설
A지점의 반력을 $V_A(\uparrow)$로 가정하고, $\sum M_B = 0$에 의하여 산정하면
$\sum M_A = -20 \times (2+2+2) + V_A \times (2+2) - 40 \times 2 = 0$
$\therefore V_A = 50\text{kN}(\uparrow)$

★
42 기초설계 시 인접대지를 고려하여 편심기초를 만들고자 한다. 이때 편심기초의 지내력이 균등하도록 하기 위하여 어떤 방법을 이용함이 가장 타당한가?

① 지중보를 설치한다.
② 기초면적을 넓힌다.
③ 기둥의 단면적을 크게 한다.
④ 기초두께를 두껍게 한다.

해설
편심기초(기초에 작용하는 하중이 기초의 중심을 지나지 않고 편심되어 작용하는 기초)의 지반력이 균등하도록 하기 위한 방법으로는 지중보를 설치하는 것이 가장 유리하다.

43 주철근으로 사용된 D22 철근 180° 표준갈고리의 구부림 최소 내면의 반지름(r)으로 옳은 것은?

① $r = 1d_b$　　② $r = 2d_b$
③ $r = 2.5d_b$　　④ $r = 3d_b$

해설
철근의 구부림 최소 내면반경

주근의 직경	내면 반경
D10~D25	$3d_b$
D29~D35	$4d_b$
D38 이상	$5d_b$
비 고	d_b : 주근의 직경

2018

★★
44 모살치수 8mm, 용접길이 500mm인 양면 모살용접의 유효단면적은 약 얼마인가?

① 2,100mm²   ② 3,221mm²

③ 4,300mm²   ④ 5,421mm²

해설
$A = 0.7sl$ 에서

$s = 8\text{mm}, \ l = l_0 - 2s = 500 - 2 \times 8 = 484\text{mm}$

$\therefore \ A = 0.7 \times 8 \times 484 = 2,710.4\text{mm}^2$

그런데 양면 모살용접이다.

$\therefore \ 2,710.4 \times 2 = 5,420.8\text{mm}^2$

★
45 강구조에서 용접선 단부에 붙인 보조판으로 아크의 시작이나 종단부의 크레이터 등의 결함을 방지하기 위해 붙이는 판은?

① 스티프너   ② 엔드탭

③ 윙플레이트   ④ 커버플레이트

해설
스티프너는 웨브의 좌굴(판보의 춤을 높이면 웨브에 발생하는 전단응력, 휨응력, 지압응력에 의하여 발생)을 방지하기 위하여 설치하는 부재이다. 윙플레이트는 주각의 응력을 베이스플레이트로 전달하기 위한 강판이다. 커버플레이트는 플랜지의 단면을 크게하여 주며, 휨에 대한 내력의 부족을 보충하기 위하여 설치한다.

★
46 그림과 같은 교차보(Cross beam) A, B부재의 최대 휨모멘트의 비로서 옳은 것은? (단, 각 부재의 EI는 일정함)

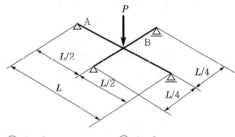

① 1 : 2   ② 1 : 3

③ 1 : 4   ④ 1 : 8

해설
A보의 분담하중을 P_a, B보의 분담하중을 P_b라고 하면, 즉 $P = P_a + P_b$이다.

㉮ 보의 분담하중을 구하기 위하여 최대 처짐이 동일함을 이용하여

㉠ A보의 최대 처짐(δ_A) $= \dfrac{P_a l^3}{48EI}$

㉡ B보의 최대 처짐(δ_B) $= \dfrac{P_b(l/2)^3}{48EI}$

그런데 ㉠=㉡에 의해서 $\delta_A = \delta_B$,

즉 $\dfrac{P_a l^3}{48EI} = \dfrac{P_b(l/2)^3}{48EI}$에서 $48EIP_b l^3 = 384EIP_a l^3$

그러므로 $P_a : P_b = 48 : 384 = 1 : 8$

즉, $P_a = \dfrac{P}{9}, \ P_b = \dfrac{8P}{9}$이다.

㉯ 최대 휨모멘트를 구하면

㉠ A보의 최대 휨모멘트

$$M_A = \frac{P_a l}{4} = \frac{\dfrac{P}{9}l}{4} = \frac{Pl}{36}$$

㉡ B보의 최대 휨모멘트

$$M_B = \frac{P_b(l/2)}{4} = \frac{\dfrac{8P}{9}(l/2)}{4}$$

그러므로 $M_A = \dfrac{P_a l}{4} = \dfrac{Pl}{9 \times 4},$

$M_B = \dfrac{P_b(l/2)}{4} = \dfrac{8Pl}{4 \times 9 \times 2},$

즉 $M_A = M_B$에서

$M_A = \dfrac{Pl}{36}, \ M_B = \dfrac{8Pl}{72}$이므로

$M_A : M_B = \dfrac{Pl}{36} : \dfrac{8Pl}{72} = \dfrac{2Pl}{72} : \dfrac{8Pl}{72} = 1 : 4$이다.

47 프리스트레스하지 않는 부재의 현장치기 콘크리트에서 흙에 접하여 콘크리트를 친 후 영구히 흙에 묻혀 있는 콘크리트의 부재의 최소 피복두께로 옳은 것은?

① 40mm   ② 50mm

③ 60mm   ④ 75mm

해설 피복두께

(단위 : mm)

구 분			피복두께
수중에서 치는 콘크리트			100
흙에 접하여 콘크리트를 친 후 영구히 흙에 묻혀 있는 콘크리트			75
흙에 접하거나 옥외 공기에 직접 노출되는 콘크리트	D 19 이상		50
	D 16 이하, 16mm 이하 철선		40
옥외의 공기나 흙에 접하지 않는 콘크리트	슬래브, 벽체, 장선구조	D 35 초과	40
		D 35 이하	20
	보, 기둥		40
	셸, 절판 부재		20

※ 보와 기둥의 경우 콘크리트 설계기준압축강도(f_{ck})가 40MPa 이상인 경우에는 규정된 값에서 10mm를 저감할 수 있다.

48 H형강의 플랜지에 커버플레이트를 붙이는 주목적으로 옳은 것은?

① 수평부재 간 접합 시 틈새를 메우기 위하여

② 슬래브와의 전단접합을 위하여

③ 웨브플레이트의 전단내력을 보강을 위하여

④ 휨내력의 보강을 위하여

해설 커버플레이트는 플랜지의 단면을 크게 하여 주며, 휨에 대한 내력의 부족을 보충하기 위하여 설치하므로 철골보의 휨내력을 보완하기 위해서는 커버플레이트를 보강한다. 또한 ①항은 필러, ②항은 스터드볼트, ③항은 스티프너를 사용한다.

49 다음 그림과 같은 부정정보를 정정보로 만들기 위해 필요한 내부 힌지의 최소 개수는?

① 1개　　　　② 2개

③ 3개　　　　④ 4개

해설 부정정보를 단순보로 바꾸려면 부정정 차수만큼의 활절점을 배치하여야 하므로 보를 판별하면

㉮ $S + R + N - 2K = 3 + 5 + 2 - 2 \times 4 = 2$차 부정정보

㉯ $R + C - 3M = 5 + (3 + 3) - 3 \times 3 = 2$차 부정정보

그러므로 2개의 활절점을 내부에 설치해야 한다.

50 직경 2.2cm, 길이 50cm의 강봉에 축방향 인장력을 작용시켰더니 길이는 0.04cm 늘어났고 직경은 0.0006cm 줄었다. 이 재료의 포아송수는?

① 0.015

② 0.34

③ 2.93

④ 66.67

해설

$$m(\text{포아송수}) = \frac{\varepsilon(\text{세로변형도})}{\beta(\text{가로변형도})} = \frac{\frac{\Delta l}{l}}{\frac{\Delta d}{d}} = \frac{d \Delta l}{l \Delta d} \text{에서}$$

$d = 2.2\text{cm},\ \Delta l = 0.04\text{cm},\ l = 50\text{cm},$

$\Delta d = 0.0006\text{cm}$이므로

$$\therefore\ m = \frac{2.2 \times 0.04}{50 \times 0.0006} = 2.933$$

51 다음 그림과 같은 캔틸레버보에서 B점의 처짐각(θ_B)은? (단, EI는 일정함)

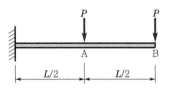

① $-\dfrac{PL^2}{2EI}$　　　　② $-\dfrac{PL^2}{8EI}$

③ $-\dfrac{5PL^2}{8EI}$　　　　④ $-\dfrac{2PL^2}{3EI}$

해설

㉮ 캔틸레버의 스팬의 중앙 부분에 집중하중이 작용하는 경우의 처짐각(θ_A) = $\dfrac{PL^2}{8EI}$

㉯ 캔틸레버의 자유단에 집중하중이 작용하는 경우의 처짐각(θ_B) = $\dfrac{PL^2}{2EI}$

그러므로 B점의 처짐각(θ_B) = $\theta_A + \theta_B$

$$= \frac{PL^2}{8EI} + \frac{PL^2}{2EI}$$

$$= \frac{5PL^2}{8EI}$$

52 그림과 같은 단면을 가진 압축재에서 유효좌굴길이 $KL = 250$mm일 때 Euler의 좌굴하중의 값은? (단, $E = 210,000$MPa이다.)

① 17.9kN　　　　② 43.0kN

③ 52.9kN　　　　④ 64.7kN

해설 P_k(좌굴하중)

$$= \frac{\pi^2 E(\text{기둥재료의 영계수}) I(\text{최소 단면 2차 모멘트})}{l_k{}^2(\text{기둥의 좌굴길이})}$$

여기서, $E = 2.1 \times 10^5$MPa, $l_k = 250$mm,

$$I = \frac{30 \times 6^3}{12} = 540\text{mm}^4$$

$$\therefore\ P_k = \frac{\pi^2 EI}{l_k^2} = \frac{\pi^2 \times 2.1 \times 10^5 \times 540}{250^2}$$

$$= 17,907.4\text{N} = 17.9\text{kN}$$

53 그림과 같은 부정정 라멘의 B.M.D에서 P값을 구하면?

① 20kN
② 30kN
③ 50kN
④ 60kN

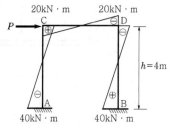

<u>해설</u> 수평하중값은 각 기둥의 전단력의 합계 또는 기둥 상부와 하부의 휨모멘트의 합을 기둥의 높이로 나눈 값과 동일하다.

$$\therefore \ P = -\frac{-20-20-40-40}{4} = 30\text{kN}$$

54 지진력저항시스템의 분류 중 이중골조시스템에 관한 설명으로 옳지 않은 것은?

① 모멘트골조가 최소한 설계지진력이 75%를 부담한다.
② 모멘트골조와 전단벽 또는 가새골조로 이루어져 있다.
③ 전체 지진력은 각 골조의 횡강성비에 비례하여 분배한다.
④ 일정 이상의 변형능력을 갖도록 연성상세설계가 되어야 한다.

<u>해설</u> 이중골조시스템은 모멘트골조와 전단벽 또는 가새골조로 이루어진 골조로 전체 지진력은 각 골조의 횡강성비에 비례하여 분배하되, 모멘트골조가 설계지진력의 최소한 25%를 부담하여야 한다.

55 그림과 같은 부정정 라멘에서 CD 기둥의 전단력 값은?

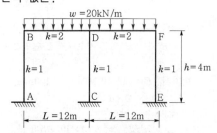

① 0
② 10kN
③ 20kN
④ 30kN

<u>해설</u> $M_{DB} = \dfrac{wl^2}{12}$ 에서 $w=20$kN/m, $l=12$m이므로

$$M_{DB} = \frac{20 \times 12^2}{12} = 240\text{kN} \cdot \text{m},$$

$M_{DF} = \dfrac{wl^2}{12}$ 에서 $w=20$kN/m, $l=12$m이므로

$$M_{DF} = \frac{20 \times 12^2}{12} = 240\text{kN} \cdot \text{m} \text{이다.}$$

M_{DB}와 M_{DF}의 값은 동일하므로 CD 기둥의 전단력은 0이다.

56 그림과 같은 옹벽에 토압 10kN이 가해지는 경우 이 옹벽이 전도되지 않기 위해서는 어느 정도의 자중(自重)을 필요로 하는가?

① 12.71kN
② 11.71kN
③ 10.44kN
④ 9.71kN

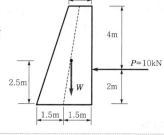

<u>해설</u> 옹벽의 전도는 옹벽 하단부 좌측점(A점)을 중심으로 일어나므로 A점에서 일어나는 모멘트의 합이 0이 되어야 한다. 즉, 자중에 의한 휨모멘트와 하중(10kN)에 의한 휨모멘트의 합이 0이다.

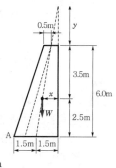

㉮ M_F(하중에 의한 휨모멘트)
$$= -10 \times 2 = -20\text{kN} \cdot \text{m}$$

㉯ M_W(자중에 의한 휨모멘트) : 자중의 작용선과 A점과의 수직거리를 구하기 위하여 다음 그림과 같은 삼각형에서 닮음을 이용하면(자중의 작용선 위치를 구하기 위해)

$y : 0.5 = (y+6) : 1.5$에서 $y=3$m이고, $3 : 0.5 = 6.5 :$ x에서 $x = \dfrac{3.25}{3}$ 이므로 A점과 자중의 작용선 사이 거리는 $1.5 + (1.5-x) = 1.5 + \left(1.5 - \dfrac{3.25}{3}\right) = \dfrac{5.75}{3}$ m

이므로 $M_W = W($자중$) \times \dfrac{5.75}{3} = \dfrac{5.75}{3}P$이다.

즉, ㉮+㉯ $= -20 + \dfrac{5.75}{3}P = 0$

$$\therefore \ P \fallingdotseq 10.4347 \fallingdotseq 10.44\text{kN}$$

x_1을 구하는 방법을 다음과 같이 생각하여 구할 수 있다.

$3.5 : (3.5+2.5) = x_1 : 1$

$\therefore \ x_1 = \dfrac{3.5}{6}$ 이므로

W와의 수직 거리는

$\dfrac{15}{6} - \dfrac{3.5}{6} = \dfrac{11.5}{6} = \dfrac{5.75}{3}$ m

그러므로 $V_u \leq \dfrac{1}{2}\phi V_c = \dfrac{1}{2} \times 0.75 \times \dfrac{1}{6}\lambda\sqrt{f_{ck}}\,b_w d$ 이다.

$V_u = 50,000\text{N}$, $\lambda = 1$, $f_{ck} = 28\text{MPa}$, $b_w = 300\text{mm}$ 이므로

$50,000 = \dfrac{1}{2} \times 0.75 \times \dfrac{1}{6} \times 1 \times \sqrt{28} \times 300d$ 이다.

따라서 $d = \dfrac{50,000 \times 2 \times 6}{0.75 \times \sqrt{28} \times 300} = 503.95\text{mm}$ 이다.

★★★
57 강도설계법에서 처짐을 계산하지 않는 경우 철근콘크리트보의 최소 두께규정으로 옳지 않은 것은? (단, 보통 콘크리트와 설계기준 항복강도 400MPa 철근을 사용한 부재임)

① 단순 지지 : $\dfrac{l}{16}$

② 1단 연속 : $\dfrac{l}{18.5}$

③ 양단 연속 : $\dfrac{l}{12}$

④ 캔틸레버 : $\dfrac{l}{8}$

해설 처짐을 계산하지 않는 경우 보의 최소 두께

부 재	최소 두께(h)			
	단순 지지	1단 연속	양단 연속	캔틸 레버
보	$\dfrac{l}{16}$	$\dfrac{l}{18.5}$	$\dfrac{l}{21}$	$\dfrac{l}{8}$

58 강도설계법에 의해서 전단보강철근을 사용하지 않고 계수하중에 의한 전단력 V_u=50kN을 지지하기 위한 직사각형 단면보의 최소 유효길이 d는? (단, 보통 중량 콘크리트 사용, f_{ck} =28MPa, b_w =300mm)

① 405mm   ② 444mm
③ 504mm   ④ 605mm

해설 V_u(계수전단력)가 콘크리트에 의한 ϕV_c(설계전단강도)의 1/2을 초과하는 모든 철근콘크리트 및 프리스트레스트 콘크리트 휨부재에는 최소 전단철근을 배치하여야 하므로 전단철근을 배치하지 않는 경우에는 V_c가 콘크리트에 의한 ϕV_c의 1/2 이하이어야 한다.

59 강도설계법에 따른 철근콘크리트부재의 휨에 관한 일반사항으로 옳지 않은 것은?

① 콘크리트의 인장강도는 철근콘크리트부재 단면의 축강도와 휨강도 계산에서 무시할 수 있다.
② 휨모멘트 또는 휨모멘트와 축력을 동시에 받는 부재의 콘크리트 압축연단의 극한변형률은 0.003으로 가정한다.
③ 휨부재의 최소 철근비는 $\phi M_n \geq 1.2 M_{cr}$의 조건을 만족시켜야 한다.
④ 강도설계법에서는 연성파괴보다는 취성파괴를 유도하도록 설계의 초점을 맞추고 있다.

해설 강도설계법에서 설계의 초점은 취성파괴보다는 연성파괴를 유도하기 위함이다.

60 1변의 길이가 각각 50mm(A), 100mm(B)인 두 개의 정사각형 단면에 동일한 압축하중 P가 작용할 때 압축응력도의 비(A : B)는?

① 2 : 1
② 4 : 1
③ 3 : 1
④ 16 : 1

해설 $\sigma(\text{응력도}) = \dfrac{P(\text{하중})}{A(\text{단면적})}$ 이다. 즉, 응력도는 하중에 비례하고 단면적에 반비례한다. 그러므로

$\sigma_A : \sigma_B = \dfrac{1}{A_A} : \dfrac{1}{A_B} = \dfrac{1}{50^2} : \dfrac{1}{100^2} = \dfrac{1}{2,500} : \dfrac{1}{10,000}$

$= 4 : 1$ 이다.

제4과목 건축설비

★
61 다음의 어떤 수조면의 일사량을 나타낸 값 중 그 값이 큰 것은?

① 전천일사량   ② 확산일사량
③ 천공일사량   ④ 반사일사량

해설 전천일사량=직달일사량+확산(천공)일사량이고, 직달일사량은 대기를 통과하여 직접 지표에 이르는 일사성분이고, 확산(천공)일사량은 어느 면에 입사하는 일사 중 직달일사량을 제외한 모든 일사량으로 천공일사나 지면 또는 주위 건물로부터의 반사일사로 이루어지는 일사이다.

62 간접가열식 급탕법에 관한 설명으로 옳지 않는 것은?

① 대규모 급탕설비에 적당하다.
② 보일러 내부에 스케일의 발생 가능성이 높다.
③ 가열코일에 순환하는 증기는 저압으로도 된다.
④ 난방용 증기를 사용하면 별도의 보일러가 필요 없다.

해설 중앙급탕방식 중 간접가열식(보일러에서 만들어진 증기 또는 고온수를 열원으로 하고, 저탕조 내에 설치된 코일을 통해 관 내의 물을 가열하는 방식)은 보일러 내면에 스케일(때 또는 녹)이 생기지 않는다.

63 볼류트펌프의 토출구를 지나는 유체의 유속이 2.5m/s, 유량이 1m³/min일 경우 토출구의 구경은?

① 75mm   ② 82mm
③ 92mm   ④ 105mm

해설 관경의 산정 계산문제에 있어서 가장 먼저 단위를 통일하여야 한다. 유량의 단위가 m^3/min이므로 $v=2.5m/s=2.5 \times 60=150m/min$, $Q=1m^3/min$이다.
∴ Q(유량)$=A$(단면적)v(유속)

$$= \frac{\pi d^2 (\text{관의 직경})}{4} v(\text{유속})$$

즉, $Q = \frac{\pi d^2}{4} v$에서 $d = \sqrt{\frac{4Q}{\pi v}} = \sqrt{\frac{4 \times 1}{\pi \times 2.5 \times 60}} = 0.092m = 92mm$이다.

★★
64 다음과 같은 조건에서 실의 현열부하가 7,000W인 경우 실내 취출풍량은?

[조건]
• 실내온도 : 22℃
• 취출공기온도 : 12℃
• 공기의 비열 : 1.01kJ/kg · K
• 공기의 밀도 : 1.2kg/m³

① 1,042m³/h   ② 2,079m³/h
③ 3,472m³/h   ④ 6,944m³/h

해설 Q(현열부하)$=C$(비열)m(취출풍량의 무게)Δt(온도의 변화량)$=C$(비열)ρ(취출공기의 밀도)V(취출풍량의 부피)Δt(온도의 변화량)

여기서, $V = \frac{Q}{C\rho \Delta t}$

$$= \frac{7,000}{(1.01 \times 1,000) \times 1.2 \times (22-12)}$$
$$= 0.57755775m^3/s = 2,079.21m^3/h$$

이 중 1,000은 kJ을 J로, 초를 시간으로 바꾸기 위하여 3,600을 곱한 계수이다.

65 금속관공사에 관한 설명으로 옳지 않은 것은?

① 고조파의 영향이 없다.
② 저압, 고압, 통신설비 등에 널리 사용된다.
③ 사용목적과 상관없이 접지를 할 필요가 없다.
④ 사용장소로는 은폐장소, 노출장소, 옥내, 옥외 등 광범위하게 사용할 수 있다.

해설 금속관공사(케이블공사와 함께 건축물의 종류나 장소에 구애됨이 없이 시공이 가능한 공사)는 사용목적와 관계없이 접지를 할 필요가 있다. 즉, 접지를 반드시 하여야 한다.

66 급수관의 관경 결정과 관계가 없는 것은?

① 관균등표   ② 동시사용률
③ 마찰저항선도   ④ 동적부하해석법

해설 급수배관의 관경 결정법은 기구연결관의 관경(기구급수부하단위)에 의한 방법, 관균등표(국부저항 상당길이, 수평지관)에 의한 약산법, 마찰저항선도(허용마찰손실수두, 수직주관)에 의한 방법 등이 있고, 동적부하해석법은 열부하 계산방법이다.

정답 61.① 62.② 63.③ 64.② 65.③ 66.④

67 주관적 온열요소 중 인체활동상태의 단위로 사용되는 것은?

① met
② clo
③ lm
④ cd

해설
clo는 의류의 열절연성(단열성)을 나타내는 단위로서 온도 21℃, 상대습도 50%에 있어서 기류속도 5cm/s 이하인 실내에서 인체 표면에서의 방열량이 1met $(50kcal(209kJ)/m^2 \cdot h)$의 대사와 평행되는 착의상태를 기준으로 한다.

★
68 약전설비(소세력 전기설비)에 속하지 않는 것은?

① 조명설비
② 전기음향설비
③ 감시제어설비
④ 주차관제설비

해설
약전설비에는 전화설비, 인터폰설비, 방송설비, 표지설비, 전기시계설비, 안테나설비, 확성설비 및 경보설비 등이 있고, 강전설비에는 전등설비, 변전설비, 간선설비, 피뢰침설비, 축전지설비, 자가발전설비, 전동기, 전열설비 및 조명설비 등이 있다.

★★
69 압력탱크식 급수설비에서 탱크 내의 최고 압력이 350kPa, 흡입양정이 5m인 경우 압력탱크에 급수하기 위해 사용되는 급수펌프의 양정은?

① 약 3.5m
② 약 8.5m
③ 약 35m
④ 약 40m

해설
펌프의 실양정(H)$=100P_2$(탱크 내의 최대 압력)$+h$(흡입양정)이다.
$P_2 = 350kPa = 0.35MPa$, $h = 5m$이므로
$\therefore H = 100 \times 0.35 + 5 = 40m$

70 직류 엘리베이터에 관한 설명으로 옳지 않은 것은?

① 임의의 기동토크를 얻을 수 있다.
② 고속 엘리베이터용으로 사용이 가능하다.
③ 원활한 가감속이 가능하여 승차감이 좋다.
④ 교류 엘리베이터에 비하여 가격이 저렴하다.

해설
직류 엘리베이터(착상오차가 적고 부하에 의한 속도 변동이 없으며, 속도의 선택과 제어가 가능)는 교류 엘리베이터에 비해서 가격이 비싼(교류의 1.5~2배) 단점이 있다.

★★
71 전기설비의 전압구분에서 저압기준으로 옳은 것은?

① 교류 750V 이하, 직류 600V 이하
② 교류 600V 이하, 직류 750V 이하
③ 교류 1,000V 이하, 직류 1,500V 이하
④ 교류 1,500V 이하, 직류 1,000V 이하

해설
전압의 구분

구 분	직 류	교 류
저 압	1.5kV 이하	1kV 이하
고 압	1.5kV 초과 7kV 이하	1kV 초과 7kV 이하
특고압	7kV 초과	

★
72 900명을 수용하고 있는 극장에서 실내 CO_2 농도를 0.1%로 유지하기 위해 필요한 환기량은? (단, 외기 CO_2농도는 0.04%, 1인당 CO_2 배출량은 18L/h이다.)

① 27,000m³/h
② 30,000m³/h
③ 60,000m³/h
④ 66,000m³/h

해설
필요 환기량(Q)
$$= \frac{실내에서의\ CO_2 발생량}{CO_2의\ 허용농도 - 외기의\ CO_2농도}$$
$$= \frac{18 \times 900}{0.001 - 0.0004} = 27,000,000L/h = 27,000m^3/h$$

73 다음 중 냉·난방부하에 관한 설명으로 옳지 않은 것은?

① 틈새바람부하에는 현열부하요소와 잠열부하요소가 있다.
② 최대 부하를 계산하는 것은 장치의 용량을 구하기 위한 것이다.
③ 냉방부하 중 실부하란 전열부하, 일사에 의한 부하 등을 말한다.
④ 인체 발생열과 조명기구 발생열은 난방부하를 증가시키므로 난방부하 계산에 포함시킨다.

해설
인체발열량은 냉방부하에는 산정하나 난방부하에는 산정하지 않으며, 조명기구의 발생열은 냉·난방부하에 산정한다.

74 다음 중 광원의 연색성에 관한 설명으로 옳지 않은 것은?

① 고압수은램프의 평균연색평가수(Ra)는 100이다.

② 연색성을 수치로 나타낸 것을 연색평가수라고 한다.

③ 평균연색평가수(Ra)가 100에 가까울수록 연색성이 좋다.

④ 물체가 광원에 의하여 조명될 때 그 물체의 색의 보임을 정하는 광원의 성질을 말한다.

> **해설**
> 광원의 연색성[광원을 평가하는 경우에 사용하는 용어로서 광원의 질을 나타내고, 광원이 백색(한결같은 분광분포)에서 벗어남에 따라 연색성이 나빠진다]평가수를 보면 태양과 백열전구는 100, 주광색 형광램프는 77, 백색 형광램프는 63, 고압수은등은 25~45, 메탈할라이드등은 70, 고압나트륨등은 22 정도로서, 연색성이 좋은 것부터 나쁜 것 순으로 나열하면 백열전구 → 주광색 형광램프 → 메탈할라이드램프 → 백색 형광램프 → 수은등 → 나트륨램프의 순이다.

75 ★★ 다음은 옥내소화전설비에서 전동기에 따른 펌프를 이용하는 가압송수장치에 관한 설명이다. ( ) 안에 알맞은 것은?

> 특정 소방대상물의 어느 층에 있어서도 해당 층의 옥내소화전(2개 이상 설치된 경우에는 2개의 옥내소화전)을 동시에 사용할 경우 각 소화전의 노즐선단에서의 방수압력이 (㉮) 이상이고, 방수량이 (㉯) 이상이 되는 성능의 것으로 할 것

① ㉮ 0.17MPa, ㉯ 130L/min
② ㉮ 0.17MPa, ㉯ 250L/min
③ ㉮ 0.34MPa, ㉯ 130L/min
④ ㉮ 0.34MPa, ㉯ 250L/min

> **해설**
> **옥내소화전의 제원**
>
> | 구 분 | 내 용 |
> |---|---|
> | 방수압력 | 0.17MPa |
> | 방수량 | 130L/min |
> | 노즐의 구경 | 13mm |
> | 호스의 구경 | 40mm |
> | 호스의 길이 | 15m 또는 30m |
> | 소화전의 높이 | 바닥면상 1.5m 이하 |
> | 설치 간격 | 수평거리 25m 이하 |
> | 저수조의 용량 | 소화전의 수량 ×동시개구수×20분 |

76 구조체를 가열하는 복사난방에 관한 설명으로 옳지 않은 것은?

① 복사열에 의하므로 쾌적성이 좋다.
② 바닥, 벽체, 천장 등을 방열면으로 할 수 있다.
③ 예열시간이 길고 일시적인 난방에는 바람직하지 않다.
④ 방열기의 설치로 인해 실의 바닥면적의 이용도가 낮다.

> **해설**
> 복사난방(벽, 천정, 바닥 등에 코일을 배관하여 복사열로서 난방하는 방식)은 방열기를 사용하지 않으므로 실의 바닥면적의 이용도가 높다.

77 겨울철 벽체를 통해 실내에서 실외로 빠져나가는 열손실량을 계산할 때 필요하지 않은 요소는?

① 외기온도
② 실내습도
③ 벽체의 두께
④ 벽체재료의 열전도율

> **해설**
> 열전도량 산정 시 필요한 요소는 열전도율, 벽체의 두께, 벽체의 표면적, 시간, 내·외부 온도차 등이 있고, 열관류량은 열관류율, 내·외부 온도차, 벽체의 표면적, 시간 등이 있다. 그러므로, 실내습도와는 무관하다.

78 공기조화방식 중 팬 코일 유닛방식에 관한 설명으로 옳지 않은 것은?

① 덕트방식에 비해 유닛의 위치변경이 용이하다.
② 유닛을 창문 밑에 설치하면 콜드드래프트를 줄일 수 있다.
③ 전공기방식으로 각 실에 수배관으로 인한 누수의 염려가 없다.
④ 각 실의 유닛은 수동으로도 제어할 수 있고, 개별제어가 용이하다.

> **해설** 팬 코일 유닛방식은 전수방식으로 각 실에 수배관으로 인한 누수의 염려가 있다.

79 3상 동력과 단상 전등, 전열부하를 동시에 사용 가능한 방식으로 사무소 건물 등 대규모 건물에 많이 사용되는 구내 배전방식은?

① 단상 2선식
② 단상 3선식
③ 3상 3선식
④ 3상 4선식

> **해설** 단상 2선식 110V는 가정용 전등 및 전기기구 등에 사용하고, 단상 3선식 110/220V는 일반 사무실과 학교에서 사용한다. 3상 3선식은 소규모 공장의 37kW 전동기 부하공급에 사용한다.

80 도시가스배관시공에 관한 설명으로 옳지 않은 것은?

① 건물 내에서는 반드시 은폐배관으로 한다.
② 배관 도중에 신축 흡수를 위한 이음을 한다.
③ 건물의 주요 구조부를 관통하지 않도록 한다.
④ 건물의 규모가 크고 배관연장이 길 경우는 계통을 나누어 배관한다.

> **해설** 도시가스배관 시 건물 내에서는 가스 누출점검을 위해 반드시 노출배관을 해야 한다.

81 다음 중 두께에 관계없이 방화구조에 해당되는 것은?

① 심벽에 흙으로 맞벽치기한 것
② 석고판 위에 회반죽을 바른 것
③ 시멘트 모르타르 위에 타일을 붙인 것
④ 석고판 위에 시멘트 모르타르를 바른 것

> **해설** 관련 법규 : 영 제2조, 피난·방화규칙 제4조, 해설 법규 : 피난·방화규칙 제4조 6호
> 석고판 위에 시멘트 모르타르 또는 회반죽을 바른 것은 그 두께의 합계가 2.5cm 이상, 철망 모르타르로 붙인 것은 바름두께가 2.0cm 이상, 시멘트 모르타르 위에 타일을 붙인 것은 그 두께의 합계가 2.5cm 이상이므로 두께에 관계없이 방화구조인 경우는 심벽에 흙으로 맞벽치기한 것이다.

82 다음의 각종 용도지역의 세분에 관한 설명 중 옳지 않은 것은?

① 근린상업지역 : 근린지역에서의 일용품 및 서비스의 공급을 위하여 필요한 지역
② 중심상업지역 : 도심·부도심의 상업기능 및 업무기능의 확충을 위하여 필요한 지역
③ 제1종 일반주거지역 : 단독주택을 중심으로 양호한 주거환경을 조성하기 위하여 필요한 지역
④ 준주거지역 : 주거기능을 위주로 이를 지원하는 일부 상업기능 및 업무기능을 보완하기 위하여 필요한 지역

> **해설** 관련 법규 : 국토법 제36조, 영 제30조, 해설 법규 : 영 제30조
> 제1종 일반주거지역은 저층주택을 중심으로 편리한 주거환경을 조성하기 위하여 필요한 지역이고, 제1종 전용주거지역은 단독주택 중심의 양호한 주거환경을 보호하기 위하여 필요한 지역이다.

★
83 다음은 공사감리에 관한 기준내용이다. 밑줄 친 "공사의 공정이 대통령령으로 정하는 진도에 다다른 경우"에 속하지 않는 것은? (단, 건축물의 구조가 철근콘크리트조인 경우)

> 공사감리자는 국토교통부령으로 정하는 바에 따라 감리일지를 기록·유지하여야 하고, 공사의 공정(工程)이 대통령령으로 정하는 진도에 다다른 경우에는 감리중간보고서를 작성하여 건축주에게 제출하여야 한다.

① 지붕슬래브배근을 완료한 경우
② 기초공사 시 철근배치를 완료한 경우
③ 기초공사에서 거푸집 또는 주춧돌의 설치를 완료한 경우
④ 지상 5개 층마다 상부 슬래브배근을 완료한 경우

해설
관련 법규 : 법 제25조, 영 제19조, 규칙 제19조의2, 해설 법규 : 영 제19조 ③항
공사감리자는 당해 건축물의 구조가 철근콘크리트조, 철골조, 철골철근콘크리트조, 조적조 또는 보강콘크리트블록조 외의 구조인 경우 기초공사에서 거푸집 또는 주춧돌의 설치를 완료한 때 감리중간보고서를 작성하여 건축주에게 제출하여야 한다.
또한, 해당 건축물의 구조가 철근콘크리트조·철골철근콘크리트조·조적조 또는 보강콘크리트블록조인 경우에는 기초공사 시 철근배치, 지붕슬래브배근, 지상 5개 층마다 상부 슬래브배근을 완료한 경우에는 감리중간보고서를 작성하여 건축주에게 제출하여야 한다.

84 국토의 계획 및 이용에 관한 법령상 다음과 같이 정의되는 용어는?

> 개발로 인하여 기반시설이 부족할 것으로 예상되나 기반시설을 설치하기 곤란한 지역을 대상으로 건폐율이나 용적률을 강화하여 적용하기 위하여 지정하는 구역

① 개발제한구역
② 시가화조정구역
③ 입지규제최소구역
④ 개발밀도관리구역

해설
관련 법규 : 국토법 제38조, 제39조, 제40조의2, 해설 법규 : 국토법 제38조, 제39조, 제40조의2
개발제한구역은 국토교통부장관은 도시의 무질서한 확산을 방지하고 도시 주변의 자연환경을 보전하여 도시민의 건전한 생활환경을 확보하기 위하여 도시의 개발을 제한할 필요가 있거나 국방부장관의 요청이 있어 보안상 도시의 개발을 제한할 필요가 있다고 인정되면 개발제한구역의 지정 또는 변경을 도시·군관리계획으로 결정할 수 있다. 시가화조정구역은 시·도지사는 직접 또는 관계 행정기관의 장의 요청을 받아 도시지역과 그 주변지역의 무질서한 시가화를 방지하고 계획적·단계적인 개발을 도모하기 위하여 5년 이상 20년 이내의 기간 동안 시가화를 유보할 필요가 있다고 인정되면 시가화조정구역의 지정 또는 변경을 도시·군관리계획으로 결정할 수 있다. 입지규제최소구역은 입지규제최소구역에서의 토지의 이용 및 건축물의 용도, 건폐율, 용적률, 높이 등의 제한에 관한 사항 등 입지규제최소구역의 관리에 필요한 사항을 정하기 위하여 수립하는 도시·군관리계획을 말한다.

85 제1종 일반주거지역 안에서 건축할 수 있는 건축물에 속하지 않는 것은?

① 아파트
② 단독주택
③ 노유자시설
④ 교육연구시설 중 고등학교

해설
관련 법규 : 국토법 제76조, 영 제71조, (별표 4), 해설 법규 : 영 제71조, (별표 4)
제1종 일반주거지역에 건축할 수 있는 건축물은 단독주택, 공동주택(아파트는 제외), 제1종 근린생활시설, 교육연구시설 중 유치원, 초등학교, 중학교 및 고등학교, 노유자시설 등이다.

★★
86 대통령령으로 정하는 용도와 규모의 건축물에 대해 일반이 사용할 수 있도록 소규모 휴식시설 등의 공개공지 또는 공개공간을 설치하여야 하는 대상지역에 속하지 않는 것은?

① 준주거지역
② 준공업지역
③ 일반주거지역
④ 전용주거지역

해설 관련 법규 : 법 제43조, 영 제27조의2, 해설 법규 : 법 제43조 ①항

일반주거지역, 준주거지역, 상업지역, 준공업지역 및 특별자치시장·특별자치도지사 또는 시장·군수·구청장이 도시화의 가능성이 크거나 노후 산업단지의 정비가 필요하다고 인정하여 지정·공고하는 지역의 하나에 해당하는 지역의 환경을 쾌적하게 조성하기 위하여 다음에서 정하는 용도와 규모의 건축물은 일반이 사용할 수 있도록 대통령령으로 정하는 기준에 따라 소규모 휴식시설 등의 공개공지(공지:공터) 또는 공개공간을 설치하여야 한다.

★★★
87 건축물의 층수 산정에 관한 기준내용으로 옳지 않은 것은?

① 지하층은 건축물의 층수에 산입하지 아니한다.

② 층의 구분이 명확하지 아니한 건축물은 그 건축물의 높이 4m마다 하나의 층으로 보고 그 층수를 산정한다.

③ 건축물이 부분에 따라 그 층수가 다른 경우에는 바닥면적에 따라 가중평균한 층수를 그 건축물의 층수로 본다.

④ 계단탑으로서 그 수평투영면적의 합계가 해당 건축물 건축면적의 8분의 1 이하인 것은 건축물의 층수에 산입하지 아니한다.

해설 관련 법규 : 법 제73조, 영 제119조, 해설 법규 : 영 제119조 ①항 9호

층수 산정방법에서 건축물의 부분에 따라 그 층수를 달리하는 경우에는 그 중 가장 많은 층의 수를 층수로 한다.

88 건축물의 건축 시 허가대상건축물이라 하더라도 미리 특별자치시장·특별자치도지사 또는 시장·군수·구청장에게 국토교통부령으로 정하는 바에 따라 신고를 하면 건축허가를 받은 것으로 보는 소규모 건축물의 연면적 기준은?

① 연면적의 합계가 100m² 이하인 건축물

② 연면적의 합계가 150m² 이하인 건축물

③ 연면적의 합계가 200m² 이하인 건축물

④ 연면적의 합계가 300m² 이하인 건축물

해설 관련 법규 : 법 제14조, 영 제11조, 해설 법규 : 영 제11조 ③항

소규모 건축물로서 대통령령으로 정하는 건축물은 연면적의 합계가 100m² 이하인 건축물과 높이를 3m 이하의 범위에서 증축하는 건축물 등이다.

★
89 다음은 지하층과 피난층 사이의 개방공간 설치에 관한 기준내용이다. ( ) 안에 알맞은 것은?

> 바닥면적의 합계가 ( ) 이상인 공연장·집회장·관람장 또는 전시장을 지하층에 설치하는 경우에는 각 실에 있는 자가 지하층 각 층에서 건축물 밖으로 피난하여 옥외계단 또는 경사로 등을 이용하여 피난층으로 대피할 수 있도록 천장이 개방된 외부공간을 설치하여야 한다.

① 1,000m²　　② 2,000m²

③ 3,000m²　　④ 4,000m²

해설 관련 법규 : 법 제49조, 영 제37조, 해설 법규 : 영 제37조

바닥면적의 합계가 3,000m² 이상인 공연장·집회장·관람장 또는 전시장을 지하층에 설치하는 경우에는 각 실에 있는 자가 지하층 각 층에서 건축물 밖으로 피난하여 옥외계단 또는 경사로 등을 이용하여 피난층으로 대피할 수 있도록 천장이 개방된 외부공간을 설치하여야 한다.

90 건축법령상 연립주택의 정의로 알맞은 것은?

① 주택으로 쓰는 층수가 5개 층 이상인 주택

② 주택으로 쓰는 1개 동의 바닥면적의 합계가 660m² 이하이고, 층수가 4개 층 이하인 주택

③ 주택으로 쓰는 1개 동의 바닥면적의 합계가 660m²를 초과하고, 층수가 4개 층 이하인 주택

④ 1개 동의 주택으로 쓰이는 바닥면적의 합계가 660m² 이하이고 주택으로 쓰는 층수가 3개 층 이하인 주택

해설 관련 법규 법 제2조, 영 제3조의5, (별표 1), 해설 법규 : (별표 1)
단독 및 공동주택의 규모

구 분		규 모	
		바닥면적의 합계	주택으로 사용하는 층수
단독 주택	다중주택	660m² 이하	3개 층 이하 (지하층 제외)
	다가구주택	660m² 이하, 19세대 이하	
공동 주택	아파트		5개 층 이상
	다세대주택	660m² 이하	4개 층 이하
	연립주택	660m² 초과	

91 국토의 계획 및 이용에 관한 법령상 기반시설 중 도로의 세분에 속하지 않는 것은?

① 고가도로
② 보행자우선도로
③ 자전거우선도로
④ 자동차전용도로

해설 관련 법규 : 국토법 제2조, 영 제2조, 해설 법규 : 영 제2조 ②항 1호
도로를 세분하면 일반도로, 자동차전용도로, 보행자전용도로, 보행자우선도로, 자전거전용도로, 고가도로 및 지하도로 등이 있다.

★
92 급수·배수(配水)·배수(排水)·환기·난방 등의 건축설비를 건축물에 설치하는 경우 건축기계설비기술사 또는 공조냉동기계기술사의 협력을 받아야 하는 대상건축물에 속하지 않는 것은?

① 의료시설로서 해당 용도에 사용되는 바닥면적의 합계가 2,000m²인 건축물
② 업무시설로서 해당 용도에 사용되는 바닥면적의 합계가 2,000m²인 건축물
③ 숙박시설로서 해당 용도에 사용되는 바닥면적의 합계가 2,000m²인 건축물
④ 유스호스텔로서 해당 용도에 사용되는 바닥면적의 합계가 2,000m²인 건축물

해설 관련 법규 : 법 제68조, 영 제91조의3, 설비규칙 제2조, 해설 법규 : 설비규칙 제2조 4, 5호

관계 전문기술자(건축기계설비기술사 또는 공조냉동기계기술사)의 협력을 받아야 하는 건축물은 기숙사, 의료시설, 유스호스텔 및 숙박시설은 해당 용도에 사용되는 바닥면적의 합계가 2,000m² 이상이고, 판매시설, 연구소, 업무시설은 해당 용도에 사용되는 바닥면적의 합계가 3,000m² 이상인 건축물이다.

93 자연녹지지역으로서 노외주차장을 설치할 수 있는 지역에 속하지 않는 것은?

① 토지의 형질변경 없이 주차장의 설치가 가능한 지역
② 주차장 설치를 목적으로 토지의 형질변경허가를 받은 지역
③ 택지개발사업 등의 단지조성사업 등에 따라 주차수요가 많은 지역
④ 하천구역 및 공유수면으로서 주차장이 설치되어도 해당 하천 및 공유수면의 관리에 지장을 주지 아니하는 지역

해설 관련 법규 : 법 제12조, 규칙 제5조, 해설 법규 : 규칙 제5조 3호
노외주차장을 설치하는 지역은 녹지지역이 아닌 지역이어야 하나, 자연녹지지역으로서 ①, ② 및 ④항 이외에 특별시장·광역시장, 시장·군수 또는 구청장이 특히 주차장의 설치가 필요하다고 인정하는 지역은 노외주차장의 설치가 가능하다.

94 다음은 건축법령상 직통계단의 설치에 관한 기준내용이다. ( ) 안에 알맞은 것은?

초고층 건축물에는 피난층 또는 지상으로 통하는 직통계단과 직접 연결되는 피난안전구역(건축물의 피난·안전을 위하여 건축을 중간층에 설치하는 대피공간)을 지상층으로부터 최대 ( )층마다 1개소 이상 설치하여야 한다.

① 10개
② 20개
③ 30개
④ 40개

해설 관련 법규 : 법 제49조, 영 제34조, 해설 법규 : 영 제34조 ③항
초고층 건축물에는 피난 또는 지상으로 통하는 직통계단과 직접 연결되는 피난안전구역(건축물의 피난·안전을 위하여 건축물 중간층에 설치하는 대피공간)을 지상층으로부터 최대 30개 층마다 1개소 이상 설치하여야 한다.

95 다음 중 건축물의 용도분류상 문화 및 집회시설에 속하는 것은?

① 야외극장
② 산업전시장
③ 어린이회관
④ 청소년수련원

해설 관련 법규 : 법 제2조, 영 제3조의5, (별표 1), 해설 법규 : (별표 1)
야외극장과 어린이회관은 관광휴게시설에 속하고, 청소년수련원은 자연권수련시설에 속한다.

96 부설주차장 설치대상 시설물이 문화 및 집회시설 중 예식장으로서 시설면적이 1,200m²인 경우 설치하여야 하는 부설주차장의 최소 대수는?

① 8대
② 10대
③ 15대
④ 20대

해설 관련 법규 : 법 제19조, 영 제6조, (별표 1), 해설 법규 : 영 제6조 ①항, (별표 1)
부설주차장의 설치대상 시설물이 문화 및 집회시설 중 예식장은 집회장에 속하므로 시설면적 150m²당 1대의 기준으로 주차장을 설치하여야 한다.

$$\therefore \text{주차대수} = \frac{\text{시설면적}}{150} = \frac{1,200}{150} = 8\text{대 이상}$$

97 주차장 주차단위구획의 최소 크기로 옳지 않은 것은? (단, 평행주차형식 외의 경우)

① 경형 : 너비 2.0m, 길이 3.6m
② 일반형 : 너비 2.0m, 길이 6.0m
③ 확장형 : 너비 2.6m, 길이 5.2m
④ 장애인전용 : 너비 3.3m, 길이 5.0m

해설 관련 법규 : 법 제6조, 규칙 제3조, 해설 법규 : 규칙 제3조 ①항 2호
평행주차 이외의 주차장의 주차단위구획은 다음과 같다.

구 분	너 비	길 이	면 적
경형	2.0m 이상	3.6m 이상	7.2m² 이상
일반형	2.5m 이상	5.0m 이상	11.5m² 이상
확장형	2.6m 이상	5.2m 이상	13.52m² 이상
장애인전용	3.3m 이상	5.0m 이상	16.5m² 이상

★
98 피난안전구역(건축물의 피난·안전을 위하여 건축물 중간층에 설치하는 대피공간)의 구조 및 설비에 관한 기준내용으로 옳지 않은 것은?

① 피난안전구역의 높이는 2.1m 이상일 것
② 비상용 승강기는 피난안전구역에서 승·하차할 수 있는 구조로 설치할 것
③ 건축물의 내부에서 피난안전구역으로 통하는 계단은 피난계단의 구조로 설치할 것
④ 피난안전구역에는 식수공급을 위한 급수전을 1개소 이상 설치하고 예비전원에 의한 조명설비를 설치할 것

해설 관련 법규 : 법 제49조, 영 제34조, 피난·방화규칙 제8조의 2, 해설 법규 : 피난·방화규칙 제8조의2 ③항 3호
건축물의 내부에서 피난안내구역으로 통하는 계단은 특별피난계단의 구조로 설치할 것

99 6층 이상의 거실면적의 합계가 3,000m²인 경우 건축물의 용도별 설치하여야 하는 승용 승강기의 최소 대수가 옳은 것은? (단, 15인승 승강기의 경우)

① 업무시설 - 2대
② 의료시설 - 2대
③ 숙박시설 - 2대
④ 위락시설 - 2대

해설 관련 법규 : 법 제64조, 영 제89조, 설비규칙 제5조, (별표 1의2), 해설 법규 : (별표 1의2)
승용 승강기를 많이 설치하는 것부터 적게 설치하는 순으로 나열하면 문화 및 집회시설(공연장, 집회장 및 관람장에 한함), 판매시설, 의료시설 → 문화 및 집회시설(전시장 및 동식물원에 한함), 업무시설, 숙박시설, 위락시설 → 공동주택, 교육연구시설, 노유자시설 및 그 밖의 시설의 순이다. 또한, 승용 승강기 설치대수는 업무시설, 숙박시설, 위락시설인 경우 1대이다.

★
100 공작물을 축조할 때 특별자치시장·특별자치도지사 또는 시장·군수·구청장에게 신고를 하여야 하는 대상공작물에 속하지 않는 것은? (단, 건축물과 분리하여 축조하는 경우)

① 높이 3m인 담장
② 높이 5m인 굴뚝
③ 높이 5m인 광고탑
④ 높이 5m인 광고판

해설 관련 법규 : 제83조, 영 제118조, 해설 법규 : 영 제
118조 ①항

옹벽 등의 공작물에의 준용

규 모	공작물
2m 넘는	옹벽, 담장
4m 넘는	장식탑, 기념탑, 첨탑, 광고탑, 광고판
5m 넘는	태양에너지를 이용하는 발전설비
6m 넘는	굴뚝, 골프연습장 등의 운동시설을 위한 철탑, 주거지역·상업지역에 설치하는 통신용 철탑
8m 넘는	고가수조
8m 이하	기계식 주차장 및 철골 조립식 주차장으로 외벽이 없는 것
기타	제조시설, 저장시설(시멘트사일로 포함), 유희시설

제1과목 건축계획

01 사방에서 감상해야 할 필요가 있는 조각물이나 모형을 전시하기 위해 벽면에서 띄어놓아 전시하는 특수 전시기법은?

① 아일랜드전시　② 디오라마전시
③ 파노라마전시　④ 하모니카전시

해설 디오라마전시는 가장 실감 나게 현장감을 표현하는 방법으로, 하나의 사실 또는 주제의 시간상황을 고정시켜 연출하는 것을 말하며 현장에 있는 느낌을 주는 전시기법이다. 파노라마전시는 연속적인 주제를 선적으로 관계성이 깊게 표현하기 위하여 선형 또는 전경(全景)으로 펼쳐지도록 연출하여 맥락이 중요시될 때 사용되는 특수 전시기법이며, 하모니카전시는 일정한 형태의 평면을 반복시켜 전시공간을 구획하는 방식으로 동선계획이 쉽고 전시효율이 높은 전시기법이다.

02 은행 건축계획에 관한 설명으로 옳지 않은 것은?

① 은행원과 고객의 출입구는 별도로 설치하는 것이 좋다.
② 영업실의 면적은 은행원 1인당 1.2m²를 기준으로 한다.
③ 대규모의 은행일 경우 고객의 출입구는 되도록 1개소로 하는 것이 좋다.
④ 주출입구에 이중문을 설치할 경우 바깥문은 바깥여닫이 또는 자재문으로 할 수 있다.

해설 영업실의 면적은 은행원 1인당 10m²를 기준으로 한다.

03 극장 무대 주위의 벽에 6~9m 높이로 설치되는 좁은 통로로 그리드아이언에 올라가는 계단과 연결되는 것은?

① 그린룸　　　② 록레일
③ 플라이갤러리　④ 슬라이딩스테이지

해설 그린룸(green room)은 무대 옆에 설치하여 가벼운 식사를 할 수 있는 설비를 갖춘 대기실이고, 록레일은 한 곳에 와이어로프를 모아서 조절하는 장소이며, 슬라이딩스테이지는 무대 자체를 활주이동시켜 무대를 전환하는 무대이다.

04 병원 건축의 형식 중 분관식에 관한 설명으로 옳지 않은 것은?

① 동선이 길어진다.
② 채광 및 통풍이 좋다.
③ 대지면적에 제약이 있는 경우에 주로 적용된다.
④ 환자는 주로 경사로를 이용한 보행 또는 들것으로 운반된다.

해설 병원의 건축형식 중 분관식은 대지면적에 제약이 없는 경우에 주로 적용된다.

05 도서관에서 장서가 60만 권일 경우 능률적인 작업용량으로서 가장 적정한 서고의 면적은?

① 3,000m²　　② 4,500m²
③ 5,000m²　　④ 6,000m²

해설 서고는 1m²당 150~250권이므로 600,000÷(150~250)=4,000~2,400m²이다.

06 백화점의 기둥간격결정요소와 가장 거리가 먼 것은?

① 화장실의 크기
② 에스컬레이터의 배치방법
③ 매장 진열장의 치수와 배치방법
④ 지하주차장의 주차방식과 주차폭

해설 백화점의 기둥간격(스팬)을 결정하는 요인에는 기준층 판매대의 배치와 치수, 그 주위의 통로폭, 엘리베이터와 에스컬레이터의 배치와 유무, 지하주차장의 설치, 주차방식과 주차폭 등이 있다. 각 층별 매장의 상품구성, 화장실의 크기, 공조실의 폭과 위치는 백화점의 스팬과 무관하다.

07 건축계획에서 말하는 미의 특성 중 변화 혹은 다양성을 얻는 방식과 가장 거리가 먼 것은?

① 억양(accent)　　② 대비(contrast)
③ 균제(proportion)④ 대칭(symmetry)

해설 대칭[질서 잡기가 쉽고 통일감을 얻기 쉽지만 때로는 표정이 단정하여 견고한 느낌을 주기도 한다. 또한 대칭성에 의한 안정감은 원시, 고딕, 중세에 있어서 중요시되어 정적인 안정감(완벽함)과 위엄성(엄숙함) 및 고요함이 있으며 웅대하여 균형을 얻는 데 가장 확실한 방법]은 미의 특성 중 변화 또는 다양성을 얻을 수 없으나 기념 건축물, 종교 건축물에 많이 사용하였다.

08 주택단지 안의 건축물에 설치하는 계단의 유효폭은 최소 얼마 이상으로 하여야 하는가?
(단, 공동으로 사용하는 계단의 경우)

① 0.9m　　　　② 1.2m
③ 1.5m　　　　④ 1.8m

해설 주택단지 안의 건축물 또는 옥외에 설치하는 계단의 각 부위의 치수는 다음 표의 기준에 적합하여야 한다(주택건설기준 등에 관한 규정 제16조).

계단의 종류	유효폭	단높이	단너비
공동으로 사용하는 계단	120cm 이상	18cm 이하	26cm 이상
건축물의 옥외계단	90cm 이상	20cm 이하	24cm 이상

09 사무소 건축의 코어형식에 관한 설명으로 옳은 것은?

① 편심코어형은 각 층의 바닥면적이 큰 경우 적합하다.
② 양단코어형은 코어가 분산되어 있어 피난상 불리하다.
③ 중심코어형은 구조적으로 바람직한 형식으로 유효율이 높은 계획이 가능하다.
④ 외코어형은 설비덕트나 배관을 코어로부터 사무실공간으로 연결하는 데 제약이 없다.

해설 편심코어형은 바닥면적이 비교적 크지 않은 경우에 사용하며 너무 고층인 경우에는 구조상 좋지 않은 형태이다. 양단코어형은 2방향으로 피난이 가능하므로 방재상 매우 유리한 형태이며, 외코어형은 설비덕트나 배관을 코어로부터 사무실공간으로 끌어내는 데 제약이 많다.

10 학교 건축계획에서 다음 그림과 같은 평면유형을 갖는 학교운영방식은?

① 달톤형　　　　② 플래툰형
③ 교과교실형　　④ 종합교실형

해설 플래툰형은 전 학급을 2개의 분단으로 구분하고, 한 분단이 일반교실을 사용할 때 다른 분단은 특별교실(가사, 공업 및 재봉의 실과교실, 사회교실, 자연교실, 음악교실, 미술실, 공작실, 도서관, 시청각실, 방송실, 어학실, 다목적실, 체육관, 강당 등)을 사용한다.

11 공장 건축의 지붕형에 관한 설명으로 옳지 않은 것은?

① 솟을지붕은 채광, 환기에 적합한 방법이다.
② 샤렌지붕은 기둥이 많이 소요되는 단점이 있다.
③ 뾰족지붕은 직사광선을 어느 정도 허용하는 결점이 있다.
④ 톱날지붕은 북향의 채광창으로 일정한 조도를 유지할 수 있다.

해설 샤렌지붕은 기둥이 적게 소요되는 장점이 있다.

12 다음 중 학교 건축계획에 요구되는 융통성과 가장 거리가 먼 것은?

① 지역사회의 이용에 의한 융통성
② 학교운영방식의 변화에 대응하는 융통성
③ 광범위한 교과내용의 변화에 대응하는 융통성
④ 한계 이상의 학생수의 증가에 대응하는 융통성

정답 07.④ 08.② 09.③ 10.② 11.② 12.④

해설 학교건축의 융통성이 요구되는 원인은 지역사회의 이용에 의한 융통성, 광범위한 교과내용의 변화에 대응하는 융통성 및 학교운영방식의 변화에 대응하는 융통성 등이다.

13 극장의 평면형식 중 애리나(arena)형에 관한 설명으로 옳지 않은 것은?

① 무대의 배경을 만들지 않으므로 경제성이 있다.

② 무대의 장치나 소품은 주로 낮은 기구들로 구성한다.

③ 가까운 거리에서 관람하면서 많은 관객을 수용할 수 있다.

④ 연기자가 일정한 방향으로만 관객을 대하므로 강연, 콘서트, 독주, 연극공연에 가장 좋은 형식이다.

해설 프로시니엄형(picture frame stage)은 배경은 한 폭의 그림과 같은 느낌을 주게 되어 전체적으로 통일된 효과를 얻는 데 가장 좋은 형태이고, 투시도법을 무대공간에 응용함으로써 하나의 구상화와 같은 느낌이 들게 하며 다양하게 무대배경을 만들 수 있고 조명효과가 좋다. ④항은 프로시니엄형에 대한 설명이다.

14 사무소 건축의 실단위계획에 있어서 개방식 배치(open plan)에 관한 설명으로 옳지 않은 것은?

① 독립성과 쾌적감 확보에 유리하다.

② 공사비가 개실시스템보다 저렴하다.

③ 방의 길이나 깊이에 변화를 줄 수 있다.

④ 전 면적을 유효하게 이용할 수 있어 공간절약상 유리하다.

해설 사무실의 배치방법 중 개방식 배치는 독립성과 쾌적감 확보에 불리하다.

15 주택 부엌에서 작업삼각형(work triangle)의 구성요소에 속하지 않는 것은?

① 개수대   ② 배선대
③ 가열대   ④ 냉장고

해설 부엌에서 작업삼각형(냉장고, 싱크대, 조리대)은 삼각형 세 변 길이의 합이 짧을수록 효과적이고 3.6~6.6m 사이에서 구성되며, 싱크대와 조리대 사이의 길이는 1.2~1.8m가 가장 적당하다. 또한 삼각형의 가장 짧은 변은 개수대와 냉장고 사이가 변이되어야 한다.

16 다음 중 건축가와 그의 작품의 연결이 옳지 않은 것은?

① Marcel Breuer : 파리 유네스코본부

② Le Corbusier : 동경 국립서양미술관

③ Antonio Gaudi : 시드니 오페라하우스

④ Frank Lloyd Wright : 뉴욕 구겐하임미술관

해설 시드니 오페라하우스는 예른 웃손(Jorn Utzon)의 작품이다.

17 다음의 한국 근대건축 중 르네상스양식을 취하고 있는 것은?

① 명동성당

② 한국은행

③ 덕수궁 정관헌

④ 서울 성공회성당

해설 명동성당은 고딕양식이고, 덕수궁 정관헌은 절충주의이며, 서울 성공회성당은 로마네스크양식이다. 한국은행과 국립중앙박물관(구 중앙청)은 르네상스양식이다.

18 다포식(多包式) 건축양식에 관한 설명으로 옳지 않은 것은?

① 기둥 상부에만 공포를 배열한 건축양식이다.

② 주로 궁궐이나 사찰 등의 주요 정전에 사용되었다.

③ 주심포형식에 비해서 지붕하중을 등분포로 전달할 수 있는 합리적 구조법이다.

④ 간포를 받치기 위해 창방 외에 평방이라는 부재가 추가되었으며 주로 팔작지붕이 많다.

해설 공포양식 중 다포식은 기둥 상부의 주두 밑에 안초공을 두는 수법이 사용되기 시작하였고, 구조는 기둥 위의 주간에 낀 창방에 폭이 넓고 두꺼운 평방을 돌리고 그 위에 포작을 둔 양식이다. 즉 주심포식은 기둥 상부에만 공포를 배치하였으나, 다포식은 기둥 상부와 주간에도 공포를 배치하였다.

19 ★★ 아파트의 평면형식에 관한 설명으로 옳지 않은 것은?

① 집중형은 기후조건에 따라 기계적 환경조절이 필요하다.
② 편복도형은 공용복도에 있어서 프라이버시가 침해되기 쉽다.
③ 홀형은 승강기를 설치할 경우 1대당 이용률이 복도형에 비해 적다.
④ 편복도형은 단위면적당 가장 많은 주호를 집결시킬 수 있는 형식이다.

해설 집중형은 단위면적당 가장 많은 주호를 집결시킬 수 있는 형식이다.

20 근린생활권에 관한 설명으로 옳지 않은 것은?

① 인보구는 가장 작은 생활권단위이다.
② 인보구 내에는 어린이놀이터 등이 포함된다.
③ 근린주구는 초등학교를 중심으로 한 단위이다.
④ 근린분구는 주간선도로 또는 국지도로에 의해 구분된다.

해설 근린주구는 도시계획의 종합계획에 따른 최소 단위가 되고 외부로부터의 통과교통의 유입을 배제하되, 주위의 간선도로를 경계로 하는 단위이다.

제2과목 건축시공

21 ★ 지반조사 중 보링에 관한 설명으로 틀린 것은?

① 보링의 깊이는 일반적인 건물의 경우 대략 지지 지층 이상으로 한다.
② 채취시료는 충분히 햇빛에 건조시키는 것이 좋다.

③ 부지 내에서 3개소 이상 행하는 것이 바람직하다.
④ 보링구멍은 수직으로 파는 것이 중요하다.

해설 보링작업 시 채취시료를 햇빛에 건조시키는 것은 좋지 않다.

22 콘크리트 블록벽체 $2m^2$를 쌓는 데 소요되는 콘크리트 블록장수로 옳은 것은? (단, 블록은 기본형이며 할증은 고려하지 않음)

① 25장
② 30장
③ 34장
④ 38장

해설 블록의 소요량 산정 시 운반 파손, 시공 손실 등을 고려하고 정미량의 4%를 가산하여 산정하면 기본형 블록은 $1m^2$당 13매가 소요되고, 장려형 블록은 $1m^2$당 17매가 소요된다. 그러나 기본형의 정미량

$$= \frac{1m \times 1m}{(0.39 + 0.01) \times (0.19 + 0.01)} = 12.5매/m^2 이다.$$

그러므로 할증률을 고려하지 않은 블록의 정미량 $= 2m^2 \times 12.5매/m^2 = 25매가$ 소요된다.

23 ★ 콘크리트용 재료 중 시멘트에 관한 설명으로 옳지 않은 것은?

① 중용열포틀랜드시멘트는 수화작용에 따르는 발열이 적기 때문에 매스콘크리트에 적당하다.
② 조강포틀랜드시멘트는 조기강도가 크기 때문에 한중콘크리트공사에 주로 쓰인다.
③ 알칼리골재반응을 억제하기 위한 방법으로써 내황산염포틀랜드시멘트를 사용한다.
④ 조강포틀랜드시멘트를 사용한 콘크리트의 7일 강도는 보통포틀랜드시멘트를 사용한 콘크리트의 28일 강도와 거의 비슷하다.

해설 알칼리골재반응(골재의 실리카질 광물질과 시멘트 중의 알칼리성분이 화학반응하여 팽창으로 인한 균열이 발생하는 반응)을 억제하기 위하여 혼합재의 혼합비율이 큰 시멘트인 플라이애시시멘트(혼합비 10~30%)나 고로슬래그시멘트(혼합비 30~65%)를 사용한다.

★
24 도장공사에서의 뿜칠에 관한 설명으로 옳지 않은 것은?

① 큰 면적을 균등하게 도장할 수 있다.
② 스프레이건과 뿜칠면 사이의 거리는 30cm 를 표준으로 한다.
③ 뿜칠은 도막두께를 일정하게 유지하기 위해 겹치지 않게 순차적으로 이행한다.
④ 뿜칠공기압은 2~4kg/cm² 를 표준으로 한다.

해설 뿜칠은 도막두께를 일정하게 유지하기 위해 1/2~1/3 정도 겹치도록 순차적으로 이행한다.

★
25 타일공사에서 시공 후 타일접착력시험에 관한 설명으로 옳지 않은 것은?

① 타일의 접착력시험은 600m²당 한 장씩 시험한다.
② 시험할 타일은 먼저 줄눈 부분을 콘크리트면까지 절단하여 주위의 타일과 분리시킨다.
③ 시험은 타일시공 후 4주 이상일 때 행한다.
④ 시험결과의 판정은 타일인장 부착강도가 10MPa 이상이어야 한다.

해설 타일의 접착력시험결과의 판정은 접착강도가 0.39MPa 이상이어야 한다.

26 다음 중 무기질 단열재료가 아닌 것은?

① 셀룰로스섬유판
② 세라믹섬유
③ 펄라이트판
④ ALC패널

해설 단열재의 종류 중 무기질 단열재료에는 유리면, 암면, 세라믹파이버, 펄라이트판, 규산칼슘판, 경량기포콘크리트 등이 있고, 유기질 단열재료에는 셀룰로스섬유판, 연질섬유판, 폴리스틸렌폼, 경질우레탄폼 등이 있다.

★
27 CM(Construction Management)의 주요 업무가 아닌 것은?

① 설계부터 공사관리까지 전반적인 지도, 조언, 관리업무
② 입찰 및 계약관리업무와 원가관리업무
③ 현장 조직관리업무와 공정관리업무
④ 자재조달업무와 시공도 작성업무

해설 자재조달업무와 시공도 작성업무는 시공자의 업무이다.

★
28 용접작업 시 용착금속 단면에 생기는 작은 은색의 점을 무엇이라 하는가?

① 피시아이(fish eye)
② 블로홀(blow hole)
③ 슬래그 함입(slag inclusion)
④ 크레이터(crater)

해설 공기구멍(blow hole)은 용융금속이 응고될 때 방출되어야 할 가스가 남아서 생기는 용접부의 빈 자리로서 공 모양 또는 길쭉한 모양의 구멍이 생기는 것이다. 슬래그 섞임은 용접봉의 피복재 심선과 모재가 변해 생긴 회분이 용착금속 내에 혼입되는 것이다. 크레이터는 아크용접에서 용접비드의 끝에 남은 우묵하게 패인 곳이다.

29 한중(寒中)콘크리트의 양생에 관한 설명으로 옳지 않은 것은?

① 보온양생 또는 급열양생을 끝마친 후에는 콘크리트의 온도를 급격히 저하시켜 양생을 마무리하여야 한다.
② 초기양생에서 소요압축강도가 얻어질 때까지 콘크리트의 온도를 5℃ 이상으로 유지하여야 한다.
③ 초기양생에서 구조물의 모서리나 가장자리의 부분은 보온하기 어려운 곳이어서 초기동해를 받기 쉬우므로 초기양생에 주의하여야 한다.
④ 한중콘크리트의 보온양생방법은 급열양생, 단열양생, 피복양생 및 이들을 복합한 방법 중 한 가지 방법을 선택하여야 한다.

해설 한중콘크리트의 양생은 콘크리트의 급속건조와 냉각을 방지하면서 가열보온양생을 실시한다.

30 ★ 다음 중 실링공사의 재료에 관한 설명으로 옳지 않은 것은?

① 개스킷은 콘크리트의 균열 부위를 충전하기 위하여 사용하는 부정형재료이다.

② 프라이머는 접착면과 실링재와의 접착성을 좋게 하기 위하여 도포하는 바탕처리 재료이다.

③ 백업재는 소정의 줄눈깊이를 확보하기 위하여 줄눈 속을 채우는 재료이다.

④ 마스킹테이프는 시공 중에 실링재 충전개소 이외의 오염 방지와 줄눈선을 깨끗이 마무리하기 위한 보호테이프이다.

해설 에폭시수지 접착제는 콘크리트의 균열 부위를 충전하기 위해 사용하는 부정형재료이다.

31 다음 중 도막방수시공 시 유의사항으로 옳지 않은 것은?

① 도막방수재는 혼합에 따라 재료물성이 크게 달라지므로 반드시 혼합비를 준수한다.

② 용제형의 프라이머를 사용할 경우에는 화기에 주의하고, 특히 실내작업의 경우 환기장치를 사용하여 인화나 유기용제 중독을 미연에 예방하여야 한다.

③ 코너 부위, 드레인 주변은 보강이 필요하다.

④ 도막방수공사는 바탕면시공과 관통공사가 종결되지 않더라도 할 수 있다.

해설 도막방수공사는 바탕면시공과 관통공사가 종결된 후에 실시하여야 한다.

32 ★ 지반조사시험에서 서로 관련 있는 항목끼리 옳게 연결된 것은?

① 지내력 : 정량분석시험

② 연한 점토 : 표준관입시험

③ 진흙의 점착력 : 베인시험(vane test)

④ 염분 : 신월샘플링(thin wall sampling)

해설 정량분석시험은 모래의 염화물시험에 사용하고, 표준관입시험은 모래의 밀도를 측정하는 경우에 사용하는 시험법이며, 신월샘플링은 시료채취기의 튜브가 얇은 살로 된 것을 써서 시료채취를 하는 것으로 무른 점토의 채취에는 적당하나, 굳은 진흙층 또는 사질지층이라도 튜브가 파괴되지 않는다면 채취가 가능한 방식이다.

33 공사착공시점의 인허가항목이 아닌 것은?

① 비산먼지 발생사업신고

② 오수처리시설 설치신고

③ 특정 공사 사전신고

④ 가설건축물 축조신고

해설 공사착공시점의 인·허가항목은 비산먼지 발생사업신고, 특정 공사 사전신고, 가설건축물 축조신고 등이 있다.

34 ★ 콘크리트공사 중 적산온도와 가장 관계 깊은 것은?

① 매스(mass)콘크리트공사

② 수밀(水密)콘크리트공사

③ 한중(寒中)콘크리트공사

④ AE콘크리트공사

해설 적산온도는 콘크리트의 강도가 재령과 온도와의 함수로서, 즉 Σ(시간×온도)의 함수로 표시되는 총합이다. 한중콘크리트는 하루 평균기온이 0~4℃일 때 간단한 주의와 보온으로 시공하는 콘크리트로서 배합강도 및 그에 따른 물·시멘트비는 콘크리트강도의 기온에 따른 보정값을 사용하는 방법과 적산온도방식에 의한 방법이 사용된다.

35 조적벽 40m²를 쌓는 데 필요한 벽돌량은? (단, 표준형 벽돌 0.5B 쌓기, 할증은 고려하지 않음)

① 2,850장

② 3,000장

③ 3,150장

④ 3,500장

해설 0.5B 벽체의 1m²당 벽돌의 정미소요량은 75매이고, 할증률은 3%(=0.03)이므로
정미소요량=벽면적×75=40×75=3,000장(매)이다.

36 ★ 고력볼트접합에 관한 설명으로 옳지 않은 것은?

① 현대건축물의 고층화, 대형화추세에 따라 소음이 심한 리벳은 현재 거의 사용하지 않고 볼트접합과 용접접합이 대부분을 차지하고 있다.

② 토크셰어형 고력볼트는 조여서 소정의 축력이 얻어지면 자동적으로 핀테일이 파단되는 구조로 되어 있다.

③ 고력볼트의 조임기구는 토크렌치와 임팩트렌치 등이 있다.

④ 고력볼트의 접합형태는 모두 마찰접합이며, 마찰접합은 하중이나 응력을 볼트가 직접 부담하는 방식이다.

> **해설**
> 고력볼트의 접합형태는 마찰, 인장 및 지압접합이며, 마찰접합은 하중이나 응력을 볼트가 직접 부담하는 방식이다.

37 기본공정표와 상세공정표에 표시된 대로 공사를 진행시키기 위해 재료, 노력, 원척도 등이 필요한 기일까지 반입, 동원될 수 있도록 작성한 공정표는?

① 횡선식 공정표
② 열기식 공정표
③ 사선그래프식 공정표
④ 일순식 공정표

> **해설**
> **횡선식 공정표**는 세로에 각 공정, 가로에 날짜를 잡고 공정을 막대그래프로 표시하고 공사진척상황을 기입하며 예정과 실시를 비교하면서 관리하는 공정표이다. **사선그래프식 공정표**는 세로에 공사량, 총인부 등을 표시하고, 가로에 월일, 일수 등을 표시하여 일정한 절선을 가지고 공사의 진행상태를 수량적으로 나타낸 것으로 각 부분의 공사의 상세를 나타내는 부분공정표에 알맞고 노무자와 재료의 수배에 적합한 공정표이다. **일순식 공정표**는 공사 중의 일주간 또는 10일마다 그 기간 중의 공정을 상세하게 나타낸 공정표이다.

38 ★★ 유리섬유, 합성섬유 등의 망상포를 적층하여 도포하는 도막방수공법은?

① 시멘트액체방수공법
② 라이닝공법
③ 스터코마감공법
④ 루핑공법

> **해설**
> 유제형 도막방수는 수지유제를 바탕콘크리트면에 여러 번 발라 두께 0.5~1.0mm 정도의 바름막을 형성하여 방수층을 형성하는 공법으로, 도막의 보강 및 두께를 확보하기 위하여 유리섬유, 비닐론, 데빌론 등의 망상포를 사용하는 공법을 라이닝공법이라고 한다.

39 강제말뚝의 부식에 대한 대책과 가장 거리가 먼 것은?

① 부식을 고려하여 두께를 두껍게 한다.
② 에폭시 등의 도막을 설치한다.
③ 부마찰력에 대한 대책을 수립한다.
④ 콘크리트로 피복한다.

> **해설**
> 강제말뚝의 부식 방지방법에는 말뚝의 두께를 증가하고, 방식재(에폭시 등), 시멘트(콘크리트) 또는 합성수지를 피복하거나, 내부식성 금속의 도금법인 전기도금법을 사용한다.

40 ★ 콘크리트 중 공기량의 변화에 관한 설명으로 옳은 것은?

① AE제의 혼입량이 증가하면 연행공기량도 증가한다.
② 시멘트분말도 및 단위시멘트량이 증가하면 공기량은 증가한다.
③ 잔골재 중의 0.15~0.3mm의 골재가 많으면 공기량은 감소한다.
④ 슬럼프가 커지면 공기량은 감소한다.

> **해설**
> 시멘트 분말도 및 단위시멘트량이 증가하면 공기량은 감소하고, 잔골재 중의 0.15~0.3mm의 골재가 많으면 공기량은 증가하며, 슬럼프가 커지면 공기량은 증가한다.

2018

제3과목 건축구조

41 강구조용접에서 용접결함에 속하지 않는 것은?

① 오버랩(overlap)

② 크랙(crack)

③ 가우징(gouging)

④ 언더컷(under cut)

해설

용접의 결함에는 슬래그 감싸돌기, 언더컷(용접 상부에 따라 모재가 녹아 용착금속이 채워지지 않고 홈으로 남게 된 부분), 오버랩(용착 금속과 모재가 융합되지 않고 겹쳐지는 것), 블로홀, 크랙(용접 후 냉각시 용접부에 생기는 갈라짐), 피트 등이 있고, 가우징은 소재의 표면에 홈이 생기도록 파내는 작업으로 열에 의해서 모재를 용융시키는 과정을 포함하기 때문에 열가우징이라고도 하며, 초층 용접부의 이면비드절삭, 가용접부의 제거 및 용접그루브가공을 위해 실시한다.

42 다음 그림과 같은 구조물의 부정정 차수는?

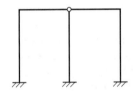

① 1차 부정정   ② 2차 부정정

③ 3차 부정정   ④ 4차 부정정

해설 구조물의 판별

㉮ $S+R+N-2K$에서 $S=5$, $R=9$, $N=2$, $K=6$ 이므로

$S+R+N-2K=5+9+2-2\times6=4$(4차 부정정 구조물)

㉯ $R+C-3M$에서 $R=9$, $C=10$, $M=5$이므로

$R+C-3M=9+10-3\times5=4$(4차 부정정 구조물)

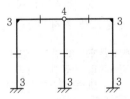

43 동일 단면, 동일 재료를 사용한 캔틸레버보 끝단에 집중하중이 작용하였다. P_1이 작용한 부재의 최대 처짐량이 P_2가 작용한 부재의 최대 처짐량의 2배일 경우 $P_1 : P_2$는?

① 1 : 4

② 1 : 8

③ 4 : 1

④ 8 : 1

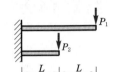

해설 구조물의 처짐

㉮ 캔틸레버보 끝단에 집중하중이 작용하는 경우 최대 처짐량 : $\delta = \dfrac{Pl^3}{3EI}$

㉯ P_1이 작용하는 캔틸레버보의 처짐 : $\delta_{P_1} = \dfrac{P_1(2l)^3}{3EI}$

㉰ P_2가 작용하는 캔틸레버보의 처짐 : $\delta_{P_2} = \dfrac{P_2 l^3}{3EI}$

$\delta_{P_1} = 2\delta_{P_2}$

$\dfrac{P_1(2l)^3}{3EI} = 2\times\dfrac{P_2 l^3}{3EI}$, $\dfrac{8P_1 l^3}{3EI} = \dfrac{2P_2 l^3}{3EI}$

$\therefore P_1 : P_2 = 1 : 4$

[별해] 캔틸레버보의 처짐은 하중(P)과 스팬의 세제곱(l^3)에 비례하고, 탄성계수(E)와 단면 2차 모멘트(I)에 반비례하나, E와 I는 일정하므로 δ(처짐)$= P_1(2l)^3 = 2P_2 l^3$임을 알 수 있다. $8P_1 l^3 = 2P_2 l^3$이므로 $4P_1 = P_2$이다. 따라서 $P_1 : P_2 = 1 : 4$이다.

44 다음 그림과 같은 단순보의 일부 구간으로부터 떼어낸 자유물체도에서 각 좌우측면(㉮, ㉯면)에 작용하는 전단력의 방향과 그 값으로 옳은 것은?

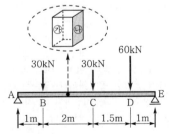

① ㉮ : 19.1kN(↑), ㉯ : 19.1kN(↓)

② ㉮ : 19.1kN(↓), ㉯ : 19.1kN(↑)

③ ㉮ : 16.1kN(↑), ㉯ : 16.1kN(↓)

④ ㉮ : 16.1kN(↓), ㉯ : 16.1kN(↑)

해설 부재력의 산정

(1) 반력

　　㉠ $\sum M_E = 0$에 의해서

　　　$V_A \times 5.5 - 30 \times 4.5 - 30 \times 2.5 - 60 \times 1 = 0$

　　　$\therefore V_A = 49.09 \text{kN}(\uparrow)$

　　㉡ $\sum Y = 0$에 의해서

　　　$V_A - 30 - 30 - 60 + V_B = 0$에서 $V_A = 49.09$

　　　kN이므로 $49.09 - 30 - 30 - 60 + V_B = 0$

　　　$\therefore V_B = 70.91 \text{kN}(\uparrow)$

(2) 전단력

　　㉠ ㉮의 단면 : $1 \le x \le 3 \text{m}$인 경우

　　　$S_X = 49.09 - 30 = 19.09 \text{kN}(\uparrow)$

　　㉡ ㉯의 단면 : $2.5 \le x \le 4.5 \text{m}$인 경우

　　　$S_X = -70.91 + 60 + 30 = 19.09 \text{kN}(\downarrow)$

45 다음 그림과 같이 수평하중을 받는 라멘에서 휨모멘트의 값이 가장 큰 위치는?

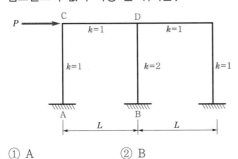

① A　　　　　② B
③ C　　　　　④ D

해설

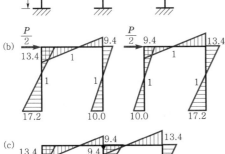

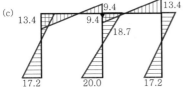

문제에서 라멘의 대칭성과 하중의 비대칭성으로 변형이 비대칭이 됨을 알 수 있다. 그러므로 라멘을 그림 (b)와 같이 둘로 나누어 그 끝에 각각 $P/2$가 작용하는 것으로 취급할 수 있다. 다만, 중앙의 기둥에 대해서 주의해야 할 사항은 그림 (b)와 같이 강비를 본래 기둥의 반으로 하는 것과 이것에 의해 응력을 구한 다음 그 값을 2배로 하여 기둥의 응력을 산정한다. 따라서 휨모멘트는 위 그림과 같이 발생하므로 B점에서 가장 큰 휨모멘트가 발생함을 알 수 있다.

46 다음 그림과 같은 단순보에서 A점 및 B점에서의 반력을 각각 R_A, R_B라 할 때 반력의 크기로 옳은 것은?

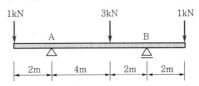

① $R_A = 3 \text{kN}$, $R_B = 2 \text{kN}$

② $R_A = 2 \text{kN}$, $R_B = 3 \text{kN}$

③ $R_A = 2.5 \text{kN}$, $R_B = 2.5 \text{kN}$

④ $R_A = 4 \text{kN}$, $R_B = 1 \text{kN}$

해설 반력의 산정

A지점은 회전지점이므로 수직 $R_A(\uparrow)$, 수평 H_A $(\rightarrow)$가 작용하고, B지점은 이동지점이므로 수직 $R_B(\uparrow)$가 발생한다.

㉠ $\sum Y = 0$에 의해서

　$-1 + R_A - 3 + R_B - 1 = 0$ ⋯⋯⋯⋯⋯ ⓐ

㉡ $\sum M_B = 0$에 의해서

　$-1 \times 8 + R_A \times 6 - 3 \times 2 + 1 \times 2 = 0$

$\therefore R_A = \dfrac{8 + 6 - 2}{6} = 2 \text{kN}(\uparrow)$을 식 ⓐ에 대입하면

$R_B = 3 \text{kN}(\uparrow)$이다.

47 필릿용접의 최소 사이즈에 관한 설명으로 옳지 않은 것은? (단, KBC 2016기준)

① 접합부 얇은 쪽 모재두께가 6mm 이하일 경우 3mm이다.

② 접합부 얇은 쪽 모재두께가 6mm를 초과하고 13mm 이하일 경우 4mm이다.

③ 접합부 얇은 쪽 모재두께가 13mm를 초과하고 19mm 이하일 경우 6mm이다.

④ 접합부 얇은 쪽 모재두께가 19mm를 초과할 경우 8mm이다.

해설 필릿용접의 최소 사이즈   (단위 : mm)

접합부의 얇은 쪽 모재두께(t)	필릿용접의 최소 사이즈
$t \leq 6$	3
$6 < t \leq 13$	5
$13 < t \leq 19$	6
$19 < t$	8

48 각 구조시스템에 관한 정의로 옳지 않은 것은?

① 모멘트골조방식 : 수직하중과 횡력을 보 와 기둥으로 구성된 라멘골조가 저항하 는 구조방식

② 연성모멘트골조방식 : 횡력에 대한 저항 능력을 증가시키기 위하여 부재와 접합 부의 연성을 증가시킨 모멘트골조방식

③ 이중골조방식 : 횡력의 25% 이상을 부담 하는 전단벽이 연성모멘트골조와 조합 되어 있는 구조방식

④ 건물골조방식 : 수직하중은 입체골조가 저항하고 지진하중은 전단벽이나 가새 골조가 저항하는 구조방식

해설 이중골조방식은 횡력의 25% 이상을 부담하는 연성 모멘트골조가 전단벽이나 가새골조와 조합되어 있는 구조방식이다.

49 다음 그림에서와 같은 H형강 H−300×150×6.5×9 의 $x-x$축에 대한 단면계수값으로 옳은 것은? (단, $I_x = 5,080,000$mm^{4}이다.)

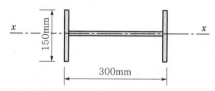

① 58,539mm^3 ② 60,568mm^3
③ 67,733mm^3 ④ 71,384mm^3

해설 Z(단면계수)
$= \dfrac{\text{단면 2차 모멘트}}{\text{도심축에서 단면계수를 구하는 곳까지의 거리}}$
$= \dfrac{I}{y} = \dfrac{5,080,000}{\frac{150}{2}} = 67,733.3\text{mm}^3$

★
50 다음 부정정구조물에서 B점의 반력을 구하면?

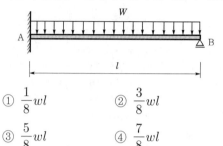

① $\dfrac{1}{8}wl$ ② $\dfrac{3}{8}wl$

③ $\dfrac{5}{8}wl$ ④ $\dfrac{7}{8}wl$

해설 부정정보의 반력
다음 그림을 참고로 하여 풀이하면 변형(처짐)일치법 에 의해서 $\dfrac{wl^4}{8EI} + \left(-\dfrac{R_B l^3}{3EI}\right) = 0$이므로 $R_B = \dfrac{3wl}{8}(\uparrow)$ 이다.
그런데 $\Sigma Y = 0$에 의해서 $-wl + R_A + R_B = 0$이다.
또한 $R_B = \dfrac{3wl}{8}(\uparrow)$이므로 $-wl + R_A + \dfrac{3wl}{8} = 0$이다.
그러므로 $R_A = \dfrac{5wl}{8}(\uparrow)$이다.

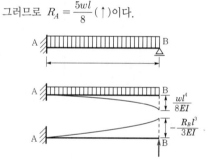

51 인장을 받는 이형철근의 직경이 D16(직경 15.9mm) 이고 콘크리트강도가 30MPa인 표준갈고리의 기 본정착길이는? (단, $f_y = 400$MPa, $\beta = 1.0$, $m_c = 2,300$kg/m^3)

① 238mm   ② 258mm
③ 279mm   ④ 312mm

해설 표준갈고리의 기본정착길이
l_{hd}(표준갈고리를 갖는 인장이형철근의 기본정착길이)
$= \dfrac{0.24\beta d_b f_y}{\lambda \sqrt{f_{ck}}}$이다. 다만, 이 값은 항상 $8d_b$ 이상 또 는 150mm 이상이어야 한다.

그러므로 $l_{hd} = \dfrac{0.24\beta d_b f_y}{\lambda \sqrt{f_{ck}}} = \dfrac{0.24 \times 1 \times 15.9 \times 400}{1 \times \sqrt{30}}$
$= 278.68$mm, $8d_b = 8 \times 15.9 = 127.2$mm 이상 또는 150mm 이상이므로 278.68mm이다.

★
52 양단힌지인 길이 6m의 H−300×300×10×15의 기둥이 부재 중앙에서 약축방향으로 가새를 통해 지지되어 있을 때 설계용 세장비는? (단, $r_x = 131\text{mm}$, $r_y = 75.1\text{mm}$)

① 39.9 ② 45.8
③ 58.2 ④ 66.3

해설

세장비$\left(\lambda = \dfrac{l_k}{i}\right)$의 산정

㉠ $l_k = 1l = 1 \times 6\text{m} = 600\text{cm}$, $i = 13.1\text{cm}$일 때

$$\lambda_x = \frac{l_k}{i} = \frac{600}{13.1} = 45.801$$

㉡ $l_k = 300\text{cm}$, $i = 7.51\text{cm}$일 때

$$\lambda_y = \frac{l_k}{i} = \frac{300}{7.51} = 39.947$$

∴ ㉠와 ㉡ 중에서 큰 세장비 45.801을 선택한다.

★
53 다음 그림과 같은 이동하중이 스팬 10m의 단순보 위를 지날 때 절대 최대 휨모멘트를 구하면?

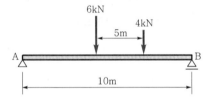

① 16kN · m ② 18kN · m
③ 25kN · m ④ 30kN · m

해설

절대 최대 휨모멘트 발생위치

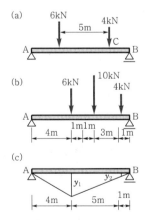

연행하중의 최대 휨모멘트는 연행하중이 단순보 위를 지날 때 보에 실리는 전 하중합력의 작용점과 그

와 가장 가까운 하중(또는 부근의 큰 하중)과의 사이가 보의 지간의 중앙에 의하여 2등분될 때 그 하중 바로 밑의 단면에서 일어난다.

(1) 보에 실리는 전 하중합력의 작용점(바리뇽의 정리에 의해, 그림 (a) 참고)
 ㉠ 두 힘의 합력을 구하면 $R = -6 - 4 = -10$, 즉 하향의 10kN
 ㉡ 4kN 하중의 작용선상 임의의 한 점을 C라 하고, 임의의 한 점과 6kN(↓)과의 거리를 x [m]라고 하면
 $$\sum M_C = -6 \times 5 = -30\text{kN} \cdot \text{m}$$
 ㉢ 바리뇽의 정리 : 여러 힘들의 임의의 점에 대한 모멘트의 합은 그들의 합력이 되는 점에 대한 모멘트와 같다.
 즉 $\sum M_C = -30 = 10x$일 때 $x = 3$m이다.

(2) 전 하중합력의 작용점과 그와 가장 가까운 하중(또는 부근의 큰 하중)과의 사이가 보의 지간 중앙에 의하여 2등분될 때 그 하중 바로 밑의 단면에서 일어나고, 합력 10kN과 6kN 사이의 거리가 2m이므로 $\dfrac{10}{2} - 1 = 4$m이다(그림 (b) 참고).

(3) 절대 최대 휨모멘트($M_{\max}$)의 산정 : 절대 최대 휨모멘트는 영향선에서 가장 큰 하중을 가장 큰 종거에 배치한 후 그 외의 하중은 순차적으로 배치하여 각 하중과 그에 상응하는 영향선의 종거와의 곱을 모두 더해줌으로써 산출한다. 또한 영향선을 보면 그림 (c)와 같고 $y_1 = \dfrac{4 \times 6}{10} = 2.4$m이고 삼각형의 닮음을 이용하여 $y_1 : y_2 = 6 : 1 = 2.4 : x$이다. 따라서 $x = \dfrac{2.4}{6} = 0.4$m이다. 그러므로 절대 최대 휨모멘트($M_{\max}$) $= 6 \times 2.4 + 4 \times 0.4 = 16\text{kN} \cdot \text{m}$ 이다.

54 다음 그림과 같은 구조물에서 B단에 발생하는 휨모멘트값으로 옳은 것은?

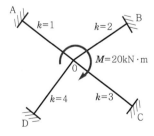

① 2kN · m ② 3kN · m
③ 4kN · m ④ 6kN · m

해설 재단모멘트의 산정

㉠ M'(분배모멘트)$=\mu$(분배율)$\times M$(모멘트)에서

$\mu=\dfrac{K(강비)}{\sum K(강비의\ 합)}$ 이므로

$M'=\mu M=\dfrac{K}{\sum K}M=\dfrac{2}{1+2+3+4}\times20=4\text{kN·m}$

㉡ M''(도달모멘트)$=$도달률$\times$분배모멘트에서 도달률$=1/2$, 분배모멘트$=4$kN·m이므로

$M''=\dfrac{1}{2}\times4=2\text{kN·m}$

55 등분포하중을 받는 두 스팬 연속보인 B1 RC 보 부재에서 ⒜, ⒝, ⒞지점의 보 배근에 관한 설명으로 옳지 않은 것은?

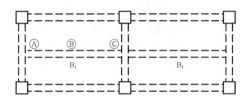

① ⒜ 단면에서는 하부근이 주근이다.
② ⒝ 단면에서는 하부근이 주근이다.
③ ⒜ 단면에서의 스터럽 배치간격은 ⒝ 단면에서의 경우보다 촘촘하다.
④ ⒞ 단면에서는 하부근이 주근이다.

해설 보 B1은 양단고정보이므로 양단부에서는 주근은 상단에, 늑근은 촘촘하게 배근하고, 중앙부에서는 주근은 하단에, 늑근은 양단부에 비해 느슨하게 배근한다. 그러므로 ⒞ 단면은 단부이므로 주근은 상부근이다.

★
56 다음 그림과 같은 독립기초에 $N=480$kN, $M=96$kN·m가 작용할 때 기초저면에 발생하는 최대 지반반력은?

① 15kN/m²
② 150kN/m²
③ 20kN/m²
④ 200kN/m²

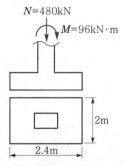

해설 편심하중을 받는 경우의 휨응력도

㉠ σ_{min}(최소 조합응력도)

$=-\dfrac{P(하중)}{A(단면적)}+\dfrac{M(휨모멘트)}{Z(단면계수)}$

㉡ σ_{max}(최대 조합응력도)

$=-\dfrac{P(하중)}{A(단면적)}-\dfrac{M(휨모멘트)}{Z(단면계수)}$

식 ㉡에 의해 최대 조합응력도를 구하기 위해서
$P=N=480$kN, $A=2\times2.4=4.8\text{m}^2$, $M=96$kN·m,
$Z=\dfrac{bh^2}{6}=\dfrac{2\times2.4^2}{6}=1.92\text{m}^3$일 때

$\sigma_{max}=-\dfrac{P}{A}-\dfrac{M}{Z}=-\dfrac{480}{4.8}-\dfrac{96}{1.92}$

$=100+50=150\text{kN/m}^2$

★★
57 철골보의 처짐을 적게 하는 방법으로 가장 적절한 것은?

① 보의 길이를 길게 한다.
② 웨브의 단면적을 작게 한다.
③ 상부플랜지의 두께를 줄인다.
④ 단면 2차 모멘트값을 크게 한다.

해설 δ(보의 처짐)$=\dfrac{Pl^3}{3EI}$에서 철골보의 처짐을 적게 하는 방법으로는 철골보의 길이를 짧게 하고, 탄성계수를 크게 하며, 단면 2차 모멘트의 값을 크게 한다(웨브의 단면적을 크게 하며 상부 플랜지의 두께를 늘린다).

58 강도설계법에서 직접설계법을 이용한 콘크리트 슬래브설계 시 적용조건으로 옳지 않은 것은?

① 각 방향으로 3경간 이상이 연속되어야 한다.
② 슬래브판들은 단변경간에 대한 장변경간의 비가 2 이하인 직사각형이어야 한다.
③ 각 방향으로 연속한 받침부 중심 간 경간차이는 긴 경간의 1/3 이하이어야 한다.
④ 모든 하중은 슬래브판의 특정 지점에 작용하는 집중하중이어야 하며 활하중은 고정하중의 3배 이하이어야 한다.

해설 슬래브 직접 설계법의 제한사항에 있어서 모든 하중은 연직하중으로서 슬래브판 전체에 등분포되어야 한다. 활하중은 고정하중의 2배 이하이어야 한다.

59 연약지반에 기초구조를 적용할 때 부동침하를 감소시키기 위한 상부구조의 대책으로 옳지 않은 것은?

① 폭이 일정할 경우 건물의 길이를 길게 할 것
② 건물을 경량화할 것
③ 강성을 크게 할 것
④ 부분증축을 가급적 피할 것

해설 부동침하의 원인은 연약층, 경사지반, 이질지층, 낭떠러지, 증축, 지하수위 변경, 지하구멍, 메운 땅 흙막이, 이질 지정 및 일부 지정 등이고, 연약지반에 대한 대책에는 상부구조와의 관계(건축물의 경량화, 평균길이를 짧게 할 것, 강성을 높게 할 것, 이웃 건축물과 거리를 멀게 할 것, 건축물의 중량을 분배할 것 등)와 기초구조와의 관계[굳은 층(경질층)에 지지시킬 것, 마찰말뚝을 사용할 것 및 지하실을 설치할 것 등]가 있다.

60 ★ 등가정적해석법에 따른 지진응답계수의 산정식과 가장 거리가 먼 것은?

① 가스트영향계수
② 반응수정계수
③ 주기 1초에서의 설계스펙트럼 가속도
④ 건축물의 고유주기

해설
등가정적해석법

㉠ V(밑면전단력) $= C_s$(지진응답계수) W(유효건물중량)

㉡ 지진응답계수 $C_s = \dfrac{S_{D1}}{\left(\dfrac{R}{I_E}\right)T}$ 이나 $C_s = \dfrac{S_{DS}}{\dfrac{R}{I_E}}$ 의

값을 초과하지 않아도 되며 $C_s = 0.01$ 이상이어야 한다.

여기서, I_E : 건축물의 중요도계수
R : 반응수정계수
S_{DS} : 단주기 설계스펙트럼가속도
S_{D1} : 주기 1초에서의 설계스펙트럼 가속도
T : 건축물의 고유주기(초)

---

61 ★ 배수배관에서 청소구(clean out)의 일반적 설치장소에 속하지 않는 것은?

① 배수수직관의 최상부
② 배수수평지관의 기점
③ 배수수평주관의 기점
④ 배수관이 45°를 넘는 각도에서 방향을 전환하는 개소

해설 배수배관의 청소구 설치위치는 수평지관의 최상단부와 수직지관의 최하단부에 설치한다.

62 ★ 다음과 같은 조건에서 사무실의 평균조도를 800lx로 설계하고자 할 경우 광원의 필요수량은?

[조건]
- 광원 1개의 광속 : 2,000lm
- 실의 면적 : 10m²
- 감광보상률 : 1.5
- 조명률 : 0.6

① 3개　　　　② 5개
③ 8개　　　　④ 10개

해설
광속의 산정

$$F_0 = \frac{EA}{UM}\,(\text{lm})$$

$$NF = \frac{AED}{U} = \frac{EA}{UM}\,(\text{lm})$$

여기서, F_0 : 총 광속
E : 평균조도(lx)
A : 실내면적(m²)
U : 조명률
M : 보수율(유지율)
D : 감광보상률 $\left(= \dfrac{1}{M}\right)$
N : 소요등수(개)
F : 1등당 광속(lm)

위의 식에서 알 수 있듯이
$$N = \frac{EA}{FUM} = \frac{EAD}{FU} = \frac{800 \times 10 \times 1.5}{2,000 \times 0.6} = 10 \text{개이다}.$$

★
63 최대 수용전력이 500kW, 수용률이 80%일 때 부하설비용량은?

① 400kW ② 625kW

③ 800kW ④ 1,250kW

해설

수용률 $= \dfrac{\text{최대 수용전력(kW)}}{\text{수용(부하)설비용량(kW)}} \times 100\%$ 이므로

수용(부하)설비용량 $= \dfrac{\text{최대 수용전력(kW)} \times 100\%}{\text{수용률(\%)}}$

$= \dfrac{500 \times 100}{80}$

$= 625\text{kW}$

64 이동식 보도에 관한 설명으로 옳지 않은 것은?

① 속도는 60~70m/min이다.
② 주로 역이나 공항 등에 이용된다.
③ 승객을 수평으로 수송하는 데 사용된다.
④ 수평으로부터 10° 이내의 경사로 되어 있다.

해설

이동식 보도의 속도는 40~50m/min이다.

65 급수관에 워터해머(water hammer)가 생기는 가장 주된 원인은?

① 배관의 부식
② 배관지름의 확대
③ 수원(水原)의 고갈
④ 배관 내 유수(流水)의 급정지

해설

수격작용이 발생하는 경우는 유속이 빠른 경우, 관경이 작은 경우, 급수관 내에서 물의 흐름이 갑자기 정지(수전을 급히 닫는 경우)하는 경우, 정수두가 큰 경우, 굴곡개소가 많은 경우 등이다.

★
66 압력에 따른 도시가스의 분류에서 고압의 기준으로 옳은 것은?

① 0.1MPa 이상
② 1MPa 이상
③ 10MPa 이상
④ 100MPa 이상

해설

도시가스의 공급압력은 저압일 때 0.1MPa 미만, 중압일 때 0.1MPa 이상 1MPa 미만, 고압일 때 1MPa 이상이다.

★★
67 압축식 냉동기의 주요 구성요소가 아닌 것은?

① 재생기 ② 압축기
③ 증발기 ④ 응축기

해설

압축식과 흡수식 냉동기의 비교

구 분	압축식	흡수식
에너지	기계에너지	열에너지
구성 요소	응축기, 증발기	
	압축기, 팽창밸브	흡수기, 재생(발생)기
위치	고압부와 저압부 사이	열교환기 설치

★★
68 옥내소화전설비의 설치대상 건축물로서 옥내소화전의 설치대수가 가장 많은 층의 설치대수가 6개인 경우 옥내소화전설비수원의 유효저수량은 최소 얼마 이상이 되어야 하는가?

① 2.6m³ ② 7.8m³
③ 5.2m³ ④ 13m³

해설

옥내소화전수원의 저수량은 옥내소화전의 설치개수가 가장 많은 층의 설치개수(설치개수가 2개 이상일 경우에는 2개로 한다)에 2.6m³를 곱한 양 이상으로 한다. 그러므로, $2.6 \times 2 = 5.2\text{m}^3$

69 변풍량 단일덕트방식에서 송풍량 조절의 기준이 되는 것은?

① 실내 청정도 ② 실내 기류속도
③ 실내 현열부하 ④ 실내 잠열부하

해설

변풍량방식(공조방식 중 급기온도를 일정하게 하고 송풍량을 가변시켜서 실내온도를 조절하는 방식)의 송풍량 조절은 실내의 현열부하에 따라 변화한다.

★
70 증기난방에 관한 설명으로 옳지 않은 것은?

① 온수난방에 비해 예열시간이 짧다.
② 운전 중 증기해머로 인한 소음 발생의 우려가 있다.
③ 온수난방에 비해 한랭지에서 동결의 우려가 적다.
④ 온수난방에 비해 부하변동에 따른 실내 방열량제어가 용이하다.

해설

증기난방은 온수난방에 비해 부하변동에 따른 실내 방열량의 제어가 매우 어렵다.

71 피뢰시스템에 관한 설명으로 옳지 않은 것은?

① 피뢰시스템은 보호성능 정도에 따라 등급을 구분한다.

② 피뢰시스템의 등급은 Ⅰ, Ⅱ, Ⅲ의 3등급으로 구분된다.

③ 수뢰부시스템은 보호범위 산정방식(보호각, 회전구체법, 메시법)에 따라 설치한다.

④ 피보호 건축물에 적용하는 피뢰시스템의 등급 및 보호에 관한 사항은 한국산업표준의 낙뢰리스트평가에 의한다.

해설 보호등급별 회전구체 반지름, 메시치수

보호등급	Ⅰ	Ⅱ	Ⅲ	Ⅳ
회전구체 반지름(m)	20	30	45	60
메시치수(m)	5×5	10×10	15×15	20×20

72 다음 공기조화방식 중 전공기방식에 속하지 않는 것은?

① 단일덕트방식   ② 이중덕트방식
③ 멀티존유닛방식   ④ 팬코일유닛방식

해설 공기조화방식의 분류 중 중앙식에는 전공기방식(단일덕트, 이중덕트, 각 층 유닛, 멀티존유닛방식), 수·공기방식(단일덕트재열, 각 층 유닛, 팬코일덕트병용, 유인유닛, 복사냉난방덕트병용방식 등), 전수방식(팬코일유닛, 복사냉난방방식 등) 등이 있고, 개별식에는 냉매방식(패키지유닛, 패키지유닛덕트병용방식) 등이 있다.

73 다음과 같은 조건에서 바닥면적 300m², 천장고 2.7m인 실의 난방부하 산정 시 틈새바람에 의한 외기부하는?

[조건]
• 실내 건구온도 : 20℃
• 외기온도 : −10℃
• 환기횟수 : 0.5회/h
• 공기의 비열 : 1.01kJ/kg · K
• 공기의 밀도 : 1.2kg/m³

① 3.4kW   ② 4.1kW
③ 4.7kW   ④ 5.2kW

해설 외기부하의 산정

Q(현열부하)$= c$(비열)m(중량)Δt(온도의 변화량)
$= c$(비열)ρ(밀도)V(체적)Δt(온도의 변화량)
$= 1.01 \times 1.2 \times (300 \times 2.7) \times 0.5 \times [20-(-10)]$
$= 14,725.8 \text{kJ/h} = 4,090.5 \text{J/s}$
$= 4,090.5 \text{W} ≒ 4.1 \text{kW}$

74 다음 중 사이펀식 트랩에 속하지 않는 것은?

① P트랩   ② S트랩
③ U트랩   ④ 드럼트랩

해설 배수트랩의 종류에는 관(사이펀)트랩(P트랩, S트랩, U트랩), 드럼트랩, 격벽트랩(벨트랩, 보틀트랩), 바닥배수트랩 등이 있고, 드럼트랩은 관로의 일부에 드럼모양의 웅덩이를 만든 트랩으로 봉수는 튼튼하나 침전물이 모이기 쉽기 때문에 점검 및 청소가 용이하도록 스트레이너를 갖추어야 한다.

75 일사에 관한 설명으로 옳지 않은 것은?

① 일사에 의한 건물의 수열은 방위에 따라 차이가 있다.

② 추녀와 차양은 창면에서의 일사조절방법으로 사용된다.

③ 블라인드, 루버, 롤스크린은 계절이나 시간, 실내의 사용상황에 따라 일사를 조절할 수 있다.

④ 일사조절의 목적은 일사에 의한 건물의 수열이나 흡열을 작게 하여 동계의 실내기후의 악화를 방지하는 데 있다.

해설 일사조절은 방위, 계절 및 시간에 따라 변화하므로 열평형이 이루어져 실내 쾌적조건을 만족시키도록 한다.

76 급수방식 중 펌프직송방식에 관한 설명으로 옳지 않은 것은?

① 전력 차단 시 급수가 불가능하다.

② 고가수조방식에 비해 수질오염의 가능성이 크다.

③ 건축적으로 건물의 외관디자인이 용이해지고 구조적 부담이 경감된다.

④ 적정한 수압과 수량 확보를 위해서는 정교한 제어장치 및 내구성 있는 제품의 선정이 필요하다.

2018

해설 펌프직송방식(수도본관에서 인입한 물을 저수조에 저장한 후 급수펌프로 상향급수하는 방식)은 기계기구의 점유면적이 작고 운전비가 절약되며 에너지를 절감할 수 있는 장점이 있으나, 자동제어설비비용이 많이 들고 수질오염의 가능성이 매우 작다.

77 실내공기 중에 부유하는 직경 10 μm 이하의 미세먼지를 의미하는 것은?

① VOC10
② PMV10
③ PM10
④ SS10

해설 VOC는 휘발성 유기화합물, PMV는 열쾌적도, SS는 부유물질, PM은 미세먼지의 직경을 의미한다.

★
78 축전지의 충전방식 중 필요할 때마다 표준시간율로 소정의 충전을 하는 방식은?

① 급속충전
② 보통충전
③ 부동충전
④ 세류충전

해설 급속충전은 비교적 짧은 시간에 보통 충전전류의 2~3배의 전류로 충전하는 방식이고, 부동충전은 전지의 자기방전을 보충함과 동시에 상용부하에 대한 전력공급은 충전기가 부담하도록 하되 충전기가 부담하기 어려운 일시적인 대전류부하는 축전지로 하여금 부담하게 하는 방식이며, 세류(트리클)충전은 전지를 장시간 보관하면 자기방전에 의해 용량이 감소하는 방전량만 보충해주는 부동충전방식의 일종이다.

★
79 경질비닐관공사에 관한 설명으로 옳은 것은?

① 절연성과 내식성이 강하다.
② 자성체이며 금속관보다 시공이 어렵다.
③ 온도변화에 따라 기계적 강도가 변하지 않는다.
④ 부식성 가스가 발생하는 곳에는 사용할 수 없다.

해설 경질비닐관공사는 온도변화에 따라 기계적 강도가 변하고 비자성체이며 금속관보다 시공이 쉽고 부식성 가스가 발생하는 곳의 배선에 사용할 수 있다.

★
80 여름철 실내 최고온도는 외기온도가 가장 높은 시각 이후에 나타나는 것이 일반적이다. 이와 같은 현상은 벽체를 구성하고 있는 재료의 어떤 성능 때문인가?

① 축열성능
② 단열성능
③ 일사반사성능
④ 일사투과성능

해설 축열성능은 열을 일시 저장하는 성능 또는 부하가 극히 적을 때에 열을 저장하여 최대 부하 시에 열을 사용하는 성능을 말한다. 단열성능은 열이 전달되지 않도록 하는 성능이다. 일사(태양의 조사)반사성능은 태양의 복사를 반사하는 성능이고, 일사흡수성능은 태양의 복사를 흡수하는 성능이다.

제5과목 건축관계법규

81 다음 설명에 알맞은 용도지구의 세분은?

> 건축물·인구가 밀집되어 있는 지역으로서 시설개선 등을 통하여 재해예방이 필요한 지구

① 자연방재지구
② 시가지방재지구
③ 자연취락지구
④ 역사문화환경보호지구

해설 관련 법규 : 국토법 제37조, 영 제31조, 해설 법규 : 영 제31조 4호
자연방재지구는 토지의 이용도가 낮은 해안변, 하천변, 급경사지 주변 등의 지역으로서 건축 제한 등을 통하여 재해 예방이 필요한 지구이다. 자연취락지구는 녹지지역·관리지역·농림지역 또는 자연환경보전지역안의 취락을 정비하기 위하여 필요한 지구이다. 역사문화환경보호지구는 문화재·전통사찰 등 역사·문화적으로 보존가치가 큰 시설 및 지역의 보호와 보존을 위하여 필요한 지구이다.

82 바닥으로부터 높이 1m까지의 안벽의 마감을 내수재료로 하지 않아도 되는 것은?

① 아파트의 욕실
② 숙박시설의 욕실
③ 제1종 근린생활시설 중 휴게음식점의 조리장
④ 제2종 근린생활시설 중 일반음식점의 조리장

해설 관련 법규 : 법 제49조, 영 제52조, 피난·방화규칙 제18조, 해설 법규 : 피난·방화규칙 제18조 ②항
다음의 어느 하나에 해당하는 욕실 또는 조리장의 바닥과 그 바닥으로부터 높이 1m까지의 안벽의 마감은 이를 내수재료로 하여야 한다.
㉮ 제1종 근린생활시설 중 목욕장의 욕실과 휴게음식점의 조리장
㉯ 제2종 근린생활시설 중 일반음식점 및 휴게음식점의 조리장과 숙박시설의 욕실

83 ★★ 대지면적이 1,000m²인 건축물의 옥상에 조경면적을 90m² 설치한 경우 대지에 설치하여야 하는 최소 조경면적은? (단, 조경 설치기준은 대지면적의 10%)

① 10m² ② 40m²
③ 50m² ④ 100m²

해설 관련 법규 : 법 제42조, 영 제27조, 해설 법규 : 영 제27조 ③항
대지의 조경면적은 대지면적×조경비율=1,000×0.1 =100m²이고, 건축물의 옥상에 조경이나 그 밖에 필요한 조치를 하는 경우에는 옥상 부분 조경면적의 2/3에 해당하는 면적을 대지의 조경면적으로 산정할 수 있으므로 90×2/3=60m²이나, 옥상 부분의 조경면적으로 산정하는 면적은 조경면적의 50/100을 초과할 수 없으므로 옥상조경면적은 $100 \times \dfrac{50}{100} = 50m^2$만 인정한다.
그러므로 대지의 조경면적은 전체 조경면적－옥상조경면적=100－50=50m²이다.

84 다음은 주차장수급실태조사의 조사구역에 관한 설명이다. (   ) 안에 알맞은 것은?

사각형 또는 삼각형 형태로 조사구역을 설정하되 조사구역 바깥경계선의 최대 거리가 (   )를 넘지 아니하도록 한다.

① 100m
② 200m
③ 300m
④ 400m

해설 관련 법규 : 규칙 제1조의 2, 해설 법규 : 규칙 제1조의 2 ①항 1호
사각형 또는 삼각형 형태로 조사구역을 설정하되 조사구역 바깥경계선의 최대 거리가 300m를 넘지 아니하도록 한다.

85 ★★ 도시·군계획수립대상지역의 일부에 대하여 토지이용을 합리화하고 그 기능을 증진시키며 미관을 개선하고 양호한 환경을 확보하며, 그 지역을 체계적·계획적으로 관리하기 위하여 수립하는 도시·군관리계획은?

① 광역도시계획 ② 지구단위계획
③ 지구경관계획 ④ 택지개발계획

해설 관련 법규 : 법 제2조, 해설 법규 : 법 제2호 5호
"광역도시계획"이란 지정된 광역계획권의 장기발전 방향을 제시하는 계획을 말한다.

86 다음 중 허가대상에 속하는 용도변경은?

① 영업시설군에서 근린생활시설군으로의 용도변경
② 교육 및 복지시설군에서 영업시설군으로의 용도변경
③ 근린생활시설군에서 주거업무시설군으로의 용도변경
④ 산업 등의 시설군에서 전기통신시설군으로의 용도변경

해설 관련 법규 : 법 제19조, 영 제14조, 해설 법규 : 법 제19조 ②항 1호
용도변경의 시설군에는 ① 자동차 관련 시설군, ② 산업 등 시설군, ③ 전기통신시설군, ④ 문화 및 집회시설군, ⑤ 영업시설군, ⑥ 교육 및 복지시설군, ⑦ 근린생활시설군, ⑧ 주거업무시설군, ⑨ 그 밖의 시설군 등이 있다. 신고대상은 ① → ⑨의 순이고, 허가대상은 ⑨ → ①의 순이다.

87 일반상업지역에 건축할 수 없는 건축물에 속하지 않는 것은?

① 묘지 관련 시설
② 자원순환 관련 시설
③ 운수시설 중 철도시설
④ 자동차 관련 시설 중 폐차장

해설 관련 법규 : 국토법 제76조, 영 제71조, (별표 9), 해설 법규 : (별표 9)
운수시설 중 철도시설은 일반상업지역 내에서 건축할 수 있다.

2018

88 건축법령상 건축물의 대지에 공개공지 또는 공개공간을 확보하여야 하는 대상건축물에 속하지 않는 것은? (단, 해당 용도로 쓰는 바닥면적의 합계가 5,000m²인 건축물의 경우)

① 종교시설　　　　② 의료시설
③ 업무시설　　　　④ 숙박시설

해설

관련 법규 : 법 제43조, 영 제27조의2, 해설 법규 : 영 제27조의2 ①항
문화 및 집회시설, 종교시설, 판매시설(농수산물유통시설은 제외), 운수시설(여객용 시설만 해당), 업무시설 및 숙박시설로서 해당 용도로 쓰는 바닥면적의 합계가 5,000m² 이상인 건축물과 그 밖에 다중이 이용하는 시설로서 건축조례로 정하는 건축물의 대지에는 공개 공지 또는 공개 공간을 설치해야 한다. 이 경우 공개 공지는 필로티의 구조로 설치할 수 있다.

★★
89 시설물의 부지 인근에 부설주차장을 설치하는 경우 해당부지의 경계선으로부터 부설주차장의 경계선까지의 거리기준으로 옳은 것은?

① 직선거리 300m 이내
② 도보거리 800m 이내
③ 직선거리 500m 이내
④ 도보거리 1,000m 이내

해설

관련 법규 : 법 제19조, 영 제7조, 해설 법규 : 영 제7조 ②항
주차대수가 300대 이하인 경우 다음의 부지 인근에 단독 또는 공동으로 부설주차장을 설치하여야 한다.
㉠ 당해 부지의 경계선으로부터 부설주차장의 경계선까지 직선거리 300m 이내 또는 도보거리 600m 이내
㉡ 당해 시설물이 소재하는 동, 리(행정 동, 리) 및 당해 시설물과의 통행여건이 편리하다고 인정되는 인접 동, 리

★
90 다중이용건축물에 속하지 않는 것은? (단, 층수가 10층이며 해당 용도로 쓰는 바닥면적의 합계가 5,000m²인 건축물의 경우)

① 업무시설
② 종교시설
③ 판매시설
④ 숙박시설 중 관광숙박시설

해설

관련 법규 : 법 제2조, 영 제2조, 해설 법규 : 영 제2조 17호
"다중이용건축물"이란 불특정한 다수의 사람들이 이용하는 건축물로서 문화 및 집회시설(동물원 및 식물원은 제외), 종교시설, 판매시설, 운수시설 중 여객용 시설, 의료시설 중 종합병원, 숙박시설 중 관광숙박시설에 해당하는 용도로 쓰는 바닥면적의 합계가 5,000m² 이상인 건축물과 16층 이상인 건축물 등이다.

★★★
91 다음의 옥상광장 등의 설치에 관한 기준내용 중 (　　) 안에 알맞은 것은?

> 옥상광장 또는 2층 이상인 층에 있는 노대나 그 밖에 이와 비슷한 것의 주위에는 높이 (　　) 이상의 난간을 설치하여야 한다. 다만, 그 노대 등에 출입할 수 없는 구조인 경우에는 그러하지 아니하다.

① 1.0m
② 1.2m
③ 1.5m
④ 1.8m

해설

관련 법규 : 영 제40조, 피난·방화규칙 제12조, 해설 법규 : 영 제40조
옥상광장 또는 2층 이상인 층에 있는 노대나 그 밖에 이와 비슷한 것의 주위에는 높이 1.2m 이상의 난간을 설치하여야 한다. 다만, 그 노대 등에 출입할 수 없는 구조인 경우에는 그러하지 아니하다.

★
92 도시지역에 지정된 지구단위계획구역 내에서 건축물을 건축하려는 자가 그 대지의 일부를 공공시설부지로 제공하는 경우 그 건축물에 대하여 완화하여 적용할 수 있는 항목이 아닌 것은?

① 건축선
② 건폐율
③ 용적률
④ 건축물의 높이

해설

관련 법규 : 국토영 제46조, 해설 법규 : 국토영 제46조 ①항
공공시설 등의 부지를 제공하는 경우에는 다음의 비율까지 건폐율·용적률 및 높이제한을 완화하여 적용할 수 있다.

㉮ 완화할 수 있는 **건폐율**=해당 용도지역에 적용되는 건폐율×[1+공공시설 등의 부지로 제공하는 면적(공공시설 등의 부지를 제공하는 자가 법에 따라 용도가 폐지되는 공공시설을 무상으로 양수받은 경우에는 그 양수받은 부지면적을 빼고 산정)÷원래의 대지면적] 이내

㉯ 완화할 수 있는 **용적률**=해당 용도지역에 적용되는 용적률+[1.5×(공공시설 등의 부지로 제공하는 면적×공공시설 등 제공부지의 용적률)÷공공시설 등의 부지제공 후의 대지면적] 이내

㉰ 완화할 수 있는 **높이**=「건축법」에 따라 제한된 높이×(1+공공시설 등의 부지로 제공하는 면적÷원래의 대지면적) 이내

★
93 건축물의 거실(피난층의 거실 제외)에 국토교통부령으로 정하는 기준에 따라 배연설비를 설치하여야 하는 대상 건축물에 속하지 않는 것은?

① 6층 이상인 건축물로서 종교시설의 용도로 쓰는 건축물
② 6층 이상인 건축물로서 판매시설의 용도로 쓰는 건축물
③ 6층 이상인 건축물로서 방송통신시설 중 방송국의 용도로 쓰는 건축물
④ 6층 이상인 건축물로서 교육연구시설 중 연구소의 용도로 쓰는 건축물

해설
관련 법규 : 법 제49조, 영 제51조, 해설 법규 : 영 제51조 ②항
배연설비를 설치하여야 하는 건축물은 다음과 같다.
㉮ 6층 이상인 건축물로서 제2종 근린생활시설 중 공연장, 종교집회장, 인터넷컴퓨터게임시설제공업소 및 다중생활시설(공연장, 종교집회장 및 인터넷컴퓨터게임시설제공업소는 해당 용도로 쓰는 바닥면적의 합계가 각각 300m² 이상인 경우만 해당), 문화 및 집회시설, 종교시설, 판매시설, 운수시설, 의료시설(요양병원 및 정신병원은 제외), 교육연구시설 중 연구소, 노유자시설 중 아동 관련 시설, 노인복지시설(노인요양시설은 제외), 수련시설 중 유스호스텔, 운동시설, 업무시설, 숙박시설, 위락시설, 관광휴게시설 및 장례시설 등
㉯ 의료시설 중 요양병원 및 정신병원, 노유자시설 중 노인요양시설·장애인거주시설 및 장애인의료재활시설
㉰ 제1종 근린생활시설 중 산후조리원

★★★
94 태양열을 주된 에너지원으로 이용하는 주택의 건축면적 산정의 기준이 되는 것은?

① 외벽 중 내측 내력벽의 중심선
② 외벽 중 외측 비내력벽의 중심선
③ 외벽 중 내측 내력벽의 외측 외곽선
④ 외벽 중 외측 비내력벽의 외측 외곽선

해설
관련 법규 : 법 제84조, 영 제119조, 규칙 제43조, 해설 법규 : 규칙 제43조
태양열을 주된 에너지원으로 이용하는 주택의 건축면적과 단열재를 구조체의 외기측에 설치하는 단열공법으로 건축된 건축물의 건축면적은 건축물의 외벽 중 내측 내력벽의 중심선을 기준으로 한다. 이 경우 태양열을 주된 에너지원으로 이용하는 주택의 범위는 국토교통부장관이 정하여 고시하는 바에 의한다.

★
95 다음은 건축법령상 리모델링에 대비한 특혜 등에 관한 기준내용이다. ( ) 안에 알맞은 것은?

> 리모델링이 쉬운 구조의 공동주택의 건축을 촉진하기 위하여 공동주택을 대통령령으로 정하는 구조로 하여 건축허가를 신청하면 제56조(건축물의 용적률), 제60조(건축물의 높이제한) 및 제61조(일조 등의 확보를 위한 건축물의 높이제한)에 따른 기준을 ( )의 범위에서 대통령령으로 정하는 비율로 완화하여 적용할 수 있다.

① 100분의 110
② 100분의 120
③ 100분의 130
④ 100분의 140

해설
관련 법규 : 법 제8조, 해설 법규 : 법 제8조
리모델링이 쉬운 구조의 공동주택의 건축을 촉진하기 위하여 공동주택을 대통령령으로 정하는 구조로 하여 건축허가를 신청하면 제56조(건축물의 용적률), 제60조(건축물의 높이제한) 및 제61조(일조 등의 확보를 위한 건축물의 높이제한)에 따른 기준을 100분의 120의 범위에서 대통령령으로 정하는 비율로 완화하여 적용할 수 있다.

2018

★★★
96 층수가 12층이고 6층 이상의 거실면적의 합계가 12,000m²인 교육연구시설에 설치하여야 하는 8인승 승용 승강기의 최소 대수는?

① 2대 　　　　② 3대
③ 4대 　　　　④ 5대

해설 관련 법규 : 법 제64조, 영 제89조, 설비기준 제5조, 해설 법규 : 설비기준 제5조, (별표 1의2)
승용 승강기의 설치기준(제5조 관련)
교육연구시설의 승용 승강기의 설치대수

$$=1+\frac{6층\ 이상의\ 거실면적의\ 합계-3,000}{3,000}\ 대\ 이상$$

그런데 6층 이상의 거실면적의 합계가 12,000m²이므로
∴ 승용 승강기의 설치대수

$$=1+\frac{6층\ 이상의\ 거실면적의\ 합계-3,000}{3,000}\ 대\ 이상$$

$$=1+\frac{12,000-3,000}{3,000}\ 대\ 이상=4대\ 이상$$

★★
97 건축물의 출입구에 설치하는 회전문의 계단이나 에스컬레이터로부터 최소 얼마 이상의 거리를 두어야 하는가?

① 1m 　　　　② 1.5m
③ 2m 　　　　④ 3m

해설 관련 법규 : 법 제49조, 영 제39조, 피난·방화규칙 제12조, 해설 법규 : 피난·방화규칙 제12조 1호
건축물의 출입구에 설치하는 회전문은 다음의 기준에 적합하여야 한다.
㉮ 계단이나 에스컬레이터로부터 2m 이상의 거리를 둘 것
㉯ 회전문의 중심축에서 회전문과 문틀 사이의 간격을 포함한 회전문 날개 끝부분까지의 길이는 140cm 이상이 되도록 할 것
㉰ 회전문의 회전속도는 분당 회전수가 8회를 넘지 아니하도록 할 것

98 주요 구조부를 내화구조로 해야 하는 대상건축물기준으로 옳은 것은?

① 장례시설의 용도로 쓰는 건축물로서 집회실의 바닥면적의 합계가 150m² 이상인 건축물
② 판매시설의 용도로 쓰는 건축물로서 그 용도로 쓰는 바닥면적의 합계가 300m² 이상인 건축물
③ 운수시설의 용도로 쓰는 건축물로서 그 용도로 쓰는 바닥면적의 합계가 400m² 이상인 건축물
④ 문화 및 집회시설 중 전시장의 용도로 쓰는 건축물로서 그 용도로 쓰는 바닥면적의 합계가 500m² 이상인 건축물

해설 관련 법규 : 법 제50조, 영 제56조, 해설 법규 : 영 제56조 ①항 2호
①항은 200m² 이상, ②항은 500m² 이상, ③항은 500m² 이상인 경우에 주요 구조부를 내화구조로 하여야 하며, ④항은 옳은 내용이다.

★
99 건축물의 면적, 높이 및 층수 산정의 기본원칙으로 옳지 않은 것은?

① 대지면적은 대지의 수평투영면적으로 한다.
② 연면적은 하나의 건축물 각 층의 거실면적의 합계로 한다.
③ 건축면적은 건축물의 외벽(외벽이 없는 경우에는 외곽 부분의 기둥)의 중심선으로 둘러싸인 부분의 수평투영면적으로 한다.
④ 바닥면적은 건축물의 각 층 또는 그 일부로서 벽, 기둥, 그 밖에 이와 비슷한 구획의 중심선으로 둘러싸인 부분의 수평투영면적으로 한다.

해설 관련 법규 : 법 제84조, 영 제119조, 해설 법규 : 영 제119조 ①항 4호
연면적은 하나의 건축물 각 층의 바닥면적의 합계로 하되, 용적률을 산정할 때에는 지하층의 면적, 지상층의 주차용(해당 건축물의 부속용도인 경우만 해당)으로 쓰는 면적, 초고층 건축물과 준초고층 건축물에 설치하는 피난안전구역의 면적, 건축물의 경사지붕 아래에 설치하는 대피공간의 면적은 제외한다.

★
100 부설주차장 설치대상 시설물이 판매시설인 경우 부설주차장 설치기준으로 옳은 것은?

① 시설면적 100m²당 1대
② 시설면적 150m²당 1대
③ 시설면적 200m²당 1대
④ 시설면적 400m²당 1대

해설 관련 법규 : 법 제19조, 영 제6조, (별표 1), 해설 법규 : (별표 1)
판매시설의 부설주차장 설치규모는 시설면적 150m²당 1대를 설치하여야 한다.

정답 96.③ 97.③ 98.④ 99.② 100.②

제1과목 건축계획

01 한국건축의 가구법과 관련하여 칠량가에 속하지 않는 것은?

① 무위사 극락전 ② 수덕사 대웅전
③ 금산사 대적광전 ④ 지림사 대적광전

해설
한국건축의 가구법 중 칠량가의 종류에는 무위사 극락전, 금산사 대적광전, 지림사 대적광전 등이 있고, 수덕사 대웅전은 11량가이다.

02 타운하우스에 관한 설명으로 옳지 않은 것은?

① 각 세대마다 주차가 용이하다.
② 프라이버시 확보를 위한 경계벽 설치가 가능하다.
③ 단독주택의 장점을 고려한 형식으로 토지이용의 효율성이 높다.
④ 일반적으로 1층은 침실 등 개인공간, 2층은 거실 등 생활공간으로 구성된다.

해설
타운하우스의 규모는 다양하게 할 수 있으나 동일한 건축양식으로 계획한 주택으로, 단독주택과 같이 독립정원을 가지고 있으나 접근도로 및 주차장은 공동으로 사용하며, 사생활보호를 위해 세대 사이의 경계벽을 설치하여 분리하는 것이 특징이다. 건물의 길이가 긴 경우에는 2~3세대씩 전진, 후퇴시켜 다양한 변화를 준다. ④항은 테라스하우스의 특성이다.

03 다음 중 사무소 건축의 기준층 층고 결정요소와 가장 거리가 먼 것은?

① 채광률 ② 사용목적
③ 계단의 형태 ④ 공조시스템의 유형

해설
사무소 건축의 기준층 층고의 결정요인으로는 사용목적, 채광, 공조시스템의 유형 및 공비에 의해 결정되고, 사무소 깊이의 결정요인으로는 책상의 배치, 채광량 등으로 결정된다.

04 주택의 식당에 관한 설명으로 옳지 않은 것은?

① 독립형은 쾌적한 식당구성이 가능하다.
② 리빙다이닝키친은 공간의 이용률이 높다.
③ 리빙키친은 거실의 분위기에서 식사분위기가 연출된다.
④ 다이닝키친은 주부의 동선이 길고 복잡하다는 단점이 있다.

해설
다이닝키친(부엌의 일부에 간단히 식탁을 꾸미는 형태)은 주부의 동선이 짧고 단순하다는 장점이 있으며 실의 겸용을 유도하는 형태이다.

05 주택법상 주택단지의 복리시설에 속하지 않는 것은?

① 경로당 ② 관리사무소
③ 어린이놀이터 ④ 주민운동시설

해설
주택법상 "복리시설"이란 주택단지의 입주자 등의 생활복리를 위한 다음의 공동시설을 말한다.
㉮ 어린이놀이터, 근린생활시설, 유치원, 주민운동시설 및 경로당
㉯ 그 밖에 입주자 등의 생활복리를 위하여 제1종 근린생활시설, 제2종 근린생활시설(총포판매소, 장의사, 다중생활시설, 단란주점 및 안마시술소는 제외), 종교시설, 판매시설 중 소매시장 및 상점, 교육연구시설, 노유자시설, 수련시설, 업무시설 중 금융업소, 지식산업센터, 사회복지관, 공동작업장, 주민공동시설 및 도시·군계획시설인 시장 등이다.

06 도서관 건축계획에서 장래에 증축을 반드시 고려해야 할 부분은?

① 서고 ② 대출실
③ 사무실 ④ 휴게실

해설
도서관의 서고위치는 modular system에 의하여 배치를 하나 위치를 고정시키지는 않고 필요시(서고 확장 시)에 따라 서고의 위치를 변경할 수 있도록 한다.

★
07 미술관의 전시실순회형식에 관한 설명으로 옳지 않은 것은?

① 갤러리 및 코리더형식에서는 복도 자체도 전시공간으로 이용이 가능하다.
② 중앙홀형식에서 중앙홀이 크면 동선의 혼란은 많으나 장래의 확장에는 유리하다.
③ 연속순회형식은 전시 중에 하나의 실을 폐쇄하면 동선이 단절된다는 단점이 있다.
④ 갤러리 및 코리더형식은 복도에서 각 전시실에 직접 출입할 수 있으며 필요시에 자유로이 독립적으로 폐쇄할 수가 있다.

해설 중앙홀형식에서 중앙홀이 크면 동선의 혼란은 없으나 장래의 확장에는 불리하다.

★
08 사무소 건물의 엘리베이터배치 시 고려사항으로 옳지 않은 것은?

① 교통동선의 중심에 설치하여 보행거리가 짧도록 배치한다.
② 대면배치의 경우 대면거리는 동일 군관리의 경우 3.5~4.5m로 한다.
③ 여러 대의 엘리베이터를 설치하는 경우 그룹별 배치와 군관리운전방식으로 한다.
④ 일렬배치는 6대를 한도로 하고, 엘리베이터 중심 간 거리는 10m 이하가 되도록 한다.

해설 일렬배치는 4대를 한도로 하고, 엘리베이터 중심 간 거리는 8m 이하가 되도록 한다.

09 종합병원계획에 관한 설명으로 옳지 않은 것은?

① 수술부는 타 부분의 통과교통이 없는 장소에 배치한다.
② 전체적으로 바닥의 단차이를 가능한 줄이는 것이 좋다.
③ 외래진료부의 구성단위는 간호단위를 기본단위로 한다.
④ 내과는 진료검사에 시간이 걸리므로 소진료실을 다수 설치한다.

해설 외래진료부의 구성단위는 진료과목 또는 진료과별 환자수로, 병동부의 구성단위는 간호단위를 기본단위로 한다.

★
10 주당 평균 40시간을 수업하는 어느 학교에서 음악실에서의 수업이 총 20시간이며, 이 중 15시간은 음악시간으로 나머지 5시간은 학급토론시간으로 사용되었다면 이 음악실의 이용률과 순수율은?

① 이용률 37.5%, 순수율 75%
② 이용률 50%, 순수율 75%
③ 이용률 75%, 순수율 37.5%
④ 이용률 75%, 순수율 50%

해설
㉮ 이용률$=\dfrac{\text{교실이 사용되고 있는 시간}}{\text{1주일의 평균수업시간}}\times100\%$

그런데 1주일의 평균수업시간은 40시간이고, 교실이 사용되고 있는 시간은 20시간이다.

∴ 이용률$=\dfrac{20}{40}\times100\%=50\%$

㉯ 순수율$=\dfrac{\text{일정 교과를 위해 사용되는 시간}}{\text{교실이 사용되고 있는 시간}}\times100\%$

그런데 교실이 사용되고 있는 시간은 20시간이고, 일정 교과(음악시간)를 위해 사용되는 시간은 20−5=15시간이다.

∴ 순수율$=\dfrac{15}{20}\times100\%=75\%$

11 탑상형 공동주택에 관한 설명으로 옳지 않은 것은?

① 건축물 외면의 입면성을 강조한 유형이다.
② 각 세대에 시각적인 개방감을 줄 수 있다.
③ 각 세대의 채광, 통풍 등 자연조건이 동일하다.
④ 도시의 랜드마크(landmark)적인 역할이 가능하다.

해설 탑상형(타워형) 공동주택은 자유로운 배치와 평면구성이 가능하고 특색 있는 주거의 외관을 만들 수 있으므로 도시의 상징적인 건물을 만들 수 있는 장점이 있으나, 각 세대의 채광, 통풍 등 자연조건이 균일하지 못하다.

12 백화점 매장에 에스컬레이터를 설치할 경우 설치위치로 가장 알맞은 곳은?

① 매장의 한쪽 측면
② 매장의 가장 깊은 곳
③ 백화점의 계단실 근처
④ 백화점의 주출입구와 엘리베이터존의 중간

해설 백화점의 엘리베이터 설치위치는 출입구의 반대쪽으로 하며 고객용, 화물용, 점원용을 별도로 설치하고, 에스컬레이터는 엘리베이터와 출입구의 중간 또는 매장의 중앙에 가까운 장소로서 고객의 눈에 잘 띄는 곳이 좋다.

13 아파트의 단면형식 중 메조넷형(maisonette type)에 관한 설명으로 옳지 않은 것은?

① 다양한 평면구성이 가능하다.
② 거주성, 특히 프라이버시의 확보가 용이하다.
③ 통로가 없는 층은 채광 및 통풍확보가 용이하다.
④ 공용 및 서비스면적이 증가하여 유효면적이 감소된다.

해설 한 개의 주호가 2개 층에 나뉘어 구성되는 메조넷(복층)형은 독립성이 가장 크고 전용 면적비가 크며, 복도와 엘리베이터의 정지는 1개 층씩 걸러 설치하므로 공용, 복도 및 서비스면적이 감소한다. 소규모 주택(50m² 이하)에는 부적합하다. 또한 구조, 설비 등이 복잡하므로 다양한 평면구성이 불가능하며 비경제적이다.

14 다음 설명에 알맞은 공장건축의 레이아웃(layout) 형식은?

• 생산에 필요한 모든 공정, 기계기구를 제품의 흐름에 따라 배치한다.
• 대량생산에 유리하며 생산성이 높다.

① 혼성식 레이아웃
② 고정식 레이아웃
③ 제품 중심의 레이아웃
④ 공정 중심의 레이아웃

해설 공정 중심의 레이아웃(기계설비의 중심)은 주문공장 생산에 적합한 형식으로, 생산성이 낮으나 다품종 소량생산방식 또는 예상생산이 불가능한 경우와 표준화가 행해지기 어려운 경우에 적합하다. 고정식 레이아웃은 선박이나 건축물처럼 제품이 크고 수가 극히 적은 경우에 사용하며, 주로 사용되는 재료나 조립부품이 고정된 장소에 있다.

15 극장 건축에서 그린룸(green room)의 역할로 가장 알맞은 것은?

① 의상실
② 배경제작실
③ 관리관계실
④ 출연대기실

해설 그린룸(green room)은 무대에 출연하기 전 준비가 다 된 연기자가 기다리는 방 또는 무대 옆에 설치하여 가벼운 식사를 할 수 있는 설비를 갖춘 대기실로 무대와 가까이, 같은 층에 두는데, 그 크기는 30m² 이상으로 한다. 앤티룸은 무대와 출연자 대기실 사이에 있는 조그만 방으로 출연자들이 출연 바로 직전에 기다리는 공간이다.

16 쇼핑센터의 공간구성에서 고객을 각 상점에 유도하는 주요 보행자동선인 동시에 고객의 휴식처로서의 기능을 갖고 있는 곳은?

① 몰(Mall)
② 허브(Hub)
③ 코트(Court)
④ 핵상점(Magnet store)

해설 몰(mall)은 쇼핑센터의 공간구성에서 페디스트리언 지대의 일부로 고객을 각 상점에 유도하는 보행자동선인 동시에 고객의 휴식처로서의 기능을 갖고 있는 곳이다.

17 터미널호텔의 종류에 속하지 않는 것은?

① 해변호텔
② 부두호텔
③ 공항호텔
④ 철도역호텔

해설 시티호텔의 종류에는 커머셜호텔, 레지던셜호텔, 아파트먼트호텔, 터미널호텔(스테이션호텔, 하버호텔, 에어포트호텔 등) 등이 있고, 리조트호텔의 종류에는 해변호텔, 산장호텔, 온천호텔 및 클럽하우스 등이 있다.

★
18 전시공간의 특수 전시기법에 관한 설명으로 옳지 않은 것은?

① 파노라마전시는 전체의 맥락이 중요하다고 생각될 때 사용된다.

② 하모니카전시는 동일 종류의 전시물을 반복하여 전시할 경우에 유리하다.

③ 디오라마전시는 하나의 사실 또는 주제의 시간상황을 고정시켜 연출하는 기법이다.

④ 아일랜드전시는 벽면전시기법으로 전체 벽면의 일부만을 사용하며 그림과 같은 미술품전시에 주로 사용된다.

해설 아일랜드전시기법은 사방에서 감상해야 할 필요가 있는 조각물이나 모형을 전시하기 위해 벽면에서 떼어놓는 전시방법이다.

★
19 18세기에서 19세기 초에 있었던 신고전주의건축의 특징으로 옳은 것은?

① 장대하고 허식적인 벽면장식

② 고딕건축의 정열적인 예술창조운동

③ 각 시대의 건축양식의 자유로운 선택

④ 고대로마와 그리스건축의 우수성에 대한 모방

해설 18세기에서 19세기 초에 있었던 **고전주의건축양식**은 유럽에서 일어난 건축문화운동으로 고전건축의 우수한 면(안정, 위엄, 조화, 균제 및 규칙 등)을 모방하는, 즉 로마와 그리스의 우수성과 경향을 모방하려던 건축양식이다.

20 다음과 같은 특징을 갖는 그리스건축의 오더는 어느 것인가?

> • 주두는 에키누스와 아바쿠스로 구성된다.
> • 육중하고 엄정한 모습을 지니는 남성적인 오더이다.

① 코린트오더

② 도리아식 오더

③ 이오니아오더

④ 콤포지트오더

해설 그리스 및 로마의 오더 특성 중 **코린트식** 오더는 사용된 예가 극히 적으며 미완성의 상태에서 로마인에게 전해져 로마인이 완성하여 사용한 오더양식이고, **이오니아식** 오더는 주두의 소용돌이 무늬가 특징으로 주신은 도리아식 오더보다 한층 더 가늘고 길며 섬세한 형식이며, **콤포지트식** 오더는 코린트식과 이오니아식 오더의 복합으로 개선문과 같이 화려한 건축물에 많이 사용되었다.

제2과목 **건축시공**

★
21 압연강재가 냉각될 때 표면에 생기는 산화철 표피를 무엇이라 하는가?

① 스패터   ② 밀스케일

③ 슬래그   ④ 비드

해설 스패터는 아크용접과 가스용접에서 용접 중에 튀어나오는 슬래그 또는 금속입자이다. 슬래그는 용접비드의 표면을 덮는 비금속물질로 피복제 중의 가스 발생물질 이외의 플럭스나 분해생성물질이다. 비드는 아크용접 또는 가스용접에서 용접봉이 1회 통과할 때 용재표면에 용착된 금속층이다.

★
22 콘크리트 이어치기에 관한 설명으로 옳지 않은 것은?

① 보의 이어치기는 전단력이 가장 적은 스팬의 중앙부에서 수직으로 한다.

② 슬래브(Slab)의 이어치기는 가장자리에서 한다.

③ 아치의 이어치기는 아치축에 직각으로 한다.

④ 기둥의 이어치기는 바닥판 윗면에서 수평으로 한다.

해설 ㉮ 바닥판은 그 간사이의 중앙부에 작은 보가 있을 경우 작은 보너비의 2배 정도 떨어진 곳에 둔다.
㉯ 보 및 슬래브의 이어붓기 위치는 전단력이 작은 스팬의 중앙부에 수직으로 하고, 보는 단부에서 이어쳐서는 안 되며 스팬의 중앙(스팬의 1/2) 또는 단부의 1/4 부분에서 이어친다.

★
23 시멘트액체방수에 관한 설명으로 옳지 않은 것은?

① 값이 저렴하고 시공 및 보수가 용이한 편이다.
② 바탕의 상태가 습하거나 수분이 함유되어 있더라도 시공할 수 있다.
③ 옥상 등 실외에서는 효력의 지속성을 기대할 수 없다.
④ 바탕콘크리트의 침하, 경화 후의 건조수축, 균열 등 구조적 변형이 심한 부분에도 사용할 수 있다.

해설 바탕콘크리트의 침하, 경화 후의 건조수축, 균열 등 구조적 변형이 심한 부분에도 사용할 수 없다.

★
24 건설사업관리(CM)의 주요 업무로 옳지 않은 것은?

① 입찰 및 계약관리업무
② 건축물의 조사 또는 감정업무
③ 제네콘(genecon)관리업무
④ 현장조직관리업무

해설 CM의 주요 업무에는 부동산관리업무 및 설계부터 공사관리까지 전반적인 지도, 조언, 관리업무, 입찰 및 계약관리업무, 원가관리업무, 현장조직관리업무와 공정관리업무 등이 있고, 제네콘은 선진국형 건설형태로 종합적인 건설관리만 맡고 부분별 공사는 하청업자에게 넘겨주어 공사를 진행하는 방식이다.

25 발주자가 시공자에게 공사를 발주하는 경우 계약방식에 의한 시공방식으로 옳지 않은 것은?

① 보증방식　　② 직영방식
③ 실비정산방식　④ 단가도급방식

해설 계약방식

분 류			종 류
전통적인 계약방식	직영방식		
	도급방식	공사비 지불	단가, 정액, 실비 정산(청산), 보수 가산
		공사 실시	일식, 분할, 공동도급
	업무범위에 따른 방식		턴키도급, 공사관리계약, 프로젝트관리, 파트너링, BOT방식

26 다음 중 회전문(revolving door)에 관한 설명으로 옳지 않은 것은?

① 큰 개구부나 칸막이를 가변성 있게 한 장치의 문이다.
② 회전날개 140cm, 1분 10회 회전하는 것이 보통이다.
③ 원통형의 중심축에 돌개철물을 대어 자유롭게 회전시키는 문이다.
④ 사람의 출입을 조절하고 외기의 유입과 실내공기의 유출을 막을 수 있다.

해설 큰 개구부나 칸막이를 가변성 있게 한 장치의 문은 접이문에 대한 설명이고, 건축법규의 규정에 의하면 회전문의 회전속도는 분당 회전수가 8회를 넘지 아니하도록 할 것(피난·방화규칙 제12조 5호)

★
27 얇은 강판에 동일한 간격으로 펀칭하고 잡아 늘여 그물처럼 만든 것으로 천장, 벽, 처마둘레 등의 미장바탕에 사용하는 재료로 옳은 것은?

① 와이어라스(wire lath)
② 메탈라스(metal lath)
③ 와이어메시(wire mesh)
④ 펀칭메탈(punching metal)

해설 와이어라스는 철선 또는 아연도금철선을 엮어서 그물 모양으로 만든 것으로 미장바탕용에 사용되고, 와이어메시는 연강철선을 전기용접하여 정방형 또는 장방형으로 만든 것으로 콘크리트다짐바닥, 지면콘크리트포장 등에 사용하는 금속재이며, 펀칭메탈은 박강판제품의 하나로 여러 가지 모양의 구멍을 뚫은 철판제품으로 주로 환기구멍, 라디에이터커버 등으로 사용한다.

28 다음 중 도장공사를 위한 목부바탕만들기 공정으로 옳지 않은 것은?

① 송진의 처리　② 오염, 부착물의 제거
③ 옹이땜　　　④ 바니시칠

해설 목부바탕만들기의 공정에는 오염, 부착물 제거(오염, 부착물 제거, 유류는 휘발유, 시너 닦기 등), 송진의 처리(송진의 긁어내기, 인두 지짐, 휘발유 닦기 등), 연마지 닦기(대패자국, 엇거스름, 찍힘 등을 #120~150 연마지로 닦기 등), 옹이땜(셀락, 니스를 옹이 및 그 주위에 2회 붓칠하기) 및 구멍땜(퍼티를 사용하여 구멍, 갈램, 틈서리, 우묵한 곳의 땜질하기 등) 등이 있다.

2018

★★
29 다음 미장재료 중 기경성 재료로만 구성된 것은 어느 것인가?

① 회반죽, 석고플라스터, 돌로마이트플라스터
② 시멘트모르타르, 석고플라스터, 회반죽
③ 석고플라스터, 돌로마이트플라스터, 진흙
④ 진흙, 회반죽, 돌로마이트플라스터

해설 미장재료 중 기경성 재료에는 석회계 플라스터(회반죽, 회사벽, 돌로마이트플라스터)와 흙반죽, 진흙, 섬유벽 등이 있고, 수경성 재료에는 시멘트계(시멘트모르타르, 인조석, 테라조 현장바름 등)와 석고계 플라스터(혼합석고플라스터, 보드용 석고플라스터, 크림용 석고플라스터, 킨즈시멘트 등)가 있다.

★
30 건물의 중앙부만 남겨두고 주위 부분에 먼저 흙막이를 설치하고 굴착하여 기초부와 주위 벽체, 바닥판 등을 구축하고 난 다음 중앙부를 시공하는 터파기 공법은?

① 복수공법
② 지멘스웰공법
③ 트렌치컷공법
④ 아일랜드컷공법

해설 **복수공법**은 최근 연약지반 및 성토지반 등에 건축하는 건축물이 많아지고 있어 시공 중 지하수에 의한 주변의 피해가 발생되고 이의 대책이 요구되며 굴착 지반 주변에 주수함으로써 흙의 함수량의 변화를 적게 하면서 주변에의 영향을 막기 위한 공법이고, **지멘스웰공법**은 깊은 우물공법의 일종으로 지름이 약 20cm의 케이싱파이프를 타입하여 그 속에 지름 약 15cm의 흡수관을 삽입하여 펌프배수한다. 이 방법으로 지하수위를 저하시키면 건조상태에서 작업이 가능하며 시공에 유리하나 펌프량 수량측정과 지하수위관리에 철저를 기해야 한다. **아일랜드컷(island cut)공법**은 좁은 대지 내에서 대지 중앙부에 기초구조물을 먼저 축조하는 공법 또는 터파기 공사 시 중앙 부분을 먼저 파내고 기초를 축조한 다음, 버팀대로 지지하여 주변 흙을 파내고 지하 구조물을 완성하는 터파기 공법이다.

31 벽체구조에 관한 설명으로 옳지 않은 것은?

① 목조벽체를 수평력에 견디게 하고 안정한 구조로 하기 위해 귀잡이를 설치한다.

② 벽돌구조에서 각 층의 대린벽으로 구획된 각 벽에 있어서 개구부의 폭의 합계는 그 벽의 길이의 2분의 1 이하로 하여야 한다.
③ 목조벽체에서 샛기둥은 본기둥 사이에 벽체를 이루는 것으로서 가새의 옆휨을 막는데 유효하다.
④ 너비 180cm가 넘는 문꼴의 상부에는 철근콘크리트 인방보를 설치하고, 벽돌벽면에서 내미는 창 또는 툇마루 등은 철골 또는 철근콘크리트로 보강한다.

해설 목조벽체를 수평력에 견디게 하기 위해 수직부에 배치하는 부재를 가새라 하고, 귀잡이보는 지붕틀과 도리가 네모구조로 된 것을 굳세게 하기 위하여 귀에 45° 방향으로 보강한 부재이며, 버팀대는 가로재(보 등)와 세로재(기둥 등)가 맞추어지는 안귀에 빗대는 보강재이다.

32 다음 조건에 따라 바닥재로 화강석을 사용할 경우 소요되는 화강석의 재료량(할증률 고려)으로 옳은 것은?

- 바닥면적 : $300m^2$
- 화강석판의 두께 : 40mm
- 정형돌
- 습식공법

① $315m^2$
② $321m^2$
③ $330m^2$
④ $345m^2$

해설 화강석 붙임의 일위대가표

품명	규격	단위	수량	비고
화강석	정형물	m^2	1.1	할증 10% 가산
모르타르	1 : 3	m^3	0.045	
철물		kg	2.25	1.0~3.5kg 의 평균치
석공		인	1.5	
인부	붙임공	인	0.35	
	모르타르 비빔공	인	0.045	

$$\therefore \ 1.1 \times 300 = 330m^2$$

33 콘크리트펌프 사용에 관한 설명으로 옳지 않은 것은?

① 콘크리트펌프를 사용하여 시공하는 콘크리트는 소요의 워커빌리티를 가지며 시공 시 및 경화 후에 소정의 품질을 갖는 것이어야 한다.

② 압송관의 지름 및 배관의 경로는 콘크리트의 종류 및 품질, 굵은 골재의 최대 치수, 콘크리트펌프의 기종, 압송조건, 압송작업의 용이성, 안전성 등을 고려하여 정하여야 한다.

③ 콘크리트펌프의 형식은 피스톤식이 적당하고 스퀴즈식은 적용이 불가하다.

④ 압송은 계획에 따라 연속적으로 실시하며 되도록 중단되지 않도록 하여야 한다.

해설 콘크리트를 압송하는 방식에는 압축공기의 압력에 의한 것, 피스톤으로 압송하는 것, 튜브 속의 콘크리트를 짜내는 것 등이 사용된다.

★★★
34 PERT-CPM공정표 작성 시에 EST와 EFT의 계산방법 중 옳지 않은 것은?

① 작업의 흐름에 따라 전진 계산한다.

② 선행작업이 없는 첫 작업의 EST는 프로젝트의 개시시간과 동일하다.

③ 어느 작업의 EFT는 그 작업의 EST에 소요일수를 더하여 구한다.

④ 복수의 작업에 종속되는 작업의 EST는 선행작업 중 EFT의 최솟값으로 한다.

해설 EST와 EFT의 계산방법에 있어서 복수의 작업에 종속되는 작업의 EST는 선행작업 중 EFT의 **최댓값**으로 하고, 복수의 작업에 선행되는 작업의 LFT는 후속작업의 LST 중 **최솟값**으로 한다.

★
35 웰포인트(Well point)공법에 관한 설명으로 옳지 않은 것은?

① 인접 대지에서 지하수위 저하로 우물 고갈의 우려가 있다.

② 투수성이 비교적 낮은 사질실트층까지도 강제배수가 가능하다.

③ 압밀침하가 발생하지 않아 주변대지, 도로 등의 균열 발생위험이 없다.

④ 지반의 안정성을 대폭 향상시킨다.

해설 압밀침하가 발생하므로 주변대지, 도로 등의 균열 발생위험이 있다.

★
36 서중콘크리트에 관한 설명으로 옳은 것은?

① 동일 슬럼프를 얻기 위한 단위수량이 많아진다.

② 장기강도의 증진이 크다.

③ 콜드조인트가 쉽게 발생하지 않는다.

④ 워커빌리티가 일정하게 유지된다.

해설 장기강도의 증진이 적고 콜드조인트가 쉽게 발생하며, 워커빌리티가 일정하게 유지되지 못한다.

★★
37 다음 그림과 같은 건물에서 G1과 같은 보가 8개 있다고 할 때 총콘크리트량을 구하면? (단, 보의 단면상 슬래브와 겹치는 부분은 제외하며 철근량은 고려하지 않는다.)

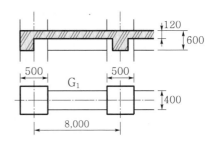

① 11.52m³
② 12.23m³
③ 13.44m³
④ 15.36m³

해설
보의 콘크리트량(V)
=보의 너비×(보의 춤-바닥판의 두께)×보의 기둥 간 안목거리
$=0.4 \times (0.6-0.12) \times 7.5 \times 8$
$=11.52m^3$

★
38 철골의 구멍뚫기에서 이형철근 D22의 관통구멍의 구멍직경으로 옳은 것은?

① 24mm
② 28mm
③ 31mm
④ 35mm

33.③ 34.④ 35.③ 36.① 37.① 38.④

해설

철골의 철근관통구멍의 직경

(단위 : mm)

구 분	원형철근	이형철근	
		호칭	구멍직경
구멍의 직경	원형철근직경 +10	D10	21
		D13	24
		D16	28
		D19	31
		D22	35
		D25	38
		D29	43
		D32	46

39 도장공사 시 희석제 및 용제로 활용되지 않는 것은?

① 테레빈유
② 벤젠
③ 티탄백
④ 나프타

해설 용제(수지, 유지 및 도료를 용해하여 적당한 도료상태로 조정하는가 하면 동·식물성 기름을 화학적으로 처리하여 건조성, 내수성 등을 개량한 것)에는 탈수 피마자유기름, 말레인화유, 스티롤화유, 우레탄화유, 석유계 재료를 도장에 적합하도록 희석하는 것이고, 희석제(자기 자체는 용해성이 없더라도 다른 용제와 병용하면 희석액으로서 사용될 수 있는 것)에는 테레빈유, 벤젠, 나프타, 래커시너 중의 톨루엔, 크실렌과 같은 방향족계 용제이다. 또한 티탄백은 착색안료 중 백색안료이다.

40 건축공사의 원가 계산상 현장의 공사용수설비는 어느 항목에 포함되는가?

① 재료비
② 외주비
③ 가설공사비
④ 콘크리트공사비

해설 공통가설비의 종류에는 가설건물비, 가설울타리, 현장사무소, 각종 실험실, 실험연구비, 공사용수비 등이 있다.

---

41 다음 그림과 같은 구조물에 있어 AB부재의 재단모멘트 M_{AB}는?

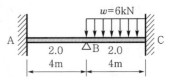

① 0.5kN·m
② 1kN·m
③ 1.5kN·m
④ 2kN·m

해설 B절점의 고정단모멘트$(M_{BC}) = -\dfrac{wl^2}{12} = -\dfrac{6 \times 4^2}{12} =$

8kN·m이고, 분배모멘트=분배율×절점모멘트=$\dfrac{2}{2+2}$

×8=4kN·m이다.

∴ 도달모멘트=도달률×분배모멘트
$\qquad = 0.5 \times 4 = 2kN \cdot m$

42 고력볼트 1개의 인장파단한계상태에 대한 설계인장강도는? (단, 볼트의 등급 및 호칭은 F10T, M24, $\phi = 0.75$)

① 254kN
② 284kN
③ 304kN
④ 324kN

해설 ϕR_n (고장력볼트의 설계인장강도)
$= \phi$(강도감소계수) n(볼트의 개수)F_{nt}(공칭인장강도)
$\quad A_b$(볼트의 공칭 단면적)
여기서, $\phi = 0.75$, $n = 1$
$$A_b = \frac{\pi \times 24^2}{4} = 452.39 mm^2$$
$\quad F_{nt} = 0.75 F_u = 0.75 \times (F10T = 10 tf/cm^2 = 100kN/100$
$\qquad = 1kN/mm^2) = 0.75kN/mm^2$
∴ $\phi R_n = \phi n F_{nt} A_b = 0.75 \times 1 \times 0.75 \times 452.39$
$\qquad = 254.46kN$

43 철골조 주각 부분에 사용하는 보강재에 해당되지 않는 것은?

① 윙플레이트
② 데크플레이트
③ 사이드앵글
④ 클립앵글

철골의 주각 부분에는 윙플레이트(주각의 응력을 베이스플레이트로 전달하기 위한 플레이트 또는 철골구조의 주각부를 보강하여 응력의 분산을 도모하기 위해 설치하는 강판), 베이스플레이트, 사이드앵글(주각 산형강으로 철골의 주각부에 있어서 윙플레이트와 베이스플레이트를 접합하는 산형강), 클립앵글(철골 접합부를 보강하거나 접합 목적으로 사용하는 앵글) 및 앵커볼트 등이 사용된다. 또한 데크플레이트는 얇은 강판에 골 모양을 내어 만든 재료로서 지붕잇기, 벽널, 콘크리트바닥과 거푸집 대용으로 사용한다.

★
44 다음 그림과 같은 단순인장접합부의 강도한계상태에 따른 고력볼트의 설계전단강도를 구하면? (단, 강재의 재질은 SS400이며, 고력볼트는 M22(F10T), 공칭전단강도 F_{nv} =500MPa, ϕ =0.75)

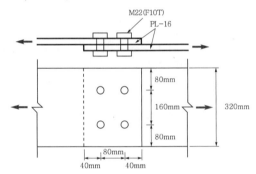

① 500kN
② 530kN
③ 550kN
④ 570kN

해설
ϕR_n (고장력볼트의 설계전단강도)
$= \phi$(강도감소계수)n(볼트의 개수)F_{nv}(공칭전단강도)
A_b(볼트의 공칭 단면적)
여기서, ϕ =0.75, n =4
$$A_b = \frac{\pi \times 22^2}{4} = 380 \text{mm}^2$$
$$F_{nv} = 500 \text{N/mm}^2$$
$\therefore \phi R_n = \phi n F_{nv} A_b = 0.75 \times 4 \times 500 \times 380 = 570 \text{kN}$

45 철근의 부착성능에 영향을 주는 요인에 관한 설명으로 옳지 않은 것은?

① 이형철근이 원형철근보다 부착강도가 크다.
② 블리딩의 영향으로 수직철근이 수평철근보다 부착강도가 작다.

③ 보통의 단위중량을 갖는 콘크리트의 부착강도는 콘크리트의 인장강도, 즉 $\sqrt{f_{ck}}$ 에 비례한다.
④ 피복두께가 크면 부착강도가 크다.

해설
블리딩(콘크리트를 타설한 후 골재의 중량에 의해 비중이 가벼운 물과 미세한 물질이 상승하는 현상)의 영향으로 수직철근이 수평철근보다 부착강도가 크다.

46 다음 트러스구조물에서 부재력이 '0'이 되는 부재의 개수는?

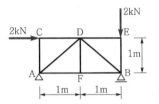

① 1개
② 2개
③ 3개
④ 4개

해설
트러스의 부재력에 있어서 하나의 절점에 3개의 부재가 모이고, 그중 2개의 부재가 동일 직선상에 있는 경우 그 절점에 외력이 작용하지 않으면 동일 직선상에 있는 2개의 부재응력의 크기는 같거나 모두 0이 되며, 다른 1개의 부재응력은 항상 0이 된다. 그러므로 트러스의 부재력이 0인 부재는 다음과 같다(○이 표시된 부재).

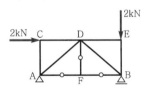

★
47 직경 24mm의 봉강에 65kN의 인장력이 작용할 때 인장응력은 약 얼마인가?

① 128MPa
② 136MPa
③ 144MPa
④ 150MPa

해설
$$\sigma(\text{인장응력}) = \frac{P(\text{인장력})}{A(\text{단면적})}$$
여기서, P(인장력)=65kN
$$A(\text{단면적}) = \frac{\pi D^2}{4} = \frac{\pi \times 24^2}{4} = 452.39 \text{mm}^2$$
$\therefore \sigma = \frac{P}{A} = \frac{65,000}{452.39} = 143.68 \text{N/mm}^2 = 143.68 \text{MPa}$

★
48 강도설계법에서 다음 그림과 같이 보의 이음이 없는 경우 요구되는 최소폭 b는 약 얼마인가? (단, 전단철근의 구부림 내면반지름은 고려하지 않으며, 굵은 골재의 최대 치수는 25mm, 피복두께 40mm, 주철근 D22, 스터럽 D10)

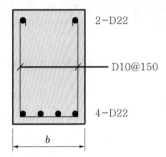

2-D22
D10@150
4-D22
b

① 290mm ② 330mm
③ 375mm ④ 400mm

해설
보의 너비＝(2×피복두께)＋(2×늑근의 직경)＋(주근의 개수×주근의 직경)＋(주근의 개수－1)×주근의 간격이다. 그런데 피복두께는 40mm, 늑근의 직경은 10mm, 주근의 직경은 22mm, 주근의 간격은 다음의 값 중 최댓값으로 한다. ㉮ 주철근의 직경 : 22mm 이상, ㉯ 25mm 이상, ㉰ 굵은 골재의 최대 치수의 4/3 이상 : 25×4/3＝33.33mm 이상이므로 33.33mm 이상이다.
∴ 보의 너비＝(2×피복두께)＋(2×늑근의 직경)＋(2×늑근의 구부림 반경)＋(주근의 개수×주근의 직경)＋(주근의 개수 －1)×주근의 간격
＝(2×40)＋(2×10)＋0＋(4×22)＋(4－1)×33.33
＝287.99mm

★
49 다음 그림과 같은 직각삼각형인 구조물에서 AC부재가 받는 힘은?

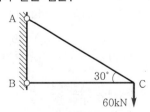

A
B
30°
C
60kN

① 30 kN ② 30$\sqrt{3}$ kN
③ 60$\sqrt{3}$ kN ④ 120kN

해설
AC부재가 받는 힘을 T라고 하고, 점 C에서 힘의 비김 조건 중 $\Sigma Y=0$에 의해서 $T\sin 30°-60kN=0$에서 $\sin 30°=\dfrac{1}{2}$ 이다.
∴ $T=\dfrac{60}{\sin 30°}=\dfrac{60}{\dfrac{1}{2}}=120kN$

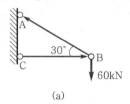

A
30°
C
B
60kN
(a)

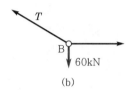

T
B
60kN
(b)

★★
50 다음 그림과 같은 캔틸레버보 자유단(B점)에서의 처짐각은?

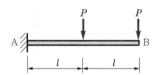

A
P
P
B
l
l

① $\dfrac{Pl^2}{2EI}$ ② Pl^2
③ $2Pl^2$ ④ $\dfrac{5Pl^2}{2EI}$

해설
㉮ 캔틸레버의 스팬의 중앙 부분에 집중하중이 작용하는 경우의 처짐각 $\theta_{B_1}=\dfrac{Pl^2}{8EI}-\dfrac{P(2l)^2}{8EI}$
㉯ 캔틸레버의 자유단에 집중하중이 작용하는 경우의 처짐각 $\theta_{B_2}=\dfrac{Pl^2}{2EI}=\dfrac{P(2l)^2}{2EI}$
∴ B점의 처짐각$(\theta_B)=\theta_{B_1}+\theta_{B_2}$
$=\dfrac{P(2l)^2}{8EI}+\dfrac{P(2l)^2}{2EI}$
$=\dfrac{20Pl^2}{8EI}$
$=\dfrac{5Pl^2}{2EI}$

51 과도한 처짐에 의해 손상되기 쉬운 비구조요소를 지지 또는 부착하지 않은 바닥구조의 활하중 L에 의한 순간처짐의 한계는?

① $\dfrac{l}{180}$　　　　② $\dfrac{l}{240}$

③ $\dfrac{l}{360}$　　　　④ $\dfrac{l}{480}$

해설

최대 허용처짐

부재의 형태	고려해야 할 처짐	처짐 한계
과도한 처짐에 의해 손상되기 쉬운 비구조요소를 지지 또는 부착하지 않은 평지붕구조	활하중 L에 의한 순간처짐	$\dfrac{l}{180}$ 1)
과도한 처짐에 의해 손상되기 쉬운 비구조요소를 지지 또는 부착하지 않은 바닥구조	활하중 L에 의한 순간처짐	$\dfrac{l}{360}$
과도한 처짐에 의해 손상되기 쉬운 비구조요소를 지지 또는 부착한 지붕 또는 바닥구조	전체 처짐 중에서 비구조요소가 부착된 후에 발생하는 처짐부분(모든 지속하중에 의한 장기처짐과 추가적인 활하중에 의한 순간처짐의 합)3)	$\dfrac{l}{480}$ 2)
과도한 처짐에 의해 손상될 염려가 없는 비구조요소를 지지 또는 부착한 지붕 또는 바닥구조		$\dfrac{l}{240}$ 4)

주) 1) 이 제한은 물 고임에 대한 안전성을 고려하지 않았다. 물 고임에 대한 적절한 처짐 계산을 검토하되, 고인 물에 대한 추가처짐을 포함하여 모든 지속하중의 장기적 영향, 솟음, 시공오차 및 배수설비의 신뢰성을 고려하여야 한다.
2) 지지 또는 부착된 비구조요소의 피해를 방지할 수 있는 적절한 조치가 취해지는 경우에 이 제한을 초과할 수 있다.
3) 장기처짐은 0504.3.1.5 또는 0504.3.3.2에 따라 정해지나 비구조요소의 부착 전에 생긴 처짐량을 감소시킬 수 있다. 이 감소량은 해당 부재와 유사한 부재의 시간-처짐특성에 관한 적절한 기술자료를 기초로 결정하여야 한다.
4) 비구조요소에 의한 허용오차 이하이어야 한다. 그러나 전체 처짐에서 솟음을 뺀 값이 이 제한값을 초과하지 않도록 하면 된다. 즉 솟음을 했을 경우에 이 제한을 초과할 수 있다.

52 다음 그림과 같은 두 개의 단순보에 크기가 같은($P = wl$) 하중이 작용할 때 A점에서 발생하는 처짐각의 비율(가 : 나)은? (단, 부재의 EI는 일정하다.)

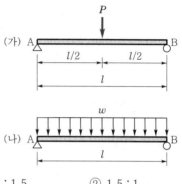

① $1 : 1.5$　　　② $1.5 : 1$

③ $1 : 0.67$　　　④ $0.67 : 1$

해설

(가)의 경우 A지점의 처짐각(θ_A) $= \dfrac{Pl^2}{16EI}$

(나)의 경우 A지점의 처짐각(θ_A) $= \dfrac{wl^3}{24EI} = \dfrac{Pl^2}{24EI}$

$\therefore$ (가) : (나) $= \dfrac{Pl^2}{16EI} : \dfrac{Pl^2}{24EI} = \dfrac{1}{16} : \dfrac{1}{24} = 1.5 : 1$

53 다음 그림과 같은 3회전단의 포물선아치가 등분포하중을 받을 때 아치부재의 단면력에 관한 설명으로 옳은 것은?

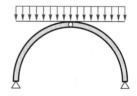

① 축방향력만 존재한다.
② 전단력과 휨모멘트가 존재한다.
③ 전단력과 축방향력이 존재한다.
④ 축방향력, 전단력, 휨모멘트가 모두 존재한다.

해설

3회전단의 포물선아치가 등분포하중을 받을 때 단면력은 축방향력만 존재한다.

54 말뚝기초에 관한 설명으로 옳지 않은 것은?

① 사질토(砂質土)에는 마찰말뚝의 적용이 불가하다.

② 말뚝내력(耐力)의 결정방법은 재하시험이 정확하다.

③ 철근콘크리트말뚝은 현장에서 제작 양생하여 시공할 수도 있다.

④ 마찰말뚝은 한 곳에 집중하여 시공하지 않는 것이 좋다.

해설

마찰말뚝(굳은 지반이 매우 깊이 존재하고 있어 굳은 지반까지 말뚝을 박을 수 없는 경우 말뚝과 지반의 마찰력에 의해 지지되는 말뚝)은 사질토에 적합한 말뚝이다.

55 폭 250mm, $f_{ck}=30$MPa인 철근콘크리트보 부재의 압축변형률이 $\varepsilon_c=0.0033$일 경우 인장철근의 변형률은? (단, $d=440$mm, $A_s=1520.1$mm^2, $f_y=400$MPa)

① 0.00197   ② 0.00368

③ 0.00523   ④ 0.00888

해설

ε_t(인장철근의 변형률)

$=\left[\dfrac{d_c(\text{보의 유효춤})-c(\text{중립축까지의 거리})}{c}\right]$
$\times \varepsilon_c(\text{압축변형률})$

여기서, $c=\dfrac{a(\text{응력블록의 깊이})}{\beta_1(\text{등가압축영역의 계수})}$

$a=\dfrac{A_{st}f_y}{0.85\eta f_{ck}b}=\dfrac{1520.1\times400}{0.85\times1\times30\times250}≒95.38$mm

β_1은 콘크리트 등가 직사각형 압축응력블록의 깊이를 나타내는 계수로 다음 표와 같다.

f_{ck}	≤40	50	60	70	80	90
β_1	0.80	0.80	0.76	0.74	0.72	0.70

$f_{ck}=30$MPa이므로 $\beta_1=0.8$이다.

$\therefore c=\dfrac{a}{\beta_1}=\dfrac{95.38}{0.8}=119.225$mm,

$\varepsilon_t=\left(\dfrac{d_c-c}{c}\right)\varepsilon_c=\dfrac{440-119.225}{119.225}\times0.0033$
$=0.008878$

★★★
56 강도설계법에 의한 띠철근을 가진 철근콘크리트의 기둥설계에서 단주의 최대 설계축하중은 약 얼마인가? [단, 기둥의 크기는 400×400mm, $f_{ck}=24$MPa, $f_y=400$MPa, 12-D22($A_s=4{,}644$mm^2), $\phi=0.65$]

① 2,452kN   ② 2,525kN

③ 2,614kN   ④ 3,234kN

해설

극한강도설계법에 의한 압축재의 설계축하중(ϕP_n)은 다음 값보다 크게 할 수 없다.

㉮ 나선기둥과 합성기둥
$\phi P_{n\max}=0.85\phi\{0.85f_{ck}(A_g-A_{st})+f_yA_{st}\}$

㉯ 띠기둥
$\phi P_{n\max}=0.80\phi\{0.85f_{ck}(A_g-A_{st})+f_yA_{st}\}$

㉯의 해설에 의하여
$\phi P_{n\max}=0.80\phi\{0.85f_{ck}(A_g-A_{st})+f_yA_{st}\}$이다.

여기서, $\phi=0.65$, $f_{ck}=24$MPa, $A_g=400\times400=160{,}000$mm^2, $A_{st}=4{,}644$mm^2, $f_y=400$MPa이다.

$\therefore \phi P_{n\max}=0.80\phi\{0.85f_{ck}(A_g-A_{st})+f_yA_{st}\}$
$=0.80\times0.65\times[0.85\times24$
$\times(160{,}000-4{,}644)+400\times4{,}644]$
$=2{,}613{,}968.4$N
$=2{,}614$kN

57 고층건물의 구조형식 중에서 건물의 중간층에 대형 수평부재를 설치하여 횡력을 외곽기둥이 분담할 수 있도록 한 형식은?

① 트러스구조   ② 튜브구조
③ 골조아웃리거구조   ④ 스페이스프레임구조

해설

트러스구조는 2개 이상의 부재를 삼각형의 형태로 조립하여 마찰이 없는 활절(회전절점)로 연결하여 만든 뼈대구조이고, 튜브구조는 초고층건물의 구조형식 중 건물의 외곽기둥을 밀실하게 배치하고 일체화하여 초고층건물을 계획하는 구조이며, 스페이스프레임구조는 선 모양의 부재로 만든 트러스를 가로와 세로 두 방향으로 평면이나 곡면의 형태로 판을 구성한 구조이다.

58 다음 부정정구조물에서 A단에 도달하는 모멘트의 크기는 얼마인가?

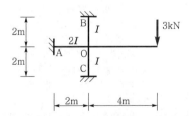

① 1.5kN · m   ② 2.0kN · m
③ 2.5kN · m   ④ 3.0kN · m

해설 O점의 모멘트는 $3 \times 4 = 12 \mathrm{kN} \cdot \mathrm{m}$이고,

OA부재의 분배모멘트 $= \dfrac{2}{1+2+1} \times 12 = 6 \mathrm{kN} \cdot \mathrm{m}$이다.

$\therefore M_{OA}$(도달모멘트) = 도달률 × 분배모멘트
$$= 0.5 \times 6$$
$$= 3 \mathrm{kN} \cdot \mathrm{m}$$

★
59 다음 그림과 같은 단순보에서의 최대 처짐은?
(단, 보의 단면 $b \times h = 200 \mathrm{mm} \times 300 \mathrm{mm}$, $E = 200,000 \mathrm{MPa}$)

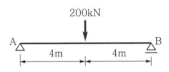

① 13.6mm   ② 18.1mm

③ 23.7mm   ④ 27.1mm

해설 $\sigma_{\max}$(단순보의 중앙 부분에 집중하중이 작용되는

경우 최대 처짐) $= \dfrac{P(\text{집중하중}) \, l^3(\text{스팬})}{48E(\text{영계수}) I(\text{단면 2차 모멘트})}$

여기서, $I = \dfrac{b(\text{보의 폭}) h^3(\text{보의 춤})}{12} = \dfrac{200 \times 300^3}{12}$

$$= 450,000,000 \mathrm{mm}^3, \quad P = 200,000 \mathrm{N},$$

$l = 8\mathrm{m} = 8,000\mathrm{mm}, \quad E = 200,000 \mathrm{MPa}$

$\therefore \sigma_{\max} = \dfrac{Pl^3}{48EI}$

$$= \dfrac{200,000 \times 8,000^3}{48 \times 200,000 \times 450,000,000} = 23.70 \mathrm{mm}$$

★
60 강구조에 관한 설명으로 옳지 않은 것은?

① 장스팬의 구조물이나 고층구조물에 적합하다.

② 재료가 불에 타지 않기 때문에 내화성이 크다.

③ 강재는 다른 구조재료에 비하여 균질도가 높다.

④ 단면에 비하여 부재길이가 비교적 길고 두께가 얇아 좌굴하기 쉽다.

해설 강(철골)구조의 특징 중 불연성은 있으나 고열에 저항하는 성질인 내화성이 낮은 점이 단점의 하나이다.

★
61 에스컬레이터의 경사도는 최대 얼마 이하로 하여야 하는가? (단, 공칭속도가 0.5m/s를 초과하는 경우이며 기타 조건은 무시)

① 25°   ② 30°

③ 35°   ④ 40°

해설 에스컬레이터의 경사도와 정격속도
㉮ 에스컬레이터의 정격속도는 30m/min 이하이다.
㉯ 공칭속도가 0.5m/s인 경우로서 기타 조건은 무시한 경우 에스컬레이터의 경사도는 30°를 초과하지 않아야 한다.

★★
62 다음과 같은 조건에 있는 실의 틈새바람에 의한 현열부하는?

[조건]
• 실의 체적 : 400m³
• 환기횟수 : 0.5회/h
• 실내온도 : 20℃, 외기온도 : 0℃
• 공기의 밀도 : 1.2kg/m³
• 공기의 정압비열 : 1.01kJ/kg · K

① 약 654W   ② 약 972W

③ 약 1,347W   ④ 약 1,654W

해설 Q(현열부하) $= c$(비열)m(중량)Δt(온도의 변화량)
$$= c(\text{비열}) \rho(\text{밀도}) V(\text{체적}) \Delta t (\text{온도의 변화량})$$
$\therefore Q = c\rho V \Delta t = 1.01 \times 1.2 \times (400 \times 0.5) \times (20-0)$
$$= 4,848 \mathrm{kJ/h} = 1,346.67 \mathrm{J/s}$$
$$= 1,346.7 \mathrm{W}$$

63 각각의 최대 수용전력의 합이 1,200kW, 부등률이 1.2일 때 합성 최대 수용전력은?

① 800kW   ② 1,000kW

③ 1,200kW   ④ 1,440kW

해설 부등률 $= \dfrac{\text{각 부하의 수용전력의 합}}{\text{합성 최대 전력의 합}}$

$\therefore$ 합성 최대 전력의 합

$= \dfrac{\text{각 부하의 수용전력의 합}}{\text{부등률}} = \dfrac{1,200}{1.2} = 1,000 \mathrm{kW}$

64 다음 중 건축물 실내공간의 잔향시간에 가장 큰 영향을 주는 것은?

① 실의 용적　　② 음원의 위치
③ 벽체의 두께　　④ 음원의 음압

해설　음의 잔향시간은 실의 전체 흡음력에 반비례하고 실의 용적에 비례하므로 잔향시간에 큰 영향을 끼치는 요소는 실의 용적과 흡음력이다.

★
65 다음 설명에 알맞은 급수방식은?

- 위생성 측면에서 가장 바람직한 방식이다.
- 정전으로 인한 단수의 염려가 없다.

① 수도직결방식　　② 고가수조방식
③ 압력수조방식　　④ 펌프직송방식

해설　고가탱크방식은 우물물 또는 상수를 일단 지하물받이탱크에 받아 이것을 양수펌프에 의해 건축물의 옥상 또는 높은 곳에 설치한 탱크로 양수한다. 그 수위를 이용하여 탱크에서 밑으로 세운 급수관에 의해 급수하는 방식이다. 압력탱크방식은 수도 본관에서 일단 물받이탱크에 저수한 다음 급수펌프로 압력탱크에 보내면 압력탱크에서 공기를 압축가압하여 그 압력에 의해 물을 필요한 곳으로 급수하는 방식이다. 펌프직송(탱크 없는 부스터)방식은 수도 본관에 의해 물을 물받이수조에 저수하고 펌프만을 사용하여 건물 내 필요한 곳에 급수하는 방식이다.

66 자동화재탐지설비의 감지기 중 주위의 온도 상승률이 일정한 값을 초과하는 경우 동작하는 것은?

① 차동식　　② 정온식
③ 광전식　　④ 이온화식

해설　자동화재탐지설비 중 감지기의 검출원리에는 열감지기(일정 온도 이상에서 작동하는 정온식, 급격히 온도가 상승하면 벨이 울리는 차동식, 정온식과 차동식 양자를 갖춘 보상식)와 연기감지기(이온화식과 광전식), 불꽃감지식 등이 있다. 차동식 스폿형 감지기는 1개 국소의 열효과에 의해서 작용하는 것으로 주위온도의 상승률이 일정한 값 이상으로 되었을 때 작동하는 것이며 가장 널리 사용되고 있는 형식으로서 화기를 취급하지 않는 장소에 가장 적합한 감지기이다. 이온화식 감지기는 연기감지기로서 연기가 감지기 속에 들어가면 연기의 입자로 인해 이온전류가 변화하는 것을 이용한 것이며, 광전식 감지기는 연기입자로 인해서 광전소자에 대한 입사광량이 변화하는 것을 이용하여 작동하게 하는 것이다.

★★★
67 습공기를 가열하였을 경우 상태량이 변하지 않는 것은?

① 절대습도
② 상대습도
③ 건구온도
④ 습구온도

해설　습공기를 가열할 경우 엔탈피는 증가하고 상대습도는 감소하며 습구온도는 상승한다. 또한 절대습도는 어느 상태의 공기 중에 포함되어 있는 건조공기중량에 대한 수분의 중량비로서, 단위는 kg/kg으로서 공기를 가열한 경우에도 변화하지 않는다.

68 대기압 하에서 0℃의 물이 0℃의 얼음으로 될 경우의 체적변화에 관한 설명으로 옳은 것은?

① 체적이 4% 팽창한다.
② 체적이 4% 감소한다.
③ 체적이 9% 팽창한다.
④ 체적이 9% 감소한다.

해설　물의 부피는 온도변화에 따라 달라진다. 대기압 하에서 0℃로 되면 얼음으로 상태변화가 생기면서 약 9% 정도 팽창하고, 팽창력은 약 250kg/cm2(＝25MPa)라는 큰 값이며 한랭지에서 설비의 배관 파열의 원인이 된다. 4℃의 물을 100℃까지 높였을 때 부피는 약 4.3% 팽창 $\left[\Delta V = \left(\dfrac{1}{0.958634} - \dfrac{1}{1}\right) \times 100\% = 4.3\%\right]$ 한다. 또한 100℃의 물이 증기로 변화할 때 그 체적의 팽창은 약 1,700배 정도이다.

★
69 급수배관의 설계 및 시공상의 주의점에 관한 설명으로 옳지 않은 것은?

① 급수관의 기울기는 1/100을 표준으로 한다.
② 수평배관에는 공기나 오물이 정체하지 않도록 한다.
③ 급수주관으로부터 분기하는 경우는 티(tee)를 사용한다.
④ 음료용 급수관과 다른 용도의 배관을 크로스커넥션하지 않도록 한다.

해설　급수관의 기울기는 상향기울기로 하고, 고가수조식의 수평주관은 하향기울기로 하며, 급수관의 모든 기울기는 1/250을 표준으로 한다.

정답　64.① 65.① 66.① 67.① 68.③ 69.①

70 환기에 관한 설명으로 옳지 않은 것은?

① 화장실은 송풍기(급기팬)와 배풍기(배기팬)를 설치하는 것이 일반적이다.

② 기밀성이 높은 주택의 경우 잦은 기계환기를 통해 실내공기의 오염을 낮추는 것이 바람직하다.

③ 병원의 수술실은 오염공기가 실내로 들어오는 것을 방지하기 위해 실내압력을 주변공간보다 높게 설정한다.

④ 공기의 오염농도가 높은 도로에 면해 있는 건물의 경우 공기조화설비계통의 외기도입구를 가급적 높은 위치에 설치한다.

해설 제3종 환기(흡출식)는 실내를 부압으로 유지하며 실내의 냄새나 유해물질을 다른 실로 흘려보내지 않는 환기방식이다. 가스미터실, 전용 정압기실을 건물 내의 지상층 중 외기와 접하는 실, 주방, 화장실, 유해가스 발생장소 등에 사용되는 제3종 환기방식의 경우 급기는 개구부, 배기는 송풍기를 사용한다.

★
71 방열기의 입구수온이 90℃이고 출구수온이 80℃이다. 난방부하가 3,000W인 방을 온수난방할 경우 방열기의 온수순환량은? (단, 물의 비열은 4.2kJ/kg·K로 한다.)

① 143kg/h

② 257kg/h

③ 368kg/h

④ 455kg/h

해설 Q(현열부하)
$= c$(비열)m(중량)Δt(온도의 변화량)
$= c$(비열)ρ(밀도)V(체적)Δt(온도의 변화량)

$\therefore m = \dfrac{Q}{c\Delta t} = \dfrac{3,000W}{4.2kJ/kg \cdot K \times (90-80)}$

$= \dfrac{3,000J/s}{4,200J/kg \cdot K \times 10}$

$= 0.071kg/s$

$= 257.14kg/h$

72 다음 중 최근 저압선로의 배선보호용 차단기로 가장 많이 사용되는 것은?

① ACB

② GCB

③ MCCB

④ ABCB

해설 ACB(Airblast Circuit Breaker)는 공기차단기로서 압축공기(15~30kg/cm²)를 아크에 뿜어 강한 공기의 흐름에 의해 차단을 실시하는 차단기이고, GCB(Gas Circuit Breaker)는 가스차단기로서 가스 안에서 전로를 차단하는 차단기이며, MCCB(Molded Case Circuit Breaker), 즉 배선용 차단기는 개폐기구, 과전류 벗겨 내기 장치 등을 몰드용기 안에 일체가 되도록 포함시킨 기중차단기이다.

★
73 어떤 사무실의 취득현열량이 15,000W일 때 실내온도를 26℃로 유지하기 위하여 16℃의 외기를 도입할 경우 실내에 공급하는 송풍량은 얼마로 해야 하는가? (단, 공기의 정압비열은 1.01kJ/kg·K, 밀도는 1.2kg/m³이다.)

① 2,455m³/h

② 4,455m³/h

③ 6,455m³/h

④ 8,455m³/h

해설 Q(현열부하)
$= c$(비열)m(중량)Δt(온도의 변화량)
$= c$(비열)ρ(밀도)V(체적, 송풍량)Δt(온도의 변화량)

$\therefore V = \dfrac{Q}{c\rho\Delta t}$

$= \dfrac{15,000W}{1.01kJ/kg \cdot K \times 1.2kg/m^3 \times (26-16)}$

$= \dfrac{15,000J/s}{1,010kJ/kg \cdot K \times 1.2kg/m^3 \times (26-16)}$

$= 1.238m^3/s = 4,455.45m^3/h$

★★
74 공기조화방식 중 냉풍과 온풍을 공급받아 각 실 또는 각 존의 혼합유닛에서 혼합하여 공급하는 방식은?

① 단일덕트방식

② 이중덕트방식

③ 유인유닛방식

④ 팬코일유닛방식

해설 단일덕트 정풍량방식은 모든 공기조화방식의 기본으로 중앙의 공기처리장치인 공조기와 공기조화반송장치로 구성되며 단일덕트를 통하여 여름에는 냉풍, 겨울에는 온풍을 일정량 공급하여 공기조화하는 방식이다. 유인유닛방식은 실내에 유인유닛을 설치하고 1차 공기를 고속덕트를 통해 각 유닛에 송풍하면 유인작용을 일으켜 실내공기를 2차 공기로 하여 유인된 실내공기는 유닛 속의 코일에 의해 냉각 또는 가열된 후 1, 2차 혼합공기로 되어 실내로 송풍하는 방식이다. 팬코일유닛방식은 중앙공조방식 중 전수방식으로서 펌프에 의해 냉·온수를 이송하므로 송풍기에 의한 공기의 이송동력보다 적게 드는 공조방식이다.

75 다음 중 지역난방방식에 관한 설명으로 옳지 않은 것은?

① 열원설비의 집중화로 관리가 용이하다.
② 설비의 고도화로 대기오염 등 공해를 방지할 수 있다.
③ 각 건물의 이용시간차를 이용하면 보일러의 용량을 줄일 수 있다.
④ 고온수난방을 채용할 경우 감압장치가 필요하며 응축수트랩이나 환수관이 복잡해진다.

해설 지역난방은 열병합발전방식이다. 에너지의 이용효율을 높이고 환경공해의 개선을 위해 전기와 난방용 열매를 동시에 생산해 주택, 아파트단지, 빌딩 등에 난방하는 방식이다. 또한 지역난방에서 고온수난방을 채용할 경우 감압장치가 필요하고, 응축수트랩은 필요 없으며 환수관이 간단해진다.

76 개방형 헤드를 사용하는 연결살수설비에 있어서 하나의 송수구역에 설치하는 살수헤드의 수는 최대 얼마 이하가 되도록 하여야 하는가?

① 10개　　　　② 20개
③ 30개　　　　④ 40개

해설 개방형 헤드를 사용하는 연결살수설비에 있어서 하나의 송수구역에 설치하는 살수헤드의 수는 10개 이하가 되도록 하여야 한다(화재안전기준 NFSC 503의 제4조 ④항).

77 배수트랩의 봉수 파괴원인 중 통기관을 설치함으로써 봉수 파괴를 방지할 수 있는 것이 아닌 것은?

① 분출작용
② 모세관작용
③ 자기사이펀작용
④ 유도사이펀작용

해설 봉수의 보호를 위하여 통기관을 설치하나 통기관으로 봉수의 파괴를 방지할 수 없는 경우는 증발작용(집을 오랫동안 비워두어서 위생기구를 사용하지 않는 경우 트랩의 봉수가 파괴원인)과 모세관작용(헝겊 등에 의한 흡인식 사이펀작용)이다.

78 다음의 간선배전방식 중 분전반에서 사고가 발생했을 때 그 파급범위가 가장 좁은 것은?

① 평행식　　　　② 방사선식
③ 나뭇가지식　　④ 나뭇가지 평행식

해설

간선의 배선방식

구 분	사고범위	설비비	사용처
평행식	좁다	비싸다	대규모 건축물
나뭇가지식	넓다	중간	소규모 건축물
평행식과 나뭇가지식	중간	싸다	대규모 건축물

79 조명기구를 사용하는 도중에 광원의 능률 저하나 기구의 오염, 손상 등으로 조도가 점차 저하되는데, 인공조명설계 시 이를 고려하여 반영하는 계수는?

① 광도
② 조명률
③ 실지수
④ 감광보상률

해설 감광보상률은 조명기구 사용 중에 광원의 능률 저하 또는 기구의 오손 등으로 조도가 점차 저하하므로 광원을 교환하거나 기구를 소제할 때까지 필요로 하는 조도를 유지할 수 있도록 미리 여유를 두기 위한 비율로서 유지율의 역수이다.

80 일반적으로 가스사용시설의 지상배관 표면색상은 어떤 색상으로 도색하는가?

① 백색　　　　② 황색
③ 청색　　　　④ 적색

해설

배관의 색채

종 류	식별색
물	청색
증기	진한 적색
공기	백색
가스	황색
산 · 알칼리	회자색
기름	진한 황적색
전기	엷은 황적색

제5과목 건축관계법규

★★
81 건축법령상 공사감리자가 수행하여야 하는 감리업무에 속하지 않는 것은?

① 공정표의 작성
② 상세시공도면의 검토·확인
③ 공사현장에서의 안전관리의 지도
④ 설계변경의 적정 여부의 검토·확인

해설
관련 법규 : 법 제25조, 영 제19조, 규칙 제19조의2, 해설 법규 : 규칙 제19조의2
공사감리자가 수행하여야 하는 감리업무는 ②, ③ 및 ④항 이외에 다음과 같다.
㉮ 공사시공자가 설계도서에 따라 적합하게 시공하는지 여부의 확인
㉯ 공사시공자가 사용하는 건축자재가 관계 법령에 따른 기준에 적합한 건축자재인지 여부의 확인
㉰ 건축물 및 대지가 이 법 및 관계 법령에 적합하도록 공사시공자 및 건축주를 지도
㉱ 시공계획 및 공사관리의 적정 여부의 확인과 공정표의 검토
㉲ 구조물의 위치와 규격의 적정 여부의 검토·확인
㉳ 품질시험의 실시 여부 및 시험성과의 검토·확인
㉴ 기타 공사감리계약으로 정하는 사항

★★
82 다음은 대지와 도로의 관계에 관한 기준내용이다. ( ) 안에 알맞은 것은? (단, 축사, 작물 재배사, 그 밖에 이와 비슷한 건축물로서 건축조례로 정하는 규모의 건축물은 제외)

> 연면적의 합계가 2,000m²(공장인 경우에는 3,000m²) 이상인 건축물의 대지는 너비 (㉮) 이상의 도로에 (㉯) 이상 접하여야 한다.

① ㉮ 2m, ㉯ 4m
② ㉮ 4m, ㉯ 2m
③ ㉮ 4m, ㉯ 6m
④ ㉮ 6m, ㉯ 4m

해설
관련 법규 : 법 제44조, 영 제28조, 해설 법규 : 영 제28조 ②항
연면적의 합계가 2,000m²(공장인 경우에는 3,000m²) 이상인 건축물(축사, 작물재배사, 그 밖에 이와 비슷한 건축물로서 건축조례로 정하는 규모의 건축물은 제외)의 대지는 너비 6m 이상의 도로에 4m 이상 접하여야 한다.

★★
83 다음 중 제2종 일반주거지역 안에서 건축할 수 있는 건축물에 속하지 않는 것은?

① 종교시설
② 운수시설
③ 노유자시설
④ 제1종 근린생활시설

해설
관련 법규 : 국토법 제76조, 영 제71조, (별표 5), 해설 법규 : (별표 5)의 1호
제2종 일반주거지역 안에 원칙적으로 건축할 수 있는 건축물은 단독주택, 공동주택, 제1종 근린생활시설, 종교시설, 노유자시설, 교육연구시설 중 유치원, 초등학교, 중학교, 고등학교 등이다.

★★
84 피난층 외의 층으로서 피난층 또는 지상으로 통하는 직통계단을 2개소 이상 설치하여야 하는 대상기준으로 옳지 않은 것은?

① 지하층으로서 그 층 거실의 바닥면적의 합계가 200m² 이상인 것
② 종교시설의 용도로 쓰는 층으로서 그 층에서 해당 용도로 쓰는 바닥면적의 합계가 200m² 이상인 것
③ 판매시설의 용도로 쓰는 3층 이상의 층으로서 그 층의 해당 용도로 쓰는 거실의 바닥면적의 합계가 200m² 이상인 것
④ 업무시설 중 오피스텔의 용도로 쓰는 층으로서 그 층의 해당 용도로 쓰는 거실의 바닥면적의 합계가 200m² 이상인 것

해설
관련 법규 : 법 제49조, 영 제34조, 해설 법규 : 영 제34조 ②항 3호
공동주택(층당 4세대 이하인 것은 제외) 또는 업무시설 중 오피스텔의 용도로 쓰는 층으로서 그 층의 해당 용도로 쓰는 거실의 바닥면적의 합계가 300m² 이상인 것은 직통계단을 2개소 이상 설치하여야 한다.

★★
85 국토의 계획 및 이용에 관한 법률에 따른 용도지역에서의 용적률 최대 한도기준이 옳지 않은 것은? (단, 도시지역의 경우)

① 주거지역 : 500퍼센트 이하
② 녹지지역 : 100퍼센트 이하
③ 공업지역 : 400퍼센트 이하
④ 상업지역 : 1,000퍼센트 이하

2018

④ 2층 건축물로서 바닥면적의 합계 80m² 를 증축하는 건축물

해설 관련 법규 : 국토법 제78조, 해설 법규 : 국토법 제78조 ①항 1호

지 역		용적률(%) 이하
도시지역	주거	500
	상업	1,500
	공업	400
	녹지	100
관리지역	보전	80
	생산	
	계획	100
농림		80
자연환경보전		

★★
86 도시 · 군관리계획에 포함되지 않는 것은?

① 도시개발사업이나 정비사업에 관한 계획
② 광역계획권의 장기발전방향을 제시하는 계획
③ 기반시설의 설치 · 정비 또는 개량에 관한 계획
④ 용도지역 · 용도지구의 지정 또는 변경에 관한 계획

해설 관련 법규 : 국토법 제2조, 해설 법규 : 국토법 제2조 4호
"도시 · 군관리계획"이란 특별시 · 광역시 · 특별자치시 · 특별자치도 · 시 또는 군의 개발 · 정비 및 보전을 위하여 수립하는 토지이용, 교통, 환경, 경관, 안전, 산업, 정보통신, 보건, 복지, 안보, 문화 등에 관한 ①, ③ 및 ④항 이외에 다음의 계획을 말한다.
㉮ 개발제한구역, 도시자연공원구역, 시가화조정구역, 수산자원보호구역의 지정 또는 변경에 관한 계획
㉯ 도시개발사업이나 정비사업에 관한 계획
㉰ 지구단위계획구역의 지정 또는 변경에 관한 계획과 지구단위계획
㉱ 입지규제최소구역의 지정 또는 변경에 관한 계획과 입지규제최소구역계획

★
87 다음 중 허가대상건축물이라 하더라도 건축신고를 하면 건축허가를 받은 것으로 보는 경우에 속하지 않는 것은?

① 건축물의 높이를 4m 증축하는 건축물
② 연면적의 합계가 80m²인 건축물의 건축
③ 연면적이 150m²이고 2층인 건축물의 대수선

해설 관련 법규 : 법 제14조, 영 제11조, 해설 법규 : 영 제11조
허가대상건축물이라 하더라도 다음의 어느 하나에 해당하는 경우에는 미리 특별자치시장 · 특별자치도지사 또는 시장 · 군수 · 구청장에게 국토교통부령으로 정하는 바에 따라 신고를 하면 건축허가를 받은 것으로 본다.
㉮ 바닥면적의 합계가 85m² 이내의 증축 · 개축 또는 재축. 다만, 3층 이상 건축물인 경우에는 증축 · 개축 또는 재축하려는 부분의 바닥면적의 합계가 건축물 연면적의 1/10 이내인 경우로 한정한다.
㉯ 관리지역, 농림지역 또는 자연환경보전지역에서 연면적이 200m² 미만이고 3층 미만인 건축물의 건축. 다만, 지구단위계획구역, 방재지구 등 재해취약지역으로서 대통령령으로 정하는 구역에서의 건축은 제외한다.
㉰ 연면적이 200m² 미만이고 3층 미만인 건축물의 대수선
㉱ 주요 구조부의 해체가 없는 등 다음에서 정하는 대수선
  ㉠ 내력벽의 면적을 30m² 이상 수선하는 것
  ㉡ 기둥 · 보 · 지붕틀을 세 개 이상 수선하는 것
  ㉢ 방화벽 또는 방화구획을 위한 바닥 또는 벽을 수선하는 것
  ㉣ 주계단 · 피난계단 또는 특별피난계단을 수선하는 것
㉲ 그 밖에 소규모 건축물로서 다음에서 정하는 건축물의 건축
  ㉠ 연면적의 합계가 100m² 이하인 건축물
  ㉡ 건축물의 높이를 3m 이하의 범위에서 증축하는 건축물
  ㉢ 표준설계도서에 따라 건축하는 건축물로서 그 용도 및 규모가 주위환경이나 미관에 지장이 없다고 인정하여 건축조례로 정하는 건축물
  ㉣ 공업지역, 지구단위계획구역(산업 · 유통형만 해당) 및 산업단지에서 건축하는 2층 이하인 건축물로서 연면적 합계 500m² 이하인 공장(제조업소 등 물품의 제조 · 가공을 위한 시설을 포함한다)
  ㉤ 농업이나 수산업을 경영하기 위하여 읍 · 면지역(특별자치시장 · 특별자치도지사 · 시장 · 군수가 지역계획 또는 도시 · 군계획에 지장이 있다고 지정 · 공고한 구역은 제외)에서 건축하는 연면적 200m² 이하의 창고 및 연면적 400m² 이하의 축사, 작물재배사, 종묘배양시설, 화초 및 분재 등의 온실

88 부설주차장 설치대상시설물이 종교시설인 경우 부설주차장설치기준으로 옳은 것은?

① 시설면적 50m²당 1대
② 시설면적 100m²당 1대
③ 시설면적 150m²당 1대
④ 시설면적 200m²당 1대

해설 관련 법규 : 주차법 제6조, 규칙 제6조, (별표 1), 해설 법규 : (별표 1)
종교시설의 경우 시설면적 150m²당 1대 이상의 주차대수를 확보하여야 한다.

89 건축물에 설치하는 지하층의 구조에 관한 기준내용으로 옳지 않은 것은?

① 지하층에 설치하는 비상탈출구의 유효너비는 0.75m 이상으로 할 것
② 거실의 바닥면적의 합계가 1,000m² 이상인 층에는 환기설비를 설치할 것
③ 지하층의 바닥면적이 300m² 이상인 층에는 식수공급을 위한 급수전을 1개소 이상 설치할 것
④ 거실의 바닥면적이 33m² 이상인 층에는 직통계단 외에 피난층 또는 지상으로 통하는 비상탈출구를 설치할 것

해설 관련 법규 : 법 제53조, 피난·방화규칙 제25조, 해설 법규 : 피난·방화규칙 제25조 ①항 1호
거실의 바닥면적이 50m² 이상인 층에는 직통계단 외에 피난층 또는 지상으로 통하는 비상탈출구 및 환기통을 설치할 것. 다만, 직통계단이 2개소 이상 설치되어 있는 경우에는 그러하지 아니하다.

★★★
90 비상용 승강기 승강장의 구조에 관한 기준내용으로 옳지 않은 것은?

① 승강장은 각 층의 내부와 연결될 수 있도록 할 것
② 벽 및 반자가 실내에 접하는 부분의 마감재료는 준불연재료로 할 것
③ 옥내에 설치하는 승강장의 바닥면적은 비상용 승강기 1대에 대하여 6m² 이상으로 할 것

④ 피난층이 있는 승강장의 출입구로부터 도로 또는 공지에 이르는 거리가 30m 이하일 것

해설 관련 법규 : 법 제64조, 설비규칙 제10조, 해설 법규 : 설비규칙 제10조 2호 라목
벽 및 반자가 실내에 접하는 부분의 마감재료(마감을 위한 바탕을 포함)는 불연재료로 할 것

★
91 다음은 건축법령상 다세대주택의 정의이다. ( ) 안에 알맞은 것은?

> 주택으로 쓰는 1개 동의 바닥면적의 합계가 (㉠) 이하이고, 층수가 (㉡) 이하인 주택 (2개 이상의 동을 지하주차장으로 연결하는 경우에는 각각의 동으로 본다.)

① ㉠ 330m², ㉡ 3개층
② ㉠ 330m², ㉡ 4개층
③ ㉠ 660m², ㉡ 3개층
④ ㉠ 660m², ㉡ 4개층

해설 관련 법규 : 법 제2조, 영 제3조의5, 해설 법규 : 영 제3조의5, (별표 1)
단독 및 공동주택의 규모

구 분		규 모	
		바닥면적의 합계	주택으로 사용하는 층수
단독주택	다중 주택	660m² 이하	3개층 이하 (지하층 제외)
	다가구주택	660m² 이하, 19세대 이하	
공동주택	아파트	–	5개층 이상
	다세대주택	660m² 이하	4개층 이하
	연립 주택	660m² 초과	

★
92 공작물을 축조할 때 특별자치시장·특별자치도지사 또는 시장·군수·구청장에게 신고를 하여야 하는 대상공작물기준으로 옳지 않은 것은? (단, 건축물과 분리하여 축조하는 경우)

① 높이 6m를 넘는 굴뚝
② 높이 4m를 넘는 광고탑
③ 높이 6m를 넘는 장식탑
④ 높이 2m를 넘는 옹벽 또는 담장

88.③ 89.④ 90.② 91.④ 92.③

2018

해설

관련 법규 : 법 제83조, 영 제118조, 해설 법규 : 영 제118조 ①항 3호

옹벽 등의 공작물에의 준용

규 모	공작물
2m 넘는	옹벽, 담장
4m 넘는	기념탑, 첨탑, 광고탑, 광고판
5m 넘는	태양에너지를 이용하는 발전설비
6m 넘는	굴뚝, 골프연습장 등의 운동시설을 위한 철탑, 주거지역·상업지역에 설치하는 통신용 철탑
8m 넘는	고가수조
8m 이하	기계식 주차장 및 철골조립식 주차장으로 외벽이 없는 것
기타	제조시설, 저장시설(시멘트 사일로 포함), 유희시설

★★
93 건축물을 신축하는 경우 옥상에 조경을 150m² 시공했다. 이 경우 대지의 조경면적은 최소 얼마 이상으로 하여야 하는가? (단, 대지면적은 1,500m²이고 조경설치기준은 대지면적의 10%이다.)

① 25m²   ② 50m²
③ 75m²   ④ 100m²

해설

관련 법규 : 법 제42조, 영 제27조, 해설 법규 : 영 제27조 ③항
지표면의 조경면적은 $1,500 \times 0.1 = 150m^2$이고, 옥상 부분의 조경면적의 2/3는 $150 \times 2/3 = 100m^2$이나 조경면적, 즉 150m²의 50/100을 초과할 수 없으므로 75m² 밖에 인정을 받을 수 없다. 그러므로 대지 안에 조경을 해야 할 면적은 $150 - 75 = 75m^2$ 이상이다.

★
94 높이 31m를 넘는 각 층의 바닥면적 중 최대 바닥면적이 5,000m²인 업무시설에 원칙적으로 설치하여야 하는 비상용 승강기의 최소 대수는?

① 1대   ② 2대
③ 3대   ④ 4대

해설

관련 법규 : 법 제64조, 영 제90조, 해설 법규 : 영 제90조 ①항 2호
비상용 승강기의 설치대수
$$= 1 + \frac{31m를 넘는 각 층 중 최대 바닥면적 - 1,500}{3,000}$$
$$= 1 + \frac{5,000 - 1,500}{3,000} = 2.167대 \rightarrow 3대(무조건 반올림)$$

★★★
95 건축물의 거실에 국토교통부령으로 정하는 기준에 따라 배연설비를 하여야 하는 대상건축물에 속하지 않는 것은? (단, 피난층의 거실은 제외하며 6층 이상인 건축물의 경우)

① 종교시설
② 판매시설
③ 위락시설
④ 방송통신시설

해설

관련 법규 : 법 제49조, 영 제51조, 해설 법규 : 영 제51조 ②항
다음 건축물의 거실(피난층의 거실 제외)에는 배연설비를 설치하여야 한다.
㉮ 6층 이상인 건축물로서 제2종 근린생활시설 중 공연장·종교집회장·인터넷컴퓨터게임시설 제공업소(300m2 이상인 것), 다중생활시설, 문화 및 집회시설, 종교시설, 판매시설, 운수시설, 의료시설(요양병원과 정신병원 제외), 교육연구시설 중 연구소, 노유자시설 중 아동 관련 시설, 노인복지시설(노인요양시설 제외), 수련시설 중 유스호스텔, 운동시설, 업무시설, 숙박시설, 위락시설, 관광휴게시설, 장례식장 등
㉯ 의료시설 중 요양병원 및 정신병원 등
㉰ 노유자시설 중 노인요양시설, 장애인거주시설 및 장애인의료재활시설 등
㉱ 제1종 근린생활시설 중 산후조리원

★★
96 일반주거지역에서 건축물을 건축하는 경우 건축물의 높이가 5m인 부분은 정북방향의 인접 대지경계선으로부터 원칙적으로 최소 얼마 이상을 띠어 건축하여야 하는가?

① 1.0m
② 1.5m
③ 2.0m
④ 3.0m

해설

관련 법규 : 법 제61조, 영 제86조, 해설 법규 : 영 제86조 ①항
전용주거지역 또는 일반주거지역 안에서 건축물을 건축하는 경우에는 건축물의 각 부분을 정북방향으로의 인접 대지경계선으로부터 높이 9m 이하인 부분은 인접 대지경계선으로부터 1.5m 이상, 높이 9m를 초과하는 부분은 인접 대지경계선으로부터 당해 건축물의 각 부분의 높이의 1/2 이상을 띠어야 한다.

★★ 97 지하식 또는 건축물식 노외주차장의 차로에 관한 기준내용으로 옳지 않은 것은? (단, 이륜자동차 전용노외주차장이 아닌 경우)

① 높이는 주차바닥면으로부터 2.3m 이상으로 하여야 한다.

② 경사로의 종단경사도는 직선 부분에서는 17%를 초과하여서는 아니된다.

③ 곡선 부분은 자동차가 4m 이상의 내변반경으로 회전할 수 있도록 하여야 한다.

④ 주차대수규모가 50대 이상인 경우의 경사로는 너비 6m 이상인 2차로를 확보하거나 진입차로와 진출차로를 분리하여야 한다.

해설 관련 법규 : 법 제6조, 규칙 제6조, 해설 법규 : 규칙 제6조 ①항 5호 나목
곡선 부분은 자동차가 6m(같은 경사로를 이용하는 주차장의 총주차대수가 50대 이하인 경우에는 5m, 이륜자동차 전용 노외주차장의 경우에는 3m) 이상의 내변반경으로 회전할 수 있도록 하여야 한다.

★★ 98 용도지역의 세분에 있어 주거기능을 위주로 이를 지원하는 일부 상업기능 및 업무기능을 보완하기 위하여 필요한 지역은?

① 준주거지역　　② 전용주거지역
③ 일반주거지역　④ 유통상업지역

해설 관련 법규 : 법 제36조, 영 제30조, 해설 법규 : 영 제30조 1호 다목
전용주거지역은 양호한 주거환경을 보호하기 위하여 필요한 지역이고, 일반주거지역은 편리한 주거환경을 조성하기 위하여 필요한 지역이며, 유통상업지역은 도시 내 및 지역 간 유통기능의 증진을 위하여 필요한 지역이다.

★ 99 주차장 수급실태조사의 조사구역 설정에 관한 기준내용으로 옳지 않은 것은?

① 수급실태조사의 주기는 3년으로 한다.

② 사각형 또는 삼각형 형태로 조사구역을 설정할 것

③ 각 수급실태조사구역은 건축법에 따른 도로를 경계로 구분할 것

④ 수급실태조사구역 바깥경계선의 최대 거리가 500m를 넘지 않도록 할 것

해설 관련 법규 : 법 제3조, 규칙 제1조의2, 해설 법규 : 규칙 제1조의2 ①항 1호
사각형 또는 삼각형 형태로 조사구역을 설정하되 조사구역 바깥경계선의 최대 거리가 300m를 넘지 않도록 한다.

★★★ 100 태양열을 주된 에너지원으로 이용하는 주택의 건축면적 산정 시 기준이 되는 것은?

① 외벽의 외곽선

② 외벽의 내측 벽면선

③ 외벽 중 내측 내력벽의 중심선

④ 외벽 중 외측 비내력벽의 중심선

해설 관련 법규 : 법 제84조, 영 제119조, 규칙 제43조, 해설 법규 : 규칙 제43조 ①항
태양열을 주된 에너지원으로 이용하는 주택의 건축면적과 단열재를 구조체의 외기측에 설치하는 단열공법으로 건축된 건축물의 건축면적은 건축물의 외벽 중 내측 내력벽의 중심선을 기준으로 한다.

2018

제1과목 건축계획

01 사무소 건축의 실단위계획 중 개방식 배치에 관한 설명으로 옳지 않은 것은?

① 공사비를 줄일 수 있다.
② 실의 깊이나 길이에 변화를 줄 수 없다.
③ 시각차단이 없으므로 독립성이 적어진다.
④ 경영자의 입장에서는 전체를 통제하기가 쉽다.

해설 개실시스템은 방의 길이에는 변화를 줄 수 있으나, 연속된 긴 복도로 인하여 방의 깊이에는 변화를 줄 수 없다. 개방식 시스템은 실의 깊이와 길이에 변화를 줄 수 있다.

02 다음 설명에 알맞은 공장 건축의 레이아웃형식은?

> • 동종의 공정, 동일한 기계설비 또는 기능이 유사한 것을 하나의 그룹으로 집합시키는 방식
> • 다종 소량생산의 경우, 예상생산이 불가능한 경우, 표준화가 이루어지기 어려운 경우에 채용

① 고정식 레이아웃
② 혼성식 레이아웃
③ 공정 중심의 레이아웃
④ 제품 중심의 레이아웃

해설 제품 중심(연속작업식)의 레이아웃은 대량생산에 유리하고 생산성이 높으며, 생산에 필요한 공정 간의 시간적, 수량적인 균형을 이루며, 상품의 연속성이 가능하게 되는 경우에 성립된다. 고정식 레이아웃은 선박이나 건축물처럼 제품이 크고 수가 극히 적은 경우에 사용하며, 주로 사용되는 재료나 조립부품이 고정된 장소에 있다.

03 로마시대의 것으로 그리스의 아고라(Agora)와 유사한 기능을 갖는 것은?

① 포럼(Forum)
② 인슐라(Insula)
③ 도무스(Domus)
④ 판테온(Pantheon)

해설 그리스시대의 아고라(공공, 회합의 장소로 사회생활, 업무, 정치활동의 중심지)와 로마시대의 포럼(집회, 시장으로 사용되는 도시 중심의 광장)은 유사한 기능을 갖고 있다.

04 다음 설명에 알맞은 백화점 진열장 배치방법은?

> • Main통로를 직각배치하며, Sub통로를 45° 정도 경사지게 배치하는 유형이다.
> • 많은 고객이 매장공간의 코너까지 접근하기 용이하지만, 이형의 진열장이 많이 필요하다.

① 직각배치
② 방사배치
③ 사행배치
④ 자유유선배치

해설 직각배치(rectangular system)는 가장 일반적인 방법으로 면적을 최대로 사용할 수 있으나 통행량에 따라 통로폭의 변화가 어렵고 엘리베이터로 접근이 어렵다. 사행배치는 주통로 이외의 제2통로를 45° 사선으로 배치한 것으로 많은 고객이 판매장의 구석까지 가기 쉬운 이점이 있다. 자유유선배치는 매장의 변경과 이동이 어려우므로 계획을 세울 때 복잡하다.

05 숑바르 드 로브(Chombard de Lawve)가 제시하는 1인당 주거면적의 병리기준은?

① $6m^2$
② $8m^2$
③ $10m^2$
④ $12m^2$

해설 주거면적

(단위 : m²/인 이상)

구 분	최소한 주택의 면적	콜로뉴 (cologne) 기준	숑바르 드 로브(사회학자)			국제 주거 회의 (최소)
			병리 기준	한계 기준	표준 기준	
면적	10	16	8	14	16	15

06 극장의 평면형식 중 관객이 연기자를 사면에서 둘러싸고 관람하는 형식으로 가장 많은 관객을 수용할 수 있는 형식은?

① 아레나(arena)형
② 가변형(adaptable stage)
③ 프로시니엄(proscenium)형
④ 오픈스테이지(open stage)형

해설 극장의 평면형식에는 프로시니엄형(픽처프레임형)은 연기자가 제한된 방향으로만 관객을 대하게 되고, 오픈스테이지형은 연기자와 관객 사이의 친밀감을 높게 하며 연기자와 관객이 하나의 공간 속에 놓여 있다. 가변형 무대는 필요에 따라서 무대와 객석을 변화시킬 수 있고 최소한의 비용으로 극장 표현에 대한 최대한의 선택 가능성을 부여한다.

07 POE(Post-Occupancy Evaluation)의 의미로 가장 알맞은 것은?

① 건축물 사용자를 찾는 것이다.
② 건축물을 사용해 본 후에 평가하는 것이다.
③ 건축물의 사용을 염두에 두고 계획하는 것이다.
④ 건축물모형을 만들어 설계의 적정성을 평가하는 것이다.

해설 POE(Post Occupancy Evaluation)는 건축물을 사용해 본 후에 평가하는 것이다.

08 학교운영방식에 관한 설명으로 옳지 않은 것은?

① 교과교실형은 교실의 순수율은 높으나 학생의 이동이 심하다.
② 종합교실형은 학생의 이동이 없고 초등학교 저학년에 적합하다.

③ 일반교실, 특별교실형은 각 학급마다 일반교실을 하나씩 배당하고 그 외에 특별교실을 갖는다.
④ 플래툰(platoon)형은 학급과 학년을 없애고 학생들은 각자의 능력에 따라서 교과를 선택하는 방식이다.

해설 학교운영방식 중 플래툰형(platoon type, P형)은 전 학급을 2분단으로 하고, 한쪽이 일반교실로 사용할 때 다른 분단은 특별교실로 사용하며, 교사의 수와 적당한 시설이 없으면 실시가 곤란한 방식이다. ④항은 달톤형에 대한 설명이다.

09 이슬람교의 영향을 받은 건축물에서 볼 수 있는 연속적인 기하학적 문양, 식물문양, 당초문양 등을 이르는 용어는?

① 스퀸치
② 펜덴티브
③ 모자이크
④ 아라베스크

해설 스퀸치는 둥근 천장이나 뾰족탑의 기초를 형성하기 위해 정방형 또는 다각형의 각 부분을 가로질러 만들어진 작은 홍예 또는 까치발 등의 장치이다. 펜덴티브(pendentive)는 비잔틴 건축에 사용한 양식으로 돔을 형성하기 위하여 네 귀에 생긴 부분을 말한다. 사각형의 평면 위에 돔 지붕이 얹히는 경우 생기는 모서리 부분으로, 일반적으로 그 평면에 외접한 큰 원을 저면으로 하는 반구의 일부로 되어 있다. 모자이크는 중세기에 발달한 장식예술에 속하는 무늬, 그림으로 색유리, 타일, 돌, 금속, 달걀껍질, 색종이 등 조그마한 색조각을 붙여 만든 그림이다.

10 공포형식 중 다포식에 관한 설명으로 옳지 않은 것은?

① 다포식 건축물로는 서울 숭례문(남대문) 등이 있다.
② 기둥 상부 이외에 기둥 사이에도 공포를 배열한 형식이다.
③ 규모가 커지면서 내부출목보다는 외부출목이 점차 많아졌다.
④ 주심포식에 비해서 지붕하중을 등분포로 전달할 수 있는 합리적인 구조법이다.

해설 공포양식 중 다포식은 창방 위에 평방을 두고 주간 포작을 갖고 있는 것이 특징이고, 중기에서부터는 일반적으로 내부의 출목수가 외부의 출목수보다 많아지게 되었으며, 이러한 수법은 장연의 구배에 의해서 중도리의 위치가 높아짐에 따라 내부중도리의 높이에 맞추어 내부의 출목수가 증가하는 방법이다.

★★
11 공동주택을 건설하는 주택단지는 기간도로와 접하거나 기간도로부터 당해 단지에 이르는 진입도로가 있어야 한다. 주택단지의 총 세대수가 400세대인 경우 기간도로와 접하는 폭 또는 진입도로의 폭은 최소 얼마 이상이어야 하는가? (단, 진입도로가 1개이며, 원룸형 주택이 아닌 경우)

① 4m　　　　② 6m
③ 8m　　　　④ 12m

해설 진입도로의 최소폭

주택단지의 총 세대수	기간도로와 접하는 폭 또는 진입도로의 폭
300세대 미만	6m 이상
300세대 이상 500세대 미만	8m 이상
500세대 이상 1,000세대 미만	12m 이상
1,000세대 이상 2,000세대 미만	15m 이상
2,000세대 이상	20m 이상

★★★
12 한식주택과 양식주택에 관한 설명으로 옳지 않은 것은?

① 양식주택은 입식생활이며, 한식주택은 좌식생활이다.
② 양식주택의 실은 단일용도이며, 한식주택의 실은 혼용도이다.
③ 양식주택은 실의 위치별 분화이며, 한식주택은 실의 기능별 분화이다.
④ 양식주택의 가구는 주요한 내용물이며, 한식주택의 가구는 부차적 존재이다.

해설 한식주택은 위치별 분화(조합평면, 은폐적)이고, 양식주택은 기능별 분화(분화평면, 개방적)이다.

★
13 사무소 건축의 코어유형에 관한 설명으로 옳지 않은 것은?

① 중심코어형은 유효율이 높은 계획이 가능하다.
② 양단코어형은 2방향 피난에 이상적이며 방재상 유리하다.
③ 편심코어형은 각 층 바닥면적이 소규모인 경우에 적합하다.
④ 독립코어형은 구조적으로 가장 바람직한 유형으로 고층, 초고층 사무소 건축에 주로 사용된다.

해설 중심코어형은 구조적으로 가장 바람직한 코어형식으로, 바닥면적이 큰 고층, 초고층 사무소에 적합한 형식이다. 대규모 임대 사무소에서 가장 경제적이며 내진구조상 유리하고 외관이 획일적으로 되기 쉽다.

★★★
14 도서관의 출납시스템 중 열람자는 직접 서가에 면하여 책의 체제나 표지 정도는 볼 수 있으나 내용을 보려면 관원에게 요구하여 대출기록을 남긴 후 열람하는 형식은?

① 폐가식　　　　② 반개가식
③ 안전개가식　　④ 자유개가식

해설 폐가식은 서고를 열람실과 별도로 설치하여 열람자가 책의 목록에 의해서 책을 선택하고 관원에게 대출기록을 남긴 후 책을 대출하는 형식이고, 안전개가식은 자유개가식과 반개가식의 장점을 취한 형식이다. 자유개가식은 열람자 자신이 서가에서 책을 고르고 그대로 검열을 받지 않고 열람할 수 있는 방법이다.

★
15 아파트에 의무적으로 설치하여야 하는 장애인·노인·임산부 등의 편의시설에 속하지 않는 것은?

① 점자블록
② 장애인전용주차구역
③ 높이차이가 제거된 건축물 출입구
④ 장애인 등의 통행이 가능한 접근로

해설 아파트에 의무적으로 설치해야 하는 장애인·노인·임산부 등의 편의시설 중 ②, ③, ④항은 매개시설에 속하고, 내부시설 중 출입구와 계단 및 승강기는 의무사항이고, 안내시설인 점자블록은 권장사항이다.

16 백화점의 에스컬레이터배치에 관한 설명으로 옳지 않은 것은?

① 교차식 배치는 점유면적이 작다.
② 직렬식 배치는 점유면적이 크나 승객의 시야가 좋다.
③ 병렬식 배치는 백화점 매장 내부에 대한 시계가 양호하다.
④ 병렬 연속식 배치는 연속적으로 승강할 수 없다는 단점이 있다.

> **해설**
> 병렬 연속식 배치법은 교통이 연속(연속적으로 승강할 수 있다)되고, 승강객과 하강객이 명확히 구분되며, 승객의 시야가 넓어지고, 에스컬레이터를 찾기 쉬운 장점이 있으나, 점유면적이 넓고, 시선이 마주치는 단점이 있다.

17 미술관의 전시기법 중 전시평면이 동일한 공간으로 연속되어 배치되는 전시기법으로 동일종류의 전시물을 반복전시할 경우에 유리한 방식은?

① 디오라마전시 ② 파노라마전시
③ 하모니카전시 ④ 아일랜드전시

> **해설**
> 디오라마전시는 가장 실감나게 현장감을 표현하는 방법으로, 하나의 사실 또는 주제의 시간상황을 고정시켜 연출하는 것을 말한다. 현장에 임한 느낌을 주는 전시방법이다. 파노라마전시는 연속적인 주제를 선적으로 관계성이 깊게 표현하기 위하여 선형 또는 전경으로 펼쳐지도록 연출하여 맥락이 중요시될 때 사용되는 특수 전시기법이다. 아일랜드전시는 사방에서 감상해야 할 필요가 있는 조각물이나 모형을 전시하기 위해 벽면에서 띄운 전시방법이다.

18 페리(C.A. Perry)의 근린주구(Neighborhood Unit)이론의 내용으로 옳지 않은 것은?

① 초등학교 학구를 기본단위로 한다.
② 중학교와 의료시설을 반드시 갖추어야 한다.
③ 지구 내 가로망은 통과교통에 사용되지 않도록 한다.
④ 주민에게 적절한 서비스를 제공하는 1~2개소 이상의 상점가를 주요 도로의 결절점에 배치한다.

> **해설**
> 페리의 근린주구이론은 초등학교 학구를 기본단위로 하고, 중학교와 의료시설과는 무관하다.

19 종합병원 건축계획에 관한 설명으로 옳지 않은 것은?

① 간호사 대기실은 각 간호단위 또는 층별, 동별로 설치한다.
② 수술실의 바닥마감은 전기도체성 마감을 사용하는 것이 좋다.
③ 병실의 창문은 환자가 병상에서 외부를 전망할 수 있게 하는 것이 좋다.
④ 우리나라의 일반적인 외래진료방식은 오픈시스템이며 대규모의 각종 과를 필요로 한다.

> **해설**
> 우리나라의 일반적인 외래진료방식은 클로즈드시스템으로 대규모의 각종 과를 필요로 하고 환자가 매일 병원에 출입하는 형식이며, 미국의 경우에는 오픈시스템(일반 개업의사가 종합병원에 등록되어 종합병원의 큰 시설을 이용할 수 있고, 자신의 환자를 진료, 치료 및 입원시킬 수 있는 시스템)을 사용하고 있다.

20 극장의 무대에 관한 설명으로 옳지 않은 것은?

① 프로시니엄 아치는 일반적으로 장방형이며, 종횡의 비율은 황금비가 많다.
② 프로시니엄 아치의 바로 뒤에는 막이 쳐지는데, 이 막의 위치를 커튼라인이라고 한다.
③ 무대의 폭은 적어도 프로시니엄 아치폭의 2배, 깊이는 프로시니엄 아치폭 이상으로 한다.
④ 플라이갤러리는 배경이나 조명기구, 연기자 또는 음향반사판 등을 매달 수 있도록 무대 천장 밑에 철골로 설치한 것이다.

> **해설**
> 플라이갤러리(fly gallery)는 그리드아이언에 올라가는 계단과 연결되게 무대 주위의 벽에 6~9m 높이로 설치되는 좁은 통로이다. ④항은 그리드아이언(grid iron)에 대한 설명이다.

제2과목 건축시공

21 ★

다음 중 멤브레인방수공사에 해당되지 않는 것은?

① 아스팔트방수공사 ② 실링방수공사
③ 시트방수공사 ④ 도막방수공사

해설 멤브레인방수는 구조물의 외부에 얇은 피막상의 방수층으로 전면을 덮는 방수로서 아스팔트방수, 개량아스팔트시트방수, 합성고분자시트방수, 도막방수 등이 있으며 지붕, 차양, 발코니, 외벽 및 수조 등에 사용되는 방수법이다.

22 ★

용접결함에 관한 설명으로 옳지 않은 것은?

① 슬래그 함입 : 용융금속이 급속하게 냉각되면 슬래그의 일부분이 달아나지 못하고 용착금속 내에 혼입되는 것
② 오버랩 : 용접금속과 모재가 융합되지 않고 겹쳐지는 것
③ 블로홀 : 용융금속이 응고할 때 방출되어야 할 가스가 잔류한 것
④ 크레이터 : 용접전류가 과소하여 발생

해설 용접의 결함 중 크레이터는 아크용접에서 용접비드의 끝에 남은 우묵하게 패인 곳으로 용접전류가 과대한 경우와 운봉이 부적합한 경우에 발생한다.

23 ★

사질지반 굴착 시 벽체 배면의 토사가 흙막이 틈새 또는 구멍으로 누수가 되어 흙막이벽 배면에 공극이 발생하여 물의 흐름이 점차로 커져 결국에는 주변지반을 함몰시키는 현상은?

① 보일링현상 ② 히빙현상
③ 액상화현상 ④ 파이핑현상

해설 보일링(boiling)현상은 흙파기 저면을 통해 상승하는 유수로 인하여 모래의 입자가 부력을 받아 저면모래지반의 지지력이 없어지는 현상이다. 히빙(heaving)현상은 흙막이 바깥에 있는 흙의 중량과 지표재하중의 중량을 견디지 못하여 저면의 흙이 붕괴되고 흙막이 바깥의 흙이 흙막이 안으로 밀려들어 볼록해지는 현상이다. 액상화현상은 포화된 느슨한 모래가 진동이나 지진 등의 충격을 받으면 입자들이 재배열되어 약간 수축하며 큰 과잉간극수압을 유발하게 되고, 그 결과로 유효응력과 전단강도가 크게 감소되어 모래가 유체처럼 흐르는 현상이다.

24 ★★★

방수공사에 관한 설명으로 옳은 것은?

① 보통 수압이 적고 얕은 지하실에는 바깥방수법, 수압이 크고 깊은 지하실에는 안방수법이 유리하다.
② 지하실에 안방수법을 채택하는 경우 지하실 내부에 설치하는 칸막이벽, 창문틀 등은 방수층시공 전 먼저 시공하는 것이 유리하다.
③ 바깥방수법은 안방수법에 비하여 하자보수가 곤란하다.
④ 바깥방수법은 보호누름이 필요하지만, 안방수법은 없어도 무방하다.

해설 보통 수압이 적고 얕은 지하실에는 **안방수법**, 수압이 크고 깊은 지하실에는 **바깥방수법**이 유리하다. 지하실에 안방수법을 채택하는 경우 지하실 내부에 설치하는 칸막이벽, 창문틀 등은 방수층시공 후 하는 것이 유리하다. 바깥방수법은 보호누름이 필요하지 않지만, 안방수법은 반드시 필요하다.

25 ★★

무지보공 거푸집에 관한 설명으로 옳지 않은 것은?

① 하부공간을 넓게 하여 작업공간으로 활용할 수 있다.
② 슬래브(slab) 동바리의 감소 또는 생략이 가능하다.
③ 트러스형태의 빔(beam)을 보 거푸집 또는 벽체 거푸집에 걸쳐놓고 바닥판 거푸집을 시공한다.
④ 층고가 높을 경우 적용이 불리하다.

해설 무지보공(무동바리) 거푸집은 보우빔(Bow beam)과 페코빔(Pecco beam) 등이 있고, 각각의 정의와 특성은 다음과 같다.
㉮ 보우빔(Bow beam) : 하층의 작업공간을 확보하기 위하여 철골트러스와 유사한 경량가설보를 설치하여 바닥콘크리트를 타설하는 공법으로 **층고가 높고 큰 스팬에 유리**하며, 하층의 작업공간 확보가 유리하다. 구조적으로 안전성을 확보하고 스팬이 일정한 경우에만 적용한다.
㉯ 페코빔(Pecco beam) : 무지주공법이나 안에 보가 있어 스팬의 조절이 가능한 공법이다.

2019

★★ 26 건축공사에서 공사원가를 구성하는 직접공사비에 포함되는 항목을 옳게 나열한 것은?

① 자재비, 노무비, 이윤, 일반관리비
② 자재비, 노무비, 이윤, 경비
③ 자재비, 노무비, 외주비, 경비
④ 자재비, 노무비, 외주비, 일반관리비

해설 총공사비는 총원가와 부가이윤으로 구성된다. 총원가는 공사원가와 일반관리비 부담금으로 구성된다. 공사원가는 직접공사비와 간접공사비로 구성되고, 직접공사비에는 재료(자재)비, 노무비, 외주비, 경비가 포함되고, 간접공사비는 공통경비이다.

★★ 27 다음 그림과 같은 네트워크 공정표에서 주공정선(Critical path)은?

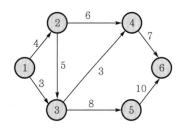

① ① → ③ → ⑤ → ⑥
② ① → ② → ④ → ⑥
③ ① → ② → ③ → ④ → ⑥
④ ① → ② → ③ → ⑤ → ⑥

해설 보기의 일정을 보면
① ① → ③ → ⑤ → ⑥ ⇨ 3+8+10=21일
② ① → ② → ④ → ⑥ ⇨ 4+6+7=17일
③ ① → ② → ③ → ④ → ⑥ ⇨ 4+5+3+7=19일
④ ① → ② → ③ → ⑤ → ⑥ ⇨ 4+5+8+10=27일

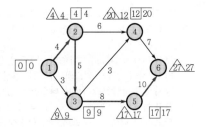

★ 28 다음 중 공사감리업무와 가장 거리가 먼 항목은?

① 설계도서의 적정성 검토
② 시공상의 안전관리지도
③ 공사 실행예산의 편성
④ 사용자재와 설계도서와의 일치 여부 검토

해설 공사감리자가 수행하여야 하는 감리업무에는 ①, ②, ④항 이외에 건축물 및 대지가 관계법령에 적합하도록 공사시공자 및 건축주를 지도, 시공계획 및 공사관리의 적정 여부 확인, 상세시공도면의 검토, 확인, 구조물의 위치와 규격의 적정 여부의 검토, 확인, 품질시험의 실시 여부 및 시험성과의 검토, 확인, 설계변경의 적정 여부의 검토, 확인 등이 있다.

★★★ 29 다음 중 QC(Quality Control)활동의 도구가 아닌 것은 어느 것인가?

① 기능계통도   ② 산점도
③ 히스토그램   ④ 특성요인도

해설 품질관리의 7가지 수법은 히스토그램, 특성요인도, 파레토도, 체크시트, 각종 그래프, 산점도, 층별 등이다.

★ 30 지반조사 시 실시하는 평판재하시험에 관한 설명으로 옳지 않은 것은?

① 시험은 예정기초면보다 높은 위치에서 실시해야 하기 때문에 일부 성토작업이 필요하다.
② 시험재하판은 실제 구조물의 기초면적에 비해 매우 작으므로 재하판크기의 영향, 즉 스케일이펙트(scale effect)를 고려한다.
③ 하중시험용 재하판은 정방형 또는 원형의 판을 사용한다.
④ 침하량을 측정하기 위해 다이얼게이지 지지대를 고정하고 좌우측에 2개의 다이얼게이지를 설치한다.

해설 평판재하시험(지내력시험)은 기초저면까지 판 자리에서 직접 재하하여 허용지내력을 구하는 시험법으로, 시험은 예정기초저면에서 행한다.

정답 26.③ 27.④ 28.③ 29.① 30.①

31 철근콘크리트슬래브와 철골보가 일체로 되는 합성구조에 관한 설명으로 옳지 않은 것은?

① 셰어커넥터가 필요하다.
② 바닥판의 강성을 증가시키는 효과가 크다.
③ 자재를 절감하므로 경제적이다.
④ 경간이 작은 경우에 주로 적용한다.

해설 합성구조(철근콘크리트슬래브와 철골보를 일체로 하는 구조)는 경간이 큰 경우에 주로 적용한다.

32 돌로마이트플라스터바름에 관한 설명으로 옳지 않은 것은?

① 실내온도가 5℃ 이하일 때는 공사를 중단하거나 난방하여 5℃ 이상으로 유지한다.
② 정벌바름용 반죽은 물과 혼합한 후 4시간 정도 지난 다음 사용하는 것이 바람직하다.
③ 초벌바름에 균열이 없을 때에는 고름질한 후 7일 이상 두어 고름질면의 건조를 기다린 후 균열이 발생하지 아니함을 확인한 다음 재벌바름을 실시한다.
④ 재벌바름이 지나치게 건조한 때는 적당히 물을 뿌리고 정벌바름한다.

해설 돌로마이트플라스터의 바름에 있어서 정벌바름용 반죽은 물과 혼합한 후 12시간 정도 지난 다음 사용하는 것이 바람직하고, 시멘트와 혼합한 정벌바름 반죽은 2시간 이상 경과한 것은 사용할 수 없다.

33 수밀콘크리트에 관한 설명으로 옳지 않은 것은?

① 콘크리트의 소요슬럼프는 되도록 작게 하여 180mm를 넘지 않도록 한다.
② 콘크리트의 워커빌리티를 개선시키기 위해 공기연행제, 공기연행감수제 또는 고성능 공기연행감수제를 사용하는 경우라도 공기량은 2% 이하가 되게 한다.
③ 물결합재비는 50% 이하를 표준으로 한다.
④ 콘크리트타설 시 다짐을 충분히 하여 가급적 이어붓기를 하지 않아야 한다.

해설 수밀콘크리트의 워커빌리티를 개선하기 위해 공기연행제, 공기연행감수제 또는 고성능 공기연행감수제를 사용하는 경우라도 공기량은 4% 이하가 되게 한다.

34 건축공사에서 활용되는 견적방법 중 가장 상세한 공사비의 산출이 가능한 견적방법은?

① 명세견적
② 개산견적
③ 입찰견적
④ 실행견적

해설 개산견적은 과거에 실시한 건축물의 실적자료를 가지고 공사비의 전량을 산출하는 방법이다. 입찰견적은 입찰 시에 제출하는 견적이고, 실행견적은 공사현장의 주위여건 및 시공상의 조건(내역서, 설계도서, 계약조건 등) 등을 조사, 검토, 분석한 후 계약내역과는 별도로 작성한 실제 소요공사견적이다.

35 건설공사의 일반적인 특징으로 옳은 것은?

① 공사비, 공사기일 등의 제약을 받지 않는다.
② 주로 도급식 또는 직영식으로 이루어진다.
③ 육체노동이 주가 되므로 대량생산이 가능하다.
④ 건설 생산물의 품질이 일정하다.

해설 건설공사의 일반적인 특징
㉮ 시설공사의 발주자 또는 건축주로부터 공사의 주문을 받아 건설하는 주문생산 위주의 산업이다.
㉯ 공사의 형태나 내용면에서 복합적인 종합산업이고 이동산업이다.
㉰ 공사의 대부분이 옥외에서 이루어지므로 기상과 자연조건의 영향을 크게 받는다.
㉱ 공사비와 공사기일에 제약을 받고, 육체노동이 주로 되므로 대량생산이 불가능하고, 건설 생산물의 품질이 일정하지 못하다.

36 건설현장에서 굳지 않은 콘크리트에 대해 실시하는 시험으로 옳지 않은 것은?

① 슬럼프(slump)시험
② 코어(core)시험
③ 염화물시험
④ 공기량시험

해설 슬럼프시험은 콘크리트 시공연도(반죽질기)시험법으로 주로 사용하는 방법이고, **염화물시험**은 콘크리트 속에 포함된 염화물량을 구하는 시험이며, **공기량시험**은 공기의 함유량시험으로 보통골재를 사용한 콘크리트 또는 모르타르에는 적당하나, 다공질의 골재(골재의 수정계수를 정확히 구할 수 없는 골재)를 사용한 콘크리트 또는 모르타르에는 부적당하다.

★★★
37 도장공사 시 주의사항으로 옳지 않은 것은?
① 바탕의 건조가 불충분하거나 공기의 습도가 높을 때에는 시공하지 않는다.
② 불투명한 도장일 때에는 초벌부터 정벌까지 같은 색으로 시공해야 한다.
③ 야간에는 색을 잘못 도장할 염려가 있으므로 시공하지 않는다.
④ 직사광선은 가급적 피하고 도막이 손상될 우려가 있을 때에는 도장하지 않는다.

해설 불투명한 도장이라 하더라도 초벌, 재벌 및 정벌의 색깔을 3회에 걸쳐서 다음 칠을 하였는지, 안 하였는지 구별하기 위해 처음에는 연하게, 최종적으로 원하는 색으로 진하게 칠한다.

★
38 철근콘크리트공사 중 거푸집이 벌어지지 않게 하는 긴장재는?
① 세퍼레이터(Separator)
② 스페이서(Spacer)
③ 폼 타이(Form tie)
④ 인서트(Insert)

해설 격리재(separator)는 거푸집 상호간의 간격을 정확히 유지하기 위하여 사용하고, 간격재(spacer)는 철근의 간격을 정확히 유지하기 위하여 사용하며, 인서트는 콘크리트슬래브에 묻어 천장 달림재를 고정시키는 철물이다.

★★
39 다음 중 목공사에 사용되는 철물에 관한 설명으로 옳지 않은 것은?
① 감잡이쇠는 큰 보에 걸쳐 작은 보를 받게 하고, 안장쇠는 평보를 대공에 달아매는 경우 또는 평보와 ㅅ자보의 밑에 쓰인다.

② 못의 길이는 박아 대는 재두께의 2.5배 이상이며, 마구리 등에 박는 것은 3.0배 이상으로 한다.
③ 볼트구멍은 볼트지름보다 3mm 이상 커서는 안 된다.
④ 듀벨은 볼트와 같이 사용하여 듀벨에는 전단력, 볼트에는 인장력을 분담시킨다.

해설 안장쇠는 큰 보에 걸쳐 작은 보를 받게 하고, 감잡이쇠는 평보를 대공에 달아매는 경우 또는 평보와 ㅅ자보의 밑에 쓰인다.

★
40 다음 중 합성수지에 관한 설명으로 옳지 않은 것은 어느 것인가?
① 에폭시수지는 접착제, 프린트배선판 등에 사용된다.
② 염화비닐수지는 내후성이 있고 수도관 등에 사용된다.
③ 아크릴수지는 내약품성이 있고 조명기구 커버 등에 사용된다.
④ 페놀수지는 알칼리에 매우 강하고 천장 채광판 등에 주고 사용된다.

해설 페놀수지는 강도, 전기절연성, 내산성, 내열성, 내수성 등이 양호하나 내알칼리성이 매우 약하며 벽, 덕트, 파이프, 발포보온판, 접착제 및 배전판 등에 사용된다.

제3과목 건축구조

★
41 철골구조에 관한 설명으로 옳지 않은 것은?
① 수평하중에 의한 접합부의 연성능력이 낮다.
② 철근콘크리트조에 비하여 넓은 전용면적을 얻을 수 있다.
③ 정밀한 시공을 요한다.
④ 장스팬구조물에 적합하다.

해설 철골구조는 수평하중에 의한 접합부의 연성(인장하중을 받아 파괴될 때까지 큰 신장을 나타내는 성질)능력이 높다.

★★★ 42

강도설계법에서 D22 압축이형철근의 기본정착길이 l_{db}는? (단, 경량콘크리트계수 $\lambda = $ 1.0, $f_{ck} = 27$MPa, $f_y = 400$MPa)

① 200.5mm

② 378.4mm

③ 423.4mm

④ 604.6mm

해설 압축이형철근의 정착길이

l_{db}(기본정착길이)

$$= \frac{0.25 d_b(\text{철근의 직경}) f_y(\text{철근의 기준항복강도})}{\lambda \sqrt{f_{ck}}(\text{콘크리트의 기준압축강도})}$$

여기서, $d_b = $ D22 = 22.225mm

　　　　$f_y = 400$MPa

　　　　$f_{ck} = 27$MPa

$\therefore l_{db} = \dfrac{0.25 \times 22.225 \times 400}{1 \times \sqrt{27}} = 427.72$mm이나,

$0.043 d_b f_y = 0.043 \times 22.225 \times 400 = 382.27$mm 이 상이므로 압축이형철근의 정착길이는 427.72mm 이다.

★ 43

등분포하중을 받는 다음 그림과 같은 3회전단 아치에서 C점의 전단력을 구하면?

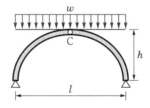

① 0

② $\dfrac{wl}{2}$

③ $\dfrac{wh}{4}$

④ $\dfrac{wl}{8}$

해설

반력을 구하면

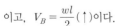

$\sum M_B = V_A l - wl \dfrac{l}{2} = 0$

그러므로 $V_A = \dfrac{wl}{2}(\uparrow)$

이고, $V_B = \dfrac{wl}{2}(\uparrow)$이다.

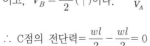

$\therefore$ C점의 전단력 $= \dfrac{wl}{2} - \dfrac{wl}{2} = 0$

★★ 44

다음 그림과 같이 수평하중 30kN이 작용하는 라멘구조에서 E점에서의 휨모멘트값(절대값)은?

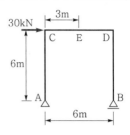

① 40kN · m　　② 45kN · m

③ 60kN · m　　④ 90kN · m

해설

㉮ 반력

A지점은 회전지점이므로 수직반력(V_A)을 하향으로, 수평반력(H_A)을 좌향으로 가정하고, B지점은 이동지점이므로 수직반력(V_B)을 상향으로 가정한다.

힘의 비김조건($\sum X = 0$, $\sum Y = 0$, $\sum M = 0$)을 이용하면

㉠ $\sum X = 0$에 의해서 $30 - H_A = 0$

　$\therefore H_A = 30$kN

㉡ $\sum Y = 0$에 의해서 $-V_A + V_B = 0$ …… ①

㉢ $\sum M_B = 0$에 의해서

　$30 \times 6 - V_A \times 6 = 0$

　$\therefore V_A = 30$kN

㉣ $V_A = 30$kN을 식 ①에 대입하여 구하면 $V_B = 30$kN

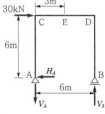

㉯ 휨모멘트

　$M_E = -30 \times 3 + 30 \times 6 = 90$kN · m

★★ 45

다음 그림과 같은 H형강(H-440×300×10×20) 단면의 전소성모멘트(M_P)는 얼마인가? (단, $F_y = 400$MPa)

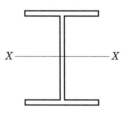

① 963kN · m　　② 1,168kN · m

③ 1,363kN · m　　④ 1,568kN · m

해설 M_P(전소성모멘트)

$= F_y$(강재의 항복강도) Z_x (x 축에 대한 소성탄성계수)

여기서, $F_y = 400$ MPa

$$Z_x = 2 \times (300 \times 20 \times 210) + 2 \times (10 \times 200 \times 100)$$
$$= 2,920,000 \text{mm}^3$$

$\therefore M_P = F_y Z_x = 400 \times 2,920,000$
$= 1,168,000,000 \text{N} \cdot \text{mm} = 1,168 \text{kN} \cdot \text{m}$

★
46 다음 그림과 같은 중공형 단면에 대한 단면 2차 반경 r_x는?

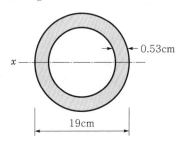

① 3.21cm   ② 4.62cm

③ 6.53cm   ④ 7.34cm

해설

$h = D$, $A = \dfrac{\pi(D^2 - d^2)}{4}$,

$I = \dfrac{\pi(D^4 - d^4)}{64} = \dfrac{\pi(D^2 - d^2)(D^2 + d^2)}{64}$ 이므로

$\therefore r_x = \sqrt{\dfrac{I(\text{단면 2차 모멘트})}{A(\text{단면적})}}$

$= \sqrt{\dfrac{\dfrac{\pi(D^2 - d^2)(D^2 + d^2)}{64}}{\dfrac{\pi(D^2 - d^2)}{4}}} = \sqrt{\dfrac{D^2 + d^2}{16}}$

$= \sqrt{\dfrac{19^2 + [19 - (0.53 \times 2)]^2}{16}}$

$= 6.532 \text{cm}$

★
47 부하면적 36m²인 콘크리트기둥의 영향면적에 따른 활하중저감계수(C)로 옳은 것은? (단, $C = 0.3 + \dfrac{4.2}{\sqrt{A}}$, A는 영향면적)

① 0.25

② 0.45

③ 0.65

④ 1

해설 건축물의 구조기준에 의하여 기둥 또는 기초의 경우 영향면적(기둥 또는 기초의 경우에는 부하면적의 4배, 큰 보 또는 연속보의 경우에는 부하면적의 2배를 각각 적용)은 상층부의 영향면적을 합한 누계영향면적으로 하고, 활하중저감계수는 0.8까지 적용할 수 있다.

그러므로, 영향면적=부하면적×4=36×4=144m²

$\therefore$ 활하중저감계수(C) $= 0.3 + \dfrac{42}{\sqrt{144}}$

$= 0.3 + \dfrac{4.2}{12}$

$= 0.65$

★
48 다음 그림과 같은 구조물의 부정정차수는?

① 불안정   ② 1차 부정정

③ 3차 부정정   ④ 정정

해설 ㉮ $S + R + N - 2K$에서

$S = 5$, $R = 3$, $N = 4$, $K = 6$이다.

$\therefore S + R + N - 2K = 5 + 3 + 4 - 2 \times 6$
$= 0$(정정구조물)

㉯ $R + C - 3M$에서 $R = 3$, $C = 12$, $M = 5$이다.

$\therefore R + C - 3M = 3 + 12 - 3 \times 5 = 0$(정정구조물)

★★
49 양단 힌지의 길이 6m의 H−300×300×10×15의 기둥이 약축방향으로 부재 중앙이 가새로 지지되어 있을 때 이 부재의 세장비는? (단, 단면 2차 반경 $\gamma_x = 13.1$cm, $\gamma_y = 7.51$cm)

① 40.0

② 45.8

③ 58.2

④ 66.3

해설 ㉮ $l_k = 1l = 1 \times 6\text{m} = 600$cm, $i = 13.1$cm이므로

$\therefore \lambda_x = \dfrac{l_k}{i} = \dfrac{600}{13.1} = 45.801$

㉯ $l_k = 300$cm, $i = 7.51$cm이므로

$\therefore \lambda_x = \dfrac{l_k}{i} = \dfrac{300}{7.51} = 39.947$

$\therefore$ ㉮, ㉯ 중에서 큰 세장비인 45.801을 택한다.

★
50 각 지반의 허용지내력의 크기가 큰 것부터 순서대로 올바르게 나열된 것은?

> A. 자갈 B. 모래 C. 연암반 D. 경암반

① B>A>C>D ② A>B>C>D
③ D>C>A>B ④ D>C>B>A

> **[해설]** 지반의 허용지내력은 경암반($4,000kN/m^2$) – 연암반 ($1,000\sim2,000kN/m^2$) – 자갈($300kN/m^2$) – 점토와 모래($100kN/m^2$)의 순이고, 단기하중에 의한 지반의 허용지내력도는 장기하중에 의한 지반의 허용지내력도의 1.5배로 한다.

★★★
51 연약지반에서 부동침하를 줄이기 위한 가장 효과적인 기초의 종류는?

① 독립기초
② 복합기초
③ 연속기초
④ 온통기초

> **[해설]**
> ① 독립기초 : 1개의 기초가 1개의 기둥을 지지하는 기초로서 기둥마다 구덩이파기를 한 후에 그곳에 기초를 만드는 것이다. 이는 경제적이나 침하가 고르지 못하고 횡력에 위험하므로 이음보, 연결보 및 지중보가 필요하다.
> ② 복합기초 : 두 개 이상의 기둥을 한 개의 기초에 연속하여 지지하는 기초로서, 단독기초의 단점을 보완한 기초이다.
> ③ 연속(줄)기초 : 구조상 복합기초보다 튼튼하고 지내력도가 적은 경우 기초의 면적을 크게 할 때 적당한 기초로서 일정한 폭, 길이방향으로 연속된 띠형태의 기초이다. 주로 조적구조의 기초에 사용하는 기초이다.

★★★
52 다음 그림과 같이 단면의 크기가 500mm×500mm 인 띠철근기둥이 저항할 수 있는 최대 설계축하중 ϕP_n은? (단, $f_y=400MPa$, $f_{ck}=27MPa$)

① 3,591kN
② 3,972kN
③ 4,170kN
④ 4,275kN

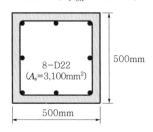

8-D22
($A_s=3,100mm^2$)
500mm
500mm

> **[해설]** 극한강도설계법에 의한 압축재의 설계축하중(ϕP_n)은 다음 값보다 크게 할 수 없다.
> ㉮ 나선기둥과 합성기둥
> $$\phi P_{n(max)} = 0.85\phi\{0.85f_{ck}(A_g-A_{st})+f_yA_{st}\}$$
> ㉯ 띠기둥
> $$\phi P_{n(max)} = 0.80\phi\{0.85f_{ck}(A_g-A_{st})+f_yA_{st}\}$$
> ㉯의 해설에 의하여
> $\phi P_{n(max)}=0.80\phi\{0.85f_{ck}(A_g-A_{st})+f_yA_{st}\}$이다.
> 그런데 $\phi=0.65$, $f_{ck}=27MPa$,
> $A_g=500\times500=250,000mm^2$, $A_{st}=3,100mm^2$,
> $f_y=400MPa$이다.
> $\therefore \phi P_{n(max)}=0.80\phi\{0.85f_{ck}(A_g-A_{st})+f_yA_{st}\}$
> $=0.80\times0.65\times[0.85\times27$
> $\times(250,000-3,100)+400\times3,100]$
> $=3,591,304.6N$
> $=3,591.3kN$

★
53 다음 그림과 같은 단순보의 중앙점에서 보의 최대 처짐은? (단, 부재의 EI는 일정하다.)

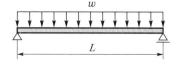

w
L

① $\dfrac{wL^3}{24EI}$ ② $\dfrac{wL^3}{48EI}$
③ $\dfrac{wL^4}{384EI}$ ④ $\dfrac{5wL^4}{384EI}$

> **[해설]** 단순보에 등분포하중이 작용하는 경우 중앙점의 최대 처짐(δ_{max})$=\dfrac{5wL^4}{384EI}$이다.

★★★
54 다음 그림과 같은 하중을 받는 단순보에서 단면에 생기는 최대 휨응력도는? (단, 목재는 결함이 없는 균질한 단면이다.)

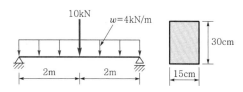

10kN
$w=4kN/m$
2m 2m
30cm
15cm

① 8MPa ② 10MPa
③ 12MPa ④ 15MPa

해설

㉮ $Z = \dfrac{I}{y} = \dfrac{\dfrac{150 \times 300^3}{12}}{150} = 2,250,000 \text{mm}^3$

㉯ $M_{max} = \dfrac{Pl}{4} + \dfrac{wl^2}{8}$

$= \dfrac{10,000 \times 4,000}{4} + \dfrac{4 \times 4,000^2}{8}$

$= 18,000,000 \text{N} \cdot \text{mm}$

$\therefore \sigma_{max}(\text{최대 휨응력도}) = \dfrac{M_{max}(\text{최대 휨모멘트})}{Z(\text{단면계수})}$

$= \dfrac{18,000,000}{2,250,000}$

$= 8\text{MPa}$

★★ 55

독립기초(자중 포함)가 축방향력 650kN, 휨모멘트 130kN·m를 받을 때 기초저면의 편심거리는?

① 0.2m

② 0.3m

③ 0.4m

④ 0.6m

해설

$e(\text{편심거리}) = \dfrac{M}{P} = \dfrac{130\text{kN} \cdot \text{m}}{650\text{kN}} = 0.2\text{m}$

★★ 56

보의 유효깊이 $d = 550$mm, 보의 폭 $b_w = 300$mm인 보에서 스터럽이 부담할 전단력 $V_s = 200$kN일 경우 수직스터럽의 간격으로 가장 타당한 것은? (단, $A_v = 142\text{mm}^2$, $f_{yt} = 400$MPa, $f_{ck} = 24$MPa)

① 120mm

② 150mm

③ 180mm

④ 200mm

해설

$S(\text{늑근의 간격})$

$= \dfrac{A_v(\text{늑근 한 쌍의 단면적})f_y(\text{철근의 항복강도})d(\text{보의 유효깊이})}{V_s(\text{전단철근의 공칭전단강도})}$

$A_v = 142\text{mm}^2$, $f_y = 400\text{MPa}$, $d = 550\text{mm}$, $V_s = 200,000\text{N}$이므로

$\therefore S = \dfrac{A_v f_y d}{V_s} = \dfrac{142 \times 400 \times 550}{200,000} = 156.5\text{mm}$

$\rightarrow 150\text{mm}$

★ 57

다음 그림의 모살용접부의 유효목두께는?

① 4.0mm

② 4.2mm

③ 4.8mm

④ 5.6mm

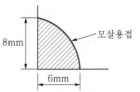

해설

부등변 모살용접의 경우 치수가 작은 쪽(6mm)으로 하고, 얇은 판 쪽의 두께 이하로 해야 한다.

$\therefore a(\text{목두께}) = 0.7S = 0.7 \times 6 = 4.2\text{mm}$

★★ 58

지진하중설계 시 밑면의 전단력과 관계없는 것은?

① 유효건물중량

② 중요도계수

③ 지반증폭계수

④ 가스트계수

해설

등가정적해석법을 사용하여 밑면 전단력의 크기가 가장 작은 경우는 건물의 중량이 작고 주기가 긴 구조물이다. 그 이유는 밑면 전단력은 건물의 유효중량, 설계스펙트럼가속도에 비례하고, 건물의 중요도계수, 반응수정계수, 건물의 고유주기 등에 반비례하기 때문이다.

★★ 59

다음 그림과 같은 연속보에 있어 절점 B의 회전을 저지시키기 위해 필요한 모멘트의 절대값은?

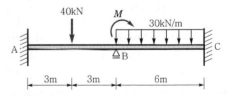

① 30kN · m ② 60kN · m

③ 90kN · m ④ 120kN · m

해설

㉮ $P = 40\text{kN}$, $l = 6$m이므로

$\therefore M_{BA} = \dfrac{Pl}{8} = \dfrac{40 \times 6}{8} = 30\text{kN} \cdot \text{m}$

㉯ $\omega = 30\text{kN} \cdot \text{m}$, $l = 6$m이므로

$\therefore M_{BC} = -\dfrac{\omega l^2}{12} = -\dfrac{30 \times 6^2}{12} = -90\text{kN} \cdot \text{m}$

$\therefore M_B = M_{BA} + M_{BC} = 30 - 90 = -60\text{kN} \cdot \text{m}$

60 철근콘크리트구조물의 내구성설계에 관한 설명으로 옳지 않은 것은?

① 설계기준강도가 35MPa을 초과하는 콘크리트는 동해저항콘크리트에 대한 전체 공기량기준에서 1% 감소시킬 수 있다.

② 동해저항콘크리트에 대한 전체 공기량기준에서 굵은 골재의 최대 치수가 25mm인 경우 심한 노출에서의 공기량기준은 6.0%이다.

③ 바닷물에 노출된 콘크리트의 철근부식 방지를 위한 보통골재콘크리트의 최대 물결합재비는 40%이다.

④ 철근의 부식 방지를 위하여 굳지 않은 콘크리트의 전체 염소이온량은 원칙적으로 0.9kg/m³ 이하로 하여야 한다.

해설 콘크리트의 부식 방지를 위하여 굳지 않은 콘크리트의 전체 염소이온량은 원칙적으로 0.30kg/m³ 이하로 하여야 한다. 다만, 책임구조기술자의 승인을 받은 경우 0.60kg/m³까지 허용될 수 있다.

제4과목 건축설비

61 간접조명기구에 관한 설명으로 옳지 않은 것은?

① 직사 눈부심이 없다.

② 매우 넓은 면적이 광원으로서의 역할을 한다.

③ 일반적으로 발산광속 중 상향광속이 90~100% 정도이다.

④ 천장, 벽면 등은 빛이 잘 흡수되는 색과 재료를 사용하여야 한다.

해설 간접조명기구는 천장, 벽면 등의 밝은 색으로 빛이 잘 반사되도록 해야 한다.

62 음의 대소를 나타내는 감각량을 음의 크기라고 하는데 음의 크기의 단위는?

① dB ② cd
③ Hz ④ sone

해설

음의 단위

구 분	음의 세기	음의 세기 레벨	음 압	음압 레벨	음 (감각량) 의 크기	음(감각) 의 크기 레벨
단위	W/m²	dB	N/m²	dB	sone	phon

Hz는 주파수의 단위이며, cd는 점광원으로부터 단위입체각의 발산광속의 단위이다.

63 전기설비에서 다음과 같이 정의되는 것은?

전면이나 후면 또는 양면에 개폐기, 과전류차단장치 및 기타 보호장치, 모선 및 계측기 등이 부착되어 있는 하나의 대형 패널 또는 여러 개의 패널, 프레임 또는 패널조립품으로서, 전면과 후면에서 접근할 수 있는 것

① 캐비닛
② 차단기
③ 배전반
④ 분전반

해설 캐비닛은 분전반 등을 수납하는 미닫이문 또는 문짝의 금속제, 합성수지제 또는 목재함이다. 차단기는 전류를 개폐함과 더불어 과부하, 단락 등의 이상상태가 발생되었을 때 회로를 차단해서 안전을 유지하며 고압용과 저압용이 있다. 분전반은 간선과 분기회로의 연결역할을 하거나 또는 배선된 간선을 각 실에 분기 배선하기 위하여 개폐기나 차단기를 상자에 넣은 것이다.

64 온수난방에 관한 설명으로 옳지 않은 것은?

① 증기난방에 비해 보일러의 취급이 비교적 쉽고 안전하다.

② 동일 방열량인 경우 증기난방보다 관지름을 작게 할 수 있다.

③ 증기난방에 비해 난방부하의 변동에 따른 온도조절이 용이하다.

④ 보일러 정지 후에도 여열이 남아있어 실내난방이 어느 정도 지속된다.

해설 증기난방의 방열량(650kcal/m²·h=0.756kW/m²)은 온수난방의 방열량(45kcal/m²·h=0.523kW/m²)에 비해 크므로 동일 방열량인 경우 온수난방의 관지름을 증기난방보다 크게 하여야 한다.

★

65 공조시스템의 전열교환기에 관한 설명으로 옳지 않은 것은?

① 공기 대 공기의 열교환기로서 현열만 교환이 가능하다.

② 공조기는 물론 보일러나 냉동기의 용량을 줄일 수 있다.

③ 공기방식의 중앙공조시스템이나 공장 등에서 환기에서의 에너지회수방식으로 사용된다.

④ 전열교환기를 사용한 공조시스템에서 중간기(봄, 가을)를 제외한 냉방기와 난방기의 열회수량은 실내·외의 온도차가 클수록 많다.

해설 전열(현열과 잠열)교환기는 환기 시 실내의 열을 뺏기지 않도록 그 열을 외부에서 들어오는 급기에 보내어 실내에 되돌리는 열교환기이다. 배기의 공기 대 급기의 공기와의 공기 대 공기의 열교환기로서 전열(현열과 잠열)을 교환한다.

★★

66 수격작용의 발생원인과 가장 거리가 먼 것은?

① 밸브의 급폐쇄

② 감압밸브의 설치

③ 배관방법의 불량

④ 수도 본관의 고수압(高水壓)

해설 수격작용이 발생하는 경우는 밸브의 급폐쇄, 배관방법의 불량, 수도 본관의 고수압, 유속이 빠른 경우, 관경이 작은 경우, 급수관 내에서 물의 흐름이 갑자기 정지하는 경우(수전을 급히 닫는 경우), 정수두가 큰 경우, 굴곡개소가 많은 경우 등이다. 또한 감압밸브는 기체나 액체를 통과시키되, 밸브 입구의 압력을 일정압력까지 감압해서 출구로 보내는 밸브이다.

★★

67 전기설비가 어느 정도 유효하게 사용되는가를 나타내며 다음과 같은 식으로 산정되는 것은?

$$\frac{부하의\ 평균전력}{최대\ 수용전력} \times 100[\%]$$

① 역률

② 부등률

③ 부하율

④ 수용률

해설 전력부하의 산정

㉮ 수용률(%) = $\frac{최대\ 수용전력(kW)}{수용(부하)설비용량(kW)} \times 100$

= 0.4~1.0

㉯ 부등률(%) = $\frac{최대\ 수용전력의\ 합(kW)}{합성\ 최대\ 수용전력(kW)} \times 100$

= 1.1~1.5

㉰ 부하율(%) = $\frac{평균수용전력(kW)}{최대\ 수용전력(kW)} \times 100$

= 0.25~0.6

★★

68 다음 중 그 값이 클수록 안전한 것은?

① 접지저항

② 도체저항

③ 접촉저항

④ 절연저항

해설 접지저항은 땅속에 파묻은 접지전극과 땅의 사이에서 발생하는 전기저항이고, 도체저항은 도체 자체가 가지고 있는 저항이며, 접촉저항은 서로 접촉시켰을 때 접촉면에 생기는 저항이다.

★

69 겨울철 주택의 단열 및 결로에 관한 설명으로 옳지 않은 것은?

① 단층유리보다 복층유리의 사용이 단열에 유리하다.

② 벽체 내부로 수증기 침입을 억제할 경우 내부결로 방지에 효과적이다.

③ 단열이 잘된 벽체에서는 내부결로가 발생하지 않으나 표면결로는 발생하기 쉽다.

④ 실내측 벽 표면온도가 실내공기의 노점온도보다 높은 경우 표면결로는 발생하지 않는다.

해설 단열이 잘된 벽체는 표면결로는 없으나 내부결로가 발생하기 쉽다.

★

70 다음 중 통기관의 설치목적으로 옳지 않은 것은?

① 트랩의 봉수를 보호한다.

② 오수와 잡배수가 서로 혼합되지 않게 한다.

③ 배수계통 내의 배수 및 공기의 흐름을 원활히 한다.

④ 배수관 내에 환기를 도모하여 관 내를 청결하게 유지한다.

정답 65.① 66.② 67.③ 68.④ 69.③ 70.②

해설 통기관의 역할은 봉수의 파괴를 방지하고 배수의 흐름을 원활히 하며 배수관 내의 환기를 도모한다.

71 ★★ 전압이 1V일 때 1A의 전류가 1s 동안 하는 일을 나타내는 것은?

① 1Ω   ② 1J

③ 1dB   ④ 1W

해설
① 1Ω은 1A의 전류가 흐를 때, 1V의 전위차를 일으킬 때 나타나는 전기저항을 의미한다.
② 1J은 에너지의 한 단위(N · m)로 SI단위계에서 1N의 힘으로 1m를 옮길 수 있는 에너지로서 1W · s 또는 0.2389cal와 같다.
③ 1dB은 소리의 상대적 높이를 측정하기 위한 단위로서, 1dB(0.1B)은 일률(전력 또는 음향력)의 비율에 상용로그 값을 취해서 10을 곱한 것이다.

72 ★★ 승객 스스로 운전하는 전자동 엘리베이터로카 버튼이나 승강장의 호출신호로 기동, 정지를 이루는 엘리베이터조작방식은?

① 승합전자동방식   ② 카스위치방식

③ 시그널컨트럴방식   ④ 레코드컨트럴방식

해설
카스위치방식은 운전원이 조작반의 스타트핸들을 조작하여 시동 및 정지시키는 방식이다. 레코드컨트럴방식은 운전원이 목적층과 승강장의 호출신호를 보고 조작반의 목적층버튼을 누르면 순서에 의해서 자동적으로 목적층에 정지하는 방식이다. 시그널컨트럴방식은 운전원의 조작반핸들조작으로 출발하고 조작반의 목적층단추를 눌러서 정지하거나 승강장으로부터의 호출신호에 의해 층의 순서에 따라 자동적으로 정지한다.

73 ★ 가로, 세로, 높이가 각각 4.5×4.5×3m인 실의 각 벽면 표면온도가 18℃, 천장면 20℃, 바닥면 30℃일 때 평균복사온도(MRT)는?

① 15.2℃   ② 18.0℃

③ 21.0℃   ④ 27.2℃

해설
MRT
$$= \frac{\Sigma t_s A}{\Sigma A} = \frac{\text{각 면의 표면온도} \times \text{각 면의 표면적}}{\text{각 표면적의 합계}}$$
$$= \frac{(4.5 \times 4.5 \times 20) + (4.5 \times 4.5 \times 30) + (4.5 \times 3 \times 18 \times 4)}{(4.5 \times 4.5 \times 2) + (4.5 \times 3 \times 4)}$$
$$= 21℃$$

여기서, t_s : 각 벽체의 표면온도(℃)
A : 각 벽체의 표면적(m²)

74 ★★★ 냉방부하 계산결과 현열부하가 620W, 잠열부하가 155W일 경우 현열비는?

① 0.2   ② 0.25

③ 0.4   ④ 0.8

해설
$$현열비 = \frac{현열}{전열(= 현열 + 잠열)} = \frac{620}{620 + 155} = 0.8$$

75 ★ 간접가열식 급탕설비에 관한 설명으로 옳지 않은 것은?

① 대규모 급탕설비에 적당하다.
② 비교적 안정된 급탕을 할 수 있다.
③ 보일러 내면에 스케일이 많이 생긴다.
④ 가열보일러는 난방용 보일러와 겸용할 수 있다.

해설 중앙식 급탕방식 중 간접가열식은 보일러에서 만들어진 증기 또는 고온수를 열원으로 하고, 저탕조 내에 설치된 코일을 통해 관 내의 물을 가열하는 방식으로 보일러 내면에 스케일이 생기지 않는다.

76 ★ 수관식 보일러에 관한 설명으로 옳지 않은 것은?

① 사용압력이 연관식보다 낮다.
② 설치면적이 연관식보다 넓다.
③ 부하변동에 대한 추종성이 높다.
④ 대형 건물과 같이 고압증기를 다량 사용하는 곳이나 지역난방 등에 사용된다.

해설 수관식 보일러는 사용압력이 연관식보다 높고 부하변동에 대한 추종성이 높다.

77 ★ 고속덕트에 관한 설명으로 옳지 않은 것은?

① 원형덕트의 사용이 불가능하다.
② 동일한 풍량을 송풍할 경우 저속덕트에 비해 송풍기 동력이 많이 든다.
③ 공장이나 창고 등과 같이 소음이 별로 문제가 되지 않는 곳에 사용된다.
④ 동일한 풍량을 송풍할 경우 저속덕트에 비해 덕트의 단면치수가 작아도 된다.

해설 고속덕트에는 원형덕트를 사용한다.

2019

★★★
78 수도직결방식의 급수방식에서 수도 본관으로부터 8m 높이에 위치한 기구의 소요압이 70kPa이고 배관의 마찰손실이 20kPa인 경우, 이 기구에 급수하기 위해 필요한 수도 본관의 최소 압력은?

① 약 90kPa

② 약 98kPa

③ 약 170kPa

④ 약 210kPa

해설 수도 본관의 압력(P_o) ≧ 기구의 필요압력(P) + 본관에서 기구에 사이에 이르는 저항(P_f) + $\dfrac{\text{기구의 설치높이}(h)}{100}$ 이다. 그런데 급수전의 소요압력은 70kPa, 본관에서 기구에 이르는 사이의 저항은 20kPa, 기구의 설치높이는 8m이다.

$$\therefore P_o \geq P + P_f + \frac{h}{100} = 70 + 20 + \frac{8}{100}$$
$$= 70 + 20 + 80 = 170\text{kPa}$$

여기서, 1mAq = 0.1kgf/cm² = 0.0098MPa ≒ 0.01MPa, 1kPa = 0.1m, 1MPa = 100m임에 주의한다.

★
79 도시가스에서 중압의 가스압력은? (단, 액화가스가 기화되고 다른 물질과 혼합되지 아니한 경우 제외)

① 0.05MPa 이상, 0.1MPa 미만

② 0.01MPa 이상, 0.1MPa 미만

③ 0.1MPa 이상, 1MPa 미만

④ 1MPa 이상, 10MPa 미만

해설 도시가스의 압력

구 분	저 압	중 압	고 압
가스사업법	0.1MPa 이하		0.1MPa 이상
도시가스 사업자	0.1MPa 미만	0.1MPa 이상 1MPa 미만	1MPa 이상
프로판가스 사업자	0.1MPa	0.01MPa 이상 0.2MPa 미만	2MPa 이상

★
80 스프링클러설비 설치장소가 아파트인 경우 스프링클러헤드의 기준개수는? (단, 폐쇄형 스프링클러헤드를 사용하는 경우)

① 10개   ② 20개

③ 30개   ④ 40개

해설 스프링클러의 설치기준에 있어서 기준개수로는 아파트는 10개, 판매시설, 복합상가 및 11층 이상인 소방 대상물은 30개이다.

제5과목 **건축관계법규**

★
81 다음과 같은 경우 연면적 1,000m²인 건축물의 대지에 확보하여야 하는 전기설비 설치공간의 면적기준은?

> ㉠ 수전전압 : 저압
> ㉡ 전력수전용량 : 200kW

① 가로 2.5m, 세로 2.8m

② 가로 2.5m, 세로 4.6m

③ 가로 2.8m, 세로 2.8m

④ 가로 2.8m, 세로 4.6m

해설 관련 법규 : 법 제62조, 영 제87조, 설비규칙 제20조의 2, (별표 3의3), 해설 법규 : 설비규칙 제20조의2, (별표 3의3)
전기설비 설치공간 확보기준

수전전압	전력수전용량	확보면적
특고압 또는 고압	100kW 이상	가로 2.8m, 세로 2.8m
저압	75kW 이상 150kW 미만	가로 2.5m, 세로 2.8m
	150kW 이상 200kW 미만	가로 2.8m, 세로 2.8m
	200kW 이상 300kW 미만	가로 2.8m, 세로 4.6m
	300kW 이상	가로 2.8m 이상, 세로 4.6m 이상

★
82 건축법 제61조 제2항에 따른 높이를 산정할 때 공동주택을 다른 용도와 복합하여 건축하는 경우 건축물의 높이 산정을 위한 지표면기준은?

> 건축법 제61조(일조 등의 확보를 위한 건축물의 높이제한) ② 다음 각 호의 어느 하나에 해당하는 공동주택(일반상업지역과 중심상업지역에 건축하는 것은 제외한다)은 채광(採光) 등의 확보를 위하여 대통령령으로 정하는 높이 이하로 하여야 한다.
> 1. 인접 대지경계선 등의 방향으로 채광을 위한 창문 등을 두는 경우
> 2. 하나의 대지에 두 동(棟) 이상을 건축하는 경우

① 전면도로의 중심선
② 인접 대지의 지표면
③ 공동주택의 가장 낮은 부분
④ 다른 용도의 가장 낮은 부분

해설 관련 법규 : 법 제84조, 영 제119조, 해설 법규 : 영 제119조 ①항 5호 나목

일조 등의 확보를 위한 건축물의 높이를 산정할 때 건축물 대지의 지표면과 인접 대지의 지표면 간에 고저차가 있는 경우에는 그 지표면의 평균수평면을 지표면으로 본다. 다만, 공동주택의 높이를 산정할 때 해당 대지가 인접 대지의 높이보다 낮은 경우에는 해당 대지의 지표면을 지표면으로 보고, 공동주택을 다른 용도와 복합하여 건축하는 경우에는 공동주택의 가장 낮은 부분을 그 건축물의 지표면으로 본다.

★
83 국토의 계획 및 이용에 관한 법령에 따른 도시·군관리계획의 내용에 속하지 않는 것은?

① 광역계획권의 장기발전방향에 관한 계획
② 도시개발사업이나 정비사업에 관한 계획
③ 기반시설의 설치·정비 또는 개량에 관한 계획
④ 용도지역·용도지구의 지정 또는 변경에 관한 계획

해설 관련 법규 : 법 제2조, 해설 법규 : 법 제2조 4호

도시·군관리계획이란 특별시, 광역시, 특별자치시, 특별자치도, 시 또는 군의 개발·정비 및 보전을 위하여 수립하는 토지 이용, 교통, 환경, 경관, 안전, 산업, 정보통신, 보건, 복지, 안보, 문화 등에 관한 계획으로 ②, ③, ④항 외에 개발제한구역·도시자연공원구역·시가화조정구역·수산자원보호구역의 지정 또는 변경에 관한 계획, 지구단위계획구역의 지정 또는 변경에 관한 계획과 지구단위계획, 입지규제최소구역의 지정 또는 변경에 관한 계획과 입지규제최소구역계획 등이다.

★★
84 다음 중 노외주차장의 출구 및 입구를 설치할 수 있는 장소는?

① 육교로부터 4m 거리에 있는 도로의 부분
② 지하횡단보도에서 10m 거리에 있는 도로의 부분
③ 초등학교 출입구로부터 15m 거리에 있는 도로의 부분
④ 장애인복지시설 출입구로부터 15m 거리에 있는 도로의 부분

해설 관련 법규 : 법 제12조, 규칙 제5조, 해설 법규 : 규칙 제5조 5호

노외주차장의 출구 및 입구(노외주차장의 차로의 노면이 도로의 노면에 접하는 부분과 같다)는 횡단보도(육교 및 지하횡단보도를 포함)로부터 5m 이내에 있는 도로의 부분, 너비 4m 미만의 도로(주차대수 200대 이상인 경우에는 너비 6m 미만의 도로)와 종단기울기가 10%를 초과하는 도로, 유아원, 유치원, 초등학교, 특수학교, 노인복지시설, 장애인복지시설 및 아동전용시설 등의 출입구로부터 20m 이내에 있는 도로의 부분에 설치하여서는 아니된다.

★★★
85 건축물에 설치하는 지하층의 구조 및 설비에 관한 기준 내용으로 옳지 않은 것은?

① 거실의 바닥면적의 합계가 1,000m² 이상인 층에는 환기설비를 설치할 것
② 거실의 바닥면적이 30m² 이상인 층에는 피난층으로 통하는 비상탈출구를 설치할 것
③ 지하층의 바닥면적이 300m² 이상인 층에는 식수공급을 위한 급수전을 1개소 이상 설치할 것
④ 문화 및 집회시설 중 공연장의 용도에 쓰이는 층으로서 그 층 거실의 바닥면적의 합계가 50m² 이상인 건축물에는 직통계단을 2개소 이상 설치할 것

해설 관련 법규 : 법 제53조, 피난 · 방화규칙 제25조, 해설 법규 : 피난 · 방화규칙 제25조 ①항

지하층의 구조

부위	면적의 합계	설치시설
거실	바닥면적의 합계가 50m² 이상	비상탈출구 및 환기통
	바닥면적의 합계가 1,000m² 이상	환기설비
바닥	바닥면적의 합계가 1,000m² 이상	피난 또는 특별피난계단 (방화구획마다 1개소 이상)
	바닥면적의 합계가 300m² 이상	식수공급의 급수전

★
86 다음 중 건축법이 적용되는 건축물은?

① 역사(驛舍)

② 고속도로통행료징수시설

③ 철도의 선로부지에 있는 플랫폼

④ 문화재보호법에 따른 임시지정문화재

해설 관련 법규 : 법 제3조, 해설 법규 : 법 제3조 ①항
다음의 어느 하나에 해당하는 건축물에는 이 법을 적용하지 아니한다.
㉮ 문화재보호법에 따른 지정문화재나 임시지정문화재
㉯ 철도나 궤도의 선로부지에 있는 운전보안시설, 철도선로의 위나 아래를 가로지르는 보행시설, 플랫폼, 해당 철도 또는 궤도사업용 급수(給水) · 급탄(給炭) 및 급유(給油)시설
㉰ 고속도로통행료징수시설
㉱ 컨테이너를 이용한 간이창고(공장의 용도로만 사용되는 건축물의 대지에 설치하는 것으로서 이동이 쉬운 것만 해당된다)
㉲ 하천구역 내의 수문조작실

★
87 다음 중 주차장의 수급실태조사에 관한 설명으로 옳지 않은 것은?

① 수급실태조사의 주기는 5년으로 한다.

② 수급실태조사구역은 사각형 또는 삼각형 형태로 설정한다.

③ 수급실태조사구역 바깥경계선의 최대 거리가 300m를 넘지 않도록 한다.

④ 각 수급실태조사구역은 건축법에 따른 도로를 경계로 구분한다.

해설 관련 법규 : 법 제3조, 규칙 제1조의2, 해설 법규 : 규칙 제1조의2 ②항
① 수급실태조사
㉮ 특별자치시장 · 특별자치도지사 · 시장 · 군수 또는 구청장(구청장은 자치구의 구청장)은 주차장의 설치 및 관리를 위한 기초자료로 활용하기 위하여 행정구역 · 용도지역 · 용도지구 등을 종합적으로 고려한 조사구역을 정하여 정기적으로 조사구역별 주차장 수급실태를 조사하려는 경우 그 수급실태조사구역은 다음의 기준에 따라 설정한다.
  ㉠ 사각형 또는 삼각형 형태로 조사구역을 설정하되 조사구역 바깥경계선의 최대 거리가 300m를 넘지 않도록 할 것
  ㉡ 각 조사구역은 건축법의 규정에 따른 도로를 경계로 구분할 것
  ㉢ 아파트단지와 단독주택단지가 섞여있는 지역 또는 주거기능과 상업 · 업무기능이 섞여있는 지역의 경우에는 주차시설 수급의 적정성, 지역적 특성 등을 고려하여 같은 특성을 가진 지역별로 조사구역을 설정할 것
㉯ 안전관리실태조사 : 출입도로를 포함하여 주차장 전체를 조사구역으로 할 것
② 수급실태조사 및 안전관리실태조사의 주기는 3년으로 한다.

★★
88 다음 중 아파트를 건축할 수 없는 용도지역은?

① 준주거지역

② 제1종 일반주거지역

③ 제2종 전용주거지역

④ 제3종 일반주거지역

해설 관련 법규 : 국토법 제76조, 영 제71조, (별표 2-22), 해설 법규 : (별표 4)
제1종 일반주거지역에는 아파트를 제외한 공동주택(연립주택, 다세대주택 및 기숙사)을 건축할 수 있다.

★
89 다음 중 부설주차장 설치대상시설물의 종류와 설치기준의 연결이 옳지 않은 것은?

① 골프장 – 1홀당 10대

② 숙박시설 – 시설면적 200m²당 1대

③ 위락시설 – 시설면적 150m²당 1대

④ 문화 및 집회시설 중 관람장 – 정원 100명당 1대

해설 관련 법규 : 주차법 제19조, 영 제6조, (별표 1), 해설 법규 : (별표 1)
위락시설은 시설면적 100m²당 1대의 주차장을 확보하여야 한다.

90 다음은 공동주택의 환기설비에 관한 기준내용이다. ( ) 안에 알맞은 것은?

> 신축 또는 리모델링하는 30세대 이상의 공동주택에는 시간당 ( ) 이상의 환기가 이루어질 수 있도록 자연환기설비 또는 기계환기설비를 설치하여야 한다.

① 0.5회　　　　② 1회
③ 1.5회　　　　④ 2회

해설 관련 법규 : 법 제62조, 영 제87조, 설비규칙 제11조, 해설 법규 : 설비규칙 제11조 ①항
신축 또는 리모델링하는 30세대 이상의 공동주택과 주택을 주택 외의 시설과 동일건축물로 건축하는 경우로서 주택이 30세대 이상인 건축물은 시간당 0.5회 이상의 환기가 이루어질 수 있도록 자연환기설비 또는 기계환기설비를 설치하여야 한다.

91 국토의 계획 및 이용에 관한 법률상 다음과 같이 정의되는 것은?

> 도시·군계획수립대상지역의 일부에 대하여 토지이용을 합리화하고 그 기능을 증진시키며 미관을 개선하고 양호한 환경을 확보하며, 그 지역을 체계적·계획적으로 관리하기 위하여 수립하는 도시·군관리계획

① 광역도시계획
② 지구단위계획
③ 도시·군기본계획
④ 입지규제최소구역계획

해설 관련 법규 : 국토법 제2조, 해설 법규 : 국토법 제2조 1, 3, 5의2호
① "광역도시계획"이란 지정된 광역계획권의 장기발전방향을 제시하는 계획을 말한다.
③ "도시·군기본계획"이란 특별시·광역시·특별자치시·특별자치도·시 또는 군의 관할 구역에 대하여 기본적인 공간구조와 장기발전방향을 제시하는 종합계획으로서 도시·군관리계획수립의 지침이 되는 계획을 말한다.
④ "입지규제최소구역계획"이란 입지규제최소구역에서의 토지의 이용 및 건축물의 용도·건폐율·용적률·높이 등의 제한에 관한 사항 등 입지규제최소구역의 관리에 필요한 사항을 정하기 위하여 수립하는 도시·군관리계획을 말한다.

92 다음 중 건축에 속하지 않는 것은?

① 이전　　　　② 증축
③ 개축　　　　④ 대수선

해설 관련 법규 : 법 제2조, 해설 법규 : 법 제2조 ①항 8호
"건축"이란 건축물을 신축·증축·개축·재축(再築)하거나 건축물을 이전하는 것을 말한다.

93 건축물의 내부에 설치하는 피난계단의 구조에 관한 기준내용으로 옳지 않은 것은?

① 계단의 유효너비는 0.9m 이상으로 할 것
② 계단실의 실내에 접하는 부분의 마감은 불연재료로 할 것
③ 계단은 내화구조로 하고 피난층 또는 지상까지 직접 연결되도록 할 것
④ 건축물의 내부에서 계단실로 통하는 출입구의 유효너비는 0.9m 이상으로 할 것

해설 관련 법규 : 법 제49조, 영 제35조, 피난·방화규칙 제9조, 해설 법규 : 피난·방화규칙 제9조 ②항 1호 바목
건축물의 내부에서 계단실로 통하는 출입구의 유효너비는 0.9m 이상으로 하고, 그 출입구에는 피난의 방향으로 열 수 있는 것으로서 언제나 닫힌 상태를 유지하거나 화재로 인한 연기, 온도, 불꽃 등을 가장 신속하게 감지하여 자동적으로 닫히는 구조로 된 갑종방화문을 설치할 것
①항의 건축물의 바깥쪽에 설치하는 피난계단의 유효너비는 0.9m 이상으로 규정하고 있으나 내부에 설치하는 피난계단의 유효너비규정은 없다.

94 다음 그림과 같은 대지의 도로 모퉁이 부분의 건축선으로서 도로경계선의 교차점에서의 거리 "a"로 옳은 것은?

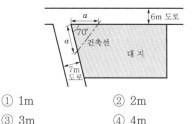

① 1m　　　　② 2m
③ 3m　　　　④ 4m

해설 관련 법규 : 법 제46조, 영 제31조, 해설 법규 : 영 제31조 ①항
도로의 폭이 6m와 7m이고, 교차각이 70°이므로 경계선의 교차점으로부터 후퇴해야 하는 거리는 4m이다.

2019

★★
95 다음 중 허가대상에 속하는 용도변경은?

① 숙박시설에서 의료시설로의 용도변경
② 판매시설에서 문화 및 집회시설로의 용도변경
③ 제1종 근린생활시설에서 업무시설로의 용도변경
④ 제1종 근린생활시설에서 공동주택으로의 용도변경

해설 관련 법규 : 법 제19조, 영 제14조, 해설 법규 : 법 제19조 ②항 2호
용도변경의 시설군에는 ① 자동차 관련 시설군, ② 산업 등 시설군, ③ 전기통신시설군, ④ 문화 및 집회시설군, ⑤ 영업시설군, ⑥ 교육 및 복지시설군, ⑦ 근린생활시설군, ⑧ 주거업무시설군, ⑨ 그 밖의 시설군 등이 있고, 신고대상은 ① → ⑨의 순이고, 허가대상은 ⑨ → ①의 순이다.

★★
96 전용주거지역 또는 일반주거지역 안에서 높이 8m의 2층 건축물을 건축하는 경우 건축물의 각 부분은 일조 등의 확보를 위하여 정북방향으로의 인접 대지경계선으로부터 최소 얼마 이상 띄어 건축하여야 하는가?

① 1m   ② 1.5m
③ 2m   ④ 3m

해설 관련 법규 : 법 제61조, 영 제86조, 규칙 제36조, 해설 법규 : 영 제86조 ①항 1호
전용주거지역이나 일반주거지역에서 건축물을 건축하는 경우에는 일조 등의 확보를 위하여 건축물의 각 부분을 정북방향으로의 인접 대지경계선으로부터 다음의 거리 이상을 띄어 건축하여야 한다.
㉮ 높이 9m 이하인 부분 : 인접 대지경계선으로부터 1.5m 이상
㉯ 높이 9m를 초과하는 부분 : 인접 대지경계선으로부터 해당 건축물 각 부분 높이의 1/2 이상

★
97 다음 설명에 알맞은 용도지구의 세분은?

산지·구릉지 등 자연경관을 보호하거나 유지하기 위하여 필요한 지구

① 자연경관지구   ② 자연방재지구
③ 특화경관지구   ④ 생태계보호지구

해설 관련 법규 : 국토법 제37조, 영 제31조, 해설 법규 : 영 제31조 ②항 1호
② 자연방재지구는 토지의 이용도가 낮은 해안변, 하천변, 급경사지 주변 등의 지역으로서 건축제한 등을 통하여 재해 예방이 필요한 지구
③ 특화경관지구는 지역 내 주요 수계의 수변 또는 문화적 보존가치가 큰 건축물 주변의 경관 등 특별한 경관을 보호 또는 유지하거나 형성하기 위하여 필요한 지구
④ 생태계보호지구는 야생동식물서식처 등 생태적으로 보존가치가 큰 지역의 보호와 보존을 위하여 필요한 지구

★
98 다음 중 건축물의 대지에 공개공지 또는 공개공간을 확보하여야 하는 대상건축물에 속하는 것은? (단, 일반주거지역의 경우)

① 업무시설로서 해당 용도로 쓰는 바닥면적의 합계가 3,000m²인 건축물
② 숙박시설로서 해당 용도로 쓰는 바닥면적의 합계가 4,000m²인 건축물
③ 종교시설로서 해당 용도로 쓰는 바닥면적의 합계가 5,000m²인 건축물
④ 문화 및 집회시설로서 해당 용도로 쓰는 바닥면적의 합계가 4,000m²인 건축물

해설 관련 법규 : 법 제43조, 영 제27조의2, 해설 법규 : 법 제43조 ①항
일반주거지역, 준주거지역, 상업지역, 준공업지역 및 특별자치시장·특별자치도지사 또는 시장·군수·구청장이 도시화의 가능성이 크거나 노후 산업단지의 정비가 필요하다고 인정하여 지정·공고하는 지역의 하나에 해당하는 지역의 환경을 쾌적하게 조성하기 위하여 다음에서 정하는 용도와 규모의 건축물은 일반이 사용할 수 있도록 대통령령으로 정하는 기준에 따라 소규모 휴식시설 등의 공개공지(공지 : 공터) 또는 공개공간을 설치하여야 한다.
㉮ 문화 및 집회시설, 종교시설, 판매시설(농수산물유통시설은 제외), 운수시설(여객용 시설만 해당), 업무시설 및 숙박시설로서 해당 용도로 쓰는 바닥면적의 합계가 5,000m² 이상인 건축물
㉯ 그 밖에 다중이 이용하는 시설로서 건축조례로 정하는 건축물

★
99 한 방에서 층의 높이가 다른 부분이 있는 경우 층고 산정방법으로 옳은 것은?

① 가장 낮은 높이로 한다.
② 가장 높은 높이로 한다.
③ 각 부분 높이에 따른 면적에 따라 가중 평균한 높이로 한다.
④ 가장 낮은 높이와 가장 높은 높이의 산술평균한 높이로 한다.

해설 관련 법규 : 법 제84조, 영 제119조, 해설 법규 : 영 제119조 ①항 8호
층고는 방의 바닥구조체 윗면으로부터 위층 바닥구조체의 윗면까지의 높이로 한다. 다만, 한 방에서 층의 높이가 다른 부분이 있는 경우에는 그 각 부분 높이에 따른 면적에 따라 가중 평균한 높이로 한다.

★
100 다음의 대규모 건축물의 방화벽에 관한 기준 내용 중 ( ) 안에 공통으로 들어갈 내용은?

연면적 ( ) 이상인 건축물은 방화벽으로 구획하되 각 구획된 바닥면적의 합계는 ( ) 미만이어야 한다.

① 500m² ② 1,000m²
③ 1,500m² ④ 3,000m²

해설 관련 법규 : 법 제50조, 영 제57조, 해설 법규 : 영 제57조 ①항
대규모 건축물의 방화벽
㉮ 연면적 1,000m² 이상인 건축물은 방화벽으로 구획하되, 각 구획된 바닥면적의 합계는 1,000m² 미만이어야 한다. 다만, 주요구조부가 내화구조이거나 불연재료인 건축물과 연면적이 50m² 이하인 단층의 부속건축물 또는 내부설비의 구조상 방화벽으로 구획할 수 없는 창고시설의 경우에는 그러하지 아니하다.
㉯ 연면적 1,000m² 이상인 목조 건축물의 구조는 국토교통부령으로 정하는 바에 따라 방화구조로 하거나 불연재료로 하여야 한다.

2019

제1과목 건축계획

01 도서관의 출납시스템 중 폐가식에 관한 설명으로 옳지 않은 것은?

① 서고와 열람실이 분리되어 있다.
② 도서의 유지관리가 좋아 책의 망실이 적다.
③ 대출절차가 간단하여 관원의 작업량이 적다.
④ 규모가 큰 도서관의 독립된 서고의 경우에 많이 채용된다.

해설 대출절차가 복잡하여 관원의 작업량이 많다.

02 다음 중 르 코르뷔지에가 제시한 근대 건축의 5원칙에 속하는 것은?

① 옥상정원
② 유기적 건축
③ 노출콘크리트
④ 유니버설 스페이스

해설 르 코르뷔지에는 현대 건축과 구조를 설계하는 데 기본이 되는 5대 원칙(필로티, 골조와 벽의 기능적 독립, 자유로운 평면, 자유로운 파사드 및 옥상정원)을 주장했다.

03 다음 중 전시공간의 융통성을 주요 건축개념으로 한 것은?

① 퐁피두센터
② 루브르박물관
③ 구겐하임미술관
④ 슈투트가르트미술관

해설 파리 퐁피두센터의 국립현대미술관은 회화, 조각, 데생, 사진, 디자인, 건축, 실험주의 영화, 비디오, 조형미술 등 1905년부터 오늘에 이르기까지 현대 작가들이 일군 가장 **훌륭한** 작품들을 소개하고 있다.

04 미술관 전시공간의 순회형식 중 갤러리 및 코리더형식에 관한 설명으로 옳은 것은?

① 복도의 일부를 전시장으로 사용할 수 있다.
② 전시실 중 하나의 실을 폐쇄하면 동선이 단절된다는 단점이 있다.
③ 중간에 커다란 홀을 계획하고 그 홀에 접하여 전시실을 배치한 형식이다.
④ 이 형식을 채용한 대표적인 건축물로는 뉴욕 근대미술관과 프랭크 로이드 라이트의 구겐하임미술관이 있다.

해설 **연속순로형식**은 전시실 중 하나의 실을 폐쇄하면 동선이 단절된다는 단점이 있다. **중앙홀형식**은 중심부에 하나의 큰 홀을 두고 그 주위에 각 전시실을 배치하여 자유로이 출입하는 형식으로 프랭크 로이드 라이트는 이 형식을 기본으로 뉴욕 구겐하임미술관을 설계하였다.

05 구조코어로서 가장 바람직한 코어형식으로 바닥면적이 큰 고층, 초고층 사무소에 적합한 것은?

① 중심코어형 ② 편심코어형
③ 독립코어형 ④ 양단코어형

해설 **중심코어형**은 가장 바람직한 코어형식으로 바닥면적이 큰 고층, 초고층 사무소에 많이 사용하고, 내부공간 외관이 모두 획일적으로 되기 쉬우며 자사 빌딩에는 적합하지 않은 경우가 있다.

06 아파트의 평면형식에 관한 설명으로 옳지 않은 것은?

① 중복도형은 부지의 이용률이 적다.
② 홀형(계단실형)은 독립성(privacy)이 우수하다.
③ 집중형은 복도 부분의 자연환기, 채광이 극히 나쁘다.
④ 편복도형은 복도를 외기에 터 놓으면 통풍, 채광이 중복도형보다 양호하다.

해설 아파트의 평면계획 중 중복도형은 부지의 이용률이 크다.

07 상점의 판매방식에 관한 설명으로 옳지 않은 것은?

① 측면판매방식은 직원동선의 이동성이 많다.
② 대면판매방식은 측면판매방식에 비해 상품 진열면적이 넓어진다.
③ 측면판매방식은 고객이 직접 진열된 상품을 접촉할 수 있는 관계로 선택이 용이하다.
④ 대면판매방식은 쇼케이스를 중심으로 판매원이 고정된 자리나 위치를 확보하는 것이 용이하다.

해설 대면판매형식은 측면판매형식에 비해 상품의 진열면적이 좁아진다.

08 사무소 건축의 실단위계획에 관한 설명으로 옳지 않은 것은?

① 개실시스템은 독립성과 쾌적감의 이점이 있다.
② 개방식 배치는 전면적을 유용하게 사용할 수 있다.
③ 개방식 배치는 개실시스템보다 공사비가 저렴하다.
④ 오피스 랜드스케이프(Office Landscape)는 개실시스템을 위한 실단위계획이다.

해설 오피스 랜드스케이프(Office Landscape)는 개방식 시스템을 위한 실단위계획이다.

09 주택단지 내 도로의 형태 중 쿨데삭(cul-de-sac)형에 관한 설명으로 옳지 않은 것은?

① 통과교통이 방지된다.
② 우회도로가 없기 때문에 방재·방범상으로는 불리하다.
③ 주거환경의 쾌적성과 안전성 확보가 용이하다.
④ 대규모 주택단지에 주로 사용되며, 도로의 최대 길이는 1km 이하로 한다.

해설 쿨데삭의 적정길이는 최대 120~300m로 한다.

10 극장 건축에서 무대의 제일 뒤에 설치되는 무대배경용의 벽을 의미하는 것은?

① 사이클로라마
② 플라이로프트
③ 플라이갤러리
④ 그리드아이언

해설 극장 건축에서 무대의 제일 뒤에 설치되는 무대배경용 벽을 의미하는 용어는 사이클로라마이다.

11 학교의 배치형식 중 분산병렬형에 관한 설명으로 옳지 않은 것은?

① 일종의 핑거플랜이다.
② 구조계획이 간단하고 시공이 용이하다.
③ 부지의 크기에 상관없이 적용이 용이하다.
④ 일조·통풍 등 교실의 환경조건을 균등하게 할 수 있다.

해설 분산병렬형 배치법은 일종의 핑거플랜으로, 구조계획이 간단하고 시공이 용이하며, 규격형의 이용도 편리하다. 놀이터와 정원이 생기고, 일조·통풍 등 교실의 환경조건이 균등하다. 상당히 넓은 부지를 필요로 하며, 효율적으로 사용할 수 없다.

12 상점의 매장 및 정면구성에서 요구되는 AIDMA법칙의 내용으로 옳지 않은 것은?

① Memory
② Interest
③ Attention
④ Attraction

해설 상점의 광고요소(AIDMA법칙)에는 주의(Attention), 흥미(Interest), 욕망(Desire), 기억(Memory) 및 행동(Action) 등이 있다.

13 테라스하우스에 대한 설명으로 옳지 않은 것은?

① 경사가 심할수록 밀도가 높아진다.
② 각 세대의 깊이는 7.5m 이상으로 하여야 한다.
③ 평지보다 더 많은 인구를 수용할 수 있어 경제적이다.
④ 시각적인 인공테라스형은 위층으로 갈수록 건물의 내부면적이 작아지는 형태이다.

해설 아래층 세대의 지붕은 위층 세대의 개인정원이 될 수 있고, 세대상 2.7m의 높이차가 적당하다. 테라스하우스는 후면에 창문이 없기 때문에 각 세대의 깊이는 6.0~7.5m 이상이 되어서는 안 된다.

★★★
14 다음의 호텔 중 연면적에 대한 숙박면적의 비가 일반적으로 가장 큰 것은?

① 커머셜호텔　　② 클럽하우스
③ 리조트호텔　　④ 아파트먼트호텔

해설 호텔에 따른 숙박면적비가 큰 것부터 나열하면 커머셜호텔(commercial hotel) → 리조트호텔(resort hotel) → 레지던셜호텔(residential hotel) → 아파트먼트호텔(apartment hotel)의 순이다.

★★
15 다음 중 건축가와 작품의 연결이 옳지 않은 것은?

① 르 코르뷔지에 – 사보이주택
② 오스카 니마이어 – 브라질 국회의사당
③ 미스 반 데어 로에 – 뉴욕 레버하우스
④ 프랭크 로이드 라이트 – 뉴욕 구겐하임 미술관

해설 레버하우스는 고든 번샤프트의 작품이다.

★★
16 주택의 부엌계획에 관한 설명 중 옳지 않은 것은?

① 일사가 긴 서쪽은 음식물이 부패하기 쉬우므로 피하도록 한다.
② 작업삼각형은 냉장고와 개수대 그리고 배선대를 잇는 삼각형이다.
③ 부엌가구의 배치유형 중 ㄱ자형은 부엌과 식당을 겸할 경우 많이 활용되는 형식이다.
④ 부엌가구의 배치유형 중 일렬형은 면적이 좁은 경우 이용에 효과적이므로 소규모 부엌에 주로 활용된다.

해설 부엌에서의 작업삼각형(냉장고, 싱크대, 조리대)은 삼각형 세 변 길이의 합이 짧을수록 효과적이다. 삼각형 세 변 길이의 합은 3.6~6.6m 사이에서 구성하는 것이 좋으며, 싱크대와 조리대 사이의 길이는 1.2~1.8m가 가장 적당하다. 또한 삼각형의 가장 짧은 변은 개수대와 냉장고 사이의 변이 되어야 한다.

★
17 공장 건축계획에 관한 설명으로 옳지 않은 것은?

① 기능식 레이아웃은 소종 다량생산이나 표준화가 쉬운 경우에 주로 적용된다.
② 공장의 지붕형식 중 톱날지붕은 균일한 조도를 얻을 수 있다는 장점이 있다.
③ 평면계획 시 관리 부분과 생산공정 부분을 구분하고 동선이 혼란되지 않게 한다.
④ 공장 건축의 형식에서 집중식(block type)은 건축비가 저렴하고 공간효율도 좋다.

해설 공정 중심(기능식)의 레이아웃은 주문생산, 다품종 소량생산이나 표준화가 어려운 경우에 적합하고, 공장부지 선정은 노동력의 공급이 쉽고 원료의 공급이 용이한 곳에 정한다.

★★
18 종합병원계획에 관한 설명으로 옳지 않은 것은?

① 수술부는 타 부분의 통과교통이 없는 장소에 배치한다.
② 수술실의 바닥은 전기도체성 마감을 사용하는 것이 좋다.
③ 간호사 대기실은 각 간호단위 또는 층별, 동별로 설치한다.
④ 평면계획 시 모듈을 적용하여 각 병실을 모두 동일한 크기로 하는 것이 좋다.

해설 평면계획 시 모듈을 적용하여 각 병실을 모두 상이한 크기로 하는 것이 좋다.

★★
19 척도조정(M.C)에 관한 설명으로 옳지 않은 것은?

① 설계작업이 단순해지고 간편해진다.
② 현장작업이 단순해지고 공기가 단축된다.
③ 건축물형태의 다양성 및 창조성 확보가 용이하다.
④ 구성재의 상호조합에 의한 호환성을 확보할 수 있다.

해설 치수조정(Modular Coordination)의 장·단점
㉮ 장점 : 현장작업이 단순해지므로 공사기간이 단축되고, 대량생산이 용이하므로 공사비가 감소되며, 설계작업이 단순화되고 간편하며 호환성이 있다.
㉯ 단점 : 똑같은 형태의 반복으로 인한 무미건조함을 느끼고, 건축물의 배색에 있어서 신중을 기할 필요가 있다.

★
20 봉정사 극락전에 관한 설명으로 옳지 않은 것은?

① 지붕은 팔작지붕의 형태를 띠고 있다.
② 공포를 주상에만 짜놓은 주심포양식의 건축물이다.
③ 우리나라에 현존하는 목조건축물 중 가장 오래된 것이다.
④ 정면 3칸에 측면 4칸의 규모이며 서남향으로 배치되어 있다.

해설 봉정사 극락전의 지붕은 맞배(박공)지붕이면서 처마에는 안허리와 앙곡을 두었고, 서까래 위 평고대는 단면이 삼각형인 부재를 사용하여 부연착고까지 겸하도록 하는 고식을 보이며, 하중도리는 각재를 사용하였다.

제2과목 **건축시공**

★★
21 금속 커튼월의 mock up test에 있어 기본성능시험의 항목에 해당되지 않는 것은?

① 정압수밀시험   ② 방재시험
③ 구조시험   ④ 기밀시험

해설 커튼월의 mock up test에 있어 기본성능시험의 항목에는 예비시험, 기밀시험, 정압수밀시험, 구조시험(설계풍압력에 대한 변위와 온도변화에 따른 변형을 측정), 누수, 이음매검사와 창문의 열손실 등이 있다.

★
22 표준시방서에 따른 시스템비계에 관한 기준으로 옳지 않은 것은?

① 수직재와 수직재의 연결은 전용의 연결조인트를 사용하여 견고하게 연결하고, 연결 부위가 탈락 또는 꺾어지지 않도록 하여야 한다.
② 수평재는 수직재에 연결핀 등의 결합방법에 의해 견고하게 결합되어 흔들리거나 이탈되지 않도록 하여야 한다.
③ 대각으로 설치하는 가새는 비계의 외면으로 수평면에 대해 40~60°방향으로 설치하며 수평재 및 수직재에 결속한다.
④ 시스템비계 최하부에 설치하는 수직재는 받침철물의 조절너트와 밀착되도록 설치

하여야 하며 수직과 수평으로 유지하여야 한다. 이때 수직재와 받침철물의 겹침길이는 받침철물 전체 길이의 1/5 이상이 되도록 하여야 한다.

해설 시스템비계 최하부에 설치하는 수직재는 받침철물의 조절너트와 밀착되도록 설치하여야 하며 수직과 수평으로 유지하여야 한다. 이때 수직재와 받침철물의 겹침길이는 받침철물 전체 길이의 1/3 이상이 되도록 하여야 한다.

★★
23 다음 중 열가소성 수지에 해당하는 것은?

① 페놀수지   ② 염화비닐수지
③ 요소수지   ④ 멜라민수지

해설 열경화성 수지의 종류에는 페놀수지, 요소수지, 멜라민수지, 폴리에스테르수지, 에폭시수지, 실리콘수지 등이 있다. 열가소성 수지의 종류에는 아크릴수지, 염화비닐수지, 폴리프로필렌수지, 폴리에틸렌수지 등이 있다.

★★★
24 콘크리트균열의 발생시기에 따라 구분할 때 콘크리트의 경화 전 균열의 원인이 아닌 것은?

① 크리프수축   ② 거푸집의 변형
③ 침하   ④ 소성수축

해설 굳지 않은 콘크리트의 균열은 콘크리트타설에서 응결이 종료될 때까지 발생하는 초기 균열(침하, 수축균열, 플라스틱(소성)수축균열, 거푸집변형에 따른 균열 및 진동, 충격·가벼운 재하에 따른 균열 등)이고, 건조(크리프)수축 및 수화열은 경화 후의 균열이다.

★★
25 프리스트레스트 콘크리트(prestressed concrete)에 관한 설명으로 옳지 않은 것은?

① 포스트텐션(post-tension)공법은 콘크리트의 강도가 발현된 후에 프리스트레스를 도입하는 현장형 공법이다.
② 구조물의 자중을 경감할 수 있으며 부재단면을 줄일 수 있다.
③ 화재에 강하며 내화피복이 불필요하다.
④ 고강도이면서 수축 또는 크리프 등의 변형이 적은 균일한 품질의 콘크리트가 요구된다.

해설 화재에 약하므로 내화피복이 필요하고, 항복점 이상에서 진동 및 충격에 약하다.

26 ★ 고강도 콘크리트의 배합에 대한 기준으로 옳지 않은 것은?

① 단위수량은 소요의 워커빌리티를 얻을 수 있는 범위 내에서 가능한 작게 하여야 한다.
② 잔골재율은 소요의 워커빌리티를 얻도록 시험에 의하여 결정하여야 하며 가능한 작게 하도록 한다.
③ 고성능 감수제의 단위량은 소요강도 및 작업에 적합한 워커빌리티를 얻도록 시험에 의해서 결정하여야 한다.
④ 기상의 변화 등에 관계없이 공기연행제를 사용하는 것을 원칙으로 한다.

해설 고강도 콘크리트는 기상의 변화 등에 따라 공기연행제를 사용하는 것을 원칙으로 한다.

27 ★ 철골공사의 접합에 관한 설명으로 옳지 않은 것은?

① 고력볼트접합의 종류에는 마찰접합, 지압접합이 있다.
② 녹막이도장은 작업장소 주위의 기온이 5℃ 미만이거나 상대습도가 85%를 초과할 때는 작업을 중지한다.
③ 철골이 콘크리트에 묻히는 부분은 특히 녹막이 칠을 잘해야 한다.
④ 용접접합에 대한 비파괴시험의 종류에는 자분탐상시험, 초음파탐상시험 등이 있다.

해설 철골이 콘크리트에 묻히는 부분은 특히 녹막이 칠을 하지 않아야 한다.

28 ★ 건설현장에서 공사감리자로 근무하고 있는 A씨가 하는 업무로 옳지 않은 것은?

① 상세시공도면의 작성
② 공사시공자가 사용하는 건축자재가 관계법령에 의한 기준에 적합한 건축자재인지 여부의 확인
③ 공사현장에서의 안전관리지도
④ 품질시험의 실시 여부 및 시험성과의 검토, 확인

해설 공사감리자의 업무는 ②, ③ 및 ④항 이외에 건축물 및 대지가 관계법령에 적합하도록 공사시공자 및 건축주를 지도, 시공계획 및 공사관리의 적정 여부의 확인, 공정표의 검토, 상세시공도면의 검토·확인, 구조물의 위치와 규격의 적정 여부의 검토·확인 및 설계변경의 적정 여부의 검토·확인 등이 있다.

29 ★★★ 다음과 같은 철근콘크리트조 건축물에서 외줄비계면적으로 옳은 것은? (단, 비계높이는 건축물의 높이로 함)

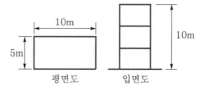

평면도   입면도

① 300m^2 ② 336m^2
③ 372m^2 ④ 400m^2

해설 겹비계 및 외줄비계의 면적(A)
=건축물의 높이(H)×(비계의 외주길이(l)+3.6)
=10×[(10+5)×2+3.6]
=336m^2

30 ★★★ 다음 중 가설비용의 종류로 볼 수 없는 것은?

① 가설건물비
② 바탕처리비
③ 동력, 전등설비
④ 용수설비

해설 가설공사항목 중 공통가설비의 종류에는 가설건물비, 가설울타리, 현장사무소, 동력 및 전등설비, 각종 실험실, 실험연구비 및 공사용수비 등이 있고, 비계 및 발판, 동바리는 속하지 않는다.

31 ★★ 보통콘크리트용 부순 골재의 원석으로서 가장 적합하지 않은 것은?

① 현무암   ② 응회암
③ 안산암   ④ 화강암

해설 보통콘크리트용 골재의 강도는 시멘트풀이 경화하였을 때 시멘트풀의 최대 강도 이상이어야 하므로 사암 등과 같은 연질 수성암(응회암)은 골재로서 부적당하나, 쇄석콘크리트의 골재는 석회암, 경질사암, 안산암, 화산암, 현무암, 화강암 등이 사용된다.

★
32 조적식 구조의 기초에 관한 설명으로 옳지 않은 것은?

① 내력벽의 기초는 연속기초로 한다.

② 기초판은 철근콘크리트구조로 할 수 있다.

③ 기초판은 무근콘크리트구조로 할 수 있다.

④ 기초벽의 두께는 최하층의 벽체두께와 같게 하되 250mm 이하로 하여야 한다.

해설 조적식 구조의 기초벽의 두께는 250mm 이상으로 하여야 한다.

★
33 건축공사 스프레이 도장방법에 관한 설명으로 옳지 않은 것은?

① 도장거리는 스프레이 도장면에서 300mm를 표준으로 한다.

② 매 회의 에어스프레이는 붓도장과 동등한 정도의 두께로 하고, 2회분의 도막두께를 한 번에 도장하지 않는다.

③ 각 회의 스프레이방향은 전회의 방향에 평행으로 진행한다.

④ 스프레이할 때는 항상 평행이동하면서 운행의 한 줄마다 스프레이너비의 1/3 정도를 겹쳐 뿜는다.

해설 각 회의 뿜도장방향은 제1회 때와 제2회 때를 서로 직교하게 진행시켜서 뿜칠을 해야 한다.

★★★
34 시멘트 광물질의 조성 중에서 발열량이 높고 응결시간이 가장 빠른 것은?

① 알루민산 삼석회

② 규산 삼석회

③ 규산 이석회

④ 알루민산철 사석회

해설 시멘트의 조성화합물의 수화반응속도를 빠른 것부터 늦은 것의 순으로 나열하면 알루민산 삼석회 → 규산 삼석회(칼슘) → 알루민산철 사석회 → 규산 이석회(칼슘)의 순이다.

★
35 공사장 부지경계선으로부터 50m 이내에 주거·상가건물이 있는 경우에 공사현장 주위에 가설울타리는 최소 얼마 이상의 높이로 설치하여야 하는가?

① 1.5m ② 1.8m

③ 2m ④ 3m

해설 공사현장경계의 가설울타리는 높이 1.8m 이상(지반면이 공사현장 주위의 지반면보다 낮은 경우에는 공사현장 주위의 지반면에서의 높이기준)으로 설치하고, 야간에도 잘 보이도록 발광시설을 설치하며, 차량과 사람이 출입하는 가설울타리 입출구에는 잠금장치가 있는 문을 설치하여야 한다. 다만, 공사장 부지경계선으로부터 50m 이내에 주거·상가건물이 집단으로 밀집되어 있는 경우에는 높이 3m 이상으로 설치하여야 한다.

★
36 다음 중 조적벽 치장줄눈의 종류로 옳지 않은 것은?

① 오목줄눈 ② 빗줄눈

③ 통줄눈 ④ 실줄눈

해설 치장줄눈의 종류

| 평줄눈 | 볼록줄눈 | 오목줄눈 | 빗줄눈(1) | 빗줄눈(2) |
| 홈줄눈 | 민줄눈 | 내민줄눈 | V형 줄눈 | 실줄눈 |

★
37 타격에 의한 말뚝박기공법을 대체하는 저소음, 저진동의 말뚝공법에 해당되지 않는 것은?

① 압입공법

② 사수(Water jetting)공법

③ 프리보링공법

④ 바이브로콤포저공법

해설 바이브로콤포저공법(다짐모래말뚝공법)은 특수 파이프를 관입하여 모래를 투입하고, 이것을 진동하여 다지면서 파이프를 빼내어 콤포저파일을 구성하여 가는 공법으로 진동다지기방법을 이용하는 공법이다.

2019

★
38 열적외선을 반사하는 은소재도막으로 코팅하여 방사율과 열관류율을 낮추고 가시광선투과율을 높인 유리는?

① 스팬드럴유리　　② 접합유리
③ 배강도유리　　　④ 로이유리

해설
스팬드럴유리는 플로트판유리의 한쪽 면에 세라믹질의 도료를 코팅한 다음 고온에서 융착 반경화시킨 불투명한 색유리이다. 접합유리는 투명판유리 2장 사이에 아세테이트, 부틸셀룰로오스 등 합성수지막을 넣어 합성수지 접착제로 접착시킨 유리로서, 보통 판유리에 비해 투광성은 약간 떨어지나 차음성, 보온성이 좋은 편이다. 배강도유리는 판유리를 열처리하여 유리표면에 적절한 크기의 압축응력층을 만들어 파괴강도를 증대시키고 파손되었을 때 판유리와 유사하게 깨지도록 한 유리이다.

★★★
39 공정관리에서의 네트워크(Network)에 관한 용어와 관계없는 것은?

① 커넥터(connector)
② 크리티컬패스(critical path)
③ 더미(dummy)
④ 플로트(float)

해설
네트워크(network)에 관한 용어에는 크리티컬패스(critical path), 더미(dummy), 작업단위(activity), 자원정보(operation), 작업소요시간(duration) 및 플로트(float) 등이 있고, 커넥터(connector)는 부재를 접합할 때 사용하는 접합구이다.

★
40 다음 각 유리에 관한 설명으로 옳지 않은 것은?

① 망입유리는 파손되더라도 파편이 튀지 않으므로 진동에 의해 파손되기 쉬운 곳에 사용된다.
② 복층유리는 단열 및 차음성이 좋지 않아 주로 선박의 창 등에 이용된다.
③ 강화유리는 압축강도를 한층 강화한 유리로 현장가공 및 절단이 되지 않는다.
④ 자외선투과유리는 병원이나 온실 등에 이용된다.

해설
복층유리는 단열 및 차음성이 좋아 주로 건물의 외부창 등에 이용되고, 선박의 창에는 강화유리가 사용된다.

제3과목　건축구조

★
41 다음 강종표시기호에 관한 설명으로 옳지 않은 것은? (단, KS 강종기호 개정사항 반영)

SMA	355	B	W
↓	↓	↓	↓
(가)	(나)	(다)	(라)

① (가) : 용도에 따른 강재의 명칭 구분
② (나) : 강재의 인장강도 구분
③ (다) : 충격흡수에너지등급 구분
④ (라) : 내후성등급 구분

해설
강재의 일반적인 표시기호

SMA	355	B	W	N	ZC
㉠	㉡	㉢	㉣	㉤	㉥

㉠ 강재의 명칭(강종)
㉡ 강재의 항복강도(최저)
㉢ 샤르피 충격흡수에너지등급
㉣ 내후성등급
㉤ 열처리등급
㉥ 내라멜라티어등급

★★
42 각종 단면의 주축(主軸)을 표시한 것으로 옳지 않은 것은?

①
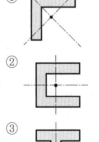
②
③
④

해설

그림에서 축 : 주축, G : 중심(도심), S : 전단 중심

정답 38.④ 39.① 40.② 41.② 42.④

43 H-300×150×6.5×9인 형강보가 10kN의 전단력을 받을 때 웨브에 생기는 전단응력도의 크기는 약 얼마인가? (단, 웨브 전단면적 산정 시 플랜지두께는 제외함)

① 3.46MPa

② 4.46MPa

③ 5.46MPa

④ 6.46MPa

해설

$\tau(전단응력도) = \dfrac{S(전단력)}{A(단면적)}$

여기서, $S = 10\text{kN} = 10,000\text{N}$

$A = (300 - 2 \times 9) \times 6.5 = 1,833\text{mm}^2$

$\therefore \tau = \dfrac{S}{A} = \dfrac{10,000}{1,833} = 5.456\text{MPa}$

44 다음 그림과 같은 라멘의 AB재에 휨모멘트가 발생하지 않게 하려면 P는 얼마가 되어야 하는가?

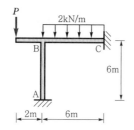

① 3kN

② 4kN

③ 5kN

④ 6kN

해설

AB재에 휨모멘트가 발생하지 않도록 하려면, 즉 기둥에 휨모멘트가 발생하지 않으려면 양쪽 보(캔틸레버보와 양단 고정보)의 휨모멘트가 동일하여야 한다.

$P \times 2 = \dfrac{wl^2}{12} = \dfrac{2 \times 6^2}{12} = 6$

$\therefore P = 3\text{kN}$

45 다음 그림과 같은 단순보에서 A점과 B점에 발생하는 반력으로 옳은 것은?

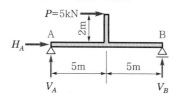

① $H_A = +5\text{kN}, \quad V_A = +1\text{kN}, \quad V_B = +1\text{kN}$

② $H_A = -5\text{kN}, \quad V_A = -1\text{kN}, \quad V_B = +1\text{kN}$

③ $H_A = +5\text{kN}, \quad V_A = +1\text{kN}, \quad V_B = -1\text{kN}$

④ $H_A = -5\text{kN}, \quad V_A = +1\text{kN}, \quad V_B = +1\text{kN}$

해설

힘의 비김조건에 의해서 반력을 구하면 다음과 같다.

㉮ $\sum X = 0$에 의해서 $H_A + 5 = 0$

$\therefore H_A = -5\text{kN}$

㉯ $\sum Y = 0$에 의해서 $V_A + V_B = 0$ …… ①

㉰ $\sum M_B = 0$에 의해서 $V_A \times 10 + 5 \times 2 = 0$

$\therefore V_A = -1\text{kN}$

$V_A = -1\text{kN}$을 식 ①에 대입하면

$-1 + V_B = 0 \quad \therefore V_B = 1\text{kN}(\uparrow)$

46 다음과 같은 단순보의 최대 처짐량($\delta_{\max}$)이 30cm 이하가 되기 위하여 보의 단면 2차 모멘트는 최소 얼마 이상이 되어야 하는가? (단, 보의 탄성계수는 $E = 1.25 \times 10^4 \text{N/mm}^2$)

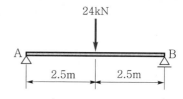

24kN

A ─────────── B
2.5m 2.5m

① 15,000cm⁴   ② 16,700cm⁴

③ 20,000cm⁴   ④ 25,000cm⁴

해설

$\delta_{\max}$(단순보의 중앙 부분에 집중하중이 작용되는 경우 최대 처짐)

$= \dfrac{P(집중하중) l^3 (스팬)}{48E(영계수) I(단면 2차 모멘트)}$에서

$P = 24,000\text{N}, \quad l = 5,000\text{mm},$

$E = 1.25 \times 10^4 \text{N/mm}^2 = 1.25 \times 10^4 \text{MPa}$ 이므로

$\therefore I = \dfrac{Pl^3}{48E\delta_{\max}}$

$= \dfrac{24,000 \times 5,000^3}{48 \times 1.25 \times 10^4 \times 300}$

$= 16,666,666.67\text{mm}^3 = 16,667\text{cm}^3$

47 폭 $b = 250\text{mm}$, 높이 $h = 500\text{mm}$인 직사각형 콘크리트보부재의 균열모멘트 M_{cr}은? (단, 경량콘크리트계수 $\lambda = 1$, $f_{ck} = 24\text{MPa}$)

① 8.3kN · m   ② 16.4kN · m

③ 24.5kN · m   ④ 32.2kN · m

해설

$$M_{cr}(균열모멘트) = \frac{f_r I_g}{y_t} = \frac{0.63\lambda\sqrt{f_{ck}}\,I_g}{y_t}$$

$$= \frac{0.63 \times 1 \times \sqrt{24} \times \frac{250 \times 500^3}{12}}{250}$$

$$= 32,149,552.87\text{N} \cdot \text{mm}$$

$$= 32.15\text{kN} \cdot \text{m}$$

★
48 횡력의 25% 이상을 부담하는 연성모멘트골조가 전단벽이나 가새골조와 조합되어 있는 구조방식을 무엇이라 하는가?

① 제진시스템방식
② 면진시스템방식
③ 이중골조방식
④ 메가칼럼 – 전단벽구조방식

해설

제진시스템방식은 구조물에 입력되는 진동을 인위적으로 제어하고 조절하는 구조형태로서 입력되는 진동에너지를 감소시키는 방법의 원리를 이용하는 방식이다. 면진시스템방식은 건물과 기초 사이에 진동을 감소시킬 수 있는 분리장치를 삽입하여 지반과 건물을 분리시켜 지반진동이 상부 건물에 직접 전달되는 것을 차단하는 구조형태이다. 메가칼럼 – 전단벽구조방식은 대규모 기둥의 구조로 초고층건축물에서 철골조는 압축하중에 대하여 콘크리트골조보다 압축에 의한 좌굴에 취약하기 때문에 외부는 철골로, 하부 내부는 철근콘크리트로 한 내부층진철골조를 주로 사용한다.

★
49 구조물의 내진보강대책으로 적합하지 않은 것은?

① 구조물의 강도를 증가시킨다.
② 구조물의 연성을 증가시킨다.
③ 구조물의 중량을 증가시킨다.
④ 구조물의 감쇠를 증가시킨다.

해설

지진하중은 작용하는 하중 또는 질량에 비례하므로 구조물의 중량을 증대시키면 지진하중도 증대되므로, 내진보강대책으로는 구조물의 중량을 감소시킨다.

★★
50 하중저항계수설계법에 따른 강구조 연결설계기준을 근거로 할 때 고장력볼트의 직경이 M24라면 표준구멍의 직경으로 옳은 것은?

① 26mm   ② 27mm
③ 28mm   ④ 30mm

해설

고력볼트의 표준구멍직경은 다음과 같다(건축구조기준에 의함).

고력볼트의 직경	M16	M20	M22	M24	M27	M30
표준구멍 직경(mm)	18	22	24	27	30	33

★★
51 철근콘크리트 T형보의 유효폭 산정식에 관련된 사항과 거리가 먼 것은?

① 보의 폭
② 슬래브 중심 간 거리
③ 슬래브의 두께
④ 보의 춤

해설

T형보의 유효폭을 산정하는 데에는 바닥판의 두께, 보의 폭, 슬래브 중심 간의 거리, 부재의 스팬 등이 필요하고, 반T형보의 유효폭을 산정하는 데에는 바닥판의 두께, 보의 폭, 부재의 외측에서 슬래브 중심까지의 거리, 부재의 스팬 등이 필요하다.

★★★
52 강도설계법에서 처짐을 계산하지 않은 경우 스팬이 8.0m인 단순지지된 보의 최소 두께로 옳은 것은? (단, 보통중량콘크리트와 $f_y = 400\text{MPa}$ 철근을 사용한 경우)

① 380mm   ② 430mm
③ 500mm   ④ 600mm

해설

단순지지된 보이므로 보의 최소 두께=스팬/16이다.

∴ 보의 최소 두께$= \dfrac{스팬}{16} = \dfrac{8,000}{16} = 500\text{mm}$

★★★
53 다음 그림과 같은 도형의 $X-X$축에 대한 단면 2차 모멘트는?

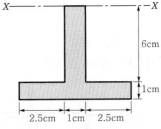

① 326cm⁴   ② 278cm⁴
③ 215cm⁴   ④ 188cm⁴

해설

I_X(도심축과 평행한 축에 대한 단면 2차 모멘트)

$= I_{Xo}$(도심축에 대한 단면 2차 모멘트) $+ A$(단면적)

y^2(도심축과 평행한 축과의 거리)

$= \dfrac{1 \times 6^3}{12} + (1 \times 6) \times 3^2 + \dfrac{6 \times 1^3}{12} + (6 \times 1) \times \left(\dfrac{1}{2} + 6\right)^2$

$= 326 \text{cm}^4$

★
54 다음 그림과 같은 트러스(truss)에서 T부재에 발생하는 부재력으로 옳은 것은?

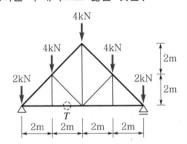

① 4kN
② 6kN
③ 8kN
④ 16kN

해설

절단법 이용

$\sum M_C = 0$에 의해서

$-2 \times 2 + 8 \times 2 - T \times 2 = 0$

$\therefore \ T = 6\text{kN}$

그런데 하중의 상태는

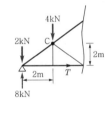

○→   ←○

이므로 인장력이다.

즉 +6kN이다.

★
55 저층 강구조 장스팬건물의 구조계획에서 고려해야 할 사항과 가장 관계가 적은 것은?

① 층고, 지붕형태 등 건물의 형상 선정
② 적정한 골조간격의 선정
③ 강절점, 활절점에 대한 부재의 접합방법 선정
④ 풍하중에 의한 횡변위제어방법

해설

풍하중에 의한 횡변위의 고려는 초고층, 고층, 단스팬의 건축물이다.

★
56 다음 중 압축재의 좌굴하중 산정 시 직접적인 관계가 없는 것은?

① 부재의 포아송비

② 부재의 단면 2차 모멘트
③ 부재의 탄성계수
④ 부재의 지지조건

해설

$P_k = \dfrac{\pi^2 EI}{l_k^2}$

여기서, P_k : 좌굴하중, E : 기둥재료의 영계수
l_k : 기둥의 좌굴길이, I : 단면 2차 모멘트

★
57 보 또는 보의 역할을 하는 리브나 지판이 없이 기둥으로 하중을 전달하는 2방향으로 철근이 배치된 콘크리트슬래브는?

① 워플슬래브(Waffle slab)
② 플랫플레이트(Flat plate)
③ 플랫슬래브(Flat slab)
④ 데크플레이트슬래브(Deck plate slab)

해설

워플(격자)슬래브는 하중을 감소하기 위하여 함지를 엎어놓은 듯한 거푸집을 이용하여 공동을 형성하여 두 방향 장선구조를 만들어 응력에 저항하도록 한 슬래브이다. 플랫슬래브는 건축물의 외부보를 제외하고는 내부에는 보 없이 바닥판으로만 구성하며, 그 하중은 직접 기둥에 전달하는 구조로서 기둥 상부에는 주두 모양으로 확대하며 그 위에 받침판을 두어 바닥판을 지지하는 슬래브이다. 데크플레이트슬래브는 얇은 강판을 골모양을 내어 만든 바닥판이다.

★★
58 다음 그림과 같은 ㄷ형강(Channel)에서 전단중심(剪斷中心)의 대략적인 위치는?

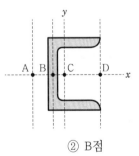

① A점
② B점
③ C점
④ D점

해설

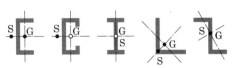

그림에서 축 : 주축, G : 중심(도심), S : 전단 중심

2019

★★
59 인장이형철근의 정착길이를 산정할 때 적용되는 보정계수에 해당되지 않는 것은?

① 철근배근위치계수
② 철근도막계수
③ 크리프계수
④ 경량콘크리트계수

해설 인장이형철근의 정착길이를 산정 시 보정계수에는 철근배치위치계수, 철근도막계수 및 경량콘크리트계수 등이 있다.

★
60 철근콘크리트 단근보에서 균형철근비를 계산한 결과 $\rho_b = 0.039$이었다. 최대 철근비는? (단, $E = 200,000\text{MPa}$, $f_y = 400\text{MPa}$, $f_{ck} = 24\text{MPa}$임)

① 0.01863
② 0.02256
③ 0.02607
④ 0.02832

해설
$$\rho_{max} = \left(\frac{\varepsilon_c + \varepsilon_y}{\varepsilon_c + \varepsilon_t}\right)\rho_b = \frac{0.0033 + 0.002}{0.0033 + 0.004} \times 0.039 = 0.02832$$
여기서, ε_c는 콘크리트의 극한변형률로서 0.0033 ($f_{ck} \leq 40\text{MPa}$)이고, ε_t는 최소 허용변형률로서 $f_y \leq 400\text{MPa}$인 경우에는 0.004이며, $f_y > 400\text{MPa}$인 경우에는 $2\varepsilon_y\left(= 2\frac{f_y}{E_s}\right)$이다.

제4과목 **건축설비**

★★
61 다음 냉방부하 발생요인 중 현열부하만 발생시키는 것은?

① 인체의 발생열량
② 벽체로부터의 취득열량
③ 극간풍에 의한 취득열량
④ 외기의 도입으로 인한 취득열량

해설 냉방부하 중에서 현열부하만 발생하는 것은 유리를 통과하는 복사열, 벽체로부터의 취득열량, 조명기구부하 등이다.

★
62 온열지표 중 기온, 습도, 기류, 주벽면온도의 4요소를 조합하여 체감과의 관계를 나타낸 것은?

① 작용온도
② 불쾌지수
③ 등온지수
④ 유효온도

해설 작용온도는 인체로부터의 대류＋복사방열량과 같은 방열량이 되는 기온과 주벽의 온도가 동일한 가상실의 온도이다. 불쾌지수는 미국에서 냉방온도설정을 위해 만든 것이나 여름철 그 날의 무더움을 나타내는 지표이다. 유효(실감, 감각)온도는 온도, 습도, 기류의 3요소를 어느 범위 내에서 여러 가지로 조합하면 인체의 온열감에 대하여 등감적인 효과를 내는 온도이다.

★★★
63 직경 200mm의 배관을 통하여 물이 1.5m/s의 속도로 흐를 때 유량은?

① 2.83m³/min
② 3.2m³/min
③ 3.83m³/min
④ 6.0m³/min

해설
Q(유량) $= A$(단면적)v(유속)
$\qquad = \frac{\pi d^2 (\text{관의 직경})}{4}v$(유속)에서
$d = 200\text{mm} = 0.2\text{m}$, $v = 1.5\text{m/sec}$이다.
그런데 유량의 단위는 m³/min이므로 $v = 1.5\text{m/sec} \times 60 = 90\text{m/min}$이다.
$\therefore Q = \frac{\pi d^2}{4}v = \frac{\pi \times 0.2^2}{4} \times 90 = 2.826\text{m}^3/\text{min}$

★★★
64 건구온도 26℃인 실내공기 8,000m³/h와 건구온도 32℃인 외부공기 2,000m³/h를 단열혼합하였을 때 혼합공기의 건구온도는?

① 27.2℃
② 27.6℃
③ 28.0℃
④ 29.0℃

해설 열적평형상태에 의해서 $m_1(t_1 - T) = m_2(T - t_2)$이므로
$T = \frac{m_1 t_1 + m_2 t_2}{m_1 + m_2}$이다.
그런데 $m_1 = 8,000\text{m}^3/\text{h}$, $m_2 = 2,000\text{m}^3/\text{h}$, $t_1 = 26℃$, $t_2 = 35℃$이다.
$\therefore T = \frac{m_1 t_1 + m_2 t_2}{m_1 + m_2}$
$\qquad = \frac{8,000 \times 26 + 32 \times 2,000}{8,000 + 2,000} = 27.2℃$

★
65 바닥복사난방방식에 관한 설명으로 옳지 않은
것은?

① 열용량이 커서 예열시간이 짧다.
② 방을 개방상태로 하여도 난방효과가 있다.
③ 다른 난방방식에 비교하여 쾌적감이 높다.
④ 실내에 방열기를 설치하지 않으므로 바닥
　이나 벽면을 유용하게 이용할 수 있다.

해설 바닥복사난방방식은 열용량이 커서 예열시간이 길다.

★
66 점광원으로부터의 거리가 n배가 되면 그 값
은 $1/n^2$배가 된다는 "거리의 역제곱의 법칙"
이 적용되는 빛환경지표는?

① 조도
② 광도
③ 휘도
④ 복사속

해설 광도는 어떤 광원에서 발산하는 빛의 세기를 의미
하며, 단위는 칸델라이다. 휘도는 빛을 방사할 때
표면의 밝기 정도(면의 단위면적당 광도)이다. 복
사속은 파동으로서 공간을 전파해가는 전자기파가
단위시간당 운반하는 에너지의 양으로 단위는 와
트(W)이다.

★
67 가스사용시설의 가스계량기에 관한 설명으로
옳지 않은 것은?

① 가스계량기와 전기점멸기와의 거리는 30cm
　이상 유지하여야 한다.
② 가스계량기와 전기계량기와의 거리는 60cm
　이상 유지하여야 한다.
③ 가스계량기와 전기개폐기와의 거리는 60cm
　이상 유지하여야 한다.
④ 공동주택의 경우 가스계량기는 일반적으
　로 대피공간이나 주방에 설치된다.

해설 가스계량기의 설치금지장소는 공동주택의 대피공간,
사람이 거주하는 곳(방, 거실 및 주방 등) 및 가스
계량기에 나쁜 영향을 미칠 우려가 있는 장소이다.

★
68 트랩의 구비조건으로 옳지 않은 것은?

① 봉수깊이는 50mm 이상 100mm 이하일 것
② 오수에 포함된 오물 등이 부착 또는 침전
　하기 어려운 구조일 것
③ 봉수부에 이음을 사용하는 경우에는 금속
　제 이음을 사용하지 않을 것
④ 봉수부의 소제구는 나사식 플러그 및 적
　절한 가스켓을 이용한 구조일 것

해설 봉수부에 이음을 사용하는 경우에는 금속제 이음을
사용할 것

★★
69 크로스커넥션(cross connection)에 관한 설명
으로 가장 알맞은 것은?

① 관로 내의 유체의 유동이 급격히 변화하
　여 압력변화를 일으키는 것
② 상수의 급수·급탕계통과 그 외의 계통
　배관이 장치를 통하여 직접 접속되는 것
③ 겨울철 난방을 하고 있는 실내에서 창을
　타고 차가운 공기가 하부로 내려오는 현상
④ 급탕·반탕관의 순환거리를 각 계통에
　있어서 거의 같게 하여 전 계통의 탕의
　순환을 촉진하는 방식

해설 크로스커넥션(cross connection)은 상수로부터 급수
계통(배관)과 그 외의 계통이 직접 접속되어 있는 것
으로 급수계통에 오염이 발생하는 것이다. ①항은
수격작용, ③항은 콜드드래프트현상, ④항은 온수난
방의 리버스리턴(역환수)방식에 대한 설명이다.

★
70 습공기의 상태변화에 관한 설명으로 옳지 않
은 것은?

① 가열하면 엔탈피는 증가한다.
② 냉각하면 비체적은 감소한다.
③ 가열하면 절대습도는 증가한다.
④ 냉각하면 습구온도는 감소한다.

해설 포화범위 내에서 공기를 가열하거나 냉각해도 절대
습도는 변함이 없다. 즉 일정하다.

2019

★★
71 TV 공청설비의 주요 구성기기에 속하지 않는 것은?

① 증폭기 ② 월패드
③ 컨버터 ④ 혼합기

> **해설** TV 공청설비의 주요 구성기기에는 증폭기, 컨버터, 혼합기 등이 있다.

★
72 다음의 저압 옥내배선방법 중 노출되고 습기가 많은 장소에 시설이 가능한 것은? (단, 400V 미만인 경우)

① 금속관배선
② 금속몰드배선
③ 금속덕트배선
④ 플로어덕트배선

> **해설** 금속몰드배선공사는 건조한 노출장소와 철근콘크리트건물에서 기설 금속관배선공사의 증설에 사용하고, 접속점이 없는 절연전선을 사용한다. 금속덕트배선공사는 전선을 금속덕트에 수납하여 시설하는 방식으로 큰 공장이나 빌딩 등에서 모양변경, 배치변경, 증설공사 등에 사용하고 전기배선변경이 용이한 방식이다. 플로어덕트공사는 사무실에 강전류전선(전기스탠드, 선풍기, 전자계산기 등)과 약전류전선(전화선, 신호선 등)을 콘크리트 바닥에 매입하여 바닥면과 일치하게 설치한 플로어콘센트에 의해 사용하는 방식으로 부식성이나 위험성이 있는 장소에 시설해서는 안 된다.

★
73 급탕설비에 관한 설명으로 옳지 않은 것은?

① 냉수, 온수를 혼합사용해도 압력차에 의한 온도변화가 없도록 한다.
② 배관은 적정한 압력손실상태에서 피크시를 충족시킬 수 있어야 한다.
③ 도피관에는 압력을 도피시킬 수 있도록 밸브를 설치하고 배수는 직접배수로 한다.
④ 밀폐형 급탕시스템에는 온도 상승에 의한 압력을 도피시킬 수 있는 팽창탱크 등의 장치를 설치한다.

> **해설** 도피관에는 압력을 도피시킬 수 있도록 밸브의 설치를 금지하고 배수는 간접배수로 한다.

★★
74 100V, 500W의 전열기를 90V에서 사용할 경우 소비전력은?

① 200W ② 310W
③ 405W ④ 420W

> **해설**
> $$W(\text{전력}) = V(\text{전압})I(\text{전류}) = I^2(\text{전압})R(\text{저항})$$
> $$= \frac{V^2(\text{전압})}{R(\text{저항})} \text{이다.}$$
> 그런데 100V에 500W의 전열기이므로
> $$I = \frac{W}{V} = \frac{500}{100} = 5A \text{이고,} \quad R = \frac{V}{I} = \frac{100}{5} = 20\,\Omega \text{이므}$$
> 로 90V를 사용하면 $W = \frac{V^2}{R} = \frac{90^2}{20} = 405\text{W이다.}$
> 즉 소비전력은 전압의 제곱에 비례하기 때문에 전압이 100V에서 90V로 낮아지면
> $$\left(\frac{90}{100}\right)^2 = \frac{8,100}{10,000} = \frac{81}{100} \text{이므로}$$
> $$\frac{81}{100} \times 500 = 405\text{W이다.}$$

★
75 다음의 에스컬레이터의 경사도에 관한 설명 중 ( ) 안에 알맞은 것은?

> 에스컬레이터의 경사도는 (㉠)를 초과하지 않아야 한다. 다만, 높이가 6m 이하이고, 공칭속도가 0.5m/s 이하인 경우에는 경사도를 (㉡)까지 증가시킬 수 있다.

① ㉠ 25°, ㉡ 30° ② ㉠ 25°, ㉡ 35°
③ ㉠ 30°, ㉡ 35° ④ ㉠ 30°, ㉡ 40°

> **해설** 에스컬레이터의 경사도는 30°를 초과하지 않아야 한다. 다만, 높이가 6m 이하이고, 공칭속도가 0.5m/s 이하인 경우에는 경사도를 35°까지 증가시킬 수 있다.

★★★
76 다음 중 습공기를 가열하였을 때 증가하지 않는 상태량은?

① 엔탈피 ② 비체적
③ 상대습도 ④ 습구온도

> **해설** 습공기를 가열할 경우 비체적, 엔탈피는 증가하고, 상대습도는 감소하며, 습구온도는 상승한다. 또한 절대습도는 어느 상태의 공기 중에 포함되어 있는 건조공기중량에 대한 수분의 중량비로서, 단위는 kg/kg으로서 공기를 가열한 경우에도 변화하지 않는다.

정답 71.② 72.① 73.③ 74.③ 75.③ 76.③

77 작업구역에는 전용의 국부조명방식으로 조명하고, 기타 주변환경에 대하여는 간접조명과 같은 낮은 조도레벨로 조명하는 방식은?

① TAL조명방식
② 반직접조명방식
③ 반간접조명방식
④ 전반확산조명방식

해설 반직접조명방식은 상향광속 10~40% 정도, 하향광속 90~60% 정도의 조명방식이고, 반간접조명방식은 상향광속 90~60% 정도, 하향광속 10~40% 정도의 조명방식이며, 전반확산조명방식은 상향광속 40~60% 정도, 하향광속 60~40% 정도의 조명방식이다.

78 소방시설은 소화설비, 경보설비, 피난구조설비, 소화용수설비, 소화활동설비로 구분할 수 있다. 다음 중 소화활동설비에 속하는 것은?

① 제연설비
② 비상방송설비
③ 스프링클러설비
④ 자동화재탐지설비

해설 소화활동설비(화재를 진압하거나 인명구조활동을 위한 설비)에는 제연설비, 연결송수관설비, 연결살수설비, 비상콘센트 설비, 무선통신보조설비, 연소방지설비 및 방화벽 등이 있다. 스프링클러설비는 소화설비에, 비상방송설비와 자동화재탐지설비는 경보설비에 속한다.

79 난방설비의 냉각탑에 관한 설명으로 옳은 것은?

① 열에너지에 의해 냉동효과를 얻는 장치
② 냉동기의 냉각수를 재활용하기 위한 장치
③ 임펠러의 원심력에 의해 냉매가스를 압축하는 장치
④ 물과 브롬화리튬혼합용액으로부터 냉매인 수증기와 흡수제인 LiBr로 분리시키는 장치

해설 냉동장치의 냉각탑은 냉동기의 냉매를 응축시키는 데 사용된 냉각수를 재활용하기 위한 장치이다. ①항은 흡수식 냉동기, ③항은 압축식 냉동기에 대한 설명이다.

80 전력부하 산정에서 수용률 산정방법으로 옳은 것은?

① (부등률/설비용량)×100%
② (최대 수용전력/부등률)×100%
③ (최대 수용전력/설비용량)×100%
④ (부하 각개의 최대 수용전력합계/각 부하를 합한 최대 수용전력)×100%

해설 전력부하의 산정

㉮ 수용률(%) $= \dfrac{\text{최대 수용전력(kW)}}{\text{수용(부하)설비용량(kW)}} \times 100$

$= 0.4 \sim 1.0$

㉯ 부등률(%) $= \dfrac{\text{최대 수용전력의 합(kW)}}{\text{합성 최대 수용전력(kW)}} \times 100$

$= 1.1 \sim 1.5$

㉰ 부하율(%) $= \dfrac{\text{평균수용전력(kW)}}{\text{최대 수용전력(kW)}} \times 100$

$= 0.25 \sim 0.6$

제5과목 **건축관계법규**

81 다음 설명에 알맞은 용도지구의 세분은?

건축물·인구가 밀집되어 있는 지역으로서 시설개선 등을 통하여 재해예방이 필요한 지구

① 시가지방재지구 ② 특정개발진흥지구
③ 복합개발진흥지구 ④ 중요시설보호지구

해설 **관련 법규** : 국토법 제37조, 영 제31조, **해설 법규** : 영 제31조 ②항 1호
특정개발진흥지구는 주거기능, 공업기능, 유통·물류기능 및 관광·휴양기능 외의 기능을 중심으로 특정한 목적을 위하여 개발·정비할 필요가 있는 지구이다. 복합개발진흥지구는 주거기능, 공업기능, 유통·물류기능 및 관광·휴양기능 중 2 이상의 기능을 중심으로 개발·정비할 필요가 있는 지구이다. **중요시설물보호지구**는 중요시설물[항만, 공항, 공용시설(공공업무시설, 공공의 필요성이 인정되는 문화시설, 집회시설, 운동시설 및 그 밖에 이와 유사한 시설로서 도시·군계획조례로 정하는 시설, 교정시설·군사시설)]의 보호와 기능의 유지 및 증진 등을 위하여 필요한 지구이다.

★
82 건축허가를 하기 전에 건축물의 구조안전과 인접 대지의 안전에 미치는 영향 등을 평가하는 건축물안전영향평가를 실시하여야 하는 대상 건축물기준으로 옳은 것은?

① 층수가 6층 이상으로 연면적 10,000m² 이상인 건축물

② 층수가 6층 이상으로 연면적 100,000m² 이상인 건축물

③ 층수가 16층 이상으로 연면적 10,000m² 이상인 건축물

④ 층수가 16층 이상으로 연면적 100,000m² 이상인 건축물

해설 관련 법규 : 법 제13조의2, 영 제10조의3, 해설 법규 : 영 제10조의3 ①항 2호
건축물안전영향평가를 실시하여야 하는 대상건축물은 초고층 건축물, 연면적(하나의 대지에 둘 이상의 건축물을 건축하는 경우에는 각각의 건축물의 연면적)이 100,000m² 이상으로 16층 이상일 것 등이 있다.

★★★
83 6층 이상의 거실면적의 합계가 12,000m²인 문화 및 집회시설 중 전시장에 설치하여야 하는 승용 승강기의 최소 대수는? (단, 8인승 승강기 기준)

① 4대   ② 5대

③ 6대   ④ 7대

해설 관련 법규 : 법 제64조, 영 제89조, 설비규칙 제5조, (별표 1의2), 해설 법규 : (별표 1의2)
문화 및 집회시설 중 전시장의 승용 승강기의 설치대수
$= 1 + \dfrac{6층 \ 이상의 \ 거실 \ 면적의 \ 합계 - 3,000}{2,000}$ 이다.
6층 이상의 거실면적의 합계가 12,000m²이므로 승강기 설치대수$= 1 + \dfrac{12,000 - 3,000}{2,000} = 5.5 \rightarrow 6$대이다.

★★★
84 다음은 건축선에 따른 건축제한에 관한 기준 내용이다. ( ) 안에 알맞은 것은?

> 도로면으로부터 높이 ( ) 이하에 있는 출입구, 창문, 그 밖에 이와 유사한 구조물은 열고 닫을 때 건축선의 수직면을 넘지 아니하는 구조로 하여야 한다.

① 3m   ② 4.5m

③ 6m   ④ 10m

해설 관련 법규 : 법 제47조, 해설 법규 : 법 제47조 ②항
도로면으로부터 높이 4.5m 이하에 있는 창문은 개폐 시에 수직면을 넘는 구조로 하여서는 아니 된다.

★★★
85 부설주차장의 설치대상시설물종류와 설치기준의 연결이 옳지 않은 것은?

① 위락시설 – 시설면적 150m²당 1대

② 종교시설 – 시설면적 150m²당 1대

③ 판매시설 – 시설면적 150m²당 1대

④ 수련시설 – 시설면적 350m²당 1대

해설 관련 법규 : 법 제19조, 영 제6조, (별표 1), 해설 법규 : 영 제6조 ①항, (별표 1)
위락시설은 시설면적 100m²당, 종교시설은 시설면적 150m²당, 판매시설은 시설면적 150m²당, 수련시설은 시설면적 350m²당 1대의 주차단위구획을 설치하여야 한다.

★
86 평행주차형식으로 일반형인 경우 주차장의 주차단위구획의 크기기준으로 옳은 것은?

① 너비 1.7m 이상, 길이 5.0m 이상

② 너비 1.7m 이상, 길이 6.0m 이상

③ 너비 2.0m 이상, 길이 5.0m 이상

④ 너비 2.0m 이상, 길이 6.0m 이상

해설 관련 법규 : 법 제6조, 규칙 제3조, 해설 법규 : 규칙 제3조 ①항
평행주차형식의 주차구획

구 분	경 형	일반형	보도와 차도의 구분이 없는 주거지역의 도로	이륜 자동차
너비(m)	1.7	2.0	2.0	1.0
길이(m)	4.5	6.0	5.0	2.3
면적(m²)	7.65	12	10	2.3

★★
87 용도지역의 건폐율기준으로 옳지 않은 것은?

① 주거지역 : 70% 이하

② 상업지역 : 90% 이하

③ 공업지역 : 70% 이하

④ 녹지지역 : 30% 이하

해설 **관련 법규 : 법 제55조, 국토법 제77조, 해설 법규 : 국토법 제77조 ①항 1호**

구 분	주거지역	상업지역	공업지역	녹지지역
건폐율 (이하)	70%	90%	70%	20%

88 국토의 계획 및 이용에 관한 법령상 아파트를 건축할 수 있는 지역은?

① 자연녹지지역
② 제1종 전용주거지역
③ 제2종 전용주거지역
④ 제1종 일반주거지역

해설 **관련 법규 : 법 제76조, 영 제71조, 해설 법규 : (별표 3)**
국토의 계획 및 이용에 관한 법에 의하여 공동주택(아파트, 연립주택, 다세대주택, 기숙사)을 건축할 수 있는 지역은 제2종 전용주거지역이다. 자연녹지지역, 제1종 전용주거지역 및 제1종 일반주거지역에는 건축할 수 없다.

89 다음은 대피공간의 설치에 관한 기준내용이다. 밑줄 친 요건내용으로 옳지 않은 것은?

> 공동주택 중 아파트로서 4층 이상인 층의 각 세대가 2개 이상의 직통계단을 사용할 수 없는 경우에는 발코니에 인접 세대와 공동으로 또는 각 세대별로 다음 각 호의 요건을 모두 갖춘 대피공간을 하나 이상 설치하여야 한다.

① 대피공간은 바깥의 공기와 접하지 않을 것
② 대피공간은 실내의 다른 부분과 방화구획으로 구획될 것
③ 대피공간의 바닥면적은 각 세대별로 설치하는 경우에는 $2m^2$ 이상일 것
④ 대피공간의 바닥면적은 인접 세대와 공동으로 설치하는 경우에는 $3m^2$ 이상일 것

해설 **관련 법규 : 법 제49조, 영 제46조, 해설 법규 : 영 제46조 ④항 1호**
대피공간은 바깥의 공기와 접할 것

90 국토의 계획 및 이용에 관한 법령상 광장·공원·녹지·유원지·공공공지가 속하는 기반시설은?

① 교통시설
② 공간시설
③ 환경기초시설
④ 공공·문화체육시설

해설 **관련 법규 : 법 제2조, 해설 법규 : 법 제2조 6호**
기반시설이라 함은 교통시설(주차장), 공간시설[광장(교통광장·일반광장·경관광장·지하광장·건축물부설광장)·공원·녹지·유원지, 공공공지], 유통·공급시설, 공공·문화체육시설, 방재시설, 보건위생시설 및 환경기초시설 등이 있다.

91 용적률 산정에 사용되는 연면적에 포함되는 것은?

① 지하층의 면적
② 층고가 2.1m인 다락의 면적
③ 준초고층건축물에 설치하는 피난안전구역의 면적
④ 건축물의 경사지붕 아래에 설치하는 대피공간의 면적

해설 **관련 법규 : 법 제84조, 영 제119조, 해설 법규 : 영 제119조 ①항 4호**
연면적은 하나의 건축물 각 층의 바닥면적의 합계로 하되, 용적률을 산정할 때에는 ①, ③, ④항 외에 지상층의 주차용(해당 건축물의 부속용도인 경우만 해당)으로 쓰는 면적과 초고층건축물에 설치하는 피난안전구역의 면적을 제외하나, 층고가 2.1m인 다락의 면적은 연면적에 포함된다.

92 건축물과 해당 건축물의 용도의 연결이 옳지 않은 것은?

① 주유소-자동차 관련 시설
② 야외음악당-관광휴게시설
③ 치과의원-제1종 근린생활시설
④ 일반음식점-제2종 근린생활시설

해설 **관련 법규 : 법 제2조, 영 제3조의4, (별표 1), 해설 법규 : (별표 1)**
주유소는 위험물 저장 및 처리시설에 속하고, 자동차 관련 시설(건설기계 관련 시설을 포함)의 종류에는 주차장, 세차장, 폐차장, 검사장, 매매장, 정비공장, 운전학원 및 정비학원(운전 및 정비 관련 직업훈련시설을 포함), 여객자동차운수사업법, 화물자동차운수사업법 및 건설기계관리법에 따른 차고 및 주기장 등이 있다.

★
93 피난용 승강기의 설치에 관한 기준내용으로 옳지 않은 것은?

① 예비전원으로 작동하는 조명설비를 설치할 것

② 승강장의 바닥면적은 승강기 1대당 $5m^2$ 이상으로 할 것

③ 각 층으로부터 피난층까지 이르는 승강로를 단일구조로 연결하여 설치할 것

④ 승강장의 출입구 부근의 잘 보이는 곳에 해당 승강기가 피난용 승강기임을 알리는 표지를 설치할 것

> **해설**
> **관련 법규 : 법 제64조, 영 제91조, 해설 법규 : 영 제91조 1호**
> 피난용 승강기 승강장의 바닥면적은 피난용 승강기 1대에 대하여 $6m^2$ 이상으로 할 것

★
94 노외주차장의 구조·설비에 관한 기준내용으로 옳지 않은 것은?

① 출입구의 너비 3.0m 이상으로 하여야 한다.

② 주차구획선의 긴 변과 짧은 변 중 한 변 이상이 차로에 접하여야 한다.

③ 지하식인 경우 차로의 높이는 주차 바닥 면으로부터 2.3m 이상으로 하여야 한다.

④ 주차에 사용되는 부분의 높이는 주차 바닥 면으로부터 2.1m 이상으로 하여야 한다.

> **해설**
> **관련 법규 : 법 제6조, 규칙 제6조, 해설 법규 : 규칙 제6조 ①항 4호**
> 노외주차장의 출입구너비는 3.5m 이상으로 하여야 하며, 주차대수규모가 50대 이상인 경우에는 출구와 입구를 분리하거나 너비 5.5m 이상의 출입구를 설치하여 소통이 원활하도록 하여야 한다.

★
95 같은 건축물 안에 공동주택과 위락시설을 함께 설치하고자 하는 경우에 관한 기준내용으로 옳지 않은 것은?

① 건축물의 주요 구조부를 내화구조로 할 것

② 공동주택 등과 위락시설 등은 서로 이웃하도록 배치할 것

③ 공동주택 등과 위락시설 등은 내화구조로 된 바닥 및 벽으로 구획하여 서로 차단할 것

④ 공동주택 등의 출입구와 위락시설 등의 출입구는 서로 그 보행거리가 30m 이상이 되도록 설치할 것

> **해설**
> **관련 법규 : 법 제49조, 영 제47조, 피난·방화규칙 제14조의2, 해설 법규 : 피난·방화규칙 제14조의2 3호**
> 같은 건축물 안에 공동주택·의료시설·아동 관련 시설 또는 노인복지시설(공동주택 등) 중 하나 이상과 위락시설·위험물저장 및 처리시설·공장 또는 자동차정비공장(위락시설 등) 중 하나 이상을 함께 설치하고자 하는 경우에는 공동주택 등과 위락시설 등은 서로 이웃하지 아니하도록 배치하여야 한다.

★
96 다음 중 특별건축구역으로 지정할 수 없는 구역은?

① 도로법에 따른 접도구역

② 택지개발촉진법에 따른 택지개발사업구역

③ 국가가 국제행사 등을 개최하는 도시 또는 지역의 사업구역

④ 지방자치단체가 국제행사 등을 개최하는 도시 또는 지역의 사업구역

> **해설**
> **관련 법규 : 법 제69조, 해설 법규 : 법 제69조 ②항**
> 개발제한구역의 지정 및 관리에 관한 특별조치법에 따른 개발제한구역, 자연공원법에 따른 자연공원, 도로법에 따른 접도구역 및 산지관리법에 따른 보전산지는 특별건축구역으로 지정할 수 없다.

★
97 지하층에 설치하는 비상탈출구의 유효너비 및 유효높이기준으로 옳은 것은? (단, 주택이 아닌 경우)

① 유효너비 0.5m 이상, 유효높이 1.0m 이상

② 유효너비 0.5m 이상, 유효높이 1.5m 이상

③ 유효너비 0.75m 이상, 유효높이 1.0m 이상

④ 유효너비 0.75m 이상, 유효높이 1.5m 이상

> **해설**
> **관련 법규 : 법 제53조, 피난·방화규칙 제25조, 해설 법규 : 피난·방화규칙 제25조 ②항 1호**
> 비상탈출구의 유효너비는 0.75m 이상, 유효높이는 1.5m 이상이어야 한다.

★
98 다음은 대지의 조경에 관한 기준내용이다. ( ) 안에 알맞은 것은?

> 면적이 ( ) 이상인 대지에 건축을 하는 건축주는 용도지역 및 건축물의 규모에 따라 해당 지방자치단체의 조례로 정하는 기준에 따라 대지에 조경이나 그 밖에 필요한 조치를 하여야 한다.

① 100m² ② 150m²
③ 200m² ④ 300m²

[해설] 관련 법규 : 법 제42조, 해설 법규 : 법 제42조 ②항
면적이 200m² 이상인 대지에 건축을 하는 건축주는 용도지역 및 건축물의 규모에 따라 해당 지방자치단체의 조례로 정하는 기준에 따라 대지에 조경이나 그 밖에 필요한 조치를 하여야 한다.

★
99 건축법령상 다음과 같이 정의되는 용어는?

> 건축물의 건축·대수선·용도변경, 건축설비의 설치 또는 공작물의 축조에 관한 공사를 발주하거나 현장관리인을 두어 스스로 공사를 하는 자

① 건축주 ② 건축사
③ 설계자 ④ 공사시공자

[해설] 관련 법규 : 법 제2조, 해설 법규 : 법 제2조 ①항 12호
"설계자"란 자기의 책임(보조자의 도움을 받는 경우를 포함)으로 설계도서를 작성하고 그 설계도서에서 의도하는 바를 해설하며 지도하고 자문에 응하는 자를 말하고, "공사시공자"란 건설산업기본법에 따른 건설공사를 하는 자를 말한다.

★★
100 건축물에 설치하는 피난안전구역의 구조 및 설비에 관한 기준내용으로 옳지 않은 것은?

① 피난안전구역의 높이는 1.8m 이상으로 할 것
② 피난안전구역의 내부마감재료는 불연재료로 설치할 것
③ 비상용 승강기는 피난안전구역에서 승하차할 수 있는 구조로 설치할 것
④ 건축물의 내부에서 피난안전구역으로 통하는 계단은 특별피난계단의 구조로 설치할 것

[해설] 관련 법규 : 법 제49조, 영 제34조, 피난·방화규칙 제8조의2, 해설 법규 : 피난·방화규칙 제8조의2 ③항 8호
피난안전구역의 높이는 2.1m 이상일 것

2019

제1과목 건축계획

01 공장의 레이아웃 형식 중 생산에 필요한 모든 공정과 기계류를 제품의 흐름에 따라 배치하는 형식은?

① 고정식 레이아웃
② 혼성식 레이아웃
③ 제품 중심의 레이아웃
④ 공정 중심의 레이아웃

해설 공정 중심의 레이아웃(기계설비의 중심)은 주문공장 생산에 적합한 형식으로, 생산성이 낮으나 다품종 소량생산방식 또는 예상생산이 불가능한 경우와 표준화가 행해지기 어려운 경우에 적합하다. 고정식 레이아웃은 선박이나 건축물처럼 제품이 크고 수가 극히 적은 경우에 사용하며 주로 사용되는 재료나 조립부품이 고정된 장소에 있다.

02 사무소 건축의 코어계획에 관한 설명으로 옳지 않은 것은?

① 코어 부분에는 계단실도 포함시킨다.
② 코어 내의 각 공간은 각 층마다 공통의 위치에 두도록 한다.
③ 코어 내의 화장실은 외부방문객이 잘 알 수 없는 곳에 배치한다.
④ 엘리베이터홀은 출입구문에 근접시키지 않고 일정한 거리를 유지하도록 한다.

해설 사무소 건축계획에 있어서 코어계획 시 계단, 엘리베이터 및 화장실은 가능한 한 접근시키고, 엘리베이터는 가능한 한 중앙에 집중배치한다. 특히 화장실은 외부방문객이 알기 쉬운 장소에 배치함을 원칙으로 한다.

03 미술관의 전시실 순회형식 중 많은 실을 순서별로 통해야 하고 1실을 폐쇄할 경우 전체 동선이 막히게 되는 것은?

① 중앙홀형식
② 연속순회형식
③ 갤러리(gallery)형식
④ 코리더(corridor)형식

해설 중앙홀형식은 중심부에 하나의 큰 홀을 두고 그 주위에 각 전시실을 배치하여 자유로이 출입하는 형식이다. 갤러리 및 복도형식은 각 실을 필요시에 자유로이 독립적으로 폐쇄할 수 있다.

04 상점 매장의 가구배치에 따른 평면유형에 관한 설명으로 옳지 않은 것은?

① 직렬형은 부분별로 상품진열이 용이하다.
② 굴절형은 대면판매방식만 가능한 유형이다.
③ 환상형은 대면판매와 측면판매방식을 병행할 수 있다.
④ 복합형은 서점, 패션점, 액세서리점 등의 상점에 적용이 가능하다.

해설 **매장의 가구배치방법**
㉮ 굴절배열형 : 진열케이스배치와 고객의 동선이 굴절 또는 곡선으로 구성된 스타일의 상점으로 대면판매와 측면판매의 조합에 의해서 이루어지며 백화점 평면배치에는 부적합하다. 예로는 양품점, 모자점, 안경점, 문방구점 등이 있다.
㉯ 직렬배열형 : 진열케이스, 진열대, 진열장 등이 입구에서 내부방향으로 향하여 직선적인 형태로 배치된 형식으로 통로가 직선이며 고객의 흐름이 빠르다. 부문별 상품진열이 용이하고 대량판매형식도 가능하다. 예로는 침구점, 실용의복점, 전자제품판매점, 식기점, 서점 등이 있다.
㉰ 환상배열형 : 중앙에 진열케이스, 진열대 등에 의한 직선 또는 곡선에 의한 환상 부분을 설치하고 이 안에 레지스터, 포장대 등을 놓는 스타일의 상점으로 상점의 넓이에 따라 2개 이상의 환상형을 배치할 수 있다. 이 경우 중앙에 위치한 환상의 대면판매 부분에는 소형 상품과 소형 고액상품을 놓고, 벽면에는 대형 상품 등을 진열한다. 예로는 수예점, 민예품점 등을 들 수 있다.

㉐ 복합형 : ㉮, ㉯, ㉰의 각 형을 적절히 조합시킨 스타일로 후반부는 대면판매 또는 카운터접객 부분이 된다. 예로는 부인복점, 피혁제품점, 서점 등이 있다.

★
05 다음의 공동주택 평면형식 중 각 주호의 프라이버시와 거주성이 가장 양호한 것은?

① 계단실형   ② 중복도형
③ 편복도형   ④ 집중형

해설

공동주택의 평면형식에 의한 특성

평면형식	프라이버시	채광	통풍	거주성	엘리베이터효율	비고
계단실형	좋음	좋음	좋음	좋음	나쁨(비경제적)	저층(5층 이하)에 적당
중복도형	나쁨	나쁨	나쁨	나쁨	좋음	독신자 아파트에 적당
편복도형	중간	좋음	좋음	중간	중간	고층에 적당
집중형	중간	나쁨	나쁨	나쁨	중간	고층 정도에 적당

★★
06 다음은 극장의 가시거리에 관한 설명이다. ( ) 안에 알맞은 것은?

> 연극 등을 감상하는 경우 연기자의 표정을 읽을 수 있는 가시한계는 (㉠)m 정도이다. 그러나 실제적으로 극장에서는 잘 보여야 되는 동시에 많은 관객을 수용해야 하므로 (㉡)m까지를 1차 허용한도로 한다.

① ㉠ 15, ㉡ 22   ② ㉠ 20, ㉡ 35
③ ㉠ 22, ㉡ 35   ④ ㉠ 22, ㉡ 38

해설 극장의 관객석에서 무대 중심을 볼 수 있는 가시거리를 고려할 때 연극 등을 감상하는 경우 연기자의 표정을 읽을 수 있는 가시한계는 15m라고 하고, 제1차 허용한계(극장에서 잘 보여야 하는 것과 동시에 많은 관객을 수용해야 되는 요구를 만족하는 한계)는 22m, 제2차 허용한계(연기자의 일반적인 동작을 감상할 수 있는 한계)는 35m까지 고려되어야 한다.

★
07 사무소 건축에서 엘리베이터계획 시 고려되는 승객집중시간은?

① 출근 시 상승   ② 출근 시 하강
③ 퇴근 시 상승   ④ 퇴근 시 하강

해설 사무소 건축에서 엘리베이터계획 시 승객집중시간은 출근 시 5분간 상승하는 엘리베이터 1대가 운반하는 인원수를 기준으로 한다.

★
08 도서관 출납시스템에 관한 설명으로 옳지 않은 것은?

① 폐가식은 서고와 열람실이 분리되어 있다.
② 반개가식은 새로 출간된 신간서적안내에 채용된다.
③ 안전개가식은 서가열람이 가능하여 도서를 직접 뽑을 수 있다.
④ 자유개가식은 이용자가 자유롭게 도서를 꺼낼 수 있으나 열람석으로 가기 전에 관원에게 체크를 받는 형식이다.

해설 안전개가식은 이용자가 자유롭게 도서를 꺼낼 수 있으나 열람석으로 가기 전에 관원에게 체크를 받는 형식이다.

★★
09 1주간의 평균수업시간이 30시간인 어느 학교에서 설계제도교실이 사용되는 시간은 24시간이다. 그중 6시간은 다른 과목을 위해 사용된다고 할 때 설계제도교실의 이용률과 순수율은?

① 이용률 80%, 순수율 25%
② 이용률 80%, 순수율 75%
③ 이용률 60%, 순수율 25%
④ 이용률 60%, 순수율 75%

해설 ㉮ 그 교실이 사용되고 있는 시간은 24시간, 1주일의 평균수업시간은 30시간이다.
∴ 이용률 = $\dfrac{24}{30} \times 100\% = 80\%$

㉯ 그 교실이 사용되고 있는 시간은 24시간, 일정교과를 위해 사용되는 시간은 24−6=18시간이다.
∴ 순수율 = $\dfrac{18}{24} \times 100\% = 75\%$

2019

★
10 메조넷형 아파트에 관한 설명으로 옳지 않은 것은?

① 다양한 평면구성이 가능하다.
② 소규모 주택에서는 비경제적이다.
③ 편복도형일 경우 프라이버시가 양호하다.
④ 복도와 엘리베이터홀은 각 층마다 계획된다.

해설 메조넷(복층)형은 한 주호가 2개층에 나뉘어 구성되어 있는 형식으로 공용복도와 엘리베이터는 한 층씩 걸러서 설치하므로 정지층이 감소하여 경제적이다. 또한 평면계획 시 문간층(거실, 부엌), 위층(침실)으로 계획하며 다른 평면형의 상·하층을 서로 포개게 되므로 구조와 설비 등이 복잡해지고 설계가 어렵다.

★
11 극장의 평면형식에 관한 설명으로 옳지 않은 것은?

① 오픈스테이지형은 무대장치를 꾸미는 데 어려움이 있다.
② 프로시니엄형은 객석수용능력에 있어서 제한을 받는다.
③ 가변형 무대는 필요에 따라서 무대와 객석을 변화시킬 수 있다.
④ 애리나형은 무대배경설치비용이 많이 소요된다는 단점이 있다.

해설 극장의 무대형식 중 애리나(arena)형은 가까운 거리에서 관람하면서 많은 관객을 수용할 수 있고 무대배경을 만들지 않으므로 경제성이 있으며 무대장치나 소품은 주로 낮은 기구들로 구성한다.

★
12 학교 건축에서 단층교사에 관한 설명으로 옳지 않은 것은?

① 내진·내풍구조가 용이하다.
② 학습활동을 실외로 연장할 수 있다.
③ 계단이 필요 없으므로 재해 시 피난이 용이하다.
④ 설비 등을 집약할 수 있어서 치밀한 평면계획이 용이하다.

해설 학교 건축에서 단층교사의 특성은 ①, ②, ③항 이외에 개개의 교실에서 밖으로 직접 출입할 수 있으므로 복도의 혼잡을 피할 수 있다. 다층교사는 부지의 이용률을 높이고 평면계획에 있어서 치밀한 계획을 세울 수 있으며 건축설비의 배선과 배관을 집약시킬 수 있다.

★
13 주택의 부엌가구배치유형에 관한 설명으로 옳지 않은 것은?

① L자형은 부엌과 식당을 겸할 경우 많이 활용된다.
② ㄷ자형은 작업공간이 좁기 때문에 작업효율이 나쁘다.
③ 일(一)자형은 좁은 면적이용에 효과적이므로 소규모 부엌에 주로 사용된다.
④ 병렬형은 작업동선은 줄일 수 있지만 작업 시 몸을 앞뒤로 바꿔야 하므로 불편하다.

해설 주택의 부엌가구배치유형 중 ㄷ자형은 많은 수납공간과 작업공간을 얻을 수 있고 가장 편리하고 능률적이며 작업효율이 좋은 배치방법이다.

★
14 장애인·노인·임산부 등의 편의증진보장에 관한 법령에 따른 편의시설 중 매개시설에 속하지 않는 것은?

① 주출입구 접근로
② 유도 및 안내설비
③ 장애인전용주차구역
④ 주출입구 높이차이 제거

해설 장애인편의시설 중 매개시설에는 주출입구 접근로, 장애인전용주차구역, 주출입구 높이차이 제거 등, 내부시설에는 출입구(문), 복도, 계단 또는 승강기 등, 위생시설에는 화장실(대·소변기, 세면대 등), 욕실, 샤워실, 탈의실 등, 안내시설에는 점자블록, 유도 및 안내설비, 경보 및 피난설비 등이 있다.

★★
15 상점계획에 관한 설명으로 옳지 않은 것은?

① 고객의 동선은 일반적으로 짧을수록 좋다.
② 점원의 동선과 고객의 동선은 서로 교차되지 않는 것이 바람직하다.
③ 대면판매형식은 일반적으로 시계, 귀금속, 의약품상점 등에서 쓰인다.
④ 쇼케이스배치유형 중 직렬형은 다른 유형에 비하여 상품의 전달 및 고객의 동선상 흐름이 빠르다.

해설 상점계획에서 고객동선은 상품의 판매를 촉진하기 위하여 가능한 한 길게 하고, 종업원동선은 소수의 인원으로 효율적으로 상품을 관리할 수 있도록 가능한 한 짧게 한다.

16 그리스 아테네의 아크로폴리스에 관한 설명으로 옳지 않은 것은?

① 프로필리어는 아크로폴리스로 들어가는 입구건물이다.

② 에렉테이온신전은 이오닉양식의 대표적인 신전으로 부정형평면으로 구성되어 있다.

③ 니케신전은 순수한 코린트식 양식으로서 페르시아와의 전쟁의 승리기념으로 세워졌다.

④ 파르테논신전은 도릭양식의 대표적인 신전으로서 그리스 고전건축을 대표하는 건물이다.

해설 그리스 아테네의 아크로폴리스에 있어서 니케신전은 소규모의 신전(8.3m×5.4m)으로 아크로폴리스 누문인 프로필리어의 정면 남측에 있으며 최초의 이오니아식 건축물로서 페르시아와의 전쟁의 승리를 기념하기 위하여 세워진 신전이다.

17 한국 고대사찰배치 중 1탑 3금당 배치에 속하는 것은?

① 미륵사지   ② 불국사지

③ 정림사지   ④ 청암리사지

해설 고구려 절터인 청암리사지, 상오리사지, 원오리사지, 정릉사지 등은 1탑 3금당(불탑의 수가 1개이고 금당의 수가 3개인 불사)형식을 취하고 있다.

18 다음 중 건축가와 작품의 연결이 옳지 않은 것은?

① 르 꼬르뷔지에(Le Corbusier) – 롱샹교회

② 월터 그로피우스(Walter Gropius) – 아테네 미국대사관

③ 프랭크 로이드 라이트(Frank Lloyd Wright) – 구겐하임미술관

④ 미스 반 데르 로에(Mies Van der Rohe) – M.I.T공대 기숙사

해설 미스 반 데르 로에의 작품에는 바르셀로나박람회 독일전시관, IIT대학 마스터플랜, 시그램빌딩, 튜겐하트주택전시관 등이 있으며, MIT기숙사는 알바 알토의 작품이다.

19 다음은 주택의 기준척도에 관한 설명이다. ( ) 안에 알맞은 것은?

거실 및 침실의 평면 각 변의 길이는 (   )를 단위로 한 것을 기준척도로 할 것

① 5cm   ② 10cm

③ 15cm   ④ 30cm

해설 주택의 평면과 각 부위의 치수 및 기준척도(주택건설기준 등에 관한 규칙 제3조)

㉮ 치수 및 기준척도는 안목치수를 원칙으로 한다.

㉯ 거실 및 침실의 평면 각 변의 길이는 5cm를 단위로 한 것을 기준척도로 한다.

㉰ 거실 및 침실의 반자높이(반자를 설치하는 경우만 해당)는 2.2m 이상으로 하고, 층높이는 2.4m 이상으로 하되 각각 5cm를 단위로 한 것을 기준척도로 한다.

㉱ 부엌, 식당, 욕실, 화장실, 복도, 계단 및 계단참의 평면 각 변의 길이 또는 너비는 5cm를 단위로 한 것을 기준척도로 한다.

㉲ 창호설치용 개구부의 치수는 한국산업규격이 정하는 창호개구부 및 창호부품의 표준모듈호칭치수에 의한다.

20 주거단지의 각 도로에 관한 설명으로 옳지 않은 것은?

① 격자형 도로는 교통을 균등분산시키고 넓은 지역을 서비스할 수 있다.

② 선형 도로는 폭이 넓은 단지에 유리하고 한쪽 측면의 단지만을 서비스할 수 있다.

③ 루프(loop)형은 우회도로가 없는 쿨데삭(cul-de-sac)형의 결점을 개량하여 만든 유형이다.

④ 쿨데삭(cul-de-sac)형은 통과교통을 방지함으로써 주거환경의 쾌적성과 안전성을 모두 확보할 수 있다.

해설 격자형 도로의 교차점은 40m 이상 떨어져 있어야 하며 업무 또는 주거지역으로 직접 연결되어서는 안 된다. 선형 도로(linear road pattern)는 폭이 좁은 단지에 유리하고 양 측면 또는 한 측면의 단지를 서비스할 수 있다.

2019

제2과목 건축시공

21 콘크리트의 균열을 발생시기에 따라 구분할 때 경화한 후 균열의 원인에 해당되지 않는 것은?

① 알칼리골재반응
② 동결융해
③ 탄산화
④ 재료분리

해설 굳지 않은 콘크리트의 균열은 콘크리트타설에서 응결이 종료될 때까지 발생하는 초기 균열(침하, 수축균열, 플라스틱(소성)수축균열, 거푸집변형에 따른 균열 및 진동, 충격·가벼운 재하에 따른 균열 등)이고, 건조수축 및 수화열은 경화 후의 균열이다.

22 도막방수에 관한 설명으로 옳지 않은 것은?

① 복잡한 형상에 대한 시공성이 우수하다.
② 용제형 도막방수는 시공이 어려우나 충격에 매우 강하다.
③ 에폭시계 도막방수는 접착성, 내열성, 내마모성, 내약품성이 우수하다.
④ 셀프레벨링공법은 방수 바닥에서 도료상태의 도막재를 바닥에 부어 도포한다.

해설 용제(솔벤트)형 도막방수는 합성고무를 솔벤트에 녹여 방수피막(0.5~0.8mm)을 형성하는 방수공법으로, 바탕처리를 충분히 건조시키고 한 층의 시공이 완료되면 1.5~2시간 경과 후 다음 층의 작업을 하므로 시공이 복잡하며, 완성된 도막은 외상에 매우 약하므로 보호층이 필요하다.

23 다음과 같은 원인으로 인하여 발생하는 용접 결함의 종류는?

원인 : 도료, 녹, 밀, 스케일, 모재의 수분

① 피트   ② 언더컷
③ 오버랩   ④ 엔드탭

해설 언더컷의 원인은 운봉불량, 전류 과대, 용접봉의 선택 부적합 등이고, 오버랩의 원인은 전류 과소이며, 슬래그 함입의 원인은 운봉 부적합, 전류 과소 등이다. 엔드탭은 용접의 결함을 방지하기 위하여 용접의 시발부와 종단부에 임시로 붙이는 보조판이다.

24 터파기 공사 시 지하수위가 높으면 지하수에 의한 피해가 우려되므로 차수공사를 실시하며, 이 방법만으로 부족할 때에는 강제배수를 실시하게 되는데, 이때 나타나는 현상으로 옳지 않은 것은?

① 점성토의 압밀
② 주변침하
③ 흙막이 벽의 토압 감소
④ 주변우물의 고갈

해설 강제배수로 인하여 발생하는 현상의 종류에는 점성토의 압밀, 주변침하, 주변우물의 고갈, 인접 구조물의 균열 및 부동침하, 지중매설물의 이동 및 파괴, 흙막이 벽의 토압 증대 등이 있다.

25 일반경쟁입찰의 업무순서에 따라 다음의 항목을 옳게 나열한 것은?

A. 입찰공고   B. 입찰등록
C. 견적   D. 참가등록
E. 입찰   F. 현장설명
G. 개찰 및 낙찰   H. 계약

① A→B→F→D→C→E→G→H
② A→D→F→C→B→E→G→H
③ A→B→C→F→D→G→E→H
④ A→D→C→F→E→G→B→H

해설 입찰순서는 입찰공고 또는 입찰통지→참가등록→설계도서 교부, 현장설명(입찰공고 후에 즉시 이루어짐), 질의응답, 적산 및 견적→입찰등록→입찰→개찰, 재입찰, 수의계약→낙찰→계약이다.

26 TQC를 위한 7가지 도구 중 다음 설명에 해당하는 것은?

모집단에 대한 품질특성을 알기 위하여 모집단의 분포상태, 분포의 중심위치, 분포의 산포 등을 쉽게 파악할 수 있도록 막대그래프 형식으로 작성한 도수분포도를 말한다.

① 히스토그램   ② 특성요인도
③ 파레토도   ④ 체크시트

해설

특성요인도는 결과에 원인이 어떻게 관계하고 있는가를 한눈에 알 수 있도록 작성한 그림 또는 원인과 결과의 관계를 알기 쉽게 나무형상으로 도시한 것으로서 공정 중에 발생한 문제나 하자분석을 할 때 사용한다. 파레토도는 불량, 결점, 고장 등의 발생건수(또는 손실금액)를 분류항목별로 나누어 크기의 순서대로 나열해 놓은 그림이며, 체크시트는 주로 계수치의 데이터가 분류항목별 어디에 집중되어 있는가를 알아보기 위하여 쉽게 나타낸 그림이나 표이다.

★
27 경량형 강재의 특징에 관한 설명으로 옳지 않은 것은?

① 경량형 강재는 중량에 대한 단면계수, 단면 2차 반경이 큰 것이 특징이다.
② 경량형 강재는 일반구조용 열간압연한 일반형 강재에 비하여 단면형이 크다.
③ 경량형 강재는 판두께가 얇지만 판의 국부좌굴이나 국부변형이 생기지 않아 유리하다.
④ 일반구조용 열간압연한 일반형 강재에 비하여 판두께가 얇고 강재량이 적으면서 휨강도는 크고 좌굴강도도 유리하다.

해설

경량형 강재의 특성은 ①, ②, ④항 이외에 가벼워 운반이 용이하고 접합방법에 대한 선택이 자유로우나, 춤과 너비에 비해 판두께가 얇아 비틀림이나 국부좌굴, 국부변형이 발생하기 쉬운 단점이 있다.

★
28 거푸집에 작용하는 콘크리트의 측압에 끼치는 영향요인과 가장 거리가 먼 것은?

① 거푸집의 강성
② 콘크리트 타설속도
③ 기온
④ 콘크리트의 강도

해설

콘크리트의 시공연도(슬럼프값)가 클수록, 부배합일수록, 콘크리트의 붓기 속도가 빠를수록, 온도가 낮을수록, 부재의 수평 단면이 클수록, 콘크리트 다지기(진동기를 사용하여 다지기를 하는 경우 30~50% 정도의 측압이 커진다)가 충분할수록, 벽두께가 두꺼울수록, 거푸집의 강성이 클수록, 거푸집의 투수성이 작을수록, 콘크리트의 비중이 클수록, 물·시멘트비가 클수록, 묽은 콘크리트일수록, 철근량이 적을수록, 중량골재를 사용할수록 거푸집의 측압은 증가한다.

★★
29 건설프로세스의 효율적인 운영을 위해 형성된 개념으로 건설생산에 초점을 맞추고, 이에 관련된 계획, 관리, 엔지니어링, 설계, 구매, 계약, 시공, 유지 및 보수 등의 요소들을 주요 대상으로 하는 것은?

① CIC(Computer Integrated Construction)
② MIS(Management Information System)
③ CIM(Computer Integrated Manufacturing)
④ CAM(Computer Aided Manufacturing)

해설

② MIS(경영정보시스템) : 재무, 인사관리 등의 요소들을 대상으로 건설업체의 업무수행을 전산화처리하여 업무를 신속하게 수행하도록 하는 것이다.
③ CIM : 컴퓨터통합생산으로 철저한 고객 지향에 기반을 두고 제조업의 비즈니스속도와 유연성 향상을 목표로 삼아 생산·판매·기술 등 각 업무기능의 낭비와 정체를 제거하고 업무 자체의 단순화·표준화를 위해 컴퓨터네트워크로 통합하는 것을 말한다.
④ CAM : 컴퓨터를 사용해 제조작업을 하는 프로그램설계작업인 CAD작업 후에 컴퓨터를 이용한 제품의 제조·공정·검사 등을 시행하는 과정이다.

★
30 경량기포콘크리트(ALC)에 관한 설명으로 옳지 않은 것은?

① 기건비중은 보통콘크리트의 약 1/4 정도로 경량이다.
② 열전도율은 보통콘크리트의 약 1/10 정도로서 단열성이 우수하다.
③ 유기질 소재를 주원료로 사용하여 내화 성능이 매우 낮다.
④ 흡음성과 차음성이 우수하다.

해설

경량기포콘크리트(Autoclaved Lightweight Concrete)의 특성은 ①, ②, ④항 이외에 건조수축률이 매우 작으므로 균열 발생이 적고 기공구조이기 때문에 흡수율이 높은 편이며 방수 및 방습처리가 필요하다. 또한 경량으로 인력에 의한 취급이 가능하고 현장에서 절단과 가공이 가능하며 불연재인 동시에 내화재료이다.

★
31 실의 크기조절이 필요한 경우 칸막이기능을 하기 위해 만든 병풍 모양의 문은?

① 여닫이문
② 자재문
③ 미서기문
④ 홀딩도어

해설 여닫이창호는 경첩 등을 축으로 개폐되는 창호이다. 자재창호는 주택보다는 대형 건물의 현관문으로 많이 사용되어 많은 사람들이 출입하기에 편리한 문으로 안팎 자재로 열고 닫게 된 여닫이문의 일종이다. 미서기창호는 웃틀과 밑틀에 두 줄로 홈을 파서 문 한 짝을 다른 한 짝 옆에 밀어붙이게 한 창호이다.

★★
32 타일 108mm각으로, 줄눈을 5mm로 벽면 $6m^2$를 붙일 때 필요한 타일의 장수는? (단, 정미량으로 계산)

① 350장   ② 400장
③ 470장   ④ 520장

해설 타일 108mm각, 줄눈 5mm인 경우 타일의 장수(정미량)는 78장/m^2이다.
∴ 78장/$m^2 \times 6m^2$＝468장

★
33 수장공사 적산 시 유의사항에 관한 설명으로 옳지 않은 것은?

① 수장공사는 각종 마감재를 사용하여 바닥-벽-천장을 치장하므로 도면을 잘 이해하여야 한다.
② 최종 마감재만 포함하므로 설계도서를 기준으로 각종 부속공사는 제외하여야 한다.
③ 마무리공사로서 자재의 종류가 다양하게 포함되므로 자재별로 잘 구분하여 시공 및 관리하여야 한다.
④ 공사범위에 따라서 주자재, 부자재, 운반 등을 포함하고 있는지 파악하여야 한다.

해설 수장공사 적산 시 유의사항 중 최종 및 부속마감재만 포함하므로 설계도서를 기준으로 각종 부속공사를 포함하여야 한다.

★★
34 평판재하시험에 관한 설명으로 옳지 않은 것은?

① 재하판의 크기는 45cm각을 사용한다.
② 침하의 증가가 2시간에 0.1mm 이하가 되면 정지한 것으로 판정한다.
③ 시험할 장소에서의 즉시침하를 방지하기 위하여 다짐을 실시한 후 시작한다.
④ 지반의 허용지지력을 구하는 것이 목적이다.

해설 평판재하시험의 시험면은 구조물 설치예정지표면의 자연상태(다짐을 실시하지 않은 상태)에서 행해져야 한다.

★
35 석재의 표면마무리의 갈기 및 광내기에 사용하는 재료가 아닌 것은?

① 금강사
② 황산
③ 숫돌
④ 산화주석

해설 물갈기와 광내기에 사용되는 재료에는 초벌에는 철사, 금강사 등이 있다. 재벌에는 카보런덤 등의 인조숫돌을 사용하고, 정벌에는 인조숫돌 및 산화주석(산화주석을 헝겊에 묻혀 사용)을 사용한다.

★★
36 건축주가 시공회사의 신용, 자산, 공사경력, 보유기자재 등을 고려하여 그 공사에 적격한 하나의 업체를 지명하여 입찰시키는 방법은?

① 공개경쟁입찰
② 제한경쟁입찰
③ 지명경쟁입찰
④ 특명입찰

해설 공개(일반)경쟁입찰은 공사시공자를 널리 공고(관보, 공보, 신문 등)하여 입찰시키는 방법으로 가장 민주적이며 관청공사에 많이 채용된다. 제한경쟁입찰은 제한요건(지역, 특수 기술, 도급금액 및 자본금 제한 등)을 제시하여 입찰하는 방식이다. 지명경쟁입찰은 건축주(발주자)의 판단(자산, 신용, 기술능력 및 공사경험 등)에 의해 공사에 가장 적격하다고 인정되는 3~7개의 회사를 선정한 후 입찰시키는 방식이다. 특명입찰은 하나의 업체를 선택하는 방식이 지명경쟁입찰과 상이한 점이다.

37 서로 다른 종류의 금속재가 접촉하는 경우 부식이 일어나는 경우가 있는데 부식성이 큰 금속 순으로 옳게 나열된 것은?

① 알루미늄 > 철 > 주석 > 구리
② 주석 > 철 > 알루미늄 > 구리
③ 철 > 주석 > 구리 > 알루미늄
④ 구리 > 철 > 알루미늄 > 주석

해설 금속의 부식원인(대기, 물, 흙 속, 전기작용에 의한 부식) 중 서로 다른 금속이 접촉하고, 그곳에 수분이 있으면 전기분해가 일어나 이온화경향이 큰 쪽이 음극이 되어 전기부식작용을 받는다. 이온화경향이 큰 것부터 나열하면 Mg > Al > Cr > Mn > Zn > Fe > Ni > Sn > H > Cu > Hg > Ag > Pt > Au의 순이다.

38 스프레이도장방법에 관한 설명으로 옳지 않은 것은?

① 도장거리는 스프레이도장면에서 150mm를 표준으로 하고 압력에 따라 가감한다.
② 스프레이할 때에는 매끈한 평면을 얻을 수 있도록 하고, 항상 평행이동하면서 운행의 한 줄마다 스프레이너비의 1/3 정도를 겹쳐 뿜는다.
③ 각 회의 스프레이방향은 전회의 방향에 직각으로 한다.
④ 에어레스스프레이도장은 1회 도장에 두꺼운 도막을 얻을 수 있고 짧은 시간에 넓은 면적을 도장할 수 있다.

해설 스프레이(뿜)도장의 거리는 스프레이도장면에서 300mm를 표준으로 하고 압력에 따라 가감한다.

39 창호철물 중 여닫이문에 사용하지 않는 것은?

① 도어행거(door hanger)
② 도어체크(door check)
③ 실린더록(cylinder lock)
④ 플로어힌지(floor hinge)

해설 도어행거는 접문의 이동장치에 쓰는 것으로서 문짝의 크기에 따라 사용하며 2개 또는 4개의 바퀴가 달린 창호철물이다. 도어체크(클로저)는 문과 문틀에

장치하여 문을 열면 저절로 닫히는 장치가 되어 있는 창호철물로 여닫이문에 사용한다. 실린더록은 함자물쇠의 일종으로 자물쇠장치를 실린더 속에 한 것이다. 플로어힌지는 문짝에 다는 경첩 대신에 여닫이문의 위아래 촉을 붙이며 마루에는 구멍(소켓)이 있어 축의 작용을 한다. 경첩으로 유지할 수 없는 무거운 자재여닫이문에 사용하는 창호철물이다.

40 아스팔트방수공사에 관한 설명으로 옳지 않은 것은?

① 아스팔트프라이머는 건조하고 깨끗한 바탕면에 솔, 롤러, 뿜칠기 등을 이용하여 규정량을 균일하게 도포한다.
② 용융아스팔트는 운반용 기구로 시공장소까지 운반하여 방수바탕과 시트재 사이에 롤러, 주걱 등으로 뿌리면서 시트재를 깔아나간다.
③ 옥상에서의 아스팔트방수시공 시 평탄부에서의 방수시트깔기 작업 후 특수 부위에 대한 보강붙이기를 시행한다.
④ 평탄부에서는 프라이머의 적절한 건조상태를 확인하여 시트를 깐다.

해설 아스팔트방수공사에 있어서 옥상에서의 아스팔트방수시공 시 평탄부에서의 방수시트깔기 작업 전에 특수 부위에 대한 보강붙이기를 시행한다.

제3과목 | 건축구조

41 다음 그림과 같은 라멘의 부정정차수는?

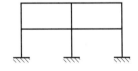

① 6차 부정정   ② 8차 부정정
③ 10차 부정정   ④ 12차 부정정

해설 ㉮ $S=10$, $R=9$, $N=11$, $K=9$이므로
$S+R+N-2K=10+9+11-2\times9$
$=12$차 부정정구조물
㉯ $R=9$, $C=33$, $M=10$이므로
$R+C-3M=9+33-3\times10=12$차 부정정구조물

42 다음 그림과 같은 보에서 중앙점(C점)의 휨모멘트(M_C)를 구하면?

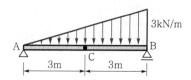

① 4.50kN · m ② 6.75kN · m
③ 8.00kN · m ④ 10.50kN · m

해설
㉮ 반력
ㄱ) $\Sigma Y=0$에 의해서
$$V_A-3\times6\times\frac{1}{2}+V_B=0 \cdots ①$$
ㄴ) $\Sigma M_B=0$에 의해서
$$V_A\times6-3\times6\times\frac{1}{2}\times2=0$$
$$\therefore V_A=3kN(\uparrow) \cdots ②$$
ㄷ) 식 ②를 식 ①에 대입하면 $V_B=6kN(\uparrow)$
㉯ $M_C=3\times3-3\times1.5\times\frac{1}{2}\times1=6.75kN\cdot m$

43 1단은 고정, 1단은 자유인 길이 10m인 철골기둥에서 오일러의 좌굴하중은? (단, $A=6,000mm^2$, $I_x=4,000cm^4$, $I_y=2,000cm^4$, $E=205,000MPa$)

① 101.2kN
② 168.4kN
③ 195.7kN
④ 202.4kN

해설
P_k(좌굴하중)
$$=\frac{\pi^2E(\text{기둥재료의 영계수})I(\text{최소 단면 2차 모멘트})}{l_k^2(\text{기둥의 좌굴길이})}$$
여기서, $E=2.05\times10^5MPa$
$l_k=2l=2\times10=20m=20,000mm$
$I=20,000,000mm^4$
$$\therefore P_k=\frac{\pi^2EI}{l_k^2}$$
$$=\frac{\pi^2\times2.05\times10^5\times20,000,000}{20,000^2}$$
$$=101,163.45N=101.2kN$$

44 다음 그림과 같은 단면에서 $x-x$축에 대한 단면 2차 반경으로 옳은 것은?

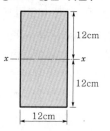

① 5.5cm ② 6.9cm
③ 7.7cm ④ 8.1cm

해설
$$i(\text{단면 2차 반경})=\sqrt{\frac{I(\text{단면 2차 모멘트})}{A(\text{단면적})}}$$
여기서, $A=12\times24=288cm^2$
$$I=\frac{bh^3}{12}=\frac{12\times24^3}{12}=13,824cm^3$$
$$\therefore i=\sqrt{\frac{I}{A}}=\sqrt{\frac{13,824}{288}}=6.93cm$$

45 스팬이 l이고 양단이 고정인 보의 전체에 등분포하중 w가 작용할 때 중앙부의 최대 처짐은?

① $\dfrac{wl^4}{48EI}$ ② $\dfrac{5wl^4}{48EI}$
③ $\dfrac{wl^4}{384EI}$ ④ $\dfrac{5wl^4}{384EI}$

해설
양단이 고정인 보의 전체에 등분포하중이 작용하는 경우 보의 최대 처짐$(\delta_{max})=\dfrac{wl^4}{384EI}$

46 철근콘크리트의 보강철근에 관한 설명으로 옳지 않은 것은?

① 보강철근으로 보강하지 않은 콘크리트는 연성거동을 한다.
② 보강철근은 콘크리트의 크리프를 감소시키고 균열의 폭을 최소화시킨다.
③ 이형철근은 원형강봉의 표면에 돌기를 만들어 철근과 콘크리트의 부착력을 최대가 되도록 한 것이다.
④ 보강철근을 콘크리트 속에 매립함으로써 콘크리트의 휨강도를 증대시킨다.

정답 42.② 43.① 44.② 45.③ 46.①

해설 콘크리트는 취성재료이므로 보강철근으로 보강하지 않은 경우 취성거동을 한다.

★★
47 강도설계법 적용 시 다음 그림과 같은 단철근 직사각형 보 단면의 공칭휨강도 M_n은? (단, f_{ck}=21MPa, f_y=400MPa, A_s=1,200mm²)

① 162kN · m
② 182kN · m
③ 202kN · m
④ 242kN · m

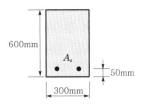

해설
M_n(공칭휨강도)
= A_s(인장철근의 단면적)f_y(철근의 항복강도)
$\left[d(응력 중심 간의 거리) - \dfrac{a(응력블록의 깊이)}{2} \right]$
이다. 또한 $C = T$에 의해서
0.85ηf_{ck}(허용압축응력)b_w(보의 폭)a(응력블록의 깊이)
= A_s(인장철근의 단면적)f_y(철근의 항복강도)이므로
$a = \dfrac{A_s f_y}{0.85\eta f_{ck} b_w} = \dfrac{1,200 \times 400}{0.85 \times 1 \times 21 \times 300} ≒ 89.6359$mm
$\therefore M_n = A_s f_y \left(d - \dfrac{a}{2} \right)$
$= 1,200 \times 400 \times \left(550 - \dfrac{89.6359}{2} \right)$
$= 242,487,395$N · mm ≒ 242kN · m

★
48 철근의 정착길이에 관한 사항으로 옳지 않은 것은?

① 인장이형철근 및 이형철선의 정착길이 l_d는 항상 300mm 이상이어야 한다.
② 압축이형철근의 정착길이 l_d는 항상 150mm 이상이어야 한다.
③ 인장 또는 압축을 받는 하나의 다발철근 내에 있는 개개 철근의 정착길이 l_d는 다발철근이 아닌 경우의 각 철근의 정착길이보다 3개의 철근으로 구성된 다발철근에 대해서 20% 증가시켜야 한다.
④ 단부에 표준갈고리를 갖는 인장이형철근의 정착길이 l_{dh}는 항상 8d_b 이상 또한 150mm 이상이어야 한다.

해설 l_{db}(압축이형철근의 기본정착길이)= $\dfrac{0.25d_b f_y}{\lambda \sqrt{f_{ck}}}$ 이다.
다만, 이 값은 0.043$d_b f_y$ 이상이어야 한다. 또한 정착길이는 항상 200mm 이상이어야 한다.

★★★
49 강도설계법에 의한 철근콘크리트보설계에서 양단 연속인 경우 처짐을 계산하지 않아도 되는 보의 최소 두께로 옳은 것은? (단, 보통콘크리트 w_c=2,300kg/m³와 설계기준 항복강도 400MPa 철근을 사용)

① $l/16$
② $l/21$
③ $l/24$
④ $l/28$

해설 처짐을 계산하지 않는 경우의 처짐

부 재	최소 두께(h)			
	단순 지지	1단 연속	양단 연속	캔틸 레버
	큰 처짐에 의해 손상되기 쉬운 칸막이벽이나 기타 구조물을 지지 또는 부착하지 않은 부재			
1방향 슬래브	$l/20$	$l/24$	$l/28$	$l/10$
보, 리브가 있는 1방향 슬래브	$l/16$	$l/18.5$	$l/21$	$l/8$

★
50 내진설계에 있어서 밑면전단력 산정인자가 아닌 것은?

① 건물의 중요도계수
② 반응수정계수
③ 진도계수
④ 유효건물중량

해설 등가정적해석법을 사용한 밑면전단력의 크기(V)
= $C_s W$= $\dfrac{S_{DI}}{\dfrac{R}{I_e} T} W$
여기서, C_s : 지진응답계수
W : 고정하중과 기타 하중을 포함한 유효 건물중량
S_{DI} : 주기 1초에서의 설계스펙트럼가속도
R : 반응수정계수
I_e : 건물의 중요도계수
T : 건물의 고유주기

★
51 다음 그림과 같은 구조에서 B단에 발생하는 모멘트는?

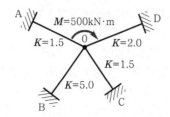

① 125kN · m ② 188kN · m
③ 250kN · m ④ 300kN · m

해설
㉮ M'(분배모멘트)=μ(분배율)M(모멘트)에서

$\mu = \dfrac{K(강비)}{\sum K(강비의 합)}$ 이다.

$$\therefore M' = \mu M = \dfrac{K}{\sum K} M$$
$$= \dfrac{5}{1.5+5.0+1.5+2.0} \times 500$$
$$= 250\text{kN} \cdot \text{m}$$

㉯ M''(도달모멘트)=μ'(도달률)M'(분배모멘트)에서 도달률=1/2, 분배모멘트=250kN · m이므로

$$\therefore M'' = \dfrac{1}{2} \times 250 = 125\text{kN} \cdot \text{m}$$

★
52 다음 그림과 같은 구멍 2열에 대하여 파단선 A–B–C를 지나는 순단면적과 동일한 순단면적을 갖는 파단선 D–E–F–G의 피치(s)는? (단, 구멍은 여유폭을 포함하여 23mm임)

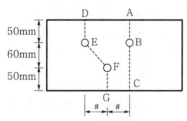

① 3.7cm ② 7.4cm
③ 11.1cm ④ 14.8cm

해설
피치(s)를 구하기 위하여 파단면 ABC의 순단면적과 파단면 DEFG의 순단면적이 같다는 조건을 이용해야 한다.
㉮ 파단면 ABC의 순단면적
$(5+6+5)-1\times2.3=13.7$cm

㉯ 파단면 DEFG의 순단면적
$(5+6+5)-2\times2.3+\dfrac{s^2}{4\times6}=11.4+\dfrac{s^2}{24}$

파단면 ABC의 순단면적=파단면 DEFG의 순단면적이므로

$13.7 = 11.4 + \dfrac{s^2}{24}$

$\therefore s = \sqrt{(13.7-11.4)\times24} = 7.4296 ≒ 7.43$cm

★★
53 원형 단면에 전단력 S=30kN이 작용할 때 단면의 최대 전단응력도는? (단, 단면의 반경은 180mm이다.)

① 0.19MPa
② 0.24MPa
③ 0.39MPa
④ 0.44MPa

해설
원형 단면의 최대 전단응력도($\tau_{\max}$)=$\dfrac{4}{3}\dfrac{S}{\pi r^2}$

여기서, S=30kN=30,000N
r=180mm

$\therefore \tau_{\max} = \dfrac{4}{3} \times \dfrac{30,000}{\pi \times 180^2} ≒ 0.39\text{N/mm}^2 = 0.39\text{MPa}$

★
54 다음 그림과 같은 부정정보에서 고정단모멘트 $M_{AB}(C_{AB})$의 절댓값은?

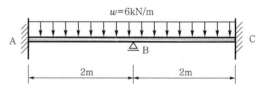

① 2kN · m ② 3kN · m
③ 4kN · m ④ 5kN · m

해설
양단 고정보의 단부휨모멘트=$\dfrac{wl^2}{12}$이고, M_{AB}는 AB부재의 A점의 휨모멘트이므로 AB부재를 분리하여 양단 고정보로 가정하면

$\therefore$ 고정된 A점의 휨모멘트(M_A)=$M_{AB}=\dfrac{wl^2}{12}$
$$= \dfrac{6 \times 2^2}{12} = 2\text{kN} \cdot \text{m}$$

★
55 다음 그림과 같은 보의 C점에서의 최대 처짐은?

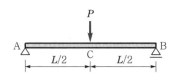

① $\dfrac{PL^3}{2EI}$　　　　② $\dfrac{PL^3}{48EI}$

③ $\dfrac{PL^3}{384EI}$　　　　④ $\dfrac{5PL^3}{384EI}$

_{해설} 단순보의 중앙점에 집중하중이 작용하는 경우의 최대 처짐(δ_{max})= $\dfrac{PL^3}{48EI}$

★★
56 바닥슬래브와 철골보 사이에 발생하는 전단력에 저항하기 위해 설치하는 것은?

① 커버플레이트(cover plate)

② 스티프너(stiffener)

③ 턴버클(turn buckle)

④ 시어커넥터(shear connector)

_{해설} 커버플레이트는 철골구조의 절점에 있어서 부재의 접합에 덧대는 연결보강용 강판으로서 절점형성의 가장 중요한 재료이다. 스티프너는 판보(플레이트보)에서 웨브플레이트의 좌굴을 방지하기 위하여 웨브플레이트판을 보강하는 강재로서 간격은 보 높이의 1.5배 이하로 한다. 턴버클은 줄(인장재)을 팽팽히 당겨 조이는 나사가 있는 탕개쇠로서 거푸집 연결 시 철선의 조임, 철골 및 목골공사와 콘크리트타워 설치 시 사용한다.

★
57 말뚝기초에 관한 설명으로 옳지 않은 것은?

① 말뚝기초는 지반이 연약하고 기초상부의 하중을 지지하지 못할 때 보강공법으로 쓰인다.

② 지지말뚝은 굳은 지반까지 말뚝을 박아 하중을 직접 지반에 전달하며 주위 흙과의 마찰력은 고려하지 않는다.

③ 마찰말뚝은 주위 흙과의 마찰력으로 지지되며 n개를 박았을 때 그 지지력은 n배가 된다.

④ 동일 건물에서는 서로 다른 종류의 말뚝을 혼용하지 않는다.

_{해설} 마찰말뚝(말뚝의 지지력을 주로 말뚝 둘레의 마찰저항에 의한 말뚝 또는 말뚝 주변의 마찰저항이 선단저항보다 비교적 큰 경우의 말뚝)은 주위 흙과의 마찰력으로 지지되나 n개를 박았을 때 그 지지력은 n배가 되지 않는다.

★
58 철골트러스의 특성에 관한 설명으로 옳지 않은 것은?

① 직선부재들이 삼각형의 형태로 구성되어 안정적인 거동을 한다.

② 트러스의 개방된 웨브공간으로 전기배선이나 덕트 등과 같은 설비배관의 통과가 가능하다.

③ 부정정차수가 낮은 트러스의 경우에는 일부 부재나 접합부의 파괴가 트러스의 붕괴를 야기할 수 있다.

④ 직선부재로만 구성되기 때문에 비정형건축물의 구조체에는 적용되지 않는다.

_{해설} 철골트러스는 직선부재로만 이루어지므로 곡선형에는 도입이 어렵다. 정형 및 비정형구조물의 도입과는 무관하다.

★
59 다음 단면을 가진 철근콘크리트기둥의 최대 설계축하중(ϕP_n)은? (단, $f_{ck}=30$MPa, $f_y=400$MPa)

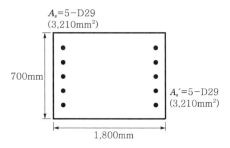

① 12,958kN　　　　② 15,425kN

③ 17,958kN　　　　④ 21,425kN

_{해설} 압축재(기둥)의 최대 설계축하중 산정식
㉮ 띠기둥
$$\phi P_n = 0.65 \times 0.80 \times [0.85f_{ck}(A_g - A_{st}) + f_y A_{st}]$$

55.② 56.④ 57.③ 58.④ 59.③

2019

㉱ 나선기둥

$$\phi P_n = 0.7 \times 0.85 \times [0.85 f_{ck}(A_g - A_{st}) + f_y A_{st}]$$

위의 식 중 ㉮에 의해서 $f_{ck}=30\text{MPa}$, $f_y=400\text{MPa}$, $A_g=1,800\times700=1,260,000\text{mm}^2$, $A_{st}=3,210+3,210$ $=6,420\text{mm}^2$이므로

$$\phi P_n = 0.65 \times 0.80 \times [0.85 f_{ck}(A_g - A_{st}) + f_y A_{st}]$$
$$= 0.65 \times 0.80 \times [0.85 \times 30 \times (1,260,000-6,420)$$
$$+ 400 \times 6,420]$$
$$= 17,957,830.8\text{N} ≒ 17,958\text{kN}$$

★★★ 60 철골구조 주각부의 구성요소가 아닌 것은?

① 커버플레이트　　② 앵커볼트
③ 베이스모르타르　④ 베이스플레이트

해설 철골구조의 주각부는 기둥이 받는 내력을 기초에 전달하는 부분으로 윙플레이트(힘의 분산을 위함), 베이스플레이트(힘을 기초에 전달함), 기초와의 접합을 위한 클립앵글, 사이드앵글 및 앵커볼트를 사용한다. 커버플레이트는 철골구조의 판보에 설치하여 단면계수를 증대시키므로 휨내력의 부족을 보충하는 역할을 한다.

제4과목　건축설비

★★ 61 실내공기오염의 종합적 지표로서 사용되는 오염물질은?

① 부유분진　　② 이산화탄소
③ 일산화탄소　④ 이산화질소

해설 실내공기오염의 척도로서 이산화탄소농도가 사용되는 가장 주된 이유는 실내공기오염이 농도에 비례하기 때문이다.

★★ 62 전기샤프트(ES)에 관한 설명으로 옳지 않은 것은?

① 전기샤프트(ES)는 각 층마다 같은 위치에 설치한다.
② 전기샤프트(ES)의 면적은 보, 기둥 부분을 제외하고 산정한다.
③ 전기샤프트(ES)는 전력용(EPS)과 정보통신용(TPS)을 공용으로 설치하는 것이 원칙이다.

④ 전기샤프트(ES)의 점검구는 유지·보수 시 기기의 반입 및 반출이 가능하도록 하여야 한다.

해설 전기샤프트(ES : Electrical Shaft)의 건축적 고려사항은 ①, ②, ④항 이외에 다음 사항을 고려하여야 한다.
㉮ 전기샤프트(ES)는 용도별로 전력용(EPS : Electrical Power Shaft)과 정보통신용(TPS : Telecommuication Power Shaft)으로 구분하여 설치하여야 한다. 다만, 각 용도의 설치장비 및 배선이 적은 경우는 공용으로 사용 가능하다.
㉯ 전기샤프트는 연면적 3,000m² 이상 건축물의 경우에는 1개층을 기준하여 800m²마다 설치하되 용도에 따라 면적을 달리할 수 있다.
㉰ 전기샤프트의 점검구는 유지보수 시 기기의 반입 및 반출이 가능하도록 하여야 하며 문짝의 폭은 600mm 이상으로 한다.

★★★ 63 기온, 습도, 기류의 3요소의 조합에 의한 실내 온열감각을 기온의 척도로 나타낸 것은?

① 작용온도　　② 등가온도
③ 유효온도　　④ 등온지수

해설 쾌적지표의 요소

구 분	기온	습도	기류	복사열
유효온도	○	○	○	×
(신·수정·표준)유효온도, 등가감각온도	○	○	○	○
작용(효과)온도, 등가온도, 합성온도	○	×	○	○

★ 64 증기난방에 관한 설명으로 옳지 않은 것은?

① 온수난방에 비해 예열시간이 짧다.
② 온수난방에 비해 한랭지에서 동결의 우려가 적다.
③ 운전 시 증기해머로 인한 소음을 일으키기 쉽다.
④ 온수난방에 비해 부하변동에 따른 실내 방열량의 제어가 용이하다.

해설 증기난방은 온수난방에 비해 부하변동에 따른 실내 방열량의 제어가 난해하다.

65 조명설비에서 눈부심에 관한 설명으로 옳지 않은 것은?

① 광원의 크기가 클수록 눈부심이 강하다.
② 광원의 휘도가 작을수록 눈부심이 강하다.
③ 광원이 시선에 가까울수록 눈부심이 강하다.
④ 배경이 어둡고 눈이 암순응될수록 눈부심이 강하다.

해설
눈부심현상은 눈에 입사하는 광속이 클수록, 휘도가 높을수록, 광원이 눈에 가까울수록, 배경이 어둡고 눈이 암순응될수록 눈부심이 강하다.

66 배수트랩에 관한 설명으로 옳지 않은 것은?

① 트랩은 이중으로 설치하면 효과적이다.
② 트랩의 봉수깊이가 너무 깊으면 통수능력이 감소된다.
③ 트랩은 하수가스의 실내침입을 방지하는 역할을 한다.
④ 트랩은 위생기구에 가능한 한 접근시켜 설치하는 것이 좋다.

해설
이중트랩은 기구배수구로부터 흐름 말단까지의 배수로상에 2개 이상의 트랩을 설치한 것으로서 트랩과 트랩 사이의 관 내에 공기가 밀폐되어 있는 상태를 말하고, 이 밀폐된 공기는 배수계통 내의 기압변화가 일어나도 배출이나 보급이 되지 않고 감금된 상태로 된다. 기구로부터의 배수는 이 공기 때문에 흐름이 나빠질 뿐만 아니라 트랩의 봉수를 유지할 수 없게 되므로 반드시 피해야 한다.

67 주철제 보일러에 관한 설명으로 옳지 않은 것은?

① 재질이 약하여 고압으로는 사용이 곤란하다.
② 섹션(section)으로 분할되므로 반입이 용이하다.
③ 재질이 주철이므로 내식성이 약하여 수명이 짧다.
④ 규모가 비교적 작은 건물의 난방용으로 사용된다.

해설
주철제 보일러는 재질이 주철이므로 내식성이 강하고 수명이 길다.

68 다음 설명에 알맞은 냉동기는?

> • 기계적 에너지가 아닌 열에너지에 의해 냉동효과를 얻는다.
> • 구조는 증발기, 흡수기, 재생기(발생기), 응축기 등으로 구성되어 있다.

① 터보식 냉동기
② 흡수식 냉동기
③ 스크루식 냉동기
④ 왕복동식 냉동기

해설
터보식 냉동기는 터보송풍기(날개차에 8~24개의 뒤로 굽은 날개를 가진 송풍기로 고속회전하므로 약간 소음이 높은 결점이 있으나 효율이 60~80% 정도로 높아 보일러 등에 가장 많이 사용)를 사용하여 임펠러의 회전에 의한 원심력으로 냉매가스를 압축하는 형식의 냉동기이다. 스크루식 냉동기는 이 모양의 암·수로터의 2축이 평행하고 나사가 서로 물려있으며 케이싱 내부에 냉매의 작동실이 형성되어 로터가 회전함으로써 흡입, 압축, 배출의 행정이 반복되는 냉동기이다. 왕복동식 냉동기는 증기압축사이클에 의한 냉동기 중에서 피스톤의 왕복동시스템을 압축기로 사용하고 있는 냉동기이다.

69 액화천연가스(LNG)에 관한 설명으로 옳지 않은 것은?

① 공기보다 가볍다.
② 무공해, 무독성이다.
③ 프로필렌, 부탄, 에탄이 주성분이다.
④ 대규모의 저장시설을 필요로 하며 공급은 배관을 통하여 이루어진다.

해설
액화천연가스(LNG, 주로 메탄을 주성분으로 한 가스로 가스정이나 석유정에서 산출한다)를 1기압 −162℃에서 액화한 가스로서, 공기보다 비중이 작기 때문에 누설이 되어도 공기 중에 흡수되므로 안정성이 높은 반면에 작은 용기에 담아서 사용할 수 없고 대규모 저장시설을 설치하여 배관을 통해서 공급해야 한다. 액화석유가스(LPG)의 성분은 탄화수소물(에탄, 메탄, 부탄 등)이고 독성가스(일산화탄소, 염소, 암모니아 등)를 전혀 함유하고 있지 않으므로 가스에 의한 중독의 위험이 없다.

★★★
70 수량 22.4m³/h를 양수하는데 필요한 터빈펌프의 구경으로 적당한 것은? (단, 터빈펌프 내의 유속은 2m/s로 한다.)

① 65mm   ② 75mm
③ 100mm   ④ 125mm

해설

$Q = Av = \dfrac{\pi d^2}{4} v$ (단위 통일에 유의)

여기서, Q : 양수량(m³/s)
         d : 흡입관의 구경(m)
         v : 관내 물의 유속(m/s)

$Q = 22.4$m³/h, $v = 2$m/s = 7,200m/h이므로

$\therefore d = \sqrt{\dfrac{4Q}{\pi v}}$

$= \sqrt{\dfrac{4 \times 22.4}{\pi \times 7,200}} = 0.0629$m $= 62.9$mm

★
71 건축물의 에너지절약설계기준에 따른 건축물의 단열을 위한 권장사항으로 옳지 않은 것은?

① 외벽 부위는 내단열로 시공한다.
② 열손실이 많은 북측 거실의 창 및 문의 면적은 최소화한다.
③ 외피의 모서리 부분은 열교가 발생하지 않도록 단열재를 연속적으로 설치한다.
④ 발코니 확장을 하는 공동주택에는 단열성이 우수한 로이(Low-E)복층창이나 삼중창 이상의 단열성능을 갖는 창을 설치한다.

해설 건축물의 에너지절약설계기준에 따른 건축물의 단열계획에서 외벽 부위는 외단열로 시공하는 것이 가장 유리하다(건축물에너지절약설계기준 제7조 제3호 나목).

★★
72 전류가 흐르고 있는 전기기기, 배선과 관련된 화재를 의미하는 것은?

① A급 화재   ② B급 화재
③ C급 화재   ④ K급 화재

해설

화재의 분류

분류	A급 화재 (일반화재)	B급 화재 (유류화재)	C급 화재 (전기화재)	D급 화재 (금속화재)
색깔	백색	황색	청색	무색

★★★
73 다음 중 엘리베이터의 안전장치와 가장 관계가 먼 것은?

① 조속기
② 핸드레일
③ 종점스위치
④ 전자브레이크

해설 조속기, 전자브레이크(전동기의 토크손실이 생겼을 때 엘리베이터를 정지시킨다), 종점스위치 등은 엘리베이터의 안전장치이고, 핸드레일(손 스침 안전장치)은 에스컬레이터의 안전장치로서 에스컬레이터의 이동속도와 동일하게 이동하는 장치이다.

★★
74 다음 중 변전실면적에 영향을 주는 요소와 가장 거리가 먼 것은?

① 발전기실의 면적
② 변전설비 변압방식
③ 수전전압 및 수전방식
④ 설치기기와 큐비클의 종류

해설 변전실의 면적에 영향을 끼치는 요소에는 변압기의 용량, 큐비클의 종류, 수전전압 및 수전방식, 설치될 기기의 크기와 대수, 장래에 있을 기기의 증설과 배치방법, 보수 및 점검을 위한 공간의 확보 등이 있고, 발전기의 용량 및 발전기실의 면적과는 무관하다.

★
75 배관재료에 관한 설명으로 옳지 않은 것은?

① 주철관은 오배수관이나 지중매설배관에 사용된다.
② 경질염화비닐관은 내식성은 우수하나 충격에 약하다.
③ 연관은 내식성이 작아 배수용보다는 난방 배관에 주로 사용된다.
④ 동관은 전기 및 열전도율이 좋고 전성·연성이 풍부하며 가공도 용이하다.

해설 연관은 알칼리 이외에는 내식성이 크고 굴곡가공이 용이해서 급·배수설비와 가스설비배관에 이용되며, 파손이 되기 쉽고 가격이 비싼 단점이 있다.

76 공기조화방식 중 팬코일유닛방식에 관한 설명으로 옳지 않은 것은?

① 각 실에 수배관으로 인한 누수의 우려가 있다.

② 덕트샤프트나 스페이스가 필요 없거나 작아도 된다.

③ 각 실의 유닛은 수동으로도 제어할 수 있고 개별제어가 쉽다.

④ 유닛을 창문 밑에 설치하면 콜드드래프트 (cold draft)가 발생할 우려가 높다.

해설 유닛을 창문 밑에 설치하면 콜드드래프트가 발생할 우려가 낮다.

77 다음 그림과 같은 형태를 갖는 간선의 배선방식은?

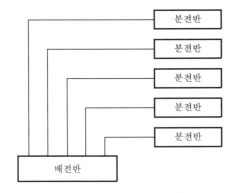

① 개별방식   ② 루프방식

③ 병용방식   ④ 나뭇가지방식

해설 간선의 배선방식 중 **평행식(개별방식)**은 큰 용량의 부하, 분산되어 있는 부하에 대하여 단독회선으로 배선하는 방식으로 사고의 경우 파급되는 범위가 좁고 배선의 혼잡과 설비비(배선자재의 소요가 많다)가 많아지므로 대규모 건물에 적당하다. 또한 전압이 안정(평균화)되고 부하의 증가에 적응할 수 있어 가장 좋은 방식이다.

78 펌프의 양수량이 10m³/min, 전양정이 10m, 효율이 80%일 때 이 펌프의 축동력은?

① 20.4kW   ② 22.5kW

③ 26.5kW   ④ 30.6kW

해설
$$펌프의 축동력 = \frac{WQH}{6,120E}(1+\alpha)$$
$$= \frac{1,000 \times 10 \times 10}{6,120 \times 0.8} \times (1+0)$$
$$= 20.42\text{kW}$$

79 실내의 탄산가스허용농도가 1,000ppm, 외기의 탄산가스농도가 400ppm일 때 실내 1인당 필요한 환기량은? (단, 실내 1인당 탄산가스배출량은 15L/h이다.)

① 15m³/h   ② 20m³/h

③ 25m³/h   ④ 30m³/h

해설

필요환기량(Q)
$$= \frac{유해가스 발생량}{유해가스허용농도(P) - 급기 중의 가스농도(P_s)}$$
(m³/h)

여기서, 탄산가스 발생량=15L/h

$$탄산가스허용농도 = 1,000\text{ppm} = \frac{1,000}{1,000,000}$$

$$급기 중의 탄산가스농도 = 400\text{ppm} = \frac{400}{1,000,000}$$

$$\therefore 필요환기량 = \frac{15}{\dfrac{1,000}{1,000,000} - \dfrac{400}{1,000,000}}$$
$$= 25,000\text{L/h} = 25\text{m}^3/\text{h}$$

80 최대수요전력을 구하기 위한 것으로 총부하설비용량에 대한 최대수요전력의 비율을 백분율로 나타낸 것은?

① 역률

② 수용률

③ 부등률

④ 부하율

해설

역률은 교류회로에 전력을 공급할 때의 유효전력(실전력, 실효전력)과 피상전력과의 비로

$$역률 = \frac{유효전력}{피상전력} 이고,$$

$$부등률 = \frac{최대수요전력의 합}{합성 최대수용전력} \times 100(\%) 이며$$

$$부하율 = \frac{평균수요전력}{최대수용전력} \times 100(\%) 이다.$$

제5과목 **건축관계법규**

★
81 특별피난계단의 구조에 관한 기준내용으로 옳지 않은 것은?

① 계단실에는 예비전원에 의한 조명설비를 할 것

② 계단은 내화구조로 하되, 피난층 또는 지상까지 직접 연결되도록 할 것

③ 출입구의 유효너비는 0.9m 이상으로 하고 피난의 방향으로 열 수 있을 것

④ 계단실의 노대 또는 부속실에 접하는 창문은 그 면적을 각각 3m² 이하로 할 것

> **해설** 관련 법규 : 법 제49조, 영 제35조, 피난·방화규칙 제9조, 해설 법규 : 피난·방화규칙 제9조 ②항 3호 사목
> 계단실의 노대 또는 부속실에 접하는 창문 등(출입구를 제외)은 망이 들어있는 유리의 붙박이창으로서 그 면적을 각각 1m² 이하로 할 것

★★
82 다음 그림과 같은 일반건축물의 건축면적은? (단, 평면도 건물치수는 두께 300mm인 외벽의 중심치수이고, 지붕선치수는 지붕외곽선치수임)

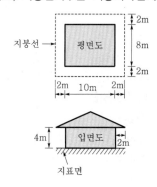

① 80m² ② 100m²
③ 120m² ④ 168m²

> **해설** 관련 법규 : 법 제84조, 영 제119조, 해설 법규 : 영 제119조 ①항 2호
> 건축면적이란 처마, 차양, 부연, 그 밖에 이와 비슷한 것으로서 그 외벽의 중심선으로부터 수평거리 1m 이상 돌출된 부분이 있는 건축물로서 기타 건축물의 건축면적은 그 돌출된 끝부분으로부터 1m를 후퇴한 선으로 둘러싸인 부분의 수평투영면적으로 한다.

$$\therefore \ 건축면적 = (2+10+2-2) \times (2+8+2-2)$$
$$= 120 \text{m}^2$$

★
83 다음은 대지의 조경에 관한 기준내용이다. ( ) 안에 알맞은 것은?

> 면적이 ( ) 이상인 대지에 건축을 하는 건축주는 용도지역 및 건축물의 규모에 따라 해당 지방자치단체의 조례로 정하는 기준에 따라 대지에 조경이나 그 밖에 필요한 조치를 하여야 한다.

① 100m²
② 200m²
③ 300m²
④ 500m²

> **해설** 관련 법규 : 법 제42조, 해설 법규 : 법 제42조 ①항
> 면적이 200m² 이상인 대지에 건축을 하는 건축주는 용도지역 및 건축물의 규모에 따라 해당 지방자치단체의 조례로 정하는 기준에 따라 대지에 조경이나 그 밖에 필요한 조치를 하여야 한다. 다만, 조경이 필요하지 아니한 건축물로서 대통령령으로 정하는 건축물에 대하여는 조경 등의 조치를 하지 아니할 수 있으며 옥상조경 등 대통령령으로 따로 기준을 정하는 경우에는 그 기준에 따른다.

★★
84 건축법령상 초고층건축물의 정의로 옳은 것은 어느 것인가?

① 층수가 30층 이상이거나 높이가 90m 이상인 건축물

② 층수가 30층 이상이거나 높이가 120m 이상인 건축물

③ 층수가 50층 이상이거나 높이가 150m 이상인 건축물

④ 층수가 50층 이상이거나 높이가 200m 이상인 건축물

> **해설** 관련 법규 : 법 제2조, 영 제2조, 해설 법규 : 영 제2조 15호
> 초고층건축물이란 층수가 50층 이상이거나 높이가 200m 이상인 건축물을 말한다.

★★★
85 건축물의 거실에 건축물의 설비기준 등에 관한 규칙에 따라 배연설비를 설비하여야 하는 대상건축물에 속하지 않는 것은? (단, 피난층의 거실은 제외)

① 6층 이상인 건축물로서 창고시설의 용도로 쓰는 건축물

② 6층 이상인 건축물로서 운수시설의 용도로 쓰는 건축물

③ 6층 이상인 건축물로서 위락시설의 용도로 쓰는 건축물

④ 6층 이상인 건축물로서 종교시설의 용도로 쓰는 건축물

해설 관련 법규 : 법 제62조, 영 제51조, 설비규칙 제14조, 해설 법규 : 영 제51조 ②항
6층 이상인 건축물로서 제2종 근린생활시설 중 공연장, 종교집회장, 인터넷컴퓨터게임시설제공업소(공연장, 종교집회장 및 인터넷컴퓨터게임시설제공업소는 해당 용도로 쓰는 바닥면적의 합계가 각각 300m² 이상인 경우만 해당)및 다중생활시설, 문화 및 집회시설, 종교시설, 판매시설, 운수시설, 의료시설(요양병원과 정신병원은 제외), 교육연구시설 중 연구소, 노유자시설 중 아동 관련 시설, 노인복지시설(노인요양시설 제외), 수련시설 중 유스호스텔, 운동시설, 업무시설, 숙박시설, 위락시설, 관광휴게시설, 장례시설, 의료시설 중 요양병원 및 정신병원, 노유자시설 중 노인요양시설·장애인 거주시설 및 장애인 의료재활시설, 제1종 근린생활시설 중 산후조리원에 해당하는 건축물의 거실(피난층의 거실은 제외)에는 배연설비를 설치해야 한다.

★★
86 비상용 승강기의 승강장의 구조에 관한 기준 내용으로 옳지 않은 것은?

① 채광이 되는 창문이 있거나 예비전원에 의한 조명설비를 할 것

② 벽 및 반자가 실내에 접하는 부분의 마감재료는 불연재료로 할 것

③ 피난층이 있는 승강장의 출입구로부터 도로 또는 공지에 이르는 거리가 50m 이하일 것

④ 옥내에 승강장을 설치하는 경우 승강장의 바닥면적은 비상용 승강기 1대에 대하여 6m² 이상으로 할 것

해설 관련 법규 : 법 제64조, 설비규칙 제14조, 해설 법규 : 설비규칙 제10조 2호 사목
피난층이 있는 승강장의 출입구(승강장이 없는 경우에는 승강로의 출입구)로부터 도로 또는 공지(공원·광장 기타 이와 유사한 것으로서 피난 및 소화를 위한 당해 대지에의 출입에 지장이 없는 것)에 이르는 거리가 30m 이하일 것

★
87 도시지역에서 복합적인 토지이용을 증진시켜 도시정비를 촉진하고 지역거점을 육성할 필요가 있다고 인정되는 지역을 대상으로 지정하는 구역은?

① 개발제한구역

② 시가화조정구역

③ 입지규제최소구역

④ 도시자연공원구역

해설 관련 법규 : 국토법 제38조, 제38조의2, 제39조, 해설 법규 : 국토법 제38조, 제38조의2, 제39조
개발제한구역은 국토교통부장관은 도시의 무질서한 확산을 방지하고 도시 주변의 자연환경을 보전하여 도시민의 건전한 생활환경을 확보하기 위하여 도시의 개발을 제한할 필요가 있거나 국방부장관의 요청이 있어 보안상 도시의 개발을 제한할 필요가 있다고 인정되면 개발제한구역의 지정 또는 변경을 도시·군관리계획으로 결정할 수 있다. 시가화조정구역은 시·도지사는 직접 또는 관계 행정기관의 장의 요청을 받아 도시지역과 그 주변지역의 무질서한 시가화를 방지하고 계획적·단계적인 개발을 도모하기 위하여 5년 이상 20년 이내의 기간 동안 시가화를 유보할 필요가 있다고 인정되면 시가화조정구역의 지정 또는 변경을 도시·군관리계획으로 결정할 수 있다. 도시자연공원구역은 시·도지사 또는 대도시시장은 도시의 자연환경 및 경관을 보호하고 도시민에게 건전한 여가·휴식공간을 제공하기 위하여 도시지역 안에서 식생(植生)이 양호한 산지(山地)의 개발을 제한할 필요가 있다고 인정하면 도시자연공원구역의 지정 또는 변경을 도시·군관리계획으로 결정할 수 있다.

★★★
88 건축법령상 건축허가신청에 필요한 설계도서에 속하지 않는 것은?

① 조감도

② 배치도

③ 건축계획서

④ 구조계산서

해설 관련 법규 : 법 제11조, 영 제8조, 규칙 제6조, (별표 2), 해설 법규 : 규칙 제6조, (별표 2)
건축허가신청 시 필요한 설계도서의 종류에는 건축계획서, 배치도, 평면도, 입면도, 단면도, 구조도(구조 안전 확인 또는 내진 설계 대상 건축물), 구조계산서(구조 안전 확인 또는 내진 설계 대상 건축물), 소방설비도 등이고, 사전결정을 받은 경우에는 건축계획서 및 배치도를 제외한다. 다만, 표준설계도서에 따라 건축하는 경우에는 건축계획서 및 배치도만 해당한다.

★
89 건축물의 주요 구조부를 내화구조로 하여야 하는 대상건축물에 속하지 않는 것은?

① 공장의 용도로 쓰는 건축물로서 그 용도로 쓰는 바닥면적의 합계가 500m²인 건축물

② 판매시설의 용도로 쓰는 건축물로서 그 용도로 쓰는 바닥면적의 합계가 500m²인 건축물

③ 창고시설의 용도로 쓰는 건축물로서 그 용도로 쓰는 바닥면적의 합계가 500m²인 건축물

④ 문화 및 집회시설 중 전시장의 용도로 쓰는 건축물로서 그 용도로 쓰는 바닥면적의 합계가 500m²인 건축물

해설 관련 법규 : 법 제50조, 영 제56조, 해설 법규 : 영 제56조 ①항 3호
공장의 용도로 쓰는 건축물로서 그 용도로 쓰는 바닥면적의 합계가 2,000m² 이상인 건축물. 다만, 화재의 위험이 적은 공장으로서 국토교통부령으로 정하는 공장은 제외한다.

★★★
90 노외주차장의 출입구가 2개인 경우 주차형식에 따른 차로의 최소 너비가 옳지 않은 것은? (단, 이륜자동차 전용 외의 노외주차장의 경우)

① 직각주차 : 6.0m
② 평행주차 : 3.3m
③ 45도 대향주차 : 3.5m
④ 60도 대향주차 : 5.0m

해설 관련 법규 : 법 제6조, 규칙 제6조, 해설 법규 : 규칙 제6조 ①항 3호

이륜자동차 전용 노외주차장 외의 노외주차장

주차형식	차로의 너비	
	출입구가 2개 이상인 경우	출입구가 1개인 경우
평행주차	3.3m	5.0m
직각주차	6.0m	6.0m
60° 대향주차	4.5m	5.5m
45° 대향주차, 교차주차	3.5m	5.0m

★★★
91 막다른 도로의 길이가 20m인 경우 이 도로가 건축법령상 '도로'이기 위한 최소 너비는?

① 2m
② 3m
③ 4m
④ 6m

해설 관련 법규 : 법 제2조, 영 제3조의3, 해설 법규 : 영 제3조의3 2호

막다른 도로의 길이	도로의 너비
10m 미만	2m
10m 이상 35m 미만	3m
35m 이상	6m(도시지역이 아닌 읍·면지역 4m)

★★★
92 어느 건축물에서 주차장 외의 용도로 사용되는 부분이 판매시설인 경우, 이 건축물이 주차전용건축물이기 위해서는 주차장으로 사용되는 부분의 연면적비율이 최소 얼마 이상이어야 하는가?

① 50%
② 70%
③ 85%
④ 95%

해설 관련 법규 : 법 제2조, 영 제1조의2, 해설 법규 : 영 제1조의2
주차전용건축물은 건축물의 연면적 중 주차장으로 사용되는 부분의 비율이 95% 이상인 것이나 주차장 외의 용도로 사용되는 단독주택, 공동주택, 제1종 및 제2종 근린생활시설, 문화 및 집회시설, 종교시설, 판매시설, 운수시설, 운동시설, 업무시설, 창고시설 또는 자동차 관련 시설인 경우에는 주차장으로 사용되는 부분의 비율이 70% 이상이어야 한다.

93 다음은 물막이설비의 설치에 관한 기준내용이다. ( ) 안에 알맞은 것은?

> 「국토의 계획 및 이용에 관한 법률」에 따른 방재지구에서 연면적 ( ) 이상의 건축물을 건축하려는 자는 빗물 등의 유입으로 건축물이 침수되지 않도록 해당 건축물의 지하층 및 1층의 출입구(주차장의 출입구를 포함)에 물막이판 등 해당 건축물의 침수를 방지할 수 있는 설비("물막이설비")를 설치해야 한다. 다만, 허가권자가 침수의 우려가 없다고 인정하는 경우에는 그렇지 않다.

① 3,000m² ② 5,000m²
③ 10,000m² ④ 20,000m²

해설 관련 법규 : 설비규칙 제17조의2, 해설 법규 : 설비규칙 제17조의2 ①항
「국토의 계획 및 이용에 관한 법률」에 따른 방재지구와 「자연재해대책법」에 따른 자연재해위험지구에 해당하는 지역에서 연면적 10,000m² 이상의 건축물을 건축하려는 자는 빗물 등의 유입으로 건축물이 침수되지 아니하도록 해당 건축물의 지하층 및 1층의 출입구(주차장의 출입구를 포함)에 물막이판 등 해당 건축물의 침수를 방지할 수 있는 설비(물막이설비)를 설치해야 한다. 다만, 허가권자가 침수의 우려가 없다고 인정하는 경우에는 그렇지 않다.

94 건축법령상 아파트의 정의로 가장 알맞은 것은?

① 주택으로 쓰는 층수가 3개층 이상인 주택
② 주택으로 쓰는 층수가 5개층 이상인 주택
③ 주택으로 쓰는 층수가 7개층 이상인 주택
④ 주택으로 쓰는 층수가 10개층 이상인 주택

해설 관련 법규 : 법 제2조, 영 제3조의5, (별표 1), 해설 법규 : (별표 1)

구분		규모	
		바닥면적의 합계	주택으로 사용되는 층수
단독주택	다중주택	660m² 이하	3개층 이하 (지하층 제외)
	다가구주택	660m² 이하, 19세대 이하	
공동주택	아파트	–	5개층 이상
	다세대주택	660m² 이하	4개층 이하
	연립주택	660m² 초과	

※ 다중주택의 바닥면적은 부설주차장 면적을 제외한다.

95 부설주차장의 설치대상시설물이 업무시설인 경우 설치기준으로 옳은 것은? (단, 외국공관 및 오피스텔은 제외)

① 시설면적 100m²당 1대
② 시설면적 150m²당 1대
③ 시설면적 200m²당 1대
④ 시설면적 350m²당 1대

해설 관련 법규 : 주차법 제19조, 영 제6조, (별표 1) 해설 법규 : (별표 1)
문화 및 집회시설(관람장은 제외), 종교시설, 판매시설, 운수시설, 의료시설(정신병원·요양소 및 격리병원은 제외), 운동시설(골프장·골프연습장 및 옥외수영장은 제외), 업무시설(외국공관 및 오피스텔은 제외), 방송·통신시설 중 방송국, 장례식장의 주차대수는 시설면적 150m²당 1대 이상이다.

96 문화 및 집회시설 중 공연장의 개별관람실을 다음과 같이 계획하였을 경우 옳지 않은 것은? (단, 개별관람실의 바닥면적은 1,000m²이다.)

① 각 출구의 유효너비는 1.5m 이상으로 하였다.
② 관람실로부터 바깥쪽으로의 출구로 쓰이는 문을 밖여닫이로 하였다.
③ 개별관람실의 바깥쪽에는 그 양쪽 및 뒤쪽에 각각 복도를 설치하였다.
④ 개별관람실의 출구는 3개소 설치하였으며 출구의 유효너비의 합계는 4.5m로 하였다.

해설 관련 법규 : 영 제38조, 피난·방화규칙 제10조, 해설 법규 : 피난·방화규칙 제10조 ②항 3호
문화 및 집회시설 중 공연장의 개별관람실 출구의 유효너비의 합계는 개별관람실의 바닥면적 100m²마다 0.6m의 비율로 산정한 너비 이상으로 할 것
∴ 출구의 유효너비의 합계 $= \dfrac{1,000}{100} \times 0.6 = 6\text{m}$ 이상

97 용도지역의 세분 중 도심·부도심의 상업기능 및 업무기능의 확충을 위하여 필요한 지역은?

① 유통상업지역 ② 근린상업지역
③ 일반상업지역 ④ 중심상업지역

93.③ 94.② 95.② 96.④ 97.④

2019

해설 관련 법규 : 법 제36조, 영 제30조, 해설 법규 : 영 제30조 2호 가목

일반상업지역은 일반적인 상업 및 업무기능을 담당하게 하기 위하여 필요한 지역이며, 근린상업지역은 근린지역에서의 일용품 및 서비스의 공급을 위하여 필요한 지역이다. 유통상업지역은 도시 내 및 지역 간 유통기능의 증진을 위하여 필요한 지역이다.

★★★
98 층수가 15층이며 6층 이상의 거실면적의 합계가 15,000m²인 종합병원에 설치하여야 하는 승용승강기의 최소 대수는? (단, 8인승 승용승강기의 경우)

① 6대　　　　② 7대
③ 8대　　　　④ 9대

해설 관련 법규 : 법 제64조, 영 제89조, 설비규칙 제5조(별표 1의2), 해설 법규 : (별표 1의2)

종합병원의 승용승강기 설치대수는 기본 2대에 3,000m²를 초과하는 경우에는 그 초과하는 매 2,000m² 이내마다 1대의 비율로 산정한다. 즉

$$설치대수 = 2 + \frac{6층 \ 이상의 \ 거실면적의 \ 합계 - 3,000}{2,000}$$

이다.

$$\therefore \ 설치대수 = 2 + \frac{15,000 - 3,000}{2,000} = 8대$$

★
99 다음 중 제1종 전용주거지역 안에서 건축할 수 있는 건축물에 속하지 않는 것은? (단, 도시·군계획조례가 정하는 바에 의하여 건축할 수 있는 건축물 포함)

① 노유자시설
② 공동주택 중 아파트
③ 교육연구시설 중 고등학교
④ 제2종 근린생활시설 중 종교집회장

해설 관련 법규 : 법 제76조, 영 제71조, 해설 법규 : (별표 2)

제1종 전용주거지역 안에서 공동주택 중 연립주택과 다세대 주택의 건축은 도시·군조례가 정하는 바에 의하여 건축이 가능하나, 아파트의 건축은 불가능하다.

★★
100 국토의 계획 및 이용에 관한 법령상 기반시설 중 광장의 세분에 해당하지 않는 것은?

① 옥상광장　　　② 일반광장
③ 지하광장　　　④ 건축물부설광장

해설 관련 법규 : 법 제2조, 영 제2조, 해설 법규 : 영 제2조 ②항 3호

광장의 종류에는 교통광장, 일반광장, 경관광장, 지하광장, 건축물부설광장 등이 있다.

MEMO

제1과목 건축계획

01 건축물의 에너지절약을 위한 계획내용으로 옳지 않은 것은?

① 공동주택은 인동간격을 넓게 하여 저층부의 일사수열량을 증대시킨다.
② 건축물의 체적에 대한 외피면적의 비 또는 연면적에 대한 외피면적의 비는 가능한 크게 한다.
③ 건축물은 대지의 향, 일조 및 주풍향 등을 고려하여 배치하며 남향 또는 남동향 배치를 한다.
④ 거실의 층고 및 반자높이는 실의 용도와 기능에 지장을 주지 않는 범위 내에서 가능한 낮게 한다.

해설 건축물의 체적에 대한 외피면적의 비 또는 연면적에 대한 외피면적의 비는 가능한 한 작게 한다.

02 다음 설명에 알맞은 국지도로의 유형은?

> 불필요한 차량진입이 배제되는 이점을 살리면서 우회도로가 없는 cul-de-sac형의 결점을 개량하여 만든 패턴으로서 보행자의 안전성 확보가 가능하다.

① loop형
② 격자형
③ T자형
④ 간선분리형

해설
② 격자형 : 교통을 균등분산시키고 넓은 지역을 서비스할 수 있다. 도로의 교차점은 40m 이상 떨어져 있어야 하고 업무 또는 주거지역으로 직접 연결되어서는 안 된다. 가로망의 형태가 단순·명료하고 가구 및 획지 구성상 택지의 이용효율이 높다.
③ T자형 : 격자형이 갖는 택지의 이용효율을 유지하면서 지구 내 통과교통의 배제, 주행속도의 저하를 위하여 도로의 교차방식을 주로 T자 교차

로 한 형태이다. 통행거리가 조금 길어지고, 보행자에 있어서는 불편하기 때문에 보행자전용도로와의 병용이 가능하다.
④ 간선분리형 : 주도로와 간선도로를 분리한 형태의 도로이다.

03 주거단지 내의 공동시설에 관한 설명으로 옳지 않은 것은?

① 중심을 형성할 수 있는 곳에 설치한다.
② 이용빈도가 높은 건물은 이용거리를 길게 한다.
③ 확장 또는 증설을 위한 용지를 확보하는 것이 좋다.
④ 이용성, 기능상의 인접성, 토지이용의 효율성에 따라 인접하여 배치한다.

해설 주거단지 내 공동시설의 이용빈도가 높은 건물은 이용거리를 짧게 한다.

04 다음 설명에 알맞은 도서관의 자료출납시스템 유형은?

> 이용자가 직접 서고 내의 서가에서 도서자료의 제목 정도는 볼 수 있지만 내용을 열람하고자 할 경우 관원에게 대출을 요구해야 하는 형식

① 폐가식
② 반개가식
③ 자유개가식
④ 안전개가식

해설
① 폐가식 : 서고를 열람실과 별도로 설치하여 열람자가 책의 목록에 의해서 책을 선택하고 관원에게 대출기록을 남긴 후 책을 대출하는 형식
③ 자유개가식 : 열람자 자신이 서가에서 책을 고르고 그대로 검열을 받지 않고 열람할 수 있는 형식
④ 안전개가식 : 자유개가식과 반개가식의 장점을 취한 형식

★★★
05 다음 중 연면적에 대한 숙박 부분의 비율이 가장 높은 호텔은?

① 커머셜호텔
② 리조트호텔
③ 클럽하우스
④ 아파트먼트호텔

해설 호텔에 따른 숙박면적비가 큰 것부터 나열하면 커머셜호텔(commercial hotel) → 리조트호텔(resort hotel) → 레지던셜호텔(residential hotel) → 아파트먼트호텔(apartment hotel)의 순이다.

★★
06 사무실 내의 책상배치의 유형 중 좌우대향형에 관한 설명으로 옳은 것은?

① 대향형과 동향형의 양쪽 특성을 절충한 형태로 커뮤니케이션의 형성에 불리하다.
② 4개의 책상이 맞물려 십자를 이루도록 배치하는 형식으로 그룹작업을 요하는 업무에 적합하다.
③ 책상이 서로 마주 보도록 하는 배치로 면적효율은 좋으나 대면시선에 의해 프라이버시가 침해당하기 쉽다.
④ 낮은 칸막이로 한 사람의 작업활동을 위한 공간이 주어지는 형태로 독립성을 요하는 전문직에 적합한 배치이다.

해설
② 십자형 : 4개의 책상이 맞물려 십자를 이루도록 배치하는 형식으로 그룹작업을 요하는 업무에 적합하다.
③ 대향형 : 책상이 서로 마주 보도록 하는 배치로 면적효율은 좋으나 대면시선에 의해 프라이버시가 침해당하기 쉽다.
④ 자유형 : 낮은 칸막이로 한 사람의 작업활동을 위한 공간이 주어지는 형태로 독립성을 요하는 전문직에 적합한 배치이다.

★
07 교학 건축인 성균관의 구성에 속하지 않는 것은?

① 동재
② 존경각
③ 천추전
④ 명륜당

해설 성균관의 구성은 명륜당(유학을 강의하는 곳), 문묘(공자를 모시는 곳), 양재(기숙사), 존경각(도서관) 및 비천당(과거시험을 보는 곳) 등으로 구성되고, 동재(기숙사)는 성균관의 동쪽에 있었다. 또한 천추전은 경복궁의 비공식 업무시설이다.

08 극장의 평면형식 중 아레나(arena)형에 관한 설명으로 옳지 않은 것은?

① 관객이 무대를 360°로 둘러싼 형식이다.
② 무대의 장치나 소품은 주로 낮은 기구들로 구성된다.
③ 픽처프레임스테이지(picture frame stage) 형이라고도 한다.
④ 가까운 거리에서 관람하면서 많은 관객을 수용할 수 있다.

해설 극장의 무대형식 중 picture frame stage라고도 불리고 연기자가 한쪽 방향으로만 관객을 대하게 되며, 배경은 한 폭의 그림과 같은 느낌을 주게 되어 전체적인 통일의 효과를 얻는 데 가장 좋은 형태 또는 투시도법을 무대공간에 응용함으로써 하나의 구성화와 같은 느낌이 들게 하는 방식은 프로시니엄형(픽처프레임형)이다.

★★
09 각 사찰에 관한 설명으로 옳지 않은 것은?

① 부석사의 가람배치는 누하진입형식을 취하고 있다.
② 화엄사는 경사된 지형을 수단(數段)으로 나누어서 정지(整地)하여 건물을 적절히 배치하였다.
③ 통도사는 산지에 위치하나 산지가람처럼 건물들을 불규칙하게 배치하지 않고 직교식으로 배치하였다.
④ 봉정사의 가람배치는 대지가 3단으로 나누어져 있으며 상단 부분에 대웅전과 극락전 등 중요한 건물들이 배치되어 있다.

해설 통도사의 가람배치는 창건 당시부터 신라시대의 전통법식에서 벗어나 냇물을 따라 동서로 길게 배치된 산지도 평지도 아닌 구릉(자연)형태로서 탑이 자유롭게 배치된 자유식의 형태를 갖추고 있다.

10 극장 무대에서 그리드 아이언(grid iron)이란 무엇인가?

① 조명조작 등을 위해 무대 주위 벽에 6~9m의 높이로 설치되는 좁은 통로
② 조명기구, 연기자 또는 음향반사판을 매달기 위해 무대 천장 밑에 설치되는 시설
③ 하늘이나 구름 등 자연현상을 나타내기 위한 무대배경용 벽
④ 무대와 객석의 경계를 이루는 곳으로 액자와 같은 시각적 효과를 갖게 하는 시설

해설 ①항은 플라이갤러리, ③항은 사이클로라마, ④항은 프로시니엄아치에 대한 설명이다.

★★★
11 공장 건축의 레이아웃계획에 관한 설명으로 옳지 않은 것은?

① 플랜트레이아웃은 공장 건축의 기본설계와 병행하여 이루어진다.
② 고정식 레이아웃은 조선소와 같이 제품이 크고 수량이 적을 경우에 적용된다.
③ 다품종 소량생산이나 주문생산 위주의 공장에는 공정 중심의 레이아웃이 적합하다.
④ 레이아웃계획은 작업장 내의 기계설비배치에 관한 것으로 공장규모변화에 따른 융통성은 고려대상이 아니다.

해설 레이아웃계획은 작업장 내의 기계설비배치에 관한 것으로 공장규모의 **변화**에 대응하여야 한다.

★
12 한국 전통 건축의 지붕양식에 관한 설명으로 옳은 것은?

① 팔작지붕은 원초적인 지붕형태로 원시 움집에서부터 사용되었다.
② 모임지붕은 용마루와 내림마루가 있고 추녀마루만 없는 형태이다.
③ 맞배지붕은 용마루와 추녀마루로만 구성된 지붕으로 주로 다포식 건물에 사용되었다.
④ 우진각지붕은 네 면에 모두 지붕면이 있으며 전후 지붕면은 사다리꼴이고, 양측 지붕면은 삼각형이다.

해설 맞배(박공)지붕은 가장 간단한 구조이고 시초적인 지붕형태이며 용마루와 **내림마루**로만 구성되고 추녀마루는 없는 지붕이다. 팔작(합각)지붕은 가장 화려하고 완성된 지붕양식이다. 모임(우진각)지붕은 용마루와 내림마루 및 추녀마루가 있는 형태이다.

★
13 사무소 건축의 중심코어형식에 관한 설명으로 옳은 것은?

① 구조코어로서 바람직한 형식이다.
② 유효율이 낮아 임대사무소 건축에는 부적합하다.
③ 일반적으로 기준층 바닥면적이 작은 경우에 주로 사용된다.
④ 2방향 피난에는 이상적인 관계로 방재/피난상 가장 유리한 형식이다.

해설 유효율이 높고 임대사무소 건축에 적합한 형식은 **중심코어형**이고, 2방향 피난에는 이상적인 관계로 방재/피난상 가장 유리한 형식은 **양측 코어형**이고, 일반적으로 기준층 바닥면적이 작은 경우에 적합한 형식은 **편심코어형**이다.

14 백화점의 에스컬레이터 배치형식에 관한 설명으로 옳은 것은?

① 직렬식 배치는 승객의 시야도 좋고 점유면적도 작다.
② 병렬연속식 배치는 연속적으로 승강할 수 없다는 단점이 있다.
③ 교차식 배치는 점유면적이 작으며 연속 승강이 가능하다는 장점이 있다.
④ 병렬단속식 배치는 승객의 시야는 안 좋으나 점유면적이 작아 고층 백화점에 주로 사용된다.

해설 에스컬레이터 배치형식 중 **직렬식**은 승객의 시야가 가장 넓으나 점유면적이 넓다. **병렬연속식**은 교통이 연속되고 타고 내리는 교통이 명확하게 구분되며 승객의 시야가 넓어진다. 또한 에스컬레이터 존재를 잘 알 수 있으나 점유면적이 넓고 시선이 마주친다. **병렬단속식(단열중복식)**은 시야를 막지 않고 에스컬레이터의 존재를 잘 알 수 있으나 교통이 불연속이고 서비스가 나쁘며 승객이 한 방향으로만 바라본다. 특히 승강객이 혼잡하다.

2020

★★★
15 다음 중 상점계획에서 파사드구성에 요구되는 소비자구매심리 5단계(AIDMA법칙)에 속하지 않는 것은?

① 흥미(Interest)
② 욕망(Desire)
③ 기억(Memory)
④ 유인(Attraction)

해설 상점의 광고요소(AIDMA법칙)에는 주의(Attention), 흥미(Interest), 욕망(Desire), 기억(Memory) 및 행동(Action) 등이 있다.

16 전시공간의 특수전시기법에 관한 설명으로 옳지 않은 것은?

① 파노라마전시는 전체의 맥락이 중요하다고 생각될 때 사용된다.
② 하모니카전시는 동일 종류의 전시물을 반복하여 전시할 경우에 유리하다.
③ 디오라마전시는 하나의 사실 또는 주제의 시간상황을 고정시켜 연출하는 기법이다.
④ 아일랜드전시는 벽면전시기법으로 전체 벽면의 일부만을 사용하며 그림과 같은 미술품전시에 주로 사용된다.

해설 아일랜드전시기법은 사방에서 감상해야 할 필요가 있는 조각물이나 모형을 전시하기 위해 벽면에서 떼어 놓는 전시기법이다.

★★
17 바실리카식 교회당의 각 부 명칭과 관계없는 것은?

① 아일(Aisle)
② 파일론(Pylon)
③ 나르텍스(Narthex)
④ 트랜셉트(Transept)

해설 아일(aisle, 측랑)은 바실리카식 교회 건축 또는 그 교회당 내부 중앙을 사이에 둔 좌우의 양쪽 길이고, 트랜셉트(transept)는 바실리카식 교회당의 내부 반원형으로 들어간 부분 또는 교회당의 십자형 평면에 있어서 좌우 돌출(날개) 부분이다. 나르텍스(narthex)는 바실리카식 교회당 입구 부분의 홀로 교회당의 일반 출입 부분이다. 또한 파일론(pylon)은 고대 이집트의 신전 앞에 있는 문으로서 파일론의 앞에는 2개의 오벨리스크가 있다.

18 동일한 대지조건, 동일한 단위주호면적을 가진 편복도형 아파트가 홀형 아파트에 비해 유리한 점은?

① 피난에 유리하다.
② 공용면적이 작다.
③ 엘리베이터의 이용효율이 높다.
④ 채광, 통풍을 위한 개구부가 넓다.

해설 동일한 대지조건, 동일한 단위주호의 면적을 가진 편복도형 아파트가 홀형 아파트에 비해 유리한 점은 엘리베이터의 이용효율이 높다는 점이다.

★★
19 학교 건축에서 단층교사에 관한 설명으로 옳지 않은 것은?

① 재해 시 피난이 유리하다.
② 학습활동을 실외에 연장할 수 있다.
③ 부지의 이용률이 높으며 설비의 배선, 배관을 집약할 수 있다.
④ 개개의 교실에서 밖으로 직접 출입할 수 있으므로 복도가 혼잡하지 않다.

해설 단층교사는 부지의 이용률이 낮고, 설비의 배선, 배관을 집약할 수 없다.

★★
20 종합병원의 건축형식 중 분관식(pavilion type)에 관한 설명으로 옳지 않은 것은?

① 평면분산식이다.
② 채광 및 통풍조건이 좋다.
③ 일반적으로 3층 이하의 저층건물로 구성된다.
④ 재난 시 환자의 피난이 어려우며 공사비가 높다.

해설 분관식은 평면분산식으로 되어 있으므로 재난 시 환자의 피난에 유리하나 공사비가 증대되는 단점이 있다.

제2과목 건축시공

★★ 21 콘크리트의 크리프에 관한 설명으로 옳지 않은 것은?

① 습도가 높을수록 크리프는 크다.

② 물−시멘트비가 클수록 크리프는 크다.

③ 콘크리트의 배합과 골재의 종류는 크리프에 영향을 끼친다.

④ 하중이 제거되면 크리프변형은 일부 회복된다.

해설 콘크리트의 크리프는 습도가 높을수록 작다.

★ 22 웰포인트공법에 관한 설명으로 옳지 않은 것은?

① 흙파기 밑면의 토질약화를 예방한다.

② 진공펌프를 사용하여 토중의 지하수를 강제적으로 집수한다.

③ 지하수저하에 따른 인접지반과 공동매설물침하에 주의가 필요하다.

④ 사질지반보다 점토층지반에서 효과적이다.

해설 웰포인트공법은 점토질의 투수성이 나쁜 지질에 부적합하다.

★★ 23 목재의 무늬나 바탕의 재질을 잘 보이게 하는 도장방법은?

① 유성페인트도장

② 에나멜페인트도장

③ 합성수지페인트도장

④ 클리어래커도장

해설

① 유성페인트 : 안료와 건조성 지방유(보일드유)를 주원료로 한 것으로 지방유가 건조하여 피막을 형성하고 용제 및 건조제 등을 혼합한 도료로, 페인트의 배합은 초벌, 정벌, 재벌 및 도포 시의 계절, 피도물의 성질, 광택의 유무 등에 따라 적당히 변경해야 한다. 목재와 석고판류의 도장에는 무난하여 널리 사용하나, 알칼리에는 약하므로 콘크리트, 모르타르, 플라스터면에는 별도의 처리가 필요하다.

② 에나멜페인트 : 보통 에나멜이라고도 하는데 안료에 오일바니시를 반죽한 액상으로서, 유성페인트와 오일바니시의 중간 제품이다. 에나멜페인트는 사용하는 오일바니시의 종류에 따라 성능이 다르다. 일반 유성페인트보다는 건조시간이 늦고(경화건조 12시간), 도막은 탄성광택이 있으며 평활하고 경도가 크다. 광택의 증가를 위하여 보일드유보다는 스탠드유를 사용한다. 스파바니시를 사용한 에나멜페인트는 내수성, 내후성이 특히 우수하여 외장용으로 쓰인다.

③ 합성수지페인트 : 안료와 인공수지류 및 휘발성 용제를 주원료로 한 것으로, 즉 안료와 수지성 니스를 연화시킨 것으로 볼 수 있는 일종의 에나멜페인트로 용제가 발산하여 광택이 있는 수지성 피막을 만든 것이다. 특성은 다음과 같다.

㉠ 건조시간이 빠르고 도막이 단단하며, 투명한 합성수지를 사용하면 극히 선명한 색을 낼 수 있다.

㉡ 내산성, 내알칼리성이 있어 모르타르, 콘크리트나 플라스터면에 바를 수 있다.

㉢ 도막은 인화할 염려가 없어서 페인트와 바니시보다는 더욱 방화성이 있다.

24 콘크리트블록(Block)벽체의 크기가 3×5m일 때 쌓기 모르타르의 소요량으로 옳은 것은? (단, 블록의 치수는 390×190×190mm, 재료량은 할증이 포함되었으며, 모르타르배합비는 1 : 3)

① 0.10m³

② 0.12m³

③ 0.15m³

④ 0.18m³

해설 **블록쌓기의 품셈표**

치수 (mm)	매수 (매/m²)	쌓기용 모르타르량(m³)	시멘트 (kg)	모래 (m³)	블록공 (인)	인부 (인)
390×190 ×190		0.01	5.10	0.011	0.20	0.10
390×190 ×150	13	0.009	4.59	0.01	0.17	0.08
390×190 ×100		0.006	3.06	0.007	0.15	0.07

∴ 모르타르소요량=0.01×(3×5)=0.15m³

★★ 25 건설공사현장에서 보통 콘크리트를 KS규격품인 레미콘으로 주문할 때의 요구항목이 아닌 것은?

① 잔골재의 조립률

② 굵은 골재의 최대 치수

③ 호칭강도

④ 슬럼프

2020

해설 레미콘의 표시형식의 예를 보면 25-24-150에서 25(굵은 골재의 최대 치수, mm)-24(압축강도, MPa)-150(슬럼프, mm)이다. 그러므로 레미콘을 주문할 때에는 굵은 골재의 최대 치수, 압축(호칭)강도, 슬럼프 등을 요구해야 한다.

★★
26 공사진행의 일반적인 순서로 가장 알맞은 것은?

① 가설공사 → 공사착공 준비 → 토공사 → 구조체공사 → 지정 및 기초공사
② 공사착공 준비 → 가설공사 → 토공사 → 지정 및 기초공사 → 구조체공사
③ 공사착공 준비 → 토공사 → 가설공사 → 구조체공사 → 지정 및 기초공사
④ 공사착공 준비 → 지정 및 기초공사 → 토공사 → 가설공사 → 구조체공사

해설 공사도급계약체결 후 공사순서는 공사착공 준비 - 가설공사 - 토공사 - 지정 및 기초공사 - 구조체공사 - 방수·방습공사 - 지붕 및 홈통공사 - 외벽 마무리공사 - 창호공사 - 내부 마무리공사의 순이다.

27 공사관리방법 중 CM계약방식에 관한 설명으로 옳지 않은 것은?

① 대리인형 CM(CM for fee)인 경우 공사 품질에 책임을 지며 품질문제 발생 시 책임소재가 명확하다.
② 프로젝트의 전 과정에 걸쳐 공사비, 공기 및 시공성에 대한 종합적인 평가 및 설계변경에 대한 효율적인 평가가 가능하여 발주자의 의사결정에 도움이 된다.
③ 설계과정에서 설계가 시공에 미치는 영향을 예측할 수 있어 설계도서의 현실성을 향상시킬 수 있다.
④ 단계적 발주 및 시공의 적용이 가능하다.

해설 대리인형 CM(CM for fee)형식은 발주자와 하도급업체가 직접 계약을 체결하며, CM은 프로젝트 전반에 걸쳐서 발주자의 컨설턴트역할만 수행하고 그에 대한 보수를 받으며 공사결과(공사의 품질)에 대한 책임이 없는 순수한 의미의 건설사업관리의 형태이다.

28 건축재료별 수량 산출 시 적용하는 할증률로 옳지 않은 것은?

① 유리 : 1% ② 단열재 : 5%
③ 붉은 벽돌 : 3% ④ 이형철근 : 3%

해설 단열재의 할증률은 10%이다.

★★
29 ALC패널의 설치공법이 아닌 것은?

① 수직철근공법
② 슬라이드공법
③ 커버플레이트공법
④ 피치공법

해설 ALC(Autoclaved Lightweight Concrete)패널의 설치공법의 종류에는 수직철근공법, 슬라이드공법, 커버플레이트공법 및 볼트조임공법 등이 있다.

30 다음에서 설명하고 있는 도장결함은?

> 도료를 겹칠하였을 때 하도의 색이 상도막 표면에 떠올라 상도의 색이 변하는 현상

① 번짐 ② 색분리
③ 주름 ④ 핀홀

해설
② 색분리 : 혼합이 불충분하거나 안료입자의 분산성에 이상이 있는 경우에 발생하는 현상
③ 주름 : 건조수축 중 건조 시 온도 상승과 초벌칠 건조불량으로 발생하는 현상
④ 핀홀 : 주로 도금강판에 발생하는 현상으로, 바늘로 찍은 듯한 미세한 구멍이 다량 존재하는 현상

★★
31 유동화콘크리트에 관한 설명으로 옳지 않은 것은?

① 높은 유동성을 가지면서도 단위수량은 보통 콘크리트보다 적다.
② 일반적으로 유동성을 높이기 위하여 화학혼화제를 사용한다.
③ 동일한 단위시멘트량을 갖는 보통 콘크리트에 비하여 압축강도가 매우 높다.
④ 일반적으로 건조수축은 묽은 비빔콘크리트보다 작다.

정답 26.② 27.① 28.② 29.④ 30.① 31.③

해설 유동화콘크리트는 동일한 단위시멘트량을 갖는 보통 콘크리트에 비하여 압축강도가 거의 동일하다.

★
32 계약방식 중 단가계약제도에 관한 설명으로 옳지 않은 것은?

① 실시수량의 확정에 따라서 차후 정산하는 방식이다.
② 긴급공사 시 또는 수량이 불명확할 때 간단히 계약할 수 있다.
③ 설계변경에 의한 수량의 증감이 용이하다.
④ 공사비를 절감할 수 있으며 복잡한 공사에 적용하는 것이 좋다.

해설 단가계약제도는 공사비의 예측이 불가능하여 공사비가 증대될 수 있으며 간단한 공사에 적용하는 것이 좋다.

33 콘크리트용 골재의 품질에 관한 설명으로 옳지 않은 것은?

① 골재는 청정, 견경하고 유해량의 먼지, 유기불순물이 포함되지 않아야 한다.
② 골재의 입형은 콘크리트의 유동성을 갖도록 한다.
③ 골재는 예각으로 된 것을 사용하도록 한다.
④ 골재의 강도는 콘크리트 내 경화한 시멘트페이스트의 강도보다 커야 한다.

해설 콘크리트용 골재의 구비조건에 있어서 골재는 둥글고(예각이 아닐 것) 표면이 거칠어야 한다.

34 창호철물과 창호의 연결로 옳지 않은 것은?

① 도어체크(door check) – 미닫이문
② 플로어힌지(floor hinge) – 자재 여닫이문
③ 크레센트(crescent) – 오르내리창
④ 레일(rail) – 미서기창

해설 도어체크는 문 위틀과 문짝에 설치하여 여닫이문이 자동적으로 닫히게 하며 기계장치가 있어 개폐속도를 조절할 수 있는 장치이다.

★
35 목구조재료로 사용되는 침엽수의 특징에 해당하지 않는 것은?

① 직선부재의 대량생산이 가능하다.
② 단단하고 가공이 어려우나 미관이 좋다.
③ 병충해에 약하여 방부 및 방충처리를 하여야 한다.
④ 수고(樹高)가 높으며 통직하다.

해설 침엽수는 비중이 작고 가벼우며 가공이 쉽다.

36 대안입찰제도의 특징에 관한 설명으로 옳지 않은 것은?

① 공사비를 절감할 수 있다.
② 설계상 문제점의 보완이 가능하다.
③ 신기술의 개발 및 축적을 기대할 수 있다.
④ 입찰기간이 단축된다.

해설 대안입찰은 입찰 시 도급자가 당초 설계의 기본방침의 변경없이 동등 이상의 기능 및 효과를 가진 공법으로 공사비 절감, 공기단축 등의 내용으로 하는 대안을 제시하는 입찰제도로서, 장단점은 다음과 같다.
㉮ 장점
  ㉠ 시공능력 위주의 낙찰이 가능하고 설계상의 문제점 제거 및 공사비가 절감된다.
  ㉡ 기업의 기술개발과 경쟁력 배양이 가능하고 신기술 및 신공법개발이 활성화된다.
  ㉢ 입찰제도의 문제점, 즉 부실공사의 방지와 덤핑 등이 해소된다.
㉯ 단점
  ㉠ 행정력의 낭비를 가져온다(심사의 기술적 평가기준 미비, 전문인력의 부재, 심의기간의 소요 등).
  ㉡ 시공 중 분쟁의 발생가능성이 있고 선정되지 못한 업체의 설계비, 인력손실이 발생한다.
  ㉢ 대기업이 유리하여 중소기업 육성이 저해된다.

37 잔류유(찌꺼기)를 저온으로 장시간 증류한 것으로 응집력이 크고 온도에 의한 변화가 적으며 연화점이 높고 안전하여 방수공사에 많이 사용되는 것은?

① 아스팔트펠트　　② 블로운아스팔트
③ 아스팔타이트　　④ 레이크아스팔트

> **해설**
> ① 아스팔트펠트 : 유기질의 섬유(목면, 마사, 폐지, 양털, 무명, 삼, 펠트 등)로 원지포를 만들어 원지포에 스트레이트아스팔트를 침투시켜 롤러로 압착하여 만든 것으로 흑색 시트형태이다. 방수와 방습성이 좋고 가벼우며 넓은 지붕을 쉽게 덮을 수 있어 기와지붕의 밑에 깔거나 방수공사를 할 때 루핑과 같이 사용한다.
> ③ 아스팔타이트 : 천연아스팔트로서 역청분을 많이 포함한 검고 견고한 아스팔트이다.
> ④ 레이크아스팔트 : 천연아스팔트로서 지구표면의 낮은 곳에 괴어 반액체 또는 고체로 굳은 아스팔트이다.

★★
38 지표재하하중으로 흙막이 저면흙이 붕괴되고 바깥에 있는 흙이 안으로 밀려 볼록하게 되어 파괴되는 현상은?

① 히빙(heaving)파괴
② 보일링(boiling)파괴
③ 수동토압(passive earth pressure)파괴
④ 전단(shearing)파괴

> **해설**
> 보일링(boiling, 흙파기 저면을 통해 상승하는 유수로 인하여 모래의 입자가 부력을 받아 저면모래지반의 지지력이 없어지는 현상), 수동토압파괴는 수동토압(벽의 뒤채움을 압축하고 뒤채움의 흙이 압축되어 붕괴를 일으킬 때 작용하는 토압 또는 지붕에 옹벽형식의 벽이 있어 어느 한 방향으로 힘을 가했을 때 흙은 횡압으로 인해 수축하고, 또 위로 떠밀려 오르는 상태로 될 때의 흙의 저항력)에 의한 파괴이고, 전단파괴는 전단응력 또는 전단변형에 의해 생기는 파괴이다.

★★
39 블록조벽체에 와이어메시를 가로줄눈에 묻어 쌓기도 하는데, 이에 관한 설명으로 옳지 않은 것은?

① 전단작용에 대한 보강이다.
② 수직하중을 분산시키는데 유리하다.
③ 블록과 모르타르의 부착성능의 증진을 위한 것이다.
④ 교차부의 균열을 방지하는데 유리하다.

> **해설**
> 와이어메시(wire mesh)는 속 빈 시멘트블록을 쌓을 때 수평줄눈에 묻어 쌓아 전단작용에 대한 보강과 횡력, 편심하중을 분산시키는 데 유리하며, 벽체, 벽체의 모서리 및 교차부의 균열을 방지하는 역할을 한다.

★
40 건축물 외부에 설치하는 커튼월에 관한 설명으로 옳지 않은 것은?

① 커튼월이란 외벽을 구성하는 비내력벽구조이다.
② 커튼월의 조립은 대부분 외부에 대형발판이 필요하므로 비계공사가 필수적이다.
③ 공장에서 생산하여 반입하는 프리패브제품이다.
④ 일반적으로 콘크리트나 벽돌 등의 외장재에 비하여 경량이어서 건물의 전체 무게를 줄이는 역할을 한다.

> **해설**
> 커튼월공사에서 커튼월을 구조체에 부착하는 작업은 무비계작업(비계를 설치하지 않고 하는 작업)을 원칙으로 하나 부득이한 경우에는 달비계를 사용하기도 한다.

제3과목 | 건축구조

★★
41 다음 그림과 같은 단면에 전단력 50kN이 가해진 경우 중립축에서 상방향으로 100mm 떨어진 지점의 전단응력은? (단, 전체 단면의 크기는 200×300mm임)

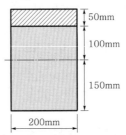

① 0.85MPa
② 0.79MPa
③ 0.73MPa
④ 0.69MPa

> **해설**
> τ(전단응력도)
> $= \dfrac{S(\text{전단력})\,G_X(\text{도심축에 대한 단면 1차 모멘트})}{I_X(\text{도심축에 대한 단면 2차 모멘트})\,b(\text{단면의 너비})}$
> 여기서, $S = 50\text{kN} = 50{,}000\text{N}$, $b = 200\text{mm}$,
> $\quad\quad\quad h = 300\text{mm}$, $y = 100\text{mm}$
> $\therefore \tau = \dfrac{SG_X}{I_X b} = \dfrac{6S}{bh^3}\left(\dfrac{h^2}{4} - y^2\right)$
> $= \dfrac{6 \times 50{,}000}{200 \times 300^3} \times \left(\dfrac{300^2}{4} - 100^2\right) = 0.694444\text{MPa}$

★★
42 다음 그림과 같은 정정구조의 CD부재에서 C, D점의 휨모멘트값 중 옳은 것은?

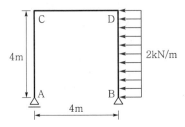

① C점 : 0, D점 : 16kN · m

② C점 : 16kN · m, D점 : 16kN · m

③ C점 : 0, D점 : 32kN · m

④ C점 : 32kN · m, D점 : 32kN · m

해설

㉮ 반력 : A지점은 이동지점이므로 수직반력이 생기고, B지점은 회전지점이므로 수직반력과 수평반력이 생긴다. 그러므로 방향과 기호를 그림 (a)와 같이 가정한다. 또한 등분포하중을 집중하중으로 바꾸면 그림 (b)와 같다.

$2kN/m \times 4m = 8kN$

㉠ $\sum X = 0$에 의해서

$H_B - 8 = 0$

∴ $H_B = 8kN$

㉡ $\sum Y = 0$에 의해서

$V_A - V_B = 0 \cdots$ ①

㉢ $\sum M_B = 0$에 의해서

$V_A \times 4 - 8 \times 2 = 0$

∴ $V_A = 4kN$

$V_A = 4kN$을

식 ①에 대입하면

$4 - V_B = 0$

∴ $V_B = 4kN$

㉯ 휨모멘트

㉠ DB부재 : 점 B에서 임의의 거리 x만큼 떨어진 단면 X의 휨모멘트를 M_X라고 하고 단면의 오른쪽을 생각하면

$0 \leq x \leq 4m$

$M_X = 8 \times x - 2x \times \dfrac{x}{2} = 8x - x^2$

$M_B = M_{x=0} = 0$

$M_D = M_{x=4} = 8x - x^2 = 8 \times 4 - 16 = 16kN \cdot m$

㉡ CD 부재 : 점 D에서 임의의 거리 x만큼 떨어진 단면 X의 휨모멘트를 M_X라고 하고 단면의 오른쪽을 생각하면 $0 \leq x \leq 4m$

$M_X = 16 - 4x$

$M_D = M_{x=0} = 16 - 4 \times 0 = 16kN \cdot m$

$M_C = M_{x=4} = 16 - 4 \times 4 = 0$

휨모멘트도는 그림 (c)와 같다.

(B.M.D.)

(c)

★
43 등가정적해석법에 의한 건축물의 내진설계 시 고려해야 할 사항이 아닌 것은?

① 지역계수

② 노풍도계수

③ 지반종류

④ 반응수정계수

해설

지표면조도(노풍도)는 지표면의 거칠기 상태로 일정 지역의 지표면거칠기에 해당하는 장애물이 바람에 노출된 정도의 구분으로 풍하중과 관계가 깊다.

★
44 다음 두 보의 최대 처짐량이 같기 위한 등분포하중의 비로 옳은 것은? (단, 부재의 재질과 단면은 동일하며 A부재의 길이는 B부재길이의 2배임)

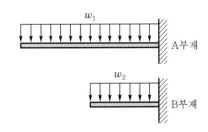

① $w_2 = 2w_1$

② $w_2 = 4w_1$

③ $w_2 = 8w_1$

④ $w_2 = 16w_1$

해설

A부재의 스팬은 l_A, B부재의 스팬은 l_B라고 하고 처짐이 동일하다면 A부재의 처짐은 $\delta_A = \dfrac{w_1 l_A^4}{8EI}$,

B부재의 처짐은 $\delta_B = \dfrac{w_1 l_B^4}{8EI}$에서 $\delta_A = \delta_B$이므로

$\dfrac{w_1 l_A^4}{8EI} = \dfrac{w_2 l_B^4}{8EI}$이고, $l_A = 2l_B$이다.

즉, $w_1(2l_B)^4 = w_2 l_B^4$이다.

∴ $16w_1 l_B^4 = w_2 l_B^4$이므로 $w_1 : w_2 = l_B^4 : 16 l_B^4 = 1 : 16$이다. 즉 $w_2 = 16w_1$이다.

45 철근콘크리트구조설계 시 고려하는 강도설계법에 관한 설명으로 옳지 않은 것은?

① 보의 압축측의 응력분포는 사다리꼴, 포물선 등의 형태로 본다.

② 규정된 허용하중이 초과될지도 모를 가능성을 예측하여 하중계수를 사용한다.

③ 재료의 변화, 시공오차 등의 기술적인 면을 고려하여 강도감소계수를 사용한다.

④ 이 설계방법은 탄성이론하에서 이루어진 설계법이다.

해설
탄성하중설계법은 탄성이론하에서 이루어진 설계법이고, 극한강도설계법은 소성이론하에서 적용된 설계법으로, 구조부재를 구성하는 재료의 비탄성거동을 고려하여 산정한 부재 단면의 공칭강도에 강도감소계수를 곱한 설계용 강도의 값(설계강도)과 계수하중에 의한 부재력(소요강도) 이상이 되도록 구조부재를 설계하는 방법이다. 즉 설계용 강도의 값(설계강도)≥계수하중에 의한 부재력(소요강도)이다.

46 다음 그림과 같은 트러스에서 가 및 나부재의 부재력을 옳게 구한 것은? (단, –는 압축력, +는 인장력을 의미한다.)

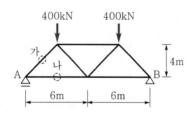

① 가＝－500kN, 나＝300kN

② 가＝－500kN, 나＝400kN

③ 가＝－400kN, 나＝300kN

④ 가＝－400kN, 나＝400kN

해설
트러스의 풀이

㉮ 지점반력 : A지점은 이동지점이므로 수직반력 $V_A(\uparrow)$이 생기고, B지점은 회전지점이므로 수직반력 $V_B(\uparrow)$와 수평반력 $H_B(\rightarrow)$가 생기며, 힘의 비김조건($\Sigma X=0$, $\Sigma Y=0$, $\Sigma M=0$)을 이용하여 산정한다.

㉠ $\Sigma X=0$에 의해서 $H_A=0$

∴ 수평반력은 없다.

㉡ $\Sigma Y=0$에 의해서

$V_A-400-400+V_B=0$ ······ ①

㉢ $\Sigma M_B=0$에 의해서

$V_A \times 12-400 \times 9-400 \times 3=0$

∴ $V_A=400\text{kN}(\uparrow)$

$V_A=400\text{kN}(\uparrow)$을 식 ①에 대입하면

$400-400-400+V_B=0$

∴ $V_B=400\text{kN}(\uparrow)$

㉯ 부재력의 산정 : 절점(A절점)법을 사용하여 풀이한다.

오른쪽 그림에서 두 힘(가, 나)의 각을 θ라고 하고, 가부재의 부재력을 P_1, 나부재의 부재력을 P_2라고 하면

㉠ $\Sigma Y=0$에 의해서 $400+P_1\sin\theta=0$,

$400+\dfrac{4}{5}P_1=0$

∴ $P_1=-500\text{kN}$(압축력)

㉡ $\Sigma X=0$에 의해서 $P_1\cos\theta+P_2=0$,

$\dfrac{3}{5}P_1+P_2=0$, $\dfrac{3}{5}\times(-500)+P_2=0$

∴ $P_2=300\text{kN}$(인장력)

47 일반 또는 경량콘크리트 휨부재의 크리프와 건조수축에 의한 추가장기처짐 산정과 관련하여 5년 이상일 때 지속하중에 대한 시간경과계수 ξ는 얼마인가?

① 2.4　　② 2.2

③ 2.0　　④ 1.4

해설
시간경과계수

구 분	3개월	6개월	12개월	5년 이상
시간경과계수(ξ)	1.0	1.2	1.5	2.0

★★
48 다음 그림과 같은 앵글(angle)의 유효 단면적으로 옳은 것은? (단, Ls－50×50×6 사용, $a=5.644\text{cm}^2$, $d=1.7\text{cm}$)

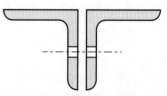

① 8.0cm^2　　② 8.5cm^2

③ 9.0cm^2　　④ 9.25cm^2

해설

A(유효 단면적)$=A_n$(전체 단면적)$-dt$(결손 단면적)

$$= 5.644 - 1.7 \times 0.6 = 4.624 \text{cm}^2$$

그런데 앵글이 두 개이므로

$$\therefore \ 2 \times 4.624 = 9.248 = 9.25 \text{cm}^2$$

★★
49 3회전단 포물선아치에 다음 그림과 같이 등분포하중이 가해졌을 경우 단면상에 나타나는 부재력의 종류는?

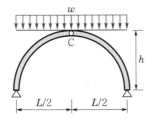

① 전단력, 휨모멘트
② 축방향력, 전단력, 휨모멘트
③ 축방향력, 전단력
④ 축방향력

해설
3회전단의 포물선아치가 등분포하중을 받을 때 단면력은 축방향력만 존재한다.

★★
50 강재의 응력 – 변형도시험에서 인장력을 가해 소성상태에 들어선 강재를 다시 반대방향으로 압축력을 작용하였을 때의 압축항복점이 소성상태에 들어서지 않은 강재의 압축항복점에 비해 낮은 것을 볼 수 있는데, 이러한 현상을 무엇이라 하는가?

① 루더선(Luder's line)
② 소성흐름(Plastic flow)
③ 바우싱거효과(Baushinger's effect)
④ 응력집중(Stress concentration)

해설
응력집중은 모재 또는 용접부에 형상적인 노치나 조직의 불연속이 있을 때 응력이 이곳에 국부적으로 집중되는 현상 또는 부재의 단면이 급격히 변화하는 경우 그 부분에 응력이 집중되는 현상이다. 소성흐름은 소성역에 있으며 응력이 일정한 상태에서 변형이 증대되는 현상이다. 루더선은 금속과 합금에 외력을 가해 소성변형을 일으킬 때 변형이 심하지 않으면 그 표면에 규칙적인 배열로 된 여러 개의 선조로 하위항복점과 변형도 경화개시점 사이에서 일어난다.

★★
51 다음 그림과 같은 압축재에 $V-V$축의 세장비값으로 옳은 것은? (단, $A=10\text{cm}^2$, $I_v=36\text{cm}^4$)

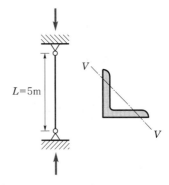

① 270.3
② 263.1
③ 254.8
④ 236.4

해설

$$\lambda(\text{세장비}) = \frac{l_k(\text{좌굴길이})}{i(\text{단면 2차 최소 반경})}$$

여기서, $i = \sqrt{\dfrac{I}{A}} = \sqrt{\dfrac{36}{10}} = 1.897\text{cm}$, $l_k = 500\text{cm}$

$$\therefore \ \lambda = \frac{500}{1.897} = 263.52$$

★
52 스터럽으로 보강된 휨부재의 최외단 인장철근의 순인장변형률 ε_t가 0.004일 경우 강도감소계수 ϕ로 옳은 것은? (단, $f_y=400$MPa)

① 0.65
② 0.717
③ 0.771
④ 0.817

해설

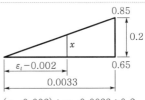

$(\varepsilon_t - 0.002) : x = 0.0033 : 0.2$

$0.0033x = 0.2(\varepsilon_t - 0.002)$

$$\therefore \ x = \frac{0.2(\varepsilon_t - 0.002)}{0.0033}$$

$$= \frac{0.2 \times (0.004 - 0.002)}{0.0033}$$

$$= 0.1212$$

$\therefore$ 강도저감계수$= 0.65 + 0.1212 = 0.7712$

53 강도설계법에 의한 철근콘크리트보에서 콘크리트만의 설계전단강도는 얼마인가? (단, $f_{ck}=$ 24MPa, $\lambda=1$)

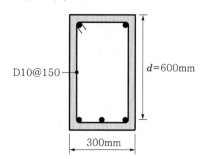

D10@150 $d=600$mm

300mm

① 31.5kN   ② 75.8kN

③ 110.2kN   ④ 145.6kN

해설

$V_C = \dfrac{1}{6}\lambda\sqrt{f_{ck}(\text{허용압축응력도})}\,b_w(\text{보의 폭})$
$\times d(\text{보의 유효춤})$

여기서, $\lambda=1$, $f_{ck}=24$MPa
$\quad\quad b_w=300$mm, $d=600$mm

$\therefore V_C = \dfrac{1}{6}\times1\times\sqrt{24}\times300\times600$
$\quad\quad = 146,969.384\text{N} = 146,969\text{kN}$

이때 강도저감계수는 0.75이고 설계전단강도＝강도저감계수×공칭전단강도이다.

$\therefore$ 설계전단강도＝$0.75\times146,969=110,227$kN

54 다음 용어 중 서로 관련이 가장 적은 것은?

① 기둥 − 메탈터치(Metal Touch)
② 인장가새 − 턴버클(Turn buckle)
③ 주각부 − 거싯 플레이트(Gusset Plate)
④ 중도리 − 새그로드(Sag rod)

해설

거싯 플레이트는 철골구조의 절점에 있어 부재의 접합에 덧대는 연결보강용 강판으로 주로 보에 사용하는 보강판이다.

55 건축물의 기초구조설계 시 말뚝재료별 구조세칙으로 옳지 않은 것은?

① 나무말뚝을 타설할 때 그 중심간격은 말뚝머리지름의 2.5배 이상, 또한 600mm 이상으로 한다.

② 기성콘크리트말뚝을 타설할 때 그 중심간격은 말뚝머리지름의 2.5배 이상, 또한 1,100mm 이상으로 한다.

③ 강재말뚝을 타설할 때 그 중심간격은 말뚝머리의 지름 또는 폭의 2.0배 이상(다만, 폐단강관말뚝에 있어서 2.5배), 또한 750mm 이상으로 한다.

④ 현장타설 콘크리트말뚝을 배치할 때 그 중심간격은 말뚝머리지름의 2.0배 이상, 또한 말뚝머리지름에 1,000mm를 더한 값 이상으로 한다.

해설 말뚝재료별 구조세칙

종 류	간 격	
나무	말뚝직경의 2.5배 이상	600mm 이상
기성 콘크리트		750mm 이상
현장타설(제자리) 콘크리트	말뚝직경의 2배 이상 (폐단강관 말뚝 : 2.5배)	직경+1m 이상
강재		750mm 이상

56 다음 중 한계상태설계법에서 강도한계상태를 구성하는 요소가 아닌 것은?

① 바닥재의 진동   ② 기둥의 좌굴
③ 골조의 불안정성   ④ 취성파괴

해설

한계상태설계법의 기본적인 표현은 외적인 하중계수(≥1), 부재의 하중효과, 설계저항계수(≤1), 이상적인 내력 상태의 공칭(설계)강도 등이다. 강도한계상태의 요소에는 골조의 불안정성, 기둥의 좌굴, 보의 횡좌굴, 접합부파괴, 인장부재의 전단면항복, 피로파괴, 취성파괴 등이 있고, 사용성한계상태의 요소에는 부재의 과다한 탄성변형과 잔류변형, 바닥재의 진동, 장기변형 등이다.

57 볼트의 기계적 등급을 나타내기 위해 표시하는 F8T, F10T, F11T에서 가운데 숫자는 무엇을 의미하는가?

① 휨강도   ② 인장강도
③ 압축강도   ④ 전단강도

해설

볼트의 기계적 등급을 나타내기 위한 표시방법 중 가운데 숫자는 인장강도를 의미한다.

★
58 다음 그림에서 절점 D는 이동을 하지 않으며 A, B, C는 고정단일 때 C단의 모멘트는? (단, k는 부재의 강비임)

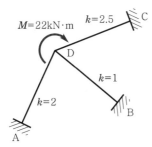

① 4.0kN·m
② 4.5kN·m
③ 5.0kN·m
④ 5.5kN·m

해설

㉮ $\mu = \dfrac{k(강비)}{\sum k(강비의\ 합)}$ 이므로

∴ M'(분배모멘트)
  = μ(분배율)M(모멘트)
  = $\mu M = \dfrac{k}{\sum k}M = \dfrac{2.5}{2.5+1+2} \times 22 = 10\text{kN·m}$

㉯ M'(도달모멘트) = 도달률 × 분배모멘트에서 도달률 1/2, 분배모멘트 10kN·m이므로

∴ $M'' = \dfrac{1}{2} \times 10 = 5\text{kN·m}$

59 콘크리트구조설계 시 철근간격제한에 관한 내용으로 옳지 않은 것은?

① 벽체 또는 슬래브에서 휨 주철근의 간격은 벽체나 슬래브두께의 3배 이하로 하여야 하고, 또한 450mm 이하로 하여야 한다.

② 상단과 하단에 2단 이상으로 배치된 경우 상하 철근은 동일 연직면 내에 배치되어야 하고, 이때 상하 철근의 순간격은 25mm 이상으로 하여야 한다.

③ 나선철근 또는 띠철근이 배근된 압축부재에서 축방향 철근의 순간격은 25mm 이상, 또한 철근공칭지름의 2.5배 이상으로 하여야 한다.

④ 2개 이상의 철근을 묶어서 사용하는 다발철근은 이형철근으로, 그 갯수는 4개 이하이어야 하며, 이들은 스터럽이나 띠철근으로 둘러싸여져야 한다.

해설 나선철근 또는 띠철근의 배근된 압축부재에서 축방향철근의 순간격은 40mm 이상 또는 철근공칭지름의 1.5배 이상으로 하여야 하며, 굵은 골재의 최대 치수조건을 만족하여야 한다.

★★
60 단면의 지름이 150mm, 재축방향 길이가 300mm인 원형강봉의 윗면에 300kN의 힘이 작용하여 재축방향 길이가 0.16mm 줄어들었고, 단면의 지름이 0.02mm 늘어났다면 이 강봉의 탄성계수 E와 포아송비는?

① 31,830MPa, 0.25
② 31,830MPa, 0.125
③ 39,630MPa, 0.25
④ 39,630MPa, 0.125

해설

㉮ 탄성계수

$P = 300,000\text{N}, \ A = \dfrac{\pi \times 150^2}{4} = 17,671.45867\text{mm}^2,$

$l = 300\text{mm}, \ \Delta l = 0.16\text{mm}$이므로

∴ $E = \dfrac{\sigma}{\varepsilon} = \dfrac{\dfrac{P}{A}}{\dfrac{\Delta l}{l}} = \dfrac{Pl}{A\Delta l}$

$= \dfrac{300,000 \times 300}{\dfrac{\pi \times 150^2}{4} \times 0.16} = 31,831\text{MPa}$

㉯ 포아송비

$\Delta d = 0.02\text{mm}, \ \Delta l = 0.16\text{mm}, \ l = 300\text{mm},$
$d = 150\text{mm}$이므로

∴ $\dfrac{1}{m} = \dfrac{\beta}{\varepsilon} = \dfrac{\dfrac{\Delta d}{d}}{\dfrac{\Delta l}{l}} = \dfrac{l\Delta d}{d\Delta l} = \dfrac{300 \times 0.02}{150 \times 0.16} = 0.25$

제4과목 **건축설비**

★★★
61 다음 중 변전실 면적결정 시 영향을 주는 요소와 가장 거리가 먼 것은?

① 수전전압
② 수전방식
③ 발전기용량
④ 큐비클의 종류

해설 변전실의 면적에 영향을 끼치는 요소에는 변압기의 용량, 큐비클의 종류, 수전전압 및 수전방식 등이 있고, 발전기의 용량 및 발전기실의 면적과는 무관하다.

2020

62 가스사용시설에서 가스계량기의 설치에 관한 설명으로 옳지 않은 것은?

① 전기접속기와의 거리가 최소 30cm 이상 이 되도록 한다.

② 전기점멸기와의 거리가 최소 60cm 이상 이 되도록 한다.

③ 전기개폐기와의 거리가 최소 60cm 이상 이 되도록 한다.

④ 전기계량기와의 거리가 최소 60cm 이상 이 되도록 한다.

해설 가스미터(계량기)는 전기계량기, 전기개폐기, 전기 안전기와는 60cm 이상, 전기점멸기 및 전기접속기 와의 거리는 30cm 이상, 절연조치를 하지 아니한 전선과의 거리는 15cm 이상을 띄어야 한다.

★
63 엘리베이터의 안전장치 중 일정 이상의 속도 가 되었을 때 브레이크등을 작동시키는 기능 을 하는 것은?

① 조속기
② 권상기
③ 완충기
④ 가이드슈

해설 조정스위치(조속기)는 카의 속도가 고속도인 경우에 는 120%(중속도 : 140%)가 되면 전원을 자동으로 차단하고 권상기의 브레이크를 작동시켜 정지시키 는 장치이다.

★★
64 흡음 및 차음에 관한 설명으로 옳지 않은 것은?

① 벽의 차음성능은 투과손실이 클수록 높다.
② 차음성능이 높은 재료는 흡음성능도 높다.
③ 벽의 차음성능은 사용재료의 면밀도에 크 게 영향을 받는다.
④ 벽의 차음성능은 동일 재료에서도 두께와 시공법에 따라 다르다.

해설 차음성능이 높은 재료는 흡음성능이 낮다. 즉 소리를 반사한다.

65 다음 설명에 알맞은 화재의 종류는?

나무, 섬유, 종이, 고무, 플라스틱류와 같은 일반 가연물이 타고 나서 재가 남는 화재

① A급 화재
② B급 화재
③ C급 화재
④ K급 화재

해설 화재의 분류

분류	A급 화재	B급 화재	C급 화재	D급 화재	E급 화재	F급 화재
	일반 화재	유류 화재	전기 화재	금속 화재	가스 화재	식용유 화재
색깔	백색	황색	청색	무색	황색	−

★
66 전기설비에서 다음과 같이 정의되는 장치는?

지락전류를 영상변류기로 검출하는 전류동작 형으로 지락전류가 미리 정해놓은 값을 초과 할 경우 설정된 시간 내에 회로나 회로의 일 부의 전원을 자동으로 차단하는 장치

① 퓨즈
② 누전차단기
③ 단로스위치
④ 절환스위치

해설
① 퓨즈 : 납, 주석, 아연 등과 같이 비교적 저온도에 서 녹아떨어지는 선 또는 띠모양의 금속편이다.
③ 단로스위치 : 한 군데에서 개폐가 가능한 스위치 이다.
④ 절환(전환)스위치 : 한 전원에서 다른 전원으로 전원을 절환하기 위하여 사용하는 무정전전원 장치의 스위치로, 한 개 또는 그 이상의 스위치 로 구성된다.

★
67 급수방식 중 고가수조방식에 관한 설명으로 옳은 것은 어느 것인가?

① 급수압력이 일정하다.
② 2층 정도의 건물에만 적용이 가능하다.
③ 위생성 측면에서 가장 바람직한 방식이다.
④ 저수조가 없으므로 단수 시에 급수가 불가 능하다.

해설 고가수조(탱크)방식은 고층 건축물에 적용이 가능하고 위생 측면에서는 바람직하지 못하나 단수 시에도 급수가 가능(고가탱크에 저장된 양만큼)하다.

68 실내CO_2 발생량이 17L/h, 실내CO_2허용농도가 0.1%, 외기의 CO_2농도가 0.04%일 경우 필요환기량은?

① 약 $28.3m^3/h$ ② 약 $35.0m^3/h$
③ 약 $40.3m^3/h$ ④ 약 $42.5m^3/h$

해설 필요환기량(Q)

$$= \frac{유해가스\ 발생량(m^3/h)}{유해가스\ 허용농도(P) - 급기\ 중의\ 가스농도(P_s)}$$

여기서, 유해가스 발생량 : 17L/h,
　　　　실내CO_2허용농도 : 0.1%=0.001,
　　　　외기 중의 CO_2농도 : 0.04%=0.0004

∴ 필요환기량 $= \dfrac{17L/h}{0.001 - 0.0004}$
　　　　　$= 28,333.33L/h = 28.33m^3/h$

69 급수설비에서 펌프의 실양정이 의미하는 것은? (단, 물을 높은 곳으로 보내는 경우)

① 배관계의 마찰손실에 해당하는 높이
② 흡수면에서 토출수면까지의 수직거리
③ 흡수면에서 펌프축 중심까지의 수직거리
④ 펌프축 중심에서 토출수면까지의 수직거리

해설 펌프의 양정은 펌프가 물을 퍼 올리는 높이로서, ①항은 관내 마찰손실수두를 말하고, ②항은 실양정으로 **흡입양정과 토출양정의 합** 또는 흡입수면에서 토출수면까지의 높이를 말하며, ③항은 **흡입양정**(흡입수면(저수조의 저수위면)에서 펌프 중심까지의 높이)에 해당된다. 또한 ④항은 **토출양정**(펌프 중심에서 고가수조에 양수하는 토출수면까지의 높이)이고, 전양정은 실양정+관내 마찰손실수두이다.

70 다음과 같은 조건에 있는 양수펌프의 축동력은?

[조건]
• 양수량 : 490L/min
• 전양정 : 30m
• 펌프의 효율 : 60%

① 약 3kW   ② 약 4kW
③ 약 5kW   ④ 약 6kW

해설 펌프의 축동력$(P) = \dfrac{WQH}{6,120E}$

펌프의 축마력$(P) = \dfrac{WQH}{4,500E}$

여기서, P : 펌프의 축동력(kW) 또는 축마력(HP)
　　　　W : 물의 단위용적당 중량(1,000kg/m³)
　　　　Q : 양수량(m³/min), H : 양정(m)
　　　　α : 여유율(0.1~0.2)
　　　　E : 펌프의 효율(0.5~0.75)

∴ $P = \dfrac{WQH}{6,120E} = \dfrac{1,000 \times 0.49 \times 30}{6,120 \times 0.6} = 4.002 \fallingdotseq 4kW$

이때 $490L/h = 0.49m^3/h$

71 다음 중 실내를 부압으로 유지하며 실내의 냄새나 유해물질을 다른 실로 흘려보내지 않으므로 욕실, 화장실 등에 사용되는 환기방식은?

① 급기구　　　배기구
② 급기구　　　배기팬
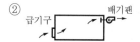
③ 급기팬　　　배기구
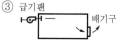
④ 급기팬　　　배기팬
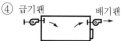

해설 ①항은 자연환기방식이다. ②항은 급기구와 배기팬으로 제3종 환기방식(흡출식)이고, ③항은 급기팬과 배기구로 제2종 환기방식(압입식)이며, ④항은 급기팬과 배기팬으로 제1종 환기방식(병용식)이다.

72 자연환기에 관한 설명으로 옳지 않은 것은?

① 외부풍속이 커지면 환기량은 많아진다.
② 실내외의 온도차가 크면 환기량은 작아진다.
③ 중력환기는 실내외의 온도차에 의한 공기의 밀도차가 원동력이 된다.
④ 자연환기량은 중성대로부터 공기유입구 또는 유출구까지의 높이가 클수록 많아진다.

해설 자연환기는 실내외의 온도차가 커지면 대류현상의 증가로 인하여 환기량은 많아진다.

2020

★★
73 고온수난방방식에 관한 설명으로 옳지 않은 것은?

① 장치의 열용량이 크므로 예열시간이 길게 된다.

② 공급과 환수의 온도차를 크게 할 수 있으므로 열수송량이 크다.

③ 공업용과 같이 고압증기를 다량으로 필요로 할 경우에는 부적당하다.

④ 지역난방에는 이용할 수 없으며 높이가 높고 건축면적이 넓은 단일건물에 주로 이용된다.

해설 고온수난방은 지역난방에는 이용할 수 있으며 높이가 높고 건축면적이 넓은 복합건물에 주로 이용된다.

★★
74 국소식 급탕방식에 관한 설명으로 옳지 않은 것은?

① 배관의 열손실이 적다.

② 급탕개소와 급탕량이 많은 경우에 유리하다.

③ 급탕개소마다 가열기의 설치스페이스가 필요하다.

④ 건물 완공 후에도 급탕개소의 증설이 비교적 쉽다.

해설 국소식 급탕방식은 급탕개소와 급탕량이 많은 경우에 불리하고, 이 경우에는 중앙식 급탕방식을 채용한다.

★★★
75 어떤 상태의 습공기를 절대습도의 변화 없이 건구온도만 상승시킬 때 습공기의 상태변화로 옳은 것은?

① 엔탈피는 증가한다.

② 비체적은 감소한다.

③ 노점온도는 낮아진다.

④ 상대습도는 증가한다.

해설 절대습도의 변화 없이 건구온도만 상승시킬 때 엔탈피는 증가하고, 상대습도는 감소하며, 비체적은 증가한다. 특히 노점온도와 절대습도는 변함이 없다.

76 다음 중 옥내의 노출된 건조한 장소에 시설할 수 없는 배선방법은? (단, 사용전압이 400V 미만인 경우)

① 금속관배선

② 버스덕트배선

③ 가요전선관배선

④ 플로어덕트배선

해설 옥내의 노출된 건조한 장소에 시설이 가능한 배선방법에는 금속관배선, 버스덕트배선, 가요전선관배선, 금속몰드배선, 합성수지몰드배선 등이다.

77 다음과 같은 조건에서 실내에 500W의 열을 발산하는 기기가 있을 때 이 열을 제거하기 위한 필요환기량은?

[조건]
• 실내온도 : 20℃
• 환기온도 : 10℃
• 공기의 정압비열 : 1.01kJ/kg · K
• 공기의 밀도 : 1.2kg/m³

① 41.3m³/h ② 148.5m³/h

③ 413m³/h ④ 1485m³/h

해설
Q(필요환기량)
$= c$(비열)m(질량)Δt(온도의 변화량)
$= c$(비열)ρ(공기의 밀도)V(필요환기량)Δt(온도의 변화량)

$\therefore V = \dfrac{Q}{c\rho\Delta t} = \dfrac{0.5 \times 3,600}{1.01 \times 1.2 \times (20-10)} = 148.51\text{m}^3/\text{h}$

이때 0.5×3,600에서 500J/s를 kJ/s로 변경하기 위한 것으로 500J=0.5kJ이고 1h=3,600s이므로 500J/s= 0.5×3,600kJ/h가 됨을 알 수 있다.

★★
78 전기샤프트(ES)에 관한 설명으로 옳지 않은 것은?

① 각 층마다 같은 위치에 설치한다.

② 전력용과 정보통신용은 공용으로 사용해서는 안 된다.

③ 전기샤프트의 면적은 보, 기둥 부분을 제외하고 산정한다.

④ 현재 장비 이외에 장래의 배선 등에 대한 여유성을 고려한 크기로 한다.

해설 전기샤프트(ES : Electrical Shaft)의 건축적 고려사항은 ①, ③, ④항 이외에 다음 사항을 고려하여야 한다.
㉮ 전기샤프트는 용도별로 전력용(EPS : Electrical Power Shaft)과 정보통신용(TPS : Telecommuication Power Shaft)으로 구분하여 설치하여야 한다. 다만, 각 용도의 설치장비 및 배선이 적은 경우는 공용으로 사용 가능하다.
㉯ 전기샤프트는 연면적 3,000m² 이상 건축물의 경우에는 1개층을 기준하여 800m²마다 설치하되 용도에 따라 면적을 달리할 수 있다.
㉰ 전기샤프트의 점검구는 유지보수 시 기기의 반입 및 반출이 가능하도록 하여야 하며, 문짝의 폭은 600mm 이상으로 한다.

★
79 조명설비의 광원 중 할로겐램프에 관한 설명으로 옳지 않은 것은?

① 휘도가 낮다.
② 백열전구에 비해 수명이 길다.
③ 연색성이 좋고 설치가 용이하다.
④ 흑화가 거의 일어나지 않고 광속이나 색온도의 저하가 극히 적다.

해설 할로겐램프는 휘도가 높아 시야에 광원이 직접 들어오지 않도록 계획해야 한다.

★★
80 다음 중 냉방부하 계산 시 현열만을 고려하는 것은?

① 인체의 발생열량
② 벽체로부터의 취득열량
③ 극간풍에 의한 취득열량
④ 외기의 도입으로 인한 취득열량

해설 현열과 잠열부하를 발생하는 것은 틈새바람(극간풍)에 의한 부하, 실내 발생열 중 인체 및 기타의 열원기기, 환기부하(신선외기도입에 의한 부하) 등이다.

제5과목 건축관계법규

★★
81 다음의 피난계단의 설치에 관한 기준내용 중 ( ) 안에 들어갈 내용으로 옳은 것은?

5층 이상 또는 지하 2층 이하인 층에 설치하는 직통계단은 피난계단 또는 특별피난계단으로 설치하여야 하는데, ( )의 용도로 쓰는 층으로부터의 직통계단은 그 중 1개소 이상을 특별피난계단으로 설치하여야 한다.

① 의료시설　　② 숙박시설
③ 판매시설　　④ 교육연구시설

해설 관련 법규 : 법 제49조, 영 제35조, 해설 법규 : 영 제35조 ①, ③항
5층 이상 또는 지하 2층 이하의 층에 설치하는 직통계단은 피난계단 또는 특별피난계단으로 설치하여야 하나, 판매시설의 용도에 쓰이는 층으로부터의 직통계단은 그 중 1개소 이상을 특별피난계단으로 설치하여야 한다.

82 200m²인 대지에 10m²의 조경을 설치하고 나머지는 건축물의 옥상에 설치하고자 할 때 옥상에 설치하여야 하는 최소 조경면적은?

① 10m²　　② 15m²
③ 20m²　　④ 30m²

해설 관련 법규 : 법 제42조, 영 제27조, 해설 법규 : 영 제27조 ③항
지표면의 조경면적은 대지면적×조경비율=200×0.1=20m²이므로 대지에 10m²를 조경하므로, 옥상의 조경면적은 10m²를 인정받을 수 있는 면적(조경면적의 50%를 초과할 수 없다)을 조경하여야 한다. 그런데 조경면적으로 인정할 수 있는 면적은 옥상 부분 조경면적의 2/3이므로 옥상 부분의 조경면적 $X(\text{m}^2)$ 라고 하면 $\frac{2X}{3}=10$이다.
∴ $X=15\text{m}^2$ 이상

★
83 공동주택을 리모델링이 쉬운 구조로 하여 건축허가를 신청할 경우 100분의 120의 범위에서 완화하여 적용받을 수 없는 것은?

① 대지의 분할제한
② 건축물의 용적률
③ 건축물의 높이제한
④ 일조 등의 확보를 위한 건축물의 높이제한

해설 관련 법규 : 법 제2, 8조, 해설 법규 : 법 제8조
법 제56조는 건축물의 용적률이고, 법 제60조는 건축물의 높이제한이며, 법 제61조는 일조 등의 확보를 위한 건축물의 높이제한 등의 내용을 규정하고 있고, 대지의 분할제한은 법 제57조에 규정되어 있다.

★
84 방화와 관련하여 같은 건축물에 함께 설치할 수 없는 것은?

① 의료시설과 업무시설 중 오피스텔
② 위험물 저장 및 처리시설과 공장
③ 위락시설과 문화 및 집회시설 중 공연장
④ 공동주택과 제2종 근린생활시설 중 다중생활시설

해설 관련 법규 : 법 제49조, 영 제47조, 해설 법규 : 영 제47조 ②항
다음 각 경우의 어느 하나에 해당하는 용도의 시설은 같은 건축물에 함께 설치할 수 없다.
㉮ 노유자시설 중 아동 관련 시설 또는 노인복지시설과 판매시설 중 도매시장 또는 소매시장
㉯ 단독주택(다중주택, 다가구주택에 한정), 공동주택, 제1종 근린생활시설 중 조산원 또는 산후조리원과 제2종 근린생활시설 중 다중생활시설
㉰ 의료시설, 노유자시설(아동 관련 시설 및 노인복지시설), 공동주택, 장례시설 또는 제1종 근린생활시설(산후조리원만 해당)과 위락시설, 위험물 저장 및 처리시설, 공장 또는 자동차 관련 시설(정비공장만 해당)

★★
85 노외주차장 내부공간의 일산화탄소농도는 주차장을 이용하는 차량이 가장 빈번한 시각의 앞뒤 8시간의 평균치가 몇 ppm 이하로 유지되어야 하는가?

① 80ppm
② 70ppm
③ 60ppm
④ 50ppm

해설 관련 법규 : 법 제6조, 규칙 제6조, 해설 법규 : 규칙 제6조 ①항 8호
노외주차장 내부공간의 일산화탄소농도는 주차장을 이용하는 차량이 가장 빈번한 시각의 앞뒤 8시간의 평균치가 50ppm 이하(다중이용시설 등의 실내공기질관리법에 따른 실내주차장은 25ppm 이하)로 유지되어야 한다.

★★
86 두 도로의 너비가 각각 6m이고 교차각이 90°인 도로의 모퉁이에 위치한 대지의 도로모퉁이 부분의 건축선은 그 대지에 접한 도로경계선의 교차점으로부터 도로경계선에 따라 각각 얼마를 후퇴한 두 점을 연결한 선으로 하는가?

① 후퇴하지 아니한다.
② 2m
③ 3m
④ 4m

해설 관련 법규 : 법 제46조, 영 제31조, 해설 법규 : 영 제31조 ①항
도로모퉁이에 위치한 대지의 규정에 의하여 도로의 너비가 6m이고, 교차각이 90°이므로 도로경계선의 교차점으로부터 3m씩 후퇴하여야 한다.

★★
87 문화재·전통사찰 등 역사·문화적으로 보존가치가 큰 시설 및 지역의 보호와 보존을 위하여 필요한 지구는?

① 생태계보존지구
② 역사문화미관지구
③ 중요시설물보존지구
④ 역사문화환경보호지구

해설 관련 법규 : 법 제37조, 영 제31조, 해설 법규 : 법 제37조 ①항 5호
보호지구의 종류에는 역사문화환경보호지구(문화재·전통사찰 등 역사·문화적으로 보존가치가 큰 시설 및 지역의 보호와 보존), 중요시설물보호지구(중요시설물(항만, 공항, 공용시설, 교정시설·군사시설)의 보호와 기능의 유지 및 증진), 생태계보호지구(야생동식물서식처 등 생태적으로 보존가치가 큰 지역의 보호와 보존) 등이 있다.

★
88 건축물의 바깥쪽에 설치하는 피난계단의 구조에서 피난층으로 통하는 직통계단의 최소 유효너비기준이 옳은 것은?

① 0.7m 이상
② 0.8m 이상
③ 0.9m 이상
④ 1.0m 이상

해설 관련 법규 : 법 제49조, 피난·방화규칙 제9조, 해설 법규 : 피난·방화규칙 제9조 ②항 2호 다목
바깥쪽에 설치하는 피난계단의 유효너비는 90cm 이상이다.

★★★
89 상업지역 및 주거지역에서 건축물에 설치하는 냉방시설 및 환기시설의 배기구를 설치하는 높이기준으로 옳은 것은?

① 도로면으로부터 1.5m 이상
② 도로면으로부터 2.0m 이상
③ 건축물 1층 바닥에서 1.5m 이상
④ 건축물 1층 바닥에서 2.0m 이상

해설 관련 법규 : 설비규칙 제23조, 해설 법규 : 설비규칙 제23조 ③항 1호
상업지역 및 주거지역에서 건축물에 설치하는 냉방시설 및 환기시설의 배기구는 도로면으로부터 2m 이상의 높이에 설치할 것

★
90 국토의 계획 및 이용에 관한 법령에 따른 기반시설 중 공간시설에 속하지 않는 것은?

① 녹지
② 유원지
③ 유수지
④ 공공공지

해설 관련 법규 : 법 제2조, 영 제2조, 해설 법규 : 영 제2조 ①항 2호
공간시설은 광장(교통광장, 일반광장, 경관광장, 지하광장, 건축물 부설 광장), 공원, 녹지, 유원지, 공공공지 등이 있고, 유수지는 방재시설에 속한다.

★★★
91 태양열을 주된 에너지원으로 이용하는 주택의 건축면적 산정의 기준이 되는 것은?

① 외벽 중 내측 내력벽의 중심선
② 외벽 중 외측 비내력벽의 중심선
③ 외벽 중 내측 내력벽의 외측 외곽선
④ 외벽 중 외측 비내력벽의 외측 외곽선

해설 관련 법규 : 법 제84조, 영 제119조, 규칙 제43조, 해설 법규 : 규칙 제43조 ①항
태양열을 주된 에너지원으로 이용하는 주택의 건축면적과 단열재를 구조체의 외기측에 설치하는 단열공법으로 건축된 건축물의 건축면적은 건축물의 외벽 중 내측 내력벽의 중심선을 기준으로 한다.

★
92 건축법령상 건축물과 해당 건축물의 용도가 옳게 연결된 것은?

① 의원 – 의료시설
② 도매시장 – 판매시설

③ 유스호스텔 – 숙박시설
④ 장례식장 – 묘지 관련 시설

해설 관련 법규 : 법 제2조, 영 제3조의5, 해설 법규 : 영 제3조의5
①항의 의원은 제1종 근린생활시설이고, ③항의 유스호스텔은 수련시설이며, ④항의 장례식장은 장례시설에 속하고, 묘지 관련 시설에는 화장시설과 봉안당 등이 있다.

★★
93 건축물의 면적·높이 및 층수 등의 산정기준으로 틀린 것은?

① 대지면적은 대지의 수평투영면적으로 한다.
② 건축면적은 건축물의 외벽의 중심선으로 둘러싸인 부분의 수평투영면적으로 한다.
③ 바닥면적은 건축물의 각 층 또는 그 일부로서 벽, 기둥, 그 밖에 이와 비슷한 구획의 중심선으로 둘러싸인 부분의 수평투영면적으로 한다.
④ 연면적은 하나의 건축물 각 층의 거실면적의 합계로 한다.

해설 관련 법규 : 법 제84조, 영 제119조, 해설 법규 : 영 제119조 ①항 4호
건축물의 연면적은 하나의 건축물 각 층의 바닥면적의 합계로 하되, 용적률 산정 시에는 별도로 규정한다.

★
94 건축물의 출입구에 설치하는 회전문의 설치기준으로 틀린 것은?

① 계단이나 에스컬레이터로부터 2m 이상의 거리를 둘 것
② 회전문의 회전속도는 분당 회전수가 15회를 넘지 아니하도록 할 것
③ 출입에 지장이 없도록 일정한 방향으로 회전하는 구조로 할 것
④ 회전문의 중심축에서 회전문과 문틀 사이의 간격을 포함한 회전문 날개 끝부분까지의 길이는 140cm 이상이 되도록 할 것

해설 관련 법규 : 법 제49조, 영 제39조, 피난·방화규칙 제12조, 해설 법규 : 피난·방화규칙 제12조 5호
회전문의 회전속도는 분당 회전수가 8회를 넘지 않도록 할 것

2020

95 국토의 계획 및 이용에 관한 법령상 개발행위허가를 받지 아니하여도 되는 경미한 행위기준으로 틀린 것은?

① 지구단위계획구역에서 무게 100t 이하, 부피 50m^3 이하, 수평투영면적 25m^2 이하인 공작물의 설치

② 조성이 완료된 기존 대지에 건축물이나 그 밖의 공작물을 설치하기 위한 토지의 형질변경(절토 및 성토 제외)

③ 지구단위계획구역에서 채취면적이 25m^2 이하인 토지에서의 부피 50m^3 이하의 토석채취

④ 녹지지역에서 물건을 쌓아놓는 면적이 25m^2 이하인 토지에 전체 무게 50t 이하, 전체 부피 50m^3 이하로 물건을 쌓아 놓는 행위

해설 관련 법규 : 법 제56조, 영 제53조, 해설 법규 : 영 제53조 2호

개발행위허가를 받지 아니하여도 되는 경미한 행위 중 공작물의 설치는 도시지역 또는 지구단위계획구역에서 무게가 50t 이하, 부피가 50m^2 이하, 수평투영면적이 50m^2 이하인 공작물의 설치. 다만, 건축법 시행령 제118조 제1항 각 호의 어느 하나에 해당하는 공작물의 설치는 제외한다.

96 특별건축구역의 지정과 관련한 다음의 내용에서 밑줄 친 부분에 해당하지 않는 것은?

> 국토교통부장관 또는 시·도지사는 다음 각 호의 구분에 따라 도시나 지역의 일부가 특별건축구역으로 특례 적용이 필요하다고 인정하는 경우에는 특별건축구역을 지정할 수 있다.
> 1. 국토교통부장관이 지정하는 경우
> 가. 국가가 국제행사 등을 개최하는 도시 또는 지역의 사업구역
> 나. 관계법령에 따른 국가정책사업으로서 대통령령으로 정하는 사업구역

① 도로법에 따른 접도구역
② 도시개발법에 따른 도시개발구역

③ 택지개발촉진법에 따른 택지개발사업구역
④ 혁신도시 조성 및 발전에 관한 특별법에 따른 혁신도시의 사업구역

해설 관련 법규 : 법 제69조, 영 제105조, 해설 법규 : 영 제105조 ①항

관계법령에 따른 국가정책사업으로서 대통령령이 정하는 사업 구역은 행정중심복합도시의 사업구역, 혁신도시의 사업구역, 경제자유구역, 택지개발사업구역, 공공주택지구, 도시개발구역, 국립아시아문화전당 건설사업구역 및 지구단위계획구역 중 현상설계 등에 따른 창의적 개발을 위한 특별계획구역 등이 있다.

★★
97 주거용 건축물 급수관의 지름 산정에 관한 기준내용으로 틀린 것은?

① 가구 또는 세대수가 1일 때 급수관지름의 최소 기준은 15mm이다.

② 가구 또는 세대수가 7일 때 급수관지름의 최소 기준은 25mm이다.

③ 가구 또는 세대수가 18일 때 급수관지름의 최소 기준은 50mm이다.

④ 가구 또는 세대의 구분이 불분명한 건축물에 있어서는 주거에 쓰이는 바닥면적의 합계가 85m^2 초과 150m^2 이하인 경우는 3가구로 산정한다.

해설 관련 법규 : 법 제62조, 영 제87조, 설비규칙 제18조, (별표 3), 해설 법규 : (별표 3)

가구 또는 세대수가 7세대(6~8세대)일 때 급수관 지름의 최소 기준은 32mm이다.

98 국토의 계획 및 이용에 관한 법령상 일반상업지역 안에서 건축할 수 있는 건축물은? (단, 도시·군계획조례가 정하는 바에 따라 건축할 수 있는 건축물)

① 단독주택
② 수련시설
③ 의료시설 중 요양병원
④ 야영장 시설

해설 관련 법규 : 국토법 제76조, 영 제71조, (별표 9), 해설 법규 : 영 제71조, (별표 9)

일반상업지역에 건축할 수 없는 건축물은 묘지 관련 시설, 자연순환 관련 시설, 자동차 관련 시설 중 폐차장 등이 있고, 의료시설 중 요양병원은 건축이 가능하다.

99 비상용 승강기 승강장의 구조기준에 관한 내용으로 틀린 것은?

① 승강장은 각 층의 내부와 연결될 수 있도록 한다.

② 벽 및 반자가 실내에 접하는 부분의 마감재료는 불연재료로 하여야 한다.

③ 피난층에 있는 승강장의 경우 내부와 연결되는 출입구(승강로 출입구 제외)에는 60+방화문 또는 60분방화문을 설치하여야 한다.

④ 옥내에 설치하는 승강장의 바닥면적은 비상용 승강기 1대에 대하여 $6m^2$ 이상으로 하여야 한다.

관련 법규 : 법 제64조, 설비규칙 제10조, 해설 법규 : 설비규칙 제10조 2호 나목

승강장은 각 층의 내부와 연결될 수 있도록 하되, 그 출입구(승강로의 출입구 제외)에는 갑종방화문을 설치할 것. 다만, 피난층에는 60+방화문 또는 60분방화문을 설치하지 아니할 수 있다.

100 ★★ 부설주차장의 설치대상시설물 종류에 따른 설치기준이 틀린 것은?

① 골프장 : 1홀당 10대

② 위락시설 : 시설면적 $80m^2$당 1대

③ 판매시설 : 시설면적 $150m^2$당 1대

④ 숙박시설 : 시설면적 $200m^2$당 1대

관련 법규 : 법 제19조, 영 제6조, (별표 1), 해설 법규 : (별표 1)

위락시설은 시설면적 $100m^2$당 1대의 주차장을 확보하여야 한다.

제1과목 건축계획

01 극장의 평면형식에 관한 설명으로 옳지 않은 것은?

① 애리너형에서 무대배경은 주로 낮은 가구로 구성된다.

② 프로시니엄형은 픽처프레임스테이지형이라고도 불린다.

③ 오픈스테이지형은 관객석이 무대의 대부분을 둘러싸고 있는 형식이다.

④ 프로시니엄형은 가까운 거리에서 관람하게 되며 가장 많은 관객을 수용할 수 있다.

해설 프로시니엄형(picture frame stage)은 연기자와 관객의 접촉면이 1면으로 한정되어 있어 많은 관람석을 두면 객석과의 거리가 멀어져 관객의 수용능력에 제한이 많다. ④항은 애리나형에 대한 설명이다.

02 주택의 평면과 각 부위의 치수 및 기준척도에 관한 설명으로 옳지 않은 것은?

① 치수 및 기준척도는 안목치수를 원칙으로 한다.

② 거실 및 침실의 평면 각 변의 길이는 10cm를 단위로 한 것을 기준척도로 한다.

③ 거실 및 침실의 층높이는 2.4m 이상으로 하되, 5cm를 단위로 한 것을 기준척도로 한다.

④ 계단 및 계단참의 평면 각 변의 길이 또는 너비는 5cm를 단위로 한 것을 기준척도로 한다.

해설 ① 치수 및 기준척도는 안목치수를 원칙으로 할 것(모듈정합의 원칙에 의한 모듈격자 및 기준면의 설정방법 등에 따라 필요한 경우에는 중심선치수로 할 수 있다.)

② 거실 및 침실의 평면 각 변의 길이는 5cm 단위로 한 것을 기준척도로 할 것

③ 부엌·식당·욕실·화장실·복도·계단 및 계단참 등의 평면 각 변의 길이 또는 너비는 5cm를 단위로 한 것을 기준척도로 할 것(다만, 한국산업규격에서 정하는 주택용 조립식 욕실을 사용하는 경우에는 한국산업규격에서 정하는 표준모듈호칭치수에 따른다.)

④ 거실 및 침실의 반자높이(반자를 설치하는 경우만 해당)는 2.2m 이상으로 하고, 층높이는 2.4m 이상으로 하되 각각 5cm를 단위로 한 것을 기준척도로 할 것(주택건설기준 등에 관한 규칙 제3조)

03 종합병원의 외래진료부를 클로즈드시스템(closed system)으로 계획할 경우 고려할 사항으로 가장 부적절한 것은?

① 1층에 두는 것이 좋다.

② 부속진료시설을 인접하게 한다.

③ 약국, 회계 등은 정면출입구 근처에 설치한다.

④ 외과계통은 소진료실을 다수 설치하도록 한다.

해설 외과계통은 대진료실을 소수 설치하도록 한다.

04 공장의 지붕형태에 관한 설명으로 옳은 것은?

① 솟음지붕은 채광 및 환기에 적합한 방법이다.

② 샤렌구조는 기둥이 많이 소요된다는 단점이 있다.

③ 뾰족지붕은 직사광선이 완전히 차단된다는 장점이 있다.

④ 톱날지붕은 남향으로 할 경우 하루 종일 변함없는 조도를 가진 약광선을 받아들일 수 있다.

해설 ② 샤렌지붕은 기둥이 적게 소요되는 장점이 있다.

③ 뾰족지붕은 직사광선을 어느 정도 허용하는 결점이 있다.

④ 톱날지붕은 북향으로 할 경우 하루 종일 변함없는 조도를 가진 약광선을 받아드릴 수 있다.

★★
05 래드번(Radburn)주택단지계획에 관한 설명으로 옳지 않은 것은?

① 중앙에는 대공원 설치를 계획하였다.

② 주거구는 슈퍼블록단위로 계획하였다.

③ 보행자의 보도와 차도를 분리하여 계획하였다.

④ 주거지 내의 통과교통으로 간선도로를 계획하였다.

해설 래드번주택단지계획에서 주거지 내의 자동차의 통과도로(교통)의 배제를 위한 슈퍼블록으로 구성하였다.

06 공포형식 중 다포형식에 관한 설명으로 옳지 않은 것은?

① 출목은 2출목 이상으로 전개된다.

② 수덕사 대웅전이 대표적인 건물이다.

③ 내부 천장구조는 대부분 우물천장이다.

④ 기둥 상부 이외에 기둥 사이에도 공포를 배열한 형식이다.

해설 공포형식 중 다포식은 공포의 출목을 2출목 이상으로 하고 고려 말기부터 시작되어 조선시대에 이르러 많이 사용되었으며 주심포식에 비해 외형이 정비되고 장중한 외관을 가졌다. 또한 기둥 위에 창방과 평방을 놓고 그 위(기둥과 기둥의 사이)에 공포를 배치하며 내부 천장구조는 대부분 우물천장이다. 대표적인 건축물로는 서울 남대문, 안동 봉정사 대웅전, 창경궁 명정전, 창덕궁 돈화문, 강화 전등사 약사전과 대웅전, 화엄사 대웅전과 각황전, 통도사 대웅전, 범어사 대웅전, 불국사 극락전과 대웅전, 서울 동대문 등이 있다. 수덕사 대웅전은 주심포식이다.

★
07 탑상형 공동주택에 관한 설명으로 옳지 않은 것은?

① 각 세대에 시각적인 개방감을 준다.

② 각 세대의 거주조건 및 환경이 균등하다.

③ 도심지 내의 랜드마크적인 역할이 가능하다.

④ 건축물 외면의 4개의 입면성을 강조한 유형이다.

해설 탑상형 공동주택은 자유로운 배치와 평면구성이 가능하여 특색 있는 외관을 가진 도시의 상징적인 건물로 만들 수 있으며, 대지의 조망을 해치지 않고 건물의 그림자도 적어 변화를 줄 수 있는 형태이나 단위주거의 실내 환경조건이 불균등해진다.

08 학교의 운영방식에 관한 설명으로 옳지 않은 것은?

① 플래툰형은 교과교실형보다 학생의 이동이 많다.

② 종합교실형은 초등학교 저학년에 가장 권장할 만한 형식이다.

③ 달턴형은 규모 및 시설이 다른 다양한 형태의 교실이 요구된다.

④ 일반 및 특별교실형은 우리나라 중학교에서 일반적으로 사용되는 방식이다.

해설 플래툰형(platoon type, P형)은 학교운영방식 중 전 학급을 2분단으로 하고, 한쪽이 일반교실로 사용할 때 다른 분단은 특별교실로 사용하며, 교사의 수와 적당한 시설이 없으면 실시가 곤란한 방식이다. 또한 교사의 전체 면적이 증대되나 이용률을 높일 수 있으며, 교과교실형보다 학생의 이동이 적다.

09 사무소 건축에서 오피스 랜드스케이핑(office landscaping)에 관한 설명으로 옳지 않은 것은?

① 프라이버시 확보가 용이하여 업무의 효율성이 증대된다.

② 커뮤니케이션의 융통성이 있고 장애요인이 거의 없다.

③ 실내에 고정된 칸막이를 설치하지 않으며 공간을 절약할 수 있다.

④ 변화하는 작업의 패턴에 따라 조절이 가능하며 신속하고 경제적으로 대처할 수 있다.

해설 오피스 랜드스케이핑은 개방식 시스템의 한 형식으로, 의사전달과 작업흐름의 실제적 패턴에 기초를 두고 계획하며, 개인적 공간분할이 되지 않아 독립성 확보가 어렵다. 특히 음향적으로 연결되므로 불편하다. 반면 개인적 공간분할로 독립성 확보가 쉬운 방식은 개실시스템이다.

2020

★
10 엘리베이터의 설계 시 고려사항으로 옳지 않은 것은?

① 군관리운전의 경우 동일 군 내의 서비스층은 같게 한다.

② 승객의 층별 대기시간은 평균운전간격 이하가 되게 한다.

③ 건축물의 출입층이 2개 층이 되는 경우는 각각의 교통수요량 이상이 되도록 한다.

④ 백화점과 같은 대규모 매장에는 일반적으로 승객수송의 70~80%를 분담하도록 계획한다.

해설 백화점과 같은 대규모 매장의 엘리베이터 계획 시 일반적으로 승객수송의 20~25%를 분담하도록 계획한다.

★
11 극장 건축과 관련된 용어설명으로 옳지 않은 것은?

① 플라이 갤러리(fly gallery) : 무대 주위의 벽에 설치되는 좁은 통로이다.

② 사이클로라마(cyclorama) : 무대의 제일 뒤에 설치되는 무대배경용 벽이다.

③ 그린룸(green room) : 연기자가 분장 또는 화장을 하고 의상을 갈아입는 곳이다.

④ 그리드 아이언(grid iron) : 무대천장 밑에 설치한 것으로 배경이나 조명기구 등이 매달린다.

해설 그린룸은 무대 옆에 설치하여 가벼운 식사를 할 수 있는 설비를 갖춘 대기실이고, 앤티룸은 무대와 출연자대기실 사이에 있는 조그만 방으로 출연자들이 출연 바로 직전에 기다리는 공간이다.

★★★
12 숑바르 드 로브의 주거면적기준으로 옳은 것은?

① 병리기준 : $6m^2$, 한계기준 : $12m^2$

② 병리기준 : $6m^2$, 한계기준 : $14m^2$

③ 병리기준 : $8m^2$, 한계기준 : $12m^2$

④ 병리기준 : $8m^2$, 한계기준 : $14m^2$

해설 **주거면적**

(단위 : m^2/인 이상)

구 분	최소한 주택의 면적	콜로뉴 (cologne) 기준	숑바르 드 로브(사회학자)			국제 주거 회의 기준 (최소)
			병리 기준	한계 기준	표준 기준	
면적	10	16	8	14	16	15

13 미술관 전시실의 순회형식에 관한 설명으로 옳지 않은 것은?

① 연속순회형식은 전시벽면이 최대화되고 공간절약효과가 있다.

② 연속순회형식은 한 실을 폐쇄하면 다음 실로의 이동이 불가능하다.

③ 갤러리 및 복도형식은 관람자가 전시실을 자유롭게 선택하여 관람할 수 있다.

④ 중앙홀형식에서 중앙홀이 크면 장래의 확장에는 용이하나 동선의 혼잡이 심해진다.

해설 중앙홀형식(중앙에 큰 홀을 두고 그 주위에 각 전시실을 배치하여 자유로이 출입하는 형식)은 중앙에 큰 홀을 두어 동선의 혼란을 줄이고 높은 천창을 설치할 수 있다.

★
14 경복궁의 궁궐배치는 전조공간과 후침공간으로 이루어져 있다. 다음 중 전조공간의 구성에 속하지 않는 것은?

① 근정전   ② 만춘전

③ 천추전   ④ 강녕전

해설 경복궁의 궁궐배치에 있어서 전조공간은 왕이 정사를 보는 공간(편전)으로 근정전, 사정전, 만춘전, 천추전 등이 있고, 후침공간은 왕의 사적 또는 왕족의 생활공간으로 침전인 강령전과 교태전, 내전인 자경전과 수정전 등이 있다.

15 도서관 건축에 관한 설명으로 옳지 않은 것은?

① 캐럴(carrel)은 서고 내에 설치된 소연구실이다.

② 서고의 내부는 자연채광을 하지 않고 인공조명을 사용한다.

③ 일반열람실의 면적은 $0.25~0.5m^2$/인 정도의 규모로 계획한다.

④ 서고면적 $1m^2$당 150~250권 정도의 수장능력을 갖도록 계획한다.

해설 열람실은 성인 1인당 $2.0~2.5m^2$(실 전체)가 적당하고, 일반열람실과 서고는 2.3m, 열람실은 $3.0~3.5m$ 정도이므로 서로 다른 층고로 하는 것이 이상적이다.

정답 10.④ 11.③ 12.④ 13.④ 14.④ 15.③

★★
16 호텔 건축에 관한 설명으로 옳지 않은 것은?

① 커머셜호텔은 가급적 저층으로 한다.

② 아파트먼트호텔은 장기체류용 호텔이다.

③ 리조트호텔은 자연경관이 좋은 곳을 선택한다.

④ 터미널호텔은 교통기관의 발착지점에 위치한다.

해설 커머셜호텔(주로 상업상, 사무상의 여행자를 위한 호텔)은 도시의 가장 번화한 교통의 중심으로 편리한 위치에 세운 호텔로서 가급적 **고층** 건축물로 구성한다.

17 공동주택 단위주거의 단면구성형태에 관한 설명으로 옳지 않은 것은?

① 플랫형은 주거단위가 동일 층에 한하여 구성되는 형식이다.

② 스킵 플로어형은 통로 및 공용면적이 적은 반면에 전체적으로 유효면적이 높다.

③ 복층형(메조넷형)은 플랫형에 비해 엘리베이터의 정지층수를 적게 할 수 있다.

④ 트리플렉스형은 듀플렉스형보다 프라이버시의 확보율이 낮고 통로면적이 많이 필요하다.

해설 트리플렉스형(triplex type)은 하나의 주거단위가 3층형으로 구성된 것으로, 듀플렉스형보다 프라이버시 확보율이 높고 통로가 없는 층의 평면은 채광 및 통풍에 문제가 없으며 통로면적도 적게 필요로 한다.

18 다음 중 건축요소와 해당 건축요소가 사용된 건축양식의 연결이 옳지 않은 것은?

① 장미창(Rose Window) − 고딕

② 러스티케이션(Rustication) − 르네상스

③ 첨두아치(Pointed Arch) − 로마네스크

④ 펜덴티브 돔(Pendentive Dome) − 비잔틴

해설 고딕 건축의 특성은 구조적(첨두형 아치, 리브 볼트, 플라잉 버트레스 등), 입면상(첨두아치, 종탑, 첨탑, 창호의 증대와 스테인드글라스, 외벽조각) 및 수직성(신과 인간의 거리를 상징적으로 단축, 높은 곳으로 향하는 인간의 희망을 구현) 등이다. 로마네스크 건축의 특성은 장축형(라틴 크로스) 평면과 종탑, 아

치구조법의 발달로 교차볼트의 사용(하중은 리브를 통해 피어로 전달), 볼트, 버트레스의 사용 및 채광창 등이다.

19 은행 건축계획에 관한 설명으로 옳지 않은 것은?

① 고객과 직원과의 동선이 중복되지 않도록 계획한다.

② 대규모 은행일 경우 고객의 출입구는 되도록 1개소로 계획한다.

③ 이중문을 설치할 경우 바깥문은 바깥 여닫이 또는 자재문으로 계획한다.

④ 어린이의 출입이 많은 경우에는 주출입구에 회전문을 설치하는 것이 좋다.

해설 은행의 주출입구는 도난 방지상 반드시 안여닫이로 하고, 겨울철 기온이 낮은 우리나라에서는 열 보호를 위해 현관에 전(방풍)실을 둔다. 전실을 설치한 경우에는 바깥문을 외여닫이, 자재(회전)문으로 해야 하며, 어린이들의 출입이 많은 지역에서는 회전문보다 여닫이문을 사용해야 안전하다. 특히 직원과 고객의 출입구는 별도로 설치한다.

★
20 다음 중 백화점 기둥간격의 결정요소와 가장 거리가 먼 것은?

① 지하주차장의 주차방법

② 진열대의 치수와 배열법

③ 엘리베이터의 배치방법

④ 각 층별 매장의 상품구성

해설 백화점 기둥간격(스팬)의 결정요소에는 지하주차장의 주차방법, 진열대의 치수와 배열법, 엘리베이터의 배치방법 등이 있고, 각 층별 매장의 상품구성, 화장실의 크기, 공조실의 폭과 위치 등은 이와 무관하다.

제2과목 건축시공

★★
21 다음 그림의 형태를 가진 흙막이의 명칭은?

① H − 말뚝 토류판

② 슬러리월

③ 소일콘크리트말뚝

④ 시트파일

해설 철재널말뚝의 종류

㉮ 테레스루지스

㉯ 라센

㉰ 유니버설조인트

㉱ 래크워너

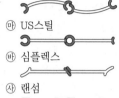

㉲ US스틸

㉳ 심플렉스

㉴ 랜섬

★★★
22 다음 중 통계적 품질관리기법의 종류에 해당되지 않는 것은?

① 히스토그램 ② 특성요인도
③ 브레인스토밍 ④ 파레토도

해설 QC활동도구에는 히스토그램, 특성요인도, 파레토그림, 체크시트, 각종 그래프, 산포도(상관도) 및 층별 등이 있다. 브레인스토밍은 브레인(Brain)+스토밍(Storming)의 합성어로서 여러 사람(5~6인)이 그룹을 만들고 아무런 제약이 없는 편안한 상태에서 자유자재로 공상과 연상의 연쇄반응을 일으키면서 아이디어를 내어가도록 하는 그룹아이디어발상법이다.

23 도장공사에 필요한 가연성 도료를 보관하는 창고에 관한 설명으로 옳지 않은 것은?

① 독립한 단층건물로서 주위 건물에서 1.5m 이상 떨어져 있게 한다.
② 건물 내의 일부를 도료의 저장장소로 이용할 때는 내화구조 또는 방화구조로 구획된 장소를 선택한다.
③ 바닥에는 침투성이 없는 재료를 깐다.
④ 지붕은 불연재로 하고 적정한 높이의 천장을 설치한다.

해설 도료의 창고는 ①, ②, ③항 이외에 지붕은 불연재료로 하고 천장은 설치하지 않으며, 희석제를 보관할 때에는 위험물취급에 관한 법규에 준하고 소화기 및 소화용 모래를 비치한다.

★
24 철근콘크리트 구조물에서 철근 조립순서로 옳은 것은?

① 기초철근 → 기둥철근 → 보철근 → 슬래브철근 → 계단철근 → 벽철근
② 기초철근 → 기둥철근 → 벽철근 → 보철근 → 슬래브철근 → 계단철근
③ 기초철근 → 벽철근 → 기둥철근 → 보철근 → 슬래브철근 → 계단철근
④ 기초철근 → 벽철근 → 보철근 → 기둥철근 → 슬래브철근 → 계단철근

해설 철근콘크리트구조물에서 철근의 조립순서는 기초철근 → 기둥철근 → 벽철근 → 보철근 → 바닥(슬래브)철근 → 계단철근의 순이다. 즉 기초 → 기둥 → 벽 → 보 → 바닥 → 계단의 순이다.

★
25 건설사업자원통합전산망으로 건설생산활동 전 과정에서 건설 관련 주체가 전산망을 통해 신속히 교환·공유할 수 있도록 지원하는 통합정보시스템을 지칭하는 용어는?

① 건설 CIC(Computer Integrated Construction)
② 건설 CALS(Continuous Acquisition & Life Cycle Support)
③ 건설 EC(Engineering Construction)
④ 건설 EVMS(Earned Value Management System)

해설
① 건설 CIC(Computer Integrated Construction) : 컴퓨터, 정보통신 및 자동화생산, 조립기술 등을 토대로 건설행위를 수행하는 데 필요한 기능들과 인력들을 유기적으로 연계하여 각 건설업체의 업무를 각 사의 특성에 맞게 최적화하는 것이다.
③ 건설 EC(Engineering Construction) : 건설프로젝트를 하나의 흐름으로 보아 사업발굴, 기획, 타당성조사, 설계, 시공, 유지관리까지 업무영역을 확대하는 것이다.
④ 건설 EVMS(Earned Value Management System) : 프로젝트사업비용, 일정, 그리고 수행목표의 기준설정과 이에 대비한 실제 진도측정을 위한 성과위주의 관리체계이다.

26 타일의 흡수율크기의 대소관계로 옳은 것은?

① 석기질 > 도기질 > 자기질

② 도기질 > 석기질 > 자기질

③ 자기질 > 석기질 > 도기질

④ 석기질 > 자기질 > 도기질

> **해설** 타일의 흡수율
>
> | 구 분 | 자기질 | 석기질 | 도기질 |
> |---|---|---|---|
> | 흡수율 | 3% | 5% | 18% |

27 MCX(Minimum Cost Expediting)기법에 의한 공기단축에서 아무리 비용을 투자해도 그 이상 공기를 단축할 수 없는 한계점을 무엇이라 하는가?

① 표준점

② 포화점

③ 경제속도점

④ 특급점

> **해설** 표준(정상)점은 정상공기(정상적으로 공사를 진행하는 경우의 소요공사기간)와 정상비용(정상적으로 공사를 진행하는 경우의 소요비용)이 만나는 점 또는 직접비와 간접비가 최소로 되는 점으로, 이때의 공기를 최적공기라고 한다.

28 콘크리트에 사용되는 혼화재 중 플라이애시의 사용에 따른 이점으로 볼 수 없는 것은?

① 유동성의 개선

② 수화열의 감소

③ 수밀성의 향상

④ 초기 강도의 증진

> **해설** 플라이애시의 특성은 수화열이 적고 초기 강도나 낮으나 장기 강도는 커진다. 콘크리트의 워커빌리티가 좋고 수밀성이 크며 단위수량을 감소시킬 수 있어 하천, 해안, 해수공사 등에 많이 사용되고 매스콘크리트용(기초, 댐 등)으로도 유리하다.

29 다음 중 공사시방서에 기재하지 않아도 되는 사항은?

① 건물 전체의 개요

② 공사비 지급방법

③ 시공방법

④ 사용재료

> **해설** 건축 공사시방서 총칙의 기재내용
> ㉮ 공사 전체의 개요, 시방서의 적용 범위, 공통의 주의사항 및 특기사항 등
> ㉯ 사용재료(종류, 품질, 수량, 필요한 시험, 저장방법, 검사방법 등)
> ㉰ 시공방법(준비사항, 공사의 정도, 사용기계·기구, 주의사항 등)
> ※ 공사비 지급방법은 계약서의 기재내용이다.

30 방수공사용 아스팔트의 종류 중 표준 용융온도가 가장 낮은 것은?

① 1종

② 2종

③ 3종

④ 4종

> **해설** 방수용 아스팔트의 종류에 따른 용융온도
>
> | 종 류 | 1종 | 2종 | 3종, 4종 |
> |---|---|---|---|
> | 용융온도 | 220~230℃ | 240~250℃ | 260~270℃ |

31 외부조적벽의 방습, 방열, 방한, 방서 등을 위해서 설치하는 쌓기법은?

① 내쌓기

② 기초쌓기

③ 공간쌓기

④ 엇모쌓기

> **해설**
> ① 내쌓기 : 벽돌, 돌 등을 쌓을 때 벽면보다 내밀어서 쌓는 것으로 벽체에 마루를 설치한다든지 또는 방화벽으로 처마 부분을 가리기 위해 사용하는 방식
> ② 기초쌓기 : 조적조 기초에서 기초판 위에 조적재를 벽두께보다 넓혀 내쌓고, 위로 올라갈수록 좁게 쌓아 벽두께와 같게 하거나 약간 크게 쌓는 방식
> ④ 엇모쌓기 : 담장의 윗부분 또는 처마 부분을 쌓을 때 벽돌모서리가 45° 각도로 벽면에서 돌출되게 쌓는 방법

32 칠공사에 사용되는 희석제의 분류가 잘못 연결된 것은?

① 송진건류품 - 테레빈유

② 석유건류품 - 휘발유, 석유

③ 콜타르증류품 - 미네랄스피릿

④ 송근건류품 - 송근유

해설 콜타르증류품에는 벤졸, 솔벤트, 나프타 등이 있고, 석유건류품에는 미네랄스피릿 등이 있다.

★★
33 토공사에 쓰이는 굴착용 기계 중 기계가 서있는 지반면보다 위에 있는 흙의 굴착에 적합한 장비는?

① 파워 셔블(power shovel)
② 드래그 라인(drag line)
③ 드래그 셔블(drag shovel)
④ 클램셸(clamshell)

해설
② 드래그 라인 : 기체에서 붐을 뻗쳐 그 선단에 와이어로프로 매단 스크레이퍼버킷 앞쪽에 투하해 버킷을 앞쪽으로 끌어당기면서 토사를 긁어모으는 작업이다. 기체는 높은 위치에서 깊은 곳을 굴착할 수도 있어 적합하다.
③ 드래그 셔블(백호) : 도랑을 파는 데 적합한 터파기 기계이다.
④ 클램셸 : 붐의 선단에서 클램셸 버킷을 와이어로프로 매달아 바로 아래로 떨어뜨려 흙을 퍼올리는 굴착기계이다.

★★
34 바깥방수와 비교한 안방수의 특징에 관한 설명으로 옳지 않은 것은?

① 공사가 간단하다.
② 공사비가 비교적 싸다.
③ 보호누름이 없어도 무방하다.
④ 수압이 작은 곳에 이용된다.

해설
바깥방수법은 구조체 자체가 보호누름의 역할을 하므로 보호누름을 설치하지 않아도 되나, 안방수법은 방수층을 보호하여야 할 보호누름이 반드시 필요한 방수법이다.

35 다음 중 한중콘크리트에 관한 설명으로 옳은 것은?

① 한중콘크리트는 공기연행콘크리트를 사용하는 것을 원칙으로 한다.
② 타설할 때의 콘크리트온도는 구조물의 단면치수, 기상조건 등을 고려하여 최소 25℃ 이상으로 한다.

③ 물-결합재비는 50% 이하로 하고, 단위수량은 소요의 워커빌리티를 유지할 수 있는 범위 내에서 되도록 크게 정하여야 한다.
④ 콘크리트를 타설한 직후에 찬바람이 콘크리트표면에 닿도록 하여 초기 양생을 실시한다.

해설
② 타설할 때의 콘크리트온도는 구조물의 단면치수, 기상조건 등을 고려하여 5~20℃ 정도로 한다.
③ 물-결합재비는 60% 이하로 하고, 단위수량은 소요의 워커빌리티를 유지할 수 있는 범위 내에서 되도록 작게 정하여야 한다.
④ 콘크리트를 타설한 직후에 찬바람이 콘크리트표면에 닿지 않도록 하여 초기 양생을 실시한다.

★
36 네트워크(Network)공정표의 장점으로 볼 수 없는 것은?

① 작업 상호 간의 관련성을 알기 쉽다.
② 공정계획의 초기 작성시간이 단축된다.
③ 공사의 진척관리를 정확히 할 수 있다.
④ 공기단축기능요소의 발견이 용이하다.

해설
네트워크(network)공정표는 공정계획의 초기 작성시간이 연장된다.

37 일반콘크리트의 내구성에 관한 설명으로 옳지 않은 것은?

① 콘크리트에 사용하는 재료는 콘크리트의 소요내구성을 손상시키지 않는 것이어야 한다.
② 굳지 않은 콘크리트 중의 전 염소이온량은 원칙적으로 $0.3kg/m^3$ 이하로 하여야 한다.
③ 콘크리트는 원칙적으로 공기연행콘크리트로 하여야 한다.
④ 콘크리트의 물-결합재비는 원칙적으로 50% 이하이어야 한다.

해설
콘크리트의 물-결합재비는 원칙적으로 60% 이하이어야 한다.

38 철근콘크리트공사에서 철근조립에 관한 설명으로 옳지 않은 것은?

① 황갈색의 녹이 발생한 철근은 그 상태가 경미하다 하더라도 사용이 불가하다.

② 철근의 피복두께를 정확하게 확보하기 위해 적절한 간격으로 고임재 및 간격재를 배치하여야 한다.

③ 거푸집에 접하는 고임재 및 간격재는 콘크리트제품 또는 모르타르제품을 사용하여야 한다.

④ 철근을 조립한 다음 장기간 경과한 경우에는 콘크리트를 타설 전에 다시 조립검사를 하고 청소하여야 한다.

해설 철근콘크리트공사에서 철근조립에 있어서 황갈색의 녹이 발생한 철근은 그 상태가 경미한 경우에도 사용은 가능하다.

★
39 다음 중 유리의 주성분으로 옳은 것은?

① Na_2O

② CaO

③ SiO_2

④ K_2O

해설 유리성분의 비율은 SiO_2(71~73%), Na_2O(14~16%), CaO(8~15%), MgO(1.5~3.5%), Al_2O_3(0.5~1.5%)이므로, 주성분은 SiO_2이다.

★
40 8개월간 공사하는 현장에 필요한 시멘트량이 2,397포이다. 이 공사현장에 필요한 시멘트창고 필요면적으로 적당한 것은? (단, 쌓기단수는 13단)

① $24.6m^2$

② $54.2m^2$

③ $73.8m^2$

④ $98.5m^2$

해설 시멘트창고면적 산정
N(저장할 시멘트의 포대수)과 n(쌓기단수)은 다음과 같이 정한다.

구 분	저장할 시멘트의 포대수	구 분	쌓기 단수
600포대 미만	쌓기 포대수	3개월 이내 단기저장	13단
600포대 이상 1,800포대 이하	600포대	3개월 이상 장기저장	7단
1,800포대 이상	포대수의 1/3만 적용		

N은 포대수의 1/3만 적용하므로 $2,397 \times \dfrac{1}{3} = 799$포대이고, 13단으로 쌓으므로

$$\therefore A(\text{시멘트의 창고면적}) = 0.4 \times \frac{N(\text{시멘트의 포대수})}{n(\text{쌓기단수})}$$
$$= 0.4 \times \frac{799}{13}$$
$$= 24.58 \risingdotseq 24.6m^2$$

제3과목 건축구조

41 다음 중 지진에 의하여 발생되는 현상이 아닌 것은?

① 동상현상

② 해일

③ 지반의 액상화

④ 단층의 이동

해설 지진에 의해 발생하는 현상은 지반의 액상화(지진의 흔들림에 의해 발생하는 액체화), 해일(폭풍, 지진, 화산폭발 등이 원인이 되어 바다의 큰 물결이 육지로 갑자기 넘쳐 들어오는 자연현상), 단층의 이동(단층에 따른 급속한 움직임) 등이 있다. 반면 동상현상은 추운 지방에서 흙이 동결되면 아래쪽에서 수분을 공급받아 흙이 크게 팽창되어 지표면이 융기되는 것으로 동결에 의한 현상이다.

42 철근콘크리트보의 사인장균열에 관한 설명으로 옳지 않은 것은?

① 전단력 및 비틀림에 의하여 발생한다.

② 보의 축과 약 45°의 각도를 이룬다.

③ 주인장응력도의 방향과 사인장균열의 방향은 일치한다.

④ 보의 단부에 주로 발생한다.

해설 사인장균열이란 사인장응력(휨과 전단력이 동시에 작용하는 보에서 휨응력과 전단응력의 조합에 의해 발생하는 주응력 중에서 인장응력)에 의해 생기는 균열로서 주인장응력의 방향과 사인장균열의 방향은 수직으로 교차한다.

43 다음 그림과 같은 띠철근기둥의 설계축하중(ϕP_n)값으로 옳은 것은? (단, $f_{ck}=24$MPa, $f_y=400$MPa, 주근 단면적(A_{st})=3,000mm²)

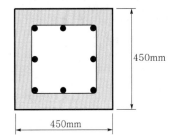

① 2,740kN   ② 2,952kN
③ 3,335kN   ④ 3,359kN

해설 극한강도설계법에 의한 압축재의 설계축하중(ϕP_n)은 다음 값보다 크게 할 수 없다.
㉮ 나선기둥과 합성기둥
$$\phi P_{n\max}=0.85\phi\{0.85f_{ck}(A_g-A_{st})+f_yA_{st}\}$$
㉯ 띠기둥
$$\phi P_{n\max}=0.80\phi\{0.85f_{ck}(A_g-A_{st})+f_yA_{st}\}$$
$\phi=0.65$, $f_{ck}=24$MPa,
$A_g=450\times450=202,500$mm²,
$A_{st}=3,000$mm², $f_y=400$MPa이므로
$\therefore \phi P_{n\max}=0.80\phi\{0.85f_{ck}(A_g-A_{st})+f_yA_{st}\}$
$=0.80\times0.65\times\{0.85\times24\times(202,500$
$-3,000)+400\times3,000\}$
$=2,740,296$N$=2,740$kN

44 연약한 지반에 대한 대책 중 상부구조의 조치사항으로 옳지 않은 것은?
① 건물의 수평길이를 길게 한다.
② 건물을 경량화한다.
③ 건물의 강성을 높여준다.
④ 건물의 인동간격을 멀리한다.

해설 연약한 지반에 대한 대책 중 건물의 수평길이를 길게 하면 부동침하가 심해지므로 건물의 수평길이를 짧게 하여 부동침하를 방지한다.

★
45 다음 그림과 같은 단면에서 x축에 대한 단면 2차 모멘트는?

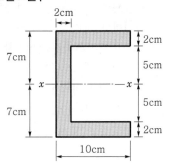

① 1,420cm⁴   ② 1,520cm⁴
③ 1,620cm⁴   ④ 1,720cm⁴

해설 I_x(도심축에 대한 단면 2차 모멘트)
$=\dfrac{b(\text{보의 폭})h^3(\text{보의 춤})}{12}$ 이므로
$I_x=I_{x1}$(전체 사각형의 단면 2차 모멘트)$-I_{x2}$(음영 부분의 단면 2차 모멘트)$=\dfrac{bh^3}{12}-\dfrac{b'h'^3}{12}$ 이다.
이때 $b=10$cm, $h=14$cm, $b'=8$cm, $h'=10$cm이므로
$\therefore I_x=\dfrac{bh^3}{12}-\dfrac{b'h'^3}{12}=\dfrac{10\times14^3}{12}-\dfrac{8\times10^3}{12}$
$=1,620$cm⁴

★★
46 철골조의 가새에 관한 설명으로 옳지 않은 것은?
① 트러스의 절점 또는 기둥의 절점을 각각 대각선방향으로 연결하여 구조체의 변형을 방지하는 부재이다.
② 풍하중, 지진력 등의 수평하중에 저항하는 것으로 부재에는 인장응력만 발생한다.
③ 보통 단일형 강재 또는 조립재를 쓰지만 응력이 작은 지붕가새에는 봉강을 사용한다.
④ 수평가새는 지붕트러스의 지붕면(경사면)에 설치한다.

해설 철골구조의 가새는 수평하중(풍하중, 지진력 등)이 어느 방향에서 작용하느냐에 따라 변화한다. 좌측에서 우측으로 작용하는 경우와 우측에서 좌측으로 작용하는 방향에 따라 압축력 또는 인장력이 작용한다. 즉 X자 형태의 가새는 한쪽이 인장(압축)이면 다른 쪽을 압축(인장)을 받게 됨을 알 수 있으며 인장응력과 압축응력이 동시에 발생한다.

★★★
47 절점 B에 외력 $M=200$kN·m가 작용하고 각 부재의 강비가 다음 그림과 같을 경우 M_{AB}는?

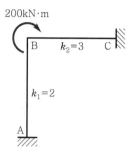

① 20kN · m ② 40kN · m

③ 60kN · m ④ 80kN · m

해설

㉮ $\mu=\dfrac{k(강비)}{\sum k(강비의 합)}$ 이므로

∴ M'(분배모멘트)$=\mu$(분배율)M(모멘트)

$\qquad =\dfrac{k}{\sum k}M=\dfrac{2}{2+3}\times 200$

$\qquad =80$kN · m

㉯ 도달률은 1/2, 분배모멘트는 80kN · m이므로

∴ M''(도달모멘트)$=$도달률$\times$분배모멘트

$\qquad =\dfrac{1}{2}\times 80$

$\qquad =40$kN · m

★★★
48 강구조에서 하중점과 볼트, 접합된 부재의 반력 사이에서 지렛대와 같은 거동에 의해 볼트에 작용하는 인장력이 증폭되는 현상을 무엇이라 하는가?

① slip−critical action

② bearing action

③ prying action

④ buckling action

해설

Prying action(고력볼트 지레작용)은 철골구조의 기둥과 보의 접합에 연성을 높이기 위해 티(tee)부재를 사용하는데, 접합재 티의 변형으로 티의 여장에 반력이 발생하는 반력을 의미한다. 지레작용에 의해 볼트의 축력이 부가되고, 기둥의 플랜지에는 휨모멘트가 추가 부가됨으로써 이를 별도로 검토하여야 한다.

49 다음 그림과 같은 모살용접의 유효용접길이는? (단, 유효용접길이는 1면에 대해서만 산정)

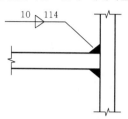

① 10mm ② 94mm

③ 107mm ④ 114mm

해설

모살용접의 유효길이(l_e)$=l$(용접길이)$-2s$(용접치수)에서 $l=114$mm, $s=10$mm이므로

∴ $l_e=l-2s=114-2\times 10=94$mm

50 다음 그림과 같은 보에서 고정단에 생기는 휨모멘트는?

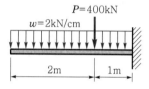

① 500kN · m ② 900kN · m

③ 1,300kN · m ④ 1,500kN · m

해설

M_A(고정단에 생기는 휨모멘트)

$=$집중하중에 의한 휨모멘트$+$등분포하중에 의한 휨모멘트

$=-400\times 1-(200\times 3)\times 1.5=-1,300$kN · m

여기서, 2kN/cm$=200$kN/m

51 다음 그림과 같은 구조물의 부정정차수로 옳은 것은?

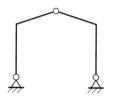

① 정정 ② 1차 부정정

③ 2차 부정정 ④ 3차 부정정

해설
구조물의 판별식
㉮ $S=4$, $R=4$, $N=2$, $K=5$이므로
   n(구조물의 차수)
   $= S$(부재의 수) $+R$(반력의 수) $+N$(강절점의 수)
   $-2K$(절점의 수)
   $= 4+4+2-2\times5=0$(정정)
㉯ $R=4$, $C=8$, $M=4$이므로
   n(구조물의 차수)
   $= R$(반력의 수) $+C$(구속의 수) $-3M$(부재의 수)
   $= 4+8-3\times4=0$(정정)

52 다음과 같은 볼트군의 x_o부터의 도심위치 x 를 구하면? (단, 그림의 단위는 mm)

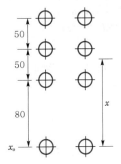

① 80mm
② 89.5mm
③ 90mm
④ 97.5mm

해설
볼트 1개의 면적을 A라고 하고 도심을 구하면
∴ y(도심까지의 거리)

$$= \frac{G_{x_0}}{A}$$

$$= \frac{(A\times0)+(A\times80)+(A\times130)+(A\times180)}{A+A+A+A}$$

$$= \frac{390A}{4A} = 97.5\text{mm}$$

53 압축이형철근의 정착길이에 관한 기준으로 옳지 않은 것은?

① 계산된 정착길이는 항상 200mm 이상이어야 한다.
② 기본정착길이는 최소 $0.043d_b f_y$ 이상이어야 한다.
③ 해석결과 요구되는 철근량을 초과하여 배치한 경우 $\dfrac{\text{소요철근량}}{\text{배근철근량}}$ 을 곱하여 보정한다.

④ 전경량콘크리트를 사용한 경우 기본정착길이에 0.85배하여 정착길이를 산정한다.

해설
경량콘크리트계수(λ)

종 류	보통중량 콘크리트	전경량 콘크리트	모래경량 콘크리트
경량콘크리트 계수	1.0	0.75	0.85

54 다음 그림과 같은 압축재 H$-200\times200\times8\times12$ 가 부재의 중앙지점에서 약축에 대해 휨변형이 구속되어 있다. 이 부재의 탄성좌굴응력도를 구하면? (단, 단면적 $A=63.53\times10^2\text{mm}^2$, $I_x = 4.72\times10^7\text{mm}^4$, $I_y=1.60\times10^7\text{mm}^4$, $E=205,000\text{MPa}$)

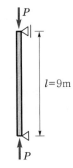

① 252N/mm^2
② 186N/mm^2
③ 132N/mm^2
④ 108N/mm^2

해설
$\sigma_k = \dfrac{\pi^2 EI}{Al_k^2}$ 에서 $E=205,000\text{MPa}$, $I=4.72\times10^7\text{mm}^4$,
$A=63.53\times10^2\text{mm}^2$, $l_k=9,000\text{mm}$이므로

$$\therefore \sigma_k = \frac{\pi^2 EI}{Al_k^2} = \frac{\pi^2\times205,000\times4.72\times10^7}{6,353\times9,000^2}$$

$$= 185.580\text{N/mm}^2$$

55 철근콘크리트보에서 콘크리트를 이어붓기 할 때 그 이음의 위치로 가장 적당한 곳은?

① 전단력이 최소인 부분
② 휨모멘트가 최소인 부분
③ 큰 보와 작은 보가 접합되는 단면이 변화되는 부분
④ 보의 단부

해설 콘크리트의 이어붓기 위치는 전단력이 최소인 위치이고, 철근의 이음위치는 휨모멘트(인장력)가 최소인 위치이다.

★★
56 강도설계법에서 휨 또는 휨과 축력을 동시에 받는 부재의 콘크리트압축연단에서 극한변형률은 얼마로 가정하는가? (단, $f_{ck}=32$MPa이다.)

① 0.0023   ② 0.0033

③ 0.0053   ④ 0.0073

해설 극한강도설계의 가정에 있어서 재료의 항복점 부분의 응력과 변형을 대상으로 하는 소성이론에 의한 설계방법으로 실하중에 하중률을 곱한 하중을 작용시켰을 때 그 부재는 파괴되지 않는다. 하중을 제거했을 때 원형으로 복귀하는가의 여부로 부재의 강도를 결정하는 방법으로 극한강도상태에서 압축측 연단의 최대 변형률은 다음과 같다.

등가직사각형 응력분포 변수값

f_{ck}(MPa)	≤40	50	60	70	80	90
ε_{cu}	0.0033	0.0032	0.0031	0.0030	0.0029	0.0028

여기서, ε_{cu} : 콘크리트 극한변형률

★
57 다음 그림과 같이 양단이 고정된 강재부재에 온도가 $\Delta t=30$℃ 증가될 때 이 부재에 발생되는 압축응력은 얼마인가? (단, 강재의 탄성계수 $E=2.0\times10^5$MPa, 부재 단면적은 5,000mm², 선팽창계수 $\alpha=1.2\times10^{-5}$/℃이다.)

① 25MPa

② 48MPa

③ 64MPa

④ 72MPa

해설 σ(압축응력)$=E$(영계수)ε(변형도)이고
$\varepsilon=\alpha$(선팽창계수)Δt(온도의 변화량)이므로
∴ $\sigma=E\alpha\Delta t=2.0\times10^5\times1.2\times10^{-5}\times30=72$MPa

★
58 철근콘크리트보의 장기처짐을 구할 때 적용되는 5년 이상 지속하중에 대한 시간경과계수 ξ의 값은?

① 2.4   ② 2.0

③ 1.2   ④ 1.0

해설 총처짐량=단기처짐량+장기처짐량
    =순간 탄성처짐+장기추가처짐
    =순간 탄성처짐+(순간 탄성처짐×장기추가처짐률)

여기서, λ_Δ(장기추가처짐률)$=\dfrac{\xi}{1+50\rho'}$

ρ' : 압축철근비
ξ : 시간경과계수

구 분	3개월	6개월	12개월	5년 이상
시간경과계수	1.0	1.2	1.5	2.0

★★
59 다음 그림과 같은 캔틸레버보에서 B점의 처짐을 구하면?

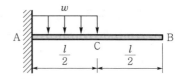

① $\dfrac{wl^4}{128EI}$ ② $\dfrac{3wl^4}{128EI}$

③ $\dfrac{3wl^4}{384EI}$ ④ $\dfrac{7wl^4}{384EI}$

해설 우선 그림 (a)의 휨모멘트를 구한 후 휨모멘트도를 하중으로 작용시킨 공액보(자유단과 고정단을 바꾼 보)의 B지점의 휨모멘트를 EI로 나눈 값이 B지점의 처짐값이 된다. 그러므로 그림 (a)에서 A지점의 휨모멘트를 구하면

$M_A=w\times\dfrac{l}{2}\times\dfrac{l}{4}$

$=\dfrac{wl^2}{8}$

이고, 휨모멘트도(B.M.D)는 그림 (b)와 같다. 그림 (c)와 같은 공액보에서 B지점의 휨모멘트를 구하면

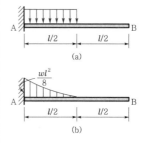

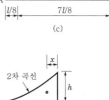

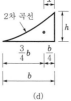

$$M_B' = M_A \times \frac{l}{2} \times \frac{1}{3} \times \left(\frac{3l}{8} + \frac{l}{2}\right)$$
$$= \frac{wl^2}{8} \times \frac{l}{6} \times \frac{7l}{8} = \frac{7wl^4}{384EI} \text{ 이다.}$$

여기서, $M_A \times \dfrac{l}{2}$ 는 가로 $\dfrac{l}{2}$ 과 세로 M_A 의 사각형 넓

이이고, $\dfrac{1}{3}$ 은 2차 곡선이 이루는 면적이 사각형의 $\dfrac{1}{3}$

이며 $\dfrac{l}{2} \times \dfrac{3}{4} = \dfrac{3l}{8}$ 이다. 또한 $\dfrac{7l}{8}$ 은 2차 곡선으로 이루

어진 하중의 중심에서 고정단(B지점)까지의 거리

$\left(\dfrac{3l}{8} + \dfrac{l}{2} = \dfrac{7l}{8}\right)$ 이다.

특히 2차 곡선의 도심$\left(\dfrac{3}{4}b\right)$과 면적$\left(\dfrac{bh}{3}\right)$에 대한 그림

(d)와 같다.

60 다음 그림과 같은 구조물에서 기둥에 발생하는 휨모멘트가 0이 되려면 등분포하중 w는?

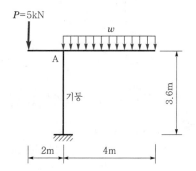

① 2.5kN/m ② 0.8kN/m
③ 1.25kN/m ④ 1.75kN/m

해설
A점의 휨모멘트를 없애기 위하여 A점의 좌측과 우측의 휨모멘트를 같게 한다.

㉮ A′A 부분을 캔틸레버보로 보고 풀이하면
$$M_A' = -5 \times 2 = -10\text{kN} \cdot \text{m}$$

㉯ AB 부분을 양단 고정보로 보고 풀이하면
$$M_A = -\frac{wl^2}{2} = -\frac{4^2 w}{2} = -8w\text{kN} \cdot \text{m}$$

그런데 ㉮와 ㉯의 휨모멘트는 같아야 하므로
$$-10 = -8w$$
$$\therefore w = \frac{10}{8} = 1.25\text{kN/m}$$

제4과목 건축설비

61 ★★★ 자동화재탐지설비의 감지기 중 감지기 주위의 온도가 일정한 온도 이상이 되었을 때 작동하는 것은?

① 차동식 감지기 ② 정온식 감지기
③ 광전식 감지기 ④ 이온화식 감지기

해설
① 차동식 스폿형 감지기 : 주위 온도가 일정한 온도 상승률 이상으로 되었을 때 작동하는 것으로 화기를 취급하지 않는 장소에 가장 적합한 감지기이다.
③ 광전식 감지기 : 연기입자로 인해서 광전소자에 대한 입사광량이 변화하는 것을 이용하여 작동하게 하는 것이다.
④ 이온화식 감지기 : 연기감지기로서 연기가 감지기 속에 들어가면 연기의 입자로 인해 이온전류가 변화하는 것을 이용한 것이다.

62 ★ 급탕설비에 관한 설명으로 옳은 것은?

① 팽창탱크는 반드시 개방식으로 해야 한다.
② 리버스리턴(reverse-return)방식은 전 계통의 탕의 순환을 촉진하는 방식이다.
③ 직접가열식 중앙급탕법은 보일러 안에 스케일 부착이 없어 내부에 방식처리가 불필요하다.
④ 간접가열식 중앙급탕법은 저탕조와 보일러를 직결하여 순환가열하는 것으로 고압용 보일러가 주로 사용된다.

해설
① 팽창탱크는 밀폐식과 개방식 등이 있다.
③ 직접가열식 중앙급탕법은 보일러 안에 스케일 부착이 있어 내부에 방식처리가 필요하다.
④ 간접가열식 중앙급탕법은 저탕조와 보일러를 직결하여 순환가열하는 것으로 저압용 보일러를 주로 사용한다.

63 난방방식에 관한 설명으로 옳지 않은 것은?

① 증기난방은 잠열을 이용한 난방이다.
② 온수난방은 온수의 현열을 이용한 난방이다.
③ 온풍난방은 온습도조절이 가능한 난방이다.
④ 복사난방은 열용량이 작으므로 간헐난방에 적합하다.

해설 복사난방은 열용량이 크기 때문에 외기온도의 급변에 대해서 곧 발열을 조절할 수 없으므로 간헐난방에 부적합하다.

★★ 64 덕트설비에 관한 설명으로 옳은 것은?

① 고속덕트에는 소음상자를 사용하지 않는 것이 원칙이다.
② 고속덕트는 관마찰저항을 줄이기 위하여 일반적으로 장방형 덕트를 사용한다.
③ 등마찰손실법은 덕트 내의 풍속을 일정하게 유지할 수 있도록 덕트치수를 결정하는 방법이다.
④ 같은 양의 공기가 덕트를 통해 송풍될 때 풍속을 높게 하면 덕트의 단면치수를 작게 할 수 있다.

해설 고속덕트는 관마찰저항을 줄이기 위하여 일반적으로 원형 덕트를 사용하고 소음상자를 사용하는 것이 원칙이다. 덕트 내의 풍속을 일정하게 유지할 수 있도록 덕트치수를 결정하는 방법은 **등속법**이다.

★ 65 알칼리축전지에 관한 설명으로 옳지 않은 것은?

① 고율방전특성이 좋다.
② 공칭전압은 2V/셀이다.
③ 기대수명이 10년 이상이다.
④ 부식성의 가스가 발생하지 않는다.

해설 알칼리축전지의 공칭전압은 1.2V/셀이다.

★ 66 사무소 건물에서 다음과 같이 위생기구를 배치하였을 때 이들 위생기구 전체로부터 배수를 받아들이는 배수수평지관의 관경으로 가장 알맞은 것은?

기구 종류	바닥배수	소변기	대변기
배수부하단위	2	4	8
기구수	2	8	2

관경(mm)	배수수평지관의 배수부하단위
75	14
100	96
125	216
150	372

① 75mm
② 100mm
③ 125mm
④ 150mm

해설 기구의 총배수부하단위(배수수평지관의 배수부하단위)=(2×2)+(4×8)+(8×2)=52이므로 배수수평지관의 직경은 100mm이다.

★ 67 다음 중 건물 실내에 표면결로현상이 발생하는 원인과 가장 거리가 먼 것은?

① 실내외 온도차
② 구조재의 열적 특성
③ 실내 수증기 발생량 억제
④ 생활습관에 의한 환기 부족

해설 결로현상의 원인에는 실내외의 온도차, 생활습관에 의한 실내 공기의 움직임 억제, 즉 환기 부족, 구조재의 열적 특성 등이 있다.

★★ 68 양수량이 1m³/min, 전양정이 50m인 펌프에서 회전수를 1.2배 증가시켰을 때 양수량은?

① 1.2배 증가
② 1.44배 증가
③ 1.73배 증가
④ 2.4배 증가

해설 펌프의 회전수, 양수량, 양정 및 축마력의 관계에 있어서 양수량은 회전수에 비례하고, 전양정은 회전수의 제곱에 비례하며, 축마력은 회전수의 세제곱에 비례한다.

★★ 69 높이 30m의 고가수조에 매분 1m³의 물을 보내려고 할 때 필요한 펌프의 축동력은? (단, 마찰손실수두 6m, 흡입양정 1.5m, 펌프효율 50%인 경우)

① 약 2.5kW
② 약 9.8kW
③ 약 12.3kW
④ 약 16.7kW

해설 펌프의 축동력(kW)

$$= \frac{WQH}{EK}$$

$$= \frac{1,000 \times (30+6+1.5)}{6,120 \times 0.5}$$

$$= 12.25kW$$

★★
70 전기설비가 어느 정도 유효하게 사용되는가를 나타내며 최대수용전력에 대한 부하의 평균전력의 비로 표현되는 것은?

① 부하율　　　　② 부등률
③ 수용률　　　　④ 유효율

[해설] 전력부하의 산정

㉮ 수용률 $= \dfrac{\text{최대수용전력(kW)}}{\text{수용(부하)설비용량(kW)}} \times 100$
$= 0.4 \sim 1.0\%$

㉯ 부등률 $= \dfrac{\text{최대수용전력의 합(kW)}}{\text{합성 최대수용전력(kW)}} \times 100$
$= 1.1 \sim 1.5\%$

㉰ 부하율 $= \dfrac{\text{평균수용전력(kW)}}{\text{최대수용전력(kW)}} \times 100$
$= 0.25 \sim 0.6\%$

★★★
71 각 층마다 옥내소화전이 3개씩 설치되어 있는 건물에서 옥내소화전설비 수원의 저수량은 최소 얼마 이상이 되도록 하여야 하는가?

① 6.9m^3
② 7.2m^3
③ 7.5m^3
④ 7.8m^3

[해설] 옥내소화전 수원의 저수량은 옥내소화전의 설치개수가 가장 많은 층의 설치개수(설치개수가 5개 이상일 경우에는 5개로 한다)에 2.6m^3($=130\text{L/min} \times 20\text{min}$ $=2,600\text{L}$)를 곱한 양 이상으로 한다.
∴ $2.6 \times 3 = 7.8\text{m}^3$

★
72 통기방식에 관한 설명으로 옳지 않은 것은?

① 신정통기방식에서는 통기수직관을 설치하지 않는다.
② 루프통기방식은 각 기구의 트랩마다 통기관을 설치하고 각각을 통기수평지관에 연결하는 방식이다.
③ 신정통기방식은 배수수직관의 상부를 연장하여 신정통기관으로 사용하는 방식으로 대기 중에 개구한다.
④ 각개통기방식은 트랩마다 통기되기 때문에 가장 안정도가 높은 방식으로 자기사이펀작용의 방지에도 효과가 있다.

[해설] 각개통기방식은 각 기구의 트랩마다 통기관을 설치하고 각각을 통기수평지관에 연결하는 방식이고, 루프(회로 또는 환상)통기방식은 신정통기관에 접속하는 환상통기방식과 여러 개의 기구군에 1개의 통기지관을 빼내어 통기수직관에 접속하는 회로통기방식 등이 있다.

★★★
73 습공기를 가열하였을 경우 상태량이 변하지 않는 것은?

① 엔탈피
② 비체적
③ 절대습도
④ 상대습도

[해설] 습공기를 가열할 경우 엔탈피는 증가하고, 상대습도는 감소하며, 비체적은 증가한다. 또한 절대습도는 어느 상태의 공기 중에 포함되어 있는 건조공기중량에 대한 수분의 중량비로, 단위는 kg/kg으로서 공기를 가열한 경우에도 변화하지 않는다.

★
74 어느 점광원에서 1m 떨어진 곳의 직각면조도가 200lx일 때 이 광원에서 2m 떨어진 곳의 직각면조도는?

① 25lx　　　　② 50lx
③ 100lx　　　　④ 200lx

[해설] 조도 $= \dfrac{\text{광속}}{\text{거리}^2}$ 이다. 그런데 광속이 일정하면 조도는 거리의 제곱에 반비례하므로 거리가 1m에서 2m, 즉 거리가 2배가 되었으므로 조도는 $\dfrac{1}{2^2} = \dfrac{1}{4}$ 이 된다.
∴ $200 \times \dfrac{1}{4} = 50\text{lx}$

75 엘리베이터의 일주시간구성요소에 속하지 않는 것은?

① 주행시간
② 도어개폐시간
③ 승객출입시간
④ 승객대기시간

[해설] 평균일주시간$=2 \times$(승객출입시간$+$문의 개폐시간 $+$카의 주행시간)

★★
76 공기조화방식 중 전수방식에 관한 설명으로 옳지 않은 것은?

① 각 실의 제어가 용이하다.
② 실내 배관에 의한 누수의 우려가 있다.
③ 극장의 관객석과 같이 많은 풍량을 필요로 하는 곳에 주로 사용된다.
④ 열매체가 증기 또는 냉온수이므로 열의 운송동력이 공기에 비해 적게 소요된다.

해설
전수방식은 물만을 열매로 하여 실내 유닛으로 공기를 냉각, 가열하는 것으로써, 실내의 열은 처리가 가능하나 외기를 공급하지 못하기 때문에 공기의 정화 및 환기를 충분히 할 수 없다. 따라서 문의 개폐 등에 의해서 공기가 실내로 유입되는 경우와 적은 인원이 단시간 재실하는 경우에 사용하며, 겨울철의 가습도 공조기로 하기에는 부적합하다.

★★
77 터보냉동기에 관한 설명으로 옳지 않은 것은?

① 왕복동식에 비하여 진동이 적다.
② 흡수식에 비해 소음 및 진동이 심하다.
③ 임펠러 회전에 의한 원심력으로 냉매가스를 압축한다.
④ 일반적으로 대용량에는 부적합하며 비례 제어가 불가능하다.

해설
터보냉동기는 일반적으로 대용량에는 적합하고 비례제어가 가능하다. ④항은 왕복동식 냉동기에 대한 설명이다.

★★
78 가스배관의 경로 선정 시 주의하여야 할 사항으로 옳지 않은 것은?

① 장래의 증설 및 이설 등을 고려한다.
② 주요 구조부를 관통하지 않도록 한다.
③ 옥내배관은 매립하는 것을 원칙으로 한다.
④ 손상이나 부식 및 전식을 받지 않도록 한다.

해설
옥내배관은 노출배관을 원칙으로 한다. 즉 매립하지 않는다.

★
79 다음과 같은 특징을 갖는 배선방법은?

> • 열적 영향이나 기계적 외상을 받기 쉬운 곳이 아니면 금속관배선과 같이 광범위하게 사용 가능하다.
> • 관 자체가 절연체이므로 감전의 우려가 없으며 시공이 용이하다.

① 금속덕트배선   ② 버스덕트배선
③ 플로어덕트배선   ④ 합성수지관배선

해설
합성수지관(경질비닐관)배선공사는 무거운 압력이나 충격 등을 받을 염려가 없는 장소 또는 물기나 습기가 있는 장소에 실시하는 공사법으로 절연성, 내식성과 내수성이 좋으므로 부식성 가스 또는 용액을 발산하는 특수 화학공장 또는 연구실의 배선과 습기나 물기가 있는 곳에 적합하다. 열적 영향이나 기계적 외상을 받기 쉬운 곳이 아니면 금속배관과 같이 광범위하게 사용 가능하고, 관 자체가 절연체이므로 감전의 우려가 없으며 시공이 쉬운 게 장점이다.

★★★
80 다음과 같은 조건에 있는 실의 틈새바람에 의한 현열부하량은?

> [조건]
> • 실의 체적 : $400m^3$
> • 환기횟수 : 0.5회/h
> • 실내 공기 건구온도 : $20℃$
> • 외기건구온도 : $0℃$
> • 공기의 밀도 : $1.2kg/m^3$
> • 공기의 비열 : $1.01kJ/kg \cdot K$

① 986W   ② 1,124W
③ 1,347W   ④ 1,542W

해설
$c=1.01kJ/m^3 \cdot K$, $\rho=1.2kg/m^3$, $\Delta t=20-0=20℃$,
$V=$실의 체적×환기횟수$=400×0.5=200m^3/h$이므로

$\therefore$ Q(열량)$=c$(비열)m(질량)Δt(온도의 변화량)
　　　　$=c$(비열)ρ(밀도)V(체적)Δt(온도의 변화량)
　　　　$=1.01×1.2×200×20$
　　　　$=4,848kJ/h=1,346.67J/s$
　　　　$=1,346.67W$

여기서, $1W=1J/s$

제5과목 건축관계법규

81 지구단위계획구역의 지정목적을 이루기 위하여 지구단위계획에 포함될 수 있는 내용이 아닌 것은?

① 용도지역이나 용도지구를 대통령령으로 정하는 범위에서 세분하거나 변경하는 사항
② 건축물높이의 최고한도 또는 최저한도
③ 도시·군관리계획 중 정비사업에 관한 계획
④ 대통령령으로 정하는 기반시설의 배치와 규모

[해설] 관련 법규 : 국토법 제52조, 해설 법규 : 국토법 제52조 ①항
지구단위계획구역의 지정목적을 이루기 위하여 지구단위계획에는 다음의 사항 중 ㉰와 ㉱의 사항을 포함한 둘 이상의 사항이 포함되어야 한다. 다만, ㉯를 내용으로 하는 지구단위계획의 경우에는 그러하지 아니하다.
㉮ 용도지역이나 용도지구를 대통령령으로 정하는 범위에서 세분하거나 변경하는 사항
㉯ 기존의 용도지구를 폐지하고 그 용도지구에서의 건축물이나 그 밖의 시설의 용도·종류 및 규모 등의 제한을 대체하는 사항
㉰ 대통령령으로 정하는 기반시설의 배치와 규모
㉱ 도로로 둘러싸인 일단의 지역 또는 계획적인 개발·정비를 위하여 구획된 일단의 토지의 규모와 조성계획
㉲ 건축물의 용도제한, 건축물의 건폐율 또는 용적률, 건축물 높이의 최고한도 또는 최저한도
㉳ 건축물의 배치·형태·색채 또는 건축선에 관한 계획
㉴ 환경관리계획 또는 경관계획
㉵ 보행 안전 등을 고려한 교통처리계획
㉶ 그 밖에 토지이용의 합리화, 도시나 농·산·어촌의 기능증진 등에 필요한 사항으로서 대통령령으로 정하는 사항

82 시장·군수·구청장이 국토의 계획 및 이용에 관한 법률에 따른 도시지역에서 건축선을 따로 지정할 수 있는 최대 범위는?

① 2m   ② 3m
③ 4m   ④ 6m

[해설] 관련 법규 : 법 제46조, 영 제31조, 해설 법규 : 영 제31조 ②항
특별자치시장·특별자치도지사 또는 시장·군수·구청장은 국토의 계획 및 이용에 관한 법률에 따른 도시지역에는 4m 이하의 범위에서 건축선을 따로 지정할 수 있다.

★
83 주차전용건축물이란 건축물의 연면적 중 주차장으로 사용되는 부분의 비율이 최소 얼마 이상인 건축물을 말하는가? (단, 주차장 외의 용도로 사용되는 부분이 자동차 관련 시설인 건축물의 경우)

① 70%
② 80%
③ 90%
④ 95%

[해설] 관련 법규 : 법 제2조, 영 제1조의2, 해설 법규 : 영 제1조의2 ①항
주차전용건축물은 건축물의 연면적 중 주차장으로 사용되는 부분의 비율이 95% 이상인 것이나, 주차장 외의 용도로 사용되는 단독주택, 공동주택, 제1종 및 제2종 근린생활시설, 문화 및 집회시설, 종교시설, 판매시설, 운수시설, 운동시설, 업무시설, 창고시설 또는 자동차 관련 시설인 경우에는 주차장으로 사용되는 부분의 비율이 70% 이상이어야 한다.

84 건축물의 면적, 높이 및 층수 등의 산정방법에 관한 설명으로 옳은 것은?

① 건축물의 높이 산정 시 건축물의 대지에 접하는 전면도로의 노면에 고저차가 있는 경우에는 그 건축물이 접하는 범위의 전면도로 부분의 수평거리에 따라 가중평균한 높이의 수평면을 전면도로면으로 본다.
② 용적률 산정 시 연면적에는 지하층의 면적과 지상층의 주차용으로 쓰는 면적을 포함시킨다.
③ 건축면적은 건축물의 내벽의 중심선으로 둘러싸인 부분의 수평투영면적으로 한다.
④ 건축물의 층수는 지하층을 포함하여 산정하는 것이 원칙이다.

해설 관련 법규 : 법 제84조, 영 제119조, 해설 법규 : 영 제119조 ①항 2, 4, 9호

②항은 하나의 건축물 각 층의 바닥면적의 합계로 하되, 용적률을 산정할 때에는 지하층의 면적, 지상층의 주차용(해당 건축물의 부속용도인 경우만 해당한다)으로 쓰는 면적, 초고층 건축물과 준초고층 건축물에 설치하는 피난안전구역의 면적, 건축물의 경사지붕 아래에 설치하는 대피공간의 면적은 제외한다.

③항은 건축면적은 건축물의 외벽(외벽이 없는 경우에는 외곽 부분의 기둥을 말한다)의 중심선으로 둘러싸인 부분의 수평투영면적으로 한다.

④항은 층수는 승강기탑(옥상 출입용 승강장을 포함), 계단탑, 망루, 장식탑, 옥탑, 그 밖에 이와 비슷한 건축물의 옥상 부분으로서 그 수평투영면적의 합계가 해당 건축물 건축면적의 1/8(주택법에 따른 사업계획승인대상인 공동주택 중 세대별 전용면적이 85m² 이하인 경우에는 1/6) 이하인 것과 지하층은 건축물의 층수에 산입하지 아니한다.

85 건축물을 건축하는 경우 해당 건축물의 설계자가 국토교통부령으로 정하는 구조기준 등에 따라 그 구조의 안전을 확인할 때 건축구조기술사의 협력을 받아야 하는 대상건축물기준으로 틀린 것은?

① 다중이용건축물
② 6층 이상인 건축물
③ 3층 이상의 필로티형식 건축물
④ 기둥과 기둥 사이의 거리가 30m 이상인 건축물

해설 관련 법규 : 법 제31조, 영 제91조의3 해설 법규 : 영 제91조의3

6층 이상인 건축물, 특수 구조건축물, 다중이용건축물, 준다중이용건축물, 3층 이상의 필로티형식 건축물, 제32조 제2항 제6호에 해당하는 건축물 중 국토교통부령으로 정하는 건축물의 설계자는 해당 건축물에 대한 구조의 안전을 확인하는 경우에는 건축구조기술사의 협력을 받아야 한다.

86 대형건축물의 건축허가 사전승인신청 시 제출도서 중 설계설명서에 표시하여야 할 사항에 속하지 않는 것은?

① 시공방법　　　② 동선계획
③ 개략공정계획　④ 각부 구조계획

해설 관련 법규 : 법 제11조, 규칙 제7조, (별표 3), 해설 법규 : (별표 3)

대형건축물의 건축허가 사전승인신청 시 설계설명서에 표시하여야 할 사항은 공사개요(위치, 대지면적, 공사기간, 공사금액 등), 사전조사사항(지반고, 기후, 동결심도, 수용인원, 상하수도 주변지역을 포함한 지질 및 지형, 인구, 교통, 지역, 지구, 토지이용현황, 시설물현황 등), 건축계획(배치·평면·입면계획, 동선계획, 개략조경계획, 주차계획 및 교통처리계획 등), 시공방법, 개략공정계획, 주요 설비계획, 주요 자재사용계획 및 기타 필요한 사항 등이다.

★
87 비상용 승강기의 승강장 및 승강로 구조에 관한 기준내용으로 틀린 것은?

① 옥내승강장의 바닥면적은 비상용 승강기 1대에 대하여 6m² 이상으로 한다.

② 각 층으로부터 피난층까지 이르는 승강로를 단일구조로 연결하여 설치하여야 한다.

③ 피난층이 있는 승강장의 출입구로부터 도로 또는 공지에 이르는 거리는 30m 이하로 한다.

④ 승강장에는 배연설비를 설치하여야 하며 외부를 향하여 열 수 있는 창문 등을 설치하여서는 안 된다.

해설 관련 법규 : 법 제64조, 설비규칙 제10조, 해설 법규 : 설비규칙 제10조 2호 다목

비상용 승강기 승강장의 구조에는 노대 또는 외부를 향하여 열 수 있는 창문이나 규정에 의한 배연설비를 설치할 것

★★
88 국토의 계획 및 이용에 관한 법령상 다음과 같이 정의되는 용어는?

개발로 인하여 기반시설이 부족할 것으로 예상되나 기반시설을 설치하기 곤란한 지역을 대상으로 건폐율이나 용적률을 강화하여 적용하기 위하여 지정하는 구역

① 시가화조정구역
② 개발밀도관리구역
③ 기반시설부담구역
④ 지구단위계획구역

해설 관련 법규 : 국토법 제2조, 제39조, 해설 법규 : 법 제2조 ⑤항, 19호, 제39조 ①항

① 시가화조정구역의 지정은 시 · 도지사는 직접 또는 관계 행정기관의 장의 요청을 받아 도시지역과 그 주변지역의 무질서한 시가화를 방지하고 계획적 · 단계적인 개발을 도모하기 위하여 대통령령으로 정하는 기간 동안 시가화를 유보할 필요가 있다고 인정되면 시가화조정구역의 지정 또는 변경을 도시 · 군관리계획으로 결정할 수 있다. 다만, 국가계획과 연계하여 시가화조정구역의 지정 또는 변경이 필요한 경우에는 국토교통부장관이 직접 시가화조정구역의 지정 또는 변경을 도시 · 군관리계획으로 결정할 수 있다.

③ 기반시설부담구역이란 개발밀도관리구역 외의 지역으로서 개발로 인하여 도로, 공원, 녹지 등 대통령령으로 정하는 기반시설의 설치가 필요한 지역을 대상으로 기반시설을 설치하거나 그에 필요한 용지를 확보하게 하기 위하여 제67조에 따라 지정 · 고시하는 구역을 말한다.

④ 지구단위계획이란 도시 · 군계획수립대상지역의 일부에 대하여 토지이용을 합리화하고 그 기능을 증진시키며 미관을 개선하고 양호한 환경을 확보하며, 그 지역을 체계적 · 계획적으로 관리하기 위하여 수립하는 도시 · 군관리계획을 말한다.

★
89 다음 중 방화구조의 기준으로 틀린 것은?

① 시멘트모르타르 위에 타일을 붙인 것으로서 그 두께의 합계가 2.5cm 이상인 것
② 석고판 위에 회반죽을 바른 것으로서 그 두께의 합계가 2.5cm 이상인 것
③ 철망모르타르로서 그 바름두께가 1.5cm 이상인 것
④ 심벽에 흙으로 맞벽치기한 것

해설 관련 법규 : 영 제2조, 피난규칙 제4조, 해설 법규 : 피난규칙 제4조 1호

석고판 위에 시멘트모르타르를 바른 것은 그 두께의 합계가 2.5cm 이상, 철망모르타르로 붙인 것은 바름두께가 2.0cm 이상, 시멘트모르타르 위에 타일을 붙인 것은 그 두께의 합계가 2.5cm 이상이다.

★
90 부설주차장의 설치대상시설물 종류와 설치기준의 연결이 옳은 것은?

① 판매시설 - 시설면적 100m²당 1대
② 위락시설 - 시설면적 150m²당 1대
③ 종교시설 - 시설면적 200m²당 1대
④ 숙박시설 - 시설면적 200m²당 1대

해설 관련 법규 : 법 제19조, 영 제6조, (별표 1), 해설 법규 : 영 제6조 ①항, (별표 1)

위락시설은 시설면적 100m²당, 종교시설은 시설면적 150m²당, 판매시설은 시설면적 150m²당, 숙박시설은 시설면적 200m²당 1대의 주차단위구획을 설치하여야 한다.

★★
91 다음은 건축법령상 지하층의 정의내용이다. (   ) 안에 알맞은 것은?

> "지하층"이란 건축물의 바닥이 지표면 아래에 있는 층으로서 바닥에서 지표면까지 평균높이가 해당 층높이의 (   ) 이상인 것을 말한다.

① 2분의 1
② 3분의 1
③ 3분의 2
④ 4분의 3

해설 관련 법규 : 법 제2조, 해설 법규 : 법 제2조 ①항 5호

"지하층"이란 건축물의 바닥이 지표면 아래에 있는 층으로서 바닥에서 지표면까지 평균높이가 해당 층높이의 1/2 이상인 것을 말한다.

★
92 오피스텔에 설치하는 복도의 유효너비는 최소 얼마 이상이어야 하는가? (단, 건축물의 연면적은 300m²이며 양옆에 거실이 있는 복도의 경우이다.)

① 1.2m
② 1.8m
③ 2.4m
④ 2.7m

해설 관련 법규 : 법 제49조, 영 제48조, 피난 · 방화규칙 제15조의2, 해설 법규 : 피난 · 방화규칙 제15조의2 ①항

건축물에 설치하는 복도의 유효너비는 양측에 거실이 있는 경우로서 유치원, 초등학교, 중학교 및 고등학교는 2.4m 이상, 공동주택 및 오피스텔은 1.8m 이상, 기타 건축물(당해 층의 거실면적의 합계가 200m² 이상인 건축물)은 1.5m(의료시설인 경우에는 1.8m) 이상이다.

93 광역도시계획에 관한 내용으로 틀린 것은?

① 인접한 둘 이상의 특별시·광역시·특별자치시·특별자치도·시 또는 군의 관할 구역 전부 또는 일부를 광역계획권으로 지정할 수 있다.

② 군수가 광역도시계획을 수립하는 경우 도지사의 승인을 생략한다.

③ 광역계획권의 공간구조와 기능분담에 관한 정책방향이 포함되어야 한다.

④ 광역도시계획을 공동으로 수립하는 시·도지사는 그 내용에 관하여 서로 협의가 되지 아니하면 공동이나 단독으로 국토교통부장관에게 조정을 신청할 수 있다.

해설 관련 법규 : 국토법 제11조, 해설 법규 : 국토법 제11조 ③항

도지사는 시장 또는 군수가 요청하는 경우와 그 밖에 필요하다고 인정하는 경우에는 광역도시계획의 수립규정에도 불구하고 관할 시장 또는 군수와 공동으로 광역도시계획을 수립할 수 있으며, 시장 또는 군수가 협의를 거쳐 요청하는 경우에는 단독으로 광역도시계획을 수립할 수 있다.

94 다음 중 건축물의 용도분류가 옳은 것은 어느 것인가?

① 식물원 – 동물 및 식물 관련 시설

② 동물병원 – 의료시설

③ 유스호스텔 – 수련시설

④ 장례식장 – 묘지 관련 시설

해설 관련 법규 : 법 제2조, 영 제3조의5, (별표 1), 해설 법규 : (별표 1) 4호

식물원은 문화 및 집회시설에, 동물병원은 제2종 근린생활시설에, 장례식장은 장례시설에 속한다.

95 다음 중 국토의 계획 및 이용에 관한 법령상 공공(公共)시설에 속하지 않는 것은?

① 광장

② 공동구

③ 유원지

④ 사방설비

해설 관련 법규 : 국토법 제2조, 영 제4조, 규칙 제2조, 해설 법규 : 영 제4조

공공시설이란 도로·공원·철도·수도, 항만·공항·광장·녹지·공공공지·공동구·하천·유수지·방화설비·방풍설비·방수설비·사방설비·방조설비·하수도·구거, 행정청이 설치하는 시설로서 주차장, 저수지, 공공의 필요성이 인정되는 체육시설 중 운동장, 장사시설 중 화장장·공동묘지·봉안시설(자연장지 또는 장례식장에 화장장·공동묘지·봉안시설 중 한 가지 이상의 시설을 같이 설치하는 경우를 포함한다), 스마트도시 조성 및 산업진흥 등에 관한 법률에 따른 시설을 말한다. 유원지는 공간시설에 속한다.

★★★
96 태양열을 주된 에너지원으로 이용하는 주택의 건축면적 산정 시 이용하는 중심선의 기준으로 옳은 것은?

① 건축물의 외벽경계선

② 건축물 기둥 사이의 중심선

③ 건축물의 외벽 중 내측 내력벽의 중심선

④ 건축물의 외벽 중 외측 내력벽의 중심선

해설 관련 법규 : 법 제84조, 영 제119조, 규칙 제43조, 해설 법규 : 규칙 제43조 ①항

태양열을 주된 에너지원으로 이용하는 주택의 건축면적과 단열재를 구조체의 외기측에 설치하는 단열공법으로 건축된 건축물의 건축면적은 건축물의 외벽 중 내측 내력벽의 중심선을 기준으로 한다. 이 경우 태양열을 주된 에너지원으로 이용하는 주택의 범위는 국토교통부장관이 정하여 고시하는 바에 의한다.

★★★
97 다음의 대지와 도로의 관계에 관한 기준내용 중 ( ) 안에 알맞은 것은?

연면적의 합계가 2천제곱미터(공장인 경우에는 3천제곱미터) 이상인 건축물(축사, 작물재배사, 그 밖에 이와 비슷한 건축물로서 건축조례로 정하는 규모의 건축물은 제외한다)의 대지는 너비 (㉠) 이상의 도로에 (㉡) 이상 접하여야 한다.

① ㉠ : 4m, ㉡ : 2m

② ㉠ : 6m, ㉡ : 4m

③ ㉠ : 8m, ㉡ : 6m

④ ㉠ : 8m, ㉡ : 4m

2020

해설 관련 법규 : 법 제44조, 영 제28조, 해설 법규 : 영 제 28조 ②항

건축물의 대지가 접하는 도로의 너비, 대지가 도로에 접하는 부분의 길이, 그 밖에 대지와 도로의 관계에 있어서, 연면적의 합계가 2,000m²(공장 3,000m²) 이상인 건축물(축사, 작물재배사는 제외)의 대지는 너비 6m 이상의 도로에 4m 이상 접해야 한다.

98 오피스텔의 난방설비를 개별난방방식으로 하는 경우에 관한 기준내용으로 틀린 것은 어느 것인가?

① 보일러의 연도는 내화구조로서 공동연도로 설치할 것
② 보일러는 거실 외의 곳에 설치할 것
③ 보일러실의 윗부분에는 그 면적이 0.5m² 이상인 환기창을 설치할 것
④ 기름보일러를 설치하는 경우에는 기름저장소를 보일러실에 설치할 것

해설 관련 법규 : 영 제87조, 설비규칙 제13조, 해설 법규 : 설비규칙 제13조 ①항 5호

공동주택과 오피스텔의 난방설비를 개별난방방식으로 하는 경우에는 ①, ②, ③항 이외에 다음의 기준에 적합하여야 한다.

㉮ 보일러실의 윗부분에는 그 면적이 0.5m² 이상인 환기창을 설치하고, 보일러실의 윗부분과 아랫부분에는 각각 지름 10cm 이상의 공기흡입구 및 배기구를 항상 열려있는 상태로 바깥공기에 접하도록 설치할 것. 다만, 전기보일러의 경우에는 그러하지 아니하다.

㉯ 보일러실과 거실 사이의 출입구는 그 출입구가 닫힌 경우에는 보일러가스가 거실에 들어갈 수 없는 구조로 할 것

㉰ 기름보일러를 설치하는 경우에는 기름저장소를 보일러실 외의 다른 곳에 설치할 것

㉱ 오피스텔의 경우에는 난방구획을 방화구획으로 구획할 것

★★
99 다음 방화구획의 설치에 관한 기준으로 적용하지 아니하거나 그 사용에 지장이 없는 범위에서 완화하여 적용할 수 있는 건축물의 부분에 해당되지 않는 것은?

> 주요 구조부가 내화구조 또는 불연재료로 된 건축물로서 연면적이 1천제곱미터를 넘는 것은 내화구조로 된 바닥·벽 및 갑종방화문으로 구획하여야 한다.

① 복층형 공동주택의 세대별 층간 바닥 부분
② 주요 구조부가 내화구조 또는 불연재료로 된 주차장
③ 계단실·복도 또는 승강기의 승강장 및 승강로 부분으로서 그 건축물의 다른 부분과 방화구획으로 구획된 부분
④ 문화 및 집회시설 중 동물원의 용도로 쓰는 거실로서 시선 및 활동공간의 확보를 위하여 불가피한 부분

해설 관련 법규 : 법 제49조, 영 제46조, 해설 법규 : 영 제46조

①, ②, ③항 이외에 다음의 어느 하나에 해당하는 건축물의 부분에는 방화구획의 설치규정을 적용하지 아니하거나 그 사용에 지장이 없는 범위에서 완화하여 적용할 수 있다.

㉮ 문화 및 집회시설(동·식물원은 제외), 종교시설, 운동시설 또는 장례시설의 용도로 쓰는 거실로서 시선 및 활동공간의 확보를 위하여 불가피한 부분

㉯ 물품의 제조·가공 및 운반 등(보관은 제외)에 필요한 고정식 대형기기 또는 설비의 설치를 위하여 불가피한 부분. 다만, 지하층인 경우에는 지하층의 외벽 한쪽 면(지하층의 바닥면에서 지상층 바닥 아래면까지의 외벽면적 중 1/4 이상이 되는 면) 전체가 건물 밖으로 개방되어 보행과 자동차의 진입·출입이 가능한 경우에 한정한다.

㉰ 건축물의 최상층 또는 피난층으로서 대규모 회의장·강당·스카이라운지·로비 또는 피난안전구역 등의 용도로 쓰는 부분으로서 그 용도로 사용하기 위하여 불가피한 부분

㉱ 단독주택, 동물 및 식물 관련 시설 또는 교정 및 군사시설 중 군사시설(집회, 체육, 창고 등의 용도로 사용되는 시설만 해당한다)로 쓰는 건축물

㉲ 건축물의 1층과 2층의 일부를 동일한 용도로 사용하며 그 건축물의 다른 부분과 방화구획으로 구획된 부분(바닥면적의 합계가 500m² 이하인 경우로 한정한다)

★
100 주요 구조부가 내화구조 또는 불연재료로 된 층수가 16층 이상인 공동주택의 경우 피난층 외의 층에서는 피난층 또는 지상으로 통하는 직통계단을 거실의 각 부분으로부터 계단에 이르는 보행거리가 최대 얼마 이하가 되도록 설치하여야 하는가? (단, 계단은 거실로부터 가장 가까운 거리에 있는 1개소의 계단을 말한다.)

① 30m   ② 40m

③ 50m   ④ 75m

해설

관련 법규 : 법 제49조, 영 제34조, 해설 법규 : 영 제34조 ①항

건축물의 피난층(직접 지상으로 통하는 출입구가 있는 층과 피난안전구역) 외의 층에서는 피난층 또는 지상으로 통하는 직통계단(경사로를 포함)을 거실의 각 부분으로부터 계단(거실로부터 가장 가까운 거리에 있는 1개소의 계단)에 이르는 보행거리가 30m 이하가 되도록 설치하여야 한다. 다만, 건축물(지하층에 설치하는 것으로서 바닥면적의 합계가 300m² 이상인 공연장·집회장·관람장 및 전시장은 제외)의 주요 구조부가 내화구조 또는 불연재료로 된 건축물은 그 보행거리가 50m(층수가 16층 이상인 공동주택의 경우 16층 이상인 층에 대해서는 40m) 이하가 되도록 설치할 수 있으며, 자동화 생산시설에 스프링클러 등 자동식 소화설비를 설치한 공장으로서 국토교통부령으로 정하는 공장인 경우에는 그 보행거리가 75m(무인화공장인 경우에는 100m) 이하가 되도록 설치할 수 있다.

2020

제1과목 | 건축계획

★
01 기업체가 자사제품의 홍보, 판매촉진 등을 위해 제품 및 기업에 관한 자료를 소비자들에게 직접 호소하여 제품의 우위성을 인식시키는 전시공간은?

① 쇼룸　　　　　② 런드리
③ 프로시니엄　　④ 인포메이션

해설
② 런드리 : 세탁물을 의미
③ 프로시니엄 : 무대와 객석의 경계를 이루는 것으로 관객이 이것을 통하여 극을 관람하게 만든 개구부
④ 인포메이션 : 안내데스크

02 사무소 건축의 실단위계획 중 개실시스템에 관한 설명으로 옳지 않은 것은?

① 공사비가 저렴하다.
② 독립성과 쾌적감이 높다.
③ 방길이에 변화를 줄 수 있다.
④ 방깊이에 변화를 줄 수 없다.

해설
개실시스템(individual room system)은 독립성과 쾌적감이 높고 방길이에 변화를 줄 수 있으나, 방깊이에는 변화를 줄 수 없다. 또한 칸막이벽의 증가로 인하여 공사비가 고가이다.

★★
03 주택단지계획에서 보차분리의 형태 중 평면분리에 해당하지 않는 것은?

① T자형
② 루프(loop)
③ 쿨데삭(Cul-de-Sac)
④ 오버브리지(overbridge)

해설
보도와 차도의 분리방법에는 평면분리(쿨데삭, 루프, T자형, 열쇠자형 등), 면적분리(보행자의 안전참, 보행자공간, 몰플라자 등), 입체분리(오버브리지, 언더패스, 지상 인공지반, 지하가, 다층 구조지반 등), 시간분리(시간제 차량통행, 차 없는 날 등) 등이 있다.

★★
04 도서관의 출납시스템유형 중 이용자가 자유롭게 도서를 꺼낼 수 있으나 열람석으로 가기 전에 관원의 검열을 받는 형식은?

① 폐가식　　　　② 반개가식
③ 자유개가식　　④ 안전개가식

해설
① 폐가식 : 서고를 열람실과 별도로 설치하여 열람자가 책의 목록에 의해서 책을 선택하고 관원에게 대출기록을 남긴 후 책을 대출하는 형식
② 반개가식 : 열람자가 직접 서가에 면하여 책의 체제나 표지 정도는 볼 수 있으나 내용을 보려면 관원에게 요구해야 하는 형식
③ 자유개가식 : 열람자 자신이 서가에서 책을 고르고 그대로 검열을 받지 않고 열람할 수 있는 방법

★
05 단독주택에서 다음과 같은 실들을 각각 직상층 및 직하층에 배치할 경우 가장 바람직하지 않은 것은?

① 상층 : 침실, 하층 : 침실
② 상층 : 부엌, 하층 : 욕실
③ 상층 : 욕실, 하층 : 침실
④ 상층 : 욕실, 하층 : 부엌

해설
상층에 욕실, 하층에 침실을 배치할 경우 수면장애와 누수의 요인이 되므로 바람직하지 못하다.

★
06 백화점 매장의 기둥간격 결정요소와 가장 거리가 먼 것은?

① 엘리베이터의 배치방법
② 진열장의 치수와 배치방법
③ 지하주차장 주차방식과 주차폭
④ 층별 매장구성과 예상이용인원

해설
백화점 스팬의 결정요인에는 기준층 판매대의 배치와 치수, 그 주위의 통로폭, 엘리베이터와 에스컬레이터의 배치와 유무, 지하주차장의 설치, 주차방식과 주차폭 등이 있다. 각 층별 매장의 상품구성, 화장실의 크기, 공조실의 폭과 위치는 스팬의 결정요인과는 무관하다.

07 학교 운영방식에 관한 설명으로 옳지 않은 것은?

① 종합교실형은 초등학교 저학년에 권장되는 방식이다.

② 교과교실형은 교실의 이용률은 높으나, 순수율은 낮다.

③ 달톤형은 학급과 학년을 없애고 각자의 능력에 따라 교과를 선택하는 방식이다.

④ 플라툰형은 전 학급을 2분단으로 나누어 한 쪽이 일반 교실을 사용할 때, 다른 쪽은 특별교실을 사용한다.

해설 교과교실형(V형)은 중학교 고학년에 가장 권장되는 형식으로 교실의 순수율이 높고 학생 소지품을 두는 곳을 별도로 만들 필요가 있으며 학생들의 동선계획에 많은 고려가 필요하다. 또한 시간표 짜기와 담당교사수를 맞추기가 매우 난이하고 모든 교실이 특정 교과 때문에 만들어지며 일반 교실은 없는 방식이다. 특히 학생의 이동으로 인하여 안정된 수업 분위기가 불가능하다.

08 종합병원에서 클로즈드시스템(closed system)의 외래진료부에 관한 설명으로 옳지 않은 것은?

① 내과는 소규모 진료실을 다수 설치하도록 한다.

② 환자의 이용이 편리하도록 1층 또는 2층 이하에 둔다.

③ 중앙주사실, 회계, 약국 등 정면출입구 근처에 설치한다.

④ 전체 병원에 대한 외래진료부의 면적비율은 40~45% 정도로 한다.

해설 클로즈드시스템(대규모의 각종 과를 필요로 하는 우리나라의 일반적인 외래진료방식)에 있어서 전체 병원에 대한 외래진료부의 면적비율은 10~15% 정도로 한다.

09 ★★ 공장 건축의 레이아웃(layout)에 관한 설명으로 옳지 않은 것은?

① 제품 중심의 레이아웃은 대량생산에 유리하며 생산성이 높다.

② 레이아웃은 장래 공장규모의 변화에 대응한 융통성이 있어야 한다.

③ 공정 중심의 레이아웃은 다품종 소량생산이나 주문생산에 적합한 형식이다.

④ 고정식 레이아웃은 기능이 동일하거나 유사한 공정, 기계를 집합하여 배치하는 방식이다.

해설 고정식 레이아웃은 선박이나 건축물처럼 제품이 크고 수가 극히 적은 경우에 사용하며 주로 사용되는 재료나 조립부품이 고정된 장소에 있다. 공정 중심의 레이아웃(기계설비의 중심)은 동종의 공정, 동일한 기계설비 또는 기능이 유사한 것을 하나의 그룹으로 집합시키는 방식과 다중의 소량생산의 경우 예상생산이 불가능한 경우 표준화가 이루어지기 어려운 경우에 채용한다.

10 ★★ 극장 건축의 관련 제실에 관한 설명으로 옳지 않은 것은?

① 앤티룸(anti room)은 출연자들이 출연 바로 직전에 기다리는 공간이다.

② 그린룸(green room)은 출연자 대기실을 말하며 주로 무대 가까운 곳에 배치한다.

③ 배경제작실의 위치는 무대에 가까울수록 편리하며 제작 중의 소음을 고려하여 차음설비가 요구된다.

④ 의상실은 실의 크기가 1인당 최소 $8m^2$가 필요하며 그린룸이 있는 경우 무대와 동일한 층에 배치하여야 한다.

해설 의상실은 실의 크기가 1인당 최소 $4~5m^2$가 필요하며 그린룸이 있는 경우 무대와 반드시 동일한 층에 배치할 필요는 없다.

11 ★ 상점의 동선계획에 관한 설명으로 옳지 않은 것은?

① 고객동선은 가능한 길게 한다.

② 직원동선은 가능한 짧게 한다.

③ 상품동선과 직원동선은 동일하게 처리한다.

④ 고객 출입구와 상품반입·출 출입구는 분리하는 것이 좋다.

해설 상점의 동선계획에 있어 상품동선과 직원동선은 분리하여 처리하는 것이 유리하다.

2020

12 건축공간의 치수계획에서 "압박감을 느끼지 않을 만큼의 천장높이결정"은 다음 중 어디에 해당하는가?

① 물리적 스케일
② 생리적 스케일
③ 심리적 스케일
④ 입면적 스케일

해설 건축공간의 치수에 있어서 인간을 기준으로 보면 **물리적 스케일**(인간이나 물체의 물리적 크기로 단위 공간의 크기, 출입구의 크기, 천장높이, 인동간격 등), **생리적 스케일**(실내창문의 크기를 필요환기량으로 결정), **심리적 스케일**(인간의 심리적 여유감이나 안정감을 위해 필요한 공간으로 압박감을 느끼지 않을 만큼의 천장높이결정) 등이 있다.

★
13 고대 로마 건축물 중 판테온(Pantheon)에 관한 설명으로 옳지 않은 것은?

① 로툰다 내부는 드럼과 돔 두 부분으로 구성된다.
② 직사각형의 입구공간은 외부와 내부 사이의 전이공간으로 사용된다.
③ 드럼 하부는 깊은 니치와 독립된 도리아식 기둥들로 동적인 공간을 구현한다.
④ 거대한 돔을 얹은 로툰다와 대형 열주현관이라는 2가지 주된 구성요소로 이루어진다.

해설 로마의 판테온신전은 원통형의 벽체(로툰다)에 돔형태의 지붕으로 구성되었다. 벽면의 외면은 벽돌, 내면은 콘크리트로 처리되었으며, 실내측으로 벽체를 이용하여 7개의 앱스(초기 기독교 건축의 교회당 내부 중앙반원형으로 들어간 부분)가 있고 코린트양식의 원주가 2개씩 있다.

14 극장의 평면형식 중 오픈스테이지(open stage)형의 관한 설명으로 옳은 것은?

① 연기자가 남측방향으로만 관객을 대하게 된다.
② 강연, 음악회, 독주, 연극공연에 가장 적합한 형식이다.
③ 가장 일반적인 극장의 형식으로 어떠한 배경이라도 창출이 가능하다.

④ 무대와 객석이 동일 공간에 있는 것으로 관객석이 무대의 대부분을 둘러싸고 있다.

해설 오픈스테이지형은 관객석에 의해서 무대의 대부분이 둘러싸여 있어(관객이 부분적으로 연기자를 둘러싸고) 연기자와 관객 사이의 친밀감을 높게 하며 연기자와 관객이 하나의 공간 속에 놓여있는 형식으로, 특징은 다음과 같다.
㉮ 연기자는 다양한 방향감으로 통일된 효과를 내기가 어렵다.
㉯ 관객이 연기자에게 좀 더 근접하여 관람할 수 있다.
㉰ 배우는 관객석 사이나 무대 아래로부터 출입하고 무대장치를 꾸미는 데 어려움이 있다.
㉱ 대학의 부속극장이나 극단의 전용극장에 사용된다.
또한 ①, ②, ③항은 프로시니엄(픽처프레임스테이지)형에 대한 특성이다.

15 조선시대 田자형 주택으로 대별되는 서민주택의 지방유형은?

① 서울지방형　　② 남부지방형
③ 중부지방형　　④ 함경도지방형

해설 북부지방(함경도지방)형은 방의 배치가 전(田)자 형태로 되어 있고 부엌의 바닥을 온돌방높이와 동일하게 하여 식사와 작업을 하는 등의 방한과 보온을 고려한 형태이다.

★★
16 다음 설명에 알맞은 사무소 건축의 코어유형은?

• 코어와 일체로 한 내진구조가 가능한 유형이다.
• 유효율이 높으며 임대사무소로서 경제적인 계획이 가능하다.

① 편심형　　② 독립형
③ 분리형　　④ 중심형

해설 ① **편심형(편단코어형)** : 바닥면적이 커지면 코어 이외에 피난시설, 설비샤프트 등이 필요하다.
② **독립형(외코어형)** : 코어와 상관없이 자유로운 사무실공간을 만들 수 있으나 설비덕트, 배관을 사무실까지 끌어들이는 데 제약이 있고 방재상 불리하며 바닥면적이 커지면 피난시설을 포함한 서브코어가 필요하다.
③ **분리형(양단코어형)** : 방재상 유리하고 복도가 필요하므로 유효율이 떨어진다.

정답 12.③ 13.③ 14.④ 15.④ 16.④

17 메조넷형(Maisonette Type) 아파트에 관한 설명으로 옳지 않은 것은?

① 설비, 구조적인 해결이 유리하며 경제적이다.

② 통로가 없는 층의 평면은 프라이버시 확보에 유리하다.

③ 통로가 없는 층의 평면은 화재 발생 시 대피상 문제점이 발생할 수 있다.

④ 엘리베이터 정지층 및 통로면적의 감소로 전용면적의 극대화를 도모할 수 있다.

해설 1개의 주호가 2개층에 나뉘어 구성되는 메조넷(복층)형은 독립성이 가장 크고 전용면적비가 크나 소규모 주택(50m² 이하)에는 부적합하다. 또한 구조, 설비 등이 복잡하므로 다양한 평면구성이 불가능하며 비경제적이다.

18 고딕성당에 관한 설명으로 옳지 않은 것은?

① 중앙집중식 배치를 지배적으로 사용하였다.

② 건축형태에서 수직성을 강하게 강조하였다.

③ 고딕성당으로는 랭스성당, 아미앵성당 등이 있다.

④ 수평방향으로 통일되고 연속적인 공간을 만들었다.

해설 고딕성당은 제단으로 연결되는 통로를 따라서 직선적 배치가 주를 이루었다.

19 단독주택의 평면계획에 관한 설명으로 옳지 않은 것은?

① 거실은 평면계획상 통로나 홀로 사용하지 않는 것이 좋다.

② 현관의 위치는 대지의 형태, 도로와의 관계 등에 의하여 결정된다.

③ 부엌은 주택의 서측이나 동측이 좋으며, 남향은 피하는 것이 좋다.

④ 노인침실은 일조가 충분하고 전망이 좋은 조용한 곳에 면하게 하고 식당, 욕실 등에 근접시킨다.

해설 부엌은 직사광선에 의해 음식물이 부패하므로 서향은 피하고, 부엌의 형태 중 ㄱ자형은 작업동선이 효율적이고 여유공간이 많이 남기 때문에 식실과 함께 이용할 경우에만 적합한 형식이다.

20 다음 중 호텔의 성격상 연면적에 대한 숙박면적의 비가 가장 큰 것은?

① 리조트호텔
② 커머셜호텔
③ 클럽하우스
④ 레지덴셜호텔

해설 호텔에 따른 숙박면적비가 큰 것부터 나열하면 커머셜호텔(commercial hotel) → 리조트호텔(resort hotel) → 레지던셜호텔(residential hotel) → 아파트먼트호텔(apartment hotel)의 순이다.

제2과목 건축시공

21 벽두께 1.0B, 벽면적 30m² 쌓기에 소요되는 벽돌의 정미량은? (단, 벽돌은 표준형을 사용한다.)

① 3,900매
② 4,095매
③ 4,470매
④ 4,604매

해설 벽두께 1.0B로 하는 경우의 표준형 벽돌은 149매/m²가 소요된다.
∴ 정미량=149×30=4,470매

22 석재의 일반적 성질에 관한 설명으로 옳지 않은 것은?

① 석재의 비중은 조암광물의 성질·비율·공극의 정도 등에 따라 달라진다.

② 석재의 강도에서 인장강도는 압축강도에 비해 매우 작다.

③ 석재의 공극률이 클수록 흡수율이 크고 동결융해저항성은 떨어진다.

④ 석재의 강도는 조성결정형이 클수록 크다.

해설 석재의 강도(내구성)

㉮ 재질의 측면에서 조성결정형(조암광물의 결정)이 작을수록(미세할수록), 흡수율이 적을수록 석재의 강도(내구성)는 증대한다.

㉯ 사용조건의 측면에서 우수의 노출, 온도차 또는 미립자의 흡착이나 마모의 외력이 적을수록 석재의 강도(내구성)는 증대한다.

㉰ 가공의 측면에서 균열이 생기지 않게 석재의 마감을 평탄하게 할수록 석재의 강도(내구성)는 증대한다.

23 Power shovel의 1시간당 추정 굴착작업량을 다음 조건에 따라 구하면?

[조건]
$Q=1.2\text{m}^3$, $f=1.28$, $E=0.9$,
$K=0.9$, $C_m=60$초

① $67.2\text{m}^3/\text{h}$　　② $74.7\text{m}^3/\text{h}$
③ $82.2\text{m}^3/\text{h}$　　④ $89.6\text{m}^3/\text{h}$

해설 시간당 굴삭토량

＝버킷의 용량$(Q)\times\dfrac{3,600}{\text{사이클타임}(C_m,\ \text{초})}$

$\times$작업효율$(E)\times$굴삭계수$(K)\times$토량환산계수

$=1.2\times\dfrac{3,600}{60}\times0.9\times0.9\times1.28$

$=74.65\fallingdotseq74.7\text{m}^3/\text{h}$

★ 24 도장작업 시 주의사항으로 옳지 않은 것은?

① 도료의 적부를 검토하여 양질의 도료를 선택한다.
② 도료량을 표준량보다 두껍게 바르는 것이 좋다.
③ 저온다습 시에는 작업을 피한다.
④ 피막은 각 층마다 충분히 건조경화한 후 다음 층을 바른다.

해설 도료량은 표준량을 사용하되, 칠막의 각 층은 얇게 하고 충분히 건조시킨다.

★★ 25 발주자에 의한 현장관리로 볼 수 없는 것은?

① 착공신고　　② 하도급계약
③ 현장회의운영　　④ 클레임관리

해설 발주자에 의한 현장관리제도에는 착공신고제도, 현장회의운영, 시공계획서의 제출 및 승인, 기성금의 신청, 중간 관리일 및 클레임관리 등이 있다.

★ 26 콘크리트의 내화, 내열성에 관한 설명으로 옳지 않은 것은?

① 콘크리트의 내화, 내열성은 사용한 골재의 품질에 크게 영향을 받는다.
② 콘크리트는 내화성이 우수해서 600℃ 정도의 화열을 장시간 받아도 압축강도는 거의 저하하지 않는다.
③ 철근콘크리트부재의 내화성을 높이기 위해서는 철근의 피복두께를 충분히 하면 좋다.
④ 화재를 입은 콘크리트의 탄산화속도는 그렇지 않은 것에 비하여 크다.

해설 콘크리트가 약 260℃ 이상이 되면 시멘트페이스트경화체의 결합수가 소실되는 등으로 인하여 콘크리트강도가 점점 저하하고, 300~350℃ 이상으로 되면 강도의 저하가 현저하며, 500℃에서 상온강도의 약 40% 이하로 저하(탄성계수의 저하는 상온의 10~20% 정도)한다. 이러한 이유로 인하여 500℃ 이상으로 가열된 콘크리트구조체의 재사용은 아주 위험하다.

27 아스팔트방수공사에서 아스팔트프라이머를 사용하는 가장 중요한 이유는?

① 콘크리트면의 습기 제거
② 방수층의 습기침입 방지
③ 콘크리트면과 아스팔트방수층의 접착
④ 콘크리트 밑바닥의 균열 방지

해설 아스팔트방수공사에 있어서 아스팔트프라이머(블론아스팔트를 휘발성 용제로 희석한 흑갈색의 액체)를 사용하는 이유는 콘크리트, 모르타르바탕에 아스팔트방수층 또는 아스팔트타일붙이기 시공을 할 때의 초벌용 도료로 접착력을 증대시키기 위하여 사용한다.

★★ 28 콘크리트배합에 직접적으로 영향을 주는 요소가 아닌 것은?

① 단위수량　　② 물－결합재비
③ 철근의 품질　　④ 골재의 입도

해설 콘크리트의 배합은 소요강도, 워커빌리티, 균일성, 수밀성 및 내구성이 얻어질 수 있도록 **직접적으로 영향을 주는 요소**인 배합비, 슬럼프, 골재의 입도, 물-시멘트비(물-결합재의 비), 시멘트량, 단위수량, 공기량, 염화물량에 대해서 배합조건으로 설정한다.

★★
29 철근, 볼트 등 건축용 강재의 재료시험항목에서 일반적으로 제외되는 항목은?

① 압축강도시험
② 인장강도시험
③ 굽힘시험
④ 연신율시험

해설 건축용 강재의 재료시험항목에는 일반 구조용(항복점, 인장강도, 연신율, 굴곡(굽힘)시험 등), 용접구조용(항복점, 인장강도, 연신율, 굴곡(굽힘)시험, 충격시험 등) 및 리벳용 압연강재(인장강도, 항복점, 연신율, 굴곡(굽힘)시험 등) 등이 있다.

★★
30 어스앵커공법에 관한 설명으로 옳지 않은 것은?

① 버팀대가 없어 굴착공간을 넓게 활용할 수 있다.
② 인접한 구조물의 기초나 매설물이 있는 경우 효과가 크다.
③ 대형기계의 반입이 용이하다.
④ 시공 후 검사가 어렵다.

해설 어스앵커공법은 인접한 구조물의 기초나 매설물이 있는 경우 효과가 적고 불리한 방식이다.

★★
31 단순 조적블록쌓기에 관한 설명으로 옳지 않은 것은?

① 살두께가 큰 편을 아래로 하여 쌓는다.
② 특별한 지정이 없으면 줄눈은 10mm가 되게 한다.
③ 하루의 쌓기 높이는 1.5m 이내를 표준으로 한다.
④ 줄눈모르타르는 쌓은 후 줄눈누르기 및 줄눈 파기를 한다.

해설 단순 조적블록조에 있어서 사춤을 쉽게 하기 위하여 살두께가 큰 편을 위로 쌓는다. 즉 구멍이 윗부분은 작고 아랫부분이 커야 사춤을 막히지 않게 할 수 있다.

★★★
32 다음 중 QC활동의 도구가 아닌 것은?

① 특성요인도
② 파레토그램
③ 층별
④ 기능계통도

해설 품질관리 7가지의 수법은 히스토그램, 특성요인도, 파레토도, 체크시트, 각종 그래프, 산점도, 층별 등이다.

★
33 철근의 가스압접에 관한 설명으로 옳지 않은 것은?

① 이음공법 중 접합강도가 극히 크고 성분원소의 조직변화가 적다.
② 압접공은 작업대상과 압접장치에 관하여 충분한 경험과 지식을 가진 자로 책임기술자의 승인을 받아야 한다.
③ 가스압접할 부분은 직각으로 자르고 절단면을 깨끗하게 한다.
④ 접합되는 철근의 항복점 또는 강도가 다른 경우에 주로 사용한다.

해설 접합되는 철근의 항복점 또는 강도가 다른 경우에는 가스압접을 금지한다.

34 용제형(Solvent) 고무계 도막방수공법에 관한 설명으로 옳지 않은 것은?

① 용제는 인화성이 강하므로 부근의 화기는 엄금한다.
② 한 층의 시공이 완료되면 1.5~2시간 경과 후 다음 층의 작업을 시작하여야 한다.
③ 완성된 도막은 외상(外傷)에 매우 강하다.
④ 합성고무를 휘발성 용제에 녹인 일종의 고무도료를 칠하여 두께 0.5~0.8mm의 방수피막을 형성하는 것이다.

해설 용제형(solvent) 고무계 도막방수의 완성된 도막은 외상에 매우 약하다.

2020

35 공사계약제도 중 공사관리방식(CM)의 단계별 업무내용 중 비용의 분석 및 VE기법의 도입 시 가장 효과적인 단계는?

① Pre-Design단계
② Design단계
③ Pre-Construction단계
④ Construction단계

해설 ① Pre-Design단계(기획단계) : 사업발굴, 기획 및 타당성조사 등의 단계이다.
③ Pre-Construction단계(입찰·발주단계) : 공사별, 단계별 발주, 업자 선정 시 사전심사, 성실하고 우수한 업자 선정 등의 단계이다.
④ Construction단계(시공단계) : 원가관리, 시공관리, 안전관리, 품질관리 및 공사관리 등의 단계이다.

36 커튼월(Curtain Wall)의 외관형태별 분류에 해당하지 않는 방식은?

① Unit방식
② Mullion방식
③ Spandrel방식
④ Sheath방식

해설 커튼월의 외관형태별 분류에는 멀리언(mullion)타입, 스팬드럴(spandrel)타입, 그리드(grid)타입, 시스(sheath)타입 등이 있다.

37 고층 건축물공사의 반복작업에서 각 작업조의 생산성을 기울기로 하는 직선으로 각 반복작업의 진행을 표시하여 전체 공사를 도식화하는 기법은?

① CPM
② PERT
③ PDM
④ LOB

해설 ① CPM(Critical Path Method) : 네트워크공법 중 한 방법으로 일정계산이 확실하고 작업 간의 조정이 가능하며 활동재개에 대한 이완도를 산출한다. 특히 최소 비용의 핵심이론이 있다.
② PERT(Program Evaluation & Review Technique) : 네트워크공법 중 한 방법으로 일정계산이 복잡

하고 단계 중심의 이완도를 산출하며 최소 비용의 핵심이론이 없다.
③ PDM(Product Data Management) : 건축물의 계획에서부터 설계, 개발, 시공, 이전 및 고객의 서비스에 이르기까지 전반에 걸친 건축물의 정보를 통합관리하는 시스템이다.

38 기성말뚝세우기 공사 시 말뚝의 연직도나 경사도는 얼마 이내로 하여야 하는가?

① 1/50
② 1/75
③ 1/80
④ 1/100

해설 기성말뚝세우기 공사 시 말뚝의 연직도나 경사도는 1/100 이내로 하여야 한다.

39 수밀콘크리트의 시공에 관한 설명으로 옳지 않은 것은?

① 수밀콘크리트는 누수원인이 되는 건조수축균열의 발생이 없도록 시공하여야 하며 0.1mm 이상의 균열 발생이 예상되는 경우 누수를 방지하기 위한 방수를 검토하여야 한다.
② 거푸집의 긴결재로 사용한 볼트, 강봉, 세퍼레이터 등의 아래쪽에는 블리딩수가 고여서 콘크리트가 경화한 후 물의 통로를 만들어 누수를 일으킬 수 있으므로 누수에 대하여 나쁜 영향이 없는 재질의 것을 사용하여야 한다.
③ 소요품질을 갖는 수밀콘크리트를 얻기 위해서는 전체 구조부가 시공이음 없이 설계되어야 한다.
④ 수밀성의 향상을 위한 방수제를 사용하고자 할 때에는 방수제의 사용방법에 따라 배처플랜트에서 충분히 혼합하여 현장으로 반입시키는 것을 원칙으로 한다.

해설 수밀콘크리트의 시공에 있어서 소요품질을 갖는 수밀콘크리트를 얻을 수 있도록 적당한 간격으로 시공이음을 두어야 한다.

★
40 철골공사의 접합 중 용접에 관한 주의사항으로 옳지 않은 것은?

① 현장용접을 하는 부재는 그 용접 부위에 얇은 에나멜페인트를 칠하되, 이밖에 다른 칠을 해서는 안 된다.

② 용접봉의 교환 또는 다층용접일 때에는 먼저 슬래그를 제거하고 청소한 후 용접한다.

③ 용접할 소재는 용접에 의한 수축변형이 생기고, 또 마무리 작업도 고려해야 하므로 치수에 여분을 두어야 한다.

④ 용접이 완료되면 슬래그 및 스패터를 제거하고 청소한다.

해설 현장용접을 하는 부재는 그 용접선에서 50mm 이내의 부분에는 보일드유 이외의 칠을 해서는 안 된다.

제3과목 건축구조

★
41 강도설계법에 따른 철근콘크리트 단근보에서 $f_{ck}=27$MPa, $f_y=400$MPa, 균형철근비(ρ_b) $=0.0293$일 때 최대 철근비는?

① 0.0258
② 0.0220
③ 0.0213
④ 0.0188

해설

$\rho_{\max}$ (최대 철근비) $=\left(\dfrac{\varepsilon_c+\varepsilon_y}{\varepsilon_c+\varepsilon_t}\right)\rho_b$

$=\left(\dfrac{0.0033+\dfrac{f_y}{E_s}}{0.0033+0.0033\dfrac{d-c}{c}}\right)\rho_b$

ε_t는 $f_y\leq400$MPa인 경우에는 0.004이므로

$\therefore \ \rho_{\max}=\left(\dfrac{\varepsilon_c+\varepsilon_y}{\varepsilon_c+\varepsilon_t}\right)\rho_b$

$=\dfrac{0.0033+0.002}{0.0033+0.004}\times0.0293$

$=0.02127$

42 다음 그림과 같은 구조물에서 C점에 발생되는 모멘트는?

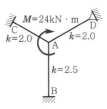

① 4.0kN · m
② 3.5kN · m
③ 3.0kN · m
④ 2.5kN · m

해설
㉮ 분배모멘트를 구하기 위하여 유효강비를 구하면 AB, AC부재의 유효강비는 1이고, AD부재는 회전(이동)단의 경우에는 $\dfrac{3}{4}$이므로 AC부재의 분배모멘트를 구하면

$M_{AC}=24\times\dfrac{2}{2.5+2+2\times\dfrac{3}{4}}=8$kN · m

㉯ C점의 도달모멘트(M_{CA})는 도달률이 $\dfrac{1}{2}$이므로

$M_{CA}=M_{AC}\times\dfrac{1}{2}=8\times\dfrac{1}{2}=4$kN · m

43 온통기초에 관한 설명으로 옳지 않은 것은?

① 연약지반에 주로 사용된다.
② 독립기초에 비하여 구조해석 및 설계가 매우 단순하다.
③ 부동침하에 대하여 유리하다.
④ 지하수가 높은 지반에서도 유효한 기초방식이다.

해설
온통기초(건물의 하부 전체 또는 지하실 전체를 하나의 기초판으로 구성한 기초로서 매트기초라고도 함)는 독립기초에 비해 구조해석 및 설계가 매우 복잡하다.

44 1방향 철근콘크리트슬래브에서 철근의 설계기준항복강도가 500MPa인 경우 콘크리트 전체 단면적에 대한 수축 · 온도철근비는 최소 얼마 이상이어야 하는가? (단, KDS기준, 이형철근 사용)

① 0.0015
② 0.0016
③ 0.0018
④ 0.0020

[해설] 1방향 콘크리트슬래브에서 수축·온도철근으로 배치되는 이형철근 및 용접철망은 다음의 철근비 이상으로 하여야 하나 어떠한 경우에도 0.0014 이상이어야 한다. 여기서, 수축·온도철근비는 콘크리트 전체 단면적에 대한 수축·온도철근 단면적의 비로 한다.

㉮ 설계기준항복강도가 400MPa 이하인 이형철근을 사용한 슬래브 : 0.0020 이상

㉯ 설계기준항복강도가 400MPa 초과하는 이형철근을 사용한 슬래브 : $0.0020\dfrac{400}{f_y}$ 이상

∴ 수축·온도철근비 $= 0.0020\dfrac{400}{f_y}$

$\qquad\qquad\qquad = 0.0020\times\dfrac{400}{500}=0.0016$

45 길이 8m의 단순보가 100kN/m의 등분포활하중을 받을 때 위험 단면에서 전단철근이 부담해야 하는 공칭전단력(V_s)은 얼마인가? (단, 구조물 자중에 의한 $w_D=6.72$kN/m, $f_{ck}=$ 24MPa, $f_y=300$MPa, $\lambda=1$, $b_w=400$mm, $d=600$mm, $h=700$mm)

① 424.43kN ② 530.53kN

③ 565.91kN ④ 571.40kN

[해설] 전단철근의 공칭전단력 산정

㉮ ω_u(계수하중) $= 1.2D+1.6L$
$\qquad = 1.2\times6.72+1.6\times100$
$\qquad = 168.064$kN/m

㉯ $\Sigma M=0$; $V_A\times8-(168.064\times8)\times4=0$
$\quad \therefore V_A$(지점반력) $= 672.256$kN

㉰ V_u(위험 단면(보의 유효춤만큼 떨어진 단면)의 전단력)
$\quad = V_A-\omega_u x=672.256-168.064\times0.6$
$\quad = 571.418$kN

㉱ V_c(콘크리트가 부담하는 전단력)
$\quad =\phi V_c=\phi\dfrac{1}{6}\sqrt{f_{ck}}\,b_w\,d$
$\quad = 0.75\times\dfrac{1}{6}\times\sqrt{24}\times400\times600$
$\quad = 146,969.385$N $= 146.969$kN
$\quad \therefore V_s$(전단철근이 부담해야 하는 전단력)
$\qquad = V_u-V_c=571.418-146.969=424.449$kN

㉲ V_s(전단철근이 부담해야 하는 전단력)
$\quad =\phi$(강도저감계수) V_n(전단철근의 공칭강도)
$\quad \therefore V_n=\dfrac{V_s}{\phi}=\dfrac{424.449}{0.75}=565.932$kN

46 다음 그림과 같은 보에서 A점의 수직반력을 구하면?

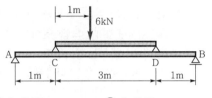

① 2.4kN ② 3.6kN

③ 4.8kN ④ 6.0kN

[해설] 간접하중을 직접하중으로 바꾸면

㉮ C점의 수직반력 $V_C(\uparrow)$, D점의 수직반력 $V_D(\uparrow)$로 가정하고 힘의 비김조건을 이용하면
　㉠ $\Sigma M_D=0$에 의해서
　　$V_C\times3-6\times2=0$ ∴ $V_C=4$kN($\uparrow$)
　㉡ $\Sigma Y=0$에 의해서
　　$V_C-6+V_D=0$, $4-6+V_D=0$ ∴ $V_D=2$kN($\uparrow$)
　　그러므로 직접하중은 C점에서 4kN($\downarrow$), D점에서 2kN($\downarrow$)이 작용한다.

㉯ A점의 수직반력 $V_A(\uparrow)$로 가정하고 힘의 비김조건을 적용하면 $\Sigma M_B=0$에 의해서
　$V_A\times5-4\times4-2\times1=0$
　∴ $V_A=3.6$kN($\uparrow$)

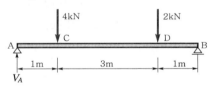

47 단일 압축재에서 세장비를 구할 때 필요하지 않은 것은?

① 유효좌굴길이
② 단면적
③ 탄성계수
④ 단면 2차 모멘트

[해설] λ(세장비) $=\dfrac{l_k(\text{좌굴길이})}{i(\text{단면 2차 최소 반경})}$ 에서 $i=\sqrt{\dfrac{I}{A}}$ 이고 $l_k=\alpha l$이다. 그러므로 세장비를 구할 때 필요한 사항은 좌굴길이(부재 양단의 지지상태, 부재길이), 단면 2차 모멘트, 단면적 등이다.

★★★
48 모살치수 8mm, 용접길이 500mm인 양면 모살용접 전체의 유효 단면적은 약 얼마인가?

① $2,100\text{mm}^2$ ② $3,221\text{mm}^2$

③ $4,300\text{mm}^2$ ④ $5,421\text{mm}^2$

해설
$S=8\text{mm}$, $l=l_0-2a=500-2\times8=484\text{mm}$ 이므로
$A=0.7S=0.7\times8\times484=2,710.4\text{mm}^2$
∴ 양면 모살용접이므로
     $A=2,710.4\times2=5,420.8≒5,421\text{mm}^2$

49 압축이형철근(D19)의 기본정착길이를 구하면? (단, 보통 콘크리트 사용, D19의 단면적 : 287mm^2, $f_{ck}=21\text{MPa}$, $f_y=400\text{MPa}$)

① 674mm   ② 570mm

③ 482mm   ④ 415mm

해설
$d_b=\text{D19}=19.05\text{mm}$, $f_y=400\text{MPa}$, $f_{ck}=21\text{MPa}$ 이므로
l_{db} (기본정착길이)
$$=\frac{0.25d_b(철근의\ 직경)f_y(철근의\ 기준항복강도)}{\lambda\sqrt{f_{ck}}(콘크리트의\ 기준압축강도)}$$
$$=\frac{0.25\times19.05\times400}{1\times\sqrt{21}}=415.705\text{mm}$$ 이나
$0.043d_bf_y=0.043\times19.05\times400=327.66\text{mm}$ 이상이므로 압축이형철근의 정착길이는 415.71mm이다.

★★
50 기초설계 시 인접대지를 고려하여 편심기초를 만들고자 한다. 이때 편심기초의 지내력이 균등해지도록 하기 위한 가장 타당한 방법은?

① 지중보를 설치한다.
② 기초면적을 넓힌다.
③ 기둥의 단면적을 크게 한다.
④ 기초두께를 두껍게 한다.

해설
편심기초의 지반력이 균등하게 분포되도록 하기 위해서는 지중보를 설치하는 것이 가장 적당하다.

51 독립기초에 $N=20\text{kN}$, $M=10\text{kN·m}$가 작용할 때 접지압이 압축력만 발생하도록 하기 위한 기초저면의 최소 길이는?

① 2m   ② 3m
③ 4m   ④ 5m

해설
e (편심거리)$=\dfrac{M}{P}=\dfrac{10}{20}=0.5\text{m}$이고 압축력만 발생하도록 하기 위해서 $e\leq\dfrac{l}{6}$이어야 하므로
∴ $l\leq6e=6\times0.5=3\text{m}$

52 바람의 난류로 인해 발생되는 구조물의 동적 거동성분을 나타내는 것으로 평균변위에 대한 최대 변위의 비를 통계적인 값으로 나타낸 계수는?

① 활하중저감계수
② 중요도계수
③ 가스트영향계수
④ 지역계수

해설
① 활하중저감계수 : $C=0.3+\dfrac{4.2}{\sqrt{A}}$ 로서 A는 영향면적으로 36m^2 이상이고, 등분포활하중은 기본 등분포활하중에 저감계수를 곱하여 저감할 수 있다.
② 중요도계수 : 건축물의 중요도에 따라 적설하중, 설계풍속 및 지진응답계수를 증감하는 계수이다.
④ 지역계수 : 단주기 지반증폭계수와 1초 주기 지반증폭계수에 따라 결정된 계수로서 지반의 종류와 재현주기 2,400년의 예상되는 최대 지진의 유효지반가속도의 관계에서 구할 수 있는 계수이다.

★
53 다음 그림과 같은 내민보에서 휨모멘트가 0이 되는 두 개의 반곡점위치를 구하면? (단, 반곡점위치는 A점으로부터의 거리임)

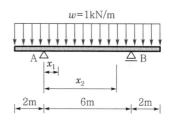

① $x_1=0.765\text{m}$, $x_2=5.235\text{m}$
② $x_1=0.785\text{m}$, $x_2=5.215\text{m}$
③ $x_1=0.805\text{m}$, $x_2=5.195\text{m}$
④ $x_1=0.825\text{m}$, $x_2=5.175\text{m}$

해설

㉮ 반력 : $V_A = 5\text{kN}(\uparrow)$, $H_A = 0(\rightarrow)$, $V_B = 5\text{kN}(\uparrow)$

㉯ 휨모멘트 : $2\text{m} \leq x \leq 8\text{m}$에서 $M_X = 0$이므로

$$M_X = -x\frac{x}{2} + 5(x-2) = -\frac{x^2}{2} + 5x - 10$$

$$= -x^2 + 10x - 20 = 0$$

$$x = \frac{-10 \pm \sqrt{10^2 - 4 \times (-1) \times (-20)}}{2 \times (-1)}$$

$$= \frac{-10 \pm \sqrt{20}}{-2}$$

$$\therefore x = 2.7639\text{m} \ \text{또는} \ 7.2361\text{m}$$

그런데 A지점으로부터의 거리를 물었으므로

$$\therefore x_1 = 2.7639 - 2 = 0.7639\text{m}$$

$$x_2 = 7.2361 - 2 = 5.2361\text{m}$$

★★★
54 다음 그림과 같은 철근콘크리트보의 균열모멘트(M_{cr})값은? (단, 보통 중량콘크리트 사용, $f_{ck} = 24\text{MPa}$, $f_y = 400\text{MPa}$)

① $21.5\text{kN} \cdot \text{m}$

② $33.6\text{kN} \cdot \text{m}$

③ $42.8\text{kN} \cdot \text{m}$

④ $55.6\text{kN} \cdot \text{m}$

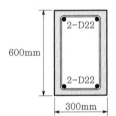

해설

$\lambda = 1$, $I_g = \dfrac{bh^3}{12} = \dfrac{300 \times 600^3}{12} = 5,400,000,000\text{mm}^3$,

$y_t = 300\text{mm}$이므로

$$\therefore M_{cr} = \frac{f_r I_g}{y_t} = \frac{0.63\lambda\sqrt{f_{ck}}\ I_g}{y_t}$$

$$= \frac{0.63 \times 1 \times \sqrt{24} \times 5,400,000,000}{300}$$

$$= 55,554,427.36\text{N} \cdot \text{mm} = 55.6\text{kN} \cdot \text{m}$$

★★
55 강구조에서 용접선 단부에 붙인 보조판으로 아크의 시작이나 종단부의 크레이터 등의 결함을 방지하기 위해 붙이는 판은?

① 엔드탭 ② 스티프너

③ 윙플레이트 ④ 커버플레이트

해설

② 스티프너 : 웨브의 좌굴(판보의 춤을 높이면 웨브에 발생하는 전단응력, 휨응력 및 지압응력에 의하여 발생)을 방지하기 위하여 설치하는 부재이다.

③ 윙플레이트 : 주각의 응력을 베이스플레이트로 전달하기 위한 강판이다.

④ 커버플레이트 : 철골구조의 절점에 있어서 부재의 접합에 덧대는 연결보강용 강판으로서 절점 형성의 가장 중요한 재료이다.

★★
56 강구조의 소성설계와 관계없는 항목은?

① 소성힌지 ② 안전율

③ 붕괴기구 ④ 하중계수

해설

소성설계는 소성힌지(부재의 전체 단면이 소성상태일 때 이론상으로 무한한 변형이 허용되는 지점), 소성 단면계수, 붕괴기구(소성힌지가 발생하여 붕괴에 이르는 과정), 형상계수(항복모멘트에 대한 소성모멘트의 비로 $\dfrac{\text{항복모멘트}}{\text{소성모멘트}}$) 및 하중계수(탄성하중에 의한 안전율×형상계수)와 관계가 깊고, 응력도의 경화영역, 안전율 및 전단 중심과는 무관하다.

★★
57 다음 캔틸레버보의 자유단의 처짐각은? (단, 탄성계수 E, 단면 2차모멘트 I)

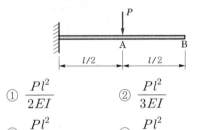

① $\dfrac{Pl^2}{2EI}$ ② $\dfrac{Pl^2}{3EI}$

③ $\dfrac{Pl^2}{6EI}$ ④ $\dfrac{Pl^2}{8EI}$

해설 캔틸레버의 처짐과 처짐각

고정단과 임의의 지점 사이의 휨모멘트의 면적에 $\dfrac{1}{EI}$배 한 것을 분포하중이라고 가정하고 고정단과 자유단을 교환하여 생각할 때 각 점의 처짐각은 그 점의 전단력과 같고, 각 점의 처짐은 휨모멘트와 같다. 그러므로 문제의 휨모멘트를 구하면 그림 (b)와 같고, 이를 분포하중으로 가정한 후 고정단과 자유단을 교환하면 그림 (c)와 같다. 그림 (c)에서 B점의 전단력을 구하면 $S_A = \dfrac{Pl}{2} \times \dfrac{l}{2} \times \dfrac{1}{2} = \dfrac{Pl^2}{8}$이다.

$$\therefore \theta_B = \frac{Pl^2}{8EI}$$

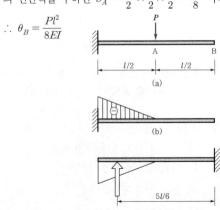

정답 54.④ 55.① 56.② 57.④

58 다음 그림과 같은 구조물의 부정정차수는?

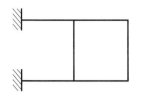

① 3차 부정정   ② 4차 부정정
③ 5차 부정정   ④ 6차 부정정

㉮ $S=6$, $R=6$, $N=6$, $K=6$이므로
  $S+R+N-2K=6+6+6-2\times6=6$차 부정정보
㉯ $R=6$, $C=18$, $M=6$이므로
  $R+C-3M=6+18-3\times6=6$차 부정정보

59 다음 그림은 각 구간에서 직선적으로 변화하는 단순보의 모멘트도이다. C점과 D점에 동일한 힘 P_1이 작용하고 보의 중앙점 E에 P_2가 작용할 때 P_1과 P_2의 절댓값은?

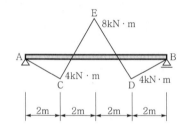

① $P_1=4$kN, $P_2=6$kN
② $P_1=4$kN, $P_2=8$kN
③ $P_1=8$kN, $P_2=10$kN
④ $P_1=8$kN, $P_2=12$kN

㉮ M_C(C점의 휨모멘트)$=V_A$(A지점의 반력)$\times2$
                   $=4$kN·m
㉯ M_E(E점의 휨모멘트)$=2\times4-P_1\times2$
                        $=-8$kN·m
  $\therefore\ P_1=8$kN($\downarrow$)
㉰ 힘의 비김조건($\sum X=0$, $\sum Y=0$, $\sum M=0$)에 의해서
  $\sum Y=2-8+P_2-8+2=0$
  $\therefore\ P_2=12$kN($\uparrow$)
그런데 힘의 절댓값으로 표시하므로 상향과 하향에 무관하게 $P_1=8$kN, $P_2=12$kN이다.

60 한계상태설계법에 따라 강구조물을 설계할 때 고려되는 강도한계상태가 아닌 것은?

① 기둥의 좌굴
② 접합부파괴
③ 바닥재의 진동
④ 피로파괴

한계상태설계법의 기본적인 표현은 외적인 하중계수(≥1), 부재의 하중효과, 설계저항계수(≤1), 이상적인 내력상태의 공칭(설계)강도 등이다. 강도한계상태의 요소에는 골조의 불안정성, 기둥의 좌굴, 보의 횡좌굴, 접합부파괴, 인장부재의 전단면 항복, 피로파괴, 취성파괴 등이 있고, 사용성한계상태의 요소에는 부재의 과다한 탄성변형과 잔류변형, 바닥재의 진동, 장기변형 등이다.

제4과목   건축설비

61 다음 중 겨울철 실내유리창표면에 발생하기 쉬운 결로의 방지방법과 가장 거리가 먼 것은?

① 실내공기의 움직임을 억제한다.
② 실내에서 발생하는 수증기를 억제한다.
③ 이중유리로 하여 유리창의 단열성능을 높인다.
④ 난방기기를 이용하여 유리창표면온도를 높인다.

표면결로를 방지하기 위하여 실내공기의 움직임을 촉진한다. 즉 자주 환기시킨다.

62 엘리베이터의 안전장치 중에서 카가 최상층이나 최하층에서 정상 운행위치를 벗어나 그 이상으로 운행하는 것을 방지하는 것은?

① 완충기(buffer)
② 조속기(governor)
③ 리밋스위치(limit switch)
④ 카운터웨이트(counter weight)

① 완충기 : 모든 정지장치가 고장 나거나 로프가 끊어져서 카가 최하층 슬래브에 추락한 경우 낙하충격을 흡수 완화시키기 위한 스프링장치

② 조속기(조정스위치) : 카의 속도가 고속도인 경우에는 120%(중속도 : 140%)가 되면 전원을 자동으로 차단하고 권상기의 브레이크를 작동시켜 정지시키는 장치
④ 카운터웨이트 : 권상기의 부하를 줄이기 위해 사용하는 것

63 도시가스설비에서 도시가스압력을 사용처에 맞게 낮추는 감압기능을 갖는 기기는?

① 기화기　　　　② 정압기
③ 압송기　　　　④ 가스홀더

해설
① 기화기 : 액체를 열 또는 압력의 작용에 의해서 기체로 변화시키는 장치
③ 압송기 : 펌프 등에 의해 유체에 압력을 가하여 송출하는 장치
④ 가스홀더 : 가스를 일시적으로 저장하는 설비로 안정공급을 유지하기 위한 역할을 함

64 다음의 공기조화방식 중 전수방식에 속하는 것은?

① 단일덕트방식
② 2중덕트방식
③ 멀티존유닛방식
④ 팬코일유닛방식

해설
㉮ 전공기방식 : 단일덕트방식(변풍량, 정풍량), 이중덕트방식, 멀티존유닛방식 등
㉯ 공기 · 수방식 : 팬코일유닛덕트 병용 방식, 각층 유닛방식, 유인유닛방식, 복사냉난방방식 등
㉰ 수방식 : 팬코일유닛방식
㉱ 냉매방식 : 패키지방식

65 몰드변압기에 관한 설명으로 옳지 않은 것은?

① 내진성이 우수하다.
② 내습성이 우수하다.
③ 반입, 반출이 용이하다.
④ 옥외 설치 및 대용량 제작이 용이하다.

해설
몰드변압기(철심, 권선은 유입변압기와 거의 같지만, 고압권선과 저압권선은 개별적으로 에폭시수지로 몰딩한 변압기)는 몰딩된 도체와 절연재의 열팽창계수가 다르므로 온도변화에 따른 열팽창에 의한 수축이 생길 경우 크랙이 발생할 수 있으므로 옥외 설치 및 대용량 제작이 난이하다.

66 간선의 배선방식 중 평행식에 관한 설명으로 옳은 것은?

① 설비비가 가장 저렴하다.
② 배선자재의 소요가 가장 적다.
③ 사고의 영향을 최소화할 수 있다.
④ 전압이 안정되나 부하의 증가에 적응할 수 없다.

해설
평행식은 설비비가 고가이고 배선자재의 소요가 많으며, 전압이 안정되고 부하의 증가에 적응할 수 있다.

67 다음 설명에 알맞은 유체역학의 기본원리는?

에너지 보존의 법칙을 유체의 흐름에 적용한 것으로서 유체가 갖고 있는 운동에너지, 중력에 의한 위치에너지 및 압력에너지의 총합은 흐름 내 어디에서나 일정하다.

① 사이펀작용　　　② 파스칼의 원리
③ 뉴턴의 점성법칙　④ 베르누이의 정리

해설
① 사이펀작용 : 사이펀(액체를 높은 곳에서부터 낮은 곳으로 옮기는 경우에 사용하는 곡관)에 충만한 액체가 높은 곳에서 낮은 곳으로 흘러내리는 작용
② 파스칼의 원리 : 밀폐용기 안에 정지하고 있는 유체 일부에 가한 압력은 유체의 모든 부분에 그대로의 강도로 전달된다는 원리
③ 뉴턴의 점성법칙 : 정적인 상태가 아닌 흐름이 있는 소평면에 작용하는 점성력의 법칙

68 전기설비용 시설공간(실)의 계획에 관한 설명으로 옳지 않은 것은?

① 변전실은 부하의 중심에 설치한다.
② 변전실은 외부로부터 전력의 수전이 용이해야 한다.
③ 중앙감시실은 일반적으로 방재센터와 겸하도록 한다.
④ 발전기실은 변전실에서 최소 10m 이상 떨어진 위치에 배치한다.

해설
발전기실은 변전실과 인접하도록 배치하고 냉각수의 공급, 연료의 공급, 급 · 배기의 용이성, 연돌과의 관계를 고려한 위치이어야 한다.

★★
69 급수 및 급탕설비에 사용되는 슬리브(sleeve)에 관한 설명으로 옳은 것은?

① 사이펀작용에 의한 트랩의 봉수파괴 방지를 위해 사용한다.

② 스케일 부착 및 이물질 투입에 의한 관 폐쇄를 방지하기 위해 사용한다.

③ 가열장치 내의 압력이 설정압력을 넘는 경우에 압력을 도피시키기 위해 사용한다.

④ 배관 시 차후의 교체, 수리를 편리하게 하고 관의 신축에 무리가 생기지 않도록 하기 위해 사용한다.

해설 슬리브는 배관 등을 자유롭게 신축할 수 있도록 고려된 것으로 관의 교체, 수리를 편리하게 하고 관의 신축에 무리가 생기지 않도록 하기 위하여 사용한다. ①항은 통기관, ②항은 스트레이너, ③항은 도피관에 대한 설명이다.

★★
70 아파트의 각 세대에 스프링클러헤드를 30개 설치한 경우 스프링클러설비의 수원의 저수량은 최소 얼마 이상이 되도록 하여야 하는가? (단, 폐쇄형 스프링클러헤드를 사용한 경우)

① $12m^3$ ② $24m^3$
③ $36m^3$ ④ $48m^3$

해설 개방형 스프링클러헤드를 사용하는 스프링클러설비의 수원은 최대 방수구역에 설치된 스프링클러헤드의 개수가 30개 이하일 경우에는 설치헤드수에 $1.6m^3(=80L/min×20min)$를 곱한 양 이상으로 해야 한다.
∴ 수원의 저수량=$1.6×30=48m^3$ 이상

71 평균BOD 150ppm인 가정오수 $1,000m^3/d$가 유입되는 오수정화조의 1일 유입BOD량은?

① 150kg/d ② 300kg/d
③ 45,000kg/d ④ 150,000kg/d

해설 1일 유입BOD량 =1일 유입되는 오수량×평균BOD

$$=1,000m^3/d × \frac{150}{1,000,000}$$
$$=1,000,000kg/d × \frac{150}{1,000,000}$$
$$=150kg/d$$

★★★
72 습공기를 가열할 경우 감소하는 상태값은?

① 엔탈피 ② 비체적
③ 상대습도 ④ 건구온도

해설 습공기선도에 의해서 습공기를 가열할 경우 엔탈피는 증가하고, 상대습도는 감소하며, 건구온도는 상승한다. 또한 절대습도는 어느 상태의 공기 중에 포함되어 있는 건조공기중량에 대한 수분의 중량비(kg/kg)로서 공기를 가열한 경우에도 변화하지 않는다.

★★
73 냉각탑에 관한 설명으로 옳은 것은?

① 고압의 액체냉매를 증발시켜 냉동효과를 얻게 하는 설비이다.

② 증발기에서 나온 수증기를 냉각시켜 물이 되도록 하는 설비이다.

③ 대기 중에서 기체냉매를 냉각시켜 액체냉매로 응축하기 위한 설비이다.

④ 냉매를 응축시키는데 사용된 냉각수를 재사용하기 위하여 냉각시키는 설비이다.

해설 냉각탑은 냉온열원장치를 구성하는 기기의 하나로 수랭식 냉동기에 필요한 냉각수를 순환시켜 이용하기 위한 장치이다. 필요한 순환냉각수는 냉각탑에서 물과 공기의 접촉에 의해 냉각시키며 냉각탑 출구 수온과 냉각탑 입구공기의 습구온도의 차는 보통 4~5℃이다.

★
74 온수난방의 일반적인 특징에 관한 설명으로 옳지 않은 것은?

① 한랭지에서는 운전 정지 중에 동결의 위험이 있다.

② 난방을 정지하여도 난방효과가 어느 정도 지속된다.

③ 증기난방에 비하여 난방부하변동에 따른 온도조절이 용이하다.

④ 증기난방에 비하여 소요방열면적과 배관경이 작게 되므로 설비비가 적게 든다.

해설 온수난방은 증기난방에 비해 방열량이 적으므로 소요방열면적과 배관경을 크게 해야 하므로 설비비가 많이 든다.

★
75 다음 중 냉방부하계산 시 현열과 잠열 모두 고려하여야 하는 요소는?

① 덕트로부터의 취득열량
② 유리로부터의 취득열량
③ 벽체로부터의 취득열량
④ 극간풍에 의한 취득 열량

해설 현열과 잠열부하를 발생하는 것은 틈새바람(극간풍)에 의한 부하, 실내 발생열 중 인체 및 기타의 열원기기, 환기부하(신선 외기도입에 의한 부하) 등이다.

★
76 면적이 100m²인 어느 강당의 야간 소요평균조도가 300lx이다. 1개당 광속이 2,000lm인 형광등을 사용할 경우 소요형광등수는? (단, 조명률은 60%이고, 감광보상률은 1.50이다.)

① 25개 　　　② 29개
③ 34개 　　　④ 38개

해설
$$F_o = \frac{EA}{UM} \text{(lm)}, \quad NF = \frac{AED}{U} = \frac{EA}{UM} \text{(lm)}$$

$$\therefore N = \frac{EA}{FUM} = \frac{EAD}{FU}$$

$$= \frac{300 \times 100 \times 1.5}{2,000 \times 0.6} = 37.5 \coloneqq 38 \text{개}$$

여기서, F_o : 총광속(lm)
　　　　E : 평균조도(lx)
　　　　A : 실내면적(m²)
　　　　U : 조명률(%)
　　　　D : 감광보상률$\left(= \dfrac{1}{M}\right)$
　　　　M : 보수율(유지율)(%)
　　　　N : 소요등의 수(개)
　　　　F : 1등당 광속(lm)

★
77 다음 중 방송공동수신설비의 구성기기에 속하지 않는 것은?

① 혼합기 　　　② 모시계
③ 컨버터 　　　④ 증폭기

해설 TV공청설비의 주요 구성기기에는 증폭기(미세한 전기신호를 필요한 크기의 전기신호로 변환하는 장치), 컨버터(반도체의 정류작용을 이용하여 교류를 직류로 변환하는 장치), 혼합기(지상파 방송대역 방송신호와 위성FM 방송대역 방송신호를 혼합하는 기기) 등이 있다.

78 급수방식 중 고가수조방식에 관한 설명으로 옳은 것은?

① 대규모의 급수수요에 쉽게 대응할 수 있다.
② 저수조가 없으므로 단수 시에 급수할 수 없다.
③ 수도 본관의 영향을 그대로 받아 수압변화가 심하다.
④ 위생 및 유지·관리측면에서 가장 바람직한 방식이다.

해설 고가탱크방식은 우물물 또는 상수를 일단 지하물받이탱크에 받아 이것을 양수펌프에 의해 건축물의 옥상 또는 높은 곳에 설치한 탱크로 양수한다. 그 수위를 이용하여 탱크에서 밑으로 세운 급수관에 의해 급수하는 방식으로 대규모의 급수수요에 쉽게 대응할 수 있다. ②, ③, ④항은 수도직결방식에 대한 설명이다.

★★★
79 습공기의 건구온도와 습구온도를 알 때 습공기선도에서 구할 수 있는 상태값이 아닌 것은?

① 엔탈피 　　　② 비체적
③ 기류속도 　　④ 절대습도

해설 습공기선도로 알 수 있는 것은 습도(절대습도, 비습도, 상대습도 등), 온도(건구온도, 습구온도, 노점온도 등), 수증기분압, 비체적, 열수분비, 엔탈피 및 현열비 등이다. 습공기의 기류, 열용량, 탄산가스 함유량, 열관류율은 습공기선도에서 알 수 없다.

80 변풍량 단일덕트방식에서 송풍량 조절의 기준이 되는 것은?

① 실내청정도
② 실내기류속도
③ 실내현열부하
④ 실내잠열부하

해설 변풍량 단일덕트방식은 정풍량방식의 장점 외에 변풍량 유닛을 사용하는 에너지절약형 공기조화방식으로 송풍온도를 일정하게 하고 실내부하변동(실내현열부하)에 따라 취출구 앞에 설치한 VAV유닛에 의해서 송풍량을 변화시켜 제어하는 방식이다. 온도조절기가 댐퍼모터를 작동시켜 댐퍼의 개도로 풍량을 조절하여 부하변동에 대처한다.

제5과목 건축관계법규

81 건축물의 대지 및 도로에 관한 설명으로 틀린 것은?

① 손궤의 우려가 있는 토지에 대지를 조성하고자 할 때 옹벽의 높이가 2m 이상인 경우에는 이를 콘크리트구조로 하여야 한다.

② 면적이 100m² 이상인 대지에 건축을 하는 건축주는 대지에 조경이나 그 밖에 필요한 조치를 하여야 한다.

③ 연면적의 합계가 2,000m²(공장인 경우 3,000m²) 이상인 건축물(축사, 작물재배사, 그 밖에 이와 비슷한 건축물로서 건축조례로 정하는 규모의 건축물은 제외)의 대지는 너비 6m 이상의 도로에 4m 이상 접하여야 한다.

④ 도로면으로부터 높이 4.5m 이하에 있는 창문은 열고 닫을 때 건축선의 수직면을 넘지 아니하는 구조로 하여야 한다.

> **해설** 관련 법규 : 법 제42조, 영 제27조, 해설 법규 : 법 제42조 ①항
> 면적이 200m² 이상인 대지에 건축을 하는 건축주는 용도지역 및 건축물의 규모에 따라 해당 지방자치단체의 조례로 정하는 기준에 따라 대지 안의 조경이나 그 밖에 필요한 조치를 하여야 한다.

★★★
82 건축허가신청에 필요한 설계도서에 해당하지 않는 것은?

① 배치도
② 투시도
③ 건축계획서
④ 구조계산서

> **해설** 관련 법규 : 법 제11조, 영 제8조, 규칙 제6조, (별표 2), 해설 법규 : 규칙 제6조, (별표 2)
> 건축허가신청 시 필요한 설계도서의 종류에는 건축계획서, 배치도, 평면도, 입면도, 단면도, 구조도(구조 안전 확인 또는 내진 설계 대상 건축물), 구조계산서(구조 안전 확인 또는 내진 설계 대상 건축물), 소방설비도 등이고, 사전결정을 받은 경우에는 건축계획서 및 배치도를 제외한다. 다만, 표준설계도서에 따라 건축하는 경우에는 건축계획서 및 배치도만 해당한다.

83 직통계단의 설치에 관한 기준내용 중 밑줄 친 "다음 각 호의 어느 하나에 해당하는 용도 및 규모의 건축물"의 기준내용으로 틀린 것은?

> 법 제49조 제1항에 따라 피난층 외의 층이 <u>다음 각 호의 어느 하나에 해당하는 용도 및 규모의 건축물</u>에는 국토교통부령으로 정하는 기준에 따라 피난층 또는 지상으로 통하는 직통계단을 2개소 이상 설치하여야 한다.

① 지하층으로서 그 층 거실의 바닥면적의 합계가 200m² 이상인 것

② 종교시설의 용도로 쓰는 층으로서 그 층에서 해당 용도로 쓰는 바닥면적의 합계가 200m² 이상인 것

③ 숙박시설의 용도로 쓰는 3층 이상의 층으로서 그 층의 해당 용도로 쓰는 거실의 바닥면적의 합계가 200m² 이상인 것

④ 업무시설 중 오피스텔의 용도로 쓰는 층으로서 그 층의 해당 용도로 쓰는 거실의 바닥면적의 합계가 200m² 이상인 것

> **해설** 관련 법규 : 법 제49조, 영 제34조, 해설 법규 : 영 제34조 ②항 3호
> 공동주택(층당 4세대 이하인 것은 제외) 또는 업무시설 중 오피스텔의 용도로 쓰는 층으로서 그 층의 해당 용도로 쓰는 거실의 바닥면적의 합계가 300m² 이상인 것은 피난층 또는 지상으로 통하는 직통계단을 2개소 이상 설치하여야 한다.

84 거실의 채광 및 환기에 관한 규정으로 옳은 것은?

① 교육연구시설 중 학교의 교실에는 채광 및 환기를 위한 창문 등이나 설비를 설치하여야 한다.

② 채광을 위하여 거실에 설치하는 창문 등의 면적은 그 거실의 바닥면적의 20분의 1 이상이어야 한다.

③ 환기를 위하여 거실에 설치하는 창문 등의 면적은 그 거실의 바닥면적의 10분의 1 이상이어야 한다.

④ 채광 및 환기를 위한 창문 등의 면적에 관한 규정을 적용함에 있어서 수시로 개방할 수 있는 미닫이로 구획된 2개의 거실은 이를 2개의 거실로 본다.

해설 관련 법규 : 법 제49조, 영 제51조, 피난 · 방화규칙 제17조, 해설 법규 : 피난 · 방화규칙 제17조

② 채광을 위하여 거실에 설치하는 창문 등의 면적은 그 거실의 바닥면적의 1/10 이상이어야 한다. 다만, 거실의 용도에 따라 조도 이상의 조명장치를 설치하는 경우에는 그러하지 아니하다.

③ 환기를 위하여 거실에 설치하는 창문 등의 면적은 그 거실의 바닥면적의 1/20 이상이어야 한다. 다만, 기계환기장치 및 중앙관리방식의 공기조화설비를 설치하는 경우에는 그러하지 아니하다.

④ 수시로 개방할 수 있는 미닫이로 구획된 2개의 거실은 이를 1개의 거실로 본다.

★
85 다음 중 건축면적에 산입하지 않는 대상기준으로 틀린 것은?

① 지하주차장의 경사로

② 지표면으로부터 1.8m 이하에 있는 부분

③ 건축물 지상층에 일반인이 통행할 수 있도록 설치한 보행통로

④ 건축물 지상층에 차량이 통행할 수 있도록 설치한 차량통로

해설 관련 법규 : 법 제84조, 영 제119조, 해설 법규 : 영 제119조 ①항 2호

지표면으로부터 1.0m 이하에 있는 부분(창고 중 물건을 입출고하기 위하여 차량을 접안시키는 부분인 경우에는 지표면으로부터 1.5m 이하에 있는 부분)은 건축면적에 산입하지 않는다.

★★★
86 위락시설의 시설면적이 1,000m²일 때 주차장법령에 따라 설치해야 하는 부설주차장의 설치기준은?

① 10대　　　② 13대
③ 15대　　　④ 20대

해설 관련 법규 : 주차법 제19조, 영 제6조, (별표 1), 해설 법규 : (별표 1)

위락시설은 시설면적 100m²당 1대의 주차장을 확보하여야 하므로 주차대수 $= \dfrac{1,000}{100} = 10$대 이상이다.

★
87 시가화조정구역의 지정과 관련된 기준내용 중 밑줄 친 "대통령령으로 정하는 기간"으로 옳은 것은?

> 시 · 도지사는 직접 또는 관계 행정기관의 장의 요청을 받아 도시지역과 그 주변지역의 무질서한 시가화를 방지하고 계획적 · 단계적인 개발을 도모하기 위하여 <u>대통령령으로 정하는 기간</u> 동안 시가화를 유보할 필요가 있다고 인정되면 시가화조정구역의 지정 또는 변경을 도시 · 군관리계획으로 결정할 수 있다.

① 5년 이상 10년 이내의 기간

② 5년 이상 20년 이내의 기간

③ 7년 이상 10년 이내의 기간

④ 7년 이상 20년 이내의 기간

해설 관련 법규 : 법 제39조, 영 제32조, 해설 법규 : 영 제32조 ①항

시 · 도지사는 직접 또는 관계 행정기관의 장의 요청을 받아 도시지역과 그 주변지역의 무질서한 시가화를 방지하고 계획적 · 단계적인 개발을 도모하기 위하여 5년 이상 20년 이내의 기간 동안 시가화를 유보할 필요가 있다고 인정되면 시가화조정구역의 지정 또는 변경을 도시 · 군관리계획으로 결정할 수 있다. 다만, 국가계획과 연계하여 시가화조정구역의 지정 또는 변경이 필요한 경우에는 국토교통부장관이 직접 시가화조정구역의 지정 또는 변경을 도시 · 군관리계획으로 결정할 수 있다.

88 지방건축위원회의가 심의 등을 하는 사항에 속하지 않는 것은?

① 건축선의 지정에 관한 사항

② 다중이용건축물의 구조안전에 관한 사항

③ 특수구조건축물의 구조안전에 관한 사항

④ 경관지구 내의 건축물의 건축에 관한 사항

해설 관련 법규 : 법 제4조, 영 제5조의5, 해설 법규 : 영 제5조의5 ①항

①, ②, ③항 외에 조례(해당 지방자치단체의 장이 발의하는 조례만 해당)의 제 · 개정 및 시행에 관한 중요사항, 다른 법령에서 지방건축위원회의 심의를 받도록 한 경우 해당 법령에서 규정한 심의사항, 특별시장 · 광역시장 · 특별자치시장 · 도지사 또는 특별자치도지사("시 · 도지사") 및 시장 · 군수 · 구청장이 도시 및 건축 환경의 체계적인 관리를 위하여 필요하다고 인정하여 지정 · 공고한 지역에서 건축조례로 정하는 건축물의 건축등에 관한 것으로서 시 · 도지사 및 시장 · 군수 · 구청장이 지방건축위원

회의 심의가 필요하다고 인정한 사항. 이 경우 심의 사항은 시·도지사 및 시장·군수·구청장이 건축 계획, 구조 및 설비 등에 대해 심의기준을 정하여 공고한 사항으로 한정한다.

★
89 공동주택과 오피스텔의 난방설비를 개별난방 방식으로 하는 경우에 관한 기준내용으로 틀린 것은?

① 보일러는 거실 외의 곳에 설치할 것
② 보일러실의 윗부분에는 그 면적이 $0.5m^2$ 이상인 환기창을 설치할 것
③ 보일러실과 거실 사이의 출입구는 그 출입구가 닫힌 경우에는 보일러가스가 거실에 들어갈 수 없는 구조로 할 것
④ 보일러의 연도는 내화구조로서 개별연도로 설치할 것

해설 관련 법규 : 법 제62조, 영 제87조, 설비규칙 : 제13조, 해설 법규 : 설비규칙 제13조 ①항 7호
보일러의 연도는 내화구조로서 공동연도로 설치할 것

90 다음 중 국토의 계획 및 이용에 관한 법령상 공공시설에 속하지 않는 것은?

① 공동구   ② 방풍설비
③ 사방설비   ④ 쓰레기처리장

해설 관련 법규 : 법 제2조, 영 제4조, 해설 법규 : 영 제4조
공공시설은 다음과 같다.
㉮ 도로·공원·철도·수도·항만·공항·광장·녹지·공공공지·공동구·하천·유수지·방화설비·방풍설비·방수설비·사방설비·방조설비·하수도·구거(도랑)
㉯ 행정청이 설치하는 시설로서 주차장, 저수지 및 그 밖에 국토교통부령으로 정하는 시설
㉰ 「스마트도시 조성 및 산업진흥 등에 관한 법률」에 따른 시설

★★
91 6층 이상의 거실면적의 합계가 5,000m^2인 경우 다음 중 승용 승강기를 가장 많이 설치해야 하는 것은? (단, 8인승 승용 승강기를 설치하는 경우)

① 위락시설   ② 숙박시설
③ 판매시설   ④ 업무시설

해설 관련 법규 : 법 제64조, 영 제89조, 설비규칙 제5조, (별표 1의2), 해설 법규 : (별표 1의2)
승용 승강기를 많이 설치하는 것부터 적게 설치하는 순으로 나열하면 문화 및 집회시설(공연장, 집회장 및 관람장에 한함), 판매시설, 의료시설→문화 및 집회시설(전시장 및 동·식물원에 한함), 업무시설, 숙박시설, 위락시설→공동주택, 교육연구시설, 노유자시설 및 그 밖의 시설의 순이다.

★★★
92 지하식 또는 건축물식 노외주차장의 차로에 관한 기준내용으로 틀린 것은?

① 경사로의 노면은 거친 면으로 하여야 한다.
② 높이는 주차 바닥면으로부터 2.3m 이상으로 하여야 한다.
③ 경사로의 종단경사도는 직선 부분에서는 14%를 초과하여서는 아니 된다.
④ 주차대수규모가 50대 이상인 경우의 경사로는 너비 6m 이상인 2차로를 확보하거나 진입차로와 진출차로를 분리하여야 한다.

해설 관련 법규 : 법 제6조, 규칙 제6조, 해설 법규 : 규칙 제6조 ①항 5호 라목
경사로의 종단경사도는 직선 부분에서는 17%를, 곡선 부분에서는 14%를 초과하여서는 아니 된다.

93 다음은 건축물의 사용승인에 관한 기준내용이다. (   ) 안에 알맞은 것은?

> 건축주가 허가를 받았거나 신고를 한 건축물의 건축공사를 완료한 후 그 건축물을 사용하려면 공사감리자가 작성한 (㉠)와 국토교통부령으로 정하는 (㉡)를 첨부하여 허가권자에게 사용승인을 신청하여야 한다.

① ㉠ 설계도서, ㉡ 시방서
② ㉠ 시방서, ㉡ 설계도서
③ ㉠ 감리완료보고서, ㉡ 공사완료도서
④ ㉠ 공사완료도서, ㉡ 감리완료보고서

2020

해설 관련 법규 : 법 제22조, 해설 법규 : 법 제22조 ①항
건축주가 허가를 받았거나 신고를 한 건축물의 건축공사를 완료(하나의 대지에 둘 이상의 건축물을 건축하는 경우 동별 공사를 완료한 경우를 포함)한 후 그 건축물을 사용하려면 공사감리자가 작성한 **감리완료보고서**(공사감리자를 지정한 경우만 해당)와 국토교통부령으로 정하는 **공사완료도서**를 첨부하여 허가권자에게 사용승인을 신청하여야 한다.

★★
94 공사감리자의 업무에 속하지 않는 것은?

① 시공계획 및 공사관리의 적정 여부의 확인
② 상세시공도면의 검토 · 확인
③ 설계변경의 적정 여부의 검토 · 확인
④ 공정표 및 현장설계도면 작성

해설 관련 법규 : 법 제25조, 영 제19조, 규칙 제19조의2, 해설 법규 : 규칙 제19조의2
공사감리자의 업무와 공사현장에서의 건설안전교육의 실시 여부의 확인, 공사금액의 적정 여부 검토 · 확인, 상세시공도면의 작성 · 검토와는 무관하다.

95 제2종 일반주거지역 안에서 건축할 수 있는 건축물에 속하지 않는 것은?

① 아파트
② 노유자시설
③ 종교시설
④ 문화 및 집회시설 중 관람장

해설 관련 법규 : 국토법 제76조, 영 제71조, 해설 법규 : (별표 5)
제2종 일반주거지역에 건축할 수 있는 건축물은 단독주택, 공동주택, 제1종 근린생활시설, 교육연구시설 중 유치원, 초등학교, 중학교, 고등학교, 노유자시설 및 종교시설 등이고, 문화 및 집회시설 중 관람장, 숙박시설과 운수시설은 제2종 일반주거지역 안의 건축이 불가능하다.

★★★
96 주거기능을 위주로 이를 지원하는 일부 상업기능 및 업무기능을 보완하기 위하여 지정하는 주거지역의 세분은?

① 준주거지역
② 제1종 전용주거지역
③ 제1종 일반주거지역
④ 제2종 일반주거지역

해설 관련 법규 : 법 제36조, 영 제30조, 해설 법규 : 영 제30조 1호 다목
② 제1종 전용주거지역 : 단독주택 중심의 양호한 주거환경을 보호하기 위하여 필요한 지역
③ 제1종 일반주거지역 : 저층주택을 중심으로 편리한 주거환경을 조성하기 위하여 필요한 지역
④ 제2종 일반주거지역 : 중층주택을 중심으로 편리한 주거환경을 조성하기 위하여 필요한 지역

97 다음 중 피난층이 아닌 거실에 배연설비를 설치하여야 하는 대상건축물에 속하지 않는 것은? (단, 6층 이상인 건축물의 경우)

① 판매시설
② 종교시설
③ 교육연구시설 중 학교
④ 운수시설

해설 관련 법규 : 법 제62조, 영 제51조, 설비규칙 제14조, 해설 법규 : 영 제51조 ②항
다음 건축물의 거실(피난층의 거실 제외)에는 배연설비를 설치하여야 한다.
㉮ 6층 이상인 건축물로서 제2종 근린생활시설 중 공연장 · 종교집회장 · 인터넷컴퓨터게임시설 제공업소(300m² 이상인 것), 다중생활시설, 문화 및 집회시설, 종교시설, 판매시설, 운수시설, 의료시설(요양병원과 정신병원 제외), 교육연구시설 중 연구소, 노유자시설 중 아동 관련 시설, 노인복지시설(노인요양시설 제외), 수련시설 중 유스호스텔, 운동시설, 업무시설, 숙박시설, 위락시설, 관광휴게시설, 장례식장 등
㉯ 의료시설 중 요양병원 및 정신병원 등
㉰ 노유자시설 중 노인요양시설, 장애인거주시설 및 장애인 의료재활시설 등
㉱ 제1종 근린생활시설 중 산후조리원

★★★
98 다음 거실의 반자높이와 관련된 기준내용 중 ( ) 안에 해당되지 않는 건축물의 용도는?

> ( )의 용도에 쓰이는 건축물의 관람실 또는 집회실로서 그 바닥면적이 200m² 이상인 것의 반자의 높이는 4m(노대의 아랫부분의 높이는 2.7m) 이상이어야 한다. 다만, 기계환기장치를 설치하는 경우에는 그렇지 않다.

① 문화 및 집회시설 중 동 · 식물원
② 장례식장
③ 위락시설 중 유흥주점
④ 종교시설

해설 관련 법규 : 법 제49조, 영 제50조, 피난·방화규칙 제16조, 해설 법규 : 피난·방화규칙 제16조 ②항
문화 및 집회시설(전시장 및 동·식물원은 제외), 종교시설, 장례식장 또는 위락시설 중 유흥주점의 용도에 쓰이는 건축물의 관람석 또는 집회실로서 그 바닥면적이 200m² 이상인 것의 반자의 높이는 4m(노대의 아랫부분의 높이는 2.7m) 이상이어야 한다. 다만, 기계환기장치를 설치하는 경우에는 그렇지 않다.

★★★
99 대통령령으로 정하는 용도와 규모의 건축물이 소규모 휴식시설 등의 공개공지 또는 공개공간을 설치하여야 하는 대상지역에 해당되지 않는 곳은?

① 준공업지역　　② 일반공업지역
③ 일반주거지역　④ 준주거지역

해설 관련 법규 : 법 제43조, 영 제27조의 2, 해설 법규 : 법 제43조 ①항
일반주거지역, 준주거지역, 상업지역, 준공업지역 및 특별자치시장·특별자치도지사 또는 시장·군수·구청장이 도시화의 가능성이 크거나 노후 산업단지의 정비가 필요하다고 인정하여 지정·공고하는 지역의 하나에 해당하는 지역의 환경을 쾌적하게 조성하기 위하여 다음에서 정하는 용도와 규모의 건축물은 일반이 사용할 수 있도록 대통령령으로 정하는 기준에 따라 소규모 휴식시설 등의 공개공지(공지 : 공터) 또는 공개공간을 설치하여야 한다.
㉮ 문화 및 집회시설, 종교시설, 판매시설(농수산물 유통시설은 제외), 운수시설(여객용 시설만 해당), 업무시설 및 숙박시설로서 해당 용도로 쓰는 바닥면적의 합계가 5,000m² 이상인 건축물
㉯ 그 밖에 다중이 이용하는 시설로서 건축조례로 정하는 건축물

100 주요 구조부가 내화구조 또는 불연재료로 된 건축물로서 국토교통부령으로 정하는 기준에 따라 내화구조로 된 바닥·벽 및 갑종 방화문으로 구획하여야 하는 연면적기준은?

① 400m² 초과　　② 500m² 초과
③ 1,000m² 초과　④ 1,500m² 초과

해설 관련 법규 : 법 제49조, 영 제46조, 피난·방화규칙 제14조, 해설 법규 : 영 제46조 ①항
주요구조부가 내화구조 또는 불연재료로 된 건축물로서 연면적이 1,000m²를 넘는 것은 국토교통부령으로 정하는 기준에 따라 내화구조로 된 바닥 및 벽, 60+방화문(연기 및 불꽃을 차단할 수 있는 시간이 60분 이상이고, 열을 차단할 수 있는 시간이 30분 이상인 방화문), 60분방화문(연기 및 불꽃을 차단할 수 있는 시간이 60분 이상인 방화문) 또는 자동방화셔터(국토교통부령으로 정하는 기준에 적합한 것)의 구조물로 구획(방화구획)하여야 한다. 다만, 「원자력안전법」에 따른 원자로 및 관계시설은 같은 법에서 정하는 바에 따른다.

2020

제1과목 | 건축계획

★★
01 쇼핑센터의 몰(mall)의 계획에 관한 설명으로 옳지 않은 것은?

① 전문점들과 중심상점의 주출입구는 몰에 면하도록 한다.

② 몰에는 자연광을 끌어들여 외부공간과 같은 성격을 갖게 하는 것이 좋다.

③ 다층으로 계획할 경우 시야의 개방감을 적극적으로 고려하는 것이 좋다.

④ 중심상점들 사이의 몰의 길이는 100m를 초과하지 않아야 하며, 길이 40~50m마다 변화를 주는 것이 바람직하다.

해설
중심상점들 사이의 몰의 길이는 240m를 초과하지 않아야 하며, 길이 20~30m마다 변화를 주는 것이 바람직하다.

★★
02 연속적인 주제를 선(線)적으로 관계성 깊게 표현하기 위하여 전경(全景)으로 펼쳐지도록 연출하는 것으로 맥락이 중요시될 때 사용되는 특수 전시기법은?

① 아일랜드전시

② 파노라마전시

③ 하모니카전시

④ 디오라마전시

해설
① 아일랜드전시 : 사방에서 감상해야 하는 전시물을 벽면에서 띄워 전시하는 방법

③ 하모니카 전시 : 사각형 평면을 반복시키는 전시 기법

④ 디오라마 전시 : 배경과 실물 또는 모형으로 재현하는 수법의 전시기법으로 하나의 사실 또는 주제의 시간상황을 고정시켜 연출하는 전시기법

★
03 다음 설명에 알맞은 극장 건축의 평면형식은?

> • 가까운 거리에서 관람하면서 가장 많은 관객을 수용할 수 있다.
> • 객석과 무대가 하나의 공간에 있으므로 양자의 일체감이 높다.
> • 무대의 배경을 만들지 않으므로 경제성이 있다.

① 애리나(arena)형

② 가변형(adaptable stage)

③ 프로시니엄(proscenium)형

④ 오픈스테이지(open stage)형

해설
② 가변형 무대 : 필요에 따라서 무대와 객석을 변화시킬 수 있고, 최소한의 비용으로 극장표현에 대한 최대한의 선택 가능성을 부여한다.

③ 프로시니엄형(픽처프레임형) : 배경이 한 폭의 그림과 같은 느낌을 주게 되어 전체적인 통일의 효과를 얻는 데 가장 좋은 형태이다.

④ 오픈스테이지형 : 연기자와 관객의 접촉면이 1면으로 한정되어 있어 많은 관람석을 두어도 객석과의 거리가 가까워 관객의 수용능력에 제한이 적다.

★
04 아파트형식에 관한 설명으로 옳지 않은 것은?

① 계단실형은 거주의 프라이버시가 높다.

② 편복도형은 복도에서 각 세대로 진입하는 형식이다.

③ 메조넷형은 평면구성의 제약이 적어 소규모 주택에 주로 이용된다.

④ 플랫형은 각 세대의 주거단위가 동일한 층에 배치구성된 형식이다.

해설
한 개의 주호가 2개 층에 나뉘어 구성되는 메조넷(복층, 듀플렉스)형은 독립성이 가장 크고 전용면적 비가 크나 소규모 주택(50m² 이하)에는 부적합하다. 또한 구조, 설비 등이 복잡하므로 다양한 평면구성이 불가능하며 비경제적이다.

05 학교운영방식에 관한 설명으로 옳지 않은 것은?

① 종합교실형은 각 학급마다 가정적인 분위기를 만들 수 있다.
② 교과교실형은 초등학교 저학년에 대해 가장 권장되는 방식이다.
③ 플래툰형은 미국의 초등학교에서 과밀을 해소하기 위해 실시한 것이다.
④ 달톤형은 학급, 학년구분을 없애고 학생들은 각자의 능력에 따라 교과를 선택하고 일정한 교과를 끝내면 졸업하는 방식이다.

해설 교과교실형(V형)은 중학교 고학년에 가장 권장되는 형식으로 교실의 순수율이 높고 학생 소지품을 두는 곳을 별도로 만들 필요가 있으며 학생들의 동선계획에 많은 고려가 필요하다. 또한 시간표 짜기와 담당교사수를 맞추기가 매우 난이하고 모든 교실이 특정 교과 때문에 만들어지며, 일반 교실은 없는 방식이다. 특히 학생의 이동으로 인하여 안정된 수업분위기가 불가능하다. 반면 초등학교 저학년에는 종합교실형이 가장 좋은 운영방식이다.

06 다음 중 단독주택의 현관 위치결정에 가장 주된 영향을 끼치는 것은?

① 방위　　② 주택의 층수
③ 거실의 위치　　④ 도로와의 관계

해설 현관 위치는 도로와의 관계, 경사도, 대지의 형태, 방위에 따라 결정되나, 가장 주된 영향을 끼치는 요인은 도로와의 관계이며 포치형식으로 꾸미는 것이 바람직하다. 현관의 크기는 폭 1.2m 이상, 깊이 0.9m 이상으로 최소 $2m^2$ 이상이다.

07 도서관의 열람실 및 서고계획에 관한 설명으로 옳지 않은 것은?

① 서고 안에 캐럴(carrel)을 둘 수도 있다.
② 서고면적 $1m^2$당 150~250권의 수장능력으로 계획한다.
③ 열람실은 성인 1인당 $3.0~3.5m^2$의 면적으로 계획한다.
④ 서고실은 모듈러플래닝(modular planning)이 가능하다.

해설 열람실은 성인 1인당 $2.0~2.5m^2$가 적당하다.

08 다음 중 건축계획에서 말하는 미의 특성 중 변화 또는 다양성을 얻는 방식과 가장 거리가 먼 것은?

① 억양(Accent)
② 대비(Contrast)
③ 균제(Proportion)
④ 대칭(Symmetry)

해설
① 억양 : 시각적인 힘의 강약단계로 각 부분을 강·중·약 또는 주·객·종 등의 변화의 묘미를 가지는 리드미컬한 아름다움을 나타내며, 억양이 없는 형태는 단조롭고 산만하게 보이기 쉽다.
② 대비 : 서로 다른 부분의 조합에 의하여 이루어지는 것으로 시각상으로는 힘의 강약에 의한 감정효과라고 할 수 있으며, 그 표정은 극히 개성적이고 설득력이 있으므로 보는 이에게 강한 인상을 준다.
③ 균제 : 어떠한 형의 중심을 지나 양쪽으로 나눌 때 좌우가 같아 균형이 잡혀 잘 어울리며 엄숙함, 단정함, 신비함의 느낌을 가지나 변화가 없다.

09 공장 건축의 레이아웃(Layout)에 관한 설명으로 옳지 않은 것은?

① 제품 중심의 레이아웃은 대량생산에 유리하며 생산성이 높다.
② 레이아웃이란 생산품의 특성에 따른 공장의 건축면적결정방식을 말한다.
③ 공정 중심의 레이아웃은 다종 소량생산으로 표준화가 행해지기 어려운 경우에 적합하다.
④ 고정식 레이아웃은 조선소와 같이 조립부품이 고정된 장소에 있고 사람과 기계를 이동시키며 작업을 행하는 방식이다.

해설 공장 건축의 레이아웃은 공장 생산성에 미치는 영향이 크므로 공장의 배치계획, 평면계획(평면요소 간의 위치관계를 결정하는 것)은 이것에 부합되는 건축계획이 되어야 한다.

★
10 주택단지 도로의 유형 중 쿨데삭(cul-de-sac)형에 관한 설명으로 옳은 것은?

① 단지 내 통과교통의 배제가 불가능하다.
② 교차로가 +자형이므로 자동차의 교통처리에 유리하다.
③ 우회도로가 없기 때문에 방재상 불리하다는 단점이 있다.
④ 주행속도 감소를 위해 도로의 교차방식을 주로 T자 교차로 한 형태이다.

[해설] ①항의 쿨데삭과 ㅅ자형 도로는 통과교통의 배제가 가능하고, ②항의 격자형 도로는 자동차의 교통처리에 유리하며, ④항의 T자형 도로는 주행속도를 감소시킬 수 있다.

★★
11 사무소 건축의 실단위계획에 관한 설명으로 옳지 않은 것은?

① 개실시스템은 독립성과 쾌적감의 이점이 있다.
② 개방식 배치는 전면적을 유용하게 이용할 수 있다.
③ 개방식 배치는 개실시스템보다 공사비가 저렴하다.
④ 개실시스템은 연속된 긴 복도로 인해 방깊이에 변화를 주기가 용이하다.

[해설] 개실시스템은 방길이에는 변화를 줄 수 있으나, 연속된 긴 복도로 인하여 방깊이에 변화를 줄 수 없다.

★
12 미술관 전시실의 순회형식 중 연속순회형식에 관한 설명으로 옳은 것은?

① 각 전시실에 바로 들어갈 수 있다는 장점이 있다.
② 연속된 전시실의 한쪽 복도에 의해서 각 실을 배치한 형식이다.
③ 중심부에 하나의 큰 홀을 두고 그 주위에 각 전시실을 배치한 형식이다.
④ 전시실을 순서별로 통해야 하고, 한 실을 폐쇄하면 전체 동선이 막히게 된다.

[해설] ①항은 중앙홀형식과 갤러리 및 코리도어형식, ②항은 갤러리 및 코리도어형식, ③항은 중앙홀형식에 대한 설명이다.

★
13 사무소 건축의 코어유형에 관한 설명으로 옳지 않은 것은?

① 편심코어형은 기준층 바닥면적이 작은 경우에 적합하다.
② 독립코어형은 코어를 업무공간에서 별도로 분리시킨 형식이다.
③ 중심코어형은 코어가 중앙에 위치한 유형으로 유효율이 높은 계획이 가능하다.
④ 양단코어형은 수직동선이 양 측면에 위치한 관계로 피난에 불리하다는 단점이 있다.

[해설] 양단(분리)코어형은 하나의 대공간을 필요로 하는 전용사무소(완전한 자기 소유의 사무소, 예로 관청)에 적합한 형식으로 2방향 피난에 이상적이고 방재상 유리하며, 임대사무소로 대여하면 같은 층에 복도가 필요하게 되고 유효율이 저하되는 단점이 있다.

★
14 비잔틴 건축에 관한 설명으로 옳지 않은 것은?

① 사라센문화의 영향을 받았다.
② 도저렛(dosseret)이 사용되었다.
③ 펜덴티브 돔(pendentive dome)이 사용되었다.
④ 평면은 주로 장축형 평면(라틴 십자가)이 사용되었다.

[해설] 로마네스크 건축의 특성은 장축형(라틴 십자가) 평면과 종탑, 아치구조법의 발달로 교차볼트의 사용(하중은 리브를 통해 피어로 전달), 볼트, 버트레스의 사용 및 채광창 등이고, 비잔틴 건축에는 그릭 십자가를 사용하였다.

★
15 다음과 같은 특징을 갖는 에스컬레이터 배치 유형은?

• 점유면적이 다른 유형에 비해 작다.
• 연속적으로 승강이 가능하다.
• 승객의 시야가 좋지 않다.

① 교차식 배치
② 직렬식 배치
③ 병렬 단속식 배치
④ 병렬 연속식 배치

2021

해설 에스컬레이터 배치유형의 비교

구 분	직렬식	병 렬		교차식
		단속식	연속식	
승객의 시야	시야가 가장 좋으나 한쪽 방향으로만 고정된다.	양호하다.	일반적이다.	좋지 않다.
점유 면적	가장 크다.	크다.	작다.	가장 작다.

★★
16 클로즈드시스템(closed system)의 종합병원에서 외래진료부계획에 관한 설명으로 옳지 않은 것은?

① 환자의 이용이 편리하도록 2층 이하에 두도록 한다.
② 부속진료시설을 인접하게 하여 이용이 편리하게 한다.
③ 중앙주사실, 약국은 정면 출입구에서 멀리 떨어진 곳에 둔다.
④ 외과계통 각 과는 1실에서 여러 환자를 볼 수 있도록 대실로 한다.

해설 종합병원의 클로즈드시스템(대규모의 각종 과를 필요로 하고 환자가 매일 병원에 출입하는 형식)은 중앙주사실, 약국은 정면 출입구에 근접한 곳에 두고, 외과계통의 각 과는 1실에서 여러 환자를 돌볼 수 있도록 크게 한다.

★★
17 다음 중 다포식(多包式) 건축으로 가장 오래된 것은?

① 창경궁 명정전
② 전등사 대웅전
③ 불국사 극락전
④ 심원사 보광전

해설 창경궁 명정전, 전등사 대웅전은 조선시대 중기의 다포식이고, 불국사 극락전은 조선시대 후기의 다포식이며, 심원사 보광전은 고려시대의 다포식이다.

★
18 다음 중 시티호텔에 속하지 않는 것은?

① 비치호텔   ② 터미널호텔
③ 커머셜호텔   ④ 아파트먼트호텔

해설 시티호텔의 종류에는 커머셜호텔, 레지던셜호텔, 아파트먼트호텔, 터미널호텔(스테이션호텔, 하버호텔, 에어포트호텔 등) 등이 있고, 리조트호텔의 종류에는 비치(해변)호텔, 산장호텔, 온천호텔 및 클럽하우스 등이 있다.

★
19 다음 중 고대 그리스의 기둥양식에 속하지 않는 것은?

① 도리아식
② 코린트식
③ 컴포지트식
④ 이오니아식

해설 고대 로마 건축의 오더양식에는 고대 그리스의 3가지 오더양식(도리아식, 이오니아식, 코린트식) 외에 터스칸식, 컴포지트식 등의 변형과 발전이 있었다.

★★
20 주택의 동선계획에 관한 설명으로 옳지 않은 것은?

① 동선은 가능한 한 굵고 짧게 계획하는 것이 바람직하다.
② 동선의 3요소 중 속도는 동선의 공간적 두께를 의미한다.
③ 개인, 사회, 가사노동권의 3개 동선은 상호 간 분리하는 것이 좋다.
④ 화장실, 현관 등과 같이 사용빈도가 높은 공간은 동선을 짧게 처리하는 것이 중요하다.

해설 동선은 일상생활에 있어서 어떤 목적이나 작업을 위하여 사람이나 물건이 움직이는 자취를 나타내는 선으로, 동선의 3요소는 길이(속도), 하중, 빈도이다.

제2과목 **건축시공**

★★
21 수직굴삭, 수중굴삭 등에 사용되는 깊은 흙파기용 기계이며 연약지반에 사용하기에 적당한 기계는?

① 드래그 셔블   ② 클램셸
③ 모터 그레이더   ④ 파워 셔블

[해설] ① 백호(드래그 셔블) : 도랑을 파는데 적합한 터파기 기계이다.

③ 모터 그레이더 : 앞뒤의 차바퀴 사이에 토공판을 부착하여 스스로 이동하면서 토공판으로 지면을 평평하게 깎으면서 고르는 기계이다.

④ 파워 셔블 : 지반면보다 높은 곳의 흙파기에 적합하고, 파기면은 1.5m가 가장 알맞으며 약 3m까지 굴삭할 수 있는 기계이다.

★
22 철근의 가공 및 조립에 관한 설명으로 옳지 않은 것은?

① 철근의 가공은 철근상세도에 표시된 형상과 치수가 일치하고 재질을 해치지 않은 방법으로 이루어져야 한다.

② 철근상세도에 철근의 구부리는 내면반지름이 표시되어 있지 않은 때에는 KDS에 규정된 구부림의 최소 내면반지름 이상으로 철근을 구부려야 한다.

③ 경미한 녹이 발생한 철근이라 하더라도 일반적으로 콘크리트와의 부착성능을 매우 저하시키므로 사용이 불가하다.

④ 철근은 상온에서 가공하는 것을 원칙으로 한다.

[해설] 철근의 표면에는 콘크리트와 부착을 저해하는 흙, 기름 또는 이물질이 없어야 한다. 경미한 황갈색의 녹(뜬 녹은 제외)이 발생한 철근은 일반적으로 콘크리트와의 부착을 저해하지 않으므로 사용할 수 있다.

★★★
23 문 위틀과 문짝에 설치하여 문이 자동적으로 닫히게 하며 개폐압력을 조절할 수 있는 장치는?

① 도어체크(Door check)

② 도어홀더(Door holder)

③ 피벗힌지(Pivot hinge)

④ 도어체인(Door chain)

[해설] ② 도어홀더 : 열려진 문을 버티어 고정시키거나 갈고리로 걸어 제자리에 머물게 한 철물로 여닫이 문에 사용하는 창호철물이다.

③ 피벗힌지 : 창문을 상하에서 지도리(피벗)를 달아 회전하도록 하는 돌저귀의 일종으로 주로 철제 등의 중량문에 사용한다.

④ 도어체인 : 문을 외부에서 함부로 열지 못하도록 문에 단 쇠사슬의 일종이다.

★
24 건축주 자신이 특정의 단일상대를 선정하여 발주하는 방식으로서 특수 공사나 기밀보장이 필요한 경우, 또 긴급을 요하는 공사에서 주로 채택되는 것은?

① 공개경쟁입찰   ② 제한경쟁입찰
③ 지명경쟁입찰   ④ 특명입찰

[해설] ① 공개입찰(일반경쟁입찰) : 공사시공자를 널리 공고(관보, 공보, 신문 등)하여 입찰시키는 방법으로 가장 민주적이며 관청공사에 많이 채용된다.

② 제한경쟁입찰 : 입찰에 참가할 수 있는 업체자격에 대한 제한을 가하여 양질의 공사를 기대하며, 그 제한에 해당하는 업체는 누구나 입찰에 참가할 수 있도록 하는 방식이다.

③ 지명경쟁입찰 : 공사비의 절감, 공사의 질을 확보함과 동시에 부적격업자를 제거하는 데 목적이 있으나, 가장 중요한 사항은 공사의 질을 확보하는 데 있다.

★
25 건축 석공사에 관한 설명으로 옳지 않은 것은?

① 건식쌓기 공법의 경우 시공이 불량하면 백화현상 등의 원인이 된다.

② 석재 물갈기 마감공정의 종류는 거친갈기, 물갈기, 본갈기, 정갈기가 있다.

③ 시공 전에 설계도에 따라 돌나누기 상세도, 원척도를 만들고 석재의 치수, 형상, 마감방법 및 철물 등에 의한 고정방법을 정한다.

④ 마감면에 오염의 우려가 있는 경우에는 폴리에틸렌시트 등으로 보양한다.

[해설] 석공사의 건식공법은 뒤사춤을 하지 않고 긴결철물을 사용하여 고정하는 공법이다. 앵커철물 혹은 합성수지접착제를 이용하여 정착시키며 구조체의 변형, 균열의 영향을 받지 않는 곳에 주로 사용한다. 물을 사용하지 않으므로 백화현상(콘크리트나 벽돌을 시공한 후 흰 가루가 돋아나는 현상)은 발생하지 않는다.

★★
26 방부력이 약하고 도포용으로만 쓰이며 상온에서 침투가 잘 되지 않고 흑색이므로 사용장소가 제한되는 유성방부제는?

① 캐로신   ② PCP
③ 염화아연 4%용액 ④ 콜타르

2021

해설 콜타르는 유기물(석유 원유, 각종 석탄, 수목 등)의 고온 건류 시 부산물로 얻어지는 흑갈색의 유성액체이다. 비교적 휘발성이 있고 악취가 나며, 비중은 1.1~1.2 정도이다. 가열하여 도포하면 방부성이 우수하나, 목재를 흑갈색으로 착색시키고 페인트칠도 불가능하게 하므로 보이지 않는 곳에 사용한다.

★
27 벤치마크(Bench Mark)에 관한 설명으로 옳지 않은 것은?

① 적어도 2개소 이상 설치하도록 한다.
② 이동 또는 소멸 우려가 없는 곳에 설치한다.
③ 건축물 기초의 너비 또는 길이 등을 표시하기 위한 것이다.
④ 공사 완료 시까지 존치시켜야 한다.

해설 기준점(벤치마크)은 신축할 건축물높이의 기준이 되는 가설물로, 이동의 위험이 없는 인근 건물의 벽 또는 담장에 설치한다. 또한 기초의 너비 또는 길이 등을 표시하기 위한 것은 수평규준틀이다.

★★★
28 시멘트 600포대를 저장할 수 있는 시멘트창고의 최소 필요면적으로 옳은 것은? (단, 시멘트 600포대 전량을 저장할 수 있는 면적으로 산정)

① 18.46m^2　　② 21.64m^2
③ 23.25m^2　　④ 25.84m^2

해설 쌓기 단수는 13단, 시멘트포대수는 600포대이므로

$$\therefore \text{시멘트의 창고면적}(A) = 0.4 \times \frac{\text{시멘트포대수}}{\text{쌓기 단수}}$$
$$= 0.4 \times \frac{600}{13} = 18.46\text{m}^2$$

★
29 시멘트, 모래, 잔자갈, 안료 등을 섞어 이긴 것을 바탕바름이 마르기 전에 뿌려 붙이거나 또는 바르는 것으로 일종의 인조석바름으로 볼 수 있는 것은?

① 회반죽
② 경석고플라스터
③ 혼합석고플라스터
④ 라프코트

해설 ① 회반죽 : 소석회, 풀, 여물, 모래(초벌과 재벌에만 사용하고, 정벌에는 사용하지 않는다) 등을 혼합하여 바르는 미장재료로서 건조, 경화할 때의 수축률이 크기 때문에 삼여물로 균열을 분산, 미세화하는 미장재료이다.
② 경(무수)석고플라스터(킨스시멘트) : 무수석고가 주재료이고, 경화된 것은 강도와 표면경도가 큰 재료이다.
③ 혼합석고플라스터 : 석고플라스터 중 가장 많이 사용하는 것으로 소석고에 적절한 작업성을 주기 위해 소석회, 돌로마이트플라스터, 응결지연제로 아교질재료를 공장에서 미리 섞어 만든 것이다. 현장에서는 물을, 필요할 경우에는 모래, 여물을 섞어서 곧바로 사용할 수 있다.

★★
30 용접작업 시 용착금속 단면에 생기는 작은 은색의 점을 무엇이라 하는가?

① 피시아이(fish eye)
② 블로홀(blow hole)
③ 슬래그함입(slag inclusion)
④ 크레이터(crater)

해설 ② 공기구멍(blow hole) : 용융금속이 응고될 때 방출되어야 할 가스가 남아서 생기는 용접부의 빈자리로서 공모양 또는 길쭉한 모양의 구멍이 생기는 것
③ 슬래그 섞임(slag inclusion) : 용접봉의 피복재 심선과 모재가 변해 생긴 회분이 용착금속 내에 혼입되는 것
④ 크레이터 : 아크용접에서 용접비드의 끝에 남은 우묵하게 패인 곳

★★
31 시멘트 200포대를 사용하여 배합비가 1:3:6의 콘크리트를 비벼 냈을 때의 전체 콘크리트량은? (단, 물-시멘트비는 60%이고, 시멘트 1포대는 40kg이다.)

① 25.25m^3　　② 36.36m^3
③ 39.39m^3　　④ 44.44m^3

해설 $1:3:6$의 콘크리트 1m^3에 소요되는 시멘트량은 다음과 같이 구한다. 먼저 $1:m:n$의 콘크리트에 있어서 $V = 1.1m + 0.57n = 1.1 \times 3 + 0.57 \times 6 = 6.72$이다.

그러므로 시멘트량 $= \dfrac{1,500\text{kg}}{V} = \dfrac{1,500}{6.72} = 223.2\text{kg}$이고,

시멘트 200포대는 $8,000\text{kg}(=200 \times 40)$이므로

$$\therefore \text{전체 콘크리트량} = \frac{8,000}{223.2} = 35.84\text{m}^3$$

정답 27.③ 28.① 29.④ 30.① 31.②

32 달성가치(Earned Value)를 기준으로 원가관리를 시행할 때 실제 투입원가와 계획된 일정에 근거한 진행성과의 차이를 의미하는 용어는?

① CV(Cost Variance)
② SV(Schedule Variance)
③ CPI(Cost Performance Index)
④ SPI(Schedule Performance Index)

[해설] ② SV(Schedule Variance) : 공정편차로서 (달성공사비−계획공사비)로 성과측정시점까지 지불된 기성금액(수행작업량에 따른 기성금액)에서 성과측정시점까지 투입예정된 공사비를 제외한 비용이다.
③ CPI(Cost Performance Index) : 공사비지출지수(원가지수)로서 성과측정시점까지의 $\dfrac{\text{달성공사비}}{\text{실투입비}}$

$$=\dfrac{\begin{array}{c}\text{실제로 지불된 기성금액}\\\text{(수행작업량에 따른 기성금액)}\end{array}}{\text{실제로 투입된 금액}}\text{이다.}$$

④ SPI(Schedule Performance Index) : 공정수행지수(공정지수)로서 성과측정시점까지의 $\dfrac{\text{달성공사비}}{\text{계획공사비}}$

$$=\dfrac{\begin{array}{c}\text{실제로 지불된 기성금액}\\\text{(수행작업량에 따른 기성금액)}\end{array}}{\text{투입예정된 공사금액}}\text{이다.}$$

33 타일공사에서 시공 후 타일접착력시험에 관한 설명으로 옳지 않은 것은?

① 타일의 접착력시험은 600m²당 1장씩 시험한다.
② 시험할 타일은 먼저 줄눈 부분을 콘크리트면까지 절단하여 주위의 타일과 분리시킨다.
③ 시험은 타일시공 후 4주 이상일 때 행한다.
④ 시험결과의 판정은 타일인장부착강도가 10MPa 이상이어야 한다.

[해설] 시험결과의 판정은 접착강도가 0.39MPa 이상이어야 한다.

34 벽돌조건물에서 벽량이란 해당 층의 바닥면적에 대한 무엇의 비를 말하는가?

① 벽면적의 총합계
② 내력벽길이의 총합계
③ 높이
④ 벽두께

[해설] 벽량이란 내력벽길이의 총합계를 그 층의 건물면적으로 나눈 값으로, 즉 단위면적에 대한 그 면적 내에 있는 내력벽의 비이다.

$$\text{벽량}=\dfrac{\text{내력벽의 전체 길이(cm)}}{\text{그 층의 바닥면적}(m^2)}$$

35 창면적이 클 때에는 스틸바(steel bar)만으로는 부족하고, 또한 여닫을 때의 진동으로 유리가 파손될 우려가 있으므로 이것을 보강하고 외관을 꾸미기 위하여 강판을 중공형으로 접어 가로 또는 세로로 대는 것을 무엇이라 하는가?

① mullion ② ventilator
③ gallery ④ pivot

[해설]
② ventilator : 건물 밖의 온도의 차이나 바람을 이용하여 실내의 공기를 신선하게 하는 것으로 환기통, 환기장치이다.
③ gallery : 회랑을 뜻하는 것으로 건물의 안쪽에 면하고 아치받이로 받쳐진 복도이다.
④ pivot : 지도리로서 장부가 구멍에 들어 끼어 돌게 된 철물로 회전창에 사용한다.

36 PMIS(프로젝트관리정보시스템)의 특징에 관한 설명으로 옳지 않은 것은?

① 합리적인 의사결정을 위한 프로젝트용 정보관리시스템이다.
② 협업관리체계를 지원하며 정보의 공유와 축적을 지원한다.
③ 공정진척도는 구체적으로 측정할 수 없으므로 별도 관리한다.
④ 조직 및 월간업무현황 등을 등록하고 관리한다.

[해설] 공정진척도는 구체적으로 측정할 수 있으므로 별도 관리한다.

37 건축공사에서 VE(Value Engineering)의 사고 방식으로 옳지 않은 것은?

① 기능분석 ② 제품 위주의 사고
③ 비용 절감 ④ 조직적 노력

[해설] VE의 정의는 기능분석과 설계, 비용(원가) 절감, 발주자·사용자 중심의 사고, 브레인스토밍 및 조직적인 노력 등이다.

38 콘크리트 거푸집용 박리제 사용 시 주의사항으로 옳지 않은 것은?

① 거푸집종류에 상응하는 박리제는 선택·사용한다.

② 박리제 도포 전에 거푸집면의 청소를 철저히 한다.

③ 거푸집뿐만 아니라 철근에도 도포하도록 한다.

④ 콘크리트 색조에 영향이 없는지를 시험한다.

해설 박리제는 거푸집널의 떼내기를 쉽게 하기 위하여 미리 거푸집 널에 바르는 물질 또는 거푸집과 콘크리트의 부착 및 거푸집 널의 흡수성을 방지 또는 감소시킬 목적으로 사용하는 약제로서, 철근과 콘크리트의 부착을 증대시키기 위하여 철근에 도포하는 것은 반드시 피해야 한다.

39 건축용 목재의 일반적인 성질에 관한 설명으로 옳지 않은 것은?

① 섬유포화점 이하에서는 목재의 함수율이 증가함에 따라 강도는 감소한다.

② 기건상태의 목재의 함수율은 15% 정도이다.

③ 목재의 심재는 변재보다 건조에 의한 수축이 적다.

④ 섬유포화점 이상에서는 목재의 함수율이 증가함에 따라 강도는 증가한다.

해설 목재의 강도는 섬유포화점 이상에서는 변함이 없이 일정하나, 섬유포화점 이하에서는 함수율이 낮을수록 강도가 증가하고 인성(재료가 파괴에 이르기까지 고강도의 응력에 견딜 수 있고 동시에 큰 변형을 나타내는 성질)이 감소하며, 섬유포화점(30%) 이하에서는 함수율에 따라 변화하나 섬유포화점 이상에서는 일정하다.

40 다음 중 도장공사를 위한 목부 바탕 만들기 공정으로 옳지 않은 것은?

① 오염, 부착물의 제거

② 송진의 처리

③ 옹이땜

④ 바니시칠

해설 도장공사 시 목재면 바탕 만들기 공정은 오염, 부착물의 제거 → 송진의 처리 → 연마지닦기 → 옹이땜 → 구멍땜 순이다.

제3과목 건축구조

41 다음 그림과 같이 D16철근이 90° 표준갈고리로 정착되었다면 이 갈고리의 소요정착길이(l_{hb})는 약 얼마인가?

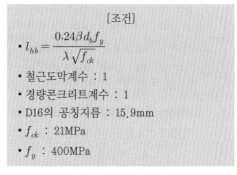

[조건]

• $l_{hb} = \dfrac{0.24\beta d_b f_y}{\lambda\sqrt{f_{ck}}}$

• 철근도막계수 : 1

• 경량콘크리트계수 : 1

• D16의 공칭지름 : 15.9mm

• f_{ck} : 21MPa

• f_y : 400MPa

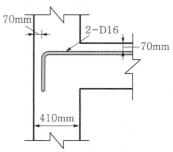

① 233mm ② 243mm

③ 253mm ④ 263mm

해설 l_{dh}(소요정착길이)=l_{hd}(표준정착길이)×보정계수에서 콘크리트의 피복두께에 대한 보정계수는 0.7이다.

여기서, $l_{hb} = \dfrac{0.24\beta d_b f_y}{\lambda\sqrt{f_{ck}}}$, $\beta=1$, $d_b=15.9$,

$f_y=400$MPa, $f_{ck}=21$MPa, $\lambda=1$이므로

$\therefore\ l_{hb} = \dfrac{0.24\beta d_b f_y}{\lambda\sqrt{f_{ck}}} \times$ 보정계수

$= \dfrac{0.24\times1\times15.9\times400}{1\times\sqrt{21}}\times0.7$

$= 233.16$mm

42 연약한 지반에서 기초의 부동침하를 감소시키기 위한 상부구조에 대한 대책으로 옳지 않은 것은?

① 건물을 경량화할 것
② 강성을 크게 할 것
③ 이웃 건물과의 거리를 멀게 할 것
④ 폭이 일정한 경우 건물의 길이를 길게 할 것

해설 연약지반에 대한 대책
㉮ 상부구조와의 관계 : 건축물의 경량화, 평균길이를 짧게 할 것, 강성을 높게 할 것, 이웃 건축물과 거리를 멀게 할 것, 건축물의 중량을 분배할 것이다.
㉯ 기초구조와의 관계 : 굳은 층(경질층)에 지지시킬 것, 마찰말뚝을 사용할 것, 지하실을 설치할 것 등이다. 특히 지반과의 관계에서 흙다지기, 물빼기, 고결, 바꿈 등의 처리를 하며, 방법으로는 전기적 고결법, 모래 지정, 웰포인트, 시멘트 물주입법 등으로 한다.

43 다음 그림과 같은 라멘구조물의 판별은?

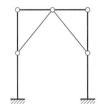

① 불안정구조물
② 안정이며 정정구조물
③ 안정이며 1차 부정정구조물
④ 안정이며 2차 부정정구조물

해설 ㉮ S(부재 수)$+R$(반력 수)$+N$(강절점 수)$-2K$(절점 수)$=8+6+0-2\times7=0$
㉯ R(반력 수)$+C$(강절점 수)$-3M$(부재 수)$=6+18-3\times8=0$
그러므로 판별식의 값이 0이면 안정(정정, 부정정) 구조물의 정정구조물이다.

44 강구조 용접에서 용접개시점과 종료점에 용착금속에 결함이 없도록 임시로 부착하는 것은?

① 엔드탭(End tap)
② 오버랩(Overlap)
③ 뒷댐재(Backing Strip)
④ 언더컷(Under cut)

해설 ② 오버랩 : 용접결함의 일종으로 용착금속과 모재가 융합되지 않고 겹쳐진 상태의 결함이다.
③ 뒷댐재 : 루트 부분에 아크가 강하여 녹아떨어지는 것을 방지하기 위한 보조판이다.
④ 언더컷 : 용접결함의 일종으로 용접 상부(모재표면과 용접표면이 교차되는 점)에 따라 모재가 녹아 용착금속이 채워지지 않고 홈으로 남게 되는 결함이다.

45 다음 그림과 같이 양단이 회전단인 부재의 좌굴축에 대한 세장비는?

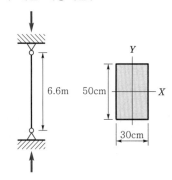

① 76.21
② 84.28
③ 94.64
④ 103.77

해설 좌굴축은 단면 2차 반경이 최소인 축으로 일어나므로 Y축을 기준으로 좌굴이 일어난다.

λ(세장비)$=\dfrac{l_k(\text{좌굴길이})}{i(\text{단면 2차 반경})}$ 이고,

i(단면 2차 반경)

$=\sqrt{\dfrac{I_Y(\text{도심축에 대한 단면 2차 모멘트})}{A(\text{단면적})}}$ 이다.

즉 $\lambda=\dfrac{l_k}{\sqrt{\dfrac{I_Y}{A}}}$ 이다.

좌굴길이는 양단이 회전단이므로 $1l=1\times660=660$ cm이고, 단면적은 $30\times50=1,500\,\text{cm}^2$,

$I_Y=\dfrac{bh^3}{12}=\dfrac{50\times30^3}{12}=112,500\,\text{cm}^3$이다.

$\therefore \lambda=\dfrac{l_k}{i}=\dfrac{l_k}{\sqrt{\dfrac{I_Y}{A}}}$

$=\dfrac{660}{\sqrt{\dfrac{112,500}{1,500}}}$

$=\dfrac{660}{\sqrt{75}}$

$=76.2102 \doteqdot 76.21$

46 다음 각 구조시스템에 관한 정의로 옳지 않은 것은?

① 모멘트골조방식 : 수직하중과 횡력을 보와 기둥으로 구성된 라멘골조가 저항하는 구조방식

② 연성모멘트골조방식 : 횡력에 대한 저항능력을 증가시키기 위하여 부재와 접합부의 연성을 증가시킨 모멘트골조방식

③ 이중골조방식 : 횡력의 25% 이상을 부담하는 전단벽이 연성모멘트골조와 조합되어 있는 구조방식

④ 건물골조방식 : 수직하중은 입체골조가 저항하고, 지진하중은 전단벽이나 가새골조가 저항하는 구조방식

[해설] 이중골조형식은 횡력(수평하중)의 25% 이상을 부담하는 모멘트(연성)골조가 전단벽이나 가새골조와 조합되어 있는 골조형식으로, 강접골조와 가새골조가 혼합되었을 경우 내진설계에 있어서 비탄성거동으로 연성도가 매우 크기 때문에 지진력에 효율적으로 저항하는 구조이다.

47 다음 그림과 같은 콘크리트 슬래브에서 합성보 A의 슬래브유효폭 b_e를 구하면? (단, 그림의 단위는 mm임)

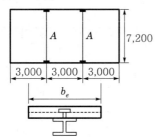

① 1,500mm   ② 1,800mm
③ 2,000mm   ④ 2,250mm

[해설] 합성보에서 양쪽에 슬래브가 있는 경우의 유효폭 산정

㉮ 양측 슬래브의 중심 사이의 거리 :
$$\frac{3,000}{2} + \frac{3,000}{2} = 3,000\text{mm} \text{ 이하}$$

㉯ 보의 스팬의 1/4 : $7,200 \times \frac{1}{4} = 1,800\text{mm}$ 이하

∴ ㉮, ㉯에서 최소값을 택하면 1,800mm 이하

48 다음 그림과 같은 등변분포하중이 작용하는 단순보의 최대 휨모멘트 $M_{\max}$는?

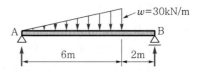

① $25\sqrt{3}\ \text{kN} \cdot \text{m}$ ② $25\sqrt{2}\ \text{kN} \cdot \text{m}$
③ $90\sqrt{3}\ \text{kN} \cdot \text{m}$ ④ $90\sqrt{2}\ \text{kN} \cdot \text{m}$

[해설] 우선 전단력이 0인 점에서 휨모멘트는 최댓값을 가지므로 전단력이 0인 점을 구한 후 휨모멘트를 구하면 최대 휨모멘트를 구할 수 있다. 그러므로 A지점의 수직반력을 구하면 $\Sigma M_B = 0$에 의해서 $V_A \times 8 - 90 \times 4 = 0$, $V_A = 45\text{kN}$이고, 전단력이 0인 점은 A지점으로부터 $x(\text{m})$만큼 떨어진 점을 구하면 $45 - \frac{5x^2}{2}$이므로 $x = 3\sqrt{2}\,\text{m}$이다.

$$\therefore M_{\max} = 45 \times 3\sqrt{2} - 15\sqrt{2} \times 3\sqrt{2} \times \frac{1}{2} \times \sqrt{2}$$
$$= 90\sqrt{2}\ \text{kN} \cdot \text{m}$$

49 보의 재질과 단면의 크기가 같을 때 (A)보의 최대 처짐은 (B)보의 몇 배인가?

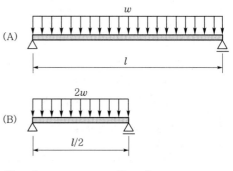

① 2배   ② 4배
③ 8배   ④ 16배

[해설] 단순보에 등분포하중이 작용하는 경우 중앙점의 최대 처짐은 $(\delta_{\max}) = \frac{5\omega l^4}{384EI}$이다. 즉 하중과 스팬의 4승에 비례하고, 탄성계수와 단면 2차 모멘트에 반비례함을 알 수 있다. 그러므로 A보는 하중과 스팬이 변함이 없으나, B보는 하중이 2배이고 스팬이 $\frac{1}{2}$이므로 $2 \times \left(\frac{1}{2}\right)^4 = 2 \times \frac{1}{16} = 8$배가 됨을 알 수 있다.

★★
50 다음 그림과 같은 원통 단면의 핵반경은?

① $\dfrac{D+d}{6}$

② $\dfrac{D}{8}$

③ $\dfrac{D+d}{8}$

④ $\dfrac{D^2+d^2}{8D}$

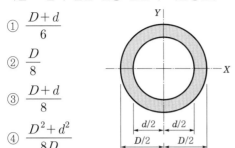

해설

e(핵거리)$= \dfrac{2i^2(단면\ 2차\ 반경)}{h(보의\ 춤)}$ 이고,

$i = \sqrt{\dfrac{I(단면\ 2차\ 모멘트)}{A(단면적)}}$ 이며 $h = D$이다.

여기서, $A = \dfrac{\pi(D^2-d^2)}{4}$,

$I = \dfrac{\pi(D^4-d^4)}{64} = \dfrac{\pi(D^2-d^2)(D^2+d^2)}{64}$ 이므로

$\therefore e = \dfrac{2i^2}{h} = \dfrac{2\left(\sqrt{\dfrac{I}{A}}\right)^2}{D} = \dfrac{2I}{AD}$

$= \dfrac{2 \times \dfrac{\pi(D^2-d^2)(D^2+d^2)}{64}}{\dfrac{\pi(D^2-d^2)}{4}D}$

$= \dfrac{\dfrac{\pi(D^2-d^2)(D^2+d^2)}{32}}{\dfrac{\pi D(D^2-d^2)}{4}}$

$= \dfrac{4\pi(D^2-d^2)(D^2+d^2)}{32\pi D(D^2-d^2)} = \dfrac{D^2+d^2}{8D}$

★
51 다음 그림에서 파단선 A-B-F-C-D의 인장재 순단면적은? (단, 볼트구멍지름 d : 22mm, 인장재두께는 6mm)

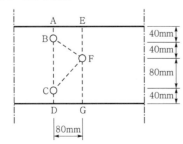

① 1,164mm² ② 1,364mm²

③ 1,564mm² ④ 1,764mm²

해설

A_n(인장재의 순단면적)$= A_g$(전체 단면적)$- n$(리벳의 개수)d(구멍의 직경)t(판두께)$+ \sum \dfrac{s^2(피치)}{4g(게이지)}t$(판두께)

여기서, s(피치)는 게이지라인상의 리벳 상호 간의 간격으로 힘의 방향과 수평거리의 리벳의 간격이고, g(게이지)는 게이지라인 상호 간의 거리로서 힘과 수직거리의 리벳간격이다.

그러므로 $A_g = 200 \times 6 = 1,200\text{mm}^2$, $n = 3$개, $d = 22$mm, $t = 6$mm, 파단선 BF의 $s = 80$mm, $g = 40$mm, 파단선 FC의 $s = 80$mm, $g = 80$mm이므로

$\therefore A_n = A_g - ndt + \sum \dfrac{s^2}{4g}t$

$= 1,200 - 3 \times 22 \times 6 + \dfrac{80^2}{4 \times 40} \times 6 + \dfrac{80^2}{4 \times 80} \times 6$

$= 1,164\text{mm}^2$

★★
52 다음 그림과 같은 독립기초에 $N = 480$kN, $M = 96$kN·m가 작용할 때 기초저면에 발생하는 최대 지반반력은?

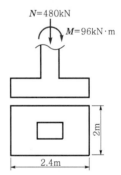

① 15kN/m² ② 150kN/m²

③ 20kN/m² ④ 200kN/m²

해설

편심하중을 받는 경우의 휨응력도

㉮ $\sigma_{\min}$(최소 조합응력도)

$= -\dfrac{P(하중)}{A(단면적)} + \dfrac{M(휨모멘트)}{Z(단면계수)}$

㉯ $\sigma_{\max}$(최대 조합응력도)

$= -\dfrac{P(하중)}{A(단면적)} - \dfrac{M(휨모멘트)}{Z(단면계수)}$

식 ㉯에 의해 최대 조합응력도를 구하기 위해서 $P = N = 480$kN, $A = 2 \times 2.4 = 4.8\text{m}^2$, $M = 96$kN·m,

$Z = \dfrac{bh^2}{6} = \dfrac{2 \times 2.4^2}{6} = 1.92\text{m}^3$ 일 때

$\therefore \sigma_{\max} = -\dfrac{P}{A} - \dfrac{M}{Z} = -\dfrac{480}{4.8} - \dfrac{96}{1.92}$

$= 100 + 50 = 150\text{kN/m}^2$

2021

★★★
53 다음 그림과 같은 트러스에서 a부재의 부재력은 얼마인가?

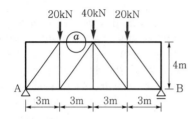

① 20kN(인장) ② 30kN(압축)
③ 40kN(인장) ④ 60kN(압축)

해설
트러스 구조의 반력을 구하면
㉮ $\sum M_B = 0$에 의해서
$$V_A \times (3+3+3+3) - 20 \times (3+3+3)$$
$$-40 \times (3+3) - 20 \times 3 = 0$$
$$\therefore V_A = \frac{180 + 240 + 60}{12} = 40kN(\uparrow)$$

㉯ 부재력의 산정(오른쪽 그림 참고)
트러스의 부재력을 산정
할 때 절점에서 나가는
방향으로 가정하여 구한
식의 부호가 (+)이면 인
장재이고, (−)이면 압축
재이므로 방향을 나가는
방향으로 가정한다. 절단
법을 이용하여 a부재의 부
재력을 T라고 하고 부재력을 구하면
$\sum M_E = 0$에 의해서
$$40 \times 3 + T \times 4 = 0$$
$$\therefore T = -30kN(압축)$$

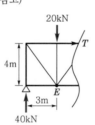

★★★
54 다음 그림과 같은 단면에 전단력 40kN이 작용할 때 A점에서의 전단응력은?

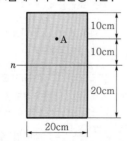

① 0.28MPa ② 0.56MPa
③ 0.84MPa ④ 1.12MPa

해설
τ(전단응력도)
$$= \frac{S(\text{전단력}) G_X(\text{도심축에 대한 단면 1차 모멘트})}{I_X(\text{도심축에 대한 단면 2차 모멘트}) b(\text{단면의 너비})}$$
여기서, $S = 40kN = 40,000N$, $b = 200mm$, $h = 400mm$,
$y = 100mm$
$$\therefore \tau = \frac{S G_X}{I_X b} = \frac{6S}{bh^3}\left(\frac{h^2}{4} - y^2\right)$$
$$= \frac{6 \times 40,000}{200 \times 400^3} \times \left(\frac{400^2}{4} - 100^2\right)$$
$$= 5.625Pa \fallingdotseq 0.56MPa$$

★★
55 다음 그림과 같이 O점에 모멘트가 작용할 때 OB부재와 OC부재에 분배되는 모멘트가 같게 하려면 OC부재의 길이를 얼마로 해야 하는가?

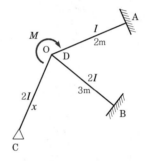

① 2/3m ② 3/2m
③ 9/4m ④ 3m

해설
강비$(k) = \dfrac{I(\text{단면 2차 모멘트})}{l(\text{부재의 길이})}$ 이고 OB부재의 강비
$= \dfrac{2I}{3}$, OC부재의 강비는 $\dfrac{3}{4} \times \dfrac{2I}{x}$ 이다. 그런데 분배
모멘트가 같기 위해서는 강비가 동일해야 하므로
$$\frac{2I}{3} = \frac{6I}{4x} \text{이다.}$$
$$\therefore x = \frac{18I}{8I} = \frac{9}{4}m$$

★
56 강도설계법에서 철근콘크리트부재 중 콘크리트의 공칭전단강도(V_c)가 40kN, 전단철근에 의한 공칭전단강도(V_s)가 20kN일 때 이 부재의 설계전단강도(ϕV_n)는? (단, 강도감소계수는 0.75 적용)

① 60kN ② 58kN
③ 52kN ④ 45kN

해설 ϕ(강도저감계수) V_n(설계전단강도) = V_c(콘크리트의 공칭전단강도) + V_s(철근의 공칭전단강도)
여기서, $\phi = 0.75$, $V_c = 40$kN, $V_s = 20$kN
∴ $\phi V_n = 0.75 \times (40+20) = 45$kN

★★ 57 다음 그림과 같은 필릿용접부의 유효면적은?

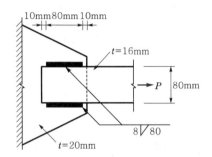

① 614.4mm^2
② 691.2mm^2
③ 716.8mm^2
④ 806.4mm^2

해설 모살용접의 유효 단면적(A_n) = 유효목두께(a) × 용접의 유효길이(l_e)이고, 유효목두께(a) = 0.7S(모살치수)이며, 용접의 유효길이(l_e) = 용접길이(l) − 2S(모살치수)이다.
또한 용접은 양면용접이고, 모살치수는 8mm, 용접길이는 80mm이다.
∴ $A_n = 2 \times 0.7S \times (l-2S)$
$= 2 \times 0.7 \times 8 \times (80-2 \times 8) = 716.8$mm^2

★★ 58 지진계에 기록된 진폭을 진원의 깊이와 진앙까지의 거리 등을 고려하여 지수로 나타낸 것으로 장소에 관계없는 절대적 개념의 지진크기를 말하는 것은?

① 규모
② 진도
③ 진원시
④ 지진동

해설
② 진도 : 사람이 느끼는 감각, 물체의 이동 등을 계급별로 구분하는 상대적 개념의 지진크기
③ 진원시 : 어떤 지점에서 지진동을 느꼈다면 이 지진동이 전파하기 시작한 시각, 즉 지진파가 처음 발생한 시각
④ 지진동 : 지진파가 지표에 도달하여 관측되는 표면층의 진동으로, 지진동의 세기는 지진계로 측정하고 인체의 감각으로 판단하는 것

★★ 59 철근콘크리트 단순보에서 순간탄성처짐이 0.9mm이었다면 1년 뒤 이 부재의 총처짐량을 구하면? (단, 시간경과계수 $\xi = 1.4$, 압축철근비 $\rho' = 0.01071$)

① 1.52mm
② 1.72mm
③ 1.92mm
④ 2.12mm

해설 총처짐량 = 순간탄성처짐 + 장기추가처짐
= 순간탄성처짐 + (순간탄성처짐 × 장기추가처짐률)

그런데 λ_Δ(장기추가처짐률) = $\dfrac{\xi}{1+50\rho'}$
$= \dfrac{1.4}{1+50 \times 0.01071} = 0.911755$이고, 순간탄성처짐은 0.9mm이다.
∴ 총침하량 = 순간탄성처짐 + (순간탄성처짐 × 장기추가처짐률)
$= 0.9 + 0.9 \times 0.911755$
$= 1.7206$mm

★ 60 철근콘크리트 압축부재의 철근량제한조건에 따라 사각형이나 원형 띠철근으로 둘러싸인 경우 압축부재의 축방향 주철근의 최소 개수는 얼마인가?

① 2개
② 3개
③ 4개
④ 6개

해설 띠철근기둥(사각형, 원형)의 주철근의 최소 개수는 4개 이상이고, 나선철근기둥의 추철근의 최소 개수는 6개 이상이다.

제4과목 건축설비

★★ 61 광원으로부터 일정 거리 떨어진 수조면의 조도에 관한 설명으로 옳지 않은 것은?

① 광원의 광도에 비례한다.
② $\cos\theta$(입사각)에 비례한다.
③ 거리의 제곱에 반비례한다.
④ 측정점의 반사율에 반비례한다.

해설 수조면의 조도는 측정점의 반사율과는 무관하다.

2021

62 다음과 같은 조건에서 2,000명을 수용하는 극장의 실온을 20℃로 유지하기 위한 필요환기량은?

[조건]
- 외기온도 : 10℃
- 1인당 발열량(현열) : 60W
- 공기의 정압비열 : 1.01kJ/kg · K
- 공기의 밀도 : 1.2kg/m³
- 전등 및 기타 부하는 무시한다.

① 11,110m³/h ② 21,222m³/h
③ 30,444m³/h ④ 35,644m³/h

해설

Q(가열열량)$= c$(비열)m(질량)Δt(온도의 변화량)
$\qquad = c$(비열)ρ(밀도)V(체적)Δt(온도의 변화량)

$\therefore V$(필요환기량)$= \dfrac{Q}{c\rho\Delta t}$

$\qquad = \dfrac{60\times 2,000\times \dfrac{3,600}{1,000}}{1.01\times 1.2\times(20-10)}$

$\qquad = 35,643.56 ≒ 35,644$m³/h

여기서, $\dfrac{3,600}{1,000}$의 3,600은 초를 시간으로 환산하고, 1,000은 J을 kJ로 환산하기 위한 숫자이다.

63 화재안전기준에 따라 소화기구를 설치하여야 하는 특정 소방대상물의 연면적기준은?

① 10m² 이상 ② 25m² 이상
③ 33m² 이상 ④ 50m² 이상

해설

화재안전기준에 따라 소화기구를 설치하여야 할 특정 소방대상물은 다음과 같다.
㉮ 연면적 33m² 이상인 것. 다만, 노유자시설의 경우에는 투척용 소화용구 등을 화재안전기준에 따라 산정된 소화기 수량의 1/2 이상으로 설치할 수 있다.
㉯ ㉮에 해당하지 않는 시설로서 지정문화재 및 가스시설
㉰ 터널

64 음의 세기가 10^{-9}W/m²일 때 음의 세기레벨은? (단, 기준음의 세기 $I_o =10^{-12}$W/m²이다.)

① 3dB ② 30dB
③ 0.3dB ④ 0.03dB

해설

음의 세기레벨$= 10\log_{10}\dfrac{I}{I_0} = 10\log_{10}\dfrac{10^{-9}}{10^{-12}} = 30$dB

65 다음과 같은 공식을 통해 산출되는 값으로 전기설비가 어느 정도 유효하게 사용되는가를 나타내는 것은?

$$\dfrac{\text{부하의 평균전력}}{\text{최대 수용전력}}\times 100(\%)$$

① 부하율 ② 보상률
③ 부등률 ④ 수용률

해설

수전용량 산정식
① 부하율(%)$= \dfrac{\text{평균수용전력(kW)}}{\text{최대수용전력(kW)}}\times 100$
$\qquad = 0.25\sim 0.6$
③ 부등률(%)$= \dfrac{\text{최대수용전력의 합(kW)}}{\text{합성 최대수용전력(kW)}}\times 100$
$\qquad = 1.1\sim 1.5$
④ 수용률(%)$= \dfrac{\text{최대수용전력(kW)}}{\text{수용(부하)설비용량(kW)}}\times 100$
$\qquad = 0.4\sim 1.0$

66 급탕설비 중 개별식 급탕방식에 관한 설명으로 옳지 않은 것은?

① 배관길이가 길어 배관 중의 열손실이 크다.
② 건물 완공 후에도 급탕개소의 증설이 비교적 쉽다.
③ 급탕개소마다 가열기의 설치스페이스가 필요하다.
④ 용도에 따라 필요한 개소에서 필요한 온도의 탕을 비교적 간단하게 얻을 수 있다.

해설

배관의 길이가 짧아 배관 중의 열손실이 작다.

67 플러시밸브식 대변기에 관한 설명으로 옳은 것은?

① 대변기의 연속 사용이 가능하다.
② 급수관경과 급수압력에 제한이 없다.
③ 우리나라에서는 일반 주택을 중심으로 널리 채용되고 있다.
④ 탱크에 저장된 물의 낙차에 의한 수압으로 대변기를 세척하는 방식이다.

해설 세정밸브(플러시밸브)식은 급수관에서 플러시밸브를 거쳐 변기 급수구에 직결되고, 플러시밸브의 핸들을 작동함으로써 일정량의 물이 분사되어 변기 속을 세정하는 것으로, 급수관경(25mm 이상)과 급수압력의 제한을 가장 많이 받는 방식이고, 주택에서는 관경이 작아(15mm) 사용이 불가능하다. ④항은 하이탱크식으로 탱크에 저장된 물의 낙차에 의한 수압으로 대변기를 세척하는 방식이다.

★
68 공기조화방식 중 2중덕트방식에 관한 설명으로 옳지 않은 것은?

① 전공기방식에 속한다.
② 냉온풍의 혼합으로 인한 혼합손실이 있어 에너지소비량이 많다.
③ 단일덕트방식에 비해 덕트샤프트 및 덕트스페이스를 크게 차지한다.
④ 부하특성이 다른 여러 개의 실이나 존이 있는 건물에는 적용할 수 없다.

해설 이중덕트방식은 냉풍과 온풍의 2개의 풍도를 설비하여 말단에 설치한 혼합유닛(냉풍과 온풍을 실내의 챔버에서 자동으로 혼합)으로 냉풍과 온풍을 합해 송풍함으로써 공기조화를 하는 방식으로 부하특성이 다른 여러 개의 실이나 존이 있는 건물에 적용할 수 있다.

★★
69 다음과 같은 특징을 갖는 간선배선방식은?

> • 사고 발생 때 타 부하에 파급효과를 최소한으로 억제할 수 있어 다른 부하에 영향을 미치지 않는다.
> • 경제적이지 못하다.

① 평행식
② 나뭇가지식
③ 네트워크식
④ 나뭇가지 평행 병용식

해설 간선의 배선방식 중 나뭇가지식은 1개의 간선이 각각의 분전반을 거치며 부하에 따라 간선이 변화되는 배선방식이다. 평행식과 나뭇가지식의 병용식은 집중되어 있는 부하의 중심 부근에 분전반을 설치하고 분전반에서 각 부하에 배선하는 방식이다.

★
70 압축식 냉동기의 냉동사이클로 옳은 것은?

① 압축→응축→팽창→증발
② 압축→팽창→응축→증발
③ 응축→증발→팽창→압축
④ 팽창→증발→응축→압축

해설 압축식 냉동기는 열에너지가 아닌 기계적 에너지에 의해 냉동효과를 얻는 것으로 압축기, 응축기, 팽창밸브, 증발기로 구성된다. 냉동사이클은 압축→응축→팽창→증발의 순이다.

★
71 온수난방과 비교한 증기난방의 설명으로 옳은 것은?

① 예열시간이 길다.
② 한랭지에서 동결의 우려가 있다.
③ 부하변동에 따른 방열량제어가 용이하다.
④ 열매온도가 높으므로 방열기의 방열면적이 작아진다.

해설 증기난방은 온수난방에 비해 예열시간이 짧고 한랭지에서 동결의 우려가 없으며 부하변동에 따른 방열량의 제어가 난이하다. 특히 열매온도가 높으므로 방열기의 배관과 방열면적이 작아지고 시설비가 저렴하다.

★
72 바닥면적이 50m²인 사무실이 있다. 32W 형광등 20개를 균등하게 배치할 때 사무실의 평균조도는? (단, 형광등 1개의 광속은 3,300lm, 조명율은 0.5, 보수율은 0.76이다.)

① 약 350lx
② 약 400lx
③ 약 450lx
④ 약 500lx

해설 광속의 산정

$$F_0 = \frac{EA}{UM} \,(\text{lm})$$

$$NF = \frac{AED}{U} = \frac{EA}{UM} \,(\text{lm})$$

여기서, F_0 : 총광속, E : 평균조도(lx)
　　　A : 실내면적(m), U : 조명률
　　　M : 보수율(유지율), N : 소요등수(개)
　　　F : 1등당 광속(lm)

$$\therefore E = \frac{NFUM}{A} = \frac{20 \times 3,300 \times 0.5 \times 0.76}{50} = 501.6\text{lx}$$

2021

73 배수트랩에서 봉수깊이에 관한 설명으로 옳지 않은 것은?

① 봉수깊이는 50~100mm로 하는 것이 보통이다.
② 봉수깊이가 너무 낮으면 봉수를 손실하기 쉽다.
③ 봉수깊이를 너무 깊게 하면 통수능력이 감소된다.
④ 봉수깊이를 너무 깊게 하면 유수의 저항이 감소된다.

해설 봉수깊이를 너무 깊게 하면 유수의 저항이 증대된다.

74 카(car)가 최상층이나 최하층에서 정상 운행 위치를 벗어나 그 이상으로 운행하는 것을 방지하는 엘리베이터 안전장치는?

① 완충기
② 가이드레일
③ 리미트스위치
④ 카운터웨이트

해설
① 완충기 : 모든 정지장치가 고장나거나 로프가 끊어져서 카가 최하층 슬래브에 추락한 경우 낙하충격을 흡수·완화시키기 위한 스프링장치
② 가이드레일 : 엘리베이터의 승강기 또는 균형추의 승강을 가이드하기 위해 승강로 안에 수직으로 설치한 레일
④ 카운터웨이트 : 권상기의 부하를 줄이기 위해 사용하는 것

75 전기설비에서 경질비닐관공사에 관한 설명으로 옳은 것은?

① 절연성과 내식성이 강하다.
② 자성체이며 금속관보다 시공이 어렵다.
③ 온도변화에 따라 기계적 강도가 변하지 않는다.
④ 부식성 가스가 발생하는 곳에는 사용할 수 없다.

해설 경질비닐관은 비자성체이며 금속관보다 시공이 쉽고 온도변화에 따라 기계적 강도가 변하며, 부식성 가스가 발생하는 곳의 배선에 사용할 수 있다.

76 변전실에 관한 설명으로 옳지 않은 것은?

① 부하의 중심에 설치한다.
② 외부로부터 전력의 수전이 용이해야 한다.
③ 발전기실과 가능한 한 거리를 두고 설치한다.
④ 간선의 배선과 점검·유지보수가 용이한 장소에 설치한다.

해설 변전실의 위치는 발전기실, 축전지실과 인접한 장소에 설치한다.

77 환기에 관한 설명으로 옳지 않은 것은?

① 화장실은 송풍기(급기팬)와 배풍기(배기팬)를 설치하는 것이 일반적이다.
② 기밀성이 높은 주택의 경우 잦은 기계환기를 통해 실내공기의 오염을 낮추는 것이 바람직하다.
③ 병원의 수술실은 오염공기가 실내로 들어오는 것을 방지하기 위해 실내압력을 주변공간보다 높게 설정한다.
④ 공기의 오염농도가 높은 도로에 면해있는 건물의 경우 공기조화설비계통의 외기도입구를 가급적 높은 위치에 설치한다.

해설 제3종 환기(흡출식)방식은 실내를 부압으로 유지하며 실내의 냄새나 유해물질을 다른 실로 흘려보내지 않으므로 주방, 화장실, 유해가스 발생장소 등에 사용되는 환기방식이다. 또한 송풍기(급기팬)과 배풍기(배기팬)를 설치하는 방식은 제1종 환기(병용식)방식이다.

78 다음 중 지역난방에 적용하기에 가장 적합한 보일러는?

① 수관보일러
② 관류보일러
③ 입형보일러
④ 주철제보일러

해설 수관보일러는 고압, 대용량이며 대형 건물 또는 병원이나 호텔 등과 같이 고압증기를 다량 사용하는 곳 또는 지역난방 등에 주로 사용되는 보일러이다.

79 액화천연가스(LNG)에 관한 설명으로 옳지 않은 것은?

① 메탄이 주성분이다.
② 무공해, 무독성이다.
③ 비중이 공기보다 크다.
④ 일반적으로 배관을 통해 공급한다.

해설 LNG(액화천연가스)
㉮ 천연가스(주로 메탄올을 주성분으로 한 가스로 가스정이나 석유정에서 산출한다)를 1기압 −162℃에서 액화한 가스이다.
㉯ 장점 : 공기보다 비중이 작기 때문에 누설이 되어도 공기 중에 흡수되므로 안정성이 높다.
㉰ 단점 : 작은 용기에 담아서 사용할 수 없고 대규모 저장시설을 설치하여 배관을 통해서 공급해야 한다.

80 다음 중 급탕설비에서 온수순환펌프로 주로 이용되는 것은?

① 사류펌프   ② 원심식 펌프
③ 왕복식 펌프   ④ 회전식 펌프

해설 벌류트펌프는 저양정(15m 이하인 저양정의 온수순환용)으로서 비교적 많은 양수량을 필요로 하는 경우에 사용하고 가이드베인이 없으며 보일러 급수 및 급탕용 보일러의 순환펌프에 사용된다. 즉 벌류트펌프, 터빈펌프 및 보어홀펌프는 원심식 펌프에 속한다.

제5과목 │ 건축관계법규

81 건축물의 관람실 또는 집회실로부터 바깥쪽으로의 출구로 쓰이는 문을 안여닫이로 해서는 안 되는 건축물은?

① 위락시설
② 수련시설
③ 문화 및 집회시설 중 전시장
④ 문화 및 집회시설 중 동 · 식물원

해설 관련 법규 : 법 제49조, 영 제38조, 피난 · 방화규칙 10조, 해설 법규 : 피난 · 방화규칙 제10조 ①항
제2종 근린생활시설 중 공연장 · 종교집회장(바닥면적의 합계가 300m² 이상), 문화 및 집회시설(전시장

및 동 · 식물원은 제외), 종교시설, 위락시설, 장례시설의 용도에 쓰이는 건축물의 관람실 또는 집회실로부터의 출구는 안여닫이로 하여서는 아니 된다.

82 다음은 대지의 조경에 관한 기준내용이다. ( ) 안에 알맞은 것은?

> 면적이 ( ) 이상인 대지에 건축을 하는 건축주는 용도지역 및 건축물의 규모에 따라 해당 지방자치단체의 조례로 정하는 기준에 따라 대지에 조경이나 그 밖에 필요한 조치를 하여야 한다.

① 100m²   ② 200m²
③ 300m²   ④ 500m²

해설 관련 법규 : 법 제42조, 해설 법규 : 법 제42조 ①항
면적이 200m² 이상인 대지에 건축을 하는 건축주는 용도지역 및 건축물의 규모에 따라 해당 지방자치단체의 조례로 정하는 기준에 따라 대지에 조경이나 그 밖에 필요한 조치를 하여야 한다.

83 노외주차장에 설치하는 부대시설의 총면적은 주차장 총시설면적의 최대 얼마를 초과하여서는 아니 되는가?

① 5%   ② 10%
③ 20%   ④ 30%

해설 관련 법규 : 법 제6조, 규칙 제6조, 해설 법규 : 규칙 제6조 ④항
노외주차장에 설치할 수 있는 부대시설은 다음과 같다. 다만, 그 설치하는 부대시설의 총면적은 주차장 총시설면적(주차장으로 사용되는 면적과 주차장 외의 용도로 사용되는 면적을 합한 면적)의 20%를 초과하여서는 아니 된다.

84 노외주차장에 설치하여야 하는 차로의 최소 너비가 가장 작은 주차형식은? (단, 출입구가 2개 이상이며 이륜자동차 전용 외의 노외주차장의 경우)

① 평행주차
② 교차주차
③ 직각주차
④ 45도 대향주차

2021

해설 관련 법규 : 법 제6조, 규칙 제6조, 해설 법규 : 규칙 제6조 ①항 3호
이륜자동차 전용 노외주차장 외의 노외주차장

주차형식	차로의 너비	
	출입구가 2개 이상인 경우	출입구가 1개인 경우
평행주차	3.3m	5.0m
직각주차	6.0m	6.0m
60° 대향주차	4.5m	5.5m
45° 대향주차, 교차주차	3.5m	5.0m

※ 주차형식에 따라서 차로의 너비를 작은 것부터 큰 것으로 나열하면 다음과 같다.
- 출입구가 2개인 경우 : 평행주차 → 45° 대향주차, 교차주차 → 직각주차
- 출입구가 1개인 경우 : 평행주차 → 45° 대향주차, 교차주차 → 60° 대향주차 → 직각주차

★★
85 국토교통부령으로 정하는 바에 따라 방화구조로 하거나 불연재료로 하여야 하는 목조건축물의 최소 연면적기준은?

① 500m^2 이상
② 1,000m^2 이상
③ 1,500m^2 이상
④ 2,000m^2 이상

해설 관련 법규 : 법 제50조, 영 제57조, 피난 · 방화규칙 제21조, 해설 법규 : 영 제57조 ③항
연면적이 1,000m^2 이상인 목조건축물은 그 외벽 및 처마 밑의 연소할 우려가 있는 부분을 방화구조로 하되, 그 지붕은 불연재료로 하여야 한다.

★★★
86 거실의 반자 설치와 관련된 기준내용 중 ( ) 안에 들어갈 수 있는 건축물의 용도는?

> ( )의 용도에 쓰이는 건축물의 관람실 또는 집회실로서 그 바닥면적이 200m^2 이상인 것의 반자의 높이는 4m(노대의 아랫부분의 높이는 2.7m) 이상이어야 한다. 다만, 기계환기장치를 설치하는 경우에는 그렇지 않다.

① 장례식장
② 교육 및 연구시설
③ 문화 및 집회시설 중 동물원
④ 문화 및 집회시설 중 전시장

해설 관련 법규 : 법 제49조, 영 제50조, 피난 · 방화규칙 제16조, 해설 법규 : 피난 · 방화규칙 제16조 ②항
문화 및 집회시설(전시장 및 동 · 식물원은 제외한다), 종교시설, 장례식장 또는 위락시설 중 유흥주점의 용도에 쓰이는 건축물의 관람석 또는 집회실로서 그 바닥면적이 200m^2 이상인 것의 반자의 높이는 전항의 규정에 불구하고 4m(노대의 아랫부분의 높이는 2.7m) 이상이어야 한다. 다만, 기계환기장치를 설치하는 경우에는 그러하지 아니하다.

★★
87 건축물의 건축 시 허가대상건축물이라 하더라도 미리 특별자치시장 · 특별자치도지사 또는 시장 · 군수 · 구청장에게 국토교통부령으로 정하는 바에 따라 신고를 하면 건축허가를 받은 것으로 보는 소규모 건축물의 연면적기준은?

① 연면적의 합계가 100m^2 이하인 건축물
② 연면적의 합계가 150m^2 이하인 건축물
③ 연면적의 합계가 200m^2 이하인 건축물
④ 연면적의 합계가 300m^2 이하인 건축물

해설 관련 법규 : 법 제14조, 영 제11조, 해설 법규 : 영 제11조 ③항 1호
허가대상건축물이라 하더라도 "그 밖에 소규모 건축물로서 대통령령으로 정하는 건축물의 건축"에 해당하는 경우에는 미리 특별자치시장 · 특별자치도지사 또는 시장 · 군수 · 구청장에게 국토교통부령으로 정하는 바에 따라 신고를 하면 건축허가를 받은 것으로 본다.
㉮ 연면적의 합계가 100m^2 이하인 건축물
㉯ 건축물의 높이를 3m 이하의 범위에서 증축하는 건축물
㉰ 표준설계도서에 따라 건축하는 건축물로서 그 용도 및 규모가 주위환경이나 미관에 지장이 없다고 인정하여 건축조례로 정하는 건축물
㉱ 공업지역, 지구단위계획구역 및 산업단지에서 건축하는 2층 이하인 건축물로서 연면적합계 500m^2 이하인 공장
㉲ 농업이나 수산업을 경영하기 위하여 읍 · 면지역(특별자치시장 · 특별자치도지사 · 시장 · 군수가 지역계획 또는 도시 · 군계획에 지장이 있다고 지정 · 공고한 구역은 제외)에서 건축하는 연면적 200m^2 이하의 창고 및 연면적 400m^2 이하의 축사, 작물재배사, 종묘배양시설, 화초 및 분재 등의 온실

정답 85.② 86.① 87.①

★
88 광역도시계획의 수립권자기준에 대한 내용으로 틀린 것은?

① 광역계획권이 같은 도의 관할 구역에 속하여 있는 경우 관할 시장 또는 군수가 공동으로 수립한다.
② 국가계획과 관련된 광역도시계획의 수립이 필요한 경우 국토교통부장관이 수립한다.
③ 광역계획권을 지정한 날부터 2년이 지날 때까지 관할 시장 또는 군수로부터 광역도시계획의 승인신청이 없는 경우 국토교통부장관이 수립한다.
④ 광역계획권이 둘 이상의 시·도의 관할 구역에 걸쳐있는 경우 관할 시·도지사가 공동으로 수립한다.

해설 관련 법규 : 국토법 제11조, 해설 법규 : 국토법 제11조 ①항 3호
광역계획권을 지정한 날부터 3년이 지날 때까지 관할 시장 또는 군수로부터 광역도시계획의 승인신청이 없는 경우에는 관할 도지사가 수립한다.

★★★
89 지구단위계획 중 관계 행정기관의 장과의 협의, 국토교통부장관과의 협의 및 중앙도시계획위원회·지방도시계획위원회 또는 공동위원회의 심의를 거치지 않고 변경할 수 있는 사항에 관한 기준내용으로 옳은 것은?

① 건축선의 2m 이내의 변경인 경우
② 획지면적의 30% 이내의 변경인 경우
③ 가구면적의 20% 이내의 변경인 경우
④ 건축물높이의 30% 이내의 변경인 경우

해설 관련 법규 : 법 제28조, 영 제22조, 해설 법규 : 영 제22조 ⑦항
①항은 건축선의 1m 이내 변경인 경우이고, ③항은 가구면적의 10% 이내 변경인 경우이며, ④항은 건축물높이의 20% 이내 변경인 경우이다.

★
90 대형건축물의 건축허가 사전승인신청 시 제출도서의 종류 중 설계설명서에 표시하여야 할 사항이 아닌 것은?

① 공사금액   ② 개략공정계획
③ 교통처리계획   ④ 각부 구조계획

해설 관련 법규 : 법 제11조, 규칙 제7조, (별표 3), 해설 법규 : (별표 3)
대형건축물의 건축허가 사전승인신청 시 설계설명서에 표시하여야 할 사항은 공사개요(위치, 대지면적, 공사기간, 공사금액 등), 사전조사사항(지반고, 기후, 동결심도, 수용인원, 상하수와 주변지역을 포함한 지질 및 지형, 인구, 교통, 지역, 지구, 토지이용현황, 시설물현황 등), 건축계획(배치, 평면·입면계획, 동선계획, 개략조경계획, 주차계획, 교통처리계획 등), 시공방법, 개략공정계획, 주요 설비계획, 주요 자재사용계획 및 기타 필요한 사항 등이다.

★
91 공동주택과 오피스텔의 난방설비를 개별난방방식으로 하는 경우에 관한 기준내용으로 틀린 것은?

① 보일러의 연도는 내화구조로서 공동연도로 설치할 것
② 보일러실의 윗부분에는 그 면적이 $0.5m^2$ 이상인 환기창을 설치할 것
③ 오피스텔의 경우에는 난방구획을 방화구획으로 구획할 것
④ 보일러는 거실 외의 곳에 설치하되, 보일러를 설치하는 곳과 거실 사이의 경계벽은 출입구를 제외하고는 방화구조의 벽으로 구획할 것

해설 관련 법규 : 법 제62조, 영 제87조, 설비규칙 : 제13조, 해설 법규 : 설비규칙 제13조 ①항 1호
보일러는 거실 외의 곳에 설치하되, 보일러를 설치하는 곳과 거실 사이의 경계벽은 출입구를 제외하고는 내화구조의 벽으로 구획할 것

★★
92 주거에 쓰이는 바닥면적의 합계가 $200m^2$인 주거용 건축물에 설치하는 음용수용 급수관의 최소 지름기준은?

① 25mm   ② 32mm
③ 40mm   ④ 50mm

해설 관련 법규 : 법 제62조, 영 제87조, 설비규칙 제18조, (별표 3), 해설 법규 : (별표 3)
주거에 쓰이는 바닥면적의 합계가 $200m^2$(5가구)인 주거용 건축물에 설치하는 음용수용 급수관의 최소 지름은 25mm이다.

2021

93 건축법령상 건축물의 대지에 공개공지 또는 공개공간을 확보하여야 하는 대상건축물에 해당하지 않는 것은? (단, 해당 용도로 쓰는 바닥면적의 합계가 5,000m²인 건축물의 경우로, 건축조례로 정하는 다중이 이용하는 시설의 경우는 고려하지 않는다.)

① 종교시설 ② 업무시설
③ 숙박시설 ④ 교육연구시설

해설 관련 법규 : 법 제43조, 영 제27조의2, 해설 법규 : 영 제27조의2 ①항
공개공지 또는 공개공간의 확보대상건축물
일반주거지역, 준주거지역, 상업지역, 준공업지역 및 특별자치도지사 또는 시장·군수·구청장이 도시화의 가능성이 크다고 인정하여 지정·공고하는 지역의 하나에 해당하는 지역의 환경을 쾌적하게 조성하기 위하여 다음에서 정하는 용도와 규모의 건축물은 일반이 사용할 수 있도록 대통령령으로 정하는 기준에 따라 소규모 휴식시설 등의 공개공지(공지 : 공터) 또는 공개공간을 설치하여야 한다.
㉮ 문화 및 집회시설, 종교시설, 판매시설(농수산물유통시설은 제외), 운수시설(여객용 시설만 해당), 업무시설 및 숙박시설로서 해당 용도로 쓰는 바닥면적의 합계가 5,000m² 이상인 건축물
㉯ 그 밖에 다중이 이용하는 시설로서 건축조례로 정하는 건축물

94 중고층주택을 중심으로 편리한 주거환경을 조성하기 위하여 지정하는 용도지역은?

① 제1종 일반주거지역
② 제2종 일반주거지역
③ 제3종 일반주거지역
④ 제4종 일반주거지역

해설 관련 법규 : 법 제36조, 영 제30조, 해설 법규 : 영 제30조 1호 나목
제3종 일반주거지역은 중·고층주택을 중심으로 편리한 주거환경을 조성하기 위하여 필요한 지역에 지정한다.

95 국토의 계획 및 이용에 관한 법령상 건폐율의 최대 한도가 가장 높은 용도지역은?

① 준주거지역 ② 생산관리지역
③ 중심상업지역 ④ 전용공업지역

해설 관련 법규 : 법 제55조, 국토법 제77조, 국토영 제84조, 해설 법규 : 국토영 제84조 ①항
각 지역에 따른 건폐율

구분			건폐율(%)
주거지역	전용	1종	50
		2종	
	일반	1종	60
		2종	
		3종	50
	준주거		70
상업지역		중심	90
		근린	70
		일반, 유통	80
공업지역		전용	
		일반	70
		준	
녹지지역		보전	
		생산	
		자연	20
관리지역		보전	
		생산	
		계획	40
농림지역			20
자연환경보전지역			20

96 다음 중 승용 승강기를 가장 많이 설치해야 하는 건축물의 용도는? (단, 6층 이상의 거실면적의 합계가 10,000m²이며 8인승 승강기를 설치하는 경우)

① 의료시설 ② 위락시설
③ 숙박시설 ④ 공동주택

해설 관련 법규 : 법 제64조, 영 제89조, 설비규칙 제5조(별표 1의2), 해설 법규 : (별표 1의2)
승용 승강기 설치에 있어서 설치대수가 많은 것부터 작은 것의 순으로 늘어놓으면 문화 및 집회시설(공연장, 집회장 및 관람장에 한함), 판매 및 영업시설(도매시장, 소매시장 및 시장에 한함), 의료시설(병원 및 격리병원에 한함) → 문화 및 집회시설(전시장 및 동·식물원에 한함), 업무시설, 숙박시설, 위락시설 → 공동주택, 교육연구 및 복지시설, 기타 시설의 순이다.

97 대지의 분할제한과 관련한 다음 내용에서 밑줄 친 부분에 해당하는 규모기준이 틀린 것은?

> 건축물이 있는 대지는 <u>대통령령으로 정하는</u> 범위에서 해당 지방자치단체의 조례로 정하 는 면적에 못 미치게 분할할 수 없다.

① 주거지역 : 60m² 이상
② 상업지역 : 100m² 이상
③ 공업지역 : 150m² 이상
④ 녹지지역 : 200m² 이상

해설 관련 법규 : 법 제57조, 영 제80조, 해설 법규 : 영 제80조 2호
대지를 분할할 때 최소한의 면적기준

지역구분	분할제한규모
주거지역	60m² 이상
상업지역, 공업지역	150m² 이상
녹지지역	200m² 이상
기타 지역(주거, 상업, 공업, 녹지지역을 제외한 지역)	60m² 이상

98 일조 등의 확보를 위한 건축물의 높이제한기준 중 ⊙과 ⓛ에 해당하는 내용이 옳은 것은?

> 전용주거지역이나 일반주거지역에서 건축물 을 건축하는 경우에는 건축물의 각 부분을 정북(正北)방향으로의 인접 대지경계선으로 부터 다음 각 호의 범위에서 건축조례로 정 하는 거리 이상을 띄어 건축하여야 한다.
> 1. 높이 9미터 이하인 부분 : 인접 대지경계선 으로부터 (⊙) 이상
> 2. 높이 9미터를 초과하는 부분 : 인접 대지경 계선으로부터 해당 건축물 각 부분 높이의 (ⓛ) 이상

① ⊙ 1m
② ⊙ 1.5m
③ ⓛ 3분의 1
④ ⓛ 3분의 2

해설 관련 법규 : 법 제61조, 영 제86조, 규칙 제36조, 해설 법규 : 영 제86조 ①항 1호, 2호
전용주거지역이나 일반주거지역에서 건축물을 건 축하는 경우에는 일조 등의 확보를 위하여 건축물 의 각 부분을 정북방향으로의 인접 대지경계선으로 부터 다음의 거리 이상을 띄어 건축하여야 한다.
㉮ 높이 9m 이하인 부분 : 인접 대지경계선으로부터 1.5m 이상
㉯ 높이 9m를 초과하는 부분 : 인접 대지경계선으 로부터 해당 건축물 각 부분 높이의 1/2 이상

99 건축물 관련 건축기준의 허용오차범위기준이 2% 이내가 아닌 것은?

① 출구너비
② 반자높이
③ 평면길이
④ 벽체두께

해설 관련 법규 : 법 제26조, 규칙 제20조, (별표 5), 해설 법규 : 규칙 제20조, (별표 5)
건축물 관련 건축기준의 허용오차

구분	오차범위
건축물높이	2% 이내(1m 초과 불가)
평면길이	2% 이내(전체 길이 1m 초과 불가, 각 실의 길이 10cm 초과 불가)
출구너비, 반자높이	2% 이내
벽체두께, 바닥판두께	3% 이내

100 비상용 승강기 승강장의 바닥면적은 비상용 승강기 1대에 대하여 최소 얼마 이상으로 하 여야 하는가? (단, 옥내승강장인 경우)

① 3m²
② 4m²
③ 5m²
④ 6m²

해설 관련 법규 : 법 제64조, 설비규칙 제10조, 해설 법규 : 설비규칙 제10조 2호 바목
비상용 승강기의 승강장 및 승강로의 구조에 있어서, 승강장의 바닥면적은 비상용 승강기 1대에 대하여 6m² 이상으로 할 것. 다만, 옥외에 승강장을 설치하는 경우 에는 그러하지 아니하다.

2021

제1과목 건축계획

★★
01 다음 중 백화점의 기둥간격결정요소와 가장 거리가 먼 것은?

① 매장의 연면적
② 진열장의 배치방법
③ 지하주차장의 주차방식
④ 에스컬레이터의 배치방법

해설 백화점의 스팬을 결정하는 요인에는 기준층 판매대의 배치와 치수, 그 주위의 통로폭, 엘리베이터와 에스컬레이터의 배치와 유무, 지하주차장의 설치, 주차방식과 주차폭 등이 있다. 각 층별 매장의 상품구성, 화장실의 크기, 공조실의 폭과 위치, 백화점의 스팬과는 무관하다.

★
02 주심포형식에 관한 설명으로 옳지 않은 것은?

① 공포를 기둥 위에만 배열한 형식이다.
② 장혀는 긴 것을 사용하고 평방이 사용된다.
③ 봉정사 극락전, 수덕사 대웅전 등에서 볼 수 있다.
④ 맞배지붕이 대부분이며 천장을 특별히 가설하지 않아 서까래가 노출되어 보인다.

해설 **주심포형식**
㉮ 주심포형식은 기둥 위에 창방만을 설치하나, 다포형식은 기둥 위에 창방과 평방을 놓고 그 위에 공포를 배치하는 공포양식이다.
㉯ 주심포형식에 있어서 장혀는 단장혀(짧은 장혀)를 사용한다.
㉰ 봉정사 극락전은 현존하는 우리나라 목조건축물 중 가장 오래된 고려시대의 것이다.

★★
03 페리(C. A. Perry)의 근린주구에 관한 설명으로 옳지 않은 것은?

① 경계 : 4면의 간선도로에 의해 구획
② 공공시설용지 : 지구 전체에 분산하여 배치

③ 오픈스페이스 : 주민의 일상생활요구를 충족시키기 위한 소공원과 위락공간체계
④ 지구 내 가로체계 : 내부 가로망은 단지 내의 교통량을 원활히 처리하고 통과교통을 방지

해설 페리의 근린주구의 공공시설용지는 유치권이 주구의 크기와 같은 학교, 기타 공공시설의 용지는 주구의 중심 또는 공공지의 주위에 일단의 방식으로 배치된다.

★★
04 사무소 건축의 실단위계획에 있어서 개방식 배치에 관한 설명으로 옳지 않은 것은?

① 독립성과 쾌적감 확보에 유리하다.
② 공사비가 개실시스템보다 저렴하다.
③ 방의 길이나 깊이에 변화를 줄 수 있다.
④ 전면적을 유효하게 이용할 수 있어 공간절약상 유리하다.

해설 사무실 건축의 실단위계획에 있어서 개방식 배치(개방된 대규모의 실로 설계하고 중역들을 위해 분리된 소형의 실을 두는 형식)는 독립성과 쾌적감 확보에 불리하다.

★★★
05 건축계획단계에서의 조사방법에 관한 설명으로 옳지 않은 것은?

① 설문조사를 통하여 생활과 공간 간의 대응관계를 규명하는 것은 생활행동행위의 관찰에 해당된다.
② 이용상황이 명확하게 기록되어 있는 시설의 자료 등을 활용하는 것은 기존자료를 통한 조사에 해당된다.
③ 건물의 이용자를 대상으로 설문을 작성하여 조사하는 방식은 생활과 공간의 대응관계분석에 유효하다.
④ 주거단지에서 어린이들의 행동특성을 조사하기 위해서는 생활행동행위 관찰방식이 일반적으로 적절하다.

해설 건축계획단계의 조사방법에 있어서 직접 관찰을 통하여 생활과 공간 간의 대응관계를 규명하는 것은 생활행동행위의 관찰에 해당된다.

06 도서관 건축계획에서 장래에 증축을 반드시 고려해야 할 부분은?

① 서고   ② 대출실
③ 사무실   ④ 휴게실

해설 도서관의 서고위치는 modular system에 의하여 배치하나 위치를 고정시키지 않고 필요시(서고 확장 시) 서고의 위치를 변경할 수 있도록 한다.

07 다음 설명에 알맞은 공장 건축의 레이아웃(layout)형식은?

• 생산에 필요한 모든 공정, 기계기구를 제품의 흐름에 따라 배치한다.
• 대량생산에 유리하며 생산성이 높다.

① 혼성식 레이아웃
② 고정식 레이아웃
③ 제품 중심의 레이아웃
④ 공정 중심의 레이아웃

해설 ㉮ 공정 중심의 레이아웃(기계설비의 중심) : 주문공장 생산에 적합한 형식으로, 생산성이 낮으나 다품종 소량생산방식 또는 예상생산이 불가능한 경우와 표준화가 행해지기 어려운 경우에 적합하다.
㉯ 고정식 레이아웃 : 선박이나 건축물처럼 제품이 크고 수가 극히 적은 경우에 사용하며 주로 사용되는 재료나 조립부품이 고정된 장소에 적합하다.

08 주택의 부엌 작업대 배치유형 중 ㄷ자형에 관한 설명으로 옳은 것은?

① 두 벽면을 따라 작업이 전개되는 전통적인 형태이다.
② 평면계획상 외부로 통하는 출입구의 설치가 곤란하다.
③ 작업동선이 길고 조리면적은 좁지만 다수의 인원이 함께 작업할 수 있다.
④ 가장 간결하고 기본적인 설계형태로 길이가 4.5m 이상이 되면 동선이 비효율적이다.

해설 **부엌 작업대의 배치방식**
㉮ ㄷ자형 : 인접한 3면의 벽에 작업대를 배치한 형태로서 작업동선이 짧고 조리면적은 좁아 다수의 인원이 함께 작업할 수 없다.
㉯ 일자형 : 가장 간결하고 기본적인 설계형태로 길이가 4.5m 이상이 되면 동선이 비효율적이다.

09 고딕양식의 건축물에 속하지 않는 것은?

① 아미앵성당   ② 노트르담성당
③ 샤르트르성당   ④ 성 베드로성당

해설 고딕양식의 특성은 그 건축형태에서 수직성을 크게 강조했고, 수평방향으로 통일되고 연속적인 공간을 만들었으며, 제단으로 연결되는 통로를 따라 직선배치가 주를 이루었다. 그 종류에는 랭스성당, 아미앵성당, 노트르담성당, 쾰른성당 및 샤르트르성당 등이 있다. 성 베드로성당은 르네상스 건축양식의 성당이다.

10 아파트의 평면형식 중 계단실형에 관한 설명으로 옳은 것은?

① 대지에 대한 이용률이 가장 높은 유형이다.
② 통행을 위한 공용면적이 크므로 건물의 이용도가 낮다.
③ 각 세대가 양쪽으로 개구부를 계획할 수 있는 관계로 통풍이 양호하다.
④ 엘리베이터를 공용으로 사용하는 세대수가 많으므로 엘리베이터의 효율이 높다.

해설 공동주택의 평면형식 중 계단실(홀)형은 계단 또는 엘리베이터홀로부터 직접 주거단위로 들어가는 형식으로 채광과 통풍(양쪽에 창문을 설치) 및 프라이버시 확보가 양호하고 독립성(privacy)이 좋으며, 출입이 매우 편리하고 통행부면적이 작아 건물의 이용도가 높다. ①항은 중복도형, 집중형 순으로 높다. ②항과 ④항은 중복도형의 특징이다.

11 르네상스 건축에 관한 설명으로 옳은 것은?

① 건축비례와 미적 대칭 등을 중시하였다.
② 첨탑과 플라잉버트레스가 처음 도입되었다.
③ 펜덴티브돔이 창안되어 실내공간의 자유도가 높아졌다.
④ 강렬한 극적효과를 추구하며 관찰자의 주관적 감흥을 중시하였다.

2021

해설 르네상스양식의 특징은 건축비례와 미적 대칭을 중시하였고, 수평을 강조하며 정사각형, 원 등을 사용하여 유심적 공간구성을 했다. 성 스피리토성당의 형태는 신 중심적 세계관에서 인간 중심적 세계관으로 변화했음을 보여준다. 르네상스시대의 건축가로는 부르넬레스키, 미켈란젤로, 알베르티 등이 있다. ②항은 고딕 건축, ③항은 비잔틴 건축, ④항은 바로크 건축의 특성이다.

★★
12 극장 건축에서 무대의 제일 뒤에 설치되는 무대배경용의 벽을 나타내는 용어는?

① 프로시니엄　　② 사이클로라마
③ 플라이 로프트　④ 그리드 아이언

해설
① 프로시니엄 아치 : 관람석과 무대 사이에 격벽이 설치되고, 이 격벽의 개구부를 통해 극을 관람하게 된다. 이 개구부의 틀을 프로시니엄 아치라고 한다.
③ 플라이 로프트(fly loft) : 무대 상부의 공간으로, 이상적인 플라이 로프트의 높이는 프로시니엄의 4배 이상이다.
④ 그리드 아이언 : 무대 상부의 격자형태의 발판으로, 이곳에서 배경막과 조경 등을 조절한다.

★★
13 미술관 전시실의 전시기법에 관한 설명으로 옳지 않은 것은?

① 하모니카전시는 동일 종류의 전시물을 반복하여 전시할 경우에 유리하다.
② 아일랜드전시는 실물을 직접 전시할 수 없는 경우 영상매체를 사용하여 전시하는 방법이다.
③ 파노라마전시는 연속적인 주제를 연관성 있게 표현하기 위해 선형의 파노라마로 연출하는 전시기법이다.
④ 디오라마전시는 하나의 사실 또는 주제의 시간상황을 고정시켜 연출하는 것으로 현장에 임한 느낌을 주는 기법이다.

해설
㉮ 아일랜드전시 : 전시물의 사방에서 감상할 필요가 있는 조각물이나 모형을 전시하기 위해 벽면에서 떼어놓아 전시하는 기법
㉯ 영상전시 : 실물을 직접 전시할 수 없거나 오브제전시만을 극복하기 위해 영상매체를 사용하여 전시하는 기법

★
14 호텔에 관한 설명으로 옳지 않은 것은?

① 커머셜호텔은 일반적으로 고밀도의 고층형이다.
② 터미널호텔에는 공항호텔, 부두호텔, 철도역호텔 등이 있다.
③ 리조트호텔의 건축형식은 주변조건에 따라 자유롭게 이루어진다.
④ 레지던셜호텔은 여행자의 장기간 체재에 적합한 호텔로서, 각 객실에는 주방설비를 갖추고 있다.

해설 레지던셜호텔은 교통 및 상업의 중심지인 도시에 위치하여 일반 관광객 외에 상업·사무 등 각종 비즈니스를 위한 여행자를 대상으로 한다. 일반적으로 호텔경영 내용의 주체를 식사료에 비중을 두고 있다. ④항은 아파트먼트호텔에 대한 설명이다.

★
15 학교운영방식에 관한 설명으로 옳지 않은 것은?

① 종합교실형은 교실의 이용률이 높지만 순수율은 낮다.
② 일반교실 및 특별교실형은 우리나라 중학교에서 주로 사용되는 방식이다.
③ 교과교실형에서는 모든 교실이 특정 교과를 위해 만들어지고 일반교실이 없다.
④ 플래툰형은 학년과 학급을 없애고 학생들은 각자의 능력에 따라 교과를 선택하고 일정한 교과가 끝나면 졸업을 한다.

해설 플래툰형은 전 학급을 2개의 분단으로 하고 한 분단이 일반교실을 사용할 때 다른 분단은 특별교실을 사용하는 형식으로, 분단의 교체는 점심시간이 되도록 계획하는 형식이다. ④항은 달턴형에 대한 설명이다.

★
16 병원 건축형식 중 분관식(pavilion type)에 관한 설명으로 옳은 것은?

① 대지가 협소할 경우 주로 적용된다.
② 보행길이가 짧아져 관리가 용이하다.
③ 각 병실의 일조, 통풍환경을 균일하게 할 수 있다.
④ 급수, 난방 등의 배관길이가 짧아져 설비비가 적게 된다.

해설 분관식
㉮ 대지면적에 제약이 없는 경우에 주로 적용되며 대지가 협소하면 불가능하다.
㉯ 급수, 난방 등의 배관길이가 길게 되어 설비비가 고가이다.
㉰ 관리가 불편하며 동선이 길어진다.

17 ★ 쇼핑센터의 몰(mall)에 관한 설명으로 옳은 것은?

① 전문점과 핵상점의 주출입구는 몰에 면하도록 한다.
② 쇼핑체류시간을 늘릴 수 있도록 방향성이 복잡하게 계획한다.
③ 몰은 고객의 통과동선으로서 부속시설과 서비스기능의 출입이 이루어지는 곳이다.
④ 일반적으로 공기조화에 의해 쾌적한 실내기후를 유지할 수 있는 오픈 몰(open mall)이 선호된다.

해설 몰은 쇼핑센터 내의 주요 보행동선으로 쇼핑거리인 동시에 고객의 휴식공간으로 확보한 방향성과 식별성이 요구되며, 20세기 설비의 발달로 가능해진 인공적인 공기조화를 필요로 하는 옥내의 인 클로즈몰로 오늘날 주류를 이루고 있다.

18 ★★ 미술관의 전시실 순회형식에 관한 설명으로 옳지 않은 것은?

① 갤러리 및 코리더형식에서는 복도 자체도 전시공간으로 이용이 가능하다.
② 중앙홀형식에서 중앙홀이 크면 동선의 혼란은 많으나, 장래의 확장에는 유리하다.
③ 연속순회형식은 전시 중에 하나의 실을 폐쇄하면 동선이 단절된다는 단점이 있다.
④ 갤러리 및 코리더형식은 복도에서 각 전시실에 직접 출입할 수 있으며 필요시에 자유로이 독립적으로 폐쇄할 수가 있다.

해설 중앙홀형식(중앙에 하나의 큰 홀을 두고, 그 주위에 각 전시실을 배치하는 형식)에서 중앙홀이 크면 동선의 혼란은 없으나 장래의 확장에는 불리하다.

19 ★★ 다음 설명에 알맞은 사무소 건축의 코어유형은?

• 코어를 업무공간에서 분리시킨 관계로 업무공간의 융통성이 높은 유형이다.
• 설비덕트나 배관을 코어로부터 업무공간으로 연결하는 데 제약이 많다.

① 외코어형
② 편단코어형
③ 양단코어형
④ 중앙코어형

해설 ② 편단코어형 : 바닥면적이 커지면 코어 이외에 피난시설, 설비샤프트 등이 필요하다.
③ 양단코어형 : 방재상 유리하고 복도가 필요하므로 유효율이 떨어진다.
④ 중앙코어형 : 대여사무실로 적합하고 유효율이 높으며 대여빌딩으로서 가장 경제적인 계획을 할 수 있다.

20 ★ 단독주택의 리빙다이닝키친에 관한 설명으로 옳지 않은 것은?

① 공간의 이용률이 높다.
② 소규모 주택에 주로 사용된다.
③ 주부의 동선이 짧아 노동력이 절감된다.
④ 거실과 식당이 분리되어 각 실의 분위기 조성이 용이하다.

해설 리빙키친(리빙다이닝키친, LDK, living kitchen)은 거실, 식사실 및 부엌의 기능을 한 곳에 집합시킨 것으로 각 실의 분위기 조성이 난이하고 공간을 효율적으로 활용할 수 있어서 소규모의 주택이나 아파트에 많이 사용된다. 가족구성원의 수가 많고 주택의 규모가 큰 경우에는 부적당하다.

2021

제2과목 건축시공

21 ★★ 목재의 접착제로 활용되는 수지와 가장 거리가 먼 것은?

① 요소수지
② 멜라민수지
③ 폴리스티렌수지
④ 페놀수지

해설 목재의 접착에 사용하는 접착제는 1류(내수) 합판에는 페놀수지풀을, 2류(준내수) 합판에는 요소수지풀 또는 멜라민수지풀을, 3류(일반) 합판에는 카세인을 사용한다. 또한 폴리스티렌수지는 사용범위가 넓고 벽타일, 천장재, 블라인드, 도료, 전기용품 등으로 쓰이며, 특히 발포제품은 저온단열재(스티로폼)로 널리 사용된다.

22 ★★★ 공동도급방식(joint venture)에 관한 설명으로 옳은 것은?

① 2명 이상의 수급자가 어느 특정 공사에 대하여 협동으로 공사계약을 체결하는 방식이다.

② 발주자, 설계자, 공사관리자의 세 전문집단에 의하여 공사를 수행하는 방식이다.

③ 발주자와 수급자가 상호 신뢰를 바탕으로 팀을 구성하여 공동으로 공사를 수행하는 방식이다.

④ 공사수행방식에 따라 설계/시공(D/B)방식과 설계/관리(D/M)방식으로 구분한다.

해설 ②항은 건설사업관리(CM)계약방식, ③항은 파트너링 계약방식, ④항은 턴키도급방식에 대한 설명이다.

23 ★ 다음 설명에서 의미하는 공법은?

구조물 하중보다 더 큰 하중을 연약지반(점성토)표면에 프리로딩하여 압밀침하를 촉진시킨 뒤 하중을 제거하여 지반의 전단강도를 증대하는 공법

① 고결안정공법   ② 치환공법
③ 재하공법   ④ 탈수공법

해설 ① **고결안정공법** : 약액을 주입시켜 고결시키는 공법으로 생석회말뚝공법, 동결공법, 소결공법 등이 있다.
② **치환공법** : 지표면의 일부 약 1~3m 정도의 연약층을 제거한 후 양질의 흙(사질토)으로 바꾸는 공법으로 굴착치환공법, 미끄럼치환공법, 폭파치환공법 등이 있다.
④ **탈수공법** : 지반 중의 간극수를 탈수시켜 지반의 밀도를 높이는 공법으로 샌드드레인공법, 페이퍼드레인공법, 팩드레인공법 등이 있다.

24 ★ 보강블록공사에 관한 설명으로 옳지 않은 것은?

① 벽의 세로근은 구부리지 않고 설치한다.

② 벽의 세로근은 밑창 콘크리트 윗면에 철근을 배근하기 위한 먹메김을 하여 기초판 철근 위의 정확한 위치에 고정시켜 배근한다.

③ 벽 가로근 배근 시 창 및 출입구 등의 모서리 부분에 가로근의 단부를 수평방향으로 정착할 여유가 없을 때에는 갈고리로 하여 단부 세로근에 걸고 결속선으로 결속한다.

④ 보강블록조와 라멘구조가 접하는 부분은 라멘구조를 먼저 시공하고, 보강블록조를 나중에 쌓는 것이 원칙이다.

해설 보강 콘크리트 블록조와 라멘구조가 접하는 부분은 보강 콘크리트 블록조를 먼저 쌓고, 라멘구조를 나중에 시공한다.

25 ★ 기술제안입찰제도의 특징에 관한 설명으로 옳지 않은 것은?

① 공사비 절감방안의 제안은 불가하다.
② 기술제안서 작성에 추가비용이 발생된다.
③ 제안된 기술의 지적재산권 인정이 미흡하다.
④ 원안설계에 대한 공법, 품질 확보 등이 핵심 제안요소이다.

해설 기술제안(기술형)입찰제도는 국가를 당사자로 하는 계약에 관한 법률에 근거를 두고 공사입찰 시 낙찰자를 선정함에 있어 가격뿐만 아니라 여러 가지 요소(건설기술, 공사기간, 공사가격 등)를 고려하여 입찰하는 제도로서 상징성, 기념성, 예술성이 요구되는 시설물공사에 적용한다. 기술제안서는 입찰자가 발주기관이 교부한 설계도서를 검토하여 **공사비 절감방안**(공사비 절감방안의 제안이 가능), 공사기간 단축방안, 공사관리방안 등을 제안하는 문서이다.

26 ★★★ 녹막이 칠에 사용하는 도료와 가장 거리가 먼 것은?

① 광명단   ② 크레오소트유
③ 아연분말도료   ④ 역청질도료

해설 녹막이 도장재료에는 광명단조합페인트, 크롬산아연 방청페인트, 아연분말프라이머, 역청질도료, 에칭프라 이머, 광명단 크롬산 아연방청프라이머, 타르에폭시 수지도료 등이 있다. 크레오소트유는 목재의 방부제이다.

27 계측관리항목 및 기기에 관한 설명으로 옳지 않은 것은? ★★

① 흙막이벽의 응력은 변형계(strain gauge)를 이용한다.

② 주변건물의 경사는 건물경사계(tiltmeter)를 이용한다.

③ 지하수의 간극수압은 지하수위계(water level meter)를 이용한다.

④ 버팀보, 앵커 등의 축하중변화상태의 측정 은 하중계(load cell)를 이용한다.

해설 피에조미터(piezo meter)는 지하수의 간극수압측정 에, 지하수위계는 지하수위측정에 사용한다.

28 철근의 정착위치에 관한 설명으로 옳지 않은 것은? ★★

① 지중보의 주근은 기초 또는 기둥에 정착한다.

② 기둥철근은 큰 보 혹은 작은 보에 정착한다.

③ 큰 보의 주근은 기둥에 정착한다.

④ 작은 보의 주근은 큰 보에 정착한다.

해설 철근의 정착위치는 기둥의 주근은 기초에, 바닥판의 철 근은 보 또는 벽체에, 벽철근은 기둥, 보, 기초 또는 바닥판에, 보의 주근은 기둥에, 작은 보의 주근은 큰 보에, 또 직교하는 끝부분의 보 밑에 기둥이 없는 경 우에는 보 상호 간에, 지중보의 주근은 기초 또는 기 둥에 정착한다.

29 칠공사에 관한 설명으로 옳지 않은 것은? ★★

① 한랭 시나 습기를 가진 면은 작업을 하지 않는다.

② 초벌부터 정벌까지 같은 색으로 도장해야 한다.

③ 강한 바람이 불 때는 먼지가 묻게 되므로 외부공사를 하지 않는다.

④ 야간은 색을 잘못 칠할 염려가 있으므로 작업을 하지 않는 것이 좋다.

해설 초벌, 재벌 및 정벌의 색상을 3회에 걸쳐서 다음 칠을 하였는지 안 하였는지 구별하기 위해 처음에는 연하게 칠하고, 최종적으로 원하는 색으로 진하게 칠한다.

30 석재에 관한 설명으로 옳은 것은? ★

① 인장강도는 압축강도에 비하여 10배 정도 크다.

② 석재는 불연성이긴 하나 화열에 닿으면 화 강암과 같이 균열이 생기거나 파괴되는 경 우도 있다.

③ 장대재를 얻기에 용이하다.

④ 조직이 치밀하여 가공성이 매우 뛰어나다.

해설
석재의 특성

㉮ 장점 : 인장강도(압축강도의 1/10~1/40 정도)에 비해 압축강도가 크고 불연성, 내구성, 내마멸성 및 내수성이 있으며, 외관이 아름답고 풍부한 양이 생산된다.

㉯ 단점 : 비중이 커서 무겁고 견고하여 가공이 어려 우며, 길고 큰 부재(장대재)를 얻기 힘들다. 압축 강도에 비하여 인장강도가 매우 작으며(인장강도 는 압축강도의 1/10~1/40), 일부 석재는 고열에 약하다(열전도율이 작아 열응력이 생기기 쉽다).

31 아파트 온돌바닥 미장용 콘크리트로서 고층 적용 실적이 많고 배합을 조닝별로 다르게 하 며 타설 바탕면에 따라 배합비 조정이 필요한 것은? ★

① 경량기포 콘크리트

② 중량 콘크리트

③ 수밀 콘크리트

④ 유동화 콘크리트

해설
② **중량(차폐용) 콘크리트** : 방사능을 차폐하기 위하 여 쓰이는 콘크리트로서 중정석, 자철광 등의 골재를 사용한 콘크리트이다.

③ **수밀 콘크리트** : 물이 침투하지 못하도록 특별히 밀실하게 만든 콘크리트로서 물, 공기의 공극률 을 가능한 한 작게 하거나 방수성 물질을 사용 하여 콘크리트 표면에 방수도막층을 형성하여 방수성을 높인 콘크리트이다.

④ **유동화 콘크리트** : 콘크리트에 유동화제를 넣어 유동성을 향상시키는 공법으로 단위수량과 단위 시멘트량을 적게 한다.

2021

★
32 토공사에 적용되는 체적환산계수 L의 정의로 옳은 것은?

① $\dfrac{\text{흐트러진 상태의 체적}(m^3)}{\text{자연상태의 체적}(m^3)}$

② $\dfrac{\text{자연상태의 체적}(m^3)}{\text{흐트러진 상태의 체적}(m^3)}$

③ $\dfrac{\text{다져진 상태의 체적}(m^3)}{\text{자연상태의 체적}(m^3)}$

④ $\dfrac{\text{자연상태의 체적}(m^3)}{\text{다져진 상태의 체적}(m^3)}$

해설 **토량(체적)환산계수의 적용**
㉮ 토량자연상태를 기준으로 하고 흙을 팔 때 공극이 포함된 흐트러진 상태를 잔토처리할 때는 토량환산계수를 적용한다. 즉 **토량(체적)환산계수**
$= \dfrac{\text{흐트러진 상태의 체적}(m^3)}{\text{자연상태의 체적}(m^3)}$ 이다.

㉯ 기계 등으로 다짐을 할 때 자연상태보다 더 다져진 상태를 사용하며, 흙돋우기를 할 때 토량환산계수를 적용한다. 즉 **토량(체적)환산계수**
$= \dfrac{\text{다져진 상태의 토량(체적)}}{\text{자연상태의 체적(체적)}}$ 이다.

★★
33 백화현상에 관한 설명으로 옳지 않은 것은?

① 시멘트는 수산화칼슘의 주성분의 생석회(CaO)의 다량 공급권으로서 백화의 주된 요인이다.

② 백화현상은 미장표면뿐만 아니라 벽돌벽체, 타일 및 착색시멘트제품 등의 표면에도 발생한다.

③ 겨울철보다 여름철의 높은 온도에서 백화 발생빈도가 높다.

④ 배합수 중에 용해되는 가용성분이 시멘트경화체의 표면건조 후 나타나는 현상이다.

해설 조적조의 백화현상(조적재의 표면에 흰 가루가 나타나는 현상)의 발생환경조건은 음지의 북측면, 기온이 낮을 때(겨울철보다 여름철의 높은 온도에서 **백화 발생빈도가 낮다**), 우기 등 습기가 많을 때, 적당한 바람이 불 때 발생한다.

★★
34 돌로마이트 플라스터바름에 관한 설명으로 옳지 않은 것은?

① 정벌바름용 반죽은 물과 혼합한 후 12시간 정도 지난 다음 사용하는 것이 바람직하다.

② 바름두께가 균일하지 못하면 균열이 발생하기 쉽다.

③ 돌로마이트 플라스터는 수경성이므로 해초풀을 적당한 비율로 배합해서 사용해야 한다.

④ 시멘트와 혼합하여 2시간 이상 경과한 것은 사용할 수 없다.

해설 돌로마이트 플라스터는 기경성의 미장재료로 소석회보다 점성이 커서 풀이 필요 없고 변색, 냄새, 곰팡이가 없으며, 돌로마이트석회, 모래, 여물, 때로는 시멘트를 혼합하여 만든 바름재료로서 마감표면의 경도가 회반죽보다 크다. 그러나 건조, 경화 시에 수축률이 가장 커서 균열이 집중적으로 크게 생기므로 여물을 사용하는데, 요즘에는 무수축성의 석고 플라스터를 혼입하여 사용한다.

★
35 재료별 할증률을 표기한 것으로 옳은 것은?

① 시멘트벽돌 : 3%
② 강관 : 7%
③ 단열재 : 7%
④ 봉강 : 5%

해설 **재료의 할증률**

할증률	재료의 종류
1%	유리
2%	도료
3%	이형철근, 고장력볼트, 일반용 합판, 점토질타일, 슬레이트, 붉은 벽돌, 내화벽돌
4%	시멘트블록
5%	원형철근, 일반 볼트, **강관**, 파이프, **봉강**, 리벳제품, 목재(각재), 합판(수장용), 석고보드, 텍스, 아스팔트계 타일, 기와, **시멘트벽돌**
7%	대형 형강
10%	단열재, 목재(판재), 정형석재, 강판

★
36 사질토의 상대밀도를 측정하는 방법으로 가장 적합한 것은?

① 표준관입시험(Standard Penetration Test)
② 베인테스트(Vane Test)
③ 깊은 우물(Deep Well)공법
④ 아일랜드공법

해설
② 베인시험 : 토질시험 중 보링의 구멍을 이용하여 +자 날개형의 테스터를 지반에 때려 박고 회전시켜 그 회전력에 의하여 진흙의 점착력을 판별하는 시험방법이다.
③ 깊은 우물공법 : 현장에서 상하단이 개방된 철근콘크리트조의 우물통을 지상에서 만들어 우물통 내에서 지반을 인력굴착 및 배토하면서 침하시키는 공법이다.
④ 아일랜드컷공법 : 지하공사에서 비탈지게 오픈컷으로 파낸 밑면의 중앙부에 먼저 기초를 시공한다. 그런 다음 주위 부분을 앞에 시공한 기초에 흙막이벽의 반력을 지지하게 하여 주변의 흙을 파내고, 그 부분의 구조체를 시공하는 방법이다.

★★
37 석고플라스터바름에 관한 설명으로 옳지 않은 것은?

① 보드용 플라스터는 초벌바름, 재벌바름의 경우 물을 가한 후 2시간 이상 경과한 것은 사용할 수 없다.
② 실내온도가 10℃ 이하일 때는 공사를 중단하거나 난방하여 10℃ 이상으로 유지한다.
③ 바름작업 중에는 될 수 있는 한 통풍을 방지한다.
④ 바름작업이 끝난 후 실내를 밀폐하지 않고 가열과 동시에 환기하여 바름면이 서서히 건조되도록 한다.

해설
석고플라스터바름은 실내온도가 5℃ 이하일 때에는 공사를 중단하거나 난방하여 5℃ 이상으로 유지한다. 정벌바름 후 난방할 때는 바름면이 오염되지 않도록 주의하며, 실내를 밀폐하지 않고 가열과 동시에 환기하여 바름면이 서서히 건조되도록 한다.

★★
38 철골부재의 용접 시 이음 및 접합 부위의 용접선의 교차로 재용접된 부위가 열영향을 받아 취약해짐을 방지하기 위하여 모재에 부채꼴모양으로 모따기를 한 것은?

① Blow Hole   ② Scallop
③ End Tap   ④ Crater

해설
① 블로홀(blow hole) : 용접의 결함 중 공모양 또는 길쭉한 모양의 구멍이 생기는 것이다.
③ 엔드탭(end tap) : 용접의 시발부와 종단부에 임시로 붙이는 보조판 또는 아크의 시발부에 생기기 쉬운 결함을 없애기 위해서 용접이 끝난 다음 떼어낼 목적으로 붙이는 버팀판이다.
④ 크레이터(crater) : 용접의 결함 중 아크용접에서 용접비드 끝에 남는 우묵하게 패인 것이다.

★
39 공급망관리(supply chain management)의 필요성이 상대적으로 가장 적은 공종은?

① PC(Precast Concrete)공사
② 콘크리트공사
③ 커튼월공사
④ 방수공사

해설
공급망관리(供給網管理, SCM)란 부품제공업자로부터 생산자, 배포자, 고객에 이르는 물류의 흐름을 하나의 가치사슬관점에서 파악하고 필요한 정보가 원활히 흐르도록 지원하는 시스템을 말한다.

★
40 멤브레인방수에 속하지 않는 방수공법은?

① 시멘트액체방수
② 합성고분자시트방수
③ 도막방수
④ 아스팔트방수

해설
멤브레인방수는 불투수성 피막을 형성하여 방수하는 공사의 총칭으로서 아스팔트방수층, 개량아스팔트시트방수층, 합성고분자계 시트방수층, 도막방수층 등이 있다. 시멘트액체방수는 방수제를 모르타르와 혼합하여 시공하는 방수로 콘크리트면에 방수제를 바르는 것이다.

제3과목 건축구조

41
다음 그림과 같은 부정정라멘의 B.M.D에서 P값을 구하면?

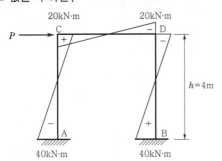

① 20kN
② 30kN
③ 50kN
④ 60kN

해설 수평하중값은 각 기둥의 전단력의 합계 또는 기둥 상부와 하부의 휨모멘트의 합을 기둥의 높이로 나눈 값과 동일하다.

$$\therefore P = -\frac{-20-20-40-40}{4} = 30kN$$

42
다음 그림과 같은 단순보에서 반력 R_A의 값은?

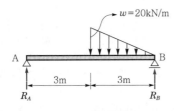

① 5kN
② 10kN
③ 20kN
④ 25kN

해설 반력을 구하기 위해 우선 등변분포하중을 집중하중(환산하중)으로 바꾸고, 작용점을 구하면 20kN/m×3m×1/2=30kN이고, 삼각형의 무게 중심점인 B점으로부터 좌측으로 2m 떨어진 점에서 수직 하향으로 작용하므로 다음 그림과 같다.

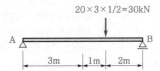

또한 A지점의 반력을 구하기 위해 힘의 비김조건 중 $\sum M_B = 0$에 의해서 $R_A \times 6 - 30 \times 2 = 0$이므로 $R_A = 10kN(\uparrow)$이다.

43
다음과 같은 구조물의 판별로 옳은 것은? (단, 그림의 하부지점은 고정단임)

① 불안정
② 정정
③ 1차 부정정
④ 2차 부정정

해설 **구조물의 판별**
㉮ $S=6$, $R=3$, $N=5$, $K=7$이므로
$S+R+N-2K=6+3+5-2\times7=0$(정정구조물)
㉯ $R=3$, $C=15$, $M=6$이므로
$R+C-3M=3+15-3\times6=0$(정정구조물)

44
인장이형철근 및 압축이형철근의 정착길이(l_d)에 관한 기준으로 옳지 않은 것은? (단, KDS 기준)

① 계산에 의하여 산정한 인장이형철근의 정착길이는 항상 200mm 이상이어야 한다.
② 계산에 의하여 산정한 압축이형철근의 정착길이는 항상 200mm 이상이어야 한다.
③ 인장 또는 압축을 받는 하나의 다발철근 내에 있는 개개 철근의 정착길이 l_d는 다발철근이 아닌 경우의 각 철근의 정착길이보다 3개의 철근으로 구성된 다발철근에 대해서는 20%를 증가시켜야 한다.
④ 단부에 표준갈고리가 있는 인장이형철근의 정착길이는 항상 $8d_b$ 이상, 또한 150mm 이상이어야 한다.

해설 **철근의 정착길이**

구분	기본정착길이	소요(실제) 정착길이
인장이형철근	$l_{db}=\dfrac{0.6d_b f_y}{\lambda\sqrt{f_{ck}}}$	$l_d=l_{db}\times$보정계수 $\geq 300mm$
압축이형철근	$l_{db}=\dfrac{0.25d_b f_y}{\lambda\sqrt{f_{ck}}}$ $\geq 0.043d_b f_y$	$l_d=l_{db}\times$보정계수 $\geq 200mm$
표준갈고리를 갖는 인장이형철근	$l_{db}=\dfrac{0.24\beta d_b f_y}{\lambda\sqrt{f_{ck}}}$	$l_d=l_{db}\times$보정계수 $\geq 8d_b$, 150mm

★★
45 다음 그림과 같이 스팬이 8,000mm이며 보 중심간격이 3,000mm인 합성보 H-588×300×12×20의 강재에 콘크리트두께 150mm로 합성보를 설계하고자 한다. 합성보 B의 슬래브유효폭을 구하면? (단, 스터드전단연결재가 설치됨)

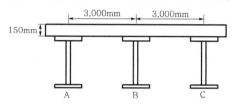

① 1,500mm   ② 2,000mm

③ 3,000mm   ④ 4,000mm

해설
합성보에서 양쪽에 슬래브가 있는 경우의 유효폭 산정
㉮ 양측 슬래브의 중심 사이의 거리 : $\dfrac{3,000}{2}+\dfrac{3,000}{2}$

$=3,000$mm 이하

㉯ 보의 스팬의 $\dfrac{1}{4}$: $8,000\times\dfrac{1}{4}=2,000$mm 이하

∴ ㉮, ㉯ 중 최솟값을 선택하면 2,000mm 이하

★★
46 다음 그림과 같은 단순인장접합부의 강도한계상태에 따른 고력볼트의 설계전단강도를 구하면? (단, 강재의 재질은 SS275이며, 고력볼트는 M22(F10T), 공칭전단강도 $F_{nv}=500$MPa, $\phi=0.75$)

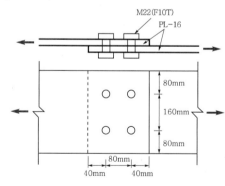

① 500kN   ② 530kN

③ 550kN   ④ 570kN

해설
고장력볼트의 설계전단강도와 고장력볼트구멍의 설계지압강도 중 작은 값을 지압접합부의 설계강도로 한다. 즉 ㉮, ㉯의 최솟값을 지압접합부의 설계강도로 한다.

㉮ ϕR_n(고장력볼트의 설계전단강도)$=\phi$(강도감소계수)n(볼트의 개수)F_{nv}(공칭전단강도)A_b(볼트의 공칭 단면적)에서 $\phi=0.75$, $n=4$, $A_b=\dfrac{\pi\times22^2}{4}=380$mm^2, $F_{nv}=500$N/mm^{2}이므로

∴ $\phi R_n=\phi n F_{nv} A_b$
$=0.75\times4\times380\times500=570$kN

㉯ ϕR_n(고장력볼트구멍의 설계지압강도)$=\phi$(강도감소계수)$1.2L_C$(하중방향의 순간격)t(판두께)F_U(공칭인장강도)$\leq\phi2.4d$(볼트의 공칭직경)t(피접합재의 두께)F_u(피접합재의 공칭인장강도)에서 $L_C=40-\dfrac{24}{2}$

$=28$mm, $t=16$mm, $d=22$mm, $F_u=1,000$N/mm^{2}이므로

∴ $\phi R_n=\phi1.2L_C t F_U\leq\phi2.4dt F_u$
$=0.75\times1.2\times28\times16\times1,000=403.2$kN
$\leq0.75\times2.4\times22\times16\times1,000=633.6$kN

∴ ㉮, ㉯ 중 최솟값 570kN을 고장력볼트의 설계전단강도로 한다.

★★
47 도심축에 대한 음영 부분의 단면계수값은?

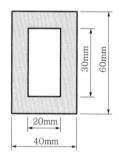

① 19,000mm^3 ② 20,500mm^3

③ 21,000mm^3 ④ 22,500mm^3

해설
$I=\dfrac{b(\text{보의 폭})h^3(\text{보의 춤})}{12}$에서

$b=40$mm, $h=60$mm, $b'=20$cm, $h'=30$cm이므로

$I=\dfrac{bh^3-b'h'^3}{12}=\dfrac{40\times60^3-20\times30^3}{12}=675,000$mm^4,

$y=30$cm이다.

∴ Z(단면계수)

$=\dfrac{I(\text{도심축에 대한 단면 2차 모멘트})}{y\binom{\text{도심축에서 단면계수를 구하고자}}{\text{하는 곳까지의 거리}}}$

$=\dfrac{675,000}{30}$

$=22,500$mm^3

2021

★
48 다음 구조용 강재의 명칭에 관한 내용으로 옳지 않은 것은?

① SM : 용접구조용 압연강재(KS D 3515)
② SS : 일반 구조용 압연강재(KS D 3503)
③ SN : 건축구조용 각형 탄소강관(KS D 3864)
④ SGT : 일반 구조용 탄소강관(KS D 3566)

해설 SN(Steel New Structure)강재는 건축구조용 압연강재이고, 건축구조용 각형 탄소강관은 SPAR이다.

★★
49 다음 그림과 같은 단순보에서 부재길이가 2배로 증가할 때 보의 중앙점 최대 처짐은 몇 배로 증가되는가?

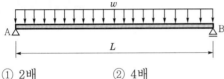

① 2배   ② 4배
③ 8배   ④ 16배

해설 단순보에 등분포하중이 작용하는 경우 중앙점의 최대 처짐($\delta_{\max}$) $= \dfrac{5\omega l^4}{384EI}$ 이다. 즉 최대 처짐은 스팬의 4제곱에 비례하므로 $2^4 = 16$배이다.

★★
50 인장력을 받는 원형 단면 강봉의 지름을 4배로 하면 수직응력도(normal stress)는 기존 응력도의 얼마로 줄어드는가?

① 1/2   ② 1/4
③ 1/8   ④ 1/16

해설 σ(수직응력도) $= \dfrac{P(하중)}{A(단면적)} = \dfrac{P}{\dfrac{\pi D^2}{4}}$ 이다. 그런데 D^2에 반비례하므로 직경이 4배가 되면 수직응력도는 $\dfrac{1}{4^2} = \dfrac{1}{16}$이다.

★
51 철근콘크리트보 설계 시 적용되는 경량콘크리트계수 중 모래경량 콘크리트의 경우에 적용되는 계수값은 얼마인가?

① 0.65   ② 0.75
③ 0.85   ④ 1.0

해설 λ(경량콘크리트계수)의 값은 f_{sp}(콘크리트의 쪼갬인장강도)값이 규정되어 있지 않은 경우
㉮ 전 경량 콘크리트 : $\lambda = 0.75$
㉯ 모래경량 콘크리트 : $\lambda = 0.85$
다만, 0.75에서 0.85 사이의 값은 모래경량 콘크리트의 잔골재를 경량잔골재로 치환하는 체적비에 따라 직선보간한다. 0.85에서 1.0 사이의 값은 보통 중량 콘크리트의 굵은 골재를 경량골재로 치환하는 체적비에 따라 직선보간한다. 보통 중량 콘크리트의 경량콘크리트계수는 1이다.

★
52 KDS에서 철근콘크리트구조의 최소 피복두께를 규정하는 이유로 보기 어려운 것은?

① 철근이 부식되지 않도록 보호
② 철근의 화해(火害) 방지
③ 철근의 부착력 확보
④ 콘크리트의 동결융해 방지

해설 피복두께는 콘크리트표면에서 가장 가까운 철근(보의 늑근, 기둥의 대근)표면까지의 거리로서, 내구성(철근의 부식 방지), 내화성(철근의 화해 방지) 및 부착력(철근의 부착력) 확보에 영향을 끼친다. 콘크리트의 동결융해 방지는 혼화제 중 AE제를 사용하여 방지할 수 있다.

★★★
53 다음 그림과 같은 구조물에 힘 P가 작용할 때 휨모멘트가 0이 되는 곳은 모두 몇 개인가?

① 2개   ② 3개
③ 4개   ④ 5개

해설 라멘의 휨모멘트를 그려보면 다음 그림과 같다. 그러므로 휨모멘트가 0이 되는 곳은 모두 4개이다.

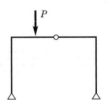

(B.M.D.)

54 강도설계법에서 양단 연속 1방향 슬래브의 스팬이 3,000mm일 때 처짐을 계산하지 않는 경우 슬래브의 최소 두께를 계산할 값으로 옳은 것은? (단, 단위중량 w_c =2,300kg/m³의 보통 콘크리트 및 f_y =400MPa 철근 사용)

① 107.1mm ② 124.3mm
③ 132.1mm ④ 145.5mm

해설

처짐을 계산하지 않는 경우 보의 최소 춤 산정

부 재	최소 두께(h)			
	단순 지지	1단 연속	양단 연속	캔틸 레버
	큰 처짐에 의해 손상되기 쉬운 칸막이벽이나 기타 구조물을 지지 또는 부착하지 않은 부재			
• 1방향 슬래브	$l/20$	$l/24$	$l/28$	$l/10$
• 보 • 리브가 있는 1방향 슬래브	$l/16$	$l/18.5$	$l/21$	$l/8$

이 표의 값은 보통 중량 콘크리트(m_c =2,300kg/m³)와 설계기준항복강도 400MPa 철근을 사용한 부재에 대한 값이다. 다른 조건에 대해서는 이 값을 다음과 같이 보정해야 한다.

㉮ 1,500~2,000m³범위의 단위질량을 갖는 구조용 경량 콘크리트에 대해서는 계산된 h값에 $(1.65-0.00031m_c)$를 곱해야 하나 1.09 이상이어야 한다.

㉯ f_y 가 100MPa 이외인 경우는 계산된 h값에 $(0.43+f_y/700)$을 곱해야 한다.

$$\therefore h = \frac{l}{28} = \frac{3,000}{28} = 107.14\text{mm}$$

55 다음 그림과 같은 부정정라멘에서 A점의 M_{AB}는?

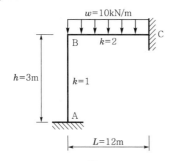

① 0 ② 20kN · m
③ 40kN · m ④ 60kN · m

해설 지점 A의 도달모멘트를 구하기 위하여 우선 분배모멘트를 구하면

$$M_{BA} = \frac{1}{1+2}M_B = \frac{1}{3}M_B,$$

$$M_{BC} = \frac{2}{1+2}M_B = \frac{2}{3}M_B \text{이고},$$

$$M_B = \frac{wl^2}{12} = \frac{10 \times 12^2}{12} = 120\text{kN} \cdot \text{m이다}.$$

$$\therefore M_{BA} = \frac{1}{3}M_B = \frac{1}{3} \times 120 = 40\text{kN} \cdot \text{m}$$

그런데 양단이 고정이므로 도달계수는 1/2이다.

$$\therefore M_{AB} = \frac{1}{2}M_{BA} = \frac{1}{2} \times 40 = 20\text{kN} \cdot \text{m}$$

56 등분포하중을 받는 4변 고정 2방향 슬래브에서 모멘트량이 일반적으로 가장 크게 나타나는 곳은?

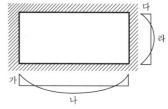

① 가 ② 나
③ 다 ④ 라

해설 철근콘크리트 2방향 슬래브의 배근에 있어서 철근을 많이 배근해야 하는 곳(휨모멘트값이 가장 큰 곳)부터 나열하면 단변방향의 단부(다)-단변방향의 중앙부(라)-장변방향의 단부(가)-장변방향의 중앙부(나)의 순이다.

57 합성보에서 강재보와 철근콘크리트 또는 합성 슬래브 사이의 미끄러짐을 방지하기 위하여 설치하는 것은?

① 스터드볼트 ② 퍼린
③ 윈드칼럼 ④ 턴버클

해설
② 퍼린(purlins) : 기대되는 처짐과 대략 15mm의 안전여유를 더한 높이만큼 보의 꼭대기보다 높게 설치해야 하는 철골구조물을 의미한다.
③ 윈드칼럼 : 샛기둥이라고도 하며, 철골구조의 벽체에 횡판넬을 설치할 때 주기둥(메인칼럼) 사이에 약 2m 정도로 세우는 2차 부재이다.
④ 턴버클 : 줄(인장재)을 팽팽히 당겨 조이는 나사 있는 탕개쇠로서, 거푸집 연결 시 철선의 조임, 철골 및 목골공사와 콘크리트타워 설치 시 사용한다.

2021

58

★★

다음 중 내진 Ⅰ등급 구조물의 허용층간변위로 옳은 것은? (단, KDS기준, h_{sx}는 x층 층고)

① $0.005h_{sx}$　　② $0.010h_{sx}$

③ $0.0015h_{sx}$　　④ $0.020h_{sx}$

해설

설계층간변위는 어느 층에서도 다음 표에 규정한 허용층간변위(Δa)를 초과해서는 안 된다.

구 분	내진등급		
	특급	Ⅰ급	Ⅱ급
허용층간변위(Δa)	$0.010h_{sx}$	$0.015h_{sx}$	$0.020h_{sx}$

59

★

활하중의 영향면적 산정기준으로 옳은 것은? (단, KDS기준)

① 부하면적 중 캔틸레버 부분은 영향면적에 단순합산

② 기둥 및 기초에서는 부하면적의 6배

③ 보에서는 부하면적의 5배

④ 슬래브에서는 부하면적의 2배

해설

활하중의 영향면적은 기둥 및 기초에서는 부하면적의 4배, 보 또는 벽체에서는 부하면적의 2배, 슬래브에서는 부하면적을 적용한다. 단, 부하면적 중 캔틸레버 부분은 4배 또는 2배를 적용하지 않고 영향면적에 단순합산한다.

60

★★★

보통 중량 콘크리트를 사용한 다음 그림과 같은 보의 단면에서 외력에 의해 휨균열을 일으키는 균열모멘트(M_{cr})값으로 옳은 것은? (단, $f_{ck}=27$MPa, $f_y=400$MPa, 철근은 개략적으로 도시되었음)

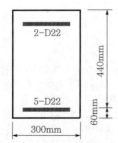

2-D22

440mm

5-D22

60mm

300mm

① 29.5kN · m　　② 34.7kN · m

③ 40.9kN · m　　④ 52.4kN · m

해설

$\lambda=1$, $I_g=\dfrac{bh^3}{12}=\dfrac{300\times500^3}{12}=3,125,000,000\text{mm}^2$,

$y_t=250$mm이므로

$$\therefore M_{cr}(\text{균열모멘트})=\frac{f_r I_g}{y_t}=\frac{0.63\lambda\sqrt{f_{ck}}\, I_g}{y_t}$$
$$=\frac{0.63\times1\times\sqrt{27}\times3,125,000,000}{250}$$
$$=40,919,700.33\text{N}\cdot\text{mm}$$
$$=40.92\text{kN}\cdot\text{m}$$

제4과목 건축설비

61

★★

온열감각에 영향을 미치는 물리적 온열 4요소에 속하지 않는 것은?

① 기온

② 습도

③ 일사량

④ 복사열

해설

열환경의 구성인자 또는 실내에서 사람의 온열감각에 영향을 미치는 4가지 요소에는 기온, 습도, 풍속(기류) 및 주위 벽의 열복사 등이 있다. 일사량과는 무관하다.

62

★

자연환기에 관한 설명으로 옳지 않은 것은?

① 풍력환기량은 풍속이 높을수록 증가한다.

② 중력환기량은 개구부면적이 클수록 증가한다.

③ 중력환기량은 실내외온도차가 클수록 감소한다.

④ 중력환기는 실내외의 온도차에 의한 공기의 밀도차가 원동력이 된다.

해설

자연환기

㉠ 방법은 중력환기(온도차에 의한 환기), 풍력환기(바람에 의한 환기), 환기통에 의한 환기, 후드에 의한 환기 등이 있다.

㉡ 실외의 바람속도는 환기량과 관계가 깊고, 자연환기량은 개구부면적이 클수록, 실내외의 온도차가 클수록 증가한다.

㉢ 자연환기를 위해서는 양쪽 벽에 창을 집중하는 것이 가장 바람직하다.

정답 58.③ 59.① 60.③ 61.③ 62.③

63 가스설비에 사용되는 거버너(governor)에 관한 설명으로 옳은 것은?

① 실내에서 발생되는 배기가스를 외부로 배출시키는 장치
② 연소가 원활히 이루어지도록 외부로부터 공기를 받아들이는 장치
③ 가스가 누설되거나 지진이 발생했을 때 가스공급을 긴급히 차단하는 장치
④ 가스공급회사로부터 공급받은 가스를 건물에서 사용하기에 적합한 압력으로 조정하는 장치

해설 거버너는 가스공급회사로부터 공급받은 가스를 건물에서 사용하기에 적합한 압력으로 조정하는 장치이다. ①항은 환기설비, ②항은 공기흡입장치, ③항은 가스차단밸브에 대한 설명이다.

64 온수난방방식에 관한 설명으로 옳지 않은 것은?

① 예열시간이 짧아 간헐운전에 주로 이용된다.
② 한랭지에서 운전 정지 중에 동결의 위험이 있다.
③ 증기난방방식에 비해 난방부하변동에 따른 온도조절이 용이하다.
④ 보일러 정지 후에도 여열이 남아 있어 실내난방이 어느 정도 지속된다.

해설 온수난방방식은 물의 열용량이 크므로 예열시간이 길어 간헐운전(일정한 시간을 두고 되풀이하는 운전)에는 부적합하다.

65 다음 중 조명률에 영향을 끼치는 요소와 가장 거리가 먼 것은?

① 광원의 높이
② 마감재의 반사율
③ 조명기구의 배광방식
④ 글레어(glare)의 크기

해설 조명률 = (조사면의 면적×조사면의 조도)/조사광속 ×100[%]
이다. 즉 조명률에 영향을 끼치는 요인에는 실의 크기, 마감재의 반사율, 광원의 높이, 조명기구의 배광 등이 있다. 글레어의 크기와 광원 사이의 간격과는 무관하다.

66 다음 중 건축물 실내공간의 잔향시간에 가장 큰 영향을 주는 것은?

① 실의 용적   ② 음원의 위치
③ 벽체의 두께   ④ 음원의 음압

해설 **잔향과 잔향시간**
㉮ 잔향은 음이 벽에 몇 번씩이나 반사하여 연주가 끝난 후에도 실내에 음이 남아 있는 현상(극장에서 음악의 여운)이다. 그 정도를 나타내기 위한 잔향시간(음원에서 소리가 끝난 후 실내에 음의 에너지가 그 백만분의 1이 될 때까지의 시간 또는 실내에 남은 음의 에너지가 60dB로 감소하기까지 소요된 시간)은 실용적에 비례하고, 흡음력에 반비례한다.
㉯ 일반적으로 대실은 소실보다 잔향시간이 길고, 관중의 수가 많으면 잔향시간이 짧아진다. 잔향시간은 벽체의 흡음도에 가장 영향을 많이 받으며 실의 형태와는 무관하다.

67 옥내소화전설비에 관한 설명으로 옳지 않은 것은?

① 옥내소화전방수구는 바닥으로부터의 높이가 1.5m 이하가 되도록 설치한다.
② 옥내소화전설비의 송수구는 구경 65mm의 쌍구형 또는 단구형으로 한다.
③ 전동기에 따른 펌프를 이용하는 가압송수장치를 설치하는 경우 펌프는 전용으로 하는 것이 원칙이다.
④ 어느 한 층의 옥내소화전을 동시에 사용할 경우 각 소화전의 노즐 선단에서의 방수압력은 최소 0.7MPa 이상이 되어야 한다.

해설 해당 층의 옥내소화전을 동시에 사용할 경우 각 소화전의 노즐 선단에서의 방수압력은 최소 0.17MPa 이상이고, 방수량은 130L/min이다.

68 다음 설명에 알맞은 통기방식은?

• 회로통기방식이라고도 한다.
• 2개 이상의 기구트랩에 공통으로 하나의 통기관을 설치하는 방식이다.

① 공용통기방식   ② 루프통기방식
③ 신정통기방식   ④ 결합통기방식

해설
① 공용통기방식 : 기구가 반대방향(좌우분기) 또는 병렬로 설치된 기구배수관의 교점에 접속하여 입상하며, 그 양 기구의 트랩봉수를 보호하기 위한 1개의 통기관을 말한다.
③ 신정통기방식 : 배수수직관의 상부를 배수수직관과 동일한 관경으로 위쪽에 배관하여 대기 중에 개방하는 통기관이다.
④ 결합통기방식 : 배수수직관과 통기수직관을 연결하는 통기관이다.

★★
69 어느 점광원에서 1m 떨어진 곳의 직각면조도가 200lx일 때 이 광원에서 2m 떨어진 곳의 직각면조도는?

① 25lx
② 50lx
③ 100lx
④ 200lx

해설
거리의 역자승법칙에 의해 조도(lx) $= \dfrac{\text{광도}(\text{cd})}{\text{거리}^2(\text{m}^2)}$ 이다.
그런데 거리는 2배(1m에서 2m로)가 되었으므로 조도는 $\dfrac{1}{2^2} = \dfrac{1}{4}$ 이 됨을 알 수 있다.

∴ 조도 $= \dfrac{200}{4} = 50\text{lx}$

★★
70 다음 설명에 알맞은 급수방식은?

• 위생성측면에서 가장 바람직한 방식이다.
• 정전으로 인한 단수의 염려가 없다.

① 수도직결방식
② 고가수조방식
③ 압력수조방식
④ 펌프직송방식

해설
② 고가수조방식 : 우물물 또는 상수를 일단 지하물받이탱크에 받아 이것을 양수펌프에 의해 건축물의 옥상 또는 높은 곳에 설치한 탱크로 양수한다. 그 수위를 이용하여 탱크에서 밑으로 세운 급수관에 의해 급수하는 방식이다.
③ 압력수조방식 : 수도본관에서 일단 물받이탱크에 저수한 다음, 급수펌프로 압력탱크에 보내면 압력탱크에서 공기를 압축 · 가압하여 그 압력에 의해 물을 필요한 곳으로 급수하는 방식이다.
④ 펌프직송(탱크 없는 부스터)방식 : 수도본관에 의해 물을 물받이탱크에 저수하고, 펌프만을 사용하여 건물 내 필요한 곳에 급수하는 방식이다.

★★
71 급수설비에서 역류를 방지하여 오염으로부터 상수계통을 보호하기 위한 방법으로 옳지 않은 것은?

① 토수구공간을 둔다.
② 각개통기관을 설치한다.
③ 역류방지밸브를 설치한다.
④ 가압식 진공브레이커를 설치한다.

해설
급수관에서 역류를 방지하여 오염으로부터 상수계통을 보호하기 위한 방법으로는 토수구공간을 두고, 역류방지밸브를 설치하여 대기압식 또는 가압식 진공브레이커를 설치한다. 또한 통기관은 봉수의 보호, 배수관의 원활한 배수, 배수관의 환기를 도모하기 위하여 설치하는 기구이므로 역류와는 무관하다.

★★
72 전기설비의 배선공사에 관한 설명으로 옳지 않은 것은?

① 금속관공사는 외부적 응력에 대해 전선보호의 신뢰성이 높다.
② 합성수지관공사는 열적 영향이나 기계적 외상을 받기 쉬운 곳에서는 사용이 곤란하다.
③ 금속덕트공사는 다수 회선의 절연전선이 동일 경로에 부설되는 간선 부분에 사용된다.
④ 플로어덕트공사는 옥내의 건조한 콘크리트 바닥면에 매입 사용되나 강 · 약전을 동시에 배선할 수 없다.

해설
플로어덕트공사(콘크리트슬래브 속에 플로어덕트를 통하게 하여 콘센트를 설치하여 사용하는 방식)는 옥내의 건조한 콘크리트 바닥면(넓은 사무실이나 백화점과 같은 바닥면)에 매입하여 사용하는 방식으로 강 · 약전을 동시에 사용할 수 있다.

★★
73 흡수식 냉동기의 주요 구성 부분에 속하지 않는 것은?

① 응축기
② 압축기
③ 증발기
④ 재생기

해설
㉮ 압축식 냉동기 : 압축기, 응축기, 증발기, 팽창밸브
㉯ 흡수식 냉동기 : 흡수기, 응축기, 재생(발생)기, 증발기

★★★
74 자동화재탐지설비의 열감지기 중 주위 온도가 일정온도 이상일 때 작동하는 것은?

① 차동식　　　　② 정온식
③ 광전식　　　　④ 이온화식

해설
① 차동식 스폿형 감지기 : 주위 온도가 일정한 온도 상승률 이상으로 되었을 때 작동하는 것으로 화기를 취급하지 않는 장소에 가장 적합한 감지기이다.
③ 광전식 감지기 : 연기입자로 인해서 광전소자에 대한 입사광량이 변화하는 것을 이용하여 작동하게 하는 것이다.
④ 이온화식 감지기 : 연기감지기로서 연기가 감지기 속에 들어가면 연기의 입자로 인해 이온전류가 변화하는 것을 이용한 것이다.

★
75 다음 설명에 알맞은 접지의 종류는?

> 기능상 목적이 서로 다르거나 동일한 목적의 개별접지들을 전기적으로 서로 연결하여 구현한 접지

① 단독접지　　　② 공통접지
③ 통합접지　　　④ 종별접지

해설
① 단독(개별, 독립)접지 : 각각 접지의 기준접지저항을 달리하여 각각 분리된 접지시스템 간에 충분한 이격거리를 두고 설치한 후 개별적으로 연결하는 접지방식이다.
② 공통접지 : 하나의 접지시스템에 신호, 통신, 보안용 등의 접지를 공통으로 접속한 방식으로 기능상 목적이 같은 접지들끼리 전기적으로 연결한 접지이다.
④ 종별접지 : 제1종, 제2종, 제3종 및 특3종 등으로 구별한 접지이나 2021년부터 폐지되었다.

★
76 간접가열식 급탕방식에 관한 설명으로 옳지 않은 것은?

① 저압보일러를 써도 되는 경우가 많다.
② 직접가열식에 비해 소규모 급탕설비에 적합하다.
③ 급탕용 보일러는 난방용 보일러와 겸용할 수 있다.
④ 직접가열식에 비해 보일러 내면에 스케일이 발생할 염려가 적다.

해설
간접가열식 급탕방식
㉮ 중앙식 급탕방식 중 보일러에서 만들어진 증기 또는 고온수를 열원으로 하고 저탕조 내에 설치된 코일을 통해 관내의 물을 가열하는 방식이다.
㉯ 고압보일러를 쓸 필요가 없고 대규모 급탕설비에 적당하며, 난방용 증기를 사용하면 급탕용 보일러를 필요로 하지 않는다.
㉰ 간접가열식 중앙급탕법은 저탕조와 보일러를 직결하여 순환가열하는 것으로 저압용 보일러를 주로 사용한다.

★★
77 엘리베이터의 안전장치에 속하지 않는 것은?

① 균형추　　　　② 완충기
③ 조속기　　　　④ 전자브레이크

해설
엘리베이터의 안전장치에는 전기적 안전장치(주접촉기, 과부하계전기, 전자브레이크, 승강스위치, 도어스위치, 비상정지버튼, 안전스위치, 슬롯다운스위치, 파이널리밋스위치, 도어안전스위치, 비상벨 및 전화기 등)와 기계적 안전장치(도어인터로크장치, 조속기, 비상정지, 완충기, 구출구, 수동핸들, 자동착상장치, 제어반 등) 등이 있다. 균형추는 권상기(전동기축의 회전력을 로프차에 전달하는 기구)의 부하를 가볍게 하고자 카의 반대측 로프에 장치한 것으로 중량=전중량+최대 적재량×(0.4~0.6)이다.

★
78 단일덕트 변풍량방식에 관한 설명으로 옳지 않은 것은?

① 전공기방식의 특성이 있다.
② 각 실이나 존의 온도를 개별제어할 수 있다.
③ 일사량변화가 심한 페리미터존에 적합하다.
④ 정풍량방식에 비해 설비비는 낮아지나 운전비가 증가한다.

해설
단일덕트 변풍량방식은 정풍량방식의 장점 외에 변풍량유닛을 사용하는 에너지 절약형 공기조화방식으로 송풍온도를 일정하게 하고 실내부하변동에 따라 취출구 앞에 설치한 VAV유닛에 의해서 송풍량을 변화시켜 제어하는 방식으로, 단일덕트 정풍량방식에 비해 설비비는 높아지나, 운전비는 에너지 절약형이므로 감소한다.

★★★
79 어떤 실의 취득열량이 현열 35,000W, 잠열 15,000W이었을 때 현열비는?

① 0.3　　　　　② 0.4
③ 0.7　　　　　④ 2.3

해설

$$현열비 = \frac{현열의\ 변화량}{전열(엔탈피,\ 현열+잠열)의\ 변화량}$$

$$= \frac{35,000}{35,000 + 15,000} = 0.7$$

★★★
80 다음과 같은 조건에 있는 실의 틈새바람에 의한 현열부하는?

[조건]
- 실의 체적 : 400m³
- 환기횟수 : 0.5회/h
- 실내온도 : 20℃, 외기온도 : 0℃
- 공기의 밀도 : 1.2kg/m³
- 공기의 정압비열 : 1.01kJ/kg·K

① 약 654W   ② 약 972W
③ 약 1,347W   ④ 약 1,654W

해설
$Q(열량) = c(비열)m(질량)\Delta t(온도의\ 변화량)$
$\qquad = c(비열)\rho(밀도)V(환기량)\Delta t(온도의\ 변화량)$
여기서, $c = 1.01kJ/kg \cdot K$
$\qquad \rho = 1.2kg/m^3$
$\qquad V(환기량) = n(환기횟수)q(체적)$
$\qquad\qquad = 0.5 \times 400 = 200m^3$
$\qquad \Delta t = 20 - 0 = 20℃$
$\therefore\ Q = cm\Delta t = c\rho V\Delta t$
$\qquad = 1.01 \times 1.2 \times 200 \times 20 = 4,848kJ/h$
$\qquad = \dfrac{4,848,000J}{3,600s} = 1,346.67J/s = 1,346.67W$

제5과목 **건축관계법규**

★★
81 다음은 지하층과 피난층 사이의 개방공간 설치와 관련된 기준내용이다. ( ) 안에 알맞은 것은?

바닥면적의 합계가 ( ) 이상인 공연장·집회장·관람장 또는 전시장을 지하층에 설치하는 경우에는 각 실에 있는 자가 지하층 각 층에서 건축물 밖으로 피난하여 옥외계단 또는 경사로 등을 이용하여 피난층으로 대피할 수 있도록 천장이 개방된 외부공간을 설치하여야 한다.

① 500m²   ② 1,000m²
③ 2,000m²   ④ 3,000m²

해설
관련 법규 : 법 제49조, 영 제37조, 해설 법규 : 영 제37조
바닥면적의 합계가 3,000m² 이상인 공연장·집회장·관람장 또는 전시장을 지하층에 설치하는 경우에는 각 실에 있는 자가 지하층 각 층에서 건축물 밖으로 피난하여 옥외계단 또는 경사로 등을 이용하여 피난층으로 대피할 수 있도록 천장이 개방된 외부공간을 설치하여야 한다.

★
82 국토의 계획 및 이용에 관한 법령상 지구단위계획의 내용에 포함되지 않는 것은?

① 건축물의 배치·형태·색채에 관한 계획
② 건축물의 안전 및 방재에 대한 계획
③ 기반시설의 배치와 규모
④ 교통처리계획

해설
관련 법규 : 법 제52조, 해설 법규 : 법 제52조 ①항
지구단위계획구역의 지정목적을 이루기 위하여 지구단위계획에는 다음의 사항 중 ㉲와 ㉳의 사항을 포함한 둘 이상의 사항이 포함되어야 한다. 다만, ㉮를 내용으로 하는 지구단위계획의 경우에는 그러하지 아니하다.
㉮ 용도지역이나 용도지구를 대통령령으로 정하는 범위에서 세분하거나 변경하는 사항
㉯ 기존의 용도지구를 폐지하고 그 용도지구에서의 건축물이나 그 밖의 시설의 용도·종류 및 규모 등의 제한을 대체하는 사항
㉰ 대통령령으로 정하는 기반시설의 배치와 규모
㉱ 도로로 둘러싸인 일단의 지역 또는 계획적인 개발·정비를 위하여 구획된 일단의 토지의 규모와 조성계획
㉲ 건축물의 용도제한, 건축물의 건폐율 또는 용적률, 건축물높이의 최고한도 또는 최저한도
㉳ 건축물의 배치·형태·색채 또는 건축선에 관한 계획
㉴ 환경관리계획 또는 경관계획
㉵ 보행안전 등을 고려한 교통처리계획
㉶ 그 밖에 토지 이용의 합리화, 도시나 농·산·어촌의 기능 증진 등에 필요한 사항으로서 대통령령으로 정하는 사항

★
83 다음 중 국토의 계획 및 이용에 관한 법령에 따른 용도지역 안에서의 건폐율 최대 한도가 가장 높은 것은?

① 준주거지역
② 중심상업지역
③ 일반상업지역
④ 유통상업지역

해설
관련 법규 : 법 제55조, 국토법 제77조, 국토영 제84조, 해설 법규 : 국토영 제84조 ①항
각 지역에 따른 건폐율

(단위 : % 이하)

구 분			건폐율
주거지역	전용	1종	50
		2종	
	일반	1종	60
		2종	
		3종	50
	준주거		70
상업지역	중심		90
	근린		70
	일반, 유통		80
공업지역	전용		70
	일반		
	준		
녹지지역	보전		20
	생산		
	자연		
관리지역	보전		
	생산		
	계획		40
농림지역			20
자연환경보전지역			20

★
84 다음 중 건축법상 건축물의 용도구분에 속하지 않는 것은? (단, 대통령령으로 정하는 세부용도는 제외)

① 공장
② 교육시설
③ 묘지관련시설
④ 자원순환관련시설

해설
관련 법규 : 법 제2조, 영 제3조의5, (별표 1), 해설 법규 : 영 제3조의5, (별표 1)
용도별 건축물의 종류에는 단독주택, 공동주택, 제1종 근린생활시설, 제2종 근린생활시설, 문화 및 집회시설, 종교시설, 판매시설, 운수시설, 의료시설, 교육연구시설, 노유자시설, 수련시설, 운동시설, 업무시설, 숙박시설, 위락시설, **공장**, 창고시설, 위험물 저장 및 처리시설, 자동차관련시설, 동물 및 식물관련시설, **자연순환관련시설**, 교정 및 군사시설, 방송통신시설, 발전시설, **묘지관련시설**, 관광휴게시설, 장례시설, 야영장시설 등 29개의 시설로 구분하고 있다. 모든 건축물에는 시설이 붙어있으나, 공장만은 시설이 붙지 않았음에 유의할 것

★
85 건축물의 대지는 원칙적으로 최소 얼마 이상이 도로에 접하여야 하는가? (단, 자동차만의 통행에 사용되는 도로는 제외)

① 1.5m
② 2m
③ 3m
④ 4m

해설
관련 법규 : 법 제44조, 해설 법규 : 법 제44조 ①항
건축물의 대지는 2m 이상이 도로(자동차만의 통행에 사용되는 도로는 제외)에 접하여야 한다. 다만, 해당 건축물의 출입에 지장이 없다고 인정되는 경우, 건축물의 주변에 대통령령으로 정하는 공지가 있는 경우, 농막을 건축하는 경우에 해당하면 그러하지 아니하다.

★★★
86 공동주택과 오피스텔의 난방설비를 개별난방방식으로 하는 경우 설치기준과 거리가 먼 것은?

① 보일러실의 윗부분에는 그 면적이 $0.5m^2$ 이상인 환기창을 설치할 것
② 보일러를 설치하는 곳과 거실 사이의 경계벽은 출입구를 포함하여 방화구조의 벽으로 구획할 것
③ 보일러의 연도는 내화구조로서 공동연도로 설치할 것
④ 기름보일러를 설치하는 경우에는 기름저장소를 보일러실 외의 다른 곳에 설치할 것

해설
관련 법규 : 법 제62조, 영 제87조, 설비규칙 : 제13조, 해설 법규 : 설비규칙 제13조 5호
공동주택과 오피스텔의 난방설비를 개별난방방식으로 하는 경우 ①, ③, ④항 이외에 보일러는 거실 외의 곳에 설치하되, 보일러를 설치하는 곳과 거실 사이의 경계벽은 출입구를 제외하고는 내화구조의 벽으로 구획할 것, 보일러실과 거실 사이의 출입구는 그 출입구가 닫힌 경우에는 보일러가스가 거실에 들어갈 수 없는 구조로 할 것, 오피스텔의 경우에는 난방구획을 방화구획으로 구획할 것 등이다.

★★
87 세대의 구분이 불분명한 건축물로 주거에 쓰이는 바닥면적의 합계가 $300m^2$인 주거용 건축물의 음용수용 급수관 지름의 최소 기준은?

① 20mm
② 25mm
③ 32mm
④ 40mm

2021

해설

관련 법규 : 법 제62조, 영 제87조, 설비규칙 제18조, (별표 3), 해설 법규 : 설비규칙 제18조, (별표 3)

㉮ 주거용 건축물 급수관의 지름

가구 또는 세대수	급수관 지름의 최소 기준(mm)
1	15
2~3	20
4~5	25
6~8	32
9~16	40
17 이상	50

㉯ 바닥면적에 따른 가구수의 산정

바닥면적	가구수
85m² 이하	1
85m² 초과 150m² 이하	3
150m² 초과 300m² 이하	5
300m² 초과 500m² 이하	16
500m² 초과	17

★★
88 주차장법령상 노외주차장의 구조 및 설비기준에 관한 다음 설명에서 ⓐ~ⓒ에 들어갈 내용이 모두 옳은 것은?

노외주차장의 출구 부분의 구조는 해당 출구로부터 (ⓐ)m(이륜자동차 전용 출구의 경우에는 1.3m)를 후퇴한 노외주차장의 차로의 중심선상 (ⓑ)m의 높이에서 도로의 중심선에 직각으로 향한 왼쪽·오른쪽 각각 (ⓒ)°의 범위 안에서 해당 도로를 통행하는 자를 확인할 수 있어야 한다.

① ⓐ 1, ⓑ 1.2, ⓒ 45
② ⓐ 2, ⓑ 1.4, ⓒ 60
③ ⓐ 3, ⓑ 1.6, ⓒ 60
④ ⓐ 2, ⓑ 1.2, ⓒ 45

해설

관련 법규 : 주차법 제6조, 규칙 제6조, 해설 법규 : 규칙 제6조 ①항 2호

노외주차장의 출구 부근의 구조는 해당 출구로부터 2m(이륜자동차 전용 출구의 경우에는 1.3m)를 후퇴한 노외주차장의 차로의 중심선상 1.4m의 높이에서 도로의 중심선에 직각으로 향한 왼쪽·오른쪽 각각 60°의 범위 안에서 해당 도로를 통행하는 자를 확인할 수 있도록 하여야 한다.

★★★
89 피난용도로 쓸 수 있는 광장을 옥상에 설치하여야 하는 대상기준으로 옳지 않은 것은?

① 5층 이상인 층이 종교시설의 용도로 쓰는 경우
② 5층 이상인 층이 업무시설의 용도로 쓰는 경우
③ 5층 이상인 층이 판매시설의 용도로 쓰는 경우
④ 5층 이상인 층이 장례식장의 용도로 쓰는 경우

해설

관련 법규 : 법 제49조, 영 제40조, 피난규칙 제13조, 해설 법규 : 영 제40조 ②항

5층 이상인 층이 제2종 근린생활시설 중 공연장·종교집회장·인터넷컴퓨터게임시설제공업소(해당 용도로 쓰는 바닥면적의 합계가 각각 300m² 이상인 경우만 해당), 문화 및 집회시설(전시장 및 동·식물원은 제외), 종교시설, 판매시설, 위락시설 중 주점영업 또는 장례시설의 용도로 쓰는 경우에는 피난용도로 쓸 수 있는 광장을 옥상에 설치하여야 한다.

★
90 하나 이상의 필지의 일부를 하나의 대지로 할 수 있는 토지기준에 해당하지 않는 것은?

① 도시·군계획시설이 결정·고시된 경우 그 결정·고시된 부분의 토지
② 농지법에 따른 농지전용허가를 받은 경우 그 허가받은 부분의 토지
③ 국토의 계획 및 이용에 관한 법률에 따른 지목변경허가를 받은 경우 그 허가받은 부분의 토지
④ 산지관리법에 따른 산지전용허가를 받은 경우 그 허가받은 부분의 토지

해설

관련 법규 : 법 제2조, 영 제3조, 해설 법규 : 영 제3조 ②항

하나 이상의 필지의 일부를 하나의 대지로 할 수 있는 토지는 ①, ②, ④항 이외에 하나 이상의 필지의 일부에 대하여 국토의 계획 및 이용에 관한 법률에 따른 개발행위허가를 받은 경우로서 그 허가받은 부분의 토지, 사용승인을 신청할 때 필지를 나눌 것을 조건으로 건축허가를 하는 경우로서 필지가 나누어지는 토지이다.

91 국토의 계획 및 이용에 관한 법령상 다음과 같이 정의되는 것은?

> 도시 · 군계획수립대상지역의 일부에 대하여 토지 이용을 합리화하고 그 기능을 증진시키며 미관을 개선하고 양호한 환경을 확보하며 그 지역을 체계적 · 계획적으로 관리하기 위하여 수립하는 도시 · 군관리계획

① 광역도시계획
② 지구단위계획
③ 도시 · 군기본계획
④ 입지규제최소구역계획

해설 관련 법규 : 국토법 제2조, 해설 법규 : 국토법 제2조 1, 2, 5의2호
① 광역도시계획 : 광역계획권 지정에 따라 지정된 광역계획권의 장기발전방향을 제시하는 계획을 말한다.
③ 도시 · 군기본계획 : 특별시 · 광역시 · 특별자치시 · 특별자치도 · 시 또는 군의 관할 구역에 대하여 기본적인 공간구조와 장기발전방향을 제시하는 종합계획으로서 도시 · 군관리계획 수립의 지침이 되는 계획을 말한다.
④ 입지규제최소구역계획 : 입지규제최소구역에서의 토지의 이용 및 건축물의 용도 · 건폐율 · 용적률 · 높이 등의 제한에 관한 사항 등 입지규제최소구역의 관리에 필요한 사항을 정하기 위하여 수립하는 도시 · 군관리계획을 말한다.

92 계단 및 복도의 설치기준에 관한 설명으로 틀린 것은?

① 높이가 3m를 넘은 계단에는 높이 3m 이내마다 유효너비 120cm 이상의 계단참을 설치할 것
② 거실 바닥면적의 합계가 100m² 이상인 지하층에 설치하는 계단인 경우 계단 및 계단참의 유효너비는 120cm 이상으로 할 것
③ 계단을 대체하여 설치하는 경사로의 경사도는 1 : 6을 넘지 아니할 것
④ 문화 및 집회시설 중 공연장의 개별관람실(바닥면적이 300m² 이상인 경우)의 바깥쪽에는 그 양쪽 및 뒤쪽에 각각 복도를 설치할 것

해설 관련 법규 : 법 제49조, 영 제48조, 피난 · 방화규칙 제15조, 해설 법규 : 피난 · 방화규칙 제15조 ⑤항 1호
㉮ 계단을 대체하여 설치하는 경사로의 경사도는 1 : 8을 넘지 아니할 것
㉯ 표면을 거친 면으로 하거나 미끄러지지 아니하는 재료로 마감할 것
㉰ 경사로의 직선 및 굴절 부분의 유효너비는 장애인 · 노인 · 임산부 등의 편의 증진보장에 관한 법률이 정하는 기준에 적합할 것

93 다음 중 내화구조에 해당하지 않는 것은?

① 벽의 경우 철재로 보강된 콘크리트블록조 · 벽돌조 또는 석조로서 철재에 덮은 콘크리트블록 등의 두께가 3cm 이상인 것
② 기둥의 경우 철근콘크리트조로서 그 작은 지름이 25cm 이상인 것
③ 바닥의 경우 철근콘크리트조로서 두께가 10cm 이상인 것
④ 철근콘크리트조로 된 보

해설 관련 법규 : 법 제2조, 영 제2조, 피난 · 방화규칙 제3조, 해설 법규 : 법 제2조, 영 제2조, 피난 · 방화규칙 제3조 1호
내화구조의 벽의 경우는 다음과 같다.
㉮ 철근콘크리트조 또는 철골철근콘크리트조로서 두께가 10cm 이상인 것
㉯ 골구를 철골조로 하고 그 양면을 두께 4cm 이상의 철망모르타르(그 바름바탕을 불연재료로 한 것으로 한정) 또는 두께 5cm 이상의 콘크리트블록 · 벽돌 또는 석재로 덮은 것
㉰ 철재로 보강된 콘크리트블록조 · 벽돌조 또는 석조로서 철재에 덮은 콘크리트블록 등의 두께가 5cm 이상인 것
㉱ 벽돌조로서 두께가 19cm 이상인 것
㉲ 고온 · 고압의 증기로 양생된 경량기포 콘크리트패널 또는 경량기포 콘크리트블록조로서 두께가 10cm 이상인 것

94 건축물의 거실에 국토교통부령으로 정하는 기준에 따라 배연설비를 하여야 하는 대상건축물에 속하지 않는 것은? (단, 피난층의 거실은 제외하며 6층 이상인 건축물의 경우)

① 종교시설
② 판매시설
③ 위락시설
④ 방송통신시설

2021

해설

관련 법규 : 법 제62조, 영 제51조, 설비규칙 제14조, 해설 법규 : 영 제51조 ①항

배연설비를 설치하여야 하는 건축물은 다음과 같다.
㉮ 6층 이상인 건축물로서 제2종 근린생활시설 중 공연장, 종교집회장, 인터넷컴퓨터게임시설제공업소 및 다중생활시설(공연장, 종교집회장 및 인터넷컴퓨터게임시설제공업소는 해당 용도로 쓰는 바닥면적의 합계가 각각 300m² 이상인 경우만 해당), 문화 및 집회시설, 종교시설, 판매시설, 운수시설, 의료시설(요양병원 및 정신병원은 제외), 교육연구시설 중 연구소, 노유자시설 중 아동관련시설, 노인복지시설(노인요양시설은 제외), 수련시설 중 유스호스텔, 운동시설, 업무시설, 숙박시설, 위락시설, 관광휴게시설, 장례시설의 어느 하나에 해당하는 용도로 쓰는 건축물
㉯ 의료시설 중 요양병원 및 정신병원, 노유자시설 중 노인요양시설·장애인거주시설 및 장애인의료재활시설, 제1종 근린생활시설 중 산후조리원에 해당하는 용도로 쓰는 건축물

95 다음 중 건축물의 용도변경 시 허가를 받아야 하는 경우에 해당하지 않는 것은?

① 주거업무시설군에 속하는 건축물의 용도를 근린생활시설군에 해당하는 용도로 변경하는 경우
② 문화 및 집회시설군에 속하는 건축물의 용도를 영업시설군에 해당하는 용도로 변경하는 경우
③ 전기통신시설군에 속하는 건축물의 용도를 산업 등의 시설군에 해당하는 용도로 변경하는 경우
④ 교육 및 복지시설군에 속하는 건축물의 용도를 문화 및 집회시설군에 해당하는 용도로 변경하는 경우

해설

관련 법규 : 법 제19조, 영 제14조, 해설 법규 : 법 제19조 ②항 2호

용도변경의 시설군에는 ㉮ 자동차관련시설군, ㉯ 산업 등 시설군, ㉰ 전기통신시설군, ㉱ 문화 및 집회시설군, ㉲ 영업시설군, ㉳ 교육 및 복지시설군, ㉴ 근린생활시설군, ㉵ 주거업무시설군, ㉶ 그 밖의 시설군 등이 있고, 신고대상은 ㉮→㉶의 순이고, 허가대상은 ㉶→㉮의 순이다. ①, ③, ④항은 허가대상이고, ②항은 신고대상이다.

96 면적 등의 산정방법과 관련한 용어의 설명 중 틀린 것은?

① 대지면적은 대지의 수평투영면적으로 한다.
② 건축면적은 건축물의 외벽의 중심선으로 둘러싸인 부분의 수평투영면적으로 한다.
③ 용적률을 산정할 때에는 지하층의 면적을 포함하여 연면적을 계산한다.
④ 건축물의 높이는 지표면으로부터 그 건축물의 상단까지의 높이로 한다.

해설

관련 법규 : 법 제84조, 영 제119조, 해설 법규 : 영 제119조 ①항 4호

연면적은 하나의 건축물 각 층의 바닥면적의 합계로 하되, 용적률을 산정할 때에는 지하층의 면적, 지상층의 주차용(해당 건축물의 부속용도인 경우만 해당)으로 쓰는 면적, 초고층 건축물과 준초고층 건축물에 설치하는 피난안전구역의 면적, 건축물의 경사지붕 아래에 설치하는 대피공간의 면적을 제외한다.

97 건축물의 피난층 외의 층에서 피난층 또는 지상으로 통하는 직통계단을 거실의 각 부분으로부터 계단에 이르는 보행거리가 최대 얼마 이내가 되도록 설치하여야 하는가? (단, 건축물의 주요 구조부는 내화구조이고, 층수는 15층으로 공동주택이 아닌 경우)

① 30m
② 40m
③ 50m
④ 60m

해설

관련 법규 : 법 제49조, 영 제34조, 해설 법규 : 영 제34조 ①항

건축물의 피난층(직접 지상으로 통하는 출입구가 있는 층 및 피난안전구역) 외의 층에서는 피난층 또는 지상으로 통하는 직통계단(경사로를 포함)을 거실의 각 부분으로부터 계단(거실로부터 가장 가까운 거리에 있는 1개소의 계단)에 이르는 보행거리가 30m 이하가 되도록 설치해야 한다. 다만, 건축물(지하층에 설치하는 것으로서 바닥면적의 합계가 300m² 이상인 공연장·집회장·관람장 및 전시장은 제외)의 주요 구조부가 내화구조 또는 불연재료로 된 건축물은 그 보행거리가 50m(층수가 16층 이상인 공동주택의 경우 16층 이상인 층에 대해서는 40m) 이하가 되도록 설치할 수 있으며, 자동화생산시설에 스프링클러 등 자동식 소화설비를 설치한 공장으로서 국토교통부령으로 정하는 공장인 경우에는 그 보행거리가 75m(무인화공장인 경우에는 100m) 이하가 되도록 설치할 수 있다.

98 다음 설명에 알맞은 용도지구의 세분은?

> 건축물·인구가 밀집되어 있는 지역으로서 시설 개선 등을 통하여 재해예방이 필요한 지구

① 일반방재지구
② 시가지방재지구
③ 중요시설물보호지구
④ 역사문화환경보호지구

해설 관련 법규 : 법 제37조, 영 제31조, 해설 법규 : 영 제31조 ②항 2, 4, 5호
① 일반방재지구 : 풍수해, 산사태, 지반의 붕괴, 그 밖의 재해를 예방하기 위하여 필요한 지구이다.
③ 중요시설물보호지구 : 중요시설물(항만, 공항, 공용시설, 교정시설, 군사시설)의 보호와 기능의 유지 및 증진 등을 위하여 필요한 지구이다.
④ 역사문화환경보호지구 : 문화재·전통사찰 등 역사·문화적으로 보존가치가 큰 시설 및 지역의 보호와 보존을 위하여 필요한 지구이다.

99 건축지도원에 관한 설명으로 틀린 것은?

① 허가를 받지 아니하고 건축하거나 용도변경한 건축물의 단속업무를 수행한다.
② 건축지도원은 시장, 군수, 구청장이 지정할 수 있다.
③ 건축지도원의 자격과 업무범위는 국토교통부령으로 정한다.
④ 건축신고를 하고 건축 중에 있는 건축물의 시공지도와 위법시공 여부의 확인·지도 및 단속업무를 수행한다.

해설 관련 법규 : 법 제37조, 영 제24조, 해설 법규 : 법 제37조 ②항
㉮ 특별자치시장·특별자치도지사 또는 시장·군수·구청장은 이 법 또는 이 법에 따른 명령이나 처분에 위반되는 건축물의 발생을 예방하고 건축물을 적법하게 유지·관리하도록 지도하기 위하여 대통령령으로 정하는 바에 따라 건축지도원을 지정할 수 있다.
㉯ 건축지도원의 자격과 업무범위 등은 대통령령으로 정한다.

100 주차장법령의 기계식 주차장치의 안전기준과 관련하여 중형 기계식 주차장의 주차장치 출입구 크기기준으로 옳은 것은? (단, 사람이 통행하지 않는 기계식 주차장치인 경우)

① 너비 2.3m 이상, 높이 1.6m 이상
② 너비 2.3m 이상, 높이 1.8m 이상
③ 너비 2.4m 이상, 높이 1.6m 이상
④ 너비 2.4m 이상, 높이 1.9m 이상

해설 관련 법규 : 법 제19조의7, 규칙 제16조의5, 해설 법규 : 규칙 제16조의5 2호
기계식 주차장치 출입구의 크기

구 분	너 비	높 이	예외규정
중형 기계식 주차장	2.3m 이상	1.6m 이상	사람이 통행하는 기계식 주차장치 출입구의 높이는 1.8m 이상으로 한다.
대형 기계식 주차장	2.4m 이상	1.9m 이상	

2021

제1과목 건축계획

★★★
01 상점 건축의 진열장 배치에 관한 설명으로 옳은 것은?

① 손님 쪽에서 상품이 효과적으로 보이도록 계획한다.

② 들어오는 손님과 종업원의 시선이 정면으로 마주치도록 계획한다.

③ 도난을 방지하기 위하여 손님에게 감시한다는 인상을 주도록 계획한다.

④ 동선이 원활하여 다수의 손님을 수용하고 가능한 다수의 종업원으로 관리하게 한다.

해설 상점의 진열장 배치는 들어오는 손님과 종업원의 시선이 정면으로 마주치지 않도록 계획하고, 도난을 방지하기 위하여 손님에게 감시한다는 인상을 주지 않도록 계획하며, 동선이 원활하여 다수의 손님을 수용하고 소수의 종업원으로 관리하게 한다.

★★
02 다음 중 도서관에 있어 모듈계획(module plan)을 고려한 서고계획 시 결정 및 선행되어야 할 요소와 가장 거리가 먼 것은?

① 엘리베이터의 위치

② 서가 선반의 배열깊이

③ 서고 내의 주요 통로 및 교차통로의 폭

④ 기둥의 크기와 방향에 따른 서가의 규모 및 배열의 깊이

해설 도서관 계획 시 모듈의 결정요인에는 기둥의 크기와 방향, 서가 선반의 배열깊이, 서고 내 주요 통로와 교차통로의 너비, 일렬서가의 수, 공기유통, 기계장치 및 배선의 배열, 천장의 높이와 조명의 종류, 서고의 증축될 방향 등이 있다. 엘리베이터의 위치와는 무관하다.

★★★
03 호텔의 퍼블릭 스페이스(public space)계획에 관한 설명으로 옳지 않은 것은?

① 로비는 개방성과 다른 공간과의 연계성이 중요하다.

② 프런트 데스크 후방에 프런트 오피스를 연속시킨다.

③ 주식당은 외래객이 편리하게 이용할 수 있도록 출입구를 별도로 설치한다.

④ 프런트 오피스는 기계화된 설비보다는 많은 사람을 고용함으로써 고객의 편의와 능률을 높여야 한다.

해설 프런트 오피스는 많은 사람을 고용하기보다는 기계적 설비를 사용함으로써 고객의 편의와 능률을 높여야 한다.

★★
04 아파트에서 친교공간 형성을 위한 계획방법으로 옳지 않은 것은?

① 아파트에서의 통행을 공동출입구로 집중시킨다.

② 별도의 계단실과 입구 주위에 집합단위를 만든다.

③ 큰 건물로 설계하고 작은 단지는 통합하여 큰 단지로 만든다.

④ 공동으로 이용되는 서비스시설을 현관에 인접하여 통행의 주된 흐름에 약간 벗어난 곳에 위치시킨다.

해설 아파트의 친교공간을 형성하는 방식은 ①, ②, ④항 이외에 작은 건물로 설계하고, 큰 단지는 분할하여 작은 단지로 만드는 것이 원칙이다.

05 다음과 같은 특징을 갖는 건축양식은?

> • 사라센문화의 영향을 받았다.
> • 도저렛(dosseret)과 펜덴티브 돔(pendentive dome)이 사용되었다.

① 로마 건축
② 이집트 건축
③ 비잔틴 건축
④ 로마네스크 건축

해설 비잔틴 건축은 사라센 건축의 영향을 받았고, 동양적 요소를 가미한 건축형식을 장려하였다. 내부는 조각, 회화장식으로 화려하게 마감하고, 외부는 재료의 본질성을 강조하였다. 평면형은 각 부분이 정사각형, 라틴 십자형에서 그리스 십자형을 많이 이용하였고, 도저렛과 펜덴티브 돔 등이 사용된 건축양식이다.

06 오토 바그너(Otto Wagner)가 주장한 근대 건축의 설계지침내용으로 옳지 않은 것은?

① 경제적인 구조
② 그리스 건축양식의 복원
③ 시공재료의 적당한 선택
④ 목적을 정확히 파악하고 완전히 충족시킬 것

해설 오토 바그너의 근대 건축의 설계지침은 목적을 정밀하게 파악하고, 이것을 완전하게 충족시킬 것, 시공재료의 적당한 선택으로 근대 건축의 미학에 맞는 표현을 추구하며, 간편하고 경제적인 구조를 주장하였고, 이러한 방법으로 자연적으로 발생하는 건축형태가 필요하다고 하였다.

07 공동주택의 단면형식에 관한 설명으로 옳지 않은 것은?

① 트리플렉스형은 듀플렉스형보다 공용면적이 크게 된다.
② 메조넷형에서 통로가 없는 층은 채광 및 통풍 확보가 양호하다.
③ 플랫형은 평면구성의 제약이 적으며 소규모의 평면계획도 가능하다.
④ 스킵 플로어형은 동일한 주거동에서 각기 다른 모양의 세대배치가 가능하다.

해설 트리플렉스형(triplex type, 하나의 주호가 3층으로 구성)은 복층(메조넷)형(한 주호가 2개 층에 나뉘어 구성)보다 공용면적을 적게 차지한다.

08 공연장의 객석계획에서 잘 보이는 동시에 실제적으로 관객을 수용해야 하는 공연장에서 큰 무리가 없는 거리인 제1차 허용거리의 한도는?

① 15m
② 22m
③ 38m
④ 52m

해설 극장 건축의 시거리 중 가시한계
㉮ 생리적 한계 : 극장에서 연극을 감상하는 경우 배우의 표정이나 동작을 상세히 감상할 수 있는 시각한계는 15m이다.
㉯ 1차 허용한계 : 극장에서 연기자의 표정을 읽을 수 있는 가시한계를 초과하여 잘 보여야 되는 동시에 많은 관객을 수용할 수 있는 1차 허용한계는 22m이다.
㉰ 2차 허용한계 : 극장 관객석에서 무대 중심을 볼 수 있는 2차 허용한계는 35m이다.

09 우리나라의 현존하는 목조건축물 중 가장 오래된 것은?

① 부석사 무량수전
② 부석사 조사당
③ 봉정사 극락전
④ 수덕사 대웅전

해설 우리나라에서 현존하는 가장 오래된 목조건축물은 봉정사 극락전(672년경)이다.

10 열람자가 서가에서 책을 자유롭게 선택하나 관원의 검열을 받고 열람하는 도서관 출납시스템은?

① 폐가식
② 반개가식
③ 안전개가식
④ 자유개가식

해설
① 폐가식 : 서고를 열람실과 별도로 설치하여 열람자가 책의 목록에 의해서 책을 선택하고 관원에게 대출기록을 남긴 후 책을 대출하는 형식이다.
② 반개가식 : 열람자가 직접 서가에 면하여 책의 체제나 표지 정도는 볼 수 있으나, 내용을 보려면 관원에게 요구해야 하는 형식이다.
④ 자유개가식 : 열람자 자신이 서가에서 책을 고르고 그대로 검열을 받지 않고 열람할 수 있는 방법이다.

★★
11 테라스하우스에 관한 설명으로 옳지 않은 것은?

① 각 호마다 전용의 뜰(정원)을 갖는다.
② 각 세대의 깊이는 7.5m 이상으로 하여야 한다.
③ 진입방식에 따라 하향식과 상향식으로 나눌 수 있다.
④ 시각적인 인공테라스형은 위층으로 갈수록 건물의 내부면적이 작아지는 형태이다.

해설 테라스하우스는 아래층 세대의 지붕은 위층 세대의 개인정원이 될 수 있고 세대상 2.7m의 높이차가 적당하다. 또한 후면에 창문이 없기 때문에 각 세대의 깊이는 6.0~7.5m 이상 되어서는 안 된다.

★★
12 학교 교사의 배치형식에 관한 설명으로 옳지 않은 것은?

① 분산병렬형은 넓은 부지를 필요로 한다.
② 폐쇄형은 일조, 통풍 등 환경조건이 불균등하다.
③ 집합형은 이동동선이 길어지고 물리적 환경이 나쁘다.
④ 분산병렬형은 구조계획이 간단하고 생활환경이 좋아진다.

해설 학교 건축의 집합형은 다른 동과의 유기적인 구성으로 물리적 환경이 좋다.

★★
13 사무소 건물의 엘리베이터 배치 시 고려사항으로 옳지 않은 것은?

① 교통동선의 중심에 설치하여 보행거리가 짧도록 배치한다.
② 대면배치에서 대면거리는 동일 군관리의 경우 3.5~4.5m로 한다.
③ 여러 대의 엘리베이터를 설치하는 경우 그룹별 배치와 군관리 운전방식으로 한다.
④ 일렬배치는 6대를 한도로 하고, 엘리베이터 중심 간 거리는 10m 이하가 되도록 한다.

해설 사무소 건물의 엘리베이터 배치 시 일렬배치는 4대를 한도로 하고, 엘리베이터 중심 간 거리는 8m 이하가 되도록 한다.

★★
14 사무소 건축의 코어형식 중 편심형 코어에 관한 설명으로 옳지 않은 것은?

① 고층인 경우 구조상 불리할 수 있다.
② 각 층 바닥면적이 소규모인 경우에 사용된다.
③ 바닥면적이 커지면 코어 이외에 피난시설 등이 필요해진다.
④ 내진구조상 유리하며 구조코어로서 가장 바람직한 형식이다.

해설 편심코어형(코어의 위치가 한쪽으로 편중되어 있는 형식)은 내진구조상 불리하고, 구조코어로 가장 바람직한 형식은 중심코어형이다.

★★★
15 공장 건축의 레이아웃에 관한 설명으로 옳지 않은 것은?

① 장래 공장규모의 변화에 대응한 융통성이 있어야 한다.
② 제품 중심의 레이아웃은 생산에 필요한 모든 공정, 기계기구를 제품의 흐름에 따라 배치한다.
③ 이동식 레이아웃은 사람이나 기계가 이동하여 작업하는 방식으로 제품이 크고, 수량이 적을 때 사용된다.
④ 레이아웃은 공장 생산성에 미치는 영향이 크므로 공장의 배치계획, 평면계획은 이것에 부합되는 건축계획이 되어야 한다.

해설 고정식 레이아웃은 재료나 조립부품은 고정된 장소에 있고 사람이나 기계를 작업장소로 이동시켜 작업하는 방식으로, 제품이 크고, 수량이 적은 경우에 사용되는 방식이다.

★★
16 병원 건축에 있어서 파빌리온타입(pavilion type)에 관한 설명으로 옳은 것은?

① 대지 이용의 효율성이 높다.
② 고층 집약식 배치형식을 갖는다.
③ 각 실의 채광을 균등히 할 수 있다.
④ 도심지에서 주로 적용되는 형식이다.

해설 파빌리온형은 대지 이용의 효율성이 낮고 저층 분산식 배치형식을 가지며 도심지 외곽에서 주로 적용되는 형식이다.

★★★
17 전시공간의 특수 전시기법 중 하나의 사실이나 주제의 시간상황을 고정시켜 연출함으로써 현장에 임한 듯한 느낌을 가지고 관찰할 수 있는 기법은?

① 알코브전시　　② 아일랜드전시
③ 디오라마전시　④ 하모니카전시

> **해설**
> ① 알코브 전시 : 시각적 집중성이 높고 벽면의 연속 중에 구성하며 소극적인 3차원 전시로서, 이를 적극화할 경우 디오라마형식이 될 수 있다. 돌출진열대 전시, 벽면을 배경으로 하는 입체물 전시이다. 전시물이 노출되므로 시각성이 높아지나 관람자에 접촉될 수 있다.
> ② 아일랜드 전시 : 사방에서 감상해야 하는 전시물을 벽면에서 띄워 전시하는 방법
> ④ 하모니카 전시 : 사각형 평면을 반복시키는 전시하는 방법

★
18 백화점 매장의 배치유형에 관한 설명으로 옳지 않은 것은?

① 직각배치는 매장면적의 이용률을 최대로 확보할 수 있다.
② 직각배치는 고객의 통행량에 따라 통로폭을 조절하기 용이하다.
③ 사행배치는 많은 고객이 매장공간의 코너까지 접근하기 용이한 유형이다.
④ 사행배치는 Main통로를 직각배치하며, Sub통로를 45° 정도 경사지게 배치하는 유형이다.

> **해설**
> 백화점 매장의 배치유형 중 직각배치(rectangular system)는 가장 일반적인 방법으로 면적을 최대로 사용할 수 있으나, 통행량에 따라 통로폭의 변화가 어렵고 엘리베이터로의 접근이 어렵다.

★
19 지속 가능한(sustainable) 공동주택의 설계개념으로 적절하지 않은 것은?

① 환경 친화적 설계
② 지형 순응형 배치
③ 가변적 구조체의 확대 적용
④ 규격화, 통일화된 단위평면

> **해설**
> 지속 가능한 공동주택의 설계개념으로는 ①, ②, ③항이 있고, 규격화, 동일화된 단위평면은 현재의 공동주택의 단점이다.

★★
20 래드번(Radburn)계획의 5가지 기본원리로 옳지 않은 것은?

① 기능에 따른 4가지 종류의 도로 구분
② 보도망 형성 및 보도와 차도의 평면적 분리
③ 자동차 통과도로 배제를 위한 슈퍼블록 구성
④ 주택단지 어디로나 통할 수 있는 공동 오픈 스페이스 조성

> **해설**
> 래드번계획의 5가지 기본원리에는 격자형 도로의 불필요한 도로 증가와 통과교통 및 단조로운 외부공간 형성을 배제하는 방향으로 ①, ③, ④항 이외에 보도망 형성 및 보도와 차도의 입체적 분리, 쿨데삭형의 세 가로망 구성에 의해 주택의 거실을 보도, 정원방향으로 배치하였다.

제2과목 **건축시공**

★★
21 표준시방서에 따른 시스템비계에 관한 기준으로 옳지 않은 것은?

① 수직재와 수직재의 연결은 전용의 연결조인트를 사용하여 견고하게 연결하고, 연결 부위가 탈락 또는 꺾어지지 않도록 하여야 한다.
② 수평재는 수직재에 연결핀 등의 결합방법에 의해 견고하게 결합되어 흔들리거나 이탈되지 않도록 하여야 한다.
③ 대각으로 설치하는 가새는 비계의 외면으로 수평면에 대해 40~60° 방향으로 설치하며 수평재 및 수직재에 결속한다.
④ 시스템비계 최하부에 설치하는 수직재는 받침철물의 조절너트와 밀착되도록 설치하여야 하며, 수직과 수평을 유지하여야 한다. 이때 수직재와 받침철물의 겹침길이는 받침철물 전체 길이의 5분의 1 이상이 되도록 하여야 한다.

해설 표준시방서에 따른 시스템비계 최하부에 설치하는 수직재는 받침철물의 조절너트와 밀착되도록 설치하여야 하며 수직과 수평을 유지하여야 한다. 이때 수직재와 받침철물의 겹침길이는 받침철물 전체 길이의 1/3 이상이 되도록 하여야 한다.

★
22 공정관리에서 공기단축을 시행할 경우에 관한 설명으로 옳지 않은 것은?

① 특별한 경우가 아니면 공기단축 시행 시 간접비는 상승한다.
② 비용구배가 최소인 작업을 우선 단축한다.
③ 주공정선상의 작업을 먼저 대상으로 단축한다.
④ MCX(minimum cost expediting)법은 대표적인 공기단축방법이다.

해설 공정관리의 공기단축에 있어서 특별한 경우가 아니면 공기단축 시행 시 직접비는 상승하고, 간접비는 감소한다.

★★
23 콘크리트의 건조수축영향인자에 관한 설명으로 옳지 않은 것은?

① 시멘트의 화학성분이나 분말도에 따라 건조수축량이 변화한다.
② 골재 중에 포함된 미립분이나 점토, 실트는 일반적으로 건조수축을 증대시킨다.
③ 바다모래에 포함된 염분은 그 양이 많으면 건조수축을 증대시킨다.
④ 단위수량이 증가할수록 건조수축량은 작아진다.

해설 콘크리트의 건조수축에 있어서 단위수량이 증가할수록 건조수축량은 많아진다.

★★
24 지내력을 갖춘 지반으로 만들기 위한 배수공법 또는 탈수공법이 아닌 것은?

① 샌드드레인공법
② 웰포인트공법
③ 페이퍼드레인공법
④ 베노토공법

해설 배수공법의 종류에는 중력배수(집수통배수, 깊은 우물공법, 지멘트웰공법), 강제배수(웰포인트공법, 진공식 지멘트웰공법), 복수공법(주수공법, 담수공법) 등이 있고, 탈수공법에는 샌드드레인공법, 페이퍼레인공법, 팩드레인공법 등이 있다. 또한 베노토(all casing)공법은 현장타설 콘크리트말뚝 굴착공법의 일종이다.

★★★
25 페인트칠의 경우 초벌과 재벌 등을 도장할 때마다 색을 약간씩 다르게 하는 주된 이유는?

① 희망하는 색을 얻기 위하여
② 색이 진하게 되는 것을 방지하기 위하여
③ 착색안료를 낭비하지 않고 경제적으로 사용하기 위하여
④ 초벌, 재벌 등 페인트칠횟수를 구별하기 위하여

해설 초벌, 재벌 및 정벌의 색상을 3회에 걸쳐서 다음 칠을 하였는지, 안 하였는지 구별하기 위해 처음에는 연하게 하고, 최종적으로 원하는 색으로 진하게 칠한다.

★
26 개념설계에서 유지관리단계에까지 건물의 전 수명주기 동안 다양한 분야에서 적용되는 모든 정보를 생산하고 관리하는 기술을 의미하는 용어는?

① ERP(Enterprise Resource Planning)
② SOA(Service Oriented Architecture)
③ BIM(Building Information Modeling)
④ CIC(Computer Integrated Construction)

해설 ① ERP(전사적 자원관리) : 조직이 회계, 구매, 프로젝트관리, 리스크관리와 규정 준수 및 공급망 운영 같은 일상적인 비즈니스활동을 관리하는 데 사용하는 소프트웨어유형을 나타낸다.
② SOA : 대규모 컴퓨터시스템을 구축할 때의 개념으로 업무상의 일 처리에 해당하는 소프트웨어기능을 서비스로 판단하여 그 서비스를 네트워크상에 연동하여 시스템 전체를 구축해 나가는 방법론이다.
④ CIC : 건설프로세스의 효율적인 운영을 위해 형성된 개념으로 건설생산에 초점을 맞추고, 이에 관련된 계획, 관리, 엔지니어링, 설계, 구매, 계약, 시공, 유지 및 보수 등의 요소들을 주요 대상으로 하는 것이다.

★★★
27 벽돌벽의 균열원인과 가장 거리가 먼 것은?

① 문꼴의 불균형배치
② 벽돌벽의 공간쌓기
③ 기초의 부동침하
④ 하중의 불균등분포

해설 벽돌벽의 균열에서 건축계획 설계상의 미비에는 기초의 부동침하, 건물의 평면, 입면의 불균형 및 벽의 불합리배치, 불균형하중, 큰 집중하중, 횡력 및 충격, 문골크기의 불합리 및 불균형배치, 벽돌벽의 길이, 높이, 두께에 대한 벽돌벽체의 강도 부족 등이 있다. 또한 시공상의 결함에는 벽돌 및 모르타르의 강도 부족(모르타르의 강도가 벽돌의 강도보다 약한 경우에 균열 발생), 재료의 신축성, 이질재와의 접합부, 통줄눈 시공, 콘크리트보 밑 모르타르 다져넣기 부족, 세로줄눈의 모르타르 채움 부족 등이 있다.

★★
28 쇄석 콘크리트에 관한 설명으로 옳지 않은 것은?

① 모래의 사용량은 보통 콘크리트에 비해서 많아진다.
② 쇄석은 각이 둔각인 것을 사용한다.
③ 보통 콘크리트에 비해 시멘트 페이스트의 부착력이 떨어진다.
④ 깬자갈 콘크리트라고도 한다.

해설 쇄석 콘크리트는 보통 콘크리트에 비해 시멘트풀의 부착력이 증대(자갈의 표면이 거칠어 시멘트풀의 부착력이 증대)한다.

★
29 실비정산보수가산계약제도의 특징이 아닌 것은?

① 설계와 시공의 중첩이 가능한 단계별 시공이 가능하다.
② 복잡한 변경이 예상되거나 긴급을 요하는 공사에 적합하다.
③ 계약체결 시 공사비용의 최대값을 정하는 최대 보증한도 실비정산보수가산계약이 일반적으로 사용된다.
④ 공사금액을 구성하는 물량 또는 단위공사 부분에 대한 단가만을 확정하고 공사 완료 시 실시수량의 확정에 따라 정산하는 방식이다.

해설 단가도급방식은 공사금액을 구성하는 물량 또는 단위공사 부분에 대한 단가만을 확정하고 공사 완료 시 실시수량의 확정에 따라 정산하는 방식이다.

★★★
30 합성수지 중 건축물의 천장재, 블라인드 등을 만드는 열가소성수지는?

① 알키드수지   ② 요소수지
③ 폴리스티렌수지   ④ 실리콘수지

해설
① 알키드수지 : 도료의 원료
② 요소수지 : 일용잡화(완구, 장식품), 접착제 등
③ 폴리스티렌수지 : 사용범위가 넓고 벽타일, 천장재, 블라인드, 도료, 전기용품, 발포제품(저온 단열재) 등
④ 실리콘수지 : 실리콘유, 실리콘고무 및 성형품, 접착제, 그 밖의 전기절연재

★★★
31 프리패브 콘크리트(prefab concrete)에 관한 설명으로 옳지 않은 것은?

① 제품의 품질을 균일화 및 고품질화할 수 있다.
② 작업의 기계화로 노무절약을 기대할 수 있다.
③ 공장생산으로 부재의 규격을 다양하고 쉽게 변경할 수 있다.
④ 자재를 규격화하여 표준화 및 대량생산을 할 수 있다.

해설 프리패브 콘크리트는 공장생산으로 기계화하여 부재의 규격이 단순하고 쉽게 변경할 수 없다.

★★
32 철근콘크리트공사에 사용되는 거푸집 중 갱폼(gang form)의 특징으로 옳지 않은 것은?

① 기능공의 기능도에 따라 시공 정밀도가 크게 좌우된다.
② 대형장비가 필요하다.
③ 초기 투자비가 높은 편이다.
④ 거푸집의 대형화로 이음 부위가 감소한다.

해설 거푸집 중 갱폼은 기능공의 기능도에 따라 시공 정밀도가 크게 좌우되지 않는다.

★ 33 건축물 외벽공사 중 커튼월공사의 특징으로 옳지 않은 것은?

① 외벽의 경량화
② 공업화제품에 따른 품질제고
③ 가설비계의 증가
④ 공기단축

해설 커튼월(공장생산부재로 구성되는 비내력벽이며 구조체의 외벽에 고정철물을 사용하여 부착시킨 것) 공사의 특징으로는 ①, ②, ④항 이외에 현장 시공의 기계화에 따른 성력(성인)화, 외장 마무리의 다양화, 가설비계의 생략 또는 절감 등이 있다.

★★ 34 철큰콘크리트 PC기둥을 8ton 트럭으로 운반하고자 한다. 차량 1대에 최대로 적재 가능한 PC기둥의 수는? (단, PC기둥의 단면크기는 30cm×60cm, 길이는 3m임)

① 1개
② 2개
③ 4개
④ 6개

해설 **콘크리트의 중량(t/m³)**

종 류	철근 콘크리트	무근 콘크리트	경량 콘크리트	
			LG150	LG120
중량	2.4	2.3	2.0	1.8

보의 중량=0.3m×0.6m×3m×2.4t/m³×1개
　　　　＝1.296ton
그런데 트럭의 적재하중이 8ton이므로

기둥의 개수＝$\dfrac{트럭의 적재하중}{기둥 1개의 중량}$＝$\dfrac{8}{1.296}$＝6.17개

따라서 적재 가능한 기둥의 개수는 6개이다.

★★ 35 콘크리트를 타설하면서 거푸집을 수직방향으로 이동시켜 연속작업을 할 수 있게 한 것으로 사일로 등의 건설공사에 적합한 것은?

① Euro form
② Sliding form
③ Air tube form
④ Traveling form

해설 ① Euro form : 대형 벽판이나 바닥판(경량 형강이나 합판 사용)을 짜서 간단히 조립할 수 있게 만든 거푸집

③ Air tube form : 1차 콘크리트 타설 후 에어튜브를 설치하여 2차 콘크리트 타설 시 주로 구조물의 내부에 설치하는 것
④ Traveling form(바닥 거푸집) : 바닥에 콘크리트를 타설하기 위한 거푸집으로 장선, 멍에, 서포트 등을 일체로 제작하여 부재화한 거푸집

★★★ 36 신축할 건축물의 높이의 기준이 되는 주요 가설물로 이동의 위험이 없는 인근 건물의 벽 또는 담장에 설치하는 것은?

① 줄띄우기
② 벤치마크
③ 규준틀
④ 수평보기

해설 ① 줄띄우기(줄치기) : 건축물의 예정대지에 건축물의 위치를 확정하기 위해 줄 등을 쳐보는 것
③ 규준틀 : 건축물의 위치, 고저, 경사 등의 규준을 표시하는 가설물
④ 수평보기 : 건축공사 시 각 부분의 높이나 깊이 등의 기준이 되는 수평면을 정하는 것

★ 37 수경성 마무리재료로 가장 적합하지 않은 것은?

① 돌로마이트 플라스터
② 혼합석고 플라스터
③ 시멘트 모르타르
④ 경석고 플라스터

해설 미장재료 중 기경성 재료에는 석회계 플라스터(회반죽, 회사벽, 돌로마이트 플라스터)와 흙반죽, 진흙, 섬유벽 등이 있고, 수경성 재료에는 시멘트계(시멘트 모르타르, 인조석, 테라조 현장바름 등)와 석고계 플라스터[혼합석고 플라스터, 보드용 석고 플라스터, 크림용 석고 플라스터, 킨스시멘트(경석고 플라스터) 등]가 있다.

★★★ 38 시멘트 광물질의 조성 중에서 발열량이 높고 응결시간이 가장 빠른 것은?

① 알루민산 삼석회
② 규산 삼석회
③ 규산 이석회
④ 알루민산철 사석회

해설 발열량이 크고 응결시간이 빠른 순서로 정리하면 알루민산 삼칼슘 → 규산 삼칼슘 → 알루민산철 사칼슘 → 규산 이칼슘의 순이다.

★
39 보통 창유리의 특성 중 투과에 관한 설명으로 옳지 않은 것은?

① 투사각 0도일 때 투명하고 청결한 창유리는 약 90%의 광선을 투과한다.

② 보통의 창유리는 많은 양의 자외선을 투과시키는 편이다.

③ 보통 창유리도 먼지가 부착되거나 오염되면 투과율이 현저하게 감소한다.

④ 광선의 파장이 길고 짧음에 따라 투과율이 다르게 된다.

해설 유리의 성분 중 자외선을 차단하는 성분은 산화 제2철이므로, 보통 판유리는 자외선을 차단하는 성질이 있다. 환원제를 사용하여 산화 제2철을 산화 제1철로 환원시키면 상당량의 자외선을 투과시키게 된다. 이와 같이 산화 제2철의 함유율을 극히 줄인 유리를 자외선투과유리라고 한다.

★
40 가치공학(Value Engineering)수행계획 4단계로 옳은 것은?

① 정보(informative) – 제안(proposal) – 고안(speculative) – 분석(analytical)

② 정보(informative) – 고안(speculative) – 분석(analytical) – 제안(proposal)

③ 분석(analytical) – 정보(informative) – 제안(proposal) – 고안(speculative)

④ 제안(proposal) – 정보(informative) – 고안(speculative) – 분석(analytical)

해설 가치공학(VE)이 하는 일은 최저의 비용으로 적절한 품질과 신뢰성이 있는 상품을 생산하기 위하여 원료에서부터 최종 제품에 이르기까지 생산의 전 국민에 경영기술과 공학적인 기술을 총체화하는 연구라 할 수 있다. 수행계획의 4단계는 정보(안내) → 고안 → 분석 → 제안의 순이다.

제3과목 건축구조

★★★
41 강도설계법에서 처짐을 계산하지 않는 경우 스팬이 8.0m인 단순지지된 보의 최소 두께로 옳은 것은? (단, 보통중량 콘크리트와 $f_y =$ 400MPa 철근을 사용한 경우)

① 380mm ② 430mm
③ 500mm ④ 600mm

해설 처짐을 계산하지 않는 경우 보의 최소 두께

부재	최소 두께(h)			
	단순지지	1단 연속	양단 연속	캔틸레버
보	$l/16$	$l/18.5$	$l/21$	$l/8$

∴ 단순지지된 보의 최소 두께 $= \dfrac{l}{16} = \dfrac{8,000}{16}$
$= 500\text{mm}$

★★
42 다음 그림과 같이 캔틸레버보가 상수 k를 가지는 스프링에 의해 지지되어 있으며 집중하중 P가 작용하고 있다. 스프링에 걸리는 힘은?

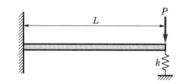

① $\dfrac{PL^3k}{(2EI+kL^3)}$ ② $\dfrac{PL^3k}{(3EI+kL^3)}$
③ $\dfrac{PL^3k}{(6EI+kL^3)}$ ④ $\dfrac{PL^3k}{(8EI+kL^3)}$

해설 집중하중(P)에 의한 처짐을 $\delta_P = \dfrac{PL^3}{3EI}$, 반력($R_A$)에 의한 처짐을 $\delta_R = \dfrac{R_A L^3}{3EI}$, 스프링에 의한 처짐을 $\delta_S = \dfrac{R_A}{k}$ 이므로
$\delta_P = \delta_S + \delta_R$
$\dfrac{PL^3}{3EI} = \dfrac{R_A}{k} + \dfrac{R_A L^3}{3EI} = \dfrac{R_A(3EI+kL^3)}{3kEI}$
$\therefore R_A = \dfrac{PL^3k}{3EI+kL^3}$

43 전단과 휨만을 받는 철근콘크리트보에서 콘크리트만으로 지지할 수 있는 전단강도 V_c는? (단, 보통중량 콘크리트 사용, $f_{ck}=28$MPa, $b_w=100$mm, $d=300$mm)

① 26.5kN   ② 53.0kN

③ 79.3kN   ④ 158.7kN

해설

$$V_C=\frac{1}{6}\lambda\sqrt{f_{ck}(허용압축응력도)}\,b_w(보의\ 폭)$$
$$\times d(보의\ 유효춤)$$
$$=\frac{1}{6}\times1\times\sqrt{28}\times100\times300$$
$$=26,457.5\text{N}\fallingdotseq26.5\text{kN}$$

44 보의 유효깊이 $d=550$mm, 보의 폭 $b_w=300$mm인 보에서 스터럽이 부담할 전단력 $V_s=200$kN일 경우 적용 가능한 수직스터럽의 간격으로 옳은 것은? (단, $A_v=142\text{mm}^2$, $f_{yt}=400$MPa, $f_{ck}=24$MPa)

① 150mm   ② 180mm

③ 200mm   ④ 250mm

해설

S(늑근의 간격)

$$=\frac{A_v(늑근\ 한\ 쌍의\ 단면적)f_{yt}(철근의\ 항복강도)d(보의\ 유효춤)}{V_s(전단철근의\ 공칭전단강도)}$$
$$=\frac{142\times400\times550}{200\times10^3}=156.2\text{mm}\ 이하$$

45 고력볼트 F10T-M24의 현장 시공을 위한 본 조임의 조임력(T)은 얼마인가? (단, 토크계수는 0.13, F10T-M24볼트의 설계볼트장력은 200kN이며, 표준 볼트장력은 설계볼트장력에 10%를 할증한다.)

① 568,573N·mm   ② 686,400N·mm

③ 799,656N·mm   ④ 892,638N·mm

해설

$k=0.13$, $d=24$mm, $N=200\times(1+0.1)=220$kN이므로

$\therefore N_r(조임력)=k(토크계수)d(볼트나사의\ 바깥지름기준치수)N(볼트의\ 축력)$
$$=0.13\times24\times220$$
$$=686.4\text{kN·mm}=686,400\text{N·mm}$$

46 다음 그림과 같은 단면의 단순보에서 보의 중앙점 C 단면에 생기는 휨응력 σ_b와 전단응력 v의 값은?

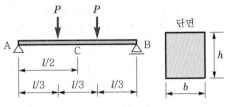

① $\sigma_b=\dfrac{Pl}{bh^2},\ v=\dfrac{3Pl}{2bh}$

② $\sigma_b=\dfrac{2Pl}{bh^2},\ v=0$

③ $\sigma_b=\dfrac{2Pl}{bh^2},\ v=\dfrac{3Pl}{2bh}$

④ $\sigma_b=\dfrac{Pl}{bh^2},\ v=0$

해설

단순보를 풀이하면

㉮ 반력

  힘의 비김조건에 의해서

  ㉠ $\sum M_B=0$에 의해서

    $V_A l-\dfrac{2Pl}{3}-\dfrac{Pl}{3}=0$에서 $V_A=P$

  ㉡ $\sum Y=0$에 의해서 $V_A-P-P+V_B=0$에서

    $V_A=P$이므로 $V_B=P$

㉯ 전단력

  C점의 전단력, 즉 $0\le x\le\dfrac{2l}{3}$인 경우

  $S_C=P-P=0$

  그런데 C점의 전단응력$(v)=\dfrac{S}{A}$에서 $S=0$,

  $A=bh$이다.

  $\therefore v=\dfrac{S}{A}=\dfrac{S}{bh}=\dfrac{0}{bh}=0$

㉰ 휨모멘트

  C점의 휨모멘트, 즉 $0\le x\le\dfrac{2l}{3}$인 경우

  $M_C=Px-P\left(x-\dfrac{l}{3}\right)=\dfrac{Pl}{3}$

  그런데 C점의 휨응력$(\sigma_b)=\dfrac{M}{Z}=\dfrac{M}{I}y=\dfrac{6M}{bh^2}$에서

  $M=\dfrac{Pl}{3}$이므로

  $\therefore\sigma_b=\dfrac{6M}{bh^2}=\dfrac{6\times\dfrac{Pl}{3}}{bh^2}=\dfrac{2Pl}{bh^2}$

★
47 강구조 고장력볼트 마찰접합의 특징에 관한 설명으로 옳지 않은 것은?

① 시공이 용이하여 공기가 절약된다.
② 접합부의 강성과 강도가 크다.
③ 품질관리가 용이하다.
④ 국부적인 응력집중이 발생한다.

해설 고력볼트접합의 특징은 ①, ②, ③항 이외에 국부적인 응력집중이 적으므로 반복응력에 대해서 강하고, 강한 조임력으로 너트의 풀림이 생기지 않으며, 응력방향이 바뀌어도 혼란이 일어나지 않는다. 고력볼트의 전단응력과 판의 지압응력이 생기지 않고 유효면적당 응력이 적으며, 피로강도가 높다.

★★★
48 다음과 같은 조건에서의 필릿용접의 최소 치수(mm)는 얼마인가? (단, 하중저항계수설계법 기준)

접합부의 두꺼운 쪽 소재두께(t[mm]) : $6 \le t < 13$

① 5mm
② 6mm
③ 7mm
④ 8mm

해설 **필릿용접의 최소 치수(mm)**

접합부의 얇은 쪽 판두께	모살용접의 최소 치수
$t \le 6$	3
$6 < t \le 13$	5
$13 < t \le 19$	6
$t > 19$	8

★★★
49 다음 그림과 같은 보에서 C점의 처짐은? (단, EI는 전 경간에 걸쳐 일정하다.)

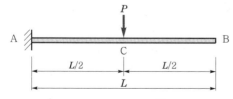

① $\dfrac{PL^3}{12EI}$
② $\dfrac{PL^3}{24EI}$
③ $\dfrac{PL^3}{48EI}$
④ $\dfrac{PL^3}{96EI}$

해설 **보의 처짐과 처짐각**

하중상태	처짐각	처 짐
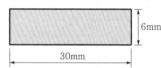	$\theta_A = -\dfrac{Pl^2}{2EI}$	$\delta_A = \dfrac{Pl^3}{3EI}$

$l = \dfrac{L}{2}$ 이므로 $\delta_A = \dfrac{Pl^3}{3EI} = \dfrac{P\left(\dfrac{L}{2}\right)^3}{3EI} = \dfrac{PL^3}{24EI}$

★★
50 다음 그림과 같은 단면을 가진 압축재에서 유효좌굴길이 $l_k = 250$mm일 때 Euler의 좌굴하중값은? (단, $E = 210,000$MPa이다.)

6mm

30mm

① 17.9kN
② 43.0kN
③ 52.9kN
④ 64.7kN

해설 $E = 2.1 \times 10^5$MPa, $l_k = 250$mm, $I_{min} = \dfrac{30 \times 6^3}{12} = 540$mm⁴ 이므로

∴ P_k(좌굴하중)

$= \dfrac{\pi^2 E(\text{기둥재료의 영계수}) I_{min}(\text{최소 단면 2차 모멘트})}{l_k^2(\text{기둥의 좌굴길이})}$

$= \dfrac{\pi^2 \times 2.1 \times 10^5 \times 540}{250^2} = 17,907.4\text{N} = 17.9\text{kN}$

★
51 다음 그림과 같이 단면적이 같은 4개의 단면을 보부재로 각각 사용할 경우 x축에 대한 처짐에 가장 유리한 단면은?

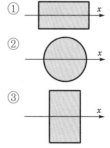

해설 처짐은 단면 2차 모멘트에 반비례하고, 단면계수는 단면 2차 모멘트에 비례하므로 단면계수가 크면 처짐에 강하므로 단면계수를 비교하여 단면계수가 큰 것이 처짐에 강하다는 것을 알 수 있다.

① Z(단면계수)$=\dfrac{hb^2}{6}$이고 단면적으로 나누면

$$\dfrac{hb^2}{6}\times\dfrac{1}{bh}=\dfrac{b}{6}=0.118b$$

② Z(단면계수)$=\dfrac{\pi d^3}{32}$이고 단면적으로 나누면

$$\dfrac{\pi d^3}{32}\times\dfrac{1}{\dfrac{\pi d^2}{4}}=\dfrac{d}{8}$$

그런데 원의 넓이는 사각형의 넓이와 동일하므로 $\dfrac{\pi d^2}{4}=a^2$이다.

$$\therefore\ d=\sqrt{\dfrac{4a^2}{\pi}}=\dfrac{2a}{\sqrt{\pi}}\text{이므로}$$

$$\dfrac{d}{8}=\dfrac{\dfrac{2a}{\sqrt{\pi}}}{8}=\dfrac{2a}{8\sqrt{\pi}}=\dfrac{a}{4\sqrt{\pi}}=0.141a$$

③ Z(단면계수)$=\dfrac{bh^2}{6}$이고 단면적으로 나누면

$$\dfrac{bh^2}{6}\times\dfrac{1}{bh}=\dfrac{h}{6}=0.167h$$

④ Z(단면계수)$=\dfrac{a^3}{6\sqrt{2}}$이고 단면적으로 나누면

$$\dfrac{a^3}{6\sqrt{2}}\times\dfrac{1}{a^2}=\dfrac{a}{6\sqrt{2}}=0.118a$$

$\therefore\ h>a>b$이므로 단면계수가 큰 것부터 작은 것의 순으로 나열하면 ③>②>④>①의 순이다. 그러므로 ③항의 단면이 처짐에 가장 유리하다.

★
52 철골구조와 비교한 철근콘크리트구조의 특징으로 옳지 않은 것은?

① 진동이 적고 소음이 덜 난다.
② 시공 시 동절기 기후의 영향을 받을 수 있다.
③ 내화성이 크다.
④ 구조의 개조나 보강이 쉽다.

해설 철근콘크리트구조의 특징 중 구조의 개조나 보강이 어렵다는 단점이 있다.

★★
53 주철근으로 사용된 D22 철근 180° 표준 갈고리의 구부림 최소 내면반지름으로 옳은 것은?

① d_b　　　　　② $2d_b$
③ $2.5d_b$　　　 ④ $3d_b$

해설 180°와 90° 표준 갈고리의 구부림 최소 내면반지름

주근의 직경	D10~D25	D29~D35	D38 이상
내면반경	$3d_b$	$4d_b$	$5d_b$

여기서, d_b : 주근의 직경

★★★
54 다음 그림과 같은 구조물의 부정정차수는?

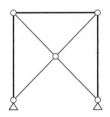

① 1차　　　　　② 2차
③ 3차　　　　　④ 4차

해설 구조물의 판별
㉮ $S=7$, $R=4$, $N=0$, $K=5$이므로
　$S+R+N-2K=7+4+0-2\times5=1$차 부정정보
㉯ $R=4$, $C=18$, $M=7$이므로
　$R+C-3M=4+18-3\times7=1$차 부정정보

★★★
55 다음 그림과 같은 정정라멘에서 BD부재의 축방향력으로 옳은 것은? (단, + : 인장력, - : 압축력)

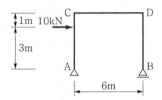

① 5kN　　　　　② -5kN
③ 10kN　　　　 ④ -10kN

해설 단순보계 라멘의 풀이에서 반력을 구하면 A지점은 회전지점이므로 수직반력을 V_A(↓), 수평반력을 H_A(←), B지점은 이동지점이므로 수직반력을 V_B(↑)라고 가정하면 힘의 비김조건에 의해서
㉮ $\sum M_B=0$에 의해서 $-V_A\times6-10\times3=0$에서
　$V_A=5\text{kN}(\downarrow)$
㉯ $\sum Y=0$에 의해서 $-V_A+V_B=0$에서
　$V_A=V_B$이므로 $V_B=5\text{kN}(\uparrow)$
$\therefore$ BD부재의 축방향력$=-5$kN

★★
56 각 지반의 허용지내력의 크기가 큰 것부터 순서대로 올바르게 나열된 것은?

| A. 자갈 | B. 모래 |
| C. 연암반 | D. 경암반 |

① $B > A > C > D$ ② $A > B > C > D$
③ $D > C > A > B$ ④ $D > C > B > A$

해설
지반의 허용지내력
경암반($4,000kN/m^2$) – 연암반($1,000 \sim 2,000kN/m^2$) – 자갈($300kN/m^2$) – 점토($150kN/m^2$) – 모래, 진흙($100kN/m^2$)

★★
57 강구조의 볼트접합구성에 관한 일반적인 설명으로 옳지 않은 것은?

① 볼트의 중심 사이의 간격을 게이지라인이라고 한다.
② 볼트는 가공 정밀도에 따라 상볼트, 중볼트, 흑볼트로 나뉜다.
③ 게이지라인과 게이지라인과의 거리를 게이지라고 한다.
④ 배치방식은 정렬배치와 엇모배치가 있다.

해설
게이지라인(gauge line)은 재축방향의 리벳 중심선, 즉 볼트를 박는 곳을 연결한 선이고, 피치(pitch)는 게이지라인상의 볼트간격이다.

★★
58 압축철근 $A_s' = 2,400mm^2$로 배근된 복철근 보의 탄성처짐이 15mm라 할 때 지속하중에 의해 발생되는 5년 후 장기처짐은? (단, $b = 300mm$, $d = 400mm$, 5년 후 지속하중재하에 따른 계수 $\xi = 2.0$)

① 9mm ② 12mm
③ 15mm ④ 30mm

해설
총침하량 = 단기처짐량 + 장기처짐량
ρ'(압축철근비) $= \dfrac{2,400}{300 \times 400} = 0.02$

$\lambda = \dfrac{\xi}{1 + 50\rho'} = \dfrac{2}{1 + 50 \times 0.02} = 1$

∴ 장기처짐량 = 단기처짐량 $\times \lambda$
$= 15 \times 1 = 15mm$

★★★
59 연약지반에 대한 안전확보대책으로 옳지 않은 것은?

① 지반개량공법을 실시한다.
② 말뚝기초를 적용한다.
③ 독립기초를 적용한다.
④ 건물을 경량화한다.

해설
연약지반의 기초에 대한 대책은 상부 구조와의 관계(건축물의 경량화, 평균길이를 짧게 할 것, 강성을 높게 할 것, 이웃 건축물과 거리를 멀게 할 것, 건축물의 중량을 분배할 것)와 기초구조와의 관계(굳은 층(경질층)에 지지시킬 것, 마찰말뚝을 사용할 것, 지하실을 설치할 것) 및 지반과의 관계(흙다지기, 물빼기, 고결, 바꿈 등의 처리를 하며, 방법으로는 전기적 고결법, 모래 지정, 웰포인트, 시멘트 물주입법 등) 등이 있다.

★★
60 다음 그림과 같이 수평하중 30kN이 작용하는 라멘구조에서 E점에서의 휨모멘트값(절대값)은?

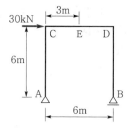

① 40kN·m ② 45kN·m
③ 60kN·m ④ 90kN·m

해설
㉮ 반력
　㉠ $\sum X = 0$에 의해서 $30 - H_A = 0$
　　∴ $H_A = 30kN$
　㉡ $\sum Y = 0$에 의해서 $-V_A + V_B = 0$ ······ ①
　㉢ $\sum M_B = 0$에 의해서 $30 \times 6 - V_A \times 6 = 0$
　　∴ $V_A = 30kN$
　㉣ $V_A = 30kN$을 식 ①에 대입하면
　　∴ $V_B = 30kN$

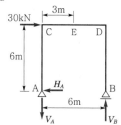

㉯ 휨모멘트
　$M_E = 30 \times 6 - 30 \times 3 = 90kN \cdot m$

2021

제4과목 건축설비

★★★
61 유압식 엘리베이터에 관한 설명으로 옳지 않은 것은?

① 오버헤드가 작다.
② 기계실의 위치가 자유롭다.
③ 큰 적재량으로 승강행정이 짧은 경우에는 적용할 수 없다.
④ 지하주차장 엘리베이터와 같이 지하층에만 운전하는 경우 적용할 수 있다.

해설 유압식 엘리베이터는 큰 적재량으로 승강행정이 짧은 경우에 적용할 수 있다.

★★
62 온수난방에 관한 설명으로 옳지 않은 것은?

① 증기난방에 비해 예열시간이 길다.
② 온수의 잠열을 이용하여 난방하는 방식이다.
③ 한랭지에서 운전 정지 중에 동결의 우려가 있다.
④ 증기난방에 비해 난방부하변동에 따른 온도조절이 비교적 용이하다.

해설 온수난방은 온수의 현열을 이용하는 난방방식이고, 증기의 잠열을 이용하는 난방방식은 증기난방이다.

★
63 중앙식 급탕방식에 관한 설명으로 옳지 않은 것은?

① 온수를 사용하는 개소마다 가열장치가 설치된다.
② 상향 또는 하향순환식 배관에 의해 필요 개소에 온수를 공급한다.
③ 국소식에 비해 기기가 집중되어 있으므로 설비의 유지관리가 용이하다.
④ 호텔이나 병원 등과 같이 급탕개소가 많고 사용량이 많은 건물 등에 채용된다.

해설 중앙식 급탕방식은 보일러로 가열시킨 온수를 탱크에 저장해 두었다가 급탕관을 통해서 급탕하는 방식으로, 대규모 급탕(급탕개소와 급탕량이 많은 경우)설비에 적합하며 급탕개소마다 가열장치가 필요하지 않다. 반면 급탕개소마다 가열장치가 필요한 경우는 국소식 급탕방식이다.

★★★
64 건구온도 30℃, 상대습도 60%인 공기를 냉수코일에 통과시켰을 때 공기의 상태변화로 옳은 것은? (단, 코일 입구수온 5℃, 코일 출구수온 10℃)

① 건구온도는 낮아지고, 절대습도는 높아진다.
② 건구온도는 높아지고, 절대습도는 낮아진다.
③ 건구온도는 높아지고, 상대습도는 높아진다.
④ 건구온도는 낮아지고, 상대습도는 높아진다.

해설 습공기선도를 참고하여 보면 다음 그림과 같다.

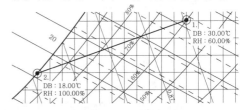

① 건구온도는 낮아지고, 절대습도는 낮아진다.
② 건구온도는 낮아지고, 절대습도는 낮아진다.
③ 건구온도는 낮아지고, 상대습도는 높아진다.

★★
65 터보식 냉동기에 관한 설명으로 옳지 않은 것은?

① 임펠러의 원심력에 의해 냉매가스를 압축한다.
② 대용량에서는 압축효율이 좋고 비례제어가 가능하다.
③ 대·중형 규모의 중앙식 공조에서 냉방용으로 사용된다.
④ 기계적 에너지가 아닌 열에너지에 의해 냉동효과를 얻는다.

해설 터보식 냉동기는 압축식 냉동기에 속하므로 열에너지가 아닌 기계적 에너지에 의해 냉동효과를 얻는다.

★★
66 엔탈피변화량에 대한 현열변화량의 비를 의미하는 것은?

① 현열비   ② 잠열비
③ 유인비   ④ 열수분비

해설 ㉮ 유인비는 분출구에서 분출된 1차 공기와 유인된 2차 공기의 관계를 나타내는 것이다.

$$유인비 = \frac{1차\ 공기량 + 2차\ 공기량}{1차\ 공기량}$$

㉯ 열수분비는 공기의 온도 및 습도가 변화할 때 절대 온도의 단위증가량에 대한 엔탈피의 증가량이다.

$$\mu(열수분비) = \frac{\Delta h(엔탈피의\ 변화량)}{\Delta x(절대습도의\ 변화량)}$$

★
67 연결송수관설비의 방수구에 관한 설명으로 옳지 않은 것은?

① 방수구의 위치표시는 표시등 또는 축광식 표지로 한다.

② 호스접결구는 바닥으로부터 0.5m 이상 1m 이하의 위치에 설치한다.

③ 개폐기능을 가진 것으로 설치하여야 하며, 평상시 닫힌 상태를 유지하도록 한다.

④ 연결송수관설비의 전용 방수구 또는 옥내 소화전방수구로서 구경 50mm의 것으로 설치한다.

해설 연결송수관설비의 전용 방수구 또는 옥내소화전방수구로서 구경 65mm의 것으로 설치할 것(NFSC 502)

★★★
68 의복의 단열성을 나타내는 단위로서, 그 값이 클수록 인체에서 발생되는 열이 주위 공기로 적게 발산되는 것을 의미하는 것은?

① clo   ② dB
③ NC   ④ MRT

해설 ② dB : 음압의 단위
③ NC : 소음허용값
④ MRT : 평균방사온도

★
69 양수펌프의 회전수를 원래보다 20% 증가시켰을 경우 양수량의 변화로 옳은 것은?

① 20% 증가   ② 44% 증가
③ 73% 증가   ④ 100% 증가

해설 펌프의 상사법칙에 의하여 유량(양수량)은 회전수에 비례하고, 양정은 회전수의 제곱에 비례하며, 동력은 회전수의 세제곱에 비례한다. 그러므로 회전수가 20% 증가하면 유량(양수량)도 20% 증가한다.

★
70 다음과 같은 조건에서 사무실의 평균조도를 800lx로 설계하고자 할 경우 광원이 필요수량은?

[조건]
• 광원 1개의 광속 : 2,000lm
• 실의 면적 : 10m²
• 감광보상률 : 1.5
• 조명률 : 0.6

① 3개   ② 5개
③ 8개   ④ 10개

해설
$$F_0 = \frac{EA}{UM}(lm),\quad NF = \frac{AED}{U} = \frac{EA}{UM}(lm)$$

여기서, F_0 : 총광속, E : 평균조도(lx)
   A : 실내면적(m²), U : 조명률
   D : 감광보상률, M : 보수율(유지율)
   N : 소요등수(개), F : 1등당 광속(lm)

$$\therefore N = \frac{AED}{FU} = \frac{10 \times 800 \times 1.5}{2,000 \times 0.6} = 10개$$

★★
71 공조부하 중 현열과 잠열이 동시에 발생하는 것은?

① 인체의 발생열량
② 벽체로부터의 취득열량
③ 유리로부터의 취득열량
④ 덕트로부터의 취득열량

해설 냉방부하 중 현열부하만 발생하는 것은 전열부하(온도차에 의하여 외벽, 천장, 유리, 바닥 등을 통한 관류열량), 일사에 의한 부하, 실내 발생열 중 조명기구, 송풍기부하, 덕트의 열손실, 재열부하, 혼합손실(이중덕트의 냉온풍혼합손실), 배관 열손실 및 펌프에서의 열취득 등이다. 현열과 잠열부하를 발생하는 것은 틈새바람에 의한 부하, 실내 발생열 중 인체 및 기타의 열원기기, 환기부하(신선 외기에 의한 부하) 등이다.

★
72 다음과 같이 정의되는 통기관의 종류는?

오배수수직관 내의 압력변동을 방지하기 위하여 오배수수직관 상향으로 통기수직관에 연결하는 통기관

① 결합통기관   ② 공용통기관
③ 각개통기관   ④ 반송통기관

2021

해설 ② 공용통기관 : 기구가 반대방향(좌우분기) 또는 병렬로 설치된 기구배수관의 교점에 접속하여 입상하며, 그 양 기구의 트랩 봉수를 보호하기 위한 1개의 통기관
③ 각개통기관 : 각 기구마다 통기관을 세우는 통기관
④ 반송통기관 : 각개통기관을 다른 통기관에 접속하기가 불가능하고 대기 중에 개구하는 것도 불가능한 경우로서 기구의 오버플로구보다 높은 위치(약 150mm 이상)에 한 번 입상하고, 그 후 다시 입하하는 통기관으로서 그 기구배수관이 다른 배수관과 합쳐지기 직전의 수평배관부에 접속하거나 바닥 밑을 수평배관하여 통기수직관에 접속하는 통기관이다.

★★★
73 공조방식 중 팬코일유닛방식에 관한 설명으로 옳지 않은 것은?

① 유닛의 개별제어가 용이하다.
② 수배관이 없어 누수의 우려가 없다.
③ 덕트샤프트나 스페이스가 필요 없다.
④ 덕트방식에 비해 유닛의 위치변경이 용이하다.

해설 팬코일유닛방식은 소형 공조기(전동기 직결의 소형 송풍기, 냉온수코일, 필터 등을 구비)를 각 방에 설치하여 중앙기계실로부터 냉수 또는 온수를 공급하여 공기조화를 하는 방식이다. 내장된 팬의 힘으로 실내공기를 흡입하여 냉난방한다. 즉 수배관이 있으므로 누수의 우려가 있다.

★★
74 다음 설명에 알맞은 전기설비 관련 용어는?

최대 수요전력을 구하기 위한 것으로 최대 수요전력의 총부하설비용량에 대한 비율이다.

① 역률   ② 부등률
③ 부하율   ④ 수용률

해설
① 수용률(%) = $\dfrac{\text{최대 수요전력(kW)}}{\text{수용(부하)설비용량(kW)}} \times 100$
     = 0.4~1.0
② 부등률(%) = $\dfrac{\text{최대 수용전력의 합(kW)}}{\text{합성 최대 수용전력(kW)}} \times 100$
     = 1.1~1.5
③ 부하율(%) = $\dfrac{\text{평균수용전력(kW)}}{\text{최대 수용전력(kW)}} \times 100$
     = 0.25~0.6

★★
75 220V, 200W 전열기를 110V에서 사용하였을 경우 소비전력은?

① 50W   ② 100W
③ 200W   ④ 400W

해설
220V에 200W의 전열기이므로 $I = \dfrac{W}{V} = \dfrac{200}{220} = \dfrac{10}{11}$ A 이고, $R = \dfrac{V}{I} = \dfrac{220}{\frac{10}{11}} = 242\,\Omega$ 이므로 110V를 사용하면 $W = \dfrac{V^2}{R} = \dfrac{110^2}{242} = 50$W이다. 또한 소비전력은 전압의 제곱에 비례하므로 전압이 220V에서 110V로 낮아지므로 $\left(\dfrac{110}{220}\right)^2 = \dfrac{1}{4}$ 이므로 $\dfrac{1}{4} \times 200 = 50$W이다.

★
76 다음 중 급수계통의 오염원인과 가장 거리가 먼 것은?

① 급수로의 배수 역류
② 저수탱크에 유해물질 침입
③ 수격작용(water hammering)
④ 크로스커넥션(cross connection)

해설 급수계통의 오염원인으로는 ①, ②, ④항이 있고, 수격작용(water hammer)은 급수관 속에 흐르는 물을 갑자기 정지시키거나 용기 속에 차 있는 물을 갑자기 흐르게 하면 물의 압력이 크게 하강 또는 상승하여 유수음이 생기며 배관을 진동시키는 작용을 말한다.

★★★
77 덕트의 분기부에 설치하여 풍량조절용으로 사용되는 댐퍼는?

① 스플릿댐퍼   ② 평행익형댐퍼
③ 대향익형댐퍼   ④ 버터플라이댐퍼

해설 스플릿댐퍼는 덕트의 분기부에 설치하여 풍량조절용으로, 평행익형댐퍼와 대향익형댐퍼는 대형 덕트에, 버터플라이댐퍼는 소형 덕트에 사용한다.

★★
78 다음 중 변전실 면적에 영향을 주는 요소와 가장 거리가 먼 것은?

① 출입문의 높이
② 건축물이 구조적 여건
③ 수전전압 및 수전방식
④ 설치기기와 큐비클의 종류 및 시방

정답 73.② 74.④ 75.① 76.③ 77.① 78.①

해설 변전실의 면적에 영향을 끼치는 요소에는 변압기의 용량, 큐비클의 종류, 수전전압 및 수전방식 등이 있고, 출입구의 높이, 발전기의 용량 및 발전기실의 면적과는 무관하다.

79 ★ 3상 동력과 단상 전등부하를 동시에 사용할 수 있는 방식으로 대형 빌딩이나 공장 등에서 사용되는 것은?

① 단상 3선식 220/110V
② 3상 2선식 220V
③ 3상 3선식 220V
④ 3상 4선식 380/220V

해설 380/220V 3상 4선식은 우리나라에서 승압계획에 따라 대형 빌딩이나 공장 등의 간선회로에 주로 사용되는 배전방식으로 3상 동력과 단상 전등부하를 동시에 사용할 수 있는 방식이다.

80 ★ 개방형 헤드를 사용하는 연결살수설비에 있어서 하나의 송수구역에 설치하는 살수헤드의 수는 최대 얼마 이하가 되도록 하여야 하는가?

① 10개　　② 20개
③ 30개　　④ 40개

해설 개방형 헤드를 사용하는 연결살수설비에 있어서 하나의 송수구역에 설치하는 살수헤드의 수는 10개 이하가 되도록 하여야 한다(NFSC 503).

제5과목　건축관계법규

81 ★★★ 건축법령에 따른 리모델링이 쉬운 구조에 속하지 않는 것은?

① 구조체가 철골구조로 구성되어 있을 것
② 구조체에서 건축설비, 내부마감재료 및 외부마감재료를 분리할 수 있을 것
③ 개별세대 안에서 구획된 실의 크기, 개수 또는 위치 등을 변경할 수 있을 것
④ 각 세대는 인접한 세대와 수직 또는 수평 방향으로 통합하거나 분할할 수 있을 것

해설 관련 법규 : 법 제8조, 영 제6조의4, 해설 법규 : 영 제6조의5 ①항
리모델링이 쉬운 구조에 속하는 것은 ②, ③, ④항 등이 있고, 구조체가 철골구조로 구성되어 있을 것과 각 층마다 하나의 방화구획으로 구획되어 있을 것은 리모델링이 쉬운 구조와는 무관하다.

82 ★ 국토교통부장관이 정한 범죄예방기준에 따라 건축하여야 하는 대상 건축물에 속하지 않는 것은?

① 수련시설
② 교육연구시설 중 도서관
③ 업무시설 중 오피스텔
④ 숙박시설 중 다중생활시설

해설 관련 법규 : 법 제53조의2, 영 제63조의2, 해설 법규 : 영 제63조의2
범죄예방기준에 따라 건축하여야 하는 건축물은 다가구주택, 아파트, 연립주택 및 다세대주택, 제1종 근린생활시설 중 일용품을 판매하는 소매점, 제2종 근린생활시설 중 다중생활시설, 문화 및 집회시설(동·식물원은 제외), 교육연구시설(연구소 및 도서관은 제외), 노유자시설, 수련시설, 업무시설 중 오피스텔, 숙박시설 중 다중생활시설 등이 있다.

83 ★★★ 지하식 또는 건축물식 노외주차장의 차로에 관한 기준내용으로 옳지 않은 것은? (단, 이륜자동차 전용 노외주차장이 아닌 경우)

① 높이는 주차 바닥면으로부터 2.3m 이상으로 하여야 한다.
② 경사로의 종단경사도는 직선 부분에서는 17%를 초과하여서는 아니 된다.
③ 곡선 부분은 자동차가 4m 이상의 내변반경으로 회전할 수 있도록 하여야 한다.
④ 주차대수규모가 50대 이상인 경우의 경사로는 너비 6m 이상인 2차로를 확보하거나 진입차로와 진출차로를 분리하여야 한다.

해설 관련 법규 : 법 제6조, 규칙 제6조, 해설 법규 : 규칙 제6조 ①항 5호 나목
곡선 부분은 자동차가 6m(같은 경사로를 이용하는 주차장의 총주차대수가 50대 이하인 경우에는 5m, 이륜자동차 전용 노외주차장의 경우에는 3m) 이상의 내변반경으로 회전할 수 있도록 하여야 한다.

84

★★
피난용 승강기의 설치에 관한 기준내용으로 옳지 않은 것은?

① 예비전원으로 작동하는 조명설비를 설치할 것

② 승강장의 바닥면적은 승강기 1대당 $5m^2$ 이상으로 할 것

③ 각 층으로부터 피난층까지 이르는 승강로를 단일구조로 연결하여 설치할 것

④ 승강장의 출입구 부근의 잘 보이는 곳에 해당 승강기가 피난용 승강기임을 알리는 표지를 설치할 것

해설 관련 법규 : 법 제64조, 영 제91조, 해설 법규 : 영 제91조 1호
피난용 승강기(피난용 승강기의 승강장 및 승강로를 포함)의 기준은 ①, ③, ④항 이외에 승강장의 바닥면적은 승강기 1대당 $6m^2$ 이상으로 할 것

85

★★
대지의 조경이 있어 조경 등의 조치를 하지 아니할 수 있는 건축물기준으로 옳지 않은 것은?

① 면적 5천제곱미터 미만인 대지에 건축하는 공장

② 연면적의 합계가 1천500제곱미터 미만인 공장

③ 연면적의 합계가 2천제곱미터 미만인 물류시설

④ 녹지지역에 건축하는 건축물

해설 관련 법규 : 법 제42조, 영 제27조, 해설 법규 : 영 제27조 ①항 3호
연면적의 합계가 $1,500m^2$ 미만인 물류시설(주거지역 또는 상업지역에 건축하는 것은 제외)로서 국토교통부령으로 정하는 것은 대지의 조경을 하지 않을 수 있다.

86

★★★
건축허가신청에 필요한 설계도서 중 건축계획서에 표시하여야 할 사항으로 옳지 않은 것은?

① 주차장규모

② 토지형질변경계획

③ 건축물의 용도별 면적

④ 지역 · 지구 및 도시계획사항

해설 관련 법규 : 법 제11조, 영 제8조, 규칙 제6조, 해설 법규 : 규칙 제6조 ①항, (별표 2)
공개공지 및 조경계획, 토지형질변경계획은 건축계획서에 포함될 사항과 무관하다.

87

★★
국토의 계획 및 이용에 관한 법률상 용도지역에서의 용적률 최대 한도기준이 옳지 않은 것은? (단, 도시지역의 경우)

① 주거지역 : 500% 이하

② 녹지지역 : 100% 이하

③ 공업지역 : 400% 이하

④ 상업지역 : 1,000% 이하

해설 관련 법규 : 국토법 제78조, 영 제36조, 해설 법규 : 영 제36조 1호
용적률의 한도(% 이하)

지역	도시지역				관리지역			농림	자연환경보전
	주거	상업	공업	녹지	보전	생산	계획		
용적률(%)이하	500	1,500	400	100	80		100	80	

88

★★★
건축물이 있는 대지의 분할제한 최소 기준이 옳은 것은? (단, 상업지역의 경우)

① $100m^2$ ② $150m^2$

③ $200m^2$ ④ $250m^2$

해설 관련 법규 : 법 제57조, 영 제80조, 해설 법규 : 영 제80조 2호
건축물이 있는 대지의 분할제한은 주거지역 $60m^2$ 이상, 상업지역 $150m^2$ 이상, 공업지역 $150m^2$ 이상, 녹지지역 $200m^2$ 이상, 기타 지역 $60m^2$ 이상이다.

89

★★
허가권자가 가로구역별로 건축물의 높이를 지정 · 공고할 때 고려하지 않아도 되는 사항은?

① 도시 · 군관리계획의 토지이용계획

② 해당 가로구역에 접하는 대지의 너비

③ 도시미관 및 경관계획

④ 해당 가로구역의 상수도 수용능력

해설 관련 법규 : 법 제60조, 영 제82조, 해설 법규 : 영 제82조 ①항
해당 가로구역이 접하는 대지의 너비, 해당 가로구역이 접하는 도로의 길이, 지질 및 지형 등은 건축물의 최고높이를 지정할 경우 고려사항이 아니다.

★★
90 다음 중 거실의 용도에 따른 조도기준이 가장 낮은 것은? (단, 바닥에서 85cm의 높이에 있는 수평면의 조도기준)

① 독서
② 회의
③ 판매
④ 일반사무

해설 관련 법규 : 법 제49조, 영 제51조, 피난·방화규칙 제17조, (별표 1의3), 해설 법규 : (별표 1의3)
거실의 용도에 따른 조도기준

구 분	700lux	300lux	150lux	70lux	30lux
거주			독서, 식사, 조리	기타	
집무	설계, 제도, 계산	일반사무	기타		
작업	검사, 시험, 정밀검사, 수술	일반작업, 제조, 판매	포장, 세척	기타	
집회		회의	집회	공연, 관람	
오락			오락 일반		기타

★★★
91 높이 31m를 넘는 각 층의 바닥면적 중 최대 바닥면적이 5,000m^{2}인 건축물에 원칙적으로 설치하여야 하는 비상용 승강기의 최소 대수는?

① 1대   ② 2대
③ 3대   ④ 4대

해설 관련 법규 : 법 제64조, 영 제90조, 해설 법규 : 영 제90조 ①항 2호
31m를 넘는 각 층의 최대 바닥면적이 5,000m^{2}이므로(소수점 이하는 무조건 올림)
∴ 비상용 승강기의 설치대수
$$= 1 + \frac{31\text{m를 넘는 각 층의 최대 바닥면적} - 1,500}{3,000}$$
$$= 1 + \frac{5,000 - 1,500}{3,000} = 2.167 ≒ 3대$$

★★★
92 국토의 계획 및 이용에 관한 법령상 제1종 일반주거지역 안에서 건축할 수 있는 건축물에 속하지 않는 것은?

① 아파트
② 단독주택
③ 노유자시설
④ 교육연구시설 중 고등학교

해설 관련 법규 : 법 제76조, 영 제71조, 해설 법규 : (별표 3)
제1종 일반주거지역에 건축할 수 있는 건축물은 공동주택(아파트는 제외), 단독주택, 노유자시설, 제1종 근린생활시설, 교육연구시설 중 유치원, 초등학교, 중학교 및 고등학교이다.

★★
93 노외주차장의 설치에 관한 계획기준내용 중 ( ) 안에 알맞은 것은?

> 주차대수 400대를 초과하는 규모의 노외주차장의 경우에는 노외주차장의 출구와 입구를 각각 따로 설치하여야 한다. 다만, 출입구의 너비의 합이 ( )m 이상으로서 출구와 입구가 차선 등으로 분리되는 경우에는 함께 설치할 수 있다.

① 4.5   ② 5.0
③ 5.5   ④ 6.0

해설 관련 법규 : 법 제12조, 규칙 제5조, 해설 법규 : 규칙 제5조 7호
주차대수 400대를 초과하는 규모의 노외주차장의 경우에는 노외주차장의 출구와 입구는 각각 따로 설치하여야 한다. 다만, 출입구의 너비의 합이 5.5m 이상으로서 출구와 입구가 차선 등으로 분리되는 경우에는 함께 설치할 수 있다.

★★★
94 건축법령상 공동주택에 해당하지 않는 것은?

① 기숙사   ② 연립주택
③ 다가구주택   ④ 다세대주택

해설 관련 법규 : 법 제2조, 영 제3조의5, 해설 법규 : (별표 1)의1호
공동주택의 종류에는 아파트, 연립주택, 다세대주택 및 기숙사 등이 있고, 단독주택의 종류에는 단독주택, 다중주택, 다가구주택 및 공관 등이 있다.

2021

95 다음은 건축선에 따른 건축제한에 관한 기준 내용이다. ( ) 안에 알맞은 것은?

> 도로면으로부터 높이 ( ) 이하에 있는 출입구, 창문, 그 밖에 이와 유사한 구조물은 열고 닫을 때 건축선의 수직면을 넘지 아니 하는 구조로 하여야 한다.

① 1.5m ② 2.5m
③ 3.5m ④ 4.5m

해설 관련 법규 : 법 제47조, 해설 법규 : 법 제47조 ②항
도로면으로부터 높이 4.5m 이하에 있는 출입구, 창문, 그 밖에 이와 유사한 구조물은 열고 닫을 때 건축선의 수직면을 넘지 아니하는 구조로 하여야 한다.

96 건축물의 출입구에 설치하는 회전문의 구조에 대한 설명으로 옳지 않은 것은?

① 계단이나 에스컬레이터로부터 2미터 이상의 거리를 둘 것
② 틈 사이를 고무와 고무펠트의 조합체 등을 사용하여 신체나 물건 등에 손상이 없도록 할 것
③ 출입에 지장이 없도록 일정한 방향으로 회전하는 구조로 할 것
④ 회전문의 회전속도는 분당 회전수가 10회를 넘지 아니하도록 할 것

해설 관련 법규 : 법 제49조, 영 제 39조, 피난 · 방화규칙 제12조, 해설 법규 : 피난 · 방화규칙 제12조 5호
회전문의 회전속도는 분당 회전수가 8회를 넘지 않도록 할 것

97 국토의 계획 및 이용에 관한 법률상 주거지역의 세분에서 단독주택 중심의 양호한 주거환경을 보호하기 위하여 필요한 지역에 대해 지정하는 용도지역은?

① 제1종 전용주거지역
② 제1종 특별주거지역
③ 제1종 일반주거지역
④ 제3종 일반주거지역

해설 관련 법규 : 국토영 제30조, 해설 법규 : 국토영 제30조
㉮ 제1종 전용주거지역 : 단독주택 중심의 양호한 주거환경을 보호하기 위하여 필요한 지역
㉯ 제1종 일반주거지역 : 저층주택을 중심으로 편리한 주거환경을 조성하기 위하여 필요한 지역
㉰ 제3종 일반주거지역 : 중고층주택을 중심으로 편리한 주거환경을 조성하기 위하여 필요한 지역

98 다음의 옥상광장 등의 설치에 관한 기준내용 중 ( ) 안에 알맞은 것은?

> 옥상광장 또는 2층 이상인 층에 있는 노대나 그 밖에 이와 비슷한 것의 주위에는 높이 ( ) 이상의 난간을 설치하여야 한다. 다만, 그 노대 등에 출입할 수 없는 구조인 경우에는 그러하지 아니하다.

① 1.0m ② 1.2m
③ 1.5m ④ 1.8m

해설 관련 법규 : 법 제49조, 영 제40조, 피난 · 방화규칙 제13조, 해설 법규 : 영 제40조 ①항
옥상광장 또는 2층 이상인 층에 있는 노대 등(노대나 그 밖에 이와 비슷한 것)의 주위에는 높이 1.2m 이상의 난간을 설치하여야 한다. 다만, 그 노대 등에 출입할 수 없는 구조인 경우에는 그러하지 아니하다.

99 국토의 계획 및 이용에 관한 법률상 용도지역의 구분이 모두 옳은 것은?

① 도시지역, 관리지역, 농림지역, 자연환경보전지역
② 도시지역, 개발관리지역, 농림지역, 보전지역
③ 도시지역, 관리지역, 생산지역, 녹지지역
④ 도시지역, 개발제한지역, 생산지역, 보전지역

해설 관련 법규 : 국토법 제78조, 국토영 제36조, 해설 법규 : 국토영 제36조 1호
용도지역의 구분
㉮ 도시지역 : 주거, 상업, 공업, 녹지지역
㉯ 관리지역 : 보전, 생산, 계획관리지역
㉰ 농림지역
㉱ 자연환경보전지역

정답 95.④ 96.④ 97.① 98.② 99.①

★★
100 다음 중 옥내계단의 너비의 최소 설치기준으로 적합하지 않는 것은?

① 관람장의 용도에 쓰이는 건축물의 계단의 너비 120cm 이상

② 중학교 용도에 쓰이는 건축물의 계단의 너비 150cm 이상

③ 거실의 바닥면적의 합계가 100m² 이상인 지하층의 계단의 너비 120cm 이상

④ 바로 위층의 거실의 바닥면적의 합계가 200m² 이상인 층의 계단의 너비 150cm 이상

해설
관련 법규 : 법 제49조, 영 제48조, 피난·방화규칙 제15조, 해설 법규 : 피난·방화규칙 제15조 ②항 4호
건축물의 계단으로서 다음의 어느 하나에 해당하는 층의 계단인 경우에는 계단 및 계단참은 유효너비를 120cm 이상으로 할 것

㉮ 계단을 설치하려는 층이 지상층인 경우 : 해당 층의 바로 위층부터 최상층(상부층 중 피난층이 있는 경우에는 그 아래층)까지의 거실 바닥면적의 합계가 200m² 이상인 경우

㉯ 계단을 설치하려는 층이 지하층인 경우 : 지하층 거실 바닥면적의 합계가 100m² 이상인 경우

2021

★★
01 특수전시기법에 관한 설명으로 옳지 않은 것은?

① 하모니카전시는 동일 종류의 전시물을 반복 전시하는 경우에 사용된다.

② 파노라마전시는 연속적인 주제를 연관성 있게 표현하기 위해 선형의 파노라마로 연출하는 기법이다.

③ 디오라마전시는 하나의 사실 또는 주제의 시간상황을 고정시켜 연출하는 것으로 현장에 임한 느낌을 준다.

④ 아일랜드전시는 실물을 직접 전시할 수 없거나 오브제전시만의 한계를 극복하기 위해 영상매체를 사용하여 전시하는 기법이다.

해설
㉮ 아일랜드전시 : 전시물의 사방에서 감상할 필요가 있는 조각물이나 모형을 전시하기 위해 벽면에서 거리를 두고 전시하는 방법
㉯ 영상전시 : 실물을 직접 전시할 수 없거나 오브제전시만을 극복하기 위해 영상매체를 사용하여 전시하는 기법

★★
02 병원 건축의 병동배치방법 중 분관식(pavilion type)에 관한 설명으로 옳은 것은?

① 각종 설비시설의 배관길이가 짧아진다.

② 대지의 크기와 관계없이 적용이 용이하다.

③ 각 병실을 남향으로 할 수 있어 일조와 통풍조건이 좋다.

④ 병동부는 5층 이상의 고층으로 하며, 환자는 엘리베이터로 운송된다.

해설
① 각종 설비시설의 배관길이가 길어진다.
② 대지의 크기가 커야만 적용할 수 있다.
④ 평면분산식으로 동선이 길어지며 일반적으로 3층 이하의 저층건물로 구성된다.하는 수법의 전시기법으로 하나의 사실 또는 주제의 시간상황을 고정시켜 연출하는 전시기법

★
03 전시실의 순회형식에 관한 설명으로 옳지 않은 것은?

① 중앙홀형식은 각 실에 직접 들어갈 수 없다는 단점이 있다.

② 연속순회형식은 많은 실을 순서별로 통하여야 하는 불편이 있다.

③ 갤러리 및 코리도형식에서는 복도 자체도 전시공간으로 이용할 수 있다.

④ 갤러리 및 코리도형식은 각 실에 직접 들어갈 수 있으며 필요시 독립적으로 폐쇄할 수 있다.

해설
중앙홀형식은 중심부에 하나의 큰 홀을 두고 그 주위에 각 전시실을 배치하여 자유로이 출입하는 형식으로, 프랭크 로이드 라이트는 이 형식을 기본으로 뉴욕 구겐하임미술관을 설계하였다.

★
04 공동주택의 단지계획에서 보차분리를 위한 방식 중 평면분리에 해당하는 방식은?

① 시간제 차량통행

② 쿨데삭(cul-de-sac)

③ 오버브리지(overbridge)

④ 보행자 안전참(pedestrian safecross)

해설
보차분리의 형태에는 평면분리(쿨데삭, 루프, T자형 등), 면적분리(보행자공간, 몰프라자 등), 입체분리(오버브리지, 언더패스, 지하가 등) 및 시간분리(시간제 차량, 차 없는 날 등) 등이 있다.

★★
05 다음 중 터미널호텔의 종류에 속하지 않는 것은?

① 해변호텔 ② 부두호텔

③ 공항호텔 ④ 철도역호텔

해설
㉮ 시티호텔 : 커머셜호텔, 레지던셜호텔, 아파트먼트호텔, 터미널호텔(스테이션호텔, 하버호텔, 에어포트호텔 등) 등
㉯ 리조트호텔 : 해변호텔, 산장호텔, 온천호텔, 클럽하우스 등

06 레이트 모던(Late Modern) 건축양식에 관한 설명으로 옳지 않은 것은?

① 기호학적 분절을 추구하였다.
② 퐁피두센터는 이 양식에 부합되는 건축물이다.
③ 공업기술을 바탕으로 기술적 이미지를 강조하였다.
④ 대표적 건축가로는 시저 펠리, 노만 포스터 등이 있다.

해설 포스트 모더니즘은 기호학적 분절을 추구하였다.

07 다음 중 백화점건물의 기둥간격 결정요소와 가장 거리가 먼 것은?

① 진열장의 치수
② 고객동선의 길이
③ 에스컬레이터의 배치
④ 지하주차장의 주차방식

해설 백화점의 스팬을 결정하는 요인에는 기준층 판매대의 배치와 치수, 그 주위의 통로폭, 엘리베이터와 에스컬레이터의 배치와 유무, 지하주차장의 설치, 주차방식과 주차폭 등이 있고, 고객동선의 길이, 각 층별 매장의 상품 구성, 화장실의 크기, 공조실의 폭과 위치, 백화점의 스팬과는 무관하다.

08 주택의 부엌에서 작업순서에 따른 작업대 배열로 가장 알맞은 것은?

① 냉장고-싱크대-조리대-가열대-배선대
② 싱크대-조리대-가열대-냉장고-배선대
③ 냉장고-조리대-가열대-배선대-싱크대
④ 싱크대-냉장고-조리대-배선대-가열대

해설 부엌설비의 배열순서 : 냉장고 → 준비대 → 개수대(싱크대) → 조리대 → 가열대(레인지) → 배선대 → 식당

09 도서관 출납시스템에 관한 설명으로 옳지 않은 것은?

① 자유개가식은 책 내용의 파악 및 선택이 자유롭다.
② 자유개가식은 서가의 정리가 잘 안 되면 혼란스럽게 된다.

③ 안전개가식은 서가열람이 가능하여 책을 직접 뽑을 수 있다.
④ 폐가식은 서가와 열람실에서 감시가 필요하나 대출절차가 간단하여 관원의 작업량이 적다

해설 폐가식은 서고를 열람실과 별도로 설치하여 열람자가 책의 목록에 의해서 책을 선택하고 관원에게 대출기록을 남긴 후 책을 대출하는 형식으로, 서가와 열람실에서 감시가 필요 없으나 대출절차가 복잡하고 관원의 작업량이 많다.

10 르 코르뷔지에가 주장한 근대 건축 5원칙에 속하지 않는 것은?

① 필로티   ② 옥상정원
③ 유기적 공간   ④ 자유로운 평면

해설 르 코르뷔지에는 현대 건축과 구조를 설계하는 데 기본이 되는 5대 원칙(필로티, 골조와 벽의 기능적 독립, 자유로운 평면, 자유로운 파사드, 옥상정원)을 주장했다.

11 다음 중 사무소 건축에서 기준층 평면형태의 결정요소와 가장 거리가 먼 것은?

① 동선상의 거리
② 구조상 스팬의 한도
③ 사무실 내의 책상배치방법
④ 덕트, 배선, 배관 등 설비시스템상의 한계

해설 사무소건물의 기준층 평면형을 좌우하는 요소에는 구조상 스팬의 한도, 동선상의 거리, 자연경관의 한계, 자연광에 의한 조명한계, 덕트, 배선, 배관 등 설비시스템상의 한계, 방화구획상 면적, 채광조건, 공용시설, 비상시설 등이 있다. 도시경관 배려, 사무실의 책상배치방법, 사무실 내의 작업능률, 대피상 최소 피난거리, 엘리베이터의 대수 등과는 무관하다.

12 다음 설명에 알맞은 학교운영방식은?

각 학급을 2분단으로 나누어 한 쪽이 일반교실을 사용할 때 다른 한 쪽은 특별교실을 사용한다.

① 달톤형   ② 플래툰형
③ 개방학교   ④ 교과교실형

해설
㉮ 달톤형 : 학급, 학년을 없애고 학생들은 각자의 능력에 맞게 교과를 선택하고, 일정한 교과가 끝나면 졸업하는 형식이다.
㉯ 오픈 스쿨(개방학교) : 아동이나 학생을 학력 등의 정도에 따라 몇 사람씩, 몇 개의 그룹으로 나누고, 각 그룹에 각기 몇 사람의 교원이 적절한 지도를 하는 개인별 또는 팀티칭이 전제되며, 인공조명과 공기조화설비를 사용한다.
㉰ 교과교실형 : 모든 교실이 특정 교과 때문에 만들어지며, 일반교실이 없는 방식이다.
㉱ 종합교실형 : 우리나라에서 가장 많이 사용되는 형식이다.

★
13 주택 부엌의 가구배치유형 중 병렬형에 관한 설명으로 옳은 것은?

① 연속된 두 벽면을 이용하여 작업대를 배치한 형식이다.
② 폭이 길이에 비해 넓은 부엌의 형태에 적당한 유형이다.
③ 작업면이 가장 넓은 배치유형으로 작업 효율이 좋다.
④ 좁은 면적 이용에 효과적이므로 소규모 부엌에 주로 이용된다.

해설
① ㄱ자형
③ ㄷ자형
④ 일자(직선)형

★
14 극장 무대 주위의 벽에 6~9m 높이로 설치되는 좁은 통로로, 그리드 아이언에 올라가는 계단과 연결되는 것은?

① 록 레일   ② 사이클로라마
③ 플라이갤러리   ④ 슬라이딩스테이지

해설
① 록 레일 : 한 곳에 와이어로프를 모아서 조정하는 곳이다.
② 사이클로라마(cyclorama) : 무대의 제일 뒤에 설치되는 무대배경용 벽으로 호리존트라고도 한다.
④ 슬라이딩스테이지 : 이동무대의 일종이다.

★
15 다음 중 다포식(多包式) 건물에 속하지 않는 것은?

① 서울 동대문   ② 창덕궁 돈화문
③ 전등사 대웅전   ④ 봉정사 극락전

해설
① 서울 동대문 : 조선 후기의 다포식
② 창덕궁 돈화문 : 조선 중기의 다포식
③ 전등사 대웅전 : 조선 중기의 다포식
④ 봉정사 극락전 : 고려의 주심포식

★★
16 이슬람(사라센) 건축양식에서 미너렛(minaret)이 의미하는 것은?

① 이슬람교의 신학원시설
② 모스크의 상징인 높은 탑
③ 메카방향으로 설치된 실내제단
④ 열주나 아케이드로 둘러싸인 중정

해설
미너렛은 이슬람의 예배당인 모스크 끝에 세워진 높은 탑으로 성직자가 예배시각을 알려주던 곳이다.

★★
17 아파트의 단면형식 중 메조넷형식(maisonnette type)에 관한 설명으로 옳지 않은 것은?

① 하나의 주거단위가 복층형식을 취한다.
② 양면 개구부에 의한 통풍 및 채광이 좋다.
③ 주택 내의 공간의 변화가 없으며 통로에 의해 유효면적이 감소한다.
④ 거주성, 특히 프라이버시는 높으나 소규모 주택에는 비경제적이다.

해설
메조넷형(복층형, 듀플렉스형)은 한 주호가 2개 층으로 나뉘어 구성된 형식으로 주택 내의 공간의 변화가 있으며 통로면적의 감소로 인해 유효면적이 증가한다.

★
18 기계공장에서 지붕의 형식을 톱날지붕으로 하는 가장 주된 이유는?

① 소음을 작게 하기 위하여
② 빗물의 배수를 충분히 하기 위하여
③ 실내온도를 일정하게 유지하기 위하여
④ 실내의 주광조도를 일정하게 하기 위하여

해설
톱날지붕은 외쪽지붕이 연속하여 톱날모양으로 된 지붕으로서, 해가림을 겸하고 변화가 적은 북쪽 광선만을 이용하며 균일한 조도(실내의 주광조도가 일정)를 필요로 하는 방직공장에 주로 사용된다.

2022

★
19 상점 정면(facade)구성에 요구되는 5가지 광고요소(AIDMA법칙)에 속하지 않는 것은?

① Attention(주의)
② Identity(개성)
③ Desire(욕구)
④ Memory(기억)

해설 상점의 광고요소(AIDMA법칙) : 주의(Attention), 흥미(Interest), 욕망(Desire), 기억(Memory), 행동(Action) 등

★★
20 사무소 건축의 오피스 랜드스케이핑(office landscaping)에 관한 설명으로 옳지 않은 것은?

① 의사전달, 작업흐름의 연결이 용이하다.
② 일정한 기하학적 패턴에서 탈피한 형식이다.
③ 작업단위에 의한 그룹(group)배치가 가능하다.
④ 개인적 공간으로의 분할로 독립성 확보가 용이하다.

해설 오피스 랜드스케이핑(office landscape)은 계급, 서열에 의한 획일적인 배치에 따른 반성으로 사무의 흐름이나 작업의 성격을 중시하여 능률적으로 배치한 형식으로, 개방식의 일종으로 칸막이가 설치되어 있지 않으므로 소음이 발생하기 때문에 프라이버시가 결여되어 있는 형식이다. 또한 ④항은 개실식에 대한 설명이다.

제2과목 건축시공

★★
21 건축물에 사용되는 금속자재와 그 용도가 바르게 연결되지 않은 것은?

① 경량철골 M-BAR : 경량벽체시공을 위한 구조용 지지틀
② 코너비드 : 벽, 기둥 등의 모서리에 대는 보호용 철물
③ 논슬립 : 계단에 사용하는 미끄럼 방지 철물
④ 조이너 : 천장, 벽 등의 이음새 감추기용 철물

해설 경량철골 M-BAR는 경량철골반자에 사용하는 부재로서 반자의 중간 부분에는 싱글 M-BAR를, 반자의 연결 부분에는 더블 M-BAR를 사용한다.

★
22 네트워크공정표에서 작업의 상호관계만을 도시하기 위하여 사용하는 화살선을 무엇이라 하는가?

① event
② dummy
③ activity
④ critical path

해설
① event : 작업과 작업을 결합하는 점 및 프로젝트의 개시점 혹은 종료점
③ activity : 프로젝트를 구성하는 작업단위
④ critical path : 처음 작업부터 마지막 작업에 이르는 모든 경로 중에서 가장 긴 시간이 걸리는 경로

★★★
23 건축용 석재 사용 시 주의사항으로 옳지 않은 것은?

① 석재를 구조재로 사용 시 압축강도가 큰 것을 선택하여 사용할 것
② 석재를 다듬어 쓸 때는 석질이 균일한 것을 사용할 것
③ 동일 건축물에는 다양한 종류 및 다양한 산지의 석재를 사용할 것
④ 석재를 마감재로 사용 시 석리와 색채가 우아한 것을 선택하여 사용할 것

해설 석재 사용 시 주의사항
㉮ 중량이 큰 것은 낮은 곳에, 중량이 작은 것은 높은 곳에 사용할 것
㉯ 산출량을 조사하여 동일 건축물에는 동일 석재로 시공할 것
㉰ 내화구조물은 내화석재를 선택할 것
㉱ 외벽, 콘크리트 표면 첨부용 석재는 경석으로 할 것

★
24 린건설(Lean Construction)에서의 관리방법으로 옳지 않은 것은?

① 변이관리
② 당김생산
③ 대량생산
④ 흐름생산

해설 프로젝트관리방식의 새로운 개념으로써 린 시스템의 궁극적인 목표는 낭비를 제거하는 것으로 가치를 창출하지 않는 모든 활동을 낭비로 규정하고 있으며 생산에 투입되는 자원에 대하여 창출되는 가치가 최대화되기 위해서는 무엇보다 낭비를 제거해야 한다. 또한 린 시스템의 특징은 소품종 다량생산이 아닌 다품종 소량(적시)생산, 평준화생산, 흐름생산(Flow) 및 지속·병용·소형 장비 사용 등에 있다.

★
25 건축공사 시 직접공사비 구성항목으로 옳게 짝 지어진 것은?

① 재료비, 노무비, 장비비, 간접공사비
② 재료비, 노무비, 외주비, 간접공사비
③ 재료비, 노무비, 일반관리비, 경비
④ 재료비, 노무비, 외주비, 경비

해설 총공사비는 총원가와 부가이윤으로 구성된다. 총원가는 공사원가와 일반관리비 부담금으로 구성된다. 공사원가는 직접공사비와 간접공사비로 구성되고, 직접공사비에는 재료비, 노무비, 외주비, 경비가 포함되고, 간접공사비는 공통경비이다.

★★
26 벽돌쌓기 시 벽면적 $1m^2$당 소요되는 벽돌 (190×90×57mm)의 정미량(매)과 모르타르량 (m^3)으로 옳은 것은? (단, 벽두께 1.0B, 모르타르의 재료량은 할증이 포함된 것이며, 배합비는 1 : 3이다.)

① 벽돌매수 : 224매, 모르타르량 : $0.078m^3$
② 벽돌매수 : 224매, 모르타르량 : $0.049m^3$
③ 벽돌매수 : 149매, 모르타르량 : $0.078m^3$
④ 벽돌매수 : 149매, 모르타르량 : $0.049m^3$

해설 ㉮ 벽돌쌓기 두께별 정미량(벽돌쌓기 면적 $1m^2$당)

구분	0.5B	1.0B	1.5B	2.0B	2.5B	3.0B
표준형	75	149	224	298	373	447
기존형	65	130	195	260	325	390

표준형 벽돌은 190×90×57mm이고, 기존형 벽돌은 210×100×60mm이며, 줄눈너비는 10mm인 경우이다.

㉯ 벽돌쌓기용 모르타르량(벽돌 1,000매당 모르타르량 m^3)

구분	0.5B	1.0B	1.5B	2.0B	2.5B	3.0B
표준형	0.25	0.33	0.35	0.36	0.37	0.38
기존형	0.30	0.37	0.40	0.42	0.44	0.45

모르타르배합비는 시멘트 : 모래=1 : 3인 경우이며, 모르타르의 할증률을 포함한 것이다.

∴ 모르타르량 $= 0.33 \times \dfrac{149}{1,000} = 0.04917m^3$

★
27 금속커튼월의 성능시험 관련 항목과 가장 거리가 먼 것은?

① 내동해성시험
② 구조시험
③ 기밀시험
④ 정압수밀시험

해설 커튼월의 mock up test에 있어 기본성능시험의 항목 : 예비시험, 기밀시험, 정압수밀시험, 구조시험(설계풍압력에 대한 변위와 온도변화에 따른 변형측정), 누수, 이음매검사, 창문의 열손실 등

★★★
28 석재 설치공법 중 오픈조인트공법의 특징으로 옳지 않은 것은?

① 등압이론방식을 적용한 수밀방식이다.
② 압력차에 의해서 빗물을 차단할 수 있다.
③ 실링재가 많이 소요된다.
④ 층간변위에도 유동적으로 변위를 흡수할 수 있으므로 파손확률이 적어진다.

해설 오픈조인트공법은 외벽에서 판재와 판재 사이에 지금까지 사용하던 실란트를 이용한 코킹처리를 하지 않고 줄눈을 열어놓은 공법으로 에너지찾잔효과가 있다는 등압이론을 건축에 적용한 것으로 배수시설, 방수(차단)막시공이 함께 이루어져야 완전한 공법이다.

★
29 웰포인트공법에 관한 설명으로 옳지 않은 것은?

① 중력배수가 유효하지 않은 경우에 주로 쓰인다.
② 지하수위를 저하시키는 공법이다.
③ 인접지반과 공동매설물침하에 주의가 필요한 공법이다.
④ 점토질의 투수성이 나쁜 지질에 적합하다.

해설 웰포인트공법(파이프를 1~2m 간격으로 박아 6m 이내의 지하수를 펌프로 배수하는 공법)은 투수성이 있는 지반(사질토, 사질, 실트층, 연약점토층)에는 효율이 좋으나, 투수성이 나쁜 지반(점토질 등)에서는 효율이 좋지 않다.

2022

★★
30 타일크기가 10cm×10cm이고 가로세로줄눈을 6mm로 할 때 면적 1m²에 필요한 타일의 정미 수량은?

① 94매   ② 92매

③ 89매   ④ 85매

해설
타일의 크기는 10cm, 줄눈은 6mm이므로 단위를 mm로 변환하여 산정하면

∴ 타일의 수량

$$= \frac{1m \times 1m}{(\text{타일의 크기}+\text{줄눈의 크기}) \times (\text{타일의 크기}+\text{줄눈의 크기})}$$

$$= \frac{1,000mm \times 1,000mm}{(100+6)mm \times (100+6)mm}$$

$$= 88.999 ≒ 89매$$

또한 다음 도표에서 타일의 매수를 확인할 수 있다.

구분		0	1.0	1.5	2.0	3.0	4.0	4.5	5.0	6.0	7.0	7.5	8.0	9.0	10.0	10.5
정사각형	52	370	356	350	343	331	319	313	308	298	287	283	278	269	260	256
	55	331	319	314	308	298	287	283	278	269	260	256	252	245	237	233
	60	278	269	265	260	252	245	241	237	230	223	220	217	211	204	202
	76	174	169	167	164	161	156	155	152	149	145	144	142	139	135	134
	90	124	121	120	118	116	113	112	111	109	106	105	104	102	100	99
	97	106	104	103	102	100	98	97	96	95	93	92	91	89	87	87
	100	100	98	97	96	95	93	92	91	**89**	87	87	86	85	83	82
	102	96	95	94	93	91	89	88	87	86	85	84	83	81	80	79
	108	86	85	84	83	81	80	79	78	77	76	75	74	73	72	72
	150	45	44	44	43	43	42	42	41	41	40	41	40	40	38	38
	152	44	43	43	42	41	41	41	41	40	40	40	39	39	38	38
	182	31	30	30	30	30	29	29	29	29	28	28	28	28	27	27
직사각형	57×40	439	421	412	404	338	373	366	358	345	332	327	321	310	299	294
	87×57	202	196	194	190	186	180	178	175	171	166	164	162	154	154	129
	100×60	167	162	161	158	154	150	149	147	143	139	138	136	133	130	129
	108×60	154	150	149	147	143	140	138	136	133	130	129	127	124	121	120
	152×76	87	85	84	83	82	80	80	79	77	76	75	74	73	72	71
	180×60	89	87	87	85	83	81	81	80	78	77	76	75	73	72	71
	180×80	68	66	65	65	64	62	62	61	60	58	58	57	55	55	54
	180×87	64	63	63	62	61	60	60	59	58	57	57	56	55	54	54
	200×100	50	49	49	49	48	47	47	46	46	45	45	45	44	43	43
	227×60	74	72	71	70	69	68	67	66	65	65	63	63	62	60	60

★★
31 콘크리트의 압축강도를 시험하지 않을 경우 다음과 같은 조건에서의 거푸집널 해체시기로 옳은 것은?

> • 기초, 보, 기둥 및 벽의 측면의 경우
> • 평균기온 20℃ 이상
> • 조강포틀랜드시멘트 사용

① 1일   ② 2일

③ 3일   ④ 4일

해설
콘크리트의 압축강도를 시험하지 않을 경우 거푸집널의 해체시기(기초, 보, 기둥, 벽의 측면)

시멘트의 종류 평균기온	조강 포틀랜드 시멘트	보통포틀랜드 시멘트 고로슬래그 시멘트(1종) 플라이애시 시멘트(1종) 포틀랜드포졸란 시멘트(A종)	고로슬래그 시멘트(2종) 플라이애시 시멘트(2종) 포틀랜드포졸란 시멘트(B종)
20℃ 이상	2일	3일	4일
20℃ 미만 10℃ 이상	3일	4일	6일

★
32 건축공사의 도급계약서 내용에 기재하지 않아도 되는 항목은?

① 공사의 착수시기

② 재료의 시험에 관한 내용

③ 계약에 관한 분쟁해결방법

④ 천재 및 그 외의 불가항력에 의한 손해 부담

해설
공사(도급)계약서의 내용 : 공사내용, 도급금액 및 그 지불방법, 설계변경사항, 공사착수시기 및 그 완성시기(인도검사 및 인도시기), 천재 및 그 외의 불가항력에 의한 손해부담, 각 당사자(발주자, 시공자)의 이행지체, 그 외 채무불이행의 경우 지연이자, 위약금, 계약에 관한 분쟁해결방법 등

★★
33 지질조사를 통한 주상도에서 나타나는 정보가 아닌 것은?

① N치   ② 투수계수

③ 토층별 두께   ④ 토층의 구성

해설
보링은 지중에 철관을 꽂아 천공하여 그 안의 토사를 채취하여 관찰할 수 있는 토질조사에서 가장 중요한 방법으로, 지중의 토질의 분포, 토층의 구성 등을 알 수 있고 주상도(지층의 순서, 두께, 종류 등의 관계를 표시하는 주상의 단면도)를 그릴 수 있다.

★★
34 레디믹스트콘크리트 발주 시 호칭규격인 25 − 24 − 150에서 알 수 없는 것은?

① 염화물함유량

② 슬럼프(Slump)

③ 호칭강도

④ 굵은 골재의 최대 치수

정답 30.③ 31.② 32.② 33.② 34.①

해설 레디믹스트콘크리트 발주 시 호칭규격 25-24-150 에서 25는 굵은 골재의 최대 치수(mm)를, 24는 콘크리트의 압축강도(MPa)를, 150은 슬럼프값(mm)을 나타낸다.

★
35 Top-Down공법(역타공법)에 관한 설명으로 옳지 않은 것은?

① 지하와 지상작업을 동시에 한다.
② 주변 지반에 대한 영향이 적다.
③ 수직부재 이음부 처리에 유리한 공법이다.
④ 1층 슬래브의 형성으로 작업공간이 확보된다.

해설 Top-down(역타)공법은 지하구조물의 시공순서를 지상에서부터 시작하여 점차 지하로 진행하면서 동시에 지상구조물도 축조해나가는 공법 또는 흙막이 벽으로 설치한 지하연속벽을 본 구조체의 벽체로 이용하고 심초기둥이나 기초를 시공한 다음 지상에서부터 지하 1층, 지하 2층의 순서로 땅을 파내려가면서 지하구조물의 본 구조체를 시공하는 공법으로 수직부재 이음부 처리에 불리한 공법이다.

★
36 철골부재 용접 시 겹침이음, T자 이음 등에 사용되는 용접으로 목두께의 방향이 모재의 면과 45° 또는 거의 45°의 각을 이루는 것은?

① 필릿용접
② 완전용입 맞댐용접
③ 부분용입 맞댐용접
④ 다층용접

해설
② 완전용입 맞댐용접 : 용접하고자 하는 부분의 단면을 전부 용착시키는 방식
③ 부분용입 맞댐용접 : 용접하고자 하는 부분의 단면을 전부 용접하지 않고 일부분만 용착시키는 방법
④ 다층용접 : 단면이 큰 용접부를 여러 번 겹쳐서 형성시키는 용접

★★★
37 도장공사 시 유의사항으로 옳지 않은 것은?

① 도장마감은 도막이 너무 두껍지 않도록 얇게 몇 회로 나누어 실시한다.
② 도장을 수회 반복할 때에는 칠의 색을 동일하게 하여 혼동을 방지해야 한다.

③ 칠하는 장소에서 저온, 다습하고 환기가 충분하지 못할 때는 도장작업을 금지해야 한다.
④ 도장 후 기름, 산, 수지, 알칼리 등의 유해물이 배어 나오거나 녹아 나올 때에는 재시공한다.

해설 도장공사 시 도장을 수회 반복할 때에는 칠의 색을 상이하게 하여 혼동을 방지해야 한다.

★
38 타일붙임공법에 쓰이는 용어 중 거푸집에 전용시트를 붙이고 콘크리트표면에 요철을 부여하여 모르타르가 파고 들어가는 것에 의해 박리를 방지하는 공법은?

① 개량압착붙임공법
② MCR공법
③ 마스크붙임공법
④ 밀착붙임공법

해설
① 개량압착붙임공법 : 먼저 시공된 모르타르바탕면에 붙임모르타르를 도포하고, 모르타르가 부드러운 경우에 타일의 속면에도 같은 모르타르를 도포하여 벽 또는 바닥타일을 붙이는 방법
③ 마스크붙임공법 : 유닛화된 50mm각 이상의 타일표면에 모르타르 도포용 마스크를 덧대어 붙임모르타르를 바르고 마스크를 바깥에서부터 바탕면에 타일을 바닥면에 누름하여 붙이는 공법
④ 밀착붙임공법 : 붙임모르타르를 바탕면에 도포하여 직접 표면붙임의 유닛화된 모자이크타일을 시멘트바닥면에 누름하여 벽 또는 바닥에 붙이는 공법

★★
39 다음 설명은 어느 방식에 해당되는가?

> 도급자가 대상계획의 기업, 금융, 토지조달, 설계, 시공, 기계·기구 설치, 시운전 및 조업지도까지 주문자가 필요로 하는 모든 것을 조달하여 주문자에게 인도하는 방식으로, 산업기술의 고도화, 전문화와 건축물의 고층화, 대형화에 따라 계속 증가 추세인 것

① 프로젝트관리방식(PM)
② 공사관리방식(CM)
③ 파트너링방식
④ 턴키방식

<해설>

① 프로젝트관리(PM)방식 : 사업의 기획단계에서 결과물 인도까지의 모든 활동의 기획, 통제, 관리에 필요한 사항을 종합적으로 관리하는 기술로서 발주자의 요구에 맞춘 효과적인 사업관리방식

② 공사관리(CM)방식 : 기획, 설계, 시공까지 전 과정에 대하여 건설산업을 보다 효율적이고 경제적으로 수행하기 위해 각 부문의 전문가들로 구성된 집단의 통합된 관리기술을 건축주에게 서비스하는 계약방식

③ 파트너링방식 : 발주자와 수급자가 상호 신뢰를 바탕으로 팀을 구성하여 공동으로 공사를 수행하는 방식

★
40 아스팔트방수재료에 관한 설명으로 옳지 않은 것은?

① 아스팔트컴파운드는 블로아스팔트에 동식물성 섬유를 혼합한 것이다.

② 아스팔트프라이머는 아스팔트싱글을 용제로 녹인 것이다.

③ 아스팔트펠트는 섬유원지에 스트레이트아스팔트를 가열용해하여 흡수시킨 것이다.

④ 아스팔트루핑은 원지에 스트레이트아스팔트를 침투시키고 양면에 컴파운드를 피복한 후 광물질분말을 살포시킨 것이다.

<해설>
아스팔트프라이머는 블론아스팔트를 휘발성 용제로 희석한 흑갈색의 액체로서 아스팔트방수층을 만들 때 콘크리트, 모르타르바탕에 부착력을 증가시키기 위하여 제일 먼저 사용하는 역청재료이다.

제3과목 **건축구조**

★★
41 다음 그림과 같은 단순보의 양단 수직반력을 구하면?

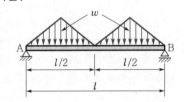

① $R_A = R_B = \dfrac{wl}{2}$ ② $R_A = R_B = \dfrac{wl}{4}$

③ $R_A = R_B = \dfrac{wl}{6}$ ④ $R_A = R_B = \dfrac{wl}{8}$

<해설>
등변분포하중을 집중하중으로 바꾸면 그림 (b)와 같고, 지점 A의 수직반력(V_A), 지점 B의 수직반력(V_B)을 상향으로 가정하고 힘의 비김조건 중 $\Sigma M = 0$을 이용하면

㉮ $\Sigma M_B = 0$

$V_A l - \dfrac{wl}{8} \times \dfrac{5l}{6} - \dfrac{wl}{8} \times \dfrac{2l}{3} - \dfrac{wl}{8} \times \dfrac{l}{3} - \dfrac{wl}{8} \times \dfrac{l}{6}$
$= 0$

$\therefore V_A = \dfrac{wl}{4}(\uparrow)$

㉯ $\Sigma M_A = 0$

$-V_B l + \dfrac{wl}{8} \times \dfrac{5l}{6} + \dfrac{wl}{8} \times \dfrac{2l}{3} + \dfrac{wl}{8} \times \dfrac{l}{3} + \dfrac{wl}{8} \times \dfrac{l}{6}$
$= 0$

$\therefore V_B = \dfrac{wl}{4}(\uparrow)$

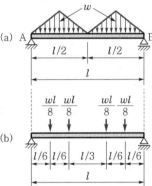

★★
42 강도설계법으로 설계된 보에서 스터럽이 부담하는 전단력이 $V_s = 265kN$일 경우 수직스터럽의 적절한 간격은? (단, $A_v = 2 \times 127mm2$(U형 2-D13), $f_{yt} = 350MPa$, $b_w \times d = 300 \times 450mm$)

① 120mm

② 150mm

③ 180mm

④ 210mm

<해설>
V_s (전단력)

$= \dfrac{A_v(\text{전단철근의 면적})f_y(\text{철근의 항복강도})d(\text{보의 유효춤})}{s(\text{전단철근의 간격})}$

$\therefore s = \dfrac{A_v f_y d}{V_s} = \dfrac{(2 \times 127) \times 350 \times 450}{265,000}$

$= 150.96mm$ 이하

43 부동침하의 원인과 가장 거리가 먼 것은?

① 건물이 경사지반에 근접되어 있을 경우
② 건물이 이질지반에 걸쳐 있을 경우
③ 이질의 기초구조를 적용했을 경우
④ 건물의 강도가 불균등할 경우

해설 부동침하의 원인은 연약층, 경사지반, 이질지층, 낭떠러지, 일부 증축, 지하수위 변경, 지하구멍, 메운 땅 흙막이, 이질지정 및 일부 지정 등이다. 또한 지반이 동결작용을 했을 때, 지하수가 이동될 때, 이웃 건물에서 깊은 굴착을 할 때 등이다.

44 바람의 난류로 인해서 발생되는 구조물의 동적거동성분을 나타내는 것으로 평균변위에 대한 최대변위의 비를 통계적인 값으로 나타낸 계수는?

① 지형계수
② 가스트영향계수
③ 풍속고도분포계수
④ 풍력계수

해설 풍력계수는 구조물의 외벽면에 가해지는 바람에 의한 하중을 구하기 위하여 적용하는 비례상수로서, 이 계수에 풍압력을 곱하여 산출한다.

45 다음 용접기호에 대한 옳은 설명은?

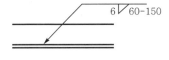

① 맞댐용접이다.
② 용접되는 부위는 화살의 반대쪽이다.
③ 유효목두께는 6mm이다.
④ 용접길이는 60mm이다.

해설 용접기호의 의미는 모살용접으로 모살치수는 6mm, 모살(용접)길이는 60mm, 용접피치(용접 중심 간 거리)는 150mm의 간격을 두고 단속용접을 하며, 용접되는 부위는 화살표방향을 의미한다.

46 강구조에서 기초콘크리트에 매입되어 주각부의 이동을 방지하는 역할을 하는 것은?

① 앵커볼트
② 턴버클
③ 클립앵글
④ 사이드앵글

해설
② 턴버클 : 줄(인장재)을 팽팽히 당겨 조이는 나사 있는 탕개쇠로서, 거푸집 연결 시 철선의 조임, 철골 및 목골공사와 콘크리트 타워 설치 시 사용한다.
③ 클립앵글 : 철골접합부를 보강하거나 접합을 목적으로 사용하는 앵글이다.
④ 사이드앵글 : 철골의 주각부에 있어서 윙플레이트와 베이스플레이트를 접합하는 산형강이다.

47 다음 그림과 같은 강접골조에 수평력 $P = 10\text{kN}$이 작용하고 기둥의 강비 $k = \infty$인 경우 기둥의 모멘트가 최대가 되는 위치 h_0는? (단, 괄호 안의 기호는 강비이다.)

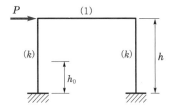

① 0
② 0.5h
③ $\dfrac{4}{7}h$
④ h

해설
라멘의 기둥휨모멘트
㉮ 기둥의 강비가 무한대(∞)이면 기둥의 상·하단은 고정절점이므로 기둥의 하단에서 최대 휨모멘트가 발생한다.
㉯ 기둥의 강비를 0에 접근시키면 기둥의 상단은 자유절점이므로 캔틸레버형(일단은 고정되고, 타단은 자유단의 형)의 기둥과 유사한 기둥이 된다. 즉 일단 고정 타단 자유의 기둥이 되므로 좌굴길이는 $2h$가 된다.

48 다음 그림에서 파단선 a-1-2-3-d의 인장재의 순단면적은? (단, 판두께는 10mm, 볼트구멍지름은 22mm)

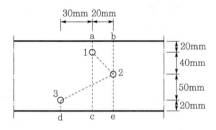

① 690mm^2
② 790mm^2
③ 890mm^2
④ 990mm^2

해설

A_n(인장재의 순단면적)=
A_g(전체 단면적)$- n$(리벳의 개수)d(구멍의 직경)
t(판두께)$+ \sum \dfrac{s^2(\text{피치})}{4g(\text{게이지})} t$(판두께)

여기서, s(피치) : 게이지라인상의 리벳 상호 간의 간격으로 힘의 방향과 수평거리의 리벳간격
g(게이지) : 게이지라인 상호 간의 거리로서 힘과 수직거리의 리벳간격

$A_g = (20+40+50+20) \times 10 = 1,300\text{mm}^2$, $n = 3$개,
$d = 22\text{mm}$, $t = 10\text{mm}$, $s = 20\text{mm}$, $30+20=50\text{mm}$,
$g = 40\text{mm}$, 50mm이므로

$\therefore\ A_n = A_g - ndt + \sum \dfrac{s^2}{4g} t$

$= 1,300 - 3 \times 22 \times 10 + \dfrac{20^2}{4 \times 40} \times 10$

$\quad + \dfrac{50^2}{4 \times 50} \times 10$

$= 790\text{mm}^2$

49 다음과 같은 조건의 단면을 가진 부재의 균열모멘트 M_{cr}을 구하면?

• 단면의 중립축에서 인장연단까지의 거리 $y_t = 420\text{mm}$
• 총 단면 2차 모멘트 $I_g = 1.0 \times 10^{10}\text{mm}^4$
• 보통 중량 콘크리트설계기준 압축강도 $f_{ck} = 21\text{MPa}$

① $50.6\text{kN} \cdot \text{m}$
② $53.3\text{kN} \cdot \text{m}$
③ $62.5\text{kN} \cdot \text{m}$
④ $68.8\text{kN} \cdot \text{m}$

해설

$\lambda = 1$, $I_g = 1.0 \times 10^{10}\text{mm}^4$, $y_t = 420\text{mm}$, $f_{ck} = 21\text{MPa}$
이므로

$\therefore\ M_{cr}$(균열모멘트)$= \dfrac{f_r I_g}{y_t} = \dfrac{0.63\lambda \sqrt{f_{ck}}\, I_g}{y_t}$

$= \dfrac{0.63 \times 1 \times \sqrt{21} \times 1 \times 10^{10}}{420}$

$= 68,738,635.42\text{N} \cdot \text{mm}$

$= 68.74kN \cdot m$

50 강도설계법에서 직접설계법을 이용한 콘크리트 슬래브 설계 시 적용조건으로 옳지 않은 것은?

① 각 방향으로 3경간 이상 연속되어야 한다.
② 슬래브판들은 단변경간에 대한 장변경간의 비가 2 이하인 직사각형이어야 한다.
③ 각 방향으로 연속한 받침부 중심 간 경간 차이는 긴 경간의 1/3 이하이어야 한다.
④ 모든 하중은 슬래브판의 특정 지점에 작용하는 집중하중이어야 하며, 활하중은 고정하중의 3배 이하이어야 한다.

해설

직접설계법의 제한사항에 있어서 모든 하중은 슬래브판의 특정 지점에 등분포하중이어야 하고, 활하중은 고정하중의 2배 이하이어야 한다.

51 인장을 받는 이형철근의 정착길이(l_d)는 기본정착길이(l_{db})에 보정계수를 곱하여 산정한다. 다음 중 이러한 보정계수에 영향을 미치는 사항이 아닌 것은?

① 하중계수
② 경량콘크리트계수
③ 에폭시도막계수
④ 철근배치위치계수

해설

l_{db}(인장이형철근 및 이형철선의 기본정착길이)$= \dfrac{0.6d_b f_y}{\lambda \sqrt{f_{ck}}}$

이고, l_d(인장이형철근 및 이형철선의 정착길이)$=$ 보정계수$\times l_{db}$(기본정착길이)이다. 다만, l_d는 항상 300mm 이상이어야 한다. 그러므로 보정계수에 영향을 주는 요인은 배근의 위치계수, 에폭시도막 여부, 콘크리트의 종류에 따라 변화한다.

★★
52 직경(D) 30mm, 길이(L) 4m인 강봉에 90kN의 인장력이 작용할 때 인장응력(σ_t)과 늘어난 길이(ΔL)는 약 얼마인가? (단, 강봉의 탄성계수 $E = 200{,}000$MPa)

① $\sigma_t = 127.3$MPa, $\Delta L = 1.43$mm
② $\sigma_t = 127.3$MPa, $\Delta L = 2.55$mm
③ $\sigma_t = 132.5$MPa, $\Delta L = 1.43$mm
④ $\sigma_t = 132.5$MPa, $\Delta L = 2.55$mm

해설

㉮ σ_t(인장응력) $= \dfrac{P(\text{하중})}{A(\text{단면적})} = \dfrac{P}{\dfrac{\pi D^2}{4}}$

$= \dfrac{90{,}000}{\dfrac{\pi \times 30^2}{4}} = 127.32 \text{N/mm}^2$

$= 127.32 \text{MPa}$

㉯ E(탄성계수) $= \dfrac{\sigma(\text{응력도})}{\varepsilon(\text{변형도})} = \dfrac{\dfrac{P(\text{하중})}{A(\text{단면적})}}{\dfrac{\Delta L(\text{변형된 길이})}{L(\text{원래의 길이})}}$

$= \dfrac{PL}{A\Delta L}$

$\therefore \Delta L = \dfrac{PL}{AE} = \dfrac{90{,}000 \times 4{,}000}{\dfrac{\pi \times 30^2}{4} \times 200{,}000} = 2.546 \text{mm}$

★★★
53 동일 재료를 사용한 캔틸레버보에서 작용하는 집중하중의 크기가 $P_1 = P_2$일 때 보의 단면이 다음 그림과 같다면 최대 처짐 $y_1 : y_2$의 비는?

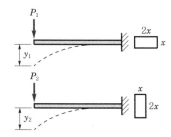

① 2 : 1
② 4 : 1
③ 8 : 1
④ 16 : 1

해설

캔틸레버보에서 집중하중이 작용하는 경우 최대 처짐 $= \dfrac{Pl^3}{3EI}$에서 처짐 y_1, y_2는 다음과 같다. 또한 $P_1 = P_2 = P$이고 $E_1 = E_2$, $l_1 = l_2$이므로 처짐은 단면 2차 모멘트에 반비례한다.

$I_1 = \dfrac{2x x^3}{12} = \dfrac{2x^4}{12}$, $I_2 = \dfrac{x(2x)^3}{12} = \dfrac{8x^4}{12}$

$\therefore$ 단면 2차 모멘트 $I_1 : I_2 = 1 : 4$에 반비례하므로 4 : 1이다.

★★★
54 장시험을 통하여 얻어진 탄소강의 응력－변형도곡선에서 변형도 경화영역의 최대 응력을 의미하는 것은?

① 인장강도
② 항복강도
③ 탄성한도
④ 비례한도

해설

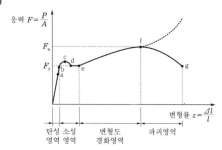

㉮ a점 : 비례한도로서, 응력과 변형도가 선형관계를 유지하는 한계점이다.
㉯ b점 : 탄성한도로서, 하중을 제거하면 원점으로 회복되는 탄성을 갖는 한계점이다.
㉰ c점 : 상위항복점으로서, 모든 강재에서 나타나는 특성은 아니다.
㉱ d점 : 하위항복점으로서, 응력의 증가 없이 변형도가 크게 증가되는 지점이다.
㉲ e점 : 변형경화시점으로서, 항복 이후 응력이 다시 증가되기 시작하는 지점이다.
㉳ f점 : 인장강도점으로서, 시험편이 받을 수 있는 최대 응력이다.
㉴ g점 : 파괴점으로서, 시험편이 파단되는 지점이다.

★★
55 고층건물의 구조형식 중에서 건물의 중간층에 대형수평부재를 설치하여 횡력을 외곽기둥이 분담할 수 있도록 한 형식은?

① 트러스구조
② 골조아웃리거구조
③ 튜브구조
④ 스페이스프레임구조

2022

해설 ① 트러스구조 : 3개 이상의 직선부재의 양 끝을 회전절점으로 연결하여 외력에 견딜 수 있도록 구성한 구조이다.
③ 튜브구조 : 초고층건물의 구조형식 중 건물의 외곽기둥을 밀실하게 배치하고 일체화하여 초고층건물을 계획하는 구조이다.
④ 스페이스프레임구조 : 강관이나 파이프를 용접하여 트러스를 입체적으로 배치하여 구성한 구조로서 뼈대의 패턴에는 사각형과 육각형을 기본으로 한다.

★ 56 다음 그림과 같은 기둥 단면이 300mm×300mm인 사각형 단주에서 기둥에 발생하는 최대 압축응력은? (단, 부재의 재질은 균등한 것으로 본다.)

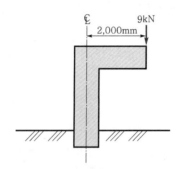

① −2.0MPa   ② −2.6MPa
③ −3.1MPa   ④ −4.1MPa

해설 ㉮ 편심하중을 받는 경우의 휨응력도
㉠ σ_{min}(최소 조합응력도)
$$= -\frac{P(하중)}{A(단면적)} + \frac{M(휨모멘트)}{Z(단면계수)}$$
㉡ σ_{max}(최대 조합응력도)
$$= -\frac{P(하중)}{A(단면적)} - \frac{M(휨모멘트)}{Z(단면계수)}$$
㉯ ㉡의 식을 적용시키면
$$\sigma_{max} = -\frac{P}{A} - \frac{M}{Z}$$
$$= -\frac{9,000}{300 \times 300} - \frac{9,000 \times 2,000}{\dfrac{300^3}{6}}$$
$$= -4.1\text{MPa}$$

★★ 57 다음 그림과 같은 트러스의 반력 R_A와 R_B는?

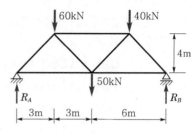

① $R_A = 60\text{kN}$, $R_B = 90\text{kN}$
② $R_A = 70\text{kN}$, $R_B = 80\text{kN}$
③ $R_A = 80\text{kN}$, $R_B = 70\text{kN}$
④ $R_A = 100\text{kN}$, $R_B = 50\text{kkN}$

해설 힘의 비김조건에 의해서
㉮ $\sum M_B = 0$
$R_A \times 12 - 60 \times 9 - 50 \times 6 - 40 \times 3 = 0$
$\therefore R_A = 80\text{kN}(\uparrow)$
㉯ $\sum Y = 0$
$R_A - 60 - 50 - 40 + R_B = 0$
$80 - 60 - 50 - 40 + R_B = 0$
$\therefore R_B = 70\text{kN}(\uparrow)$

★★ 58 점 A에 작용하는 두 개의 힘 P_1과 P_2의 합력을 구하면?

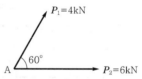

① $\sqrt{72}$ kN   ② $\sqrt{74}$ kN
③ $\sqrt{76}$ kN   ④ $\sqrt{78}$ kN

해설 두 힘이 이루는 각이 α일 때
$$R = \sqrt{P_1{}^2 + P_2{}^2 + 2P_1 P_2 \cos\alpha}$$
$$= \sqrt{4^2 + 6^2 + 2 \times 4 \times 6 \times \cos 60°} = \sqrt{76}\,\text{kN}$$

★★
59 표준갈고리를 갖는 인장이형철근(D13)의 기본
정착길이는? (단, D13의 공칭지름 : 12.7mm,
f_{ck} =27MPa, f_y =400MPa, β =1.0, m_c =
2,300kg/m³)

① 190mm　　② 205mm
③ 220mm　　④ 235mm

β =1.0, d_b =12.7mm, f_y =400MPa, f_{ck} =27MPa,
λ =1(m_c =2,300kg/m3는 보통콘크리트를 의미하
므로 1.0)이므로

$$\therefore l_{hb} = \frac{0.24\beta d_b f_y}{\lambda \sqrt{f_{ck}}}$$
$$= \frac{0.24 \times 1 \times 12.7 \times 400}{1 \times \sqrt{27}} = 234.64\text{mm}$$

★
60 H형강이 사용된 압축재의 양단이 핀으로 지지
되고 부재 중간에서 x축 방향으로만 이동할 수
없도록 지지되어 있다. 부재의 전길이가 4m일
때 세장비는? (단, r_x =8.62cm, r_y =5.02cm)

① 26.4　　② 36.4
③ 46.4　　④ 56.4

강축과 약축에 대한 세장비 중 큰 값이 좌굴에 약
하므로 큰 값을 구한다.
㉮ 강축에 대한 세장비(λ)
$$= \frac{l_k(\text{좌굴길이})}{i(\text{단면 2차 반경})} = \frac{400}{8.62} = 46.4$$
㉯ 약축에 대한 세장비(λ)
$$= \frac{l_k(\text{좌굴길이})}{i(\text{단면 2차 반경})} = \frac{200}{5.02} = 39.84$$
(여기서, 200은 부재의 중간에 이동을 할 수 없
도록 하였으므로 $\frac{400}{2}$ =200cm 이다.)
∴ ㉮, ㉯ 중 최대값을 택하므로 46.4이다.

제4과목 **건축설비**

★★
61 실내에 4,500W를 발열하고 있는 기기가 있다.
이 기기의 발열로 인해 실내온도 상승이 생기지
않도록 환기를 하려고 할 때 필요한 최소 환기량
은? (단, 공기의 밀도 1.2kg/m³, 비열 1.01kJ/kg·K,
실내온도 20℃, 외기온도 0℃이다.)

① 약 452m³/h　　② 약 668m³/h
③ 약 856m³/h　　④ 약 928m³/h

Q(열량)=c(비열)m(질량)Δt(온도의 변화량)
　　　　=c(비열)ρ(밀도) V(체적)Δt(온도의 변화량)
$$\therefore V = \frac{Q}{c\rho\Delta t}$$
$$= \frac{4,500\text{W}}{1.01\text{kJ/kg} \cdot \text{K} \times 1.2\text{kg/m}^3 \times (20-0)}$$
$$= \frac{4,500\text{J/s}}{1.01\text{kJ/kg} \cdot \text{K} \times 1.2\text{kg/m}^3 \times (20-0)}$$
$$= \frac{4,500\text{J/s}}{1,010\text{kJ/kg} \cdot \text{K} \times 1.2\text{kg/m}^3 \times (20-0)}$$
$$= 0.1856\text{m}^3/\text{s} = 668.32\text{m}^3/\text{h}$$
여기서, 단위통일에 유의하여야 한다.

★★★
62 주위 온도가 일정온도 이상으로 되면 동작하는
자동화재탐지설비의 감지기는?

① 이온화식 감지기
② 차동식 스폿형 감지기
③ 정온식 스폿형 감지기
④ 광전식 스폿형 감지기

① 이온화식 감지기 : 연기감지기로서 연기가 감지
　기 속에 들어가면 연기의 입자로 인해 이온전류
　가 변화하는 것을 이용한 것이다.
② 차동식 스폿형 감지기 : 주위 온도가 일정한 온도
　상승률 이상으로 되었을 때 작동하는 것으로 화기
　를 취급하지 않는 장소에 가장 적합한 감지기이다.
④ 광전식 감지기 : 연기입자로 인해서 광전소자에
　대한 입사광량이 변화하는 것을 이용하여 작동
　하게 하는 것이다.

★★
63 습공기의 엔탈피에 관한 설명으로 옳은 것은?

① 건구온도가 높을수록 커진다.
② 절대습도가 높을수록 작아진다.
③ 수증기의 엔탈피에서 건공기의 엔탈피를
　뺀 값이다.
④ 습공기를 냉각·가습할 경우 엔탈피는
　항상 감소한다.

② 절대습도가 높을수록 습공기의 엔탈피는 커진다.
③ 습공기엔탈피는 건공기엔탈피와 수증기엔탈피의
　합계이다.
④ 습공기를 냉각하면 감소하나, 가습할 경우 엔탈피
　는 증가한다.

2022

★★★
64 조명기구의 배광에 따른 분류 중 직접조명형에 관한 설명으로 옳은 것은?

① 상향광속과 하향광속이 거의 동일하다.
② 천장을 주광원으로 이용하므로 천장의 색에 대한 고려가 필요하다.
③ 매우 넓은 면적이 광원으로서의 역할을 하기 때문에 직사 눈부심이 없다.
④ 작업면에 고조도를 얻을 수 있으나 심한 휘도차 및 짙은 그림자가 생긴다.

[해설] 직접조명방식의 상향광속은 0~10%, 하향광속은 90~100% 정도이다. ②항과 ③항은 간접조명방식에 대한 설명이다.

★★★
65 다음 중 건축물 실내공간의 잔향시간에 가장 큰 영향을 주는 것은?

① 실의 용적
② 음원의 위치
③ 벽체의 두께
④ 음원의 음압

[해설] 잔향시간(음원에서 소리가 끝난 후 실내에 음의 에너지가 그 백만분의 1이 될 때까지의 시간 또는 실내에 남은 음의 에너지가 60dB(최초값-60dB) 감소하기까지 소요된 시간)은 실용적에 비례하고, 흡음력에 반비례한다.

★★
66 습공기가 냉각되어 포함되어 있던 수증기가 응축되기 시작하는 온도를 의미하는 것은?

① 노점온도
② 습구온도
③ 건구온도
④ 절대온도

[해설]
② 습구온도 : 감온부를 천으로 감싸고 그 한쪽 끝에 물을 묻혀 감온부가 젖은 상태에서 습구온도계로 측정한 온도이다.
③ 건구온도 : 일반적인 온도로, 건조한 감온부를 지니고 있는 온도계(건구온도계)로 계측한 온도로서 주위로부터의 복사열을 받지 않은 상태에서 측정한다.
④ 절대온도 : -273.15℃를 0도로 하고 절대 1도의 1℃ 간격이 같게 정한 온도이다.

★
67 다음 설명에 알맞은 통기관의 종류는?

> 기구가 반대방향(좌우분기) 또는 병렬로 설치된 기구배수관의 교점에 접속하여 입상하며 그 양 기구의 트랩 봉수를 보호하기 위한 1개의 통기관을 말한다.

① 공용통기관   ② 결합통기관
③ 각개통기관   ④ 신정통기관

[해설]
② 결합통기관 : 고층건축물에서 배수수직주관(배수입주관)을 통기수직주관(통기 수직관)에 연결하는 통기관
③ 각개통기관 : 각 기구마다 통기관을 세우는 통기관
④ 신정통기관 : 배수수직관의 상부를 배수수직관과 동일 관경으로 위로 배관하여 대기 중에 개방하는 통기관

★
68 변전실에 관한 설명으로 옳지 않은 것은?

① 건축물의 최하층에 설치하는 것이 원칙이다.
② 용량의 증설에 대비한 면적을 확보할 수 있는 장소로 한다.
③ 사용부하의 중심에 가깝고 간선의 배선이 용이한 곳으로 한다.
④ 변전실의 높이는 바닥의 케이블트렌치 및 무근콘크리트 설치 여부 등을 고려한 유효높이로 한다.

[해설]
빌딩의 변전실
㉮ 최저 지하층은 피하는 것이 좋다.
㉯ 부득이한 경우에는 배수설비를 한다.
㉰ 천장높이는 고압은 보 아래 3.0m 이상, 특고압은 보 아래 4.5m 이상으로 한다.

★★
69 10Ω의 저항 10개를 직렬로 접속할 때의 합성저항은 병렬로 접속할 때의 합성저항의 몇 배가 되는가?

① 5배
② 10배
③ 50배
④ 100배

해설 합성저항

㉮ 직렬저항$(R) = R_1 + R_2 + \cdots + R_n$

$= 10+10+10+10+10+10+10+10+10+10$

$= 100\Omega$

㉯ 병렬저항$\left(\dfrac{1}{R}\right)$

$= \dfrac{1}{R_1} + \dfrac{1}{R_2} + \cdots + \dfrac{1}{R_n}$

$= \dfrac{1}{10} + \dfrac{1}{10} + \dfrac{1}{10} + \dfrac{1}{10} + \dfrac{1}{10} + \dfrac{1}{10}$

$\quad + \dfrac{1}{10} + \dfrac{1}{10} + \dfrac{1}{10} + \dfrac{1}{10}$

$= 1\Omega$

∴ 직렬저항값(100Ω)은 병렬저항값(1Ω)의 100배이다.

70 ★ 압축식 냉동기의 냉동사이클로 옳은 것은?

① 응축수 환수관 내에 부식이 발생하기 쉽다.

② 동일 방열량인 경우 온수난방에 비해 방열기의 방열면적이 작아도 된다.

③ 방열기를 바닥에 설치하므로 복사난방에 비해 실내바닥의 유효면적이 줄어든다.

④ 온수난방에 비해 예열시간이 길어서 충분한 난방감을 느끼는데 시간이 걸린다.

해설 증기난방

㉮ 보일러에서 물을 가열하여 발생한 증기를 배관에 의하여 각 실에 설치된 방열기로 보내어 이 수증기의 증발잠열로 난방하는 방식으로, 방열기 내에서 수증기는 증발잠열을 빼앗으므로 응축되며, 이 응축수는 트랩에서 증기와 분리되어 환수관을 통하여 보일러에 환수된다.

㉯ 열용량이 작으므로 온수난방에 비해 예열시간이 짧아 난방감을 느끼는 데 소요시간이 짧다.

71 ★ 건구온도 26℃인 실내공기 8,000m³/h와 건구온도 32℃인 외부공기 2,000m³/h를 단열혼합하였을 때 혼합공기의 건구온도는?

① 27.2℃

② 27.6℃

③ 28.0℃

④ 29.0℃

해설 $m_1 = 8,000\text{m}^3/\text{h}, \quad m_2 = 2,000\text{m}^3/\text{h}, \quad t_1 = 26℃,$

$t_2 = 32℃$이고 열적 평행상태에 의해서

$m_1(t_1 - T) = m_2(T - t_2)$

$$\therefore \; T = \frac{m_1 t_1 + m_2 t_2}{m_1 + m_2}$$

$$= \frac{8,000 \times 26 + 2,000 \times 32}{8,000 + 2,000} = 27.2℃$$

72 ★ 다음의 스프링클러설비의 화재안전기준내용 중 ( ) 안에 알맞은 것은?

> 전동기에 따른 펌프를 이용하는 가압송수장치의 송수량은 0.1MPa의 방수압력기준으로 ( ) 이상의 방수성능을 가진 기준개수의 모든 헤드로부터의 방수량을 충족시킬 수 있는 양 이상으로 할 것

① 80L/min

② 90L/min

③ 110L/min

④ 130L/min

해설 스프링클러설비의 화재안전기준에 있어서 전동기에 따른 펌프를 이용하는 가압송수장치의 송수량은 0.1MPa의 방수압력을 기준으로 80L/min 이상의 방수성능을 가진 기준개수의 모든 헤드로부터의 방수량을 충족시킬 수 있는 양 이상으로 할 것

73 ★★ 다음 설명에 알맞은 요운전원 엘리베이터 조작방식은?

> 기동은 운전원의 버튼조작으로 하며, 정지는 목적층 단추를 누르는 것과 승강장의 호출신호로 층의 순서대로 자동정지한다.

① 카스위치방식

② 전자동군관리방식

③ 레코드컨트롤방식

④ 시그널컨트롤방식

해설

① 카스위치방식 : 운전원이 조작반의 스타트핸들을 조작하여 시동 및 정지시키는 방식

② 전자동군관리방식 : 3~8대의 엘리베이터가 서로 연락하며 빌딩 내 교통수요변동에 대응하는 효율적인 수송을 하는 엘리베이터 조작방식

③ 레코드컨트롤방식 : 운전원이 목적층과 승강장의 호출신호를 보고 조작반의 목적층버튼을 누르면 순서에 의해서 자동적으로 목적층에 정지하는 방식

2022

★★★
74 가스설비에서 LPG에 관한 설명으로 옳지 않은 것은?

① 공기보다 무겁다.
② LNG에 비해 발열량이 작다.
③ 순수한 LPG는 무색, 무취이다.
④ 액화하면 체적이 1/250 정도가 된다.

해설
LP가스의 발열량이 도시가스와 LNG보다 크다(LP가스 : 22,000kcal/m³, 천연가스 : 9,000kcal/m³, 도시가스 : 3,600kcal/m³).

★★
75 각종 급수방식에 관한 설명으로 옳지 않은 것은?

① 수도직결방식은 정전으로 인한 단수의 염려가 없다.
② 압력수조방식은 단수 시에 일정량의 급수가 가능하다.
③ 수도직결방식은 위생 및 유지·관리측면에서 가장 바람직한 방식이다.
④ 고가수조방식은 수도본관의 영향에 따라 급수압력의 변화가 심하다.

해설
고가탱크방식은 우물물 또는 상수를 일단 지하물받이탱크에 받아 이것을 양수펌프에 의해 건축물의 옥상 또는 높은 곳에 설치한 탱크로 양수한다. 그 수위를 이용하여 탱크에서 밑으로 세운 급수관에 의해 급수하는 방식으로 수도본관의 영향에 무관하게 급수압력이 일정한 급수방식이다.

★
76 길이 20m, 지름 400mm의 덕트에 평균속도 12m/s로 공기가 흐를 때 발생하는 마찰저항은? (단, 덕트의 마찰저항계수는 0.02, 공기의 밀도는 1.2kg/m³이다.)

① 7.3Pa
② 8.6Pa
③ 73.2Pa
④ 86.4Pa

해설
공기의 경우에는 물의 경우와 달리 산정함에 유의해야 한다.
㉮ h(물의 마찰손실수두)
= λ(관의 마찰계수)
$\dfrac{l(\text{직관의 길이})}{d(\text{관의 직경})}$ $\dfrac{v^2(\text{관내 평균유속})}{2g(\text{중력가속도})}$

㉯ h(공기의 마찰손실수두)
= λ(관의 마찰계수)
$\dfrac{l(\text{직관의 길이})}{d(\text{관의 직경})}$ $\dfrac{v^2(\text{관내 평균유속})}{2(\text{중력가속도})}$
ρ(공기의 밀도)
∴ $h = \lambda \dfrac{l}{d}\dfrac{v^2}{2}\rho = 0.02 \times \dfrac{20}{0.4} \times \dfrac{12^2}{2} \times 1.2 = 86.4\text{Pa}$

★
77 다음 중 급수배관계통에서 공기빼기밸브를 설치하는 가장 주된 이유는?

① 수격작용을 방지하기 위하여
② 배관 내면의 부식을 방지하기 위하여
③ 배관 내 유체의 흐름을 원활하게 하기 위하여
④ 배관표면에 생기는 결로를 방지하기 위하여

해설
급수배관계통에서 공기빼기밸브(관내에 유리된 공기를 제거하기 위한 밸브)를 설치하는 이유는 배관 내 유체의 흐름을 원활하게 하기 위함이다.

★
78 압축식 냉동기의 냉동사이클을 옳게 나타낸 것은?

① 압축→응축→팽창→증발
② 압축→팽창→응축→증발
③ 응축→증발→팽창→압축
④ 팽창→증발→응축→압축

해설
압축식 냉동기는 열에너지가 아닌 기계적 에너지에 의해 냉동효과를 얻는 것으로 압축기, 응축기, 증발기, 팽창밸브로 구성되고, 냉동사이클은 압축→응축→팽창→증발의 순으로 진행된다.

★
79 배수트랩의 봉수 파괴원인 중 통기관을 설치함으로써 봉수 파괴를 방지할 수 있는 것이 아닌 것은?

① 분출작용
② 모세관작용
③ 자기사이펀작용
④ 유도사이펀작용

해설
LNG(액화천연가스)
㉮ 천연가스(주로 메탄올을 주성분으로 한 가스로 가스정이나 석유정에서 산출한다)를 1기압 −162℃에서 액화한 가스이다.

④ 장점 : 공기보다 비중이 작기 때문에 누설이 되어도 공기 중에 흡수되므로 안정성이 높다.
⑤ 단점 : 작은 용기에 담아서 사용할 수 없고 대규모 저장시설을 설치하여 배관을 통해서 공급해야 한다.

★
80 저압 옥내배선공사 중 직접 콘크리트에 매설할 수 있는 공사는?

① 금속관공사
② 금속덕트공사
③ 버스덕트공사
④ 금속몰드공사

해설
② 금속덕트공사 : 절연효력(600V의 고무절연선 또는 600V의 비닐절연전선)이 있는 전선을 금속덕트 속에 넣고 노출시켜서 설치한다.
③ 버스덕트공사 : 일반 빌딩에서 주로 대전류 간선에 사용하고, 전선이 굵어지면 버스덕트를 공장에서 제작해 현장에서 조립하는 방식이다.
④ 금속몰드공사 : 습기가 많은 은폐장소에는 적당하지 않으며 주로 철근콘크리트건물에서 기설의 금속관공사로부터 증설배관에 사용된다.

제5과목 **건축관계법규**

★★
81 판매시설 용도이며 지상 각 층의 거실면적이 2,000m²인 15층의 건축물에 설치하여야 하는 승용 승강기의 최소 대수는? (단, 16인승 승강기이다.)

① 2대
② 4대
③ 6대
④ 8대

해설
관련 법규 : 법 제64조, 영 제89조, 설비규칙 제5조 (별표 1의 2) : (별표 1의 2)
문화 및 집회시설(공연장, 집회장 및 관람장만 해당), 판매시설, 의료시설 등의 승용 승강기 설치에 있어서 3,000m2 이하까지는 2대이고, 3,000m2를 초과하는 경우에는 그 초과하는 매 2,000m2 이내마다 1대의 비율로 가산한 대수로 설치한다.

∴ 승용 승강기 설치대수
$= 2 + \dfrac{6층 \ 이상의 \ 거실면적의 \ 합 - 3,000}{2,000}$
$= 2 + \dfrac{2,000 \times (15-10) - 3,000}{2,000} = 10.5대 \rightarrow 11대$

그런데 16인승의 엘리베이터를 설치하므로 11대÷2 =5.5대 → 6대

★
82 다음 중 건축물 관련 건축기준의 허용되는 오차 범위(%)가 가장 큰 것은?

① 평면길이
② 출구너비
③ 반자높이
④ 바닥판두께

해설
관련 법규 : 법 제26조, 규칙 제20조, (별표 5), 해설 법규 : 규칙 제20조, (별표 5)
⑦ 건축물 관련 건축기준의 허용오차

항목	건축물 높이	평면길이	출구너비, 반자높이	벽체두께, 바닥판 두께
오차 범위	2% 이내 (1m 초과 불가)	2% 이내 (전체 길이 1m 초과 불가, 각 실의 길이 10cm 초과 불가)	2% 이내	3% 이내

⑭ 대지 관련 건축기준의 허용오차

항목	건축선의 후퇴거리, 인접 건축물과의 거리 및 인접 대지 경계선과의 거리	건폐율	용적율
오차 범위	3% 이내	0.5% 이내 (건축면적 5m²를 초과할 수 없다)	1% 이내 (연면적 30m²를 초과할 수 없다)

★★
83 다음 중 내화구조에 해당하지 않는 것은? (단, 외벽 중 비내력벽인 경우)

① 철근콘크리트조로서 두께가 7cm인 것
② 무근콘크리트조로서 두께가 7cm인 것
③ 골구를 철골조로 하고 그 양면을 두께 3cm의 철망모르타르로 덮은 것
④ 철재로 보강된 콘크리트블록조로서 철재에 덮은 콘크리트블록의 두께가 3cm인 것

해설
관련 법규 : 법 제50조, 영 제2조, 피난·방화규칙 제3조, 해설 법규 : 피난·방화규칙 제3조 2호 다목
철재로 보강된 콘크리트블록조, 벽돌조 또는 석조로서 철재에 덮은 콘크리트블록 등의 두께가 4cm 이상인 것

2022

84 중앙도시계획위원회에 관한 설명으로 틀린 것은?

① 위원장·부위원장 각 1명을 포함한 25명 이상 30명 이하의 위원으로 구성한다.

② 위원장은 국토교통부장관이 되고, 부위원장은 위원 중 국토교통부장관이 임명한다.

③ 공무원이 아닌 위원의 수는 10명 이상으로 하고, 그 임기는 2년으로 한다.

④ 도시·군계획에 관한 조사·연구업무를 수행한다.

해설 관련 법규 : 법 제107조, 해설 법규 : 법 제107조 ②항
중앙도시계획위원회의 위원장 및 부위원장은 위원 중에서 국토교통부장관이 임명하거나 위촉한다.

85 다음은 건축법령상 직통계단의 설치에 관한 기준내용이다. ( ) 안에 알맞은 것은?

> 초고층건축물에는 피난층 또는 지상으로 통하는 직통계단과 직접 연결되는 피난안전구역(건축물의 피난·안전을 위하여 건축물 중간층에 설치하는 대피공간)을 지상층으로부터 최대 ( )층마다 1개소 이상 설치하여야 한다.

① 10개   ② 20개

③ 30개   ④ 40개

해설 관련 법규 : 법 제49조, 영 제34조, 해설 법규 : 영 제34조 ②항
초고층건축물에는 피난층 또는 지상으로 통하는 직통계단과 직접 연결되는 피난안전구역(건축물의 피난·안전을 위하여 건축물 중간층에 설치하는 대피공간)을 지상층으로부터 최대 30개 층마다 1개소 이상 설치하여야 한다.

86 주차장의 용도와 판매시설이 복합된 연면적 20,000m²인 건축물이 주차 전용 건축물로 인정받기 위해서는 주차장으로 사용되는 부분의 면적이 최소 얼마 이상이어야 하는가?

① 6,000m²

② 10,000m²

③ 14,000m²

④ 19,500m²

해설 관련 법규 : 법 제2조, 영 제1조의 2, 해설 법규 : 영 제1조의 2 ①항
주차 전용 건축물은 건축물의 연면적 중 주차장으로 사용되는 부분의 비율이 95% 이상인 것이나, 주차장 외의 용도로 사용되는 단독주택, 공동주택, 제1종 및 제2종 근린생활시설, 문화 및 집회시설, 종교시설, 판매시설, 운수시설, 운동시설, 업무시설, 창고시설 또는 자동차 관련 시설인 경우에는 주차장으로 사용되는 부분의 비율이 70% 이상이어야 한다.
∴ $20,000 \times 0.7 = 14,000m^2$

87 다음은 승용 승강기의 설치에 관한 기준내용이다. 밑줄 친 "대통령령으로 정하는 건축물"에 대한 기준내용으로 옳은 것은?

> 건축주는 6층 이상으로서 연면적이 2,000m² 이상인 건축물(대통령령으로 정하는 건축물은 제외한다)을 건축하려면 승강기를 설치하여야 한다.

① 층수가 6층인 건축물로서 각 층 거실의 바닥면적 300m² 이내마다 1개소 이상의 직통계단을 설치한 건축물

② 층수가 6층인 건축물로서 각 층 거실의 바닥면적 500m² 이내마다 1개소 이상의 직통계단을 설치한 건축물

③ 층수가 10층인 건축물로서 각 층 거실의 바닥면적 300m² 이내마다 1개소 이상의 직통계단을 설치한 건축물

④ 층수가 10층인 건축물로서 각 층 거실의 바닥면적 500m2 이내마다 1개소 이상의 직통계단을 설치한 건축물

해설 관련 법규 : 법 제64조, 영 제89조, 해설 법규 : 영 제89조
승용 승강기 설치 제외기준은 층수가 6층인 건축물로서 각 층 거실면적의 합계가 300m² 이내마다 1개소 이상의 직통계단을 설치한 건축물이다.

88 시가화조정구역에서 시가화유보기간으로 정하는 기간의 기준은?

① 1년 이상 5년 이내

② 3년 이상 10년 이내

③ 5년 이상 20년 이내

④ 10년 이상 30년 이내

해설 관련 법규 : 법 제39조, 영 제32조, 해설 법규 : 영 제32조 ①항
시·도지사는 직접 또는 관계 행정기관의 장의 요청을 받아 도시지역과 그 주변지역의 무질서한 시가화를 방지하고 계획적·단계적인 개발을 도모하기 위하여 5년 이상 20년 이내의 기간 동안 시가화를 유보할 필요가 있다고 인정되면 시가화조정구역의 지정 또는 변경을 도시·군관리계획으로 결정할 수 있다.

★★★
89 건축법령상 건축을 하는 경우 조경 등의 조치를 하지 아니할 수 있는 건축물기준으로 틀린 것은? (단, 옥상조경 등 대통령령으로 따로 기준을 정하는 경우는 고려하지 않는다.)

① 축사
② 녹지지역에 건축하는 건축물
③ 연면적의 합계가 2,000m² 미만인 공장
④ 면적 5,000m² 미만인 대지에 건축하는 공장

해설 관련 법규 : 법 제42조, 영 제27조, 해설 법규 : 영 제27조 ①항 3호
연면적의 합계가 1,500m² 미만인 공장은 대지 안의 조경 등의 조치를 하지 아니할 수 있으나, 1,500m² 이상인 경우에는 대지 안의 조경 등의 조치를 해야 한다.

★
90 공동주택과 오피스텔의 난방설비를 개별난방 방식으로 하는 경우의 기준으로 틀린 것은?

① 보일러실의 윗부분에는 그 면적이 0.5m² 이상인 환기창을 설치할 것
② 보일러는 거실 외의 곳에 설치하되, 보일러를 설치하는 곳과 거실 사이의 경계벽은 출입구를 제외하고는 내화구조의 벽으로 구획할 것
③ 보일러의 연도는 방화구조로서 개별연도로 설치할 것
④ 기름보일러를 설치하는 경우 기름저장소를 보일러실 외의 다른 곳에 설치할 것

해설 관련 법규 : 법 제62조, 영 제87조, 설비규칙 제13조, 해설 법규 : 설비규칙 제13조 7호
보일러의 연도는 내화구조로서 공동연도로 설치할 것

★
91 건축물의 층수 산정에 관한 기준이 틀린 것은?

① 지하층은 건축물의 층수에 산입하지 아니한다.
② 층의 구분이 명확하지 아니한 건축물은 그 건축물의 높이 4m마다 하나의 층으로 보고 그 층수를 산정한다.
③ 건축물이 부분에 따라 그 층수가 다른 경우에는 바닥면적에 따라 가중평균한 층수를 그 건축물의 층수로 본다.
④ 계단탑으로서 그 수평투영면적의 합계가 해당 건축물 건축면적의 8분의 1 이하인 것은 건축물의 층수에 산입하지 아니한다.

해설 관련 법규 : 법 제73조, 영 제119조, 해설 법규 : 영 제119조 ①항 9호
층수 산정방법에서 건축물의 부분에 따라 그 층수를 달리하는 경우에는 그 중 가장 많은 층의 수를 층수로 한다.

★★
92 특별시장·광역시장·특별자치시장·특별자치도지사·시장 또는 군수가 관할 구역의 도시·군기본계획에 대하여 타당성을 전반적으로 재검토하여 정비하여야 하는 기간의 기준은?

① 5년   ② 10년
③ 15년   ④ 20년

해설 관련 법규 : 법 제23조, 해설 법규 : 법 제23조
도시·군기본계획의 정비에 있어서 특별시장·광역시장·특별자치시장·특별자치도지사·시장 또는 군수는 5년마다 관할 구역의 도시·군기본계획에 대하여 그 타당성 여부를 전반적으로 재검토하여 이를 정비하여야 한다.

★
93 사용승인을 받는 즉시 건축물의 내진능력을 공개하여야 하는 대상건축물의 층수기준은? (단, 목구조 건축물의 경우이며 기타의 경우는 고려하지 않는다.)

① 2층 이상
② 3층 이상
③ 6층 이상
④ 16층 이상

2022

해설 관련 법규 : 법 제48조의 3, 해설 법규 : 법 제48조의 3 ①항

다음의 어느 하나에 해당하는 건축물의 건축을 하고자 하는 자는 사용승인을 받은 즉시 건축물이 지진 발생에 견딜 수 있는 능력(내진능력)을 공개하여야 한다.

㉮ 층수가 2층(주요 구조부인 기둥과 보를 설치하는 건축물로서 그 기둥과 보가 목재인 목구조 건축물의 경우에는 3층) 이상인 건축물

㉯ 연면적이 200m²(목구조 건축물의 경우에는 500m²) 이상인 건축물

㉰ 그 밖에 건축물의 규모와 중요도를 고려하여 대통령령으로 정하는 건축물

94 ★★★ 국토의 계획 및 이용에 관한 법령상 주거지역의 세분 중 중층주택을 중심으로 편리한 주거환경을 조성하기 위하여 지정하는 용도지역은?

① 제1종 일반주거지역

② 제2종 일반주거지역

③ 제1종 전용주거지역

④ 제2종 전용주거지역

해설 관련 법규 : 법 제36조, 영 제30조, 해설 법규 : 영 제30조 1호 나목

① 제1종 전용주거지역 : 단독주택 중심의 양호한 주거환경을 보호하기 위하여 필요한 지역

② 제2종 전용주거지역 : 공동주택을 중심으로 양호한 주거환경을 보호하기 위하여 필요한 지역

③ 제1종 일반주거지역 : 저층주택을 중심으로 편리한 주거환경을 조성하기 위하여 필요한 지역

95 ★★ 특별피난계단의 구조에 관한 기준내용으로 틀린 것은?

① 계단은 내화구조로 하되 피난층 또는 지상까지 직접 연결되도록 한다.

② 계단실 및 부속실의 실내에 접하는 부분의 마감은 불연재료로 한다.

③ 출입구의 유효너비는 0.9m 이상으로 하고 피난의 방향으로 열 수 있도록 한다.

④ 건축물의 내부에서 노대 또는 부속실로 통하는 출입구에는 30분방화문을 설치하고, 노대 또는 부속실로부터 계단실로 통하는 출입구에는 60분방화문을 설치하도록 한다.

해설 관련 법규 : 법 제64조, 영 제90조, 설비규칙 제10조, 해설 법규 : 설비규칙 제10조 3호 자목

건축물의 내부에서 노대 또는 부속실로 통하는 출입구에는 60+방화문, 60분방화문을 설치하고, 노대 또는 부속실로부터 계단실로 통하는 출입구에는 60+방화문, 60분방화문 또는 30분방화문을 설치할 것

96 ★ 다음 노외주차장의 구조 및 설비기준에 관한 내용 중 ( ) 안에 알맞은 것은?

> 자동차용 승강기로 운반된 자동차가 주차구획까지 자주식으로 들어가는 노외주차장의 경우에는 주차대수 ( )마다 1대의 자동차용 승강기를 설치하여야 한다.

① 10대 ② 20대

③ 30대 ④ 40대

해설 관련 법규 : 법 제6조, 규칙 제6조, 해설 법규 : 규칙 제6조 ①항 6호

자동차용 승강기로 운반된 자동차가 주차단위구획까지 자주식으로 들어가는 노외주차장의 경우에는 주차대수 30대마다 1대의 자동차용 승강기를 설치하여야 한다. 이 경우 자동차용 승강기의 출구와 입구가 따로 설치되어 있거나 주차장의 내부에서 자동차가 방향전환을 할 수 있을 때에는 진입로를 설치하고 전면공지 또는 방향전환장치를 설치하지 아니할 수 있다.

97 ★ 건축허가대상 건축물이라 하더라도 건축신고를 하면 건축허가를 받은 것으로 보는 경우에 속하지 않는 것은? (단, 층수가 2층인 건축물의 경우)

① 바닥면적의 합계가 75m²의 증축

② 바닥면적의 합계가 75m²의 재축

③ 바닥면적의 합계가 75m²의 개축

④ 연면적이 250m²인 건축물의 대수선

해설 관련 법규 : 법 제14조, 영 제11조, 규칙 제12조, 해설 법규 : 법 제14조 ①항 1호

허가대상 건축물이라고 하더라도 미리 특별자치시장, 특별자치도지사 또는 시장, 군수, 구청장에게 신고를 하면 허가를 받는 것으로 보는 경우는 바닥면적의 합계가 85m² 이내의 증축, 개축 또는 재축 등이고, 연면적이 200m² 미만이며, 3층 미만인 건축물의 대수선 등이다.

98 건축지도원에 관한 내용으로 틀린 것은?

① 건축지도원은 특별자치시·특별자치도 또는 시·군·구에 근무하는 건축직렬의 공무원과 건축에 관한 학식이 풍부한 자 중에서 지정한다.

② 건축지도원의 자격과 업무범위는 건축조례로 정한다.

③ 건축설비가 법령 등에 적합하게 유지·관리되고 있는지 확인·지도 및 단속한다.

④ 허가를 받지 아니하거나 신고를 하지 아니하고 건축하거나 용도변경한 건축물을 단속한다.

해설 관련 법규 : 법 제37조, 영 제24조, 해설 법규 : 법 제28조 ②항
건축지도원의 자격 및 업무범위는 대통령령으로 정한다

99 비상용 승강기의 승강장에 설치하는 배연설비의 구조에 관한 기준내용으로 틀린 것은?

① 배연구 및 배연풍도는 불연재료로 할 것

② 배연구는 평상시에는 열린 상태를 유지할 것

③ 배연구가 외기에 접하지 아니하는 경우에는 배연기를 설치할 것

④ 배연기는 배연구의 열림에 따라 자동적으로 작동하고 충분한 공기배출 또는 가압능력이 있을 것

해설 관련 법규 : 법 제64조, 설비규칙 제14조, 해설 법규 : 설비규칙 제14조 ②항 3호
배연구는 평상시에는 닫힌 상태를 유지하고, 열린 경우에는 배연에 의한 기류로 인하여 닫히지 아니하도록 할 것

100 막다른 도로의 길이가 15m일 때 이 도로가 건축법령상 도로이기 위한 최소 폭은?

① 2m　　　　② 3m

③ 4m　　　　④ 6m

해설 관련 법규 : 법 제2조, 영 제3조의 3, 해설 법규 : 영 제3조의 3 2호
막다른 도로로서 그 도로의 너비가 그 길이에 따라 각각 다음 표에 정하는 기준 이상인 도로

막다른 도로의 길이	10m 미만	10m 이상 35m 미만	35m 이상
도로의 너비	2m	3m	6m (도시지역이 아닌 읍·면지역 4m)

제1과목 건축계획

01 장애인·노인·임산부 등의 편의 증진보장에 관한 법령에 따른 편의시설 중 매개시설에 속하지 않는 것은?

① 주출입구 접근로
② 유도 및 안내설비
③ 장애인전용주차구역
④ 주출입구높이차이 제거

> **해설** 장애인편의시설 중 매개시설에는 주출입구 접근로, 장애인 전용 주차구획, 주출입구높이차이 제거 등, 내부시설에는 출입구(문), 복도, 계단 또는 승강기 등, 위생시설에는 화장실(대·소변기, 세면대 등), 욕실, 샤워실, 탈의실 등, 안내시설에는 점자블록, 유도 및 안내설비, 경보 및 피난설비 등이 있다.

02 다음 중 사무소 건축의 기둥간격 결정요소와 가장 거리가 먼 것은?

① 책상배치의 단위
② 주차배치의 단위
③ 엘리베이터의 설치대수
④ 채광상 층높이에 의한 깊이

> **해설** 고층 사무소의 기둥간격 결정요소에는 구조상 스팬의 한도, 가구(책상) 및 집기의 배치단위, 지하주차장의 주차구획의 크기 및 배치단위, 코어의 위치, 채광상 층고에 의한 깊이 등이 있고, 공조방식, 동선상의 거리, 자연광에 의한 조명한계, 엘리베이터의 설치대수, 건물의 외관과는 무관하다.

03 메조넷형 아파트에 관한 설명으로 옳지 않은 것은?

① 다양한 평면구성이 가능하다.
② 소규모 주택에서는 비경제적이다.
③ 통로면적이 감소되며 유효면적이 증대된다.
④ 복도와 엘리베이터홀은 각 층마다 계획된다.

> **해설** 메조넷형 아파트의 복도와 엘리베이터의 정지는 1개 층씩 걸러 설치한다.

04 우리나라 전통 한식주택에서 문꼴 부분(개구부)의 면적이 큰 이유로 가장 적합한 것은?

① 겨울의 방한을 위해서
② 하절기 고온다습을 견디기 위해서
③ 출입하는 데 편리하게 하기 위해서
④ 상부의 하중을 효과적으로 지지하기 위해서

> **해설** 한옥주택이 양식주택에 비하여 개방적이고 통기적인 형태(문꼴부를 크게 잡는 형태)로 되어 있는 이유는 온도가 높고 위도에 비하여 여름철과 겨울철의 기온차가 심하며, 여름철에는 고온다습하여 무덥기 때문이다.

05 공장 건축의 레이아웃(Layout)에 관한 설명으로 옳지 않은 것은?

① 제품 중심의 레이아웃은 대량생산에 유리하며 생산성이 높다.
② 레이아웃이란 공장 건축의 평면요소 간의 위치관계를 결정하는 것을 말한다.
③ 고정식 레이아웃은 조선소와 같이 제품이 크고 수량이 적은 경우에 행해진다.
④ 중화학공업, 시멘트공업 등 장치공업 등은 시설의 융통성이 크기 때문에 신설 시 장래성에 대한 고려가 필요 없다.

> **해설** 중화학공업, 시멘트공업 등 장치공업 등은 시설의 융통성이 작기 때문에 신설 시 장래성에 대한 고려가 필요하다.

06 다음 중 주심포식 건물이 아닌 것은?

① 강릉 객사문
② 서울 남대문
③ 수덕사 대웅전
④ 무위사 극락전

해설 강릉 객사문, 수덕사 대웅전, 무위사 극락전 등은 주심포 건축물이고, 서울의 남대문은 조선 초기의 다포식 건축물이다.

★★
07 고층 밀집형 병원에 관한 설명으로 옳지 않은 것은?

① 병동에서 조망을 확보할 수 있다.
② 대지를 효과적으로 이용할 수 있다.
③ 각종 방재대책에 대한 비용이 높다.
④ 병원의 확장 등 성장변화에 대한 대응이 용이하다.

해설 고층 밀집형(집중형) 병원은 병원의 확장 등 성장변화에 대한 대응이 난이하다.

★★
08 주당 평균 40시간을 수업하는 어느 학교에서 음악실에서의 수업이 총 20시간이며, 이 중 15시간은 음악시간으로, 나머지 5시간은 학급토론시간으로 사용되었다면 이 음악실의 이용률과 순수율은?

① 이용률 37.5%, 순수율 75%
② 이용률 50%, 순수율 75%
③ 이용률 75%, 순수율 37.5%
④ 이용률 75%, 순수율 50%

해설 ㉮ 1주일의 평균수업시간은 40시간이고, 그 교실이 사용되고 있는 시간은 20시간이다.

∴ 이용률 $= \dfrac{\text{그 교실이 사용되고 있는 시간}}{\text{1주일의 평균수업시간}} \times 100$

$= \dfrac{20}{40} \times 100 = 50\%$

㉯ 그 교실이 사용되고 있는 시간은 20시간이고, 일정교과(설계제도)를 위해 사용되는 시간은 20 −5=15시간이다.

∴ 순수율

$= \dfrac{\text{일정교과를 위해 사용되는 시간}}{\text{그 교실이 사용되고 있는 시간}} \times 100$

$= \dfrac{15}{20} \times 100 = 75\%$

★
09 극장 건축에서 무대의 제일 뒤에 설치되는 무대배경용의 벽을 의미하는 것은?

① 사이클로라마 ② 플라이로프트
③ 플라이갤러리 ④ 그리드아이언

해설 ② 플라이로프트(fly loft) : 무대 상부의 공간을 말하며, 이상적인 플라이로프트의 높이는 프로시니엄의 4배 이상이다.
③ 플라이갤러리 : 무대 뒤편의 좁은 통로이다.
④ 그리드아이언 : 무대 상부의 격자형태의 발판으로, 이곳에서 배경막과 조명 등을 조절한다.

★
10 도서관의 출납시스템 중 자유개가식에 관한 설명으로 옳은 것은?

① 도서의 유지관리가 용이하다.
② 책의 내용 파악 및 선택이 자유롭다.
③ 대출절차가 복잡하고 관원의 작업량이 많다.
④ 열람자는 직접 서가에 면하여 책의 표지 정도는 볼 수 있으나 내용은 볼 수 없다.

해설 ①, ③항은 폐가식에 대한 설명이고, ④항은 반개가식(열람자가 직접 서가에 면하여 책의 체제나 표지 정도는 볼 수 있으나 내용을 보려면 관원에게 요구해야 하는 형식)에 대한 설명이다.

★
11 미술관 전시실의 순회형식 중 연속순로형식에 관한 설명으로 옳은 것은?

① 각 실을 필요시에는 자유로이 독립적으로 폐쇄할 수 있다.
② 평면적인 형식으로 2, 3개 층의 입체적인 방법은 불가능하다.
③ 많은 실을 순서별로 통하여야 하는 불편이 있으나 공간절약의 이점이 있다.
④ 중심부에 하나의 큰 홀을 두고 그 주위에 각 전시실을 배치하여 자유로이 출입하는 형식이다.

해설 ㉮ 중앙홀형식 : 중심부에 하나의 큰 홀을 두고 그 주위에 각 전시실을 배치하여 자유로이 출입하는 형식
㉯ 연속순로형식 : 평면적인 형식 또는 2, 3개 층의 입체적인 방법도 가능한 형식
㉰ 갤러리 및 복도형식 : 각 실을 필요시에는 자유로이 독립적으로 폐쇄 가능한 형식

2022

★★
12 서양 건축양식의 역사적인 순서가 옳게 배열된 것은?

① 로마 → 로마네스크 → 고딕 → 르네상스 → 바로크

② 로마 → 고딕 → 로마네스크 → 르네상스 → 바로크

③ 로마 → 로마네스크 → 고딕 → 바로크 → 르네상스

④ 로마 → 고딕 → 로마네스크 → 바로크 → 르네상스

해설 서양 건축의 시대구분(건축양식의 발전) : 고대 건축(이집트 → 서아시아) → 고전 건축(그리스 → 로마) → 중세 건축(초기 기독교 → 비잔틴 → 사라센 → 로마네스크 → 고딕) → 근세 건축 (르네상스 → 바로크 → 로코코) → 근대 건축 → 현대 건축

★★
13 르네상스 교회 건축양식의 일반적 특징으로 옳은 것은?

① 타원형 등 곡선평면을 사용하여 동적이고 극적인 공간연출을 하였다.

② 수평을 강조하며 정사각형, 원 등을 사용하여 유심적 공간구성을 하였다.

③ 직사각형의 평면구성으로 볼트구조의 지붕을 구성하며 종탑을 설치하였다.

④ 로마네스크 건축의 반원아치를 발전시킨 첨두형 아치를 주로 사용하였다.

해설 ㉮ 로마네스크양식 : 직사각형의 평면구성으로 볼트구조의 지붕을 구성하며 종탑을 설치하였다.
㉯ 고딕양식 : 로마네스크 건축의 반원아치를 발전시킨 첨두형 아치를 주로 사용하였다.
㉰ 바로크양식 : 타원형 등 곡선평면을 사용하여 동적이고 극적인 공간연출을 하였다.

★
14 아파트의 평면형식에 관한 설명으로 옳지 않은 것은?

① 홀형은 통행부면적이 작아서 건물의 이용도가 높다.

② 중복도형은 대지이용률이 높으나 프라이버시가 좋지 않다.

③ 집중형은 채광·통풍조건이 좋아 기계적 환경조절이 필요하지 않다.

④ 홀형은 계단실 또는 엘리베이터홀로부터 직접 주거단위로 들어가는 형식이다.

해설 집중형은 단위주거의 위치에 따라 채광, 통풍, 일조조건이 나쁘고, 특히 복도 부분의 환기와 채광이 극히 불량하므로 기계적인 환기조절이 필요하다.

★
15 페리의 근린주구이론의 내용으로 옳지 않은 것은?

① 주민에게 적절한 서비스를 제공하는 1~2개소 이상의 상점가를 주요 도로의 결절점에 배치하여야 한다.

② 내부가로망은 단지 내의 교통량을 원활히 처리하고 통과교통에 사용되지 않도록 계획되어야 한다.

③ 근린주구의 단위는 통과교통이 내부를 관통하지 않고 용이하게 우회할 수 있는 충분한 넓이의 간선도로에 의해 구획되어야 한다.

④ 근린주구는 하나의 중학교가 필요하게 되는 인구에 대응하는 규모를 가져야 하고, 그 물리적 크기는 인구밀도에 의해 결정되어야 한다.

해설 페리의 근린주구이론에서 근린주구는 하나의 초등학교를 필요로 하는 인구에 대응하는 규모를 가져야 하고, 그 물리적인 크기는 인구밀도에 의해 결정되어야 한다.

★
16 다음 설명에 알맞은 백화점 진열장 배치방법은?

- Main통로를 각각 배치하며, Sub통로를 45° 정도 경사지게 배치하는 유형이다.
- 많은 고객이 매장공간의 코너까지 접근하기 용이하지만 이형의 진열장이 많이 필요하다.

① 직각배치   ② 방사배치
③ 사행배치   ④ 자유유선배치

해설
① **직각배치법** : 일반적으로 많이 사용하는 방법으로, 판매장면적이 최대한 이용되며 간단하나, 판매장이 단조로와지기 쉽고 부분적으로 고객의 통행량에 따라 통로폭을 조절하기 어려워 국부적인 혼란이 일어날 수 있다.
② **방사배치법** : 일반적으로 적용이 곤란한 배치법으로 판매장의 통로를 방사형으로 배치하는 형식이다.
④ **자유유선배치법** : 통로를 상품의 성격, 고객의 통행량에 따라 유기적으로 계획하여 자유로운 곡선형으로 배치한 방법으로, 폭과 전시상품을 자유롭게 배치할 수 있는 특성이 있고 백화점의 획일성을 탈피할 수 있으며 현대적인 수법을 채용할 수 있으나, 진열장의 유리케이스가 이형이 된다.

★
17 극장 건축의 음향계획에 관한 설명으로 옳지 않은 것은?

① 음향계획에 있어서 발코니의 계획은 될 수 있는 한 피하는 것이 좋다.
② 음의 반복 반사현상을 피하기 위해 가급적 원형에 가까운 평면형으로 계획한다.
③ 무대에 가까운 벽은 반사체로 하고 멀어짐에 따라서 흡음재의 벽을 배치하는 것이 원칙이다.
④ 오디토리움 양쪽의 벽은 무대의 음을 반사에 의해 객석 뒷부분까지 이르도록 보강해주는 역할을 한다.

해설
음의 반복 반사현상을 피하기 위해 가급적 원형, 반원형, 타원형, 사각형의 형태는 피하는 것이 좋다.

★★
18 그리스 건축의 오더 중 도릭오더의 구성에 속하지 않는 것은?

① 벌류트(volute)
② 프리즈(frieze)
③ 아바쿠스(abacus)
④ 에키누스(echinus)

해설
그리스 건축의 도릭오더의 주두는 **아바쿠스**(abacus), **에키누스**(echinus), 아뮬렛(amulet)으로 되어 있고, 원 주위에 얹어지는 엔타블러처(entablature)는 아키트레이브(architrave), **프리즈**(frieze) 및 코니스(cornice)로 구성되어 있다. **벌류트**(volute)는 우렁이나 소라처럼 빙빙 비틀린 형태로서 이오니아식 오더의 구성에 포함된다.

★★
19 쇼핑센터의 특징적인 요소인 페데스트리언지대(pedestrian area)에 관한 설명으로 옳지 않은 것은?

① 고객에게 변화감과 다채로움, 자극과 흥미를 제공한다.
② 바닥면의 고저차를 많이 두어 지루함을 주지 않도록 한다.
③ 바닥면에 사용하는 재료는 주위 상황과 조화시켜 계획한다.
④ 사람들의 유동적 동선이 방해되지 않는 범위에서 나무나 관엽식물을 둔다.

해설
쇼핑센터의 페데스트리언지대는 바닥의 고저차를 두는 것을 반드시 피해야 한다.

★
20 오피스 랜드스케이프(office landscape)에 관한 설명으로 옳지 않은 것은?

① 외부조경면적이 확대된다.
② 작업의 폐쇄성이 저하된다.
③ 사무능률의 향상을 도모한다.
④ 공간의 효율적 이용이 가능하다.

해설
오피스 랜드스케이프와 조경면적은 무관하다.

제2과목 건축시공

★★
21 목공사에 사용되는 철물에 관한 설명으로 옳지 않은 것은?

① 감잡이쇠는 큰 보에 걸쳐 작은 보를 받게 하고, 안장쇠는 평보를 대공에 달아매는 경우 또는 평보와 ㅅ자보의 밑에 쓰인다.
② 못의 길이는 박아대는 재두께의 2.5배 이상이며, 마구리 등에 박는 것은 3.0배 이상으로 한다.
③ 볼트구멍은 볼트지름보다 3mm 이상 커서는 안 된다.
④ 듀벨은 볼트와 같이 사용하며, 듀벨에는 전단력, 볼트에는 인장력을 분담시킨다.

2022

해설 안장쇠는 안장모양으로 한 부재에 걸쳐놓고 다른 부재를 받게 하는 이음, 맞춤의 보강철물로서 큰 보에 걸쳐 작은 보를 받게 하며, 감잡이쇠는 띠쇠를 ㄷ자형으로 꺾어 만든 보강용 철물로서 평보를 대공에 달아매는 경우 기둥과 토대, 보와 기둥의 목조맞춤에 사용된다.

★★★
22 지명경쟁입찰을 택하는 이유 중 가장 중요한 것은?

① 공사비의 절감
② 양질의 시공결과 기대
③ 준공기일의 단축
④ 공사감리의 편리

해설 지명경쟁입찰은 적격업체의 선정, 공사의 질을 확보함과 동시에 부적격업자를 제거하는 데 목적이 있으나, 가장 중요한 이유는 공사의 질을 확보하는 데 있다.

★
23 실의 크기 조절이 필요한 경우 칸막이 기능을 하기 위해 만든 병풍모양의 문은?

① 여닫이문 　　② 자재문
③ 미서기문 　　④ 홀딩도어

해설 ① 여닫이창호 : 경첩 등을 축으로 개폐되는 창호
② 자재창호 : 주택보다는 대형 건물의 현관문으로 많이 사용되어 많은 사람들이 출입하기에 편리한 문으로 안팎 자재로 열고 닫게 된 여닫이문의 일종
③ 미서기창호 : 웃틀과 밑틀에 두 줄로 홈을 파서 문 한 짝을 다른 한 짝 옆에 밀어붙이게 한 창호

★
24 강제배수공법의 대표적인 공법으로 인접 건축물과 토류판 사이에 케이싱파이프를 삽입하여 지하수를 펌프 배수하는 공법은?

① 집수정공법
② 웰포인트공법
③ 리버스 서큘레이션공법
④ 전기삼투공법

해설 ① 집수정공법 : 기초파기의 일부에 깊이 판 집수통을 설치하고, 여기에 물이 고이도록 하는 공법이다.

③ 리버스 서큘레이션공법 : 비트를 회전시켜 굴착과 배토를 하며 배출한 이수는 저장조에서 토사를 침전시켜 순환시킨다. 굴착 완료 후 철근망을 삽입하고 트레미관을 통하여 콘크리트를 타설하여 제자리 콘크리트말뚝공사의 기계굴착공법의 일종이다.
④ 전기삼투공법 : 지반개량공법으로 지중에 전기를 통하여 물을 전류의 이동과 함께 점토지반의 간극수를 탈수, 배수하는 공법이다.

★
25 기계가 위치한 곳보다 높은 곳의 굴착에 가장 적당한 건설기계는?

① Dragline
② Back hoe
③ Power Shovel
④ Scraper

해설 ① 드래그라인 : 기체에서 붐을 뻗쳐 그 선단에 와이어로프로 매단 스크레이퍼 버킷 앞쪽에 투하해 버킷을 앞쪽으로 끌어당기면서 토사를 긁어모으는 작업이다. 기체는 높은 위치에서 깊은 곳을 굴착할 수도 있어 적합하다.
② 백호(드래그 셔블) : 도랑을 파는 데 적합한 터파기 기계이다.
④ 스크레이퍼 : 흙을 파서 나르는 기계의 하나로 땅을 얇게 깎아 다른 장소로 운반한다.

★★★
26 건축공사 스프레이 도장방법에 관한 설명으로 옳지 않은 것은?

① 도장거리는 스프레이 도장면에서 300mm를 표준으로 한다.
② 매 회의 에어스프레이는 붓도장과 동등한 정도의 두께로 하고 2회분의 도막두께를 한 번에 도장하지 않는다.
③ 각 회의 스프레이방향은 전회의 방향에 평행으로 진행한다.
④ 스프레이할 때는 항상 평행이동하면서 운행의 한 줄마다 스프레이너비의 1/3 정도를 겹쳐 뿜는다.

해설 각 회의 뿜도장방향은 1회 때와 2회 때를 서로 직교하게 진행시켜서 뿜칠을 해야 한다.

27 철근콘크리트공사 시 벽체 거푸집 또는 보 거푸집에서 거푸집판을 일정한 간격으로 유지시켜 주는 동시에 콘크리트의 측압을 최종적으로 지지하는 역할을 하는 부재는?

① 인서트
② 컬럼밴드
③ 폼타이
④ 턴버클

해설
① 인서트 : 콘크리트 슬래브에 묻어 천장 달림재를 고정시키는 철물이다.
② 컬럼밴드 : 기둥 거푸집의 고정과 측압 버팀용으로 주로 합판 거푸집에서 사용된다.
④ 턴버클 : 줄(인장재)을 팽팽하게 당겨 조이는 나사 있는 탕개쇠로서 거푸집 조임 시에 사용한다.

28 커튼월(curtain wall)에 관한 설명으로 옳지 않은 것은?

① 주로 내력벽에 사용된다.
② 공장생산이 가능하다.
③ 고층건물에 많이 사용된다.
④ 용접이나 볼트조임으로 구조물에 고정시킨다.

해설
커튼월이란 외벽을 구성하는 비내력벽 구조로서 주로 비내력벽에 사용된다.

29 TQC를 위한 7가지 도구 중 다음 설명에 해당하는 것은?

> 모집단에 대한 품질특성을 알기 위하여 모집단의 분포상태, 분포의 중심위치, 분포의 산포 등을 쉽게 파악할 수 있도록 막대그래프형식으로 작성한 도수분포도를 말한다.

① 히스토그램
② 특성요인도
③ 파레토도
④ 체크시트

해설
② 특성요인도 : 결과에 원인이 어떻게 관계하고 있는가를 한눈에 알 수 있도록 작성한 그림, 또는 원인과 결과의 관계를 알기 쉽게 나무형상으로 도시한 것으로서 공정 중에 발생한 문제나 하자를 분석할 때 사용한다.

③ 파레토도 : 불량, 결점, 고장 등의 발생건수(또는 손실금액)를 분류항목별로 나누어 크기의 순서대로 나열해놓은 그림이다.
④ 체크시트 : 주로 계수치의 데이터가 분류항목 중 어디에 집중되어 있는가를 알아보기 위하여 쉽게 나타낸 그림이나 표이다.

30 건설현장에서 근무하는 공사감리자의 업무에 해당되지 않는 것은?

① 공사시공자가 사용하는 건축자재가 관계법령에 의한 기준에 적합한 건축자재인지 여부의 확인
② 상세시공도면의 작성
③ 공사현장에서의 안전관리지도
④ 품질시험의 실시 여부 및 시험성과의 검토·확인

해설
공사감리자의 업무는 ①, ③, ④항 이외에 공사시공자가 설계도서에 따라 적합하게 시공하는지 여부의 확인, 건축물 및 대지가 관계법령에 적합하도록 공사시공자 및 건축주를 지도, 시공계획 및 공사관리의 적정 여부의 확인, 공정표의 검토, 상세시공도면의 검토·확인, 구조물의 위치와 규격의 적정 여부의 검토·확인, 설계변경의 적정 여부의 검토·확인, 기타 공사감리계약으로 정하는 사항 등이 있다.

31 석고 플라스터에 관한 설명으로 옳지 않은 것은?

① 석고 플라스터는 경화지연제를 넣어서 경화시간을 너무 빠르지 않게 한다.
② 경화·건조 시 치수 안정성과 내화성이 뛰어나다.
③ 석고 플라스터는 공기 중의 탄산가스를 흡수하여 표면부터 서서히 경화한다.
④ 시공 중에는 될 수 있는 한 통풍을 피하고 경화 후에는 적당한 통풍을 시켜야 한다.

해설
석고 플라스터는 수경성(물과 결합하여 경화)이고 기경성(충분한 물이 있더라도 공기 중에서만 경화하고, 수중에서는 굳어지지 않는 성질)과는 관계가 없으며 경화시간이 빠르다. 시멘트량을 적게 한다.

★
32 미장공사에서 균열을 방지하기 위하여 고려해야 할 사항 중 옳지 않은 것은?

① 바름면은 바람 또는 직사광선 등에 의한 급속한 건조를 피한다.
② 1회의 바름두께는 가급적 얇게 한다.
③ 쇠 흙손질을 충분히 한다.
④ 모르타르바름의 정벌바름은 초벌바름보다 부배합으로 한다.

해설 모르타르바름의 정벌바름은 초벌바름보다 빈배합으로 한다.

★★
33 고강도 콘크리트에 관한 내용으로 옳지 않은 것은?

① 설계기준압축강도는 보통 또는 중량골재 콘크리트에서 40MPa 이상인 것으로 한다.
② 고성능 감수제의 단위량은 소요강도 및 작업에 적합한 워커빌리티를 얻도록 시험에 의해서 결정하여야 한다.
③ 단위수량은 소요의 워커빌리티를 얻을 수 있는 범위 내에서 가능한 한 작게 하여야 한다.
④ 기상의 변화나 동결융해 발생 여부에 관계없이 공기연행제를 사용하는 것을 원칙으로 한다.

해설 기상의 변화가 심하거나 동결융해에 대한 대책이 필요한 경우를 제외하고는 공기연행제를 사용하지 않는 것을 원칙으로 한다.

★★
34 축공사에서 활용되는 견적방법 중 가장 상세한 공사비의 산출이 가능한 견적방법은?

① 개산견적
② 명세견적
③ 입찰견적
④ 실행견적

해설
① 개산견적 : 과거에 실시한 건축물의 실적자료를 가지고 공사비의 전량을 산출하는 방법
③ 입찰견적 : 입찰 등에 있어 공급 가능한 내용 및 제반비용을 산출하는 방법
④ 실행견적 : 실제로 공사를 진행함에 있어서 발생하는 공사비의 전량을 산출하는 방법

★
35 벽돌에 생기는 백화를 방지하기 위한 방법으로 옳지 않은 것은?

① 10% 이하의 흡수율을 가진 양질의 벽돌을 사용한다.
② 벽돌면 상부에 빗물막이를 설치한다.
③ 파라핀도료를 발라 염류가 나오는 것을 방지한다.
④ 줄눈모르타르에 석회를 넣어 바른다.

해설 줄눈모르타르에 석회를 사용하면 백화현상을 촉진시킨다.

★
36 주문받은 건설업자가 대상계획의 기업, 금융, 토지조달, 설계, 시공 기타 모든 요소를 포괄하여 발주하는 도급계약방식은?

① 실비청산 보수가산도급
② 정액도급
③ 공동도급
④ 턴키도급

해설
① 실비청산(정산) 보수가산도급 : 공사의 실비를 건축주와 도급자가 확인하여 정산하고, 시공주는 정한 보수율에 따라 도급자에게 보수액을 지불하는 방식으로 가장 이상적인 도급방식이다.
② 정액도급 : 공사 착수 전에 총공사비를 미리 결정하여 계약하는 방식으로 정액일시도급제도가 가장 많이 채용된다.
③ 공동도급(joint venture) : 두 명 이상의 도급업자가 어느 특정한 공사에 한하여 협정을 체결하고 공동기업체를 만들어 협동으로 공사를 도급하는 방식이다.

★★
37 서로 다른 종류의 금속재가 접촉하는 경우 부식이 일어나는 경우가 있는데 부식성이 큰 금속 순으로 옳게 나열된 것은?

① 알루미늄 > 철 > 주석 > 구리
② 주석 > 철 > 알루미늄 > 구리
③ 철 > 주석 > 구리 > 알루미늄
④ 구리 > 철 > 알루미늄 > 주석

해설 금속의 부식원인(대기, 물, 흙 속, 전기작용에 의한 부식) 중 서로 다른 금속이 접촉하고, 그곳에 수분이 있으면 전기분해가 일어나 이온화경향이 큰 쪽이 음극이 되어 전기부식작용을 받는다는 것이다. 이온화경향이 큰 것부터 나열하면 Mg > Al > Cr > Mn > Zn > Fe > Ni > Sn > H > Cu > Hg > Ag > Pt > Au 순이다.

★★
38 프리스트레스트 콘크리트에 관한 설명으로 옳은 것은?

① 진공매트 또는 진공펌프 등을 이용하여 콘크리트로부터 수화에 필요한 수분과 공기를 제거한 것이다.

② 고정시설을 갖춘 공장에서 부재를 철재 거푸집에 의하여 제작한 기성제품 콘크리트(PC)이다.

③ 포스트텐션공법은 미리 강선을 압축하여 콘크리트에 인장력으로 작용시키는 방법이다.

④ 장스팬구조물에 적용할 수 있으며 단위 부재를 작게 할 수 있어 자중이 경감되는 특징이 있다.

해설 ① 진공(버큠)콘크리트는 진공매트 또는 진공펌프 등을 이용해 콘크리트 속에 잔류해 있는 잉여수를 제거함으로써 콘크리트의 강도를 증대시킨다.
② 고정시설을 갖춘 공장에서 부재를 철재 거푸집에 의하여 제작한 프리캐스트 콘크리트이다.
③ 프리텐션공법은 미리 강선을 인장하여 콘크리트에 압축력을 작용시키는 방법으로 대규모의 건축부품 등을 만든다.

★
39 포틀랜드시멘트 화학성분 중 1일 이내 수화를 지배하며 응결이 가장 빠른 것은?

① 알루민산3석회
② 알루민산철4석회
③ 규산3석회
④ 규산2석회

해설 발열량이 크고 응결시간이 빠른 순서로 늘어놓으면 알루민산3칼슘 → 규산3칼슘 → 알루민산철4칼슘 → 규산2칼슘 순이다.

★
40 다음 그림과 같은 건물에서 G_1과 같은 보가 8개 있다고 할 때 보의 총콘크리트량을 구하면? (단, 보의 단면상 슬래브와 겹치는 부분은 제외하며, 철근량은 고려하지 않는다.)

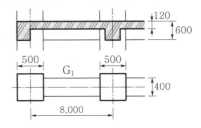

① 11.52m³
② 12.23m³
③ 13.44m³
④ 15.36m³

해설 보의 콘크리트량(V)
=보의 너비×(보의 춤−바닥판의 두께)×보의 기둥 간 안목거리
$=0.4 \times (0.6 - 0.12) \times 7.5 \times 8$
$=11.52m^3$

제3과목 **건축구조**

★★★
41 고장력 볼트접합에 관한 설명으로 옳지 않은 것은?

① 유효 단면적당 응력이 크며, 피로강도가 작다.
② 강한 조임력으로 너트의 풀림이 생기지 않는다.
③ 응력방향이 바뀌더라도 혼란이 일어나지 않는다.
④ 접합방식에는 마찰접합, 지압접합, 인장접합이 있다.

해설 고장력 볼트접합은 유효 단면적당 응력이 작고, 피로강도가 크다.

★★
42 지진에 대응하는 기술 중 하나인 제진(制震)에 관한 설명으로 옳지 않은 것은?

① 기존 건물의 구조형식에 좌우되지 않는다.
② 지반종류에 의한 제약을 받지 않는다.
③ 소형 건물에 일반적으로 많이 적용된다.
④ 댐퍼 등을 사용하여 흔들림을 효과적으로 제어한다.

2022

제진(특수한 장치를 이용하여 지진력에 대응할 수 있는 힘을 구조물 내에서 발생 또는 흡수하여 지진력을 감소시키는 기술)은 소형 건물에는 일반적으로 적용하지 못하는 단점이 있다.

43 콘크리트 구조의 내구성설계기준에 따른 보수・보강설계에 관한 설명으로 옳지 않은 것은?

① 손상된 콘크리트 구조물에서 안전성, 사용성, 내구성, 미관 등의 기능을 회복시키기 위한 보수는 타당한 보수설계에 근거하여야 한다.

② 보수・보강설계를 할 때는 구조체를 조사하여 손상원인, 손상 정도, 저항내력 정도를 파악한다.

③ 책임구조기술자는 보수・보강공사에서 품질을 확보하기 위하여 공정별로 품질관리 검사를 시행하여야 한다.

④ 보강설계를 할 때에는 사용성과 내구성 등의 성능은 고려하지 않고 보강 후의 구조내하력 증가만을 반영한다.

해설 ㉮ 기존 구조물에서 내하력을 회복 또는 증가시키기 위한 보강은 타당한 보강설계에 근거하여야 한다.
㉯ 보수・보강설계를 할 때는 구조체를 조사하여 손상원인, 손상 정도, 저항내력 정도를 파악하고 구조물이 처한 환경조건, 하중조건, 필요한 내력, 보수・보강의 범위와 규모를 정하며, 보수・보강재료를 선정하여 단면 및 부재를 설계하고 적절한 보수・보강시공법을 검토하여야 한다.
㉰ 보강설계를 할 때에는 보강 후의 구조내하력(구조물의 하중 및 하중변화에 대한 저항력) 증가 외에 사용성과 내구성 등의 성능 향상을 고려하여야 한다.

44 다음 그림과 같은 직사각형 단면을 가지는 보에 최대 휨모멘트 $M = 20\text{kN} \cdot \text{m}$가 작용할 때 최대 휨응력은?

① 3.33MPa
② 4.44MPa
③ 5.56MPa
④ 6.67MPa

해설 $M_{\max} = 20\text{kN} \cdot \text{m} = 20,000,000\text{N} \cdot \text{mm}$, $b = 200\text{mm}$, $h = 300\text{mm}$이므로

$$\therefore \sigma = \frac{M_{\max}}{Z} = \frac{M_{\max}}{\dfrac{bh^2}{6}} = \frac{6M_{\max}}{bh^2}$$

$$= \frac{6 \times 20,000,000}{200 \times 300^2} = 6.67\text{N/mm}^2 = 6.67\text{MPa}$$

45 다음 그림과 같은 복근보에서 전단보강철근이 부담하는 전단력 V_s를 구하면? (단, $f_{ck} = 24\text{MPa}$, $f_y = 400\text{MPa}$, $f_{yt} = 300\text{MPa}$, $A_v = 71\text{mm}^2$)

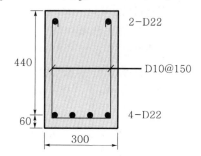

① 약 110kN
② 약 115kN
③ 약 120kN
④ 약 125kN

해설
$$V_s = \frac{A_v f_{yt} d}{s}$$
$$= \frac{2 \times 71 \times 300 \times 440}{150} = 124,960\text{N} \fallingdotseq 125\text{kN}$$

46 강도설계법에서 단근직사각형 보의 c(압축연단에서 중립축까지 거리)값으로 옳은 것은? (단, $f_{ck} = 24\text{MPa}$, $f_y = 400\text{MPa}$, $b = 300\text{mm}$, $A_s = 1,161\text{mm}^2$, 포물선 – 직선형상의 응력 – 변형률관계 이용)

① 92.65mm
② 94.85mm
③ 96.65mm
④ 98.85mm

해설
$$a = \beta_1 c$$

$$\therefore c = \frac{a}{\beta_1} = \frac{\dfrac{A_{st} f_y}{0.85\eta f_{ck} b}}{\beta_1}$$

$$= \frac{A_{st} f_y}{0.85\beta_1 \eta f_{ck} b}$$

$$= \frac{1,161 \times 400}{0.85 \times 0.8 \times 1.0 \times 24 \times 300} = 94.853\text{mm}$$

★★
47 다음 그림의 용접기호와 관련된 내용으로 옳은 것은?

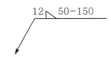

① 양면용접에 용접길이 50mm
② 용접간격 100mm
③ 용접치수 12mm
④ 맞댐(개선)용접

해설 제시된 그림은 단면용접에 용접길이 50mm, 용접간격 150mm, 용접치수 12mm, 단속모살(필릿)용접이다.

★
48 다음 그림과 같은 3회전단 구조물의 반력은?

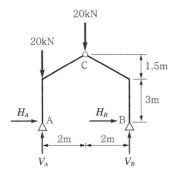

① $H_A = 4.44\text{kN}$, $V_A = 30\text{kN}$
   $H_B = -4.44\text{kN}$, $V_B = 10\text{kN}$
② $H_A = 0$, $V_A = 30\text{kN}$
   $H_B = 0$, $V_B = 10\text{kN}$
③ $H_A = -4.44\text{kN}$, $V_A = 30\text{kN}$
   $H_B = 4.44\text{kN}$, $V_B = 10\text{kN}$
④ $H_A = 4.44\text{kN}$, $V_A = 50\text{kN}$
   $H_B = -4.44\text{kN}$, $V_B = -10\text{kN}$

해설 반력을 구하기 위한 힘의 비김조건에 의해서
㉮ $\sum X = 0$에 의해서 $H_A + H_B = 0$ ············· (1)
㉯ $\sum Y = 0$에 의해서 $V_A - 20 - 20 + V_B = 0$ ··· (2)
㉰ $\sum M_B = 0$에 의해서 $V_A \times 4 - 20 \times 4 - 20 \times 2 = 0$
  $\therefore V_A = 30\text{kN}(\uparrow)$
  $V_A = 30\text{kN}$을 식 (2)식에 대입하면
  $30 - 20 - 20 + V_B = 0$
  $\therefore V_B = 10\text{kN}(\uparrow)$

㉱ 왼쪽 강구면의 C점에 대한 휨모멘트 $M_C = 0$이므로
  $-H_A \times 4.5 + 30 \times 2 - 20 \times 2 = 0$
  $\therefore H_A = 4.44\text{kN}$
  위 값을 식 (1)에 대입하면
  $\therefore H_B = -4.44\text{kN}$

★★
49 다음 그림과 같은 양단 고정보에서 B단의 휨모멘트값은?

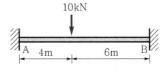

① $2.4\text{kN}\cdot\text{m}$ ② $9.6\text{kN}\cdot\text{m}$
③ $14.4\text{kN}\cdot\text{m}$ ④ $24.8\text{kN}\cdot\text{m}$

해설 3련 모멘트의 정리를 이용하기 위하여 다음 그림과 같이 가정하면

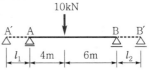

$M_A' = 0$, $M_B' = 0$, $l_1 = 0$, $l_2 = 0$이므로
㉮ A′–A–B 사이에서
  $2M_A l + M_B l + \dfrac{Pb(l^2-b^2)}{l} = 0$ ········· (1)
㉯ A–B–B′ 사이에서
  $M_A l + 2M_B l + \dfrac{Pa(l^2-a^2)}{l} = 0$ ········· (2)
㉰ 식 (1), (2)에서
  $\therefore M_A = -\dfrac{Pab^2}{l^2} = -\dfrac{10 \times 4 \times 6^2}{10^2} = -14.4\text{kN}\cdot\text{m}$
  $M_B = -\dfrac{Pa^2 b}{l^2} = -\dfrac{10 \times 4^2 \times 6}{10^2} = -9.6\text{kN}\cdot\text{m}$

★★
50 1방향 철근콘크리트 슬래브에 배치하는 수축·온도철근에 관한 기준으로 옳지 않은 것은?

① 수축·온도철근으로 배치되는 이형철근 및 용접철망의 철근비는 어떤 경우에도 0.0014 이상이어야 한다.
② 수축·온도철근으로 배치되는 설계기준 항복강도가 400MPa을 초과하는 이형철근 또는 용접철망을 사용한 슬래브의 철근비는 $0.0020 \times \dfrac{400}{f_y}$로 산정한다.

2022

③ 수축·온도철근의 간격은 슬래브두께의 6배 이하, 또한 600mm 이하로 하여야 한다.

④ 수축·온도철근은 설계기준항복강도 f_y 를 발휘할 수 있도록 정착되어야 한다.

해설 1방향 철근콘크리트 슬래브

㉮ 수축·온도철근으로 배치되는 이형철근 및 용접철망은 다음의 철근비 이상으로 하여야 하고, 어떤 경우에도 0.0014 이상이어야 한다. 여기서 수축·온도철근비는 콘크리트 전체 단면적에 대한 수축·온도철근 단면적의 비로 한다.

㉠ 설계기준항복강도가 400MPa 이하인 이형철근을 사용한 슬래브 : 0.0020

㉡ 설계기준항복강도가 400MPa을 초과하는 이형철근 또는 용접철망을 사용한 슬래브 :

$$0.0020 \times \frac{400}{f_y}$$

㉯ 다만, ㉮항에서 요구되는 수축·온도철근비에 전체 콘크리트 단면을 곱하여 계산한 수축·온도철근 단면적을 단위폭 m당 1,800mm²보다 크게 취할 필요는 없다.

㉰ 수축·온도철근의 간격은 슬래브두께의 5배 이하, 또한 450mm 이하로 하여야 한다.

★ 51 다음 그림과 같은 인장재의 순단면적을 구하면? (단, F10T-M20볼트 사용(표준구멍), 판의 두께는 6mm, 그림의 단위는 mm임)

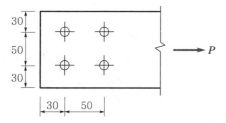

① 296mm²
② 396mm²
③ 426mm²
④ 536mm²

해설

$A_g = 6 \times (30+50+30) = 660\text{mm}^2$, $n=2$, $d=20+2=22$, $t=6$이므로

∴ A_n(유효 단면적)$= A_g$(전단면적)$-n$(볼트의 개수)d(볼트구멍의 직경)t(판두께)

$= 660 - 2 \times 22 \times 6$
$= 396\text{mm}^2$

★ 52 다음 그림과 같은 내민보에 집중하중이 작용할 때 A점의 처짐각 θ_A를 구하면?

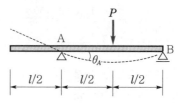

① $\dfrac{Pl^2}{4EI}$
② $\dfrac{Pl^2}{16EI}$
③ $\dfrac{Pl^2}{128EI}$
④ $\dfrac{Pl^2}{256EI}$

해설 주어진 문제는 내민보이나 A, B 부분은 단순보와 동일하므로 단순보의 처짐각과 일치한다.

즉 $\theta_A = \dfrac{Pl^2}{16EI}$이다.

★★★ 53 양단 힌지인 길이 6m의 H-300×300×10×15의 기둥이 부재 중앙에서 약축방향으로 가새를 통해 지지되어 있을 때 설계용 세장비는? (단, $r_x = 131\text{mm}$, $r_y = 75.1\text{mm}$)

① 39.9
② 45.8
③ 58.2
④ 66.3

해설

㉮ $l_k = 1l = 1 \times 6\text{m} = 600\text{cm}$, $i=13.1\text{cm}$에서

$$\lambda_x = \frac{l_k}{i} = \frac{600}{13.1} = 45.801$$

㉯ $l_k = 300\text{cm}$, $i=7.51\text{cm}$에서

$$\lambda_y = \frac{l_k}{i} = \frac{300}{7.51} = 39.947$$

∴ ㉮, ㉯ 중에서 큰 값인 45.801을 택한다.

★ 54 과도한 처짐에 의해 손상되기 쉬운 비구조요소를 지지 또는 부착하지 않은 바닥구조의 활하중 L에 의한 순간처짐의 한계는?

① $\dfrac{l}{180}$
② $\dfrac{l}{240}$
③ $\dfrac{l}{360}$
④ $\dfrac{l}{480}$

해설 **최대 허용처짐(표 0504.3.2.)**

부재의 형태	고려해야 할 처짐	처짐 한계
과도한 처짐에 의해 손상되기 쉬운 비구조요소를 지지 또는 부착하지 않은 평지붕구조	활하중 L에 의한 순간처짐	$\dfrac{l}{180}$ 1)
과도한 처짐에 의해 손상되기 쉬운 비구조요소를 지지 또는 부착하지 않은 바닥구조	활하중 L에 의한 순간처짐	$\dfrac{l}{360}$
과도한 처짐에 의해 손상되기 쉬운 비구조요소를 지지 또는 부착한 지붕 또는 바닥구조	전체 처짐 중에서 비구조요소가 부착된 후에 발생하는 처짐 부분(모든 지속하중에 의한 장기처짐과 추가적인 활하중에 의한 순간처짐의 합)[3]	$\dfrac{l}{480}$ 2)
과도한 처짐에 의해 손상될 염려가 없는 비구조요소를 지지 또는 부착한 지붕 또는 바닥구조		$\dfrac{l}{240}$ 4)

주) 1) 이 제한은 물 고임에 대한 안전성을 고려하지 않았다. 물 고임에 대한 적절한 처짐 계산을 검토하되, 고인 물에 대한 추가처짐을 포함하여 모든 지속하중의 장기적 영향, 솟음, 시공오차 및 배수설비의 신뢰성을 고려하여야 한다.
2) 지지 또는 부착된 비구조요소의 피해를 방지할 수 있는 적절한 조치가 취해지는 경우에 이 제한을 초과할 수 있다.
3) 장기처짐은 0504.3.1.5 또는 0504.3.3.2에 따라 정해지나 비구조요소의 부착 전에 생긴 처짐량을 감소시킬 수 있다. 이 감소량은 해당 부재와 유사한 부재의 시간-처짐 특성에 관한 적절한 기술자료를 기초로 결정하여야 한다.
4) 비구조요소에 의한 허용오차 이하이어야 한다. 그러나 전체 처짐에서 솟음을 뺀 값이 이 제한값을 초과하지 않도록 하면 된다. 즉 솟음을 했을 경우에 이 제한을 초과할 수 있다.

55 다음과 같은 사다리꼴 단면의 도심 y_0값은?

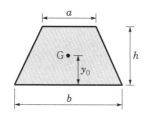

① $\dfrac{h(2a+b)}{3(a+b)}$ ② $\dfrac{h(a+b)}{3(2a+b)}$

③ $\dfrac{3h(2a+b)}{(a+b)}$ ④ $\dfrac{h(a+2b)}{3(a+b)}$

해설 G_x(단면 1차 모멘트)와 A(단면적)를 구하기 위하여 사다리꼴을 2개의 삼각형으로 나누어 생각하면

$$I_x = \left(\frac{ah}{2}\times\frac{2h}{3}\right) + \left(\frac{bh}{2}\times\frac{h}{3}\right) = \frac{ah^2}{3} + \frac{bh^2}{6}$$

$$= \frac{h^2}{6}(2a+b) \text{이고, 면적은 } \frac{(a+b)h}{2} \text{이므로}$$

$$\therefore\ y_0 = \frac{G_x(\text{단면 1차 모멘트})}{A(\text{단면적})}$$

$$= \frac{\dfrac{h^2}{6}(2a+b)}{\dfrac{(a+b)h}{2}} = \frac{h(2a+b)}{3(a+b)}$$

56 다음 그림과 같은 라멘에 있어서 A점의 모멘트는 얼마인가? (단, k는 강비이다.)

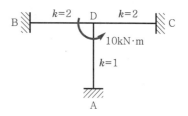

① 1kN · m ② 2kN · m
③ 3kN · m ④ 4kN · m

해설
㉮ 강비의 합($\sum k$) = 2+2+1 = 5
㉯ DA부재의 분배모멘트(M') = $\dfrac{k}{\sum k} M_D$
  $= \dfrac{1}{5}\times 10 = 2$kN · m
㉰ 고정단 A의 도달률은 1/2이므로
  $\therefore$ 도달모멘트(M'') = 도달률 × 분배모멘트(M')
  $= \dfrac{1}{2}M' = \dfrac{1}{2}\times 2 = 1$kN · m

57 연약한 지반에 대한 대책 중 하부구조의 조치사항으로 옳지 않은 것은?
① 동일 건물의 기초에 이질 지정을 둔다.
② 경질지반에 기초판을 지지한다.
③ 지하실을 설치한다.
④ 경질지반이 깊을 때는 마찰말뚝을 사용한다.

해설 이질·일부 지정을 사용하는 경우에는 오히려 부동침하가 증대되므로 온통기초나 마찰말뚝을 사용한다.

★★
58 프리스트레스하지 않는 부재의 현장치기 콘크리트 중 흙에 접하여 콘크리트를 친 후 영구히 흙에 묻혀 있는 콘크리트의 최소 피복두께기준으로 옳은 것은?

① 100mm
② 75mm
③ 50mm
④ 40mm

해설 현장치기 콘크리트의 피복두께(단위 : mm)

구 분		피복두께
수중에서 치는 콘크리트		100
흙에 접하여 콘크리트를 친 후 영구히 흙에 묻혀 있는 콘크리트		75
흙에 접하거나 옥외 공기에 직접 노출되는 콘크리트	D 19 이상	50
	D 16 이하, 16mm 이하 철선	40
옥외의 공기나 흙에 접하지 않는 콘크리트	슬래브, 벽체, 장선구조	D 35 초과	40
		D 35 이하	20
	보, 기둥	40
	셸, 절판 부재	20

※ 보, 기둥에 있어서 40MPa 이상인 경우에는 규정된 값에서 10mm저감시킬 수 있다.

★
59 다음 그림과 같은 구조물의 부정정 차수는?

① 1차 부정정
② 2차 부정정
③ 3차 부정정
④ 4차 부정정

해설 **구조물의 판별**

㉮ $S+R+N-2K$에서 $S=5$, $R=9$, $N=2$, $K=6$ 이므로
$S+R+N-2K$
$=5+9+2-2\times6$
$=4$(4차 부정정 구조물)

㉯ $R+C-3M$에서
$R=9$, $C=10$, $M=5$이므로
$R+C-3M=9+10-3\times5=4$(4차 부정정 구조물)

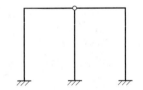

★★★
60 철골구조 주각부의 구성요소가 아닌 것은?

① 커버플레이트
② 앵커볼트
③ 리브플레이트
④ 베이스플레이트

해설 철골구조의 주각부는 기둥이 받는 내력을 기초에 전달하는 부분으로 윙플레이트(힘의 분산을 위함), 베이스플레이트(힘을 기초에 전달함), 기초와의 접합을 위한 클립앵글, 사이드앵글, 리브플레이트 및 앵커볼트를 사용한다. 커버플레이트는 철골구조의 보(판보)에서 플랜지의 단면적을 늘리기 위하여 플랜지의 외측에 덧대는 강판으로 주로 휨모멘트의 증대를 위하여 설치한다.

제4과목 건축설비

★★
61 배수관의 관경과 구배에 관한 설명으로 옳지 않은 것은?

① 배관구배를 완만하게 하면 세정력이 저하된다.
② 배수관경을 크게 하면 할수록 배수능력은 향상된다.
③ 배관구배를 너무 급하게 하면 흐름이 빨라 고형물이 남는다.
④ 배관구배를 너무 급하게 하면 관로의 수류에 의한 파손 우려가 높아진다.

해설 배수설비에 있어서 배수관경을 크게 하면 할수록 배수능력은 저하된다.

★
62 엘리베이터의 조작방식 중 무운전원방식으로 다음과 같은 특징을 갖는 것은?

> 승객 스스로 운전하는 전자동엘리베이터로, 승강장으로부터의 호출신호로 기동, 정지를 이루는 조작방식이며 누른 순서에 상관없이 각 호출에 응하여 자동적으로 정지한다.

① 단식 자동방식
② 카 스위치방식
③ 승합전자동방식
④ 시그널컨트롤방식

해설
① 단식 자동방식 : 승객 자신이 운전하는 엘리베이터로, 목적층 단추가 승강장으로부터 호출신호에 의하여 자동으로 시동, 정지를 이루는 조작방식이다.

② 카 스위치 단식 자동 병용 방식 : 평상시는 운전원이 타고 카 스위치 자동착상방식으로 운전하는 방식으로, 한산할 때에는 단식 자동방식으로 승객이 운전하는 방식이다.

④ 시그널 승합 전자동방식 : 평상시는 운전원이 타고 시그널컨트롤방식으로 운전하는 방식으로, 한산할 때에는 승합 전자동식으로 승객이 운전하는 방식이다.

★★
63 한 시간당 급탕량이 5m³일 때 급탕부하는 얼마인가? (단, 물의 비열은 4.2kJ/kg·K, 급탕온도는 70℃, 급수온도는 10℃이다.)

① 35kW
② 126kW
③ 350kW
④ 1,260kW

해설
Q(급탕가열량)$= c$(비열)m(질량)Δt(온도의 변화량)
$= c$(비열)ρ(밀도)V(체적)Δt(온도의 변화량)
$= 4.2 \times 1 \times 5,000 \times (70-10)$
$= 1,260,000$kJ/h $= 350,000$J/s
$= 350,000$W $= 350$kW

★
64 전기샤프트(ES)의 계획 시 고려사항으로 옳지 않은 것은?

① 각 층마다 같은 위치에 설치한다.
② 기기의 배치와 유지보수에 충분한 공간으로 하고 건축적인 마감을 실시한다.
③ 점검구는 유지보수 시 기기의 반출입이 가능하도록 하여야 하며, 점검구 문의 폭은 최소 300mm 이상으로 한다.
④ 공급대상범위의 배선거리, 전압강하 등을 고려하여 가능한 한 공급대상설비 시설위치의 중심부에 위치하도록 한다.

해설
점검구는 유지보수 시 기기의 반출입이 가능하도록 해야 하며, 폭은 최소 600mm 이상으로 한다.

★★
65 배수트랩의 봉수가 파손되는 것을 방지하기 위한 방법으로 옳지 않은 것은?

① 자기사이펀작용에 의한 봉수 파괴를 방지하기 위하여 S트랩을 설치한다.
② 유도사이펀작용에 의한 봉수 파괴를 방지하기 위하여 도피통기관을 설치한다.
③ 증발현상에 의한 봉수 파괴를 방지하기 위하여 트랩봉수보급수장치를 설치한다.
④ 역압에 의한 분출작용을 방지하기 위하여 배수 수직관의 하단부에 통기관을 설치한다.

해설
트랩의 봉수 파괴원인 중 자기사이펀작용은 배수 시 트랩 및 배수관의 사이펀관을 형성하여 기구에 만수된 물이 일시에 흐르게 되면 트랩 내의 물이 자기사이펀작용에 의해 모두 배수관 쪽으로 흡입되어 배출하게 된다. 이 현상은 S트랩을 사용한 경우에 매우 심하다.

★
66 다음 중 변전실의 면적에 영향을 주는 요소와 가장 거리가 먼 것은?

① 발전기실의 면적
② 변전설비 변압방식
③ 수전전압 및 수전방식
④ 설치기기와 큐비클의 종류

해설
변전실의 면적에 영향을 끼치는 요소에는 변압기의 용량과 변압방식, 큐비클의 종류, 수전전압 및 수전방식, 설치될 기기의 크기와 대수, 장래에 있을 기기의 증설과 배치방법, 보수 및 점검을 위한 공간 등이 있고, 발전기의 용량 및 발전기실의 면적과는 무관하다.

★★
67 다음의 간선배전방식 중 분전반에서 사고가 발생했을 때 그 파급범위가 가장 좁은 것은?

① 평행식
② 방사선식
③ 나뭇가지식
④ 나뭇가지 평행식

해설
간선의 배선방식 중 평행식은 큰 용량의 부하, 분산되어 있는 부하에 대하여 단독 회선으로 배선하는 방식으로, 사고의 경우 파급되는 범위가 좁고 배선의 혼잡과 설비비(배선자재의 소요가 많다)가 많아지므로 대규모 건물에 적당하다. 또한 전압이 안정(평균화)되고 부하의 증가에 적응할 수 있어 가장 좋은 방식이다.

★★
68 스프링클러설비를 설치하여야 하는 특정 소방
대상물의 최대 방수구역에 설치된 개방형 스
프링클러 헤드의 개수가 30개일 경우 스프링
클러설비의 수원의 저수량은 최소 얼마 이상
으로 하여야 하는가?

① 16m³　　　　② 32m³
③ 48m³　　　　④ 56m³

해설 개방형 스프링클러 헤드를 사용하는 스프링클러설비
의 수원은 최대 방수구역에 설치된 스프링클러 헤
드의 개수가 30개 이하일 경우에는 설치헤드수에
1.6m³(=80L/min×20min)를 곱한 양 이상으로 해야
한다. 그러므로 1.6m³×30개=48m³ 이상이다.

★★
69 열관류율 K=2.5W/m²·K인 벽체의 양쪽
공기온도가 각각 20℃와 0℃일 때 이 벽체
1m²당 이동열량은?

① 25W　　　　② 50W
③ 100W　　　　④ 200W

해설 Q(관류열량)= K(열관류율)A(단면적)Δt(온도의 변화량)
$=2.5\times1\times(20-0)=50W$

★★
70 어느 점광원과 1m 떨어진 곳의 직각면 조도가
800lx일 때 이 광원과 4m 떨어진 곳의 직각면
조도는?

① 50lx　　　　② 100lx
③ 150lx　　　　④ 200lx

해설 조도= $\dfrac{광속}{거리^2}$ 에서 광속이 일정하면 조도는 거리의

제곱에 반비례하므로 거리가 1m에서 4m, 즉 거리
가 4배가 되었으므로 조도는 1/4²=1/16이 된다.

∴ 조도= $800\times\dfrac{1}{16}=50lx$

★★
71 습공기를 가열했을 때 상태값이 변화하지 않는
것은?

① 엔탈피
② 습구온도
③ 절대습도
④ 상대습도

해설 습공기를 가열할 경우 엔탈피는 증가하고, 상대습도
는 감소하며, 습구온도는 상승한다. 또한 절대습도는
어느 상태의 공기 중에 포함되어 있는 건조공기중
량에 대한 수분의 중량비로서, 단위는 kg/kg′으로
공기를 가열한 경우에도 변화하지 않는다.

★★
72 증기난방에 관한 설명으로 옳지 않은 것은?

① 온수난방에 비해 예열시간이 짧다.
② 온수난방에 비해 한랭지에서 동결의 우
려가 작다.
③ 운전 시 증기해머로 인한 소음을 일으키
기 쉽다.
④ 온수난방에 비해 부하변동에 따른 실내
방열량의 제어가 용이하다.

해설 증기난방은 온수난방에 비해 부하변동에 따른 실내
방열량의 제어가 어렵다.

★★
73 공기조화방식 중 2중덕트방식에 관한 설명으로
옳지 않은 것은?

① 전공기방식에 속한다.
② 덕트가 2개의 계통이므로 설비비가 많이 든다.
③ 부하특성이 다른 다수의 실이나 존에도 적용
할 수 있다.
④ 냉풍과 온풍을 혼합하는 혼합상자가 필요
없으므로 소음과 진동도 적다.

해설 이중덕트방식은 냉풍과 온풍을 실내의 혼합유닛 또는
체임버(chamber)에서 자동적으로 혼합하여 각 실에
공급하는 송풍방식으로, 냉풍과 온풍을 혼합하는 혼
합상자가 필요하므로 소음과 진동도 크다.

★★★
74 다음과 가장 관계가 깊은 것은?

> 에너지 보존의 법칙을 유체의 흐름에 적용
> 한 것으로서 유체가 갖고 있는 운동에너지,
> 중력에 의한 위치에너지 및 압력에너지의
> 총합은 흐름 내 어디에서나 일정하다.

① 뉴턴의 점성법칙
② 베르누이의 정리
③ 보일-샤를의 법칙
④ 오일러의 상태방정식

해설
① 뉴턴의 점성법칙 : 전단응력은 속도기울기에 비례하고, 이 속도기울기를 작게 하는 방향으로 전단응력이 작용하는 것'을 뜻한다. 흐름의 각 점에서 유체의 점성으로 인한 전단응력은 속도기울기(전단속도)에 비례하고, 이 속도기울기를 작게 하는 방향으로 전단응력이 작용한다는 것이다. 이때 비례상수인 전단응력과 전단속도의 비를 점도(점성)라 한다.
③ 보일-샤를의 법칙 : 보일의 법칙(온도가 일정할 때 기체의 압력은 부피에 반비례한다)과 샤를의 법칙(압력이 일정할 때 기체의 부피는 온도의 증가에 비례한다)을 조합해서 만든 법칙이다.
④ 오일러의 상태방정식 : 유체의 비점성(invisid)흐름을 다루는 미분방정식이다.

★
75 자연환기에 관한 설명으로 옳은 것은?

① 풍력환기에 의한 환기량은 풍속에 반비례한다.
② 풍력환기에 의한 환기량은 유량계수에 비례한다.
③ 중력환기에 의한 환기량은 공기의 입구와 출구가 되는 두 개구부의 수직거리에 반비례한다.
④ 중력환기에서 실내온도가 외기온도보다 높을 경우 공기는 건물 상부의 개구부에서 실내로 들어와서 하부의 개구부로 나간다.

해설
풍력환기에 의한 환기량은 풍속에 비례하고, 공기의 입구와 출구가 되는 두 개구부의 수직거리에 비례하며, 중력환기에 있어서 실내온도가 외기온도보다 높을 경우 공기는 건물 상부의 개구부에서 나가고, 하부의 개구부로 들어온다.

★
76 압력에 따른 도시가스의 분류에서 고압의 기준으로 옳은 것은? (단, 게이지압력기준)

① 0.1MPa 이상   ② 1MPa 이상
③ 10MPa 이상   ④ 100MPa 이상

해설
도시가스의 공급압력

구분	저압	중압	고압
게이지 압력	0.1MPa 미만	0.1MPa 이상 1MPa 미만	1MPa 이상

★★
77 실내음환경의 잔향시간에 관한 설명으로 옳은 것은?

① 실의 흡음력이 높을수록 잔향시간은 길어진다.
② 잔향시간을 길게 하기 위해서는 실내공간의 용적을 작게 하여야 한다.
③ 잔향시간은 음향청취를 목적으로 하는 공간이 음성전달을 목적으로 하는 공간보다 짧아야 한다.
④ 잔향시간은 실내가 확장음장이라고 가정하여 구해진 개념으로 원리적으로는 음원이나 수음점의 위치에 상관없이 일정하다.

해설
① 실의 흡음력이 높을수록 잔향시간은 짧아진다.
② 잔향시간을 길게 하기 위해서는 실내공간의 용적을 크게 하여야 한다.
③ 잔향시간은 음향청취를 목적으로 하는 공간이 음성전달을 목적으로 하는 공간보다 길어야 한다.

★
78 발전기에 적용되는 법칙으로 유도기전력의 방향을 알기 위하여 사용되는 법칙은?

① 옴의 법칙
② 키르히호프의 법칙
③ 플레밍의 왼손의 법칙
④ 플레밍의 오른손의 법칙

해설
㉮ 옴의 법칙 : 전기회로에 흐르는 전류는 전압에 비례하고, 저항에 반비례한다는 법칙
㉯ 키르히호프의 제1법칙 : 유입전류의 합=유출전류의 합
㉰ 키르히호프의 제2법칙 : 전압강하의 합=기전력의 합
㉱ 플레밍의 왼손 및 오른손법칙의 비교

구분	정의	엄지	검지	중지	적용처
플레밍의 왼손법칙	전자력의 방향	힘	자기장	전류	전동기
플레밍의 오른손법칙	유도 기전력의 방향	운동	자속	유도 기전력	발전기

2022

★★★
79 냉방부하 계산결과 현열부하가 620W, 잠열부하가 155W일 경우 현열비는?

① 0.2   ② 0.25
③ 0.4   ④ 0.8

> **[해설]**
> $$현열비 = \frac{현열의 \ 변화량}{전열(엔탈피, \ 현열+잠열)의 \ 변화량}$$
> $$= \frac{620}{620+155} = 0.8$$

★★★
80 다음의 냉동기 중 기계적 에너지가 아닌 열에너지에 의해 냉동효과를 얻는 것은?

① 원심식 냉동기   ② 흡수식 냉동기
③ 스크루식 냉동기   ④ 왕복동식 냉동기

> **[해설]**
> ① 원심식 냉동기 : 압축기, 응축기, 증발기 등이 일체로 구성되고 비교적 진동이 적은 냉동기
> ③ 스크루식 냉동기 : 신뢰성이 확보된 고성능의 압축기로 큰 공간에 적용하여 에너지 절감을 실현할 수 있고 친환경 고효율 냉동기
> ④ 왕복동식 냉동기 : 증기압축사이클에 의한 냉동기에서 압축기로서의 피스톤의 왕복동시스템을 사용하고 있는 냉동기로서 압축기, 응축기, 증발기 및 팽창밸브 등으로 구성되며 소용량의 냉동기

제5과목 건축관계법규

★★
81 막다른 도로의 길이가 30m인 경우 이 도로가 건축법상 도로이기 위한 최소 너비는?

① 2m   ② 3m
③ 4m   ④ 6m

> **[해설]**
> 관련 법규 : 법 제2조, 영 제3조의 3, 해설법규 : 영 제3조의 3 2호
> 막다른 도로로서 그 도로의 너비가 그 길이에 따라 각각 다음 표에 정하는 기준 이상인 도로
>
> | 막다른 도로의 길이 | 10m 미만 | 10m 이상 35m 미만 | 35m 이상 |
> |---|---|---|---|
> | 도로의 너비 | 2m | 3m | 6m (도시지역이 아닌 읍·면지역 4m) |

★
82 주차전용건축물의 주차면적비율과 관련한 다음 내용에서 (   )에 들어갈 수 없는 것은?

> 주차전용건축물이란 건축물의 연면적 중 주차장으로 사용되는 부분의 비율이 95% 이상인 것을 말한다. 다만, 주차장 외의 용도로 사용되는 부분이 「건축법 시행령」 별표 1에 따른 (   )인 경우에는 주차장으로 사용되는 부분의 비율이 70% 이상인 것을 말한다.

① 종교시설   ② 운동시설
③ 업무시설   ④ 숙박시

> **[해설]**
> 관련 법규 : 법 제2조, 영 제1조의 2, 해설 법규 : 영 제 1조의 2 ①항
> 주차전용건축물은 건축물의 연면적 중 주차장으로 사용되는 부분의 비율이 95% 이상인 것이나, 주차장 외의 용도로 사용되는 단독주택, 공동주택, 제1종 및 제2종 근린생활시설, 문화 및 집회시설, 종교시설, 판매시설, 운수시설, 운동시설, 업무시설, 창고시설 또는 자동차 관련 시설인 경우에는 주차장으로 사용되는 부분의 비율이 70% 이상이어야 한다.

★
83 신축공동주택 등의 기계환기설비의 설치기준이 옳지 않은 것은?

① 세대의 환기량 조절을 위하여 환기설비의 정격풍량을 3단계 또는 그 이상으로 조절할 수 있는 체계를 갖추어야 한다.
② 적정 단계의 필요환기량은 신축공동주택 등의 세대를 시간당 0.3회로 환기할 수 있는 풍량을 확보하여야 한다.
③ 기계환기설비에서 발생하는 소음의 측정은 한국산업규격(KS B 6361)에 따르는 것을 원칙으로 한다.
④ 기계환기설비는 주방 가스대 위의 공기배출장치, 화장실의 공기배출송풍기 등 급속환기설비와 함께 설치할 수 있다.

> **[해설]**
> 관련 법규 : 법 제62조, 영 제87조, 설비규칙 제11조, 해설 법규 : 설비규칙 제11조, (별표 1외 5)
> 신축공동주택의 기계환기설비에 있어서 세대의 환기량 조절을 위하여 환기설비의 정격풍량을 최소·적정·최대의 3단계 또는 그 이상으로 조절할 수 있는 체계를 갖추어야 하고, 적정 단계의 필요환기량은 신축공동주택 등의 세대를 시간당 0.5회로 환기할 수 있는 풍량을 확보하여야 한다.

84 다음 중 제2종 일반주거지역 안에서 건축할 수 없는 건축물은? (단, 도시·군계획조례가 정하는 바에 따라 건축할 수 있는 경우는 고려하지 않는다.)

① 종교시설
② 운수시설
③ 노유자시설
④ 제1종 근린생활시설

해설 관련 법규 : 국토법 제76조, 영 제71조, 해설 법규 : (별표 5)
제2종 일반주거지역에 건축할 수 있는 건축물은 단독주택, 공동주택, 제1종 근린생활시설, 교육연구시설 중 유치원, 초등학교, 중학교, 고등학교, 노유자시설 및 종교시설 등이고, 운수시설은 제2종 일반주거지역 안의 건축이 불가능하다.

85 건축물과 분리하여 공작물을 축조할 때 특별자치시장·특별자치도지사 또는 시장·군수·구청장에게 신고를 해야 하는 대상공작물 기준이 옳지 않은 것은?

① 높이 2m를 넘는 옹벽
② 높이 4m를 넘는 굴뚝
③ 높이 6m를 넘는 골프연습장 등의 운동시설을 위한 철탑
④ 높이 8m를 넘는 고가수조

해설 관련 법규 : 법 제83조, 영 제118조, 해설 법규 : 영 제118조 ①항 1호
공작물을 축조할 때 특별자치시장·특별자치도지사 또는 시장·군수·구청장에게 신고하여야 하는 공작물 중 굴뚝은 6m를 넘는 규모이다.

86 높이가 31m를 넘는 각 층의 바닥면적 중 최대 바닥면적이 4,500m²인 건축물에 원칙적으로 설치하여야 하는 비상용 승강기의 최소 대수는?

① 1대 ② 2대
③ 3대 ④ 5대

해설 관련 법규 : 법 제64조, 영 제90조, 해설 법규 : 영 제90조 ①항 2호
31m를 넘는 각 층의 최대 바닥면적이 4,500m²이므로(소수점 이하는 무조건 올림)

∴ 비상용 승강기의 설치대수
$$= 1 + \frac{31\text{m를 넘는 각 층의 최대 바닥면적} - 1,500}{3,000}$$
$$= 1 + \frac{4,500 - 1,500}{3,000} = 2\text{대}$$

87 다음 중 대지에 조경 등의 조치를 아니할 수 있는 대상건축물에 속하지 않는 것은?

① 축사
② 녹지지역에 건축하는 건축물
③ 연면적의 합계가 1,000m²인 공장
④ 면적이 5,000m²인 대지에 건축하는 공장

해설 관련 법규 : 법 제42조, 영 제27조, 해설법규 : 영 제27조 ①항 2호
녹지지역에 건축하는 건축물, 면적 5,000m² 미만인 대지에 건축하는 공장, 연면적의 합계가 1,500m² 미만인 공장, 산업단지의 공장, 대지에 염분이 함유되어 있는 경우 또는 건축물 용도의 특성상 조경 등의 조치를 하기 곤란하거나 조경 등의 조치를 하는 것이 불합리한 경우로서 건축조례로 정하는 건축물, 축사, 가설건축물, 연면적의 합계가 1,500m² 미만인 물류시설(주거지역 또는 상업지역에 건축하는 것은 제외)로서 국토교통부령으로 정하는 것의 어느 하나에 해당하는 건축물에 대하여는 조경 등의 조치를 하지 아니할 수 있다.

88 건축물의 바닥면적 산정기준에 대한 설명으로 옳지 않은 것은?

① 공동주택으로서 지상층에 설치한 어린이놀이터의 면적은 바닥면적에 산입하지 않는다.
② 필로티는 그 부분이 공중의 통행이나 차량의 통행 또는 주차에 전용되는 경우에는 바닥면적에 산입하지 아니한다.
③ 벽·기둥의 구획이 없는 건축물은 그 지붕 끝부분으로부터 수평거리 1.5m를 후퇴한 선으로 둘러싸인 수평투영면적을 바닥면적으로 한다.
④ 단열재를 구조체의 외기측에 설치하는 단열공법으로 건축된 건축물의 경우에는 단열재가 설치된 외벽 중 내측 내력벽의 중심선을 기준으로 산정한 면적을 바닥면적으로 한다.

2022

해설 관련 법규 : 법 제84조, 영 제119조, 해설 법규 : 영 제119조 ①항 3호 다목
건축물의 바닥면적의 산정에서 벽, 기둥의 구획이 없는 건축물은 그 지붕 끝부분으로부터 수평거리 1.0m를 후퇴한 선으로 둘러싸인 수평투영면적으로 한다.

★★★
89 특별피난계단의 구조에 관한 기준내용으로 옳지 않은 것은?

① 계단실에는 예비전원에 의한 조명설비를 할 것
② 계단은 내화구조로 하되 피난층 또는 지상까지 직접 연결되도록 할 것
③ 출입구의 유효너비는 0.9m 이상으로 하고 피난의 방향으로 열 수 있을 것
④ 계단실의 노대 또는 부속실에 접하는 창문은 그 면적을 각각 3m2 이하로 할 것

해설 관련 법규 : 법 제49조, 영 제35조, 피난·방화규칙 제9조, 해설 법규 : 피난·방화규칙 제9조 3호 사목
계단실의 노대 또는 부속실에 접하는 창문 등(출입구를 제외)은 망이 들어있는 유리의 붙박이창으로서 그 면적을 각각 $1m^2$ 이하로 할 것

★
90 국토의 계획 및 이용에 관한 법령상 용도지구에 속하지 않는 것은?

① 경관지구
② 미관지구
③ 방재지구
④ 취락지구

해설 관련 법규 : 법 제37조, 영 제31조, 해설 법규 : 법 제37조 ①항, 영 제31조 ②항
지구의 종류에는 경관지구(자연·시가지·특화), 고도지구, 방화지구, 방재지구(시가지·자연), 보호지구(역사문화환경·중요시설물·생태계), 취락지구(자연·집단), 개발진흥지구(주거·산업·유통·관광·휴양·복합·특정), 특정용도제한지구 및 복합용도지구 등이 있다.

★
91 도시·군계획수립대상지역의 일부에 대하여 토지 이용을 합리화하고 그 기능을 증진시키며 미관을 개선하고 양호한 환경을 확보하며, 그 지역을 체계적·계획적으로 관리하기 위하여 수립하는 도시·군관리계획은?

① 지구단위계획
② 도시·군성장계획
③ 광역도시계획
④ 개발밀도관리계획

해설 관련 법규 : 국토법 제2조, 해설 법규 : 국토법 제2조 1호, 5의 3호
㉮ 성장관리계획 : 성장관리계획구역에서의 난개발을 방지하고 계획적인 개발을 유도하기 위하여 수립하는 계획
㉯ 광역도시계획 : 국토의 계획 및 이용에 관한 법률 제10조에 따라 지정된 광역계획권의 장기발전방향을 제시하는 계획

★
92 지하층에 설치하는 비상탈출구의 유효너비 및 유효높이의 기준으로 옳은 것은? (단, 주택이 아닌 경우)

① 유효너비 0.5m 이상, 유효높이 1.0m 이상
② 유효너비 0.5m 이상, 유효높이 1.5m 이상
③ 유효너비 0.75m 이상, 유효높이 1.0m 이상
④ 유효너비 0.75m 이상, 유효높이 1.5m 이상

해설 관련 법규 : 법 제53조, 피난·방화규칙 제25조, 해설 법규 : 피난·방화규칙 제25조 ②항 1호
지하층에 설치하는 비상탈출구의 유효너비는 0.75m 이상으로, 유효높이는 1.5m 이상으로 할 것

★
93 지역의 환경을 쾌적하게 조성하기 위하여 대통령령으로 정하는 용도와 규모의 건축물에 대해 일반이 사용할 수 있도록 대통령령으로 정하는 기준에 따라 공개공지 등을 설치하여야 하는 대상지역에 속하지 않는 것은? (단, 특별자치시장·특별자치도지사 또는 시장·군수·구청장이 따로 지정·공고하는 지역의 경우는 고려하지 않는다.)

① 준공업지역
② 준주거지역
③ 일반주거지역
④ 전용주거지역

해설 관련 법규 : 법 제43조, 영 제27조의 2, 해설 법규 : 법 제43조 ①항
일반주거지역, 준주거지역, 상업지역, 준공업지역 및 특별자치도지사 또는 시장·군수·구청장이 도시화의 가능성이 크다고 인정하여 지정·공고하는 지역의 하나에 해당하는 지역의 환경을 쾌적하게 조성하기 위하여 다음에서 정하는 용도와 규모의 건축물은 일반이 사용할 수 있도록 대통령령으로 정하는 기준에 따라 소규모 휴식시설 등의 공개공지(공지 : 공터) 또는 공개공간을 설치하여야 한다.

㉠ 문화 및 집회시설, 종교시설, 판매시설(농수산물 유통시설은 제외), 운수시설(여객용 시설만 해당), 업무시설 및 숙박시설로서 해당 용도로 쓰는 바닥면적의 합계가 5,000m2 이상인 건축물

㉡ 그 밖에 다중이 이용하는 시설로서 건축조례로 정하는 건축물

★
94 건축물의 거실(피난층의 거실 제외)에 국토교통부령으로 정하는 기준에 따라 배연설비를 설치하여야 하는 대상건축물의 용도에 속하지 않는 것은? (단, 6층 이상인 건축물의 경우)

① 종교시설
② 판매시설
③ 방송통신시설 중 방송국
④ 교육연구시설 중 연구소

해설
관련 법규 : 법 제62조, 영 제51조, 설비규칙 제14조, 해설 법규 : 설비규칙 제14조 ①항
다음 건축물의 거실(피난층의 거실 제외)에는 배연설비를 설치하여야 한다.
㉮ 6층 이상인 건축물로서 제2종 근린생활시설 중 공연장·종교집회장·인터넷컴퓨터게임시설 제공업소(300m2 이상인 것), 다중생활시설, 문화 및 집회시설, 종교시설, 판매시설, 운수시설, 의료시설(요양병원과 정신병원 제외), 교육연구시설 중 연구소, 노유자시설 중 아동 관련 시설, 노인복지시설(노인요양시설 제외), 수련시설 중 유스호스텔, 운동시설, 업무시설, 숙박시설, 위락시설, 관광휴게시설, 장례시설 등
㉯ 의료시설 중 요양병원 및 정신병원 등
㉰ 노유자시설 중 노인요양시설, 장애인 거주시설 및 장애인 의료재활시설 등

★★
95 건축물과 해당 건축물의 용도의 연결이 옳지 않은 것은?

① 주유소 : 자동차 관련 시설
② 야외음악당 : 관광휴게시설
③ 치과의원 : 제1종 근린생활시설
④ 일반음식점 : 제2종 근린생활시설

해설
관련 법규 : 법 제2조, 영 제3조의 5, 해설 법규 : (별표 1)
자동차 관련 시설(건설기계 관련 시설을 포함)에는 주차장, 세차장, 폐차장, 검사장, 매매장, 정비공장, 운전학원 및 정비학원(운전 및 정비 관련 직업훈련시설을 포함), 차고 및 주기장, 전기자동차충전소로서 제1종 근린생활시설에 해당하지 않는 것 등이 있으나 주유소는 위험물 저장 및 처리시설에 속한다.

★
96 건축법령상 용어의 정의가 옳지 않은 것은?

① 초고층 건축물이란 층수가 50층 이상이거나 높이가 200미터 이상인 건축물을 말한다.
② 증축이란 기존 건축물이 있는 대지에서 건축물의 건축면적, 연면적, 층수 또는 높이를 늘리는 것을 말한다.
③ 개축이란 건축물이 천재지변이나 그 밖의 재해로 멸실된 경우 그 대지에 종전과 같은 규모의 범위에서 다시 축조하는 것을 말한다.
④ 부속건축물이란 같은 대지에서 주된 건축물과 분리된 부속용도의 건축물로서 주된 건축물을 이용 또는 관리하는 데에 필요한 건축물을 말한다.

해설
관련 법규 : 법 제2조, 영 제2조, 해설 법규 : 영 제2조 3호
개축이란 기존 건축물의 전부 또는 일부[내력벽·기둥·보·지붕틀(한옥의 경우에는 지붕틀의 범위에서 서까래는 제외) 중 셋 이상이 포함되는 경우]를 철거하고 그 대지에 종전과 같은 규모의 범위에서 건축물을 다시 축조하는 것을 말한다. ③항은 재축에 해당된다.

★★
97 건축물의 주요 구조부를 내화구조로 하여야 하는 대상 건축물에 속하지 않는 것은?

① 공장의 용도로 쓰는 건축물로서 그 용도로 쓰는 바닥면적의 합계가 500m^{2}인 건축물
② 판매시설의 용도로 쓰는 건축물로서 그 용도로 쓰는 바닥면적의 합계가 500m^{2}인 건축물
③ 창고시설의 용도로 쓰는 건축물로서 그 용도로 쓰는 바닥면적의 합계가 500m^{2}인 건축물
④ 문화 및 집회시설 중 전시장의 용도로 쓰는 건축물로서 그 용도로 쓰는 바닥면적의 합계가 500m^{2}인 건축물

해설
관련 법규 : 법 제50조, 영 제56조, 해설 법규 : 법 제56조 ①항 3호
공장의 용도로 쓰는 건축물로서 그 용도로 쓰는 바닥면적의 합계가 2,000m^2 이상인 건축물은 주요 구조부를 내화구조로 하여야 한다.

2022

98 기반시설부담구역에서 기반시설 설치비용의 부과대상인 건축행위의 기준으로 옳은 것은?

① 100제곱미터(기존 건축물의 연면적 포함)를 초과하는 건축물의 신축·증축

② 100제곱미터(기존 건축물의 연면적 제외)를 초과하는 건축물의 신축·증축

③ 200제곱미터(기존 건축물의 연면적 포함)를 초과하는 건축물의 신축·증축

④ 200제곱미터(기존 건축물의 연면적 제외)를 초과하는 건축물의 신축·증축

해설 관련 법규 : 국토법 제68조, 해설 법규 : 국토법 68조 ①항

기반시설 설치비용의 부과대상 및 산정기준

기반시설부담구역에서 기반시설 설치비용의 부과대상인 건축행위는 단독주택 및 숙박시설 등 대통령령으로 정하는 시설로서 200m²(기존 건축물의 연면적 포함)를 초과하는 건축물의 신축·증축행위로 한다. 다만, 기존 건축물을 철거하고 신축하는 경우에는 기존 건축물의 건축연면적을 초과하는 건축행위만 부과대상으로 한다.

99 국토교통부령으로 정하는 기준에 따라 채광 및 환기를 위한 창문 등이나 설비를 설치하여야 하는 대상에 속하지 않는 것은?

① 의료시설의 병실

② 숙박시설의 객실

③ 업무시설 중 사무소의 사무실

④ 교육연구시설 중 학교의 교실

해설 관련 법규 : 법 제49조, 영 제51조, 피난·방화규칙 제17조, 해설 법규 : 영 제51조 ①항

단독주택 및 공동주택의 거실, 교육연구시설 중 학교의 교실, 의료시설의 병실 및 숙박시설의 객실에는 채광 및 환기를 위한 창문 등이나 설비를 설치하여야 한다.

100 부설주차장 설치대상 시설물이 문화 및 집회시설(관람장 제외)인 경우 부설주차장 설치기준으로 옳은 것은? (단, 지방자치단체의 조례로 따로 정하는 사항은 고려하지 않는다.)

① 시설면적 50m²당 1대

② 시설면적 100m²당 1대

③ 시설면적 150m²당 1대

④ 시설면적 200m²당 1대

해설 관련 법규 : 법 제19조, 영 제6조, (별표 1), 해설법규 : 영 제6조 ①항, (별표 1)

문화 및 집회시설(관람장은 제외), 종교시설, 판매시설, 운수시설, 의료시설(정신병원·요양병원 및 격리병원은 제외), 운동시설(골프장·골프연습장 및 옥외수영장은 제외), 업무시설(외국공관 및 오피스텔은 제외), 방송통신시설 중 방송국, 장례식장의 부설주차장은 시설면적 150m²당 1대의 주차장을 설치하여야 한다.

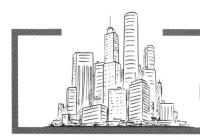

제1과목 건축계획

★★★
01 건축모듈(module)에 대한 기술 중에서 가장 잘못된 것은 어느 것인가?

① 양산의 목적과 공업화를 위해 쓰여진다.

② 모든 치수의 수직과 수평이 황금비를 이루도록 하는 것이다.

③ 복합모듈은 기본모듈의 배수로서 정한다.

④ 모든 모듈은 인간척도에 맞추어 채택된다.

[해설] 건축모듈에 있어서 치수의 수직, 수평관계는 정수비를 이루도록 하는 것이다.

★★
02 관학인 향교의 배치방법 중 평지에 짓고 대성전을 앞에 배치한 것은?

① 전조후침(前朝後寢)

② 전조후시(前朝後市)

③ 전묘후학(前廟後學)

④ 전학후묘(前學後廟)

[해설]
① 전조후침(前朝後寢) : 전면에 조정을 두고, 후면에는 침전을 두는 조선시대 궁궐의 배치방식
② 전조후시(前朝後市) : 궁궐 앞뒤에 관청과 시장을 두는 궁궐의 배치방식
④ 전학후묘(前學後廟) : 앞(남)쪽에 학업용 건축물을 두고, 뒤(북)쪽에 묘당을 두는 문묘, 향교, 서원의 배치방식

★★★
03 고대 메소포타미아지역의 지구라트에 대한 설명으로 옳지 않은 것은?

① 주된 형태요소는 점이다.

② 이집트 건축보다 수직축을 더 강조하였다.

③ 평면은 정사각형에 기초한 중앙 집중식 배치로 되어 있다.

④ 이집트 신전과 유사한 직선축 진입방식으로 이루어져 있다.

[해설] 고대 메소포타미아지역의 지구라트 진입방식은 각이 진 나사형으로 이집트 신전의 진입방식과는 전혀 다르다.

★★
04 고대 로마 건축에 관한 설명으로 옳지 않은 것은?

① 카라칼라 황제 욕장은 정사각형 안에 직사각형을 담은 배치를 취하였다.

② 바실리카 울피아는 신전 건축물로서 로마식의 광대한 내부공간을 전형적으로 보여준다.

③ 콜로세움의 외벽은 도리스-이오니아-코린트오더를 수직으로 중첩시키는 방식을 사용하였다.

④ 판테온은 거대한 돔을 얹은 로툰다와 대형 열주현관이라는 두 주된 구성요소로 이루어진다.

[해설] 트라야누스 광장의 일부분인 바실리카 울피아(AD 112년)의 기능은 다양한 업무(상업, 법률, 행정 등)를 위한 장소로써 진보된 건축형태인 교차볼트나 배럴볼트(콘스탄티누스 황제의 바실리카에서 사용)의 형태를 갖추지는 못하였고 이후부터 볼트구조가 사용되었다.

★★
05 공동주택계획에 관한 기술 중에서 옳은 것은?

① 단위주호 내 공간의 융통성을 높이기 위해서는 침실을 인접하여 두지 않는다.

② 남북 간 인동간격(隣棟間隔)은 동지 때 1일 4시간 이상 일조가 되도록 정하면 좋다.

③ 메조넷형은 설비, 구조계획이 합리적으로 이루어질 수 있는 유형이다.

④ 복도형 고층 아파트에서 친교 형성이 비교적 빈번히 일어나는 곳은 계단실이다.

<해설> ① 단위주호 내 공간의 융통성을 높이기 위해서는 거실과 인접하여 둔다.
③ 메조넷형은 설비, 구조계획이 불합리적으로 이루어진다.
④ 복도형 고층 아파트에서 친교 형성이 비교적 빈번히 일어나는 곳은 복도이다.

★★
06 송바르 드 로브의 주거면적기준으로 옳은 것은?

① 병리기준 : 6m², 한계기준 : 12m²
② 병리기준 : 8m², 한계기준 : 14m²
③ 병리기준 : 6m², 한계기준 : 14m²
④ 병리기준 : 8m², 한계기준 : 12m²

<해설> 주거면적기준   (단위 : m²/인 이상)

구 분	최소한 주택의 면적	콜로뉴 (cologne) 기준	송바르 드 로브(사회학자)			국제 주거 회의 (최소)
			병리 기준	한계 기준	표준 기준	
면적	10	16	8	14	16	15

★★★
07 단독주택계획에 대한 설명 중 옳지 않은 것은?

① 건물은 가능한 한 동서로 긴 형태가 좋다.
② 동지 때 최소한 4시간 이상의 햇빛이 들어와야 한다.
③ 인접 대지에 기존 건물이 없더라도 개발 가능성을 고려하도록 한다.
④ 건물이 대지의 남측에 배치되도록 한다.

<해설> 주택배치에 있어서 대지 남측에 공간을 충분히 두어 햇빛을 충분히 받을 수 있도록 하기 위하여 대지 북측으로 배치하여야 한다.

★★★
08 다음 설명에 알맞은 공동주택의 단면형식은?

> • 대지가 경사지일 경우 경사지를 이용하여 레벨을 두어 층을 구분하는 형식에 적합하다.
> • 건축물 내에 각기 다른 주호를 혼합할 수 있기 때문에 주호의 다양성 및 입면상의 변화가 가능하다.

① 단층형   ② 플랫형
③ 메조넷형   ④ 스킵 플로어형

<해설> 스킵 플로어형은 한 층 또는 두 층을 걸러 복도를 설치하거나 복도 없이 계단실에서 단위주거에 도달하는 형식으로, 경사지에 주로 채용하며 주호의 다양성과 입면성의 변화가 가능하나, 동선이 길어지는 단점(계단실→복도→계단→단위주거)이 있다.

★★★
09 주거단지의 도로형식에 대한 설명 중 옳지 않은 것은?

① 격자형은 가로망의 형태가 단순·명료하고, 가구 및 획지구성상 택지의 이용효율이 높다.
② T자형은 도로의 교차방식을 주로 T자 교차로 한 형태로, 통행거리는 짧으나 보행자전용도로와의 병용이 불가능하다는 단점이 있다.
③ 쿨데삭(cul-de-sac)형은 각 가구와 관계없는 자동차의 진입을 방지할 수 있다는 장점이 있다.
④ 루프(loop)형은 우회도로가 없는 쿨데삭형의 결점을 개량하여 만든 패턴으로 도로율이 높아지는 단점이 있다.

<해설> 주거단지의 도로형식 중 T자형 도로는 격자형이 갖는 택지의 이용효율을 유지하면서 지구 내 통과교통의 배제, 주행속도의 저하를 위하여 도로의 교차방식을 주로 T자 교차로 한 형태로서 통행거리가 조금 길게 되고, 보행자는 불편하기 때문에 보행자전용도로와의 병용에 유리하다.

★★★
10 사무소 건축에 있어서 3중 지역 배치(triple zone layout)의 특징 중 잘못된 것은?

① 서비스 부분을 중심에 위치하도록 한다.
② 대여사무실건물에 적합하다.
③ 고층 사무소 건축에 전형적인 해결방식이다.
④ 부가적인 인공조명과 기계환기가 필요하다.

<해설> 전용 사무실이 주된 고층 건축물에 적합하다.

★★
11 상점계획에 관한 설명으로 옳지 않은 것은?

① 종업원동선은 고객동선과 교차되지 않도록 한다.

② 고객동선은 가능한 짧게 하여 고객에게 편의를 준다.

③ 내부계단 설계 시 올라간다는 부담을 덜 들게 계획하는 것이 중요하다.

④ 소규모의 건물에서 계단의 경사가 너무 낮은 것은 매장면적을 감소시킨다.

해설 고객동선은 상품의 판매를 촉진하기 위하여 가능한 길게 하고, 종업원동선은 효율적으로 상품을 관리할 수 있도록 가능한 한 짧게 한다.

★★
12 사무소 건축에서 유효율(rentable ratio)이란?

① 건축면적에 대한 대실면적

② 연면적에 대한 대실면적

③ 기준층면적에 대한 대실면적

④ 연면적에 대한 건축면적

해설 유효율(rentable ratio)은 연면적에 대한 대실면적의 비이다.

★★
13 백화점 판매장의 진열장 배치유형 중 직각형 배치에 관한 설명으로 옳지 않은 것은?

① 진열장의 규격화가 가능하다.

② 매장면적의 이용률이 다른 유형에 비해 낮다.

③ 고객의 통행량에 따라 통로폭을 조절하기가 어렵다.

④ 획일적인 진열장 배치로 매장공간이 지루해질 가능성이 높다.

해설 직각배치(rectangular system)는 가장 일반적인 방법으로 면적을 최대로 사용할 수 있으나, 통행량에 따라 통로폭변화가 어렵고 엘리베이터로의 접근이 어렵다.

★★
14 극장의 평면형 중 프로시니엄형에 관한 설명으로 옳은 것은?

① 무대의 배경을 만들지 않으므로 경제성이 있다.

② 센트럴 스테이지(central stage)형이라고도 한다.

③ 연기자가 일정한 방향으로만 관객을 대하게 된다.

④ 가까운 거리에서 관람하면서 가장 많은 관객을 수용할 수 있다.

해설 ①, ②, ④항은 애리나형(센트럴 스테이지형)에 대한 설명이고, ③항은 프로시니엄형, 즉 픽처프레임형에 대한 설명이다.

★★★
15 도서관 출납시스템의 유형 중 열람자 자신이 서가에서 책을 꺼내어 책을 고르고 그대로 검열을 받지 않고 열람하는 형식은?

① 자유개가식   ② 안전개가식

③ 반개가식   ④ 폐가식

해설
② 안전개가식 : 자유개가식과 반개가식의 장점을 취한 형식

③ 반개가식 : 열람자가 직접 서가에 면하여 책의 체제나 표지 정도는 볼 수 있으나, 내용을 보려면 관원에게 요구해야 하는 형식

④ 폐가식 : 서고를 열람실과 별도로 설치하여 열람자가 책의 목록에 의해서 책을 선택하고 관원에게 대출기록을 남긴 후 책을 대출하는 형식

★★
16 병원 건축의 병동배치에서 분관식(pavilion type)이 집중식(block type)보다 좋은 점은?

① 각종 설비시설의 배관길이가 짧아진다.

② 각 병실의 일조와 통풍이 유리하다.

③ 비교적 작은 대지에도 건축할 수 있다.

④ 이용자들의 동선이 짧아진다.

해설 집중식은 각종 설비시설의 배관길이가 길어지고, 비교적 작은 대지에 건축할 수 없으며, 이용자들의 동선이 길어진다.

2022

★★★
17 종합병원에서 가장 면적배분이 큰 부분은?

① 병동부　　　② 외래부
③ 중앙진료부　④ 관리부

 종합병원의 면적은 **병동부(25~35%)** − 중앙진료부·공급부(15~25%) − 외래진료부(10~20%) − 관리부(10~15%) 순으로 배분된다.

★
18 다음 설명에 알맞은 공장 건축의 레이아웃(layout) 형식은?

> • 생산에 필요한 모든 공정과 기계류를 제품의 흐름에 따라 배치하는 형식이다.
> • 대량생산에 유리하며 생산성이 높다.

① 고정식 레이아웃
② 혼성식 레이아웃
③ 제품 중심의 레이아웃
④ 공정 중심의 레이아웃

해설 ㉮ 공정 중심의 레이아웃(기계설비의 중심) : 주문공장생산에 적합한 형식으로, 생산성이 낮으나 다품종 소량생산방식 또는 예상생산이 불가능한 경우와 표준화가 행해지기 어려운 경우에 적합하다.
㉯ 고정식 레이아웃 : 선박이나 건축물처럼 제품이 크고 수가 극히 적은 경우에 사용하며, 주로 사용되는 재료나 조립부품이 고정된 장소에 있다.

★
19 학교의 운영방식에 관한 설명으로 옳지 않은 것은?

① 종합교실형은 초등학교 저학년에 적합한 유형이다.
② 교과교실형은 소지품보관장소에 대한 고려가 요구된다.
③ 교과교실형은 모든 교실이 특정한 교과수업을 위해 만들어진 형식이다.
④ 달톤형은 전학급을 2분단으로 나누고 한 편이 일반교실을 사용할 때 다른 한 편은 특별교실을 이용하는 형식이다.

해설 플래툰형은 전학급을 2분단으로 나누고 한 편이 일반교실을 사용할 때 다른 한 편은 특별교실을 이용하는 형식이다.

★★
20 사방에서 감상해야 할 필요가 있는 조각물이나 모형을 전시하기 위해 벽면에서 띄어놓아 전시하는 특수 전시기법은?

① 아일랜드전시　② 디오라마전시
③ 파노라마전시　④ 하모니카전시

해설 ② 디오라마전시 : 가장 실감 나게 현장감을 표현하는 방법으로, 하나의 사실 또는 주제의 시간상황을 고정시켜 연출하는 것을 말하며 현장에 있는 느낌을 주는 전시방법
③ 파노라마전시 : 연속적인 주제를 선적으로 관계성이 깊게 표현하기 위하여 선형 또는 전경(全景)으로 펼쳐지도록 연출하여 맥락이 중요시될 때 사용되는 특수 전시기법
④ 하모니카전시 : 동선계획이 쉬운 전시기법으로 일정한 형태의 평면을 반복시켜 전시공간을 구획하는 방식이며 전시효율이 높은 전시방법

제2과목 **건축시공**

★★
21 건설사업자원통합전산망으로 건설생산활동 전 과정에서 건설 관련 주체가 전산망을 통해 신속히 교환·공유할 수 있도록 지원하는 통합정보시스템의 용어로 옳은 것은?

① 건설 CIC(Computer Integrated Construction)
② 건설 CALS(Continous Acquisition & Life Cycle Support)
③ 건설 EC(Engineering Construction)
④ 건설 EVMS(Earned Value Management System)

해설 ① 건설 CIC(Computer Integrated Construction) : 컴퓨터, 정보통신 및 자동화생산, 조립기술 등을 토대로 건설행위를 수행하는 데 필요한 기능들과 인력들을 유기적으로 연계하여 각 건설업체의 업무를 각 사의 특성에 맞게 최적화하는 것
③ 건설 EC(Engineering Construction) : 건설프로젝트를 하나의 흐름으로 보아 사업발굴, 기획, 타당성조사, 설계, 시공, 유지관리까지 업무영역을 확대하는 것
④ 건설 EVMS(Earned Value Management System) : 프로젝트사업비용, 일정, 그리고 수행목표의 기준설정과 이에 대비한 실제 진도측정을 위한 성과 위주의 관리체계

정답 17. ① 18. ③ 19. ④ 20. ① 21. ②

22 PERT, CPM공정표 작성 시에 EST와 EFT의 계산방법 중 옳지 않은 것은?

① 작업의 흐름에 따라 전진 계산한다.
② 개시 결합점에서 나간 작업의 EST는 0으로 한다.
③ 어느 작업의 EFT는 그 작업의 EST에 소요일수를 가하여 구한다.
④ 복수의 작업에 종속되는 작업의 EST는 선행작업 중 EFT의 최솟값으로 한다.

해설 복수의 작업에 종속되는 작업의 EST는 선행작업 중 EFT의 최댓값으로 한다.

23 다음 중 사운딩(sounding)시험에 속하지 않는 시험법은?

① 표준관입시험　② 콘관입시험
③ 베인전단시험　④ 평판재하시험

해설 사운딩은 로드 선단에 붙인 저항체를 지중에 넣고 관입, 회전, 인발 등에 의해 토층의 성상을 탐사하는 시험법이다. 사운딩(sounding)시험의 종류에는 표준관입시험, 베인시험, 휴대용 화란식 동적 콘(원추)관입시험 및 스웨덴식 사운딩시험 등이 있다.

24 지하연속벽공법 중 슬러리월(slurry wall)에 대한 특징으로 옳지 않은 것은?

① 시공 시 소음·진동이 크다.
② 인접 건물의 경계선까지 시공이 가능하다.
③ 주변 지반에 대한 영향이 적고 차수효과가 확실하다.
④ 지반 굴착 시 안정액을 사용한다.

해설 지하연속법공법 중 슬러리월공법은 ②, ③, ④항 외에 진동 및 소음이 적고 벽체의 강성이 높으며 벽의 접합부와 구조적인 연속성이 있다.

25 콘크리트 측압에 영향을 주는 요인에 관한 설명으로 틀린 것은?

① 콘크리트 타설속도가 빠를수록 측압이 크다.
② 묽은 콘크리트일수록 측압이 크다.
③ 철골 또는 철근량이 많을수록 측압이 크다.
④ 진동기를 사용하여 다질수록 측압이 크다.

해설 거푸집의 측압이 큰 경우는 콘크리트의 시공연도(슬럼프값)가 클수록, 부배합일수록, 콘크리트의 붓기속도가 빠를수록, 온도가 낮을수록, 부재의 수평 단면이 클수록, 콘크리트 다지기(진동기를 사용하여 다지기를 하는 경우 30~50% 정도의 측압이 커진다)가 충분할수록, 벽두께가 두꺼울수록, 거푸집의 강성이 클수록, 거푸집의 투수성이 작을수록, 콘크리트의 비중이 클수록, 물·시멘트비가 클수록, 묽은 콘크리트일수록, 철근량이 적을수록, 중량골재를 사용할수록 측압은 증가한다.

26 지름 100mm, 높이 200mm인 원주공시체로 콘크리트의 압축강도를 시험했더니 250kN에서 파괴되었다면 이 콘크리트의 압축강도는?

① 25.4MPa　② 28.5MPa
③ 31.8MPa　④ 34.2MPa

해설
$$P=250,000N \quad A=\frac{\pi D^2}{4}=\frac{\pi\times100^2}{4} \text{이므로}$$
$$\therefore \sigma(\text{콘크리트의 압축강도})=\frac{P(\text{하중})}{A(\text{단면적})}$$
$$=\frac{250,000}{\frac{\pi\times100^2}{4}}=31.8MPa$$

27 콘크리트 이어붓기에 대한 설명으로 옳지 않은 것은?

① 보 및 슬래브의 이어붓기 위치는 전단력이 작은 스팬의 중앙부에 수직으로 한다.
② 아치이음은 아치축에 직각으로 설치한다.
③ 부득이 전단력이 큰 위치에 이음을 설치할 경우에는 시공이음에 촉 또는 홈을 두거나 적절한 철근을 내어둔다.
④ 염분 피해의 우려가 있는 해양 및 항만 콘크리트 구조물에서는 시공이음부를 설치하는 것이 좋다.

해설 염분 피해의 우려가 있는 해양 및 항만 콘크리트 구조물에서는 시공이음부를 설치하지 않는 것이 좋다.

28 압연강재가 냉각될 때 표면에 생기는 산화철 표피를 무엇이라 하는가?

① 스패터　② 밀 스케일
③ 슬래그　④비드

해설 ① 스패터 : 아크용접과 가스용접에서 용접 중에 튀어나오는 슬래그 또는 금속입자
③ 슬래그 : 용접비드의 표면을 덮는 비금속물질로 피복재 중의 가스 발생물질 이외의 플럭스나 분해 생성물질
④ 비드 : 아크용접 또는 가스용접에서 용접봉이 1회 통과할 때 용재표면에 용착된 금속층

★
29 테라초(terrazzo) 현장바름공사에 대한 내용으로 옳지 않은 것은?

① 줄눈나누기는 최대 줄눈간격 2m 이하로 한다.
② 바닥바름두께의 표준은 접착공법(초벌바름)일 때 20mm 정도이다.
③ 갈기는 테라초를 바른 후 손갈기일 때 2일, 기계갈기일 때 3일 이상 경과한 후 경화 정도를 보아 실시한다.
④ 마감은 수산으로 중화 처리하여 때를 벗겨내고 헝겊으로 문질러 손질한 후 왁스 등을 바른다.

해설 **테라초 현장바름의 마감(건축공사 표준시방서의 규정)**
㉮ 테라초를 바른 후 5~7일 이상 경과한 후 경화 정도를 보아 갈아내기를 한다.
㉯ 벽면 이외의 갈아내기는 기계갈기로 하고, 돌의 배열이 균등하게 될 때까지 갈아 낮춘다.
㉰ 눈먹임, 갈아내기를 여러 회 반복하되 숫돌은 점차로 눈이 고운 것을 사용한다.
㉱ 최종 마감은 마감숫돌로 광택이 날 때까지 갈아낸다.
㉲ 산수용액으로 중화 처리하여 때를 벗겨내고 헝겊으로 문질러 손질한 후 바탕이 오염되지 않도록 적정한 보양재(고무매트 등)를 사용하여 보양한 후 최후 공정으로 왁스 등을 발라 마감한다.

★★★
30 커튼월의 mock up test에 있어 기본성능시험의 항목에 해당되지 않는 것은?

① 정압수밀시험   ② 구조시험
③ 기밀시험   ④ 인장강도시험

해설 커튼월의 mock up test에 있어 기본성능시험의 항목에는 예비시험, 기밀시험, 정압수밀시험, 구조시험(설계풍압력에 대한 변위와 온도변화에 따른 변형측정), 누수, 이음매검사와 창문의 열손실 등이 있다.

★★★
31 콘크리트용 재료 중 시멘트에 관한 설명으로 틀린 것은?

① 중용열포틀랜드시멘트는 수화작용에 따르는 발열이 적기 때문에 매스 콘크리트에 적당하다.
② 조강포틀랜드시멘트는 조기강도가 크기 때문에 한중콘크리트공사에 주로 쓰인다.
③ 알칼리골재반응을 억제하기 위한 방법으로써 내황산염포틀랜드시멘트를 사용한다.
④ 조강포틀랜드시멘트를 사용한 콘크리트의 7일 강도는 보통포틀랜드시멘트를 사용한 콘크리트의 28일 강도와 거의 비슷하다.

해설 알칼리골재반응을 억제하기 위하여 혼합재의 혼합비율이 큰 시멘트인 플라이애시시멘트(혼합비 10~30%)나 고로슬래그시멘트(혼합비 30~65%)를 사용한다.

★★
32 서로 다른 종류의 금속재가 접촉하는 경우 부식이 일어나는 경우가 있는데 부식성이 큰 금속 순으로 나열된 것은?

① 알루미늄 > 철 > 구리
② 철 > 알루미늄 > 구리
③ 철 > 구리 > 알루미늄
④ 구리 > 철 > 알루미늄

해설 금속의 부식원인(대기, 물, 흙 속, 전기작용에 의한 부식) 중 서로 다른 금속이 접촉하고, 그곳에 수분이 있으면 전기분해가 일어나 이온화경향이 큰 쪽이 음극이 되어 전기부식작용을 받는다는 것이다. 이온화경향이 큰 것부터 나열하면 Mg > Al > Cr > Mn > Zn > Fe > Ni > Sn > H > Cu > Hg > Ag > Pt > Au의 순이다.

★
33 다음에서 설명하는 미장재료는?

시멘트와 건조모래 및 특성개선재를 배합한 공장제품을 현장에서 물만 가하여 사용하는 모르타르로서 현장배합 모르타르보다는 다소 고가이지만 현장관리가 쉽다.

① 바라이트 모르타르   ② 셀프레벨링재
③ 초속경 모르타르   ④ 드라이 모르타르

정답 29. ③ 30. ④ 31. ③ 32. ① 33. ④

해설
① 바라이트 모르타르 : 중원소 바륨을 원료로 하는 분말재로 모래, 시멘트를 혼합해 사용하며, 방사선 차단재료로 사용한다.
② 셀프레벨링재 : 자체 유동성을 갖고 있기 때문에 평탄하게 되는 성질이 있는 석고계 및 시멘트계 등이 있다.
③ 초속경 모르타르 : 초속경시멘트(보통포틀랜드시멘트에 사용되는 원료에 보크사이트와 형석이 사용된 시멘트)와 모래 및 물을 혼합한 모르타르이다.

34 ★★ 다음 재료시험 중 탄성계수를 구할 때 변형측정에 이용하는 기구 중 가장 정밀도가 높은 것은?

① 다이얼게이지(dial gauge)
② 콤퍼레이터(comparator)
③ 마이크로미터(micrometer)
④ 와이어스트레인게이지(wire strain gauge)

해설
① 다이얼게이지 : 미세한 변위를 다이얼형 지시부에 기계적으로 확대해 나타내는 계측기로서 응답속도가 느리므로 진동계측은 힘들다.
② 콤퍼레이터 : 길이변화에 대한 측정기구로서 1/1,000mm까지의 정밀도를 갖고 있는 기구이다.
③ 마이크로미터 : 길이를 측정하는 측정기의 하나이다.

35 ★★ 건축재료의 수량 산출 시 적용하는 할증률이 옳지 않은 것은?

① 유리 : 1%
② 단열재 : 5%
③ 붉은 벽돌 : 3%
④ 이형철근 : 3%

해설
건축재료의 할증률을 보면 단열재의 할증률은 10% 정도이다.

36 ★★★ 벽마감공사에서 규격 200mm×200mm인 타일을 줄눈너비 10mm로 벽면적 100m²에 붙일 때 붙임매수는 몇 장인가? (단, 할증률 및 파손은 없는 것으로 가정한다.)

① 2,238매 ② 2,248매
③ 2,258매 ④ 2,268매

해설
타일매수
$$= \frac{\text{벽 및 바닥의 면적}}{(\text{타일의 가로길이}+\text{줄눈의 너비})\times(\text{타일의 세로길이}+\text{줄눈의 너비})}$$
$$= \frac{100,000,000}{(200+10)\times(200+10)}$$
$$= 2,267.57 \fallingdotseq 2,268매$$

37 ★ 계약제도의 하나로서 독립된 회사의 연합으로 법인을 설립하지 않으며 공사의 책임과 공사클레임 등을 각각 독립된 회사의 계약 당사자가 책임을 지는 방식은?

① 공동도급(joint venture)
② 파트너링(partnering)
③ 컨소시엄(consortium)
④ 분할도급(partial contract)

해설
① 공동도급 : 1개의 회사가 단독으로 도급을 맡기에는 공사규모가 큰 경우 2개 이상의 건설회사가 임시로 결합·조직·공동출자하여 연대책임하에 공사를 수급하여 공사완성 후 해산하는 도급방식
② 파트너링 : 발주자가 직접 설계·시공에 참여하고, 프로젝트 관련자들이 프로젝트의 성공과 이익 확보를 공동목표로 프로젝트를 집행·관리하는 제도
④ 분할도급 : 공사를 여러 유형으로 분할하여 각기 따로 전문도급업자를 선정하여 도급계약을 맺는 방식

38 ★★★ 다음 중 공사감리자의 업무와 가장 거리가 먼 항목은?

① 상세시공도면의 작성
② 공사시공자가 사용하는 건축자재가 관계법령에 의한 기준에 적합한 건축자재인지 여부의 확인
③ 공사현장에서의 안전관리지도
④ 품질시험의 실시 여부 및 시험성과의 검토, 확인

해설
공사감리자의 업무는 ②, ③, ④항 이외에 건축물 및 대지가 관계법령에 적합하도록 공사시공자 및 건축주를 지도, 시공계획 및 공사관리의 적정 여부 확인, 공정표의 검토, 상세시공도면의 검토·확인, 구조물의 위치와 규격의 적정 여부의 검토·확인, 설계변경의 적정 여부의 검토·확인 등이 있다.

2022

39 아파트 온돌바닥 미장용 콘크리트로서 고층 적용 실적이 많고 배합을 조닝별로 다르게 하며 타설바탕면에 따라 배합비 조정이 필요한 것은?

① 경량기포콘크리트　② 중량콘크리트
③ 수밀콘크리트　　　④ 유동화콘크리트

〔해설〕 ② 중량(차폐용)콘크리트 : 방사능을 차폐하기 위하여 쓰이는 콘크리트로서 중정석, 자철광 등의 골재를 사용한 콘크리트이다.
③ 수밀콘크리트 : 물이 침투하지 못하도록 특별히 밀실하게 만든 콘크리트로서 물, 공기의 공극률을 가능한 한 작게 하거나 방수성물질을 사용하여 콘크리트표면에 방수도막층을 형성하여 방수성을 높인 콘크리트이다.
④ 유동화콘크리트 : 콘크리트에 유동화제를 넣어 유동성을 향상시키는 공법으로 단위수량과 단위시멘트량을 적게 한다.

40 콘크리트를 타설하면서 거푸집을 수직방향으로 이동시켜 연속작업을 할 수 있게 한 것으로 사일로 등의 건설공사에 적합한 것은?

① Euro form　　　　② Sliding form
③ Air tube form　　④ Traveling form

〔해설〕 ① Euro form : 대형 벽판이나 바닥판(경량형강이나 합판 사용)을 짜서 간단히 조립할 수 있게 만든 거푸집
③ Air tube form : 1차 콘크리트 타설 후 에어튜브를 설치하여 2차 콘크리트 타설 시 주로 구조물의 내부에 설치하는 것
④ Traveling form(바닥거푸집) : 바닥에 콘크리트를 타설하기 위한 거푸집으로 장선, 멍에, 서포트 등을 일체로 제작하여 부재화한 거푸집

제3과목　건축구조

41 연약지반에서 부동침하를 방지하는 대책으로 옳지 않은 것은?

① 건물을 경량화한다.
② 지하실을 강성체로 설치한다.
③ 줄기초와 마찰말뚝기초를 병용한다.
④ 건물의 구조강성을 높인다.

〔해설〕 이질·일부 지정을 사용하는 경우에는 오히려 부동침하가 증대되며 온통기초나 마찰말뚝을 사용한다.

42 KBC 2009 지반의 분류에 따른 지반의 종류와 호칭이 옳게 연결된 것은?

① S_A : 보통암지반
② S_B : 연암지반
③ S_C : 경암지반
④ S_D : 단단한 토사지반

〔해설〕 지반의 분류에서 S_A : 경암지반, S_B : 보통암지반, S_C : 매우 조밀한 토사지반 또는 연암지반, S_D : 단단한 토사지반, S_E : 연약한 토사지반이다.

43 다음 라멘구조물의 부정정차수는?

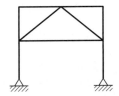

① 9차 부정정　　　② 10차 부정정
③ 11차 부정정　　④ 12차 부정정

〔해설〕 ㉮ $S=9$, $R=4$, $N=11$, $K=7$이므로
∴ $S+R+N-2K=9+4+11-2\times7$
　　　　　　$=10$차 부정정보
㉯ $R=4$, $C=33$, $M=9$이므로
∴ $R+C-3M=4+33-3\times9$
　　　　　　$=10$차 부정정보

44 다음 그림과 같은 하중을 받는 보에서 A, B지점의 반력값으로 옳은 것은? (단, 상향은 (+), 하향은 (−)로 한다.)

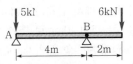

① A지점 : −3kN, B지점 : −9kN
② A지점 : +3kN, B지점 : −9kN
③ A지점 : −3kN, B지점 : +9kN
④ A지점 : +3kN, B지점 : +9kN

〔정답〕 39. ① 40. ② 41. ③ 42. ④ 43. ② 44. ③

해설 A지점은 회전지점이므로 수직반력 $V_A(\uparrow)$과 수평 방향 $H_A(\rightarrow)$의 반력이 발생하고, B지점은 이동지점이므로 수직반력 $V_B(\uparrow)$이 발생한다고 가정하자. 힘의 비김조건($\sum X=0$, $\sum Y=0$, $\sum M=0$)을 이용하여 풀이하면

㉮ $\sum X=0$에 의해서 $H_A=0$

㉯ $\sum Y=0$에 의해서
$(+V_A)+(+V_B)+(-6)=0$ ·················· ㉠

㉰ $\sum M_B=0$에 의해서
$V_A \times 4 + 6 \times 2 = 0$
$\therefore V_A = -3\text{kN}$(즉 하향의 3kN이다.) ········ ㉡

㉱ ㉡을 식 ㉠에 대입하면
$-3 + V_B - 6 = 0$
$\therefore V_B = +9\text{kN}$(즉 상향의 9kN이다.)

★★★
45 단일 압축재에서 세장비를 구할 때 필요 없는 것은?

① 좌굴길이
② 단면적
③ 단면 2차 모멘트
④ 탄성계수

해설 $\lambda(\text{세장비}) = \dfrac{l_k(\text{좌굴길이})}{i(\text{단면 2차 최소 반경})}$에서 $i = \sqrt{\dfrac{I}{A}}$ 이고 $l_k = al$이므로 세장비를 구할 때 필요한 사항은 좌굴길이(부재 양단의 지지상태, 부재길이), 단면 2차 모멘트, 단면적 등이다.

★★
46 다음 그림과 같은 단순보에서 최대 전단응력은 얼마인가?

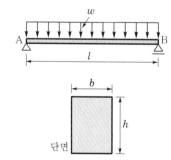

① $\dfrac{2}{3}\dfrac{wl}{bh}$
② $\dfrac{3}{4}\dfrac{wl}{bh}$
③ $\dfrac{4}{3}\dfrac{wl}{bh}$
④ $\dfrac{3}{2}\dfrac{wl}{bh}$

해설 $S_{\max} = \dfrac{wl}{2}$, $A = bh$이므로
$\therefore \tau_{\max}(\text{최대 전단응력도}) = \dfrac{3}{2}\dfrac{S_{\max}(\text{최대 전단력})}{A(\text{단면적})}$
$= \dfrac{3}{2} \times \dfrac{\frac{wl}{2}}{bh} = \dfrac{3wl}{4bh}$

★
47 다음 두 보의 최대 처짐량이 같기 위한 등분 포하중의 비로 알맞은 것은? (단, 부재의 재질과 단면은 동일하며, A부재의 길이는 B부재의 길이의 2배임)

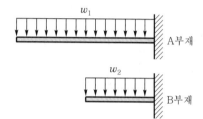

① $w_2 = 2w_1$
② $w_2 = 4w_1$
③ $w_2 = 8w_1$
④ $w_2 = 16w_1$

해설 A부재의 스팬은 l_A, B부재의 스팬은 l_B라고 하고 처짐이 동일하다면
$\delta_A = \dfrac{w_1 l_A{}^4}{8EI}$, $\delta_B = \dfrac{w_1 l_B{}^4}{8EI}$
$\delta_A = \delta_B$
$\dfrac{w_1 l_A{}^4}{8EI} = \dfrac{w_2 l_B{}^4}{8EI}$
$l_A = 2l_B$
$w_1(2l_B)^4 = w_2 l_B{}^4$
$16w_1 l_B{}^4 = w_2 l_B{}^4$
$w_1 : w_2 = l_B{}^4 : 16l_B{}^4 = 1 : 16$
$\therefore w_2 = 16w_1$

★★★
48 다음 그림에서 부정정보의 부재력 M_{AB}의 크기는?

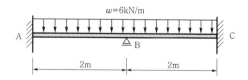

① 2kN·m
② 3kN·m
③ 4kN·m
④ 5kN·m

2022

해설 양단 고정보의 단부 휨모멘트 $=\dfrac{wl^2}{12}$ 이고, M_{AB}는 AB 부재의 A점의 휨모멘트이므로 AB부재를 분리하여 양단 고정보로 가정하면 고정된 A점의 휨모멘트 (M_A)는 다음과 같다.

$$M_A = M_{AB} = \frac{wl^2}{12} = \frac{6 \times 2^2}{12} = 2\,\text{kN} \cdot \text{m}$$

★★★
49 다음 그림은 연직하중을 받는 철근콘크리트보의 균열을 나타낸 것이다. 전단력에 의해서 생기는 대표적인 균열의 형태로 옳은 것은?

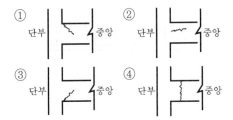

해설 철근콘크리트구조체의 원리에서 인장에 필요한 철근을 보강하였으나, 하중이 커져 양측 단부에 45 방향(보의 하부의 단부에서 보의 중앙부 상향방향)의 균열파괴가 발생한다. 이와 같은 전단력에 의한 사인장력(빗인장력)에 대한 보강으로 늑근을 설치하여 균열을 방지한다.

★★
50 다음은 보의 소성해석에 대한 설명이다. 옳지 않은 것은?

① 소성힌지가 발생하면 부정정차수를 하나 늘리는 것으로 한다.

② 보의 소성해석은 보에서 구조물의 파괴 시 극한(종국)하중을 계산하고, 소정힌지의 위치를 알기 위해 실시한다.

③ 소성힌지는 이론상으로 보면 변형이 무한히 허용되는 지점으로 모멘트지지능력을 잃은 것으로 가정한다.

④ 소성힌지란 하중이 계속 증가하여 전단면이 소성상태에 들어갈 때를 의미한다.

해설 보의 소성해석에서 소성힌지가 발생하면 부정정차수를 하나 줄이는 것으로 한다.

★
51 강도설계법에 의한 철근콘크리트보에서 콘크리트만의 설계전단강도는 얼마인가? (단, $f_{ck} = 24\text{MPa}$, $\lambda = 1$, $\phi = 0.75$)

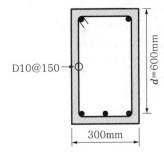

① 31.5kN   ② 75.8kN

③ 110.2kN   ④ 145.6kN

해설 $f_{ck} = 24\text{MPa}$, $b_w = 300\text{mm}$, $d = 600\text{mm}$이므로

$$\therefore V_C = \frac{1}{6} \lambda \sqrt{f_{ck}(\text{허용압축응력도})}\, b_w(\text{보의 폭})$$
$$d(\text{보의 유효춤})$$
$$= \frac{1}{6} \times 1 \times \sqrt{24} \times 300 \times 600$$
$$= 146,969.3846\text{N} = 146.969\text{kN}$$

여기서 강도저감계수는 0.75이고, 설계전단강도 = 강도저감수 × 공칭전단강도이다.

∴ 설계전단강도 $= 0.75 \times 146.969$
$$= 110.227\text{kN}$$

★
52 강도설계법에서 압축이형철근 D22의 기본정착길이는? (단, D22 철근의 단면적은 387mm², 콘크리트의 압축강도는 24MPa, 철근의 항복강도는 400MPa, 경량콘크리트계수는 1)

① 405mm   ② 455mm

③ 505mm   ④ 555mm

해설 $d_b = \text{D22} = 22.225\,\text{mm}$, $\lambda = 1$, $f_y = 400\text{MPa}$, $f_{ck} = 24\text{MPa}$이므로

㉮ $l_{db} = \dfrac{0.25 d_b f_y}{\lambda \sqrt{f_{ck}}}$
$$= \frac{0.25 \times 22.225 \times 400}{1 \times \sqrt{24}} = 453.67\,\text{mm}$$

㉯ $l_{db} = 0.043 d_b f_y = 0.043 \times 22.225 \times 400$
$$= 382.27\,\text{mm} \ \text{이상}$$

∴ 압축이형철근의 정착길이는 453.67mm이다.

★★
53 한계상태설계법에 따라 강구조물을 설계할 때 고려되는 강도한계상태가 아닌 것은?

① 기둥의 좌굴   ② 접합부파괴

③ 피로파괴   ④ 바닥재의 진동

해설 한계상태설계법의 기본적인 표현은 외적인 하중계수(≥ 1), 부재의 하중효과, 설계저항계수(≤ 1), 이상적인 내력상태의 공칭(설계)강도 등이다. 강도한계상태의 요소에는 골조의 불안정성, 기둥의 좌굴, 보의 횡좌굴, 접합부파괴, 인장부재의 전단면 항복, 피로파괴, 취성파괴 등이 있고, 사용성한계상태의 요소에는 부재의 과다한 탄성변형과 잔류변형, 바닥재의 진동, 장기변형 등이 있다.

★★★
54 강구조에서 용접선 단부에 붙인 보조판으로 아크의 시작이나 종단부의 크레이터 등의 결함을 방지하기 위해 붙이는 판은?

① 스티프너   ② 윙플레이트

③ 커버플레이트   ④ 엔드탭

해설
① 스티프너 : 웨브의 좌굴(판보의 춤을 높이면 웨브에 발생하는 전단응력, 휨응력 및 지압응력에 의하여 발생)을 방지하기 위하여 설치하는 부재이다.
② 윙플레이트 : 주각의 응력을 베이스플레이트로 전달하기 위한 강판이다.
③ 커버플레이트 : 철골구조에 있어서 철재보 또는 기둥의 플랜지 단면적을 증대시키기 위해 플랜지의 외측에 설치하는 강판으로 휨모멘트를 증대시킨다.

★★★
55 강구조에서 기초콘크리트에 매입되어 주각부의 이동을 방지하는 역할을 하는 것은?

① 턴버클
② 클립앵글
③ 사이드앵글
④ 앵커볼트

해설
① 턴버클 : 줄(인장재)을 팽팽히 당겨 조이는 나사있는 탕개쇠로서, 거푸집 연결 시 철선의 조임, 철골 및 목골공사와 콘크리트 타워 설치 시 사용한다.
② 클립앵글 : 철골접합부를 보강하거나 접합을 목적으로 사용하는 앵글이다.
③ 사이드앵글 : 철골의 주각부에 있어서 윙플레이트와 베이스플레이트를 접합하는 산형강이다.

★★
56 모살치수 8mm, 용접길이 400mm인 양면 모살용접의 유효 단면적은?

① 2,100mm²
② 3,200mm²
③ 3,800mm²
④ 4,300mm²

해설 $s = 8\text{mm}$, $l_e = l - 2s = 400 - 2 \times 8 = 384\text{mm}$이므로
$\therefore A = 0.7Sl_e = 0.7 \times 8 \times 384 = 2,150.4\text{mm}^2$
그런데 양면 모살용접이므로
$\therefore 2,150.4 \times 2 = 4,300.8\text{mm}^2$

★★
57 다음 그림과 같은 단순보에 등변분포하중이 작용할 때 전단력이 '0'이 되는 점에 대하여 A점으로부터의 거리를 구하면?

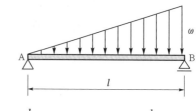

① $\dfrac{l}{\sqrt{2}}$ ② $\dfrac{l}{\sqrt{3}}$

③ $\dfrac{l}{\sqrt{4}}$ ④ $\dfrac{l}{\sqrt{5}}$

해설 ㉮ 반력의 산정
A지점은 회전지점이므로 수직 $V_A(\uparrow)$, 수평 $H_A(\rightarrow)$가 작용하고, B지점은 이동지점이므로 수직 $V_B(\uparrow)$가 발생한다.
그러므로 $\sum M_B = 0$에 의해서
$$V_A \times l - \frac{\omega l}{2} \times \frac{l}{3} = 0 \quad \therefore V_A = \frac{\omega l}{6}, \quad V_B = \frac{\omega l}{3}$$
㉯ 전단력의 산정

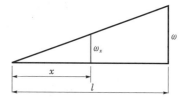

지점 A로부터 임의의 거리 x만큼 떨어진 단면 x의 전단력을 S_x라 하고, 단면의 왼쪽을 생각한다. 여기서 위 그림을 참고로 등변분포하중의 임의의 한 점에 대한 하중의 최대값(ω_x)을 구한다.

삼각형의 닮음을 이용하면 $x : \omega_x = l : \omega$ 이고, $\omega_x = \dfrac{\omega x}{l}$ 이므로 이 점까지의 등변분포하중을 집중하중으로 환산(w)하면, 삼각형의 면적과 일치하므로 $w = x \dfrac{\omega x}{l} \times \dfrac{1}{2} = \dfrac{\omega x^2}{2l}$ 이다.

그러므로 $S_x = \dfrac{\omega l}{6} - \dfrac{\omega x^2}{2l}$ 에서 $S_x = \dfrac{\omega l}{6} - \dfrac{\omega x^2}{2l} = 0$ 이고 $x^2 = \dfrac{l^2}{3}$ 이므로 $x = \sqrt{\dfrac{l^2}{3}} = \dfrac{l}{\sqrt{3}}$ 이다.

즉 등변분포하중이 전체에 걸쳐서 작용하는 경우 전단력이 0인 점은 지점 A로부터 $\dfrac{l}{\sqrt{3}}$ 인 점에서 발생한다.

★★
58 강도설계법에 따른 철근콘크리트부재의 휨에 관한 일반사항으로 옳지 않은 것은?

① 콘크리트의 인장강도는 철근콘크리트부재 단면의 축강도와 휨강도 계산에서 무시할 수 있다.

② 휨모멘트 또는 휨모멘트와 축력을 동시에 받는 부재의 콘크리트압축연단의 극한변형률은 0.0033으로 가정한다.

③ 휨부재의 최소 철근량은 $A_{s,\min} = \dfrac{0.25\sqrt{f_{ck}}}{f_y} b_w d$ 또는 $A_{s,\min} = \dfrac{1.4}{f_y} b_w d$ 중 큰 값 이상이어야 한다.

④ 강도설계법에서는 연성파괴보다는 취성파괴를 유도하도록 설계의 초점을 맞추고 있다.

해설 강도설계법에서 설계의 초점은 취성파괴보다는 연성파괴를 유도하기 위함이다.

★★★
59 다음 그림과 같은 원형 단면에서 최대 단면계수를 갖는 직사각형의 단면을 얻으려면 폭 b와 높이 h의 비로 옳은 것은?

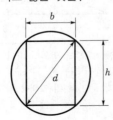

① $b : h = 1 : \sqrt{3}$
② $b : h = 1 : \sqrt{2}$
③ $b : h = \sqrt{2} : 1$
④ $b : h = \sqrt{3} : 1$

해설
$h = \sqrt{d^2 - b^2}$

$\therefore$ 단면계수(Z) $= \dfrac{I}{y} = \dfrac{\frac{bh^3}{12}}{\frac{h}{2}} = \dfrac{bh^2}{6} = \dfrac{b(d^2 - b^2)}{6}$

$\qquad = \dfrac{bd^2 - b^3}{6}$

그런데 단면계수가 최대값을 갖기 위해 $\dfrac{dZ}{db} = 0$ 이 성립될 때 b값이다.

즉 $Z = \dfrac{bd^2 - b^3}{6}$ 이므로 $\dfrac{dZ}{db} = \dfrac{d^2 - 3b^2}{6} = 0$

$\therefore b = \dfrac{d}{\sqrt{3}}$

$h = \sqrt{d^2 - b^2} = \sqrt{d^2 - \left(\dfrac{d}{\sqrt{3}}\right)^2} = \sqrt{\dfrac{2}{3}}\, d$

$\therefore b : h = \dfrac{d}{\sqrt{3}} : \sqrt{\dfrac{2}{3}}\, d = 1 : \sqrt{2}$

참고로 $b : d = 1 : \sqrt{3}$ 이다. 즉 직사각형의 가로 : 대각선 $= 1 : \sqrt{3}$ 이다.

★★
60 강도설계법 설계 시 고정하중이 10kN, 활하중이 9kN, 풍하중이 0.8kN인 경우 계수하중을 구하면?

① 10.04kN
② 16.04kN
③ 19.04kN
④ 22.04kN

해설 건축물에 사용되는 하중의 조합

구분	㉮	㉯	적용값
기본하중 조합	$U = 1.4D$	$U = 1.2D + 1.6L$	
풍하중 (W) 추가	$U = 1.2D + 1.0L$ $+ 1.3W$	$U = 0.9D + 1.3W$	㉮, ㉯ 중 최댓값으로 한다.
지진하중 (E) 추가	$U = 1.2D + 1.0L$ $+ 1.0E$	$U = 0.9D + 1.0E$	
적설하중 (S) 추가	$U = 1.2D + 1.6L$ $+ 0.5S$	$U = 1.2D + 1.0L$ $+ 1.6S$	

$D = 10\text{kN}, \ L = 9\text{kN}, \ W = 0.8\text{kN}$에서
$U = 1.2D + 1.0L + 1.3W$
$\quad = 1.2 \times 10 + 1.0 \times 9 + 1.3 \times 0.8 = 22.04\text{kN}$
$U = 0.9D + 1.3W = 0.9 \times 10 + 1.3 \times 0.8 = 10.04\text{kN}$
$\therefore U = 22.04\text{kN}$(최댓값)

제4과목 건축설비

★★★
61 전기설비에서 다음과 같이 정의되는 것은?

> 전면이나 후면 또는 양면에 계류기, 과전류 차단장치 및 기타 보호장치, 모선 및 계측기 등이 부착되어 있는 하나의 대형 패널 또는 여러 개의 패널, 프레임 또는 패널조립용으로서 전면과 후면에서 접근할 수 있는 것

① 캐비닛　　　② 차단기
③ 배전반　　　④ 분전반

[해설]
① 캐비닛 : 분전반 등을 수납하는 미닫이문 또는 문짝의 금속제, 합성수지제 또는 목재함이다.
② 차단기 : 전류를 개폐함과 더불어 과부하, 단락 등의 이상상태가 발생되었을 때 회로를 차단해서 안전을 유지하며, 고압용과 저압용이 있다.
④ 분전반 : 간선과 분기회로의 연결역할을 하거나 또는 배선된 간선을 각 실에 분기배선하기 위하여 개폐기나 차단기를 상자에 넣은 것이다.

★★
62 고가수조급수방식에서 물공급순서로 알맞은 것은?

① 상수도 → 저수조 → 펌프 → 고가수조 → 위생기구
② 상수도 → 고가수조 → 펌프 → 저수조 → 위생기구
③ 상수도 → 고가수조 → 저수조 → 펌프 → 위생기구
④ 상수도 → 저수조 → 고가수조 → 펌프 → 위생기구

[해설]
고가수조급수방식의 물공급순서는 상수원(수돗물, 우물물) → 저수탱크 → 양수펌프 → 고가탱크 → 위생기구의 순이다.

★
63 복관식 급탕배관방식에 관한 설명으로 옳지 않은 것은?

① 급탕관과 반탕관이 설치된다.
② 저탕조를 중심으로 회로배관을 형성한다.
③ 배관이 복잡하여 중앙식 급탕방식에는 적용이 곤란하다.
④ 급탕전을 열면 짧은 시간 내에 뜨거운 물을 얻을 수 있다.

[해설]
복관식(2관식, 순환식)은 중앙식 급탕방식에 사용하는 방식으로 저탕조를 중심으로 하여 탕물이 항상 순환하고 있으므로 급탕전을 열면 분기상향수직관에서 소량의 식은 물이 나오다 곧 뜨거운 물이 나오는 배관방식이다.

★★★
64 가스사용시설의 가스계량기에 관한 설명으로 옳지 않은 것은?

① 공동주택의 경우 가스계량기는 일반적으로 대피공간이나 주방에 설치된다.
② 가스계량기와 전기계량기와의 거리는 60cm 이상 유지해야 한다.
③ 가스계량기와 전기개폐기와의 거리는 60cm 이상 유지해야 한다.
④ 가스계량기와 화기(그 시설 안에서 사용하는 자체 화기는 제외) 사이에 유지해야 하는 거리는 2m 이상이어야 한다.

[해설]
가스계량기의 설치금지장소는 공동주택의 대피공간, 사람이 거주하는 곳(방, 거실, 주방 등) 및 가스계량기에 나쁜 영향을 미칠 우려가 있는 장소이다. 즉 옥외에 설치함을 원칙으로 한다.

★★
65 다음 중 습공기를 가열할 경우 상태값이 변하지 않는 것은?

① 엔탈피
② 절대습도
③ 상대습도
④ 습구온도

[해설]
습공기를 가열할 경우 엔탈피는 증가하고, 상대습도는 감소하며, 습구온도는 상승한다. 또한 절대습도는 어느 상태의 공기 중에 포함되어 있는 건조공기중량에 대한 수분의 중량비로서 단위는 kg/kg로 공기를 가열한 경우에도 변화하지 않는다.

★★
66 실내의 온열환경요소로 온도, 습도, 기류 3요소에 의한 체감표시법은?

① 작용온도
② 수정유효온도
③ 유효온도(실감온도)
④ 효과온도

해설
쾌적지표

구분	기온	습도	기류	복사열
유효온도	○	○	○	×
수정 · 신 · 표준 유효온도, 등가감각온도	○	○	○	○
작용(효과) · 등가 · 합성온도	○	×	○	○

★
67 다음 중 용어의 단위가 틀린 것은?

① 열전도율 : $W/m^2 \cdot K$

② 비열 : $kJ/kg \cdot K$

③ 열관류저항 : $m^2 \cdot K/W$

④ 실내습도 : %

해설
열전도율이란 고체 또는 정지된 유체 안에서 온도차에 의해 열이 전달되는 경우 열이 얼마나 잘 전달되는지를 나타내는 물성치로 단위는 W/m · K이다.

★★★
68 실내에서 발생하는 취기와 수증기 등이 다른 공간으로 유출되지 않도록 실내가 부압이 되도록 하는 환기방식은?

① 자연환기

② 급기팬과 배기팬의 조합

③ 급기팬과 자연배기의 조합

④ 자연급기와 배기팬의 조합

해설
기계환기방식

명칭	급기	배기	환기량	실내의 압력	용도
제1종 환기 (병용식)	송풍기	배풍기	일정	임의	모든 경우에 사용
제2종 환기 (압입식)	송풍기	개구부	일정	정압	제3종 환기일 경우에만 제외
제3종 환기 (흡출식)	개구부	배풍기	일정	부압	화장실, 기계실, 주차장, 취기나 유독가스 발생이 있는 실

★
69 100명을 수용하고 있는 회의실에서 1인당 CO_2배출량이 $17l/h$일 때 실내의 CO_2농도를 1,000ppm 이하로 유지시키기 위한 필요환기량은? (단, 외기의 CO_2농도는 300ppm이다.)

① 약 $1,120m^3/h$ ② 약 $1,750m^3/h$

③ 약 $2,140m^3/h$ ④ 약 $2,430m^3/h$

해설
필요환기량(Q)

$$= \frac{\text{실내에서의 } CO_2 \text{ 발생량}}{CO_2 \text{의 허용농도} - \text{외기의 } CO_2 \text{농도}}$$

$$= \frac{17 \times 100}{\dfrac{1,000}{1,000,000} - \dfrac{300}{1,000,000}}$$

$$= 2,428,571.479 l/h = 2,429 m^3/h$$

★
70 증기난방방식과 비교한 온수난방방식의 특징으로 옳지 않은 것은?

① 예열시간이 짧다.

② 난방의 쾌감도가 높다.

③ 난방부하의 변동에 따른 온도조절이 용이하다.

④ 한랭지에서 운전정지 중에 동결의 위험이 있다.

해설
증기난방방식과 비교한 온수난방방식은 예열시간이 길다.

★★
71 다음의 설명에 알맞은 냉동기는?

• 기계적 에너지가 아닌 열에너지에 의해 냉동효과를 얻는다.
• 구조는 증발기, 흡수기, 재생기(발생기), 응축기 등으로 구성되어 있다.

① 터보식 냉동기 ② 스크루식 냉동기
③ 흡수식 냉동기 ④ 왕복동식 냉동

해설
① 터보식 냉동기 : 터보송풍기(날개차에 8~24개의 뒤로 굽은 날개를 가진 송풍기를 말하며, 고속 회전이므로 약간 소음이 높은 결점이 있으나 효율이 60~80% 정도로 높아 보일러 등에 가장 많이 사용)를 사용하여 임펠러의 회전에 의한 원심력으로 냉매가스를 압축하는 형식의 냉동기
② 스크루식 냉동기 : 이 모양의 암 · 수로터의 2축이 평행하고 나사가 서로 물려 있으며, 케이싱 내부에 냉매의 작동실이 형성되어 로터가 회전함으로써 흡입, 압축, 배출의 행정이 반복되는 냉동기
④ 왕복동식 냉동기 : 증기압축사이클에 의한 냉동기에서 압축기로서의 피스톤의 왕복동시스템을 사용하고 있는 냉동기

★
72 다음 설명에 알맞은 접지의 종류는?

> 기능상 목적이 서로 다르거나 동일한 목적의 개별 접지들을 전기적으로 서로 연결하여 구현한 접지

① 단독접지
② 공통접지
③ 통합접지
④ 종별접지

[해설]
① 단독(개별, 독립)접지 : 각각 접지의 기준접지저항을 달리하여 각각 분리된 접지시스템 간에 충분한 이격거리를 두고 설치한 후 개별적으로 연결하는 접지방식이다.
② 공통접지 : 하나의 접지시스템에 신호, 통신, 보안용 등의 접지를 공통으로 접속한 방식으로 기능상 목적이 같은 접지들끼리 전기적으로 연결한 접지이다.
④ 종별접지 : 제1종, 제2종, 제3종 및 특3종 등으로 구별한 접지이나 2021년부터 폐지되었다.

★★★
73 로프식 엘리베이터와 유압식 엘리베이터를 비교할 때 유압식 엘리베이터의 장점은?

① 전동기 출력이 작다.
② 기계실 위치가 자유롭다.
③ 기계실 발열량이 작다.
④ 속도의 범위가 자유롭다.

[해설]
유압식 엘리베이터는 로프식 엘리베이터에 비하여 전동기의 출력이 크고 기계실의 발열량이 크며 속도의 범위가 자유롭지 못한 단점이 있다.

★★
74 바닥면적이 50m²인 사무실이 있다. 32W 형광등 20개를 균등하게 배치할 때 사무실의 평균조도는? (단, 형광등 1개의 광속은 3,300lm, 조명율은 0.5, 보수율은 0.76이다.)

① 약 350lx
② 약 400lx
③ 약 450lx
④ 약 500lx

[해설]
$$F_0 = \frac{EA}{UM}[\text{lm}]$$

$$NF = \frac{AED}{U} = \frac{EA}{UM}[\text{lm}]$$

$$\therefore E = \frac{NFUM}{A} = \frac{20 \times 3,300 \times 0.5 \times 0.76}{50} = 501.6\text{lx}$$

여기서, F_0 : 총광속, E : 평균조도(lx)
A : 실내면적(m), U : 조명률
M : 보수율(유지율), N : 소요등수(개)
F : 1등당 광속(lm)

★★
75 각각의 최대 수용전력의 합이 1,200kW, 부등률이 1.2일 때 합성 최대 수용전력은?

① 800kW
② 1,000kW
③ 1,200kW
④ 1,440kW

[해설]
$$부등률 = \frac{각\ 부하의\ 수용전력의\ 합}{합성\ 최대\ 전력의\ 합}$$

$$\therefore 합성\ 최대\ 전력의\ 합$$
$$= \frac{각\ 부하의\ 수용전력의\ 합}{부등률}$$
$$= \frac{1,200}{1.2} = 1,000\text{kW}$$

★
76 다음 그림과 같은 형태를 갖는 간선의 배선방식은?

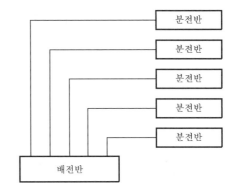

① 개별방식
② 루프방식
③ 병용방식
④ 나뭇가지방식

[해설]
간선의 배선방식 중 **평행식(개별방식)**은 큰 용량의 부하, 분산되어 있는 부하에 대하여 단독회선으로 배선하는 방식으로, 사고의 경우 파급되는 범위가 좁고 배선의 혼잡과 설비비(배선자재의 소요가 많다)가 많아지므로 대규모 건물에 적당하다. 또한 전압이 안정(평균화)되고 부하의 증가에 적응할 수 있어 가장 좋은 방식이다.

2022

77 수량 22.4m³/h를 양수하는데 필요한 터빈펌프의 구경으로 적당한 것은? (단, 터빈펌프 내의 유속은 2m/s로 한다.)

① 65mm
② 75mm
③ 100mm
④ 125mm

 해설
$Q = 22.4\text{m3/h}$, $v = 2\text{m/s} = 7,200\text{m/h}$이므로

$Q = Av = \dfrac{\pi d^2}{4} v$ (단위 통일에 유의)

$\therefore d = \sqrt{\dfrac{4Q}{\pi v}} = \sqrt{\dfrac{4 \times 22.4}{\pi \times 7,200}} = 0.0629\text{m} = 62.9\text{mm}$

여기서, Q : 양수량(m3/s), d : 흡입관의 구경(m)
v : 관내 물의 유속(m/s)

78 일반적으로 사용이 금지되는 트랩에 속하지 않는 것은?

① 2중트랩
② 격벽트랩
③ 수봉식 트랩
④ 가동 부분이 있는 트랩

 해설
2중트랩(트랩이 있는 배수관에 또 하나의 트랩을 직렬로 설치한 트랩), 격벽트랩(트랩의 수봉 부분이 격판, 격벽에 의해 만들어진 트랩), 가동 부분이 있는 트랩은 사용이 금지된 트랩이고, 수봉식 트랩은 수봉함으로써 기능을 수행하는 트랩으로 대부분의 트랩은 이 형식을 사용하고 있다.

79 연결송수관설비의 방수구에 관한 설명으로 옳지 않은 것은?

① 방수구의 위치표시는 표시등 또는 축광식 표지로 한다.
② 호스접결구는 바닥으로부터 0.5m 이상 1m 이하의 위치에 설치한다.
③ 개폐기능을 가진 것으로 설치하여야 하며 평상시 닫힌 상태를 유지하도록 한다.
④ 연결송수관설비의 전용방수구 또는 옥내소화전방수구로서 구경 50mm의 것으로 설치한다.

 해설
연결송수관설비의 방수구는 전용방수구 또는 옥내소화전방수구로서 구경 65mm의 것으로 설치한다.

80 공기조화방식 중 2중덕트방식에 관한 설명으로 옳지 않은 것은?

① 전공기방식에 속한다.
② 냉온풍의 혼합으로 인한 혼합손실이 있어 에너지소비량이 많다.
③ 단일덕트방식에 비해 덕트샤프트 및 덕트 스페이스를 크게 차지한다.
④ 부하특성이 다른 여러 개의 실이나 존이 있는 건물에는 적용할 수 없다.

 해설
이중덕트방식은 냉풍과 온풍의 2개의 풍도를 설비하여 말단에 설치한 혼합유닛(냉풍과 온풍을 실내의 챔버에서 자동으로 혼합)으로 냉풍과 온풍을 합해 송풍함으로써 공기조화를 하는 방식으로 부하특성이 다른 여러 개의 실이나 존이 있는 건물에 적용할 수 있다.

제5과목 건축관계법규

81 다음 중 방화구조에 해당하지 않는 것은?

① 심벽에 흙으로 맞벽치기 한 것
② 철망모르타르로서 그 바름두께가 2cm 이상인 것
③ 시멘트모르타르 위에 타일을 붙인 것으로서 그 두께의 합계가 2.5cm 이상인 것
④ 석고판 위에 시멘트모르타르를 바른 것으로서 그 두께의 합계가 2cm 이상인 것

 해설
관련 법규 : 영 제2조, 피난·방화규칙 제4조, 해설 법규 : 피난·방화규칙 제4조 2호
방화구조는 석고판 위에 시멘트모르타르 또는 회반죽을 바른 것으로 그 두께의 합계가 2.5cm 이상인 것이어야 한다.

82 건축법령상 제2종 근린생활시설에 속하지 않는 것은?

① 독서실
② 유치원
③ 동물병원
④ 노래연습장

 해설
관련 법규 : 법 제2조, 영 제3조의 5, (별표 1), 해설 법규 : (별표 1) 의 4호
독서실, 동물병원, 노래연습장은 제2종 근린생활시설에 속하고, 유치원은 교육연구시설에 속한다.

★★★
83 다음 도면과 같은 경우 건축법상 건축물의 높이는?

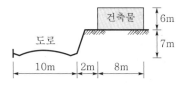

① 6m ② 9m
③ 9.5m ④ 13m

> 해설
> 관련 법규 : 법 제84조, 영 제119조, 해설 법규 : 영 제119조 ①항 5호 가목 (2)
> 건축물의 대지의 지표면이 전면도로보다 높은 경우에는 그 고저차의 1/2높이만큼 올라온 위치에 해당 전면도로의 면이 있는 것으로 산정하므로, 즉 3.5m가 상승한 것으로 본다.
> ∴ 건축물의 높이=3.5+6=9.5m

★★
84 한 방에서 층의 높이가 다른 부분이 있는 경우 층고 산정방법으로 옳은 것은?

① 가장 낮은 높이로 한다.
② 가장 높은 높이로 한다.
③ 각 부분 높이에 따른 면적에 따라 가중 평균한 높이로 한다.
④ 가장 낮은 높이와 가장 높은 높이의 산술평균한 높이로 한다.

> 해설
> 관련 법규 : 법 제84조, 영 제119조, 해설 법규 : 영 제119조 ①항 8호
> 층고는 방의 바닥구조체 윗면으로부터 위층 바닥구조체의 윗면까지의 높이로 한다. 다만, 한 방에서 층의 높이가 다른 부분이 있는 경우에는 그 각 부분 높이에 따른 면적에 따라 가중 평균한 높이로 한다.

★★
85 중앙건축위원회에 관한 설명으로 옳은 것은?

① 위원회의 회의는 구성위원 2/3의 출석으로 개의하고, 출석위원 과반수의 찬성으로 의결한다.
② 공무원이 아닌 위원의 임기는 2년으로 하며 한 차례만 연임할 수 있다.
③ 위원회의 위원장은 위원 중에서 국무총리가 임명 또는 위촉한다.

④ 위원회의 위원은 관계공무원과 건축에 관한 학식 또는 경험이 풍부한 사람 중 국토교통부차관이 임명 또는 위촉하는 자가 된다.

> 해설
> 관련 법규 : 법 제4조, 영 제5조, 규칙 제2조, 해설 법규 : 영 제5조 ④, ⑤, ⑥항, 규칙 제2조 ①항 2호
> 위원회의 회의는 구성위원 과반수의 출석으로 개의하고, 출석위원 과반수의 찬성으로 조사·심의·조정 또는 재정을 의결하며, 위원회의 위원장은 위원 중에서 국토교통부장관이 임명 또는 위촉한다. 또한 위원회의 위원은 관계공무원과 건축에 관한 학식 또는 경험이 풍부한 사람 중 국토교통부장관이 임명 또는 위촉하는 자가 된다.

★★★
86 건축법령상 다중이용건축물에 해당되지 않는 것은? (단, 해당하는 용도로 쓰는 바닥면적의 합계가 5,000m²인 건축물인 경우)

① 종교시설
② 판매시설
③ 업무시설
④ 의료시설 중 종합병원

> 해설
> 관련 법규 : 영 제2조, 해설 법규 : 영 제2조 17호
> 다중이용건축물은 문화 및 집회시설(동·식물원은 제외), 종교시설, 판매시설, 운수시설 중 여객용 시설, 의료시설 중 종합병원, 숙박시설 중 관광숙박시설로서 바닥면적의 합계가 5,000m² 이상인 건축물과 16층 이상인 건축물이다.

★★
87 다음은 건축물을 건축하거나 대수선하려는 자는 특별시장 또는 광역시장의 허가를 받아야 하는 건축물의 건축에 대한 설명이다. ( ) 안에 알맞은 것은?

> 층수가 (㉮)층 이상이거나 연면적의 합계가 (㉯)m² 이상인 건축물의 건축(연면적의 3/10 이상을 증축하여 층수가 (㉮)층 이상으로 되거나 연면적의 합계가 (㉯)m² 이상으로 되는 경우를 포함한다)을 말한다.

① ㉮ 21, ㉯ 100,000
② ㉮ 21, ㉯ 200,000
③ ㉮ 31, ㉯ 200,000
④ ㉮ 31, ㉯ 100,000

2022

해설 관련 법규 : 법 제11조, 영 제8조, 해설 법규 : 영 제8조 ①항
건축물을 건축하거나 대수선하려는 자는 특별자치시장·특별자치도지사 또는 시장·군수·구청장의 허가를 받아야 한다. 다만, 층수가 21층 이상이거나 연면적의 합계가 100,000m² 이상인 건축물[공장, 창고, 지방건축위원회의 심의를 거친 건축물(초고층건축물은 제외)은 제외]을 특별시나 광역시에 건축(연면적 3/10 이상을 증축하여 층수가 21층 이상으로 되거나 연면적의 합계가 100,000m² 이상으로 되는 경우를 포함)을 건축하려면 특별시장 또는 광역시장의 허가를 받아야 한다.

★★★
88 공사감리자의 업무사항으로 맞지 않는 것은?

① 시공계획 및 공사관리의 적정 여부의 확인
② 상세시공도면의 작성·검토
③ 공정표의 검토
④ 설계변경의 적정 여부의 검토·확인

해설 관련 법규 : 법 제25조, 영 제19조, 규칙 제19조의 2, 해설 법규 : 규칙 제19조의 2
공사감리자의 업무와 공사현장에서의 건설안전교육의 실시 여부의 확인, 공사금액의 적정 여부 검토·확인, 상세시공도면의 작성·검토와는 무관하다.

★★
89 문화 및 집회시설 중 공연장의 개별 관람실에 다음과 같이 출구를 설치하였을 경우 옳은 것은? (단, 개별 관람실의 바닥면적은 900m²이다.)

① 출구를 1개소 설치하였다.
② 각 출구의 유효너비를 2.4m로 하였다.
③ 출구로 쓰이는 문을 안여닫이로 하였다.
④ 출구의 유효너비의 합계를 5.0m로 하였다.

해설 관련 법규 : 법 제49조, 영 제38조, 피난·방화규칙 제10조, 해설 법규 : 피난·방화규칙 제10조 2항 2호
① 출구를 2개소 이상 설치하여야 한다.
③ 출구로 쓰이는 문은 안여닫이로 하여서는 아니 된다.
④ 출구의 유효너비의 합계 = $\frac{900}{100} \times 0.6 = 5.4\text{m}$ 이상으로 설치하여야 한다.

★★
90 건축법령상 건축물의 대지에 공개공지 또는 공개공간을 확보하여야 하는 대상건축물에 해당하지 않는 것은? (단, 해당 용도로 쓰는 바닥면적의 합계가 5,000m²인 건축물의 경우로, 건축조례로 정하는 다중이 이용하는 시설의 경우는 고려하지 않는다.)

① 종교시설　　　　② 업무시설
③ 숙박시설　　　　④ 교육연구시설

해설 관련 법규 : 법 제43조, 영 제27조의 2, 해설 법규 : 법 제43조 ①항
일반주거지역, 준주거지역, 상업지역, 준공업지역 및 특별자치도지사 또는 시장·군수·구청장이 도시화의 가능성이 크다고 인정하여 지정·공고하는 지역의 하나에 해당하는 지역의 환경을 쾌적하게 조성하기 위하여 다음에서 정하는 용도와 규모의 건축물은 일반이 사용할 수 있도록 대통령령으로 정하는 기준에 따라 소규모 휴식시설 등의 공개공지(공지 : 공터) 또는 공개공간을 설치하여야 한다.
㉮ 문화 및 집회시설, 종교시설, 판매시설(농수산물유통시설은 제외), 운수시설(여객용 시설만 해당), 업무시설 및 숙박시설로서 해당 용도로 쓰는 바닥면적의 합계가 5,000m2 이상인 건축물
㉯ 그 밖에 다중이 이용하는 시설로서 건축조례로 정하는 건축물

★★★
91 다음의 옥상광장 등의 설치에 관한 기준내용 중 ( ) 안에 알맞은 것은?

> 옥상광장 또는 2층 이상인 층에 있는 노대나 그 밖에 이와 비슷한 것의 주위에는 높이 ( ) 이상의 난간을 설치하여야 한다. 다만, 그 노대 등에 출입할 수 없는 구조인 경우에는 그러하지 아니한다.

① 1.0m　　　　② 1.2m
③ 1.5m　　　　④ 1.8m

해설 관련 법규 : 법 제49조, 영 제40조, 피난·방화규칙 제13조, 해설 법규 : 영 제40조 ①항
옥상광장 또는 2층 이상인 층에 있는 노대 등(노대나 기타 이와 비슷한 것)의 주위에는 높이 1.2m 이상의 난간을 설치하여야 한다. 다만, 그 노대 등에 출입할 수 없는 구조인 경우에는 그러하지 아니하다.

★★★
92 연면적 200m²를 초과하는 건축물에 설치하는 계단과 관련된 기준내용으로 옳지 않은 것은?

① 높이가 3m를 넘는 계단에는 높이 3m 이내마다 너비 1.2m 이상의 계단참을 설치할 것
② 높이가 1m를 넘는 계단 및 계단참의 양 옆에는 난간을 설치할 것

③ 초등학교의 계단인 경우에는 계단 및 계단참의 너비는 120cm 이상으로 할 것

④ 고등학교의 계단인 경우에는 계단 및 계단참의 너비는 150cm 이상으로 할 것

해설
관련 법규 : 법 제49조, 영 제48, 피난·방화규칙 제15조, 해설 법규 : 피난·방화규칙 제15조 ②항 1호
초등학교의 계단인 경우에는 계단 및 계단참의 너비는 150cm 이상, 단높이는 16cm 이하, 단너비는 26cm 이상으로 할 것

★★
93 방화와 관련하여 같은 건축물에 함께 설치할 수 없는 것은?

① 의료시설과 업무시설 중 오피스텔

② 위험물저장 및 처리시설과 공장

③ 위락시설과 문화 및 집회시설 중 공연장

④ 공동주택과 제2종 근린생활시설 중 고시원

해설
관련 법규 : 법 제49조, 영 제47조, 해설 법규 : 영 제47조 ②항
다음 각 경우의 어느 하나에 해당하는 용도의 시설은 같은 건축물에 함께 설치할 수 없다.
㉮ 노유자시설 중 아동 관련 시설 또는 노인복지시설과 판매시설 중 도매시장 또는 소매시장
㉯ 단독주택(다중주택, 다가구주택에 한정), 공동주택, 제1종 근린생활시설 중 조산원 또는 산후조리원과 제2종 근린생활시설 중 다중생활시설
㉰ 의료시설, 노유자시설(아동 관련 시설 및 노인복지시설), 공동주택, 장례시설 또는 제1종 근린생활시설(산후조리원만 해당)과 위락시설, 위험물저장 및 처리시설, 공장 또는 자동차 관련 시설(정비공장만 해당)은 같은 건축물에 함께 설치할 수 없다.

★★★
94 주거에 쓰이는 바닥면적의 합계가 200m²인 주거용 건축물에 설치하는 음용수용 급수관의 최소 지름은?

① 25mm ② 32mm
③ 40mm ④ 50mm

해설
관련 법규 : 법 제62조, 영 제87조, 설비규칙 제18조, (별표 3), 해설 법규 : (별표 3)
주거에 쓰이는 바닥면적의 합계가 200m²(5가구)인 주거용 건축물에 설치하는 음용수용 급수관의 최소 지름은 25mm이다.

★★★
95 업무시설로서 6층 이상의 거실면적의 합계가 10,000m²인 경우 설치하여야 하는 승용 승강기의 최소 대수는? (단, 8인승 승용 승강기를 사용하는 경우)

① 3대 ② 4대
③ 5대 ④ 6대

해설
관련 법규 : 법 제64조, 영 제89조, 설비규칙 제5조, (별표 1의 2), 해설 법규 : (별표 1의 2)
6층 이상의 거실면적의 합계가 10,000m²이므로
∴ 업무시설의 승용 승강기의 설치대수
$$= 1 + \frac{6층\ 이상의\ 거실\ 면적의\ 합계 - 3,000}{2,000}$$
$$= 1 + \frac{10,000 - 3,000}{2,000} = 4.5대 \rightarrow 5대$$

★★
96 특별피난계단 및 비상용 승강기의 승강장에 설치하는 배연설비에 관한 기준내용으로 옳지 않은 것은?

① 배연기에는 예비전원을 설치할 것

② 배연구가 외기에 접하지 아니하는 경우에는 배연기를 설치할 것

③ 배연기는 배연구의 열림에 따라 자동적으로 작동하고 충분한 공기배출 또는 가압능력이 있을 것

④ 배연구는 평상시에 열린 상태를 유지하고, 닫힌 경우에는 배연에 의한 기류로 인하여 열리지 아니하도록 할 것

해설
관련 법규 : 법 제64조, 설비규칙 제14조, 해설 법규 : 설비규칙 제14조 ②항 3호
배연구는 평상시에는 닫힌 상태를 유지하고, 연 경우에는 배연에 의한 기류로 인하여 닫히지 아니하도록 할 것

★★★
97 주차장에서 장애인용 주차단위구획의 최소 크기는? (단, 평행주차형식 외의 경우)

① 2.3m×5.0m ② 2.5m×5.1m
③ 3.3m×5.0m ④ 2.0m×6.0m

해설
관련 법규 : 법 제6조, 규칙 제3조, 해설 법규 : 규칙 제3조 ①항 2호
지체장애인 전용주차장의 주차단위구획은 주차대수 1대에 대하여 너비 3.3m 이상, 길이 5m 이상으로 한다.

2022

★★★
98 시설물의 부지 인근에 부설주차장을 설치하는 경우 해당 부지의 경계선으로부터 부설주차장의 경계선까지의 거리기준으로 옳은 것은?

① 직선거리 300m 이내
② 도보거리 800m 이내
③ 직선거리 500m 이내
④ 도보거리 1,000m 이내

해설 관련 법규 : 법 제19조, 영 제7조, 해설 법규 : 영 제7조 ②항
주차대수가 300대 이하인 경우 다음의 부지 인근에 단독 또는 공동으로 부설주차장을 설치하여야 한다.
㉮ 해당 부지의 경계선으로부터 부설주차장의 경계선까지 직선거리 300m 이내 또는 도보거리 600m 이내
㉯ 해당 시설물이 소재하는 동·리(행정동·리) 및 그 시설물과의 통행여건이 편리하다고 인정되는 인접 동·리

★★
99 주거기능을 위주로 이를 지원하는 일부 상업·업무기능을 보완하기 위하여 필요한 때 지정하는 지역은?

① 전용주거지역
② 준주거지역
③ 일반주거지역
④ 유통상업지역

해설 관련 법규 : 법 제36조, 영 제30조, 해설 법규 : 영 제30조 1호 다목
준주거지역은 주거기능을 위주로 이를 지원하는 일부 상업·업무기능을 보완하기 위하여 필요한 지역에 지정한다.

★★
100 국토의 계획 및 이용에 관한 법령상 다음과 같이 정의되는 용어는?

개발로 인하여 기반시설이 부족할 것으로 예상되나 기반시설을 설치하기 곤란한 지역을 대상으로 건폐율이나 용적률을 강화하여 적용하기 위하여 지정하는 구역

① 시가화조정구역
② 개발밀도관리구역
③ 기반시설부담구역
④ 지구단위계획구역

해설 관련 법규 : 국토법 제2조, 제39조, 해설 법규 : 법 제2조 ⑤항, 19호, 제39조 ①항
① 시가화조정구역의 지정은 시·도지사는 직접 또는 관계행정기관의 장의 요청을 받아 도시지역과 그 주변 지역의 무질서한 시가화를 방지하고 계획적·단계적인 개발을 도모하기 위하여 대통령령으로 정하는 기간 동안 시가화를 유보할 필요가 있다고 인정되면 시가화조정구역의 지정 또는 변경을 도시·군관리계획으로 결정할 수 있다. 다만, 국가계획과 연계하여 시가화조정구역의 지정 또는 변경이 필요한 경우에는 국토교통부장관이 직접 시가화조정구역의 지정 또는 변경을 도시·군관리계획으로 결정할 수 있다.
③ 기반시설부담구역이란 개발밀도관리구역 외의 지역으로서 개발로 인하여 도로, 공원, 녹지 등 대통령령으로 정하는 기반시설의 설치가 필요한 지역을 대상으로 기반시설을 설치하거나 그에 필요한 용지를 확보하게 하기 위하여 제67조에 따라 지정·고시하는 구역을 말한다.
④ 지구단위계획이란 도시·군계획수립대상지역의 일부에 대하여 토지이용을 합리화하고 그 기능을 증진시키며 미관을 개선하고 양호한 환경을 확보하며, 그 지역을 체계적·계획적으로 관리하기 위하여 수립하는 도시·군관리계획을 말한다.

7개년 과년도 건축기사 필기

2022. 1. 14. 초 판 1쇄 발행
2023. 1. 11. 1차 개정증보 1판 1쇄 발행

지은이 | 정하정
펴낸이 | 이종춘
펴낸곳 | **BM** ㈜도서출판 **성안당**

주소 | 04032 서울시 마포구 양화로 127 첨단빌딩 3층(출판기획 R&D 센터)
    | 10881 경기도 파주시 문발로 112 파주 출판 문화도시(제작 및 물류)
전화 | 02) 3142-0036
    | 031) 950-6300
팩스 | 031) 955-0510
등록 | 1973. 2. 1. 제406-2005-000046호
출판사 홈페이지 | www.cyber.co.kr
ISBN | 978-89-315-6494-5 (13540)
정가 | 26,000원

이 책을 만든 사람들

기획 | 최옥현
진행 | 김원갑
교정·교열 | 최동진
전산편집 | 오정은
표지 디자인 | 박원석
홍보 | 김계향, 박지연, 유미나, 이준영, 정단비
국제부 | 이선민, 조혜란
마케팅 | 구본철, 차정욱, 오영일, 나진호, 강호묵
마케팅 지원 | 장상범
제작 | 김유석

성안당 Web 사이트